2024 | 全国勘察设计注册工程师执业资格考试用书

Yiji Zhuce Jiegou Gongchengshi Zhiye Zige Kaoshi
Jichu Kaoshi Fuxi Jiaocheng

一级注册结构工程师执业资格考试
基础考试复习教程

（下册）

注册工程师考试复习用书编委会 / 编
曹纬浚 / 主编

微信扫一扫
里面有数字资源的获取和使用方法哟

人民交通出版社股份有限公司
北京

内 容 提 要

本书以现行考试大纲为依据，以最新规范、教材为基础，结合编写老师多年考试培训经验和考生回馈意见编写而成。内容简明扼要，着重于对概念和规范的理解运用，并注意突出重点。小节后附有习题，章后附有题解及答案。另出版有配套复习用书《2024 一级注册结构工程师执业资格考试基础考试复习题集》《2024 一级注册结构工程师执业资格考试基础考试试卷》，可作为考生检验复习效果和准备考试之用。

本书配有数字资源，考生可微信扫描上册封面红色二维码登录“注考大师”获取学习内容（有效期一年）。

本书适合参加 2024 年一级注册结构工程师基础考试的人员使用。

图书在版编目（CIP）数据

2024 一级注册结构工程师执业资格考试基础考试复习教程/曹纬浚主编. — 北京：人民交通出版社股份有限公司，2024.1

ISBN 978-7-114-19232-6

Ⅰ.①2… Ⅱ.①曹… Ⅲ.①建筑结构—资格考试—自学参考资料 Ⅳ.①TU3

中国国家版本馆 CIP 数据核字（2023）第 257406 号

书　　名：2024 一级注册结构工程师执业资格考试基础考试复习教程
著 作 者：曹纬浚
责任编辑：刘彩云
责任印制：刘高彤
出版发行：人民交通出版社股份有限公司
地　　址：（100011）北京市朝阳区安定门外外馆斜街 3 号
网　　址：http://www.ccpcl.com.cn
销售电话：（010）59757973
总 经 销：人民交通出版社股份有限公司发行部
经　　销：各地新华书店
印　　刷：北京市密东印刷有限公司
开　　本：889 × 1194　1/16
印　　张：104.5
字　　数：3243 千
版　　次：2024 年 1 月　第 1 版
印　　次：2024 年 1 月　第 1 次印刷
书　　号：ISBN 978-7-114-19232-6
定　　价：248.00 元（含上、下两册）

主编简介 Editor-in-Chief's Profile

曹纬浚，生于1932年8月，湖南长沙人，高级工程师，国家一级注册结构工程师。

与地下组织成员在长沙解放前夕合影（前排右一）

1949年2月高中时参加了我党的地下外围组织，组织了解放前长沙广雅中学（后改名为长沙七中）的学生运动。

1950年6月入党。1950年9月组织调动入伍。1951年参加抗美援朝，在铁道兵司令部任机要秘书，在朝鲜立三等功2次，获得朝鲜政府颁发的军功章3枚。

1953年底回国后参加了黎湛和鹰厦铁路的建设。1956年入唐山铁道学院（现西南交大）学习，

①

②

①1953 年朝鲜战争停战后回京（胸前佩戴的是 3 枚朝鲜政府颁发的军功章和 1 枚抗美援朝纪念章）

②1955 年中尉照

1961 年毕业后在铁道兵科研院参与铁路军用钢梁的研究设计和试验。1965 年 7 月作为我国援越铁路抢修专家组的专家赴越南工作，和全组 8 位同志一起用抗美援朝的铁路抢修经验指导越南人抢修铁路，并重点负责铁路便桥的设计。仅用 4 个月就指导越南抢修大队抢通了河内到荣市 300 多公里铁路，恢复了向越南南方的战争物资供应。1966 年 7 月回国时获得越南政府授予的友谊勋章。1969 年 7 月到铁道兵 14 师 67 团任总工程师，主持全团的技术工作，参加了京原铁路和沙通铁路的建设。1972 年 7 月再次作为援越铁路抢修专家组的专家赴越南工作，1973 年 2 月回国时再获友谊勋章。在部队先后立三等功 3 次。

纪念章、军功章、友谊勋章（中间 3 枚纪念章，居中为 2019 年颁发的“庆祝中华人民共和国成立 70 周年”纪念章，颁给 1949 年 10 月 1 日前参加革命的离休干部；居右为 2020 年颁发的“抗美援朝 70 周年”纪念章；居左为 2021 年建党 100 周年颁发的“光荣在党 50 年”纪念章。胸前佩戴的是军功章和友谊勋章）

1975 年起在铁道兵地铁设计院任副总工程师。1983 年 7 月随部队集体转业后，在北京城建设计研究总院任副院长。1988 年起在北京市规划委所属的北京设科技术开发中心任总经理。1992 年 12 月离休。

1995 年起受北京市规划委委托，先后组织了北京市设计行业的注册建筑师、注册结构工程师、注册岩土工程师的考前培训，并先后主编了多套辅导教材。

注册工程师考试复习用书

编 委 会

前　言

原建设部（现住房和城乡建设部）和原人事部（现人力资源和社会保障部）从1997年起实施注册结构工程师执业资格考试制度。

本教程前两版曾署名北京市注册工程师管理委员会（结构）编写，修订再版时根据《中华人民共和国行政许可法》，不再冠以注册工程师管理委员会的名义。

本教程的编写教师自1997年起就先后参加了北京市一、二级注册结构工程师基础考试的考前辅导培训工作，他们都是本专业有较深造诣的教授和高级工程师，分别来自北京建筑大学、北京工业大学、北京交通大学、北京工商大学和北京市建筑设计研究院。为了帮助考生们准备考试，教师们根据多年教学实践经验和考生的回馈意见，依据现行考试大纲和最新的教材、规范，以多年辅导培训的教案为基础，编写了本考试复习教程，于2003年正式出版，深受考生欢迎。本教程的目的是指导复习，因此力求简明扼要，联系实际，着重对概念和规范的理解应用，并注意突出重点。

本教程严格按考试大纲编写，并在多年教学实践中不断加以改进。为方便考生复习，本教程分上、下册出版，上册（第一章至第十一章）为上午段公共基础考试内容，下册（第十二章至第十九章）为下午段结构专业基础考试内容。

每章的最前面有一篇"复习指导"，帮助考生在复习每章之前先了解该专业的考试大纲和复习重点。每章的习题按照其所考查的知识点分别放在各节之后，"题解"和"答案"放在每章最后面，考生可以在复习完每一节后，及时做题练习。

为了更好地服务考生，我们依托现行考试大纲和历年套题，配套了各个科目的辅导视频和富媒体电子书（书中含视频、习题），考生们可通过微信扫描上册封面红色二维码（粘贴在封面上），登录"注考大师"获取资源（有效期自领取资源后一年）。

我们每年都根据考试题的实际情况对教程进行修订。本版主要是对一些知识点进行补充说明，对重要知识点进行明确标注，完善部分习题的解析。

参加本教程2024版编写和修订工作的教师有：第一章第一至第七节刘明惠、吴昌泽，第一章第八节、第九节王秋媛、范元玮；第二章魏京花；第三章谢亚勃；第四章刘燕；第五章钱民刚；第六章毛军、李兆年；第七章、第八章黄辉、许怡生；第九章许小重；第十章陈向东；第十一章、第十四章孙伟、李魁元；第十二章侯云芬；第十三章杨松林；第十五章穆静波；第十六章刘世奎；第十七章、第十九章冯东；第十八章王健。

考生在复习本教程时，应结合阅读相应的教材、规范。本教程章节后附有习题，另有配套的《2024一级注册结构工程师执业资格考试基础考试试卷》《2024一级注册结构工程师执业资格考试基础考试复习题集》。建议考生在复习好教程的同时，多做习题，必将对考生巩固、检验复习效果和准备好考试大有帮助。

祝各位考生考试取得好成绩！

注册工程师考试复习用书编委会

2023 年 12 月

主编致考生

一、注册结构工程师在专业考试之前进行基础考试是和国外接轨的做法。通过基础考试并达到职业实践年限后就可以申请参加专业考试。基础考试是考大学中的基础课程，按考试大纲的安排，上午考试段考 11 门课程，120 道题，4 个小时，每题 1 分，共 120 分；下午考试段考 8 门课程，60 道题，4 个小时，每题 2 分，共 120 分；上、下午共 240 分。试题均为 4 选 1 的单选题，平均每题时间上午 2 分钟，下午 4 分钟，因此不会有复杂的论证和计算，主要是检验考生的基本概念和基本知识。考生在复习时不要偏重难度大或过于复杂的知识，而应将复习的注意力主要放在弄清基本概念和基本知识方面。

二、考生在复习本教程之前，应认真阅读“考试大纲”，清楚地了解考试的内容和范围，以便合理制订自己的复习计划。复习时一定要紧扣“考试大纲”的内容，将全面复习与突出重点相结合。着重对“考试大纲”要求掌握的基本概念、基本理论、基本计算方法、计算公式和步骤，以及基本知识的应用等内容有系统、有条理地重点掌握，明白其中的道理和关系，掌握分析问题的方法。本教程中每章前均有一节“复习指导”，摘录了本章的考试大纲并具体说明本章的复习重点、难点和复习中要注意的问题，建议考生认真阅读每章的“复习指导”，参考“复习指导”的意见进行复习。在对基本概念、基本原理和基本知识有一个整体把握的基础上，对每章节的重点、难点进行重点复习和重点掌握。

三、注册结构工程师基础考试上、下午试卷共计 240 分，上、下午不分段计算成绩，这几年及格线都是 55%，也就是说，上、下午试卷总分达到 132 分就可以通过。因此，考生在准备考试时应注意扬长避短。从道理上讲，自己较弱的科目更应该努力复习，但毕竟时间和精力有限。如 2009 年新增加的“信号与信息技术”，据了解，土建非信息专业大多未学过，短时间内要掌握好比较困难，而“信号与信息技术”总共只有 6 道题，6 分，只占总分的 2.5%，也就是说，即使“信号与信息技术”一分未得，其他科目也还有 234 分，从 234 分中考 132 分是完全可以做到的。因此考生可以根据考试分科题量、分数分配和自己的具体情况，计划自己的复习重点和主要得分科目。当然一些主要得分科目是不能放松的，如“结构力学”15 题（下午段）30 分，“数学”24 题（上午段）24 分；“结构设计”12 题（下午段）24 分都是不能放松的；其他科目则可根据自己过去对课程的掌握情况有所侧重，争取在自己过去学得好的课程中多得分。

四、在考试拿到试卷时，建议考生不要顺着题序顺次往下做。因为有的题会比较难，有的题不很熟悉，耽误的时间会比较多，以致最后时间不够，题做不完，有些题会做但时间来不及，这就太得不偿失了。建议考生将做题过程分为四遍：

1.首先用 15～20 分钟将题从头到尾看一遍，一是首先解答自己很熟悉很有把握的题；二是将那些需要稍加思考估计能在平均答题时间里做出的题做个记号。这里说的平均答题时间，是指上午段 4 个小时考 120 道题，平均每题 2 分钟；下午段 4 个小时考 60 道题，平均每题 4 分钟，这个 2 分钟（上午）、4 分钟（下午）就是平均答题时间。将估计在这个时间里能做出来的题做上记号。

2.第二遍做这些做了记号的题，这些题应该在考试时间里能做完，做完了这些题可以说就考出了你的基本水平，不管你基础如何，复习得怎么样，考得如何，至少不会因为会做的题没做完而遗憾了。

3.这些会做或基本会做的题做完以后，如果还有时间，就做那些需要稍多花费时间的题，能做几个算几个，并适当抽时间检查一下已答题的答案。

4.考试时间将近结束时，比如还剩 5 分钟要收卷了，这时你就应看看还有多少道题没有答，这些题确实不会了，建议你也不要放弃。既然是单选，那也不妨估个答案，答对了也是有分的。

五、基础考试是闭卷考试，不允许带书和资料，因此一些重要的公式、规定，考生一定要记住。

六、多做习题，熟做真题，将起到事半功倍的复习效果。本教程节后附有习题，《2024 一级注册结构工程师执业资格考试基础考试试卷》《2024 一级注册结构工程师执业资格考试基础考试复习题集》也分别按照知识点和年份提供了大量习题，建议考生在复习好本教程内容的基础上，多做题，既能帮助巩固已学的概念、理论、方法和公式等；又能发现自己的不足，哪些地方理解得不正确，哪些地方没有掌握好；还可以熟能生巧，提高解题速度。同时，建议考生在复习完本教程以后，在考试前两个月，选取试卷中的几套试题，集中时间，排除干扰，以接近实战地模考，检验一下复习效果。

如读者发现我们教程中有差错，欢迎来信发至邮箱 caowj0818@126.com，我们会尽快核查并回复。

相信这本教程能帮助大家准备好考试。

最后，祝愿各位考生取得好成绩！

曹纬浚

2023 年 12 月

目　录 CONTENTS

第十二章　土木工程材料

复 习 指 导

一、考试大纲

10.1　材料科学与物质结构基础知识

材料的组成：化学组成、矿物组成及其对材料性质的影响。

材料的微观结构及其对材料性质的影响：原子结构、离子键、金属键、共价键和范德华力、晶体与无定形体（玻璃体）。

材料的宏观结构及其对材料性质的影响。

建筑材料的基本性质：密度、表观密度与堆积密度、孔隙与孔隙率特征、亲水性与憎水性、吸水性与吸湿性、耐水性、抗渗性、抗冻性、导热性、强度与变形性能、脆性与韧性。

10.2　材料的性能和应用

无机胶凝材料：气硬性胶凝材料、石膏和石灰技术性质与应用。

水硬性胶凝材料：水泥的组成、水化与凝结硬化机理、性能与应用。

混凝土：原材料技术要求、拌合物的和易性及其影响因素、强度性能与变形性能、耐久性（抗渗性、抗冻性）、碱-骨料反应、混凝土外加剂与配合比设计。

沥青及改性沥青：组成、性质和应用。

建筑钢材：组成和组织与性能的关系、加工处理及其对钢材性能的影响、建筑钢材和种类与选用。

木材：组成、性能与应用。

石材和黏土：组成、性能与应用。

二、复习指导

“土木工程材料”考试大纲提供了一个对复习的基本指南与宏观框架，但很多具体、详细的复习内容不可能在考试大纲中给出，必须加以注意。如果仅仅关注大纲的宏观框架，就可能对复习内容的一些细节掉以轻心，复习得不够全面、充分，致使做题的准确率不高，最终影响考试成绩。因此，在这里综合常见的教材、复习资料、练习题资料和考生普遍、常见的问题，对复习内容整理出尽量具体、详细的提示，希望能对考生的自学复习起到良好的指导作用。

总体而言，各节中以混凝土占的篇幅最多，且混凝土在土木工程中往往是用量最大、作用最为重要的一种结构材料，故第四节混凝土应引起特别重视，作为复习的首要重点。水泥本来仅是混凝土的原材料之一，但由于水泥性能与应用的复杂性，必须将水泥单列一节，给出专门详细的讲解，故从第四节混凝土往前延伸，应先行掌握水泥的内容，在掌握好水泥内容的基础上方可掌握好混凝土的内容。因此，第三节水泥也很重要。水泥仅是胶凝材料的一种，石膏、石灰也属于胶凝材料，但石膏、石灰与水泥有何不同之处，必须明确区分，故在第二节中专门给出胶凝材料的定义与划分以及石膏、石灰的具体特点。第一节则在本教材的开始即给出一些基本、普遍的概念与定义，准确掌握这些概念与定义是十分重要的，因为这些概念与定义在后面的各节中经常要用到。沥青及改性沥青、建筑钢材、木材、石材、黏土作为各具特色的具体材料品种，则在各节中分别列出，虽然相对于混凝土这些具体材料的内容较为简短，但也须分别掌握这些材料的特点。

（一）材料科学与物质结构基础知识

土木工程材料按化学组成可划分为无机材料、有机材料和复合材料的三大类。通常，材料的组成分为化学组成和矿物组成。化学组成指构成材料的基本化合物或单质，而矿物组成则指构成材料尤其是无机非金属材料的以一定具体形式存在的基本化合物。例如水泥化学组成为 SiO_2、CaO、$A1_2O_3$ 与 Fe_2O_3，但矿物组成则为 C_3S、C_2S、C_3A 和 C_4AF。

在材料的微观结构中，首先应掌握晶体、非晶体的区别。在非晶体中掌握玻璃体与胶体的区别。

三种密度的区别应注意掌握。密度与孔隙率、空隙率无关，反映材料的本质与化学组成特征；表观密度与密度、孔隙率有关；堆积密度与表观密度、空隙率有关。应掌握用密度、表观密度计算孔隙率，用表观密度、堆积密度计算空隙率的公式。应掌握孔隙与空隙的区别。

在与水有关的性质中，应掌握亲水性与憎水性的工程意义，掌握润湿边角或接触角θ的含义。应掌握吸水性与吸湿性的区别与联系，掌握计算公式，尤其应注意公式中分母是材料干燥时的质量。在耐水性中，应掌握材料的软化系数K、分母与分子的确切含义。如$K \geqslant 0.85$，则材料具有良好的耐水性。应了解其抗渗性和抗冻性的定义、性能表达方式。在导热性中，应了解其定义与工程意义。在以上性质中，应注意掌握其影响因素，尤其是孔隙率、孔隙连通特征和水的存在对其的影响。

在力学性质中，应掌握在不同受力状态下强度表达式含有哪些参数，掌握强度与孔隙率的关系。区别掌握弹性与塑性、脆性与韧性的不同含义，了解其工程意义。

（二）气硬性无机胶凝材料

应掌握胶凝材料、水硬性、气硬性的特征。

在石灰中，应掌握过火石灰的危害与陈伏的作用。在石灰的硬化中，应掌握两个过程结晶与碳化的含义，掌握建筑石灰和石灰硬化产物的化学组成，分别理解石灰硬化速度慢和气硬性的根源所在。了解石灰的应用，如灰土、三合土、灰砂砖、碳化石灰板。

在石膏中，应掌握建筑石膏与石膏硬化产物的化学组成，理解石膏凝结、硬化过程，理解石膏气硬性的根源所在。了解石膏的性能特点与应用。

（三）水泥

总体而言，主要应掌握六大通用水泥（即硅酸盐水泥、普通硅酸盐水泥、矿渣硅酸盐水泥、火山灰质硅酸盐水泥、粉煤灰硅酸盐水泥和复合硅酸盐水泥）。可根据共性特点将六大通用水泥分为两大类，即硅酸盐水泥、普通硅酸盐水泥为一类，矿渣水泥、火山灰水泥、粉煤灰水泥和复合水泥为另一类，分别掌握；具体在矿渣水泥、火山灰水泥、粉煤灰水泥和复合水泥中，还可分别掌握四种水泥的各自特性。这样就便于化繁为简，理解准确而不易混淆、遗忘，牢固掌握水泥的主要内容。

在硅酸盐水泥中，首先应掌握熟料四大矿物的水化速度、放热量、硬化速度。不必死记硬背水化的每一个化学方程式，但应知道主要由哪些反应物得到哪些主要产物，可将 C_3S、C_2S 同等看待，然后了解 C_3A，C_4AF 也可看作与 C_3A 类似。其中以 C_3A 较为复杂，石膏即因 C_3A 而掺入水泥中，故石膏的作用由此而被牢固掌握。应了解水泥硬化产物的组成与结构。应理解水泥细度、凝结（初凝、终凝）时间的实际意义，理解颗粒尺寸与比表面积的关系。掌握体积安定性的含义，牢固掌握引起安定性不良的三种因素及有关检验方法与标准规定。了解易导致水泥石侵蚀的组成与结构方面的原因，了解防侵蚀的措施。

普通硅酸盐水泥是一种掺加了混合材料的水泥，但由于掺量不大，其性能接近于硅酸盐水泥，故凡硅酸盐水泥的特点基本也适用于普通水泥。

应了解活性混合材料与非活性混合材料的区别。在掺混合材料水泥中应掌握矿渣水泥、火山灰水泥、粉煤灰水泥这三种水泥的共性，也应区别掌握三者的特性。注意这里提到的抗冻性主要指早期抗冻性，抗碳化性在混凝土耐久性中将有详细讲述。复合水泥一般不需专门了解，因为其性能特点主要取决于哪一种混合材料掺量较大，共性则仍同于矿渣水泥、火山灰水泥、粉煤灰水泥。

应理解以上主要五种水泥的性能特点与工程选用。

此外简要掌握铝酸盐水泥和硫铝酸盐水泥。注意掌握这些水泥的主要熟料、主要水化产物、凝结硬化的主要特征、水化产物的强度与耐久性、在哪些工程上适用、有哪些使用禁忌。

白水泥与彩色水泥只需简要了解。白水泥含铁少，在白水泥的基础上加入颜料即可得彩色水泥。注意白水泥的四个等级白度与三个产品等级的划分。快硬硅酸盐水泥是在硅酸盐水泥的基础上增加水化快速的矿物如 C_3A 和 C_3S 而得到的。膨胀水泥和自应力水泥两者的共同特点均是硬化时整体膨胀，其原理均是利用生成膨胀性的高硫型水化硫铝酸钙（钙矾石）。

（四）混凝土

主要应掌握普通混凝土的组成材料，混凝土性能如和易性、力学性能、耐久性、配合比设计。了解重混凝土与轻混凝土的特点与应用。

在混凝土组成材料中，水泥应在第三节掌握。应理解水泥与水组成水泥浆、砂石构成集料、水泥浆与骨料分别所起的作用。在砂石中，结合第一节的空隙率概念，考虑砂或石子堆积形成骨架、填充空隙的效果，从颗粒尺寸-比表面积-水泥消耗量的关系和级配-空隙率-水泥消耗量的关系两个主要角度，理解对砂石细度与级配的技术要求，以满足良好的和易性与降低水泥用量的要求。在以上学习中应重点掌握骨料细度与级配两个概念。了解砂石中的有害杂质的种类与影响。掌握石子压碎指标的含义。结合混凝土耐久性的碱-骨料反应内容，了解石子的碱-骨料反应检测。了解混凝土拌和水的要求。

在混凝土外加剂中，主要应掌握减水剂、引气剂、速凝剂、缓凝剂与早强剂的作用，了解五种减水剂、三乙醇胺早强剂的特点。在混凝土掺合料中，主要了解掺合料与水泥混合材料的同与异。

了解混凝土和易性的含义与测定方法，了解坍落度的范围划分，了解施工中混凝土坍落度选择的原则与要求。理解和易性的影响因素，理解改善和易性的措施。

了解混凝土强度几个主要概念的实际含义。理解强度的影响因素，理解改善强度的措施。牢固掌握混凝土强度公式（即保罗米公式），其中回归系数不必记。

了解混凝土变形中非荷载变形的几种方式、引起变形的原因、变形是否可引起混凝土开裂。了解混凝土变形中受力变形的内容，了解在短期荷载作用下的应力-应变关系与弹性模量测定及其影响因素，了解徐变的影响因素与其对混凝土结构的作用。

了解混凝土耐久性的各分项内容，如抗渗性、抗冻性、碱-骨料反应、抗碳化性、抗化学侵蚀性。了解其影响因素、改善措施。化学侵蚀性可与第三节水泥石的侵蚀与防侵蚀内容相联系。了解氯离子（Cl^-）

对钢筋混凝土结构耐久性的影响。

了解混凝土配合比设计的三大步骤，即设计计算、试配与调整、施工配合比换算。在设计计算中，掌握配制强度的计算、水灰比的确定。掌握施工配合比换算公式，可与第一节吸水性与吸湿性计算内容相联系。

（五）沥青及改性沥青

主要掌握石油沥青内容。了解石油沥青的组成特点、组丛的划分及其对沥青性能的影响。掌握沥青主要技术性质如黏性、塑性、温度稳定性、大气稳定性，尤其是前三个的表达方式、与沥青性能的关系。

了解煤沥青的主要优缺点。

了解石油沥青改性的主要方式与效果。

了解沥青的主要应用方式，冷底子油、沥青胶、嵌缝油膏的组成原材料与施工应用特点。了解沥青防水卷材，尤其是石油沥青油毡的标号划分方法、石油沥青卷材与煤沥青卷材的黏结方式特点。

了解合成高分子防水材料相对于沥青防水材料的主要特点，了解三元乙丙橡胶防水卷材的使用温度范围与优缺点。

（六）建筑钢材

了解建筑钢材分别按化学成分与脱氧程度的划分方式。掌握钢材的主要力学性能、工艺性能及指标，注意了解其中低碳钢与硬钢的应力-应变曲线特点、屈服点、$\sigma_{0.2}$、屈强比、伸长率、冷脆性。了解钢材中合金元素与有害元素的划分，掌握各有害元素对钢材性能的影响。掌握钢材的冷加工和冷加工时效两个概念及其对钢材性能的不同影响。

掌握钢材牌号的表达方法与含义，了解常用的Q235号钢特点和沸腾钢的使用限制。了解型钢与钢板的使用。了解各种钢筋和钢丝的特点，了解钢材防锈与防火的措施。

（七）木材

掌握木材的分类。掌握纤维饱和点、平衡含水率、窑干含水率的含义与数值范围，掌握大于或小于纤维饱和点的含水率对木材强度与体积膨胀的不同影响。掌握木材在不同方向的胀缩变化特点。掌握木材强度的各向异性，如顺纹抗拉、横纹抗拉、横纹抗压等的数值高低。了解木材的防腐、木材初级产品种类。

（八）石材

掌握花岗岩与大理石的岩石属性、造岩矿物、主要化学成分、酸碱性。掌握花岗岩与大理石的主要优缺点、工程适用范围。

（九）黏土

了解土的组成。了解土粒的大小与土的级配。了解颗粒分析两参数与级配的关系。了解土的液相类型。掌握土的干密度与干重度的含义。了解土的相对密实度。了解黏性土的稠度与三种界限含水率的含义。掌握影响土压实性的因素。

土木工程材料，又称建筑材料，是形成土木工程各种建筑物和构筑物的物质基础。材料的性能与质量直接影响着建筑结构的效能与使用寿命。依据结构的设计与使用要求合理地选用材料，将会产生良好的经济效益与社会效益。因此，无论对于结构设计还是施工，建筑材料的使用与选择均占有重要的地位。要做到这一切，重要的一点是对建筑材料有全面与深入的了解。

本章将简要介绍主要建筑材料的组成及内部结构、基本性质及表征指标，并对建筑结构中常用的建材类型分述其性能与应用。

第一节　材料科学知识与土木工程材料的基本性质

一、材料科学知识

材料的组成、结构是决定材料性质的内在因素，要了解材料的性质，必须先了解材料的组成、结构与材料性质之间的关系。

（1）材料的组成

材料的组成分为化学组成和矿物组成。化学组成影响着材料的化学性质，矿物组成影响着材料的物理力学性质。

（2）化学组成

材料的化学组成是指材料的化学成分。金属材料以化学元素表示，如钢材中的化学元素有 Fe、C、Si、Mn、S、P 等；无机非金属材料通常用各种氧化物表示，如水泥主要的氧化物包括 CaO、SiO_2、Al_2O_3、Fe_2O_3 等；有机聚合物则以有机元素链节重复形式表示，如 C—H。

化学组成影响材料的化学性质，如钢材主要化学成分为 Fe，所以容易生锈。有机材料由 C—H 化合物及其衍生物组成，所以容易老化。

由于化学成分对材料的性质影响很大，所以通常按照材料的化学组成将其划分为无机材料、有机材料和复合材料三大类，详见表 12-1-1。

土木工程材料的分类　　表 12-1-1

分类			实例
无机材料	非金属材料	天然石材	毛石、料石、石板、碎石、卵石、砂
		烧土制品	黏土砖、黏土瓦、陶器、炻器、瓷器
		玻璃及熔融制品	玻璃、玻璃棉、矿棉、铸石
		胶凝材料	石膏、石灰、菱苦土、水玻璃以及各种水泥
		砂浆及混凝土	砌筑砂浆、抹面砂浆、普通混凝土、轻骨料混凝土
		硅酸盐制品	灰砂砖、硅酸盐砌块
	金属材料	黑色金属	铁、钢
		有色金属	铝、铜及其合金
有机材料	植物质材料		木材、竹材
	沥青材料		石油沥青、煤沥青
	合成高分子材料		塑料、合成橡胶、胶黏剂
复合材料	金属-非金属		钢纤混凝土、钢筋混凝土
	无机非金属-有机		玻纤增强塑料、聚合物混凝土、沥青混凝土、人造石
	金属-有机		PVC 涂层钢板、轻质金属夹芯板、铝塑板

2. 矿物组成

将材料中具有特定晶体结构和特定物理力学性能的组织结构称为矿物。矿物组成是指构成材料的矿物种类和数量。如花岗岩的主要矿物组成为长石和石英，酸性岩石多，因此，花岗岩强度高，硬度大，耐磨性好，耐酸性好，抗风化性能好。大理石的主要矿物为方解石和白云石，碱性岩石多，因此，大理石强度、硬度、耐磨性不如花岗岩，不耐酸腐蚀，抗风化性能差，不适宜于室外环境。

3. 相组成

将材料中结构相近、性质相同的均匀部分称为相。同一材料可由多相物质组成。如建筑钢材中就有铁素体、珠光体和渗碳体等基本组织，其中铁素体软，渗碳体硬，它们的比例不同，就能生产出不同性能的钢材。复合材料是宏观层次上的多相组成材料，如铝塑板、钢筋水泥混凝土。

（二）材料的结构

按照尺度可将材料的结构划分为微观结构、细观结构和宏观结构三个层次，是决定材料性质的重要因素之一。

1. 微观结构

材料的微观结构是指用电子显微镜或 X 射线来分析研究的原子、分子层次的结构。材料的微观结构决定材料的物理力学性质，如强度、硬度、熔点、导热、导电性等。

按照材料微观质点的排列特征或联结方式，材料的微观结构分为晶体、非晶体。

（1）晶体结构

在空间上，质点（离子、分子、原子）按特定的规则、呈周期性排列的固体称为晶体。具体来说，内部质点具有长程有序（即沿特定的长度方向规则排列）及平移有序（即晶格结构可以周期式平移）的特点。原子排列示例如图 12-1-1a）所示。

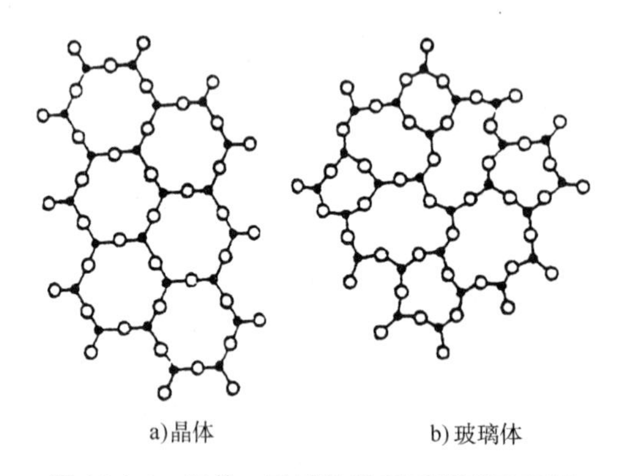

图 12-1-1　晶体、玻璃体的原子排列示意图

晶格构造的有序特点使晶体具有特定的几何外形、固定的熔点和化学稳定性。微观晶体固定的几何外形使其表现为各向异性，但因实际使用的晶体材料通常由众多细小晶粒随机排布而成，这使得宏观晶体材料（如建筑钢材）呈现出各向同性的特点。

根据组成晶体的质点及化学键的不同，晶体分为：

原子晶体：中性原子以共价键结合而成的晶体，如石英。

离子晶体：正负离子以离子键结合而成的晶体，如 NaCl。

分子晶体：以范德华力，即分子间结合力结合而成的晶体，如冰、干冰。

金属晶体：以金属阳离子为晶格，由自由电子与金属阳离子间的金属键结合而成的晶体，如铁、铝。

（2）非晶体结构

非晶体包括玻璃体和胶体两类。

熔融状态的材料在急速冷却时，其质点来不及或因某种因素不能规则排列就凝固所形成的结构称为玻璃体，其结构特征为质点在空间上呈现完全无序排列，故又称为无定形体，如图 12-1-1b）所示。质点的无序排列使玻璃体没有固定熔点，化学活性高，且表现为各向同性。

胶体是由许多极微小固体粒子（粒径为 1~100nm，称为分散质）分散在连续介质中形成的结构。由于分散质颗粒极细，总表面积巨大，使胶体具有吸附性和黏结力。如果胶体中的微粒可做布朗运动，即为溶胶，溶胶可流动；溶胶脱水或微粒因凝结而不再做布朗运动时，则称为凝胶；凝胶完全脱水后则称为干凝胶，具有固体的性质，可产生一定的强度，如硅酸盐水泥水化形成的水化硅酸钙凝胶、石油沥青等。

2. 细观结构

细观结构（也称亚微观结构）是指在光学显微镜下能观察到的结构，主要用于研究材料内部晶粒的大小及形态、晶界与界面、孔隙与微裂纹等。

材料细观结构层次上各种组织的特征、数量、分布等对材料性能有重要影响，如金属材料晶粒大小、金相组织等直接影响其强度、硬度、塑性、韧性等技术性能。

3. 宏观结构

宏观结构是指可以通过目测或放大镜观察到的结构，可根据宏观结构的密实度（或孔隙特征）和构造方式将其细分。

（1）按照材料的宏观构造特征分类

堆聚结构：由骨料与胶凝材料结合而成的材料，如水泥混凝土等。

纤维结构：由纤维状物质构成的材料结构，纤维之间存在相当多的孔隙，如木材、玻璃纤维、有机纤维等，平行纤维方向的抗拉强度较高，能用作保温隔热和吸声材料。

层状结构：将材料叠合而成的结构，如胶合板等，各层材料性质不同，但叠合后材料的综合性质较好，扩大了材料的使用范围。

散粒结构（粒状结构）：材料呈松散颗粒状的结构，如砂石骨料、黏土陶粒等。

（2）按照材料的宏观孔隙特征分类

致密结构：无孔隙存在的材料，如玻璃、钢材等，具有吸水率低、强度好、抗渗性好等性质。

多孔结构：有粗大孔隙的结构，如加气混凝土、泡沫塑料、泡沫混凝土等。

微孔结构：有微细的孔隙结构，如黏土砖、石膏制品等。

孔隙率高（如多孔结构和微孔结构）的材料，质量轻、强度较低，但保温、隔热、吸声性好。

由本节的简要综述可以看出，土木工程材料的性质，从根本上来说，取决于其内部（或自身）的组成与结构。一旦材料组成已经确定，无论在什么尺度上的结构，都会在不同方面影响其性能；或者说，材料的内部结构是材料性质的内因，是理解与运用材料的基础。在随后各节有关材料的学习中，都要以这个基本观点与方法来作为理解与掌握的基础。

【例 12-1-1】 两种元素化合形成离子化合物，其阴离子将：

A. 获得电子　　B. 失去电子

C. 既不获得电子也不失去电子　　D. 与别的阴离子共用自由电子

解　两种元素化合形成离子化合物，其阴离子获得电子，带负电荷，阳离子失去电子，带正电荷。

答案：A

【例 12-1-2】具有一定的化学组成、内部质点周期排列的固体，称为：

A. 晶体　　B. 凝胶体

C. 玻璃体　　D. 溶胶体

解　物质按照微观粒子排列方式分为晶体和非晶体（也称玻璃体）。

晶体的基本质点按照一定的规律排列，而且按照一定的周期重复出现，即具有各向异性的性质，具有固定的熔点。

玻璃体的粒子呈无序排列，也称无定型体，无固定熔点，各向同性，导热性差，且具有潜在的化学活性，在一定条件下容易与其他物质发生化学反应。

胶体属于非晶体，是微小固体粒子（粒径为 1~100nm）分散在连续介质中而成，因为质点很微小，表面积很大，所以表面能很大，吸附能力很强，使胶体具有很强的黏结力，胶体又分为凝胶体、溶胶体和溶-凝胶体。

所以具有一定的化学组成、内部质点周期排列的固体为晶体。

答案：A

二、土木工程材料的基本性质

各种建筑物均由材料构建而成。不同的建筑物有不同的功能要求，即使是同一建筑物，其不同部位所起的作用也会有所不同。实现各种功能要求的基本手段之一是合理运用土木工程材料。还需指出，不同的建筑物所处的工作环境不尽相同，而且建筑物还要历经寒暑季节的变化。因此，对土木工程材料基本性质的要求是多方面的，如物理性质、力学性质、耐久性、防火性、装饰性等。

本部分将简要介绍这些基本性质及其指标，并对其中最重要的指标的测定与计算作扼要叙述。

（一）土木工程材料的物理参数

1. 密度

密度是指材料在绝对密实状态下单位体积的质量，又称质量密度（ρ），可表示为：

$$\rho=\frac{m}{V} \tag{12-1-1}$$

式中：ρ—密度（g/cm^3）；

m—材料在干燥状态下的质量（g）；

V—材料在绝对密实状态下的体积（cm^3）。

绝对密实状态下的体积是指不包括孔隙在内的体积，如图 12-1-2a）所示，且与外界条件变化与否无关，只与材料中固体物质的体积有关。测定有孔材料的绝对密实体积时，须将材料磨成细粉，干燥后用李氏瓶（排液置换法）测定。

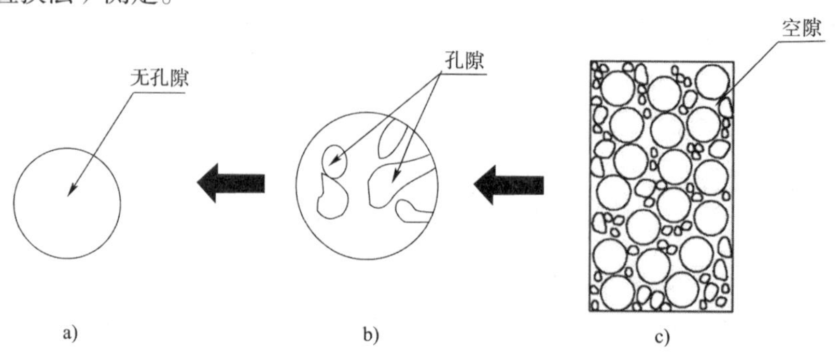

图 12-1-2　材料不同状态下的体积

相对密度（旧称“比重”），是指物质密度与标准大气压下，4℃水的密度的比值，无量纲。标准大气压下，4℃水的密度为$1g/cm^3$，所以物质的密度与相对密度在数值上相同。

2. 表观密度

表观密度是指材料在自然状态下单位体积的质量，亦称体积密度（ρ_0），可表示为：

$$\rho_0 = \frac{m}{V_0} \tag{12-1-2}$$

式中：ρ_0—表观密度（g/cm^3或kg/m^3）；

m—材料的质量（g 或 kg）；

V_0—材料在自然状态下体积（cm^3或m^3）。

材料自然状态下的体积是指包括内部孔隙在内的体积，如图 12-1-2b）所示。材料表观密度的大小与其含水情况有关，需要说明含水情况，通常材料的表观密度是指气干状态下的表观密度。材料在烘干状态下的表观密度称为干表观密度。

3. 堆积密度

散粒材料在自然堆积状态下单位体积的质量，称为堆积密度（ρ_0'），可表示为：

$$\rho_0' = \frac{m}{V_0'} \tag{12-1-3}$$

式中：ρ_0'—散粒材料的堆积密度（kg/m^3）；

m—散粒材料的质量（kg）；

V_0'—散粒材料在自然堆积状态下的体积（m^3）。

颗粒材料在堆积状态下的体积，不仅包括材料内部的孔隙，还包括颗粒间的空隙，如图 12-1-2c）所示。

密度（ρ）、表观密度（ρ_0）和堆积密度（ρ_0'）均指材料单位体积的质量，不同之处在于确定单位体积时材料所处的状态不同，所以对于同一材料而言，$\rho > \rho_0 > \rho_0'$。

常用土木工程材料的密度、表观密度及堆积密度见表 12-1-2。

常用土木工程材料的密度、表观密度及堆积密度　　表 12-1-2

材　料	密度ρ（g/cm^3）	表观密度ρ_0（kg/m^3）	堆积密度ρ_0'（kg/m^3）
石灰石	2.60	2 300~2 600	—
花岗石	2.80	2 500~2 800	—
碎石（石灰石）	2.60	—	1 400~1 700
砂	2.60	—	1 450~1 650
黏土	2.60	—	1 600~1 800
普通黏土砖	2.50	1 600~1 800	—
黏土空心砖	2.50	1 000~1 400	—
水泥	3.10	—	1 200~1 300
普通混凝土	—	2 000~2 800	—
轻混凝土	—	800~1 900	—
木材	1.55	400~800	—
钢材	7.85	7 850	—
泡沫塑料	—	20~50	—

4. 孔隙率与密实度

孔隙率是指材料中孔隙的体积占材料总体积的百分率（P），可表示为：

$$P = \frac{V_0 - V}{V_0} \times 100\% = \left(1 - \frac{\rho_0}{\rho}\right) \times 100\% \tag{12-1-4}$$

材料中固体体积占总体积的百分率称为材料的密实度（D）。孔隙率和密实度之和为1，即$P + D = 1$。

材料的孔隙率和密实度直接反映材料的密实程度。

材料孔隙率的大小及孔隙特征对材料的性能（如吸水性、保温性、抗冻性、抗渗性等）有很大的影响。孔隙特征包括孔隙构造（开口与闭口状态）和孔径大小。开口孔隙与外面大气相连，水、空气能进出；而闭口孔隙封闭在材料内部。一般情况下，孔隙率大的材料适宜用作保温材料和吸声材料，同时，还要考虑孔隙的开口与闭口状态，开口孔隙对吸声有利，但对材料的强度、抗渗性、抗冻性等均不利；微小而均匀的闭口孔隙除对材料的抗渗性、抗冻性有利外，还能降低导热系数，使材料具有绝热性能。总之，对于同种材料，孔隙率相同时，其性质不一定相同。按孔隙尺寸大小又将孔隙分为大孔、中孔和小孔。

5. 空隙率与填充率

空隙率是指散粒材料在堆积体积中，颗粒间空隙体积占总体积的百分率（P'），可由下式计算：

$$P' = \frac{V_0' - V_0}{V_0'} \times 100\% = \left(1 - \frac{\rho_0'}{\rho_0}\right) \times 100\% \tag{12-1-5}$$

填充率是指散粒材料在堆积体积中，颗粒体积占总体积的百分率，填充率+空隙率=1。

空隙率和填充率大小反映了散粒材料颗粒互相填充的致密程度。在配制混凝土时，为了节约水泥，石子空隙被砂子填充，砂子空隙被水泥填充，所以空隙率和填充率可作为控制砂石级配和计算砂率的依据。

【例 12-1-3】 材料的孔隙率降低，则其：

A. 密度增大而强度提高　　B. 表观密度增大而强度提高

C. 密度减小而强度降低　　D. 表观密度减小而强度降低

解　材料的密度是指材料在绝对密实状态下单位体积的质量，不包含材料内部的孔隙。表观密度是指材料在自然状态下单位体积的质量，包含内部孔隙。孔隙率是指孔隙体积占总体积的百分率。所以密度与孔隙率无关，孔隙率降低，即材料中孔隙体积减小，表观密度增大，而强度提高。

答案：B

【例 12-1-4】 密度为2.6g/cm^3的岩石具有10%的孔隙率，其表观密度为：

A. $2\,340\text{kg/m}^3$　　B. $2\,680\text{kg/m}^3$　　C. $2\,600\text{kg/m}^3$　　D. $2\,364\text{kg/m}^3$

解

$$孔隙率P = 1 - \frac{表观密度}{密度}$$

$$表观密度 = (1 - P) \times 密度 = (1 - 10\%) \times 2.6 = 2.34\text{g/cm}^3 = 2\,340\text{kg/m}^3$$

答案：A

【例 12-1-5】 材料在绝对密实状态下，单位体积的质量称为：

A. 密度　　B. 表观密度　　C. 密实度　　D. 堆积密度

解　材料在绝对密实状态下，单位体积的质量称为密度；材料在自然状态下，单位体积的质量称为表观密度；散粒材料在堆积状态下，单位体积的质量称为堆积密度。材料中固体体积占自然状态体积的百分比称为密实度。

答案：A

（二）土木工程材料的物理性质

1. 材料的亲水性和憎水性

材料表面与水或空气中的水汽接触时，会产生不同程度的润湿。材料表面能被水润湿的性质称为亲水性，材料表面不能被水润湿的性质称为憎水性。表面能被水润湿的材料为亲水材料，如砖、混凝土、木材等；表面不会被水润湿的材料为憎水材料，如石蜡、沥青、树脂、橡胶等，憎水材料适合用作防水和防潮材料。

材料表面吸附水或水汽而被润湿的性质与材料本身的组成和分子结构有关。材料与水接触时，材料分子与水分子间的亲和作用力大于水分子间的内聚力，材料表面易被水润湿，且水能通过毛细管作用而被吸入材料内部，表现为亲水性；反之，当接触的材料分子与水分子间的亲和作用力小于水分子间的内聚力时，材料表面不易被水润湿，表现为憎水性。

材料被水湿润的情况可用润湿边角θ表示。当材料与水接触时，在材料、水、空气三相的交点处，作沿水滴表面的切线，此切线与材料和水接触面的夹角θ，称为润湿边角，如图 12-1-3 所示。θ角越小，表明材料越容易被水润湿。$\theta \leq 90°$时，材料能被水湿润，称为亲水性材料；$\theta > 90°$时，材料表面不易吸附水，称为憎水性材料。

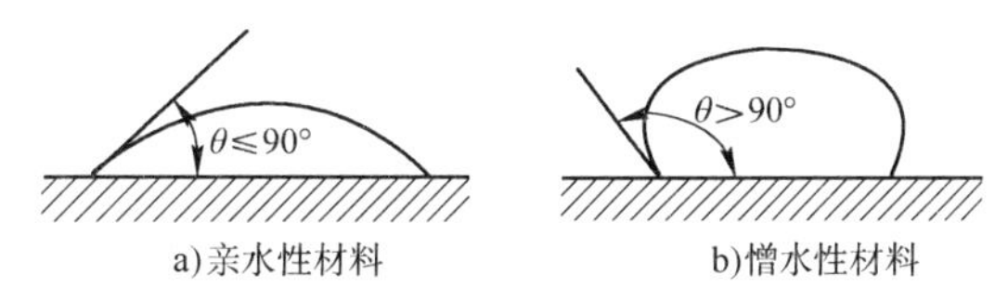

图 12-1-3　材料润湿示意图

2. 材料的吸水性和吸湿性

（1）吸水性

吸水性是指材料在水中吸收水分的性质，吸水性的大小用吸水率表示。质量吸水率指材料吸水饱和后，吸入水的质量占材料干燥质量的百分率，可以下式表示：

$$W_{\mathrm{m}} = \frac{m_1 - m}{m} \times 100\% \tag{12-1-6}$$

式中：W_{m}—材料质量吸水率（%）；

m_1—材料吸水饱和状态下的质量（g 或 kg）；

m—材料在干燥状态下的质量（g 或 kg）。

材料的吸水性与材料的亲水性、憎水性有关，还与材料的孔隙率和孔隙特征有关。封闭孔隙水分不能进入，粗大开口孔隙水分不能留存，所以吸水率都小。细微连通孔隙，孔隙率越大，则吸水率越大。因此，具有很多细微开口孔隙的亲水性材料，其吸水性强。

由于孔隙率和孔隙结构不同，各种材料的吸水率相差很大，如花岗岩等致密岩石的吸水率仅为0.5%~0.7%，普通混凝土的吸水率为 2%~3%，黏土砖的吸水率为 8%~20%，而加气混凝土、软木等轻质材料的吸水率常大于 100%。

（2）吸湿性

吸湿性是指材料在潮湿空气中吸收水分的性质，用含水率表示。含水率是指材料内部所含水的质量占材料干质量的百分率，可用下式表示：

$$w = \frac{m_{湿} - m}{m} \times 100\% \tag{12-1-7}$$

式中：w—含水率（%）；

$m_{湿}$—材料吸收空气中水分后的质量（g 或 kg）；

m—材料干燥状态下的质量（g 或 kg）。

材料的含水率除与孔隙率有关外，还随环境温度和湿度变化而异，材料含水率与空气湿度达到平衡时的含水率称为材料的平衡含水率。平衡含水率是一种动态平衡，即材料不断从空气中吸收水分，也可以向空气中释放水分，以保持含水率稳定。可利用石膏、木材等多孔材料的平衡含水特性，即当空气干燥时材料释放水分，反之材料吸收水分，微调节室内湿度，使其变化较小。

材料吸水或吸湿含水后都会使材料的性质改变，如表观密度和导热系数增大，强度降低、体积膨胀，因此，水对材料性质会产生不利影响。

3. 材料的耐水性

材料长期在饱和水作用下不破坏，强度也不显著降低的性质称为耐水性。材料的耐水性用软化系数来表示，即材料在水饱和状态下的抗压强度与材料在干燥状态下的抗压强度之比，可用下式表示：

$$K=\frac{f_{\mathrm{b}}}{f_{\mathrm{g}}} \tag{12-1-8}$$

式中：K—材料的软化系数；

f_{b}—材料在水饱和状态下的抗压强度（MPa）；

f_{g}—材料在干燥状态下的抗压强度（MPa）。

软化系数的大小表明材料在浸水饱和后保持抗压强度的能力，一般材料遇水后，内部质点的结合力减弱，强度会有不同程度的降低，如花岗岩长期浸泡在水中，强度将下降 3%，黏土砖和木材吸水后强度降低更大，所以，材料的软化系数在 0~1 之间，软化系数越小，说明材料吸水后强度降低越多，耐水性越差，通常把软化系数大于 0.85 的材料称为耐水材料。长期受水浸泡或处于潮湿环境的重要结构，必须选用软化系数不低于 0.85 的材料；受潮较轻或次要结构的材料，其软化系数不宜低于 0.75。

4. 材料的抗渗性

材料抵抗压力水渗透的性质称为抗渗性，或不透水性。材料的抗渗性通常用渗透系数来表示。

$$k=\frac{Qd}{AtH} \tag{12-1-9}$$

式中：k—材料的渗透系数（cm/h）；

Q—渗水量（cm^3）；

d—试件厚度（cm）；

H—静水压力水头（cm）；

t—渗水时间（h）；

A—渗水面积（cm^2）。

由公式（12-1-9）可知，渗透系数是指一定厚度的材料，在单位压力水头作用下，在单位时间内透过单位面积的水量，渗透系数越小，表明材料渗透的水量越少，抗渗性越好。

对于混凝土或砂浆用抗渗等级表示其抗渗性，抗渗等级是以规定的试件在标准试验方法下所能承受的最大水压力来确定，所以，抗渗等级越大，混凝土或砂浆的抗渗性越好。

材料的抗渗性好坏与其孔隙率及孔隙特征有关。开口大的孔，水易渗入，材料的抗渗性差；微细连通孔也易渗入水，材料的抗渗性差；闭口孔水不易渗入，即使孔隙率较大，材料的抗渗性也良好。

抗渗性是决定材料耐久性的主要因素，对于地下建筑及水工构筑物，因常受到压力水的作用，所以要求材料具有一定的抗渗性。对于防水材料，则要求具有更高的抗渗性。材料抵抗其他流体渗透的性质，也属于抗渗性。

5. 材料的抗冻性

材料在水饱和状态下，能经受多次冻融循环（冻结和融化）作用而不破坏、强度也不严重降低的性质称为材料的抗冻性。

混凝土的抗冻性可用抗冻等级“Fn”和抗冻标号“Dn”表示，n为最大冻融次数，如F25、F50或D25、D50等。抗冻等级是采用100mm × 100mm × 400mm的棱柱体试件，经一定快速冻融试验后，质量损失率不超过 5%，相对动弹性模量值不小于 60%时所承受的最大循环次数。抗冻标号是采用边长100mm 的立方体试块，进行慢冻试验（冻 4h，融 4h），质量损失率不超过 5%，抗压强度下降不超过25%时所承受的最大冻融循环次数。抗冻等级或抗冻标号越大，材料的抗冻性越好。对于水工及冬季气温在−15℃的地区工程，应考虑材料的抗冻性。

材料在冻融循环作用下产生破坏主要是由于材料内部孔隙中的水结冰时体积膨胀（约9%）所致，冰膨胀对材料孔壁产生巨大的压力，由此产生的拉应力超过材料的抗拉强度极限时，材料内部产生微裂缝，强度下降。所以材料的抗冻性与材料的孔隙率、孔隙构造、孔隙被水充满的程度和材料对水分结冰体积膨胀所产生压力的抵抗能力等因素有关。密实或具有封闭孔隙的材料抗冻性好。

抗冻性良好的材料，对于抵抗大气温度变化、干湿交替等风化作用的能力通常也较强，所以抗冻性常作为考查材料耐久性的一项指标。处于温暖地区的建筑物，虽无冰冻作用，但为抵抗大气的作用，确保建筑物的耐久性，有时对材料也提出一定的抗冻性要求。

6. 材料的导热性

在建筑中，除了满足必要的强度及其他性能的要求外，土木工程材料还必须具有一定的热工性质，以降低建筑物的使用能耗，创造适宜的生活与生产环境。导热性是土木工程材料的一项重要热工性质。

导热性是指材料传递热量的能力。材料的导热性可用导热系数来表示，导热系数的物理意义是：厚度为 1m 的材料，当温度改变 1K 时，在 1s 时间内通过 $1m^2$ 面积的热量，可用下式表示。

$$\lambda = \frac{Qa}{(t_1 - t_2)At} \tag{12-1-10}$$

式中：λ—材料的导热系数 [W/(m · K)]；

Q—总传热量（J）；

a—材料厚度（m）；

$t_1 - t_2$—材料两侧绝对温度之差（K）；

A—传热面积（m^2）；

t—传热时间（s）。

材料的导热系数越小，表示材料的导热性越差，绝热性能越好。几种典型材料的热工性质指标见表 12-1-3。

典型材料的热工性质指标　　表 12-1-3

材　料	导热系数 [W/(m · K)]	比热容 [J/(g · K)]	材　料	导热系数 [W/(m · K)]	比热容 [J/(g · K)]
铜	370	0.38	绝热用纤维板	0.05	1.46
钢	55	0.46	玻璃棉板	0.04	0.88
花岗石	2.9	0.80	泡沫塑料	0.03	1.30

续上表

材　　料	导热系数 [W/(m·K)]	比热容 [J/(g·K)]	材　　料	导热系数 [W/(m·K)]	比热容 [J/(g·K)]
普通混凝土	1.8	0.88	冰	2.20	2.05
普通黏土砖	0.55	0.84	水	0.58	4.19
松木（横纹）	0.15	1.63	密闭空气	0.023	1.00

影响土木工程材料导热系数的主要因素有：

（1）材料的组成与结构。通常金属材料、无机材料、晶体材料的导热系数分别大于非金属材料、有机材料、非晶体材料。

（2）孔隙率。孔隙率大，含空气多，则材料表观密度小，其导热系数也就小，这是由于空气的导热系数小（为 0.023）的缘故。

（3）孔隙特征。在相同孔隙率的情况下，细小孔隙、闭口孔隙组成的材料比粗大孔隙、开口孔隙的材料导热系数小，因为前者避免了对流传热。

（4）含水情况。当材料含水或含冰时，材料的导热系数会急剧增大，因为水和冰的导热系数分别为 0.58 和 2.20。

工程中通常将导热系数小于0.23W/(m·K)的材料为绝热材料。

【例 12-1-6】 憎水性材料的润湿边角：

A. >90°　　B. ≤90°　　C. >135°　　D. ≤180°

解　材料能被水润湿的性质称为亲水性，材料不能被水润湿的性质称为憎水性。一般可以按润湿边角的大小将材料分为亲水性材料和憎水性材料。润湿边角是指在材料、水和空气的交点处，沿水滴表面的切线与水和固体接触面所形成的夹角。亲水性材料的润湿边角≤90°，憎水性材料的润湿边角>90°。

答案： A

【例 12-1-7】 在组成一定时，为使材料的导热系数降低，应：

A. 提高材料的孔隙率　　B. 提高材料的含水率

C. 增加开口大孔的比例　　D. 提高材料的密实度

解　因为空气的导热系数为0.023W/(m·K)，水的导热系数为0.58W/(m·K)，在组成一定时，增加空气含量（即提高孔隙率，降低密实度）可以降低导热系数，如果孔隙中含水，则增大了导热系数，开口孔隙会形成对流传热效果，使导热能力增大。所以在组成一定时，为使材料的导热系数降低，应该提高材料的孔隙率。

答案： A

【例 12-1-8】 材料抗渗性的高低主要取决于：

A 密度　　B 强度　　C 含水性　　D 孔隙特征

解　材料的抗渗性指材料抵抗压力水渗透的性能，主要取决于孔隙率和孔隙特征。孔隙率越低，密实度越大，抗渗性越高；具有封闭孔隙时，材料的抗渗性越高。密度是指材料在绝对密实状态下，单位体积质量。强度是指材料抵抗外力破坏的能力。

答案： D

（三）土木工程材料的力学性质

土木工程材料要达到稳定、安全、适用，材料的力学性质是首先要考虑的基本性质。材料的力学性质是指材料在外力作用下的变形性质和抵抗外力破坏的能力。

1. 材料的强度和强度等级

材料在外力（荷载）作用下抵抗破坏的能力，称为材料的强度。当材料承受外力作用时，内部就产生应力。外力逐渐增加，应力也相应加大，直到质点间作用力不再能够承受时，材料即破坏，此时的极限应力值就是材料的强度。

根据外力作用的形式不同，材料的强度分为抗压强度、抗拉强度、抗弯强度及抗剪强度等，如图 12-1-4 所示。

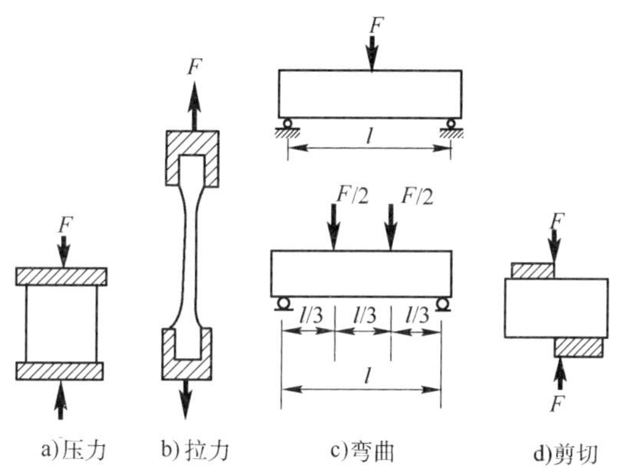

图 12-1-4　材料受力示意图

材料的抗压强度（f_a）、抗拉强度（f_t）及抗剪强度（f_v）的计算公式如下：

$$f=\frac{F}{A} \tag{12-1-11}$$

式中：F—材料破坏时最大荷载（N）；

A—材料受力截面面积（mm^2）。

材料的抗弯强度与受力情况、截面形状及支承条件等有关，通常将矩形截面条形试件放在两支点上，中间作用一集中荷载，称为三点弯曲，抗弯强度计算式为：

$$f_{tm}=\frac{3PL}{2bh^2} \tag{12-1-12}$$

也有时在跨度的三分点上作用两个相等的集中荷载，称为四点弯曲，则其抗弯强度计算式为：

$$f_{tm}=\frac{PL}{bh^2} \tag{12-1-13}$$

式中：f_{tm}—抗弯强度（MPa）；

P—弯曲破坏时最大荷载（N）；

L—两支点间的跨距（mm）；

b、h—试件横截面的宽及高（mm）。

各种土木工程材料的强度特点差异很大，见表 12-1-4。

几种常用材料的强度（单位：MPa）　　表 12-1-4

材　料	抗压强度	抗拉强度	抗弯强度
花岗岩	100~250	7~25	10~14
大理石	50 190	7~25	6~20
普通黏土砖	5~20	—	1.6~4.0
普通混凝土	10~60	1~9	—

续上表

材　料	抗 压 强 度	抗 拉 强 度	抗 弯 强 度
松木（顺纹）	30~50	80~120	60~100
建筑钢材	240~1 500	240~1 500	—

为了使用方便，土木工程材料常按其强度高低划分为若干个等级，例如钢材按拉伸试验测得的屈服强度确定钢材的牌号或等级，水泥按抗压强度和抗折强度确定强度等级，普通混凝土按其抗压强度确定强度等级。

为衡量材料轻质高强方面的属性，还需规定一个相关的性能指标，称为比强度。比强度是指材料强度对其表观密度的比值，该值越大，表明该材料具有越好的轻质高强属性。

2. 弹性与塑性

在外力作用下，材料产生变形，外力取消后变形消失，材料能完全恢复原来形状的性质称为弹性，这种外力去除后即可恢复的变形为弹性变形，属可逆变形，弹性变形值与外力成正比，这个比值称为弹性模量。在弹性变形范围内，E为常数，即：

$$E=\frac{\sigma}{\varepsilon} \tag{12-1-14}$$

式中：σ—材料的应力（MPa）；

ε—材料的应变。

弹性模量是衡量材料在弹性范围内抵抗变形能力的指标，该值越大，材料抵抗变形的能力越强，材料受力变形越小。

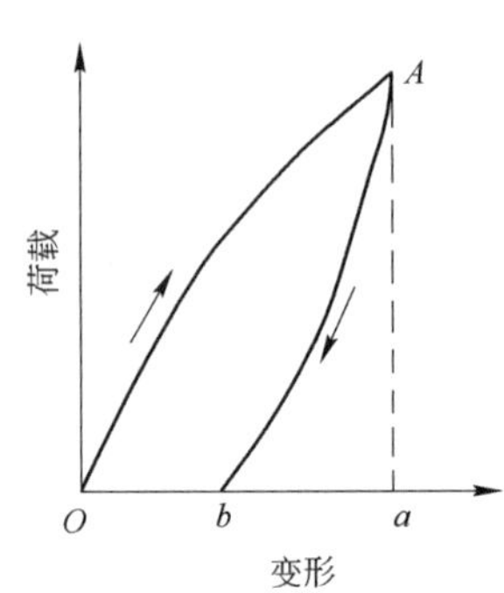

图 12-1-5　弹-塑性材料的变形曲线

在外力作用下材料产生变形，当外力取消后变形不能恢复，仍保持变形后的形状和尺寸，但不产生裂隙的性质称为塑性，这种不能恢复的变形称为塑性变形，属不可逆变形。

实际上纯弹性材料是没有的，大部分固体材料在受力不大时，表现出弹性变形，当外力达一定值时，则呈现塑性变形。有的材料受力后，弹性变形和塑性变形同时发生，当卸荷后，弹性变形会恢复，而塑性变形不能消失（如混凝土），这类材料称为弹-塑性材料，其变形曲线如图 12-1-5 所示。

3. 材料的脆性和韧性

材料受外力作用，当外力达到一定数值时，材料发生突然破坏，且破坏时无明显的塑性变形，材料的这种性质称为脆性，具有这种性质的材料称脆性材料，如混凝土、玻璃、砖石等。脆性材料的抗压强度比抗拉强度大很多，即拉压比很小，所以脆性材料不能承受振动和冲击荷载，只适合用作承压构件。

材料在冲击、振动荷载作用下，能吸收较大的能量，同时产生较大的变形而不破坏的性质称为韧性（冲击韧性），一般以测定其冲击破坏时试件所吸收的功作为指标，建筑钢材、木材、建筑塑料等属于韧性材料。在结构设计中，对于承受动荷载（冲击、振动等）的结构物，所用材料应具有较高的韧性。

4. 硬度

材料的硬度是指材料抵抗较硬物压入其表面的能力，通过硬度可大致推知材料的强度。各种材料硬度的测试方法和表示方法不同。如石料可用刻痕法或磨耗法测定，金属、木材及混凝土等可用压痕法测定，矿物可用刻划法测定（矿物硬度分为 10 个等级，最硬的 10 级为金刚石，最软的 1 级为滑石及白垩石）。常用的布氏硬度 HB 可用来表示塑料、橡胶及金属等材料的硬度。

【例 12-1-9】 弹性体受拉应力时，所受应力与纵向应变之比称为：

A. 弹性模量　　B. 泊松比　　C. 体积模量　　D. 剪切模量

解　弹性体受拉应力时，所受应力与纵向应变之比称为弹性模量。

答案： A

【例 12-1-10】 土木工程中使用的大量无机非金属材料，下列叙述错误的是：

A. 亲水性材料　　B. 脆性材料

C. 主要用于承压构件　　D. 完全弹性材料

解　无机非金属材料容易被水润湿，为亲水性材料；不能承受冲击荷载作用，为脆性材料，故适合用作承压构件；不是完全弹性材料。

答案： D

（四）材料的化学性质

材料的化学性质指材料与它所处外界环境的物质进行化学反应的能力或在所处环境的条件下保持其组成及结构稳定的能力，如胶凝材料与水作用，钢筋的锈蚀，沥青的老化，混凝土及天然石材在侵蚀性介质作用下受到腐蚀等。

（五）材料的耐久性

材料在使用过程中抵抗周围各种介质的侵蚀而不破坏的性能，称为耐久性。耐久性是材料的一种综合性质，诸如抗渗性、抗冻性、抗风化性、抗老化性、耐化学腐蚀性、耐热性、耐光性、耐磨性等均属耐久性的范围。

习　题

12-1-1　颗粒材料的密度ρ、表观密度ρ_0与堆积密度ρ_0'之间存在下列关系（　　）。

A. $\rho_0 > \rho > \rho_0'$　　B. $\rho > \rho_0 > \rho_0'$　　C. $\rho_0' > \rho_0 > \rho$　　D. $\rho > \rho_0' > \rho_0$

12-1-2　脆性材料的特征是（　　）。

A. 破坏前无明显变形　　B. 抗压强度与抗拉强度均较高

C. 抗冲击破坏时吸收能量大　　D. 受力破坏时，外力所做的功大

12-1-3　材料的耐水性可用软化系数表示，软化系数是（　　）。

A. 吸水后的表观密度与干表观密度之比

B. 饱水状态的抗压强度与干燥状态的抗压强度之比

C. 饱水后的材料质量与干燥质量之比

D. 饱水后的材料体积与干燥体积之比

12-1-4　含水率为 5%的湿砂 100g，其中所含水的质量为（　　）g。

A. $100 \times 5\% = 5$　　B. $(100 - 5) \times 5\% = 4.75$

C. $100 - \frac{100}{1+0.05} = 4.76$　　D. $\frac{100}{1-0.05} - 100 = 5.26$

12-1-5　绝热材料的导热系数与含水率的关系是（　　）。

A. 含水率越大导热系数越小　　B. 导热系数与含水率无关

C. 含水率越小导热系数越小　　D. 含水率越小导热系数越大

12-1-6　一种材料的孔隙率增大时，以下性质哪些一定下降？（　　）

①密度；②表观密度；③吸水率；④强度；⑤抗冻性。

A. ①②　　B. ①③　　C. ②④　　D. ②③

第二节　气硬性无机胶凝材料

能将散粒材料或块状材料黏结成为整体的材料为胶凝材料。胶凝材料按照化学成分分为无机胶凝材料和有机胶凝材料两大类，前者以无机化合物为主要成分，后者以天然或合成的有机高分子化合物为基本成分，如沥青、树脂等。无机胶凝材料按硬化条件分为气硬性胶凝材料和水硬性胶凝材料两类。气硬性胶凝材料只能在空气中硬化，也只能在空气中保持和发展强度，如建筑石膏、石灰、水玻璃、菱苦土等。水硬性胶凝材料不仅能在空气中硬化，而且能更好地在水中硬化，并保持和发展强度，如各种水泥。气硬性胶凝材料一般只适用于地上干燥环境，水硬性胶凝材料可在地上、地下或水中使用。

一、石灰

石灰是人类最早使用的一种土木工程材料，因为石灰生产原料来源广泛，工艺简单，成本低廉，使用方便，所以至今仍被广泛用于建筑工程中。

（一）石灰的原料与生产

生产石灰的主要原料是以碳酸钙为主要成分的天然岩石，常用的有石灰石、白云石、白垩等。石灰石原料在适当的温度（900~1 100℃）下煅烧，碳酸钙分解，释放出 CO_2，得到以 CaO 为主要成分的生石灰，其煅烧反应式如下：

$$CaCO_3 \xrightarrow[178kJ/mol]{900℃} CaO + CO_2\uparrow$$

由于石灰原料中会含有一些碳酸镁，故生石灰中含有一些 MgO，根据其中 MgO 的含量，生石灰分为钙质石灰（MgO≤5%）和镁质石灰（MgO>5%）。

生石灰质量轻，表观密度为800~1 000kg/m^3，密度约为3.2g/cm^3，颜色为洁白或略带灰色。

石灰在生产过程中，应严格控制煅烧温度，否则容易生成“欠火石灰”和“过火石灰”。欠火石灰外部为正常煅烧的石灰，内部尚有未分解的石灰石内核，不仅降低了石灰的利用率，而且有效氧化钙和有效氧化镁含量低，黏结能力差。过火石灰是由于煅烧温度过高，煅烧时间过长所致，其颜色较深，密度较大，颗粒表面部分被玻璃状物质或釉质物所包裹，使过火石灰与水的作用减慢，在工程中使用会影响工程质量。

（二）生石灰的消化

生石灰使用前，需加水使之消解为膏状或粉状的消石灰，这个过程称为石灰的“消化”或“熟化”，成品称为消石灰或熟石灰，主要成分为氢氧化钙。石灰的消化过程用下面的放热反应化学式表示：

$$CaO + H_2O \Longleftrightarrow Ca(OH)_2 + Q$$

生石灰熟化过程中大量放热（64.9kJ/mol），并且体积急剧膨胀（体积可增大 1~2.5 倍）。过火石灰熟化慢，当石灰已经硬化后，其中的过火石灰颗粒吸收空气中的水汽才开始熟化，体积逐渐膨胀，使已经硬化的浆体产生隆起、开裂等破坏现象。为消除过火石灰的危害，防止抹灰层爆灰起鼓，必须将石灰浆在储存坑中放置两周以上（称为“陈伏”），方可使用。袋石灰（生石灰粉）使用前也需“陈伏”。

石灰根据产品加工方法分为块状生石灰、生石灰粉、消石灰粉、石灰膏及石灰乳等。

（三）石灰的硬化

石灰的硬化是指石灰浆体由可塑性状态逐步转化为具有一定强度固体的过程。石灰浆体的硬化主要由以下两个作用过程来完成：

1. 结晶作用

石灰浆在干燥环境中，多余的游离水逐渐蒸发，使颗粒聚集在一起，产生一定的强度，同时石灰浆体的内部形成大量的毛细孔隙。另外，当水分蒸发时，液体中氢氧化钙达到一定程度的过饱和，从而产生氢氧化钙的析晶过程，加强了石灰浆中原来的氢氧化钙颗粒之间的结合。这两种增强作用有限，故对石灰浆体的强度增加不大，且遇水后即可丧失。

2. 碳化作用

$Ca(OH)_2$ 在潮湿条件下与空气中的 CO_2 化合生成 $CaCO_3$ 结晶，释出水分并被蒸发，这一过程称为碳化作用，其反应如下：

$$Ca(OH)_2 + CO_2 + nH_2O \longrightarrow CaCO_3 + (n+1)H_2O$$

由于空气中二氧化碳的浓度很低，因此硬化过程极为缓慢，碳化作用在很长时间内仅限于表层。

由石灰的结晶作用和碳化作用过程可知，硬化过程中要蒸发大量的水分，引起体积显著收缩，所以，石灰不宜单独使用，一般要掺入砂、纸筋、麻刀等材料，以减少收缩，增加抗拉强度，并节省石灰。此外，石灰浆的硬化过程很慢，硬化石灰浆体的强度一般不高，强度增长慢，受潮后强度更低。

（四）石灰的应用

1. 配制石灰砂浆、石灰乳

石灰砂浆可用于砌筑、抹面，石灰乳可用作涂料。

2. 配制石灰土、三合土

石灰土（石灰+黏土）和三合土（石灰+黏土+砂石或炉渣、碎砖等填料），分层夯实，强度及耐水性均较高，可用作基础的垫层等；石灰宜用消石灰粉或磨细生石灰，灰土中石灰用量一般为灰土总重的6%~10%。

3. 生产灰砂砖、碳化石灰板

将磨细生石灰或消石灰粉与天然砂配合拌匀，加水搅拌，再经陈伏、加压成型和压蒸处理可制成灰砂砖。

碳化石灰板是将磨细生石灰、纤维状填料（如玻璃纤维）或轻质骨料（如矿渣）搅拌成型，然后以 CO_2 进行人工碳化（12~24h）制成的一种轻质板材。

另外，石灰还可用来配制无熟料水泥及生产多种硅酸盐制品等。

因为石灰耐水性差，所以石灰不宜用于潮湿环境，也不宜用于重要建筑物的基础。

【例 12-2-1】 石灰抹灰砂浆产生“爆裂”的原因是：

A 干缩开裂　　B 过火石灰颗粒产生滞后的熟化

C 抹灰空鼓开裂　　D 石灰用量过多

解　生石灰熟化过程中体积膨胀。而过火石灰熟化慢，在石灰抹灰砂浆已经硬化后，其中的过火石灰颗粒吸收空气中的水汽才开始熟化，体积逐渐膨胀，使已经硬化的浆体产生隆起、开裂等“爆裂”破坏现象。

答案： B

二、建筑石膏

（一）建筑石膏的原料与生产

生产建筑石膏的主要原料是天然二水石膏（又称生石膏或软石膏）（主要成分为$CaSO_4 \cdot 2H_2O$），二水石膏在107~170℃下煅烧，磨细可得β型半水石膏，即建筑石膏，主要成分为半水硫酸钙（$CaSO_4 \cdot \frac{1}{2}H_2O$）。

若煅烧温度为190℃，可得模型石膏，其成品细度与白度均比建筑石膏高。若将二水石膏置于0.13MPa、124℃的过饱和蒸汽条件下蒸炼，或置于某些盐溶液中沸煮，可获得晶粒较粗、硬化产物较密实从而强度较高的α型半水石膏，即高强石膏。若将生石膏在400~500℃或高于800℃下煅烧，即得地板石膏，其凝结、硬化较慢，硬化后强度较高，耐磨性及耐水性较好。

（二）建筑石膏的水化、凝结与硬化

半水石膏粉末与水搅拌成浆体，初期具有可塑性，但很快就失去可塑性并产生强度，发展成为具有强度的固体，这个过程称为石膏的凝结和硬化。

半水石膏与水反应生成二水石膏，反应式如下：

$$2\left(CaSO_4 \cdot \frac{1}{2}H_2O\right) + 3H_2O \longrightarrow 2(CaSO_4 \cdot 2H_2O)$$

由于二水石膏的溶解度小于半水石膏的溶解度，半水石膏的饱和溶解度对于二水石膏来说是过饱和的，所以二水石膏会结晶。随着浆体中的自由水分因水化和蒸发而逐渐减少，浆体变稠失去可塑性（凝结），之后，随着二水石膏胶粒凝聚成晶核并逐渐变大，相互交错和共生，使浆体产生强度，并不断增长，直至完全干燥。

在建筑石膏的凝结硬化过程中，称浆体开始失去流动性为初凝，称完全失去可塑性为终凝。从加水开始到初凝的时间为初凝时间，从加水开始到终凝的时间为终凝时间。

（三）建筑石膏的特性

1. 凝结硬化快

建筑石膏凝结快，一般初凝时间只有3~5min，终凝时间在30min以内。

2. 硬化后体积微膨胀

石膏在凝结硬化时，不像其他胶凝材料（如石灰、水泥）那样出现收缩，反而略有膨胀（膨胀率为1%），使石膏硬化体表面光滑饱满，不开裂，可制作出纹理细致的浮雕花饰。

3. 硬化体的孔隙率大

建筑石膏硬化时有大量的水分蒸发，使硬化体的孔隙率高达50%~60%，所以硬化体的表观密度小，强度较低，导热系数小，吸声性强，吸湿性大，可调节室内的温度和湿度。

4. 防火性好，耐热性差

石膏制品本身为不燃材料，同时在遇到火灾时，二水石膏将脱出结晶水，吸热蒸发，并在制品表面形成蒸汽幕和脱水物隔热膜，有效地减少火焰对内部结构的危害，具有较好的防火性能。但是石膏制品的耐热性差，使用温度应该低于65℃。

5. 耐水性和抗冻性能差

建筑石膏硬化体吸湿性强，吸收的水分会削弱晶体粒子的黏结力，使其强度显著降低，因而耐水性差。吸水饱和的石膏制品受冻后，会因孔隙中的水结冰而开裂崩溃，因此抗冻性差。

（四）建筑石膏的应用

建筑石膏可用于室内抹灰、粉刷，生产各种石膏板与多孔石膏制品，制作模型或雕塑，制作吸声板、顶棚、墙面的装饰板，用作装饰涂料的填料、人造大理石等。

习　　题

12-2-1　建筑石膏在硬化过程中，体积产生（　　）。

A. 收缩　　B. 膨胀

C. 不收缩也不膨胀　　D. 先膨胀后收缩

12-2-2　为消除过火石灰的危害，所采取的措施是（　　）。

A. 碳化　　B. 结晶　　C. 煅烧　　D. 陈伏

12-2-3　下列建筑石膏的哪一项性质是正确的？（　　）

A. 硬化后出现体积收缩　　B. 硬化后吸湿性强，耐水性较差

C. 制品可长期用于65℃以上高温中　　D. 石膏制品的强度一般比石灰制品低

12-2-4　三合土垫层是用下列哪三种材料拌和铺设？（　　）

A. 水泥、碎砖碎石、砂子　　B. 消石灰、碎砖碎石、砂或掺少量黏土

C. 生石灰、碎砖碎石、锯木屑　　D. 石灰、砂子、纸筋

12-2-5　石膏制品抗火性好的原因是（　　）。

A. 制品内部孔隙率大　　B. 含有大量结晶水

C. 吸水性强　　D. 硬化快

第三节　水　　泥

水泥属于水硬性胶凝材料，品种很多，按其用途和性能可分为通用水泥、专用水泥与特种水泥三大类。一般建筑工程中常用的是通用水泥，包括硅酸盐水泥（代号P·I，P·II）、普通硅酸盐水泥（简称普通水泥，代号P·O）、矿渣硅酸盐水泥（简称矿渣水泥，代号P·S）、粉煤灰硅酸盐水泥（简称粉煤灰水泥，代号 P·F）、火山灰质硅酸盐水泥（简称火山灰水泥，代号 P·P）和复合硅酸盐水泥（简称复合水泥，代号P·C）六大种。适应专门用途的水泥称为专用水泥，如道路水泥、砌筑水泥、大坝水泥等；具有比较突出的某种性能的水泥称为特种水泥，如快硬硅酸盐水泥、膨胀水泥等。按主要水硬性物质名称，水泥又可分为硅酸盐水泥、铝酸盐水泥、硫铝酸盐水泥等。

一、硅酸盐水泥

由硅酸盐水泥熟料，0~5%石灰石或粒化高炉矿渣、适量石膏磨细而成的水硬性胶凝材料，称为硅酸盐水泥（即国外通称的波特兰水泥）。硅酸盐水泥分为两种类型，不掺加混合材料的称为I型硅酸盐水泥，代号为P·I；掺加不超过水泥质量的5%的石灰石或粒化高炉矿渣的称为II型硅酸盐水泥，代号P·II。在生产水泥时，需加入适量石膏（$CaSO_4 \cdot 2H_2O$），其目的是延缓水泥的凝结，便于施工。

（一）硅酸盐水泥熟料的矿物组成

硅酸盐水泥熟料是以适当成分的生料（由石灰质原料与黏土质原料等配成）烧至部分熔融，所得以硅酸钙为主要成分的产物。熟料的主要矿物组成有硅酸三钙、硅酸二钙、铝酸三钙与铁铝酸四钙，其中

硅酸钙占绝大部分。各矿物组成的性质见表 12-3-1。若调整熟料中各矿物组成之间的比例，水泥的性质即发生相应的变化。如提高硅酸三钙和铝酸三钙含量，硅酸盐水泥凝结硬化快，早期强度高，可制得快硬水泥；降低硅酸三钙和铝酸三钙的含量，提高硅酸二钙的含量，可制得低热水泥。

由于铝酸三钙凝结硬化速度很快，会使水泥浆体出现瞬时凝结的现象，影响水泥的正常使用，掺入石膏可以达到延缓凝结的目的，即石膏起缓凝作用。

硅酸盐水泥熟料矿物组成与主要特征　　表 12-3-1

矿物名称	化学式	代号	含量（%）	主要特征		
				硬化速度	28d 水化放热量	强度
硅酸三钙	$3CaO \cdot SiO_2$	C_3S	37~60	快	多	高
硅酸二钙	$2CaO \cdot SiO_2$	C_2S	15~37	慢	少	早期低，后期高
铝酸三钙	$3CaO \cdot Al_2O_3$	C_3A	7~15	最快	最多	低
铁铝酸四钙	$4CaO \cdot Al_2O_3 \cdot Fe_2O_3$	C_4AF	10~18	快	中	低

【例 12-3-1】 水泥中不同矿物的水化速率有较大差别，因此可以通过调节其在水泥中的相对含量来满足不同工程对水泥水化速率与凝结时间的要求。早强水泥要求水泥水化速度快，因此以下矿物含量较高的是：

A. 石膏　　B. 铁铝酸四钙　　C. 硅酸三钙　　D. 硅酸二钙

解　早强水泥要求水泥水化速度快，早期强度高。硅酸盐水泥四种熟料矿物中，水化速度最快的是铝酸三钙，其次是硅酸三钙；早期强度最高的是硅酸三钙。所以早强水泥中硅酸三钙的含量较高。

答案：C

【例 12-3-2】 为了延缓硅酸盐水泥的凝结时间，生产水泥时应增加适量的：

A 石灰　　B 石膏　　C 水玻璃　　D 火山灰

解　硅酸盐水泥熟料中的铝酸三钙凝结硬化速度很快，会使水泥浆体出现瞬时凝结的现象，为了延缓硅酸盐水泥的凝结时间，生产水泥时应增加适量的石膏。因为铝酸三钙与石膏反应，生成三硫型水化硫铝酸钙（钙矾石），延缓铝酸三钙的水化速度，即石膏起缓凝作用。

答案：B

（二）硅酸盐水泥的水化及凝结硬化

水泥加水拌和后，成为具有可塑性的水泥浆，水泥颗粒开始水化，随着水化反应的进行，水泥浆逐渐变稠，失去可塑性，但尚未具有强度，这一过程称为“凝结”。其中，将浆体开始失去可塑性，称为“初凝”；完全失去可塑性，称为“终凝”。随后产生明显的强度并逐渐发展而成为坚硬的水泥石，这一过程称为“硬化”。凝结和硬化是人为划分的，实际上是一个连续的复杂的物理化学变化过程。所以，水化是凝结硬化的前提，凝结硬化是水化的结果。

1. 硅酸盐水泥的水化

水泥加水后，在水泥颗粒表面的熟料矿物立即水化，形成水化产物并放出一定热量。测定水化放热量可以反映水泥水化进程。图 12-3-1 为硅酸盐水泥的水化放热曲线，其中第一个放热峰对应的是铝酸三钙与石膏反应，生成物为钙矾石（三硫型水化硫铝酸钙，代号 AFt），第二放热峰为硅酸三钙的水化放热峰，生成物为水化硅酸钙（C-S-H）凝胶和 $Ca(OH)_2$。第二放热峰开始出现的时间对应于初凝时间，即诱导期结束的时间。由于石膏消耗完毕，使三硫型水化硫铝酸钙向单硫型水化硫铝酸钙转变，进而导致第二放热峰下降段出现峰肩。

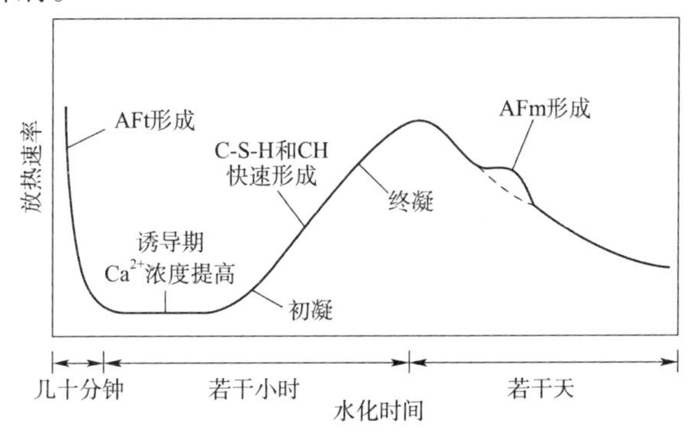

图 12-3-1　硅酸盐水泥的水化放热曲线

硅酸盐水泥熟料矿物的水化反应式如下所示：

$$2(3CaO \cdot SiO_2) + 6H_2O = \underset{\text{水化硅酸钙}}{3CaO \cdot 2SiO_2 \cdot 3H_2O} + 3Ca(OH)_2$$

$$2(2CaO \cdot SiO_2) + 4H_2O = 3CaO \cdot 2SiO_2 \cdot 3H_2O + Ca(OH)_2$$

$$3CaO \cdot Al_2O_3 + 6H_2O = \underset{\text{水化铝酸三钙}}{3CaO \cdot Al_2O_3 \cdot 6H_2O}$$

$$4CaO \cdot Al_2O_3 \cdot Fe_2O_3 + 7H_2O = 3CaO \cdot Al_2O_3 \cdot 6H_2O + \underset{\text{水化铁酸一钙}}{CaO \cdot Fe_2O_3 \cdot H_2O}$$

硅酸盐水泥中掺入的石膏与铝酸三钙反应生成高硫型水化硫铝酸钙（钙矾石，$3CaO \cdot Al_2O_3 \cdot 3CaSO_4 \cdot 32H_2O$）和单硫型水化硫铝酸钙（$3CaO \cdot Al_2O_3 \cdot CaSO_4 \cdot 12H_2O$，代号 AFm），这两种水化物均为难溶于水的晶体，在水泥颗粒表面形成包裹层，阻碍水化进程，实现缓凝。

硅酸盐水泥水化后生成的主要水化产物有凝胶与晶体两类。凝胶有水化硅酸钙（C-S-H）与水化铁酸钙（CFH），晶体有氢氧化钙［$Ca(OH)_2$］、水化铝酸钙（C_3AH_6）与水化硫铝酸钙（包括 AFt 和 AFm）等。在完全水化的水泥石中，水化硅酸钙凝胶约占 70%，氢氧化钙约占 20%，水化硫铝酸钙约占 7%，其中水化硅酸钙凝胶对水泥石的强度和其他性质起决定性作用。

【例 12-3-3】 普通硅酸盐水泥的水化反应为放热反应，并且有两个典型的放热峰，其中第二个放热峰对应：

A. 硅酸三钙的水化　　　　B. 硅酸二钙的水化

C. 铁铝酸四钙的水化　　　D. 铝酸三钙的水化

解　普通硅酸盐水泥水化反应为放热反应，并且有两个典型的放热峰，其中第一个放热峰对应的是铝酸三钙水化的放热峰，第二个放热峰对应的是硅酸三钙水化的放热峰。

答案： A

2. 硅酸盐水泥的凝结硬化

水泥加水生成的胶体状水化产物聚集在颗粒表面形成凝胶薄膜，使水泥反应减慢，并使水泥浆体具有可塑性，由于生成的胶体状水化产物不断增多并在某些点接触，构成疏松的网状结构，使浆体失去流动性及可塑性，这就是水泥的凝结。之后由于生成的水化产物（凝胶、晶体）不断增多，它们相互接触连接到一定程度，建立起较紧密的网状结晶结构，并在网状结构内部不断充实水化产物，使水泥具有初步的强度，此后水化产物不断增加，强度不断提高，最后形成具有较高强度的水泥石，这就是水泥的硬化。

水泥浆硬化后的水泥石是由水化产物（包括凝胶和晶体）、未水化的水泥熟料颗粒、孔隙和水等组成的不均质体。水泥石中的孔隙包括存在 C-S-H 凝胶中的凝胶孔（孔径为 1~5nm），水分蒸发留下的毛细孔（孔径为10~1000nm，具体尺寸取决于水灰比和水化程度，一般水化程度较为充分时，毛细孔尺寸小于100nm）和气孔（一般由引气剂引入的封闭孔隙，尺寸为1mm左右）。水泥石中的水包括存在于水化产物中的化学结合水、凝胶孔中的凝胶水和毛细孔中的毛细孔水。

3. 影响水泥凝结硬化的因素

影响水泥水化、凝结和硬化速度的因素有水泥熟料矿物组成、细度、水灰比、温度、养护时间等。

【例12-3-4】硬化水泥浆体中的孔隙分为水化硅酸钙凝胶的层间孔隙、毛细孔隙和气孔，其中对材料耐久性产生主要影响的是毛细孔隙，其尺寸的数量级为：

A. nm　　B. μm　　C. mm　　D. cm

解 水化硅酸钙凝胶的层间孔隙尺寸为1~5nm；毛细孔尺寸为10~1000nm，大小取决于水泥浆体的水化程度和水灰比，多数小于100nm；而气孔尺寸为几毫米。

答案：A

（三）硅酸盐水泥石的侵蚀与防止

硅酸盐水泥加水硬化而成的水泥石，在通常使用条件下，有较好的耐久性，但在某些侵蚀性介质（如流动的软水、酸、镁盐、硫酸盐等）的作用下，硅酸盐水泥石会逐渐被侵蚀导致强度降低，甚至破坏，这种现象称为水泥石的侵蚀。

1. 水泥石侵蚀类型

引起水泥石侵蚀的原因很多，作用也很复杂，根据侵蚀机理，可分为以下几种类型：

（1）溶出性侵蚀

溶出性侵蚀也称为软水侵蚀，在流动的软水作用下，水泥石中的氢氧化钙溶解并流失，使孔隙增多，强度降低。

（2）分解性侵蚀

水泥石中的氢氧化钙与酸（如盐酸、硝酸、乙酸等）反应生成可溶性钙盐，加速氢氧化钙溶解流失，使水泥石孔隙率增大，强度降低。

（3）膨胀性侵蚀

膨胀性侵蚀又称硫酸盐侵蚀，硫酸盐与水泥石中的氢氧化钙反应生成硫酸钙，硫酸钙再与水化铝酸钙反应生成钙矾石（三硫型水化硫铝酸钙），体积膨胀1.5倍以上，在硬化水泥石中产生膨胀应力，造成极大的膨胀破坏作用，导致水泥石破坏。因为钙矾石呈针状晶体，对水泥石危害严重，常称为“水泥杆菌”。

比较三种侵蚀机理，膨胀性侵蚀的危害最大。

2. 引起水泥石侵蚀的原因

（1）水泥石中含有氢氧化钙和水化铝酸钙等易被侵蚀的成分，能溶解于水或与其他物质发生化学反应生成或易溶于水，或体积膨胀，或松软无胶凝力的新物质，使水泥石遭受侵蚀。

（2）水泥石本身不密实，有很多毛细孔通道，易使侵蚀性介质侵入内部。

（3）腐蚀与通道的相互作用。

3. 防止侵蚀的措施

（1）根据工程所处的环境，选择适当品种的水泥，如水化产物中氢氧化钙含量低的水泥。

（2）提高水泥石的密实度，可通过降低水灰比的方式实现。

（3）当侵蚀作用较强时可在构件表面加做耐侵蚀性高且不透水的保护层，如耐酸石料、塑料、沥青等。

（四）硅酸盐水泥的特性及应用

1. 凝结硬化快，强度高

硅酸盐水泥中含有较多的熟料，硅酸三钙多，水泥的早期强度和后期强度均较高。适用于早期强度要求高的工程及冬季施工的工程，地上、地下重要结构物及高强混凝土和预应力混凝土工程。

2. 抗冻性好

硅酸盐水泥采用较低的水灰比并经充分养护，可获得较低孔隙率的水泥石，具有较高的密实度，因此，适用于严寒地区遭受反复冻融的混凝土工程。

3. 耐侵蚀性差

硅酸盐水泥石中氢氧化钙及水化铝酸钙较多，耐软水及耐化学侵蚀能力差，故不适宜于经常流动的淡水及有水压作用的工程，也不适宜于受海水、矿物水、硫酸盐等作用的工程。

4. 耐热性差

硅酸盐水泥石中的水化产物在 250~300℃时会产生脱水，强度开始下降，当温度达到 700~1 000℃时，水化产物分解，水泥石的结构几乎完全破坏，所以硅酸盐水泥不适宜用于有耐热、高温要求的混凝土工程。

5. 耐磨性好

硅酸盐水泥强度高，耐磨性好，适用于道路、地面等对耐磨性要求高的工程。

6. 水化放热量多

硅酸盐水泥熟料多，水化放热量大，不适宜用于大体积混凝土工程。

二、掺混合材料的硅酸盐水泥

掺混合材料的硅酸盐水泥包括普通硅酸盐水泥、矿渣硅酸盐水泥、火山灰质硅酸盐水泥、粉煤灰硅酸盐水泥和复合硅酸盐水泥。

在生产水泥时，掺入一定量的混合材料，目的是改善水泥的性能，调节水泥的强度等级，增加水泥品种，提高产量，节约水泥熟料，降低成本。

混合材料为天然的或人工的矿物材料，按其性能不同分为活性混合材料和非活性混合材料两大类。常用的活性混合材料有符合《用于水泥、砂浆和混凝土中的粒化高炉矿渣粉》（GB/T 18046—2017）的粒化高炉矿渣、符合《用于水泥中的火山灰质混合材料》（GB/T 2847—2005）的火山灰质混合材料（如火山灰、浮石、硅藻土、烧黏土、煅烧煤矸石、煤渣等）及符合《用于水泥和混凝土中的粉煤灰》（GB/T 1596—2017）的粉煤灰等。非活性混合材料常用的有活性指标低于标准要求的粒化高炉矿渣、火山灰质混合材料与粉煤灰、磨细石英砂、石灰石粉、黏土、慢冷矿渣等。

活性混合材料的活性成分为活性氧化硅和活性氧化铝，有水的前提下，能与石灰反应形成水化硅酸钙和水化铝酸钙，这一反应称为火山灰反应。掺入水泥中，会和硅酸盐水泥熟料水化形成的氢氧化钙发生二次水化，因而使掺混合材料硅酸盐水泥的性能及应用与硅酸盐水泥有很大的差异。

（一）普通硅酸盐水泥

普通硅酸盐水泥简称普通水泥，其代号为 P·O，是由硅酸盐水泥熟料、6%~20%混合材料、适量石膏磨细制成的水硬性胶凝材料。

混合材料由符合标准的粒化高炉矿渣、粉煤灰、火山灰质混合材料组成，可以是一种主要混合材，也可以是两种或三种主要混合材；掺活性混合材料时，最大掺量不得超过 20%，其中允许用 0~5%符合标准规定的石灰石、砂岩、窑灰中的一种材料代替。

普通水泥中混合材料掺量少，因此，其性能与硅酸盐水泥相近。与硅酸盐水泥性能相比，普通水泥硬化稍慢，早期强度稍低，水化热稍小，抗冻性与耐磨性也稍差。在应用范围方面，普通水泥与硅酸盐水泥相同，广泛用于各种混凝土或钢筋混凝土工程。由于普通水泥与硅酸盐水泥水化放热量大，且大部分在早期（3~7d）放出，对于大型基础、水坝、桥墩等厚大体积混凝土构筑物，因水化热积聚在内部不易散发，内部温度可达50~60℃以上，内外温度差所引起的应力，可使混凝土产生裂缝，因此，大体积混凝土工程不宜选用这两种水泥。

（二）四种掺加活性混合材料较多的硅酸盐水泥

1. 矿渣硅酸盐水泥

由硅酸盐水泥熟料和粒化高炉矿渣、适量石膏磨细制成的水硬性胶凝材料称为矿渣硅酸盐水泥，简称矿渣水泥，代号为P·S。水泥中粒化高炉矿渣掺加量按质量百分比计为20%~70%，并分为A型和B型。A型矿渣掺量大于20%且小于或等于50%，代号为P·S·A；B型矿渣掺量大于50%且小于或等于70%，代号为P·S·B。其中允许用0~8%符合标准规定的粉煤灰、火山灰、石灰石、砂岩、窑灰中的一种材料代替。

2. 火山灰质硅酸盐水泥

由硅酸盐水泥熟料和火山灰质混合材料、适量石膏磨细制成的水硬性胶凝材料称为火山灰质硅酸盐水泥，简称火山灰水泥，代号为P·P。水泥中火山灰质混合材料掺加量按质量百分比计为20%~40%。

3. 粉煤灰硅酸盐水泥

由硅酸盐水泥熟料和粉煤灰、适量石膏磨细制成的水硬性胶凝材料称为粉煤灰硅酸盐水泥，简称粉煤灰水泥，代号为P·F。水泥中粉煤灰掺加量按质量百分比计为20%~40%。

4. 复合硅酸盐水泥

由硅酸盐水泥熟料、两种或两种以上混合材料、适量石膏磨细制成的水硬性胶凝材料称为复合硅酸盐水泥，简称复合水泥，代号为P·C。掺入的混合料总量为质量百分比的20%~50%。混合材由符合标准规定的粒化高炉矿渣、粉煤灰、火山灰质混合材料、石灰石和砂岩中的三种（含）以上材料组成，其主要混合材不低于三种。

5. 四种硅酸盐水泥的特性

（1）早期强度较低，后期强度增长较快。

（2）环境温度、湿度对水泥凝结硬化的影响较大，故适于采用蒸汽养护。

（3）水化热较低，放热速度慢。

（4）抗软水及硫酸盐侵蚀的能力较强。

（5）抗冻性、抗碳化性与耐磨性较差。

以上四种水泥与硅酸盐水泥、普通硅酸盐水泥性质上存在差异的原因，在于这四种水泥中活性混合材料的掺加量较大，熟料矿物的含量相对减少。另外，活性混合材料中的活性SiO_2和活性Al_2O_3会与熟料水化形成的$Ca(OH)_2$反应，生成水化硅酸钙和水化铝酸钙，这种反应称为二次水化，所以这四种水泥中$Ca(OH)_2$的含量很少。

由于所掺入的主要混合材料的性能不同，这四种水泥又具有各自的特性，例如矿渣水泥的耐热性较强，保水性较差，需水量较大，故抗渗性较差；火山灰水泥保水性好，抗渗性好，硬化干缩更显著；粉煤灰水泥干缩性小，因而抗裂性好，另外粉煤灰水泥流动性较好，因而配制的混凝土拌合物和易性好。

三、通用硅酸盐水泥的选用

水泥的用途取决于其性能特点，通用硅酸盐水泥的性能与选用见表12-3-2和表12-3-3。

通用硅酸盐水泥的性能　　表 12-3-2

项目	硅酸盐水泥（P·I，P·II）	普通水泥（P·O）	矿渣水泥（P·S）	火山灰水泥（P·P）	粉煤灰水泥（P·F）	复合水泥（P·C）
主要成分	以硅酸盐水泥熟料为主，0~5%混合材料	在硅酸盐水泥熟料中掺加 6%~20%的混合材料	在硅酸盐水泥熟料中掺入占水泥质量 20%~70%的粒化高炉矿渣	在硅酸盐水泥熟料中掺入占水泥质量 20%~40%的火山灰质混合材料	在硅酸盐水泥熟料中掺入占水泥质量 20%~40%的粉煤灰	掺入三种以上混合材料，但总量不超过 20%~50%
特性	1.硬化快，早期强度高； 2.水化热大； 3.耐冻性好； 4.耐腐蚀与耐软水性差； 5.耐磨性好； 6.抗碳化能力强	1.早期强度较高； 2.水化热较大； 3.耐冻性较好； 4.耐腐蚀与耐软水性较差； 5.耐磨性较好； 6.抗碳化能力较强	1.早期强度低，后期强度增长快； 2.水化热小； 3.耐冻性差； 4.耐硫酸盐侵蚀及耐软水性较好； 5.抗碳化能力差； 6.矿渣水泥的独特性能：耐热性、耐磨性均较好	同矿渣水泥的1~5。 火山灰水泥的独特性能：内表面积大，因而干缩大，抗渗性较好	同矿渣水泥的1~5。 粉煤灰水泥的独特性能：流动性较好，干缩较小，抗裂性较好	同矿渣水泥的1~5。 其他性能因掺入的混合材料不同而略有不同
密度（g/cm^3）	3.0~3.15	3.0~3.15	2.8~3.1	2.8~3.1	2.8~3.1	2.8~3.1

通用硅酸盐水泥的选用　　表 12-3-3

混凝土类型		混凝土工程特点及所处的环境条件	优先选用	可以选用	不宜选用
普通混凝土	1	在一般气候环境中的混凝土	普通水泥	矿渣水泥、火山灰水泥、粉煤灰水泥、复合水泥	
	2	在干燥环境中的混凝土	普通水泥		火山灰水泥、粉煤灰水泥、矿渣水泥
	3	在高湿度环境中或长期处于水中的混凝土	矿渣水泥、火山灰水泥、粉煤灰水泥、复合水泥	普通水泥	
	4	厚大体积的混凝土	矿渣水泥、火山灰水泥、粉煤灰水泥、复合水泥		硅酸盐水泥、普通水泥
有特殊要求的混凝土	1	要求快硬、高强（>C40）的混凝土	硅酸盐水泥	普通水泥	矿渣水泥、火山灰水泥、粉煤灰水泥、复合水泥
	2	严寒地区的露天混凝土、寒冷地区处于水位升降范围内的混凝土	普通水泥	矿渣水泥（强度等级>32.5 级）	火山灰水泥、粉煤灰水泥
	3	严寒地区处于水位升降范围内的混凝土	普通水泥（强度等级>42.5 级）		矿渣水泥、火山灰水泥、粉煤灰水泥、复合水泥
	4	有抗渗要求的混凝土	普通水泥、火山灰水泥、粉煤灰水泥		矿渣水泥

续上表

混凝土类型		混凝土工程特点及所处的环境条件	优 先 选 用	可 以 选 用	不 宜 选 用
有特殊要求的混凝土	5	有耐磨性要求的混凝土	硅酸盐水泥、普通水泥	矿渣水泥（强度等级>32.5 级）	火山灰水泥、粉煤灰水泥
	6	受侵蚀性介质作用的混凝土	矿渣水泥、火山灰水泥、粉煤灰水泥、复合水泥		硅酸盐水泥、普通水泥

【例 12-3-5】 水泥中掺入的活性混合材料能够与水泥水化产生的氢氧化钙发生反应，生成水化硅酸钙的水化产物，该反应被称为：

A. 火山灰反应　　　　B. 沉淀反应

C. 碳化反应　　　　D. 钙矾石延迟生成反应

解　水泥中掺入的活性混合材料能够与水泥水化产生的氢氧化钙发生反应，生成水化硅酸钙等水化产物，该反应称为火山灰反应，也称为二次水化。碳化反应指氢氧化钙（来自生石灰或水泥水化产物）在潮湿条件下与二氧化碳反应生成碳酸钙的反应。钙钒石生成反应指水泥混凝土中的水化铝酸钙与二水硫酸钙（即石膏）反应生成三硫型水化硫铝酸钙（即钙钒石）的反应，该反应会导致体积显著膨胀；钙钒石延迟生成反应是指在已经硬化的混凝土中发生生成钙钒石的反应，由于体积膨胀，会导致混凝土开裂，甚至破坏。

答案： A

四、通用硅酸盐水泥的技术性质

《通用硅酸盐水泥》（GB 175—2007）规定，通用硅酸盐水泥有不溶物、氧化镁、三氧化硫、烧失量、细度、凝结时间、安定性、强度、碱含量和氯离子含量等技术要求。其中影响水泥性质的主要指标有细度、凝结时间、安定性与强度等。碱含量 Na_2O+0.658K_2O 不大于 0.6%的水泥为低碱水泥。氯离子含量不大于 0.10%。

（一）细度

水泥的细度是指水泥的粗细程度。水泥颗粒越细，与水起反应的表面积越大，水化速度越快，早期强度及后期强度均较高，但硬化收缩较大，成本也较高。若水泥颗粒过粗，则不利于水泥活性的发挥，强度低。

国家标准规定，硅酸盐水泥的细度以比表面积表示，不低于300m^2/kg；普通硅酸盐水泥、矿渣水泥、火山灰水泥、粉煤灰水泥和复合水泥的细度以筛余表示，80μm 方孔筛筛余不大于 10%。

（二）凝结时间

水泥的凝结时间分为初凝时间和终凝时间。初凝时间为水泥加水至水泥浆开始失去塑性所需的时间。终凝时间为从水泥加水至水泥浆完全失去塑性并开始产生强度所需的时间。

水泥凝结时间采用标准稠度的水泥净浆，用标准维卡仪测定。所谓标准稠度的水泥净浆，是指在标准维卡仪上，试杆沉入净浆并距底板 6mm±1mm 时的水泥净浆。要配制标准稠度的水泥净浆，需测出达到标准稠度时的所需拌和水量，以占水泥质量的百分率表示，即标准稠度用水量。

国家标准规定，通用硅酸盐水泥的初凝时间不得早于 45min；硅酸盐水泥的终凝时间不得迟于 6.5h，其他通用硅酸盐水泥的终凝时间不得迟于 10h。

（三）体积安定性

水泥的体积安定性是指水泥在凝结硬化过程中，体积变化的均匀性。体积安定性不良，是指水泥硬化后，产生不均匀的体积变化。使用体积安定性不良的水泥，会使构件产生膨胀性裂缝，降低建筑物质量，甚至引起严重事故。

水泥体积安定性不良的主要原因是熟料中所含的游离氧化钙或游离氧化镁过多，或水泥粉磨时掺入的石膏过量。

国家标准规定，由熟料中游离氧化钙引起的安定性不良用沸煮法检验。由游离氧化镁引起的安定性不良由压蒸法检验。石膏的危害则需长期在常温水中才能发现，不便于快速检查。因此，国家标准规定水泥中游离氧化镁含量不得超过 6.0%，三氧化硫含量不得超过 3.5%。

（四）强度

水泥的强度是表征水泥质量的重要指标。国家标准规定，采用胶砂强度表示水泥的强度，即水泥与中国 ISO 标准砂的比例为 1 : 3（质量比），水灰比为 0.5，按规定的方法制成40mm × 40mm × 160mm 的试件，在标准温度 20℃±1℃的水中养护，分别测定其 3d 与 28d 的抗压强度与抗折强度，以此划分水泥的强度等级。

国家标准规定，硅酸盐水泥强度等级分为 42.5、42.5R、52.5、52.5R、62.5 和 62.5R 六种，其中有代号 R 的为早强型水泥，普通水泥的强度等级分为 42.5、42.5R、52.5 和 52.5R 四种，各龄期强度不得低于表 12-3-4 中的数值。矿渣硅酸盐水泥、粉煤灰硅酸盐水泥、火山灰硅酸盐水泥强度等级分为 32.5、32.5R、42.5、42.5R、52.5 和 52.5R 六种，复合硅酸盐水泥强度等级分为 42.5、42.5R、52.5 和 52.5R 四种，各龄期强度不得低于表 12-3-5 中的数值。

硅酸盐水泥和普通硅酸盐水泥的强度要求（GB 175—2007）　　**表** 12-3-4

强度等级	抗压强度（MPa）		抗折强度（MPa）	
	3d	28d	3d	28d
42.5	17.0	42.5	3.5	6.5
42.5R	22.0	42.5	4.0	6.5
52.5	22.0	52.5	4.0	7.0
52.5R	27.0	52.5	5.0	7.0
62.5	27.0	62.5	5.0	8.0
62.5R	32.0	62.5	5.5	8.0

矿渣水泥、火山灰水泥、粉煤灰水泥和复合水泥的强度要求（GB 175—2007）　　**表** 12-3-5

强度等级	抗压强度（MPa）		抗折强度（MPa）	
	3d	28d	3d	28d
32.5	12.0	32.5	2.5	5.5
32.5R	17.0	32.5	3.5	5.5
42.5	17.0	42.5	3.5	6.5
42.5R	22.0	42.5	4.0	6.5
52.5	22.0	52.5	4.0	7.0
52.5R	27.0	52.5	4.5	7.0

【例 12-3-6】 水泥颗粒的大小通常用水泥的细度来表征，水泥的细度是指：

A. 单位质量水泥占有的体积　　B. 单位体积水泥的颗粒总表面积

C. 单位质量水泥的颗粒总表面积　　D. 单位颗粒表面积的水泥质量

解 水泥的细度是指单位质量水泥的颗粒总表面积，单位是m^2/kg。

答案： C

五、水泥的储存

水泥在运输与保管时，不得受潮和混入杂物。不同品种和强度等级的水泥应分别储存，水泥的储存期不宜过长，因为水泥会吸收空气中的水分和二氧化碳，使颗粒表面水化甚至碳化，导致胶凝能力降低。通用硅酸盐水泥的储存期为三个月，因为在一般储存条件下，三个月后水泥的强度降低 10%~20%；快硬水泥更易吸收空气中的水分，储存期一般不超过一个月。

六、通用水泥质量等级

根据《通用水泥质量等级》（JC/T 452—2009）的规定，判定水泥质量等级的依据是产品标准和实物质量。质量等级划分为优等品（水泥产品标准必须达到国际先进水平且水泥实物质量水平与国外同类产品相比达到近 5 年内的先进水平）、一等品（水泥产品标准必须达到国际一般水平且水泥实物质量水平达到国际同类产品一般水平）和合格品（按我国现行水泥产品标准组织生产、水泥实物质量水平必须达到现行产品标准的要求）。

七、其他品种水泥

（一）白色硅酸盐水泥

由白色硅酸盐水泥熟料，加入适量石膏和混合材料磨细制成的水硬性胶凝材料。其中，白色硅酸盐水泥熟料和石膏占 70%~100%，石灰岩、白云质岩石和石英砂等天然矿物占 0%~30%。

白色硅酸盐水泥熟料是指由适当成分的生料烧至部分熔融，得到以硅酸钙为主要成分，氧化铁含量少的熟料。熟料中氧化镁的含量不宜超过 5.0%。

（二）彩色硅酸盐水泥

彩色硅酸盐水泥是由硅酸盐水泥熟料及适量石膏（或白色硅酸盐水泥）、混合材及着色剂磨细或混合制成的带有色彩的水硬性胶凝材料。混合材掺量不超过水泥质量的 50%。

彩色硅酸盐水泥主要用于建筑内外表面的装饰。

（三）快硬硅酸盐水泥

凡以硅酸盐水泥熟料和适量石膏磨细制成的，以 3d 抗压强度表示强度等级的水硬性胶凝材料，称为快硬硅酸盐水泥，简称快硬水泥。其生产方法与硅酸盐水泥基本相同，提高水泥早期强度增进率的措施有：提高熟料中铝酸三钙与硅酸三钙的含量，适当增加石膏掺量（达 8%）以及提高水泥的粉磨细度等。

快硬硅酸盐水泥主要用于配制早强混凝土，适用于紧急抢修工程与低温施工工程。快硬硅酸盐水泥易吸收空气中的水蒸气，存放时应注意防潮，且存放期一般不超过一个月。

（四）膨胀水泥与自应力水泥

这两种水泥的特点是在硬化过程中体积不但不收缩，而且有不同程度的膨胀。在钢筋混凝土中应用膨胀水泥，由于混凝土的膨胀将使钢筋产生一定的拉应力，混凝土则受到相应的压应力，这种压应力能使混凝土免于产生内部微裂缝。当其值较大时，还能抵消一部分因外界因素（例如水泥混凝土管道中输送的压力水或压力气体）所产生的拉应力，从而有效改善混凝土抗拉强度低的缺点。因为这种预先具有的压应力是依靠水泥本身的水化而产生的，所以称为“自应力”，并以自应力值（MPa）表示所产生的压应力大小。自应力值大于或等于 2MPa 的称为自应力水泥，膨胀水泥的自应力值通常为 0.5MPa 左右。

膨胀水泥主要用于配制防水砂浆、防水混凝土，构件的接缝与管道接头，结构的加固与修补等。自应力水泥主要用于制造自应力钢筋（钢丝网）混凝土压力管等。

（五）道路硅酸盐水泥

由道路硅酸盐水泥熟料、适量石膏和混合材料磨细制成的水硬性胶凝材料，代号 P·R。熟料中铝酸三钙含量不应大于 5%，铁铝酸四钙的含量不应小于 15%。

道路硅酸盐水泥具有良好的耐磨性和抗干缩性能，主要用于配制道路混凝土。

（六）砌筑水泥

砌筑水泥是由硅酸盐水泥熟料加入规定的混合材料和适量石膏，磨细制成的保水性好的水硬性胶凝材料，代号 M。

砌筑水泥主要用于配制砌筑砂浆、抹面砂浆等。

习　题

12-3-1　大体积混凝土施工应选用（　　）。

A. 硅酸盐水泥　　B. 铝酸盐水泥　　C. 矿渣水泥　　D. 膨胀水泥

12-3-2　生产硅酸盐水泥，在粉磨熟料时，加入适量石膏对水泥起的作用是（　　）。

A. 促凝　　B. 增强　　C. 缓凝　　D. 防潮

12-3-3　蒸气养护效果最好的水泥是（　　）。

A. 矿渣水泥　　B. 早强型硅酸盐水泥

C. 普通水泥　　D. 高铝水泥

12-3-4　下列混合材料中，哪些属于活性混合材料？（　　）

①水淬矿渣；②黏土；③粉煤灰；④浮石；⑤烧黏土；⑥慢冷矿渣；⑦石灰石粉；⑧煤渣。

A. ①②③④⑤　　B. ②③④⑤⑥

C. ①③④⑤⑧　　D. ①③④⑤⑥

12-3-5　一般，石灰、石膏、水泥三者的胶结强度的关系是（　　）。

A. 石灰>石膏>水泥　　B. 石灰<石膏<水泥

C. 石膏<石灰<水泥　　D. 石膏>水泥>石灰

12-3-6　根据水泥石侵蚀的原因，下列（　　）是不正确的硅酸盐水泥防侵蚀措施。

A. 提高水泥强度等级

B. 提高水泥的密实度

C. 根据侵蚀环境特点，选用适当品种的水泥

D. 在混凝土或砂浆表面设置耐侵蚀且不透水的防护层

12-3-7　有耐磨性要求的混凝土，应优先选用下列哪种水泥？（　　）

A. 硅酸盐水泥　　B. 火山灰水泥　　C. 粉煤灰水泥　　D. 硫铝酸盐水泥

12-3-8　水泥的凝结与硬化与下列哪个因素无关？（　　）

A. 硬化时间　　B. 水泥的细度　　C. 拌和水量　　D. 水泥的体积和重量

12-3-9　以下关于水泥与混凝土凝结时间的叙述，正确的是（　　）。

A. 水泥浆凝结的主要原因是水分蒸发

B. 温度越高，水泥凝结得越慢

C. 混凝土的凝结时间与配制该混凝土所用水泥的凝结时间并不一致

D. 水灰比越大，凝结时间越短

第四节　混　凝　土

混凝土是指由胶凝材料、粗骨料、细骨料和水按适当的比例配合、拌制成混合物，再经一定时间后硬化而成的人造石材。

根据表观密度大小，混凝土分为普通混凝土（表观密度为2 000~2 800kg/m^3，建筑工程中应用最广泛、用量最大）、轻混凝土（表观密度小于1 950kg/m^3，可用作结构混凝土、保温用混凝土以及结构兼保温混凝土）和重混凝土（表观密度2 800kg/m^{3}以上，主要用作核能工程的屏蔽结构材料）三类。

混凝土抗压强度高、耐久性好，组成材料中砂、石占 80%，成本低，与钢筋黏结力高（钢筋受拉、混凝土受压，两者膨胀系数相同）。主要缺点为抗拉强度低、受拉时变形能力差、易开裂、自重大。

一般对混凝土质量的基本要求是：具有符合设计要求的强度，与施工条件相适应的施工和易性，以及与工程环境相适应的耐久性。

一、普通混凝土组成材料的技术要求

（一）普通混凝土组成材料的作用

普通混凝土主要是由水泥、水和天然的砂、石骨料所组成的复合材料，通常还掺入一定量的掺合料和外加剂。混凝土组成材料中，砂、石是骨料，对混凝土起骨架作用，同时起抑制收缩的作用。水泥和水形成水泥浆体，包裹在粗、细骨料的表面并填充骨料之间的空隙。在混凝土凝结、硬化以前，水泥浆体起着润滑作用，赋予混凝土拌合物流动性，便于施工；在混凝土硬化以后，水泥浆体起着胶黏剂作用，将砂、石骨料黏结成为一个整体，使混凝土产生强度，成为坚硬的人造材料。

（二）水泥

选择水泥要考虑品种与强度等级两个方面。

1. 品种

应根据混凝土工程特点、工程所处环境条件及施工条件，进行合理选择，可参考表 12-3-3。

2. 强度等级

水泥的强度等级应与混凝土的设计强度相适应。若用高强度等级水泥配制低强度等级的混凝土，只需用少量水泥就可满足混凝土强度要求，但水泥用量偏少会影响混凝土拌合物的工作性与密实度，可考虑掺入一定数量的掺合料（如粉煤灰）。若用低强度等级水泥配制高强度等级的混凝土，为满足强度要求，需较多的水泥用量，过多的水泥用量不仅不经济，还会影响混凝土其他技术性质（如硬化收缩增大，会引起混凝土开裂），可以掺各种减水剂，通过降低水灰比（水胶比）来提高强度。

（三）细骨料

粒径小于 4.75mm 的骨粒为细骨料，包括天然砂、机制砂和混合砂。天然砂是在自然条件作用下岩石产生破碎、风化、分选、运移、堆（沉）积，形成的粒径小于 4.75mm 的岩石颗粒，包括河砂、湖砂、山砂、净化处理的海砂，但不包括软质、风化的岩石颗粒。机制砂是以岩石、卵石、矿山废石和尾矿等为原料，经除土处理，由机械破碎、整形、筛分、粉控等工艺制成的，级配、粒形和石粉含量满足要求且粒径小于 4.75mm 的颗粒，不包括软质、风化的颗粒。混合砂是由机制砂和天然砂按一定比例混合而成的砂。

配制混凝土时所采用的细骨料的技术要求主要有以下几方面：

1. 有害杂质

凡存在于砂或石子中会降低混凝土性质的成分均称为有害杂质。砂中有害杂质包括泥、泥块、云母、轻物质、硫化物与硫酸盐、有机物质及氯化物等。其中，泥是指天然砂中粒径小于 75μm 的颗粒；泥块是指砂中粒径大于 1.18mm，经水浸洗、手捏后小于 600μm 的颗粒。泥、云母、轻物质等能降低骨料与水泥浆的黏结，泥多还增加混凝土的用水量，从而加大混凝土的收缩，降低抗冻性与抗渗性；硫化物与硫酸盐、有机物质等对水泥有侵蚀作用；泥块、轻物质强度较低，会形成混凝土中的薄弱部分。氯盐能引起钢筋混凝土中钢筋的锈蚀，破坏钢筋与混凝土的黏结，使混凝土保护层开裂。总之，有害杂质会降低混凝土的强度与耐久性，为保证混凝土质量，有害杂质含量应符合表 12-4-1 的规定。

砂中有害杂质限量表　　　　**表** 12-4-1

项　目	指　标		
	I类	II类	III类
含泥量（按质量计，%）	≤1.0	≤3.0	≤5.0
泥块含量（按质量计，%）	0	≤1.0	≤2.0
云母（按质量计，%）	≤1.0	≤2.0	
轻物质（按质量计，%）	≤1.0		
有机物（比色法）	合格		
硫化物及硫酸盐（按 SO_3 质量计，%）	≤0.5		
氯化物（以氯离子质量计，%）	≤0.01	≤0.02	≤0.06

2. 颗粒级配与粗细程度

混凝土用砂的选用，主要应从砂对混凝土和易性与水泥用量（即混凝土的经济性）的影响这两个方面进行考虑，也就是说，主要考虑砂的颗粒级配和粗细程度。

砂的颗粒级配是指砂中不同粒径颗粒的搭配情况。级配良好的砂，具有较小的空隙率和总表面积，配制混凝土时，不仅水泥浆量较少，而且还可提高混凝土的流动性、密实度和强度。

砂的粗细程度是指不同粒径的砂粒混合在一起后的平均粗细程度，通常有粗砂、中砂与细砂之分。在相同用砂量条件下，中砂的总表面积和空隙率较小，包裹砂粒表面所需的水泥浆少，因此节省水泥。

砂的颗粒级配与粗细程度采用筛分析法测定。该法是用一套孔径为 9.50mm、4.75mm、2.36mm、1.18mm、0.60mm、0.30mm 的标准方孔筛，将 500g 干砂由粗到细依次过筛，计算出各筛上的分计筛余百分率α_i（各筛上的筛余量占砂样总重的百分率）与累计筛余百分率A_i（各个筛与比该筛粗的所有筛的分计筛余百分率之和）。

砂的颗粒级配以级配区表示。国家标准根据 0.60mm 方孔筛的累计筛余量分为三个级配区，见表 12-4-2。

砂的颗粒级配　　**表** 12-4-2

砂的分类	天然砂			机制砂、混合砂		
级配区	1 区	2 区	3 区	1 区	2 区	3 区
方孔筛尺寸（mm）	累计筛余（%）					
4.75	10~0	10~0	10~0	5~0	5~0	5~0
2.36	35~5	25~0	15~0	35~5	25~0	15~0
1.18	65~35	50~10	25~0	65~35	50~10	25~0
0.60	85~71	70~41	40~16	85~71	70~41	40~16
0.30	95~80	92~70	85~55	95~80	92~70	85~55
0.15	100~90	100~90	100~90	97~85	94~80	94~75

砂的粗细程度用细度模数M_x表示，计算式为：

$$M_x = \frac{(A_2 + A_3 + A_4 + A_5 + A_6) - 5A_1}{100 - A_1} \tag{12-4-1}$$

细度模数越大，表示砂越粗。细度模数为 1.5~0.7 的为特细砂，2.2~1.6 为细砂，3.0~2.3 为中砂，3.7~3.1 为粗砂。

综上所述，混凝土用砂，应优先选用级配良好的中砂，这种砂的空隙率与总表面积均小，不仅水泥用量较少，还保证了混凝土有较高的密实度与强度。

【例 12-4-1】 描述混凝土用砂的粗细程度的指标是：

A. 细度模数　　B. 级配曲线　　C. 最大粒径　　D. 最小粒径

解　描述混凝土用砂粗细程度的指标是细度模数。最大粒径是描述混凝土用石粗细程度的指标。级配曲线反映了砂石骨料不同粒径的搭配情况。

答案： A

【例 12-4-2】 砂的大小颗粒搭配合理能使混凝土用砂的：

A. 空隙率增大　　B. 空隙率减小　　C. 总体粗细程度偏粗　D. 总表面积减少

解　砂的大小颗粒搭配可以反映砂搭配后的空隙大小，所以合理的搭配能使混凝土用砂的空隙率减小，进而使混凝土配制时，水泥浆用量较少，还可以提高混凝土的密实度和强度。

答案： B

（四）粗骨料

骨料中粒径大于 4.75mm 的称为粗骨料，混凝土用粗骨料有碎石和卵石两种。卵石是指在自然条件作用下岩石产生破碎、风化、运移、堆（沉）积，而形成的粒径大于 4.75mm 的岩石颗粒。碎石是指天然岩石、卵石或矿山废石经破碎、筛分等机械加工而成的，粒径大于 4.75mm 的岩石颗粒。碎石表面粗糙，具有棱角，与水泥浆黏结较好，而卵石多为圆形，表面光滑，与水泥浆的黏结较差，在水泥用量和水用量相同的情况下，碎石拌制的混凝土强度较高，但流动性较小。

普通混凝土用石子的技术要求有以下几个方面：

1. 有害杂质

粗骨料中的有害杂质包括泥、泥块、硫化物与硫酸盐、有机质等，其含量应符合表 12-4-3 中的规定。

粗骨料中有害杂质限量　　表 12-4-3

项　目	指　标		
	I类	II类	III类
卵石含泥量（按质量计，%）	≤0.5	≤1.0	≤1.5
碎石泥粉含量（按质量计，%）	≤0.5	≤1.5	≤2.0
泥块含量（按质量计，%）	≤0.1	≤0.2	≤0.7
硫化物及硫酸盐（按 SO_3 质量计，%）	≤0.5	≤1.0	≤1.0
有机质（比色法）	合格	合格	合格
针、片状颗粒（按质量计，%）	≤5	≤8	≤15
不规则颗粒（按质量计，%）	≤10	—	—

2. 颗粒形状

颗粒形状最好为小立方体或球体，应控制针状、片状和不规则颗粒。针状颗粒是指卵石、碎石颗粒的最大一维尺寸大于该颗粒所属粒级的平均粒径 2.4 倍的颗粒，片状颗粒是指最小一维尺寸小于该颗粒所属粒级的平均粒径 0.4 倍的颗粒。不规则颗粒是指碎石、卵石颗粒的最小一维尺寸小于该颗粒所属粒级的平均粒径 0.5 倍的颗粒。平均粒径是指该粒级上、下限粒径的平均值。

针状、片状和不规则颗粒含量较多时，会增大石子的空隙率，影响混凝土的工作性及强度，因此含量应加以限制，见表 12-4-3。

3. 颗粒级配和最大粒径

石子颗粒级配是指大小粒径石子搭配情况，合理的级配可使石子的空隙率和总表面积均比较小，这样拌制的混凝土水泥用量少、密实度较好，有利于改善混凝土和易性，并提高其强度。

石子的颗粒级配也是通过筛分析试验来测定。普通混凝土用石子的颗粒级配应符合表 12-4-4 的规定。

普通混凝土用石的级配范围　　表 12-4-4

级配情况	公称粒级（mm）	累计筛余（%）											
		筛孔尺寸（方孔筛）（mm）											
		2.36	4.75	9.5	16.0	19.0	26.5	31.5	37.5	53.0	63.0	75.0	90.0
连续粒级	5~16	95~100	85~100	30~60	0~10	0	—	—	—	—	—	—	—
	5~20	95~100	90~100	40~80	—	0~10	0		—	—	—	—	—
	5~25	95~100	90~100	—	30~70	—	0~5	0	—	—	—	—	—
	5~31.5	95~100	90~100	70~90		15~45		0~5	0	—	—	—	—
	5~40	—	95~100	70~90	—	30~65			0~5	0	—	—	—
单粒级	5~10	95~100	80~100	0~15	0	—	—	—	—	—	—	—	—
	10~16	—	95~100	80~100	0~15	0	—	—	—	—	—	—	—

续上表

级配情况	公称粒级（mm）	累计筛余（%）											
		筛孔尺寸（方孔筛）（mm）											
		2.36	4.75	9.5	16.0	19.0	26.5	31.5	37.5	53.0	63.0	75.0	90.0
单粒级	10~20	—	95~100	85~100	—	0~15	0	—	—	—	—	—	—
	16~25	—	—	95~100	55~70	25~40	0~10	—	—	—	—	—	—
	16~31.5	—	95~100	—	85~100	—	—	0~10	0	—	—	—	—
	20~40	—	—	95~100	—	85~100	—	—	0~10	0	—	—	—
	40~80	—	—	—	—	95~100	—	—	70~100	—	30~60	0~10	0

单粒级一般不单独使用，可用于组合成具有要求级配的连续粒级，也可与连续粒级的石子混合使用，以改善它们的级配或配成较大粒度的连续粒级。

石子公称粒级的上限，称为石子的最大粒径。随着石子最大粒径的增大，在质量相同时，其总表面积减小，因此，在条件许可下，石子的最大粒径应尽可能选得大一些，以节约水泥。

一般在可能情况下，混凝土应尽量选用大粒径的石子，但是最大粒径的选择，还要受到混凝土结构截面尺寸及配筋间距的限制。按照《混凝土结构工程施工质量验收规范》（GB 50204—2015）的规定，混凝土用石子的最大粒径不得超过结构截面最小尺寸的1/4，同时不得超过钢筋间最小净距的3/4。对于混凝土实心板，石子最大粒径不宜超过板厚的1/3，且不得超过 40mm。

4. 强度

碎石的强度用岩石的块体抗压强度或压碎指标表示，卵石的强度用压碎指标表示。

石子的抗压强度，是指在母岩中取样制作边长为 50mm 的立方体试件（或直径与高度均为 50mm 的圆柱体试件），在水中浸泡 48h 测得的强度，要求岩石的抗压强度与混凝土抗压强度之比不小于 1.5。而且，火成岩的抗压强度不宜低于 80MPa，水成岩不宜低于 45MPa，变质岩不宜低于 60MPa。

压碎指标的测定方法为采用一定质量的气干状态下粒径为 9.5~19mm 的石子，装入一标准圆筒内，在压力机上施加荷载至 200kN，并稳定 5s，卸荷后称取试样质量m_0，再用孔径为 2.36mm 的筛筛除被压碎的细粒，称出筛余量m_1，则压碎指标Q_a为：

$$Q_a = \frac{m_0 - m_1}{m_0} \times 100\% \tag{12-4-2}$$

石子压碎指标越大，其强度越低。石子的压碎指标值见表 12-4-5。

石子压碎指标和坚固性指标　　表 12-4-5

项　目	指　标		
	Ⅰ类	Ⅱ类	Ⅲ类
碎石压碎指标（%）	≤10	≤20	≤30
卵石压碎指标（%）	≤12	≤14	≤16
质量损失（%）	≤5	≤8	≤12

5. 坚固性

坚固性是指石子在自然风化和其他外界物理化学因素作用下抵抗破裂的能力。采用硫酸钠溶液浸渍法进行试验，石子经 5 次循环浸渍后，其质量损失应符合表 12-4-5 的规定。

【例 12-4-3】 混凝土用骨料的粒形对骨料的空隙率有很大的影响，会最终影响到混凝土的：

A. 孔隙率　　B. 强度　　C. 导热系数　　D. 弹性模量

解 混凝土用骨料的粒形最好为球形或立方体，堆积后形成的空隙率小，粒形不好的颗粒针状颗粒、片状颗粒和不规则颗粒，这些颗粒堆积后形成的空隙率大，在浆体含量固定的前提下，会降低混凝土的泵送性能、强度和耐久性。

答案： B

（五）水

拌制和养护混凝土用水，不得影响混凝土的和易性及凝结；不得有损于混凝土强度发展；不得降低混凝土的耐久性；不得加快钢筋腐蚀及导致预应力钢筋脆断；不得污染混凝土表面。

饮用水、地下水、地表水及经过处理达到要求的工业废水均可用作混凝土拌和用水，宜优先采用符合国家标准的饮用水。若采用其他水源时，水质要求应符合《混凝土用水标准》（JGJ 63—2006）的规定，对水的 pH 值以及不溶物、可溶物、氯化钠、硫化物、硫酸盐等含量也均有限制。

（六）外加剂

根据《混凝土外加剂术语》（GB/T 8075—2017），混凝土外加剂是一种在混凝土搅拌之前或拌制过程中加入的、用以改善新拌混凝土和（或）硬化混凝土性能的材料。

混凝土外加剂按其主要使用功能分为四类：

（1）改善混凝土拌合物流变性能的外加剂，包括各种减水剂和泵送剂等；

（2）调节混凝土凝结时间、硬化性能的外加剂，包括缓凝剂、促凝剂和速凝剂等；

（3）改善混凝土耐久性的外加剂，包括引气剂、防水剂、阻锈剂和矿物外加剂等；

（4）改善混凝土其他性能的外加剂，包括膨胀剂、防冻剂、着色剂等。

1. 减水剂

减水剂是指在混凝土坍落度基本相同的条件下，能减少拌和用水量的外加剂。

减水剂的作用效果有：

（1）在配合比不变，且不影响混凝土强度的前提下，改善混凝土拌合物工作性，提高流动性；

（2）在保持一定流动性的前提下，减少用水量，提高混凝土的强度；

（3）在保持强度和工作性不变的情况下，减少水泥用量；

（4）改善混凝土拌合物的可泵性及其他物理力学性能。

减水剂的作用机理为：水泥-水体系由于界面能高，不稳定，而且水泥颗粒遇水后表面带有不同的电荷，最终使得水泥颗粒相互吸引形成絮凝结构，把许多水分包裹在絮凝结构中，不能发挥作用（见图 12-4-1）。减水剂是一种表面活性剂。表面活性剂分子由亲水基团和憎水基团两部分组成。当减水剂加入到水泥浆体中，减水剂分子中的憎水基团定向吸附于水泥颗粒表面，亲水基团指向水溶液，使水泥颗粒带有相同电荷，表现出斥力，将水泥浆体的絮凝结构打开并释放出被絮凝结构包裹的游离水。

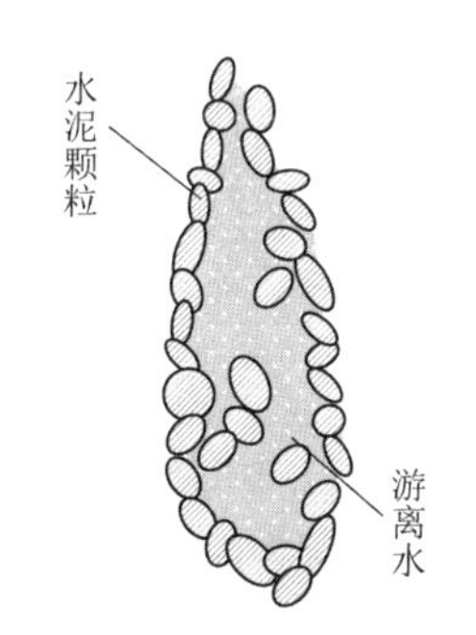

图 12-4-1　水泥浆体的絮凝结构

常用减水剂有木质素磺酸钙、多环芳香族磺酸盐减水剂（萘系减水剂）、聚羧酸减水剂等。

2. 早强剂

早强剂是指能加速混凝土早期强度发展的外加剂。主要用于冬季施工或紧急抢修施工工程中。常用的早强剂有氯化物系、硫酸盐系、三乙醇胺系。

（1）氯化物系早强剂

如 $CaCl_2$，除提高早期强度外，还有促凝、防冻效果，缺点是 Cl^- 会使钢筋锈蚀，所以在钢筋混凝土中掺量不得超过 1%，不得用于预应力混凝土中。

（2）硫酸盐系早强剂

如 Na_2SO_4，又名元明粉。

（3）三乙醇胺系早强剂

三乙醇胺为无色或淡黄色透明油状液体，易溶于水，有缓凝作用，一般不单独使用，常与其他早强剂复合使用。

3. 缓凝剂

缓凝剂是指能延长混凝土凝结时间的外加剂。主要用于高温季节混凝土、大体积混凝土、泵送和滑模混凝土施工以及远距离运输的商品混凝土。常用缓凝剂有糖类及其碳水化合物、羟基羧酸盐、多元醇及其衍生物等有机缓凝剂，磷酸盐、锌盐、硫酸铁、硫酸铜、氟硅酸盐等无机缓凝剂。

4. 引气剂

引气剂是指在混凝土搅拌过程中能引入大量均匀分布、稳定而封闭的微小气泡且能保留在硬化混凝土中的外加剂。常用引气剂有松香类引气剂（如松香皂、松香热聚物等）、木质素磺酸盐类引气剂等。

引气剂产生的气泡直径在 0.05~1.25mm 之间，可改善混凝土拌合物的和易性，提高混凝土的抗渗性、抗冻性等，但含气量增大会导致混凝土强度降低。

5. 速凝剂

速凝剂是指能使混凝土迅速凝结硬化的外加剂，主要有铝氧熟料加碳酸盐系速凝剂、硫铝酸盐系速凝剂、水玻璃系速凝剂等。广泛用于喷射混凝土、灌浆止水混凝土及抢修补强混凝土工程中，如矿山井巷、隧道涵洞、地下工程等。

6. 防水剂

防水剂是指能提高砂浆、混凝土抗渗性能的外加剂。按化学成分，防水剂分为无机防水剂和有机防水剂。

无机防水剂通过水泥凝结硬化过程中与水发生化学反应，生成物填充在砂浆、混凝土的孔隙内，提高密实度，从而实现防水抗渗作用，包括水玻璃、氯化铁、氯化铝等。有机防水剂有憎水性表面活性剂和天然或合成聚合物乳液等。

（七）*矿物掺合料*

矿物掺合料（简称掺合料）是为改善混凝土性能、节约水泥而在混凝土拌合物中掺入的矿物材料，也称矿物外加剂。工程中常采用的矿物掺合料有粉煤灰、磨细矿渣粉、沸石粉、煅烧煤矸石、硅灰等。

粉煤灰的活性较低，掺入混凝土中，可以显著降低水化热，还可以提高抗侵蚀性，是应用最为普遍的掺合料。

硅灰的活性很高，可以大幅度提高混凝土的强度，但其价格较贵，只用于 C80 以上的高强混凝土中。

【例 12-4-4】 减水剂是常用的混凝土外加剂，其主要功能是增加拌合物中的自由水，其作用原理是：

A. 本身产生水分　　B. 通过化学反应产生水分

C. 释放水泥吸收的水分　　D. 分解水化产物

解　减水剂是一种表面活性剂，其分子由亲水基团和憎水基团两部分组成。减水剂在加入水泥浆体后，其中的憎水基团定向吸附于水泥质点表面，亲水基团指向水溶液，在水泥颗粒表面形成单分子或多分子吸附膜，使水泥颗粒表面带上相同的电荷（多数为负电荷），表现出斥力，将水泥加水后形成的絮凝结构打开并释放出被絮凝结构包裹的水，最终增加了拌合物中的自由水。

答案：C

【例 12-4-5】掺入引气剂的主要目的是为了大幅度提高混凝土的：

A. 抗碳化性能　　B. 抗冻性能　　C. 抗氯离子性能　　D. 抗硫酸盐性能

解　引气剂是指在混凝土搅拌过程中能引入大量均匀分布、稳定而封闭的微小气泡且能保留在硬化混凝土中的外加剂。引气剂产生的气泡直径在 0.05~1.25mm 之间，可改善混凝土拌合物的和易性，提高混凝土的抗渗性、抗冻性等，但含气量增大会导致混凝土强度降低。所以掺入引气剂的主要目的是为了大幅度提高混凝土是抗冻性。

答案：B

【例 12-4-6】欲提高混凝土拌合物的流动性，可采用的添加剂是：

A. 氯化钙　　B. 木质素磺酸钙　　C. 硫酸钠　　D. 三乙醇胺

解　减水剂可以提高混凝土拌合物的流动性，常用减水剂有木质素磺酸盐（如木质素磺酸钙）、多环芳香族磺酸盐减水剂（萘系减水剂）、聚羧酸减水剂等。氯化钙、硫酸钠和三乙醇胺属于早强剂，可以提高混凝土的早期强度。

答案：B

【例 12-4-7】现代混凝土使用的矿物掺合料不包括：

A. 粉煤灰　　B. 硅灰

C. 磨细的石英砂　　D. 粒化高炉矿渣

解　现代混凝土常用矿物掺合料有粉煤灰、硅灰、粒化高炉矿渣等，这些矿物掺合料微观结构为玻璃体，具有活性。磨细石英砂具有晶体结构，常温下不具有活性，现代混凝土使用的矿物掺合料中不包括磨细石英砂。

答案：C

二、普通混凝土的技术性质

（一）混凝土拌合物的和易性

混凝土凝结硬化之前称为混凝土拌合物，或新拌混凝土，必须具有良好的和易性（也称工作性）。

1. 和易性概念

和易性是指混凝土拌合物易于施工操作（拌和、运输、浇筑、捣实），并能获得质量均匀、成型密实混凝土的性能。和易性为一项综合的技术性质，包括流动性（能流动，均匀密实地填满模板的性能）、黏聚性（组成材料之间具有一定的黏结力，不分层、不离析的性能）和保水性（不泌水的性能）。

2. 和易性指标

按《普通混凝土拌合物性能试验方法标准》（GB/T 50080—2016）的规定，混凝土拌合物流动性的指标为稠度，可用坍落度（见图 12-4-2）、维勃稠度（见图 12-4-3）或扩展度表示。坍落度是指混凝土拌合物在自重作用下坍落的高度，坍落度试验方法适用于坍落度值不小于 10mm、骨料最大公称粒径不大于 40mm 的混凝土拌合物坍落度的测定。维勃稠度检验适用于维勃稠度为 5~30s 的混凝土拌合物，扩展度是指混凝土拌合物坍落后扩展的直径，扩展度试验方法宜用于骨料最大公称粒径不大于 40mm，坍落度不小于 160mm 的混凝土扩展度的测定，适用于泵送高强混凝土和自密实混凝土。

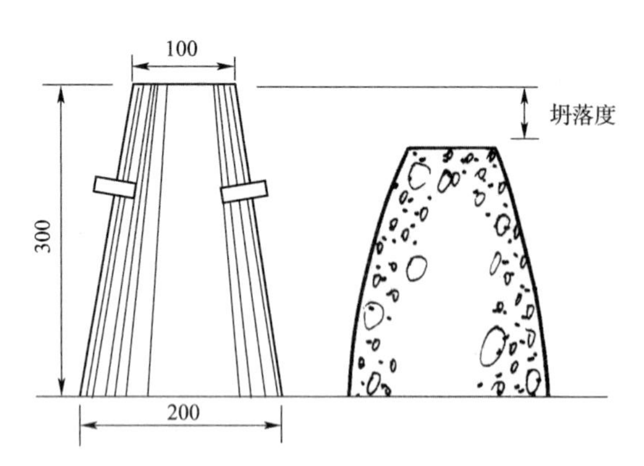

图 12-4-2　混凝土拌合物坍落度的测定（尺寸单位：mm）

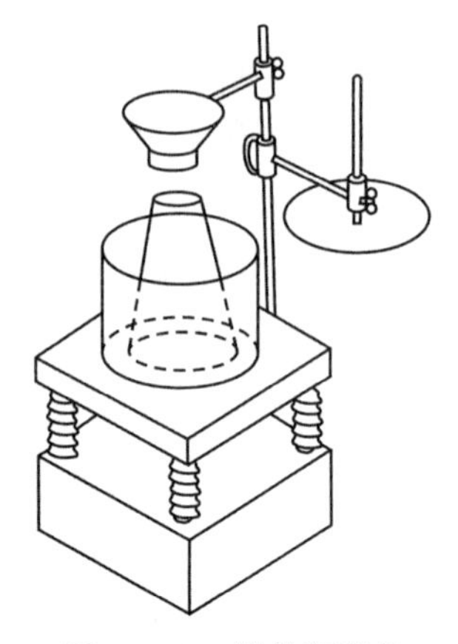
图 12-4-3　维勃稠度仪

坍落度或扩展度越大，表明混凝土拌合物流动性越好；维勃稠度越大，说明混凝土拌合物的流动性越差。

《混凝土质量控制标准》（GB 50164—2011）将混凝土拌合物按照坍落度划分等级，见表 12-4-6。

混凝土拌合物的坍落度等级划分　表 12-4-6

等　级	坍落度（mm）	等　级	坍落度（mm）
S1	10~40	S4	160~210
S2	50~90	S5	≥220
S3	100~150		

混凝土拌合物的黏聚性与保水性无指标，凭直观经验目测评定。

3. 坍落度的选择

施工中选择混凝土拌合物的坍落度，一般依据构件截面的大小、钢筋疏密和捣实方法来确定。当构件截面尺寸较小或钢筋较密或人工插捣时，坍落度可选择大些。总的原则是在保证能顺利施工的前提下，坍落度尽量选小些。

4. 影响和易性的因素

（1）浆体的数量和稠度

浆体是由水泥、矿物掺合料和水拌和而成，具有流动性和可塑性，是影响混凝土拌合物和易性的主要因素。原材料一定时，坍落度主要取决于浆体的数量和稠度。增大稠度，即增加用水量，同时增大水胶比，坍落度增大，但混凝土拌合物稳定性降低（即易离析、泌水），也会降低硬化混凝土的密实度、强度和耐久性。所以通常通过保持水胶比不变，调整浆体数量来满足工作性的要求，也可以通过掺加外加剂来调整和易性。

（2）砂率

砂率是指混凝土中砂的质量占砂、石总质量的百分比。砂率的变动会使骨料的空隙率与总表面积有显著改变，因而对混凝土拌合物的和易性产生显著影响。砂率过大（总表面积增大）或过小（空隙率过大），在浆体含量不变的情况下，均会使混凝土拌合物的流动性减小。因此，在配制混凝土时，砂率不能过大，也不能太小，应选用合理的砂率值。所谓合理砂率，是指在用水量及胶凝材料用量一定的情况下，能使混凝土拌合物获得最大的流动性，且能保持黏聚性及保水性良好时的砂率值，如图 12-4-4a）所示。或者，从另一角度考虑，当采用合理砂率时，能使混凝土拌合物获得所要求的流动性及良好的黏聚性与保水性，而水泥用量为最少，如图 12-4-4b）所示。

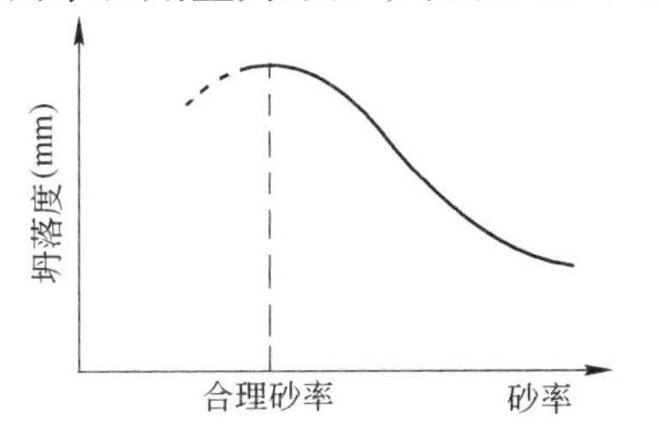

a)坍落度与砂率的关系(水和水泥用量一定)

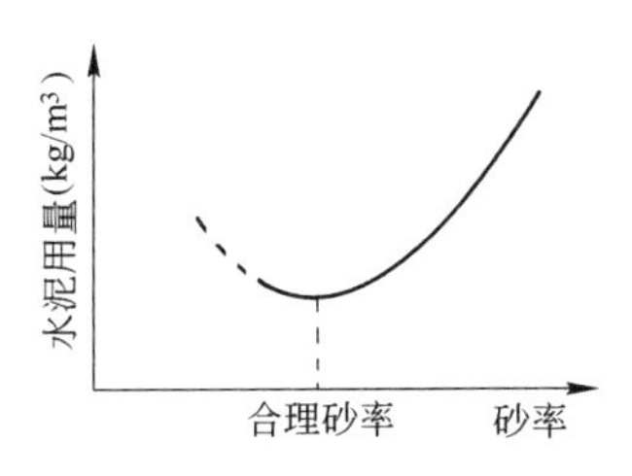

b)水泥用量与砂率的关系(达到相同坍落度)

图 12-4-4　砂率与坍落度和水泥用量的关系

确定合理砂率的方法很多，可参照表 12-4-7，也可根据砂、石的堆积密度、空隙率等参数确定。

混凝土砂率选用表（单位：%）　　　　**表** 12-4-7

水灰比（W/C）	卵石最大粒径（mm）			碎石最大粒径（mm）		
	10	20	40	16	20	40
0.40	26~32	25~31	24~30	30~35	29~34	27~32
0.50	30~35	29~34	28~33	33~38	32~37	30~35
0.60	33~38	32~37	31~36	36~41	35~40	33~38
0.70	36~41	35~40	34~39	39~44	38~43	36~41

注：1.表中数值为中砂的选用砂率，对细砂或粗砂，可相应地减少或增加砂率。表中数值为中砂的选用砂率，对细砂或粗砂，可相应地减少或增加砂率。

2.本砂率表适用于坍落度为 10~60mm 的混凝土，坍落度如大于 60mm 或小于 10mm，则应相应地增加或减小砂率，详见《普通混凝土配合比设计规程》（JGJ 55—2011）中的有关条文。

3.只用一个单粒级粗骨料配制混凝土时，砂率值应适当增加。

4.掺有各种外加剂或掺合料时，其合理砂率值应经试验或参照其他有关规定选用。

（3）骨料品种与品质

在骨料用量一定的情况下，采用卵石和河砂拌制的混凝土拌合物，其流动性比用碎石和山砂拌制的好。石子最大粒径较大时，需要包裹的浆体少，流动性好，但容易离析。级配好的骨料拌制的混凝土拌合物的流动性大。

（4）水泥、矿物掺合料和外加剂

与普通水泥相比，采用矿渣水泥、火山灰水泥的混凝土拌合物流动性较小。但是矿渣水泥的保水性差，尤其低温时泌水较大。

矿物掺合料不仅自身水化缓慢，优质矿物掺合料还有一定的减水效果，同时还减缓了水泥的水化速度，使混凝土工作性更加流畅，并防止泌水及离析的发生。

在拌制混凝土拌合物时，加入适量外加剂，如减水剂、引气剂等，能使混凝土在较低水胶比、较小用水量的条件下，仍能获得较高的流动性。

（5）时间和温度

混凝土拌合物随着时间的延长会变得越来越干稠。混凝土工作性还受温度的影响，随着环境温度的升高，混凝土的工作性降低很快。

5. 改善和易性的措施

在实际工作中，可采取以下措施调整拌合物的和易性（需考虑对混凝土强度、耐久性等的影响）：

（1）尽可能采用合理砂率，以提高混凝土的质量与节约水泥。

（2）改善砂、石级配。

（3）尽量采用较粗的砂、石。

（4）当混凝土的配合比初步确定后，如发现拌合物坍落度太小，则可保持水胶比不变，增加适量的浆体以提高混凝土坍落度，满足施工要求；若坍落度太大，则可增加适量砂、石，从而减小坍落度，达到施工要求，避免出现离析、泌水等不利现象。

（5）掺外加剂（减水剂、引气剂），均可提高混凝土的流动性。

【例 12-4-8】 特细砂混凝土的特点是砂子的整体粗细程度偏细。为保证混凝土的工作性，在拌和特细砂混凝土时，可采用的合理措施是：

A. 砂率应加大　　　　B. 用水量可以增加

C. 水灰比应增大　　　　D. 砂率应减少

解　增大用水量和水灰比都会导致混凝土的强度和耐久性降低，所以选项 B、C 错误。特细砂粗细程度偏细，即砂子的比表面积偏大，在浆体一定的前提下，加大砂率会使骨料的表面积更大，导致混凝土的流动性降低，即选项 A 错误。减少砂子用量，可以减少骨料需要浆体包裹的面积，有助于保证混凝土的工作性，所以可采用的合理措施是减少砂率，选项 D 正确。

答案：D

（二）混凝土的强度

1. 混凝土的受力变形及破坏形式

硬化后的混凝土在未受力作用之前，由于水泥水化造成的物理收缩和化学收缩引起砂浆体积的变化，或者因泌水在骨料下部形成水囊，而导致骨料界面可能出现界面裂缝（如图 12-4-6 未加荷载所示），在施加外力时，微裂缝处出现应力集中，随着外力的增大，裂缝就会延伸和扩展，最后导致混凝土破坏。混凝土的受压破坏实际上是裂缝的失稳扩展到贯通的过程。混凝土的裂缝扩展可分为如图 12-4-5 所示的四个阶段，每个阶段的裂缝状态示意图如图 12-4-6 所示。当荷载到达“比例极限”（约为极限荷载的30%）以前，界面裂缝无明显变化（图 12-4-5 第Ⅰ阶段，图 12-4-6 中Ⅰ）。此时，荷载与变形接近直线关系（图 12-4-5 曲线OA段）；荷载超过“比例极限”以后，界面裂缝的数量、长度、宽度都不断扩大，界面借助摩擦阻力继续承担荷载，但尚无明显的砂浆裂缝（图 12-4-6 中Ⅱ）。此时，变形增大的速度超过荷载的增大速度，荷载与变形之间不再接近直线关系（图 12-4-5 曲线AB段）。荷载超过“临界荷载”（为极限荷载的 70%~90%）以后，在界面裂缝继续发展的同时，开始出现砂浆裂缝，并将临近的界面裂缝连接起来成为连续裂缝（图 12-4-6 中Ⅲ）。此时，变形增大的速度进一步加快，荷载-变形曲线明显地弯向变形轴方向（图 12-4-5 曲线BC段）。超过极限荷载后，连续裂缝急速地扩展（图 12-4-6 中Ⅳ）。此时，混凝土的承载力下降，荷载减小而变形迅速增大，以致完全破坏，荷载-变形曲线逐渐下降而最后结束（图 12-4-5 曲线CD段）。因此，混凝土受力破坏过程实际上是混凝土裂缝的发生和发展过程，也是混凝土内部结构裂缝由不连续到连续的演变过程。

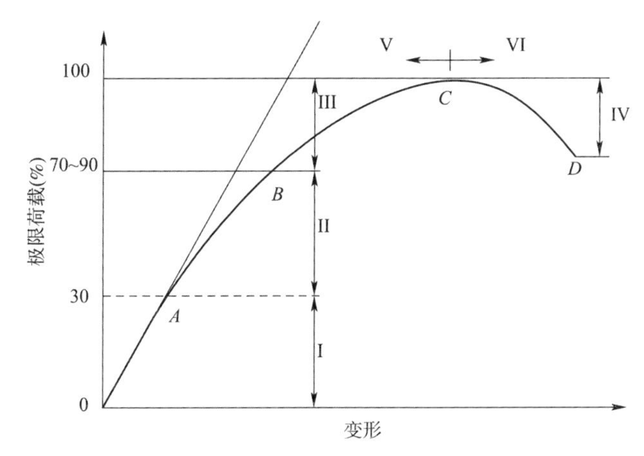

图 12-4-5　混凝土的受力变形曲线

I-界面裂缝无明显变化；II-界面裂缝增长；III-出现砂浆裂缝和连续裂缝；IV-连续裂缝迅速发展；V-裂缝缓慢增长；VI-裂缝迅速增长

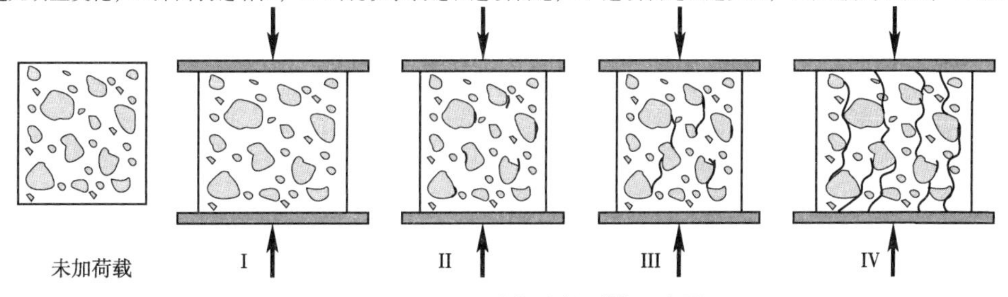

图 12-4-6　不同受力阶段裂缝示意图

2. 混凝土立方体抗压强度及强度等级

根据《混凝土物理力学性能试验方法标准》（GB/T 50081—2019）制作边长为 150mm 的立方体标准试件，在标准条件（温度 20℃±2℃，相对湿度 95%以上）下，养护到 28d 龄期，用标准试验方法测得的抗压强度值，称为混凝土立方体抗压强度，用f_{cu}表示。

在实际施工中，允许采用非标准尺寸的试件，但试件尺寸越大，测得的抗压强度值越小（原因是大试件环箍效应的相对作用小，另外，存在缺陷的概率增大）。混凝土强度等级小于 C60 时，用非标准试件测得的强度值应乘以尺寸换算系数，对尺寸为$200mm \times 200mm \times 200mm$的试件可取为 1.05，对尺寸为$100mm \times 100mm \times 100mm$的试件可取为 0.95。

根据《混凝土强度检验评定标准》（GB/T 50107—2010）的规定，混凝土的强度等级应按其立方体抗压强度标准值确定。混凝土强度等级采用“C”与立方体抗压强度标准值$f_{cu,k}$表示。

混凝土立方体抗压强度标准值应为按标准方法制作和养护的边长为 150mm 的立方体试件，用标准试验方法在 28d 龄期测得的混凝土抗压强度总体分布中的一个值，强度低于该值的概率应为 5%。

《混凝土质量控制标准》（GB 50164—2011）规定，混凝土强度等级应按立方体抗压强度标准值（MPa）划分为 C10、C15、C20、C25、C30、C35、C40、C45、C50、C55、C60、C65、C70、C75、C80、C85、C90、C95 和 C100。

【例 12-4-9】混凝土强度的形成受到其养护条件的影响，主要是指：

A. 环境温湿度　　　　B. 搅拌时间

C. 试件大小　　　　D. 混凝土水灰比

解　养护是指控制合适的温度和湿度使水泥混凝土正常水化硬化，所以养护条件是指温度、湿度。

答案：A

【例 12-4-10】混凝土材料在单向受压条件下的应力-应变曲线呈现明显的非线性特征，在外部应力达到抗压强度的 30%左右时，图线发生弯曲，这时应力-应变关系的非线性主要是由于：

A. 材料出现贯穿裂缝　　B. 骨料被压碎

C. 界面过渡区裂缝的增长　　D. 材料中孔隙被压缩

解　混凝土材料在单向受压条件下的应力-应变曲线表现出明显的非线性特征，在外部应力达到抗拉强度的 30%左右时，由于混凝土内部界面过渡区裂缝增长，使曲线发生弯曲。当外部应力达到抗拉强度的 90%以上时，材料出现贯穿裂缝。

答案：C

3. 混凝土轴心抗压强度

轴心抗压强度又称棱柱体抗压强度。在实际工程中，混凝土受压构件大部分是棱柱体或圆柱体，为了与实际情况相符，在混凝土结构设计、计算轴心受压构件（如柱子、桁架的腹杆等）时，应采用轴心抗压强度作为设计依据。根据《混凝土物理力学性能试验方法标准》（GB/T 50081—2019）的规定，轴心抗压强度应采用尺寸为$150\text{mm} \times 150\text{mm} \times 300\text{mm}$的棱柱体作为标准试件。试验表明，轴心抗压强度为立方体抗压强度的 70%~80%。

4. 混凝土抗拉强度

混凝土的抗拉强度很低，只有其抗压强度的$1/20 \sim 1/10$，且这个比值随着强度等级的提高而降低。混凝土抗拉强度对于混凝土抗裂性具有重要作用，是结构设计中确定混凝土抗裂度的主要指标，有时也用来间接衡量混凝土与钢筋的黏结强度等。一般采用劈裂法来测定混凝土的劈裂抗拉强度，简称劈拉强度。

根据《混凝土物理力学性能试验方法标准》（GB/T 50081—2019）的规定，劈裂抗拉强度采用边长为 150mm 的立方体标准试件，按规定的劈裂抗拉装置检测劈拉强度，按下式计算劈裂抗拉强度：

$$f_{\rm ts} = \frac{2F}{\pi A} = 0.637\frac{F}{A} \tag{12-4-3}$$

式中：$f_{\rm ts}$—劈裂抗拉强度（MPa）；

F—破坏荷载（N）；

A—试件劈裂面面积（mm^2）。

5. 影响混凝土抗压强度的因素

（1）胶凝材料的强度和水胶比

胶凝材料的强度和水胶比是影响混凝土强度最主要的因素。试验证明：胶凝材料的强度越高，则混凝土的强度越高；在胶凝材料组成和强度相同时，混凝土强度随着水胶比的增大而有规律地降低。水胶比增大，多余的水分多（水泥水化所需的结合水，一般只占水泥质量的 23%左右），当混凝土硬化后，多余的水分就残留在混凝土中形成水泡或蒸发后形成气孔，大大地减少了混凝土抵抗荷载的实际有效断面，而且可能在孔隙周围产生应力集中，使混凝土强度降低，反之，水胶比越小，水泥浆硬化后强度越高，与骨料表面的黏结力越大，则混凝土强度也越高。但若水胶比太小，拌合物过于干稠，难以施工捣实，混凝土会出现较多的蜂窝孔洞，强度也会降低。

瑞士学者保罗米通过大量试验研究，提出以下混凝土强度（$f_{\rm cu}$）与水泥强度（$f_{\rm ce}$）、水灰比（W/C）之间的经验公式：

$$f_{\rm cu} = \alpha_{\rm a} f_{\rm ce}\left(\frac{C}{W} - \alpha_{\rm b}\right) \tag{12-4-4}$$

式中：　$\alpha_{\rm a}$、$\alpha_{\rm b}$—回归系数，与粗骨料种类、水泥品种等因素有关，其数值通过试验求得，《普通混凝土配合比设计规程》（JGJ 55—2011）规定，对碎石混凝土，$\alpha_{\rm a}$可取 0.53，$\alpha_{\rm b}$可取 0.20；对卵石混凝土，$\alpha_{\rm a}$可取 0.49，$\alpha_{\rm b}$可取 0.13。

（2）温度和湿度

养护温度和湿度是保证水泥正常水化的必要条件，也是决定水泥水化速度的重要条件。若温度升高，则水泥水化速度加快，混凝土强度发展也就加快；反之，温度降低时，水泥水化速度降低，混凝土强度发展相应迟缓。当温度降至冰点以下时，水泥水化反应停止，混凝土的强度也停止发展而且还会因混凝土中的水结冰产生体积膨胀导致开裂。所以混凝土冬期施工时，要特别注意保温养护，以免混凝土早期受冻破坏。

周围环境的湿度对混凝土强度也有显著影响。若湿度不够，混凝土会因失水干燥而影响水泥水化作用的正常进行，甚至停止水化。这将严重降低混凝土的强度，且因水化作用不充分，使混凝土结构疏松，或形成干缩裂缝，从而影响混凝土耐久性。因此要求在混凝土凝结后（一般在 12h 以内），表面加以覆盖和浇水，一般硅酸盐水泥、普通水泥和矿渣水泥配制的混凝土，需浇水保湿至少 7d；使用火山灰水泥、粉煤灰水泥或掺用缓凝型外加剂，或有抗渗要求的混凝土，浇水保湿不少于 14d。

总之，已浇筑完毕的混凝土，必须注意在一定时间内维持周围环境有一定温度和湿度。而且混凝土施工时，夏季注意浇水保持必要的湿度，冬季注意保持必要的温度。

（3）龄期

混凝土在正常养护条件下，其强度随龄期的增加而增长，最初 7~14d 内，强度增长较快，28d 以后增长缓慢，但只要有一定的温度与湿度，强度仍有所增长。可根据混凝土早期强度大致估计其 28d 的强度。如用普通水泥配制的混凝土，在标准条件下养护，其强度发展有如下关系式：

$$\frac{f_n}{f_{28}}=\frac{\lg n}{\lg 28} \tag{12-4-5}$$

式中：f_n—nd混凝土抗压强度（MPa）；

f_{28}—28d 混凝土抗压强度（MPa）；

n—养护龄期（d），$n\geqslant 3$。

6. 提高混凝土强度的措施

（1）降低水灰比或水胶比。

通过掺入高性能减水剂，降低水灰比或水胶比，减少拌合物中游离水分，从而使混凝土硬化后留下的孔隙少，提高混凝土的密实度和强度。

（2）采用高强度等级水泥或早强类水泥。

（3）采用湿热养护——蒸气养护与蒸压养护。

蒸气养护是将混凝土放在低于 100℃的常压蒸气中养护。目的是提高混凝土的早期强度。一般混凝土经 16h 左右蒸气养护后，其强度可达正常条件下养护 28d 强度的 70%~80%。蒸气养护的最适宜温度，用硅酸盐水泥或普通水泥时为 80℃左右，用矿渣水泥时则为 90℃。

蒸压养护是将混凝土放在温度为 175℃、8 个大气压的蒸压釜中进行养护。在这样的条件下养护，水泥水化析出的氢氧化钙，不仅能与活性氧化硅结合，而且也能与结晶状态的氧化硅结合，生成结晶较好的水化硅酸钙，使水泥水化、硬化加速，可有效提高混凝土的强度。

（4）采用机械搅拌与振捣。

可提高混凝土均匀性、密实度与强度，对用水量少、水灰比小的干硬性混凝土，效果显著。

（5）掺入混凝土外加剂和掺合料。

在混凝土中掺入早强剂，可显著提高混凝土的早期强度。掺入减水剂，拌和用水量减少，水胶比降低，可提高混凝土的强度。在混凝土拌合物中，除掺入高效减水剂、复合外加剂外，同时掺入硅粉、粉煤灰等矿物掺合料，可配制高强度的混凝土。

【例 12-4-11】混凝土材料的抗压强度与下列哪个因素不直接相关：

A. 骨料强度　　B. 硬化水泥浆强度

C. 骨料界面过渡区　　D. 拌和用水的品质

解　混凝土主要由硬化水泥浆、骨料及硬化水泥浆与骨料的界面过渡区组成，所以硬化水泥浆强度越高，骨料的强度越高，界面过渡区结合越紧密，则混凝土强度越高。所以混凝土材料的抗压强度与拌和用水的品质没有直接关系。

答案：D

【例 12-4-12】混凝土强度是在标准养护条件下达到标准养护龄期后测量得到的，如实际工程中混凝土的环境温度比标准养护温度低了 10℃，则混凝土的最终强度与标准强度相比：

A. 一定较低　　B. 一定较高　　C. 不能确定　　D. 相同

解　混凝土的养护温度越低，其强度发展越慢，所以，当实际工程混凝土的环境温度低于标准养护温度时，在相同的龄期时，混凝土的实际强度比标准强度低，但是一定的时间后，混凝土的最终强度会达到标准养护条件下的强度。

答案：D

（三）混凝土的变形性能

1. 化学收缩

混凝土的化学收缩是由于水泥水化引起的。这种收缩是不能恢复的，收缩量随龄期的延长而增加，一般在混凝土成型后 40 多天内增长较快，以后渐趋稳定。总收缩量一般不大。

2. 干湿变形

干湿变形是指混凝土随周围环境湿度变化而产生的湿胀干缩变形。混凝土的湿胀变形量很小，一般无明显破坏作用。混凝土干燥时，首先蒸发气孔和大毛细孔中的水，这部分水分蒸发不会产生体积收缩；随着环境湿度降低，小毛细孔中水分蒸发，并产生体积收缩；当相对湿度小于 30%时，凝胶孔中的凝胶水分开始蒸发，使凝胶体紧缩，体积显著减小。所以干缩变形对混凝土危害较大，会使混凝土表面出现拉应力而导致开裂，严重影响混凝土的耐久性。

影响混凝土干缩变形的因素有水泥品种、细度和用量，水灰比，骨料用量及养护条件等。一般说，水泥用量大，水灰比大，骨料用量少，则干缩变形值大。

在工程设计中，通常采用混凝土的线收缩值为 150×10^{-6}~200×10^{-6}，即每 1m 收缩 0.15~0.20mm。

3. 自身收缩

自身收缩是混凝土在初凝之后随着水化的进行，在恒温恒重条件下体积的减缩，也称为自收缩。自收缩产生的原因是随着水泥水化的进行，内部孔中的水分被水化反应所消耗，结果产生毛细孔应力，从而造成硬化水泥石受负压作用而产生收缩。

与干燥收缩不同，自收缩是由于毛细孔中的水分被水化反应消耗，而不是蒸发所致，所以，自收缩没有质量减少现象。通常，随着水胶比降低，自收缩增大，而干缩减小。

4. 温度变形

温度变形指混凝土随温度变化产生热胀冷缩的变形。混凝土的温度线胀系数约为10×10^{-6}℃，即温度每升高 1℃，每 1m 膨胀约 0.01mm。

混凝土硬化期间由于水化放热产生温升而膨胀，到达温峰后降温期间产生收缩变形。升温期间由于混凝土弹性模量还很低，膨胀变形只产生较小的压应力，且因徐变作用而松弛；降温期间因弹性模量增长，徐变松弛作用减小，在受约束时收缩变形则产生较大的拉应力，当拉应力超过抗拉强度（断裂能）时开始开裂。降温幅度越大，产生的拉应力越大。

混凝土是热的不良导体，散热较慢，因此大体积混凝土内部的温度较外部高，有时可达 50~70℃，这将使内部混凝土的体积产生较大的相对膨胀，而外部混凝土产生较大的收缩。内部膨胀与外部收缩相互制约，在外层混凝土中将产生很大的拉应力，严重时使混凝土产生裂缝，因此，大体积混凝土工程必须尽量减少混凝土发热量，常用的方法有：

（1）最大限度减少水泥用量；

（2）掺加粉煤灰等低活性掺合料；

（3）采用低热水泥；

（4）选用热膨胀系数低的骨料；

（5）预冷原材料；

（6）在混凝土中埋设冷却水管，表面绝热，减少热变形；

（7）对混凝土合理分块、分缝，减轻约束。

5. 在荷载作用下的变形

（1）在短期荷载作用下的变形

混凝土是一种弹塑性材料，即在外力作用下，既能产生可恢复的弹性变形，也能产生不可恢复的塑性变形，其应力-应变关系不是直线，而是曲线，如图 12-4-7 所示。

《混凝土物理力学性能试验方法标准》（GB/T 50081—2019）规定，混凝土静力弹性模量（简称弹性模量）的测定，是指应力为1/3轴心抗压强度时的割线弹性模量（严格地讲，混凝土的应力与应变的比值称为变形模量）。采用这种方法测定的弹性模量E_c，可作为混凝土结构设计的依据。当混凝土的强度等级在 C10~C60 之间时，其弹性的模量值为17.5~36GPa。混凝土的弹性模量主要取决于骨料与水泥石的弹性模量，以及它们之间的体积比和混凝土含气量。所以水灰比较小，水泥用量较少，骨料弹性模量较高，养护较好及龄期较长时，混凝土的弹性模量就较大。

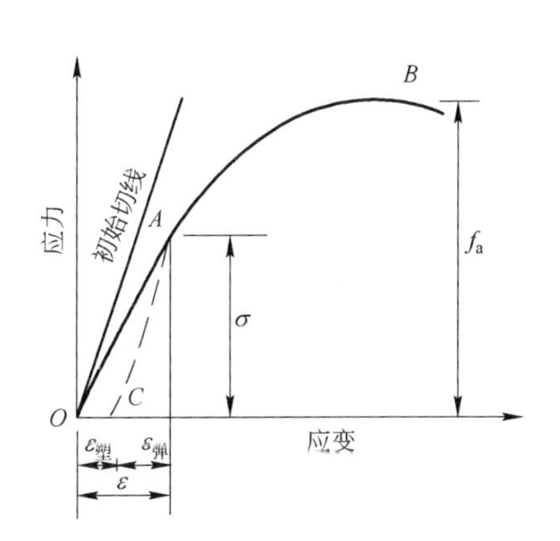

图 12-4-7　混凝土在压力作用下的应力-应变曲线

（2）徐变

混凝土在长期荷载作用下随时间而增加的变形称为徐变。混凝土的徐变曲线如图 12-4-8 所示。当混凝土受荷作用后，即产生瞬时变形，瞬时变形以弹性变形为主。随着荷载持续时间的增长，徐变逐渐增长，以后逐渐变慢，一般延续 2~3 年，渐趋于稳定。徐变一般可达 300×10^{-6}~$1\,500\times10^{-6}$，即0.3~1.5mm/m。混凝土在变形稳定后，卸去荷载，则部分变形可以产生瞬时恢复，部分变形在一段时间内逐渐恢复，称为徐变恢复，但仍会残余大部分不可恢复的永久变形，称为残余变形。

混凝土徐变一般认为是水泥石中的凝胶体在长期荷载作用下产生黏性流动，并向毛细孔中移动，同时吸附在凝胶粒子上的凝胶水也向毛细孔中迁移的结果。在混凝土早期时，水泥尚未充分水化，凝胶含量较多，且毛细孔较多，所以徐变发展较快；在晚龄期，由于水泥硬化，凝胶体含量相对减少，毛细孔也少，徐变发展较慢。

混凝土的徐变能消除钢筋混凝土内的应力集中，使应力较均匀地重新分布，也可消除一部分大体积混凝土因温度变形所产生的破坏应力。但会使预应力钢筋混凝土结构中钢筋的预加应力受到损失。

影响混凝土徐变的因素包括荷载大小和持续时间、水泥用量、水灰比、环境湿度等，一般水泥用量越大，水灰比越大，徐变越大。通常，徐变与强度相反，混凝土强度越高，徐变越小。需要强调的是，为了避免混凝土开裂，混凝土早期应该保有一定的徐变。

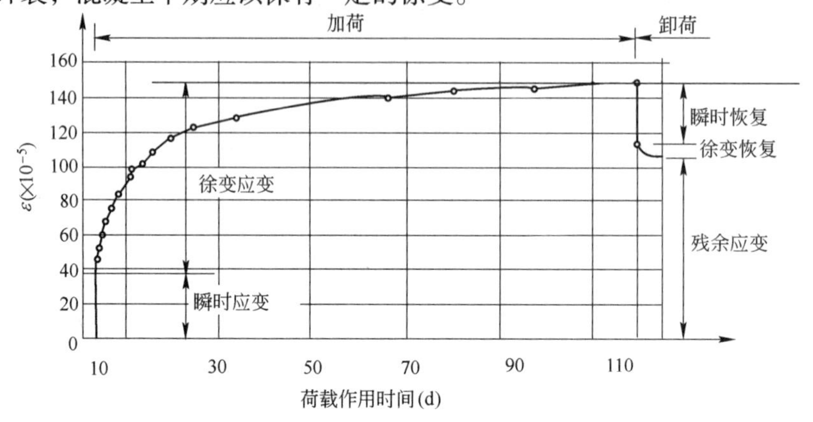

图 12-4-8 混凝土的徐变曲线

【例 12-4-13】 混凝土的干燥收缩和徐变的规律相似，而且最终变形量也相互接近，原因是两者具有相同的微观机理，均为：

A. 毛细孔的排水　　　　B. 过渡区的变形

C. 骨料的吸水　　　　D. 凝胶孔水分的移动

解 徐变是由于凝胶孔中的水分向毛细孔中迁移引起的。干燥收缩是由于湿度降低导致凝胶孔和毛细孔失去水分引起的。所以凝胶孔水分的移动是干燥收缩和徐变的共同机理。

答案：D

（四）混凝土的耐久性

耐久性是指混凝土在长期外界因素作用下，抵抗各种物理和化学作用破坏的能力。耐久性是一个综合概念，包括的内容很多，如抗渗性、抗冻性、抗侵蚀性、抗碳化性能和抗碱-骨料反应等。这些性能决定着混凝土经久耐用的程度，但必须强调的是脱离具体环境谈混凝土结构的耐久性是不正确的。

1. 抗渗性

混凝土的抗渗性指混凝土抵抗压力水（或油等液体）渗透的性能，是决定混凝土耐久性最基本的因素。因为水能够渗透到混凝土内部是导致破坏的前提，也就是说水或者直接导致膨胀和开裂，或者作为侵蚀性介质扩散进入混凝土内部的载体，所以，抗渗性直接影响混凝土的抗冻性、抗侵蚀性、钢筋锈蚀。

混凝土的抗渗性用抗渗等级表示。国家标准《混凝土质量控制标准》（GB 50164—2011）规定，混凝土抗渗等级分为 P4、P6、P8、P10、P12 和>P12 六个等级。

混凝土的抗渗性主要取决于混凝土的密实度及内部孔隙的特征，混凝土孔隙率越低（即密实度越大），连通孔隙越少，微小封闭孔隙越多，抗渗性越好。

2. 抗冻性

（1）抗冻性的定义

混凝土的抗冻性指混凝土在水饱和状态下，能经受多次冻融循环作用而不破坏，同时也不严重降低强度的性能。

（2）抗冻性的表征

混凝土的抗冻性用抗冻等级和抗冻标号表示。国家标准《混凝土质量控制标准》（GB 50164—2011）

规定，混凝土的抗冻等级（快冻法）分为 F50、F100、F150、F200、F250、F300、F350、F400 和>F400 九个等级；抗冻标号（慢冻法）分为 D50、D100、D150、D200 和>D200 五个等级。

快冻法采用尺寸为 100mm×100mm×400mm 的棱柱体试件，以快速冻融循环试验后，质量损失率不超过 5%，同时相对动弹性模量值不小于 60%时所承受的最大循环次数表示抗冻等级。慢冻法常用边长为 100mm 的立方体试件，以冻融循环试验后，质量损失率不超过 5%，同时抗压强度损失率不超过 25%时所承受的最大循环次数表示抗冻标号。

根据快速冻融循环最大次数，按下式可以求出混凝土的耐久性系数。

$$K_n = P_n \times \frac{N}{300} \tag{12-4-6}$$

式中：K_n—混凝土耐久性系数；

N—满足抗冻法控制指标要求的最大冻融循环次数（次）；

P_n—经n次冻融循环后试件的相对动弹性模量。

（3）除冰盐对混凝土的破坏

在冬季，高速公路和城市道路为防止因结冰和积雪使汽车打滑造成交通事故，常在路面撒盐（NaCl 或 $CaCl_2$）以降低冰点去除冰雪。而除冰盐对混凝土路面和桥面会造成严重的破坏，即不仅引起路面和桥面破坏，渗入混凝土中的氯盐还将导致严重的钢筋锈蚀，还会加速碱-骨料反应。

盐冻从混凝土表面开始，逐渐向内部发展，表面砂浆剥落，骨料暴露；这种破坏非常快，少则一年，多则数年，就会产生严重的剥蚀破坏。

（4）提高抗冻性的措施

决定抗冻性的重要因素有混凝土的密实度、孔隙构造和数量、孔隙的充水程度等。通常以提高混凝土的密实度或掺加引气剂以减小混凝土内孔隙的连通程度等方法提高混凝土的抗冻性。具体措施有：

（1）降低混凝土水胶比，降低孔隙率；

（2）掺加引气剂，保持含气量在 4%~5%；

（3）提高混凝土强度，在相同含气量的情况下，混凝土强度越高，抗冻性越好。

【例 12-4-14】 在寒冷地区的混凝土发生冻融破坏时，如果表面有盐类作用，其破坏程度：

A. 会减轻　　　　B. 会加重

C. 与有无盐类无关　　　　D. 视盐类浓度而定

解　在寒冷地区混凝土发生冻融破坏时，表面有盐类会使破坏程度加重。

答案：B

3. 抗侵蚀性

抗侵蚀性指混凝土抵抗各种化学介质侵蚀的能力，主要取决于混凝土中水泥石的抗侵蚀性。凡提高水泥抗化学侵蚀性的方法均可提高混凝土的抗化学侵蚀性，详见第三节“水泥”中的“硅酸盐水泥石的侵蚀与防止”内容。

4. 碳化和钢筋锈蚀

（1）碳化的定义

碳化指空气中的二氧化碳与水泥石中的氢氧化钙在有水的条件下发生化学反应，生成碳酸钙和水。碳化过程是二氧化碳由表及里向混凝土内部逐渐扩散的过程。未碳化的混凝土 pH=12~13，碳化后混凝土内部的 pH=8.5~10。

混凝土的抗碳化性能指混凝土抵抗内部的 $Ca(OH)_2$ 与空气中的 CO_2 在有水的条件下反应生成 $CaCO_3$，导致混凝土内部原来的碱性环境变为中性环境的能力，故又可称为抗中性化的能力。

（2）混凝土保护钢筋不锈的原因

混凝土的孔溶液中通常含有较多的 Na^+、K^+及少量的 Ca^{2+}等离子，为保持离子电中性，OH^-离子浓度较高，即 pH 值较大，未碳化的混凝土 pH=12~13，在这样的强碱环境中，钢筋表面生成一层厚 2~6nm 的致密钝化膜，使钢材难以进行化学电化学反应，即电化学腐蚀难以进行。碳化后混凝土内部的 pH=8.5~10，接近中性，而中性环境易使钢筋表面的钝化膜遭到破坏，如果钢筋周围有一定水分和氧时，钢筋就会生锈。

（3）钢筋锈蚀及对混凝土的影响

抗碳化性能的高低反映了混凝土抗钢筋锈蚀能力的高低，因为混凝土内部的碱性环境是使钢筋得到保护而免遭锈蚀的环境。此外，碳化还会使混凝土碳化层产生拉应力，进而产生微细裂缝，而使混凝土抗拉、抗折强度降低。

（4）氯离子对钢筋锈蚀的影响

氯离子是一种极强的钢筋锈蚀因子，扩散能力很强，混凝土中含有0.3~0.8kg/m^3的氯离子就足以破坏钝化膜，腐蚀钢筋，即使混凝土没有碳化，如使用了未经淡化处理的海砂、氯盐防冻剂等。

（5）提高抗碳化性能的措施

通常以提高混凝土密实度或增大混凝土内 $Ca(OH)_2$ 数量等方法提高混凝土的抗碳化性能。

5. 抗碱-骨料反应

混凝土中的碱性氧化物（Na_2O、K_2O）与骨料中的活性二氧化硅或活性碳酸盐发生化学反应生成碱硅酸凝胶或碱-碳酸盐凝胶，沉积在骨料与水泥石界面上，吸水后体积膨胀 3 倍以上，导致混凝土开裂破坏，这种碱性氧化物与骨料中活性成分之间的化学反应称为碱-骨料反应。

为防止碱-骨料反应对混凝土的破坏作用，应严格控制水泥中碱（Na_2O、K_2O）的含量；禁止使用含有活性氧化硅（如蛋白石）或活性炭酸盐的骨料，对骨料应进行碱-骨料反应检验；还可在混凝土配制中加入活性掺合料，以吸收 Na^+、K^+，使反应不集中于骨料表面。

【例 12-4-15】 混凝土的碱-骨料反应是内部碱性孔隙溶液和骨料中的活性成分发生了反应，因此以下措施中对于控制工程中碱-骨料反应最为有效的是：

A. 控制环境温度　　　　B. 控制环境湿度

C. 降低混凝土含碱量　　　　D. 改善骨料级配

解　混凝土的碱-骨料反应是内部碱性孔隙溶液和骨料中的活性成分发生了反应，因此控制工程中碱-骨料反应的措施包括：①降低混凝土中的含碱量；②控制活性骨料的使用；③采用活性掺合料（如粉煤灰、矿渣粉等）；④加入碱-骨料反应抑制剂等。四个选项中，控制碱-骨料反应的最有效措施为降低混凝土含碱量。

答案：C

6. 提高混凝土耐久性的措施

（1）选择适当品种的水泥；

（2）严格控制水胶比与胶凝材料用量。

《混凝土结构设计规范》（GB 50010—2010）（2015 年版）规定了与所处环境相应的混凝土最大水胶比、最低强度等级、最大氯离子含量与最大碱含量，见表 12-4-8，以满足耐久性要求。

混凝土材料的耐久性要求　　表 12-4-8

环境等级	最大水胶比	最低强度等级	最大氯离子含量（%）	最大碱含量（kg/m^3）
一	0.60	C20	0.30	不限制
二 a	0.55	C25	0.20	3.0
二 b	0.50（0.55）	C30（C25）	0.15	
三 a	0.45（0.50）	C35（C30）	0.15	
三 b	0.40	C40	0.10	

注：1.氯离子含量为其占胶凝材料总量的百分比。

2.预应力构件混凝土中的最大氯离子含量为 0.06%，其最低混凝土强度等级宜按表中的规定提高两个等级。

3.素混凝土构件的水胶比及最低强度等级的要求可适当放松。

4.有可靠工程经验时，二类环境中的最低混凝土强度等级可降低一个等级。

5.处于严寒和寒冷地区二 b、三 a 环境中的混凝土应采用引气剂，并可采用括号内的有关参数。

6.当使用非碱活性骨料时，对混凝土中的碱含量可不作限制。

（3）选用质量好的骨料。

（4）掺入减水剂、引气剂等外加剂。

（5）保证混凝土施工质量。

【例 12-4-16】从工程角度，混凝土中钢筋防锈的最经济有效措施是：

A. 使用高效减水剂　　B. 使用环氧树脂涂刷钢筋表面

C. 使用不锈钢钢筋　　D. 增加混凝土保护层厚度

解　以上措施均可以提高钢筋混凝土中钢筋的防锈效果。使用环氧树脂涂刷钢筋和使用不锈钢钢筋都会大幅度增加成本；增加混凝土保护层厚度会增加混凝土用量，减小有效使用面积，不经济。所以比较而言，通过使用高效减水剂提高混凝土的密实度，是最经济有效的措施。

答案：A

三、普通混凝土配合比设计

（一）混凝土配合比的设计原则

混凝土配合比，是指为配制有一定性能要求的混凝土，单位体积的混凝土中各组成材料的用量或其之间的比例关系。混凝土配合比设计的任务，就是在满足混凝土工作性、强度和耐久性等技术要求的条件下，比较经济合理地确定水泥、掺合料、外加剂、水、砂和石子等组成材料的用量比例关系。混凝土配合比应根据原材料性能及对混凝土的技术要求进行计算，并经实验室试配试验，再进行调整后确定。

（二）混凝土配合比设计的三个参数

普通混凝土主要材料的相对比例，通常由以下三个参数来控制。

1. 水胶比（水灰比）

水灰胶比是指混凝土中水与胶凝材料（胶凝材料由水泥和掺合料组成）的质量比。水胶比对混凝土拌合物的和易性、硬化混凝土强度和耐久性都有重要的影响，因此，通常依据强度和耐久性要求确定水胶比。

需要说明的是，不掺加掺合料时，为水灰比，即水与水泥质量比。

2. 砂率

砂率是指砂子质量占砂石总质量的百分比。砂率对混凝土拌合物的和易性影响较大，若选择不恰当，还会影响影响混凝土强度和耐久性。因此，宜选择合理砂率。

3. 用水量

用水量指 1m³ 混凝土拌合物中水的用量。在水灰（胶）比确定后，混凝土中单位体积用水量也表示水泥浆与骨料之间的比例关系。为节约水泥和改善耐久性，在满足流动性条件下，应尽可能取较小的用水量。

（三）混凝土配合比设计计算

进行配合比设计时，应按下列步骤计算出供试配的混凝土配合比。

1. 确定混凝土配制强度（$f_{cu,o}$）

一般按下式计算：

$$f_{cu,o} = f_{cu,k} + 1.645\sigma \tag{12-4-7}$$

式中：$f_{cu,o}$—混凝土配制强度（MPa）；

$f_{cu,k}$—混凝土立方体抗压强度标准值（MPa）；

σ—混凝土强度标准差（MPa），这是施工单位混凝土质量控制水平高低的反映，强度标准差宜根据同类混凝土统计资料计算确定，当无统计资料时，可按《普通混凝土配合比设计规程》（JGJ 55—2011）选用。

2. 确定水灰比（W/C）

$$\frac{W}{C} = \frac{\alpha_a f_{ce}}{f_{cu,o} + \alpha_a \alpha_b f_{ce}} \tag{12-4-8}$$

其中，α_a、α_b的取值参见公式（12-4-4）的说明。

计算所得的水灰比值应符合其他标准对满足耐久性要求所规定的最大水灰比值。

3. 确定单位用水量（m_{w0}）

查表 12-4-9 选定。

塑性和干硬性混凝土的用水量（单位：kg/m³） **表 12-4-9**

项　目	指　标	卵石最大粒径（mm）			碎石最大粒径（mm）		
		10	20	40	16	20	40
坍落度（mm）	10~30	190	170	150	200	185	165
	30~50	200	180	160	210	195	175
	50~70	210	190	170	220	205	185
	70~90	215	195	175	230	215	195
维勃稠度（s）	15~20	175	160	145	180	170	155
	10~15	180	165	150	185	175	160
	5~10	185	170	155	190	180	165

注：1.本表用水量为采用中砂时的平均取值，如采用细砂或粗砂，则 1m³ 混凝土用水量应相应增减 5~10kg。

2.掺用各种外加剂或掺合料时，可相应增减用水量。

3.本表不适用于水灰比小于 0.4 或大于 0.8 的混凝土以及采用特殊工艺的混凝土。

4. 确定水泥用量（m_{c0}）

$$m_{c0} = \frac{m_{w0}}{\frac{W}{C}} \tag{12-4-9}$$

5. 确定砂率（β_s）

可通过查表法或计算法确定砂率。查表法即为查表 12-4-7 选取。计算法在此不做介绍，具体内容详见有关教科书。

6. 确定粗骨料用量（m_{g0}）和细骨料用量（m_{s0}）

（1）质量法。按下式计算：

$$m_{c0}+m_{g0}+m_{s0}+m_{w0}=m_{cp} \tag{12-4-10}$$

式中：m_{cp}—1m^3 混凝土拌合物的假定质量（kg），其值可取 2 400~2 450kg。

$$\beta s=\frac{m_{s0}}{m_{s0}+m_{g0}}\times 100\% \tag{12-4-11}$$

（2）体积法。按下式计算：

$$\frac{m_{c0}}{\rho_c}+\frac{m_{g0}}{\rho_{0g}}+\frac{m_{s0}}{\rho_{0s}}+\frac{m_{w0}}{\rho_w}+0.01\alpha=1 \tag{12-4-12}$$

$$\beta_s=\frac{m_{s0}}{m_{s0}+m_{g0}}\times 100\% \tag{12-4-13}$$

式中：ρ_c—水泥密度（kg/m^3），可取2 900~3 100kg/m^3；

ρ_{0g}—石子的表观密度（kg/m^3）；

ρ_{0s}—砂子的表观密度（kg/m^3）；

ρ_w—水的密度（kg/m^3），可取1 000kg/m^3；

α—混凝土的含气量百分数，在不使用引气型外加剂时，α可取为 1。

（四）混凝土配合比的试配、调整与确定

前面计算得出的配合比，配成的混凝土不一定与原设计要求完全相符。因此必须检验其和易性，并加以调整，使之符合设计要求，然后实测拌合物的表观密度，计算出调整后的配合比（基准配合比），再以此配合比复核强度，按《普通混凝土配合比设计规程》（JGJ 55—2011）的规定方法确定混凝土设计配合比（通常称实验室配合比）。

（五）混凝土施工配合比换算

混凝土实验室配合比计算用料是以干燥骨料为基准的，实际工地使用的骨料常含有一定的水分，因此需根据工地石子和砂的实际含水率进行换算。施工配合比每立方米混凝土中各材料用量应为：

$$m_c'=m_c \tag{12-4-14}$$

$$m_s'=m_s(1+a) \tag{12-4-15}$$

$$m_g'=m_g(1+b) \tag{12-4-16}$$

$$m_w'=m_w-m_s\times a-m_g\times b \tag{12-4-17}$$

式中：a—工地砂子含水率（%）；

b—工地石子含水率（%）。

【例 12-4-17】 混凝土配合比设计中需要确定的基本变量不包括：

A. 混凝土用水量　　B. 混凝土砂率

C. 混凝土粗骨料用量　　D. 混凝土密度

解　混凝土配合比设计的目的是确定各组成材料的用量，所以需要确定的基本变量中不包括混凝土的密度。

答案： D

四、其他品种混凝土

（一）轻混凝土

轻混凝土是指干表观密度小于1 950kg/m^{3}的混凝土，包括轻骨料混凝土、多孔混凝土和大孔混凝土。

1. 轻骨料混凝土

根据《轻骨料混凝土应用技术标准》（JGJ/T 12—2019），轻骨料混凝土是用轻粗骨料、轻砂或普通砂、胶凝材料、外加剂和水配制而成的干表观密度不大于1 950kg/m^{3}的混凝土。轻骨料混凝土分为全轻混凝土（由轻砂做细骨料配制而成的轻骨料混凝土）、砂轻混凝土（由普通砂或普通砂中掺加部分轻砂作细骨料配制而成的轻骨料混凝土）和大孔轻骨料混凝土（用轻粗骨料、水泥、矿物掺合料、外加剂和水配制而成的无砂或少砂的混凝土）。

（1）轻骨料的种类及技术性质

轻骨料按原料来源分为以下三类：

①天然轻骨料：如浮石、火山渣等。

②工业废渣轻骨料：利用工业废料加工而成，如粉煤灰陶粒、膨胀矿渣珠等。

③人造轻骨料：利用天然原料加工而成，如黏土陶粒、页岩陶粒、膨胀珍珠岩等。

轻骨料性质直接影响轻骨料混凝土的性质，各项技术指标应符合有关规定。主要技术要求有堆积密度、强度（筒压强度或强度等级）、级配及吸水率等。

（2）轻骨料混凝土的技术性能

①强度等级

轻骨料混凝土强度等级应按立方体抗压强度标准值确定，划分为CL5.0、CL7.5、CL10、CL15、CL20、CL25、CL30、CL35、CL40、CL45、CL50、CL55、CL60。

②密度等级

轻骨料混凝土的密度等级划分为600、700、800、900、1 000、1 100、1 200、1 300、1 400、1 500、1 600、1 700、1 800、1 900。

（3）轻骨料混凝土的性能

与普通混凝土相比，轻骨料混凝土的刚度差，变形大，抗震性能好。

2. 多孔混凝土

（1）加气混凝土

由钙质材料（石灰、水泥）、硅质材料（砂、粉煤灰、矿渣等）和加气剂（铝粉等）拌制、浇筑、切割、养护而成。

$$Al + 3Ca(OH)_2 + 6H_2O \longrightarrow 3CaO \cdot Al_2O_3 \cdot 6H_2O + 3H_2 \uparrow$$

加气剂铝粉与氢氧化钙反应生成氢气，在料浆中产生大量的气泡而形成多孔结构。

加气混凝土的表观密度为400~700kg/m^3，抗压强度为0.5~1.5MPa。

（2）泡沫混凝土

由水泥浆与泡沫剂拌和后硬化而成。泡沫剂在机械搅拌作用下能产生大量稳定的气泡。常用泡沫剂有松香泡沫剂等。

3. 大孔混凝土

由水泥、水、粗骨料配制而成，又称无砂混凝土。有时也加入少量砂子以提高混凝土强度。大孔混凝土中水泥用量少，所以强度较低，但是保温性能好，可制作小型空心砌块和板材，用于非承重的墙体。

（二）聚合物混凝土

聚合物混凝土分为聚合物水泥混凝土（PCC）、聚合物浸渍混凝土（PIC）及聚合物胶结混凝土（PC）。

1. 聚合物水泥混凝土（PCC）

聚合物水泥混凝土（PCC）是在水泥混凝土拌合物中再加入高分子聚合物，以聚合物和水泥共同作为胶凝材料制备的混凝土。

2. 聚合物浸渍混凝土（PIC）

聚合物浸渍混凝土（PIC）是将已经硬化的混凝土干燥后浸入有机单体或聚合物中，使液态有机单体或聚合物渗到混凝土的孔隙或裂缝中，并在其中聚合成坚硬的聚合物，使混凝土和聚合物成为整体；这种混凝土致密度高，几乎不渗透，抗压强度高达 200MPa。

3. 聚合物胶结混凝土（PC）

聚合物胶结混凝土（PC）是指以有机高分子聚合物为胶凝材料制作的混凝土，其耐腐蚀性较好。

（三）耐热混凝土

耐热混凝土又称耐火混凝土，是一种能长期经受 900℃以上（有的可达 1 800℃）的高温作用并在高温下保持所需要的物理力学性能的混凝土。同耐火砖相比，具有工艺简单、使用方便、成本低廉等优点，而且具有可塑性和整体性，便于复杂制品的成型，其使用寿命有的与耐火砖相近，有的比耐火砖长。

耐热混凝土是由胶凝材料，耐热粗、细骨料（有时掺入矿粉）和水按比例配制而成，主要用于工业窑炉上。耐热混凝土可用矿渣硅酸盐水泥、铝酸盐水泥以及水玻璃等胶凝材料配制。

（四）耐酸混凝土

耐酸混凝土由水玻璃（加硅氟酸钠促硬剂）、耐酸骨料及耐酸粉料按比例配合而成。能抵抗各种酸（氢氟酸、300℃以上的热磷酸等除外）和大部分腐蚀性气体（如氯气、二氧化硫、三氧化硫等）的侵蚀，不耐高级脂肪酸或油酸的侵蚀。

水玻璃耐酸混凝土的施工环境温度应在 10℃以上，施工及养护期间，严禁与水或水蒸气直接接触，并防止烈日暴晒；严禁直接铺设在水泥砂浆或普通混凝土的基层上；施工后必须经过养护，养护后还需进行酸化处理。

水玻璃耐酸混凝土抗压强度一般为 10~20MPa。

（五）纤维混凝土

纤维混凝土以普通混凝土为基体，外掺各种纤维材料而成。掺入纤维可以提高混凝土的抗拉强度，降低脆性。常用纤维有钢纤维、聚丙烯纤维等。

钢纤维混凝土可用于飞机跑道、高速公路路面、断面较薄的轻薄结构及压力管道等。

习　题

12-4-1　压碎指标是表示（　　）强度的指标。

A. 砂子　　B. 石子　　C. 混凝土　　D. 水泥

12-4-2　用高强度等级水泥配制低强度混凝土时，为保证工程的技术经济要求，应采用（　　）措施。

A. 掺混合材料　　B. 减少砂率　　C. 增大粗骨料粒径　　D. 增加砂率

12-4-3　泵送混凝土施工选用的外加剂是（　　）。

A. 早强剂　　B. 速凝剂　　C. 减水剂　　D. 缓凝剂

12-4-4　混凝土碱-骨料反应是指（　　）。

A. 水泥中碱性氧化物与骨料中活性氧化硅之间的反应

B. 水泥中 $Ca(OH)_2$ 与骨料中活性氧化硅的反应

C. 水泥中的 C_3S 与骨料中 $CaCO_3$ 的反应

D. 水泥中的 C_3S 与骨料中活性氧化硅之间的反应

12-4-5　混凝土配合比计算中，试配强度高于混凝土的设计强度，其提高幅度取决于（　　）。

①混凝土强度保证率要求；②施工和易性要求；③耐久性要求；④施工控制水平；⑤水灰比；⑥骨料品种。

A. ①②　　B. ①③　　C. ①⑤　　D. ①④

12-4-6　影响混凝土强度的主要因素有（　　）。

①水泥强度；②水灰比；③水泥用量；④养护温湿度；⑤砂石用量。

A. ①②③　　B. ②③④　　C. ①②⑤　　D. ①②④

12-4-7　分析混凝土开裂原因，正确的是（　　）。

①因水泥水化产生体积膨胀而开裂；②因干缩变形而开裂；③因水化热导致内外温差而开裂；④因水泥安定性不良而开裂；⑤因抵抗温度应力的钢筋配置不足而开裂。

A. ①②③④　　B. ②③④⑤

C. ①②③⑤　　D. ①②④⑤

12-4-8　进行混凝土配合比设计时，确定水灰比的根据是（　　）。

①强度；②和易性；③耐久性；④坍落度；⑤骨料品种。

A. ①④　　B. ①⑤　　C. ①③　　D. ④⑤

12-4-9　配制混凝土，在条件许可时，尽量选用最大粒径大的粗骨料，是为了（　　）。

①节省骨料；②节省水泥；③减少混凝土干缩；④提高混凝土强度。

A. ①②　　B. ②③　　C. ③④　　D. ①④

12-4-10 影响混凝土拌合物流动性的主要因素是（　　）。

A. 砂率　　B. 水泥浆数量　　C. 骨料的级配　　D. 水泥品种

12-4-11 海水不得用于拌制钢筋混凝土和预应力混凝土，主要是因为海水中含有大量盐，（　　）。

A. 会使混凝土腐蚀　　B. 会导致水泥快速凝结

C. 会导致水泥凝结变慢　　D. 会促使钢筋被腐蚀

第五节　建 筑 钢 材

建筑钢材是指在建筑工程中使用的各种钢质板、管、型材，以及在钢筋混凝土中使用的钢筋、钢丝等。钢的主要元素是铁与碳，含碳量在 2%以下；含碳量大于 2%的为生铁。

一、钢材的分类

按化学成分，钢材可分为碳素钢与合金钢两大类。

根据含碳量可将碳素钢分为低碳钢（含碳量小于 0.25%）、中碳钢（含碳量为 0.25%~0.60%）与高碳钢（含碳量大于 0.60%）。根据合金元素总量可将合金钢分为低合金钢（合金元素总量小于 5%）、中合金钢（合金元素总量为 5%~10%）与高合金钢（合金元素总量大于 10%）。

按钢材在冶炼过程中脱氧程度可将钢材分为沸腾钢（F）、半镇静钢（b）、镇静钢（Z）及特殊镇静钢（TZ）。沸腾钢在冶炼过程中脱氧不完全，组织不够致密，气泡较多，化学偏析严重，故质量较差，但成本较低；镇静钢脱氧充分，内部组织致密、质量好，但成本高。

按钢材中有害杂质（主要为硫和磷）含量，钢材可分为普通钢、优质钢和高级优质钢。

按用途，钢材可分为结构钢、工具钢和特殊性能钢。

二、建筑钢材的主要力学性能

（一）抗拉性能

以低碳钢为例，钢材试件在拉伸过程中的应力-应变曲线可分为四个阶段，即弹性阶段（OB段）、屈服阶段（BC段）、强化阶段（CD段）和颈缩阶段（DE段），如图 12-5-1 所示。

1. 屈服强度（σ_s）

图 12-5-1 中，试件被拉伸进入塑性变形屈服段BC，屈服下限$C_{下}$所对应的应力σ_s称为屈服强度或屈服点。钢材受力达到屈服点后，由于变形迅速发展，尽管尚未破坏，但已不能满足使用要求，故设计中，一般采用σ_s作为强度取值的依据。

但对于屈服现象不明显的钢，如中碳钢或高碳钢（硬钢），其应力-应变曲线与低碳钢的明显不同（见图 12-5-2），其抗拉强度高，塑性变形小，屈服现象不明显。对这类钢材难以测得屈服点，故规范规定以产生 0.2%残余变形时的应力值作为名义屈服点，以$\sigma_{0.2}$表示。

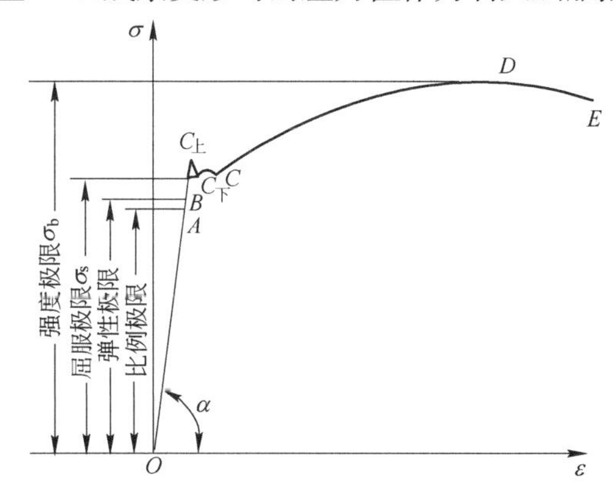

图 12-5-1　低碳钢受拉时的应力-应变曲线

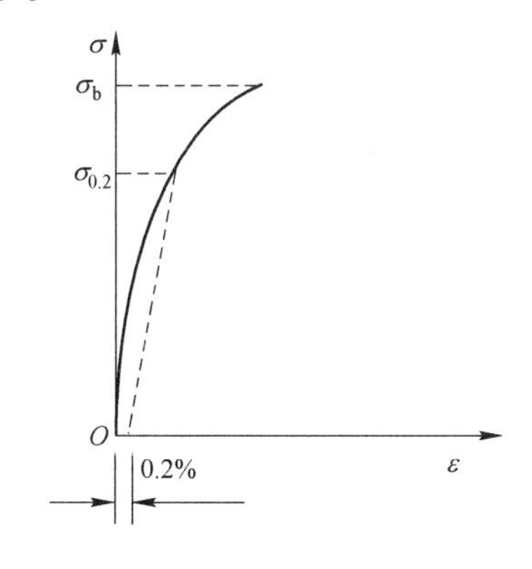

图 12-5-2　中碳钢或高碳钢受拉的应力-应变曲线

2. 抗拉强度（σ_b）

应力-应变图（见图 12-5-1）中，曲线最高点D对应的应力σ_b称为抗拉强度。在设计中，屈强比σ_s/σ_b有参考价值。在一定范围内，屈强比小则表明钢材在超过屈服点工作时可靠性较高，较为安全。但屈强比太小，则反映钢材不能有效地被利用。

3. 伸长率（δ）

伸长率为钢材试件拉断后的伸长值占钢材原标距长度的百分率，反映了钢材的塑性变形能力。

$$\delta = \frac{L_1 - L_0}{L_0} \times 100\% \quad (12\text{-}5\text{-}1)$$

式中：L_1—试件拉断后标距长度（cm）；

L_0—试件原标距长度（cm）。

常用$L_0/d_0=5$及$L_0/d_0=10$两种试件，相应的δ分别记作δ_5与δ_{10}。对同一种钢材，$\delta_5>\delta_{10}$。

（二）冲击韧性

冲击韧性指钢材抵抗冲击荷载的能力，按《金属材料 夏比摆锤冲击试验方法》（GB/T 229—2007）的规定，将带有V形或U形缺口的试件，进行冲击试验，试件在冲击荷载作用下折断时所吸收的能量，称为冲击吸收功（或V形冲击功）A_{kV}（J）。

钢材的化学成分、组成状态、内在缺陷及环境等都是影响冲击韧性的重要因素。A_{kV}值随温度的下降而减小，当温度降低达到某一范围时，A_{kV}急剧下降而呈现脆性断裂，这种现象称为冷脆性。发生冷脆时的温度称为脆性临界温度，其数值越低，说明钢材的低温冲击韧性越好。因此，对直接承受动荷载而且可能在负温下工作的重要结构，必须进行冲击韧性检验。脆性临界温度应低于使用环境的最低温度。

（三）耐疲劳性

材料在交变应力作用下，在远低于抗拉强度时突然发生断裂，这种现象称为疲劳破坏。钢材在交变应力作用下，在规定的周期基数内不发生脆断所承受的最大应力值为疲劳极限。

疲劳破坏经常是突然发生的，因而具有很大的危险性，往往会造成严重的工程质量事故。所以在实际工程设计和施工中应该给予足够的重视。

（四）硬度

硬度指钢材表面局部体积抵抗硬物压入而产生塑性变形的能力。表征值通常采用布氏硬度HB（试件单位压痕面积上所承受的荷载），此外还有洛氏硬度（压头压入钢材试件中的深度）、维氏硬度等。

钢材的HB值与抗拉强度之间有较好的相关关系，材料的硬度越高，塑性变形抵抗能力越强，强度也越大，故可以通过测定钢材的HB值，推算钢材的抗拉强度值。

（五）冷弯性能

冷弯性能指钢材在常温下承受弯曲变形的能力，反映了钢材在恶劣条件下的塑性，是建筑钢材一项重要的工艺性能。

冷弯性能指标以试件被弯曲的角度（90°，180°）及弯心直径d与试件厚度（或直径）α的比值（d/α）来表示。试验时所采用的弯曲角度越大，弯心直径对试件厚度（或直径）的比值越小，表明对钢材的冷弯性能要求越高。钢材按规定的弯曲角度和弯心直径进行冷弯试验后，如在试件弯曲处未发生裂纹、裂断或起层现象，则认为冷弯性能合格。

【例12-5-1】 衡量钢材的塑性高低的技术指标为：

A. 屈服强度　　B. 抗拉强度　　C. 断后伸长率　　D. 冲击韧性

解 断后伸长率（即伸长率）是衡量钢材塑性变形的指标。屈服强度和抗拉强度是衡量钢材抗拉性能的指标，冲击韧性是衡量钢材抵抗冲击荷载作用能力的指标。

答案： C

【例12-5-2】 钢材的屈强比越小，则：

A. 结构安全性高　　B. 强度利用率高

C. 塑性差　　D. 强度低

解 钢材的屈强比是指屈服点（也称屈服强度）与抗拉强度的比值，反映钢材的安全性和利用率。屈强比越小，表明钢材在超过屈服点工作时可靠性较高，结构安全性越高。但是屈强比太小，则反映钢材的强度不能有效地被利用。

答案： A

三、影响建筑钢材性能的主要因素

（一）建筑钢材的晶体组织

钢材中的铁和碳可以由固溶体（Fe 中固溶微量的 C）、化合物（Fe_3C）及它们的混合物的形式构成一定形态的聚合物，称为钢材的组织。常温下钢材中的基本组织有铁素体、渗碳体和珠光体三种。

1. 铁素体

铁素体是 C 在α-Fe（铁在常温下形成的体心立方晶格）中的固溶体。α-Fe 原子间间隙较小，其溶碳能力较差，在室温下铁素体中含 C 很少（<0.006%），所以铁素体塑性、韧性良好，而强度与硬度低。

2. 渗碳体

渗碳体是铁与碳的化合物，分子式为 Fe_3C，含碳量高达 6.67%。其晶格结构复杂，塑性差，性质硬脆，抗拉强度低。

3. 珠光体

珠光体是铁素体与渗碳体的机械混合物，含碳量较低（0.8%），具有层状结构，性质介于铁素体和渗碳体之间，故塑性较好，强度与硬度均较高。

钢材的含碳量不大于 0.8%，其基本组织为铁素体与珠光体。随含碳量增大时，珠光体的相对含量随之增大，铁素体则相应减少，钢材的强度随之提高，而塑性与韧性则相应下降。

建筑钢材的含碳量一般均在 0.08%以下，其基本组织为铁素体和珠光体，而无渗碳体，所以，建筑钢材既具有较高的强度和硬度，又具有较好的塑性和韧性，因而能够很好地满足各种工程所需的技术性能要求。

（二）化学成分

建筑钢材中除铁元素外，还包含碳（C）、硅（Si）、锰（Mn）、磷（P）、硫（S）、氧（O）等元素，在许多情况下还要考虑各种合金元素。它们对钢材会产生有利或不利的影响。

1. 碳（C）

当含碳量小于或等于 0.8%时，随着含碳量的增加，钢材的强度和硬度提高，塑性和韧性降低，焊接性能、耐腐蚀性也随之下降（见图 12-5-3）。当含碳量大于 1.0%时，钢材的强度反而下降。含碳量超过 0.3%时，钢的可焊性显著降低。建筑结构用的钢材多为含碳 0.25%以下的低碳钢及含碳 0.52%以下的低合金钢。

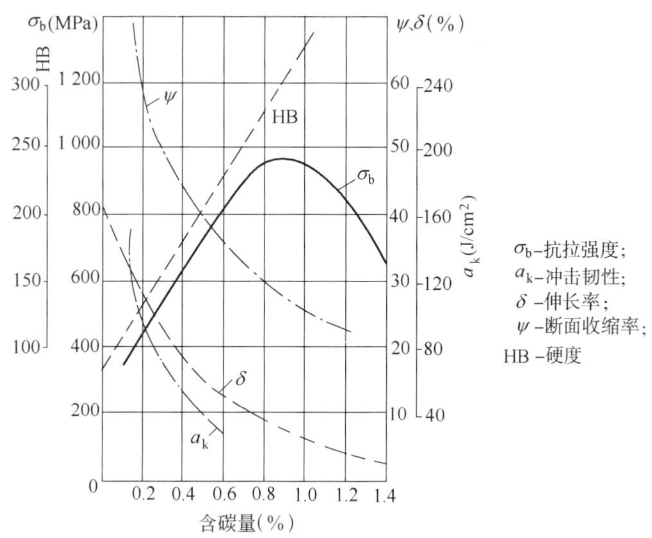

图 12-5-3　含碳量对碳素钢性能的影响

2. 合金元素

（1）硅（Si）

当含硅量小于1%时，Si含量的增加可以显著提高钢材的强度及硬度，且对塑性及韧性无显著影响，其原因在于：此时大部分Si溶于铁素体中，使铁素体得以强化。正是由于适量的Si可以多方面改善钢的力学性能，所以它是钢材的主要合金元素之一。

（2）锰（Mn）

锰可起脱氧去硫作用，故可有效消减因硫引起的热脆性，还可显著改善耐腐蚀及耐磨性，增强钢材的强度及硬度。锰的这些作用的机理在于：锰原子溶于铁素体中使其强化，而且还将珠光体细化，从而提高了强度。所以锰也是钢材的主要合金元素之一。

3. 有害元素

（1）硫（S）

硫能引发热脆性，大大降低钢材的热加工性和可焊性，在热加工过程中易断裂，同时还会降低钢材的冲击韧性、耐疲劳强度和耐腐蚀性。建筑钢材要求含硫量低于0.045%。

（2）磷（P）

磷能引起冷脆性，使钢材在低温下的冲击韧性大为降低。磷还能使钢材的焊接性和冷弯性能变差。但是磷可以提高钢材的强度、硬度、耐磨性和耐腐蚀性。

其他如氧也是钢中有害元素；氮对钢材性质的影响与碳、磷相似，在有铝、铌、钒等的配合下，氮可作为低合金钢的合金元素。合金元素还有钛、钒、铌等。

（三）冶炼过程

钢的冶炼过程对钢材的性能有直接的影响。钢在冶炼过程中，使化学成分得以严格控制，其中要特别指出的是要进行脱氧。通过加入脱氧剂（铝、锰、硅等）将氧化铁还原。按脱氧程度分为沸腾钢（脱氧不充分，铸锭时大量CO气体逸出）、镇静钢（脱氧充分）以及介于二者之间的半镇静钢。沸腾钢中S、P、N等有害夹杂偏析严重，氧化夹杂物较多，因而可焊性、冲击韧性等性能均较差。镇静钢与之相反，因而性能良好，半镇静钢则介于二者之间。

（四）冷加工和时效处理

冷加工是指将钢材于常温下进行冷拉、冷轧或冷拔，使其产生塑性变形，从而提高屈服点的过程。冷加工可提高钢材的屈服点，使塑性、韧性和弹性模量降低，但是抗拉强度不变。

经过冷加工后的钢材，在常温下存放15~20d或加热到100~200℃并保持一定时间的处理称为时效处理。时效处理可使屈服点进一步提高，抗拉强度增大，塑性和韧性继续降低，还可消除冷加工产生的内应力。钢材的弹性模量在时效处理后恢复。

（五）热处理

钢材的热处理工艺一般包括正火、退火、回火和淬火。

1. 退火

退火是指将钢材加热到723~910℃或更高温度，在退火炉中保温、缓慢冷却的热处理方法。退火能消除钢材中的内应力，改善钢材的显微结构，使晶粒成为均匀细致的组织，达到降低硬度、提高塑性和韧性的目的。

2. 正火

正火是将钢材加热到723~910℃或更高温度后，在空气中冷却的热处理方法。钢材经正火处理后可获得均匀细致的显微结构，与退火处理相比，钢材的强度和硬度提高，但塑性和韧性减小。

正火和退火的目的是使晶粒细化，去除材料的内应力，改善加工性能，稳定工件的尺寸，防止变形与开裂。两种方法相比，正火的冷却速度稍快，处理后的工件硬度较高，但是正火热处理的生产周期短，故退火与正火同样能达到零件性能要求时，尽可能选用正火。

3. 淬火

淬火是将钢材加热到 723~910℃或更高温度并保持一段时间，随即浸入淬冷介质（水或油）中快速冷却的热处理工艺。淬火使钢材产生内应力，可以提高钢材的硬度和耐磨性，但会使钢材的塑性和韧性显著降低。

4. 回火

回火是将淬火后的钢材加热到 723℃以下的温度，保温一定时间，然后冷却到室温的热处理工艺。回火后，钢材的硬度和强度下降，塑性和韧性提高，回火温度越高，这些力学性能的变化越大。

在淬火后随之进行高温回火，称为调质处理，可使钢材的强度、塑性和韧性等性能均有所改善。

【例 12-5-3】 钢材中的含碳量降低，会降低钢材的：

A. 强度　　B. 塑性　　C. 可焊性　　D. 韧性

解　随着含碳量降低，钢材强度降低，塑性和韧性增大，可焊性提高，耐腐蚀性提高，所以建筑用钢多为低碳钢。

答案：A

【例 12-5-4】 使钢材冷脆性加剧的主要元素是：

A. 碳（C）　　B. 硫（S）　　C. 磷（P）　　D. 锰（Mn）

解　随着含碳量的增加，钢材的强度和硬度提高，塑性和韧性降低，钢的冷脆性和时效敏感性增大，耐锈蚀性降低。锰为钢材的合金元素，可提高钢材的强度、耐腐蚀性和耐磨性，消除热脆性。硫是钢材的有害元素，会引起热脆性，使机械性能、焊接性能及抗腐蚀性能下降。磷也是有害元素，会引起冷脆性，降低塑性、韧性、焊接性和冷弯性，提高耐磨性及耐腐蚀性。所以使钢材冷脆性加剧的主要因素是磷。

答案：C

【例 12-5-5】 会使钢材产生内应力等不良影响的热处理方法是：

A 退火　　B 淬火　　C 回火　　D 正火

答案：B

四、建筑钢材的标准与选用

（一）建筑钢材的主要钢种

1. 碳素结构钢

按《碳素结构钢》（GB/T 700—2006）的规定，碳素结构钢共有四个牌号，牌号由屈服点字母、屈服点数值、质量等级符号与脱氧方法符号组成。例如 Q235-A·F，表示屈服点为 235MPa 的 A 级沸腾钢。牌号增大，含碳量及强度增大，冷弯性和伸长率下降。各牌号钢的力学性质应符合表 12-5-1 的规定。

碳素结构钢冶炼方便，成本较低，具有良好的塑性及各种加工性能。在恶劣条件下，如冲击、温度大幅度变化或超载时具有良好的安全性。但与低合金钢相比，其强度较低，在一些特殊情况下不能满足性能要求。四个碳素钢中，Q235 既有一定的强度，还有较好的塑性、韧性和可焊接性能，是常用钢材种类。

碳素结构钢的力学性能指标（GB/T 700—2006） **表 12-5-1**

牌号	质量等级	屈服强度①R_{eH}（N/mm²）						抗拉强度② R_m（N/mm²）	断后伸长率A（%）					冲击试验（V 形缺口）	
		厚度（或直径）（mm）							厚度（或直径）（mm）					温度（℃）	冲击吸收功（纵向）（J）
		≤16	>16~40	>40~60	>60~100	>100~150	>150~200		≤40	>40~60	>60~100	>100~150	>150~200		
Q195	—	≥195	≥185	—	—	—	—	315~430	≥33	—	—	—	—	—	—
Q215	A	≥215	≥205	≥195	≥185	≥175	≥165	335~450	≥31	≥30	≥29	≥27	≥26	—	—
	B													+20	≥27
Q235	A	≥235	≥225	≥215	≥215	≥195	≥185	375~500	≥26	≥25	≥24	≥22	≥21	—	—
	B													+20	≥27③
	C													0	
	D													−20	
Q275	A	≥275	≥265	≥255	≥245	≥225	≥215	410~540	≥22	≥21	≥20	≥18	≥17	—	—
	B													+20	≥27
	C													0	
	D													−20	

注：①Q195 的屈服强度值仅供参考，不作为交货条件。

②厚度大于 100mm 的钢材，抗拉强度下限允许降低20N/mm²。宽带钢（包括剪切钢板）抗拉强度上限不作为交货条件。

③厚度小于 25mm 的 Q235B 级钢材，如供方能保证冲击吸收功值合理，经需方同意，可不做检验。

2. 低合金钢高强度结构钢

在碳素结构钢的基础上加入总量小于 5%的合金元素（如硅、锰、钒等），即得低合金高强度结构钢。

根据国家标准《低合金高强度结构钢》（GB/T 1591—2018）的规定，低合金高强度结构钢的状态可分为：热轧状态、正火状态（N）、正火轧制（+N）和热机械轧制（M）。

（1）热轧状态：钢材未经任何特殊轧制和（或）热处理的状态。

（2）正火状态（N）：钢材加热到高于相变点温度以上的一个合适的温度，然后在空气中冷却至低于某相变点温度的热处理工艺。

（3）正火轧制（+N）：最终变形是在一定温度范围内的轧制过程中进行，使钢材达到一种正火后的状态，以便即使正火后也可达到规定的力学性能数值的轧制工艺。

（4）热机械轧制（M）：钢材的最终变形是在一定温度范围内进行的轧制工艺，从而保证钢材获得仅通过热处理无法获得的性能。

低合金高强度结构钢的牌号由代表屈服强度“屈”字的汉语拼音首字母 Q、规定的最小上屈服强度数值、交货状态代号、质量等级符号（B、C、D、E、F）四个部分组成。交货状态为热轧时，交货状态代号 AR 或 WAR 可省略；交货状态为正火或正火轧制状态时，交货状态代号均用 N 表示。如 Q355ND 表示屈服强度不小于 355MPa，交货状态为正火或正火轧制，质量等级为 D 级。

热轧钢的牌号包括 Q355、Q390、Q420、Q460，正火、正火轧制钢的牌号包括 Q355N、Q390N、Q420N、Q460N，热机械轧制钢的牌号包括 Q355M、Q390M、Q420M、Q460M、Q500M、Q550M、Q620M、Q690M。

低合金高强度结构钢强度较高，耐腐蚀、耐低温性、抗冲击韧性及使用寿命等综合性能良好，焊接性及冷加工性能好，易于加工和施工。

3. 优质碳素结构钢

优质碳素结构钢的特点是生产过程中对硫、磷等有害杂质控制较严（S < 0.035%，P < 0.035%），其性能主要取决于含碳量。

优质碳素钢的钢号用两位数字表示，它表示平均含碳量的万分数。根据其含锰量不同，可分为普通含锰量（含Mn < 0.8%，共 20 个钢号）和较高含锰量（含 Mn0.7%~1.2%，共 11 个钢号）。例如 45Mn 即表示含碳量为 0.42%~0.52%、含锰量为 0.70%~1.20%的优质碳素结构钢。

优质碳素结构钢可用于重要结构的钢铸件、碳素钢丝及钢绞线等。

【例 12-5-6】 钢材牌号（如 Q390）中的数值表示钢材的：

A. 抗拉强度　　B. 弹性模量　　C. 屈服强度　　D. 疲劳强度

解　钢材牌号中的数值表示钢材的屈服强度。

答案： C

（二）常用建筑钢材

1. 钢筋

（1）热轧钢筋

热轧钢筋分为热轧光圆钢筋和热轧带肋钢筋，是一般钢筋混凝土结构中应用最多的钢筋。

根据《钢筋混凝土用钢　第 1 部分：热轧光圆钢筋》（GB/T 1499.1—2017），热轧光圆钢筋指经热轧成型，横截面通常为圆形，表面光滑的产品钢筋，牌号为 HPB300，其屈服强度特征值为 300 级，力学性能与工艺性能要求见表 12-5-2。

热轧光圆钢筋的力学性能与工艺性能　　表 12-5-2

牌号	下屈服强度R_{el}（MPa）	抗拉强度R_m（MPa）	断后伸长率A（%）	最大力总延伸率A_{gt}（%）	180°冷弯试验
	不小于				
HPB300	300	420	25	10.0	$d = \alpha$

注：d-弯芯直径；α-钢筋公称直径。

根据《钢筋混凝土用钢　第 2 部分：热轧带肋钢筋》（GB/T 1499.2—2018），带肋钢筋指横截面通常为圆形，且表面带肋的混凝土结构用钢材。热轧带肋钢筋分普通热轧带肋钢筋（按热轧状态交货的钢筋）和细晶粒热轧带肋钢筋（在热轧过程中，通过控轧和控冷工艺形成的细晶粒钢筋）两类。热轧带肋钢筋按屈服强度特征值分为 400、500、600 级。普通热轧钢筋的牌号由 HRB 和屈服强度特征值构成，包括 HRB400、HRB500、HRB600、HRB400E、HRB500E。细晶粒热轧带肋钢筋牌号由 HRBF 和屈服强度特征值构成，包括 HRBF400、HRBF500、HRBF400E、HRBF500E。其中“E”为地震的英文（earthquake）首位字母，指抗震钢筋。热轧带肋钢筋的力学性能见表 12-5-3，弯曲性能见表 12-5-4，对牌号带 E 的钢筋应进行反向弯曲试验，经反向弯曲试验后，钢筋受弯曲部位表面不得产生裂纹。

热轧带肋钢筋的力学性能 表 12-5-3

牌　号	下屈服强度R_{el}（MPa）	抗拉强度R_m（MPa）	断后伸长率A（%）	最大力总延伸率A_{gt}（%）	R_m^o/R_{el}^o	R_{el}^o/R_{el}
	不小于					不大于
HRB400 HRBF400	400	540	16	7.5	—	—
HRB400E HRBF400E			—	9.0	1.25	1.30
HRB500 HRBF500	500	630	15	7.5	—	—
HRB500E HRBF500E			—	9.0	1.25	1.30
HRB600	600	730	14	7.5	—	—

注：R_m^o为钢筋实测抗拉强度；R_{el}^o为钢筋实测下屈服强度。

热轧钢筋的弯曲性能 表 12-5-4

牌　号	公称直径d（mm）	弯曲压头直径
HRB400 HRBF400 HRB400E HRBF400E	6~25	4d
	28~40	5d
	>40~50	6d
HRB500 HRBF500 HRB500E HRBF500E	6~25	6d
	28~40	7d
	>40~50	8d
HRB600	6~25	6d
	28~40	7d
	>40~50	8d

（2）冷拉热轧钢筋与冷拔低碳钢丝

将热轧钢筋在常温下拉伸至超过屈服点（小于抗拉强度）的某一应力，然后卸荷即得冷拉钢筋，冷拉可使钢筋屈服点提高 17%~27%，但伸长率降低。冷拉后不得有裂纹、起层等现象。冷拉钢筋分为四个等级，冷拉I级钢筋适用于钢筋混凝土结构中的受拉钢筋，冷拉II、III、IV级钢筋可用作预应力混凝土结构中的预应力筋，但在负温及冲击或重复荷载下易脆断。

将直径为 6.6~8mm 的 Q235（或 Q215）热轧盘条，在常温下通过截面小于钢筋截面的拔丝模，经一次或多次拔制即得冷拔低碳钢丝。冷拔可提高屈服强度 40%~60%。材质硬脆，属硬钢类钢丝。其级别可分为甲级及乙级，甲级为预应力钢丝；乙级为非预应力钢丝，用于焊接或绑扎骨架、网片或箍筋。

凡伸长率不合格者，不得用于预应力混凝土构件中。

（3）冷轧带肋钢筋

冷轧带肋钢筋由热轧圆盘条经冷轧而成，其表面带有沿长度均匀分布的三面或两面月牙横肋，根据《冷轧带肋钢筋》（GB/T 13788—2017）规定，钢筋分为 CRB550、CRB650、CRB800、CRB600H、CRB680H、CRB800H 六个牌号。

冷轧带肋钢筋是采用冷加工方式强化的产品，与传统的冷拔低碳钢丝相比，具有强度高、塑性好、握裹力强、节约钢材、质量稳定等优点。

（4）热处理钢筋

热处理钢筋是钢厂将热轧中碳低合金钢筋经淬火和回火调质热处理而成。强度显著提高，韧性高，而塑性降低不大，综合性能较好。通常有直径为 6mm、8.2mm、10mm 三种规格。表面常轧有通长的纵筋与均布的横肋。使用时不能用电焊切割，也不能焊接。可用于预应力混凝土工程中。

（5）预应力混凝土用钢丝及钢绞线

为钢厂用优质碳素结构钢经冷加工、再回火、冷轧或绞捻等加工而成，又称优质碳素钢丝及钢绞线。若将预应力钢丝经辊压出规律性凹痕，即成刻痕钢丝。钢绞线以一根钢丝为芯，6 根钢丝围绕其周围绞合而成七股的钢绞线。

钢丝与钢绞线适用于大荷载、大跨度及曲线配筋的预应力混凝土结构。

（6）冷轧扭钢筋

采用直径为 6.5~10mm 的低碳热轧盘条钢筋，经冷轧扁和冷扭转而成的具有一定螺距的钢筋。冷轧扭钢筋屈服强度高，与混凝土的握裹力大，因此无须预应力和弯钩即可用于普通混凝土工程，可节约钢材 30%。可用于预应力及承重荷载较大的建筑部位，如梁、柱等。

2. 型钢和钢板

（1）热轧型钢

有角钢、I 字钢、槽钢、T 型钢、H 型钢、Z 型钢等。主要用于钢结构中。

（2）冷弯薄壁型钢

用 2~6mm 的薄钢板冷弯或模压而成，有角钢、槽钢等开口薄壁型钢及方形、矩形等空心薄壁型钢。主要用于轻型钢结构。

（3）钢板和压型钢板

用光面轧辊轧制而成的扁平钢材，以平板状态供货的称钢板，以卷状供货的称钢带。主要用碳素结构钢经热轧或冷轧而成。热轧钢板按厚度分为中厚板（> 4mm）和薄板（0.35~4mm），冷轧钢板只有薄板（厚度为 0.2~4mm）一种。

薄钢板经冷压或冷轧成波形、双曲形、V 形等形状，称为压型钢板。可采用有机涂层薄钢板（即彩色钢板）、镀锌薄钢板（俗称白铁皮）等生产。压型钢板主要用于围护结构、楼板、屋面等。

五、建筑钢材的防锈与防火

（一）建筑钢材的防锈

1. 钢材锈蚀

当钢材表面与环境介质发生各种形式的化学作用时，就有可能遭到腐蚀，例如，因受 O_2、SO_2、H_2S 等腐蚀性气体作用而被氧化；当环境潮湿或与含有电解质的溶液接触时，也可能因形成微电池效应而遭电化学腐蚀。即钢材的锈蚀分为化学锈蚀和电化学锈蚀。

2. 钢结构的防锈

防止钢结构锈蚀的方法是表面涂刷防锈漆，防锈漆包括底漆和面漆。防锈底漆要求具有较好的附着力和防锈蚀能力；涂刷面漆的目的是防止底漆老化，所以要求面漆有良好的耐候性、耐湿性和耐热性等，且应具有良好的外观色彩。

常用的底漆有红丹、铁红环氧底漆、锌铬黄漆、沥青清漆和环氧富锌漆等。

3. 钢筋防锈

埋于混凝土中的钢筋具有一层碱性保护膜，故在碱性介质中不致锈蚀。但氯等元素的离子可加速锈蚀反应，甚至破坏保护膜，造成锈蚀迅速发展。因此，混凝土配筋的防锈措施应考虑：限制水灰比和水泥用量，限制氯盐外加剂的使用，采取措施保证混凝土的密实性，还可以采用掺加防锈剂（如重铬酸盐等）的方法。

（二）建筑钢材的防火

钢结构具有良好的机械性能，尤其是具有很高的强度，但容易忽视的是在高温时，情况会发生很大的变化。裸露的未做处理的钢结构，耐火极限仅 15min 左右，在温升 500℃的环境下，强度迅速降低，甚至会垮塌。因此，对于钢结构，尤其是有可能经历高温环境的钢结构，需要做必要的防火处理。钢结构防火的主要方法是涂敷防火隔热涂层。

习　题

12-5-1　某碳素钢的化验结果有下列元素：①S；②Mn；③C；④P；⑤O；⑥N；⑦Si；⑧Fe。下列哪一组全是有害元素？（　　）

A. ①②③④　　B. ③④⑤⑥　　C. ①④⑤⑥　　D. ①④⑤⑦

12-5-2　金属晶体是各向异性的，而金属材料却是各向同性的，其原因是（　　）。

A. 因金属材料的原子排列是完全无序的

B. 因金属材料中的晶粒是随机取向的

C. 因金属材料是玻璃体与晶体的混合物

D. 因金属材料多为金属键结合

12-5-3　要提高建筑钢材的强度并消除脆性，改善性能，一般应适量加入下列元素中的哪一种？（　　）

A. C　　B. Na　　C. Mn　　D. K

第六节　沥青及改性沥青

沥青属有机胶凝材料，是由很多高分子化合物组成的复杂的混合物，常温下呈固态、半固态或黏稠液态。

按产源，沥青分为地沥青（包括天然沥青和石油沥青）与焦油沥青（包括煤沥青和页岩沥青等）两大类。建筑工程中主要使用石油沥青，煤沥青也有少量应用。

一、石油沥青

（一）石油沥青的组成和结构

石油沥青为石油经提炼和加工后所得的副产品。由很多高分子碳氢化合物及其非金属（氧、氮、硫等）衍生物混合而成，成分复杂且差异较大，因此一般不做化学分析。通常，从使用的角度出发，按其中的化学成分及物理力学成分相近者划分为若干组，这些组称为“组丛”或“组分”。石油沥青的组丛及其主要特性如下：

1. 油分

油分常温下为淡黄色液体，赋予沥青以流动性。

2. 树脂

树脂常温下为黄色到黑褐色的半固体，赋予沥青以黏性与塑性。

3. 地沥青质

地沥青质也称地沥青，常温下为黑色固体，是决定沥青热稳定性与黏性的主要组分。

此外，石油沥青中还有少量沥青碳、似碳物和石蜡等有害组分。沥青碳和似碳物均为黑色粉末，会降低沥青的黏结力；石蜡会降低沥青的黏性和塑性，增大沥青的温度敏感性。

石油沥青属胶体结构，以地沥青固体颗粒为核心，在其周围吸附树脂与油分的互溶物，形成胶团，无数的胶团分散在油分中，从而形成了胶体结构。由于各组丛间相对比例的不同，胶体结构可划分为溶胶型、凝胶型和溶凝胶型三种类型。在建筑工程中使用较多的氧化沥青多属凝胶型胶体结构。

（二）石油沥青的技术性质

1. 黏结性（黏性）

石油沥青的黏性反映沥青内部阻碍相对流动的特性。黏稠石油沥青的黏性用针入度表示。针入度是指在规定温度（25℃）下，以规定重量（100g）的标准针，在规定时间（5s）内贯入试样中的深度（按1/10mm计），针入度越小，表明沥青的黏度越大，黏性越好。

2. 塑性

塑性指沥青在外力作用下产生变形而不破坏，除去后，仍能保持变形后的形状的性质，反映沥青开裂后的自愈能力。石油沥青的塑性用延度来表示。将“8”字形的标准试件放入延度仪25℃的水中，以5cm/min的速度拉伸至拉断，拉断时的长度（cm）称为延度，延度越大，塑性越大。

3. 温度敏感性

温度敏感性又称温度稳定性、耐热性，反映了沥青的黏性和塑性随温度升降的变化性能。石油沥青的温度敏感性用软化点表征，一般采用环球法测定。将沥青试样置于规定的铜环内，上置一个规定质量的钢球，在水或甘油中逐渐升温，试件受热软化下垂，测得与底板接触时的温度（℃）即软化点。软化点高表示沥青的耐热性或温度稳定性好（即温度敏感性小）。

4. 大气稳定性

大气稳定性也称抗老化性或耐久性，是指石油沥青抵抗各种自然因素和交通荷载的能力。一般用蒸发试验（160℃，5h）测定。其指标为蒸发损失率和蒸发后针入度比（蒸发后针入度与蒸发前针入度之比），蒸发损失率小，蒸发后针入度比大，表明耐久性好，老化慢。

沥青老化是由于其中的组分发生了递变，即油分—树脂—地沥青质，最终沥青中地沥青质含量增加，沥青变硬、变脆。

（三）石油沥青的牌号及技术标准

石油沥青按针入度指划分牌号，延度和软化点等也需符合要求。具体指标要求见表12-6-1。

石油沥青的技术标准 表 12-6-1

<table>
<tr><th rowspan="2">项 目</th><th colspan="15">道路石油沥青
（NB/SH/T 0522—2010）</th><th colspan="9">建筑石油沥青
（GB/T 494—2010）</th></tr>
<tr><th colspan="3">200</th><th colspan="3">180</th><th colspan="3">140</th><th colspan="3">100</th><th colspan="3">60</th><th colspan="3">40</th><th colspan="3">30</th><th colspan="3">10</th></tr>
<tr><td>针入度（25℃，100g）（0.1mm）</td><td colspan="3">200~300</td><td colspan="3">150~200</td><td colspan="3">110~150</td><td colspan="3">80~110</td><td colspan="3">50~80</td><td colspan="3">36~50</td><td colspan="3">26~35</td><td colspan="3">10~25</td></tr>
<tr><td>延度（25℃）（cm），不小于</td><td colspan="3">120</td><td colspan="3">100</td><td colspan="3">100</td><td colspan="3">90</td><td colspan="3">70</td><td colspan="3">3.5</td><td colspan="3">2.5</td><td colspan="3">1.5</td></tr>
<tr><td>软化点（℃）</td><td colspan="3">30~48</td><td colspan="3">35~48</td><td colspan="3">38~51</td><td colspan="3">42~55</td><td colspan="3">45~58</td><td colspan="3">≥60</td><td colspan="3">≥75</td><td colspan="3">≥95</td></tr>
<tr><td>溶解度（三氯甲烷、四氯化碳或苯）（%），不小于</td><td colspan="12">99.0</td><td colspan="12">99.0</td></tr>
<tr><td>蒸发减量（160℃，5h）（%），不大于</td><td colspan="4">1.3</td><td colspan="4">1.3</td><td colspan="4">1.3</td><td colspan="4">1.2</td><td colspan="4">1.0</td><td colspan="4">1</td></tr>
<tr><td>蒸发后，针入度比（%），不小于</td><td colspan="12">报告</td><td colspan="12">65</td></tr>
<tr><td>闪点（开口）（℃），不低于</td><td colspan="4">180</td><td colspan="4">200</td><td colspan="4">230</td><td colspan="4">230</td><td colspan="4">230</td><td colspan="4">260</td></tr>
</table>

同一品种中，牌号越小则针入度越小（黏性增大），延度越小（塑性越差），软化点越高（温度稳定性越好）。应根据工程性质、气候条件及工作环境来选择沥青的品种与牌号，如一般屋面用沥青材料的软化点应比本地区屋面最高温度高 20℃以上。在满足使用要求的前提下，应尽量选用牌号较大者为好。

【例 12-6-1】 为了提高沥青的温度稳定性，可以采取的措施是：

A. 增加地沥青质的含量　　B. 降低环境温度

C. 增加油分含量　　D. 增加树脂含量

解 沥青的温度稳定性反映了沥青的黏性和塑性随温度升降的变化性能。油分常温下为淡黄色液体，赋予沥青以流动性。树脂常温下为黄色到黑褐色的半固体，赋予沥青以黏性与塑性。地沥青质常温下为黑色固体，是决定沥青热稳定性与黏性的主要组分。所以，为了提高沥青的温度稳定性，可以增加地沥青质的含量。

答案： A

二、煤沥青

煤沥青是煤焦厂或煤气厂的副产品，烟煤干馏时得到煤焦油，煤焦油有高温和低温两种，多用高温煤焦油，煤焦油分馏加工提取各种油类（其中重油为常用的木材防腐油）后所剩残渣即为煤沥青。根据蒸馏程度的不同，划分为低温、中温、高温煤沥青三类。建筑工程中多使用低温煤沥青。

与石油沥青相比，煤沥青塑性较差，受力时易开裂，温度稳定性及大气稳定性均较差。但与矿料的表面黏附性较好，防腐性较好。所以煤沥青更多用作防腐材料。

三、改性石油沥青

石油加工厂生产的沥青通常只控制耐热性指标（软化点），其他的性能，如塑性、大气稳定性、低温抗裂性等则很难全部达到要求，从而影响了使用效果。为解决这个问题而采用的方法之一是：在石油沥青中加入某些改性材料，得到改性石油沥青，进而生产各种防水制品。

常用的改性材料有橡胶、树脂及矿物填充料等。

1. 矿物填充料

在石油沥青中加入矿物填充料（粉状，如滑石粉；纤维状，如石棉绒），可提高沥青的黏性和耐热性，减少沥青对温度的敏感性。

2. 合成橡胶

橡胶是沥青的重要改性材料。常用氯丁橡胶、丁基橡胶、再生橡胶与耐热型丁苯橡胶（SBS）等作为石油沥青的改性材料，其中 SBS 是对沥青改性效果最好的高聚物。橡胶与沥青间有较好的混溶性，并可使改性沥青具有橡胶的许多优点，如高温变形性小，低温柔性好等。

3. 合成树脂

树脂作为改性材料可提高沥青的耐寒性、耐热性、黏性及不透气性。但由于树脂与石油沥青的相溶性较差，故可用的树脂品种较少，常用的有古马隆树脂、聚乙烯、聚丙烯树脂、酚醛树脂及天然松香等。

由于树脂与橡胶之间有较好的相溶性，故也可同时加入树脂与橡胶来改善石油沥青的性质，使改性沥青兼具树脂与橡胶的优点与特性。

【例 12-6-2】 下列几种矿物粉料中，适合做沥青的矿物填充料的是：

A. 石灰石粉　　B. 石英砂粉　　C. 花岗岩粉　　D. 滑石粉

解　在沥青中加入的矿物填充料的粉料主要有滑石粉。

答案：D

四、沥青的应用

（一）防水卷材

1. 沥青防水卷材

沥青防水卷材必须具备良好的耐水性、温度稳定性、强度、延展性、抗断裂性、柔韧性及大气稳定性等性质。

（1）油毡

石油沥青纸胎油毡，简称油毡，是防水卷材中历史最早的品种。油毡是用低软化点沥青浸渍原纸，然后以高软化点沥青涂盖两面，再涂刷或撒布隔离材料（粉状或片状）而制成的纸胎防水卷材。油毡的防水性能较差，耐久年限低，一般只能用作多层防水。

（2）其他胎体材料的油毡

为了克服纸胎的抗拉能力低、易腐烂、耐久性差的缺点，通过改进胎体材料，使沥青防水卷材的性能得到改善，如玻璃布沥青油毡、玻璃纤维沥青油毡、黄麻织物沥青油毡、铝箔胎沥青油毡。这些油毡的抗拉强度高、柔韧性好、延伸率大、抗裂性和耐久性好。

需注意的是：在施工时，石油沥青油毡要用石油沥青胶黏结。

（3）沥青再生胶油毡

沥青再生胶油毡是一种无胎防水卷材，由再生橡胶、10 号石油沥青及碳酸钙填充料，经混炼、压延而成。沥青再生胶油毡具有较好的弹性、不透水性与低温柔韧性，以及较高的延伸性、抗拉强度与热稳定性。这些优点使之适用于水工、桥梁、地下建筑物管道等重要防水工程，以及建筑物变形缝的防水处理。

2. 高聚物改性沥青防水卷材

聚合物改性沥青防水卷材是以合成高分子聚合物改性沥青为涂盖层，纤维织物或纤维毡为胎体，粉状、胶状、片状或薄膜材料为覆面材料制成的防水卷材。高聚物改性沥青防水卷材具有高温不流淌、低温不脆裂、拉伸强度高和延伸率较大等优点。

（1）SBS 改性沥青防水卷材

SBS 改性沥青防水卷材属弹性体沥青防水卷材，以玻纤毡、聚酯毡等增强材料为胎体，以丁苯橡胶（SBS）改性沥青为浸渍涂盖层，表面带有砂粒或覆盖聚乙烯（PE）膜，是一种柔性防水卷材。SBS 改性沥青油毡的延伸率高，对结构变形有很高的适应性，具有较高的耐热性、低温柔性、弹性及耐疲劳性等，适合寒冷地区和结构变形频繁的建筑。

这种油毡通常采用冷粘贴（氯丁黏合剂）施工，也可以热熔粘贴（使用汽油喷灯等）。

（2）APP 改性沥青防水卷材

APP 改性沥青防水卷材属于塑性体改性沥青防水卷材，以玻纤毡或聚酯毡为胎体，以无规聚丙烯（APP）改性沥青为涂盖层，上面撒上隔离材料，下层覆盖聚乙烯薄膜或撒布细砂制成的防水卷材。该类卷材具有良好的弹塑性、耐热性、耐紫外线照射及耐老化性能，特别适合于紫外线辐射强烈及炎热地区屋面防水。

（二）防水涂料

将防水涂料涂布在基体表面，经溶剂或水分挥发，或各组分间的化学反应，形成具有一定弹性的连续薄膜，使基体表面与水隔绝，并能抵抗一定的水压力，从而起到防水和防潮作用。

1. 沥青基防水涂料

（1）冷底子油

冷底子油是一种沥青涂料，是将建筑石油沥青（30%~40%）与汽油或其他有机溶剂（60%~70%）相融合而成，属于常温下的沥青溶液。其黏度小，渗透性好。

在常温下将冷底子油刷涂或喷到混凝土、砂浆或木材等材料表面后，即逐渐渗入毛细孔中，待溶剂挥发后，便形成一层牢固的沥青膜，使在其上做的防水层与基层得以牢固粘贴。要求基面洁净、干燥，水泥砂浆找平层的含水率≤10%。

（2）乳化沥青

乳化沥青是一种冷施工的防水涂料，是沥青微粒（粒径 1μm）分散在有乳化剂的水中而成的乳胶体。乳化剂可分为阴离子乳化剂（如肥皂、洗衣粉等）、阳离子乳化剂（如双甲基十八烷溴胺等）、非离子乳化剂（如石灰膏、膨润土等）等。

2. 高聚物改性沥青防水涂料

沥青防水涂料通过适当的高聚物改性可以显著提高其柔韧性、弹性、流动性、气密性、耐化学腐蚀性和耐疲劳性。高聚物改性沥青防水涂料是一般用再生橡胶、合成橡胶等改性沥青制得的水乳型或溶剂型防水涂料。

（1）水乳型再生橡胶改性沥青防水涂料

该涂料以水为分散剂，具有无毒、无味、不燃等优点，可在常温下冷施工，并可在稍潮湿、无积水的表面施工。涂膜具有一定的柔韧性和耐久性。

（2）SBS 改性沥青防水涂料

SBS 改性沥青防水涂料是一种水乳型弹性沥青防水涂料。该涂料具有低温柔韧性好、抗裂性好、黏结性能优良、耐老化性能好等优点，可冷施工。

SBS改性沥青防水涂料适用于复杂基层的防水防潮施工，如卫生间、地下室、厨房、水池等，特别适合于寒冷地区的防水施工。

（三）密封材料

1. 沥青嵌缝油膏

沥青嵌缝油膏是以石油沥青为基料，加入改性材料（如废橡胶粉或硫化鱼油）、稀释剂（如松节油等）及填充剂（如石棉绒、滑石粉等）等混合而成，主要用在屋面、墙面、沟槽等处作防水层的嵌缝材料，是一种冷用膏状材料。

施工时，应注意基层表面的清洁与干燥，用冷底子油打底并干燥后，再用油膏嵌缝。油膏表面可加覆盖层（如油毡、塑料等）。

2. 沥青胶

沥青胶即玛瑞脂，为沥青与矿质填充料的均匀混合物。填充料可为粉状的，如滑石粉、石灰石粉；也可为纤维状的，如石棉屑、木纤维等。

沥青胶分为热用与冷用两种，主要用于粘贴沥青基防水卷材，也可用作接缝材料等。

五、合成高分子防水材料

合成高分子防水材料主要有以合成橡胶、合成树脂或这两者的共混体为基料的防水卷材。这类防水卷材具有强度高，延伸率大，弹性高，高、低温特性好等特点。

（一）防水卷材

1. 三元乙丙橡胶防水卷材

三元乙丙橡胶是乙烯、丙烯和非共轭二烯烃的三元共聚物，三元乙丙的主要聚合物链是完全饱和的，本质上是无极性的，对极性溶液和化学物具有抗性。这个特性使得三元乙丙橡胶可以抵抗热、光、氧气，尤其是臭氧，是橡胶中耐老化性能最好的。

三元乙丙防水卷材是以三元乙丙橡胶为主体制成的无胎卷材，具有良好的耐候性，耐臭氧性，耐酸碱腐蚀性，耐热性与耐寒性，抗拉强度高达7.0MPa以上，延伸率超过450%，可在−60~120℃的温度范围内使用，寿命可长达20年以上，是目前耐老化性最好的一种卷材，主要缺点是遇到机油时将产生溶胀。

三元乙丙橡胶防水卷材可用于各种工程的室内外防水和防水修缮，是屋面、地下室和水池防水工程的主体材料。

施工时，基层处理剂可用聚氨酯底胶，基层胶黏剂可用CX-404胶，可以采用合成橡胶类胶黏剂，如CX404-BN2等进行黏结，用银色着色剂作保护涂层。

2. 聚氯乙烯防水卷材

聚氯乙烯防水卷材是一种树脂基无胎卷材，根据基料的组成和特性分为S型（以煤焦油与聚氯乙烯树脂为基料）和P型（以增塑的聚氯乙烯树脂为基料）。

聚氯乙烯防水卷材抗拉强度和伸长率高，对基层伸缩、开裂、变形的适应性强；低温柔韧性好，可在较低温度下施工和应用；具有良好的尺寸稳定性与耐腐蚀性；卷材的搭接除了可用胶黏剂外，还可以用热空气焊接的方法，接缝处应严密。

与三元乙丙橡胶防水卷材相比，除在一般工程中使用外，聚氯乙烯防水卷材更适用于刚性层下的防水层及旧建筑混凝土构件屋面的修缮工程，以及有一定耐腐蚀要求的室内地面工程的防水、防渗工程等。

3. 氯丁橡胶防水卷材

氯丁橡胶防水卷材以氯丁橡胶为主要原料制成，其性能与三元乙丙橡胶卷材相似，但多项指标稍差些，尤其是耐低温性能。广泛用于地下室、屋面、桥面、蓄水池等防水层。

4. 氯化聚乙烯-橡胶共混防水卷材

这类防水卷材不但具有氯化聚乙烯特有的高强度和优异的耐臭氧、耐老化性能，而且具有橡胶所特有的高弹性、高延伸性和良好的低温柔性。

5. 丁基橡胶防水卷材

丁基橡胶（IIR）是由异丁烯和少量异戊二烯合成，耐老化性能仅次于三元乙丙橡胶。丁基橡胶防水卷材是以丁基橡胶为主体制成的，具有抗老化、耐臭氧以及气密性好等特点；此外，它还具有耐热、耐酸碱等性能。丁基橡胶防水卷材最大的特点是耐低温性能好，特别适用于严寒地区的防水工程及冷库的防水工程。

（二）合成高分子防水涂料

合成高分子防水涂料是以合成橡胶或合成树脂为主要成膜物质，加入其他辅料而配制而成的单组分或多组分防水涂料。

1. 聚氨酯涂膜防水涂料

聚氨酯涂膜防水涂料属双组分反应型涂膜防水涂料。该涂料涂膜固化时无体积收缩，可形成较厚的防水涂膜，具有弹性高、延伸率大、耐高低温性好、耐油、耐化学药品、耐老化等优点。为高档防水涂料，价格较高。施工时双组分需准确称量拌和，使用较麻烦，且有一定的毒性和可燃性。

聚氨酯涂膜防水涂料广泛应用于屋面、地下工程、卫生间、游泳池等防水，也可用于室内隔水层及接缝密封，还可用作金属管道、防腐地坪、防腐池的防腐处理等。

2. 硅橡胶防水涂料

硅橡胶是指主链由硅和氧原子交替而成的，硅原子上通常连有两个有机基团的橡胶。具有良好的抗紫外线、耐老化性，耐低温性好，耐热性能突出。

硅橡胶防水涂料是以硅橡胶乳液为主要基料，掺入无机填料及各种助剂配制而成的乳液型防水涂料，通常由 1 号和 2 号组成，1 号用于表层和底层，2 号用于中间作为加强层。

这种涂料兼有涂膜防水和渗透防水材料两者的优良特性，具有良好的防水性、抗渗透性、成膜性、弹性、黏结性、耐水性和耐高低温性，适应基层变形能力强，可渗入基底，与基底牢固黏结，成膜速度快，可在潮湿基层上施工，无毒、无味、不燃，可配成各种颜色。

硅橡胶防水涂料适用于地下工程、屋面等防水、防渗及渗漏修补工程，也是冷藏库优良的隔汽材料，但价格较高。

3. 聚氯乙烯防水涂料

聚氯乙烯防水涂料是以聚氯乙烯和煤焦油为基料配制而成的水乳型防水涂料，施工时一般要铺设玻纤布、聚酯无纺布等胎体进行增强处理。

该类防水涂料弹塑性好、耐寒、耐化学腐蚀、耐老化，可在潮湿的基层上冷施工。聚氯乙烯防水涂料可用于各种一般工程的防水、防渗及金属管道的防腐工程。

（三）密封材料

1. 聚氨酯密封膏

聚氨酯密封膏是性能最好的密封材料之一。一般用双组分配制，甲、乙两组分按比例混合，经固化反应成弹性体。具有高的弹性、黏结力与防水性，良好的耐油性、耐候性、耐久性及耐磨性。与混凝土的黏结好，且不需打底，故还可用于屋面、墙面的水平与垂直接缝，公路及机场跑道的外缝、接缝，还可用于玻璃与金属材料的嵌缝以及游泳池工程等。

2. 硅酮密封膏

硅酮密封膏具有优异的耐热、耐寒性和良好的耐候性，分为 F 类和 G 类两类。F 类为建筑接缝用，G 类为镶嵌玻璃用。大多用单组分（聚硅氧烷）配制，施工后与空气中的水分进行交联反应，形成橡胶弹性体。

3. 聚氯乙烯嵌缝接缝膏和塑料油膏

聚氯乙烯嵌缝接缝膏（即聚氯乙烯胶泥）以煤焦油和聚氯乙烯树脂粉为基料，配以增塑剂、稳定剂及填充材料在 140℃下塑化而成的热施工防水材料。

塑料油膏则是以废旧聚氯乙烯塑料代替聚氯乙烯树脂粉、其余材料不变生产的聚氯乙烯嵌缝接缝膏，成本低。宜热施工，也可冷施工。

这两种油膏具有良好的黏结性、防水性、弹塑性，还有良好的耐热、耐寒、耐腐蚀和耐老化性。适用于屋面嵌缝、输供水系统及大型墙板嵌缝。

4. 丙烯酸类密封膏

丙烯酸密封膏通常为水乳型，有良好的抗紫外线性能及延伸性能，但耐水性不是很好。

5. 硅橡胶密封材料

硅橡胶是指主链由硅和氧原子交替构成，硅原子上通常连有两个有机基团的橡胶。硅橡胶耐低温性能良好，一般在−55℃下仍能工作；引入苯基后，可达−73℃。硅橡胶的耐热性也非常突出，在 180℃下可长期工作，在高于 200℃的环境中也能承受数周或更长时间并保持弹性，瞬时可耐 300℃以上的高温。

6. 聚硫橡胶密封材料

聚硫橡胶是由二卤代烷与碱金属或碱土金属的多硫化物缩聚合成的橡胶。当聚硫橡胶与环氧树脂混合后，末端的硫醇基与环氧树脂发生化学反应，从而进入固化后的环氧树脂结构中，形成环氧聚硫橡胶。聚硫橡胶具有较好的韧性，可用作耐受较大压力的容器的密封材料。

7. 硫化橡胶密封材料

硫化橡胶是指硫化过的橡胶。硫化后生胶内形成空间立体结构，具有较高的弹性、耐热性、拉伸强度以及在有机溶剂中的不溶解性等。

习　题

12-6-1　沥青卷材与改性沥青卷材相比较，沥青卷材的缺点有（　　）。

①耐热性差；②低温抗裂性差；③断裂延伸率小；④施工及材料成本高；⑤耐久性差。

A. ①②③⑤　　B. ①②③④　　C. ②③④⑤　　D. ①②④⑤

12-6-2　评定石油沥青主要性能的三大指标是（　　）。

①延度；②针入度；③抗压强度；④柔度；⑤软化点；⑥坍落度。

A. ①②④　　B. ①⑤⑥　　C. ①②⑤　　D. ③⑤⑥

12-6-3　冷底子油在施工时对基面的要求是（　　）。

A. 平整、光滑　　B. 洁净、干燥　　C. 坡度合理　　D. 除污去垢

第七节　木　　材

一、木材的分类与构造

（一）木材的分类

按照外观形状可将木材分为针叶树和阔叶树两大类。

1. 针叶树

针叶树树干通直高大，纹理平顺，材质均匀，表观密度和胀缩变形小，耐腐蚀性较强，易加工，多数质地较软，故又称为软木树，为建筑工程中主要用材，多用作承重构件。常用的有红松（也叫东北松）、白松（也叫臭松或臭冷杉）、樟子松（海拉尔松）、鱼鳞松（也叫鱼鳞云杉）、马尾松（也叫本松或宁国松，纹理不匀，多松脂，干燥时有翘裂倾向，不耐腐，易受白蚁侵害。一般只可用来做小屋架及临时建筑等，不宜用于做门窗）及杉木（又叫沙木）等。

2. 阔叶树

阔叶树质地一般较硬，故又称硬木树。一般强度较高，胀缩、翘曲变形较大，易开裂，较难加工，有些树种具有美丽的纹理，适于用作室内装修、制作家具等。常用的有水曲柳、榆木、柞木（又叫麻栎或蒙古栎）、桦木、椴木（又叫紫椴或籽椴，质较软）、黄菠萝（又叫黄檗或黄柏）及柚木、樟木、榉木等，其中榆木、黄菠萝及柚木等多用作高级木装修等。

（二）木材的构造

木材由树皮、木质部和髓心等部分组成，木质部是木材的主要使用部分。在靠近髓心的部分颜色较深，称为心材；外面颜色较浅的部分称为边材。边材含水量较大，易翘曲变形，抗腐蚀性较差。从横切面上可看到深浅相间的同心圆，称为年轮，其中深色较密实部分是夏秋季生长的，称为夏材；浅色较疏松部分是春季生长的，故称春材。夏材部分越多，木材强度越高，质量越好。

从显微镜下可以看到木材的组织。木材是由无数管状细胞紧密结合而成的，每个细胞都有细胞壁与细胞腔两部分，细胞壁由若干细纤维组成，其纵向联结较横向牢固，细纤维间具有极小的空隙，能吸附与渗透水分。

【例 12-7-1】 下列木材中适宜用作装饰材料的是：

A. 松木　　B. 杉木　　C. 水曲柳　　D. 柏木

解　木材分为针叶树和阔叶树。针叶树（又称软木树）的树干通直高大，纹理平顺，材质均匀，表观密度和胀缩变形小，耐腐蚀性较强，材质较软，多用作承重构件，有松、杉、柏。阔叶树（又称硬木树）强度较高，纹理漂亮，胀缩翘曲变形较大，易开裂，较难加工，适合作装饰，有水曲柳、桦木、椴木、柚木、樟木、榉木、榆木等。

答案： C

二、木材的物理力学性质

（一）吸湿性

1. 水的分类

木材中所含水可分为吸附水与自由水两类。

（1）吸附水

吸附水首先被吸入木材中，存在于细胞壁内，被细纤维吸附，是影响木材胀缩和强度的主要因素。

（2）自由水

水分在木材中被细胞壁吸附达到饱和，即达到纤维饱和点后，水分开始存在于细胞腔与细胞间隙中构成自由水。自由水不影响木材的体积和强度，仅影响木材的表观密度、抗腐蚀性与可燃性。

2. 纤维饱和点

当木材中细胞壁中充满吸附水，细胞腔和细胞间隙中没有自由水时的含水率称为纤维饱和点。当含水率小于纤维饱和点时，含水量变化对木材强度和体积有影响。当木材含水率大于纤维饱和点时，含水量变化对强度和体积没有影响。所以，纤维饱和点是木材物理力学性质发生改变的转折点，是含水率影响强度和体积变化的临界值。一般为 20%~35%，平均为 30%。

3. 平衡含水率

当木材的含水率与周围空气相对湿度达到平衡时的含水率为平衡含水率。我国各地木材的平衡含水率一般为 10%~18%。木材使用前需干燥至环境的平衡含水率，以防制品变形、开裂。

（二）湿胀干缩

当木材由潮湿状态干燥至纤维饱和点时，其尺寸不变，而继续干燥到其细胞壁中的吸附水开始蒸发时，则木材开始发生体积收缩（干缩）。在逆过程中，即干燥木材吸湿时，随着吸附水的增加，木材将发生体积膨胀（湿胀），直到含水率到达纤维饱和点为止，此后，尽管木材含水量会继续增加，即自由水增加，但体积不再发生膨胀。

木材的胀缩性随树种而有差异，一般体积密度大的、夏材含量多的木材，胀缩较大；另外变形也存在方向性，顺纹方向最小，径向较大，弦向最大。胀缩会使木材构件接头松弛或凸起。

（三）强度

木材在强度方面也表现为各向异性，木材强度有顺纹强度和横纹强度之分。从理论上讲，在不考虑木材的各种缺陷影响的前提下，同一木材，以顺纹抗拉强度为最大，抗弯强度、顺纹抗压、横纹抗剪强度依次递减，横纹抗拉强度、横纹抗压强度比顺纹小得多，见表 12-7-1。

木材理论上各强度大小关系　　表 12-7-1

抗压强度		抗拉强度		抗弯强度	抗剪强度	
顺纹	横纹	顺纹	横纹		顺纹	横纹切断
1	1/10~1/3	2~3	1/20~1/3	3/2~2	1/7~1/3	1/2~1

影响木材强度的主要因素如下：

1. 含水率

当木材含水率在纤维饱和点以下时，其强度随含水率增加而降低，这是由于吸附水的增加使细胞壁逐渐软化所致。当木材含水率在纤维饱和点以上时，木材的强度等性能基本稳定，不随含水率的变化而变化。

含水率对木材的顺纹抗压及抗弯强度影响较大，而对顺纹抗拉强度几乎无影响。

因为含水率会影响木材的强度，所以在测定木材强度时，需要规定木材的含水率。通常将木材含水率为 12%时的强度确定为标准强度。

2. 负荷时间

木材长期负荷强度一般为极限强度的 50%~60%。

3. 温度

木材使用温度长期超过 50℃时，强度会因木材缓慢炭化而明显下降，所以在这种环境下不应使用木结构。

4. 缺陷

木材的缺陷有木节、斜纹、裂纹、腐朽及虫害等，缺陷越多，木材强度越低，其中缺陷使木材顺纹抗拉强度降低最为显著，而对顺纹抗压强度影响较小。

三、木材的干燥、防腐与防火

（一）木材的干燥

木材干燥的目的是防止木材腐蚀、虫蛀、翘曲与开裂，保持尺寸及形状的稳定性，便于做进一步的防腐与防火处理。

（二）木材的防腐

木材的腐朽是由真菌中的腐朽菌寄生引起的。腐朽菌在木材中生存与繁殖必须同时具备水分、空气与温度三个条件。当木材含水率为 15%~50%，温度为 25~30℃，又有足够空气时，腐朽菌最适宜繁殖。另外，木材还会受到白蚁、天牛等昆虫蛀蚀。

防腐方法有：将木材置于通风干燥的环境中、表面涂油漆或用化学防腐剂处理。

（三）木材的防火

木材防火的常用方法是：

（1）在木材表面涂刷防火涂料，常用的防火涂料有膨胀型丙烯酸乳胶防火涂料等；

（2）在木材表面覆盖难燃或不燃材料，如金属等；

（3）注入防火剂，如将磷-氮系列及硼化物系列防火剂或磷酸铵和硫酸铵的混合物等浸注。

四、木材的应用

按加工程度和用途的不同，木材可分为原条、原木、锯材。

人造板材是以木材或其他含有一定量纤维的植物为原料加工而成。主要包括以下几种：

1. 胶合板

用数张（一般为 3~13 层，层数为奇数）由原木沿年轮方向旋切的薄片，使其纤维方向相互垂直叠放，经热压而成。胶合板克服了木材各向异性的缺点，材质均匀，强度高，幅面大，平整易于加工，干湿变形小，板面具有美丽的花纹，装饰性好。

胶合板主要用于室内的隔墙罩面、顶棚和内墙装饰、门面装修及各种家具的制作。

2. 纤维板

纤维板是将木材加工下来的树皮、刨花、树枝等废料，经破碎浸泡，研磨成木浆，再加入一定的胶合剂，经热压成型、干燥处理而成的人造板材。纤维板材质均匀，各向强度一致，不易翘曲开裂与胀缩，无木节、虫眼等缺陷，主要用于制作室内壁板、门板、地板、家具等。

3. 刨花板

刨花板是将木材加工的剩余物，如刨花碎片、短小废木料、木丝、木屑等，经过加工干燥，并加入胶合剂拌和后，压制而成的人造板材。刨花板具有质量轻、强度低、隔声、保温、耐久、防虫等特点，适用于室内墙面、隔断、顶棚等处的装饰用基面板。

4. 热固性树脂层压板

以专用纸浸渍氨基树脂、酚醛树脂为原料经热压而成。

5. 薄木贴面板

薄木贴面板是一种高级的装饰材料，是将珍贵树种（如柚木、桦木、柳桉或树根瘤多的木段）的木材软化后旋切成厚 0.1~1mm 的薄木片，再用胶黏剂粘贴在基板上而制得。薄木贴面板可压贴在胶合板等表面，作墙、门等的面板。

习　题

12-7-1　导致木材物理力学性质发生改变的临界含水率是（　　）。

A. 最大含水率　　B. 平衡含水率　　C. 纤维饱和点　　D. 最小含水率

12-7-2　木材的力学性质为各向异性，表现为（　　）。

A. 抗拉强度，顺纹方向最大　　B. 抗拉强度，横纹方向最大

C. 抗剪强度，横纹方向最小　　D. 抗弯强度，横纹与顺纹方向相近

12-7-3　干燥的木材吸水后，其变形最大的方向是（　　）。

A. 纵向　　B. 径向　　C. 弦向　　D. 不确定

12-7-4　影响木材强度的因素较多，但下列哪些因素与木材强度无关？（　　）

A. 纤维饱和点以下的含水量变化　　B. 纤维饱和点以上的含水量变化

C. 负荷时间　　D. 疵病

12-7-5　木材从干燥到含水会对其使用性能有各种影响，下列表述正确的是（　　）。

A. 木材含水会使其导热性减小，强度降低，体积膨胀

B. 木材含水会使其导热性增大，强度不变，体积膨胀

C. 木材含水会使其导热性增大，强度降低，体积膨胀

D. 木材含水会使其导热性减小，强度提高，体积膨胀

第八节　石　材

一、岩石分类

天然石材是从天然岩体中开采出来，经加工成块状或板状材料的总称。天然岩石根据生成条件可分为以下三种：

1. 岩浆岩

岩浆岩又称火成岩，是地壳内熔融岩浆在地下或喷出地面后冷却结晶而成的岩石。在地壳深处生成的岩浆岩称为深成岩，如花岗岩；喷出地面后凝结而成的岩浆岩称为喷出岩，如玄武岩等。

2. 沉积岩

沉积岩又称水成岩，是露出地表的各种岩石，在外力、地质作用下，经风化、搬运、沉积、压实、胶结等再造作用在地表及地表以下不太深的地方形成的岩石，如石灰岩、砂岩等。

3. 变质岩

变质岩是岩浆岩或沉积岩经过岩浆活动和构造运动，因高温高压而变质后形成的一类新岩石，如大理岩、片麻岩、石英岩等。

二、饰面石材

用于建筑装饰用的石材主要有花岗岩和大理石两类。

1. 花岗岩

花岗岩属于岩浆岩，主要造岩矿物是长石（结晶铝硅酸盐）、石英（结晶 SiO_2）、云母（片状含水铝硅酸盐）及少量暗色矿物。其主要化学成分为 SiO_2 与 Al_2O_3，故花岗岩为酸性岩石。

花岗岩构造细密、质地坚硬，属硬石材（硬度常用摩氏硬度表征），耐磨，抗压强度高，属于耐酸岩石（但不耐氢氟酸和氟硅酸），化学稳定性好，不易风化变质，耐久，使用寿命为75~200年，但是耐火性差，含有的大量石英，在573℃和870℃的高温下发生晶型转变，产生体积膨胀，火灾时造成花岗岩爆裂；有些花岗岩含有微量放射性元素。常用于室内外墙面及地面装饰。

2. 大理石

大理石属于变质碳酸盐类岩石，主要矿物成分为方解石和白云石，属于碱性岩石，若用于室外在空气中遇到二氧化碳、二氧化硫、水汽以及酸性介质等，容易风化与溶蚀，使表面失去光泽，粗糙多孔，降低装饰效果，所以除汉白玉、艾叶青等杂质少的品种外，大理石一般不宜用于室外。

大理石构造致密、强度较高，但硬度不大，属中硬石材，比花岗石易加工和表面磨光。

【例12-8-1】 地表岩石经长期风化、破碎后，在外力作用下搬运、堆积，再经胶结、压实等再造作用而形成的岩石称为：

A. 变质岩　　B. 沉积岩　　C. 岩浆岩　　D. 火成岩

解　岩石根据形成机理分为岩浆岩、沉积岩和变质岩三种。其中，地表岩石经长期风化、破碎后，在外力作用下搬运、堆积，再经胶结、压实等再造作用形成的岩石称为沉积岩。

答案：B

习　题

12-8-1　大理石属于（　　）。

A. 岩浆岩　　B. 变质岩

C. 沉积岩　　D. 深成岩

12-8-2　以下关于花岗岩和大理石的叙述，不合理的是（　　）。

A. 一般情况下，花岗岩的耐磨性优于大理石

B. 一般情况下，花岗岩的耐蚀性优于大理石

C. 一般情况下，花岗岩的耐火性优于大理石

D. 一般情况下，花岗岩的耐久性优于大理石

12-8-3　石材吸水后，其导热系数随之增加，这是因为（　　）。

A. 水的导热系数比密闭空气大　　B. 水的比热比密闭空气大

C. 水的密度比密闭空气大　　D. 材料吸水后导致其中的裂纹增大

第九节　黏　　土

一、土的组成

土是固体颗粒、水与空气的混合物，即三相系。土的颗粒互相连接形成土的骨架。当土骨架中的孔隙全部被水占领时，这种土称为饱和土；当土骨架中的孔隙仅含空气时，称之为干土；三相并存，则称之为湿土。

（一）土的固相

1. 成土矿物

原生矿物：石英、长石、云母，吸水能力弱、无塑性。

次生矿物：黏土矿物、高岭石、伊利石、蒙脱石、吸水能力强、可胀缩、有塑性。

2. 黏土矿物的晶体结构

硅-氧四面体与铝-氧八面体构成含水铝硅酸盐。

3. 土粒的大小与土的级配

根据土粒的大小将土划分为不同的范围，即粒组。巨粒组：漂石粒、卵石粒；粗粒组：砾粒、砂粒；细粒组：粉粒、黏粒。

土的级配：土中各范围粒组中土粒的相对含量。级配良好的土，压实时能达到较高的密实度，故透水性低、强度高、压缩性低。

4. 颗粒分析试验

土的级配曲线有两种：粒径分布曲线（横坐标为土粒粒径，纵坐标为小于某粒径的土粒含量）、粒组频率曲线（横坐标为某粒组平均粒径，纵坐标为该粒组的土粒含量）。

从粒径分布曲线可得以下两个参数：

不均匀系数

$$C_{\mathrm{u}}=\frac{d_{60}}{d_{10}} \tag{12-9-1}$$

曲率系数

$$C_{\mathrm{c}}=\frac{(d_{30})^2}{d_{60}d_{10}} \tag{12-9-2}$$

其中，d_{60}、d_{30}、d_{10}分别表示曲线上纵坐标为60%、30%、10%所对应的横坐标即粒径。

国家标准规定：对于砾、砂，$C_{\mathrm{u}}\geqslant5$，且$C_{\mathrm{c}}=1\sim3$，则土的级配良好。

（二）土的液相

土的液相类型及主要作用力见表12-9-1。

土的液相类型与主要作用力　　表12-9-1

水的类型		主要作用力
吸着水		物理化学力
自由水	毛细管水	表面张力与重力
	重力水	重力

二、土的物理性质

（一）直接指标

（1）土的密度ρ与重度γ：

$$\gamma = \rho g \tag{12-9-3}$$

式中：ρ—单位体积土的质量。

（2）土粒相对密度d_s：土粒的质量与4℃时同体积纯水的质量之比。

（3）土的含水率w：土中水的质量与干燥土粒质量之比，百分率。

（二）间接指标

（1）土的孔隙比e：土中孔隙体积与土粒体积之比，小数。

（2）土的孔隙率n：土中孔隙体积与土的总体积之比。

（3）土的饱和度S_r：土中孔隙体积被水填充的百分数。干土的饱和度为0，饱和土的饱和度为100%。

（4）土的干密度ρ_d与干重度γ_d：这是评定土密度程度的指标。两参数越大，则土越密实，反之越疏松。

三、无黏性土的相对密实度、黏性土的稠度与土的压实性

1. 无黏性土的相对密实度D_r

$$D_r = \frac{e_{max} - e_0}{e_{max} - e_{min}} \tag{12-9-4}$$

式中：e_{max}、e_0、e_{min}—分别为无黏性土最松状态、天然状态、最密状态的孔隙比。

在工程上，用D_r划分土的状态：

$0 < D_r \leqslant 1/3$	疏松的
$1/3 < D_r \leqslant 2/3$	中密的
$2/3 < D_r \leqslant 1$	密实的

2. 黏性土的稠度

稠度是指黏性土的干湿程度，或在某一含水率下抵抗外力作用而变形的能力，是黏性土最主要的物理状态指标。

在黏性土的状态转变过程中，有三种界限含水率或稠度界限：

液限（w_L）——流态→可塑状态转变的界限含水率；

塑限（w_p）——可塑态→半固态转变的界限含水率；

缩限（w_s）——半固态→固态转变的界限含水率。

塑性指数即液限与塑限的差值，塑性指数越大，表明土的颗粒越细，黏聚力越大，内摩擦角越小。

3. 土的压实性

影响压实性的因素有：

（1）含水率：当含水率较小时，土的干密度随含水率增大而提高；当含水率等于最佳含水率时，干密度达到最大值；达到最佳含水率后，干密度随含水率的增加反而降低。

（2）击数。

（3）土类与级配：含水率相同时，黏性土的黏粒含量越高或塑性指标越大，则越难以压实；对同一类土，级配良好，则易于压实，反之则不易压实。

（4）粗粒含量：粗粒含量过大，则表明土的级配不佳，不易压实。

【例 12-9-1】 土的塑性指数越高，土的：

A. 黏聚性越高　　B. 黏聚性越低　　C. 内摩擦角越大　　D. 粒度越粗

解　土的塑性指数是指液限与塑限的差值。塑性指数越大，表明土的颗粒越细，比表面积越大，土处在可塑状态的含水量变化范围就越大，土的黏聚性越高。

答案： A

习　题

12-9-1　以下关于土壤的叙述，合理的是（　　）。

A. 土壤压实时，其含水率越高，压实度越高

B. 土壤压实时，其含水率越高，压实度越低

C. 黏土颗粒越小，液限越低

D. 黏土颗粒越小，其孔隙率越高

12-9-2　黏土塑限高，说明（　　）。

A. 黏土粒子的水化膜薄，可塑性好　　B. 黏土粒子的水化膜薄，可塑性差

C. 黏土粒子的水化膜厚，可塑性好　　D. 黏土粒子的水化膜厚，可塑性差

习题题解及参考答案

第一节

12-1-1　**解：** 通常，由于孔隙的存在，使表观密度ρ_0小于密度ρ；而由于孔隙和空隙的同时存在，使堆积密度ρ_0'小于表观密度ρ_0。

答案： B

12-1-2　**解：** 脆性材料破坏前没有明显的变形，受力破坏吸收的能量低，外力所做的功小，且抗压强度大于抗拉强度。

答案： A

12-1-3　**解：** 软化系数是饱水状态的抗压强度与干燥状态的抗压强度之比。

答案： B

12-1-4　**解：** 含水率 = 水重/干砂重，湿砂重=水重+干砂重，即：

$$水重 = 湿砂重 - 干砂重 = 100 - \frac{100}{1 + 含水率}$$

答案： C

12-1-5　**解：** 水的导热能力强，含水率越大则导热系数越大。

答案： C

12-1-6　**解：** 孔隙率变化，一定引起强度与表观密度的变化，可能引起吸水率和抗冻性的变化，但密度保持不变。所以孔隙率增大时，表观密度和强度一定下降。

答案： C

第二节

12-2-1　**解：**建筑石膏硬化后体积微膨胀约1%。

答案：B

12-2-2　**解：**通过陈伏可以消除过火石灰的危害。

答案：D

12-2-3　**解：**建筑石膏硬化后体积微膨胀，在略高于100℃温度下化学分解，强度比石灰高。

答案：B

12-2-4　**解：**三合土是由石灰+黏土+砂或碎砖、碎石组成的。

答案：B

12-2-5　**解：**石膏制品抗火性好的原因主要是含有大量结晶水，其次是孔隙率大、隔热性好。

答案：B

第三节

12-3-1　**解：**大体积混凝土施工应选用水化热低的水泥，如矿渣水泥等掺混合材料水泥。

答案：C

12-3-2　**解：**硅酸盐水泥中加入适量石膏的作用是缓凝。

答案：C

12-3-3　**解：**掺混合材料水泥最适合采用蒸汽养护等湿热养护方式，所以蒸汽养护效果最好的水泥是矿渣水泥。

答案：A

12-3-4　**解：**普通黏土、慢冷矿渣、石灰石粉不属于活性混合材料。

答案：C

12-3-5　**解：**水泥强度最高，石膏强度高于石灰。所以，石灰、石膏、水泥三者胶结强度的关系是：石灰<石膏<水泥。

答案：B

12-3-6　**解：**提高水泥强度等级并不一定就能提高水泥的耐侵蚀性。

答案：A

12-3-7　**解：**在六大通用水泥中，硅酸盐水泥的耐磨性最好。硫铝酸盐水泥虽具有快硬早强、微膨胀的特点，但在一般混凝土工程中较少采用。

答案：A

12-3-8　**解：**水泥的凝结和硬化与水泥的细度、水灰比（拌和水量）、硬化时间、温湿度均有关。与水泥的体积和重量无关。

答案：D

12-3-9　**解：**无论是单独的水泥还是混凝土中的水泥，其水化的主要原因是水泥的水化反应，其速度主要取决于水化反应速度的快慢，但也受到温度、水灰比等的影响。尤其应注意的是，混凝土的凝结时间与配制该混凝土所用水泥的凝结时间可能不一致，因为混凝土的水灰比可能不等于水泥凝结时间测试所用的水灰比，且混凝土中可能还掺有影响凝结时间的外加剂。

答案：C

第四节

12-4-1　**解：**压碎指标是表示粗骨料石子强度的指标。

答案：B

12-4-2　**解：**在用较高强度等级的水泥配制较低强度的混凝土时，只需少量水泥就可以满足强度要求，但会影响和易性，为满足工程的技术经济要求，应掺混合材料或掺合料来增加浆体的数量。

答案：A

12-4-3　**解：**泵送混凝土施工选用的外加剂应能显著提高拌合物的流动性，故应采用减水剂。

答案：C

12-4-4　**解：**混凝土碱-骨料反应是指水泥中碱性氧化物，如 Na_2O 或 K_2O 与骨料中活性氧化硅之间的反应。

答案：A

12-4-5　**解：**试配强度　$f_{cu,o} = f_{cu,k} + t\sigma$

式中：$f_{cu,o}$——配制强度；

$f_{cu,k}$——设计强度；

t——概率（由强度保证率决定）；

σ——强度波动幅度（与施工控制水平有关）。

答案：D

12-4-6　**解：**由混凝土强度公式可知，影响混凝土强度的主要因素是水泥强度和水灰比。此外，还与养护条件（即温湿度）有关。

答案：D

12-4-7　**解：**水泥正常水化产生的膨胀或收缩一般不致引起混凝土开裂。

答案：B

12-4-8　**解：**进行混凝土配合比设计时，确定水灰比是采用混凝土强度公式，根据混凝土强度计算而初步确定，然后根据耐久性要求进行耐久性校核，最终确定水灰比的取值。

答案：C

12-4-9　**解：**选用最大粒径的粗骨料，主要目的是减少混凝土干缩，其次也可节省水泥。

答案：B

12-4-10　**解：**影响混凝土拌合物流动性的主要因素是水泥浆的数量与流动性，其次为砂率、骨料级配、水泥品种等。

答案：B

12-4-11　**解：**海水中的盐主要对混凝土中的钢筋有危害，促使其被腐蚀；其次，盐对混凝土中的水泥硬化产物也有腐蚀作用。

答案：D

第五节

12-5-1　**解：**S、P、O、N 是钢材中的有害元素。

答案：C

12-5-2　**解：**金属材料各向同性的原因是金属材料中的晶粒随机取向，使晶体的各向异性得以抵消。

答案：B

12-5-3　**解：**通常合金元素可改善钢材性能，提高强度，消除脆性。Mn属于合金元素。

答案：C

第六节

12-6-1　**解：**相比之下，沥青卷材有多种缺点，但其施工及材料成本低。

答案：A

12-6-2　**解：**评价黏稠石油沥青主要性能的三大指标是延度、针入度、软化点。

答案：C

12-6-3　**解：**冷底子油在施工时对基面的要求是洁净、干燥。

答案：B

第七节

12-7-1　**解：**导致木材物理力学性质发生改变的临界含水率是纤维饱和点。

答案：C

12-7-2　**解：**木材的抗拉强度顺纹方向最大。

答案：A

12-7-3　**解：**木材干湿变形最大的方向是弦向。

答案：C

12-7-4　**解：**纤维饱和点以上的含水率变化，不会引起木材强度的变化。

答案：B

12-7-5　**解：**在纤维饱和点以下范围内，木材含水使其导热性增大，强度减低，体积膨胀。

答案：C

第八节

12-8-1　**解：**大理石属于变质岩。

答案：B

12-8-2　**解：**在一般情况下，花岗岩的耐火性比大理石差。

答案：C

12-8-3　**解：**水的导热系数比密闭空气大。

答案：A

第九节

12-9-1　**解：**对同一类土，级配良好，则易于压实。如级配不好，多为单一粒径的颗粒，则孔隙率反而高。

答案：D

12-9-2　**解：**塑限是黏性土由可塑态向半固态转变的界限含水率。黏土塑限高，说明黏土粒子的水化膜厚，可塑性好。

答案：C

第十三章 工 程 测 量

复 习 指 导

一、考试大纲

11.1 测量基本概念

地球的形状和大小，地面点位的确定，测量工作的基本概念。

11.2 水准测量

水准测量原理，水准仪的构造、使用、检验校正，水准测量方法及成果整理。

11.3 角度测量

经纬仪的构造、使用、检验校正，水平角观测，垂直角观测。

11.4 距离测量

卷尺量距，视距测量，光电测距。

11.5 测量误差基本知识

测量误差分类与特性，评定精度的标准，观测值的精度评定，误差传播定律。

11.6 控制测量

平面控制网的定位与定向，导线测量，交会定点，高程控制测量。

11.7 地形图测绘

地形图基本知识，地物平面图测绘，等高线地形图测绘。

11.8 地形图应用

地形图应用的基本知识，建筑设计中的地形图应用，城市规划中的地形图应用。

11.9 建筑工程测量

建筑工程控制测量，施工放样测量，建筑安装测量，建筑工程变形观测。

二、复习指导（重点和难点提示）

（一）测量基本概念

1. 重点及重点概念

重点：测定和测设，大地水准面，独立平面直角坐标系，绝对高程，相对高程，测量工作的原则，确定地面点位的三要素（基本要素）。

重点概念：测量学，测定、测设，水准面、大地水准面，相对高程、绝对高程，高斯平面直角坐标、独立平面直角坐标，测量工作的原则和程序，确定地面点位的三要素。

2. 难点

高斯平面直角坐标系，水平面代替水准面的范围。

（二）水准测量

1. 重点及重点概念

重点：水准测量原理、水准仪的构造及使用中涉及的基本概念，外业测量方法及测量数据的记录、成果计算。

重点概念：水准测量，水准点，前视、后视，转点，水准管零点、水准管轴、水准管分划值，圆水准器零点、圆水准器轴、圆水准器分划值，仪器竖轴，视准轴，视差，附合水准路线、闭合水准路线、支水准路线，高差闭和差。

2. 难点

水准仪的检验和校正方法，水准测量误差分析及其消除方法。

（三）角度测量

1. 重点及重点概念

重点：用经纬仪测量水平角、竖直角的基本原理，外业测量方法及测量数据的记录、成果计算，水平角、竖直角测量误差及其消除方法。

重点概念：水平角、竖直角，仪器横轴，经纬仪盘左、盘右位置，竖盘指标差。

2. 难点

经纬仪的检验和校正方法，角度测量误差分析及其消除方法。

（四）距离测量及直线定向

1. 重点及重点概念

重点：钢尺丈量的方法，视距测量的原理，光电测距的原理，直线定向的方法。

重点概念：直线定线，尺长方程式，视距测量，相位法测距，测距仪的标称精度，全站仪。

2. 难点

钢尺精密量距外业成果的改正，坐标方位角的计算。

（五）测量误差的基本知识

1. 重点及重点概念

重点：观测条件的含义，系统误差与偶然误差的含义以及偶然误差的特性，各种精度评定指标的含义与计算方法，误差传播定律的理解与应用。

重点概念：观测误差和观测条件，等精度观测和不等精度观测，系统误差和偶然误差，真误差、中误差、相对误差、极限误差、容许误差，误差传播定律，最或然值，改正数。

2. 难点

中误差的含义与计算方法，误差传播定律的应用，等精度直接观测平差最或然值的计算与精度评定的方法。

（六）控制测量

1. 重点

闭合、附合导线的外业测量工作及内业计算。

2. 难点

闭合、附合导线的内业计算。

（七）地形图测绘

1. 重点及重点概念

重点：比例尺精度及其在测绘工作中的用途，等高线及其特性，经纬仪测绘法，全站仪数字化测图。

重点概念：地形图，地形图的比例尺，比例尺精度，等高线，等高距，等高线平距，坡度。

2. 难点

比例尺精度，经纬仪测绘法。

（八）地形图应用

1. 重点及重点概念

重点：地形图应用的基本内容，应用地形图求点的平面坐标和高程、求直线的坐标方位角、长度和坡度，量算图上某区域的面积。

重点概念：坡度，纵断面，汇水面积。

2. 难点

地形图在工程中的具体应用，按限制坡度在地形图上选最短线路，应用地形图绘制某一方向的纵断面图、确定汇水面积、绘出填挖边界线，以及进行土地平整中的土石方量估算等。

（九）建筑工程测量

1. 重点

高程及点的平面位置的测设方法，建筑物的施工控制测量，民用建筑物的施工测量。

2. 难点

高程的测设，点的平面位置测设数据计算。

（十）全球定位系统（GPS）简介

重点：卫星定位系统的概念、特点，系统各个组成部分的功能，GPS 定位方法的原理与分类。

第一节 测量基本概念

一、测量学及其基本内容

（一）测量学

测量学是研究地球的形状和大小以及确定地面（包括空中、地表、地下和海底）点位的科学。

（二）测量学的基本内容

1. 测定

测定是指使用测量仪器和工具，通过测量和计算，得到一系列测量数据，或把地球表面的地形绘成地形图，供经济建设、规划设计、科学研究和国防建设使用。

2. 测设

测设是指把图纸上规划设计好的建筑物、构筑物的位置在地面上标定出来，作为施工的依据。

二、地球的形状和大小

（一）基准线和基准面

某点的基准线是该点所受到的地球引力和地球自转的离心力的合力方向线，即重力方向线。地球表面 71%是海洋，可以假想静止的海水面延伸穿过陆地包围整个地球，形成一个闭合曲面，称为水准面，特点是水准面上任意一点的铅垂线都垂直于该点上的曲面。与水准面相切的平面称为水平面。位于不同高度的水准面有无穷多个，其中与平均海水面相吻合的水准面称为大地水准面，它就是点位投影和高程计算的基准面。

【例 13-1-1】 下列何项作为测量野外工作的基准线：

A. 水平线　　B. 法线方向　　C. 铅垂线　　D. 坐标纵轴方向

解　测量野外工作的基准线是铅垂线（铅垂线即重力方向线）。

答案： C

（二）地球形状和大小

由大地水准面所包围的形体称为大地球体，可看作是地球的实际形状。由于地球内部质量分布不均匀，致使大地水准面成为一个非常复杂而又难于用数学式表达的曲面。为便于计算与制图，测量学中选用一个和大地水准面总体形状非常接近的数学形体即参考椭球体来代表地球形体。数世纪以来，许多学者曾分别测算参考椭球体元素的长半轴a、短半轴b，以及扁率α。我国目前采用的元素值为

$$\left.\begin{aligned} a &= 6\,378.140\text{km} \\ \alpha &= (a-b)/a = 1/298.257 \end{aligned}\right\} \tag{13-1-1}$$

由于扁率很小，普通测量学近似地把地球作为半径$R=(2a+b)/3=6\,371\text{km}$的圆球来看待。

三、地面点位的确定

地面点的空间位置用点的高程H和平面坐标x、y表示。

（一）高程

地面上任一点到水准面的铅垂距离就是该点的高程。点到大地水准面的铅垂距离称为绝对高程，又称为海拔。长期以来，我国是以 1956 年青岛验潮站所确定的黄海平均海水面作为高程起算的大地水准面，求得青岛水准原点的高程为 72.289m。目前我国采用的是“1985 国家高程基准”，是根据青岛验潮站 1952~1979 年验潮资料计算确定的平均海水面，于 1987 年由国家测绘局颁布作为我国统一的测量高程基准。求得青岛水准原点的高程为 72.260m。在引测绝对高程有困难的局部地区，也可以假定一个水准面作为高程起算面。地面点到假定水准面的铅垂距离称为相对高程。两点高程之差称为高差，如图 13-1-1 所示。A、B两点的绝对高程为H_A、H_B，两点的相对高程为H'_A、H'_B，则B点对于A点的高差$h_{AB}=H_B-H_A=H'_B-H'_A$。

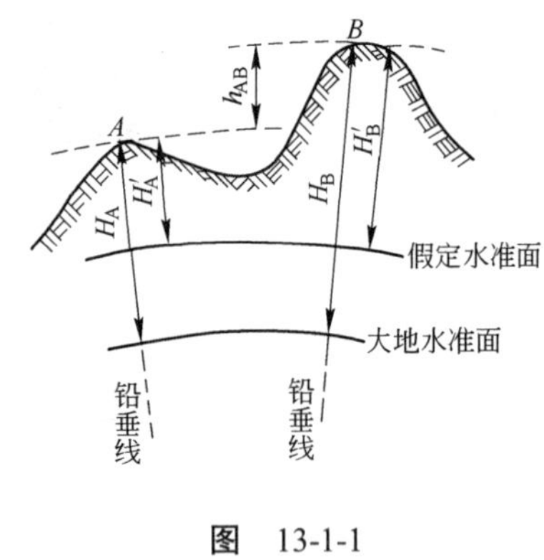

图　13-1-1

【例 13-1-2】 地面点到假定水准面的铅垂距离称为：

A. 任意高程　　B. 海拔高程　　C. 绝对高程　　D. 相对高程

解　地面点到假定水准面的铅垂距离称为相对高程，到大地水准面的铅垂距离称为绝对高程或海拔高程。

答案： D

（二）坐标

1. 地理坐标系

地理坐标是以经度和纬度表示点在旋转椭球体面上投影的球面位置，又称为绝对位置。它把整个地球置于一个球面坐标系中，地面上某点的经度λ即通过该点的子午面与通过格林尼治天文台的首子午面

所夹的二面角，自首子午线以东 0°~180°为东经，以西 0°~180°为西经。某点的纬度φ即通过该点的法线同赤道平面的夹角，自赤道向北 0°~90°为北纬，向南 0°~90°为南纬。经度和纬度用天文方法测定。例如北京某点的地理坐标为λ=东经 116°28′，φ=北纬 39°54′。

2. 高斯平面直角坐标系

高斯平面直角坐标系是采用高斯横椭圆柱投影的方法建立的平面直角坐标系，是一种球面坐标与平面坐标相关联的坐标系统。高斯投影是从首子午线起，经差每 6°为一带，将地球自西向东等分为 60 带，带号N依次为 1、2、…、60，位于各带边缘的子午线称为分带子午线，位于各带中央的子午线称为中央子午线。第N带中央子午线的经度λ按下式计算

$$\lambda = 6°N - 3° \tag{13-1-2}$$

每带均独立进行投影，使地球椭球上某 6°带的中央子午线与椭圆柱面相切，使椭球面与椭圆柱面上的图形保持等角条件下，将整个 6°带投影到椭圆柱面上，再将椭圆柱沿通过南北极的母线切开并展成平面，即得到 6°带在平面上的影像。中央子午线和赤道投影展开后为互相垂直的直线，分别为x轴和y轴，交点为原点，则组成高斯平面直角坐标系。我国位于北半球，纵坐标均为正值，而为避免横坐标出现负值，规定纵轴向西平移 500km，并在横坐标值前冠以带号。如A、B点位于第 20 带，横坐标的自然值为y'_A=56 103m，y'_B=−56 103m；则横坐标的通用值为y_A=20 556 103m，y_B=20 443 897m。

高斯投影中，各带中央子午线投影不变形，离中央子午线越远变形越大且两侧对称。为使投影变形更小，可采用 3°带投影法，从东经 1°30′起，自西向东，经差每 3°为一带，将整个地球划分为 120 带，每带独立投影。第n带中央子午线的经度λ'按下式计算

$$\lambda' = 3°n \tag{13-1-3}$$

我国在陕西省泾阳县永乐镇某点建立了中华大地原点，由此而建立起全国统一坐标系，称为“1980 国家大地坐标系”。

【例 13-1-3】 D点的高斯平面直角坐标横坐标通用值为 17 456 789.00，则该点经过 17 度带中央子午线的位置为：

A. 以东 456 789.00m　　B. 以西 45 678.00m

C. 以东 43 211.00m　　D. 以西 43 211.00m

解　横坐标通用值为自然坐标值西移 500km，故D点的自然坐标值应为：$x_D = 456\,789.00 - 500\,000 = -43\,211.00$m，$x_D$为负值，所以$D$点位移 17 度带坐标系中央子午线以西 43 211.00m。

答案：D

3. 独立直角坐标系

当测区面积较小时，可不考虑地球曲率的影响，用水平面代替水准面，将地面点沿铅垂线直接投影到水平面上，由直角坐标值表示点的投影位置。采用的平面直角坐标系，规定南北方向为纵轴x，向北为正，向南为负；东西方向为横轴y，向东为正，向西为负。象限以坐标纵轴北方向为起始，按顺时针编号为Ⅰ、Ⅱ、Ⅲ、Ⅳ。方位角则是以坐标纵轴北方向为起始，顺时针量到直线的水平角。这些规定，使测量坐标与数学坐标的计算公式一致。

4. 我国的大地坐标系

大地坐标系是采用大地纬度、经度和大地高程来描述空间位置的坐标系统，它的确立包括旋转椭球体的选择、对椭球进行定位和确定大地起算数据。球体的形状、大小和定位、定向都已确定的椭球叫参考椭球。参考椭球一旦确定，则标志着大地坐标系已经建立。在测量工作中，大地坐标系又分地心坐标

系、参心坐标系。以地球的质心作为坐标原点的坐标系称之为地心坐标系。参心坐标系则是以参考椭球的几何中心为原点的大地坐标系。

在测量中，为了处理观测成果和传算地面控制网的坐标，通常须选取一参考点作为大地测量的起算点，利用该点的天文观测量来确定参考椭球在地球内部的位置和方向，这样的起算点称为大地原点。

（1）1954 年北京坐标系

1954 年北京坐标系（简称 54 坐标系）是与苏联 1942 年建立的以普尔科夫天文台为原点的大地坐标系统相联系建立的坐标系统，54 坐标系的参考椭球面普遍低于我国的大地水准面，平均误差约为 29m。许多方面不能满足我国高精度定位以及地球科学、空间科学和战略武器发展的需要。

（2）1980 西安坐标系

1980 年国家大地坐标系是我国于 1978 年 4 月经全国天文大地网会议决定并由国家有关部门批准建立的坐标系。该坐标系是利用多点定位方法建立的国家大地坐标系统。椭球参数采用 1975 年国际大地测量与地球物理联合会（IUGG）推荐的地球椭球，由于该坐标系的大地原点选在陕西咸阳市泾阳县永乐镇，故称 1980 西安坐标系。

（3）2000 国家大地坐标系

2000 国家大地坐标系是我国当前最新的国家大地坐标系，英文名称为 China Geodetic Coordinate System 2000，英文缩写为 CGCS2000。2000 国家大地坐标系采用的地球椭球参数为：长半轴a=6 378 137m，扁率1/298.257 222 101。自 2008 年 7 月 1 日起，我国开始全面启用 2000 国家大地坐标系。该坐标系属于地心坐标系，精确的地心坐标系对于卫星大地测量、全球性导航和地球动态研究等都具有重要意义。

四、用水平面代替大地水准面的范围

当测区范围较小时，用水平面代替大地水准面，理论推导和计算表明，在半径为 10km 的范围内，用水平面代替大地水准面所产生的水平距离变形误差可忽略不计，故在 10km 的半径范围内进行距离测量时，可以用水平面代替大地水准面，不必考虑地球曲率对距离的影响；但用水平面代替大地水准面在高程上产生的变形误差是很大的，不能忽略地球曲率对高程的影响。因此，高程测量中不能用水平面代替大地水准面。

【例 13-1-4】 在测区半径为 10km 的范围内，面积为 100km^2 之内，以水平面代替大地水准面所产生的影响，在普通测量工作中可以忽略不计的为：

A. 距离影响、水平角影响　　B. 方位角影响、竖直角影响

C. 距离影响、高差影响　　D. 坐标计算影响、高程计算影响

解 在测区半径 10km 的范围内，用水平面代替大地水准面，对距离和水平角的影响可忽略不计。

答案： A

五、测量工作的基本概念

工程测量工作的目的是确定地面点的空间位置，即平面坐标x、y和高程H，以便绘制地形图，并为工程建设部门提供必要的测设数据。为了避免测量误差的传递和积累增大到不能允许的程度，保证必要的测量精度，应遵循“从整体到局部、从高级到低级、从控制到碎部”的原则（详见本章第六节）。

测量工作的外业是利用测量仪器和工具在野外测定角度、距离和高差；内业是将外业测量资料在室

内进行整理、数据处理和绘制成图。水平角度、水平距离和高差是测量工作的基本观测量，也是确定地面点位的基本要素。

【例 13-1-5】 "从整体到局部、先控制后碎部"是测量工作应遵循的原则，遵循这个原则的目的包括下列何项？

A. 防止测量误差的积累　　B. 提高观测值精度

C. 防止观测值误差　　D. 提高控制点测量精度

解　遵循测量工作的原则可防止测量误差的积累。

答案： A

习　　题

13-1-1　目前中国采用统一的测量高程系是指（　　）。

A. 渤海高程系　　B. 1956 高程系

C. 1985 国家高程基准　　D. 黄海高程系

13-1-2　北京某点位于东经 116°28′、北纬 39°54′，则该点所在 6°带的带号及中央子午线的经度分别为（　　）。

A. 20、120°　　B. 20、117°　　C. 19、111°　　D. 19、117°

13-1-3　已知M点所在的 6°带高斯坐标值为x_M=366 712.48m，y_M=21 331 229.75m，则M点位于（　　）。

A. 21 带、在中央子午线以东　　B. 36 带、在中央子午线以东

C. 21 带、在中央子午线以西　　D. 36 带、在中央子午线以西

13-1-4　测量工作的基本原则是从整体到局部、从高级到低级和（　　）。

A. 从控制到碎部　　B. 从碎部到控制　　C. 控制与碎部并行　　D. 测图与放样并行

第二节　水 准 测 量

一、水准测量原理

水准测量是利用水准仪提供的水平视线截取竖立在地面上M、N两点处的水准尺高度a和b，以求得两点高差。如果其中一点的高程为已知，则另一点高程即可算出，如图 13-2-1 所示。

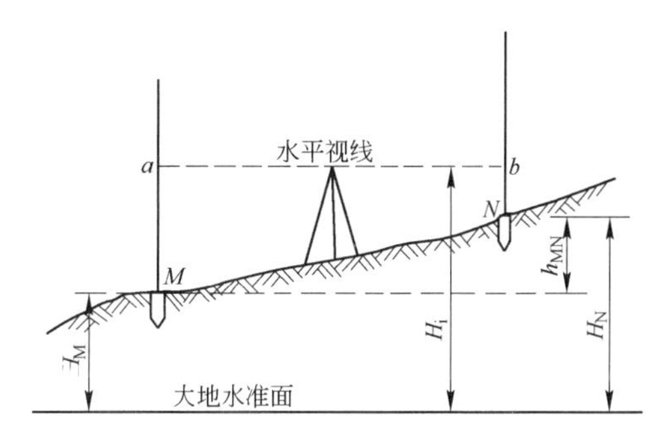

图 13-2-1　水准测量

高差法

$$\left.\begin{aligned} h_{MN} &= a - b \\ H_N &= H_M + h_{MN} \end{aligned}\right\} \tag{13-2-1}$$

视线高法

$$\left.\begin{aligned} H_i &= H_M + a \\ H_N &= H_i - b \end{aligned}\right\} \tag{13-2-2}$$

以上式中：a—已知高程点M的水准尺读数，称为后视读数；

b—欲求高程点N的水准尺读数，称为前视读数；

h_{MN}—N点对M点的高差；

H_i、H_M、H_N—分别为视线高（程）、已知点高程、欲求点高程。

【例 13-2-1】 下列哪一项是利用仪器所提供的一条水平视线来获取的？

A. 三角高程测量　　B. 物理高程测量

C. GPS 高程测量　　D. 水准测量

解　用仪器提供水平视线，获取地面两点间的高差，属于水准测量。

答案：D

二、水准仪的构造

水准仪有 $DS_{0.5}$、DS_1、DS_3 等多种，数字 0.5、1、3 代表该仪器的精度，即每公里往返测量高差中数的中误差值（以 mm 计）。微倾式水准仪主要由望远镜、水准器和基座三部分组成，各部件名称见图 13-2-2。

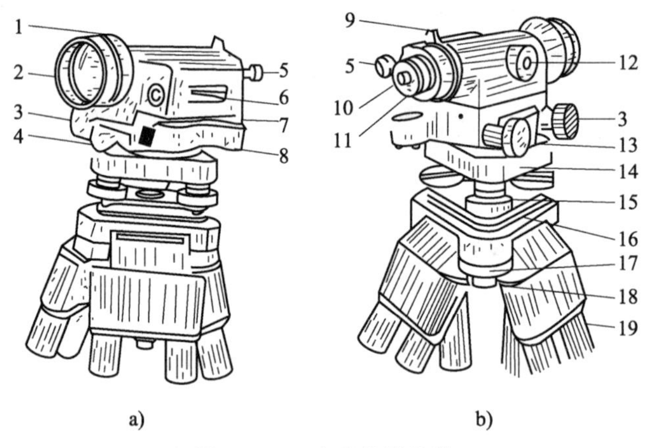

图 13-2-2　水准仪的构造

1-准星；2-物镜；3-微动螺旋；4-制动螺旋；5-符合水准器观测镜；6-水准管；7-水准盒；8-校正螺丝；9-照门；10-目镜；11-目镜对光螺旋；12-物镜对光螺旋；13-微倾螺旋；14-基座；15-脚螺旋；16-连接板；17-架头；18-连接螺旋；19-三脚架

（一）望远镜

望远镜由物镜、物镜对光螺旋、目镜、目镜对光螺旋、十字丝分划板等组成。望远镜的主要作用是照准目标并读取水准尺上的读数。

十字丝分划板上刻有互相垂直的十字丝，还刻有两对称的短横丝，称视距丝。十字丝中央交点与物镜光心的连线称为视准轴，即照准目标时的视准线。在使用望远镜观察目标时，眼睛晃动一下，如目标影像与十字丝有相互移动的现象，称为视差现象。这说明目标影像没有落在十字丝平面上。为了消除视差，应在十字丝清晰的情况下继续调整物镜对光螺旋。

（二）水准器

1. 管水准器

管水准器又称水准管，它是用乙醇和乙醚的加热混合液装入玻璃管后封闭冷却形成一真空泡，称为气泡。水准管内壁圆弧中点称为零点，过零点所作圆弧的纵向切线称为水准管轴，以 LL 表示。当气泡的中心与零点重合时，称为气泡居中，此时水准管轴水平。为了提高气泡居中的精度，微倾式水准仪在水准管两端上方安装一组棱镜，组成符合水准系统，可方便地观察到气泡两端的吻合情况。而对于自动安平水准仪，则借助补偿器取代复合水准系统，安置仪器使水准器气泡居中后，借助安平机构和补偿元件、灵敏元件和阻尼元件的作用，使十字丝中央交点能自动得到视线水平状态下的读数。水准管的灵敏度可用水准管分划值τ表示，它是从零点向水准管两端每隔 2mm 刻一分划线，相邻两分划线所对圆心角，圆的半径越大，分划值越小，水准管灵敏度越高。即为

$$\tau = \frac{2}{R}\rho'' \tag{13-2-3}$$

式中：R—水准管内壁圆弧半径，ρ''=206 265″。

DS_3 型工程水准仪的水准管分划值$\tau = 20''/2\text{mm}$，亦即气泡移动 2mm，水准轴相应倾斜的角度为 20″，用于精密整平。

2. 圆水准器

圆水准器顶面内壁为一球面，中心外壁刻一圆，其圆心称为零点，过零点的球面法线称为圆水准轴。当气泡居中时，圆水准轴处于铅垂位置。DS_3 型的圆水准器的$\tau = 8'/2\text{mm}$，用于概略整平。

（三）基座

基座由轴座、脚螺旋和连接板组成。仪器上部以竖轴（纵轴、仪器旋转轴）插入轴座，由基座承托，整个仪器用中心连接螺旋与三脚架相连接，调节脚螺旋可使圆气泡居中。

三、水准仪的使用和检验、校正

（一）水准仪的使用

将三脚架调整到高度适当后立于地上，用连接螺旋将水准仪安置在架头上，仪器置于距前后视点大致相等处。

1. 粗平

用脚螺旋使圆气泡居中，以达到竖轴铅直，视准轴粗略水平。

2. 瞄准

用望远镜瞄准标尺，通过目镜对光和物镜对光，达到十字丝、标尺刻划和注记数字清晰，并消除视差。

3. 精平

用微倾螺旋使水准管气泡居中，以达到视准轴精确水平。

4. 读数

读取中央横丝所截标尺高度，依次读出米、分米、厘米和估读毫米，读数后检查水准管气泡是否仍居中。

（二）微倾水准仪的检验与校正

水准仪的主要轴线如图 13-2-3 所示，水准管轴 LL、视准轴 CC、圆水准轴 L′L′和仪器竖轴（纵轴、仪器旋转轴）

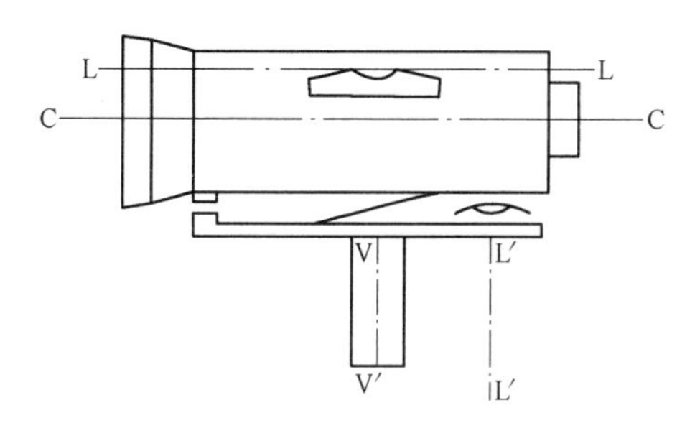

图 13-2-3　水准仪的主要轴线

VV。各轴线应满足的几何条件是：L′L′∥VV、十字丝中央横丝⊥VV 和 LL∥CC。使用前须进行检验与校正。当限于条件不能完善地校正仪器时，则可用一定的操作方法临时处理残差，以削弱仪器残余误差的影响。

1. L′L′∥VV 的检验与校正

检验：安置仪器，调整脚螺旋使圆气泡居中，仪器绕竖轴旋转 180°，如气泡仍居中，则条件满足，否则应校正。

校正：在检验的基础上，用脚螺旋调回气泡偏差的一半，用校正针拨动水准器的校正螺丝调回另一半，使气泡居中。

残差处理：如发现仪器处在相差 180°的两个位置上时，气泡有偏差，则只用脚螺旋调回偏差的一半，达到竖轴的铅垂，这种方法称为等偏定平法。

2. 十字丝中央横丝垂直于竖轴的检验与校正

检验：整平圆水准器，以横丝一端对准远处一点，转动水平微动螺旋，同时观察横丝应始终通过原来的一点，则条件满足，否则应校正。

校正：取下十字丝护盖，松开固定十字丝环的四个平头螺丝，转动十字丝环后，使横丝从一端移动到另一端均不离开一固定目标点，再拧紧固定螺丝。

残差处理：每次均使用十字丝中央交点进行水准尺读数。

3. LL∥CC 的检验与校正

这是水准仪应满足的最重要条件。

检验：如图 13-2-4 所示，在较平坦处选相距 80~100m 的两点M和N；水准仪安置在距M、N两点等距的中点处，用水准仪求得正确高差$h_{\mathrm{MN}} = a_1 - b_1$；仪器移至一端，如距后视点$M$为 2~3m 处，读$M$尺为$a_2$，因距离很小，读数$a_2$所含 LL 与 CC 之夹角的影响可忽略不计，这时可求得应读前视$b_2 = a_2 - h_{\mathrm{MN}}$；如果在气泡居中时$N$尺上的实际读数为$b_2'$，如与$b_2$相等，则 LL∥CC，否则应进行校正。

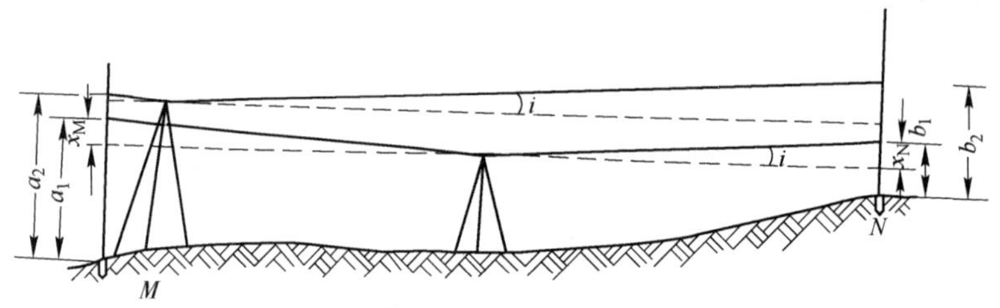

图 13-2-4　水准仪的检验与校正

校正：在检验的基础上，转动微倾螺旋，使十字丝交点对准b_2，这时符合气泡必不居中，用校正针拨动水准管一端的校正螺丝使气泡居中。

残差处理：采用中间法，即在一个测站上的前后视线长大致相等的情况下施测高差。中间法可以消除或削弱 LL 不平行于 CC 的误差，同时还可消除或削弱仪器望远镜调焦误差、地球曲率和大气折光影响的误差。

【例 13-2-2】 水准测量的前后视距相等，可消除或减弱的影响为：

A. 水准尺倾斜　　　　B. 水准尺水平

C. 圆水准轴不平行于竖轴　　　　D. 水准管轴不平行于视准轴

解　水准测量的前后视距相等，可消除或减弱水准管轴不平行于视准轴的影响。

答案：D

四、水准测量方法及成果整理

（一）水准测量方法

1. 路线水准测量

如图 13-2-5 所示，当欲测高差的两点距离较远或高差较大或遇障碍，不能在一个测站完成时，应按连续设站的水准路线进行。水准测量中，已知高程的地面固定点称为水准点；中间起传递高程作用的点称为转点。水准路线的布置形式一般有如下三种。

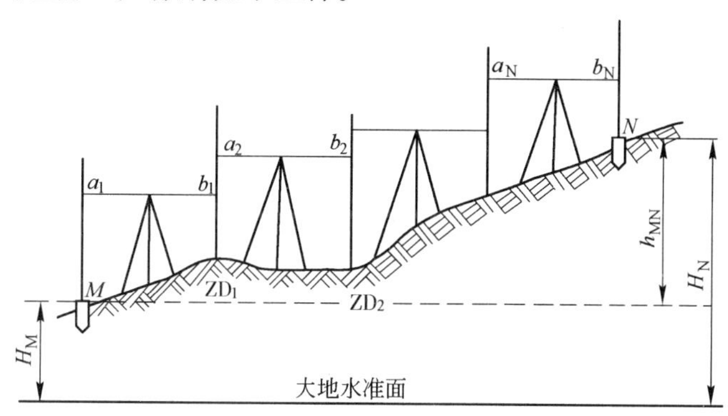

图 13-2-5 路线水准测量

闭合水准路线：从一个水准点出发，沿线测量各待定点，最后又回到原来的水准点上。

附合水准路线：从一个水准点出发，沿线测量各待定点，最后闭合到另一个水准点上。

支水准路线：从一个水准点出发，沿线测量待定点（不得超过两点），应进行往返观测。

2. 水准测量的校核工作

测站校核：有变动仪器高法、双面尺法和双仪器法，两次测出的高差之差不超过规定值，即可取两次高差的平均值。

计算校核 $$\sum h=\sum a-\sum b \tag{13-2-4}$$

成果校核：亦称路线校核。检核高差闭合差f_h是否在规定的允许误差（见规范）范围内。f_h的计算如下式：

$$\left.\begin{array}{ll}\text{闭合路线} & f_h=\sum h_{测} \\ \text{附合路线} & f_h=\sum h_{测}-(H_{终}-H_{始}) \\ \text{支路线} & f_h=\sum h_{往}+\sum h_{返}\end{array}\right\} \tag{13-2-5}$$

【例 13-2-3】 水准测量实际工作时，计算出每个测站的高差后，需要进行计算检核，如果$\sum h=\sum a-\sum b$算式成立，则说明：

A. 各测站高差计算正确　　B. 前、后视读数正确

C. 高程计算正确　　D. 水准测量成果合格

解 如果$\sum h=\sum a-\sum b$，说明各测站高差计算正确。

答案： A

（二）成果整理

路线校核精度合格后，即可进行闭合差的分配，原则是改正数v与测站数n（或路线长度l，以 km 计）成正比，并与闭合差反符号。则测段改正数为

$$\left.\begin{aligned} v_i &= (-f_{\mathrm{h}}/\sum n)n_i \\ v_i &= (-f_{\mathrm{h}}/\sum l)l_i \end{aligned}\right\} \quad (13\text{-}2\text{-}6)$$

或

将改正数加在相应测段的高差观测值上得到改正后高差，即可从起始水准点高程加上改正后高差逐点推算所求点高程。

（三）水准测量的误差

1. 仪器误差

水准仪的几何条件不满足，水准尺刻划不准或弯曲等。

2. 置平误差

读数时水准管轴未精确水平。

3. 水准尺倾斜

水准尺未竖直，使读数总是偏大，且视线越高误差越大。

4. 水准仪、水准尺下沉

水准测量过程中，测站上仪器、水准尺随安置时间而下沉导致的测量误差，前者可采用“后、前、前、后”的观测程序削弱其影响，后者可采用往、返水准测量的方法削弱其影响。

5. 外界环境的影响

地球曲率、大气折光影响，日照和风力影响等。

习　题

13-2-1　平整场地时，水准仪读得后视读数后，在一个方格的四个角M、N、O和P点上读得前视读数分别为 1.254m、0.493m、2.021m 和 0.213m，则方格上最高点和最低点分别是（　　）。

A. P、O　　B. O、P

C. M、N　　D. N、M

13-2-2　M点高程H_{M}=43.251m，测得后视读数a=1.000m，前视读数b=2.283m。则N点对M点的高差h_{MN}和待求点N的高程H_{N}分别为（　　）。

A. +1.283m，44.534m　　B. −3.283m，39.968m

C. +3.283m，46.534m　　D. −1.283m，41.968m

13-2-3　水准仪有 $DS_{0.5}$、DS_1、DS_3 等多种型号，其下标数字 0.5、1、3 等代表水准仪的精度，为水准测量每公里往返高差中数的中误差值，单位为（　　）。

A. km　　B. m

C. cm　　D. mm

13-2-4　水准仪置于A、B两点中间，A尺读数a=1.523m，B尺读数b=1.305m，仪器转移至A点附近，尺读数分别为α'=1.701m，b'=1.462m，则（　　）。

A. LL∥CC　　B. LL∦CC

C. L′L′∥VV　　D. L′L′∦VV

13-2-5　公式（　　）用于附合水准路线的成果校核。

A. $f_{\mathrm{h}} = \sum h$　　B. $f_{\mathrm{h}} = \sum h_{测} - (H_{终} - H_{始})$

C. $f_{\mathrm{h}} = \sum h_{往} - \sum h_{返}$　　D. $\sum h = \sum a - \sum b$

第三节　角 度 测 量

一、经纬仪的构造

光学经纬仪有 DJ_1、DJ_2、DJ_6 等多种，数字 1、2、6 代表该仪器所能达到的精度指标，表示水平方向测量一测回的方向观测中误差（以秒计）。经纬仪由照准部、水平度盘和基座三部分组成，各部件名称见图 13-3-1。

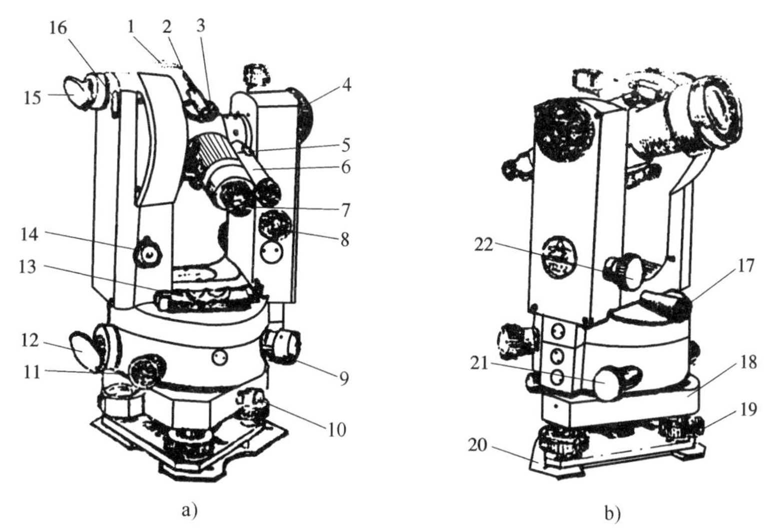

图 13-3-1　光学经纬仪的构造

1、7-望远镜物镜、目镜；2-粗瞄器；3-粗瞄器观察目镜；4-测微轮；5-物镜对光螺旋；6-读数显微镜；8-换向手轮；9-换盘手轮；10-锁紧螺丝；11-水平制动螺旋；12、15-反光镜；13-水准管；14-自动归零旋钮；16-调指标差盖板；17-光学对中器；18-轴座；19-脚螺旋；20-连接板；21、22-望远镜微动、制动螺旋

（一）照准部

照准部由望远镜、读数设备、竖直度盘、支架、竖轴（纵轴、仪器旋转轴）和横轴（望远镜旋转轴）等部分组成。

（二）水平度盘

水平度盘由一个玻璃制精密刻度圆盘、水准管和度盘变换装置等组成。

（三）基座

基座由轴座、脚螺旋和连接板等组成。很多仪器装有光学对中器。

二、经纬仪的使用和检验、校正

（一）经纬仪的使用

1. 对中

用垂球或光学对中器使水平度盘中心与测站点位于同一铅垂线上。

2. 整平

先用脚螺旋使圆气泡居中以示粗平，再在互相垂直的两个方向使水准管气泡居中以示精平。此时，仪器竖轴铅直，水平度盘水平。

3. 瞄准

望远镜目镜对光、粗瞄目标，物镜对光并消除视差，使十字丝中央交点对准目标。

4. 读数

读取相应目标在水平度盘上的读数。分微尺可直接读数，单平板玻璃测微器应使度盘的一条整分划线夹在指标双线的中央再读数，双平板玻璃测微器应在双向符合后再读数。每次读数应读出度和分，以及与最小分划值相适应的秒数。

【例 13-3-1】经纬仪的操作步骤是：

A. 整平、对中、瞄准、读数

B. 对中、瞄准、精平、读数

C. 对中、整平、瞄准、读数

D. 整平、瞄准、读数、记录

解 经纬仪的操作步骤是：对中、整平、瞄准、读数。

答案：C

（二）经纬仪的检验与校正

光学经纬仪的主要轴线如图 13-3-2 所示，水准管轴 LL、视准轴 CC、横轴（望远镜旋转轴）HH、竖轴（纵轴、仪器旋转轴）VV。各轴线应满足的几何条件是：LL⊥VV、十字丝竖丝⊥HH、CC⊥HH 和 HH⊥VV，使用前须进行检验与校正。当限于条件不能完善地校正仪器时，则可用一定的操作方法临时处理残差，以削弱仪器残余误差的影响。

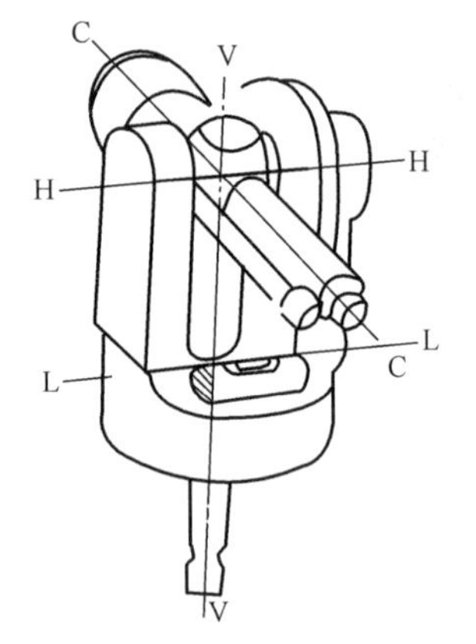

图 13-3-2 光学经纬仪的主要轴线

1. LL⊥VV 的检验与校正

检验：安置经纬仪，使水准管平行任意两个脚螺旋的连线，调节这两个脚螺旋使水准管气泡居中；旋转照准部 180°，若气泡仍居中，说明 LL⊥VV，如偏差超过一格则应进行校正。

校正：在检验的基础上，用脚螺旋使气泡退回偏差的一半；用校正针拨动水准管校正螺丝，使气泡退回偏差的另一半。

残差处理：如发现仪器处在相差 180°的两个位置上时，气泡有偏差，则只用脚螺旋退回偏差的一半，达到竖轴铅直。

2. 十字丝竖丝⊥HH 的检验与校正

检验：仪器精平后，用十字丝一端点精确照准一清晰目标点，轻轻转动望远镜微动螺旋，如十字丝竖丝始终在目标上移动，则说明十字丝竖丝⊥HH，否则应校正。

校正：取下十字丝护盖，松开固定十字丝环的平头螺丝，转动十字丝环后，使竖丝从一端移到另一端均不离开一固定目标点，再拧紧固定螺丝。

残差处理：每次均用十字丝中央交点瞄准目标。

3. CC⊥HH 的检验与校正

视准轴不垂直横轴时，其偏离垂直位置的角值C称为视准误差。

检验：在平坦场地相距约 100m 的两点中央O处安置经纬仪，一端设一标志A，另一端横放一根水平尺。盘左时照准A，纵转望远镜在横尺上照准得一点B_1；盘右时照准A，纵转望远镜在横尺上照准得一点B_2；如B_2与B_1重合，则 CC⊥HH，否则应校正。

校正：保持盘右位置，在B_2B_1上量取B_3点，使$B_2B_3 = B_2B_1 / 4$；取下十字丝护盖，松开十字丝校正螺丝，拨动左右两个校正螺丝，使十字丝交点与B_3重合，此时已消除了视准误差C。

残差处理：盘左、盘右观测取平均值作为结果。

4. HH⊥VV 的检验与校正

检验：在与目标M（如墙上某点）距离约 30m、仰角约大于 30°处安置经纬仪。盘左照准M点，然后将望远镜放水平在墙上标出一点m_1，盘右同样标出m_2。如果m_1与m_2重合，则 HH⊥VV，否则应校正。

校正：取m_1m_2的中点m，保持盘右位置，照准m点，仰起望远镜至M点附近。调节横轴的校正机构，拨动偏心轴承，调节支架一端的高度使十字丝中心对准M。

残差处理：盘左、盘右观测取平均值作为结果。

5. 光学对中器的检验与校正

当照准部水准管轴水平时，光学对中器的视线经棱镜折射后呈铅垂方向，且与竖轴重合。

检验：整平经纬仪后，用对中器中心在地上标一点O_1；照准部旋转 180°，再标出O_2；如O_1与O_2不重合，则应校正。

校正：调节对中器的校正螺丝，使对中器中心刻划线对准O_1O_2连线的中点。

【例 13-3-2】 经纬仪有四条主要轴线，如果视准轴不垂直于横轴，此时望远镜绕横轴旋转时，则视准轴的轨迹是：

A. 一个圆锥面　　B. 一个倾斜面

C. 一个竖直面　　D. 一个不规则的曲面

解　视准轴不垂直于横轴，望远镜绕横轴旋转形成一个圆锥面。

答案： A

【例 13-3-3】 经纬仪有四条主要轴线，当竖轴铅垂，视准轴垂直于横轴时，但横轴不水平，此时望远镜绕横轴旋转时，则视准轴的轨迹是：

A. 一个圆锥面　　B. 一个倾斜面

C. 一个竖直面　　D. 一个不规则的曲面

解　依题意，竖轴垂直，视准轴垂直于横轴，但横轴不水平，属于横轴不垂直于竖轴误差，望远镜绕横轴旋转时，视准轴的轨迹为倾斜面。

答案： B

三、水平角观测

工程测量中，水平角是指测站点至两观测目标点分别连线在水平面上投影后的夹角。

（一）测回法

如表 13-3-1 所示备注，O为测站，A、B为始目标和终目标。观测$\angle AOB$步骤如下：

（1）在O点安置经纬仪，对中与整平。

（2）盘左位置，照准A，读水平度盘读数$a_{左}$，一般使初始读数略大于 0°，顺时针转动照准部照准目标B，读出$b_{左}$。盘右位置，照准B，读出$b_{右}$，逆时针转动照准部照准A，读出$a_{右}$。记录与计算见表 13-3-1。

测回法观测手簿　　表 13-3-1

测站	竖盘位置	目标	水平盘读数（° ′ ″）	半测回角值（° ′ ″）	一测回角值（° ′ ″）	平均角值（° ′ ″）	备注（略图）
O	左	A	0 00 30	185 51 12	185 51 03		
		B	185 51 42				
	右	A	180 00 54	185 50 54			
		B	5 51 48				

（3）盘左、盘右观测，分别称为上半测回和下半测回，合称为一测回。半测回角值之差不超过 40″（DJ_6）或 24″（DJ_2），则取平均值作为一测回角值。

$$\left.\begin{aligned}\beta_{左} &= b_{左} - a_{左} \\ \beta_{右} &= b_{右} - a_{右} \\ \beta &= \frac{\beta_{左} + \beta_{右}}{2}\end{aligned}\right\} \tag{13-3-1}$$

（4）当观测的测回数$n > 1$时，为减小度盘刻划误差影响，每测回起始目标读数应增加$180°/n$。

【例 13-3-4】 在测站O点上，用经纬仪测得A点水平度盘的读数为 180°，B点水平度盘的读数为 80°，则$\angle AOB$角值为：

A.100°　　B.−100°　　C.260°　　D.280°

解　根据经纬仪水平角测量原理：

$\angle AOB = b - a = 80° + 360° - 180° = 260°$（当$b$小于$a$时，加360°）

答案： C

（二）全圆测回法

当一个测站上的观测目标为 3 个或 3 个以上时，可采用全圆测回法或称为方向观测法观测。例如，在测站O上观测A、B、C、D四个目标的操作步骤如下。

（1）盘左位置，选一清晰目标A作为起始方向，顺时针依次瞄准A、B、C、D、A，分别读取读数a、b、c、d、a'。a与a'之差为半测回归零差。

（2）盘右位置，逆时针依次瞄准A、D、C、B、A，并分别读取对应读数。

（3）数据整理与计算。

①两倍照准误差$2C$ = 盘左读数 − (盘右读数 ± 180°)。

②各方向平均读数 = [盘左读数 + (盘右读数 ± 180°)]/2。起始方向A有两个平均读数，应再次平均写在该测回平均读数的最上方，并以圆括号标明。

③归零方向值=各方向平均读数−起始方向平均读数（圆括号内的值）。此时该测回的起始方向值已强制归化为 0°00′00″。

④任意两方向间的水平角等于对应的归零方向值之差。

（三）水平角观测的误差

（1）仪器误差：仪器制造时加工不完善、仪器轴系的几何条件未能满足、照准部偏心等。

（2）对中误差：测站偏心误差、瞄准目标偏心误差。

（3）观测误差：照准误差、读数误差。

（4）外界条件的影响。

四、竖直角观测

竖直角是指同一竖直面内的视线方向与水平方向的夹角。当视线水平时，竖直度盘读数为90°的整数倍。竖直角观测只要照准目标并读取竖盘读数，即可计算出竖直角。步骤如下：

（1）对中整平后，盘左，十字丝交点照准目标。打开自动归零装置，如无此装置，则转动竖盘指标水准管微动螺旋使气泡居中，读取盘左竖盘读数L。

（2）盘右，同法读取盘右竖盘读数R。

（3）计算，竖直角计算公式取决于竖盘的刻划形式。在盘左时，将望远镜略水平后向上仰，若竖盘读数减小，则竖直度盘为顺时针注记，反之则为逆时针注记。竖直角计算公式为：

顺时针注记
$$\left.\begin{aligned}\alpha_L &= 90° - L\\ \alpha_R &= R - 270°\end{aligned}\right\} \tag{13-3-2}$$

逆时针注记
$$\left.\begin{aligned}\alpha_L &= L - 90°\\ \alpha_R &= 270° - R\end{aligned}\right\} \tag{13-3-3}$$

一测回角值
$$\alpha = \frac{\alpha_L + \alpha_R}{2} \tag{13-3-4}$$

表13-3-2为竖直角观测示例。

当视线水平，指标水准管气泡居中时，竖盘指标偏离正确位置的值x称为竖盘指标差。

$$x = -\frac{\alpha_L - \alpha_R}{2} \tag{13-3-5}$$

竖直角观测手簿 表13-3-2

测站	目标	竖盘位置	竖盘读数（° ′ ″）	半测回直角（° ′ ″）	一测回竖角值（° ′ ″）	备 注
A	*P*	左	101 15 30	11 15 30	11 15 18	盘左 270 0 180 90
		右	258 44 54	11 15 06		
	Q	左	80 16 12	−9 43 48	−9 43 42	
		右	279 43 36	−9 43 36		

【例13-3-5】 测量中的竖直角是指在同一竖直面内，某一方向线与下列何项之间的夹角：

A. 坐标纵轴　　B. 仪器横轴　　C. 正北方向　　D. 水平线

解 竖直角是在同一竖直面内，某一方向与水平线的夹角。

答案： D

五、电子经纬仪

电子经纬仪是通过在度盘上获取电信号，再根据电信号转换成角度的电子测角仪器。它的读数系统是采用光电扫描度盘自动计数、自动显示系统，实现了读数的自动化与数字化。

习 题

13-3-1 光学经纬仪有 DJ_1、DJ_2、DJ_6 等多种型号，数字下标 1、2、6 表示（ ）中误差的值，以秒计。

A. 水平角测量一测回角度　　B. 竖直方向测量一测回方向

C. 竖直角测量一测回角度　　D. 水平方向测量一测回方向

13-3-2 经纬仪观测中，取盘左、盘右平均值是为了消除（ ）的误差影响，而不能消除水准管轴不垂直竖轴的误差影响。

A. 视准轴不垂直横轴　　B. 横轴不垂直竖轴

C. 度盘偏心　　D. 以上都是

13-3-3 水平角观测中，盘左起始方向OA的水平度盘读数为 358°12′15″，终了方向OB的对应读数为 154°18′19″，则$\angle AOB$前半测回角值为（ ）。

A. 156°06′04″　　B. −156°06′04″

C. 203°53′56″　　D. −203°53′56″

13-3-4 测站点O与观测目标A、B位置不变，如仪器高度发生变化，则观测结果（ ）。

A. 竖直角改变、水平角不变　　B. 水平角改变、竖直角不变

C. 水平角和竖直角都改变　　D. 水平角和竖直角都不变

13-3-5 经纬仪盘左时，当视线水平，竖盘读数为 90°；望远镜向上仰起，读数减小。则该竖直度盘为顺时针注记，其盘左和盘右竖直角计算公式分别为（ ）。

A. $90°-L$，$R-270°$　　B. $L-90°$，$270°-R$

C. $L-90°$，$R-270°$　　D. $90°-L$，$270°-R$

第四节 距离测量及直线定向

距离是指两点连线的长度。水平距离是指线段投影在水平面上的长度。

一、钢尺量距

钢（卷）尺的长度有 30m、50m 等多种，每 m、dm 和 cm 刻划线有数字注记，整尺刻划到 mm。尺前端有一刻划线作为零点。

当地面坡度较大或两点间距离超过一个尺长需分段丈量时，在两点间加设一些点以标明直线的位置，这项工作称为直线定线。按要求的不同，可用经纬仪定线或目估定线。钢尺量距要做到“直、平、准、齐”，即定线要直，尺身要水平，拉力、对点、投点和读数要准，配合要齐。为检核并提高量距精度，应进行往返丈量。其量距相对误差用分子为 1 的分数式表示

$$K=\frac{\left|D_{往}-D_{返}\right|}{D_{平均}}=\frac{1}{M} \tag{13-4-1}$$

钢尺一般量距法达到的精度一般不高于1/5 000。如精度要求更高则应采用钢尺精密量距法检定钢

尺。求得钢尺在t℃时长度l_t的表达式，即尺长方程式

$$l_t = l_0 + \Delta l + \alpha(t - t_0)l_0 \tag{13-4-2}$$

式中：l_0—钢尺名义长度；

Δl——整尺的尺长改正数；

α—钢尺的线膨胀系数0.000 012 5/℃，即温度变化 1℃时钢尺单位长度的变化量；

t—丈量时的温度；

t_0—钢尺检定时的温度，称为标准温度，取 20℃。

丈量时，用经纬仪定线定桩，每次稍移动尺的位置即进行三次读数并求得平均长度（注意使用检定过的钢尺，采用标准拉力取 100N）。测温度，测相邻两桩顶的高差。丈量长度经如下三项改正后得实长。

（一）尺长改正数

$$\Delta l_d = \frac{l' - l_0}{l_0} l = \frac{\Delta l}{l_0} l \tag{13-4-3}$$

式中：l'—钢尺在标准温度和标准拉力下的实际长度；

l—丈量长度。

（二）温度改正数

$$\Delta l_t = \alpha(t - t_0)l \tag{13-4-4}$$

式中：α—钢尺的线膨胀系数0.000 012 5/℃，即温度变化 1℃时钢尺单位长度的变化量；

t—丈量时的温度；

t_0—钢尺检定时的温度，称为标准温度，取 20℃。

（三）倾斜改正数

$$\Delta l_h = -\frac{h^2}{2l} \tag{13-4-5}$$

式中：h—相邻两桩顶的高差。

（四）改正后的尺段实长

$$D = l + \Delta l_d + \Delta l_t + \Delta l_h \tag{13-4-6}$$

钢尺量距的误差来源有定线误差、拉力误差、对点与投点误差、尺身不平与垂曲误差，还有尺长、温度和高差引起的误差。

【例 13-4-1】 精密量距时，对钢尺量距的结果需要进行下列何项改正，才能达到距离测量精度的要求：

A. 尺长改正、温度改正及倾斜改正　　B. 尺长改正、拉力改正及温度改正

C. 温度改正、读数改正及拉力改正　　D. 定线改正、倾斜改正及温度改正

解　钢尺精密量距需进行尺长改正、温度改正及倾斜（高差）改正。

答案： A

二、视距测量

视距测量是间接测定地面两点水平距离和高差的方法。它是通过量仪器高、观测竖直角，并利用十字丝板的上、中、下三丝所截尺上的读数来计算。由于精度不高，常用于地形测量。

（一）视线水平时的水平距离和高差公式

$$\left.\begin{aligned} D &= kl \\ h &= i - v \end{aligned}\right\} \tag{13-4-7}$$

式中：k—100，为视距乘常数；

l—尺间隔，为上、下视距丝读数之差；

i—仪器高；

v—中丝读数。

（二）视线倾斜时的水平距离和高差公式

$$\left.\begin{aligned} D &= kl\cos^2\alpha \\ h &= D\tan\alpha + i - v \end{aligned}\right\} \tag{13-4-8}$$

式中：α—视线在中丝读数为v时的竖直角。

【例 13-4-2】 用视距测量方法求A、B两点间距离，通过观测得尺间距$l = 0.386$m，竖直角$\alpha = 6°42'$，则A、B两点间水平距离为：

A. 38.1m B. 38.3m C. 38.6m D. 37.9m

解 按视距测量水平距离计算公式：

$$D = kl\cos^2\alpha = 100 \times 0.386\cos^2(6°42') = 38.1\text{m}$$

答案： A

三、电磁波测距

为了改变长距离丈量的繁重劳动，20 世纪 50 年代研制了光电测距仪，60 年代发展了激光技术及电子技术，70 年代采用了 GaAs 发光二极管作光源，其体积小、亮度高、功耗小、寿命长且能连续发光，通过改变注入电流的大小可以改变发光强度，直接发射出调制光，从而使短程测距仪得到广泛应用。光源的发光波长在 0.8~1μm 之间，位于波谱的红外区，所以采用这种光源测距的仪器称为红外测距仪。

（一）测距原理

欲测量A、B两点间距离，置测距仪于A，置反射棱镜于B，仪器发射的光束经反射镜反射后又返回仪器并接收，则AB距离为

$$\left.\begin{aligned} D &= \frac{vt}{2} \\ v &= \frac{c}{n} \end{aligned}\right\} \tag{13-4-9}$$

式中：v—电磁波在空气中的传播速度；

t—往返传播时间；

c—电磁波在真空中的传播速度，约为299 792 458m/s；

n—大气折射率，是温度、湿度、压力和波长的函数。

1. 脉冲法测距

直接测定仪器间断发射的脉冲信号在所测距离上往返传播的时间，代入上式计算出距离。这类仪器受脉冲宽度和电子计数器时间分辨率的限制，测距精度较低。

2. 相位法测距

利用测定连续的电磁波在所测距离往返测程上的相位差来计算距离。

$$D = \frac{c}{2f}\left(N + \frac{\Delta\varphi}{2\pi}\right) = \frac{\lambda}{2}(N + \Delta N) \tag{13-4-10}$$

式中：f—频率，每秒钟光强变化的周期数；

N—整周期数；

ΔN—不足一个周期的比例数；

$\Delta\varphi$—不足一个周期的相位差；

λ—调制光的波长。

令$\lambda/2 = u$，上式可写成：$D = u(N + \Delta N)$

上式可以理解为用一把测尺长度为u的测尺量距，N为整尺段数，ΔN为不足一整尺段的尾数。但仪器用于测量相位的装置（称相位计）只能测量出尺段尾数ΔN，而不能测量整周数N，例如当测尺长度为u=10m 时，要测量距离为 35.4m 时，测量出的距离只能为 5.4m，即此时只能测量小于 10m 的距离。为此，要增大测程则要增大测尺长度，但相位计的测相误差和测尺长度成正比，由测相误差所引起的测距误差约为测尺长度的1/1 000，增大测尺长度会使测距误差增大。为了兼顾测程和精度，采用不同的测尺长度的测尺，即所谓“粗测尺”（长度较大的尺）和“精测尺”（长度较小的尺）同时测距，然后将粗测结果和精测结果组合得最后结果，这样，既保证了测程，又保证了精度。例如测量距离时采用u_1=10m 测尺和u_2=1 000m 测尺，测量结果如下

精测结果	5.486
粗测结果	835.4
仪器显示	835.486

【例 13-4-3】 某双频测距仪设置的第一个调制频率为 15MHz，其光尺长度为 10m，设置的第二个调制频率为 150kHz，它的光尺长度为 1 000m，若测距仪测相精度为 1∶1 000，则测距仪的测尺精度可达到：

A. 1cm　　B. 100cm　　C. 1m　　D. 10cm

解 取精测尺 10m 进行计算，Δd=10×0.001=0.01m=1cm。

答案： A

（二）测距仪分类与标称精度

测距仪按测程划分为 3km 以下的短程测距仪、3~15km 的中程测距仪、15km 以上的远程测距仪；按结构形式分为组合式、整体式和分离式。图 13-4-1 为 DCH3 型红外测距仪，组合式结构，测距仪主机安装在 DJ_2 经纬仪上，望远镜和测距主机一起转动，进行距离、竖直角和水平角测量。

电磁波测距仪的标称精度表达式为

$$m_D = \pm(A + B \cdot D) \tag{13-4-11}$$

式中：A—固定误差（mm）；

B—比例误差系数（mm/km）；

D—所测距离（km）；

m_D—测距中误差；

$B \cdot D$—比例误差，也可写成$C \cdot$ ppm，表示 1km 比例误差C（mm），ppm 即 10^{-6}，如某仪器标称精度为 ±(3mm+3ppm)，观测距离为 2 500m，则测距中误差 m_D =±(3mm+3×10^{-6}×2 500 000mm)=±10.5mm。

四、全站仪

随着测绘科技及光电技术的发展，图 13-4-1 示测距仪已被全站仪所代替。全站仪的全称是电子全站仪（Electronic Total Station），指能在一个测站上完成几乎全部测量工作的测量仪器设备，它是由电子经纬仪、电磁波测距、微处理器数据处理系统集成一体的光电测量仪器。其基本功能是测量水平角、竖直角和倾斜距离，这三种基本测量数据经仪器内部微处理器计算处理，可以转化为水平距离、高差、被测目标点的三维坐标等，在机载软件的控制下，仪器还可以进行偏心测量、悬高测量、对边测量、导线测量、后方交会等各种测量工作，并将测量数据存储在仪器中。实现观测数据结果的数字化和信息化。全站仪还可以与外接计算机进行通信，进行测量成果的内业输出。全站仪的这些特点极大地方便了测量工作，已成为测量工作中日益广泛应用的重要测量设备。

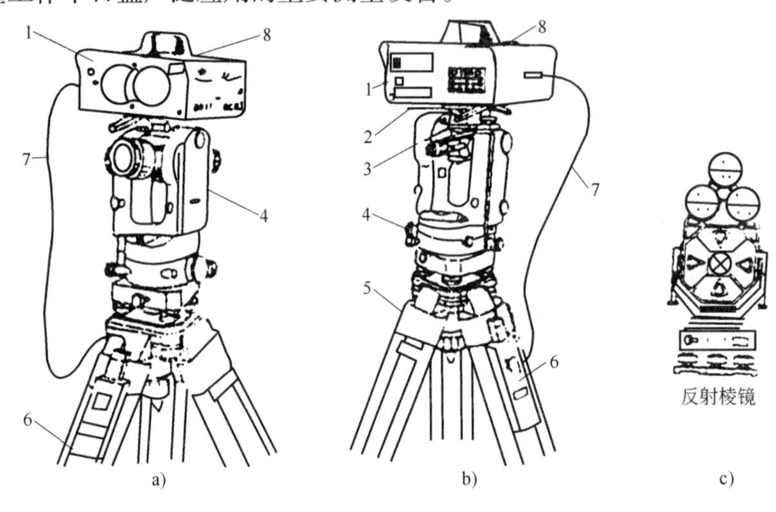

图 13-4-1 DCH3 型红外测距仪

1-测距仪主机；2-夹紧装置；3-连接器；4-光学经纬仪；5-三脚架；6-电池盒；7-电源电缆线；8-橡皮盖

五、直线定向

直线定向是指确定直线和某一参照方向（称标准方向）的关系。

（一）标准方向的种类

1. 真子午线方向

过地球上某点及地球北极和南极的半个大圆为该点的真子午线。通过该点真子午线的切线方向称为该点的真子午线方向，它指出地面上某点的真北和真南方向。真子午线方向是用天文测量方法或用陀螺经纬仪来测定的。由于地球上各点的真子午线都收敛于两极，所以地面上不同经度的两点，其真子午线方向是不平行的。两点真子午线方向间的夹角称为子午线收敛角。

2. 磁子午线方向

自由悬浮的磁针静止时，磁针北极所指的方向即是磁子午线方向，又称磁北方向。磁子午线 方向可用罗盘仪来测定。由于地球南北极与地磁场南北极不重合，故真子午线方向与磁子午线方向也不重合，它们之间的夹角为δ，称为磁偏角。磁子午线北端在真子午线以东为东偏，其符号为正；以西时为西偏，其符号为负。

3. 坐标纵轴方向

由于地面上任何两点的真子午线方向和磁子午线方向都不平行，这会给直线方向的计算带来不便。

采用坐标纵轴作为标准方向，在同一坐标系中任意点的坐标纵轴方向都是平行的，从而极大方便了使用。因此，在平面直角坐标系中，一般采用坐标纵轴作为标准方向。坐标纵轴方向，又称坐标北方向。我国采用高斯平面直角坐标系，在每个 6°带或 3°带内都以该带的中央子午线作为坐标纵轴。如采用假定坐标系，则用假定的坐标纵轴（x轴）。以过O点的真子午线作为坐标纵轴，所以任意点A或B的真子午线方向与坐标纵轴方向间的夹角就是任意点与点O间的子午线收敛角γ。当坐标纵轴方向的北端偏向真子午线方向以东时，γ定为正值，偏向西时γ定为负值。

（二）直线定向的方法

直线定向是确定直线和标准方向的关系，这一关系常用方位角或象限角来描述。

1. 方位角

从标准方向的北端量起，沿顺时针方向量到直线的水平角称为该直线的方位角。方位角的取值范围为 0°~360°。当标准方向取为真子午线时，称真方位角，用$A_{真}$来表示。当标准方向取为磁子午线时，称磁方位角，用$A_{磁}$来表示。真方位角和磁方位角的关系为

$$A_{真}=A_{磁}+\delta \tag{13-4-12}$$

在平面直角坐标系中，当标准方向取为坐标纵轴时，称坐标方位角，用α来表示。

真方位角和坐标方位角的关系为

$$A_{真}=\alpha+\gamma \tag{13-4-13}$$

2. 正反方位角

若规定直线一端量得的方位角为正方位角，则直线另一端量得的方位角就为其反方位角，正反方位角是不相等的。对于真方位角，其正反方位角的关系为

$$A_{12}=A_{21}+\gamma\pm180° \tag{13-4-14}$$

对于坐标方位角，由于在同一坐标系内坐标纵轴方向都是平行的，所以正反坐标方位角的关系为

$$\alpha_{12}=\alpha_{21}\pm180° \tag{13-4-15}$$

3. 象限角

直线与标准方向所夹的锐角称象限角。象限角由标准方向的指北端或指南端开始向东或向西计量，其取值范围为 0°~90°，以角值前加上直线所指的象限名称来表示，如北东 41°。

4. 象限角与坐标方位角的关系（见表 13-4-1）

表 13-4-1

象　限	象限角与坐标方位角的关系	象　限	象限角与坐标方位角的关系
象限I	北东$R=\alpha$	象限III	南西$R=\alpha-180°$
象限II	南东$R=180°-\alpha$	象限IV	北西$R=360°-\alpha$

5. 真方位角的测定

常用的方法有两种：天文测量法和陀螺经纬仪法。

6. 磁方位角的测定

由于地球磁极的位置不断在变动，以及磁针易受周围环境等的影响，所以磁子午线方向不宜作为精确定向的标准方向。但是由于磁方位角的测定很方便，所以在精度要求不高时可使用。磁方位角可用罗盘仪测定。

7. 坐标方位角的推算

为了使整个测区的坐标系统统一，测量工作中不是直接测定每条边的方向，而是通过与已知方向的联测，推算出各边的坐标方位角。推算坐标方位角的一般公式为

$$\alpha_{前} = \alpha_{后} \mp 180° \pm \beta \tag{13-4-16}$$

式中，β为左角时取正号，减 180°；为右角时，取负号，加 180°。

【例 13-4-4】 已知直线AB的方位角$\alpha_{AB} = 60°30'18''$，$\angle BAC = 90°22'12''$，若$\angle BAC$为左角，则直线AC的方位角α_{AC}等于：

A. 150°52′30″　　B. 29°51′54″　　C. 89°37′48″　　D. 119°29′42″

解 根据方位角及左角定义可得：

$$\alpha_{AC} = \alpha_{AB} + \beta_{BAC} = 60°30'18'' + 90°22'12'' = 150°52'30''$$

也可以用正、反方位角概念及方位角的推算公式求解：

$$\alpha_{BA} = \alpha_{AB} + 180° \text{（正、反方位角）}$$

$$\begin{aligned}\alpha_{AC} &= \alpha_{BA} + \beta_{BAC(左角)} - 180° \text{（方位角传递推算）}\\ &= 60°30'18'' + 180° + 90°22'12'' - 180°\\ &= 150°52'30''\end{aligned}$$

答案： A

【例 13-4-5】 已知A、B两点坐标，其坐标增量$\Delta x_{AB} = -30.6\text{m}$，$\Delta y_{AB} = 15.3\text{m}$，则$AB$直线坐标方位角为：

A. 153°26′06″　　B. 156°31′39″

C. 26°33′54″　　D. 63°26′06″

解 依题意$\Delta x_{AB} < 0$，$\Delta y_{AB} > 0$，故直线AB的象限角位于第二象限，即：

$$R_{AB} = \arctan\frac{\Delta y_{AB}}{\Delta x_{AB}} = \arctan\frac{15.3}{-30.6} = 26°33'54'' \text{（南东）}$$

故AB的方位角：$\alpha = 180° - 26°33'54'' = 153°26'06''$

答案： A

【例 13-4-6】 已知直线AB的坐标方位角为 186°，则直线BA所在的象限为：

A. 第四象限　　B. 第二象限

C. 第一象限　　D. 第三象限

解 已知直线AB的坐标方位角为 186°，则其反方位角直线BA的坐标方位角为 6°，故直线BA所在的象限为第一象限。

答案： C

习　题

13-4-1 某钢尺尺长方程式为$l_t = 50.0044\text{m} + 1.25 \times 10^{-5} \times (t - 20) \times 50\text{m}$，在温度为 31.4℃和标准拉力下量得均匀坡度两点间的距离为 49.906 2m，高差为−0.705m，则该两点间的实际水平距离为（　　）。

A. 49.904m　　B. 49.913m　　C. 49.923m　　D. 49.906m

13-4-2 视距测量时，经纬仪置于高程为 162.382m 的A点，仪器高为 1.40m，上、中、下三丝读得立于B点的尺读数分别为 1.019m、1.400m 和 1.781m，求得竖直角$\alpha=-3°12'10''$，则AB的水平距离和B点高程分别为（　　）。

A. 75.962m，158.131m　　B. 75.962m，166.633m

C. 76.081m，158.125m　　D. 76.081m，166.639m

13-4-3 某电磁波测距仪的标称精度为±(3+3ppm)mm，用该仪器测得 500m 距离，如不顾及其他因素影响，则产生的测距中误差为（　　）mm。

A. ±18　　B. ±3　　C. ±4.5　　D. ±6

13-4-4 由标准方向北端起顺时针量到所测直线的水平夹角，该角的名称及其取值范围是（　　）。

A. 象限角、0°~90°　　B. 象限角、0°~±90°

C. 方位角、0°~±180°　　D. 方位角、0°~360°

第五节 测量误差的基本知识

一、误差的分类与特性

（一）误差的定义

观测值与客观存在的真值之差称为测量真误差。有时某些量无法得到真值，常采用平均值作为该量的最可靠值，称为最或是值，又称似真值。观测值与平均值之差称为最或是误差，又称似真误差。

$$\left.\begin{aligned}&真误差 = 观测值 - 真值\\&最或是误差 = 观测值 - 平均值\end{aligned}\right\} \quad (13-5-1)$$

测量误差按性质分为系统误差与偶然误差。产生误差的原因有三种：测量仪器的构造不完善、观测者感觉器官的鉴别能力有限、外界环境与气象条件不稳定等。观测成果的精确程度称为精度，取决于观测时的有关仪器、人和环境所构成的观测条件。具有同样技术的人，用同等精度的仪器，在同样的外界环境下进行观测，即观测条件相同的各次观测称为等精度观测，观测条件不同的各次观测称为非等精度观测。

（二）系统误差及特性

在相同观测条件下对某量进行多次观测，其误差大小与符号保持不变或按一定规律变化，这种误差称为系统误差。例如钢尺实长与名义长不等引起的距离误差、水准管轴不平行于视准轴引起的水准尺读数误差等。

系统误差的特性是因其符号不变而具有累积性，对观测结果影响较大。在找到系统误差的规律之后，可有针对性地采取一定的措施：对观测值加改正数，严格进行仪器和工具的检验校正，选用适当的观测程序和方法等，使系统误差得到抵消或削减。

（三）偶然误差及特性

在相同观测条件下对某量进行多次观测，其误差大小和符号没有一致的倾向性，表现为偶然性，但从整体看，大量观测误差具有偶然事件的统计规律，这种误差称为偶然误差，亦称随机误差。例如望远镜的照准误差、水准尺上毫米数的估读等。偶然误差应按其规律进行调整以求得最可靠值。

偶然误差的特性：

（1）偶然误差的绝对值不超过一定的界限，即有界性；

（2）绝对值小的误差比绝对值大的误差出现的或然率大，即小误差密集性；

（3）绝对值相等的正、负误差出现的或然率相等，即对称性；

（4）当观测次数趋于无穷大时，偶然误差的算术平均值的极限为零，即抵偿性。

（四）过失误差

观测过程中可能出现粗差，亦称过失误差或错误，不允许存在于观测结果中，也不属测量误差讨论的范畴。应在工作中仔细认真，提高责任心，严格遵守作业规范，避免错误。

【例 13-5-1】 测量误差按其性质的不同可分为两类，它们是：

A. 读数误差和仪器误差　　B. 观测误差和计算误差

C. 系统误差和偶然误差　　D. 仪器误差和操作误差

解　测量误差按性质主要分为两类：系统误差和偶然误差。

答案： C

二、评定精度的标准

中误差、相对误差和允许误差常作为评定观测成果精度的标准。

（一）中误差

在等精度观测条件下，对某一真值为X的物理量观测n次，观测值为$l_i(i=1,2,\cdots,n)$，真误差$\Delta_i=l_i-X$，则中误差为

$$\left.\begin{aligned} m&=\pm\sqrt{\frac{[\Delta\Delta]}{n}} \\ [\Delta\Delta]&=\Delta_1\Delta_1+\Delta_2\Delta_2+\cdots+\Delta_n\Delta_n \end{aligned}\right\} \quad (13\text{-}5\text{-}2)$$

（二）相对误差

观测误差的绝对值与观测值之比并化为分子为 1 的分数形式，称为相对误差。即

$$\left.\begin{aligned} &\text{往返丈量相对误差} & K&=\frac{|D_{往}-D_{返}|}{D_{平均}}=\frac{1}{M} \\ &\text{相对中误差} & K&=\frac{|m|}{D}=\frac{1}{M} \end{aligned}\right\} \quad (13\text{-}5\text{-}3)$$

相对误差常用于距离丈量的精度评定，而不能用于角度测量和水准测量的精度评定，因后两者的误差大小与观测量（角度、高差）的大小无关。

（三）允许误差

允许误差亦称极限误差。从偶然误差的有界性知道，偶然误差的绝对值不会超过一定界限。绝对值大于 2 倍中误差的偶然误差出现概率为 4.6%，而大于 3 倍中误差者概率为 3‰，所以，规范中规定取 2 倍（或 3 倍）中误差作为允许误差。即

$$\Delta_{允}=2m \quad 或 \quad \Delta_{允}=3m \qquad (13\text{-}5\text{-}4)$$

三、等精度观测的精度评定

在等精度观测条件下，某量的n次观测值的算术平均值为$x=[l]/n$，似真误差为$v_i=l_i-x(i=1,2,\cdots,n)$，观测值中误差为

$$m = \pm\sqrt{\frac{[vv]}{n-1}} \tag{13-5-5}$$

算术平均值中误差为

$$M = \frac{m}{\sqrt{n}} \tag{13-5-6}$$

四、误差传播定律

某些非直接观测量，是由另一些直接观测量按一定的函数关系通过计算间接得到的。阐明观测值中误差与函数值中误差之间关系的函数式称为误差传播定律。

（一）一般函数的中误差

设有一般函数$Z = F(x_1, x_2, \cdots, x_n)$；$x_1$、$x_2$、$\cdots$、$x_n$为各自独立的直接观测量，其对应中误差分别为$m_1$、$m_2$、$\cdots$、$m_n$。则一般函数的中误差为

$$m_Z = \pm\sqrt{\left(\frac{\partial F}{\partial x_1}\right)^2 m_1^2 + \left(\frac{\partial F}{\partial x_2}\right)^2 m_2^2 + \cdots + \left(\frac{\partial F}{\partial x_n}\right)^2 m_n^2} \tag{13-5-7}$$

即函数的中误差等于函数对各观测量的偏导数与相应观测值中误差乘积之平方和的平方根。

（二）几种常见函数的中误差

应用误差传播定律可以导出各种函数中误差的表达式。

1. 和差函数的中误差

$$Z = x_1 \pm x_2 \pm \cdots \pm x_n$$

则

$$m_Z = \pm\sqrt{m_1^2 + m_2^2 + \cdots + m_n^2} \tag{13-5-8}$$

即多个独立观测量代数和的中误差等于各对应观测值中误差之平方和的平方根。

2. 倍函数的中误差

$$Z = kx \quad (k\text{为常数})$$

则

$$m_Z = km \tag{13-5-9}$$

即观测量与常数乘积的中误差等于观测值中误差与常数的乘积。

3. 直线函数的中误差

$$Z = k_1x_1 \pm k_2x_2 \pm \cdots \pm k_nx_n$$

则

$$m_Z = \pm\sqrt{k_1^2m_1^2 + k_2^2m_2^2 + \cdots + k_n^2m_n^2} \tag{13-5-10}$$

即直线函数的中误差等于各个常数与相应观测值中误差乘积之平方和的平方根。

（三）误差传播定律的应用

1. 钢尺量距的精度

钢尺丈量的中误差与距离的平方根成正比，即

$$m_D = \mu\sqrt{D} \quad (\mu = m/\sqrt{l}) \tag{13-5-11}$$

式中：m—丈量一尺段的中误差；

l——尺段长；

D—量得的距离；

μ—单位长度的量距中误差；

m_D—量得距离的中误差。

2. 水平角观测的精度

$$\left.\begin{array}{ll}\text{一测回角值的中误差} & m_\beta = m\sqrt{2} \\ \text{半测回角值的中误差} & m'_\beta = m_\beta\sqrt{2} \\ \text{盘左盘右角值之差的中误差} & m_{\Delta\beta} = m'_\beta\sqrt{2} \\ \text{盘左盘右角值之差的极限误差} & m_{\text{极}} = 2m_{\Delta\beta}(\text{或 } 3m_{\Delta\beta})\end{array}\right\} \tag{13-5-12}$$

式中：m——测回方向观测值中误差。

3. 高差测量的误差

$$\left.\begin{array}{ll}\text{高差中误差} & m_h = m\sqrt{2} \\ \text{两次高差之差的中误差} & m_{\Delta h} = m_h\sqrt{2} \\ \text{两次高差之差的极限误差} & m_{\Delta h\text{极}} = 2m_h\sqrt{2}(\text{或 } 3m_h\sqrt{2})\end{array}\right\} \tag{13-5-13}$$

式中：m—前视或后视水准尺上的读数中误差。

4. 路线水准测量的误差

$$\text{高差总和的中误差}\quad \left.\begin{array}{l} m_{\Sigma h} = m_h\sqrt{n} = m_d\sqrt{2n} \\ m_{\Sigma h} = m\sqrt{L}\end{array}\right\} \tag{13-5-14}$$

式中：m_d—前视或后视尺的读数中误差；

m_h—高差中误差；

n—测站数；

m—水准路线单位长度的高差中误差；

L—水准路线长度（km）。

【例 13-5-2】 有甲、乙两组各自用相同的条件观测了六个三角形的内角，得三角形的闭合差（即三角形内角和的真误差）分别为：

甲：+3″、+1″、−2″、−1″、0″、−3″；

乙：+6″、−5″、+1″、−4″、−3″、+5″。

求甲、乙两组测量的精度。

解 有限次观测个数n计算中误差m的公式为

$$m = \pm\sqrt{\frac{[\Delta\Delta]}{n}}$$

由中误差公式计算得

$$m_{\text{甲}} = \pm\sqrt{\frac{[\Delta\Delta]}{n}} = \pm\sqrt{\frac{3^2+1^2+(-2)^2+(-1)^2+0^2+(-3)^2}{6}} = \pm 2.0''$$

$$m_{\text{乙}} = \pm\sqrt{\frac{[\Delta\Delta]}{n}} = \pm\sqrt{\frac{6^2+(-5)^2+1^2+(-4)^2+(-3)^2+5^2}{6}} = \pm 4.3''$$

从上述两组结果中可以看出，甲组的中误差较小，所以观测精度高于乙组。在测量工作中，普遍采用中误差来评定测量成果的精度。

【例 13-5-3】 在比例尺为 1∶500 的地形图上，量得两点的长度 d=23.4mm，其中误差 m_d=±0.2mm。求该两点的实际距离 D 及其中误差 m_D。

解 函数关系式为 $D = Md$，属倍数函数，$M = 500$ 是地形图比例尺分母。

$$D = Md = 500 \times 23.4 = 11\,700\text{mm} = 11.7\text{m}$$

$$m_D = Mm_d = 500 \times (\pm 0.2) = \pm 100\text{mm} = \pm 0.1\text{m}$$

两点的实际距离结果可写为 11.7m±0.1m。

【例 13-5-4】 水准测量中，已知后视读数 a=1.734m，前视读数 b=0.476m，中误差分别为 m_a=±0.002m，m_b=±0.003m。试求两点的高差及其中误差。

解 函数关系式为 $h = a - b$，属和差函数，得

$$h = a - b = 1.734 - 0.476 = 1.258\text{m}$$

$$m_h = \pm\sqrt{{m_a}^2 + {m_b}^2} = \pm\sqrt{0.002^2 + 0.003^2} = \pm 0.004\text{m}$$

两点的高差结果可写为 1.258m±0.004m。

【例 13-5-5】 在斜坡上丈量距离，其斜距为 L=247.50m，中误差 m_L=±0.05m，并测得倾斜角 α=10°34′，其中误差 m_α= ± 3′。求水平距离 D 及其中误差 m_D。

解 首先列出函数式 $$D = L\cos\alpha$$

水平距离 $$D = 247.50 \times \cos 10°34' = 243.303\text{m}$$

这是一个非线性函数，所以对函数式进行全微分，先求出各偏导值如下

$$\frac{\partial D}{\partial L} = \cos 10°34' = 0.983\,0$$

$$\frac{\partial D}{\partial \alpha} = -L \cdot \sin 10°34' = -247.50 \times \sin 10°34' = -45.386\,4$$

根据中误差传播定律：

$$m_D = \pm\sqrt{\left(\frac{\partial D}{\partial L}\right)^2 {m_L}^2 + \left(\frac{\partial D}{\partial \alpha}\right)^2 {m_\alpha}^2}$$

$$= \pm\sqrt{0.983\,0^2 \times 0.05^2 + (-45.386\,4)^2 \times \left(\frac{3'}{343\,8'}\right)^2} = \pm 0.06\text{m}$$

注：$1\text{rad} = 343\,8'$，故 $3' = \frac{3'}{343\,8'}\text{rad}$

故得 $D = 243.30\text{m} \pm 0.06\text{m}$

【例 13-5-6】 设在三角形 ABC 中，直接观测了∠A 和∠B。$m_A = \pm 4''$、$m_B = \pm 5''$，由∠A、∠B 计算∠C，则∠C 的中误差 m_C：

A. ±9″　　B. ±6.4″

C. ±3″　　D. ±4.5″

解 三角形中∠C 的计算公式为：

$$\angle C = 180° - \angle A - \angle B$$

根据误差传播定律：

$$m_C = \sqrt{m_A^2 + m_B^2} = \sqrt{4^2 + 5^2} = \sqrt{41} = \pm 6.4''$$

答案： B

【例 13-5-7】 图根水准测量中，已知每次读水准尺的中误差为$m_{\mathrm{i}}=\pm2\mathrm{mm}$，假定视距平均长度为50m。若以 3 倍中误差为容许误差，试求在测段长度为L（km）的水准路线上，图根水准测量往返测所得高差闭合差的容许值。

解 已知每站观测高差为

$$h=a-b$$

则每站观测高差的中误差为

$$m_{\mathrm{h}}=\sqrt{2}m_i=\pm2\sqrt{2}\mathrm{mm}$$

因视距平均长度为 50m，则每公里可观测 10 个测站，L公里共观测 $10L$个测站，L公里高差之和为

$$\sum h=h_1+h_2+\cdots+h_{10\mathrm{L}}$$

L公里高差和的中误差为

$$m_{\sum}=\sqrt{10L}m_{\mathrm{h}}=\pm4\sqrt{5L}\mathrm{mm}$$

往返高差的较差（即高差闭合差）为

$$f_{\mathrm{h}}=\sum h_{往}+\sum h_{返}$$

高差闭合差的中误差为

$$m_{\mathrm{fh}}=\sqrt{2}m_{\sum}=\pm4\sqrt{10L}\mathrm{mm}$$

以 3 倍中误差为容许误差，则高差闭合差的容许值为

$$f_{\mathrm{h}容}=3m_{\mathrm{fh}}=\pm12\sqrt{10L}\approx\pm38\sqrt{L}\mathrm{mm}$$

因此，通常图根水准测量高差闭合差容许值取：

$$f_{\mathrm{h}容}=\pm40\sqrt{L}\mathrm{mm}$$

【例 13-5-8】 对某角等精度观测 6 次，其观测值见表。试求观测值的最或然值、观测值的中误差以及最或然值的中误差。

解 由本节可知，等精度直接观测值的最或然值是观测值的算术平均值。首先计算各观测值的改正数v_i，并利用公式进行检核，计算结果列于表中。

等精度直接观测平差计算 **例 13-5-8 表**

观 测 值	改正数$v('')$	$vv('')^2$
L_1=75° 32′ 13″	2.5	6.25
L_2=75° 32′ 18″	−2.5	6.25
L_3=75° 32′ 15″	0.5	0.25
L_4=75° 32′ 17″	−1.5	2.25
L_5=75° 32′ 16″	−0.5	0.25
L_6=75° 32′ 14″	1.5	2.25
$x=[L]/n$=75° 32′ 15.5″	$[v]=0$	$[vv]=17.5$

观测值的中误差为

$$m=\pm\sqrt{\frac{[vv]}{n-1}}=\pm\sqrt{\frac{17.5}{6-1}}=\pm1.87''$$

最或然值的中误差为

$$M=\frac{m}{\sqrt{n}}=\pm\frac{1.87''}{\sqrt{6}}=\pm0.76''$$

习 题

13-5-1 等精度观测是指（ ）的观测。

A. 允许误差相同　　B. 系统误差相同

C. 观测条件相同　　D. 偶然误差相同

13-5-2 用钢尺往返丈量120m的距离，要求相对误差达到1/10 000，则往返较差不得大于（ ）m。

A. 0.048　　B. 0.012

C. 0.024　　D. 0.036

13-5-3 对某一量进行n次观测，则根据公式$M=\pm\sqrt{\frac{[vv]}{n(n-1)}}$求得的结果为（ ）。

A. 算术平均值中误差

B. 观测值中误差

C. 算术平均值真误差

D. 一次观测中误差

13-5-4 用DJ_6经纬仪观测水平角，要使角度平均值中误差不大于3″，应观测（ ）测回。

A. 2　　B. 4

C. 6　　D. 8

13-5-5 在△ABC中，直接观测了∠A和∠B，其中误差分别为$m_{\angle A}=\pm3''$和$m_{\angle B}=\pm4''$，则∠C的中误差$m_{\angle C}$为（ ）。

A. ±8″　　B. ±7″

C. ±5″　　D. ±1″

第六节 控 制 测 量

测量工作中为了扩展测量工作面及防止误差的积累，应遵循的原则是在布局上从整体到局部，在精度上从高级到低级，在工作程序上从控制到碎部。即在测区内选择一些具有全局性控制意义的点，用精确的方法测定它的平面坐标和高程位置，以这些点作为基础，再以低一级的精度测出其他点。这些在布局、精度和程序上具有控制意义的点称为控制点，由控制点组成的几何图形称为控制网，分为平面控制网和高程控制网。测定控制点平面位置和高程位置的工作分别称为平面控制测量和高程控制测量。

一、平面控制网的定位与定向

地面点的平面位置用平面坐标表示，点与点之间可根据其水平距离和方位角计算坐标增量，如果其中一个点的坐标已知，则另一点的坐标即可求出。

确定一直线与标准方向的夹角的工作称为直线定向。平面控制网直线定向的目的是确定控制网起始边的方位角，即标准方向北端起顺时针量到直线的水平夹角，方位角的取值范围为 0°~360°。直线的方向还可用象限角表示，它是由标准方向的北端或南端起依顺时针或逆时针量到直线的锐角。直线的象限角不仅要说明大小，而且还要指出所在象限，如直线OA的象限角R_{OA}=南东 60°36′（或 S60°36′E），象限用北东（NE）、北西（NW）、南东（SE）和南西（SW）来表示。坐标方位角和象限角可互相换算，如R_{OA}=南东 60°36′，则α_{OA}=119°24′。

二、导线测量

（一）导线的一般知识

导线是由若干条直线段连成的折线，相邻点的连线称为导线边，用测距仪或钢尺或其他方法测定。相邻边的水平角称为转折角，用经纬仪测定。当给定起始边方位角和起始点坐标，就可推算各导线点坐标。它适用于城市的密集建筑区、隐蔽地区和地下工程，也适用于狭长地带。根据不同情况和要求，导线布置形式有：

闭合导线：起止于同一已知点和已知方位角的导线。

附合导线：起始于一个已知点和一个已知方位角，终止于另一个已知点和另一个已知方位角的导线。

支导线：从一个已知点和一个已知方位角开始延伸出去的导线。

导线网：由若干条导线组成的多边形网状导线或结点形式网状导线。

（二）导线测量的外业

导线测量外业包括踏勘选点与建立标志、边长丈量、转折角测量、连接角和连接边的测量。

【例 13-6-1】导线测量的外业工作在踏勘选点工作完成后，然后需要进行下列哪项工作？

A. 水平角测量和竖直角测量

B. 方位角测量和距离测量

C. 高程测量和边长测量

D. 水平角测量和边长测量

解　导线测量外业工作在踏勘选点完成后，需要进行的测量工作是水平角测量和边长测量。

答案：D

（三）闭合导线测量的内业计算

导线测量内业计算的目的是根据已知数据，利用外业观测成果和校核条件，正确计算出各导线点的最后坐标。

1. 角度闭合差的计算与调整

n边闭合多边形的内角和$\sum\beta_{测}$与理论值$(n-2)180°$之差称为闭合多边形角度闭合差。

$$f_\beta = \sum\beta_{测} - (n-2)180° \tag{13-6-1}$$

按表 13-6-1 的指标检查f_β是否在$f_{\beta 允}$的范围内。如果精度合格，则f_β的分配原则是：将角度闭合差反符号并平均分配到各观测角上（如不能整除时，余数可分配到短边有关角上），则

$$\left.\begin{aligned} v_\beta &= \frac{-f_\beta}{n} \\ \beta_{改正后} &= \beta_{测} + v_\beta \end{aligned}\right\} \tag{13-6-2}$$

导线测量的主要技术要求 表 13-6-1

等级	导线长度（km）	平均边长（km）	测角中误差（″）	测距中误差（mm）	测距相对中误差	测回数		方位角闭合差（″）	相对闭合差
						DJ_2	DJ_6		
一级	4	0.5	±5	±15	≤1/30 000	2	4	$\pm10\sqrt{n}$	≤1/15 000
二级	2.4	0.25	±8	±15	≤1/14 000	1	3	$\pm16\sqrt{n}$	≤1/10 000
三级	1.2	0.1	±12	±15	≤1/7 000	1	2	$\pm24\sqrt{n}$	≤1/5 000
图根	≤1.0M	≤1.5倍测图最大视距	一般 30 首级 20				1	一般$\pm60\sqrt{n}$ 首级$\pm40\sqrt{n}$	≤1/2 000

注：n为测站数，M为测图比例尺的分母。

【例 13-6-2】 图根平面控制可以采用图根导线测量，对于图根导线作为首级控制时，其方位角闭合差应符合下列规定：

A. 小于 $40''\sqrt{n}$　　B. 小于 $45''\sqrt{n}$

C. 小于 $50''\sqrt{n}$　　D. 小于 $60''\sqrt{n}$

解 根据《工程测量标准》(GB 50026—2020) 第 5.2.7 条，图根导线作为首级控制时，方位角闭合差应小于 $40''\sqrt{n}$。

答案： A

2. 用改正后的角值计算各边方位角

当导线点编号为逆时针时，转折角在导线前进方向的左侧，则转折角称为左角；反之称为右角。推算方位角的公式分别如下：

$$\left.\begin{aligned}&\text{左角}\quad \alpha_{\text{前}} = \alpha_{\text{后}} - 180^\circ + \beta_{\text{左}}\\&\text{右角}\quad \alpha_{\text{前}} = \alpha_{\text{后}} + 180^\circ - \beta_{\text{右}}\end{aligned}\right\} \tag{13-6-3}$$

3. 坐标增量闭合差的计算与调整

由边长丈量值和推算的方位角值可求坐标增量。由于量距有误差，改正后的角度有残余误差致使推得的方位角含有误差，因而只能计算出未经改正的坐标增量。

$$\left.\begin{aligned}\Delta x' &= D\cos\alpha\\ \Delta y' &= D\sin\alpha\end{aligned}\right\} \tag{13-6-4}$$

从理论上讲，闭合导线各边坐标增量总和$\sum\Delta x_{\text{理}}$和$\sum\Delta y_{\text{理}}$均应为零。但实际上$\sum\Delta x'$与$\sum\Delta y'$并不为零，这个值就称为坐标增量闭合差。

$$\left.\begin{aligned}f_x &= \sum\Delta x'\\ f_y &= \sum\Delta y'\end{aligned}\right\} \tag{13-6-5}$$

而$f_{\text{D}} = \sqrt{f_x^2 + f_y^2}$称为导线全长闭合差。为了评定导线的精度，应求出导线全长相对闭合差。

$$K = \frac{f_{\text{D}}}{\sum D} = \frac{1}{M} \tag{13-6-6}$$

按表 13-6-1 的指标检查K是否在$K_{\text{允}}$的范围内。如果精度合格，则f_x和f_y的分配原则是：将增量闭合差反符号并按与边长成正比分配到对应边的增量上，则

$$\left.\begin{aligned} v_x &= \left(\frac{-f_x}{\sum D}\right) D \\ v_y &= \left(\frac{-f_y}{\sum D}\right) D \end{aligned}\right\} \quad (13\text{-}6\text{-}7)$$

则改正后坐标增量为

$$\left.\begin{aligned} \Delta x &= \Delta x' + v_x \\ \Delta y &= \Delta y' + v_y \end{aligned}\right\} \quad (13\text{-}6\text{-}8)$$

4. 各点坐标计算

根据起始点坐标和改正后的坐标增量，依次计算各导线点的坐标如下式

$$\left.\begin{aligned} x_{i+1} &= x_i + \Delta x_{i(i+1)} \\ y_{i+1} &= y_i + \Delta y_{i(i+1)} \end{aligned}\right\} \quad (13\text{-}6\text{-}9)$$

最后推算得起始点坐标应与已知值相等，以此作为计算校核。

5. 闭合导线计算实例

【例 13-6-3】 见闭合导线计算表。

（四）附合导线测量的内业计算

附合导线计算步骤与闭合导线相同。由于导线的形式不同和原始数据不同，则在角度闭合差和增量闭合差的计算与调整上有所不同。

1.角度闭合差的计算与调整

$$\left.\begin{aligned} &\text{右角} && \sum\beta_{理} = \alpha_{始} - \alpha_{终} + n \times 180^\circ \\ &\text{左角} && \sum\beta_{理} = \alpha_{终} - \alpha_{始} + n \times 180^\circ \\ & && f_\beta = \sum\beta_{测} - \sum\beta_{理} \\ & && v_\beta = -\frac{f_\beta}{n} \end{aligned}\right\} \quad (13\text{-}6\text{-}10)$$

许多书中是采用测算出来的终边方位角$\alpha'_{终}$与已知的终边方位角$\alpha_{终}$之差求f_β，称为方位角闭合差。

$$\left.\begin{aligned} &\text{右角} && \alpha'_{终} = \alpha_{始} + n \times 180^\circ - \sum\beta_{测} \\ &\text{左角} && \alpha'_{终} = \alpha_{始} - n \times 180^\circ + \sum\beta_{测} \\ &\text{即} && f_\beta = \alpha'_{终} - \alpha_{终} \\ &\text{右角} && v_\beta = \frac{f_\beta}{n} \\ &\text{左角} && v_\beta = -\frac{f_\beta}{n} \end{aligned}\right\} \quad (13\text{-}6\text{-}11)$$

2.坐标增量闭合差的计算与调整

$$\left.\begin{aligned} \sum\Delta x_{理} &= x_{终} - x_{始} \\ \sum\Delta y_{理} &= y_{终} - y_{始} \\ f_x &= \sum\Delta x_{测} - \sum\Delta x_{理} \\ f_y &= \sum\Delta y_{测} - \sum\Delta y_{理} \end{aligned}\right\} \quad (13\text{-}6\text{-}12)$$

f_x、f_y的分配原则同闭合导线式（13-6-7）。

3.附合导线计算实例

【例 13-6-4】 见附合导线计算表。

闭 合 导 线 计 算 表

例 13-6-3 表

点号	水平角		方位角 (° ′ ″)	距离 (m)	增量计算值		改正后增量值		坐标		点号
	观测值 (° ′ ″)	改正后角值 (° ′ ″)			$\Delta x'$	$\Delta y'$	Δx	Δy	x (m)	y (m)	
A	(左)								1 000.000	2 000.000	A
			125 59 36	140.272	−21 −82.437	+10 +113.492	−82.458	+113.502			
B	+5 107 48 38	107 48 43							917.542	2 113.502	B
			53 48 19	106.881	−16 +63.117	+8 +86.254	+63.101	+86.262			
C	+5 73 00 22	73 00 27							980.643	2 199.764	C
			306 48 46	172.358	−25 +103.277	+13 −137.989	+103.252	−137.976			
D	+5 89 33 56	89 34 01							1 083.895	2 061.788	D
			216 22 47	104.186	−15 −83.880	+8 −61.796	−83.895	−61.788			
A	+6 89 36 43	89 36 49							1 000.000	2 000.000	A
			125 59 36								
B											B
Σ	359 59 39			523.697	+0.077	−0.039	0.000	0.000			

$\sum\beta_{测} = 359°59'39''$

$\sum\beta_{理} = (n-2)180° = 360°$

$f_\beta = \sum\beta_{测} - \sum\beta_{理} = -21''$

$f_{\beta允} = \pm 24''\sqrt{n} = \pm 48''$

$v_\beta = -f_\beta / n = +5.2''$

$f_x = \sum\Delta x' = +0.077\text{m}$

$f_y = \sum\Delta y' = -0.039\text{m}$

$f_D = \sqrt{f_x^2 + f_y^2} = 0.086\text{m}$

$K = f_D / \sum D = 1/6\,000$

$K_{允} = 1/5\,000$

A B C D

附 合 导 线 计 算 表

例 13-6-4 表

点号	水平角		方位角	距离	增量计算值		改正后增量值		坐标		点号
	观测值（° ′ ″）	改正后角值（° ′ ″）	（° ′ ″）	（m）	$\Delta x'$	$\Delta y'$	Δx	Δy	x（m）	y（m）	
A	（右）										A
			65 32 18								
B	+7 95 17 17	95 17 24							3 800.000	4 500.000	B
			150 14 54	217.624	+13 −188.938	−8 +107.994	−188.925	+107.986			
1	+7 251 36 49	251 36 56							3 611.075	4 607.986	1
			78 37 58	178.718	+11 +35.225	−6 +175.212	+35.236	+175.206			
2	+7 147 25 24	147 25 31							3 646.311	4 783.192	2
			111 12 27	194.129	+12 −70.226	−7 +180.982	−70.214	+180.975			
C	+7 171 16 21	171 16 28							3 576.097	4 964.167	C
			119 55 59								
D											D
Σ	665 35 51	665 36 19		590.471	−223.939	+464.188	−223.903	+464.167			

(右角)$\sum\beta_{理}=\alpha_{始}-\alpha_{终}+n\cdot180°=665°36'19''$

$f_\beta=\sum\beta_{测}-\sum\beta_{理}=-28''$，反号平均改正

$v_\beta=-f_\beta/n=+7''$

或 $\alpha'_{终}=\alpha_{始}-\sum\beta_{右}+n\cdot180°=119°56'27''$

$f_\beta=\alpha'_{终}-\alpha_{终}=+28''$，同号平均改正

$v_\beta=f_\beta/n=+7''$

$f_{\beta允}=\pm16''\sqrt{n}=\pm32''$

$f_x=\sum\Delta x'-(x_{终}-x_{始})=-0.036\text{m}$

$f_y=\sum\Delta y'-(y_{终}-y_{始})=+0.021\text{m}$

$f_D=\sqrt{f_x^2+f_y^2}=0.042\text{m}$

$K=f_D/\sum D=1/14\,000$

$K_{允}=1/10\,000$

三、交会定点

当测区内解析控制点密度不够时，可以利用两个或两个以上已知点进行测角交会定点、测边交会定点等，以加密控制。

（一）测角交会法

它包括前方交会、侧方交会和后方交会。

前方交会，如图 13-6-1 所示。在A、B两个已知坐标点上设站分别测得α、β角，就可求得待定点P的坐标值。

计算方法一：将A、B、P三点按逆时针顺序编号，然后应用变形的戎格公式解算。

$$\left.\begin{aligned} x_{\mathrm{P}} &= \frac{x_{\mathrm{A}}\cot\beta + x_{\mathrm{B}}\cot\alpha + (y_{\mathrm{B}} - y_{\mathrm{A}})}{\cot\alpha + \cot\beta} \\ y_{\mathrm{P}} &= \frac{y_{\mathrm{A}}\cot\beta + y_{\mathrm{B}}\cot\alpha + (x_{\mathrm{A}} - x_{\mathrm{B}})}{\cot\alpha + \cot\beta} \end{aligned}\right\} \tag{13-6-13}$$

计算方法二：先计算AP、BP边的方位角和边长，公式有$\alpha_{\mathrm{AP}} = \alpha_{\mathrm{AB}} - \alpha$，$\alpha_{\mathrm{BP}} = \alpha_{\mathrm{BA}} + \beta$，$\gamma = 180° - (\alpha + \beta)$，$D_{\mathrm{AP}} = D_{\mathrm{AB}} \times \sin\beta / \sin\gamma$，$D_{\mathrm{BP}} = D_{\mathrm{AB}} \times \sin\alpha / \sin\gamma$。然后计算$AP$、$BP$边的坐标增量，并分别从$A$、$B$推算$P$点坐标，计算公式参考式（13-6-4）和式（13-6-9）。

侧方交会：在A、B两个已知坐标点和待定点P组成的三角形中，分别在任一个已知点A或B和待定点P上设站，测得三角形的两个内角，根据已知点坐标和测量角值求得待定点P的坐标。

后方交会：在待定点P上设站，对三个或三个以上的已知坐标点进行角度测量，根据已知点坐标和测量角值求得待定点P的坐标。

（二）测边交会法

如图 13-6-2 所示，已知A、B点坐标，用电磁波测距仪测定D_{AP}、D_{BP}，可以求得待定点P的坐标值。当A、B、P三点按逆时针顺序编号时，P点坐标计算公式如下

$$\left.\begin{aligned} r &= \frac{D_{\mathrm{AB}}^2 + D_{\mathrm{AP}}^2 - D_{\mathrm{BP}}^2}{2D_{\mathrm{AB}}} \\ h &= \sqrt{D_{\mathrm{AP}}^2 - r^2} \\ x_{\mathrm{P}} &= x_{\mathrm{A}} + r\cos\alpha_{\mathrm{AB}} + h\sin\alpha_{\mathrm{AB}} \\ y_{\mathrm{P}} &= y_{\mathrm{A}} + r\sin\alpha_{\mathrm{AB}} - h\cos\alpha_{\mathrm{AB}} \end{aligned}\right\} \tag{13-6-14}$$

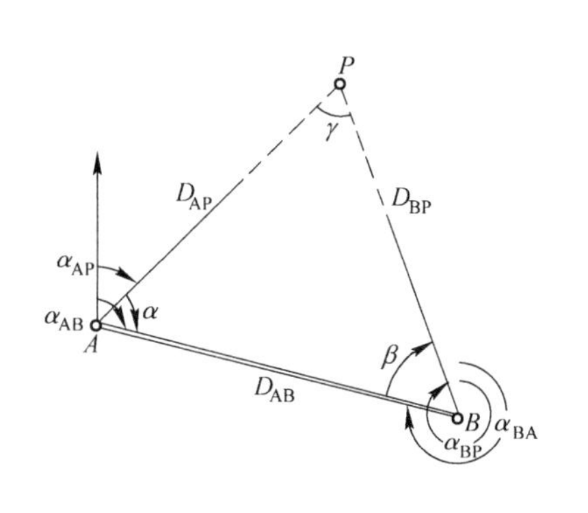

图 13-6-1 前方交会法

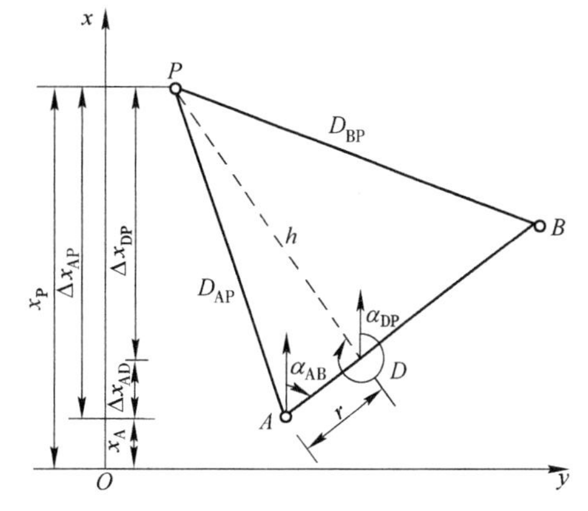

图 13-6-2 测边交会法

四、高程控制测量

小地区高程控制是以三、四等水准测量为首级高程控制，以满足地形图测绘和工程建设测量的需要。

（一）三、四等水准测量

三、四等水准测量应从国家一、二等水准点引出三、四等水准路线。点位应选择在土质坚实易长期保存处，并埋设标石；观测应在通视良好、成像清晰的条件下进行；观测方法是用红黑双面尺法，也可用变更仪器高法进行。三等水准测量采用双面尺法的观测程序是后黑—前黑—前红—后红，四等则可为后黑—后红—前黑—前红。后前前后的观测程序可以消除或削弱水准仪下沉误差的影响。往返观测取平均值可以消除或削弱水准尺下沉误差的影响。

（二）图根水准测量

图根水准测量是在测区内为测绘地形图而加密高程控制点所进行的水准测量工作，精度低于测区的首级高程控制。

（三）三角高程测量

测区内需要有一定数量的水准点，但在地形复杂地区，可采用三角高程测量加密高程控制点，常用于测图高程控制。如图 13-6-3 所示，高差的计算公式为

$$h_{AB}=D_{AB}\tan\alpha+i-v \tag{13-6-15}$$

式中：D_{AB}—水平距离，由直接丈量或图解求得，当其大于 400m 时，高差应作地球曲率和大气折光修正；

α—竖直角；

i—仪器高（度）；

v—觇标高。

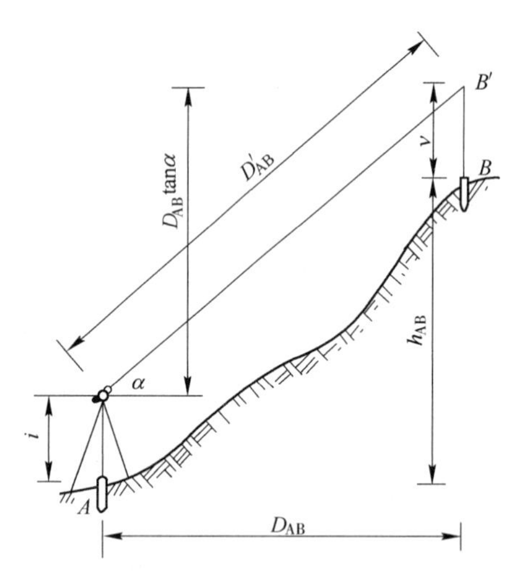

图 13-6-3 三角高程测量

电磁波测距为三角高程测量提供了有利条件，并顾及大气折光因素影响后，公式可写为

$$h_{AB}=D'_{AB}\sin\alpha+\frac{1}{2R}(D'_{AB}\cos\alpha)^2+i-v \tag{13-6-16}$$

式中：D'_{AB}—测距仪测得的斜距；

R—地球半径，取 6 371km；

$\frac{1}{2R}(D'_{AB}\cos\alpha)^2$—大气折光对高差的影响。

习 题

13-6-1 已知直线AB的方位角$\alpha_{AB}=87°$，$\beta_{右}=\angle ABC=290°$，则直线$BC$的方位角$\alpha_{BC}$为（ ）。

A. 23° B. 157° C. 337° D. −23°

13-6-2 导线测量外业包括踏勘选点与埋设标志、边长丈量、转折角测量和（ ）测量。

A. 定向 B. 连接边和连接角

C. 高差 D. 定位

13-6-3 导线坐标增量闭合差调整的方法是将闭合差按与导线长度成（ ）的关系求得改正数，以改正有关的坐标增量。

A. 正比例并同号 B. 反比例并反号 C. 正比例并反号 D. 反比例并同号

13-6-4 公式（ ）用来计算导线全长闭合差。

A. $f_D=\sqrt{f_x^2+f_y^2}$ B. $K=f_D/\sum D=1/M$

C. $f_x=\sum\Delta x-(x_{终}-x_{始})$ D. $f_y=\sum\Delta y-(y_{终}-y_{始})$

13-6-5 已知边长$D_{MN}=73.469$m，方位角$\alpha_{MN}=115°18'12''$，则Δx_{MN}与Δy_{MN}分别为（ ）。

A. +31.401m，+66.420m B. +31.401m，+66.420m

C. −31.401m，+66.420m D. −66.420m，+31.401m

第七节 地形图测绘

一、地形图基本知识

地形图是按一定比例尺，用规定的符号表示地物、地貌的平面位置和高程的正射投影图。所谓地形是地物和地貌的总称。地物是指地面上有明显轮廓的自然形成或人工构筑的物体，如河流、湖泊、房屋、道路等；地貌是指地面上高低起伏形态，如山岭、谷地、陡崖等。当测区范围很大，须考虑地球曲率的影响，并采用特定的投影方式编辑绘制成图，称为地图。地形图和地图相比，地形图上的长度、角度和面积都不会变形，而地图上则要变形，即地图上各部分的比例尺甚至发自一点的各方向线上的比例尺也是不同的。

国家颁发了《地形图图式》，规定了各种比例尺地形图的格式、符号和注记，供测图和用图时使用。下面介绍有关地形图的一些知识。

（一）比例尺

地形图上一线段d与地面相应的水平线段D之比称为地形图比例尺，它可分为数字比例尺（以分子为 1 的分数形式，即$1/M$表示）、图示比例尺和复式比例尺。图上 0.1mm×M，表示该图 0.1mm 所代表的实地水平距离，称为地形图的比例尺精度。根据比例尺精度可以确定测图时地物量测精度，亦可用来按所需精度选择测图比例尺。

【例 13-7-1】 某城镇需测绘地形图，要求在图上能反映地面上 0.2m 的精度，则采用的测图比例尺不得小于：

A. 1∶500　　B. 1∶1 000　　C. 1∶2 000　　D. 1∶100

解　按比例尺的精度定义可知，1∶2000 地形图比例尺的精度为 0.2m，所以该地形图测图比例尺不得低于 1∶2 000。

答案： C

【例 13-7-2】 由地形图上量得某草坪面积为 632mm²，若此地形图的比例尺为 1∶500，则该草坪实地面积S为：

A. 316m²　　B. 31.6m²　　C. 158m²　　D. 15.8m²

解　$S_{实地}=S_{图}\times 500^2=632\times 500^2=158\,000\,000\text{mm}^2=158.00\text{m}^2$

答案： C

（二）分幅

地形图分幅分为两类：按经纬线分幅的梯形分幅法，又称国际分幅，用于中小比例尺的国家基本图的分幅；按坐标格网分幅的矩形分幅法，用于城市与工程建设大比例尺图的分幅。

（三）图廓

图廓线是图幅四周的框线，一般分为内、外图廓。内图廓是图幅的边线，是测图的实际范围线，用细实线表示；外图廓是图幅最外边的框线，仅起装饰作用，用粗实线表示。

（四）经纬格网和坐标格网

在中小比例尺图中，图廓的四个角点注有经纬度，内外图廓之间绘制经差和纬差均为 1′间隔的黑白相间的粗短线称为分度线，其相应端点之连线构成经纬格网。在大比例尺图中，图廓的四个角点注有坐标值，图上间隔为 10cm，绘制平行于图廓的长度为 10mm 的纵横细直线，构成平面直角坐标格网。

（五）图名、图号、接图表

图名以图幅内著名的或重要的地名或厂矿机关等名称来命名。图号是为储存、检索和使用而给予各图的编号，可采用经纬度编号法、行列编号法和自然序数编号法。采用矩形分幅时，大比例尺地形图编号，常用图幅西南角坐标值公里数编号法，如西南角x=3 052.3km，y=5 230.5km，则其编号为“3052.3—5230.5”。当比例尺为 1∶500 时，坐标值应取至 0.01km。图名和图号均注记在本图图廓的上方中央。接图表反映本图与相邻周边图幅的联系，绘注在图廓左上方。

二、地物平面图测绘

应用地物符号将地物的平面位置描绘成图，称为地物平面图。地物符号分为比例符号、非比例符号、线性符号和地物注记等四种。测定和描绘地物的仪器可用大平板仪或小平板仪，大比例尺图一般用小平板仪。目前，航测成图和数字化成图已较普遍。

图 13-7-1　平板仪测图

（一）测图前的准备工作

测图前应做好测图板的准备工作，包括图纸准备、绘制坐标格网、展绘控制点。

（二）平板仪测图原理

如图 13-7-1 所示，A、B为控制点，展绘在测图纸上为a、b，图纸固定在图板上。当以A为测站，平板仪须经对中（即a与A在同一铅垂线上）、整平（即图板安置为水平）、定向（即ab与AB在同一铅垂面内）。为了测定地物点C在图上的位置c，可将AC方向线正投影到图纸上得ac；丈量AC水平距离，并按测图比例尺缩绘在ac方向上，即定出图上c点。其他地物点均可同法测绘。

（三）全站仪数字化测图

全站仪与计算机结合，将全站仪数据采集的结果利用全站仪与计算机之间的通信接口，直接输入计算机，由计算机进行绘图、管理和输出。

（四）地物碎部点的选择、地物点测定方法与地物平面图的描绘

地物点应选在地物轮廓线的转折点，称为地物特征点，以及选在非比例符号表示的独立地物的中心等。地物点测定方法有极坐标法、方向交会法、距离交会法、直角坐标法、方向距离交会法。地物描绘应按碎部点相连接而成为与实际地物相似的图形，或按图式规定的符号表示。

三、等高线地形图测绘

地形图是在平面图的基础上增加地貌内容。等高线地形图测绘方法、使用仪器等与，地物平面图测绘相同，常见有四种：经纬仪测绘法、小平板仪与经纬仪联合测绘法、大平板仪测绘法、电磁波测距仪测绘法；在有条件的情况下还有另外两种：航测成图和数字化成图。

（一）地貌碎部点的选择与测定

地貌点应选在地貌特征点上。反映地貌特征的山脊线（山脊最高点的连线）、山谷线（山谷最低点的连线）和山脚线（上下两不同坡面的交线）称为地性线。地性线上的特征点是坡度变换点和方向变换点，还有山顶、谷底、谷口、鞍部中心点等。此外，在坡度无显著变化处应使碎部点间距不超过图上2~3cm。地貌点的测定，其平面位置与地物平面图测绘方法相同。其高程可用视距测量法，注记于点位旁。

（二）等高线及分类

地貌符号——等高线是地面上高程相同的相邻点连成的闭合曲线。相邻等高线的高差称为等高距，相邻等高线的水平距离称为等高线平距。对于悬崖、峭壁、土坎、冲沟等无法用等高线表示的地貌则用规定符号表示。等高线的特性有五方面：同一等高线上的各点高程相同；等高线是一条条不能中断的闭合曲线；等高线只有在悬崖或绝壁处才会重合或相交；等高线通过山脊线与山谷线时须改变方向，且与山脊线、山谷线正交；等高距相同时，等高线越密则坡度越陡，等高线越稀则坡度越缓，等高线间隔相等则坡度均匀。等高线分为四类：首曲线——按测图比例尺规定的等高距（称为基本等高距）测绘的等高线；计曲线——由零等高线起，每5倍等高距加粗并注记的等高线；间曲线——按1/2基本等高距绘制的等高线；助曲线——按1/4基本等高距绘制的等高线。

（三）等高线的勾绘

勾绘等高线时，先根据同一地性线上两相邻点之高差，按等坡度的平距与高差成正比的关系，内插出两点间能通过的各等高线的位置，然后将高程相同的点对照地形变化连成等高线。注意几种典型地貌的等高线的图形：山头和洼地的等高线都是一组闭合曲线，从高程注记和示坡线（垂直于等高线并指向低处的短线）可以区分山头和洼地；山脊等高线是一组凸向低处的曲线；山谷等高线是一组凸向高处的曲线；鞍部等高线是在一组大的闭合曲线内套有两组小的闭合曲线。特殊地貌用规定的符号表示。

（四）地形图的拼接、检查与整饰

地形图的拼接是指相邻图幅衔接处的地物和地貌应完全吻合，当误差符合接边限差要求时，取相邻图幅的地物和等高线的平均位置改正两图即可。地形图的检查包括图面检查、野外巡视和设站检查。地形图的整饰是指对地形图上的所有地物和地貌均应按国家图式的规定符号清绘与书写；整饰的次序是

先图框内后图框外，先注记后符号，先地物后地貌（等高线通过注记和地物应断开）。整饰后的地形图作为地形原图加以保存。

习　　题

13-7-1　大比例尺地形图按矩形分幅时常用的编号方法：以图幅的（　　）编号法。

A. 西北角坐标值公里数　　B. 西南角坐标值公里数

C. 西北角坐标值米数　　D. 西南角坐标值米数

13-7-2　既反映地物的平面位置，又反映地面高低起伏状态的正射投影图称为（　　）。

A. 平面图　　B. 断面图　　C. 影像图　　D. 地形图

13-7-3　地形图的等高线是地面上高程相等的相邻点连成的（　　）。

A. 闭合曲线　　B. 直线　　C. 闭合折线　　D. 折线

13-7-4　地形图上 0.1mm 的长度相应于地面的水平距离称为（　　）。

A. 比例尺　　B. 数字比例尺　　C. 水平比例尺　　D. 比例尺精度

13-7-5　要求地形图上能表示实地地物最小长度为 0.2m，则应选择（　　）测图比例尺为宜。

A. 1/500　　B. 1/1 000　　C. 1/5 000　　D. 1/2 000

第八节　地形图应用

一、地形图应用基本知识

（一）确定图上某点的坐标和高程

地形图上都留有坐标格网的十字交点，根据某点所在格网的西南网点坐标值，再加上该点在此格网中的坐标增量即可求得该点坐标值。地形图上的等高线可用以确定点的高程，当某点恰在等高线上，该点高程即是它所在等高线的高程；当某点在两等高线之间则按比例内插求该点高程。

（二）确定两点间的水平距离和直线的方位角

图上两点距离乘以测图比例尺分母，即得对应地面两点的实际水平距离；也可先求得两点坐标值，再计算坐标增量，即可计算水平距离

$$D = \sqrt{\Delta x^2 + \Delta y^2} \tag{13-8-1}$$

求直线AB的方位角，可用图解法，过A点作平行于X轴的直线，其与AB线的夹角用精密量角器量取，即为方位角α_{AB}；也可用解析法，读取两点坐标计算增量，即可计算两点连线的方位角

$$\alpha = \arctan\frac{\Delta y}{\Delta x} \tag{13-8-2}$$

（三）确定直线的坡度

直线AB的坡度i_{AB}是直线两端点的高差h_{AB}与水平距离D_{AB}之比。当h_{AB}为正，则直线AB为升坡；当h_{AB}为负，则AB为降坡。在地形图上可求两点高差和实地水平距离，则

$$i_{AB} = \frac{h_{AB}}{D_{AB}} \tag{13-8-3}$$

以定义式（13-8-3）计算的坡度值习惯上将其乘以 100%，以百分数表示坡度。

【例 13-8-1】 若施工现场附近有控制点若干个，如果采用极坐标方法进行点位的测设，则测设数据为：

A. 水平角和方位角　　B. 水平角和边长

C. 边长和方位角　　D. 坐标增量和水平角

解　极坐标法测设点位采用水平角和边长数据进行测设。

答案： B

【例 13-8-2】 下列表示AB两点间坡度的是：

A. $i_{AB}=\frac{b_{AB}}{D_{AB}}\%$　　B. $i_{AB}=\frac{H_B-H_A}{D_{AB}}\times 100\%$

C. $i_{AB}=\frac{H_A-H_B}{D_{AB}}$　　D. $i_{AB}=\frac{H_A-H_B}{D_{AB}}\%$

解　坡度为两点间的高差与实地水平距离之比，即选项 B 正确。通常，将比值乘以 100%来表示坡度，选项 A 中，b_{AB}符号不对，应为h_{AB}，并去掉%号或乘以 100%；选项 C、D 中，高差应为H_B-H_A。

答案： B

二、地形图在工程设计中的应用

（一）在地形图上绘出已知坡度的最短路线

在铁路、公路、管道等设计中，要求以一定的限制最大坡度选择最短路线。做法是：根据限制坡度$i_{最大}$、地形图比例尺$1/M$、等高距h，先求得跨越一个等高距的实地最短距离$D_{最短}=h/i_{最大}$，再化为图上距离$d=D_{最短}/M$。以路线起点（在某一条等高线上）为圆心、d为半径画弧求得与相邻等高线的交点；再以此交点为圆心，d为半径画弧求得与另一等高线的交点；依此类推。最后连接相邻交点所成路线即为限制坡度下的最短路线。

（二）利用地形图绘制指定方向的纵断面图

在铁路、公路、隧道、管道等设计中，需要将某一指定方向线上的高低起伏状况绘制成图，称为纵断面图。如指定方向线为AB，则在地形图上AB与各等高线相交，各交点高程即为等高线的高程，相邻交点的平距可在地形图上取得。纵断面图的横坐标代表水平距离，比例尺为$1/M$；而纵坐标代表高程，比例尺为水平距离比例尺的 10~20 倍。将AB方向线与等高线交点的有关高程和水平距离展绘于该直角坐标系中，展绘的各相邻点相连即为纵断面图。

（三）在地形图上确定汇水范围

设计桥梁或涵洞的孔径大小时，需要知道降雨（雪）时，有多大地面范围的水汇集起来通过桥涵排泄出去。汇水范围的边界是将山顶沿着山脊线并通过鞍部连接而成。

【例 13-8-3】 在 1∶2 000 的地形图上，量得某水库图上汇水面积为$P=1.6\times10^4cm^2$，某次降水过程雨量为（每小时平均降雨量）m=50mm，降水时间n持续 2.5h，设蒸发系数k=0.4，按汇水量$Q=P\cdot m\cdot n\cdot k$计算，本次降水汇水量为：

A. $1.0\times10^{11}cm^3$　　B. $3.2\times10^{11}cm^3$

C. $1.0\times10^7cm^3$　　D. $2.0\times10^4cm^3$

解　实地汇水面积$P_s=P\times M^2=1.6\times10^4\times2\,000^2=6.4\times10^{10}cm^2=6.4\times10^6m^2$

降水量$Q=P_s\cdot m\cdot n\cdot k=6.4\times10^6\times50\times10^{-3}\times2.5\times0.4=3.2\times10^5m^3=3.2\times10^{11}cm^3$

答案： B

（四）利用地形图进行土地平整的设计

土地平整一般采用方格法和断面法。在现状地形图上，根据土地平整设计所要求的条件绘制设计等高线，则可找出有关点的原地面高程与设计高程之差即为该点处的填挖高度，其面积乘以其上各点平均填挖高度即为土（石）方工程量。

（五）利用地形图计算面积

地形图上量测面积的方法有透明方格法、平行线法、求积仪法、划分简单几何图形法、解析法（根据闭合图形各点坐标按公式计算面积）。

三、地形图在城市规划中的应用

（一）地形图在城市用地地形分析中的应用

根据城市各项建设对地形的要求，应进行如下的地形分析：在地形图上标明分水线（山脊线）、集水线（山谷线）和地面流水方向；划分不同坡度的地段；特殊地段包括冲沟、坎地、沼泽地等的调查与分析。

（二）地形图在建筑设计中的应用

充分结合地形确定建筑群体的布置方案；考虑服务半径与服务高差进行服务性建筑的布置；在山地或丘陵地结合风向与地形的关系考虑建筑分区和布置；根据地貌的坡度和坡向，密切结合建筑布置形式和朝向，确定合理的建筑日照间距。

习　　题

13-8-1　1/2 000地形图与1/5 000地形图相比，（　　）。

A. 比例尺大，地物与地貌更详细　　B. 比例尺小，地物与地貌更详细

C. 比例尺小，地物与地貌更粗略　　D. 比例尺大，地物与地貌更粗略

13-8-2　在1/2 000地形图上量得M、N两点距离为d_{MN}=75mm，高程为H_{M}=137.485m、H_{N}=141.985m，则该两点坡度i_{MN}为（　　）。

A. +3%　　B. −4.5%　　C. −3%　　D. +4.5%

13-8-3　确定汇水面积就是确定一系列（　　）与指定断面围成的闭合图形面积。

A. 山谷线　　B. 山脊线

C. 某一高程的等高线　　D. 集水线

第九节　建筑工程测量

一、建筑工程控制测量

勘测时期建立的控制网是为了测图的需要，在观测精度、点的密度、点位分布上都未考虑建筑施工的需要，同时由于平整场地时控制点多被破坏，所以在施工开始前，建筑场地应建立新的专门的建筑工程控制网。

（一）建筑工程平面控制网

一般有建筑基线、建筑方格网、导线网和多边形网等多种形式。

建筑场地比较小，采用建筑基线作为平面控制。基线布置根据建筑物分布、场地地形和原有控制点的状况而定。基线点数不得少于 3 个，形式如图 13-9-1 所示。

在大中型建筑群施工场地上，采用正方形或矩形网，其轴线与场地上建筑物主要轴线相平行，称为建筑方格网，作为施工控制网。其布置应根据建筑设计总平面图上的建筑物、构筑物及各种管线的布置情况并结合地形而定。常分二级布设，首级采用“+”“□”等形式，然后加密为格网。图 13-9-2 为先选定建筑方格网中的主轴线，然后再全面布设格网。

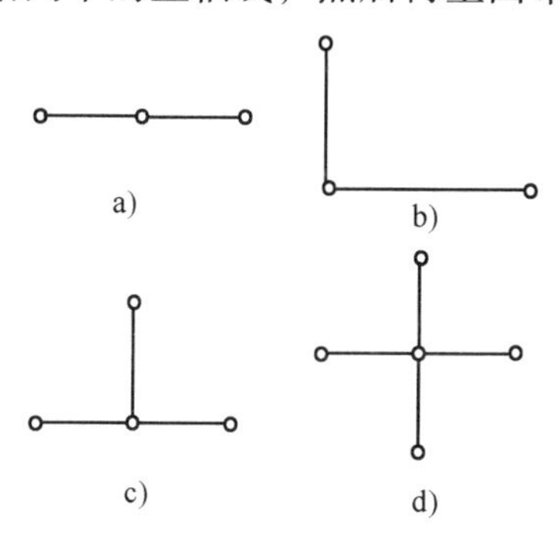

图 13-9-1　**基线布置形式**

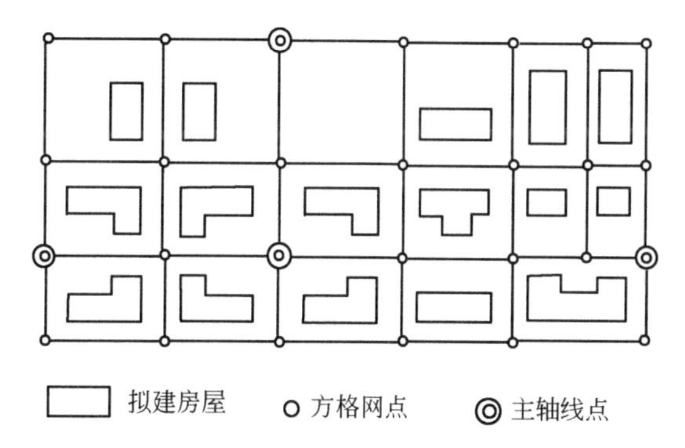

图 13-9-2　**建筑方格网布设**

【例 13-9-1】 施工控制网一般采用建筑方格网，对于建筑方格的首级控制技术要求应符合《工程测量标准》（GB 50026—2020）的要求，其主要技术要求为：

A. 边长：100~300m，侧角中误差：5″，边长相对中误差：1/30 000

B. 边长：150~350m，侧角中误差：8″，边长相对中误差：1/10 000

C. 边长：100~300m，侧角中误差：6″，边长相对中误差：1/10 000

D. 边长：800~200m，侧角中误差：7″，边长相对中误差：1/15 000

解　按《工程测量标准》（GB 50026—2020）第 8.2.4 条规定，建筑方格网首级控制技术要求：边长 100~300m；角中误差：5″；边长相对中误差小于1/30 000。

答案：A

（二）建筑工程高程控制网

在建筑施工场地上，水准点的密度要尽可能满足安置一次仪器即可测设出所需的高程点，而勘测时期的水准点不能满足施工的需求。一般在基线点和方格网点桩面上中心点旁设置一凸起的半球形标志即可作为水准点标志。建筑场地高程控制常用四等水准测量，但对于自流管道、大型连续生产车间采用三等水准测量。此外，为测设方便和减小误差，在建筑物内部或附近专门设置 ±0 水准点。注意设计中各建筑物的 ±0 水准点其高程不一定相等。

二、施工放样测量

（一）准备工作

熟悉图纸，核对图纸尺寸；现场踏勘，了解现场地物和地貌情况；平整和清理场地；拟订测设计划，绘制测设草图。

（二）施工测量的基本工作

1. 测设已知水平距离

在已知线段起点和方向的情况下，从起点沿线段方向丈量出给定的已知水平距离，将线段的另一点在地面标定出来的工作称为测设已知水平距离。方法如下：欲测设地面已知水平距离D，根据尺长方程式、测设时的温度、线段两端点高差，直接按公式计算尺长改正Δl_{d}［式（13-4-3）］、温度改正Δl_{t}［式（13-4-4）］和倾斜改正Δl_{h}［式（13-4-5）］，则在实地上的应量长度为

$$D' = D - \Delta l_{\mathrm{d}} - \Delta l_{\mathrm{t}} - \Delta l_{\mathrm{h}} \tag{13-9-1}$$

另一种方法：从线段起点A，概量一段距离AB'（它应与欲测设的已知水平距离D_{AB}相近）。仍按前法的公式计算丈量AB'的三项改正数和AB'经改正后的实际长度D'_{AB}。计算$\Delta D = D_{\mathrm{AB}} - D'_{\mathrm{AB}}$，当$\Delta D$为正，从$B'$沿$AB'$量$\Delta D$得$B$点；当$\Delta D$为负，从$B'$沿$B'A$量$\Delta D$得$B$点，$B$点即为测设已知水平距离在地面标定的点。此法称为端点改正法。

2. 测设已知数值的水平角

地面上已有一条已知方向线，在角顶点上把与该方向线夹角为已知值的另一方向线标定在地面的工作称为测设已知数值的水平角。一般采用测回法测设（又称盘左、盘右分中法），即用经纬仪盘左、盘右分别测设出方向线得B'和B''，取其平均位置B即可，如图 13-9-3 所示。当要求精密时，在测站O，对上述测设出的角度用多个测回精确测定角值β'，与给定的欲测设角值β比较，其差值$\Delta\beta = \beta - \beta'$。丈量$OB$的水平距离，即可求出垂直改正距离为

$$BB_0 = OB\tan\Delta\beta \tag{13-9-2}$$

当$\Delta\beta$为正，则过B点向角的外侧改正至B_0；当$\Delta\beta$为负，则过B点向角的内侧改正至B_0，B_0即为所求点。

3. 测设已知高程

根据水准点将已知数值的高程在实地设置标志的工作称为测设已知高程，见图 13-9-4。

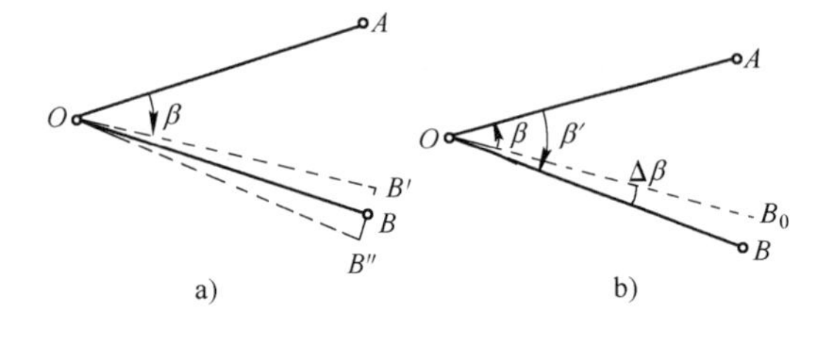

图 13-9-3 测设已知数值的水平角

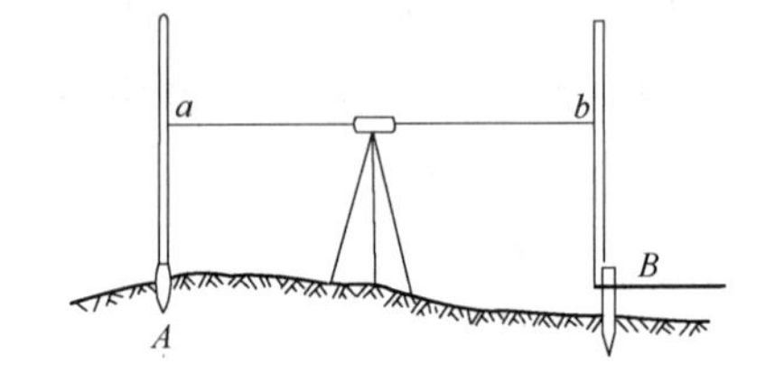

图 13-9-4 测设已知高程

视线高法：水准点A的高程为H_{A}，欲测设B桩的已知高程为H_{B}，水准仪水平视线在A点尺上读数为a，则视线高程$H_{\mathrm{i}} = H_{\mathrm{A}} + a$，而$B$桩处水准尺读数应为$b = H_{\mathrm{i}} - H_{\mathrm{B}}$。上下移动水准尺当水平视线正好读出应读前视读数$b$时，尺底划线标志即为所测设的$B$点。

高差法：在已知点A立一木杆，水准仪的水平视线在木杆上画一点a。计算反数$\Delta h = H_{\mathrm{B}} - H_{\mathrm{A}}$，当$\Delta h$为正，由$a$向下量$\Delta h$，在木杆上画一点$b$；当$\Delta h$为负，由$a$向上量得$b$点。木杆移至$B$桩处，上下移动木杆，当仪器水平视线正好瞄准$b$，此时在木杆底画线标志即为$B$点。

悬吊钢尺法：如图 13-9-5 所示，水准点BM_0的高程为H_0，欲测设A桩处的已知高程H_{A}，悬吊钢尺零刻划线在下，则$H_{\mathrm{A}} = H_0 + (a_1 - b_1) + (a_2 - b_2)$，由此可推知$A$桩处的应读前视为

$$b_2 = a_2 + (a_1 - b_1) - (H_{\mathrm{A}} - H_0) \tag{13-9-3}$$

当坑下水准仪的水平视线正好读出应读前视b_2时，尺底划线标志即为所测设的A点。

（三）测设点的平面位置的方法

1. 直角坐标法

场地上布置了互相垂直的控制轴线（例如建筑方格网）时，采用直角坐标法测设点位，只需测设直角和测设有关点的坐标增量值即可在地面上标定欲测设点位。

2. 极坐标法

如图 13-9-6 所示，欲测设给定坐标的点$M(x_{\mathrm{M}},y_{\mathrm{M}})$，利用已知的控制点$G(x_{\mathrm{G}},y_{\mathrm{G}})$和已知方位角$\alpha_{\mathrm{GF}}$的边作为极点和极轴，计算极角即$GM$与$GF$的夹角$\beta$，极距即$G$与$M$的水平距离$D_{\mathrm{GM}}$，则通过测设极角$\beta$和极距$D_{\mathrm{GM}}$在地面标定$M$点，这种方法称为极坐标法定点。

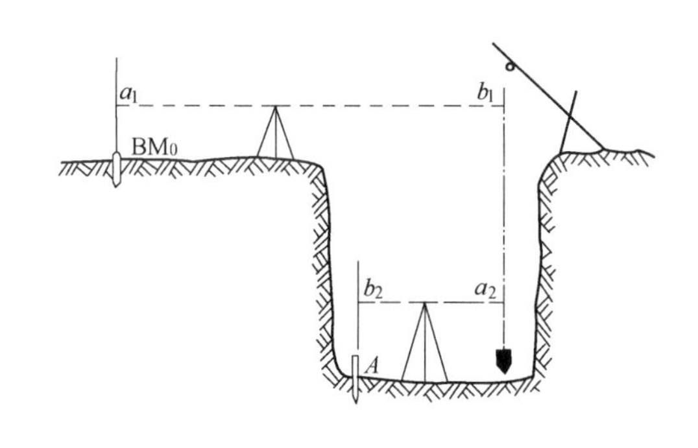

图 13-9-5 悬吊钢尺法

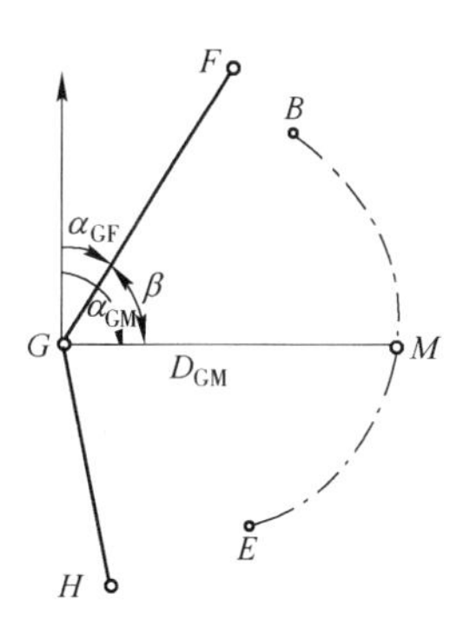

图 13-9-6 极坐标法

极轴的方位角α_{GF}可直接给定，也可利用给定控制点坐标$G(x_{\mathrm{G}},y_{\mathrm{G}})$和$F(x_{\mathrm{F}},y_{\mathrm{F}})$计算得到。有关数据的计算公式如下

$$\left.\begin{aligned}
\alpha_{\mathrm{GF}} &= \arctan\frac{y_{\mathrm{F}}-y_{\mathrm{G}}}{x_{\mathrm{F}}-x_{\mathrm{G}}} = \arctan\frac{\Delta y_{\mathrm{GF}}}{\Delta x_{\mathrm{GF}}} \\
\alpha_{\mathrm{GM}} &= \arctan\frac{y_{\mathrm{M}}-y_{\mathrm{G}}}{x_{\mathrm{M}}-x_{\mathrm{G}}} = \arctan\frac{\Delta y_{\mathrm{GM}}}{\Delta x_{\mathrm{GM}}} \\
\beta &= \alpha_{\mathrm{GM}} - \alpha_{\mathrm{GF}} \\
D_{\mathrm{GM}} &= \sqrt{\Delta x_{\mathrm{GM}}^2 + \Delta y_{\mathrm{GM}}^2}
\end{aligned}\right\} \tag{13-9-4}$$

3. 距离交会法

通过两个或两个以上的已知水平距离（或利用两点坐标计算两点水平距离）的交会即可在地面标定欲测设的点位。

4. 角度交会法

通过两个或两个以上已知角度的方向线交会即可在地面标定欲测设的点位。交会时，角度值的计算可参考式（13-9-4）。当三条方向线交会出现误差三角形时，应取其重心。

（四）建筑物的定位

建筑物的定位是根据设计，以一定的精度把建筑物外廓各轴线的交点测设到实地上，然后根据这些点进行细部放样。由于设计条件和现场情况不同，有三种定位依据：依据与原有建筑物的关系定位；依据建筑基线、建筑方格网定位；依据控制点、红线桩定位。

建筑物的详细测设是依据定位主轴线，放样出建筑物各部位的细部轴线和边线。

由于基础开挖时建筑物外廓轴线交点将被挖掉，所以必须将轴线延长到基坑外并作出标志称为轴线控制桩，作为恢复各轴线的依据；或采用龙门板亦可。

（五）基础施工的测量工作

开挖基槽（坑）不得超挖基底，要随时注意挖土的深度，当挖到离槽（坑）底 0.3~0.5m 时，用水准测量在槽（坑）壁上每隔 2~3m 或拐角处钉一水平桩，测设水平桩高程等于某已知高程（例如槽底设计高程加上一整数 0.5m），用作控制挖槽深度和铺设垫层的依据。

当垫层做好后，根据轴线控制桩或龙门板上的轴线钉将轴线投测到垫层上，再用墨线弹出中线和边线称为撂底。完成后经自检合格，交验线部门验线。

（六）高层建筑物轴线投测与高程传递

基础工程完工后，要逐层向上投测轴线。先根据建筑场地平面控制网校测轴线控制桩，再将建筑物外廓各轴线交点和各细部轴线，精确地测设到±0.000 首层平面上并弹线。向上投测时，将经纬仪安置在轴线延长线的固定点上，以盘左盘右照准首层平面上所设的轴线标志，向上投测到每层楼面上，并取盘左盘右投测的中点即得该层上的轴线点。按此方法分别投测纵横轴线点，则纵横轴线交点即是该层楼面的施工控制点，这种方法称为轴线延长法竖向投测。当场地窄小，无法延长轴线时，可采用侧向借线法或正倒镜挑直法投测出施工层上的轴线位置。以上是用经纬仪投测，注意严格检验校正仪器，尤应注意 LL⊥VV，安置仪器时水平度盘水准管气泡严格居中。另外，可用垂准线法作竖向投测，有吊重垂球法、激光准直仪法和光学铅垂仪法。

高层建筑的高程传递，要将高程由下层楼面向上层传递，可利用皮数杆传递高程法、采用钢尺直接丈量传递高程法、沿楼梯用水准测量传递高程法、电磁波测距三角高程法传递高程。另外，还可利用悬吊钢尺和水准仪传递高程，如图 13-9-7 所示。将±0.000 的高程传递到施工层的A'，则

$$H_{A'} = H_{\pm 0} + a - b + b' - a' \tag{13-9-5}$$

式中：a、b、a'、b'—尺读数，悬吊钢尺的零刻划线在下。

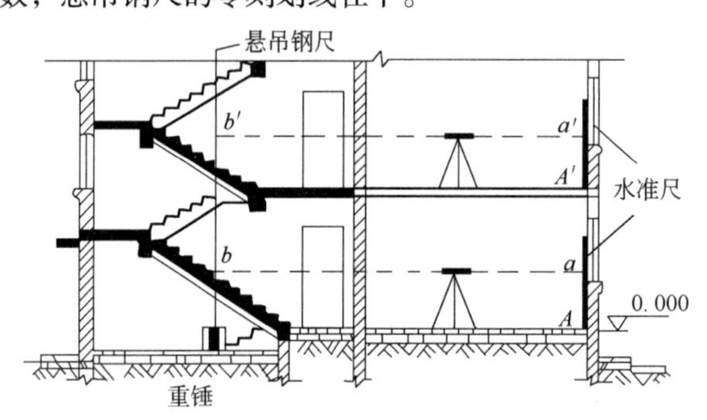

图 13-9-7 利用悬吊钢尺和水准仪转递高程

【例 13-9-2】 建筑场地高程测量，为了便于建（构）筑物的内部测设，在建（构）筑物内设±0 点，一般情况建（构）筑物的室内地坪高程作为±0，因此，各个建（构）筑物的±0 应该是：

A. 同一高程　　B. 根据地形确定高程

C. 依据施工方便确定高程　　D. 不是同一高程

解 在建（构）筑物内设置±0 点，是根据建（构）筑物的室内地坪设计高程确定的，通常±0 点是室内地坪的设计高程。由于不同建（构）筑物的室内地坪设计高程不一定相同，所以各建（构）筑物内的±0 点不是同一高程。

答案：D

三、结构安装测量

（一）柱子安装测量

柱子起吊前的准备工作有投测柱列轴线、柱身侧面标出中心线、柱长检查与杯底标高测定（杯底抄平）。

吊装时，为使柱子牛腿顶面或柱顶面的高程符合设计高程，应使柱身上的±0 线与杯口内壁标志的±0 线吻合，此时应注意杯底找平。为使柱子的平面位置符合设计位置，应使柱身上的三个侧面中心线与相应杯口上的柱轴线吻合。为使柱身铅直，应用两台经纬仪安置在距离约 1.5 倍柱高的纵横两条轴线附近，同时校正柱身的铅直，先瞄准柱子根部的中心线之后望远镜仰视，再使柱子上部中心线吻合在十字丝交点上为止。

同截面的柱子，可把经纬仪安置在轴线一侧校正几根柱子的铅直；变截面柱子的上下部中心线不在同一铅垂线上，则必须将经纬仪逐一安置在各自的有关纵向或横向柱轴线上校正柱子的铅直。经纬仪应严格校正，安置时应使水平度盘水准管气泡严格居中。

【例 13-9-3】 工业厂房柱子安装测量时，进行柱子竖直角度校正使用的仪器为：

A. 一台水准仪　　B. 两台水准仪　　C. 一台经纬仪　　D. 两台经纬仪

解 工业厂房柱子安装测量时，进行柱子竖直角度校正需同时使用两台经纬仪。

答案：D

（二）吊车梁安装测量

为使吊车梁顶面高程符合设计高程，用水准点检查柱身的±0 线和牛腿面高程，并在柱子靠牛腿的一面测设出一条梁面高程的水平线，安装时使梁的顶面与该水平线吻合即可。为使吊车梁的平面位置符合设计位置，应在地面上根据柱列轴线标出梁中心线，之后用经纬仪将梁中心线位置向上投测到牛腿面上，安装时使梁顶面所画中心线与投测到牛腿面上的梁中心线吻合即可。

（三）吊车轨道安装测量

在吊车梁上找出吊车轨道中心线。先在地面定出一条与吊车轨道相距 1m（或其他间距）的平行线，称为借线。用经纬仪将该线向上投测，通过在吊车梁上移动横放的木尺还回所借间隔即可在梁面上得到轨道中心线，然后将轨道上的中心线与梁面上的轨道中心线吻合即可。

吊车轨道就位后，利用安置在吊车梁上的水准仪，在轨顶上立尺，检查轨顶高程是否符合设计高程。还应利用钢尺检查两条吊车轨道的跨距是否符合设计间距。

四、建筑工程变形观测

建筑物、构筑物在自重、外力、运营过程中的反复荷载作用下会产生变形，常有沉降、倾斜、水平位移和裂缝等。如果变形超出允许值将危害建筑物的使用和安全，所以变形观测对保证安全施工和正常使用非常重要，并能验证设计理论及对今后合理设计提供重要资料。

（一）沉降观测

沉降观测是测定建筑物在铅垂方向的位移量。对于重要建筑物、20 层以上的高层建筑物、造型复杂的 14 层以上的高层建筑物、对地基变形有特殊要求的建筑物、单桩承受荷载在 4000kN 以上的建筑物，以及工业高炉、水塔、烟囱等均应进行沉降观测。

沉降观测采用几何水准测量或液体静力水准测量。几何水准测量中，为了保证准确性，水准基点不得少于 3 个，应埋设在变形区以外的稳固处，冰冻区应埋设在冻土层以下 0.5m；为了提高观测精度，水准点和观测点不能相距太远。观测点的数量和位置应能全面反映建筑物的变形情况，一般是均匀设置，但在荷载有变化的部位、平面形状变化处、沉降缝两侧、具有代表性的支柱和基础上，应加设足够的观测点。

沉降观测的任务是周期性地对变形观测点进行多次重复观测，以取得相邻时间间隔的变化量。一般在观测点埋设稳定后即进行第一次观测。高层建筑每增加 1~2 层，电视塔、烟囱等每增高 10~15m 观测一次；基础混凝土浇筑、回填土、结构安装前后、基础周围大量积水等情况，均应进行观测，竣工后如变形速度减缓可 2~3 个月观测一次。

大型、重要的建筑物用精密水准仪 $DS_{0.5}$、DS_1 进行观测，一般精度要求时则可采用 DS_3 水准仪进行。为了保证观测精度，注意前后视距离尽可能相等。

每次观测后将结果列入成果表中，并计算每次的沉降量和累计沉降量，同时绘制沉降量、荷载、时间等关系曲线图。

【例 13-9-4】 沉降观测的基准点是观测建筑物垂直变形值的基准，为了相互校核并防止由于个别基准点的高程变动造成差错，沉降观测布设基准点一般不能少于：

A. 2 个　　B. 3 个　　C. 4 个　　D. 5 个

解　根据现行《工程测量标准》(GB 50026—2020) 第 10.1.4 条规定，变形监测水准基准点布设不少于 3 个。

答案： B

(二) 倾斜观测

建筑物倾斜观测是测定基础和上部结构的倾斜变化，包括倾斜大小、方向和速率。

基础倾斜观测一般采用精密水准测量方法，测量基础两端点的差异沉降量Δh，再根据两点间的距离D，则可求得基础的倾斜度$i = \Delta h/D$。

建筑物上部倾斜观测方法有三种：其一是悬挂垂球法，根据上、下应投影在同一位置的点直接测定倾斜位移量；其二是经纬仪投影法测定倾斜量；其三是差异沉降量推算法，此法同基础倾斜观测，当建筑物高度为H，则倾斜量$\varDelta = iH = (\Delta h/D)H$。

(三) 位移观测

位移观测的目的是测定建筑物在平面位置上随时间移动的大小和方向。位移观测可采用盘左、盘右投点法求出位移值，也可采用测角的方法，设第一次仪器在O点，瞄准观测点A与控制点M，测得$\angle MOA$为β_1，第二次测得β_2，两次观测角之差为$\Delta\beta = \beta_2 - \beta_1$，如测站到观测点的距离为$D$，则水平位移值为$\delta = D\Delta\beta''/\rho''$。

(四) 裂缝观测

裂缝观测包括裂缝所在位置、走向、长度和宽度等。如在裂缝处可绘制方格网坐标时，可用钢尺量测；必要时，可埋设特制的能测定三维变化的标志，用游标卡尺量测。大面积或不可及的裂缝可用近景摄影测量方法量测。

五、竣工测量和竣工现状总图的编绘

竣工测量成果是验收与评价工程按图施工的基本依据，也是工程交付使用后进行管理、维修、改建和扩建的依据。竣工现状总图是对竣工地区内的地上、地下建(构)筑物的形状、大小、位置与高程等竣工后情况的全面真实反映。一般可在施工图上相应部位加上文字说明，标注有关洽商记录、编号与条款。重要工程应重新绘制竣工图。

习 题

13-9-1 建筑施工放样测量的主要任务是将图纸上设计的建筑物（构筑物）的（ ）位置测设到实地上。

A. 平面　　B. 相对尺寸　　C. 高程　　D. 平面和高程

13-9-2 利用高程为 44.926m 的水准点，测设某建筑物室内地坪标高±0（高程为 45.229m），当后视读数为 1.225m 时，则前视尺读数为（ ）m 时，尺底画线即为 45.229m 的高程标志。

A. 1.225　　B. 0.303　　C. −0.303　　D. 0.922

13-9-3 两红线桩 A、B 的坐标分别为 x_A=1 000.000m、y_A=2 000.000m，x_B=1 060.000m、y_B=2 080.000m；欲测设建筑物上的一点 M，x_M=991.000m、y_M=2 090.000m。则在 A 点以 B 为后视点，用极坐标法测设 M 点的极距 D_{AM} 和极角 $\angle BAM$ 分别为（ ）。

A. 90.449m、42°34′50″　　B. 90.449m、137°25′10″

C. 90.000m、174°17′20″　　D. 90.000m、95°42′38″

13-9-4 建筑施工测量包括（ ）、建筑施工放样测量、变形观测和竣工测量。

A. 控制测量　　B. 高程测量　　C. 距离测量　　D. 导线测量

第十节 全球导航卫星系统（GNSS）简介

GNSS（Global Navigation Satellite System）的全称是全球导航卫星系统，它是泛指所有的卫星导航系统。目前，GNSS 包含了美国的全球定位系统 GPS、俄罗斯的格洛纳斯卫星导航系统 GLONASS、中国的北斗卫星导航系统 BDS、欧盟的伽利略卫星导航系统 GALILEO，可用的卫星数目达 100 颗以上。

一、全球定位系统（GPS）

GPS 由空间部分、控制部分和用户部分组成。空间部分由 21 颗工作卫星和 3 颗备用卫星组成，卫星在全球定位系统中的主要功能是接收、存储由地面控制站输入的信息，依据原子铯钟保持精确的时间，向海洋、陆地、航空等用户发射导航、定位信息，在地面站控制下，用推进器调整卫星状态，微处理机完成局部的数据处理。控制部分由分布在全球的 5 个地面站组成，其主要任务是处理和监测收到的全部信息，纠正偏离轨道的卫星，推算卫星星历和 GPS 的时间系统，并将计算出的星历、钟差、卫星电文遥控指令等输入到相应卫星的存储系统中，监测全部卫星发射的信号和卫星内部部件的功能状况。用户按使用性质分为军用和民用两种，按使用地区分为陆地、海洋、空中和近地轨道等。

GPS 具体运转状态是：24 颗工作卫星分配在 6 个轨道平面内，每个轨道平面内均匀分布四颗卫星，轨道间隔为 60°，轨道周期为 11 小时 58 分，倾角 63°，使得地球上任何地方、任何时刻，只要在纬度 20°以上就能同时观测到 4~6 颗卫星，以连续完成对海上、空中、地面的三维导航和定位，为用户服务。

每颗卫星装有两台原子铯钟，由地面站进行检验。两台钟表面时差和钟速在观测中发射给用户。

GPS 定位原理分为绝对定位和相对定位两种。绝对定位即利用 GPS 确定用户接收机天线在 WGS-84 坐标系中的绝对位置。它广泛应用于导航和大地测量中的单点定位。相对定位的最基本情况是用两台接收机分别安置在基线两端，并同步观测相同的 GPS 卫星，以确定基线端点在世界地球坐标系中的相对位置。它广泛应用于大地测量、精密工程测量和地球动力学的研究。

GPS 测量可应用于控制测量、工程变形监测、海洋测绘、交通运输和军事等方面。

二、北斗卫星导航系统（BDS）

BDS（BeiDou Navigation Satellite System）是中国自行研制的全球卫星导航系统。是继美国的 GPS、俄罗斯的 GLONASS 之后第三个成熟的卫星导航系统。北斗卫星导航系统 BDS 和美国的 GPS、俄罗斯的 GLONASS、欧盟的 GALILEO，是联合国卫星导航委员会已认定的供应商。

北斗卫星导航系统由空间段、地面段和用户段三部分组成：空间段由若干地球静止轨道卫星、倾斜地球同步轨道卫星和中圆地球轨道卫星组成；地面段包括主控站、注入站、监测站及星间链路运行管理设施；用户段包括北斗及兼容其他卫星导航系统的芯片、模块、天线等基础产品，以及终端设备、应用系统与应用服务等。

北斗卫星导航系统的特点：空间段采用三种轨道卫星组成的混合星座，与其他卫星导航系统相比，高轨卫星更多，抗遮挡能力强，尤其低纬度地区性能特点更为明显；北斗卫星导航系统提供多个频点的导航信号，能够通过多频信号组合使用等方式提高服务精度；北斗卫星导航系统创新融合了导航与通信能力，具有实时导航、快速定位、精确授时、位置报告和短报文通信服务五大功能。

北斗卫星导航系统的发展历程：20 世纪后期，中国开始探索适合国情的卫星导航系统发展道路，逐步形成了“三步走”发展战略。2000 年底，建成北斗一号系统，向中国提供服务；2012 年底，建成北斗二号系统，向亚太地区提供服务；2020 年前后，建成北斗全球系统，向全球提供服务。2017 年 11 月 5 日，中国第三代导航卫星顺利升空，标志着中国正式开始建造北斗卫星导航系统。2018 年，面向“一带一路”沿线及周边国家提供基本服务。2020 年 6 月 23 日 9 时 43 分，在西昌卫星发射中心用长征三号乙运载火箭，成功发射北斗卫星导航系统第 55 颗导航卫星。至此，北斗三号全球卫星导航系统组网卫星全部到位，星座部署比原计划提前半年全面完成。2020 年 7 月 31 日上午，北斗三号全球卫星导航系统正式开通运行。“北斗”进入服务全球、造福人类的新时代。

北斗三号全球卫星导航系统可在全球范围内全天候、全天时为各类用户提供高精度、高可靠定位、导航、授时等服务，并具有短报文通信能力。定位精度可达分米、厘米级别，测速精度0.2m/s，授时精度 10ns。

北斗卫星导航系统使用的坐标系统是 2000 中国大地坐标系 CGCS2000。

三、GNSS 测量模式及终端设备

工程测量中，GNSS 测量工作可分为静态定位和动态定位两种模式。静态定位是在定位过程中，接收机天线（测点）的位置相对于周围地面点而言，处于静止状态，静态定位是通过大量的重复观测来提高精度的，是一种高精度的测量方法，主要用于控制测量；动态定位是在测量过程中，接收机天线（测点）的位置相对于周围地面点而言，处于运动状态，动态定位精度较低。

工程测量中，采用动态实时差分（Real Time Kinematic，RTK）技术来提高动态定位的精度。RTK基本原理是在基准站（通常为测量控制点）上安置一台接收机，对所有可见的 GNSS 卫星进行连续观测，利用基点坐标和卫星观测数据（星历）计算 GNSS 观测值的校正值，将其通过无线电台实时传输给动态用户观测站（测点，又称流动站），动态用户将测点的观测数据结合基站的校正值，实时高精度地解算出测站点的坐标。RTK 测量技术主要用于工程测量中的施工放样、地形测绘等工作。

全球卫星导航系统用户终端的重要设备是 GNSS 接收机。根据 GNSS 接收机的用途，通常可将其分为以下三类：

（1）导航型接收机：主要用于各类运动载体，如飞机、汽车、轮船等移动物体的导航，可实时给出载体的位置和速度。一般采用伪距测量，定位精度较低，通常为 10m 左右。接收机价格便宜，应用广泛。

（2）测地型接收机：主要用于大地测量和工程测量。接收机主要由主机、天线、无线电台等组成，通常采用载波相位测量。数据处理配合专业 GNSS 数据处理平差软件进行。根据具体测量任务和精度要求，可采用绝对定位或相对定位方法完成测量工作。测地型接收机定位精度高，仪器静态定位精度：平面 3mm+1ppm，高程 5mm+1ppm；动态定位精度：RTK（动态实时差分）平面 10mm+1ppm，高程 20mm+1ppm。测地型 GNSS 接收机仪器结构复杂，相较于导航型接收机，价格昂贵。

（3）授时型接收机：主要利用 GNSS 卫星提供的高精度时间标准进行授时，常用于天文台、无线通信及电力网络中时间同步。

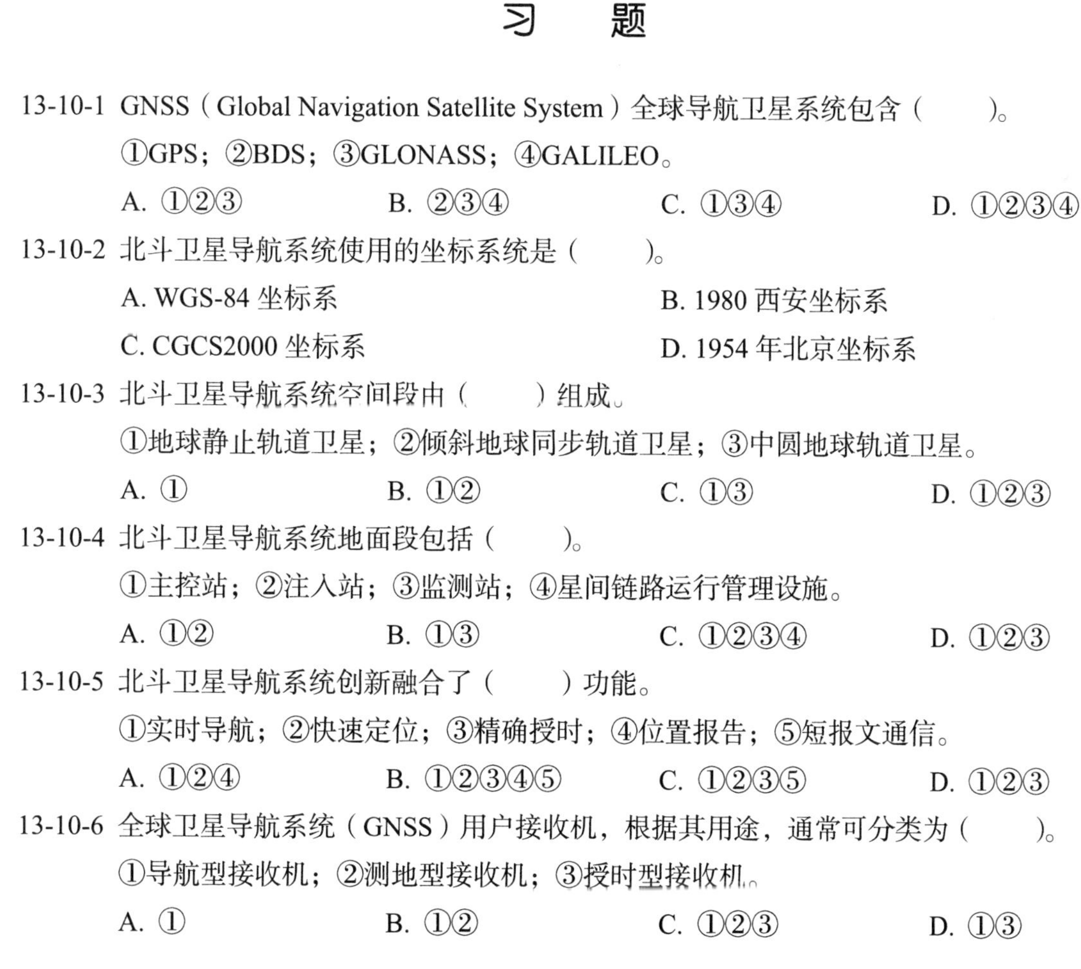

习　　题

13-10-1 GNSS（Global Navigation Satellite System）全球导航卫星系统包含（　　）。

①GPS；②BDS；③GLONASS；④GALILEO。

A. ①②③　　B. ②③④　　C. ①③④　　D. ①②③④

13-10-2 北斗卫星导航系统使用的坐标系统是（　　）。

A. WGS-84 坐标系　　B. 1980 西安坐标系

C. CGCS2000 坐标系　　D. 1954 年北京坐标系

13-10-3 北斗卫星导航系统空间段由（　　）组成。

①地球静止轨道卫星；②倾斜地球同步轨道卫星；③中圆地球轨道卫星。

A. ①　　B. ①②　　C. ①③　　D. ①②③

13-10-4 北斗卫星导航系统地面段包括（　　）。

①主控站；②注入站；③监测站；④星间链路运行管理设施。

A. ①②　　B. ①③　　C. ①②③④　　D. ①②③

13-10-5 北斗卫星导航系统创新融合了（　　）功能。

①实时导航；②快速定位；③精确授时；④位置报告；⑤短报文通信。

A. ①②④　　B. ①②③④⑤　　C. ①②③⑤　　D. ①②③

13-10-6 全球卫星导航系统（GNSS）用户接收机，根据其用途，通常可分类为（　　）。

①导航型接收机；②测地型接收机；③授时型接收机。

A. ①　　B. ①②　　C. ①②③　　D. ①③

习题题解及参考答案

第一节

13-1-1 **解：** 目前国家采用统一的高程基准为1985国家高程基准。

答案： C

13-1-2 **解：** 带号$N=\mathrm{Int}\left(\frac{L+3}{6}+0.5\right)$，中央子午线的经度$L=6n-3$。代入数据，得：

$N=\mathrm{Int}\left(\frac{116.47+3}{6}+0.5\right)=20$

$L=6\times20-3=117$

答案： B

13-1-3 **解：** 根据高斯坐标的轴系定义进行判断。因为$y_{\mathrm{M}}=21\,331\,229.75$，21为带号，由于$y$坐标通用值西移500km，其原始坐标为$331\,229.75-500\,000.00=-168\,770.25$（负值），所以该点位于中央子午线以西。

答案： C

13-1-4 **解：** 测量工作的基本原则是先控制后碎部。

答案： A

第二节

13-2-1 **解：** 读数越大，点的高程越低。反之，读数越小，则该测量点点位越高。

答案： A

13-2-2 **解：** N点对M点的高差和N点的高差分别为：

$$h_{\mathrm{MN}}=a-b=1.000-2.283=-1.283\mathrm{m}$$

$$H_{\mathrm{N}}=H_{\mathrm{M}}+h_{\mathrm{MN}}=43.251-1.283=41.968\mathrm{m}$$

答案： D

13-2-3 **解：** 表示水准仪精度指标中误差值的单位为毫米。

答案： D

13-2-4 **解：** $h_{\mathrm{ab}}=a-b=0.218$；$h'_{\mathrm{ab}}=a'-b'=0.239$，$h'_{\mathrm{ab}}\neq h_{\mathrm{ab}}$，视准轴不平行于水准管轴。注：如果仪器视准轴平行于水准管轴，仪器在不同位置所测得的两点间的高差应该不变。

答案： B

13-2-5 **解：** 参见附合水准路线的检核公式：$f_{\mathrm{h}}=\sum h_{测}-(H_{终}-H_{始})$。

答案： B

第三节

13-3-1 **解：** 表示水平方向测量一测回的方向中误差。

答案： D

13-3-2 **解：** 取盘左、盘右平均值可以消除视准轴不垂直于横轴、横轴不垂直于竖轴及度盘的偏心差。

答案： D

13-3-3 **解：** 当终了方向读数值小于起始方向读数值时，终了方向加360°再减起始方向读数。故

∠AOB前半测回角值为：

$$\angle AOB = b_{OB} + 360° - \alpha_{OA} = 154°18'19'' + 360° - 358°12'15'' = 156°06'04''$$

答案： A

13-3-4 **解：** 水平角是两竖直面间的二面角。竖直角是在同一竖直面内，某方向与过仪器中心的水平面之间的夹角，因此，水平角保持不变，竖直角发生改变。

答案： A

13-3-5 **解：** 竖直度盘为顺时针注记时，竖直角的计算公式为：

$$\alpha_{左} = 90° - L,\ \alpha_{右} = R - 270°$$

见经纬仪的竖直角观测原理。

答案： A

第四节

13-4-1 **解：** 由尺长方程式可知，该钢尺名义尺长为50m。各项改正数及水平距离计算如下：

尺长改正：$\Delta l = \frac{0.004\,4}{50} \times 49.906\,2 = 0.004\,4\text{m}$

温度改正：$\Delta l_t = 1.25 \times 10^{-5} \times 11.4 \times 49.906\,2 = 0.007\,1\text{m}$

高差改正：$\Delta l_h = -\frac{h^2}{2l} = -\frac{(-0.705)^2}{2 \times 49.906\,2} = -0.005\,0\text{m}$

该两点水平距离：$D = l + \Delta l + \Delta l_t + \Delta l_h = 49.906\,2 + 0.004\,4 + 0.007\,1 + (-0.005\,0)$

$$= 49.912\,7\text{m} \approx 49.913\text{m}$$

答案： B

13-4-2 **解：** 根据视距测量计算公式：

$$D = kl\cos^2\alpha = 100 \times (1.781 - 1.019) \times \cos^2(-3°12'10'') = 75.962\text{m}$$

$$h_{AB} = D\tan\alpha + i - v = 75.962\tan(-3°12'10'') + 1.40 - 1.40 = -4.251\text{m}$$

$$H_B = H_A + h_{AB} = 162.382 - 4.251 = 158.131\text{m}$$

答案： A

13-4-3 **解：** $m_D = \pm(A + B \times D)$，ppm为百万分之一，即$10^{-6}$。

故$m_D = \pm(3 + 3 \times 10^{-6} \times 500 \times 10^3) = \pm 4.5\text{mm}$

答案： C

13-4-4 解：方位角是由标准方向北端起顺时针量到所测直线的夹角，取值范围360°。

答案： D

第五节

13-5-1 **解：** 等精度观测是在观测条件相同下的观测。

答案： C

13-5-2 **解：** 依题意往返丈量相对误差：$K = \frac{\Delta D}{D} < \frac{1}{10\,000}$，故$\Delta D < 0.012\text{m}$。

答案： B

13-5-3 **解：** 算术平均值中误差:$M = \pm\frac{m}{\sqrt{n}} = \pm\sqrt{\frac{[vv]}{n(n-1)}}$。

答案： A

13-5-4 **解：** 角度观测中误差：$m = \sqrt{2}m_{方} = \sqrt{2} \times 6''$

$M = \pm\frac{m}{\sqrt{n}} = 3''$，故$n \geqslant \frac{2 \times 36}{9} = 8$

应观测 8 个测回。

答案： D

13-5-5 **解：** $\angle C = 180° - \angle A - \angle B$，用误差传播定律计算。

所以$m_{\angle C} = \pm\sqrt{m_{\angle A}^2 + m_{\angle B}^2} = \pm 5''$

答案： C

第六节

13-6-1 **解：** $\alpha_{BC} = \alpha_{AB} - \beta_{ABC(右)} + 180° = 87° - 290° + 180° + 360° = 337°$。

注：当$\alpha_{BC} = \alpha_{AB} - \beta_{ABC(右)} + 180°$小于 0 时，$\alpha_{BC}$再加上 360°为最终结果。

答案： C

13-6-2 **解：** 导线测量外业工作包括踏勘选点、埋设标志，边长丈量、转折角测量、连接边和连接角测量。

答案： B

13-6-3 **解：** 导线坐标增量闭合差调整的方法是将闭合差按与导线边长成正比例并反符号的关系求取改正数。

答案： C

13-6-4 **解：** 导线全长闭合差的计算公式：$f_D = \sqrt{f_x^2 + y_x^2}$

答案： A

13-6-5 **解：** $\Delta x_{MN} = D_{MN}\cos\alpha_{MN} = 73.469 \times \cos 115°18'12'' = -31.401\text{m}$

$\Delta y_{MN} = D_{MN}\sin\alpha_{MN} = 73.469 \times \sin 115°18'12'' = 66.420\text{m}$

答案： C

第七节

13-7-1 **解：** 大比例尺地形图按矩形分幅时，常用的编号方法是以图幅的西南角坐标值公里数进行编号。

答案： B

13-7-2 **解：** 既反映地物的平面位置，又反映地面高低起伏状态的正射投影图称为地形图。

答案： D

13-7-3 **解：** 等高线是闭合的曲线。

答案： A

13-7-4 **解：** 地形图上 0.1mm 的长度所代表的相应实地水平距离称为比例尺精度。

答案： D

13-7-5 **解：** 根据比例尺精度的定义，应有$0.1 \times M \geqslant 0.2 \times 10^3$，所以$M \geqslant \frac{0.2\times10^3}{0.1} = 2\,000$，故测图比例尺应选择 1∶2 000。

答案： D

第八节

13-8-1 **解：** 比例尺越大，地形图所表征的地物与地貌更详细。

答案： A

13-8-2 **解：** $i_{MN} = \frac{H_N - H_M}{d_{MN} \times M} \times 100\% = \frac{141.985 - 137.485}{0.075 \times 2\,000} \times 100\% = +3\%$。

答案： A

13-8-3 **解：** 汇水面积的确定是将一系列的分水线（山脊线）连接而成。

答案： B

第九节

13-9-1 **解：** 它的主要任务是将图纸上设计的平面和高程位置测设到实地上。

答案： D

13-9-2 **解：** 依题意，视线高$H_{\mathrm{i}} = H_{已知点} + a = 44.926 + 1.225 = 46.151\mathrm{m}$

故前视读数$b = H_{\mathrm{i}} - H_{测设点高程} = 46.151 - 45.229 = 0.922\mathrm{m}$

答案： D

13-9-3 **解：** $\begin{cases}\Delta x_{\mathrm{AM}} = x_{\mathrm{M}} - x_{\mathrm{A}} = 991.000 - 1\,000.000 = -9.000\mathrm{m} \\ \Delta y_{\mathrm{AM}} = y_{\mathrm{M}} - y_{\mathrm{A}} = 2\,090.000 - 2\,000.000 = 90.000\mathrm{m}\end{cases}$

$\begin{cases}\Delta x_{\mathrm{AB}} = x_{\mathrm{B}} - x_{\mathrm{A}} = 1\,060.000 - 1\,000.000 = 60.000\mathrm{m} \\ \Delta y_{\mathrm{AB}} = y_{\mathrm{B}} - y_{\mathrm{A}} = 2\,080.000 - 2\,000.000 = 80.000\mathrm{m}\end{cases}$

$\alpha_{\mathrm{AB}} = \arctan\frac{\Delta y_{\mathrm{AB}}}{\Delta x_{\mathrm{AB}}} = 53°07'48''$（$\Delta y_{\mathrm{AB}} > 0$，$\Delta x_{\mathrm{AB}} > 0$，第一象限）

$\alpha_{\mathrm{AM}} = \arctan\frac{\Delta y_{\mathrm{AM}}}{\Delta x_{\mathrm{AM}}} = 95°42'38''$（$\Delta y_{\mathrm{AM}} > 0$，$\Delta x_{\mathrm{AM}} < 0$，第二象限）

$D_{\mathrm{AM}} = \sqrt{\Delta x_{\mathrm{AM}}^2 + \Delta y_{\mathrm{AM}}^2} = 90.449\mathrm{m}$

$\angle BAM = \alpha_{\mathrm{AM}} - \alpha_{\mathrm{AB}} = 42°34'50''$

答案： A

13-9-4 **解：** 建筑施工测量工作包括施工控制测量、施工放样测量、变形观测和竣工测量。

答案： A

第十节

13-10-1 **解：** GNSS 全球导航卫星系统包含美国的 GPS、俄罗斯的 GLONASS、中国的 BDS、欧盟的 GALILEO 系统。

答案： D

13-10-2 **解：** 北斗卫星导航系统使用的坐标系统是 CGCS2000。

答案： C

13-10-3 **解：** 北斗卫星导航系统空间段由若干地球静止轨道卫星、倾斜地球同步轨道卫星和中圆地球轨道卫星组成。

答案： D

13-10-4 **解：** 北斗卫星导航系统地面段包括主控站、注入站、监测站及星间链路运行管理设施。

答案： C

13-10-5 **解：** 北斗卫星导航系统创新融合了实时导航、快速定位、精确授时、位置报告和短报文通信服务五大功能。

答案： B

13-10-6 **解：** 全球卫星导航系统（GNSS）用户接收机，根据其用途，通常可分类为导航型接收机、测地型接收机、授时型接收机。

答案： C

第十四章　职 业 法 规

第一节　设计文件编制的有关规定

一、编制建设工程勘察、设计文件的依据

（一）项目批准文件；

（二）城市规划；

（三）工程建设强制性标准；

（四）国家规定的建设工程勘察、设计深度要求。

铁路、交通、水利等专业建设工程，还应当以专业规划的要求为依据。

编制建设工程勘察文件，应当真实、准确，满足建设工程规划、选址、设计、岩土治理和施工的需要。

二、设计工作程序

城市建筑设计可分为三个阶段，即：方案阶段、初步设计阶段和施工图阶段。小型和技术简单的城市建筑，可以方案设计阶段代替初步设计阶段，对技术复杂而又缺乏经验的项目，需增加技术设计阶段。

（一）前期准备

研究设计依据，收集原始资料，现场勘查及调查研究

1.可行性研究报告。

2.规划局核定的用地位置、界限、核发的《建设用地规划许可证》。

3.有关的政策、法令、规范、标准。

4.气象资料、地质条件、地理环境。

5.市政设施供应情况。

6.建设单位的使用要求及所提供的设计要求。

7.设计合同。

（二）方案设计

方案设计阶段的文件编制深度应符合住建部 2017 年 1 月 1 日开始执行的《建筑工程设计文件编制深度规定》（2016 年版）。编制方案设计文件，应满足编制初步设计文件的需要，应满足方案审批或报批的需要。

（三）初步设计

初步设计要以建设单位及有关主管部门的方案批准为依据。初步设计阶段的文件编制深度应符合《建筑工程设计文件编制深度规定》（2016 年版）。编制初步设计文件，应满足编制施工图设计文件的需要，应满足初步设计审批的需要。

（四）施工图设计

施工图设计阶段的文件编制深度应符合《建筑工程设计文件编制深度规定》(2016 年版)。编制施工图设计文件，应满足设备材料采购、非标准设备制作和施工的需要。

三、有关修改设计文件方面的规定

建设单位、施工单位、监理单位不得修改建设工程勘察、设计文件；确需修改建设工程勘察、设计文件的，应当由原建设工程勘察、设计单位修改。经原建设工程勘察、设计单位书面同意，建设单位也可以委托其他具有相应资质的建设工程勘察、设计单位修改。修改单位对修改的勘察、设计文件承担相应责任。

施工单位、监理单位发现建设工程勘察、设计文件不符合工程建设强制性标准、合同约定的质量要求的，应当报告建设单位，建设单位有权要求建设工程勘察、设计单位对建设工程勘察、设计文件进行补充、修改。

建设工程勘察、设计文件内容需要作重大修改的，建设单位应当报经原审批机关批准后，方可修改。

另外，建设工程勘察、设计文件中规定采用的新技术、新材料，可能影响建设工程质量和安全，又没有国家技术标准的，应当由国家认可的检测机构进行试验、论证，出具检测报告，并经国务院有关部门或者省、自治区、直辖市人民政府有关部门组织的建设工程技术专家委员会审定后，方可使用。

习 题

14-1-1 建筑工程设计文件编制深度的规定中，施工图设计文件的编制深度应满足下列哪项要求？( )

①能据以编制预算；②能据以安排材料、设备订货和非标准设备的制作；③能据以进行施工和安装；④能据以进行工程验收。

A. ①②③④　　B. ②③④　　C. ①②④　　D. ③④

14-1-2 工程初步设计说明书中总指标应包括下列哪些内容？( )

①总用地面积、总建筑面积、总建筑占地面积；②总概算及单项建筑工程概算；③水、电、气、燃料等能源总消耗量与单位消耗量，主要建筑材料（三材）的总消耗量；④其他相关的技术经济指标及分析；⑤总建筑面积、总概算（投资）存在的问题。

A. ①②③⑤　　B. ①②④⑤　　C. ①③④⑤　　D. ①②③④

14-1-3 结构初步设计说明书中应包括( )。

A. 设计依据、设计要求、结构设计、需提请在设计审批时解决或确定的主要问题

B. 自然条件、设计要求、对施工条件的要求

C. 设计依据、设计要求、结构选型

D. 自然条件、结构设计、需提请在设计审批时解决或确定的主要问题

14-1-4 民用建筑设计项目一般应包括下列哪些设计阶段？( )

①方案设计阶段；②初步设计阶段；③技术设计阶段；④施工图设计阶段。

A. ①②③④　　B. ①②④　　C. ②③④　　D. ①③④

第二节 工程建设强制性标准的有关规定

标准，是指“对重复性事物和概念所做的统一规定。它以科学技术和实践检验为基础，经有关方面协商一致，由主管机构批准，以特定形式发布，作为共同遵守的准则和依据。”工程建设标准，是指工程建设过程中对勘察、规划、设计、施工、安装、验收等需要协调统一时所制定的标准。按其内容可分为技术标准、经济标准和管理标准。

1990 年 4 月 6 日七届人大五次会议通过了《中华人民共和国标准化法》。

1988 年 12 月 19 日国务院发布了《中华人民共和国标准化法实施条例》。

工程建设标准的分类：

按照其使用范围分：有国家标准、行业标准、地方标准。

按照其性质分：有强制性标准和推荐性标准。

强制性标准包括：工程建设勘察、规划、设计、施工、安装、验收等专用的综合性标准、有关安全、卫生和环境保护的标准、专用的术语、符号、代号、量与单位、制图方法、试验检验和评定标准等。

2000 年 8 月 25 日中华人民共和国建设部发布了第 81 号令《实施工程建设强制性标准监督规定》。

2015 年 1 月 22 日住房和城乡建设部令第 23 号、2021 年 3 月 30 日住房和城乡建设部令第 52 号令对其又进行了修改。

工程建设强制性标准是指直接涉及工程质量、安全、卫生及环境保护等方面的工程建设标准强制性条文。

国家工程建设标准强制性条文由国务院建设行政主管部门会同国务院有关行政主管部门确定。

建设工程勘察、设计文件中规定采用的新技术、新材料，可能影响建设工程质量和安全，又没有国家技术标准的，应当由国家认可的检测机构进行试验、论证，出具检测报告，并经国务院有关主管部门或者省、自治区、直辖市人民政府有关主管部门组织的建设工程技术专家委员会审定后，方可使用。

建设项目规划审查机构应当对工程建设规划阶段执行强制性标准的情况实施监督。

施工图设计文件审查单位应当对工程建设勘察、设计阶段执行强制性标准的情况实施监督。

建筑安全监督管理机构应当对工程建设施工阶段执行施工安全强制性标准的情况实施监督。

工程质量监督机构应当对工程建设施工、监理、验收等阶段执行强制性标准的情况实施监督。

工程建设标准批准部门应当定期对建设项目规划审查机关、施工图设计文件审查单位、建筑安全监督管理机构、工程质量监督机构实施强制性标准的监督进行检查，对监督不力的单位和个人，给予通报批评，建议有关部门处理。

工程建设标准批准部门应当对工程项目执行强制性标准情况进行监督检查。监督检查可以采取重点检查、抽查和专项检查的方式。

强制性标准监督检查的内容包括：

（一）有关工程技术人员是否熟悉、掌握强制性标准；

（二）工程项目的规划、勘察、设计、施工、验收等是否符合强制性标准的规定；

（三）工程项目采用的材料、设备是否符合强制性标准的规定；

（四）工程项目的安全、质量是否符合强制性标准的规定；

（五）工程中采用的导则、指南、手册、计算机软件的内容是否符合强制性标准的规定。

建设单位有下列行为之一的，责令改正，并处以 20 万元以上 50 万元以下的罚款：

（一）明示或者暗示施工单位使用不合格的建筑材料、建筑构配件和设备的；

（二）明示或者暗示设计单位或者施工单位违反工程建设强制性标准，降低工程质量的。

勘察、设计单位违反工程建设强制性标准进行勘察、设计的，责令改正，并处以10万元以上30万元以下的罚款。

有前款行为，造成工程质量事故的，责令停业整顿，降低资质等级；情节严重的，吊销资质证书；造成损失的，依法承担赔偿责任。

施工单位违反工程建设强制性标准的，责令改正，处工程合同价款2%以上4%以下的罚款；造成建设工程质量不符合规定的质量标准的，负责返工、修理，并赔偿因此造成的损失；情节严重的，责令停业整顿，降低资质等级或者吊销资质证书。

工程监理单位违反强制性标准规定，将不合格的建设工程以及建筑材料、建筑构配件和设备按照合格签字的，责令改正，处50万元以上100万元以下的罚款，降低资质等级或者吊销资质证书；有违法所得的，予以没收；造成损失的，承担连带赔偿责任。

第三节 勘察设计注册工程师管理规定

第一章 总 则

第一条 为了加强对建设工程勘察、设计注册工程师的管理，维护公共利益和建筑市场秩序，提高建设工程勘察、设计质量与水平，依据《中华人民共和国建筑法》、《建设工程勘察设计管理条例》等法律法规，制定本规定。

第二条 中华人民共和国境内建设工程勘察设计注册工程师(以下简称注册工程师)的注册、执业、继续教育和监督管理，适用本规定。

第三条 本规定所称注册工程师，是指经考试取得中华人民共和国注册工程师资格证书（以下简称资格证书），并按照本规定注册，取得中华人民共和国注册工程师注册执业证书（以下简称注册证书）和执业印章，从事建设工程勘察、设计及有关业务活动的专业技术人员。

未取得注册证书及执业印章的人员，不得以注册工程师的名义从事建设工程勘察、设计及有关业务活动。

第四条 注册工程师按专业类别设置，具体专业划分由国务院住房城乡建设主管部门和人事主管部门商国务院有关部门制定。

除注册结构工程师分为一级和二级外，其他专业注册工程师不分级别。

第五条 国务院住房城乡建设主管部门对全国的注册工程师的注册、执业活动实施统一监督管理；国务院铁路、交通、水利等有关部门按照国务院规定的职责分工，负责全国有关专业工程注册工程师执业活动的监督管理。

县级以上地方人民政府住房城乡建设主管部门对本行政区域内的注册工程师的注册、执业活动实施监督管理；县级以上地方人民政府交通、水利等有关部门在各自的职责范围内，负责本行政区域内有关专业工程注册工程师执业活动的监督管理。

第二章 注 册

第六条 注册工程师实行注册执业管理制度。取得资格证书的人员，必须经过注册方能以注册工程师的名义执业。

第七条 取得资格证书的人员申请注册，由国务院住房城乡建设主管部门审批；其中涉及有关部门的专业注册工程师的注册，由国务院住房城乡建设主管部门和有关部门审批。

取得资格证书并受聘于一个建设工程勘察、设计、施工、监理、招标代理、造价咨询等单位的人员，应当通过聘用单位提出注册申请，并可以向单位工商注册所在地的省、自治区、直辖市人民政府住房城乡建设主管部门提交申请材料；省、自治区、直辖市人民政府住房城乡建设主管部门收到申请材料后，应当在5日内将全部申请材料报审批部门。

第八条 国务院住房城乡建设主管部门在收到申请材料后，应当依法作出是否受理的决定，并出具凭证；申请材料不齐全或者不符合法定形式的，应当在5日内一次性告知需要补正的全部内容。逾期不告知的，自收到申请材料之日起即为受理。

申请初始注册的，国务院住房城乡建设主管部门应当自受理之日起20日内审批完毕并作出书面决定。自作出决定之日起10日内公告审批结果。由国务院住房城乡建设主管部门和有关部门共同审批的，国务院有关部门应当在15日内审核完毕，并将审核意见报国务院住房城乡建设主管部门。

对申请变更注册、延续注册的，国务院住房城乡建设主管部门应当自受理之日起10日内审批完毕并作出书面决定。

符合条件的，由审批部门核发由国务院住房城乡建设主管部门统一制作、国务院住房城乡建设主管部门或者国务院住房城乡建设主管部门和有关部门共同用印的注册证书，并核定执业印章编号。对不予批准的，应当说明理由，并告知申请人享有依法申请行政复议或者提起行政诉讼的权利。

第九条 二级注册结构工程师的注册受理和审批，由省、自治区、直辖市人民政府住房城乡建设主管部门负责。

第十条 注册证书和执业印章是注册工程师的执业凭证，由注册工程师本人保管、使用。注册证书和执业印章的有效期为3年。

第十一条 初始注册者，可自资格证书签发之日起3年内提出申请。逾期未申请者，须符合本专业继续教育的要求后方可申请初始注册。

初始注册需要提交下列材料：

（一）申请人的注册申请表；

（二）申请人的资格证书复印件；

（三）申请人与聘用单位签订的聘用劳动合同复印件；

（四）逾期初始注册的，应提供达到继续教育要求的证明材料。

第十二条 注册工程师每一注册期为3年，注册期满需继续执业的，应在注册期满前30日，按照本规定第七条规定的程序申请延续注册。

延续注册需要提交下列材料：

（一）申请人延续注册申请表；

（二）申请人与聘用单位签订的聘用劳动合同复印件；

（三）申请人注册期内达到继续教育要求的证明材料。

第十三条 在注册有效期内，注册工程师变更执业单位，应与原聘用单位解除劳动关系，并按本规定第七条规定的程序办理变更注册手续，变更注册后仍延续原注册有效期。

变更注册需要提交下列材料：

（一）申请人变更注册申请表；

（二）申请人与新聘用单位签订的聘用劳动合同复印件；

（三）申请人的工作调动证明（或者与原聘用单位解除聘用劳动合同的证明文件、退休人员的退休证明）。

第十四条 注册工程师有下列情形之一的，其注册证书和执业印章失效：

（一）聘用单位破产的；

（二）聘用单位被吊销营业执照的；

（三）聘用单位相应资质证书被吊销的；

（四）已与聘用单位解除聘用劳动关系的；

（五）注册有效期满且未延续注册的；

（六）死亡或者丧失行为能力的；

（七）注册失效的其他情形。

第十五条 注册工程师有下列情形之一的，负责审批的部门应当办理注销手续，收回注册证书和执业印章或者公告其注册证书和执业印章作废：

（一）不具有完全民事行为能力的；

（二）申请注销注册的；

（三）有本规定第十四条所列情形发生的；

（四）依法被撤销注册的；

（五）依法被吊销注册证书的；

（六）受到刑事处罚的；

（七）法律、法规规定应当注销注册的其他情形。

注册工程师有前款情形之一的，注册工程师本人和聘用单位应当及时向负责审批的部门提出注销注册的申请；有关单位和个人有权向负责审批的部门举报；住房城乡建设主管部门和有关部门应当及时向负责审批的部门报告。

第十六条 有下列情形之一的，不予注册：

（一）不具有完全民事行为能力的；

（二）因从事勘察设计或者相关业务受到刑事处罚，自刑事处罚执行完毕之日起至申请注册之日止不满 2 年的；

（三）法律、法规规定不予注册的其他情形。

第十七条 被注销注册者或者不予注册者，在重新具备初始注册条件，并符合本专业继续教育要求后，可按照本规定第七条规定的程序重新申请注册。

第三章 执 业

第十八条 取得资格证书的人员，应受聘于一个具有建设工程勘察、设计、施工、监理、招标代理、造价咨询等一项或多项资质的单位，经注册后方可从事相应的执业活动。但从事建设工程勘察、设计执业活动的，应受聘并注册于一个具有建设工程勘察、设计资质的单位。

第十九条 注册工程师的执业范围：

（一）工程勘察或者本专业工程设计；

（二）本专业工程技术咨询；

（三）本专业工程招标、采购咨询；

（四）本专业工程的项目管理；

（五）对工程勘察或者本专业工程设计项目的施工进行指导和监督；

（六）国务院有关部门规定的其他业务。

第二十条　建设工程勘察、设计活动中形成的勘察、设计文件由相应专业注册工程师按照规定签字盖章后方可生效。各专业注册工程师签字盖章的勘察、设计文件种类及办法由国务院住房城乡建设主管部门会同有关部门规定。

第二十一条　修改经注册工程师签字盖章的勘察、设计文件，应当由该注册工程师进行；因特殊情况，该注册工程师不能进行修改的，应由同专业其他注册工程师修改，并签字、加盖执业印章，对修改部分承担责任。

第二十二条　注册工程师从事执业活动，由所在单位接受委托并统一收费。

第二十三条　因建设工程勘察、设计事故及相关业务造成的经济损失，聘用单位应承担赔偿责任；聘用单位承担赔偿责任后，可依法向负有过错的注册工程师追偿。

第四章　继 续 教 育

第二十四条　注册工程师在每一注册期内应达到国务院住房城乡建设主管部门规定的本专业继续教育要求。继续教育作为注册工程师逾期初始注册、延续注册和重新申请注册的条件。

第二十五条　继续教育按照注册工程师专业类别设置,分为必修课和选修课,每注册期各为60学时。

第五章　权利和义务

第二十六条　注册工程师享有下列权利：

（一）使用注册工程师称谓；

（二）在规定范围内从事执业活动；

（三）依据本人能力从事相应的执业活动；

（四）保管和使用本人的注册证书和执业印章；

（五）对本人执业活动进行解释和辩护；

（六）接受继续教育；

（七）获得相应的劳动报酬；

（八）对侵犯本人权利的行为进行申诉。

第二十七条　注册工程师应当履行下列义务：

（一）遵守法律、法规和有关管理规定；

（二）执行工程建设标准规范；

（三）保证执业活动成果的质量，并承担相应责任；

（四）接受继续教育，努力提高执业水准；

（五）在本人执业活动所形成的勘察、设计文件上签字、加盖执业印章；

（六）保守在执业中知悉的国家秘密和他人的商业、技术秘密；

（七）不得涂改、出租、出借或者以其他形式非法转让注册证书或者执业印章；

（八）不得同时在两个或两个以上单位受聘或者执业；

（九）在本专业规定的执业范围和聘用单位业务范围内从事执业活动；

（十）协助注册管理机构完成相关工作。

第六章 法律责任

第二十八条 隐瞒有关情况或者提供虚假材料申请注册的，审批部门不予受理，并给予警告，一年之内不得再次申请注册。

第二十九条 以欺骗、贿赂等不正当手段取得注册证书的，由负责审批的部门撤销其注册，3年内不得再次申请注册；并由县级以上人民政府住房城乡建设主管部门或者有关部门处以罚款，其中没有违法所得的，处以1万元以下的罚款；有违法所得的，处以违法所得3倍以上但不超过3万元的罚款；构成犯罪的，依法追究刑事责任。

第三十条 注册工程师在执业活动中有下列行为之一的，由县级以上人民政府住房城乡建设主管部门或者有关部门予以警告，责令其改正，没有违法所得的，处以1万元以下的罚款；有违法所得的，处以违法所得3倍以上但不超过3万元的罚款；造成损失的，应当承担赔偿责任；构成犯罪的，依法追究刑事责任：

（一）以个人名义承接业务的；

（二）涂改、出租、出借或者以形式非法转让注册证书或者执业印章的；

（三）泄露执业中应当保守的秘密并造成严重后果的；

（四）超出本专业规定范围或者聘用单位业务范围从事执业活动的；

（五）弄虚作假提供执业活动成果的；

（六）其它违反法律、法规、规章的行为。

第三十一条 有下列情形之一的，负责审批的部门或者其上级主管部门，可以撤销其注册：

（一）住房城乡建设主管部门或者有关部门的工作人员滥用职权、玩忽职守颁发注册证书和执业印章的；

（二）超越法定职权颁发注册证书和执业印章的；

（三）违反法定程序颁发注册证书和执业印章的；

（四）对不符合法定条件的申请人颁发注册证书和执业印章的；

（五）依法可以撤销注册的其他情形。

第三十二条 县级以上人民政府住房城乡建设主管部门及有关部门的工作人员，在注册工程师管理工作中，有下列情形之一的，依法给予行政处分；构成犯罪的，依法追究刑事责任：

（一）对不符合法定条件的申请人颁发注册证书和执业印章的；

（二）对符合法定条件的申请人不予颁发注册证书和执业印章的；

（三）对符合法定条件的申请人未在法定期限内颁发注册证书和执业印章的；

（四）利用职务上的便利，收受他人财物或者其他好处的；

（五）不依法履行监督管理职责，或者发现违法行为不予查处的。

第七章 附则

第三十三条 注册工程师资格考试工作按照国务院住房城乡建设主管部门、国务院人事主管部门的有关规定执行。

第三十四条 香港特别行政区、澳门特别行政区、台湾地区及外籍专业技术人员，注册工程师注册和执业的管理办法另行制定。

第三十五条 本规定自2005年4月1日起施行。

【例 14-3-1】 甲某于2010年4月20日进行了工程师注册，若有效期届满前需要继续注册，其办理手续的最晚时间是：

A. 2012年3月20日　　B. 2013年3月20日

C. 2012年4月5日　　D. 2013年4月5日

解 《勘察设计注册工程师管理规定》第十二条规定，注册工程师每一注册期为3年，注册期满需继续执业的，应在注册期满前30日，按照本规定第七条规定的程序申请延续注册。

答案： B

【例 14-3-2】 注册证书和执业印章是注册土木工程师的：

A. 执业工具　　B. 执业

C. 执业凭证　　D. 执业特点

解 《勘察设计注册工程师管理规定》第十条规定：注册证书和执业印章是注册工程师的执业凭证，由注册工程师本人保管、使用。注册证书和执业印章的有效期为3年。

答案： C

【例 14-3-3】 注册工程师准许的行为不包括:

A. 保证执业工作的质量　　B. 保守在执业中知悉的商业技术秘密

C. 授权他人以本人名义执业　　D. 不得同时受聘于两个单位执业

答案： C

【例 14-3-4】 注册工程师以个人名义承接业务并收取费用，这种行为是：

A. 合法的

B. 合理但不合法

C. 不合法的，有关部门应予以警告，责令其改正，并处以违法所得3倍以上但不超过3万元的罚款

D. 不合法的，有关部门应责令其改正并退还违法所得

答案： C

第四节　注册结构工程师执业资格制度暂行规定

第一章　总　　则

第一条　为了加强对结构工程设计人员的管理，提高工程设计质量与水平，保障公众生命和财产安全，维护社会公共利益，根据执业资格制度的有关规定，制定本规定。

第二条　注册结构工程师资格制度纳入专业技术人员执业资格制度，由国家确认批准。

第三条　本规定所称注册结构工程师，是指取得中华人民共和国注册结构工程师执业资格证书和注册证书，从事房屋结构、桥梁结构及塔架结构等工程设计及相关业务的专业技术人员。

注册结构工程师分为一级注册结构工程师和二级注册结构工程师。

第四条　建设部、人事部和省、自治区、直辖市人民政府建设行政主管部门、人事行政主管部门依照本规定对注册结构工程师的考试、注册和执业实施指导、监督和管理。

第五条　全国注册结构工程师管理委员会由建设部、人事部和国务院有关部门的代表及工程设计专家组成。

省、自治区、直辖市可成立相应的注册结构工程师管理委员会。

各级注册结构工程师管理委员会可依照本规定及建设部、人事部有关规定，负责或参与注册结构工程师的考试和注册等具体工作。

第二章　考试与注册

第六条　注册结构工程师考试实行全国统一大纲、统一命题、统一组织的办法，原则上每年举行一次。

第七条　建设部负责组织有关专家拟定考试大纲、组织命题，编写培训教材、组织考前培训等工作；人事部负责组织有关专家审定考试大纲和试题，会同有关部门组织考试并负责考务等工作。

第八条　一级注册结构工程师资格考试由基础考试和专业考试两部分组成。通过基础考试的人员，从事结构工程设计或相关业务满规定年限，方可申请参加专业考试。

一级注册结构工程师考试具体办法由建设部、人事部另行制定。

第九条　注册结构工程师资格考试合格者，由省、自治区、直辖市人事（职改）部门颁发人事部统一印制、加盖建设部和人事部印章的中华人民共和国注册结构工程师执业资格证书。

第十条　取得注册结构工程师执业资格证书者，要从事结构工程设计业务的，须申请注册。

第十一条　有下列情形之一的，不予注册：

（一）不具备完全民事行为能力的。

（二）因受刑事处罚，自处罚完毕之日起至申请注册之日止不满 5 年的。

（三）因在结构工程设计或相关业务中犯有错误受到行政处罚或者撤职以上行政处分，自处罚、处分决定之日起至申请注册之日不满 2 年的。

（四）受吊销注册结构工程师注册证书处罚，自处罚决定之日起至申请注册之日止不满 5 年的。

（五）建设部和国务院有关部门规定不予注册的其他情形的。

第十二条　全国注册结构工程师管理委员会和省、自治区、直辖市注册结构工程师管理委员会依照本规定第十一条，决定不予注册的，应当自决定之日起 15 日内书面通知申请人。若有异议的，可自收到通知之日起 15 日内向建设部或各省、自治区、直辖市人民政府建设行政主管部门申请复议。

第十三条　各级注册结构工程师管理委员会按照职责分工应将准予注册的注册结构工程师名单报同级建设行政主管部门备案。

建设部或各省、自治区、直辖市人民政府建设行政主管部门发现有与注册规定不符的，应通知有关注册结构工程师管理委员会撤销注册。

第十四条　准予注册的申请人，分别由全国注册结构工程师管理委员会和省、自治区、直辖市注册结构工程师管理委员会核发由建设部统一制作的注册结构工程师注册证书。

第十五条　注册结构工程师注册有效期为 2 年，有效期届满需要继续注册的，应当在期满前 30 日内办理注册手续。

第十六条　注册结构工程师注册后，有下列情形之一的，由全国或省、自治区、直辖市注册结构工程师管理委员会撤销注册，收回注册证书：

（一）完全丧失民事行为能力的。

（二）受刑事处罚的。

（三）因在工程设计或者相关业务中造成工程事故，受到行政处罚或者撤职以上行政处分的。

（四）自行停止注册结构工程师业务满2年的。

被撤销注册的当事人对撤销注册有异议的，可以自接到撤销注册通知之日起15日内向建设部或省、自治区、直辖市人民政府建设行政主管部门申请复议。

第十七条　被撤销注册的人员可依照本规定的要求重新注册。

第三章　执　　业

第十八条　注册结构工程师的执业范围：

（一）结构工程设计；

（二）结构工程设计技术咨询；

（三）建筑物、构筑物、工程设施等调查和鉴定；

（四）对本人主持设计的项目进行施工指导和监督；

（五）建设部和国务院有关部门规定的其他业务。

一级注册结构工程师的执业范围不受工程规模及工程复杂程度的限制。

第十九条　注册结构工程师执行业务，应当加入一个勘察设计单位。

第二十条　注册结构工程师执行业务，由勘察设计单位统一接受委托并统一收费。

第二十一条　因结构设计质量造成的经济损失，由勘察设计单位承担赔偿责任；勘察设计单位有权向签字的注册结构工程师追偿。

第二十二条　注册结构工程师执业管理和处罚办法由建设部另行规定。

第四章　权利和义务

第二十三条　注册结构工程师有权以注册结构工程师的名义执行注册结构工程师业务。

非注册结构工程师不得以注册结构工程师的名义执行注册结构工程师业务。

第二十四条　国家规定的一定跨度、高度等以上的结构工程设计，应当由注册结构工程师主持设计。

第二十五条　任何单位和个人修改注册结构工程师的设计图纸，应当征得该注册结构工程师同意；但是因特殊情况不能征得该注册结构工程师同意的除外。

第二十六条　注册结构工程师应当履行下列义务：

（一）遵守法律、法规和职业道德，维护社会公众利益；

（二）保证工程设计的质量，并在其负责的设计图纸上签字盖章；

（三）保守在执业中知悉的单位和个人的秘密；

（四）不得同时受聘于两个以上勘察设计单位执行业务；

（五）不得准许他人以本人名义执行业务。

第二十七条　注册结构工程师按规定接受必要的继续教育，定期进行业务和法规培训，并作为重新注册的依据。

第五章　附　　则

第二十八条　在全国实施注册结构工程师考试之前，对已经达到注册结构工程师资格水平的，可经考核认定，获得注册结构工程师资格。

考核认定办法由建设部、人事部另行制定。

第二十九条　外国人申请参加中国注册结构工程师全国统一考试和注册以及外国结构工程师申请在中国境内执行注册结构工程师业务，由国务院主管部门另行规定。

第三十条　二级注册结构工程师依照本规定的原则执行，具体实施办法由建设部、人事部另行制定。

第三十一条　本规定自发布之日起施行。本规定由建设部、人事部在各自的职责内负责解释。

第五节　房地产开发程序

房地产是房产和地产的总称。在物质形态上房产和地产总是联结为一体的。由于房地产位置的不可移动性故又称“不动产”。近年所称的“物业”，实际上就是我们所说的房地产。

房地产业包括：土地的开发、房屋的建设、管理、维修，土地使用权的划拨、转让，房屋所有权的买卖、租赁，房地产的抵押。其核心内容就是土地和建筑物。

房地产业与建筑业互相依存互相联系，但又是性质完全不同的两种行业。建筑业是建筑产品的生产部门，属第二产业。房地产业不仅是土地和房屋的经营部门，而且还从事部分土地的开发和房屋的建设活动，具有生产、经营、服务三重性质，是以第三产业为主的产业部门。

房地产开发程序：

一、项目建议书。

房地产综合开发项目建议书的编制应由城市综合开发主管部门根据城市分区规划或控制性详细规划组织编制。

项目建议书应阐明项目的性质、规模、环境、资金来源、期限、进度、指标、拆迁、经营方式、经济效益等。属于直辖市或计划单列市的城市报市计委批准，大型项目还要报建设部初审后再报国家计委批准。非直辖市或非计划单列市的大型项目由城市综合开发主管部门批准后，报建设部初审，再报国家计委批准。

二、可行性研究。

可行性研究应包括：项目背景及概况、建设条件、进度、投资估算、财务效益分析等内容。

三、建设用地规划许可证。

在城市规划区内建设需要申请用地的必须持国家批准建设项目的有关文件，向城市规划行政主管部门申请定点，由城市规划行政主管部门核定其用地位置和界限，提供规划设计条件，核发建设用地规划许可证。

四、土地使用权证书。

土地所有权。《中华人民共和国土地管理法》第二条规定：中华人民共和国实行土地的社会主义公有制，即全民所有制和劳动群众集体所有制。

土地使用权出让，是指国家将国有土地使用权在一定年限内出让给土地使用权者，由土地使用者向国家支付土地使用权出让金的行为。

土地使用权出让是一种国家垄断行为。因为国家是国有土地的所有者，只有国家才能以土地所有者的身份出让土地。城市规划区集体所有的土地，必须依法征用转为国有土地后，方可出让土地使用权。

土地使用权出让可以采取拍卖、招标或协议的方式。

拍卖，是指土地所有者的代表在指定的时间、地点组织符合条件的受让人到场，就所出让使用权的土地公开叫价竞投，按照“价高者得”的原则确定土地使用权受让人的一种出让方式。

招标，是指在指定的期限内，由符合条件的单位或个人，用书面投标的形式竞投土地使用出让权，由招标人择优确定土地使用者的方式。

招标方式的中标者不一定是标价中的最高者。因为在评标时，不仅要考虑到投标价，而且要对投标规划方案和投标者的资信情况进行综合评价。

土地使用权期限，一般根据土地的使用性质来确定，不同用途的土地使用权出让的最高年限为：

居住用地 70 年；

工业用地 50 年；

教育、科技、文化、体育用地 50 年；

商业、旅游、娱乐用地 40 年；

综合或其他用地 50 年；

以出让方式取得土地使用权的土地，超出合同约定的动工开发日期，而未动工开发的可以征收相当土地使用出让金 20%以下的土地闲置费。满两年未动工的，可以无偿收回土地使用出让权。

五、拆迁安置。

六、组织实施勘察、设计工作，办理建设工程规划许可证。在取得建设工程规划许可证之后方可办理开工证的手续。

七、土地开发。土地开发的主要内容是指房屋建设的前期准备，平整场地、实现水通、电通、路通的“三通一平”。把自然状态的土地变成可供建设房屋和各类设施的建筑用地。

八、施工招标、投标。

九、申领施工许可证，进入施工安装阶段。

《中华人民共和国建筑法》第七条规定，建筑工程开工前，建设单位应当按照国家有关规定向工程所在地县级以上人民政府建设行政主管部门申请领取施工许可证；但是，国务院建设行政主管部门确定的限额以下的小型工程除外。

按照国务院规定的权限和程序批准开工报告的建筑工程，不再领取施工许可证。

第八条 申请领取施工许可证，应当具备下列条件：

（一）已经办理该建筑工程用地批准手续；

（二）依法应当办理建设工程规划许可证的，已经取得建设工程规划许可证；

（三）需要拆迁的，其拆迁进度符合施工要求；

（四）已经确定建筑施工企业；

（五）有满足施工需要的资金安排、施工图纸及技术资料；

（六）有保证工程质量和安全的具体措施。

建设行政主管部门应当自收到申请之日起七日内，对符合条件的申请颁发施工许可证。

建筑法规定：建设单位应当自领取施工许可证之日起三个月内开工。因故不能按期开工的，应当向发证机关申请延期；延期以两次为限，每次不超过三个月。既不开工又不申请延期或者超过延期时限的，施工许可证自行废止。

十、办理商品房预售许可证。

1994 年 11 月 15 日建设部发布了第 40 号令《城市商品房预售管理办法》。

2001 年 8 月 15 日中华人民共和国建设部令第 95 号令公布《建设部关于修改<城市商品房预售管理办法>的决定》对《城市商品房预售管理办法》(第 40 号令)进行了修正。

2004 年 7 月 20 日中华人民共和国建设部令第 131 号令公布，建设部决定对《城市商品房预售管理办法》(建设部令第 95 号)作修改。

新办法规定:商品房预售应当符合下列条件:已交付全部土地使用权出让金,取得土地使用权证书;持有建设工程规划许可证和施工许可证;按提供预售的商品房计算，投入开发建设的资金达到工程建设总投资的 25%以上，并已经确定施工进度和竣工交付日期。开发企业进行商品房预售，应当向承购人出示《商品房预售许可证》。售楼广告和说明书应当载明《商品房预售许可证》的批准文号。

十一、竣工验收。

竣工验收是全面考核开发成果、检验设计和工程质量的重要环节，是开发成果转入流通和实用阶段的标志。《城市房地产管理法》第二十七条规定：房地产开发项目的设计、施工，必须符合国家的有关标准和规范。

房地产开发项目竣工，经验收合格后，方可交付使用。

十二、物业管理。

2003 年 6 月 8 日中华人民共和国国务院令第 379 号公布，根据 2007 年 8 月 26 日《国务院关于修改〈物业管理条例〉的决定》第一次修订，根据 2016 年 2 月 6 日《国务院关于修改部分行政法规的决定》第二次修订，根据 2018 年 3 月 19 日《国务院关于修改和废止部分行政法规的决定》第三次修订。

该条例所称物业管理，是指业主通过选聘物业服务企业，由业主和物业服务企业按照物业服务合同约定，对房屋及配套的设施设备和相关场地进行维修、养护、管理，维护物业管理区域内的环境卫生和相关秩序的活动。

国家提倡业主通过公开、公平、公正的市场竞争机制选择物业服务企业。一个物业管理区域成立一个业主大会。

同一个物业管理区域内的业主，应当在物业所在地的区、县人民政府房地产行政主管部门或者街道办事处、乡镇人民政府的指导下成立业主大会，并选举产生业主委员会。业主委员会执行业主大会的决定事项，履行下列职责：

(一)召集业主大会会议，报告物业管理的实施情况;

(二)代表业主与业主大会选聘的物业服务企业签订物业服务合同;

(三)及时了解业主、物业使用人的意见和建议，监督和协助物业服务企业履行物业服务合同;

(四)监督管理规约的实施;

(五)业主大会赋予的其他职责。

在业主、业主大会选聘物业服务企业之前，建设单位选聘物业服务企业的，应当签订书面的前期物业服务合同。

国家提倡建设单位按照房地产开发与物业管理相分离的原则,通过招投标的方式选聘物业服务企业。

从事物业管理活动的企业应当具有独立的法人资格。

【例 14-5-1】 在中华人民共和国城市规划区国有土地范围内进行土地使用权出让，可以采取方式包括：

A. 拍卖　　B. 招标

C. 协议　　D. 以上三个

解 《中华人民共和国土地管理法》第二条规定，中华人民共和国实行土地的社会主义公有制，即全民所有制和劳动群众集体所有制。

土地使用权出让，是指国家将国有土地使用权在一定年限内出让给土地使用权者，由土地使用者向国家支付土地使用权出让金的行为。土地使用权出让是一种国家垄断行为。因为国家是国有土地的所有者，只有国家才能以土地所有者的身份出让土地。城市规划区集体所有的土地，必须依法征用转为国有土地后，方可出让土地使用权。土地使用权出让可以采取拍卖、招标或协议的方式。

答案： D

习 题

14-5-1 建设单位应在竣工验收合格后（　　）内，向工程所在地的县级以上地方人民政府建设行政主管部门备案，报送有关竣工资料。

A. 1 个月　　B. 3 个月　　C. 15 天　　D. 1 年

14-5-2 商品房在预售前应具备下列哪些条件？（　　）

①已交付全部土地使用权出让金，取得土地使用权证书；②持有建设工程规划许可证；③按提供预售的商品房计算，投入开发建设的资金达到工程建设总投资的百分之十五以上，并已确定施工进度和竣工交付日期；④向县级以上人民政府房地产管理部门办理预售登记，取得商品房预售许可证明

A. ①②③　　B. ②③④　　C. ①②④　　D. ③④

14-5-3 工程完工后必须履行下面（　　）手续才能使用。

A. 由建设单位组织设计、施工、监理四方联合竣工验收

B. 由质量监督站开具使用通知单

C. 由备案机关认可后下达使用通知书

D. 由建设单位上级机关批准认可后即可

14-5-4 房地产开发企业应向工商行政部门申请登记，并获得（　　）才允许经营。

A. 营业执照　　B. 土地使用权证

C. 商品房预售许可证　　D. 建设规划许可证

第六节 工程监理的有关规定

一、监理的由来与发展

1988 年 7 月原建设部颁发了《关于开展监理工作的通知》，对建设监理的范围、对象、监理的内容、开展监理的步骤等作出明确规定，并选择了八个城市和部委开始了监理试点。

1993 年起用三年时间完成稳步发展。

1996 年监理进入全面推行阶段。

监理应当依据建设法律、行政法规和技术标准、设计文件和建筑工程承包合同，对承包单位在施工质量、建设工期和建设资金使用等方面，代表业主实施监督。工程监理人员认为工程施工不符合工程设

计要求、施工技术标准及合同约定的，有权要求施工单位改正。

《中华人民共和国建筑法》第三十条明确规定：国家推行建筑工程监理制度，国务院可以规定实行强制监理的建筑工程范围。

建设监理是我国建设领域里的又一项重大改革。

二、监理的任务及工作内容

三控两管一协调，即：投资控制、质量控制、进度控制、合同管理、信息管理、协调各方关系。

施工监理的范围：依据建设单位与监理单位签订的建设监理合同文本中所涉及的范围。施工阶段是从施工前准备、开工审批手续、分包审查、材料设备厂家选定、施工进度、施工质量及工程造价控制到竣工结算、缺损责任认定和工程保修的全过程。

三、监理单位的资质与管理

2015 年 5 月 4 日原建设部对原工程监理企业资质进行了修订。从注册资本、专业技术人员数量、监理业绩等方面分为综合资质、专业资质、事务所资质等三类。

四、建设监理的原则

公平、独立、诚信、科学。

五、监理工程师注册制度

资格考试：每年考一次，报名条件：高工或有三年经验的工程师。

参加监理工程师资格考试者，由所在单位向本地区监理工程师资格委员会提出书面申请，经审查批准后，方可参加考试。考试合格者，由监理工程师注册机关核发“监理工程师资格证书”。取得“监理工程师资格证书”后，可到当地注册机关注册取得“监理工程师岗位证书”。

国家行政机关的现职人员不得申请注册监理工程师。

习　题

14-6-1　从事工程建设监理活动的原则是（　　）。

A. 为业主负责　　B. 为承包商负责

C. 全面贯彻设计意图原则　　D. 守法、诚信、公正、科学

14-6-2　监理单位与项目业主的关系是（　　）。

A. 雇佣与被雇佣关系　　B. 平等主体间的委托与被委托关系

C. 监理单位是项目业主的代理人　　D. 监理单位是业主的代表

14-6-3　监理工程师不得在以下哪些单位兼职？（　　）

①工程设计；②工程施工；③材料供应；④政府机构；⑤科学研究；⑥设备厂家。

A. ①②③④　　B. ②③④⑤　　C. ②③④⑥　　D. ①②③④⑥

14-6-4　下列表述中哪一项不合适？（　　）

A. 工程施工不符合设计要求的，监理人员有权要求施工企业改正

B. 工程施工不符技术标准要求的，监理人员有权要求施工企业改正

C. 工程施工不符合合同约定要求的，监理人员有权要求施工企业改正

D. 监理人员认为设计不符合质量标准的，有权要求设计人员改正

14-6-5　监理的依据是以下哪几项？（　　）

①法规；②技术标准；③设计文件；④工程承包合同。

A. ①②③④　B. ①　C. ①②③　D. ④

14-6-6 工程监理人员发现工程设计不符合建筑工程质量标准或者合同约定的质量要求的应当（　）。

A. 报告建设单位要求设计单位改正　B. 书面要求设计单位改正

C. 报告上级主管部门　D. 要求施工单位改正

第七节 勘察设计行业职业道德准则

原建设部在1994年颁发了《勘察设计职工职业道德准则》，其内容为：

（一）发扬爱国、爱岗、敬业精神，既对国家负责同时又为企业服好务，珍惜国家资金、土地、能源、材料设备，力求取得更大的经济、社会和环境效益。

（二）坚持质量第一，遵守各项勘察设计标准、规范、规程、防止重产值、轻质量的倾向，确保公众人身及财产安全，对工程质量负责到底。

（三）钻研科学技术，不断采用新技术、新工艺，推动行业技术进步；树立正派学风，不搞技术封锁，不剽窃他人成果，采用他人成果要表明出处，尊重他人的正当技术、经济权利。

（四）认真贯彻勘察设计的各项方针政策，合法经营，不搞无证勘察设计，不搞越级勘察，不搞私人勘察设计，不出卖图签图章。

（五）遵守市场管理，平等竞争，严格按规定收费，不超收、不压价，勇于抵制行业不正之风，不因收取"回扣""介绍费"等而选用价高质次的材料设备，不贬低别人，抬高自己。

（六）信守勘察设计合同，以高速、优质的服务，为行业赢得信誉。

（七）搞好团结协作，树立集体观念，甘当配角，艰苦奋斗，无私奉献。

（八）服从单位法人管理，有令则行，有禁必止。

习题题解及参考答案

第一节

14-1-1 **解**：见《建设工程设计文件编制深度规定》（2016年版）第1.0.5条。

1.0.5 各阶段设计文件编制深度应按以下原则进行（具体应执行第2、3、4章条款）：

1 方案设计文件，应满足编制初步设计文件的需要，应满足方案审批或报批的需要。

注：本规定仅适用于报批方案设计文件编制深度。对于投标方案设计文件的编制深度，应执行住房和城乡建设部颁发的相关规定。

2 初步设计文件，应满足编制施工图设计文件的需要，应满足初步设计审批的需要。

3 施工图设计文件，应满足设备材料采购、非标准设备制作和施工的需要。

注：对于将项目分别发包给几个设计单位或实施设计分包的情况，设计文件相互关联处的深度应满足各承包或分包单位设计的需要。

答案：A

14-1-2　**解**：见《建筑工程设计文件编制深度规定》（2016年版）第3.2.3条总指标：

1　总用地面积、总建筑面积和反映建筑功能规模的技术指标；

2　其他有关的技术经济指标。

题目中⑤是总面积和总投资问题，不是指标，所以有⑤的选项都不对，其他几项都是技术经济指标。

答案：D

14-1-3　**解**：见《建设工程设计文件编制深度规定》（2016年版）第3.5.2条。

答案：A

14-1-4　**解**：见《建筑工程设计文件编制深度规定》（2016年版）第1.0.3条。

答案：B

第五节

14-5-1　**解**：《建设工程质量管理条例》第四十九条规定，建设单位应当自建设工程竣工验收合格之日起15日内，将建设工程竣工验收报告和规划、公安消防、环保等部门出具的认可文件或者准许使用文件报建设行政主管部门或者其他有关部门备案。

答案：C

14-5-2　**解**：选项C是错误的，投入开发建设的资金应达到工程建设总投资的25%以上。

答案：C

14-5-3　**解**：《建设工程质量管理条例》第十六条规定，建设单位收到建设工程竣工报告后，应当组织设计、施工、工程监理等有关单位进行竣工验收。建设工程竣工验收应当具备下列条件：

（一）完成建设工程设计和合同约定的各项内容；

（二）有完整的技术档案和施工管理资料；

（三）有工程使用的主要建筑材料、建筑构配件和设备的进场试验报告；

（四）有勘察、设计、施工、工程监理等单位分别签署的质量合格文件；

（五）有施工单位签署的工程保修书。

建设工程经验收合格的，方可交付使用。

答案：A

14-5-4　**解**：《中华人民共和国城市房地产管理法》第三十条规定，房地产开发企业是以营利为目的，从事房地产开发和经营的企业。设立房地产开发企业，应当具备下列条件：

（一）有自己的名称和组织机构；

（二）有固定的经营场所；

（三）有符合国务院规定的注册资本；

（四）有足够的专业技术人员；

（五）法律、行政法规规定的其他条件。

设立房地产开发企业，应当向工商行政管理部门申请设立登记。工商行政管理部门对符合本法规定条件的，应当予以登记，发给营业执照；对不符合本法规定条件的，不予登记。设立有限责任公司、股份有限公司，从事房地产开发经营的，还应当执行公司法的有关规定。

房地产开发企业在领取营业执照后的一个月内，应当到登记机关所在地的县级以上地方人民政府规定的部门备案。

答案：A

第六节

14-6-1 **解：**《工程建设监理规定》第四条规定，从事工程建设监理活动，应当遵循守法、诚信、公正、科学的准则。

答案：D

14-6-2 **解：**《中华人民共和国建筑法》第三十四条规定，工程监理单位应当根据建设单位的委托，客观、公正地执行监理任务。

《工程建设监理规定》第十八条规定，监理单位与项目法人之间是委托与被委托的合同关系，与被监理单位是监理与被监理的关系。

答案：B

14-6-3 **解：**《工程建设监理规定》第三十四条规定，工程监理单位应当在其资质等级许可的监理范围内，承担工程监理业务。工程监理单位应当根据建设单位的委托，客观、公正地执行监理任务。工程监理单位与被监理工程的承包单位以及建筑材料、建筑构配件和设备供应单位不得有隶属关系或者其他利害关系。

答案：C

14-6-4 **解：**监理人员认为设计不符合质量标准的应通过业主请设计单位改正。

答案：D

14-6-5 **解：**《中华人民共和国建筑法》第三十二条规定，建筑工程监理应当依照法律、行政法规及有关的技术标准、设计文件和建筑工程承包合同，对承包单位在施工质量、建设工期和建设资金使用等方面，代表建设单位实施监督。

答案：A

14-6-6 **解：**《中华人民共和国建筑法》第三十二条规定，工程监理人员发现工程设计不符合建筑工程质量标准或者合同约定的质量要求的，应当报告建设单位，要求设计单位改正。

答案：A

第十五章　土木工程施工与管理

复 习 指 导

一、考试大纲

13.1　土石方工程　桩基础工程

土方工程的准备与辅助工作　机械化施工　爆破工程　预制桩、灌注桩施工　地基加固处理技术

13.2　钢筋混凝土工程与预应力混凝土工程

钢筋工程　模板工程　混凝土工程　钢筋混凝土预制构件制作　混凝土冬、雨季施工　预应力混凝土施工

13.3　结构吊装工程与砌体工程

起重安装机械与液压提升工艺　单层与多层房屋结构吊装　砌体工程与砌块墙的施工

13.4　施工组织设计

施工组织设计分类　施工方案　进度计划　平面图　措施

13.5　流水施工原理

节奏专业流水　非节奏专业流水　一般的搭接施工

13.6　网络计划技术

双代号网络图　单代号网络图　网络计划优化

13.7　施工管理

现场施工管理的内容及组织形式　进度、技术、全面质量管理　竣工验收

二、复习重点与难点

（一）土方与桩基工程

土的工程分类、可松性、渗透性，基坑开挖土壁支撑（不支撑的条件和支撑的主要方法），控制地下水位的方法，填土压实方法、要求与影响因素，流沙产生的原因和主要防治方法，土方机械的种类和应用范围。预制桩与灌注桩的分类和施工方法。

（二）钢筋混凝土与预应力混凝土

钢筋的进场检查。钢筋的焊接方法，钢筋的机械连接方法，搭接焊缝长度的规定，钢筋接头位置和绑扎搭接长度的规定。模板类型及应用（滑升模板的组成，爬模、大模板的应用），梁模板起拱的要求，模板拆除对混凝土强度的要求。混凝土搅拌机的分类和应用条件；混凝土制备强度的确定和混凝土运输的基本要求；泵送混凝土的概念及要求；混凝土密实的主要方法，内部振动器插入深度及间距；施工缝概念及其应留设的位置；大体积混凝土浇筑方案，防止产生裂缝的措施，混凝土自然养护的最短时间；混凝土试件强度确定的方法；混凝土冬季施工的原理与要求，受冻临界强度的概念。预应力混凝土的概

念；先张法和后张法的概念及施工工艺；超张拉的概念和目的；后张法孔道预留的方法；孔道灌浆与封端的要求。

（三）结构吊装工程和砌体工程

起重机的种类及应用范围，起重机主要技术参数（Q、R、H）及相互关系；单层厂房柱子吊装工艺（柱子的绑扎、起吊方法），屋架的绑扎与吊装方法；结构吊装起重机的选择；柱子与屋架平面的布置方法；分件吊装法与综合吊装法的区分。

砌筑砂浆石灰熟化时间的要求，砌筑砂浆饱满程度的要求，砌筑砂浆拌制后使用时间的要求，砖与砌块强度的划分及表示方法，砌筑灰缝的要求，砌筑墙体留槎的要求与规定，墙体砌筑的方法，内构造柱的留设方法及配筋，砌块的种类和砌筑方法。

（四）工程施工组织设计

施工组织设计的分类及编制对象，施工组织设计的内容及相互间的关系，施工方案的内容，进度计划的编制步骤与表达方法，评价工程进度计划的指标，施工平面图的设计及应优先考虑的内容，单位工程施工组织设计的核心内容与主要内容的编制顺序。

（五）流水施工

流水施工的概念，流水施工参数（流水节拍、流水步距、流水段数、施工过程数和间歇、搭接时间等）的概念及其对工程工期的影响。节奏专业流水、非节奏专业流水和一般搭接流水施工的概念、方法，不同流水施工工期的计算。

（六）网络计划技术

网络计划技术的概念，单代号及双代号网络图的概念和表达方式，网络图的三要素，双代号网络图的绘制规则，双代号网络计划的时间参数计算、工期的计算，时标网络计划的表达方式。网络计划优化的内容、条件、方法与主要步骤。

（七）施工管理

施工管理的内容（施工准备、项目管理、施工调度、竣工验收、保修），施工管理组织的形式（直线式、职能式、工作队式、矩阵式、事业部式），进度的检查与比较方法，全面质量管理概念，PDCA 的含义，技术管理的主要任务、环节与制度，质量验收的要求和不合格的处理，竣工验收的依据、条件和组织（主持者和参与者）。

三、复习方法与解题分析

（一）复习方法

土木工程施工与管理的内容可分为三大部分，即施工技术、施工组织和施工管理。在复习时，应针对三部分内容的特点和要求进行。

1. 施工技术部分

主要学习各分部分项工程的施工方法（包括施工工艺、施工的基本要求等），不同施工方法的适用范围，以及主要施工机械设备的类型和特点。

此部分题型以记忆类为多，但不宜死记硬背，应通过运用本专业的基础理论和专业知识加深对施工技术问题的理解和掌握。

2. 施工组织部分

重点学习施工组织设计的概念、分类和应用范围。流水施工、网络计划技术的基本概念和计算方法。该部分题型包括记忆类、基本概念类和计算类。

3. 施工管理部分

主要针对大纲中的内容，掌握一些基本概念。

（二）解题分析

（1）记忆类题型：属于技术规范性的题目，主要是背过记住；属于施工工艺性的题目，通过熟悉工艺特点，并加以理解，使记忆更牢靠。

【例 15-0-1】 当施工场地地面标高与柱顶设计标高相同时，对于桩数为 4 根以上有承台桩基中的桩，其打桩施工的桩位允许偏差为：

A. 100mm　　B. 1/2桩径或边长　　C. 150mm　　D. 1/3桩径或边长

解　依据《建筑地基基础工程施工质量验收标准》（GB 50202—2018）第 5.1.2 条表 5.1.2 对承台桩的规定，桩数大于或等于 4 根桩基中的预制桩，其桩位允许偏差为1/2桩径（边长）+0.01H。其中，H为桩基施工面至设计标桩顶的距离；当施工场地地面标高与柱顶设计标高相同时，H=0。

答案：B

注：此类题属于技术规范性题目，应熟悉规范，主要以记忆为主。

【例 15-0-2】 当基坑降水深度超过 8m 时，比较经济的降水方法是：

A. 轻型井点　　B. 喷射井点　　C. 管井井点　　D. 集水明排法

解　集水明排法适宜降水深度不大于 3m。一级轻型井点适宜降水深度 6m，再深需要二级或多级轻型井点，开挖复杂、占用场地大且不经济。管井井点设备费用大。喷射井点设备轻型，而且降水深度可达 8~20m。

答案：B

注：该题属于施工工艺性的题目，不同降水设备性能不一样，应用条件和范围也不一样，理解后，就不难记忆。

（2）基本概念类题型：只有基本概念清楚，答题思路才清晰。

【例 15-0-3】 流水施工中，流水节拍是指：

A. 一个施工队在各个施工段上的总持续时间

B. 一个施工队在一个施工段上的持续工作时间

C. 两个相邻施工队先后进入流水施工段的间隔时间

D. 流水施工的工期

解　流水节拍的含义是指一个专业施工队在一个施工段上的工作持续时间。

答案：B

【例 15-0-4】 全面质量管理要求下列哪些人员参加质量管理：

A. 所有部门负责人　　B. 生产部门的全体人员

C. 相关部门的全体人员　　D. 企业所有部门和全体人员

解　全面质量管理的一个基本观点是“全员管理”。上自经理，下至每一个员工，做到人人关心企业，人人管理企业。

答案：D

注：例 15-0-3、例 15-0-4 两题题解中，什么是流水步距？什么叫流水节拍？什么是全面质量管理？只要基本概念清楚，问题就会迎刃而解。

（3）计算类题型：此类题除熟悉计算程序外，还要概念清楚，才能计算无误。

【例 15-0-5】某工程按表要求组织流水施工，相应流水步距K_{A-B}及K_{B-C}应为：

A. 2 天，2 天　　B. 2 天，3 天　　C. 3 天，3 天　　D. 5 天，2 天

例 15-0-5 表

施工过程	施工段			
	一	二	三	四
A	2	3	2	3
B	2	1	2	1
C	2	3	2	1

解　该工程组织为非节奏流水施工，相应流水步距K_{A-B}及K_{B-C}应按"节拍累加数列错位相减取大差"的方法计算。累加数列

$$\begin{array}{rrrrrr} A & 2, & 5, & 7, & 10 & \\ -B & & 2, & 3, & 5, & 6 \\ \hline & 2 & 3 & 4 & 5 & -6 \end{array} \qquad \begin{array}{rrrrrr} B & 2, & 3, & 5, & 6 & \\ -C & & 2, & 5, & 7, & 8 \\ \hline & 2 & 1 & 0 & -1 & -8 \end{array}$$

取大值后

$$K_{A-B} = 5 \qquad K_{B-C} = 2$$

答案：D

注：解此题的关键，一是要清楚非节奏流水施工的概念；二是熟悉用"节拍累加数列错位相减取大差"计算流水步距的程序。

【例 15-0-6】某工程双代号网络图如图所示，工作 1-3 的自由时差为：

A. 1 天　　B. 2 天

C. 3 天　　D. 4 天

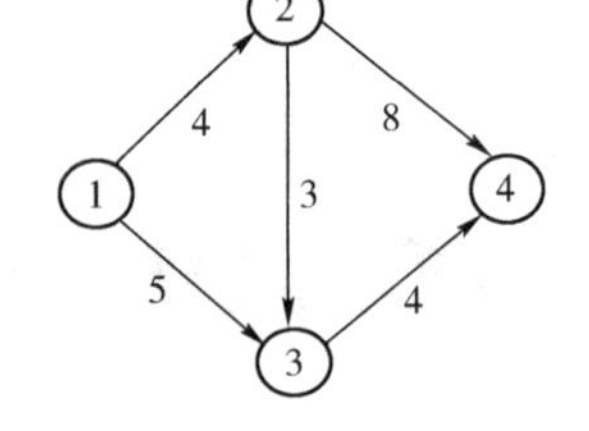

例 15-0-6 图

解　经计算工作 1-3 的紧后工作 3-4 的最早开始时间是 7 天，工作 1-3 的最早完成时间为 5 天。工作 1-3 的自由时差=紧后工作的最早开始时间−本工作的最早完成时间=7−5=2 天。

答案：B

注：此题数字计算很简单，关键是明白"自由时差"的含义，以及"自由时差=紧后工作的最早开始时间−本工作的最早完成时间"的计算规则。概念清楚，计算结果才会正确。

第一节　土石方工程与桩基础工程

建筑工程施工中的土方工程常见的有场地平整、开挖基坑和沟槽、人防工程及地下建筑物的土方开挖、路基填筑及基坑回填等。

土方工程施工包括开挖、运输、填筑、平整等主要工作和稳定土壁、控制地下水等辅助性工作。土方工程施工，要求标高、断面准确，土体有足够的强度和稳定性，土方量少，工期短，费用省。因此，在施工前，先要进行调查研究，了解土的种类和工程性质、土方工程的施工工期、质量要求和施工条件，

以及施工区的地形、地质、水文、气象等资料，以此作为合理拟定施工方案，计算土方工程量、土壁边坡和支撑，进行施工排水或降水的设计，选择土方机械和运输工具并计算其需要量，以及选择施工方法和组织施工的依据。此外，还应完成场地清理、地面水的排除和测量放线等工作。施工中，应及时做好施工排水、打设土壁临时支撑，严防流沙及塌方等意外事故的发生。

土方工程的特点是面广量大、劳动繁重、施工条件复杂。为了减轻繁重体力劳动、提高劳动生产率、加快工程进度、降低工程成本，组织施工时应尽可能采用新技术和机械化施工。准确计算土方量，是合理选择施工方案和组织施工的前提；尽可能减少土方量，是降低工程成本的有效措施。

一、土的工程分类与性质

（一）土石的分类与现场鉴别方法

在土方工程施工中，根据土的开挖难易程度，将土分为松软土、普通土、坚土、砂砾坚土、软石、次坚石、坚石、特坚石等八类。前四类为一般土，后四类为岩石。正确区分和鉴别土的种类，有助于合理选择施工方法。土的工程分类与现场鉴别方法见表 15-1-1。

土石的工程分类与现场鉴别方法　　表 15-1-1

土的分类	土的名称	土的可松性系数		现场鉴别方法
		K_s	K_s'	
一类土（松软土）	砂、亚砂土、冲击砂土层、种植土、泥炭（淤泥）	1.08~1.17	1.01~1.03	能用锹、锄头挖掘
二类土（普通土）	亚黏土、潮湿的黄土、夹有碎（卵）石的砂、种植土、填筑土及亚砂土	1.14~1.28	1.02~1.05	用锹、锄头挖掘，少许用镐翻松
三类土（坚土）	软及中等密实土、重亚黏土、粗砾石、干黄土及含碎（卵）石的黄土、亚黏土、压实的填土	1.24~1.30	1.04~1.07	主要用镐，少许用锹、锄头挖掘，部分用撬棍
四类土（砂砾坚土）	重黏土及含碎（卵）石的黏土、粗卵石、密实的黄土、天然级配砂石、软泥灰岩及蛋白石	1.26~1.32	1.06~1.09	整个用镐、撬棍，然后用锹挖掘，部分用楔子及大锤
五类土（软石）	硬石灰及黏土、中等密实的页岩、泥灰岩、白垩土、胶结不紧的砾岩、软的石灰岩	1.30~1.45	1.10~1.20	用镐或撬棍、大锤挖掘，部分使用爆破方法
六类土（次坚石）	泥岩、砂岩、砾岩、坚实的页岩、凝灰岩、密实的石灰岩、风化花岗岩、片麻岩	1.30~1.45	1.10~1.20	用爆破方法开挖，部分用风镐
七类土（坚石）	大理岩、辉绿岩、玢岩、粗（中）粒花岗岩，坚实的白云岩、砂岩、砾岩、片麻岩、石灰岩、有风化痕迹的安山岩、玄武岩	1.30~1.45	1.10~1.20	用爆破方法开挖
八类土（特坚石）	安山岩、玄武岩、花岗片麻岩，坚实的细粒花岗岩、闪长岩、石英岩、辉长岩、辉绿岩、玢岩、角闪岩	1.45~1.50	1.20~1.30	用爆破方法开挖

注：土的种类不同，其开挖难易程度也不同，类别越高，开挖难度越大，工程费用越高，松散后的体积越大。

（二）土的基本工程性质

1. 土的密度

土在天然状态下单位体积的质量叫土的密度。不同的土，密度不同。密度越大，土的强度越高。土经烘干后得到的“干密度”，是检测填土压实质量的重要指标。土的密度由下式计算

$$\rho = \frac{m}{V} \tag{15-1-1}$$

式中：ρ—土的密度；

m—土的总质量；

V—土的体积。

2. 土的含水率

土的含水率即土中水与固体颗粒间的质量比，以百分数表示。

$$w = \frac{m_{\mathrm{w}}}{m_{\mathrm{s}}} \times 100\% \tag{15-1-2}$$

式中：w—土的含水率；

m_{w}—土中水的质量；

m_{s}—土颗粒的质量。

土的含水率对挖土的难易程度、施工时边坡的稳定性、回填土的夯实质量均有影响。在一定含水率条件下，用夯实机具可使回填土达到最大的密实度，此含水率被称为“最佳含水率”。

3. 土的可松性

土的可松性是指自然状态下的土，经开挖以后，其体积因松散而增加；以后虽经回填压实，仍不能恢复到原来的体积。土的可松性程度用最初可松性系数和最后可松性系数表示。

（1）最初可松性系数K_{s}：开挖后松散状态土体积V_2与自然状态土体积V_1的比值。即

$$K_{\mathrm{s}} = \frac{V_2}{V_1} \tag{15-1-3}$$

（2）最后可松性系数K_{s}'：开挖后的土，经回填压实后的体积V_3与自然状态土体积V_1的比值。即

$$K_{\mathrm{s}}' = \frac{V_3}{V_1} \tag{15-1-4}$$

土的可松性对土方的平衡调配、基坑开挖留弃土方量、运输工具数量计算等，均有直接影响。土的最初可松性系数K_{s}是计算车辆装运土方体积及选择挖土机械的主要参数；土的最后可松性系数K_{s}'是计算填方所需挖土工程量的主要参数。可松性系数的大小与土的类别和土质有关。

【例 15-1-1】 某工程开挖 5 000m³ 的基坑，地下室占去体积 3 500m³。请问基坑回填夯实后，弃松土多少立方米？已知$K_{\mathrm{s}} = 1.20$，$K_{\mathrm{s}}' = 1.05$。

解 基坑开挖出的松土体积 $5\,000\mathrm{m}^3 \times K_{\mathrm{s}} = 5\,000\mathrm{m}^3 \times 1.20 = 6\,000\mathrm{m}^3$

基坑回填夯实所需松土体积 $(5\,000\mathrm{m}^3 - 3\,500\mathrm{m}^3)/1.05 \times 1.20 = 1\,714\mathrm{m}^3$

基坑回填后应弃松土体积 $6\,000\mathrm{m}^3 - 1\,714\mathrm{m}^3 = 4\,286\mathrm{m}^3$

4. 土的渗透性

土的渗透性是指土体中水可以渗流的性能。土体孔隙中的自由水在重力作用下会发生流动，当基坑（槽）开挖至地下水位以下，地下水会不断流入基坑（槽）。地下水在土中渗流流动中受到土颗粒的阻力，其大小与土的渗透性及地下水渗流的路程长短有关。法国学者达西根据如图 15-1-1 所示的砂土渗透试验，发现水在土中的渗流速度（v）与水力坡度（I）成正比。即

$$v = k \cdot I \tag{15-1-5}$$

水力坡度I是图 15-1-1 中A、B两点的水位差h与渗流路程L之比，即$I = h/L$。显然，渗流速度v与h成正比，与渗流的路程长度L成反比。比例系数k称为土的渗透系数（m/d）。可以理解为，土的渗透系数是当水力坡度为 1 时，水在土中的渗透速度。不同的土，渗透系数不一样。这与土的颗粒级配、密实程度等有关。渗透系数值，一般由试验确定，表 15-1-2 的数值可供参考。

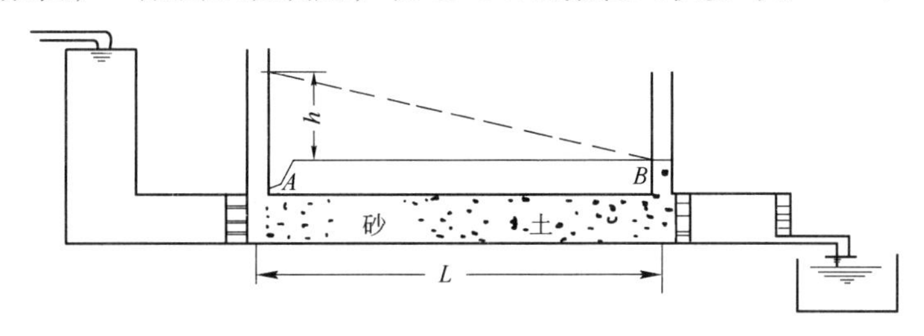

图 15-1-1　砂土渗透试验

土的渗透系数参考表　　表 15-1-2

土 的 名 称	渗透系数k（m/d）	土 的 名 称	渗透系数k（m/d）
黏土	<0.005	中砂	5.0~20.00
亚黏土	0.005~0.10	均质中砂	35~50
轻亚黏土	0.10~0.50	粗砂	20~50
黄土	0.25~0.50	圆砾石	50~100
粉砂	0.50~1.00	卵石	100~500
细砂	1.00~5.00		

土的渗透系数是选择降低地下水位方法和进行涌水量计算的依据；也是分层填土时，确定不同土料填筑顺序的依据。

二、土方工程的准备与辅助工作

（一）场地平整及施工准备工作

场地平整的施工准备工作包括以下内容：

（1）场地清理：包括拆除房屋、古墓，拆迁或改建通信、电力设备、上下水管道以及其他建筑物，迁移树木，去除耕植土及河塘淤泥等。

（2）排除地面水：场地内低洼地区的积水必须排除，同时应注意雨水的排除，使场地保持干燥，以利土方施工。

（3）修筑好临时道路及供水、供电等临时设施。

场地平整前，首先要确定场地的设计标高，其次要计算挖方量和填方量，然后确定挖、填方的平衡调配方案，再选择土方机械、拟定施工方案。场地标高的确定方法和原则如下：

（1）小型场地平整且对场地标高无特定要求时，一般可以根据平整前和平整后的土方量相等（即挖填平衡）的原则求得设计标高。计算前先将场地平面划成方格网，并根据地形图将每方格的角点标高标于图上，按式（15-1-6）求出初始设计标高（即场地平均标高），再根据排水坡度要求、可松性的影响及就近借、弃土量进行调整，而得出各方格角点的设计标高。

$$H_0 = \frac{\sum H_1 + 2\sum H_2 + 3\sum H_3 + 4\sum H_4}{4M} \tag{15-1-6}$$

式中：　H_0—所计算场地的设计标高；

H_1——一个方格仅有的角点标高；

H_2、H_3、H_4—分别为 2 个、3 个、4 个方格共有的角点标高；

M—场地内的方格数。

（2）当进行大型场地竖向规划设计时，常采用“最佳平面设计法”确定设计标高。

（3）确定标高应遵循的原则：

①与已有建筑物的标高相适应，满足生产工艺和运输的要求；

②尽量利用地形，以减少填、挖土方量；

③根据具体条件，争取场区内的挖方同填方相互平衡，以降低土方运输费用；

④要有一定的泄水坡度，以满足排水要求。

（二）土方边坡与土壁支撑

1. 土方边坡

为了防止塌方，保证施工安全，在挖方或填方的开挖深度或填筑高度超过一定限度时，均应在其边沿做成具有一定坡度的边坡。土方边坡的坡度以其高度H与宽度B之比表示，即

$$\text{土方边坡坡度} = \frac{H}{B} = \frac{1}{\frac{B}{H}} = 1:m \tag{15-1-7}$$

式中：m—坡度系数，当边坡高度为已知H时，其边坡宽度B则等于$m \cdot H$。

土方边坡稳定的条件是，在土体的重力及外部荷载作用下所产生的下滑力T小于土体的抗剪力C，即$T < C$。土体的下滑力主要由下滑土体重力在可能滑坡面方向的分力构成，它受坡上荷载、含水率、静水及动水压力的影响。而土体的抗剪力主要由土质决定，且受气候、含水率及动水压力的影响。因此，在确定土方边坡坡度时应考虑土质、边坡高度、留置时间、排水情况、坡上的荷载情况以及土方施工方法等因素。

根据相关规范的规定，当地下水位低于基底，在湿度正常的土层中开挖基坑或管沟，且敞露时间不长时，可做成直立壁不加支撑，但挖方深度不宜超过下列规定：①砂土和碎石土不大于 1m；②粉土或粉质黏土不大于 1.25m；③黏土或碎石土不大于 1.5m；④坚硬的黏性土不大于 2m。施工过程中应经常检查沟壁的稳定情况。

当土的湿度、土质及其他地质条件较好且地下水位低于基底时，临时性挖方边坡取值，见表 15-1-3。

临时性挖方边坡值　　　　**表** 15-1-3

土 的 类 别		边坡坡度
砂土（不包括细砂、粉砂）		1：1.25~1：1.50
一般黏性土	坚硬	1：0.75~1：1.00
	硬塑	1：1.00~1：1.25
	软	1：1.50 或更缓
碎石类土	密实、中密	1：0.50~1：1.00
	稍密	1：1.00~1：1.50

注：1.设计有要求时，应符合设计标准。

2.如采用降水或其他加固措施，可不受本表限制，但应计算复核。

3.开挖深度，对软土不应超过 4m，对硬土不应超过 8m。

2. 土壁支护

土壁稳定主要是由土体内摩阻力和黏聚力来保持平衡的。一旦土体失去平衡，土壁就会塌方。造成土壁塌方的原因主要有：①边坡过陡或土质差，基坑开挖深度大；②雨水、地下水渗入基坑，使土泡软，抗剪能力降低；③基坑上边缘有静荷载或动荷载作用。

为了保证土体稳定和施工安全，可采取以下措施：

（1）放足边坡：边坡的留设应符合规范要求，其坡度的大小，应根据土质、水文地质条件、施工方法、开挖深度、工期长短等因素而定；

（2）设置支护：为了缩小施工面，减少土方量，或受场地的限制不能放坡时，则应设置土壁支护。

常用基坑支护按作用原理分为稳定式（土钉墙）、重力式（水泥土墙）、支挡式三类。选择时，应依据土的性状及地下水条件、基坑深度及周边环境、地下结构形式及施工方法、基坑形状及尺寸、场地条件等综合考虑。

1）土钉墙支护

土钉墙是由土钉、钢筋混凝土面板及加固的原位土体所构成（见图 15-1-2）。它能提高边坡的稳定性，增强土体破坏的延性，对边坡起到加固作用。

土钉墙是随基坑的分段、分层开挖而及时施作，通过打入钢花管（或钻土钉孔→插入钢筋）→注浆→绑扎固定钢筋网→喷射混凝土面板等工序而成。具有构造及施工简单、费用较低等优点。适用于淤泥质土、黏土、粉土、砂土等土质，且无地下水、深度在 12m 以内的基坑土壁支护。当基坑较深、开挖时稳定性差、需要挡水者，可加设锚杆（坑深不得超过 15m）、微型桩、水泥土墙等构成复合式土钉墙。

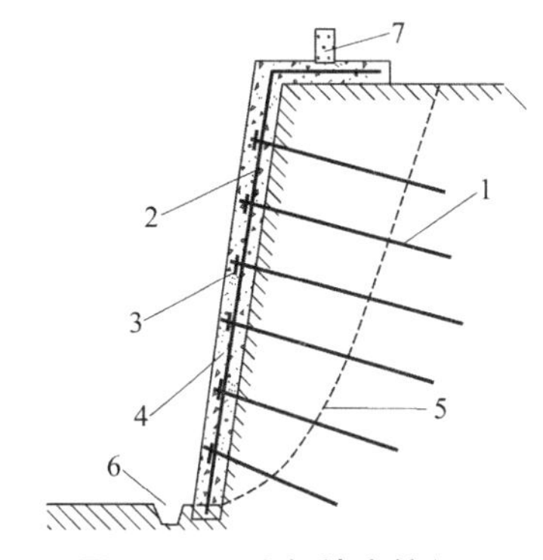

图 15-1-2　土钉墙支护剖面

1-土钉；2－钢筋网片；3－垫板或加强钢筋；4－混凝土墙面板；5—可能滑坡面 ；6-排水沟；7-挡水台

2）水泥土墙支护

水泥土墙通过沉入地下设备将喷入的水泥浆与土均匀拌和，形成柱状的水泥加固土桩，并相互咬合搭接而成（见图 15-1-3）。靠其自重和刚度进行挡土护壁，且具有截水功能。

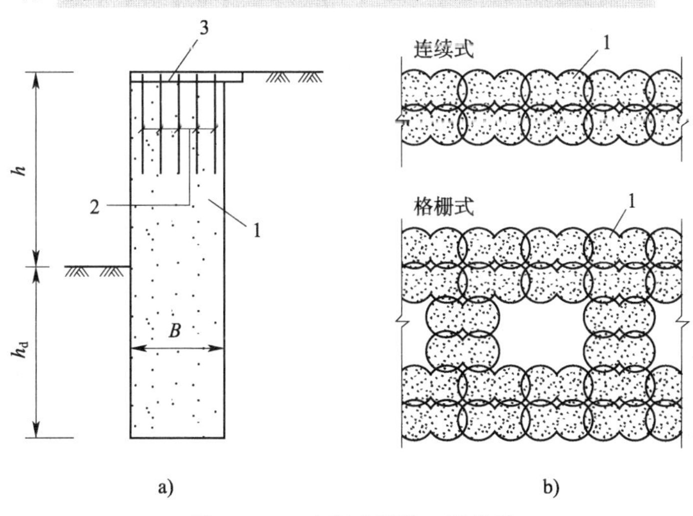

图 15-1-3　水泥土墙的一般构造

1-搅拌桩；2-插筋；3-混凝土面板

水泥土墙的施工方法有深层搅拌、旋喷和粉喷法。具有坑内无支撑，便于挖土及坑内作业、造价较低等优点。适于淤泥、淤泥质土、黏土、粉土、填土等土层，深度不大于 7m 的基坑支护。

3）支挡式结构

支挡式结构是以挡土构件或再加设锚杆、支撑等形成的支护结构。它主要是依靠结构本身来抵抗坑壁土体下滑并限制其变形。该种支护结构种类较多，属于非重力式。挡土构件（挡墙）按有无截水功能，分为透水式和止水式两种。

常用的挡土构件（挡墙）包括：

①钢板桩挡墙

钢板桩的截面形状有 Z 形、U 形（见图 15-1-4）及多种组合形式，由带锁口或钳口的热轧型钢制成。钢板桩互相连接打入地下，形成连续钢板桩墙，既能挡土又能起到止水帷幕的作用，可作为坑壁支护、防水围堰等。它打设方便，承载力较大，可重复使用，有较好的经济效益，但刚度较小。可用于深 5~10m 的基坑。

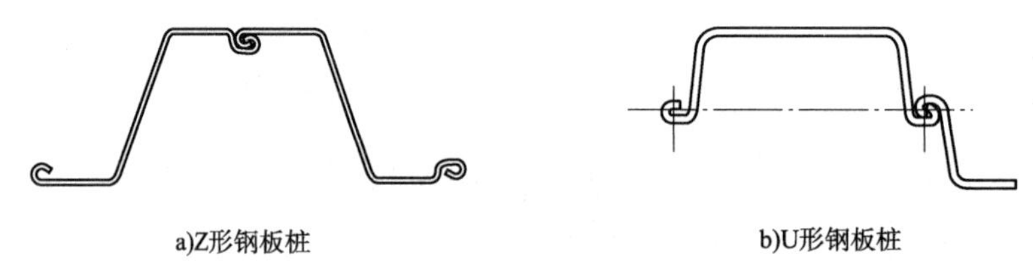

图 15-1-4　常用钢板桩截面形式

②型钢水泥土墙

它是在水泥土墙内插入型钢而成的复合挡土隔水结构（见图 15-1-5）。型钢承受土的侧压力，而水泥土具有良好的抗渗性能，因此具有挡土与止水的双重作用。其特点是构造简单，止水性能好，工期短，型钢可回收。适用于填土、淤泥质土、黏性土、粉土、砂土、饱和黄土等地层，深度 8~10m 的基坑支护。

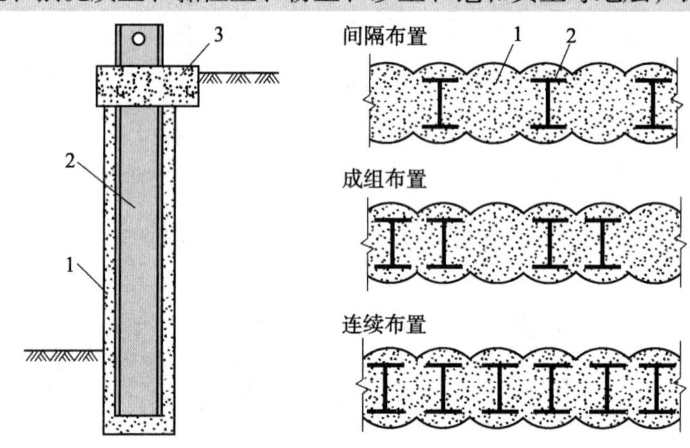

图 15-1-5　型钢水泥土墙构造

1-搅拌桩；2-H 型钢；3-钢筋混凝土冠梁

③排桩式挡墙

该类挡墙常用混凝土灌注桩、钢管桩及钢管混凝土桩等，在开挖前设置于基坑周边形成桩排，并通过顶部浇筑的冠梁等相互联系而成（见图 15-1-6）。它挡土能力强、适用范围广，但造价较高，一般无阻水功能。有阻水要求时，可布置成连续式、交错式、搭接式，或设置止水帷幕及其他封闭措施。

④地下连续墙

地下连续墙是在待开挖的基坑周围，修筑一圈厚度不小于 600mm 的连续钢筋混凝土墙体，以满足基坑开挖及地下施工过程中的挡土、截水防渗要求，还可用于逆作法施工。施工分单元槽段进行（见图15-1-7），连接后形成整体挡墙。为了避免渗漏，应尽量减少接缝，但单元槽段长度也不宜大于 6m；尽量避免在转角处接缝，且应加强施工接头的构造处理。地下连续墙的特点是刚度大、整体性好，但工艺技术复杂，费用高，常作为地下结构的一部分以降低造价。适用于黏土、砂砾石土、软土等多种土层，且地下水位高、施工场地较小或周围环境限制严格的深基坑工程。

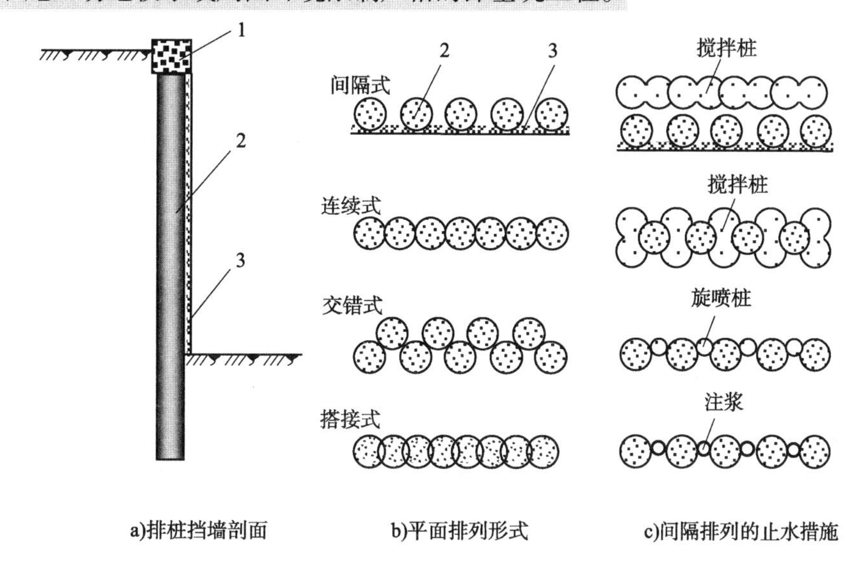

图 15-1-6 混凝土排桩挡墙形式

1-冠梁（连梁）；2-灌注桩；3-钢丝网混凝土护面

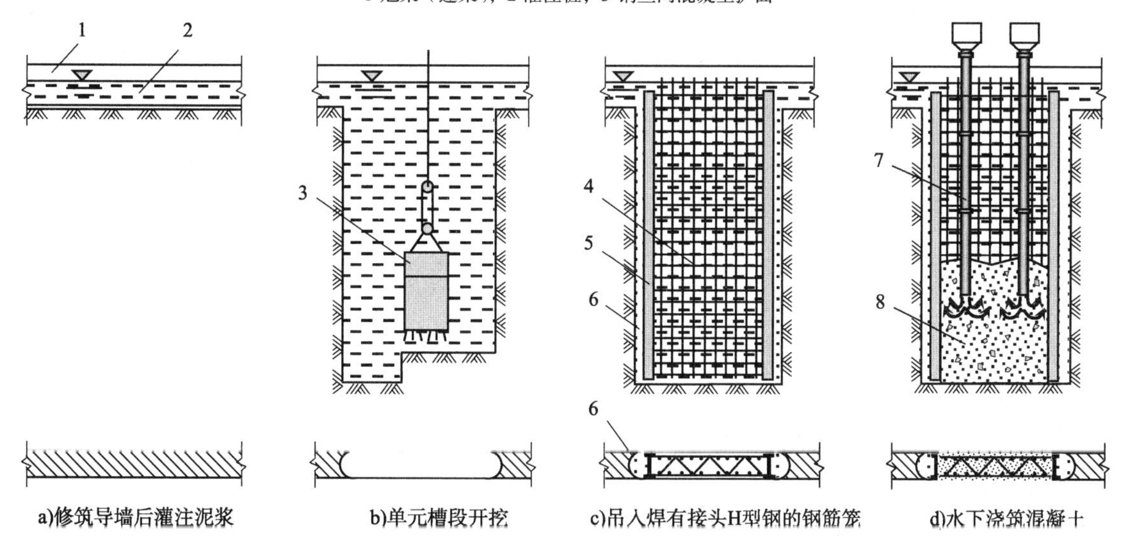

图 15-1-7 地下连续墙单元槽段施工过程示意图

1-导墙；2-泥浆；3-成槽机；4-钢筋笼；5-H 型钢；6-充填苯板及沙包；7-导管；8-浇筑的混凝土

常用的挡墙支撑结构包括悬臂式、抛撑式、锚拉式、锚杆式、坑内水平支撑等五种（见图 15-1-8）。

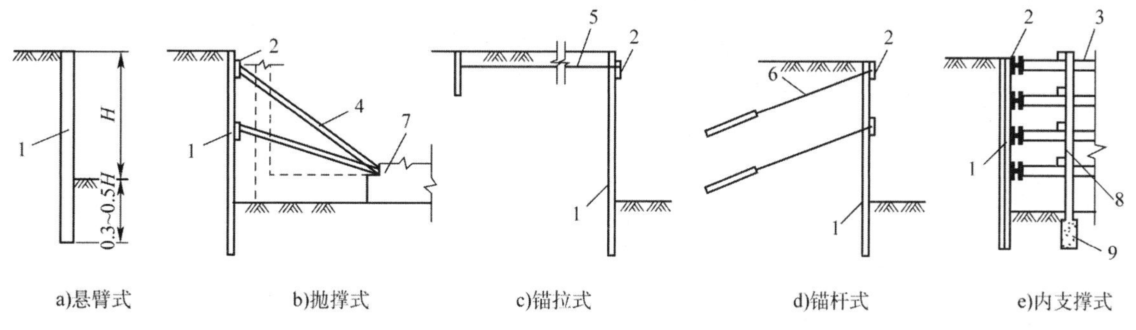

图 15-1-8 挡土灌注桩支护形式

1-挡墙；2-围檩（连梁）；3-支撑；4-抛撑；5-拉锚；6-锚杆；7-先施工的基础；8-支承柱；9-灌注桩

①悬臂式（自立式）

悬臂支撑形式的挡墙不设支撑或拉锚，嵌固能力较差，要求埋深大；且挡墙承受的弯矩、剪力较大且集中，受力形式差，易变形，故基坑深度不宜大于5m。

②抛撑式

支撑的挡墙受力较合理，但挡墙根部的土需待抛撑设置后开挖、再补做结构，且对基础及地下结构施工有一定影响，还需注意做好后期的换撑工作。适用于土质较差且面积大的基坑工程。

③锚拉式

由拉杆和锚桩组成，抗拉能力强，挡墙位移小、受力较合理；锚桩长度一般不小于基坑深度的3/10~1/2，其打设位置应距基坑有足够远的距离，因此需有足够的场地；且由于拉锚只能在地面附近设置一道，故基坑深度不宜超过12m。

④锚杆式

土层锚杆具有较强的锚拉能力，且可依据基坑深度随开挖设置多道，并常施加预应力，提高土壁的稳定性，减少挡墙的位移和变形；不影响基坑开挖和基础施工；费用较低。常用于土质较好且周围无障碍的深基坑支挡结构中。

⑤内支撑式

内支撑是设置在基坑内的由钢或钢筋混凝土组成的水平支撑部件。可依据基坑深度设置多道，每层先撑后挖。内支撑式刚度大、支承能力强。但给坑内挖土和结构施工带来不便，且需进行换撑作业，费用也较高。适用于深度较大，周围环境不允许设置锚杆或软土地区的深基坑支护。

（三）地下水控制

开挖基坑时，如不控制好地下水并及时排走流入坑内的地面水，不但会使施工条件恶化，引发滑坡、塌方，而且还会影响地基的承载力。因此，在土方施工中，做好地下水控制和排水工作，保持土体干燥是十分重要的。

常用的地下水控制方法包括集水明排、降水、截水和回灌四类。

1. 集水明排

集水明排是采用截、疏、抽的一种排水方法。“截”是截住水流；“疏”是疏干积水；“抽”是在基坑开挖过程中，在坑底设置集水井，并沿坑底的周围或中央开挖排水沟，使水流入集水井中，然后用水泵抽走（见图15-1-9），降水深度不大于3m。

2. 降水

降水就是在基坑开挖前，先在基坑周围埋设一定数量的滤水管（井），利用抽水设备从中抽水，使地下水位降落到坑底以下500mm之下，直到地下施工完毕且具有足够的抗浮能力为止。这样，可使基坑在保持干燥状态下开挖，防止流沙发生，改善了基础施工条件。但降水前，应考虑在降水影响范围内的已有建筑物和构筑物可能产生的附加沉降位移，应事先采取防护措施。人工降低地下水位的方法有轻型井点、喷射井点、电渗井点、管井井点等。

（1）轻型井点

轻型井点（见图15-1-10）是沿着基坑四周或一侧每隔一定距离埋入井点管（下端为滤管）至蓄水层内，井点管上端通过弯联管与总管连接，利用抽水设备将地下水从井点管内不断抽出，使原有地下水位降至坑底标高以下的一种降水方法。此方法设备轻便，造价低，被广泛应用。但是由于真空泵效率问题，一般降水深度不大于6m；当采用多级轻型井点时，降水深度为6~10m。

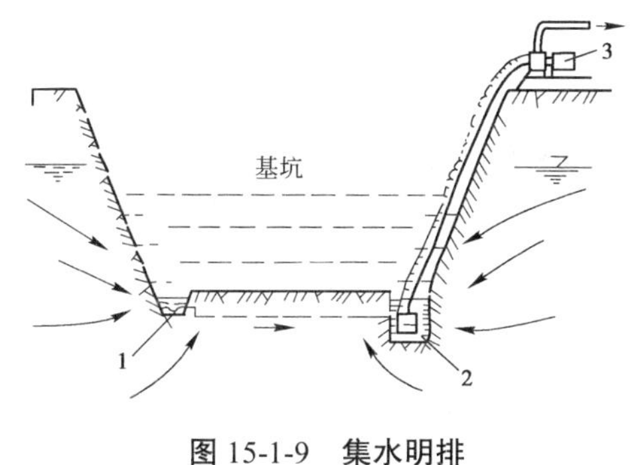

图 15-1-9　集水明排

1-排水沟；2-集水井；3-水泵

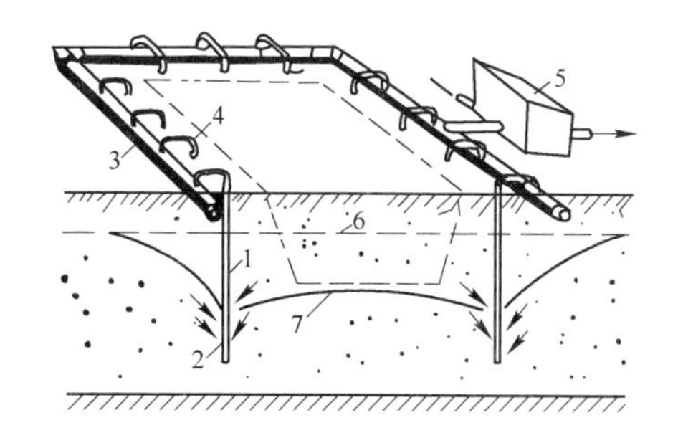

图 15-1-10　轻型井点

1-井点管；2-滤管；3-总管；4-弯联管；5-水泵房；6-原地下水位线；7-降低后的地下水位线

（2）喷射井点

喷射井点根据工作时所使用的液体或气体的不同，分为喷水井点和喷气井点两种。其设备主要由喷射井管、高压水泵和管路组成。

喷射井管分外管与内管两部分，在内管下端设有喷射器与滤管相连。喷射器由喷嘴、混合室、扩散室等组成。工作时，用高压水泵把压力为 0.7~0.8MPa 的水经过总管分别压入井点管中，高压水经外管与内管之间的环形空间，并经喷射器侧孔流向喷嘴，由于喷嘴处截面突然缩小，压力水经喷嘴以很高的流速喷入混合室，使该室压力下降，造成一定的真空。此时，地下水被吸入混合室与高压水汇合流经扩散管，沿内管上升经排水总管排出，地下水不断从井点管中抽走，而使地下水位逐渐下降，达到设计要求的降水深度。

采用喷射井点，降水深度可达 8~20m（对于$k = 3\text{~}20\text{m/d}$的砂土最有效，在$k = 0.1\text{~}3\text{m/d}$的粉砂、淤泥质土中使用效果也显著）。

（3）电渗井点

在土的渗透系数很小（$k < 0.1\text{m/d}$），采用轻型井点、喷射井点基坑（槽）降水效果很差时，宜改用电渗井点降水。

电渗井点是以原有的井点管（轻型井点或喷射井点）本身作为阴极，沿基坑（槽）外围布置，采用套管冲枪成孔埋设；以钢管（ϕ50~75）或钢筋（ϕ25 以上）作为阳极，埋在井点管内侧，通入直流电后，带正电荷的孔隙水自阳极向阴极移动（即电渗现象）。在电渗与真空的双重作用下，强制地下水在井点管附近积集，经井点管快速排出，地下水位逐渐下降。

电渗井点适用于在黏土、粉质黏土、淤泥等土质中降水。

（4）管井井点

管井井点就是沿基坑隔一定距离设置一个管井，每个管井单独用一台水泵不断抽水以降低地下水位。适用于渗透系数较大（$k = 20\text{~}200\text{m/d}$）、地下水量大的情况。当采用离心泵或真空降水设备时，降水深度为 6~10m；采用潜水泵或深井泵时，降水深度可达数十米。

渗透系数不同，降水深度不同，所采用的降水方法也不同。各类降水井点适用条件及布置要求见表 15-1-4。

降水井点适用条件及布置要求　　　　表 15-1-4

井点类型	土类	降水深度（m）	水文地质特征	平面布置要求
轻型井点	填土、黏性土、粉土、砂土	≤6 6~10（多级）	上层滞水或潜水	槽宽≤6m 时单排布置； 非单排布置时，排距不宜大于 20m
喷射井点		8~20		槽宽≤10m 时单排布置； 非单排布置时，排距不宜大于 40m

续上表

井点类型	土类	降水深度（m）	水文地质特征	平面布置要求
电渗井点	黏性土	6~10		与轻型井点或喷射井点配合
管井井点	黏性土、粉土、砂土、碎石土、黄土	>6	含水丰富的潜水、承压水和裂隙水	间距≤25m

3. 截水

截水是在基坑周围设置止水挡墙或截水帷幕等封闭基坑，切断外部向基坑内的渗水通道，仅在基坑内进行疏干降水的地下水控制方法，也称封闭式降水法，如图 15-1-11 所示。该法有利于保护地下水环境，避免基坑周围地面沉降带来的隐患。

常用截水帷幕的做法有深层搅拌法、压密注浆法、冻结法等。常用止水挡墙有地下连续墙、水泥土墙、型钢水泥土墙、小齿口钢板桩、咬合桩等阻水支护挡墙，也可在排桩间用旋喷、摆喷水泥土桩进行封闭。

截水帷幕的厚度应满足防渗要求，其深度应插入下卧不透水层或封底层内不少于$0.2\Delta h-0.5b$（其中，Δh为坑内外作用水头差，b为帷幕厚度）和 1.5m。坑内设置降水井点将土疏干并使水位降至基坑底 0.5m 以下，当有较大压力的承压水层时，还应设置减压井，防止坑底隆起或突涌。

4. 回灌

降排地下水会造成土颗粒流失或土体压缩固结，易引起周围地面沉降，可能导致邻近建筑物倾斜、下沉、道路开裂或管线断裂。当基坑外地下水位降幅较大、基坑周围存在需要保护的建（构）筑物或地下管线时，宜采用地下水人工回灌等措施。

回灌法是在降水井点与需保护的建筑物、构筑物间设置一排回灌沟、井。在降水的同时，向土层内灌入适量的水，使原建筑物下仍保持较高的地下水位，以减小其沉降程度，如图 15-1-12 所示。对于浅层潜水可用砂井、砂沟进行自然回灌，对于承压水则需用加压回灌井进行回灌。

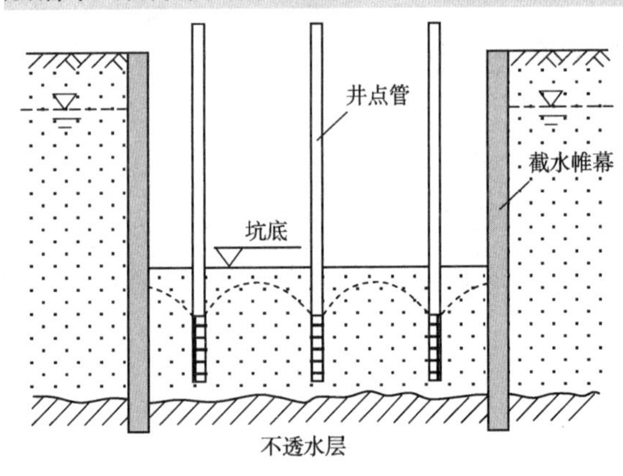

图 15-1-11　截水法（封闭式降水）示意图

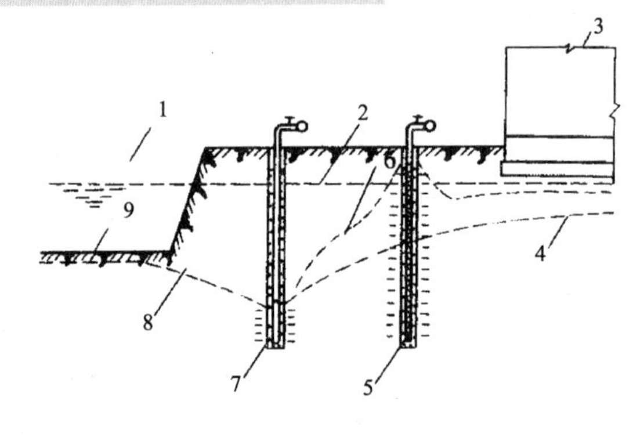

图 15-1-12　回灌井点布置示意图

1-开挖基坑；2-原有地下水位线；3-原有建筑物；4-不回灌时的水位线；5-回灌井点；6-降灌井点间水位线；7-降水井点；8-降水后的水位线；9-基坑底

为确保基坑施工安全和回灌效果，同层回灌沟、井与降水井点之间应保持不小于 6m 的距离，且降水与回灌应同步进行。同时，在回灌沟、井两侧要设置水位观测井，监测水位变化，调节控制降水井点和回灌井点的运行以及回灌水量。

（四）流沙防治

当基坑开挖到地下水位以下时，有时坑底土会呈流动状态，随地下水涌入基坑，这种现象称为流沙现象。此时，基底土完全丧失承载能力，土边挖边冒，施工条件恶化，严重时会造成边坡塌方，甚至危及邻近建筑物。

1. 流沙发生的原因

动水压力是流沙发生的重要条件。地下水流动受到土颗粒的阻力，而水对土颗粒具有冲动力，这个力即称为动水压力。动水压力$G_D = \gamma_w I = \gamma_w \cdot \Delta h/L$，它与水力坡度$I$成正比，水位差$\Delta h$越大，动水压力越大；而渗透路程$L$越长，则动水压力越小。动水压力的方向与水流方向一致。

处于基坑底部的土颗粒，土不仅受水的浮力作用，而且受动水压力的作用，有上举趋势，见图 15-1-13。当动水压力G_D等于或大于土的浸水密度（Q-F）时，土颗粒处于悬浮状态，并随地下水一起流入基坑，即发生流沙现象。

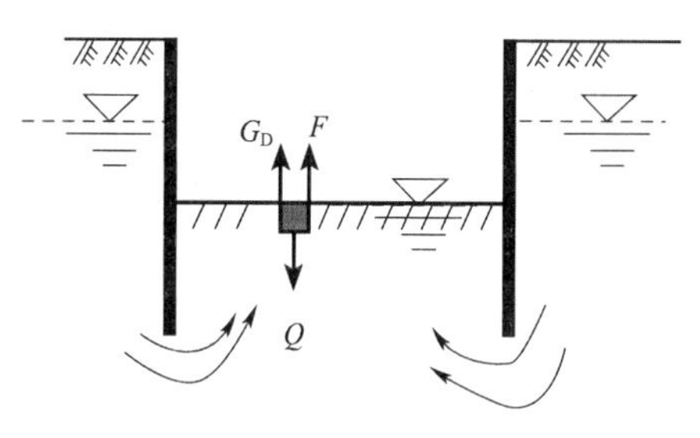

图 15-1-13　流沙现象原理示意图

流沙现象常发生在地下水位高、土壤粒径小且无黏性（如细砂、粉砂及砂质粉土）的土层中。在粗大砂砾中，因孔隙大，水在其间流过时阻力小，动水压力也小，不易出现流沙。而在黏性土中，由于土粒间黏聚力较大，不会发生流沙现象，但有时在承压水作用下会出现整体隆起现象。

2. 流沙的防治

防治流沙的主要途径是减小、平衡、消除动水压力，或改变其方向。具体措施为：

（1）加深挡墙法：在基坑周围设置截水挡墙，增加地下水流入坑内的渗流路程，从而减小动水压力。

（2）水下挖土法：采用不排水施工，使坑内水压与坑外地下水压相平衡，抵消动水压力。

（3）截水封闭法：可避免地下水向开挖后的基坑内渗流，从而消除动水压力，杜绝流沙现象。

（4）井点降水法：通过降低地下水位改变动水压力的方向，可防止流沙发生。

三、填土压实

1. 对填土的要求

（1）淤泥土、冻土、强膨胀性土、过盐渍土、有机质含量大于 8%的土，均不能用作填料；基坑回填不得用有机质含量大于 5%的土。

（2）应水平分层填土、分层夯实，每层的厚度根据土的种类及压实机械而定。

（3）采用两种透水性不同的土料时，应分别分层填筑，透水性较小的土宜在上层、大的填在下层，以避免出现“水囊”现象。

（4）不同填料不应混填。

2. 压实方法

（1）碾压法：利用机械滚轮的压力压实土壤，使之达到所需的密实度，适用于大面积填筑。碾压机械有平碾和羊足碾。碾压时，行驶速度不宜过快，且应先慢后快；对松土应先轻碾初步压实再用重碾，先静压再振动碾压，以避免土层强烈起伏；对无限制的填土，应先压边部后压中间，利于压实。

（2）夯实法：利用夯锤下落的冲击力来夯实土壤，此法主要用于小面积回填土。常用夯实法有人工夯实法（如木夯、石夯等）和机械夯实法（夯实机械如夯锤、内燃夯土机、蛙式打夯机等）。

（3）振动压实法：将振动压实机置于土层表面，借助振动机构使压实机械振动，土颗粒发生相对位移而达到紧密状态。此方法对于非黏性土效果更好。

3. 影响填土压实质量的因素

（1）压实功的影响：填土压实后的重度与压实机械在其上所施加的功（压力或冲击力、作用时间）

关系密切。实际施工中，填土的密实度不仅取决于压实机械，也与压实遍数有关。土在一定含水率下，开始压实时土的密实度急剧增加，接近土的最大干密度后，虽经反复压实，但密度无变化。对于不同的土，以及压实后的密实度要求不同时，各类压实机械的压实遍数也不同。

（2）含水率的影响：干燥的土，由于颗粒之间的摩阻力较大，填土不易被压实；含水率较大的土，由于土颗粒间的孔隙全部被水填充而呈饱和状态，土也不能被压实且易出现“橡皮土”；只有处于最佳含水率范围内的土才易被压实。

（3）铺土厚度的影响：土在压实功作用下，所受压应力随深度增加而减小，其影响深度与压实机械、土的性质和土的含水率有关。铺土厚度应小于压实机械压土时的作用深度，最优铺土厚度可使土方压实机械的功耗费最小且土被压得更密实。

土方填筑厚度及压实遍数应根据土质、压实系数及所用机具确定。如无试验依据时，可参照表 15-1-5 的规定。

土的压实质量，需通过取样，测其干密度进行检验。取样位置为每层压实后土的下半部。

填土施工时的分层厚度及压实遍数 **表 15-1-5**

压实机具	分层厚度（mm）	每层压实遍数	压实机具	分层厚度（mm）	每层压实遍数
平碾	250~300	6~8	打夯机	200~250	3~4
振动压实机	250~350	3~4	人工打夯	≤200	3~4

【例 15-1-2】压实松土时，应采用：

A. 先用轻碾后用重碾　　B. 先振动碾压后停振碾压

C. 先压中间再压边缘　　D. 先快速后慢速

解 为了提高填土压实的效率和效果，一般应遵循“先轻后重、先静后振、先边后中、先慢后快”的原则进行碾压。

答案：A

【例 15-1-3】下列可作为检验填土压实质量控制指标的是：

A. 土的可松性　　B. 土的压实度　　C. 土的压缩比　　D. 土的干密度

解 土的干密度是指单位体积土中固体颗粒的质量，用ρ_d表示，它是检验填土压实质量的控制指标。一般在每层土的下半部通过环刀取样，经实验室烘干、称量得到。要求$\rho_d \geqslant \lambda_c \rho_{max}$（其中$\lambda_c$为设计要求的压实系数，$\rho_{max}$为实验室测得的最大干密度），应有 90%以上的点位符合设计要求，余者最低值与设计值之差不得大于$0.08g/cm^3$，且不得集中。

答案：D

四、土方机械化施工

（一）主要土方机械

1. 推土机

推土机是土方工程施工的主要机械之一，可以独立完成铲土、运土及卸土三种作业。它操纵灵活，运转方便，所需工作面较小，转移方便，因此应用范围广。推土机多用于场地的清理和平整，开挖深度不大于 1.5m 的一~三类土的基坑，填平沟坑，以及配合铲运机、挖土机工作等。其推运距离宜在 100m 以内，运距在 50m 左右经济效果最好。

2. 铲运机

铲运机是一种能综合完成全部土方施工工序（挖土、运土、卸土和平土）的机械。铲运机管理简单，生产效率高，且运行费用低，常用于坡度在20°以内的大面积场地平整，开挖一~二类土的大型基坑、填筑路基等。自行式铲运机适用于运距为800~3 500m的大型土方工程施工，以运距在800~1 500m以内生产效率最高；拖式铲运机适用于运距为80~800m的土方工程施工，以运距在200~350m效率最高。

3. 单斗挖土机

单斗挖土机在土方工程中应用较广，种类很多，按其工作装置可分为正铲、反铲、拉铲和抓铲（抓斗）等不同挖土机，但常用的为正铲和反铲挖土机。正铲挖土机的工作特点是“前进向上、强制切土”，适于开挖停机面以上一~四类土，且需与汽车配合完成整个挖运作业。反铲挖土机的工作特点是“后退向下、强制切土”，用以挖掘停机面以下一~三类土，主要用于开挖基坑、基槽或管沟。拉铲挖土机的工作特点是“后退向下、自重切土”，适于填筑路基、开挖沟渠或水中挖土。抓铲（抓斗）挖土机的工作特点是“直上直下、自重或强制切土”，适于深的井、坑、槽开挖。拉铲和抓铲（抓斗）挖土机只能挖一、二类土。

（二）机械选择与施工要点

1. 场地平整

运距在100m以内时，宜选用推土机平整场地；运距在100~1 500m、场地较平坦时，宜选择铲运机平整场地；运距大于1 000m且挖土掌子面高时，宜采用挖土机配合自卸汽车施工。为提高作业效率，推土机施工时，可采用下坡推土、沟槽推土、并列推土、集中推运、斜角推填等方法；铲运机施工时，可采用下坡铲土、跨铲、助铲等方法。

2. 基坑开挖

一般基坑基槽常采用反铲挖土机开挖，特别大且深的基坑可采用正铲挖土机开挖；水下开挖，面积较大时宜用拉铲挖土机，面积小且深时宜用抓斗挖土机。计算运土配套车辆应使挖土机能不间断作业。基底及边坡应预留200~300mm厚土层用人工清底、修坡、找平，以避免超挖和土层遭受扰动。

常用开挖方法包括下坡分层开挖、盆式开挖和岛式开挖。放坡开挖应及时进行护坡，坡顶不宜堆土；采用土钉墙、土层锚杆支护的基坑，应分层分段开挖并及时进行支护施工，每层开挖深度应与土钉或锚杆层距相适应，分段长度不宜大于30m；采用内支撑的基坑，应遵循“先撑后挖、限时支撑、分层开挖、严禁超挖”的原则施工。

五、土、石方爆破工程

把炸药埋置于地下深处引爆后，由于原来体积很小的炸药在极短时间内通过化学变化立刻转化为气体状态，体积迅速增加，产生极大的压力、冲击力和很高的温度，使周围的介质（土、石等）受到不同程度的破坏，称之为爆破。

（一）炸药、炸药量的计算及起爆方法

1. 炸药

在外界能量作用下，能由其本身的能量发生爆炸的物质叫炸药。不同种类的炸药，其爆速、爆力、猛度和敏感度及安定性是不同的，在使用时应予以注意。

2. 炸药量的计算

爆破时，用药量应根据岩石的硬度、岩石的缝隙、临空面的多少、估计爆破的土石方量以及施工经验来确定，一般通过理论计算后再通过试爆复核，最后确定实际的用药量。

3. 起爆方法

（1）火花起爆：它是利用导火索在燃烧时的火花引爆雷管，然后再使炸药发生爆炸。用火花起爆时，同时点燃导火索的根数要受到限制，因此，同时爆破的药包也受到限制。

（2）电力起爆：它是利用电雷管中的电力引火装置，使雷管中的起爆炸药爆炸，然后使药包爆炸。大规模爆破及同时起爆较多炮眼时，多采用电力起爆。

（3）导爆索起爆：导爆索的外形和导火索相似，但它的药芯由高级烈性炸药组成。皮线绕以红色线条以与导火索区别。导爆索起爆不需雷管，但本身必须用雷管引爆。这种方法成本较高，主要用于深孔爆破和大规模的药室爆破，不宜用于一般的炮眼法爆破。

（4）导爆管起爆：它是用直径约 3mm、内壁涂有混合炸药粉末的塑料软管构成的导爆管，将击发雷管产生的爆轰波传递至非电毫秒雷管而起爆。导爆管具有良好的传爆、耐火、抗冲击、抗水、抗电和强度性能，起爆感度高、传爆速度快，应用普遍。

（二）爆破方法

1. 炮眼法

炮眼法属于小爆破，即在被爆破的岩石内凿直径为 25~75mm、深度为 1~5m 的筒形炮眼，然后装药进行爆破。

2. 拆除爆破

拆除爆破又名控制爆破，它通过一定的技术措施，严格控制爆破能量和爆破规模，使爆破的声响、振动、破坏区以及破碎物的散坍范围，控制在规定限度内，在城市和工厂的发展过程中，为已有房屋和构筑物的改建、拆除提供了一种安全有效的方法。

六、桩基础工程

桩的作用在于将上部建筑结构的荷载传递到深处承载力较大的土层上，或者使软土层挤实，以提高土壤的承载力和密实度，保证建筑物的稳定和减少其沉降量。当上部结构质量很大，而软弱土层又较厚时，采用桩基施工可省去大量的土方工作量、支撑工作量和排水、降水设施，一般均能获得良好的经济效果。

（一）桩的分类

根据桩在土壤中的工作性质，可分为端承桩、摩擦桩、锚固桩三种。穿过软土层而桩端进入岩层或坚硬土层的桩，称之为端承桩；反之，悬在软土层中靠摩擦力承重的桩，称之为摩擦桩；主要承受抗拔拉力和水平力的桩，称之为锚固桩。

按桩的施工方法不同，分为预制桩和灌注桩两大类。预制桩是在工厂或施工现场制成各种材料和形式的桩，而后用沉桩设备将桩打入、压入、振入或旋入土中；灌注桩是在施工现场的桩位上先成孔，然后在孔内灌注混凝土而成。

（二）预制钢筋混凝土桩施工

1. 预制钢筋混凝土打入桩

1）打桩设备

（1）桩锤

桩锤是对桩施加冲击，把桩打入土中的主要机具。桩锤主要有四种：落锤、柴油锤、气锤和液压锤。

桩锤型号选择应遵循“重锤轻击”的原则，以利桩的下沉，避免锤头回弹或打碎桩头。

（2）桩架

桩架是支持桩身和桩锤，在打桩过程中引导打桩的方向，并在打桩前吊桩就位的设备。常用的桩架有两种基本形式：一种是具有托盘或船形轨道的步履式桩架，另一种是装在履带底盘上的打桩架。

（3）动力设备

动力设备主要是指为气锤提供气源的设备。

2）预制钢筋混凝土桩的制作、起吊、运输和堆放

较短的桩多在预制厂生产，较长的桩一般在打桩现场就近预制。现场预制桩多用叠浇法施工，但不宜超过三层。桩之间要做好隔离层。上层桩或邻桩的浇筑，应在下层桩或邻桩的混凝土达到设计强度的30%以后方可进行。当桩混凝土达到设计强度等级值的70%后方可起吊移位，达到100%后方可运输和打桩。起吊时，吊点的位置由设计决定。桩堆放时，地面必须平整坚实，垫木的间距应根据吊点位置确定。各层垫木应位于同一垂直线上，预制方桩的堆放层数不宜超过四层。不同规格的桩，应分别堆放。

3）打桩

（1）打桩准备

打桩前，应做好现场自然条件、地质条件、附近建筑物及管线情况调查工作；清除地上及地下障碍物；做好场地平整、排水工作；放线和定桩位，并设置不少于2个水准点；打试桩不少于2根，以检验工艺是否合理、设备是否正常；确定合理的沉桩顺序，以保证沉桩速度、质量和周围建筑物及管线的安全。

确定沉桩顺序的原则为先深后浅、先大后小、先长后短、先密后疏。对于密集桩群（中心距小于桩断面边长或直径的4倍），应自中心向两侧或四周对称施打。当一侧毗邻建筑物时，由毗邻处向外施打。

（2）打桩方法

在桩架就位后，即可吊桩。垂直对准桩位中心缓缓放下，插入土中，位置要准确。在桩顶扣好桩帽或桩箍，使桩稳定后，即可除去吊钩，起锤劲压并轻击数锤，随即观察桩身与桩帽、桩锤等是否在同一轴线上，接着可正常施打。施打原则是“重锤轻击”，以降低冲击速度，减少回弹，沉桩效果好，桩顶不宜损坏。在打桩过程中，要经常注意观察，如发现问题应及早纠正。

（3）打桩质量控制

打桩的质量要视打入后的偏差是否在允许范围之内（见表15-1-6）、贯入度与沉桩标高是否满足设计要求以及桩顶、桩身是否被打坏而定。终止打桩的原则为：对端承桩以控制最后贯入度（最后10击的入土深度）为主，以控制沉桩标高为辅；对摩擦桩则相反。

预制桩（钢桩）桩位的允许偏差（单位：mm）　　表15-1-6

序　号		项　目	允许偏差
1	盖有基础梁的桩	垂直基础梁的中心线 沿基础梁的中心线	100+0.01H 150+0.01H
2	承台桩	桩数为1~3根桩基中的桩	100+0.01H
3		桩数为4根及以上桩基中的桩	1/2桩径（或边长）+0.01H

注：H为施工现场地面标高与桩顶设计标高的距离。

当桩顶设计标高与施工场地标高相同时，或桩基施工结束后，应对桩位进行检查。

当桩顶设计标高低于施工场地标高，送桩后，无法对桩位进行检查时，对打入桩可在每根桩的桩顶沉至场地标高时，进行中间验收；待全部桩施工结束，承台或底板开挖到设计标高后，再进行最终验收。

打（压）入桩（预制混凝土方桩、预应力管桩、钢桩）的桩位偏差，必须符合表 15-1-6 的规定。斜桩倾斜度的偏差不得大于倾斜角正切值的 15%（倾斜角是指桩的纵向中心线与铅垂线间的夹角）。

2. 静力压桩

静力压桩（见图 15-1-14）是利用自身的动力设备将压桩架自重和配重的重力传至桩顶或桩身，将桩逐节压入土中，具有无振动和噪声、对周围环境影响小、施工速度快、不损坏桩身、易于估算承载力等优点，主要用于软弱土层场地。压桩架用型钢制成，一般高度为 16~20m，静压力为 800~1 500kN，现常用液压压桩机，包括抱压式和顶压式。桩应分节预制，每节长 6~10m。当第一节压入土中，其上端距地面 0.5~1m 时，即将第二节桩接上，然后继续压入。接桩的弯曲矢高不大于 0.1%桩长，其接头方式如图 15-1-15 所示。

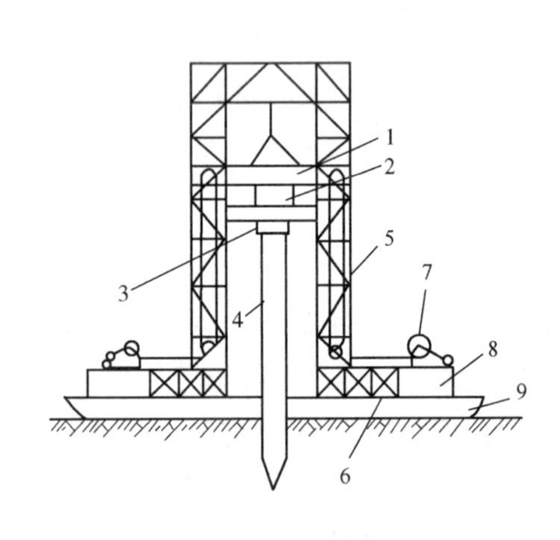

图 15-1-14　静力压桩原理

1-活动压梁；2-油压表；3-桩帽；4-桩；5-桩架；6-加重物仓；7-卷扬机；8-底盘；9-轨道

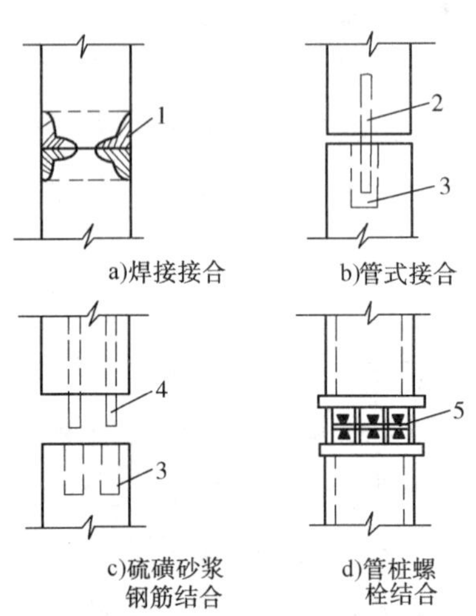

图 15-1-15　桩的接头形式

1-∟150×100×10；2-预埋钢管；3-预留孔洞；4-预埋钢筋；5-法兰螺栓连接

3. 射水沉桩

射水沉桩就是利用高压水流冲刷桩尖下面的土壤，以减小桩表面与土壤之间的摩擦力和桩下沉时的阻力，使其在自重或锤击作用下，很快沉入土中。沉至距桩尖设计标高 1~2m 时，停止射水，再打或振到设计标高。射水停止后，冲松的土壤沉落，又可将桩身压紧。

射水沉桩适用于砂土、砾石或其他坚硬的土层，特别是对于打较重的钢筋混凝土桩更为有效。施工中常将这种方法与桩锤打入法联合使用，可提高工效 40%~80%。

4.振动沉桩

其原理是通过固定在桩顶的振动桩锤所产生的激振力，使土颗粒失重移动而减小与桩的摩擦力，桩在自重及振动力的共同作用下沉入土中。振动桩锤按照动力形式分为电动桩锤和液压桩锤两种，按振动频率分为低频、中高频和超高频三类。其中，低频振动锤适用于大管径桩；中高频振动锤适用于松散冲积层、松散及中密的砂石层；超高频振动锤的振动频率与桩体自振频率相同而致产生共振，其功率小、沉桩快，对周围环境影响小，适合在城市中施工。

振动沉桩法主要适用于砂石、黄土、软土和亚黏土层，在含水砂层中的效果更为显著。

（三）灌注桩施工

灌注桩施工是直接在桩位上成孔，然后利用混凝土就地灌注而成。与预制桩相比，其优点是施工方便，节约材料，可降低成本约1/3；其缺点是操作要求较严，稍有疏忽，容易发生缩颈、断桩现象，技术间歇时间较长，不能立即承受荷载，冬季施工中困难较多。

1. 钻孔灌注桩

钻孔灌注桩是利用钻孔机钻出桩孔，然后灌注混凝土或钢筋混凝土而成。施工时无振动，不挤土，能在各种土层条件下施工。根据地层情况及地下水位埋深，可采用干作业成孔或泥浆护壁成孔工艺。但这种桩单位面积承载能力较低，沉降量也较大。

钻孔灌注桩钢筋骨架主筋的直径不宜小于16mm，间距不得小于10cm，箍筋直径宜用6~8mm，骨架应一次绑扎好，起重机起吊，用导向钢筋送入孔内，防止带入泥土杂物。钢筋定位后，应立即灌注混凝土，以防止塌孔。灌注前应进行清孔，孔底泥渣厚度：端承桩不大于50mm，摩擦桩不大于100mm。宜采用压灌混凝土后插筋法或后注浆工艺，以提高承载力、减少沉降量。

2. 挖孔灌注桩

随着高层及超高层、重型及超重型工业与民用建筑的发展，小直径单桩和群桩基础在承受大荷载或满足沉降要求等方面已受到一定的限制，因而大直径灌注桩得到较多应用。其桩径为 1~3m，桩深为20~40m，最深可达80m。其成孔常采用人工或大型机械挖孔。人工挖孔设备简单、施工无噪声和振动，在市区或狭窄的现场较机械挖孔更具适应性；但因危险性较大，仅可用于不能机械成孔的情况。

3. 沉管灌注桩

沉管灌注桩，是利用与桩的设计尺寸相适应的一根钢管，在端部设置桩尖，打入土中后，在钢管内放入钢筋骨架、灌注混凝土，灌满或超过地下水位后，随灌随将钢管拔出，利用拔管时的轻击或振动将混凝土捣实。其施工步骤如图15-1-16所示。沉管灌注桩的施工方法根据承载力的要求不同，可分别采用单打法、复打法和反插法。反插法是在拔管时，每上拔1m，再下沉0.5m的施工方法；复打法是在灌注混凝土前不放钢筋笼，拔管后在原位复打，放入钢筋笼后，再次灌混凝土成桩。单打法的桩截面比沉入的钢管扩大不超过30%，复打法可扩大约80%，反插法可扩大约50%。因此，这种灌注法还具有用小钢管灌注出大断面桩的效果。

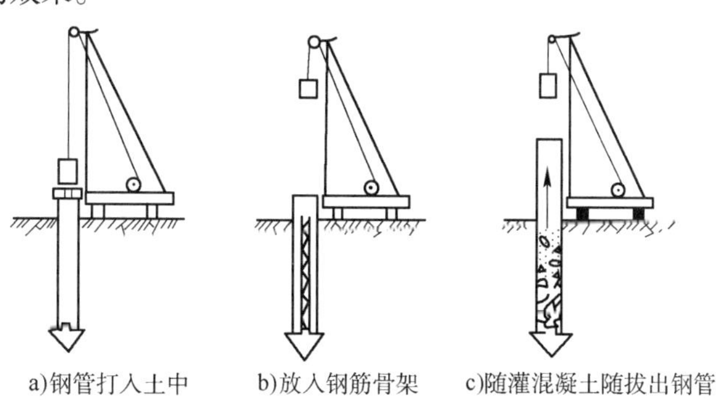

图15-1-16　沉管灌注桩单打法施工步骤

沉管灌注桩施工应控制拔管速度，特别是在穿过淤泥夹层时，应减慢拔管速度，并减少拔管高度和反插深度，以避免产生缩颈和断桩现象。单打法可用于含水量较小的土层；复打法及反插法可用于饱和土层，但流动性淤泥土层或坚硬土层中不宜使用反插法。

4. 爆扩灌注桩

爆扩桩包括爆扩桩身和做扩大头。爆扩桩身是在钻好的细孔中放入炸药条，引爆后形成桩孔。爆扩大头是在桩孔底放入炸药，再灌入适量的混凝土，然后引爆，使孔底形成扩大头。此时，孔内混凝土落入孔底腔内，再放置钢筋骨架，灌注桩身混凝土，制成灌注桩。爆扩法适用于地下水位以上的黏土、粉土层中成孔。

灌注桩的桩径、垂直度及桩位允许偏差，见表15-1-7。

灌注桩的桩径、垂直度及桩位允许偏差　　表 15-1-7

序号	成孔方法		桩径允许偏差（mm）	垂直度允许偏差	桩位允许偏差（mm）
1	干成孔灌注桩		≥0	≤1/100	≤70+0.01H
2	泥浆护壁钻孔桩	D<1 000mm	≥0	≤1/100	≤70+0.01H
		D≥1 000mm			≤100+0.01H
3	套管成孔灌注桩	D<500mm	≥0	≤1/100	≤70+0.01H
		D≥500mm			≤100+0.01H
4	人工挖孔桩		≥0	≤1/200	≤50+0.005H

注：1.H为桩基施工面至桩顶的距离（mm）；

2.D为桩的直径（mm）；

3.套管成孔灌注桩也称沉管灌注桩。

【例 15-1-4】在沉桩前进行现场定位放线时，需设置的水准点应不少于：

A. 1 个　　B. 2 个　　C. 3 个　　D. 4 个

解　为了保证施工质量，沉桩施工前应布置测量控制网、水准基点，按平面图进行测量放线。设置的控制点和水准点的数量不得少于 2 个，并应设在打桩影响范围以外。

答案：B

【例 15-1-5】灌注桩的承载能力与施工方法有关，其承载能力由低到高的顺序依次为：

A. 钻孔桩、复打沉管桩、单打沉管桩、反插沉管桩

B. 钻孔桩、单打沉管桩、复打沉管桩、反插沉管桩

C. 钻孔桩、单打沉管桩、反插沉管桩、复打沉管桩

D. 单打沉管桩、反插沉管桩、复打沉管桩、钻孔桩

解　四种方法中钻孔桩承载力最低。沉管桩有挤土效应，承载力可提高。且单打法桩截面较所沉钢管扩大不超过 30%，反插法可扩大约 50%，复打法可扩大约 80%。

答案：C

【例 15-1-6】在锤击沉桩施工中，如发现桩锤经常回弹大，桩下沉量小，说明：

A. 桩锤太重　　B. 桩锤太轻　　C. 落距小　　D. 落距大

解　桩锤太轻冲击力小，且能量被桩吸收，造成桩不下沉，反而桩锤回弹。

答案：B

【例 15-1-7】套管成孔灌注桩施工时，为了消除灌注桩的缩颈，可采用：

A. 单打法　　B. 跳打法　　C. 反插法　　D. 强振法

解　跳打法主要是为了避免灌注桩塌孔，强振法则易造成灌注桩塌孔。而套管成孔灌注桩产生的缩颈，主要是软弱的饱和土层对拔管后的混凝土挤压所致。因此，《建筑地基基础工程施工规范》（GB 51004—2015）第 5.8.1 条规定，沉管灌注桩的施工，应根据土质情况和荷载要求，选用单打法、复打法或反插法。单打法可用于含水量较小的土层，复打法及反插法可用于饱和土层。第 5.8.4 条第 4 款规定，穿过淤泥夹层时，应减慢拔管速度，并减少拔管高度和反插深度，流动性淤泥土层、坚硬土层中不宜使用反插法。

可见，复打法及反插法均为可以消除沉管（套管）灌注桩缩颈的工艺方法，且复打法的效果更好、适用范围更广。

答案： C

七、地基加固处理技术

当地基的强度不足或土的压缩性较大，不能满足建筑物对地基的要求时，就需要针对不同的情况，对地基进行加固处理。

地基加固处理又可称为土质稳定。其目的：①提高地基土的抗剪强度；②降低软弱土的压缩性，减少基础的沉降和不均匀沉降；③改善土的透水性，起到截水防渗作用；④改善土的动力特性，防止液化作用。

按照其作用机理，地基处理大致可分为：①土质改良：是指用机械（力学）、化学、电、热等手段增加地基土的密度，或使地基土固结，此方法是尽可能利用原有地基；②土的置换：是将软土层换填为良质土；③土的补强：是采用薄膜、绳网、板桩等约束地基土，或者在土中放入抗拉强度高的补强材料形成复合地基以加强和改善地基土的剪切特性。

地基加固处理的方法分为五类，见表 15-1-8。表中所列各种方法是根据软弱土的特点和所需处理目的而发展起来的。各种方法的具体选用，应从地基条件、处理的指标及范围、工程费用、工作进度、材料来源及当地环境等多方面进行考虑。

地基处理方法分类　　**表** 15-1-8

分　类	处 理 方 法	原 理 及 作 用	适 用 范 围
换土垫层	素土垫层 砂垫层 碎石垫层	挖除浅层软土，用砂、石等强度较高的土料代替，以提高持力层土的承载力，减少部分沉降量；消除或部分消除土的湿陷性、胀缩性；防止土的冻胀作用；改善土的可液化性能	适用于处理浅层软弱土地基、湿陷性黄土地基、膨胀土地基、季节性冻土地基
碾压夯实	机械碾压法 振动压实法 重锤夯实法 强夯法	通过机械碾压或夯击压实土的表层，强夯法则利用强大的夯击能量，迫使深层土液化和动力固结而密实，从而提高地基土的强度，减少部分沉降量，消除或部分消除黄土的湿陷性，改善土的可液化性能	一般适用于砂土、含水量不高的黏性土及回填土地基。强夯法应注意其振动对附近建筑物的影响
排水固结	堆载预压法 砂井堆载预压法 排水板法 井点降水预压法	通过改善地基的排水条件和施加预压荷载，加速地基的固结和强度增长，提高地基的强度和稳定性，并使基础沉降提前完成	适用于处理广度较大的饱和软土层，但需要具有预压的荷载和时间，对于厚的泥炭层则要慎重对待
振动挤密	砂桩挤密法 土桩挤密法 灰土桩挤密法 石灰桩挤密法 振冲法	通过挤密或振动使深层密实，并在振动挤压过程中，回填砂、砾石等材料，形成砂桩或碎石桩，与桩周围的土一起组成复合地基，从而提高地基承载力，减少沉降量	适用于处理粉砂土或部分黏土颗粒含量不高的黏性土
化学加固	硅化法 旋喷法 碱液加固法 水泥灌浆法 深层搅拌法	通过注入化学浆液，将土粒黏结，或通过化学作用、机械拌和等方法，改善土的性质，提高地基承载力	适用于处理砂土、黏性土、湿陷性黄土等地基，特别适用于对已建成的工程地基事故处理

习　题

15-1-1　根据土的开挖难易程度，土的工程分类可分为（　　）。

A. 三类　　B. 五类　　C. 八类　　D. 六类

15-1-2　开挖后的土经过回填压实后的体积与自然状态土体积的比值是（　　）。

A. 最后可松性系数　　B. 最初可松性系数

C. 中间可松性系数　　D. 土的压缩性系数

15-1-3　在湿度正常的砂土和碎石土中开挖基坑或管沟，可做成直立壁不加支撑的深度是（　　）。

A. ≤0.5m　　B. ≤1.0m　　C. ≤1.5m　　D. ≤2.0m

15-1-4　某基坑深度较大、土质差、地下水位高，宜采用的支护挡墙为（　　）。

A. 土钉墙　　B. 水泥土墙

C. 灌注桩排桩　　D. 型钢水泥土墙

15-1-5　人工降低地下水位施工中，当土的渗透系数很小（$k < 0.1\mathrm{m/d}$）时，宜采用（　　）方法降水。

A. 轻型井点　　B. 电渗井点　　C. 喷射井点　　D. 管井井点

15-1-6　下列关于填土施工的表述中，不正确的是（　　）。

A. 不得用淤泥土、强膨胀性土、过盐渍土和有机物含量大于8%的土作为填料

B. 先低后高逐层填筑，下层检验合格后再填上层

C. 不同的填料不应混填

D. 渗透系数大的土料应填在上部

15-1-7　一般人工夯填土，分层填土厚度为（　　）mm。

A. 小于200　　B. 250~300　　C. 200~250　　D. 大于250

15-1-8　影响土方夯实的因素与（　　）无关。

A. 每层填土厚度　　B. 压实遍数

C. 土的渗透性　　D. 土的含水率

15-1-9　移挖作填以及基坑和管沟的回填，运距在60~100m内时，宜选用（　　）。

A. 挖土机　　B. 铲运机

C. 推土机　　D. 装载机

15-1-10　反铲挖土机的挖土特点是（　　）。

A. 前进向上，强制切土　　B. 后退向下，强制切土

C. 后退向下，自重切土　　D. 直上直下，自重切土

15-1-11　由于桩对土体产生挤压，因此打桩时应拟定合理的打桩顺序。以下沉桩顺序表述不正确的是（　　）。

A. 先深后浅　　B. 先大后小、先长后短

C. 先疏后密　　D. 从中间向两侧或向四周对称施行

15-1-12　在河岸淤泥质土层中做直径为500mm的灌注桩时，宜采用的成孔方法是（　　）。

A. 螺旋钻钻孔法　　B.沉管法

C.爆扩法　　D.人工挖孔法

第二节　钢筋混凝土工程与预应力混凝土工程

混凝土结构按施工方法可分为现浇和预制装配两种。前者整体性好、抗震能力强、结构形体灵活，但工期较长、受气候条件影响大。后者构件常在工厂批量生产，具有施工工期短、机械化程度高、劳动强度低、绿色环保程度高等优点，但耗钢量较大，需大型起重运输设备。为了发挥长处，这两种方法在施工中往往兼而有之。

钢筋混凝土工程是由钢筋、模板和混凝土三个分项工程组成，其工艺流程见图 15-2-1。

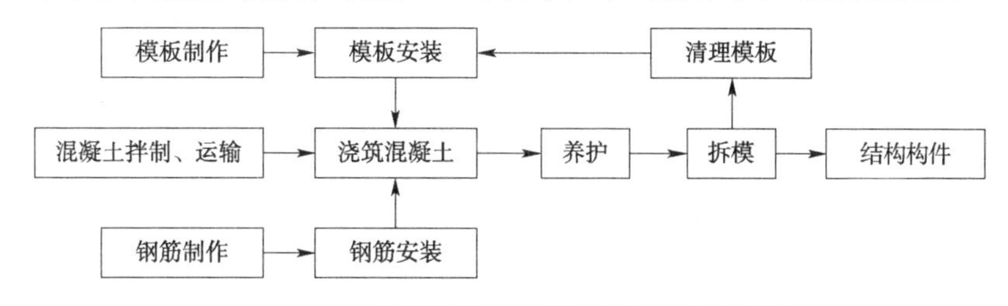

图 15-2-1　钢筋混凝土工程的主要工艺流程图

一、钢筋工程

（一）钢筋的种类

混凝土结构用的普通钢筋，可分为热轧钢筋、热处理钢筋和冷加工钢筋。热轧钢筋包括低碳钢（牌号 HPB、光圆）、低（微）合金钢（牌号 HRB、带肋）钢筋；热处理钢筋包括用余热处理（RRB）或晶粒细化（HRBF）等工艺加工的钢筋，该类钢筋强度较高，但强屈比低且焊接性能不佳；冷加工钢筋强度较高但脆性大，已很少使用。热轧或热处理钢筋按屈服强度分为 300MPa、335MPa、400MPa、500MPa 级四个等级，按表面形状分为光圆钢筋和带肋钢筋；直径 12mm 以下的钢筋来料多为盘圆，16mm 以上为直条。

预应力筋按材料类型可分为预应力用钢丝、螺纹钢筋、钢绞线等。螺纹钢筋的屈服强度为 785~1 080MPa；消除应力钢丝和钢绞线为硬钢，无屈服强度，极限强度为 1 570~1 960MPa。

（二）钢筋的检验

钢筋进场时，应检查产品合格证及出厂检验报告等质量证明文件、钢筋外观，并抽样检验力学性能和重量偏差。钢筋外观应全数检查，要求平直、无损伤，表面无裂纹、油污、颗粒状或片状老锈。抽样检验应按国家标准分批次、规格、品种，每 5~60t 抽取 2 根钢筋制作试件，通过试验检验其屈服强度、抗拉强度、伸长率、弯曲性能和重量偏差，检验结果应符合相关标准规定。

抗震结构所用抗震钢筋的实测强屈比不得小于 1.25，屈服强度实测值与标准值之比不大于 1.3，最大作用力下总伸长率不小于 9%。

当施工中发现钢筋脆断、焊接性能不良或力学性能显著不正常等现象时，应对该批钢筋进行化学成分检验或其他专项检验。

（三）钢筋的连接

钢筋的连接方法包括焊接、机械连接和绑扎搭接。连接的一般规定如下：

（1）钢筋的接头宜设置在受力较小处；抗震设防结构的梁端、柱端箍筋加密区内不宜设置接头，且不得进行钢筋搭接。

（2）同一纵向受力钢筋不宜设置两个或两个以上接头。

（3）接头末端至钢筋弯起点的距离不应小于钢筋直径的 10 倍。

（4）钢筋接头位置宜相互错开。当采用焊接或机械连接时，在同一连接区段（长为 35 倍钢筋直径且不小于 500mm）内，受拉接头的面积百分率不应大于 50%（见图 15-2-2）；受压接头，或避开框架梁端、柱端箍筋加密区的I级机械接头不限。

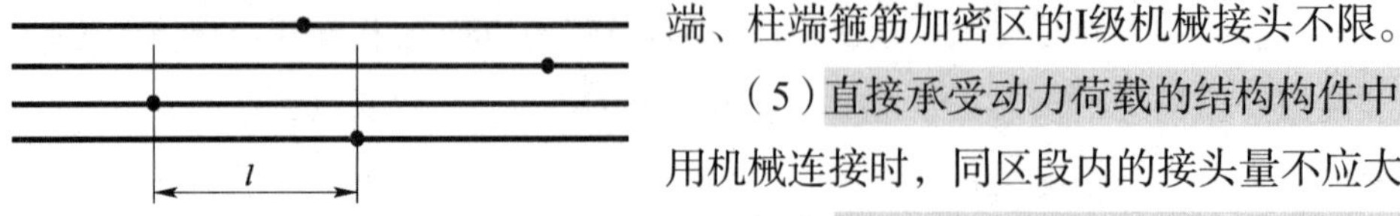

图 15-2-2　钢筋接头设置

注：l区段内有接头的钢筋面积按两根计

（5）直接承受动力荷载的结构构件中，不宜采用焊接接头；采用机械连接时，同区段内的接头量不应大于 50%。

（6）钢筋机械连接或焊接连接接头试件应从完成的实体中截取，并应按规定进行性能检验。

1. 焊接连接

钢筋焊接常用方法及适用范围见表 15-2-1。

常用钢筋焊接方法及适用范围　　表 15-2-1

焊接方法		接头形式	适用范围	
			钢筋牌号	钢筋直径（mm）
闪光对焊			HPB300 HRB335~500，HRBF335~500 RRB400W	8~22 8~20 8~20
电弧焊	帮条双面焊		HPB300 HRB335~400，HRBF335~400 HRB500，HRBF500 RRB400W	10~22 10~40 10~32 10~25
	帮条单面焊			
	搭接双面焊		HPB300 HRB335~400，HRBF335~400 HRB500，HRBF500 RRB400W	10~22 10~40 10~32 10~25
	搭接单面焊			
电渣压力焊			HPB300 HRB335~400 HRB500	12~22 12~32 12~32
电阻点焊			HPB300 HRB335~500，HRBF335~400 CRB550	6~16 6~16 3~8

注：接头形式栏中，括号内的数据用于 HRB335~500 钢筋，括号外数据用于 HPB300 钢筋。

焊工必须持证上岗，并经现场焊接工艺试验合格，方可正式焊接。当环境温度低于−5℃时应调整焊接参数或工艺，低于−20℃时不得进行焊接，雨、雪及大风天气应采取遮挡措施。直径大于 28mm 的热轧钢筋及细晶粒钢筋的焊接参数应经试验确定，余热处理钢筋不宜焊接。

（1）闪光对焊

它是在对焊机上，将两接触的钢筋通以低电压的强电流，闪光熔化后，轴向加压顶锻使两钢筋焊接到一起的压焊方法。该法焊接质量好、适用范围广、价格低廉，用于粗钢筋下料前的接长或制作闭口箍筋。焊接工艺有连续闪光焊、预热闪光焊和闪光—预热闪光焊三种。

（2）电弧焊

它是利用弧焊机使焊条与焊件之间产生高温电弧，熔化焊条和焊件金属，待其凝固后便形成焊缝或接头。电弧焊广泛用于各种钢筋接头、钢筋骨架、钢筋与钢板的焊接及结构安装的焊接。钢筋接头的常用形式有搭接焊、帮条焊、剖口焊等。

（3）电渣压力焊

电渣压力焊是利用强电流将埋在焊药中的两钢筋端头熔化，然后施加压力使其熔合。用于柱、墙等竖向较粗钢筋的接长。它比电弧焊工效高、成本低、质量好。

（4）电阻点焊

电阻点焊是利用钢筋交叉点电阻较大，在通电瞬间受热而熔化，并在电极的压力下焊合。用于钢丝或较细钢筋的交叉连接，常用来制作钢筋骨架或网片。

2. 机械连接

钢筋机械连接是利用与连接件的咬合作用来传力的连接方法。具有接头强度高（可与母材等强），不受气候及环境条件影响、无火灾隐患等优点，可用于柱、梁、板、墙等构件的竖向、水平或任何倾角的粗钢筋连接。常用机械连接方法有冷挤压连接和螺纹连接。

（1）冷挤压连接

它是将两根待连接的钢筋插入套筒，再利用千斤顶挤压，使套筒变形而与钢筋咬合将两钢筋连接在一起的一种连接方法（见图 15-2-3）。该方法只能连接带肋钢筋，且直径 16mm 以上。由于所用套筒大且对钢材要求高，故价格高。

（2）螺纹连接

螺纹连接是采用专用设备将钢筋端部做出螺纹，拧入套筒而连接的一种连接方法。包括锥螺纹（基本淘汰）、镦粗直螺纹和滚轧直螺纹连接。滚轧直螺纹（见图 15-2-4）是用机床的滚轮将钢筋端部轧出直径相同的螺纹丝扣，利用钢材“变形硬化”的特性，使接头与母材等强，该方法施工速度快、费用低，可用于直径 16mm 以上的光圆、带肋钢筋连接，应用广泛。

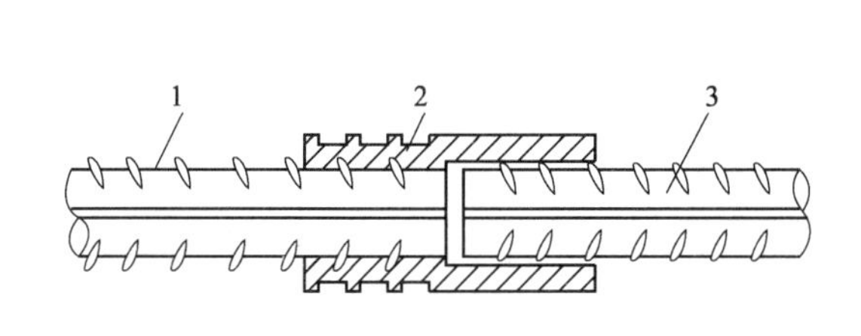

图 15-2-3　钢筋冷挤压连接

1-已挤压的钢筋；2-钢套筒；3-待挤压的钢筋

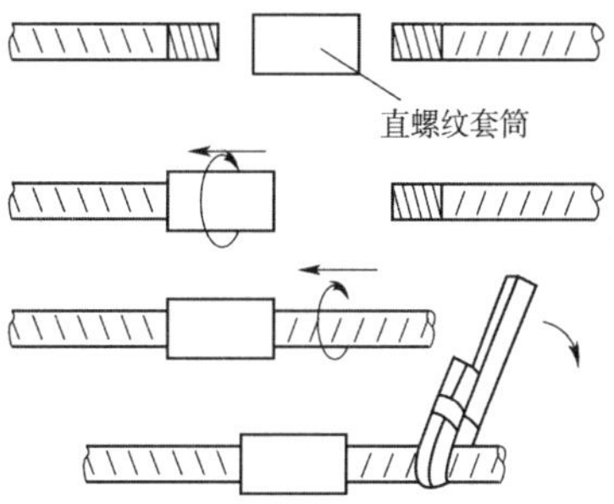

直螺纹套筒

图 15-2-4　钢筋直螺纹连接

3. 绑扎搭接

绑扎搭接是利用搭接段的混凝土将钢筋中的力予以传递。由于混凝土的强度远低于钢筋，故需有足够的搭接长度，并错开搭接位置。纵向受力筋搭接接头应符合下列规定。

（1）接头处钢筋的净间距不应小于钢筋直径和25mm，以利于混凝土浇筑。

（2）在同一连接区段（搭接长度的1.3倍）内，纵向受压钢筋的接头面积百分率可不受限制；纵向受拉钢筋的接头面积百分率，应符合下列规定：

①梁类、板类及墙类构件，不宜超过25%；柱类构件、基础筏板，不宜超过50%。

②当确有必要增大接头面积百分率时，对梁类构件不应大于50%，其他构件可适当放宽。

（3）应在接头中心和两端用铁丝扎牢。

（四）钢筋的配料和加工

钢筋的配料，就是根据施工图纸，分别计算出各根钢筋切断时的直线长度，然后编制配料单。为了加工方便，根据配料单上的钢筋编号，分别填写配料牌，作为钢筋加工和验收的重要依据。钢筋下料长度的计算方法为：

钢筋下料长度＝各段外包尺寸之和－各弯折处的量度差值＋末端弯钩的增加值

其中，1个弯折处的量度差值为：45°取$0.5d$，90°取$2d$；对于HPB300钢筋，1个180°弯钩的增加值为$6.25d$。d均为钢筋直径。

钢筋加工包括调直、除锈、下料剪切、接长、弯曲等工作。主要要求如下：

（1）钢筋弯折的弯弧内直径D应符合下列规定，以免弯弧外侧开裂。

①HPB300光圆钢筋，不应小于$2.5d$；400MPa级钢筋，不应小于$4d$；500MPa级钢筋，当直径为28mm以下时不应小于$6d$，当直径为28mm及以上时不应小于$7d$。

②箍筋弯折处尚不应小于纵向受力钢筋直径，使其能与纵筋贴合以箍紧。

（2）纵向受力钢筋弯折后的平直段长度应符合设计要求；光圆钢筋末端做180°弯钩时，平直段长度不应小于$3d$（例如：对HPB300光圆钢筋末端做180°弯钩时，当其弯弧内径D取$2.5d$，弯钩末端平直段长度取$3d$，则一个弯钩的增加值为$6.25d$）。

（3）箍筋的末端弯钩，对有抗震设防要求的结构构件，弯折角度不应小于135°，弯折后平直段长度不应小于$10d$；对一般结构构件，不应小于90°和$5d$。

（五）钢筋的代换

施工中如供应的钢筋品种和规格与设计图纸要求不符时，可以进行代换。钢筋代换的方法有以下三种：

（1）当结构构件是按强度控制时，可按强度相等的原则代换，称“等强代换”，即

$$A_{g2} \cdot R_{g2} \geqslant A_{g1} \cdot R_{g1} \tag{15-2-1}$$

式中：A_{g1}、R_{g1}—分别为原设计钢筋的计算面积和设计强度；

A_{g2}、R_{g2}—分别为拟代换钢筋的计算面积和设计强度。

（2）当构件按最小配筋率控制时，可按钢筋面积相等的原则代换，称“等面积代换”，即

$$A_{g2} \geqslant A_{g1} \tag{15-2-2}$$

（3）当结构构件按裂缝宽度或抗裂性要求控制时，钢筋的代换需进行抗裂性验算。

预制构件的吊环，必须采用HPB300级钢筋制作，严禁用其他钢筋代换。对重要构件，不得用光圆钢筋代换带肋钢筋。

（六）钢筋的安装与验收

钢筋安装应采用定位件固定钢筋的位置，框架梁、柱保护层内不宜采用金属定位件。钢筋交叉点处应绑扎牢固。框架节点处梁的纵向钢筋宜放在柱纵筋的内侧；当主次梁底部标高相同时，次梁下部钢筋应放在主梁下部钢筋之上；剪力墙中水平分布钢筋宜放在外侧，并在墙端弯折锚固。梁及柱的箍筋、墙的水平分布钢筋、板的钢筋，距构件边缘的起始距离均宜为 50mm。

钢筋工程属于隐蔽工程，在浇筑混凝土前应对钢筋及预埋件进行验收，并做好隐蔽工程记录。

二、模板工程

模板是新浇混凝土成型用的模型，要求能保证结构和构件各部位的形状、尺寸、位置准确；具有足够的承载力、刚度和整体稳固性；拆装方便，能多次周转使用；接缝严密、不漏浆。

模板按结构类型分，有基础、柱、墙、梁、楼板、楼梯等模板。按作用及承载种类分，有侧模板、底模板。按构造及施工方法分，有：①拼装式模板（如木模板、胶合板模板）；②组合式模板（如定型组合式钢模板、铝合金模板、钢框胶合板模板）；③工具式模板（如大模、台模、爬模、滑模、隧道模）；④永久式模板（如压型钢板模板、混凝土薄板、叠合板）等。

（一）常用模板的特点

1. 胶合板模板

胶合板模板包括覆膜竹胶合板和木胶合板（也称多层板），其单块面积大、表面平整、重量较轻、可锯可钉拼装方便，但周转次数少，环境负荷大。可拼装制作各种构件，主要用于楼板模板，能减少接缝，提高平整度，免除顶棚抹灰。

2. 组合式模板

组合式模板由平模、角模和支撑、连接件组成。该类模板按照一定模数有多种规格、型号，可根据需要组合拼装成各种构件、各种尺寸的模板。其特点是通用性强、周转率高、安装方便，但拼缝多、构件表面平整度较差，安装效率低。

3. 大模板

它是用于墙体施工的钢制大型工具式模板，由面板、主次肋、操作平台、稳定机构和附件组成。两块大模板对拼即可浇筑一片墙体。大模板具有装拆速度快、刚度大、混凝土表观质量好等优点，但其造价较高、通用性较差、装拆必须使用塔式起重机。主要用于多高层剪力墙施工。

4. 滑升模板

它是随着混凝土的浇筑，通过千斤顶或提升机等设备，使模板沿着混凝土表面向上滑动而逐步完成竖向结构浇筑的工具式模板。

滑升模板由模板系统、操作台系统和提升系统三部分组成，如图 15-2-5 所示。模板高度，一般外模 1.2~1.5m、内模 0.9~1.2m，模板内可容纳 3~4 层混凝土。在每一个滑模施工高度段内，分为初滑（分层交圈浇筑混凝土至模板高度的1/2~2/3、模内底层混凝土达到 0.2~0.4MPa 强度后，上滑 3~6cm）、正常滑升（每浇筑一层混凝土且不超过 0.5h，上滑 300mm 左右）、末滑（浇筑到顶后，逐步滑出）三个阶段，遇有要做的水平构件时需空滑。

滑模不需频繁安装和拆除模板和脚手架，且模板用量少，施工速度快。但一次性投资较大，需要不间断作业，对施工技术和管理水平要求较高，工程质量控制难度较大，主要用于现浇高耸的构筑物，如烟囱、水塔、筒仓、桥墩等。对有较多水平构件的建筑墙体，施工效率较低，已很少使用。

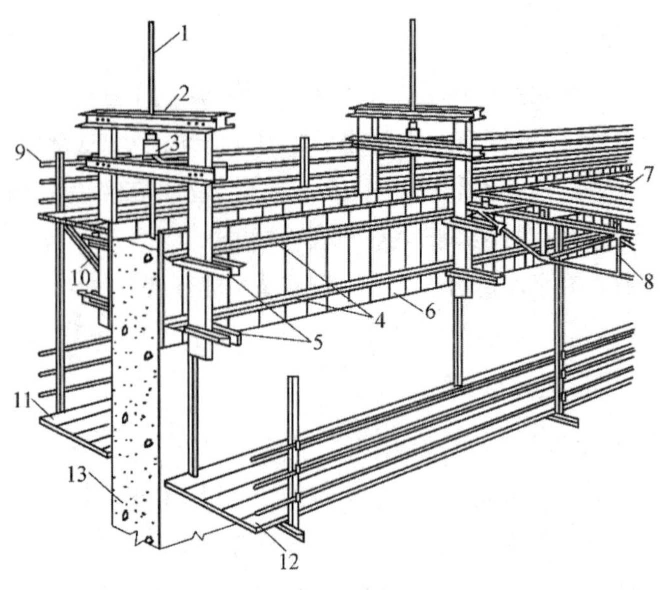

图 15-2-5　液压滑升模板组成示意图

1-支承杆；2-提升架；3-液压千斤顶；4-围圈；5-围圈支托；6-模板；7-操作平台；8-平台桁架；9-栏杆；10-外挑三角架；11-外吊脚手架；12-内吊脚手架；13-混凝土墙体

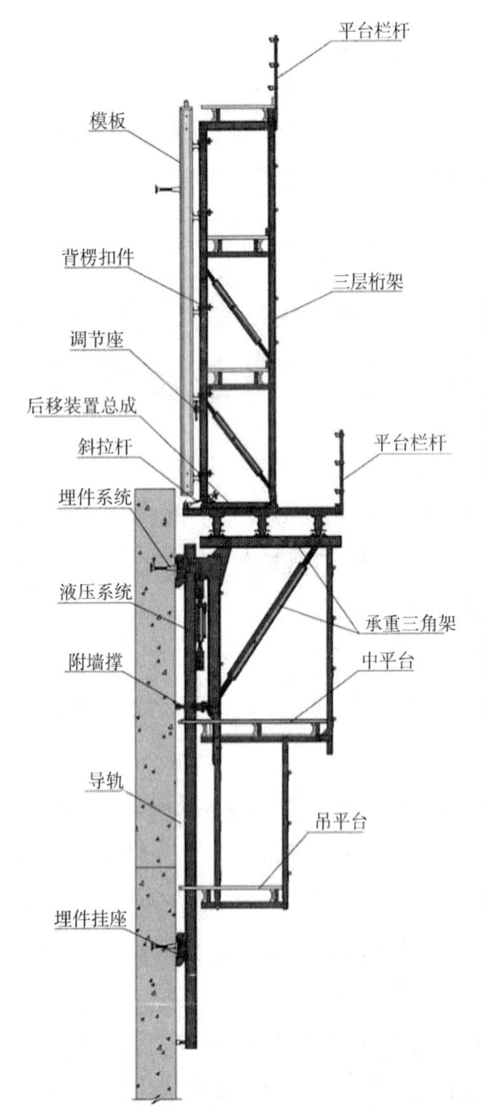

图 15-2-6　液压爬升模板构造

5. 爬升模板

爬升模板简称爬模，如图 15-2-6 所示，由模板、爬架和爬升系统三部分组成。它是将大块模板与爬、提系统结合而形成的模板体系（每次爬升一个楼层高度），具有大模板和滑升模板共同的优点，是新型、快速发展的工具式模板。

爬升模板施工速度快、不需塔式起重机吊运、不需搭设脚手架、垂直度和平整度易于调整控制而避免结构误差积累。但由于安装位置固定造成周转率低，配置量多于大模板。适于现浇高层、超高层建筑的墙体、核心筒以及桥墩、塔柱等竖直或倾斜结构的施工。目前已逐步形成单块爬升、整体爬升等工艺，前者主要用于较大面积房屋的墙体施工，后者多用于筒、柱、墩的施工。

（二）对模板的一般规定

（1）模板工程应编制施工方案。爬升式模板工程、工具式模板工程及高大模板支架工程的施工方案，应按有关规定进行技术论证。

（2）模板及支架应根据施工过程中的各种控制工况进行设计，并应满足承载力、刚度和整体稳固性要求。

（3）模板及支架的安装、拆除均应符合规范规定和施工方案的要求。

（三）模板的安装要点

（1）安装前先复核标高、轴线。

（2）墙、柱模板安装底面应找平，并弹出模板边线，墙对拉螺栓或柱箍的数量及间距应足以抵抗新浇混凝土的侧压力，支拉牢固，浇筑混凝土前，模板内的杂物应清理干净。

（3）竖向模板和支架的支承部分，当安装在地基土上时应加设垫板，且地基土必须坚实并有排水措施；对冻胀性土，应有预防冻融措施。

（4）梁、板的跨度在4m及以上时，底模的跨中应起拱。设计无规定时，起拱高度应符合规范及施工方案的要求，一般为跨度的1‰～3‰，以抵消模板及支架在钢筋及新浇混凝土荷载作用下压缩变形而产生的挠度。木模板应浇水湿润，但不应有积水。

（5）安装现浇结构的上层模板及支架时，下层楼板应具有足够的承载能力，否则应采取支撑措施。采用多层连续支模时，上下层模板支架的竖杆宜对准，竖杆下应设置垫板。

（6）模板与混凝土的接触面应清理干净并涂刷隔离剂，但隔离剂不得影响结构性能或妨碍装饰施工；不得沾污钢筋、预埋件和混凝土接槎处；不得对环境造成污染。

（7）对清水混凝土工程及装饰混凝土工程，应配制能达到设计效果的模板。

（8）后浇带处的模板及支架应独立设置，以便持续支撑，防止两侧结构损伤。

（9）固定在模板上的预埋件和预留孔洞不得遗漏，且安装牢固、位置满足设计和施工方案的要求。

（四）模板的设计

模板设计包括模板及支架的选型和构造设计、荷载和效应计算、承载力和刚度验算、抗倾覆验算、绘制模板和支架施工图等。

1. 模板及支架需考虑的荷载组合参与项

（1）计算底面模板的承载力及其支架水平杆的承载力时，需考虑模板及支架自重、新浇混凝土的重量、钢筋重量、施工人员及施工设备产生的荷载（属可变荷载）。

（2）计算侧面模板的承载力时，需考虑新浇混凝土的侧压力、混凝土下料产生的水平荷载（可变）。

（3）计算支架立杆的承载力时，需考虑模板及支架自重、新浇混凝土的重量、钢筋重量、施工人员及施工设备产生的荷载（可变）、风荷载（可变）。

（4）计算与周边无可靠拉结而相对独立的支架结构的整体稳定性时，需考虑模板及支架自重、新浇混凝土的重量、钢筋重量、施工人员及施工设备产生的荷载（可变），与泵送混凝土或不均匀堆载产生的附加水平荷载（可变）进行组合，以及与风荷载（可变）进行组合。

在计算模板及支架的刚度时，均不考虑可变荷载。先计算荷载标准值并进行组合后，再计算设计荷载效应值。

2. 设计时应注意的问题

（1）模板及支架的刚度验算。按永久荷载标准值计算的构件变形值，不得超过以下限值：

①对结构表面外露的模板，为模板构件计算跨度的1/400；

②对结构表面隐蔽的模板，为模板构件计算跨度的1/250；

③支架的轴向压缩变形或侧向挠度，为计算高度或计算跨度的1/1 000；

④清水混凝土的模板，应满足设计要求。

（2）模板及支架的稳定性。首先要从构造上保证是稳定结构。立柱必须有相互垂直的两个方向的撑拉杆件，长细比应符合要求。桁架的平面刚度不应过小，当支架高宽比大于3时，必须加强整体稳固措施，如设置水平和垂直支撑、剪刀撑等。

模板支架作抗倾覆验算时，安全系数应不小于1.4。

模板支架的钢构件容许最大长细比为：立柱及桁架180，斜撑、剪刀撑200，受拉杆件350。

（3）组合模板、大模板、爬升及滑升模板的设计尚应符合其相应规范的有关规定。

（五）模板的拆除

模板拆除时，可采取先支的后拆、后支的先拆，先拆非承重模板、后拆承重模板的顺序，并应从上而下进行拆除。现浇钢筋混凝土拆模时应符合下列规定：

（1）侧模应在混凝土强度能保证其表面及棱角不受损伤后，方可拆除。

（2）底模及支架应在同条件养护的试件满足如下要求后方可拆除：跨度小于或等于不大于 2m 的板，应达到设计强度等级值的 50%以上；跨度 2~8m 的板和跨度小于或等于不大于 8m 的梁、拱、壳，应达到 75%；跨度大于 8m 的梁、板、拱、壳以及任何跨度的悬臂构件，应达到 100%。

（3）后张法施工的预应力混凝土构件，侧模宜在张拉前拆除，底模应在建立预应力后拆除。

（4）多个楼层的梁板支架拆除，宜保持在施工层下有 2~3 个楼层的连续支撑，以分散和传递上部较大的施工荷载。

（5）后浇带处的模板及支架应待后浇带补浇并达到足够强度后拆除。

三、混凝土工程

混凝土工程包括混凝土的制备、运输、浇筑捣实和养护等施工过程。

（一）混凝土的制备

1. 混凝土施工配制强度的确定

混凝土制备前应先确定混凝土的施工配制强度，以使混凝土成品的强度保证率达到 95%以上。

（1）对低于 C60 的混凝土：

$$f_{cu,o} = f_{cu,k} + 1.645\sigma \tag{15-2-3}$$

式中：$f_{cu,o}$—混凝土的施工配制强度（MPa）；

$f_{cu,k}$—设计的混凝土强度标准值（MPa）；

σ—施工单位的混凝土强度标准差（MPa）。

当施工单位具有近期混凝土强度的统计资料时，σ可按下式计算

$$\sigma = \sqrt{\frac{\sum f_{cu,i}^2 - n\mu_{fcu}^2}{n-1}} \tag{15-2-4}$$

式中：$f_{cu,i}$—第i组混凝土试件强度（MPa）；

μ_{fcu}—n组混凝土试件强度的平均值（MPa）；

n—统计周期内相同混凝土强度等级的试件组数，$n \geqslant 30$。

当混凝土强度等级为 C30 及其以下时，如计算得到的$\sigma < 3.0\text{MPa}$时，取$\sigma = 3.0\text{MPa}$。当混凝土强度等级高于 C30 且低于 C60 时，如计算得到的$\sigma < 4.0\text{MPa}$，则取$\sigma = 4.0\text{MPa}$。

当没有近期的同品种混凝土强度资料时，对 C20 及以下的混凝土，取$\sigma = 4.0\text{MPa}$；对 C25~C45 的混凝土，取$\sigma = 5.0\text{MPa}$；对 C50~C55 的混凝土，取$\sigma = 6.0\text{MPa}$。

（2）对不低于 C60 的混凝土：$f_{cu,o} \geqslant 1.15 f_{cu,k}$。

2. 混凝土的搅拌

（1）混凝土搅拌机的选择

混凝土搅拌机按搅拌原理划分，可分为自落式搅拌机和强制式搅拌机。

自落式搅拌机宜用于搅拌塑性混凝土，对于干硬性混凝土、轻骨料混凝土、高性能混凝土则必须使

用强制式搅拌机拌制。

（2）混凝土搅拌制度的确定

搅拌制度即搅拌时间、投料顺序和进料容量等规章。

搅拌时间是指自原材料全部投入搅拌筒时起，到开始卸料时止所经历的时间。它与搅拌质量密切相关。它随搅拌机的类型和出料量、混凝土坍落度的不同而变化，但最短不小于60s。

表15-2-2为强制式搅拌机的最短搅拌时间限值。当使用自落式搅拌机时，应各增加30s。搅拌C60以上混凝土或掺有外加剂与矿物掺合料时，搅拌时间应适当延长。

强制式搅拌机搅拌混凝土的最短时间（单位：s）　　　　**表** 15-2-2

混凝土坍落度（mm）	搅拌机机型	搅拌机出料量（L）		
		<250	250~500	>500
≤40	强制式	60	90	120
>40且<100	强制式	60	60	90
≥100	强制式	60		

投料顺序常用的有一次投料法和两次投料法。一次投料法是在上料斗中先装石子，再加水泥和砂，然后一次投入到搅拌机内。两次投料法亦称“裹砂石法混凝土搅拌工艺”。它是分两次加水，两次搅拌。用这种工艺搅拌时，先将全部的石子、砂和70%的拌和水倒入搅拌机，拌和15s使骨料湿润，再倒入全部水泥进行造壳搅拌30s左右，然后再加入30%的拌和水再进行糊化搅拌60s左右即完成。与普通搅拌工艺相比，该工艺可使混凝土强度提高10%~20%或节约水泥5%~10%。

进料容量是将搅拌前各种材料的体积积累起来的容量，搅拌时装料超量不得大于10%，否则将会使材料在搅拌筒内无充分的空间进行掺和，影响混凝土拌合物的均匀性。

（3）开盘鉴定

首次使用的混凝土配合比应进行开盘鉴定，其原材料、强度、凝结时间、稠度等均应满足设计配合比的要求。并保存开盘鉴定资料和强度试验报告。

（二）混凝土的运输

对混凝土拌合物运输的基本要求是：保证均匀性、工作性和连续供应，即不产生离析现象，保证规定的坍落度和在混凝土初凝之前能有充分时间进行浇筑和捣实。

混凝土运输工作分为地面运输、垂直运输和楼面运输三种情况。混凝土地面运输，如采用预拌混凝土，运输距离较远时，多采用混凝土搅拌运输车。混凝土如来自工地搅拌站，则多用小型机动翻斗车，近距离亦可用手推车等。混凝土垂直运输，多用塔式起重机、混凝土泵、快速提升斗和井架。混凝土泵是集垂直运输与水平运输于一体的输送设备，包括固定泵、车载泵和配有布料杆的泵车。

用搅拌运输车运送混凝土时，罐体应不停转动，卸料前应快速旋转搅拌20s以上。当混凝土坍落度损失较大不能满足施工要求时，可在运输车罐内加入适量的与原配比相同成分的减水剂并快速旋转搅拌均匀。

泵送混凝土配制时，骨料最大粒径与输送管内径之比不宜大于1∶4；砂率宜控制在35%~45%；胶凝材料最小用量为300kg/m^3；混凝土的坍落度宜为80~180mm；宜掺加适量外加剂改善混凝土的流动性。

（三）混凝土的浇筑和捣实

1 浇筑的一般规定

（1）浇筑混凝土前，对于表面干燥的地基、垫层、模板应洒水湿润，现场环境温度高于35℃时宜对金属模板进行洒水降温，洒水后不得留有积水。

（2）混凝土运输、输送、浇筑过程中严禁加水，散落的混凝土严禁用于结构浇筑。

（3）混凝土入模温度不应低于 5℃，也不应高于 35℃。

（4）同一结构或构件混凝土宜连续浇筑，即各层、块之间不得出现初凝现象。当预计超过初凝时间时，应留置施工缝或后浇带。

（5）混凝土浇筑过程应分层进行，以便于振捣密实和防止损坏模板。每层厚度，若振捣采用内部插入式振动器，则不得超过振捣棒长度的 1.25 倍；若使用表面振动器，则不超过 200mm。

（6）混凝土运输、输送入模的过程宜连续进行，保证上层混凝土在下层初凝前浇筑完毕。从运输到输送入模的延续时间不宜超过表 15-2-3 的规定，且不应超过总时间限值的规定。

混凝土从运输到输送入模的延续时间及总时间限值（单位：min）　表 15-2-3

条件	运输到输送入模的延续时间		运输、输送入模及其间歇总的时间限值	
	气温≤25℃	气温＞25℃	气温≤25℃	气温>25℃
不掺外加剂	90	60	180	150
掺外加剂	150	120	240	210

（7）为减少下料冲击，浇筑结构构件时应先竖向、后水平，先低区域、后高区域。

（8）控制倾落高度，防止分层离析：浇筑柱、墙模板内的混凝土时，若骨料粒径大于 25mm，则倾落高度不得超过 3m，骨料粒径在 25mm 及以下，倾落高度不得超过 6m；在钢管内浇筑自密实混凝土时，倾落高度不宜大于 9m。否则，应使用串筒、溜管、溜槽等辅助施工，以防下落动能大的粗骨料积聚在结构底部，造成混凝土分层离析。

（9）柱、墙混凝土设计强度高于梁、板一个等级时，经设计单位同意，节点处可采用与梁、板同强度等级的混凝土浇筑；高两个等级及以上时，应在距节点不小于 500mm 处设置分隔网，并先浇筑节点高强度等级混凝土，随即浇筑梁、板混凝土。

（10）采用输送管浇筑混凝土时，宜由远而近浇筑；采用多根输送管同时浇筑时，宜速度一致。

（11）浇筑后，在混凝土初凝前和终凝前宜分别对混凝土裸露表面进行抹面处理。

2. 施工缝与后浇带的留设与处理

规范规定，后浇带的留设位置应符合设计要求。后浇带和施工缝的留设及处理方法应符合施工方案要求。

（1）施工缝

施工缝是指由于设计要求或施工需要分段浇筑而在先、后浇筑的混凝土之间所形成的接缝。施工缝处由于连接较差，特别是粗骨料不能相互嵌固，抗剪强度大大降低。

施工缝应在混凝土浇筑之前确定，并宜留置在结构受剪力较小且便于施工的部位。施工缝的留置位置规定如下：

①柱的水平施工缝宜留置在基础、楼层顶面上 0~100mm、梁或柱帽下 0~50mm 范围内，如图 15-2-7 所示。

②梁与板应同时浇筑，但当梁断面高度大于 1m 时可先浇筑梁，将水平施工缝留置在板底面以下 20mm 内。

③单向板的垂直施工缝可留置在平行于短边的任何位置。

④有主次梁的楼盖宜顺着次梁方向浇筑，垂直施工缝应留置在次梁中间的1/3跨度范围内（见图 15-2-8）。

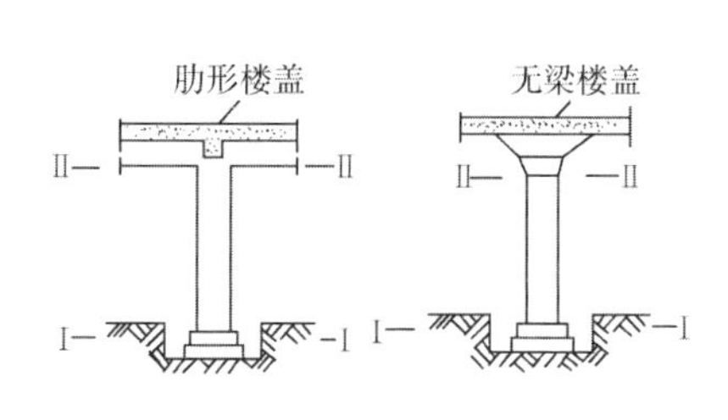

图 15-2-7　浇筑柱的施工缝位置

I-I、II-II表示施工缝位置

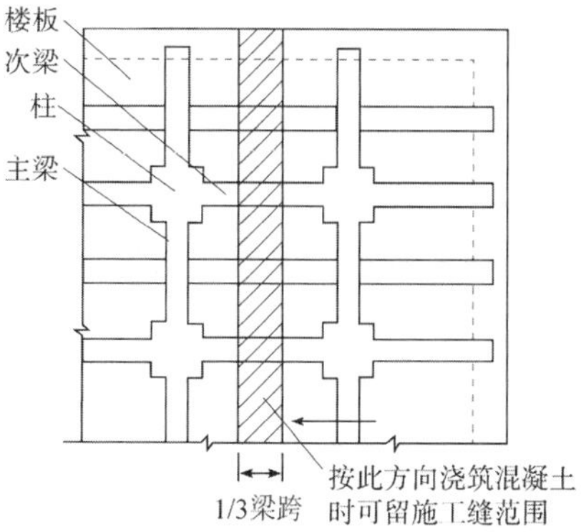

楼板
次梁
柱
主梁
1/3梁跨
按此方向浇筑混凝土时可留施工缝范围

图 15-2-8　有主次梁楼盖的施工缝位置

⑤墙的水平施工缝宜留置在距板上表面 0~300mm、距板底 0~50mm 范围内；垂直施工缝宜设置在门洞过梁的中间1/3跨度范围内，也可留在纵横墙交接处。

施工缝留设方法：水平施工缝应在浇筑混凝土前，在钢筋或模板上弹出浇筑高度控制线。垂直施工缝应采取插粗筋、支模板或固定快易收口网、钢丝网等封挡，以保证缝口垂直。

接缝应在先期浇筑的混凝土强度不应低于 1.2MPa 后进行。先在结合面进行粗糙处理和清理润湿，再铺厚度不大于 30mm、与混凝土浆液成分相同的水泥砂浆接浆层，随即浇筑混凝土并细致捣实。

（2）后浇带

后浇带是大面积混凝土结构的刚性接缝，用于不允许设置变形缝且后期变形趋于稳定的结构。包括收缩后浇带和沉降后浇带。前者是为了避免面积或体型原因造成混凝土收缩开裂，后者是为了避免高度或重量差异过大而造成沉降开裂。

后浇带留设位置应符合设计要求，宽度一般为 0.7~1.2m，钢筋不断。梁、板的后浇带常留在其1/3跨度处，可采用支设模板留出。后浇带处梁板的底模应单独支设，以便不妨碍其他部位拆模，并能使后浇带部位保持支撑而防止其两侧结构受到损伤。

后浇带的封闭时间应待混凝土收缩、结构沉降基本完成，且不得少于 14d，并应经设计单位认可后进行。按施工缝处理后，宜浇筑高一个等级的减缩混凝土，并加强养护。

【例 15-2-1】 混凝土浇筑过程中，施工缝宜留置在：

A. 剪力较大的位置　　　　B. 剪力较小的位置

C. 便于施工的位置　　　　D. 剪力较小且便于施工的位置

解　《混凝土结构工程施工规范》（GB 50666—2011）第 8.6.1 条规定，施工缝和后浇带的留设位置应在混凝土浇筑前确定。施工缝和后浇带宜留设在结构受剪力较小且便于施工的位置。受力复杂的结构构件或有防水抗渗要求的结构构件，施工缝留设位置应经设计单位确认。

答案：D

3. 混凝土的浇筑方法

（1）现浇多层钢筋混凝土框架结构的浇筑：浇筑柱子时，一个施工段内的每排柱子应由外向内对称地浇筑，不要由一端向另一端推进，以防柱子模板逐渐受推倾斜而导致误差积累难以纠正。在一般情况下，梁和板应同时浇筑，从一端开始向前推进。对于高度较大的主梁，宜从两端向中间用赶浆法浇筑。为保证捣实质量，混凝土应分层浇筑，每层厚度应符合有关规定。

（2）基础大体积混凝土结构浇筑：为保证结构的整体性，大体积钢筋混凝土的浇筑方案，有全面分层、分段分层和斜面分层三种，如图 15-2-9 所示。全面分层用于面积较小的大体积混凝土，面积大时宜采用斜面分层，也可用分段分层。应根据结构物的具体尺寸、捣实方法和混凝土的供应能力，通过计算选择浇筑方案。

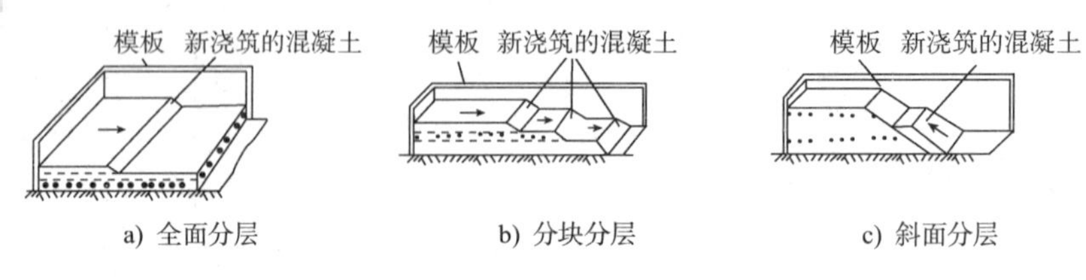

a) 全面分层　　b) 分块分层　　c) 斜面分层

图 15-2-9　大体积混凝土浇筑方案

大体积基础混凝土浇筑的另一关键问题是表面开裂或结构断裂。在升温阶段，由于水泥进行水化反应会放出大量热能，结构内部热量不断积聚而升温，而其表面散热快、温度低，当内外温差超过 25℃时，将产生表面开裂。此外，随着温度升高、强度增加，体积也在增长。在混凝土水化反应接近完成的降温阶段，由于体积收缩受到地基土、垫层、钢筋或桩等的约束，使结构受到很大的拉应力，当其超过当时混凝土的极限抗拉强度时，结构的中部会被拉裂，甚至裂缝贯穿整个混凝土截面而造成断裂。

要防止大体积混凝土浇筑后产生裂缝，需尽量减少水化热，避免水化热的积聚，避免过早过快降温。常采用的措施：①选用低水化热的水泥（如矿渣、火山灰、粉煤灰类水泥）；②掺入适量的粉煤灰以减少水泥用量；③扩大浇筑面和散热面，降低浇筑速度或减小浇筑层厚度，在低温时浇筑；④必要时采取人工降温措施，如风冷却，用冰水拌制混凝土，在混凝土内部埋设冷却水管，用循环水来降低混凝土温度等；⑤控制入模温度不高于 30℃，最大温升不超过 50℃；⑥在混凝土浇筑后，采取保温措施，延缓降温时间，提高混凝土的抗拉能力，减少收缩阻力等。

施工时，应按规范规定布点测温，加强监控，以便及时采取措施。应控制表面以内 40~100mm 处与表面或拆模后的环境温差均不大于 25℃，控制相邻测温点间的温差不大于 25℃，控制降温速率不大于 2℃/d。测温工作应延续至表面以内 40~100mm 处与环境温差小于 20℃为止。

1-③	2-②	1-⑤	2-⑤
2-①	1-①	2-④	1-②
1-④	2-③	1-⑥	2-⑥

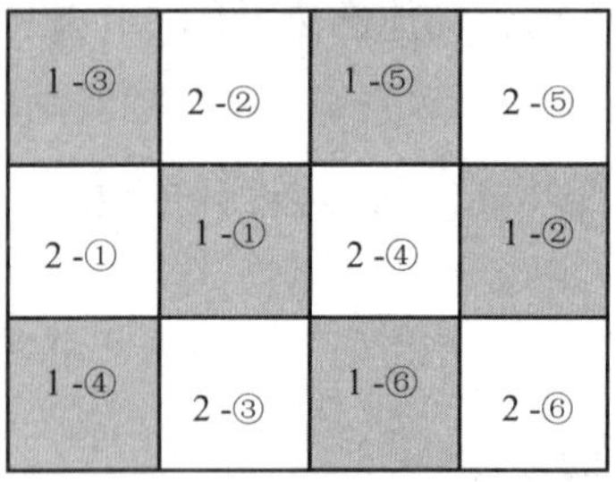

图 15-2-10　跳仓法浇筑顺序平面示意图

此外，对超长结构可留设后浇带，也可留设施工缝用跳仓法分仓浇筑（见图 15-2-10），均可有效避免收缩开裂。分仓浇筑的间隔时间不应少于 7d。

（3）水下浇筑混凝土：水下或泥浆中浇筑混凝土，目前多用导管法。

4. 混凝土的密实成型

混凝土拌合物浇筑之后，需经密实成型才能赋予混凝土制品或结构一定的外形和内部结构。另外，强度、抗冻性、抗渗性、耐久性等皆与密实成型的好坏有关。在建筑施工中，多借助于机械振动、挤压、离心等方式使混凝土拌合物密实成型。采用自密实混凝土时，其骨料粒径不得大于 20mm，也需分层浇筑。

振动机械按其工作方式分为内部振动器、表面振动器、外部振动器和振动台。

内部振动器又称插入式振动器，其振动棒体在电动机带动下高速转动而产生高频微幅的振动，多用于振实梁、柱、墙、厚板和大体积混凝土结构等。振捣时，插入下一层混凝土的深度不应小于 50mm，插点间距不大于作用半径的 1.4 倍。

表面振动器又称平板振动器，它在混凝土表面进行振捣，适用于楼板、地面等薄型构件。

外部振动器又称附着式振动器，它固定在模板的外部，通过模板将振动传给混凝土拌合物，宜于振捣断面小且钢筋密的构件。

振动台是混凝土制品厂中的固定生产设备，用于振实预制构件。

（四）养护与质量检查

1. 混凝土的养护

混凝土的养护是指浇筑后，在硬化过程中对混凝土进行温度和湿度的控制，使其达到设计性能。施工现场多采用自然养护法，蒸汽养护法主要用于构件厂。

自然养护有洒水、覆盖、喷涂养护剂三种方式，应考虑现场条件、环境温湿度、构件特点、技术要求、施工操作等因素合理选择。

洒水养护是在混凝土裸露表面覆盖麻袋或草帘后洒水，也可直接洒水或蓄水；洒水次数，应能保持混凝土处于湿润状态；但当日最低气温低于5℃时，不应采用洒水养护。

覆盖养护是在混凝土表面覆盖塑料薄膜或在塑料薄膜上再加盖麻袋或草帘等进行养护。塑料薄膜应紧贴混凝土表面且保持薄膜内有凝结水。

喷涂养护是在混凝土裸露表面喷涂养护剂进行养护，适用于不易洒水或覆盖的高耸建筑物或大面积混凝土结构。养护剂应具有可靠的保湿效果，并应喷涂均匀、覆盖致密，不得漏喷。

混凝土的自然养护应符合以下规定：

（1）混凝土浇筑后应及时进行保湿养护，防止失水开裂。

（2）混凝土的养护的时间，硅酸盐水泥、普通硅酸盐水泥或矿渣硅酸盐水泥拌制的混凝土，不得少于 7d；采用缓凝型外加剂或大掺量矿物掺合料配制的混凝土、大体积混凝土、后浇带、抗渗混凝土、C60 以上混凝土，养护时间均不得少于 14d。

（3）混凝土强度达到 1.2MPa 前，不得在其上踩踏、堆放物料、安装模板及支架。

2. 质量检查及评定

为了保证混凝土的质量，在搅拌和浇筑过程中，应检查混凝土组成材料的质量和用量，并在搅拌和浇筑地点检查混凝土坍落度。上述检查在每一工作班内至少两次，如混凝土配合比有变动时，还应及时检查。

对施工完毕的混凝土，应作出最后鉴定。其内容除检查混凝土的外观质量外，主要是检查混凝土抗压强度。对于特殊混凝土，还应按设计要求进行抗冻、抗渗和耐腐蚀等特殊性能的检查。

混凝土的外观检查，主要检查表面有无蜂窝、麻面、裂缝、露筋、脱皮掉角等缺陷和几何尺寸是否正确。

为了确定混凝土是否能达到设计强度等级及可否进行下一阶段施工，在浇筑过程中，应该用同样的混凝土制作一批试块，分别在标准条件及与构件相同的条件下进行养护，经过一定时间后进行检验试压。标准条件下养护 28d 的试件用来评定混凝土是否达到设计强度等级；而同条件下养护的试件用以确定构件当时的实际强度，以判断能否拆模、张拉、起吊和承受施工荷载，或用于结构实体检验。

混凝土的强度是根据边长为 150mm 的标准立方体试块，在标准条件下（温度 20℃±2℃、相对湿度 95%以上），养护 28d 的抗压强度来确定的。当采用非标准尺寸试件时，应将其抗压强度乘以尺寸换算系数（见表 15-2-4）进行折算。

混凝土试件尺寸及强度的尺寸换算系数　　表 15-2-4

骨料最大粒径（mm）	试件尺寸（mm）	强度的尺寸换算系数
≤31.5	100×100×100	0.95
≤40	150×150×150	1.00
≤63	200×200×200	1.05

注：对 C60 及以上的混凝土试件，其强度的尺寸换算系数可通过试验确定。

（1）标养试件取样

试件应在浇筑地点随机抽取。对同一配合比混凝土，每拌制100盘、每100m³混凝土、每个工作班、每一楼层，取样均不得少于一次；每次取样应至少留置一组（3个）试件，每组试件应在同盘混凝土中取样制作。

（2）混凝土强度的评定

混凝土强度应分批进行验收。同一验收批相同混凝土的强度，应以其各组标准试件的强度代表值来评定。

①每组试块强度代表值的确定

a.当3个试块中的最大、最小的强度值，与中间值相比均不超过15%时，取平均值；

b.当3个试块中的最大或最小的强度值，与中间值相比超过15%时，取中间值；

c.当3个试块中的最大和最小的强度值，与中间值相比均超过15%时，该组试件作废。

②评定方法与合格要求

根据混凝土生产情况，其强度检验评定方法有标准差已知统计法、标准差未知统计法、非统计法三种。前两种方法需有稳定的标准差或足够的生产批量；非统计法用于零星生产预制构件或现场搅拌批量不大的混凝土评定，要求同一验收批混凝土立方体抗压强度平均值不低于1.15倍设计标准值，且其中最小值不低于0.95倍设计标准值。

（五）混凝土的冬期、高温和雨期施工

1. 冬期施工

规范规定，根据当地多年气象资料统计，当室外日平均气温连续5d稳定低于5℃时，应采取冬期施工措施。

（1）冬期施工原理与临界强度

冻结对早期混凝土将造成严重危害。其主要原因是混凝土内部的水结冰后体积膨胀，冰晶应力使强度还很低的混凝土内部产生无法弥补的微裂纹；另外，导热性强的钢筋、粗骨料表面易形成冰膜，削弱了砂浆与石子、混凝土与钢筋间的握裹力，导致混凝土最终强度损失。试验证明，混凝土冻结愈早、水胶比愈大，则强度损失愈多。

当混凝土达到某一初期强度值后遭到冻结，解冻后再经28d标养，其强度如能达到设计强度等级值的95%以上，则受冻前的初期强度值即称之为混凝土的受冻临界强度。混凝土冬期施工的核心是使其达到受冻临界强度之前，不遭受冻害，即最终强度损失不超过5%。

对硅酸盐或普通硅酸盐水泥配制的混凝土，其受冻临界强度规定为设计强度等级值的30%，用矿渣硅酸盐等水泥配制的混凝土为40%，抗渗混凝土为50%，有抗冻耐久性要求的混凝土为70%。当施工需提高混凝土强度等级时，应按提高后的强度等级确定受冻临界强度。

（2）冬期施工方法与要求

①原材料选择及要求

水泥：应优先选用水化热高、早期强度高的水泥，如硅酸盐或普通硅酸盐水泥；采用蒸汽养护时，宜使用矿渣硅酸盐水泥。水泥用量不少于280kg/m³，水胶比不大于0.55。

骨料：不得含有冰、雪、冻块及其他易冻裂物质。

外加剂：不宜使用氯盐类防冻剂；采用非加热养护法时，宜掺入引气剂或引气型减水剂。

②原材料加热

冬期施工常用热拌混凝土。在拌制前应优先考虑对水进行加热，当其不能满足要求时，再对骨料进行加热。水泥、外加剂、矿物掺合料应置于暖棚中预热，不得直接加热。

水及骨料的加热温度，应根据热工计算确定。且当水泥的强度等级为 42.5 以下时，拌和用水和骨料的加热温度不得超过 80℃和 60℃；水泥的强度等级为 42.5 及以上时，不得超过 60℃和 40℃。以避免出现“假凝”现象。

③冬期施工搅拌

在混凝土搅拌前，应对搅拌机械进行保温或蒸汽加温。搅拌时，应先投入骨料与拌合水，预拌后再投入水泥和外加剂。引气剂或含有引气组分的外加剂不得与 60℃的水直接接触。

混凝土的搅拌时间应较常温延长 50%。拌合物的出机温度不应低于 10℃，预拌混凝土或远距离运输者不宜低于 15℃。

④冬期施工运输和浇筑

运输混凝土所用的容器应有保温措施，输送泵及泵管应用水泥浆或水泥砂浆润滑、预热，保证混凝土的入模温度不低于 5℃。混凝土在浇筑前，应清除地基、模板和钢筋上的冰雪和污垢，并应进行覆盖保温；不得在强冻胀性地基上浇筑；当在弱冻胀性地基上浇筑时，地基土不得遭冻。

混凝土分层浇筑时，分层厚度不应小于 400mm。当分层浇筑大体积混凝土时，已浇筑层在被上一层覆盖前，不得低于按热工计算要求的温度，且不得低于 2℃。

⑤冬期施工养护

混凝土结构冬期施工养护的方法有蓄热法、蒸汽加热法、电加热法、暖棚法和掺防冻剂法。

蓄热法用于室外最低气温不低于−15℃时的地面以下工程或表面系数不大于5m^{-1}的结构，对结构易受冻部位应加强保温措施；当采用蓄热法不能满足要求时，对表面系数为 5~15m^{-1} 的结构，可采用掺加早强剂或早强型外加剂的综合蓄热法。对不易保温养护，且对强度增长无具体要求的一般混凝土结构，可采用掺防冻剂的负温养护法进行施工。当前述方法均不能满足施工要求时，可采用暖棚法、蒸汽加热法、电加热法等方法，但应采取降低能耗的措施。

⑥拆模与检验

混凝土浇筑后，对裸露表面应采取防风、保湿、保温措施，对边、棱角及易受冻部位应加强保温。在混凝土养护和越冬期间，不得直接对负温混凝土表面浇水养护。

模板和保温层应在混凝土达到要求强度，且混凝土表面温度冷却到 5℃后再拆除。对墙、板等薄壁结构构件宜延缓拆模。当混凝土表面与环境的温差大于 20℃时，拆模后应立即覆盖保温。

混凝土冬期施工期间，应按国家标准的规定，对混凝土拌合水、外加剂溶液、骨料、混凝土出机、浇筑、入模以及养护期间混凝土内部和大气等的温度进行测量，并做好记录。

冬期施工混凝土强度试件的留置，应增加不少于 2 组与结构同条件养护的试件，以检验结构混凝土受冻临界强度和拆模板或支架时的强度。冻结的同养试件应在解冻后进行抗压试验。

2. 高温及雨期施工

当日平均气温达到 30℃时，应按高温施工要求采取措施，主要包括选用低水化热水泥并减少水泥用量；调整配合比使坍落度不小于 70mm；降低材料温度；对搅拌、运输设施及浇筑作业面、模板、钢筋等遮阳并洒水降温；采取早、晚间施工；浇筑完成后及时进行保湿养护等。

雨季和降雨期间，应按雨期施工要求采取措施，主要包括对水泥和掺合料采取防水和防潮措施，并对粗、细骨料含水率进行实时监测，及时调整混凝土配合比；对混凝土搅拌、运输设备和浇筑作业面采取防雨、防雷措施；雨天不露天浇筑等。

【例 15-2-2】影响混凝土受冻临界强度的因素是：

A. 水泥品种

B.骨料粒径

C.水灰比

D.构件尺寸

解　影响混凝土受冻临界强度的因素是水泥品种、混凝土性能要求和养护方法。不同水泥品种的强度增长速度不同，水化反应产生的水化热不同，直接影响混凝土的温度及早期强度。《混凝土结构工程施工规范》(GB 50666—2011）第 10.2.12 条第 1 款规定，冬期施工受冻临界强度，采用硅酸盐水泥、普通硅酸盐水泥配制的混凝土，不应低于设计混凝土强度等级值的 30%；采用矿渣硅酸盐水泥、粉煤灰硅酸盐水泥、火山灰质硅酸盐水泥、复合硅酸盐水泥配制的混凝土时，不应低于设计混凝土强度等级值的 40%。

答案：A

【例 15-2-3】冬季施工时，混凝土的搅拌时间应比常温搅拌时间：

A. 缩短 25%

B. 缩短 30%

C. 延长 50%

D. 延长 75%

解　冬季施工时，天气冷，热水拌水泥不容易拌制均匀，因此需要比常温搅拌时间延长 50%，使得各种材料温度融合、拌制均匀。

答案：C

【例 15-2-4】冬期施工的混凝土，在拌制前应优先加热的材料是：

A. 石　　B. 砂　　C. 水泥　　D. 水

解　水的比热容大（约为砂石的 4.5 倍）且便于加热。而《混凝土结构工程施工规范》(GB 50666—2011）第 10.2.5 条也规定，冬期施工混凝土搅拌前，原材料预热应符合下列规定：

1）宜加热拌合水，当仅加热拌合水不能满足热工计算要求时，可加热骨料；拌合水与骨料的加热温度可通过热工计算确定，加热温度不应超过表 10.2.5 的规定。

2）水泥、外加剂、矿物掺合料不得直接加热，应置于暖棚内预热。

答案：D

四、预应力混凝土工程

预应力混凝土是在结构或构件承受设计荷载之前，利用预应力筋的弹性预先对受拉区施加压应力，以提高结构或构件的刚度、抗裂性和耐久性，增加结构的稳定性。预应力结构能有效地发挥高强材料的作用，结构跨度大、自重轻、截面小，结构变形小、抗裂度高、耐久性好。

预应力混凝土按张拉预应力筋与浇筑混凝土的顺序不同，分为先张法施工和后张法施工。先张法适用于构件厂生产中小型构件，后张法适用于现场施工及构件厂制作大型构件。

（一）一般要求

1. 施工方案

预应力工程应编制专项施工方案。必要时，专业施工单位应进行深化设计。

2. 施工环境温度

（1）当温度低于-15℃时不宜进行预应力筋张拉；

（2）当温度高于35℃或连续5d日平均温度低于5℃条件下进行灌浆施工时，应采取质量保证措施。

3. 材料与设备

（1）预应力筋、锚具、夹具、连接器、成孔管道的性能应符合国家现行标准的规定。

（2）预应力筋的品种、级别、规格、数量必须符合设计要求。当预应力筋需要代换时，应进行专门计算，并经原设计单位确认。

（3）预应力材料在运输、存放、加工、安装过程中，应采取防止损伤、锈蚀或污染的措施。

（4）预应力筋张拉机具及压力表应定期维护和标定。张拉设备和压力表应配套标定和使用，标定期限不应超过半年。

（5）采用应力控制方法张拉预应力筋时，应校核最大张拉力下预应力筋的伸长值。实测伸长值与计算伸长值的相对允许偏差为6%。

（6）孔道灌浆用水泥应采用硅酸盐水泥或普通硅酸盐水泥，水泥、外加剂的质量应符合规范规定；成品灌浆材料的质量应符合现行国家标准《水泥基灌浆材料应用技术规范》（GB/T 50448）的规定。

4. 材料进场检查

预应力材料进场时应检查质量证明文件，全数检查外观，并需抽样进行性能检验。

（1）预应力筋

①有黏结预应力筋的表面不应有裂纹、小刺、机械损伤、氧化铁皮和油污等，展开后应平顺、不应有弯折；无黏结预应力钢绞线护套应光滑，无裂缝，无明显褶皱。

②应按国家标准的规定抽取试件，做抗拉强度、伸长率检验；对无黏结预应力钢绞线，还应进行防腐润滑脂量和护套厚度的检验。检验结果应符合标准规定。

（2）锚具、夹具和连接器

①预应力筋用锚具应与锚垫板、局部加强钢筋配套使用。

②表面应无污物、锈蚀、机械损伤和裂纹。

③锚具或连接器进场时，应检验其静载锚固性能。当用量不足检验批规定数量的50%，且供货方提供有效的检验报告时，可不做静载锚固性能检验。

（3）预应力成孔管道

①金属管道内外表面应清洁，无锈蚀，不得有油污、孔洞和不规则的褶皱，咬口不得开裂、脱扣；钢管焊接应连续。

②塑料波纹管的外观应光滑、色泽均匀，内外壁不应有气泡、裂口、硬块、油污、附着物、孔洞及影响使用的划伤；

③按进场批次抽样检验径向刚度和抗渗漏性能。

（二）先张法施工

先张法是在浇筑构件混凝土之前，张拉预应力筋并将其临时锚固在台座或钢模上，然后浇筑混凝土构件，待混凝土达到一定强度后，切断预应力筋放张，钢筋弹性回缩，对混凝土产生预压应力（见图15-2-11）。

1. 张拉设备

（1）台座

台座是临时撑住预应力筋的设备，应有足够的强度、刚度和稳定性，包括墩式、槽式和钢模板台座。

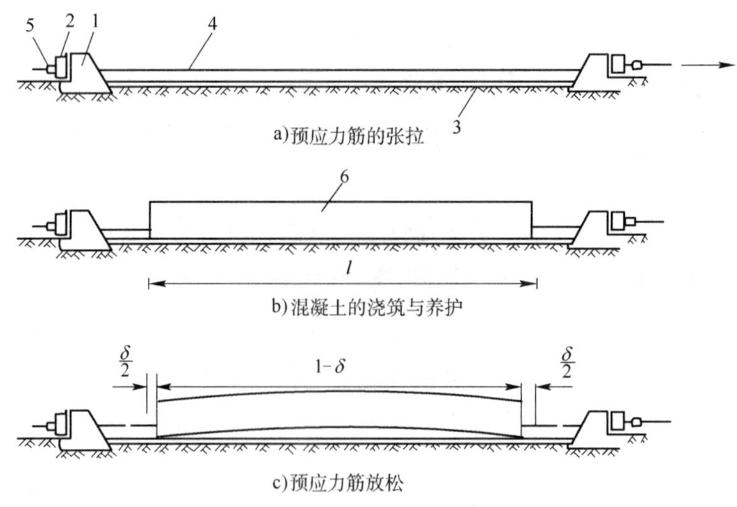

图 15-2-11　先张法生产示意图

1-台座；2-横梁；3-台面；4-预应力筋；5-锚固夹具；6-混凝土构件

（2）张拉机具和夹具

张拉常采用液压千斤顶作为主要设备，并使用悬吊、支撑、连接等配套组件。夹具是在先张法施工中用于夹持或固定预应力筋的工具，可重复使用，分为张拉夹具和锚固夹具。应根据预应力筋种类及数量、张拉与锚固方式不同，选用相应的机具和夹具。

1）单根钢筋张拉

单根螺纹钢筋的张拉常用拉杆式千斤顶（见图 15-2-12）。随张拉用螺母锚具（见图 15-2-13）锚固于台座横梁。

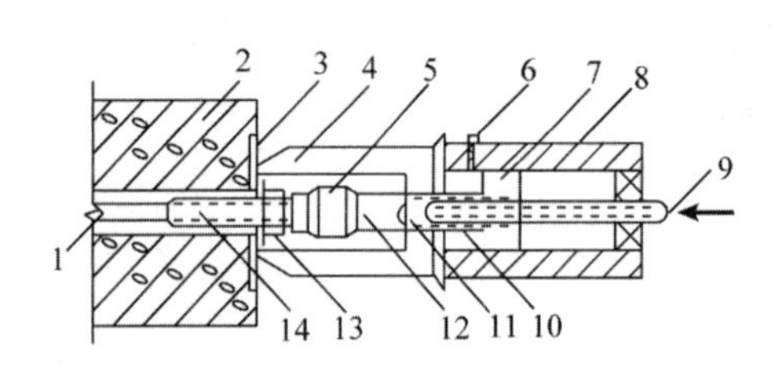

图 15-2-12　拉杆式千斤顶张拉单根粗钢筋原理图

8-主缸；7-主缸活塞；6-主缸进油孔；11-副缸；10-副缸活塞；9-副缸进油孔；5-连接器；4-传力架；12-拉杆；13-螺母；1-预应力筋；2-台座横梁；3-钢板；14-螺纹筋

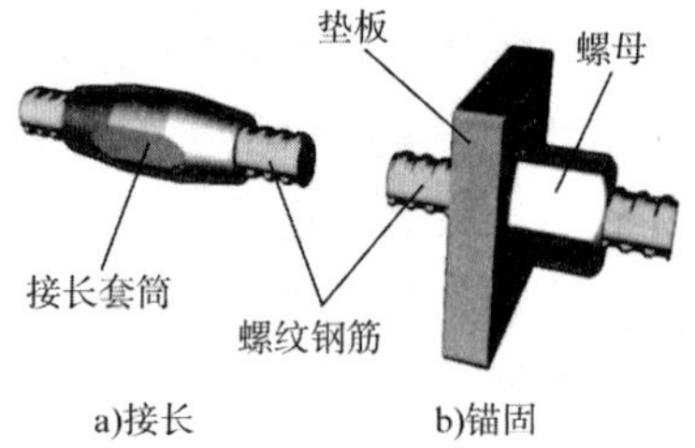

垫板　螺母　接长套筒　螺纹钢筋

a)接长　b)锚固

图 15-2-13　螺纹钢筋的锚固与接长装配形式

2）多根钢筋成组张拉

张拉成组的多根钢筋或钢绞线时，可采用三横梁装置，通过台座式液压千斤顶顶推张拉横梁进行张拉，如图 15-2-14 所示。其张拉夹具固定于张拉横梁上；张拉后，将锚固夹具锁固于前横梁上。

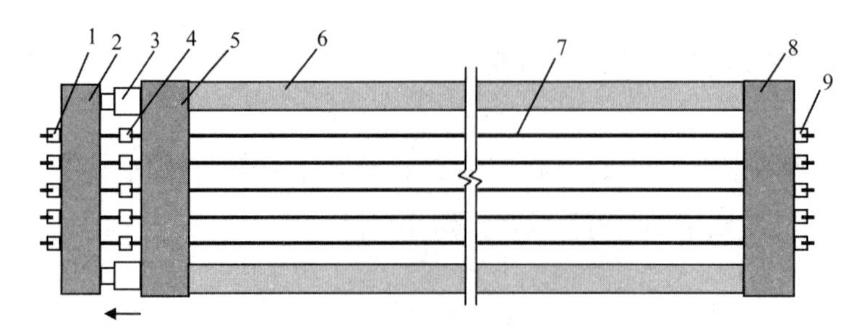

图 15-2-14　三横梁张拉装置示意图（张拉中）

1-张拉夹具；2-张拉横梁；3-台座式千斤顶；4-待锁紧锚固夹具；5-前横梁；6-台座传力柱；7-预应力筋；8-后横梁；9-固定锚具

所用锚固夹具，对螺纹钢筋，可采用螺母锚具；对非螺纹钢筋，可采用套筒夹片式锚具（见图 15-2-15），通过楔形原理夹持住预应力筋。施工中应使各钢筋锚固长度及松紧程度一致。

3）钢丝张拉

钢丝常采用多根成组张拉。先将钢丝进行冷镦头，固定于模板端部的梳筋板夹具上，用千斤顶依托钢模横梁、用张拉抓钩拉动梳筋板，再通过螺母锚固于钢模横梁。当采取单根张拉时，可使用夹片夹具。

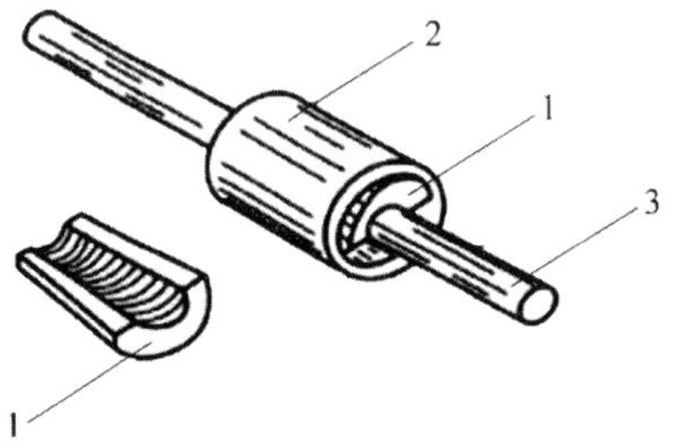

图 15-2-15 圆套筒二片式夹具

1-夹片；2-套筒；3-预应力筋

2. 张拉施工

预应力筋的张拉应根据设计要求严格按张拉程序进行。

（1）张拉控制应力

根据《混凝土结构设计规范》（GB 50010—2010）（2015 年版）的规定，预应力筋的张拉控制应力 σ_{con} 应满足表 15-2-5 要求。

张拉控制应力 **表 15-2-5**

项次	预应力筋种类	张拉控制应力 σ_{con}	调整后的最大应力限值 σ_{max}
1	消除应力钢丝、钢绞线	$0.75f_{ptk}$	$0.80f_{ptk}$
2	中强度预应力钢丝	$0.70f_{ptk}$	$0.75f_{ptk}$
3	预应力螺纹钢筋	$0.85f_{pyk}$	$0.90f_{pyk}$

注：f_{ptk} 为预应力筋极限抗拉强度标准值，f_{pyk} 为预应力筋屈服强度标准值。

（2）张拉程序

预应力筋张拉一般可按下列程序进行：

$$0 \longrightarrow 105\%\sigma_{con} \xrightarrow{\text{持荷 2min}} \sigma_{con} \longrightarrow \text{固定} \quad \text{或} \quad 0 \longrightarrow 103\%\sigma_{con} \longrightarrow \text{固定}$$

上述张拉程序中，都有超过张拉控制应力（即超张拉）的步骤，其目的是为了减少预应力筋松弛造成的预应力损失。前者建立的预应力值较为准确，但工效较低；后者将 $3\%\sigma_{con}$ 作为松弛损失的补偿，其特点则与前一张拉程序相反。

（3）张拉要点

预应力筋的张拉应根据设计要求的控制应力及施工方案确定的程序进行。张拉要点如下：

①单根张拉时，应从台座中间向两侧对称进行，以防偏心损坏台座。多根成组张拉时，应用测力计抽查钢筋的应力，保证各预应力筋的初应力一致。

②张拉要缓慢进行；顶紧夹片时，用力不要过猛，以防钢丝折断；在拧紧螺母时，应注意压力表读数始终保持所需的张拉力；

③预应力筋张拉后，与设计位置的偏差不得大于 5mm，也不得大于构件截面最短边长的 4%；

④避免预应力筋滑脱或断裂，若有发生必须更换。

3. 混凝土施工

预应力筋张拉完成后应及时浇筑混凝土。对每一构件，混凝土浇筑必须一次完成，不留施工缝。

混凝土可采用自然养护或蒸汽养护。若进行蒸汽养护，则应采用二次升温法。

4. 预应力筋放张

（1）放张时间

放张预应力筋时，混凝土强度必须达到设计要求值。设计无要求时，不得低于75%；采用消除应力钢丝或钢绞线作为预应力筋者，还不应低于30MPa。

（2）放张顺序

若设计无规定，可按下列要求进行：

①宜采取缓慢放张工艺进行逐根或整体放张。

②轴心受压的构件（如拉杆、桩等），所有预应力筋应同时放张；

③受弯或偏心受压的构件（如梁等），应先同时放张预压力较小区域的预应力筋，再同时放张预压力较大区域的预应力筋；

④如不能满足前三项要求时，应分阶段、对称、相互交错地放张，以防止放张过程中构件产生弯曲、裂纹和预应力筋断裂。

（3）放张方法

①板类构件。对每一块板，应从外侧向中间对称放张，以免构件侧弯而端部开裂。其钢丝或细钢筋，可直接用钢丝钳剪断或切割机锯断。

②粗钢筋放张应缓慢进行，以防预应力筋快速回弹而击碎构件端部混凝土，常用千斤顶放张，也可用砂箱法、楔块法放张。

（三）后张法施工

后张法是先制作结构或构件，并留设孔道或埋设无黏结、缓黏结预应力筋，待其混凝土达到一定强度后，张拉预应力筋的施工方法（见图15-2-16）。该法直接在结构构件上进行预应力张拉，不需要台座，灵活性大；但锚具需留在结构体上，费用较高，工艺较复杂。

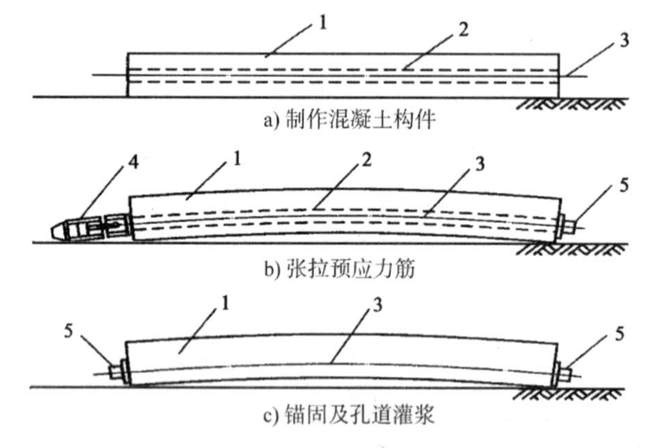

图15-2-16　后张法施工过程示意图

（图示为有黏结的施工过程，无黏结及缓黏结则无需留孔与灌浆）
1–混凝土构件；2–预留孔道；3–预应力筋；4–千斤顶；5–锚具

按钢筋与混凝土之间的关系，分为有黏结、无黏结和缓黏结三种。

1. 机具设备

1）锚具

锚具是在后张法结构或构件中，为保持预应力筋拉力并将其传递给混凝土的永久性锚固装置。锚具的类型应根据预应力筋的种类选用（见表15-2-6）。

常用锚具的选用　　表 15-2-6

预应力筋品种	张拉端	固定端	
		安装在结构外部	安装在结构内部
钢绞线	夹片式锚具 压接式锚具	夹片式锚具 挤压式锚具 压接式锚具	压花式锚具 挤压式锚具
钢丝束	镦头锚具 冷（热）铸锚	冷（热）铸锚	镦头锚具
精轧螺纹钢筋	螺母锚具	螺母锚具	螺母锚具

（1）螺纹钢筋锚具

采用精轧螺纹钢筋作为预应力筋者，其张拉端和非张拉端均可使用螺母锚具（见图 15-2-13）。

（2）钢绞线锚具

①张拉端。钢绞线作预应力筋时，张拉端常用夹片式锚具。根据锚固钢绞线的数量，分为单孔式（见图 15-2-17）和多孔式（见图 15-2-18）。

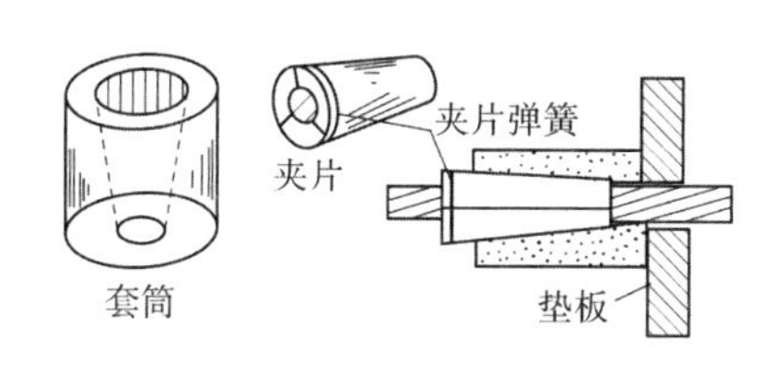

图 15-2-17　单孔三夹片锚具构成与装配图

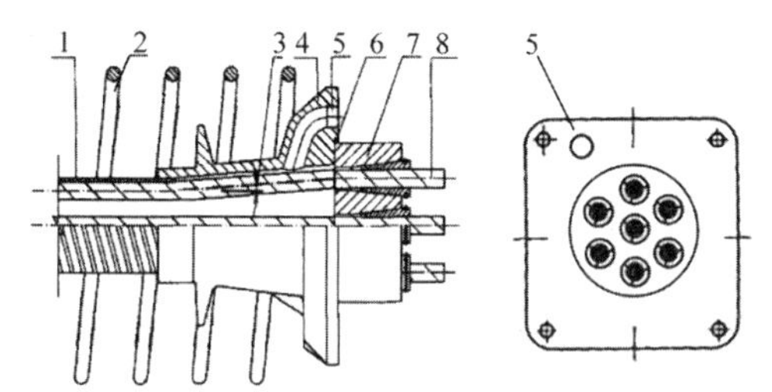

图 15-2-18　多孔夹片锚固体系

1-波纹管；2-螺旋箍筋；3-钢绞线折角；4-喇叭管锚垫板；5-灌浆孔；6-对中止口；7-锚板；8-钢绞线

②非张拉端。钢绞线束的非张拉端（固定端）的锚固，有挤压式和压花式（见图 15-2-19、图 15-2-20）。

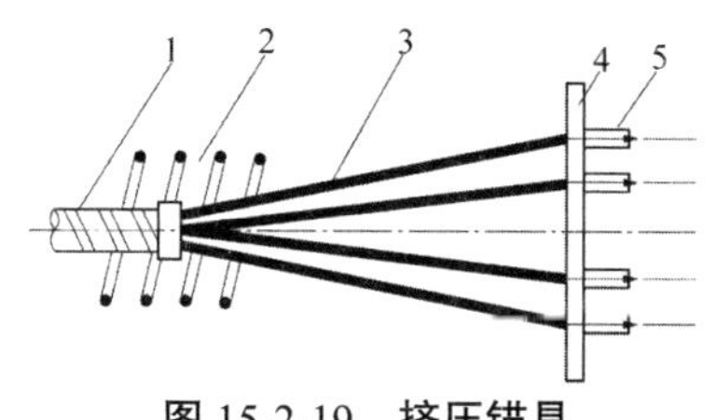

图 15-2-19　挤压锚具

1-波纹管；2-螺旋筋；3-钢绞线；4-钢垫板；5-挤压套筒

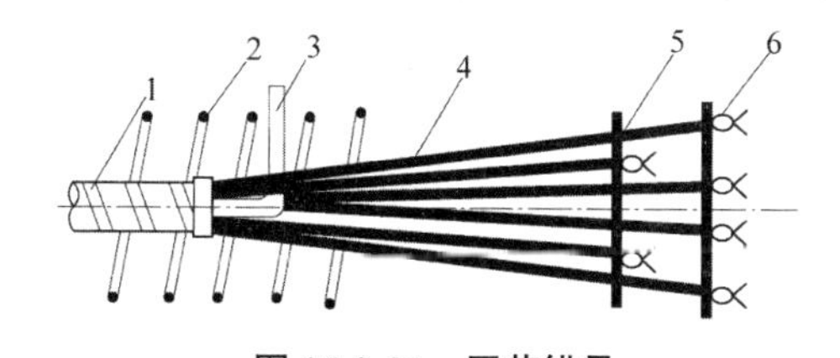

图 15-2-20　压花锚具

1-波纹管；2-螺旋筋；3-灌浆管；4-钢绞线；5-钢筋支架；6-梨形自锚头

（3）钢丝锚具

钢丝常用镦头锚具、锥锚锚具。高强钢丝的镦头宜采用冷镦，镦头的强度不得低于钢丝强度的 98%。镦头锚具构造如图 15-2-21 所示。

2）张拉设备

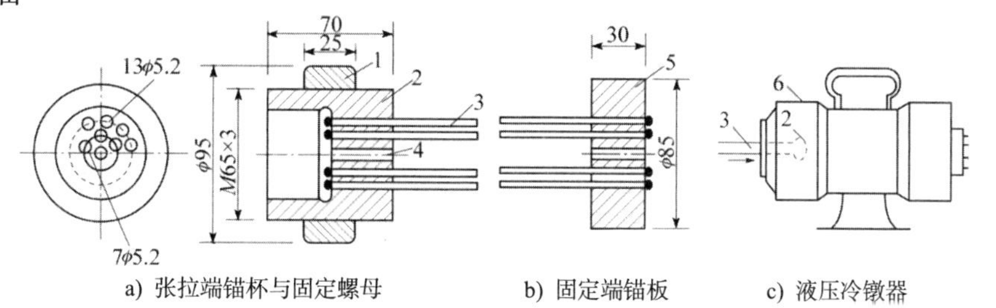

图 15-2-21　镦头锚具构造与镦头机

1-螺母；2-锚杯；3-钢丝；4-排气注浆孔；5-锚板；6-冷镦器；7-镦粗头

后张法的张拉设备由液压千斤顶、高压油泵、悬吊支架和控制系统组成。常用的液压千斤顶有穿心式、拉杆式、锥锚式和前置内卡式。

2. 后张法施工工艺

1）预应力筋制作与安装

（1）预应力筋的下料长度应经计算确定，并应采用砂轮锯或切断机等机械方法切断。预应力筋制作或安装时，应避免受焊渣或接地电火花损伤。

（2）无黏结预应力筋在现场搬运和铺设过程中，不应损伤其塑料护套。当出现轻微破损时，应及时采用防水胶带封闭。严重破损者不得使用。

（3）钢绞线挤压锚具应采用配套的挤压机制作，操作液压值应符合使用说明书的规定。采用的摩擦衬套应沿挤压套筒全长均匀分布；挤压完成后，预应力筋外端露出套筒应不少于 1mm。

（4）钢绞线压花锚具应采用压花机制作成型，梨形头尺寸和直线锚固段长度不应小于设计值。

（5）使用镦头锚具的钢丝镦头，其头型直径应为钢丝直径的 1.5 倍，高度不小于钢丝直径；镦头应无横向裂纹；当钢丝束两端均采用镦头锚具时，同一束中各根钢丝长度的极差不应大于钢丝长度的 1/5 000，且不大于 5mm。当成组张拉长度为不大于 10m 的钢丝时，同组长度极差不大于 2mm。

（6）预应力筋应与定位钢筋绑扎牢固，定位钢筋直径不宜小于 10mm，间距不大于 1.2m。

2）孔道留设

（1）方法

后张有黏结预应力筋施工需留设孔道。留设方法有抽芯法和埋管法，抽芯法仅用于预制构件。

抽芯法通过预埋钢管或胶管，抽出后形成孔道。钢管抽芯法仅适用于留设较短的直线孔道，待混凝土初凝后、终凝前将钢管旋转抽出而成孔；胶管抽芯法既可留设直线孔道，也可留设曲线孔道，需待混凝土终凝后拔出。

a) 单波纹管

b) 双波纹管

图 15-2-22　波纹管

埋管法预埋的金属或塑料波纹管（见图 15-2-22），无需抽出。施工方便、质量可靠、张拉阻力小，用于现场施工或大型预应力构件制作。

（2）要求

①成孔管道应密封。圆形金属波纹管接长时，可采用大一规格的同波型波纹管作为接头管，接头管长度为直径的 3 倍且不小于 200mm，两端旋入长度相等，端部用防水胶带密封；塑料波纹管接长时，可采用热熔焊接或连接管连接；钢管连接可采用焊接连接或套筒连接。

②成孔管道应与定位钢筋绑扎牢固，定位钢筋直径不宜小于 10mm，间距不宜大于 1.2m。

③孔道之间的水平净间距不宜小于 50mm，且不宜小于粗骨料最大粒径的 1.25 倍；孔道至构件边缘的净间距不宜小于 30mm，且不宜小于孔道外径的1/2。

④当孔道较长时，需在中部增设灌浆孔和排气孔（可兼作泌水孔）。曲线孔道波峰和波谷的高差大于 300mm 时，应在孔道波峰处设置排气孔，间距不大于 30m（见图 15-2-23）；泌水孔管伸出构件不少于 300mm。

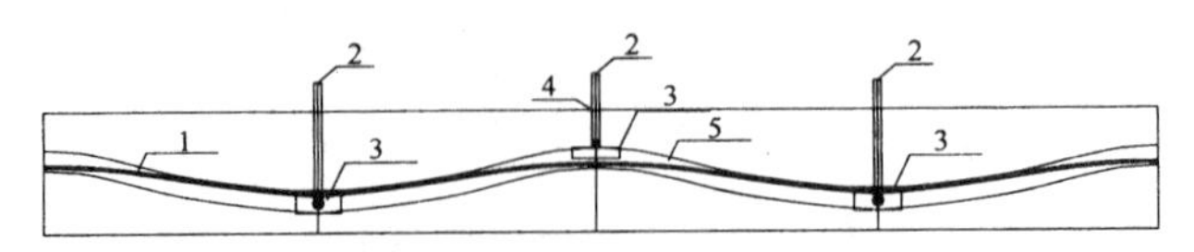

图 15-2-23　排气孔设置及做法

1-预应力筋；2-泌水、排气孔管；3-弧形盖板；4-塑料管；5-波形管孔道

⑤孔道留设应位置准确、内壁光滑，锚垫板的承压面应与预应力筋垂直。内埋式固定端锚垫板不应重叠，锚具与锚垫板应贴紧。

⑥采用蒸汽养护的预制构件，预应力筋应在蒸汽养护结束后穿入孔道。

3）预应力筋张拉

①张拉条件。张拉时，混凝土的强度应满足设计要求；且同条件养护的试件强度不低于强度等级值的75%，梁、板混凝土的龄期分别不少于7d和5d。

②张拉顺序。应符合设计要求，并根据结构受力特点、施工方便及操作安全等因素确定。宜按均匀、对称的原则张拉。对现浇预应力混凝土楼盖，宜先张拉楼板、次梁预应力筋，再张拉主梁预应力筋；对预制屋架等平卧叠浇构件，应从上至下逐榀张拉，逐层加大拉应力，但顶底相差不得超过5%，如不能满足，应在移开上部构件后，进行二次补强。

③张拉方式。较短的预应力筋可一端张拉。孔道长度大于20m的曲线筋和大于35m的直线筋，长度大于40m的无黏结预应力筋，均应两端张拉，以减少预应力损失。两端张拉时，可两端同时张拉，也可一端张拉锚固后，在另一端补足。当筋长超过50m时，宜采取分段张拉和锚固措施。

④预应力筋张拉后应可靠锚固，且不应有断丝或滑丝。

⑤锚固阶段张拉端预应力筋的内缩量应符合设计要求。当设计无要求时，支承式锚具（螺母锚具、镦头锚具等）内缩量限值为1mm；夹片式锚具有顶压者为5mm，不进行顶压者为6~8mm。

4）孔道灌浆

预应力筋张拉后，对腐蚀极为敏感，应尽早进行孔道灌浆，以防止预应力筋锈蚀；并通过预应力筋与混凝土黏结，提高结构的整体性和耐久性。灌浆应密实饱满，且有规定的强度。

（1）灌浆时间

规范规定，预应力筋穿入孔道后至灌浆的间隔时间：当环境相对湿度大于60%或近海环境时不宜超过14d，湿度不大于60%时不宜超过28d，否则宜对预应力筋采取防锈措施。

（2）配制水泥浆

应采用硅酸盐或普通硅酸盐水泥（泌水率小），水灰比不得大于0.45，常掺加膨胀剂和减水剂。标养28d的水泥浆试件抗压强度不应低于30MPa。其他性能应符合下列规定：

①3h自由泌水率宜为0且不应大于1%，泌水应在24h内全部被水泥浆吸收。

②水泥浆中氯离子含量不应超过水泥质量的0.06%。

③采用普通灌浆工艺时，24h自由膨胀率不应大于6%；真空灌浆时不大于3%。

④水泥浆宜采用高速搅拌机进行搅拌，搅拌时间不应超过5min；使用时间不宜超过30min。

（3）灌浆施工

宜先灌下层孔道，后灌上层孔道。灌浆应连续进行，直至排气管排出的浆体稠度与注浆孔处相同且不出现气泡后，再顺浆体流动方向将排气孔依次封闭；全部封闭后，继续加压0.5~0.7MPa，并稳压1~2min后封闭灌浆口。当泌水较大时，宜进行二次灌浆或泌水孔重力补浆。真空辅助灌浆时，孔道真空负压宜稳定保持为0.08~0.10MPa。

5）封锚

张拉后，多余预应力筋宜采用机械法切割。锚具外预应力筋的外露长度不应小于其直径的1.5倍和30mm。灌浆后，应按照设计要求进行封端处理；当设计无具体要求时，锚具和预应力筋的保护层厚度不应小于：环境为一类时20mm，二a、二b类时50mm，三a、三b类时80mm。

五、预制构件制作

对尺寸和质量大的构件，可在施工现场就地制作，以避免繁重的运输或损坏。定型化的中小型构件，则应发挥工厂化生产的优点在预制厂（场）制作。

施工现场就地制作构件时，场地应平整、坚实，并有排水措施。为节约场地和模板，屋架、柱子、桩等大型构件常采用平卧叠制。施工时，应在下层构件的混凝土强度达到5N/mm²后，再浇筑上层构件混凝土，上、下层构件之间应采取隔离措施。

预制厂制作构件常采用台座法、机组流水法和流水线法。台座是直接在上面制作预制构件的“地坪”，主要用于长线法生产预应力构件或不用模具的中小型构件。机组流水法是在车间内，根据生产工艺划分为模具清理刷油、钢筋骨架安装、浇筑振捣、静停、养护、脱模起吊等工段，借助起吊设备，移动模板依次至各个专业工位完成相应施工过程，形成流水作业。流水线法与机组流水法基本相同，区别在于模板是在流水线上以推移或牵拉的方式“流动”，机械化、自动化程度更高。制作构件的要求如下：

（1）台座表面应光滑平整，表面平整度不大于2mm/2m，在气温变化较大的地区应设置伸缩缝。

（2）模具应具有足够的强度、刚度和整体稳定性，并能满足预制构件预留孔、插筋、预埋吊件及其他预埋件的定位要求。模具设计时，应考虑预制构件质量要求、生产工艺、拆卸要求及周转次数等因素。对跨度较大的预制构件的模具，应根据设计要求预设反拱。

（3）混凝土应采用机械振捣，可根据工艺要求采用插入式振捣棒、平板振动器、附着式振动器，还可采用振动台。振捣混凝土不应影响模具的整体稳定性。

（4）可根据需要选择洒水、覆盖、喷涂养护剂的自然养护，也可选择蒸汽养护、电加热养护。采用蒸汽养护时，应合理控制升、降温速度和最高温度，构件表面宜保持90%～100%的相对湿度。

（5）带面砖或石材饰面的预制构件宜采用反打成型法制作，也可采用后贴工艺法制作。

（6）带保温材料的预制构件宜采用水平浇筑方式成型。采用夹芯保温的预制构件，宜采用专用连接件连接内外两层混凝土，其数量和位置应符合设计要求。

（7）清水混凝土预制构件的制作应符合下列规定：

①预制构件的边角宜采用倒角或圆弧角；

②模具应满足清水表面设计精度要求；

③应控制原材料质量和混凝土配合比，并保证每班生产构件的养护温度均匀一致；

④构件表面应采取保护和防污染措施，出现质量缺陷应采用专用材料修补。

（8）带门窗、预埋管线构件的制作应符合下列规定：

①门窗、预埋管线应在浇筑混凝土前预先放置并固定、采取保护措施；

②当采用铝窗框时，应采取避免与混凝土直接接触发生化学腐蚀的措施；

③应采取控制温度或受力变形对门窗产生不利影响的措施。

（9）预制构件与现浇结构的结合面宜进行拉毛或凿毛处理；也可在模板表面涂刷适量缓凝剂，初凝或脱模后刷或冲去水泥砂浆而形成露骨料粗糙面。

（10）预制构件脱模起吊时的混凝土强度应据计算确定，且不宜小于15MPa。有黏结预应力构件，应在灌浆的强度不小于15MPa后起吊。

【例15-2-5】 现浇框架结构中，厚度为150mm的多跨连续预应力混凝土楼板，其预应力施工宜采用：

A. 先张法　　B. 铺设无黏结预应力筋的后张法

C. 预埋螺旋管留孔道的后张法　　D. 钢管抽芯预留孔道的后张法

解　先张法不能用于现浇结构。在多跨连续结构构件中预应力筋需曲线形设置，而楼板较薄，难以留设孔道和保证混凝土的最小厚度，故宜采用铺设无黏结预应力筋的后张法施工。

答案： B

【例 15-2-6】 采用钢管抽芯法留设孔道时，抽管时间宜为：

A. 混凝土初凝前　　B. 混凝土初凝后、终凝前

C. 混凝土终凝后　　D. 混凝土达到30%设计强度

解　混凝土初凝后抽管才能保证所留孔道不塌陷，而终凝后钢管将难以抽出且易拉裂混凝土。故应在混凝土初凝后，终凝前抽管。

答案： B

习　题

15-2-1　钢筋进场时需进行检验和抽样复验，其内容一般不包括（　　）。

A. 外观　　B. 力学性能　　C. 化学成分　　D. 重量偏差

15-2-2　在钢筋混凝土柱施工中，主筋的焊接通常采用（　　）。

A. 电弧焊　　B. 电阻点焊　　C. 电渣压力焊　　D. 闪光对焊

15-2-3　在钢筋混凝土剪力墙施工中，用得最为普遍的模板形式为（　　）。

A. 组合钢模板　　B. 爬升模板　　C. 大模板　　D. 滑升模板

15-2-4　搅拌干硬性混凝土宜选用（　　）。

A. 双锥式搅拌机　　B. 鼓筒式搅拌机　　C. 自落式搅拌机　　D. 强制式搅拌机

15-2-5　较长距离的商品混凝土的地面运输，宜采用（　　）。

A. 自卸汽车　　B. 混凝土搅拌运输车

C. 小型机动翻斗车　　D. 混凝土泵

15-2-6　为防止混凝土离析，规范规定，普通泵送混凝土浇筑的最大倾落高度不应超过（　　）。

A. 2.0m　　B. 4.0m　　C. 6.0m　　D. 8.0m

15-2-7　浇筑混凝土楼盖时，施工缝应设置在（　　）。

A. 主梁中间1/3跨度范围内　　D. 主梁端部1/3跨度范围内

C. 次梁中间1/3跨度范围内　　D. 次梁端部1/3跨度范围内

15-2-8　浇筑多层钢筋混凝土框架结构的柱子时，应（　　）。

A. 一端向另一端推进　　B. 由外向内对称浇筑

C. 由内向外对称浇筑　　D. 任意顺序浇筑

15-2-9　为保证大体积混凝土的整体性，对厚度及面积均较大的基础采用多台设备浇筑时，宜采用的浇筑方案是（　　）。

A. 全面分层　　B. 分段分层　　C. 斜面分层　　D. 局部分层

15-2-10　大体积混凝土的振捣密实，宜选用（　　）。

A. 内部振动器　　B. 表面振动器　　C. 振动台　　D. 外部振动器

15-2-11　某冬季施工工程使用普通硅酸盐水泥拌制的C40混凝土施工，允许混凝土受冻时的最低强度为（　　）。

A. 5N/mm² B. 9N/mm² C. 12N/mm² D. 16N/mm²

15-2-12 采用先张法制作预应力混凝土管桩时，在放松预应力筋时应（ ）。

A. 同时放松 B. 从两侧向中间逐根放松

C. 从中间向两侧逐根放松 D. 从一侧向另一侧逐根放松

15-2-13 后张法施工，当设计无具体要求时，预应力筋可一端张拉的是（ ）。

A. 28m 长弯曲孔道 B. 30m 长直线孔道

C. 22m 长弯曲孔道 D. 45m 长的无黏结预应力筋

15-2-14 现浇框架结构楼盖预应力张拉时，各种构件的张拉顺序应为（ ）。

A. 主梁→次梁→楼板 B. 次梁→主梁→楼板

C. 楼板→主梁→次梁 D. 楼板→次梁→主梁

第三节 结构吊装工程与砌体工程

一、起重安装机械

结构吊装工程常用的起重安装机械有桅杆式起重机、自行杆式起重机和塔式起重机。

（一）桅杆式起重机

桅杆式起重机包括独脚拔杆、人字拔杆、悬臂拔杆和牵缆式拔杆。其缺点是移动困难、服务半径小、现场缆风绳多而影响其他作业。

（二）自行杆式起重机

自行杆式起重机包括以下几种。

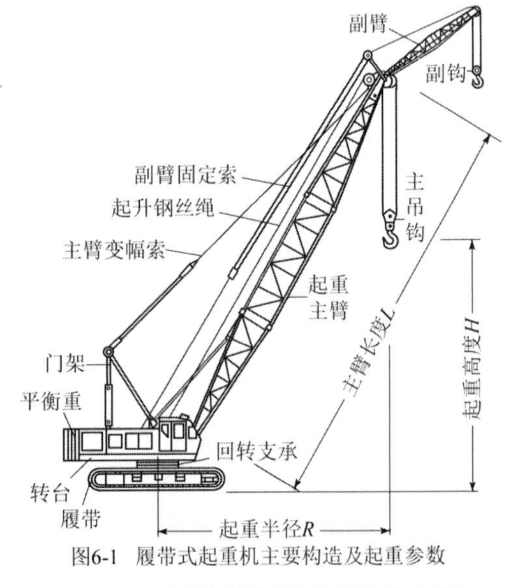

图 15-3-1 履带式起重机构造及起重参数

1. 履带式起重机

履带式起重机由行走装置、回转机构、机身及起重杆等部分组成，采用链式履带的行走装置，使对地面的平均压力大为减少，装在底盘上的回转机构可使机身回转 360°，机身内部有动力装置、卷扬机及操纵系统（见图 15-3-1）。它操作灵活，使用方便，起重杆可分节接长，可在一般平整坚实的场地上负重行驶和进行吊装作业。目前在单层、多层装配式结构吊装中得到了广泛使用，也是大型工业设备及核电穹顶吊装的常用机械。但它的缺点是稳定性较差，转场较困难。

起重机的起重性能参数主要包括起重量Q、起重半径R和起重高度H。起重量指吊钩能吊起的重量；起重半径也称工作幅度，是指起重机回转中心至吊钩的水平距离；起重高度是指吊钩至停机面的垂直距离。当起重臂长度一定，随着其仰角的增加，起重半径R将减小，而起重高度H和起重量Q将增加；若其仰角减小，则反之。

2. 汽车式起重机

汽车式起重机是把起重机构安装在通用或专用汽车底盘上的全回转起重机。起重杆采用高强度钢板做成筒形结构，吊臂可根据需要自动逐节伸缩，并设有各种限位和报警装置。起重机构所用动力由汽车发动机供给。这种起重机的优点是转移迅速，对路面的破坏性很小；缺点是吊重时必须使用支腿，因而不能负荷行驶，适用于构件运输的装卸工作和结构吊装作业。

3. 轮胎起重机

轮胎起重机是把起重机构装在加重型轮胎和轮轴组成的特制底盘上的全回转起重机械，一般吊重时都用四条支腿支撑。轮胎起重机的特点是：①行驶时对路的破坏性较小，行驶速度比汽车起重机慢，但比履带起重机快；②稳定性较好，起重量较大；③起重量小时可不用支腿。

4. 全路面式起重机

全路面式起重机也称全地面起重机，是一种多桥驱动，能在崎岖、狭小、泥泞、陡坡路段通过，兼有汽车式和轮胎式起重机优点的新型起重设备。该种机械起重能力强、行驶速度快、能实现全轮转向，起重量较小时可不用支腿。目前，有起重量30~2 400t，臂长30~180m等多种机型。如图15-3-2所示起重机的最大起重量为240t。

图15-3-2　QAY-240全地面式起重机

（三）塔式起重机

塔式起重机具有竖直的塔身，起重臂安装在塔身的顶部，形成“Γ”形的工作空间，具有较高的有效高度和较大的工作半径，起重臂可回转360°，因此，塔式起重机在多层及高层装配式结构吊装中得到了广泛应用。

1. 轨行塔式起重机

该种机型能在轨道上行驶，大大增加了作业范围，但稳定性较差，宜用于高度不超过10层、长度较大的房屋结构吊装。

2. 爬升式塔式起重机

爬升式塔式起重机是一种安装在建筑物内部（电梯井或特设开间）的结构上，借助爬升机构，随着建筑物的增高而爬升的起重机械。一般每隔 2 层楼便爬升一次。这种起重机稳定性好、有效服务空间大，主要用于高层或超高层建筑施工。

爬升式塔式起重机借助套架托梁和爬升系统进行爬升。采用液压爬升机构的80HC型、120HC型塔式起重机的内爬升过程如图15-3-3所示。

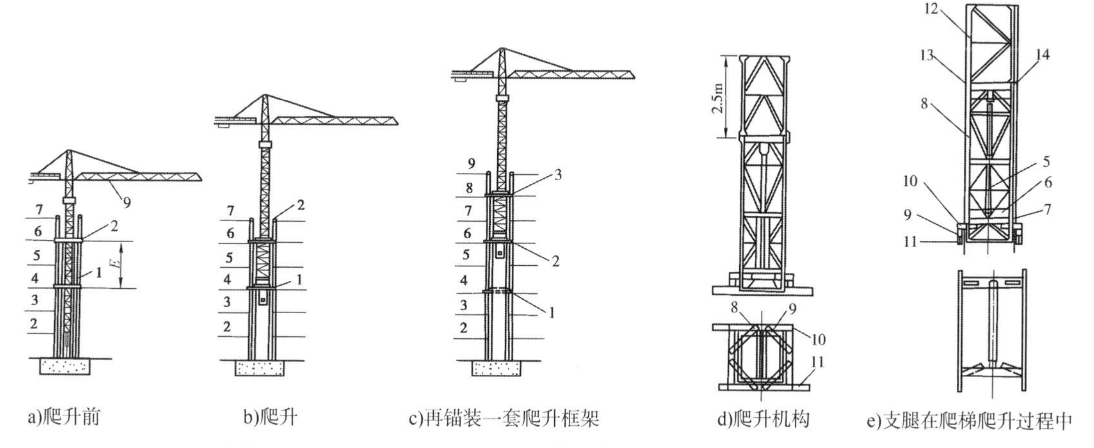

a)爬升前　b)爬升　c)再锚装一套爬升框架　d)爬升机构　e)支腿在爬梯爬升过程中

图15-3-3　80HC型、120HC型塔式起重机的内爬升过程示意图

1-下爬升框架；2-上爬升框架；3-爬升框架；4-液压缸；5-活塞；6-爬升下横梁；7-支腿；8-爬梯；9-下承重横梁；10-承受垂直力大梁；11-连接建筑结构大梁；12-标准节（2.5m）；13-爬升节；14-爬升上横梁；E-上、下爬升框架最小锚固间距

3. 附着式塔式起重机

附着式塔式起重机是固定在建筑物近旁混凝土基础上的起重机械，它可借助顶升系统随着建筑施工进度而自行向上接高。为了减小塔身的自由高度，需每隔 20m 左右将塔身与建筑物通过附着装置连接起来。这种塔式起重机适用于高层建筑施工。附着式塔式起重机还可以装在建筑物内作为爬升式塔式起重机使用，或安装行走机构后作为轨道式起重机使用。QT-10 型起重机，每顶升一次升高 2.5m，常用的起重臂长 30m，此时最大起重力矩为 160tm，起重量为 5~10t，起重半径为 3~30m，起重高度为 160m。

QT-10 型附着式塔式起重机的液压顶升系统主要包括顶升套架、长行程液压千斤顶、承座、顶升横梁及定位销等。其顶升过程可分为五个步骤，如图 15-3-4 所示。

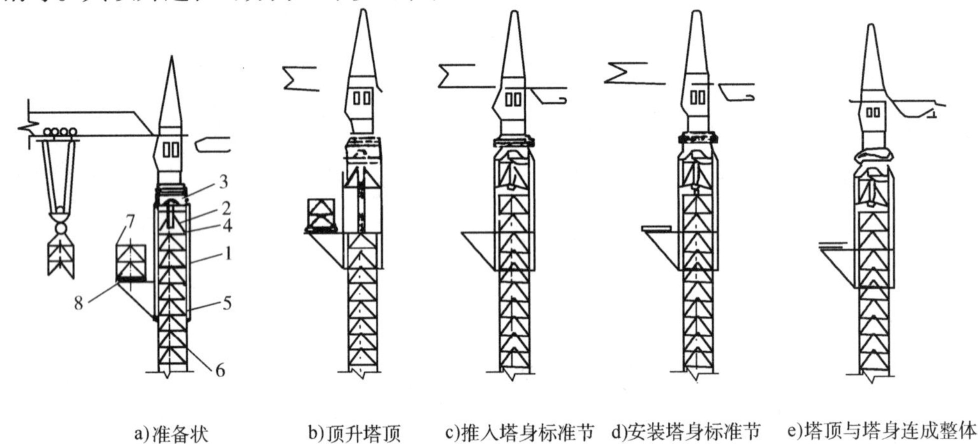

图 15-3-4　QT-10 型附着式塔式起重机的顶升过程示意图

1-顶升套架；2-液压千斤顶；3-承座；4-顶升横梁；5-定位销；6-过渡节；7-标准节；8-摆渡小车

二、钢筋混凝土单层工业厂房结构吊装

单层工业厂房的主要承重结构一般由基础、柱、吊车梁、屋架、天窗架、屋面板等组成，除基础在施工现场就地灌筑外，其他多采用装配式钢筋混凝土预制构件。尺寸大、构件重的大型构件一般都在施工现场就地预制，中小型构件都集中在构件预制厂制作，然后运到现场吊装。重型厂房也可采用钢结构。

（一）构件吊装前的准备工作

构件吊装前应做好下列准备工作：

（1）场地清理与道路铺设；

（2）吊装前对所有构件进行全面质量复查；

（3）构件弹线与编号，作为构件吊装、对位和校正的依据；

（4）钢筋混凝土杯形基础的准备工作，包括杯口顶面标线及杯底找平；

（5）组织好构件运输和构件的堆放；

（6）构件吊装前的拼装及临时加固。

（二）构件吊装工艺

预制构件吊装过程一般包括绑扎、起吊、对位、临时固定、校正、最后固定等工序。

构件吊装时，钢丝绳与水平面的夹角应大于 45°。

1. 柱的吊装

（1）柱的绑扎：按柱吊起后柱身是否垂直，分为直吊法和斜吊法。相应的绑扎方法有：①斜吊绑扎法（见图 15-3-5），它绑扎简单，但吊装就位稍难，当柱子的宽面抗弯能力满足吊装要求时，可采用此法；②直吊绑扎法（见图 15-3-6），吊装前要先将柱翻身，再绑扎起吊，易于插入杯口就位。

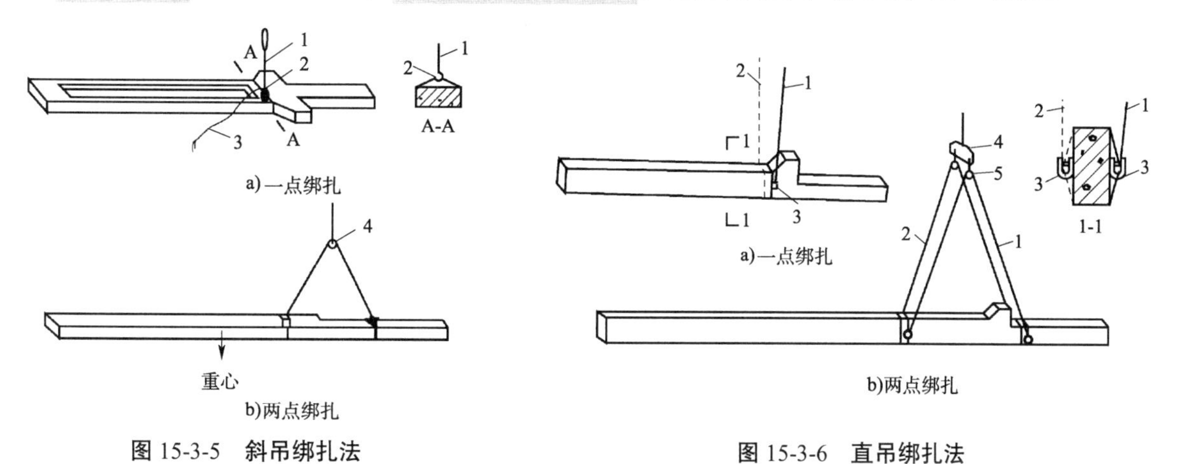

图 15-3-5　斜吊绑扎法

1-吊索；2-活络卡环；3-卡环销拉绳；4-滑车

图 15-3-6　直吊绑扎法

1-第一支吊索；2-第二支吊索；3-活络卡环；4-横吊梁；5-滑车

（2）柱的起吊：用单机吊装时，按柱在吊升过程中柱身运动的特点分为旋转法和滑行法两种吊升方法。①旋转法（见图 15-3-7）：这种方法是起重机边起钩、边回转，使柱子绕柱脚旋转而立直，再吊起插入杯口。该法应使柱子的绑扎点、柱脚中心和杯口中心三点共弧，该弧的圆心为起重机的回转中心，半径为起重机吊柱的起重半径。柱子堆放时，应尽量使柱脚靠近基础，以提高吊装速度。②滑行法（见图 15-3-8）：柱子吊升时，起重机只升吊钩，起重杆不动，使柱脚沿地面滑行逐渐直立，然后机械转动而插入杯口。采用此法吊升时，柱的绑扎点应布置在杯口附近，并与杯口中心位于起重机同一工作半径的圆弧上（即两点共弧），以便转动吊柱就位。

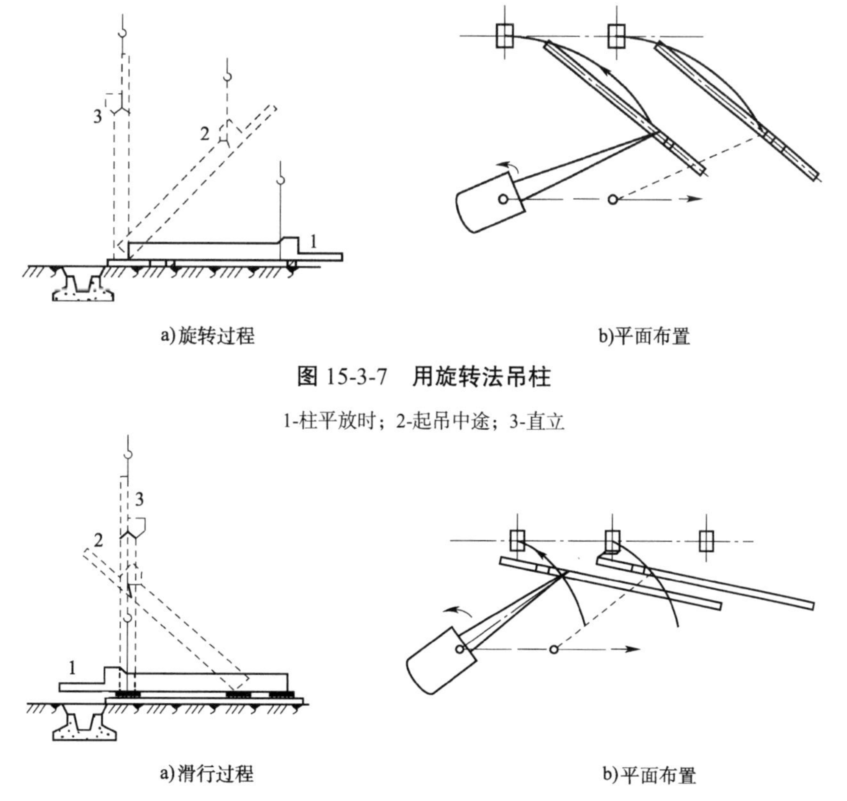

图 15-3-7　用旋转法吊柱

1-柱平放时；2-起吊中途；3-直立

图 15-3-8　用滑行法吊柱

1-柱平放时；2-起吊中途；3-直立

（3）柱的对位和临时固定：柱脚插入杯口后，先进行悬空对位，用八只楔块从柱的四边插入杯口，并用撬棍撬动柱脚使柱子的安装中心线对准杯口的安装中心线，使柱身基本保持直立，即可落钩将柱脚放到杯底，并复查对线；随后，由两人面对面地打紧四周楔子加以临时固定。

（4）柱的校正：校正内容包括平面定位轴线的位置、标高和垂直度的校正，主要是垂直度。

（5）柱的最后固定：钢筋混凝土柱的底部四周与基础杯口的空隙之间，分两次浇筑细石混凝土，捣固密实，作为最后固定。当前次所灌混凝土达到30%强度等级值后，拔出楔块，二次灌至杯口顶面。

【例 15-3-1】 在柱子吊装时，采用斜吊绑扎法的条件是：

A. 柱平卧起吊时抗弯承载力满足要求

B. 柱平卧起吊时抗弯承载力不满足要求

C. 柱混凝土强度达到设计强度 50%

D. 柱身较长，一点绑扎抗弯承载力不满足要求

解　柱子常采用平卧预制。不进行翻身，直接绑扎为斜吊绑扎法。该法绑扎简单，但由于只能在上表面这一侧有吊索，进行起吊时柱子不可能立直，安装就位时需要牵拉扶正。由于起吊时受力截面高度较小，因此其起吊时的抗弯承载力一定要满足要求。柱吊装时，其混凝土强度不得低于设计强度等级值的 75%。一点绑扎与斜吊法绑扎是不同的概念。故选 A。

答案：A

2. 吊车梁的吊装

吊车梁绑扎时，吊钩应对准重心，起吊后使构件保持水平。吊车梁就位时应缓慢落下，争取使吊车梁中心线与支承面的中心线能一次对准，并使两端搁置长度相等。吊车梁的校正，应在屋盖结构构件校正和最后固定后进行。

3. 屋架的吊装

工业厂房的钢筋混凝土屋架，一般在现场平卧叠浇。吊装的施工顺序是：绑扎，扶直就位，吊升、对位，临时固定，校正，最后固定。吊装时，混凝土强度应达到设计强度的 100%。

（1）绑扎：屋架的绑扎点，应选在上弦节点处或其附近，对称并高于屋架的重心，吊点的数目及位置，与屋架的形式和跨度有关，一般由设计确定。吊索与水平面的夹角宜不小于 60°，且不应小于 45°。

（2）扶直就位：由于屋架在现场平卧预制，吊装前要先翻身扶直。扶直时，屋架部分地改变了构件的受力性质。因此，必要时应采取加固措施。扶直屋架有两种方法：①正向扶直，即起重机位于屋架下弦一边，首先以吊钩对准屋架的上弦中心，收紧吊钩，然后略略起臂使屋架脱模；接着升钩、起臂，使屋架以下弦为轴缓缓转为直立状态；②反向扶直，即起重机位于屋架上弦一边，吊钩对准上弦中心，随着升钩、降臂，使屋架绕下弦转动而直立。由于升钩时起重量增加、降臂使起重半径增加，故反向扶直会出现起重力矩陡增，安全性较差。

（3）吊升、对位与临时固定：屋架吊至柱顶以上，使屋架的端头轴线与柱顶轴线重合后落位，然后用缆风绳与地面牵拉或用钢管与已固定的屋架连接，进行临时固定，屋架固定稳妥后起重机才能脱钩。

（4）校正、最后固定：屋架主要校正垂直偏差，使其符合规范规定；校正无误后，立即用电焊焊牢作为最后固定。

4. 屋面板的吊装

屋面板应由两边檐口向屋脊逐块对称地进行吊装，以利于屋架稳定，受力均匀。屋面板上有预埋吊环，一般可采用一钩多吊以加快吊装速度。屋面板就位后，应立即与屋架上弦焊牢。除每间的最后一块屋面板外，每块板焊接应不少于三点。

（三）结构吊装方案

1. 起重机型号的选择

一般钢筋混凝土单层工业厂房的结构吊装，多采用自行式起重机。

起重机型号选择取决于起重机的三个工作参数，即起重量Q、起重高度H、起重半径R。它们应同时满足结构吊装的要求。

（1）起重量Q

起重机的起重量必须大于所吊装构件的重量与索具重量之和，即

$$Q \geqslant Q_1 + Q_2 \tag{15-3-1}$$

式中：Q—起重机的起重量（t）；

Q_1—构件的重量（t）；

Q_2—索具的重量（t）。

（2）起重高度H（见图 15-3-9）

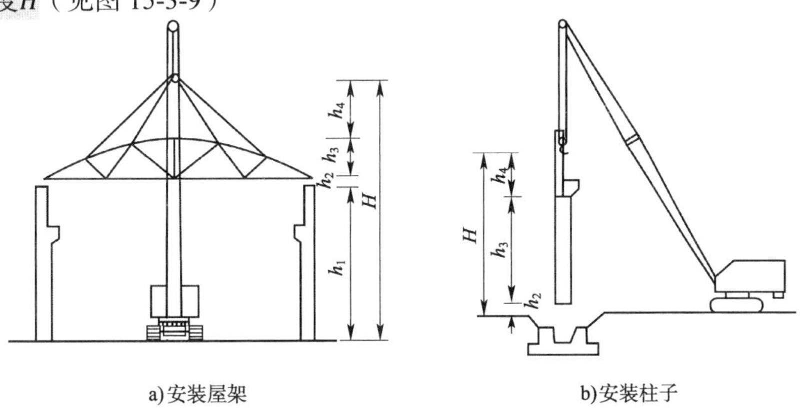

a) 安装屋架　　b) 安装柱子

图 15-3-9　起重高度计算简图

起重机的起重高度必须满足所装构件的吊装高度要求，即

$$H \geqslant h_1 + h_2 + h_3 + h_4 \tag{15-3-2}$$

式中：H—起重机的起重高度（m），从停机面算起至吊钩中心；

h_1—安装支座表面高度（m），从停机面算起；

h_2—安装空隙，一般不小于 0.3m；

h_3—绑扎点至所吊构件底面的垂直距离（m）；

h_4—索具高度（m），自绑扎点至吊钩中心的高度。

（3）起重半径R

当起重机可以不受限制地开到构件安装位置附近时，可不验算起重半径；但是当起重机受到限制不能靠近安装位置时，则应验算起重机的起重半径为一定值时的起重量、起重高度能否满足吊装构件的要求。

2. 起重机台数的确定

起重机台数，根据厂房的工程量、工期和起重机的台班产量，按下式确定

$$N = \frac{1}{T \cdot C \cdot K} \sum \frac{Q_i}{P_i} \tag{15-3-3}$$

式中：N—起重机台数；

T—工期；

C—每天工作班数；

K—时间利用系数，一般取 0.8~0.9；

Q_i—某种构件的安装工程量（件或 t）；

P_i—起重机相应的产量定额（件/台班或t/台班）。

3. 结构吊装方法

（1）分件吊装法：起重机每开行一次，仅吊装一种或几种构件的吊装方式，通常分三次开行吊装完全部构件（见图 15-3-10a）。第一次开行，吊装全部柱，经校正和最后固定；待接头混凝土达到设计强度的 70%后，第二次开行，吊装全部吊车梁、连系梁及柱间支撑；第三次开行，依次按节间吊装屋盖系统（包括屋架、天窗架、屋面板及屋面支撑等）。

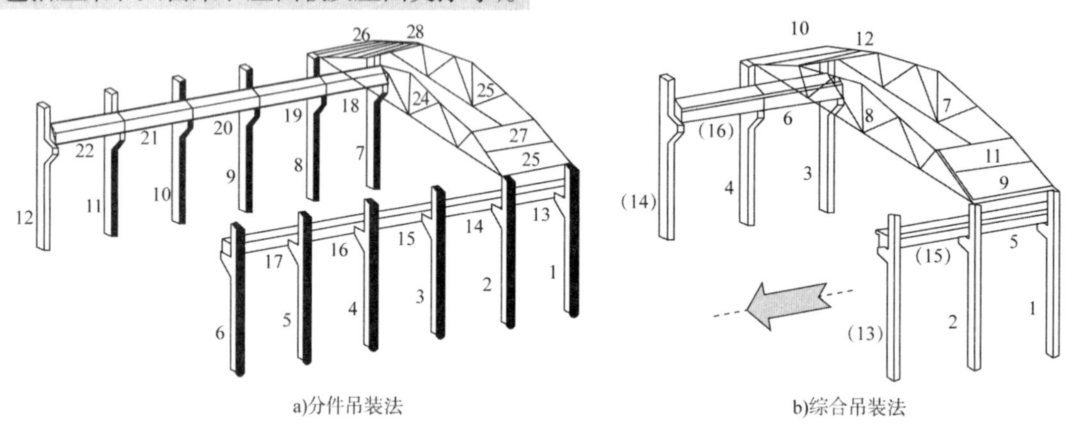

图 15-3-10　两种结构吊装方法的构件吊装顺序

（2）综合吊装法：起重机在厂房内一间一间地吊装，直至完成（见图 15-3-10b）。即先吊装一个节间柱子，随后吊装这个节间的吊车梁、连系梁、屋架和屋面板等构件；一个节间的全部构件吊装完后，起重机退至下一个节间进行吊装，直至整个厂房结构吊装完毕。

4. 现场预制构件的平面布置和吊装前的构件堆放

（1）现场预制构件的平面布置：单层工业厂房在现场预制的构件主要是柱子和屋架，有时还有吊车梁。在预制时，应对它们的预制位置仔细加以规划布置，以便于施工。

①柱子的布置有斜向布置和纵向布置两种。

②屋架的布置有斜向布置，以及正、反斜向和正、反纵向布置三种，其中因斜向布置占用场地少而较多采用。

③吊车梁可靠近柱子基础顺纵轴线或略作倾斜布置，也可插在柱子之间预制。

（2）吊装前构件的堆放：为配合吊装工艺的要求，各种构件在起吊前应按一定要求进行堆放。

三、多层房屋结构吊装

（一）吊装机械的选择与布置

1. 吊装机械的选择

对吊装机械需进行类型、型号、数量的选择与确定。

吊装机械类型的选择要根据建筑物的结构形式、高度、平面布置、构件尺寸及重量等条件来确定。对 5 层以下的民用建筑或高度在 18m 以下的多层工业厂房，可采用履带式、汽车式或轮胎式等自行杆式起重机；对 10 层以下的民用建筑宜采用轨道式塔式起重机，对于高层建筑可采用附着塔，对于超高层建筑宜采用爬塔。

选择起重机型号时，首先绘出建筑结构剖面图（见图 15-3-11），在剖面图上注明最高一层主要构件的起重量Q及所需要的起重半径R，根据其中最大的起重力矩$M_{\max}(M_{\max}=Q\cdot R)$及最大起重高度$H$来选择起重机。应保证每个构件所需的$H$、$R$、$Q$均能同时满足。

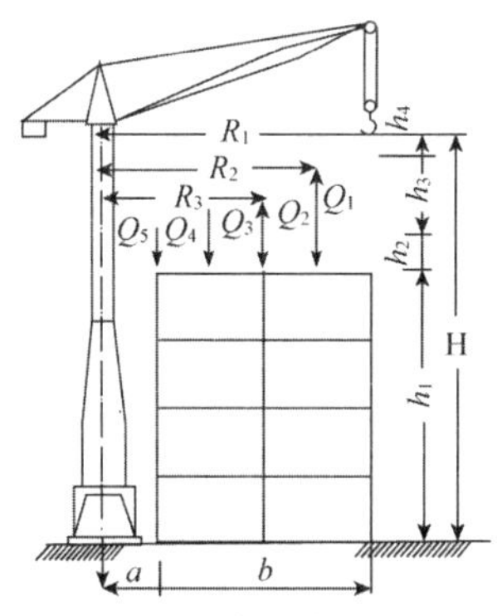

图 15-3-11　塔式起重机工作参数计算简图吊装机械的布置

2. 吊装机械的布置

起重机一般布置在建筑物的外侧。

对固定式塔式起重机，其安装位置既要能覆盖整个建筑物，又要避免因其最小起重幅度限制而出现死角。用于高层建筑时还需考虑附着的可能性。

对轨行式塔式起重机，有单侧、双侧或环形布置形式（见图 15-3-12）。当房屋平面宽度较小，构件较轻时，塔式起重机可单侧布置。其起重半径应满足：$R\geqslant b+a$，其中a =外脚手的宽度+轨距/2+0.5m 安全距离。当建筑物平面宽度较大或构件较重时，可每侧各布置一台起重机或环形布置，其起重半径

$$R\geqslant\frac{1}{2}b+a$$

当布置两台以上塔式起重机时，应保证各塔式起重机运行时，任何部位的最小间距均不小于 2m，以防止钩挂碰撞。

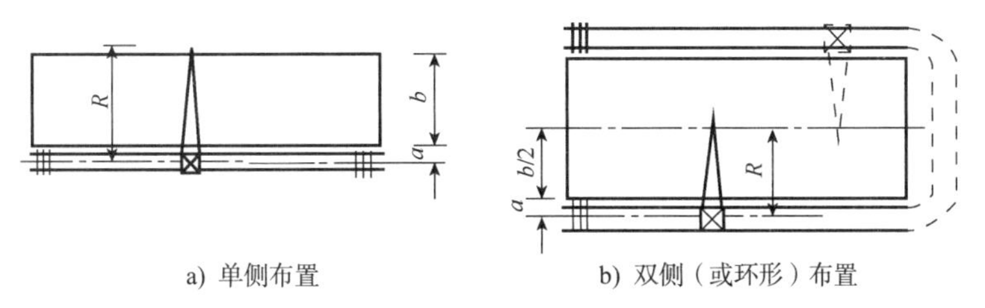

图 15-3-12　轨行塔式起重机在建筑物外侧布置

（二）结构吊装方法与吊装顺序

装配式结构施工应制定专项方案。

多层装配式框架结构的吊装方法，按构件吊装顺序不同，也有分件吊装法和综合吊装法。

1. 分件吊装法

按其流水方式的不同，又分为分层分段流水吊装法和分层大流水吊装法。前者是以一个楼层为一个施工层，而每一个施工层又再划分成若干个施工段，以便流水作业，起重机在某一施工段内作数次往返开行。每次开行，吊装该段内的某一种构件，直至吊完该施工段的全部构件，依次转入后续施工段；后者是每个施工层不再划分施工段而按一个楼层组织各工序的流水。

2. 综合吊装法

它是以一个节间或若干个节间为一个施工段，以房屋的全高为一个施工层来组织各工序的流水。起重机把一个施工段的构件吊装至房屋的全高，然后转移到下一个施工段。

（三）构件的运输与堆放

多层房屋的预制构件，除较重、较长的柱子需在现场就地预制外，其他构件大多数在工厂集中预制后运入工地吊装。

预制构件运输与堆放时的支撑位置应经计算确定。运输应绑扎固定，防止构件移动或倾覆。运输细长构件时应根据需要设置水平支架。构件边角部或链索接触处应加垫衬保护。

预制构件的堆放场地应平整、坚实，并有良好的排水措施；运送到施工现场后，应按规格、品种、

使用部位、吊装顺序分别存放。存放场地应设在吊装设备的有效起重范围内，且应在堆垛之间设置通道。

构件的存放架应具有足够的抗倾覆性能。垫木或垫块在构件下的位置宜与脱模、吊装时的起吊位置一致。重叠堆放构件时，各层构件间的垫木或垫块应在同一垂直线上；堆垛层数应根据构件与垫木或垫块的承载能力及堆垛的稳定性确定，必要时应设置防倾覆支架。

预应力构件的堆放应考虑反拱的影响。外观复杂的墙板宜采用插放架或靠放架直立堆放、直立运输，且墙板宜对称靠放、饰面朝外，与竖向的倾斜角不大于 10°。

安装前，应清理、检查构件，并弹线。

（四）结构构件的吊装

1. 框架结构的吊装

多层装配式框架结构由柱、主梁、次梁、楼板组成。在吊装过程中，要注意处理好柱子的绑扎和校正以及柱接头和梁、柱接头。吊装顺序：按构件底部安装标高，由低向高进行。接头混凝土宜与梁、板叠合层连续浇筑。

1）柱的吊装

吊装顺序宜为：角柱→边柱→中柱，先吊装与现浇部分连接的柱。

柱子常采用一点直吊绑扎；柱子较长时，可采用两点绑扎，但应对吊点位置进行强度和抗裂度验算。柱的起吊方法也有旋转法和滑行法两种。应做好柱底的保护工作，或采用双机抬吊、空中转体等方法。

图 15-3-13　柱子用可调钢管支撑临时固定

柱的就位应以轴线和外轮廓线为控制线，边柱和角柱应以外轮廓线控制为准。就位前应设置垫块等柱底调平装置，以控制安装标高。柱安装就位后应在两个方向设置钢管支撑或钢丝绳等可调临时固定装置，其上端连接夹箍或埋件，位置宜为柱高的2/3以上，且不得低于1/2柱高；下端与梁板上的预埋件相连（见图 15-3-13）。采用可调钢管支撑时，通过旋转钢管产生推力或拉力而校正柱的竖直度。柱子校正包括平面位置校正、垂直度校正和扭转校正。位置校正应以底层柱的根部中心线为准，避免误差积累。采用灌浆套筒连接的预制柱调整就位后，柱脚连接部位宜采用模板封堵。

2）梁、板吊装

梁常预制成叠合梁，并做成槽形或端部带有键槽，以加强连接。板常采用预制叠合板，分有钢筋桁架和无钢筋桁架两种，前者刚度好不易开裂。梁、板预埋吊环的位置应在距跨端1/5~1/6跨度处。吊装时，起重吊索与水平面夹角不宜小于 60°且不应小于 45°，宜使用横吊梁或吊架等专用吊具。

梁的安装顺序宜遵循先主梁后次梁、先低后高的原则；按设计要求位置搭设临时支撑架（见图 15-3-14），并校核其标高以确保与梁底标高一致；在柱上弹出梁边控制线。安放就位时，搁置长度应满足设计要求，底部可设置厚度不大于 20mm 的座浆或垫块。校准位置并做好临时固定后方可摘钩。安装就位后应对水平度、安装位置、标高进行检查。

预制板或叠合板吊装前应按设计要求搭设并调平临时支撑（见图 15-3-15），吊装时宜采用专用吊具，就位时接缝宽度、相邻板底高差均应满足设计要求，否则应将构件重新吊起调整对位，不得撬动。

梁、板等叠合构件的临时支撑应保持至少连续两层设置，且上下层立柱对正。临时支撑应在后浇的叠合层混凝土强度达到设计要求后方可拆除。

图 15-3-14　梁的吊装及临时支撑

图 15-3-15　叠合板的吊装及临时支撑

3）接头施工

（1）柱、墙纵筋的连接

柱、墙接头首先应能传递轴向压力，其次是弯矩和剪力。主要形式有套筒注浆、螺栓连接和焊接接头。

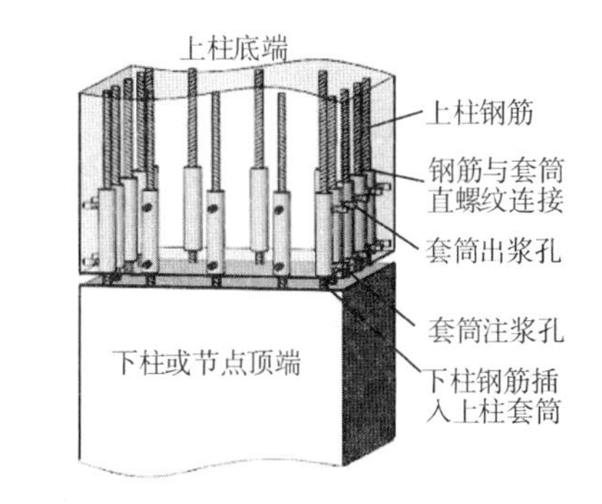

图 15-3-16　柱子套筒半注浆连接构造示意图

套筒注浆连接（见图 15-3-16）是目前竖向构件钢筋连接的主要方法。它是在构件底端的钢筋端头设置套筒。套筒上设有注浆孔和出浆孔，均以 PVC 管引出构件。构件的纵筋与套筒可直螺纹连接或待以后注浆连接（即半注浆连接或全注浆连接）。构件安装时，经对位下落，下层构件钢筋进入套筒内。经校正后，向套筒内压注专用浆液形成整体。灌浆前应将柱、墙接缝周边封闭，浆液应从下口压入，上口流出正常浆液后用胶塞封堵，必要时可分仓进行灌浆。灌浆料拌和后应在 30min 内用完，施工时环境温度不低于 5℃，养护温度不低于 10℃。

（2）梁、柱节点连接

梁和柱子的节点连接是关系到结构强度、刚度和抗震性能的重要环节。常采用现浇节点以构成整体式接头（见图 15-3-17）。

a）槽型梁与预制柱的节点

b）键槽梁与现浇柱的节点

图 15-3-17　装配整体式框架结构接头

梁搭在柱上一般不少于 15mm，梁钢筋锚入节点足够的长度，连续梁的钢筋常用焊接连接或全注浆套筒连接。节点处柱箍筋需加密。接头所浇混凝土的强度等级，应不低于各构件的混凝土设计强度，骨料粒径不大于连接处最小尺寸的1/4。浇前应清理和润湿，浇筑过程中应确保捣实，必要时可掺微膨胀剂及早强剂，以避免开裂和提早进行上层的施工。

此外，还可以在预制梁、柱中留孔，安装后通过施加预应力形成预压型接头。

2. 墙板结构安装

1）安装前的准备

（1）墙板堆放。应使用有足够刚度的插放架或靠放架，对连接止水条、高低口、墙体转角等薄弱部位应加强保护。

（2）抄平放线。首层可根据标准桩用经纬仪定出房屋的纵横控制轴线，据此弹出各轴线及墙体的安装控制准线。各层标高线应在墙板顶面下 100mm 处弹出，以控制楼板标高。

（3）铺灰墩。吊装前应在墙板底两端位置铺设灰墩或垫片，以控制墙底标高。灰墩宽度与墙板厚度相同，长度应视墙板的重量而定。吊装墙板时，在相邻灰墩间铺以略高于灰墩的湿砂浆，以使墙板下部接缝密实。坐浆总厚度不得大于 20mm。需要分仓灌浆时，应采用坐浆料进行分仓；夹芯保温外墙板，在保温材料部位采用弹性密封材料进行封堵。

2）吊装要求

先吊装与现浇墙、柱连接的墙板，再按照外墙先行吊装的原则进行吊装。吊装墙板宜采用横吊梁等专用吊具，以保护构件，满足吊索与水平面夹角的要求（见图 15-3-18）。对位时，墙板以轴线和轮廓线为控制线，外墙应以轴线和外轮廓线双控制。

安装就位后应设置可调斜撑临时固定。可调斜撑应与楼层拉结固定（见图 15-3-19），每块墙板不少于 2 道，墙板长于 4m 者应增加支撑。就位校正时应测量预制墙板的平面位置、垂直度、高度等，通过墙底垫片、临时支撑进行调整。预制墙板调整就位后，墙底部连接部位宜采用模板封堵，并进行压注浆等接头连接处理，待现浇及接头处混凝土达到设计强度后方可拆除支撑。

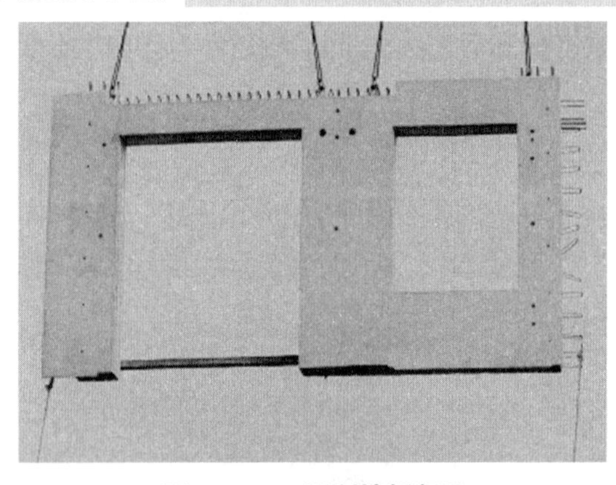

图 15-3-18　预制墙板起吊

图 15-3-19　墙板的安装与临时固定

一段墙板吊装完成后，搭设并调平板的支架，吊装叠合板、阳台板及楼梯构件。然后进行管线安装及附加钢筋、负弯矩筋的绑扎和焊接，再浇筑叠合层混凝土。支架可采用钢管支架、单支顶或门架等形式，其具体构造应通过计算确定。板的支架应连续设置两层以上；拆除时，混凝土强度应达到设计要求。

【例 15-3-2】 对平面呈板式的 6 层钢筋混凝土预制结构吊装时，宜采用：

A. 人字桅杆式起重机　　　　B. 履带式起重机

C. 轨道式塔式起重机　　　　D. 附着式塔式起重机

解　人字桅杆式起重机起重范围小，不便移动，仅能用于设备安装或少量平面尺寸小的构件吊装，不能用于大面积房屋结构吊装；履带式起重机适合于 5 层以下的房屋结构吊装；附着式塔式起重机起重高度大，但不便移动，吊装平面范围取决于臂长，适合于高度或超高层、塔式房屋结构吊装；而轨道式塔式起重机移动方便、服务范围大，最适合 10 层以下、长度较大的板式房屋结构吊装，且经济合理。

答案： C

四、砌体工程

砌体工程是指用砂浆等胶结材料，将砖、石、砌块等块体垒砌成墙、柱等的工程。

（一）砌筑材料

1. 块体

（1）砖。主要有烧结普通砖和多孔砖、蒸压灰砂砖、粉煤灰砖和混凝土砖等。强度等级分为 MU30、MU25、MU20、MU15、MU10。实心砖的规格为240mm × 115mm × 53mm。多孔砖为240mm × 115mm × 90mm。非烧结砖砌筑时龄期应不少于 28 天，非混凝土砖砌筑前 1~2 天应适度湿润。

（2）砌块。常用砌块有普通混凝土小型空心砌块、轻骨料混凝土小型空心砌块和蒸压加气混凝土砌块等。按其强度分为 MU20、MU15、MU10、MU7.5、MU5 五个强度等级。常用规格为390mm × 190mm × 190mm。砌块砌筑时龄期应不少于 28 天；普通混凝土砌块不需湿润，炎热干燥时可提前浇水。

2. 砂浆

常用的砌筑砂浆有水泥砂浆、混合砂浆，按强度分为 M15、M10、M7.5、M5 和 M2.5 五个等级，按拌制地点分为现拌砂浆和预拌砂浆（有湿拌和干混两种），按用途分为一般砂浆和专用砂浆。

水泥砂浆强度高，但流动性和保水性较差，常用于强度要求高、地下及处于潮湿环境的砌体。混合砂浆由于掺入了塑性外掺料（如石灰膏、粉煤灰等），既可节约水泥，又可提高砂浆的可塑性，应用广泛。

拌制砌筑砂浆的水泥应做好进场检查，并对其强度、安定性进行复验。不同品种的水泥不得混用。砂宜用中砂并过筛，不得混有草根、树叶等杂物，含泥量满足限制要求。对生石灰、磨细生石灰粉均应熟化成石灰膏，且其熟化期分别不得少于 7d 和 2d。

砌筑砂浆应有适当的稠度和良好的保水性，以便于操作、易于饱满，避免泌水和离析而影响砌筑质量。砌筑砂浆应进行配合比设计，采用重量比。在拌制砂浆时应配料准确，搅拌时间不得少于 2min，掺粉煤灰或外加剂者不得少于 3min。砂浆应随拌随用，在拌后 3h 内用完；当气温超过 30°C时，应在 2h 内用完。

（二）砖砌体施工

1. 墙体砌筑的施工工艺

（1）抄平放线：砌墙前，应用水准仪确定标高，在基础面上先用水泥砂浆或 C15 细石混凝土找平，然后以龙门板上轴线定位钉为标志拉上麻线，沿麻线吊挂垂球将轴线放到基础面上，并据此弹出纵横墙边线，定出门窗洞位置。

（2）摆砖样：按山丁檐条方式排砖，保证搭接错缝合理，减少砍砖且竖向灰缝均匀。

（3）立皮数杆：用来控制墙体竖向尺寸及各部位构件的标高，并保证水平灰缝厚度的均匀。树立时应抄平钉牢，间距不大于 15m，宜立在转角处和纵横墙交接处。

（4）盘角、挂线：盘角是确定墙面横平竖直的主要依据，一般根据皮数杆先砌墙角，然后拉准线砌中间墙身。盘角超前于墙身的高度不大于 300mm。

（5）砌筑：常用的方法有“三一”砌砖法（即一铲灰，一块砖，一挤揉）和铺浆法（铺浆长度不大于 750mm；温度高于 30°C时，不大于 500mm）。

（6）勾缝：是砌清水墙的最后一道工序。当用砌筑砂浆随砌随勾缝时，称为原浆勾缝；待墙体砌筑完毕后，再用 1∶1~1∶1.5 的水泥砂浆或加色砂浆勾缝时，称为加浆勾缝。

2. 砌筑要求及保证质量措施

砌筑质量的具体要求应符合相关规范的要求。砖墙砌体应横平竖直，砂浆饱满，上下错缝，内外搭砌，接槎牢固。

横平竖直：要求每一皮砖的灰缝横平竖直，以保证砖砌体的稳定。

砂浆饱满：要求砖砌体水平灰缝的砂浆饱满度不得低于 80%。竖向灰缝不得有瞎缝、假缝、透明缝。砖柱的竖向及水平灰缝砂浆饱满应不得小于 90%，以满足砌体抗压强度要求。影响饱满度的因素主要有砖的含水率、砂浆的和易性和砌筑操作方法。

上下错缝：指砖砌体上下两层砖的竖缝应当错开不少于1/4砖长，以避免“通缝”。

内外搭砌：使同皮的里外侧砖通过相邻上下皮的砖搭砌拉结而组砌牢固（如一顺一丁或梅花丁）。

接槎牢固：接槎是指相邻砌体不能同时砌筑而设置的临时中断。为使接槎牢固，须保证接槎部分的砌体砂浆饱满。

接槎要求如下：①砖砌体的转角处和交接处应同时砌筑，严禁无可靠措施的内外墙分砌施工。②在抗震设防烈度为 8 度及 8 度以上地区，对不能同时砌筑而又必须留置的临时间断处应砌成斜槎，普通砖砌体斜槎水平投影长度不应小于高度的2/3（见图 15-3-20a）。多孔砖砌体的斜槎长度不应小于高度的1/2。斜槎高度不得超过一步脚手架的高度。③非抗震设防及抗震设防烈度为 6 度、7 度地区的临时间断处，当不能留斜槎时，除转角处外，可留直槎，但直槎必须做成凸槎。留直槎处应加设拉结钢筋，拉结钢筋沿墙高每 500mm 设置一道，每道不少于 2 根且每 120mm 墙厚 1 根ϕ6 钢筋；埋入长度从留槎处算起，每边均不应小于 500mm，对抗震设防烈度为 6 度、7 度的地区，则不应小于 1 000mm，末端应有 90°弯钩（见图 15-3-20b）。

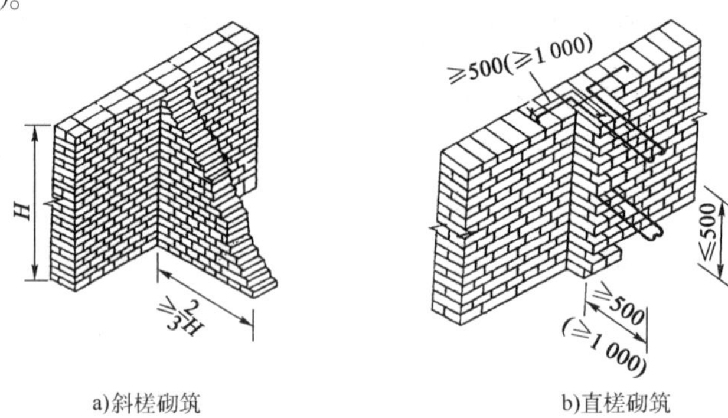

图 15-3-20　砖砌体的交接处留槎（尺寸单位：mm）

每日的砌筑高度不得超过 1.5m 和一步脚手架的高度。

多孔砖的孔洞应垂直于受压面砌筑。有冻胀环境的防潮层以下部位，不得使用多孔砖。

【例 15-3-3】 下列哪一个不是“三一”砌砖法的内容？

A. 一铲灰　　B. 一杆尺　　C. 一块砖　　D. 一挤揉

解　“三一”砌砖法是指在砌筑砖墙时，工人左手操铲、右手拿砖，铺上一铲灰后，立即放上一块砖并进行推挤和搓揉，即“一铲灰、一块砖、一挤揉”的砌筑方法。该法有利于提高砌体的砂浆饱满度。

答案：B

（三）砌块砌体施工

1. 施工准备

（1）砌块和砂浆的强度应符合设计要求，承重墙严禁使用断裂小砌块。砌块的龄期不应少于 28d，以避免块体收缩引起砌体开裂。

（2）砂浆强度等级不得低于 M5，宜用预拌砂浆或专用砌筑砂浆。

（3）施工前，应编绘平、立面排块图以便指导砌块准备和砌筑施工。砌块排列应错缝搭接，并以主规格砌块为主，不得与其他块体或不同强度等级的块体混砌。

2. 施工要求

砌块砌体施工的主要工艺包括抄平弹线、基层处理、立皮数杆、砌块砌筑、勾缝。主要要求如下：

（1）底层砌块下用砂浆找平，当找平层厚度大于20mm时，应用细石混凝土找平。

（2）防潮层以下用水泥砂浆砌筑，且用不低于C20的混凝土灌实砌块孔洞。

（3）墙体砌筑应从房屋外墙转角定位处开始，按照设计图纸和排块图进行施工。

（4）砌筑时空心砌块应上下皮孔对孔、肋对肋错缝搭接，单排孔砌块的搭接长度不少于1/2块长，多排孔者不宜少于1/3块长且不应少于90mm。搭接长度不满足要求时应设钢筋拉结网片（见图15-3-21）。

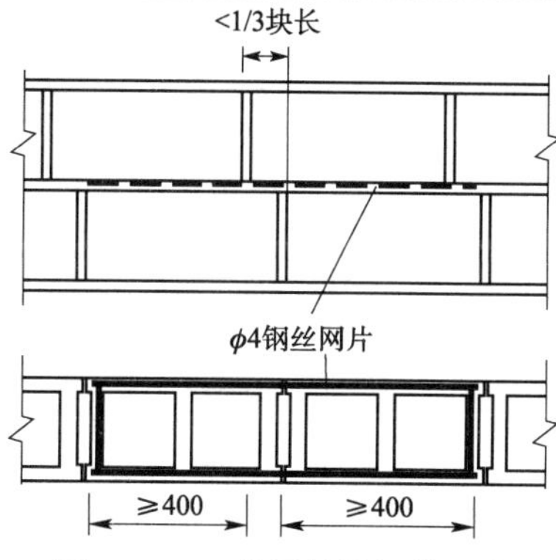

图15-3-21　设置拉结钢筋网片（尺寸单位：mm）

（5）应将砌块制作时的底面朝上反砌于墙上，以利铺设砂浆和保证饱满度。为保证芯柱断面不削弱，该处砌块底部的毛边应清理干净。

（6）墙体转角处和纵横交接处应同时砌筑。其他临时间断处应砌成斜槎，其水平投影长度不小于斜槎高度。

（7）采用铺浆砌法，随铺随砌。水平灰缝及竖向灰缝的砂浆饱满度均应不低于净截面面积的90%。随砌随用原浆勾缝。

（8）芯柱（见图15-3-22）混凝土应待墙体砌筑砂浆强度大于1MPa后浇筑。

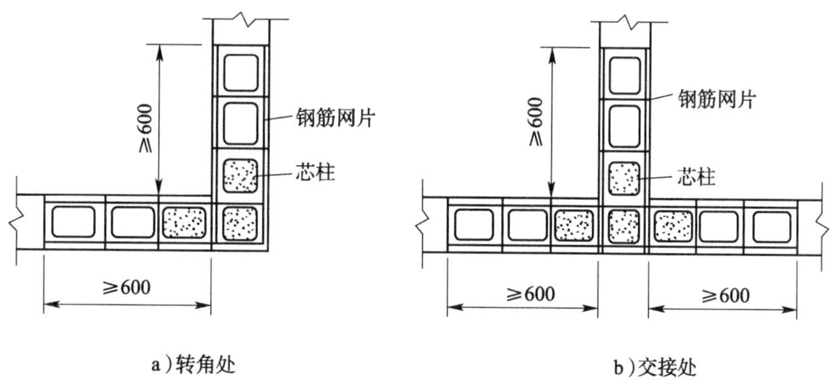

图15-3-22　钢筋混凝土芯柱平面（尺寸单位：mm）

习　题

15-3-1　多跨装配式单层工业厂房的结构吊装时，宜使用（　　）。

A. 自行杆式起重机　　B. 附着式塔式起重机

C. 人字拔杆起重机　　D. 轨道式塔式起重机

15-3-2　用单机旋转法吊装柱子，要求柱子布置时三点共弧。这三点是（　　）。

A. 柱的绑扎点、柱脚中心和起重机回转中心

B. 柱的绑扎点、柱脚中心和柱基杯口中心

C. 柱的重心、柱脚中心和起重机回转中心

D. 柱的重心、柱脚中心和柱基杯口中心

15-3-3　起重机在厂房内每移动一次就吊装完一个节间内的全部构件，这种吊装方法称为（　　）。

A. 旋转法　　B. 滑行法

C. 分件吊装法　　D. 综合吊装法

15-3-4 已安装了大型设备的单层工业厂房，其结构吊装方法宜采用（　　）。

A. 综合吊装法　　B. 分件吊装法

C. 分层分段流水吊装法　　D. 分层大流水吊装法

15-3-5 砌体结构施工时，下述对砌筑砂浆要求的说法中，不正确的是（　　）。

A. 不得直接使用消石灰粉

B. 现场拌制时各种材料应采用体积比计量

C. 搅拌时间不得少于 2min

D. 砂浆拌制后的使用时间不得超过 3h

15-3-6 为了提高砖砌体的砂浆饱满度、保证砌筑质量，下列措施中不当的是（　　）。

A. 砌筑前浇水湿润满足含水率要求

B. 采用“三一”砌砖法砌筑

C. 砂浆中掺入磨细生石灰粉提高和易性

D. 砂浆随拌随用，在拌后 2h 内用完

15-3-7 普通砖砌体的墙面处留斜槎时，其长度不得小于高度的（　　）。

A. 1/3　　B. 2/3　　C. 1/2　　D. 3/4

15-3-8 砌筑混凝土小型空心砌块墙体时，下列不符合要求的做法是（　　）。

A. 每日砌筑高度≤1.4m 或一步架高

B. 使用龄期不少于 21d 的砌块

C. 地面以下用 C20 混凝土灌孔

D. 砌筑砂浆 1MPa 后灌芯柱混凝土

15-3-9 小型空心砌块墙体施工时，下列做法正确的是（　　）。

A. 小砌块应底面在下砌于墙上

B. 灰缝砂浆饱满度不低于 80%

C. 上下皮孔对孔、肋对肋错缝搭接

D. 墙面临时间断处应砌成斜槎，其长度不小于高度的2/3

第四节　施工组织设计

施工组织设计是以建设工程为对象编制的、用以指导施工的技术、经济和管理的综合性文件，是开展施工活动的基本依据。它的基本任务是根据国家对建设项目的要求，确定经济合理的规划方案，对拟建工程在人力和物力、时间和空间、技术和组织上作出全面而合理的安排，以保证建设项目多快好省地完成。

一、施工组织设计的分类

施工组织设计按编制对象划分，可分为施工组织总设计、单位工程施工组织设计和分部（分项）工程施工方案三类。

（一）施工组织总设计

它是以特大型项目或建筑群为编制对象，用以指导其施工全过程各项活动的技术、经济的综合性文件，对整个项目的施工过程起统筹规划、重点控制的作用。它是整个项目施工的战略部署，其范围较广，内容比较概括。它是在初步设计或扩大初步设计批准后，由总承包单位的项目负责人主持、项目总工程师负责，会同建设、设计和其他分包单位的工程师共同编制。它也是施工单位编制年度施工计划和单位工程施工组织设计的依据。

（二）单位工程施工组织设计

它是以单位工程（一个建筑物、构筑物或一个交竣工工程系统）为编制对象，用以指导其施工全过程各项活动的技术、经济综合文件。它是施工企业年度施工计划和施工组织总设计的具体化，其内容更加详细。它是在施工图完成后，由工程项目的项目经理组织、项目主管工程师负责编制，作为施工单位编制季度、月度和分部（分项）工程作业计划的依据。

（三）分部（分项）工程施工方案

分部（分项）工程施工方案，又可称为分部（分项）工程作业计划。它是以分部（分项）工程为编制对象，用以指导其各项施工活动的技术经济文件。它结合施工企业的月旬作业计划，把单位工程施工组织设计进一步具体化，是专业工程更具体的施工设计。它是在编制单位工程施工组织设计的同时，由栋号工程技术人员或专业分包单位编制的。

二、施工组织设计的编制程序

一般情况下，单位工程施工组织可按如图 15-4-1 所示的程序编制。

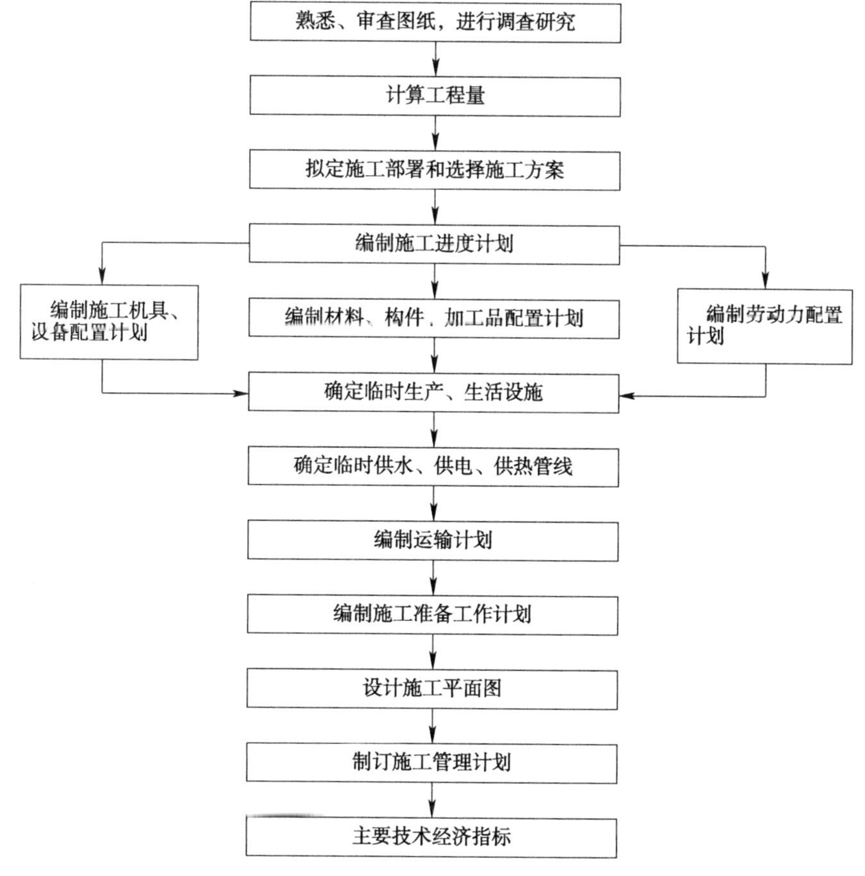

图 15-4-1　施工组织设计编制程序框图

【例 15-4-1】 以整个建设项目或建筑群为编制对象，用以指导整个建筑群或建设项目施工全过程的各项施工活动的综合技术经济文件为：

A. 分部工程施工组织设计　　B. 分项工程施工组织设计

C. 施工组织总设计　　D. 单位工程施工组织设计

解 《建筑施工组织设计规范》（GB/T 50502—2009）第 2.0.2 条规定，施工组织总设计是以若干单位工程组成的群体工程或特大型项目为主要对象编制的施工组织设计，对整个项目的施工过程起统筹规划、重点控制的作用。故选项 C 较符合题意。

答案：C

【例 15-4-2】 以单项工程或单位工程为对象编制的，用以直接指导单位工程或单项工程施工的是：

A. 施工组织条件设计　　B. 施工组织总设计

C. 分部（分项）工程施工组织设计　　D. 单位工程施工组织设计

解 《建筑施工组织设计规范》（GB/T 50502—2009）第 2.0.1 条规定，施工组织设计是以施工项目为对象编制的，用以指导施工的技术、经济和管理的综合性文件。第 3.0.1 条规定，施工组织设计按编制对象，可分为施工组织总设计、单位工程施工组织设计和施工方案。

可见，以单项工程或单位工程为对象编制的施工组织设计应为“单位工程施工组织设计”。

答案：D

【例 15-4-3】 施工单位的计划系统中，下列哪类计划是编制各种资源配置计划和施工准备工作计划的依据？

A. 施工准备工作计划　　B. 工程年度计划

C. 单位工程施工进度计划　　D. 分部分项工程进度计划

解 施工单位施工前应进行单位工程施工组织设计的编制，包括单位工程施工进度计划、各种资源需要量计划和施工准备工作计划等。其中，单位工程施工进度计划是关键，要优先编制，它是编制各种资源配置计划和施工准备工作计划的重要依据。

答案：C

三、施工部署与施工方案的选择

施工部署与施工方案是单位工程施工组织设计的核心。它主要包括确定项目组织机构和岗位职责，制定施工目标，划分施工段，确定施工展开程序及起点流向，确定施工顺序，选择施工方法和机械，确定分包项目及对分包施工单位的要求等。这些都必须在熟悉施工图纸、明确工程特点和施工任务、充分研究施工条件、正确进行技术经济比较的基础上作出决定。施工部署与方案的合理与否直接关系到工程的成本、工期、质量和安全。

（一）施工部署

1. 确定组织机构及岗位职责

内容包括确定组织机构形式、确定组织管理层次及岗位设置、制定岗位职责、选定管理人员等。

2. 制定施工目标

根据施工合同、招标文件以及本单位对工程管理目标的要求，确定工期、质量、安全、环境和成本等目标。其中，工期目标包括总工期目标和各主要施工阶段（如基础、主体、装饰装修）的工期控制目标。质量目标应制定出总目标和分解目标。质量总目标指整个项目拟达到的质量等级（如市优、省优、国优），分解目标指各分部工程拟达到的质量等级（优良、合格）。安全目标为事故等级、伤亡率、事故频率的限制目标。

施工管理目标必须满足或高于合同目标及施工组织总设计中确定的总体目标，作为编制各种计划、措施及进行工程管理和控制的依据。

3. 施工展开程序

针对工程特点和合同工期要求，确定各分部工程之间的先后顺序及搭接关系，并确定各分部工程时间控制及里程碑节点等，为制定施工进度计划和组织生产提供依据。

一般工程的施工应遵循"先准备后开工、先地下后地上、先主体后围护、先结构后装饰、先土建后设备"的程序原则。对于具有大型生产设备（如冶炼、冲压、核反应堆等）的重工业厂房，其设备安装有时需先于土建施工（即"先设备后土建"）或与土建施工并行。示例如图15-4-2所示。

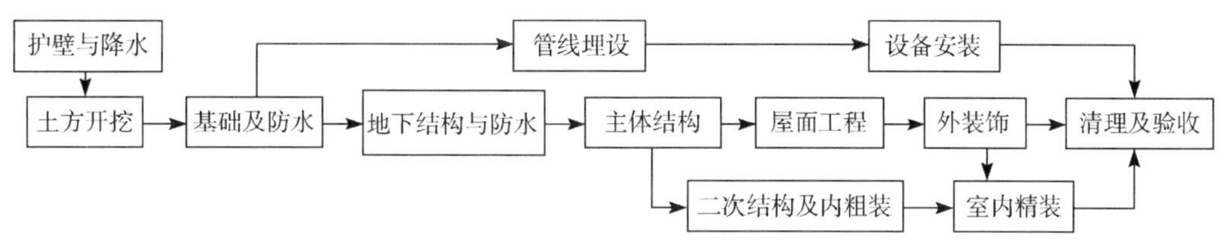

图 15-4-2 某高层住宅楼施工展开程序

4. 划分施工段

它是将施工对象在空间上划分成多个施工区域，以适应流水施工的要求，使多个专业队组能在不同的施工段上平行作业，并可减少机具、设备及周转材料（如模板）的配置量，从而缩短工期、降低成本，使生产连续、均衡地进行。

1）分段应注意的问题

（1）应遵循流水施工的分段原则（见第五节）。

（2）不同的施工阶段，可采用不同的分段。

2）某现浇框架结构分段示例

由于施工工序较多，宜按施工工种的个数（如钢筋、模板、混凝土三大工种）确定施工段数，即每层宜分为三段以上，如图15-4-3所示。

5. 确定施工起点流向

施工起点流向是指在平面及竖向空间上，施工开始的部位及其流动方向。确定时应考虑以下因素：

（1）建设单位的要求。建设单位对生产、使用要求在先的部位应先施工。

（2）车间的生产工艺过程。先试车投产的段、跨优先施工，按生产流程安排施工流向。

（3）施工的难易程度。技术复杂、进度慢、工期长的部位或分部分项工程应先施工。

（4）构造合理、施工方便。如基础施工应"先深后浅"，一般由下向上（逆作法除外）；吊装工程，当有高低跨并列时，应从并列处开始，先吊装低跨后吊装高跨；屋面卷材防水层应由檐口铺向屋脊；有外运土的基坑开挖应从距大门或坡道的远端开始等。

（5）保证质量和工期。如室内装饰及室外装饰面层的施工一般宜自上而下进行，有利于成品保护，但需结构完成后开始，使工期拉长；当工期极为紧张时，某些施工过程（如隔墙、抹灰等）也可随结构自下而上进行，但应与结构施工保持足够的安全间隔；对高层建筑，也可采取沿竖向分区、在每区内自上而下的装饰施工流向（图15-4-4），既可使装饰工程提早开始而缩短工期，又易于保证质量和安全。

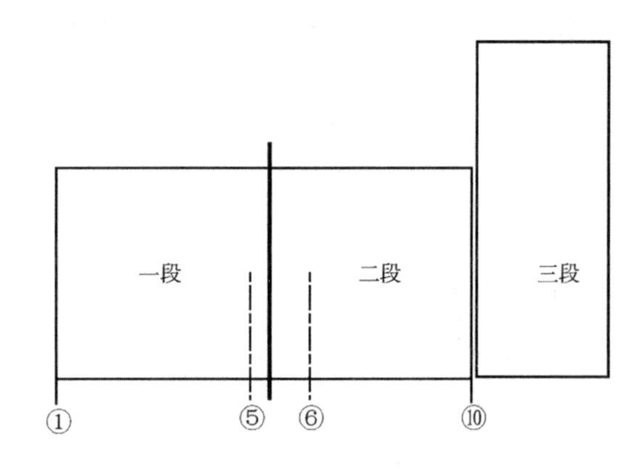

图 15-4-3　某混凝土框架办公楼结构施工阶段分段

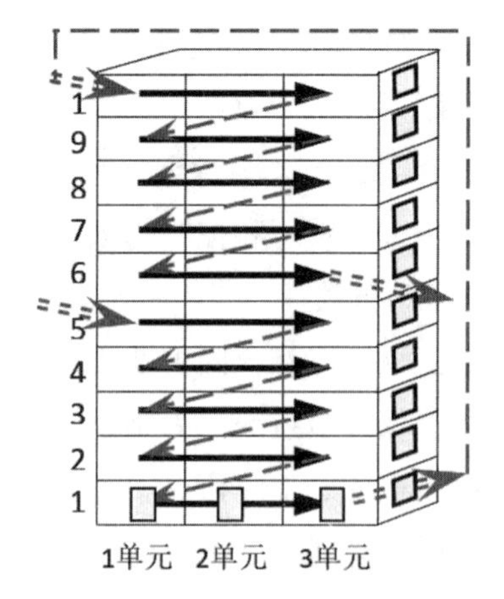

图 15-4-4　高层建筑装饰装修工程分区水平向下的流向示意图

【例 15-4-4】 下列关于单位工程的施工流向安排的表述正确的是：

A. 对技术简单、工期较短的分部分项工程一般应优先施工

B. 室内装饰工程一般有自上而下、自下而上及自中而下再自上而中三种施工流向安排

C. 当有高低跨并列时，一般应从高跨向低跨处吊装

D. 室外装饰工程一般应遵循自下而上的流向

解　确定单位工程施工流向时，应考虑施工的难易程度，对技术复杂、进度慢、工期长的部位或分部分项工程应先施工。故选项 A 表述错误。

对室内装饰装修工程宜采取自上而下的流向，有利于成品保护；当工期紧张时，某些施工过程（如隔墙、抹灰等）也可随结构自下而上进行；高层建筑，也可采取分区向下（即自中而下再自上而中）的施工流向，既利于工程质量又能缩短工期。故选项 B 表述正确。

吊装工程，当有高低跨并列时，应从并列处开始，先吊装低跨后吊装高跨，使构造合理、利于稳定。故选项 C 表述错误。

室外装饰装修，一般应自上而下进行（特别是面层），以避免成品损坏，利于保证安全和质量。故选项 D 表述错误。

答案：B

（二）选择施工方案

应遵循可行性、安全性、经济性和先进性兼顾的原则，选择主要施工过程的施工方法、施工机械、工艺流程和措施。

1. 施工方法与机械的选择

施工方法和施工机械的选择是紧密联系的，在技术上它是解决各主要施工过程的施工手段和工艺问题。这些问题的解决，在很大程度上受到结构形式和建筑特征的制约。

在选择施工方案时，不仅要拟定进行某一施工过程的操作顺序和方法，而且要提出质量要求，以及达到这些质量要求的技术措施，并要预见可能发生的问题和提出预防措施，同时提出必要的安全措施。凡按常规做法和工人熟练的项目，不必详细拟定，只要提出这些项目在本工程上的一些特殊要求即可。

在选择施工方案时，应考虑：①施工方法的技术先进性与经济合理性的统一；②施工机械的适用性与多用性的兼顾，尽可能充分发挥施工机械的效率和利用程度；③施工单位的技术特点和施工习惯，以及现有机械可能利用的情况。

选择施工方法和机械的基本要求是：

（1）要满足施工工艺及技术要求。即首先要具有可行性，能够满足施工的需要。如结构构件的安装方法、预应力结构的张拉方法及机具均应能够实施，并能满足质量、安全等诸方面要求。

（2）要提高工厂化、机械化程度，以利于建筑工业化的发展，同时也是降低造价、缩短工期、节省劳动力、提高工效及保护环境的有效手段。如构件制作、钢筋加工、砂浆及混凝土拌制等尽量采用专业工厂加工制作，减少现场加工。各主要施工过程尽量采用机械化施工。

（3）要符合经济、先进的要求。在能够满足本工程施工的需要并有实施的可能性的前提下，考虑其经济合理性和技术先进性。

（4）要符合质量、安全和工期要求。采用的施工方法及机械的性能对工程质量、安全及施工速度起着至关重要的作用。如土方开挖的方法、基坑支护的形式、垂直运输的方法和机械、脚手架及模板的种类与构造、钢筋的连接方法、混凝土的拌制运输与浇筑等，应重点考虑。

2. 确定施工顺序（工艺流程）

它是在已定的施工展开程序和流向、施工方法与机械设备的基础上，按照施工的技术规律和合理的组织关系，确定各分项工程之间在时间上的先后顺序和搭接关系。其基本原则为：

（1）符合施工工艺及构造要求。如支模板后方可浇筑混凝土；柱子宜先扎筋后支模，而楼板则应先支模后扎筋。

（2）与施工方法及采用的机械相协调。如单厂结构分件吊装法与综合吊装法施工顺序不同。

（3）施工组织的要求。如单厂内有深于柱基的大型设备基础时，先施工设备基础较厂房完工后再做更安全、节约，易于组织，但预制场地及吊装开行将受到设备基础的影响。需组织者权衡利弊后做出决定。

（4）保证施工质量。确定施工顺序应以利于保证施工质量为前提。如白灰砂浆墙面与水泥砂浆墙裙或踢脚的连接处，先抹墙裙或踢脚虽工期略长，但有利于其黏结牢固、防止空鼓剥落。

（5）有利于成品保护。如室外墙面抹灰材料需通过室内运输，则抹灰宜先室外后室内。

（6）考虑气候条件。如土方施工避开冬雨期；在雨季到来前，先做完屋面防水及室外抹灰，再做室内装饰装修；冬季到来前，先安装门窗及玻璃，再进行室内装饰。

（7）符合安全施工的要求。如脚手架、安全网等应配合结构施工及时搭设；现浇楼盖模板支撑的拆除，要待混凝土达到拆模强度、连续支撑 2 ~ 3 个楼层以上后进行。

（三）施工方案的技术经济比较

在确定施工方案时，对主要工程项目的施工方法应进行方案的技术、经济比较。比较时，务必从实际的施工条件出发，使最终选定的施工方案在技术上是先进的，施工上是合理有效的，所需的设备是可能取得的，在投资费用和成本上是经济的。一般来说，各个施工方案都有其优缺点，在进行方案比较时，应着重分析其在该工程的特定条件下的有利条件，解决主要矛盾。比较评价的方法有定性分析评价和定量分析评价。

四、编制进度计划

施工进度计划是以施工部署及施工方案为基础，根据规定工期和技术物资的供应条件，遵循各施工过程的合理工艺顺序，统筹安排各项施工活动进行编制的。它的任务是为各施工过程指明一个确定的施工日期，并以此为依据确定施工活动所需的劳动力和各种技术物资配置计划。施工进度计划通常采用横道图或网络图的形式来表达。

1. 两种计划的特点

横道图计划的优点：

（1）形象直观（因为有时间坐标，各项工作的起止时间、作业持续时间、工作进度、总工期，以及流水作业状况都能一目了然），通俗易懂，易于编制，流水表达清晰；

（2）便于用叠加法计算资源需求量。

缺点：不能反映各工作间的逻辑关系，不能反映哪些是主要的、关键性的工作，看不出计划中的潜力所在，也不能使用计算机进行计算、优化、调整。

网络图计划的优点：

（1）将整个计划组成了一个有机的整体，各项工作之间的逻辑关系表达清楚；

（2）可以找出关键工作和关键线路；

（3）可以进行各种时间参数的计算，找到计划的潜力，可以进行优化；

（4）在计划执行过程中，对后续工作及总工期有预见性；

（5）可利用计算机进行计算、优化、调整。

缺点：不能清晰地反映流水情况；非时标的网络计划，不便于用叠加法计算资源需求量。

2. 进度计划的编制步骤

施工进度计划可按下列步骤进行编制：

（1）划分施工项目；

（2）计算各施工项目的工程量；

（3）计算劳动量和机械台班量；

（4）确定各施工项目的作业时间；

（5）按各施工项目的施工顺序和搭接关系，编制初始施工进度计划；

（6）检查、调整、优化施工进度计划，直至得到最终的施工进度计划。

【例 15-4-5】 直观清晰、形象、易懂、使用方便，但是不能全面反映整个施工活动中各个工序之间的联系和相互依赖与制约的关系，不能明确地反映出关键工序和可以灵活使用的时间。这种是指：

A. 横道图　　B. 关键线路

C. 排列图　　D. 计划评审技术

解 仅横道图具有题干所述的特点。

答案： A

【例 15-4-6】 编制进度计划的过程中，在确定施工班组人数时，不考虑：

A. 最小劳动组合人数　　B. 最小工作面

C. 可能安排的施工人数　　D. 施工流水步距

解 编制施工进度计划在确定某工作的作业时间时，应先确定参与该工作的人数（或施工班组人数）。确定人数时，除了要考虑可能供应的情况外，还应考虑工作面大小、最小劳动组合要求、施工现场与后勤保障条件，以及机械的配合能力等因素，以使其数量安排切实可行。故选项 A、B、C 所述均在考虑之列。组织流水施工时，施工班组的人数有时需要根据已定的“流水节拍”而确定，但不需要考虑“流水步距”，故选项 D 为正确答案。

答案： D

五、施工现场平面图的设计

施工平面图是对施工活动在空间上的安排与布置。它要表明工程施工所需的施工机械、加工场地、材料、加工半成品和构件堆放场地及临时运输道路、临时供水、供电、供热管网和其他临时设施等的合理布置。

（一）施工平面图的内容

（1）地上及地下一切建筑物、构筑物和管线；

（2）测量放线标桩、地形等高线、土方取弃场地；

（3）垂直运输机械和施工道路、供水供电设施等；

（4）材料、加工半成品、构件和机具堆放场；

（5）生产、生活用临时设施并附一览表，一览表中应分别列出名称、规格和数量；

（6）安全、防火设施。

（二）施工平面图设计的步骤

（1）确定垂直运输机械的位置；

（2）布置运输道路；

（3）确定搅拌站、仓库和材料、加工半成品、构件堆场的位置；

（4）布置生产、生活用临时设施；

（5）布置水电管网等。

（三）施工现场平面图设计的原则

（1）减少施工用地，少占农田，布置紧凑合理；

（2）合理组织运输，减少运输费用，保证方便畅通；

（3）施工区域划分和场地确定应符合施工流程要求，减少专业工种和各工程之间的干扰；

（4）尽量利用永久性或原有设施，降低临时设施费用，各种设施应方便生产和生活使用；

（5）要符合职业健康、安全防火、环境保护、文明施工等要求。

必须指出的是，工程施工是一个复杂多变的生产过程，各种施工机械、材料、构件等都是随着工程的进展而逐渐进场的，而且又随着工程的进展而逐渐变动、消耗，因此，对大型的、施工期限较长或施工现场较为狭小的工程，就需要按不同施工阶段分别设计不同的施工平面图，以合理有效地使用场地，保证施工安全、顺利地进行。

【例 15-4-7】 在单位工程施工平面图设计中应该首先考虑的内容为：

A. 工人宿舍　　B. 垂直运输机械　　C. 仓库和堆场　　D. 场地道路

解　起重及垂直运输机械的布置位置，是施工方案与现场安排的重要体现，是关系到现场全局的中心一环；它直接影响到现场施工道路的规划、构件及材料堆场的位置、加工机械的布置及水电管线的安排，因此应首先布置。然后布置运输道路，布置搅拌站、加工棚、仓库和材料、构件，布置行政管理及文化、生活、福利用临时设施，布置临时水电管网及设施。

答案： B

六、拟定技术组织措施或施工管理计划

在施工组织设计中，应从具体工程的建筑、结构特征，以及施工条件、技术要求和安全生产的需要

出发，拟定技术组织措施。它是进行施工作业交底、明确施工技术要求和质量标准、预防可能发生的工程质量事故和生产安全事故的重要内容。技术组织措施主要有：①保证工程质量措施；②保证施工安全措施；③保证施工进度措施；④冬雨期施工措施；⑤降低工程成本措施；⑥提高劳动生产率措施；⑦节约材料措施；⑧环保措施。

七、对施工组织设计的主要评价指标

（1）施工方案：施工过程的持续时间、降低成本率、劳动消耗量、主要材料消耗量、投资额。

（2）进度计划：工期、资源消耗的均衡性、主要施工机械的利用程度。

（3）施工平面图：临时设施费用、施工占地利用率、场内运输量。

习　题

15-4-1　施工组织设计按编制的对象不同共有（　　）类。

A. 2　　B. 3　　C. 4　　D. 5

15-4-2　编制单位工程施工组织设计时，以下内容的编制顺序较合理的是（　　）。

A. 施工部署→施工进度计划→施工方案→施工平面图

B. 施工部署→施工方案→施工进度计划→施工平面图

C. 施工进度计划→施工部署→施工平面图→施工方案

D. 划分工序→计算持续时间→绘制初始方案→确定关键线路

15-4-3　确定一般建筑工程项目的施工程序时，不宜采取的是（　　）。

A. 先地下后地上　　B. 先设备后土建

C. 先主体后围护　　D. 先结构后装修

15-4-4　在安排各施工过程的先后顺序时，可以不考虑（　　）。

A. 施工工艺的要求　　B. 施工组织的要求

C. 施工质量的要求　　D. 施工管理人员的素质

15-4-5　在制定施工方案时，选择施工方法和施工机械的基本要求是（　　）。

A. 首先要满足施工工艺及技术要求

B. 首先要符合质量、安全和工期要求

C. 首先要能提高工厂化、机械化程度

D. 首先要符合经济、先进的要求

15-4-6　施工进度计划可用（　　）或（　　）表示，其中（　　）提供的进度信息更为全面、丰富。

A. 横道图，网络图，网络图

B. 网络图，横道图，横道图

C. 单代号网络图，双代号网络图，双代号网络图

D. 双代号网络图，单代号网络图，单代号网络图

15-4-7　在设计施工平面图时，首先应（　　）。

A. 布置运输道路　　B. 确定垂直运输机械的位置

C. 布置生产、生活用临时设置　　D. 布置搅拌站、材料堆场的位置

第五节　流水施工原理

流水施工是将拟建工程在平面上划分为若干个工程量基本相等的施工段落，并使每个施工过程都由相应的工作队依次连续地在各段上完成自己的工作，而不同的工作队在同一时间内、在不同空间上进行平行作业，达到连续、均衡施工的目的。流水施工根据使用对象的不同，可分为分项工程、分部工程、单位工程、建筑群体的流水施工。

一、流水施工参数

流水施工参数包括工艺参数（施工过程数、流水强度）、空间参数（施工层数、施工段数、工作面）和时间参数（流水节拍、流水步距、流水工期、间歇时间、搭接时间）等三类。主要如下：

（一）施工过程数n

在组织流水施工时，用以表达流水施工在工艺上开展层次的有关过程，称为施工过程。施工过程的数目，通常用n表示。

（二）施工段数m

把拟建工程在平面上划分为若干个劳动量大致相等的施工段落，即为施工段。施工段的数目，一般以m表示。

每一个施工段在某一段时间内只供一个施工过程的工作队使用。在划分施工段时，应考虑以下原则：

（1）施工段的分界同施工对象的结构界限（如温度缝、沉降缝、防震缝或单元等）尽量一致；

（2）各施工段上所消耗的劳动量尽可能相近；

（3）每个施工段的大小应满足专业工种对工作面的要求；

（4）当房屋有层间关系，分段又分层时，若要各工作队能够连续施工，则每层$m_{\min} \geqslant n$。

（三）流水节拍t

流水节拍是指每个专业工作队在各施工段上完成各自施工所需的持续时间，通常用t表示。

流水节拍的确定，应考虑劳动力、材料和施工机械供应的可能性，以及劳动组织和工作面使用的合理性。流水节拍可按下式计算（定额计算法）：

$$t_i = \frac{Q_i}{S_i R_i N} = \frac{P_i}{R_i N} \tag{15-5-1}$$

式中：t_i—某施工过程在某施工段上的流水节拍；

Q_i—某施工过程在某施工段上的工程量；

S_i—某专业工种或机械的产量定额；

R_i—某专业工作队人数或机械台数；

N—某专业工作队或机械的工作班次；

P_i—某施工过程在某施工段上的劳动量或机械台班量。

对无定额的施工过程，可据施工经验并结合现有的施工条件用“三时估算法”确定。计算公式为：

$$t_i = \frac{a_i + 4c_i + b_i}{6} \tag{15-5-2}$$

式中：　t_i—某施工过程在某施工段上的流水节拍；

a_i、b_i、c_i—分别为某施工过程在某施工段上的最短、最长、最可能估计时间。

（四）流水步距K

在流水施工过程中，相邻两个专业工作队先后开始施工的间隔时间，称为流水步距，通常用K表示。确定流水步距的基本原则是：

（1）始终保持两施工过程的先后工艺顺序；

（2）保持各施工过程的连续作业；

（3）使相邻专业工作队实现最大限度地、合理地搭接。

（五）间歇时间S

在流水施工中，由于工艺要求或组织安排，相邻两个施工过程间的工作等待时间，称为间歇，通常用S表示。

（六）搭接时间C

在流水施工中，为了缩短工期，前一个工作队在某一施工段还未完成，就允许后一个工作队进入，两者在同一施工段上同时施工的时间，称为搭接时间，通常用C表示。

（七）流水工期T

从第一个工作队投入流水施工开始，到最后一个工作队完成该流水组施工为止的整个持续时间，称为流水工期，用T表示。由于一项工程往往由多个流水组构成，故流水工期并非工程的总工期。

二、流水施工的组织方法

按流水节拍的特征，流水施工可分为有节奏流水（也称节奏流水）和无节奏流水（也称非节奏流水）。其中，有节奏流水又分为等节奏流水和异节奏流水。不同节奏的流水效果有较大差异（见图15-5-1）。

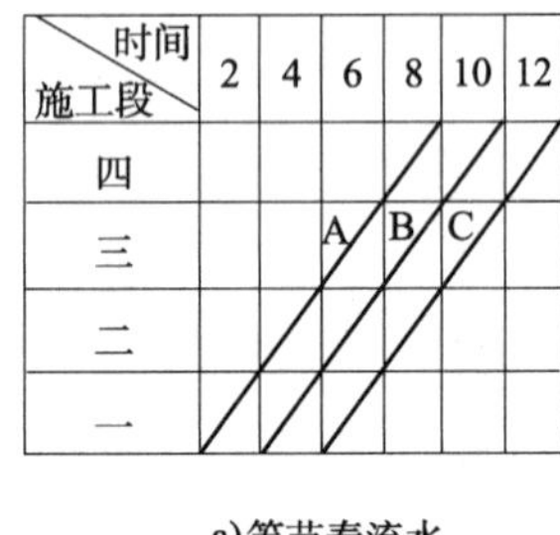

a)等节奏流水

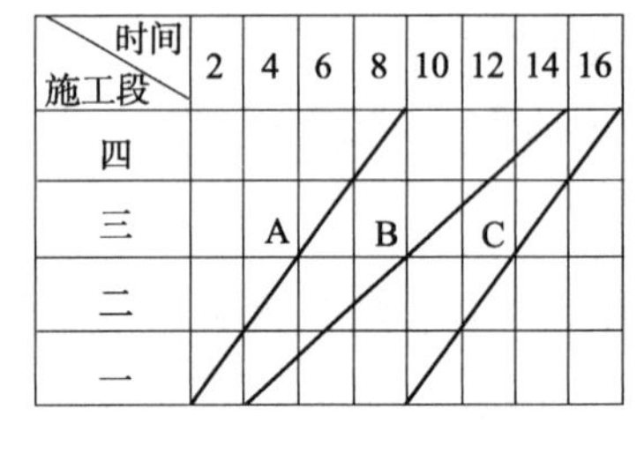

b)异节奏流水

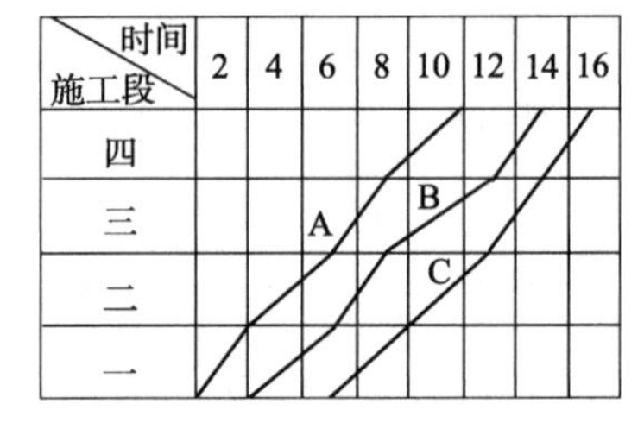

c)无节奏流水

图15-5-1　不同节奏流水施工的垂直图表

注：A、B、C指施工过程

等节奏流水的组织方法是固定节拍流水法，异节奏流水的组织方法有一般异节奏流水（可用分别流水法）和成倍节拍流水法，无节奏流水的组织方法是分别流水法。分别阐述如下。

（一）固定节拍流水

固定节拍流水（也称全等节拍流水）是在各个施工过程的流水节拍全部相等（为一固定值）条件下，组织的等节奏流水施工。其特点如下：

（1）流水步距彼此相等，且等于流水节拍，即：$K_{1,2}=K_{2,3}=\cdots=K_{n-1,n}=K=t$（常数）；

（2）工作队数等于施工过程数（n）；

（3）每个工作队都能够连续施工；

（4）若没有间歇要求，可保证各工作面均不空闲。

流水工期可按下式计算：

$$T=\sum K+T_N=(n-1)K+rmt=(rm+n-1)K \tag{15-5-3}$$

当有间歇和搭接时，其流水工期则为：

$$T=(rm+n-1)K+\sum S-\sum C \tag{15-5-4}$$

式中：r—施工层数；

T_N—最后一个工作队作业总时间。

例：某混凝土框架结构分为①~④四个流水段施工，其中柱子施工包括绑钢筋、支模板、浇筑混凝土三个施工过程，节拍均为 1d。要求模板支设完毕后，各段均需 1d 验收（间歇时间）后方允许浇筑混凝土。其施工进度表的形式及工期计算如图 15-5-2 所示。

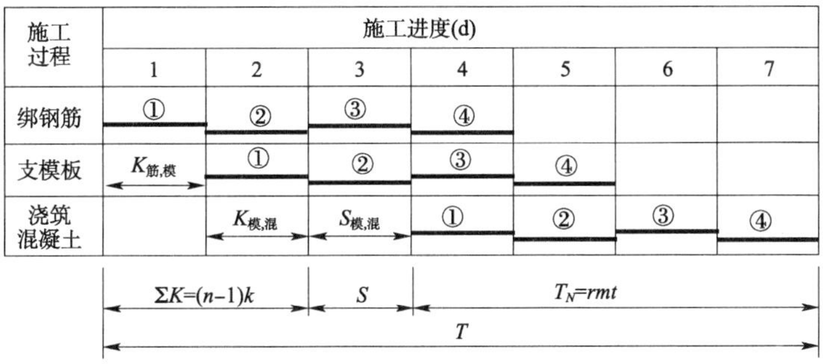

施工过程	施工进度(d)						
	1	2	3	4	5	6	7
绑钢筋	①	②	③	④			
支模板	$K_{筋,模}$	①	②	③	④		
浇筑混凝土		$K_{模,混}$	$S_{模,混}$	①	②	③	④

$\sum K=(n-1)k$　　S　　$T_N=rmt$

T

图 15-5-2　固定节拍流水形式

【例 15-5-1】 已知某工程有五个施工过程，分成三段组织全等节拍流水施工，工期为 49d，工艺间歇和组织间歇的总和为 7d，则各施工过程之间的流水步距为：

A. 6d　　B. 5d　　C. 8d　　D. 7d

解　本题考查的是流水工期的计算公式。全等节拍流水施工的最重要的特点是，各个施工过程的流水节拍全部相等，且流水步距等于流水节拍。

由题可知，施工过程数$n=5$；施工段数$m=3$；施工层数未给，即层数$r=1$；流水工期$T=49\text{d}$；施工过程间歇（包括一层内的工艺间歇和组织间歇总和）$\sum S=7$；无搭接，即$\sum C=0$。

将数据代入全等节拍流水工期的计算公式

$$T=(rm+n-1)K+\sum S-\sum C$$

即：$49=(1\times3+5-1)K+7-0$，解得流水步距$K=6\text{d}$。故选 A。

注意：由于全等节拍流水施工的最重要的特点是各个施工过程的流水节拍全部相等，且流水步距等于流水节拍，即使该题改为求各施工过程的流水节拍，则答案也相同。

答案： A

（二）成倍节拍流水

成倍节拍流水是在同一个施工过程的节拍全都相等，而不同施工过程间的节拍不尽相等、但同为某一常数的倍数条件下，为缩短工期，通过调整工作队数目而组织的异节奏流水。

任何两个施工过程间的流水步距均等于各个施工过程流水节拍的最大公约数，即$K=t_{gy}$。而每个施工过程所需工作队数目$b_i=t_i/K$。成倍节拍流水的特点如下：

（1）流水步距彼此相等，且等于各施工过程流水节拍的最大公约数；

（2）工作队总数（$\sum b_i$）大于施工过程数（n）；

（3）每个工作队都能够连续施工；

（4）若没有间歇要求，可保证各工作面均不空闲。成倍节拍流水施工的工期T_p（见图 15-5-3）可按下式计算

$$T=\sum K+T_N+\sum S-\sum C=(rm+\sum b_i-1)K+\sum S-\sum C \tag{15-5-5}$$

式中：$\sum b_i$—工作队数总和。

例：某构件预制工程有扎筋、支模、浇筑混凝土三个施工过程，分两层施工，每层有 6 个施工段。各施工过程的流水节拍确定为$t_{筋}$=4d，$t_{模}$=4d，$t_{混}$=2d。

则流水步距K=2d。扎筋：$b_{筋}=t_{筋}/K=4/2=2$ 个队。同理，支模：$b_{模}$=2 个队；浇筑混凝土：$b_{混}$=1 个队。共 5 个队。流水工期$T=(2\times6+5-1)2+0-0=32$d。如图 15-5-3 所示。

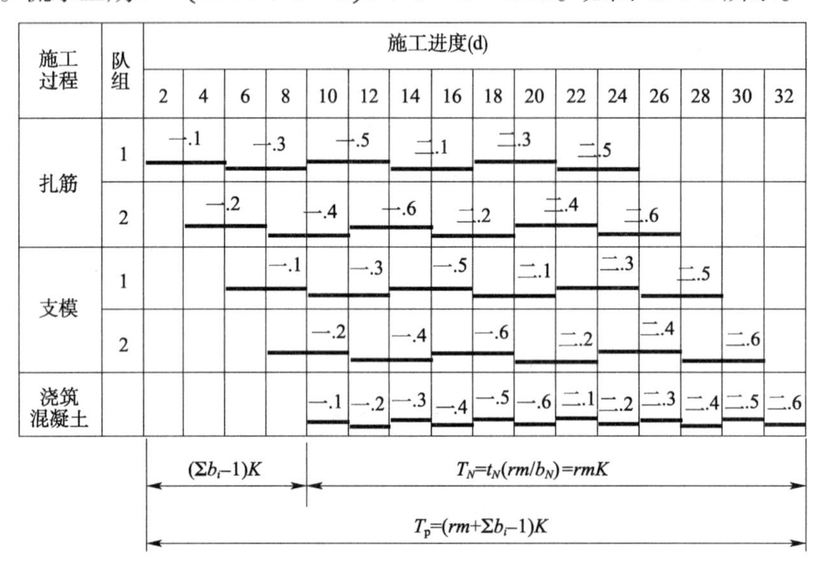

图 15-5-3　成倍节拍流水施工进度表

（三）分别流水法

分别流水法是在同一施工过程的流水节拍相等或不尽相等或不等，不同施工过程间的节拍也无规律情况下，组织的无节奏流水。

组织这种无节奏流水施工的基本要求，是必须保证每一个施工段上的工艺顺序都是合理的，且每一个施工过程在各施工段上的施工是连续的，即工作队一旦投入施工是不间断的，同时各个施工过程之间的施工时间为最大限度的搭接，能满足流水施工的要求。但必须指出，部分施工段上允许出现暂时的空闲，即暂时没有工作队投入施工的现象。分别流水的特点如下：

（1）流水步距不尽相等；

（2）工作队数等于施工过程数；

（3）每个工作队都能够连续施工（在一个施工层内）；

（4）工作面可能有空闲。

无节奏流水施工的工期T

$$T=\sum K_{i,j}+\sum t_n \tag{15-5-6}$$

有搭接和间歇时：

$$T=\sum K_{i,j}+\sum t_n+\sum S-\sum C \tag{15-5-7}$$

式中：$K_{i,j}$—相邻两个施工过程间的流水步距；

$\sum t_n$—最后一个施工过程在各施工段上流水节拍的总和。

无节奏流水施工的组织方法：先用“节拍累加数列错位相减取大差”的方法求出各$K_{i,j}$，然后利用式（15-5-6）求出流水施工工期T并绘制进度图表。下面举例说明分别流水（节奏流水）施工的组织过程。

【例 15-5-2】某工程有三个施工过程，划分四个施工段，各施工过程在各施工段上的流水节拍均不同，见表。要求对此无节奏流水施工过程组成专业流水，并计算无节奏流水施工工期。

各施工过程在各施工段的流水节拍表（单位：d）　　　　例 15-5-2 表

施工过程	施工段			
	①	②	③	④
A	3	3	2	2
B	4	2	3	4
C	2	3	4	3

解　第一步：依次计算每个施工过程在各施工段上流水节拍的累加值数列，即

过程 A　3，6，8，10

过程 B　4，6，9，13

过程 C　2，5，9，12

第二步：用“节拍累加数列错位相减取大差”的方法求出各$K_{i,j}$

求$K_{A,B}$

$$\begin{array}{rrrrrr} & 3, & 6, & 8, & 10 & \\ -) & & 4, & 6, & 9, & 13 \\ \hline & 3 & 2 & 2 & 1 & -13 \end{array}$$

$$K_{A,B}=\max\{3,2,2,1,-13\}=3$$

求$K_{B,C}$

$$\begin{array}{rrrrrr} & 4, & 6, & 9, & 13 & \\ -) & & 2, & 5, & 9, & 12 \\ \hline & 4 & 4 & 4 & 4 & -12 \end{array}$$

$$K_{B,C}=\max\{4,4,4,4,-12\}=4$$

第三步：求最后一个施工过程在各施工段上流水节拍的总和$\sum t_n$

$$\sum t_C=2+3+4+3=12$$

第四步：求无节奏流水施工工期T

$$T=\sum K_{i,j}+\sum t_n=(3+4)+12=19$$

第五步：绘制无节奏流水进度计划图（见解图 1 和解图 2）。

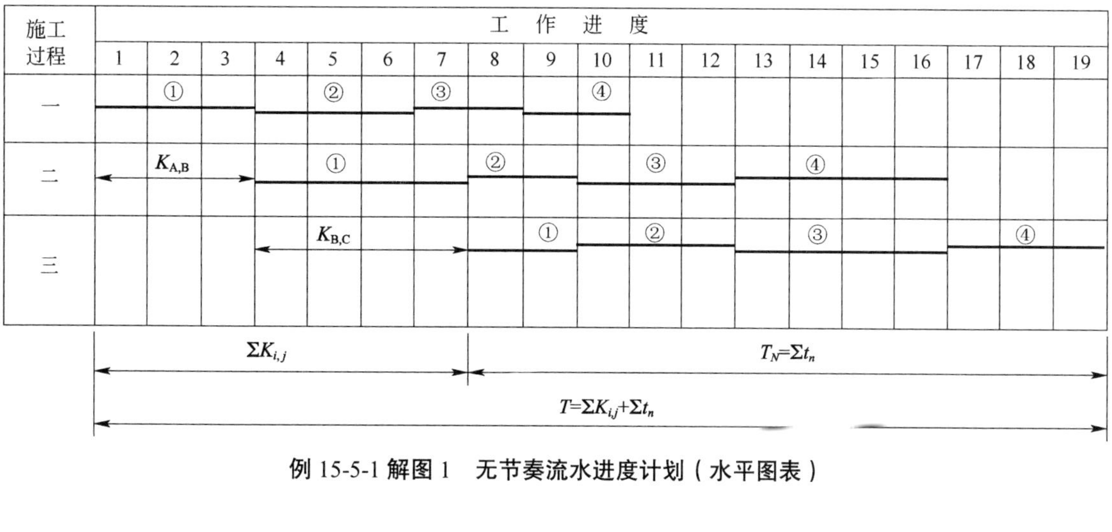

施工过程	1	2	3	4	5	6	7	8	9	10	11	12	13	14	15	16	17	18	19
一		①			②		③			④									
二		$K_{A,B}$			①			②			③			④					
三					$K_{B,C}$				①		②			③				④	

（表头：工　作　进　度）

$\Sigma K_{i,j}$　　$T_N=\Sigma t_n$

$T=\Sigma K_{i,j}+\Sigma t_n$

例 15-5-1 解图 1　无节奏流水进度计划（水平图表）

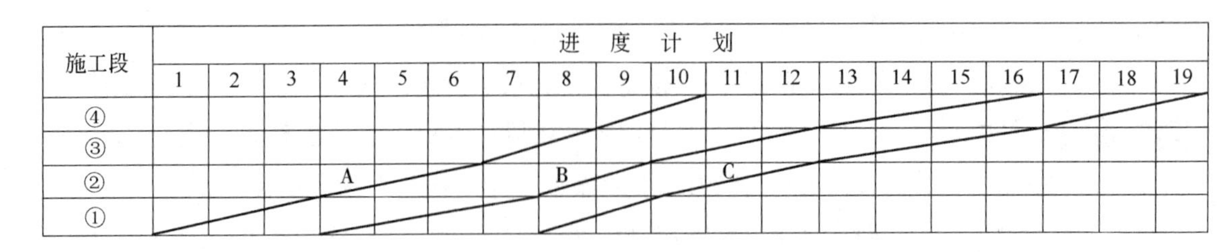

例 15-5-1 解图 2　无节奏流水进度计划（垂直图表）

三、一般搭接施工

一般搭接施工不同于节奏专业流水及非节奏专业流水。其主导施工过程要求连续，其他施工过程允许间断，施工的特点在于充分利用工作空间，使单位工程的工期缩短。因此搭接施工不需要计算相邻施工过程间的流水步距，但需要调节好非主导施工过程的间断时间。

常见搭接施工有施工段无层间关系的搭接施工、施工段有层间关系的搭接施工。前者，每一施工过程在某一施工段的开始时间，取决于前一施工过程在该施工段作业的结束时间，以及本施工过程在前一施工段作业的结束时间。后者，则不仅取决于前一施工过程在该施工段作业的结束时间，还要受楼板层的条件约束。

习　题

15-5-1　流水施工中的流水节拍是指（　　）。

A. 一个施工队在各个施工段上的总持续时间

B. 一个施工队在一个施工段上的施工作业持续时间

C. 相邻两个施工队开始进行施工的间隔时间

D. 流水施工的工期

15-5-2　在流水施工过程中，相邻两个专业工作队开始施工的间隔时间称为（　　）。

A. 技术间歇　　B. 流水步距

C. 流水节拍　　D. 流水间隔

15-5-3　某二层楼进行固定节拍专业流水施工，每层施工段数为 3，施工过程有 3 个，流水节拍为 2 天，流水工期为（　　）。

A. 16 天　　B. 10 天　　C. 12 天　　D. 8 天

15-5-4　在成倍节拍流水中，任何两个相邻专业工作队间的流水步距等于所有流水节拍的（　　）。

A. 最小值　　B. 最小公倍数

C. 最大值　　D. 最大公约数

15-5-5　组织无节奏流水（分别流水）的关键就是正确计算（　　）。

A. 流水节拍　　B. 流水步距

C. 间歇时间　　D. 搭接时间

15-5-6　某分部工程有甲、乙、丙三个施工过程，流水节拍分别为 4d、6d、2d，施工段数为 6 个，甲乙间需工艺间歇 1d，乙丙间可搭接 2d，现组织等步距的成倍节拍流水施工，则计算工期为（　　）。

A. 19d　　B. 21d　　C. 23d　　D. 25d

15-5-7　某工程按题表要求组织流水施工，相应流水步距$K_{A\text{-}B}$、$K_{B\text{-}C}$及流水工期应为（　　）。

题 15-5-7 表

施工过程	施工段			
	一	二	三	四
A	2	3	2	3
B	2	1	2	1
C	2	3	2	1

A. 2 天，2 天，12 天　　B. 2 天，3 天，13 天

C. 3 天，3 天，14 天　　D. 5 天，2 天，15 天

第六节　网络计划技术

网络图是由箭线和节点组成，用来表示工作流程的有向、有序的网状图形。在网络图中加注工作的时间参数而形成的进度计划称为网络计划。网络计划表达了各项工作的先后顺序和相互关系，具有逻辑严密、关键工作和关键线路清晰，有利于计划优化、计划调整和计算机的应用等优点。工程中常用的网络计划有双代号网络计划、单代号网络计划、时标网络计划等。

一、双代号网络计划

（一）网络图的基本概念

箭线、节点和线路是网络图的三要素。

1. 工作（活动）

工作是网络图的组成部分，根据计划编制的粗细不同，工作既可以是一项简单的操作工序，也可以是一个复杂的施工过程或一项工程任务。它需要消耗时间和资源，或只消耗时间而不消耗资源（如“干燥”），工作用实箭线“→”表示。

只表示工作之间的逻辑关系，且既不消耗资源也不消耗时间的工作叫虚工作，用虚箭线“⋯→”表示。

2. 节点

在双代号网络图中，表示工作的开始、完成或连接关系的圆圈称为节点。箭线出发的节点叫工作的开始节点，箭头指向的节点叫工作的完成节点。

3. 线路

从起点节点出发，顺箭线方向行至终点节点所形成的通路称为网络图的线路。

4. 逻辑关系

工作之间的先后顺序关系叫逻辑关系。逻辑关系包括工艺关系和组织关系。生产性工作之间由工艺技术决定的、非生产性工作之间由工作程序决定的先后顺序叫工艺关系。工作之间由于组织安排或资源调配需要而规定的先后顺序关系叫组织关系。

（二）网络图的绘制方法

1. 绘图规则

（1）网络图必须按已定的逻辑关系绘制。

（2）不允许出现闭合回路。

（3）只能有一个起点节点和一个终点节点。

（4）不允许出现无箭头线段或双向箭线。

（5）不允许出现相同编号的工作。

（6）绘制网络图时，宜避免箭线交叉，当交叉不可避免时，可采用如图 15-6-1 所示的几种表示方法。

（7）节点的编号应由小指向大。

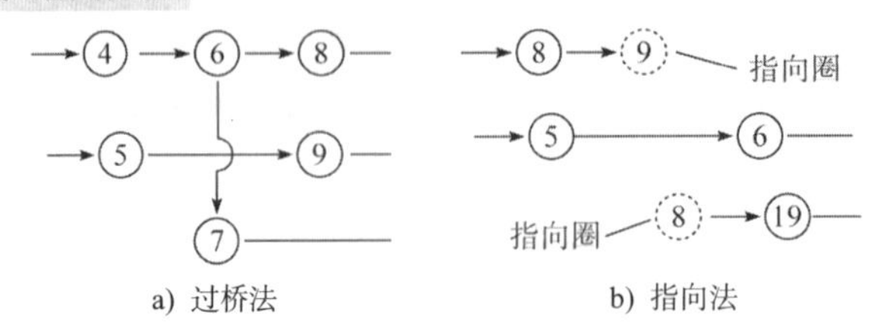

a）过桥法　　b）指向法

图 15-6-1　交叉箭线的处理

2. 绘图方法

双代号网络图中的逻辑关系表示方法见表 15-6-1。

几种逻辑关系的表示方法　　**表** 15-6-1

序号	逻辑关系	双代号表示方法	单代号表示方法
1	A 完成后进行 B B 完成后进行 C	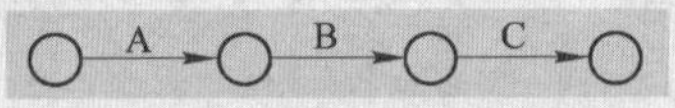	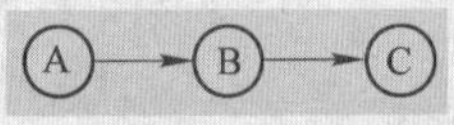
2	A 完成后同时进行 B 和 C	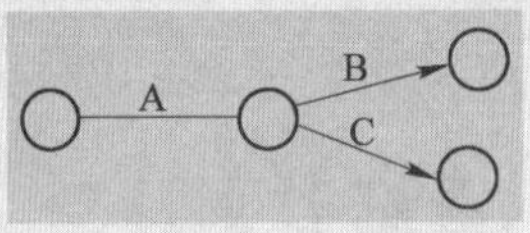	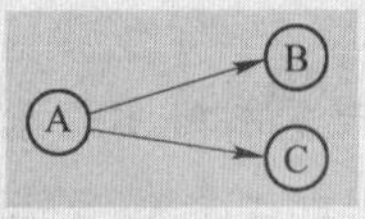
3	A 和 B 都完成后进行 C	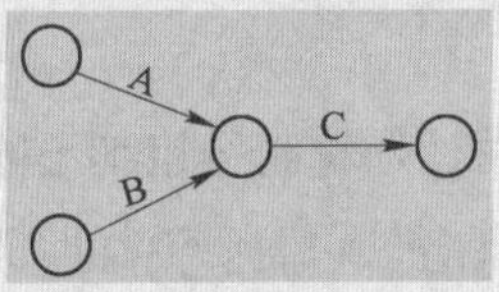	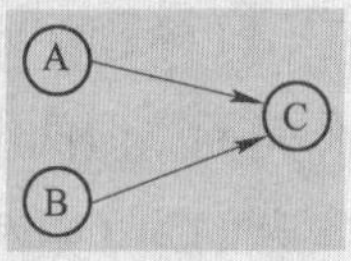
4	A 和 B 都完成后进行 C 和 D	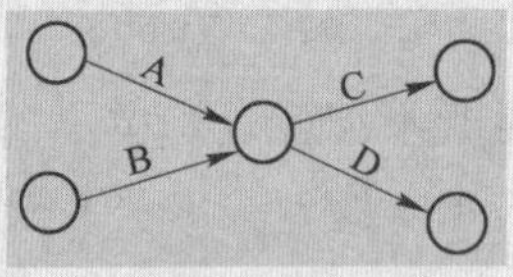	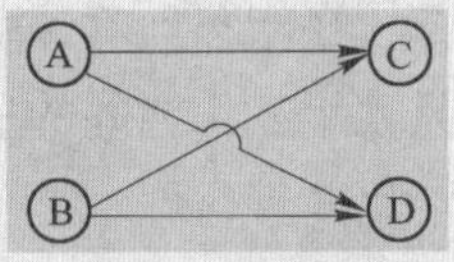
5	A 完成后进行 C B 完成后进行 D、C	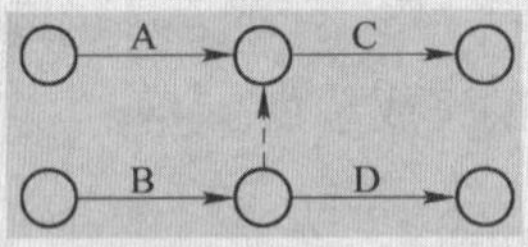	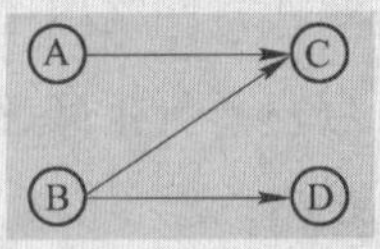
6	A、B 均完成后进行 D A、B、C 均完成后进行 E D、E 均完成后进行 F	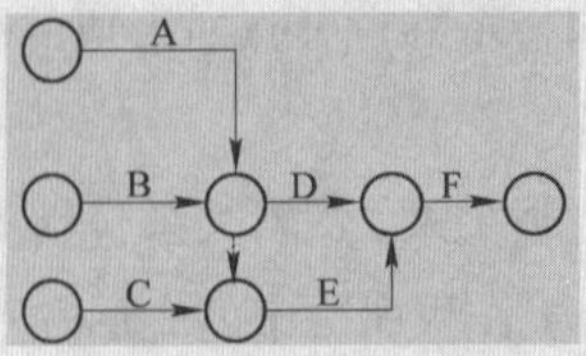	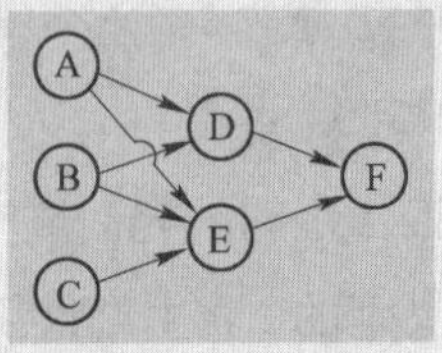
7	A、B 均完成后进行 C B、D 均完成后进行 E	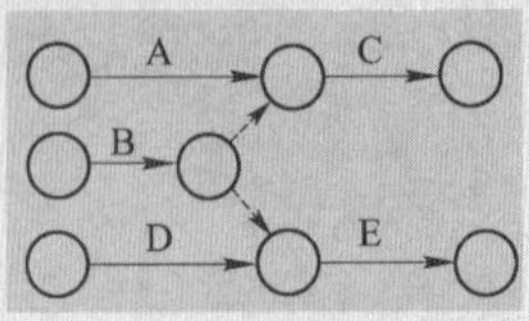	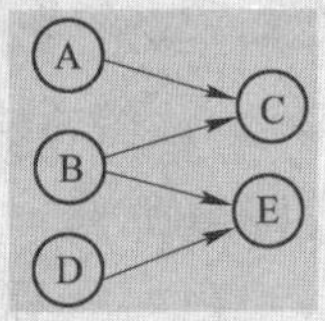

续上表

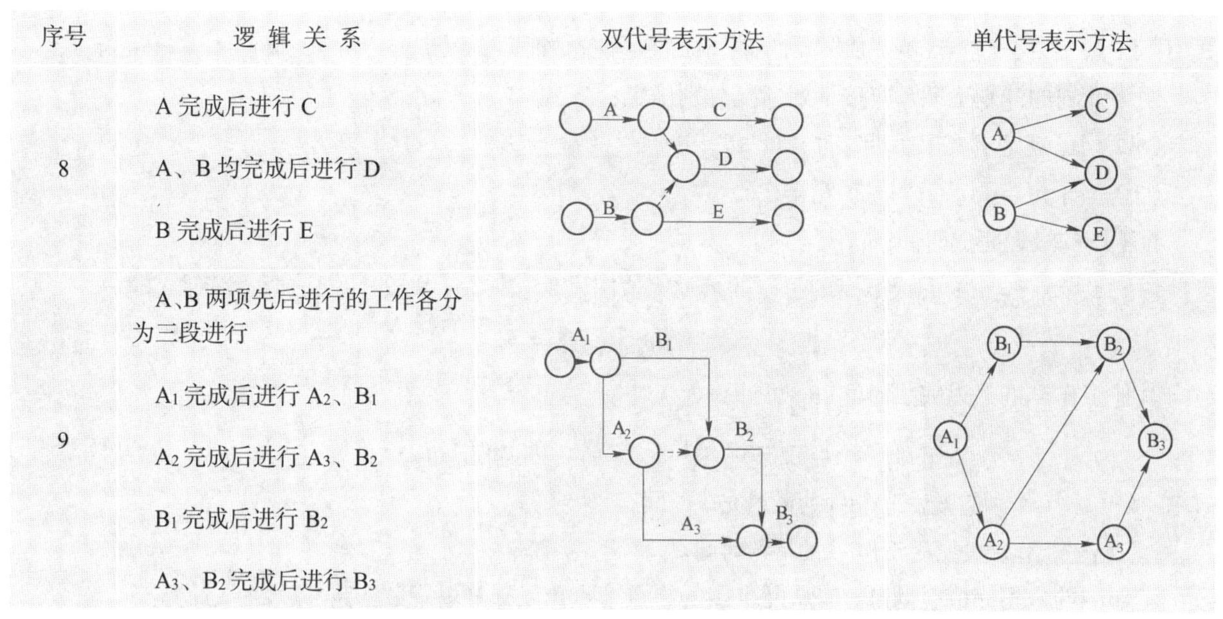

序号	逻 辑 关 系	双代号表示方法	单代号表示方法
8	A 完成后进行 C A、B 均完成后进行 D B 完成后进行 E		
9	A、B 两项先后进行的工作各分为三段进行 A_1完成后进行A_2、B_1 A_2完成后进行A_3、B_2 B_1完成后进行B_2 A_3、B_2完成后进行B_3		

（三）双代号网络计划的时间参数计算

网络计划时间参数计算的目的在于确定各项工作的时间参数、找出关键工作和关键线路，并求出工期，为网络计划的执行、调整和优化提供必要的时间依据。

双代号网络计划时间参数的标注形式有四时标注法和六时标注法两种，见图 15-6-2。

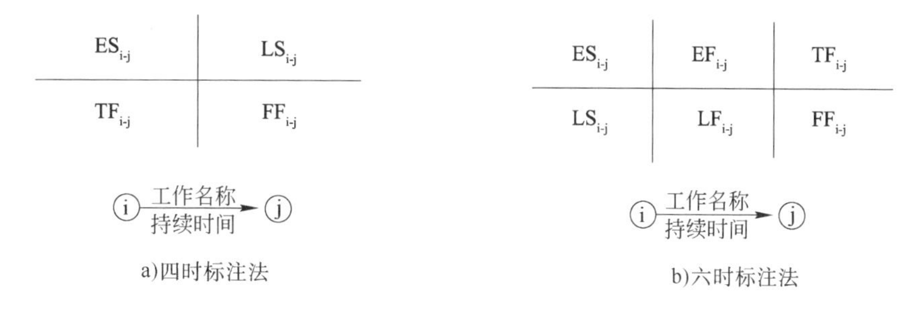

图 15-6-2　双代号网络计划时间参数标注形式

1. 工作最早开始时间$ES_{i\text{-}j}$

以起点节点i为箭尾节点的工作i-j，如未规定其最早开始时间，其值等于零。其他工作i-j的最早开始时间$ES_{i\text{-}j}$可计算为

$$ES_{i\text{-}j}=\max\{ES_{h\text{-}i}+D_{h\text{-}i}\}=\max[EF_{h\text{-}i}] \qquad (15\text{-}6\text{-}1)$$

式中：$ES_{h\text{-}i}$—工作i-j的紧前工作h-i的最早开始时间；

$D_{h\text{-}i}$—工作i-j的紧前工作h-i的持续时间。

工作i-j的最早开始时间$ES_{i\text{-}j}$应从网络图的起点节点开始，顺着箭线方向依次逐项计算。

2. 工作的最早完成时间$EF_{i\text{-}j}$

工作i-j的最早完成时间$EF_{i\text{-}j}$可计算为

$$EF_{i\text{-}j}=ES_{i\text{-}j}+D_{i\text{-}j} \qquad (15\text{-}6\text{-}2)$$

3. 网络计划的工期

网络计划的计算工期T_c可计算为

$$T_c = \max\{EF_{i\text{-}n}\} \quad (15\text{-}6\text{-}3)$$

式中：$EF_{i\text{-}n}$—以终点节点n为完成节点的工作i- n的最早完成时间。

网络计划的计划工期T_p应按下列情况分别确定：

（1）当已规定了要求工期T_r时，$T_p \leqslant T_r$；

（2）当未规定要求工期时，$T_p = T_c$。

4. 工作的最迟完成时间$LF_{i\text{-}j}$

以终点节点j = n为完成节点的工作的最迟完成时间应按网络计划的计划工期T_p确定，即

$$LF_{i\text{-}n} = T_p \quad (15\text{-}6\text{-}4)$$

其他工作i- j的最迟完成时间$LF_{i\text{-}j}$可计算为

$$LF_{i\text{-}j} = \min\{LF_{j\text{-}k} - D_{j\text{-}k}\} = \min[LS_{j\text{-}k}] \quad (15\text{-}6\text{-}5)$$

式中：$LF_{j\text{-}k}$—工作i- j的紧后工作j- k的最迟完成时间；

$D_{j\text{-}k}$—工作i- j的紧后工作j- k的持续时间。

工作i- j的最迟完成时间$LF_{i\text{-}j}$应从网络图的终点节点出发，逆着箭线方向依次逐项计算。

5. 工作的最迟开始时间$LS_{i\text{-}j}$

工作i- j的最迟开始时间$LS_{i\text{-}j}$可计算为

$$LS_{i\text{-}j} = LF_{i\text{-}j} - D_{i\text{-}j} = \min\{LF_{j\text{-}k} - D_{j\text{-}k}\} - D_{i\text{-}j} = \min LS_{j\text{-}k} - D_{i\text{-}j} \quad (15\text{-}6\text{-}6)$$

6. 工作的总时差$TF_{i\text{-}j}$

工作i- j 的总时差$TF_{i\text{-}j}$是在不影响工期的前提下，工作所具有的机动时间，其值可计算为

$$TF_{i\text{-}j} = LS_{i\text{-}j} - ES_{i\text{-}j} = LF_{i\text{-}j} - EF_{i\text{-}j} \quad (15\text{-}6\text{-}7)$$

7. 工作的自由差$FF_{i\text{-}j}$

工作i- j的自由时差是在不影响其紧后工作最早开始的前提下，工作所具有的机动时间，其值可计算为

$$FF_{i\text{-}j} = \min ES_{j\text{-}k} - ES_{i\text{-}j} - D_{i\text{-}j} = \min ES_{j\text{-}k} - EF_{i\text{-}j} \quad (15\text{-}6\text{-}8)$$

式中：$ES_{j\text{-}k}$—工作i- j的紧后工作j- k的最早开始时间。

8. 关键线路、关键工序

总时差最小的工作为关键工作，连接各关键工作所组成的线路为关键线路。

【例 15-6-1】 某项工作有三项紧后工作，其持续时间分别为 4 天、5 天、6 天，其最迟完成时间分别为第 18 天、16 天、14 天末，本工作的最迟完成时间是第几天末：

A. 14　　B. 11　　C. 8　　D. 6

解 本工作的最迟完成时间应为其各项紧后工作最迟开始时间中取最小值，以保证不影响工期。

每项工作最迟开始时间 = 工作最迟完成时间 − 该工作持续时间

三项紧后工作的最迟开始时间分别为：

$18 - 4 = 14$

$16 - 5 = 11$

$14 - 6 = 8$

在 14、11、8 中取小值为 8，即本工作的最迟完成时间是第 8 天末。

答案：C

【例 15-6-2】 下列关于关键线路特点的描述，错误的是：

A. 关键线路上的工作总时差和自由时差均等于零

B. 关键线路是从网络计划开始节点至结束节点之间持续时间最长的线路

C. 关键线路在网络计划中只有一条

D. 非关键工作如果使用完了总时差，就转化为关键工作

解　关键线路在网络计划中至少有一条。故选项 C 的描述错误。选项 A 的描述在一般情况下是正确的，但在计划工期不等于计算工期时则错误。综合来说，选 C 更符合题意。

答案：C

（四）双代号时标网络计划

它是以时间坐标为尺度编制的双代号网络计划。以箭线长度及节点位置，明确表达工作的持续时间及工作间的时间关系，综合了网络计划和横道计划的优点，便于使用。特点如下：

（1）能清楚地展现计划的时间进程、工作间的逻辑关系和时间关系。

（2）直接显示各工作的最早开始与完成时间、自由时差和关键线路。

（3）可通过叠加计算，确定出各个时段的材料、机具、设备及人力等资源的需求量。

（4）绘图、修改较麻烦，宜利用计算机进行计划的编制与管理。

1. 表达方法

（1）以实箭线表示工作。宜用水平箭线或水平段与垂直段组合的形式，不宜用斜箭线。

（2）以水平波形线表示自由时差或与紧后工作之间的间隔时间。

（3）以虚箭线表示虚工作。必须用垂直虚箭线。当不足以与其完成节点连接时，用水平波形线补足，它体现了该虚工作所连接的两项工作之间的间隔时间。

时标网络计划宜按最早时间编制，以保证实施的可靠性。故绘图时，节点尽量向左靠，但箭线不得向左斜。例如某装修工程有三个楼层，有吊顶、顶墙涂料和铺木地板三个施工过程，自上而下施工。其中每层吊顶确定为三周、顶墙涂料为两周、铺木地板为一周完成。其标时网络计划如图 15-6-3 所示，绘制的时标网络计划如图 15-6-4 所示。

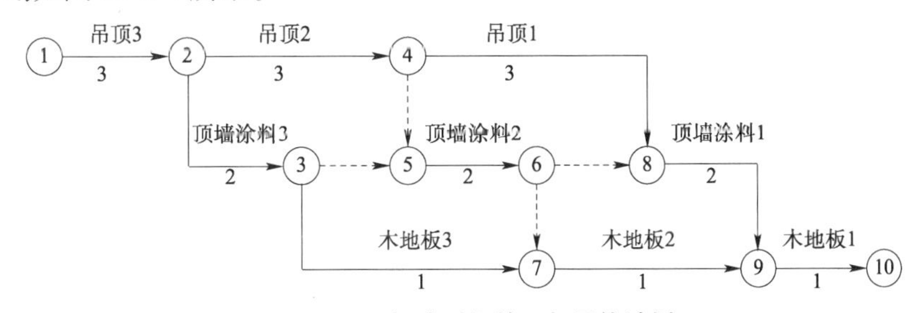

图 15-6-3　标注时间的一般网络计划

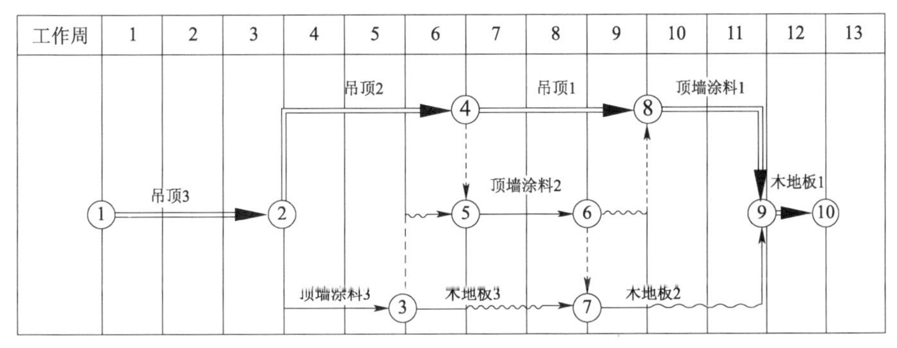

图 15-6-4　据图 15-6-3 绘制的时标网络计划

2. 关键线路和时间参数的判定

（1）关键线路的判定

逆箭线寻找，自终点至起点无波线的线路即为关键线路。在图 15-6-4 中为双线所示。

（2）时间参数的判定与推算

①“计划工期”。终点节点时标至起点节点时标。图 15-6-4 所示工程为 12 周。

②工作的最早时间。最早开始时间：箭尾节点中心所对应的时标值。最早完成时间：箭头节点中心或与波形线相连接的实箭线右端的时标值。

③自由时差。其波形线的水平投影长度。如图 15-6-4 中，“木地板 3”的自由时差为 2 周。

④总时差的推算。工作的总时差应自右向左逐个推算。

最后工作的总时差：计划工期与本工作最早完成时间之差。即

$$\mathrm{TF_{i\text{-}n}} = T_{\mathrm{P}} - \mathrm{EF_{i\text{-}n}} \tag{15-6-9}$$

其他工作的总时差：各紧后工作总时差的最小值与本工作自由时差之和。即

$$\mathrm{TF_{i\text{-}j}} = \min\{\mathrm{TF_{j\text{-}k}}\} + \mathrm{FF_{i\text{-}j}} \tag{15-6-10}$$

如图 15-6-4 所示，“木地板 1”和“顶墙涂料 1”的总时差均为 0；“木地板 2”的总时差为$0+2=2$；虚工作 6-8 的总时差为$0+1=1$，6-7 的总时差为$2+0=2$；“木地板 3”的总时差为$2+2=4$；“顶墙涂料 2”的总时差为$\min\{1,2\}+0=1$周。

⑤工作的最迟时间的推算。

$$最迟完成时间 = 总时差 + 最早完成时间，即\mathrm{LF_{i\text{-}j}} = \mathrm{TF_{i\text{-}j}} + \mathrm{EF_{i\text{-}j}} \tag{15-6-11}$$

$$最迟开始时间 = 总时差 + 最早开始时间，即\mathrm{LS_{i\text{-}j}} = \mathrm{TF_{i\text{-}j}} + \mathrm{ES_{i\text{-}j}} \tag{15-6-12}$$

如图 15-6-4 所示，“木地板 3”的最迟完成时间为$4+6=10$周末，最迟开始时间为$4+5=9$周以后（即第 10 周）。

【例 15-6-3】 在双代号时标网络计划中，若某项工作的箭线上没有波形线，则说明该工作：

A. 为关键工作

B. 自由时差为 0

C. 总时差等于自由时差

D. 自由时差不超过总时差

解 双代号时标网络计划中，波形线代表该项工作的自由时差。当网络计划工期与计算工期相等（常见）时，关键工作的自由时差、总时差都为 0，但自由时差为 0 不一定是关键工作，非关键线路上的工作也可以自由时差为 0，所以没有波形线，只说明该工作自由时差为 0。

答案：B

二、单代号网络计划

单代号网络图与双代号网络图的最大不同在于：在单代号网络图中，用节点及其编号表示工作，用箭线表示工作之间的逻辑关系。单代号网络图具有容易绘制、没有虚箭线、便于修改等优点。

（一）单代号网络图的绘制

在单代号网络图中，节点的表示方法和时间参数的标注形式如图 15-6-5 所示。

在绘制单代号网络图时，也须遵循如绘制双代号网络图一样的绘制规则。

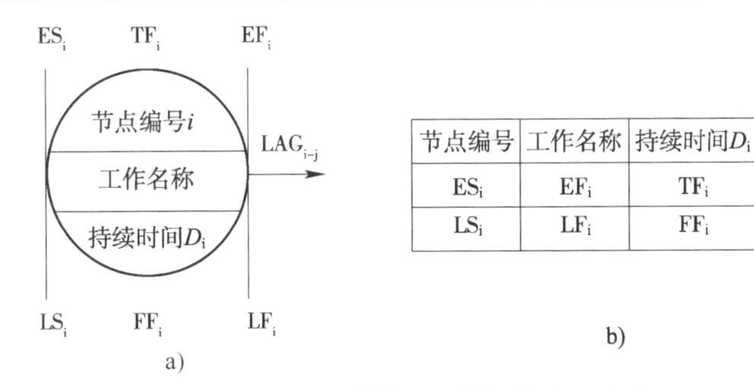

图 15-6-5 单代号网络图的表示方法

（二）单代号网络图时间参数的计算

1. 工作的最早开始时间ES_i

起点节点的最早开始时间ES_i如无规定，则可定为零。其他工作i的最早开始时间ES_i可计算为

$$ES_i = \max\{ES_h + D_h\} \tag{15-6-13}$$

式中：ES_h—工作i的紧前工作h的最早开始时间；

D_h—工作i的紧前工作h的持续时间。

2. 工作的最早完成时间EF_i

工作 i 的最早完成时间EF_i可计算为

$$EF_i = ES_i + D_i \tag{15-6-14}$$

3. 网络计划的工期

网络计划的计算工期T_c可计算为

$$T_c = EF_n \tag{15-6-15}$$

式中：EF_n—终点节点n的最早完成时间。

网络计划的计划工期T_p的确定同双代号网络计划。

4. 间隔时间$LAG_{i\text{-}j}$

相邻两工作i和j之间的间隔时间$LAG_{i\text{-}j}$可计算为

$$LAG_{i\text{-}j} = ES_j - EF_i \tag{15-6-16}$$

式中：ES_j—工作i的紧后工作j的最早开始时间。

5. 工作的最迟完成时间EF_i

终点节点所代表的工作n的最迟完成时间LF_n可确定为

$$LF_n = T_p \tag{15-6-17}$$

其他工作i的最迟完成时间LF_i可计算为

$$LF_i = \min\{LF_j - D_j\} \tag{15-6-18}$$

式中：LF_j—工作i的紧后工作j的最迟完成时间；

D_j—工作i的紧后工作j的持续时间。

工作i的最迟完成时间LF_i应从网络图的终点节点出发，逆着箭线方向依次逐项计算。

6. 工作的最迟开始时间LS_i

工作i的最迟开始时间LS_i可计算为

$$LS_i = LF_i - D_i \tag{15-6-19}$$

7. 工作的总时差TF_i

工作i的总时差TF_i可计算为

$$TF_i = LS_i - ES_i = LF_i - EF_i \quad (15\text{-}6\text{-}20)$$

8. 工作的自由时差FF_i

工作i的自由时差FF_i可计算为

$$FF_i = \min\{LAG_{i\text{-}j}\} = \min\{ES_j\} - EF_i \quad (15\text{-}6\text{-}21)$$

（三）关键工作和关键线路

在网络图中，总时差为最小值（常为零）的工作称为关键工作。

由关键工作组成的线路称为关键线路。

【例 15-6-4】下列关于单代号网络图表述正确的是：

A. 箭线表示工作及其进行的方向，节点表示工作之间的逻辑关系

B. 节点表示工作，箭线表示工作进行的方向

C. 节点表示工作，箭线表示工作之间的逻辑关系

D. 箭线表示工作及其进行的方向，节点表示工作的开始或结束

解　双代号网络图，是用两个节点的代号及箭线表示一项工作，箭线是工作，节点表示工作的开始或完成。而单代号网络图恰恰相反，它是用节点及其编号表示工作，箭线表示工作间的逻辑关系。

答案：C

三、网络计划的优化

网络计划的优化，是在满足既定约束的条件下，按某一目标，通过利用时差不断改进网络计划寻求满意方案。

网络计划的优化目标，应按计划任务的需要和条件选定，包括工期目标、费用目标、资源目标。

（一）工期优化

当计算工期大于要求工期时，可通过压缩关键工作的持续时间满足工期要求。工期优化应按下列步骤进行：

（1）计算并找出网络计划中的关键工作和关键线路。

（2）按要求工期计算应缩短的时间。

（3）确定各关键工作能缩短的持续时间。

（4）选择相应的关键工作，压缩其持续时间，并重新计算网络计划的计算工期。需注意，按照经济合理的原则不能将关键工作压缩成非关键工作。

（5）若计算工期仍超过要求，则重复以上步骤，直到满足工期要求或工期已不能再缩短为止。

（6）当所有关键工作的持续时间都已达到其能缩短的极限而工期仍不满足要求时，就应对计划的原技术、组织方案进行调整或对要求工期重新审定。

在选择应缩短持续时间的关键工作时，应首先缩短：①缩短持续时间对质量和安全无影响的工作；②有充足备用资源的工作；③缩短持续时间所需增加的费用或风险影响最少的工作。

（二）资源优化

资源优化是通过改变工作的开始时间，使资源按时间分布符合优化的目标。

资源优化的前提条件是：

（1）在优化过程中，不得改变各工作的持续时间；

（2）各工作的单位时间资源需要量为常数且合理，优化中不予改变；

（3）在优化过程中，不得改变网络计划各工作间的逻辑关系；

（4）除规定可中断的工作外，其他工作均应连续，不得中断。

1. "资源有限，工期最短"优化

"资源有限，工期最短"优化是通过调整计划安排以满足资源限制条件，并使工期增加最少的过程。应按下述步骤调整工作的最早开始时间：

（1）计算网络计划每天的资源需用量。

（2）从计划开始日期起，逐日检查每天资源需用量是否超过资源限量，如果在整个工期内每天均能满足资源限量的要求，可行的优化方案就编制完成，否则必须进行计划调整。方法如下：

①若所缺资源仅为某一项工作使用，则只需根据现有资源重新计算该工作持续时间，再重新计算网络计划的时间参数，即可得到调整后的工期。如果该项工作延长的时间在其总时差范围内时，则总工期不会改变；如果该项工作为关键工作，则总工期将顺延。

②若所缺资源为同时施工的多项工作使用，则必须后移某些工作，但应使工期延长最短。调整的方法是将该处的一些工作移到另一些工作之后，以减少该处的资源需用量。如该处有两个工作m- n和i- j，则有i- j移到m- n之后或m- n移到i- j之后两个调整方案。如图 15-6-6 所示。

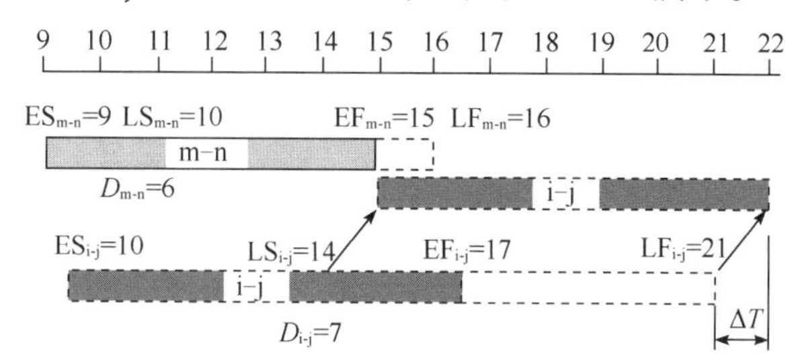

图 15-6-6 工作i- j调整到m- n之后时对工期的影响

将i- j移至m- n 之后时，工期延长值：

$$\Delta T_{m-n,i-j} = EF_{m-n} + D_{i-j} - LF_{i-j} = EF_{m-n} - (LF_{i-j} - D_{i-j}) = EF_{m-n} - LS_{i-j} \tag{15-6-22}$$

当工期延长值$\Delta T_{m-n,i-j}$为负值或 0 时，对工期无影响；为正值时，工期将延长该值。故应取ΔT最小的调整方案。

据式（15-6-22）可知，只有将 LS 值最大的工作排在 EF 值最小的工作之后，才能使工期不延长或延长最小。如本例中：

方案 1：将i- j排在m- n之后，则$\Delta T_{m-n,i-j} = EF_{m-n} - LS_{i-j} = 15 - 14 = 1$；

方案 2：将m- n排在i- j之后，则$\Delta T_{i-j,m-n} = EF_{i-j} - LS_{m-n} = 17 - 10 = 7$。

应选方案 1。

但当 min{EF}和 max{LS}属于同一工作时，则应找出EF_{m-n}的次小值及LS_{i-j}的次大值代替，而组成两种方案，即：

$$\Delta T_{m-n,i-j} = (次小EF_{m-n}) - \max\{LS_{i-j}\} \tag{15-6-23}$$

$$\Delta T_{m-n,i-j} = \min\{EF_{m-n}\} - (次大LS_{i-j}) \tag{15-6-24}$$

取小者的调整顺序。

（3）绘制调整后的网络计划。

（4）重复以上步骤，直到满足资源限量要求。

【例 15-6-5】 进行网络计划“资源有限，工期最短”优化时，前提条件不包括：

A. 任何工作不得中断

B. 网络计划一经确定，在优化过程中不得改变各工作的持续时间

C. 各工作每天的资源需要量为常数，而且是合理的

D. 在优化过程中不得改变网络计划的逻辑关系

解　“资源有限，工期最短”优化，是在保证任何工作的持续时间不发生改变；各工作的单位时间资源需要量为常数且合理，优化中不予改变；网络计划逻辑关系不变的前提下，调整出现资源冲突的若干工作之间的先后开始次序，使资源量满足限制要求，且工期增量又最小的过程。在优化过程中，除规定可中断的工作外，其他工作均应连续，不得中断，即不是“任何工作不得中断”。

答案： A

【例 15-6-6】 在进行“资源有限、工期最短”优化时，当将某工作移出超过限量的资源时段后，计算发现总工期增量$\varDelta > 0$，以下说法正确的是：

A. 总工期会延长　　B. 总工期会缩短

C. 总工期不变　　D. 无法判断

解　“资源有限、工期最短”优化，是在保证任何工作的持续时间不发生改变、任何工作不中断、网络计划逻辑关系不变的前提下，通过调整出现资源冲突的若干工作的开始时间及其先后次序，使资源量满足限制要求，且工期增量又最小的过程。工期延长值=排在前面工作的最早完成时间−排在后面工作的最迟开始时间，即$\Delta T_{\text{m-n,i-j}} = \text{EF}_{\text{m-n}} - \text{LS}_{\text{i-j}}$。调整中，若计算出的工期增量$\varDelta \leqslant 0$（这种情况仅会出现在所调整移动的资源冲突的工作均为非关键工作时，而工期是由关键工作决定的），则对工期无影响，即工期不变；若工期增量$\varDelta > 0$（这种情况出现在所调整移动的资源冲突的工作中含有关键工作，或该调整移动使非关键工作变成了关键工作），则工期将延长该正值。

答案： A

2. “工期固定，资源均衡”优化

“工期固定，资源均衡”优化是用削高峰法（利用时差降低资源高峰值），在工作总时差范围内移动非关键工作，使其改变进行时间，从而获得资源消耗量尽可能均衡的优化方案。优化可按下述步骤进行：

（1）计算网络计划的每天资源需用量；

（2）确定削峰目标，其值等于每天资源需用量的最大值减一个单位量；

（3）找出高峰时段的最后时间T_h及有关工作的最早开始时间$\text{ES}_{\text{i-j}}$（或ES_i）和总时差$\text{TF}_{\text{i-j}}$（或TF_i）；

（4）按下列公式计算有关工作的时间差值$\Delta T_{\text{i-j}}$或ΔT_i：

对双代号网络计划

$$\Delta T_{\text{i-j}} = \text{TF}_{\text{i-j}} - \left(T_\text{h} - \text{ES}_{\text{i-j}}\right) \tag{15-6-25}$$

对单代号网络计划

$$\Delta T_\text{i} = \text{TF}_\text{i} - (T_\text{h} - \text{ES}_\text{i}) \tag{15-6-26}$$

优先以时间差值最大的工作i-j或工作i作为调整对象，令$\text{ES}_{\text{i-j}} = T_\text{h}$或$\text{ES}_\text{i} = T_\text{h}$；

（5）若峰值不能再减少，即求得资源均衡优化方案，否则重复以上步骤。

（三）费用优化

费用优化又叫工期-费用优化，是利用压缩工期时直接费用会增加，而间接费用会降低的原理（见图 15-6-7），以寻求最低费用时的工期及相应的进度安排（或按规定工期寻求最低费用及其进度安排）。

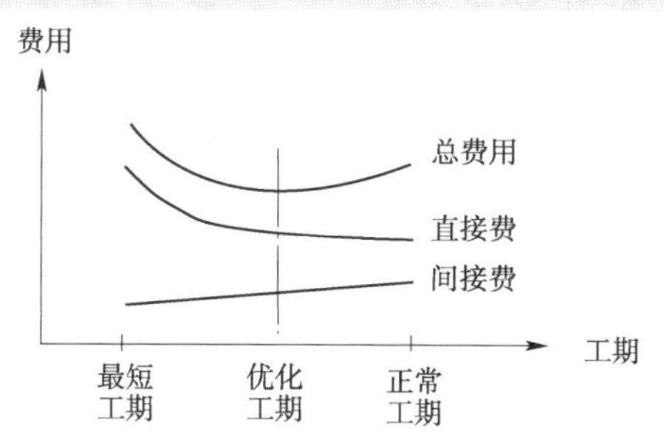

图 15-6-7　工期-费用关系曲线

费用优化可按下述步骤进行：

（1）计算工程总直接费，其值等于组成该工程的全部工作的直接费总和。

（2）计算各工作直接费的费用率$\Delta C_{\text{i-j}}^{\text{D}}$

$$\Delta C_{\text{i-j}}^{\text{D}}=\frac{C_{\text{i-j}}^{\text{C}}-C_{\text{i-j}}^{\text{N}}}{D_{\text{i-j}}^{\text{N}}-D_{\text{i-j}}^{\text{C}}} \tag{15-6-27}$$

式中：$D_{\text{i-j}}^{\text{N}}$—工作i-j的正常持续时间；

$D_{\text{i-j}}^{\text{C}}$—工作i-j的最短持续时间；

$C_{\text{i-j}}^{\text{C}}$—工作i-j的最短时间直接费；

$C_{\text{i-j}}^{\text{N}}$—工作i-j正常时间直接费。

（3）确定间接费的费用率$\Delta C_{\text{i-j}}^{\text{I}}$。

（4）找出网络计划中的关键线路，并计算出计算工期。

（5）在网络计划中找出直接费用率（或组合直接费用率）最低的一项关键工作或一组关键工作作为缩短持续时间的对象。

（6）缩短找出的一项关键工作或一组关键工作的持续时间，其缩短值必须符合不能将关键线路变成非关键线路和缩短后的持续时间不小于最短持续时间的原则。若被压缩工作的直接费率或组合直接费率：①等于间接费率，则已得到优化方案；②若小于间接费率，则需继续压缩；③若大于间接费率，则此前的压缩方案即为优化方案。

（7）计算相应的费用增加值。

（8）考虑工期变化带来的间接费及其他损益，在此基础上计算总费用

$$C_t^{\text{T}}=C_{t+\Delta T}^{\text{T}}+\Delta T\cdot\Delta C_{\text{i-j}}^{\text{D}}-\Delta T\cdot\Delta C_{\text{i-j}}^{\text{I}} \tag{15-6-28}$$

式中：C_t^{T}—将工期缩至t时的总费用；

$C_{t+\Delta T}^{\text{T}}$—前一次的总费用；

ΔT—工期缩短值。

（9）重复以上（5）、（6）、（7）、（8）步骤直到总费用不再降低为止。

【例 15-6-7】 在进行网络计划工期-费用优化时，被压缩对象的直接费用率等于工程间接费用率时：

A. 应压缩关键工作的持续时间

B. 应压缩非关键工作的持续时间

C. 停止压缩关键工作的持续时间

D. 停止压缩非关键工作的持续时间

解　工期-费用优化是通过逐步压缩直接费率或组合直接费率最小的关键工作的持续时间，使工期缩短，但直接费用将增加；而随着工期缩短，工程的间接费用会降低；通过两者叠加比较，即可求出工程费用最低时的相应最优工期。因此优化时，在确定了一个压缩方案后，必须将被压缩工作的直接费用率与间接费用率进行比较，如果直接费用率小于间接费用率，则需继续压缩；如果直接费用率已等于间接费用率，则已得到优化方案，停止压缩；如果直接费用率已大于间接费用率，则在此之前的直接费用率小于间接费用率的压缩方案即为优化方案。

答案：C

习　题

15-6-1　双代号网络图的三要素是（　　）。

A. 时差、最早时间和最迟时间

B. 总时差、自由时差和计算工期

C. 箭线、节点和线路

D. 箭线、节点和关键线路

15-6-2　如图所示，依据网络图绘制规则，判定（　　）网络图是正确的。

A.

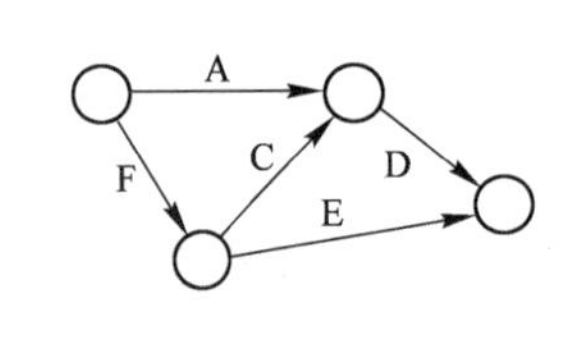

B.

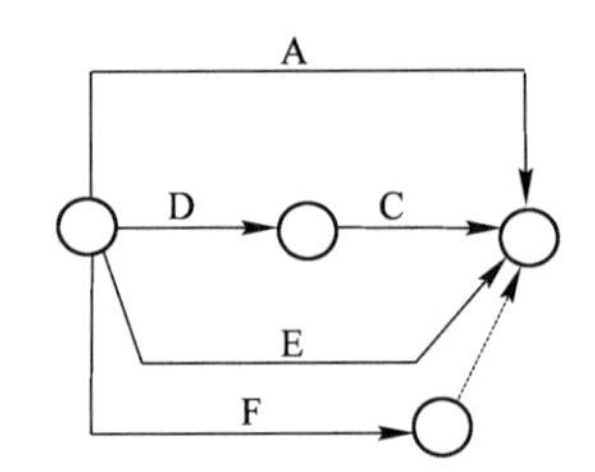

C.

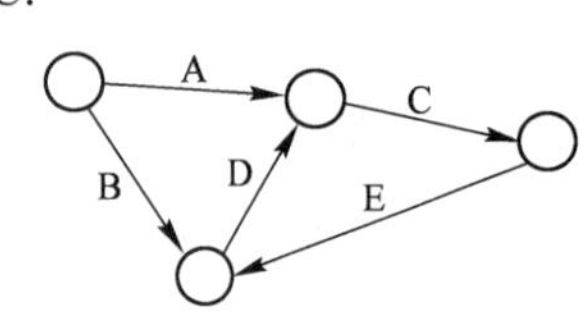

D.

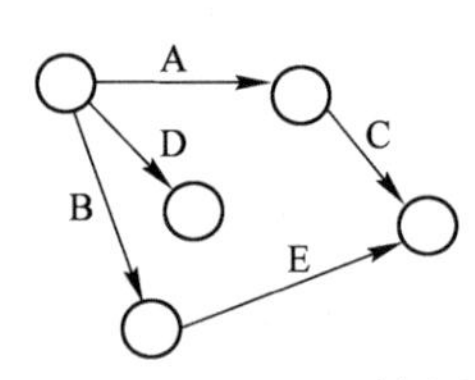

15-6-3　某项工作有 3 项紧后工作，其持续时间分别为 4 天、5 天、6 天，其最迟完成时间分别为第 18 天、16 天、14 天末，本工作的最迟完成时间是第几天末？（　　）

A. 14　　　B. 11

C. 8　　　D. 6

15-6-4　下列有关网络计划中关键线路的说法，正确的是（　　）。

A. 一个网络图中，关键线路只有一条

B. 关键线路是没有虚工作的线路

C. 关键线路是耗时最长的线路

D. 关键线路是需要资源最多的线路

15-6-5　在网络计划中，当计算工期等于要求工期时，（　　）的工作为关键工作。

A. 总时差为零　　　B. 有自由时差

C. 没有自由时差　　　　　D. 所需资源最多

15-6-6　某工程双代号网络计划如图所示，工作 1-3 的自由时差为（　　）。

A. 1 天　　　　　B. 2 天

C. 3 天　　　　　D. 4 天

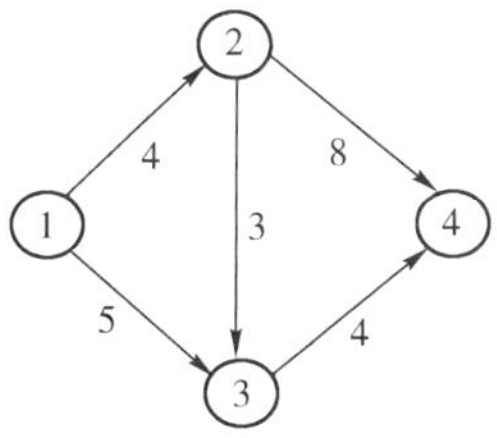

题 15-6-6 图

15-6-7　利用工作的自由时差（　　）。

A. 不会影响紧后工作，也不会影响总工期

B. 不会影响紧后工作，但会影响总工期

C. 会影响紧后工作，但不会影响总工期

D. 会影响紧后工作，也会影响总工期

15-6-8　双代号网络计划中，某非关键工作的拖延时间不超过其自由时差，则（　　）。

A. 后续工作最早可能开始时间不变

B. 仅改变后续工作最早可能开始时间

C. 后续工作最迟必须开始时间改变

D. 紧后工作最早可能开始时间改变

15-6-9　在双代号时标网络计划中，其关键线路是（　　）。

A. 自始至终没有虚工作的线路　　　　　B. 自始至终没有波形线的线路

C. 既无虚工作，又无波形线的线路　　　　　D. 所需资源最多的工作构成的线路

15-6-10　下列关于单代号网络图表述正确的是（　　）。

A. 箭线表示工作及其进行的方向，节点表示工作之间的逻辑关系

B. 节点表示工作，箭线表示工作进行的方向

C. 节点表示工作，箭线表示工作之间的逻辑关系

D. 箭线表示工作及其进行的方向，节点表示工作的开始或结束

15-6-11　有关单代号网络图的说法，正确的是（　　）。

A. 用一个节点及其编号代表一项工作

B. 用一条箭线及其两端节点的编号代表一项工作

C. 箭杆的长度与工作的持续时间成正比

D. 不需要任何虚工作

15-6-12　下列关于网络计划的工期优化的表述不正确的是（　　）。

A. 一般通过压缩关键工作来实现

B. 可将关键工作压缩为非关键工作

C. 应优先压缩成本增加少且对质量和安全无影响的工作

D. 当优化过程中出现多条关键线路时，必须同时压缩各关键线路的持续时间

15-6-13　在网络计划的资源优化过程中，为了使工程所需资源按时间的分布符合优化目标，调整网络计划的方法通常是（　　）。

A. 只改变工作的进行时间

B. 改变关键工作的开始时间或持续时间

C. 改变工作的持续时间或工作之间的逻辑关系

D. 只改变工作之间的逻辑关系

第七节　施工管理

一、现场施工管理的内容及组织形式

施工管理是指针对建筑产品（项目）施工全过程（从施工准备开始到施工验收、保修回访为止）的组织和管理，即以建筑产品（项目）为对象的生产过程的管理，其内容包括施工准备、施工组织设计、项目管理、施工调度、竣工验收、保修回访等。

施工项目管理组织机构的主要形式有以下几种。

（一）直线式

直线式项目组织形式如图 15-7-1 所示。它是一种最简单的组织机构形式，又称“军队式组织”。在组织机构中只设管理层次，不设职能部门；组织上中下呈直线的权责关系，组织中的每个人只接受一个直接上级的领导。

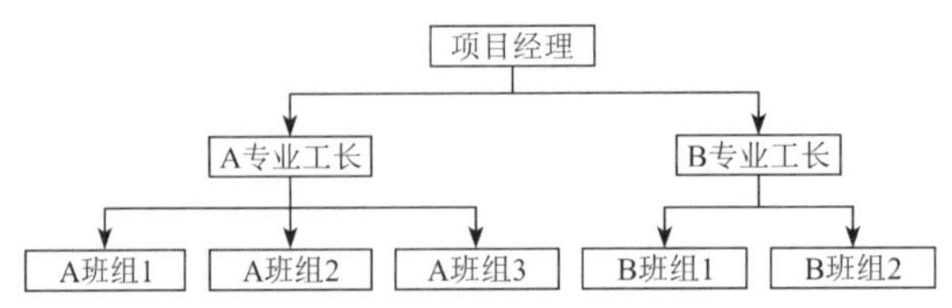

图 15-7-1　直线式项目组织形式

优点是组织机构简单，权力集中，命令统一，职责分明，决策迅速，隶属关系明确。缺点是项目经理没有参谋和助手，无法实现管理工作的专业化；横向联系差，不利于管理水平的提高；权力高度集中，易于造成家长式管理作风，组织发展受到管理者个人能力的限制。

适用于技术简单的小型项目。

（二）职能式

职能式项目组织形式如图 15-7-2 所示。它是在项目管理机构内设置职能部门，通过职能部门进行管理的一种组织结构形式。该组织结构形式中，各级领导不直接指挥下级，而是指挥职能部门，由职能部门在其职能范围内向下级发出指令。

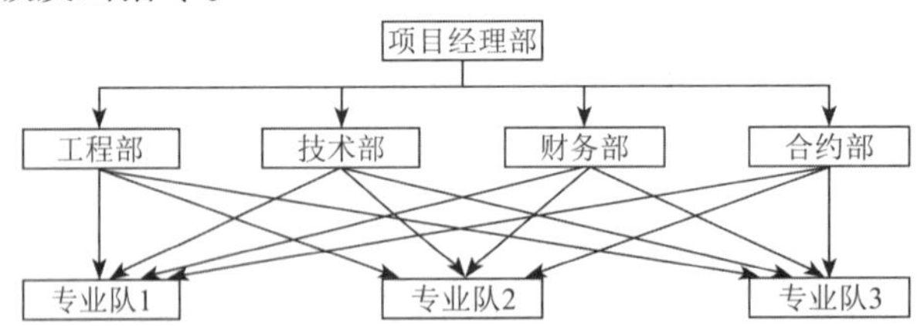

图 15-7-2　职能式项目组织形式

优点是由于实行了项目管理的职能分工，可减轻项目总负责人的负担，有利于发挥各类专家在项目管理中的作用。缺点是命令源不唯一，可能有矛盾指令；部门间协调难度大；项目经理缺少权力、权威。

适用于小型的、涉及较少部门的项目。

（三）直线职能式

直线职能式项目组织形式如图 15-7-3 所示。它结合了直线式和职能式组织结构的优点，形成一种复合型组织形式。该组织结构通常以项目经理为领导核心，设立相应的职能部门作为辅助和支持。各部门之间既有明确的职责分工，又能够相互协调和配合；职能部门只能对下级部门提供建议和指导，没有指挥和命令的权力。

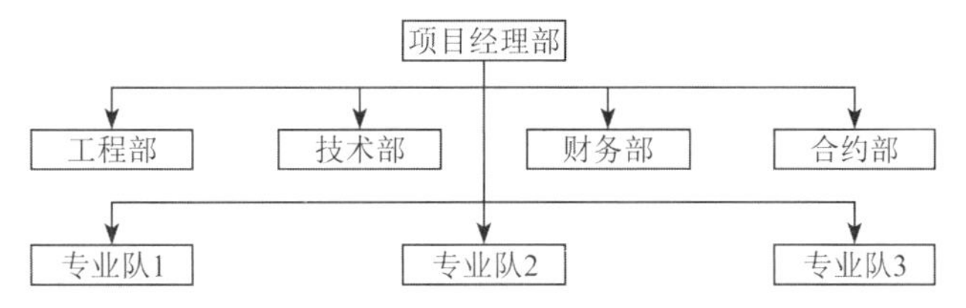

图 15-7-3　直线职能式项目组织形式

优点是指令源单一，有利于实现专业化管理和统一指挥；能够充分发挥各部门的专长；项目经理能够更好地把握项目进展和决策效率。缺点是在多项目环境下，可能存在资源分配不均的问题；需要平衡直线和职能间的关系。

适用于中小型项目。

（四）工作队式

工作队式项目组织形式如图 15-7-4 所示。它是按照特定对象原则组建的项目管理组织机构(工作队)。项目中标后，企业任命项目经理；项目经理在企业内部选聘职能人员组成管理机构。在工程施工期间，项目成员与原单位中断领导与被领导关系，不受其干扰，但企业各职能部门可为之提供业务指导。竣工后，机构撤销，人员返回原单位。

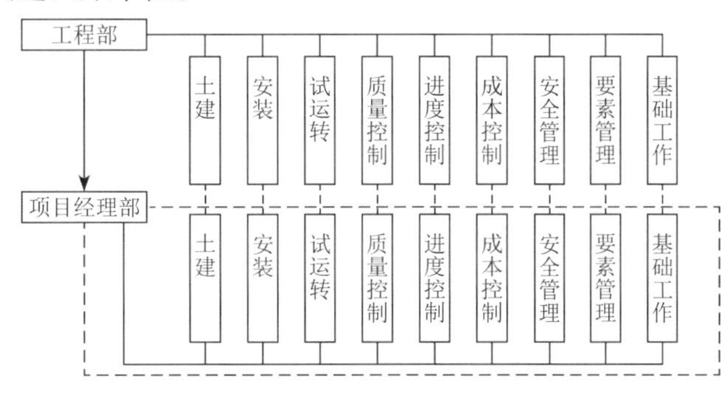

图 15-7-4　工作队式项目组织形式

注：虚线框内为项目组织机构

适用范围：大型施工项目，工期要求紧迫的施工项目，要求多工种多部门密切配合的施工项目。

（五）部门控制式

部门控制式项目组织形式如图 15-7-5 所示。它是按照职能原则建立项目管理组织的，由企业将项目委托其下属某一专业部门或某一施工队。被委托的专业部门或施工队领导在本单位组织人员，并负责实施项目管理。项目竣工交付使用后，恢复原部门或施工队建制。

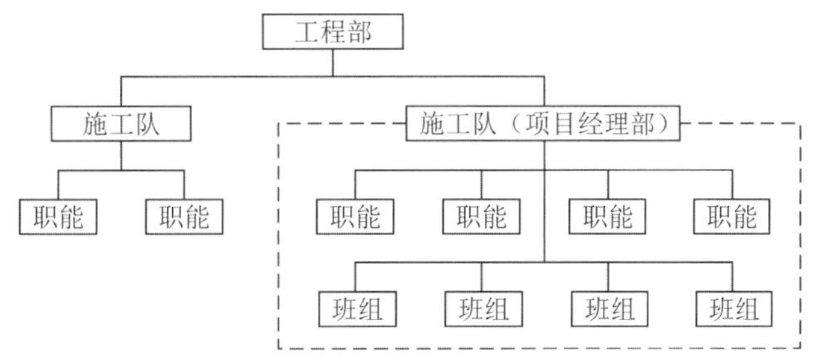

图 15-7-5　部门控制式项目组织形式

注：虚线框内为项目组织机构

适用范围：小型施工项目，专业性较强、不涉及众多部门的施工项目。

（六）矩阵式

矩阵式项目组织形式如图 15-7-6 所示。它是按照职能原则和项目原则结合起来建立的项目管理组织。职能部门负责人对项目组织中本单位人员负有组织调配、业务指导、业绩考察的责任。项目经理对职能人员有权控制和使用，必要时可对其进行调换或辞退。

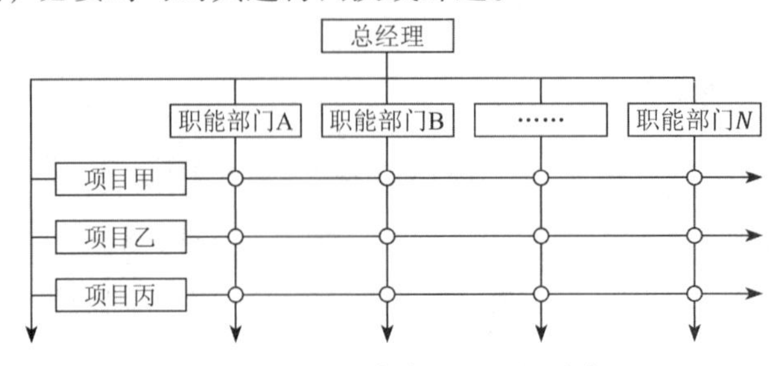

图 15-7-6　矩阵式项目组织形式

矩阵中的成员接受原单位负责人和项目经理的双重领导，可能为一个或多个项目服务，能充分发挥专业人员的作用。

优点是它既能发挥项目组织的横向优势，又能发挥职能部门的纵向优势，有利于人才的培养和充分利用。缺点是当双重领导意见不一致时，易产生矛盾，使当事人无所适从。

适用范围：

（1）大型、复杂的施工项目（需要多部门、多技术配合，而在不同施工阶段有不同人员或数量的搭配需求）。

（2）企业同时承担多个施工项目，各项目对专业技术人才和管理人员都有需求时。

（七）事业部式

事业部式项目组织形式如图 15-7-7 所示。它是在企业下按地区或按建设工程类型或经营内容设置事业部的。事业部是一个职能部门，享有相对独立经营权。事业部中的工程部或开发部，或对外工程公司的海外部下设项目经理部。项目经理由事业部委派，对事业部负责。

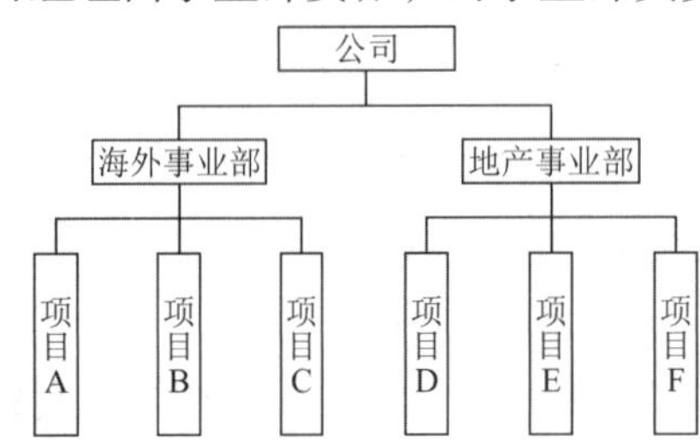

图 15-7-7　事业部式项目组织形式

优点是有利于延伸企业的经营职能，扩大经营业务；便于开拓企业的业务领域；有利于迅速适应环境变化以加强项目管理。缺点是企业对项目经理部的约束力减弱，易造成企业结构松散。

适用范围：远离企业本部的施工项目，海外工程项目， 大型经营型企业承包的施工项目。

【例 15-7-1】 组织机构简单，权力集中，命令统一，职责分明，决策迅速，隶属关系明确的组织形式是：

A. 矩阵型　　B. 职能型　　C. 事业部型　　D. 直线型

解　直线型组织形式的特征是在组织机构中只设管理层次，不设职能部门；组织中的每个人只接受一个直接上级的领导，即上下级的权责关系是直线型。其优点是组织机构简单，权力集中，命令统一，职责分明，决策迅速，隶属关系明确。

答案： D

二、施工进度控制

施工进度控制的主要任务：一是准确、及时、全面、系统地收集、整理、分析进度计划执行过程中的有关资料，明确地反映施工进度状况，进行必要的检查和监督；二是通过施工进度计划的执行情况，为计划的调整及如何加强进度控制提供必要的依据。

（一）施工进度计划的动态控制原理

施工进度计划的动态控制原理见图 15-7-8。

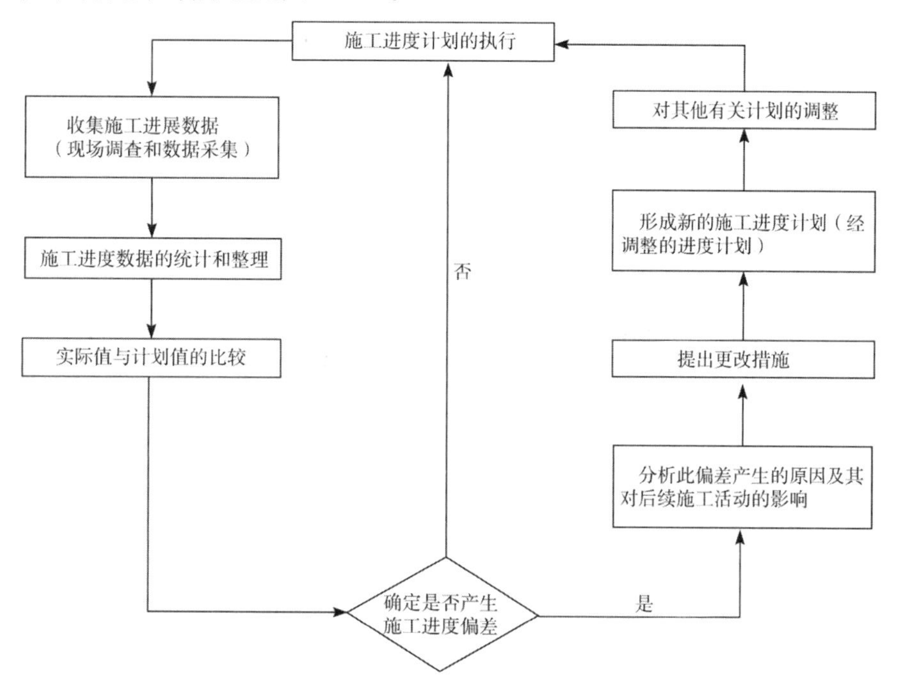

图 15-7-8　施工进度计划动态控制原理

（二）影响施工进度的因素

（1）相关单位进度的影响；

（2）设计变更因素的影响；

（3）材料物资供应进度的影响；

（4）资金原因；

（5）不利的施工条件；

（6）技术原因；

（7）施工组织不当；

（8）不可预见事件的发生。

（三）施工进度计划的检查

施工进度的检查是进度控制的关键步骤。进度计划的检查方法主要是对比法，即实际进度与计划进度进行对比，从而发现偏差，以便调整和修改计划。根据计划图形的不同，常见的有横道图比较法，前锋线比较法，香蕉曲线比较法，也可利用成本偏差分析的挣值法求得。

1. 横道图比较法

横道图比较法用于以横道图形式编制的进度计划。它是将项目实施过程中检查收集的实际进度数据，经加工整理后直接用横道线平行绘于原计划的横道线处，进行实际进度与计划进度的比较。该法可以形象、直观地反映实际进度与计划进度的比较情况。

（1）示例：某匀速进展横道计划局部如图 15-7-9 所示，在检查日期第 12 天结束时，天棚、墙面抹灰工作进度超前 1 天，而铺地砖工作进度拖后 2 天。

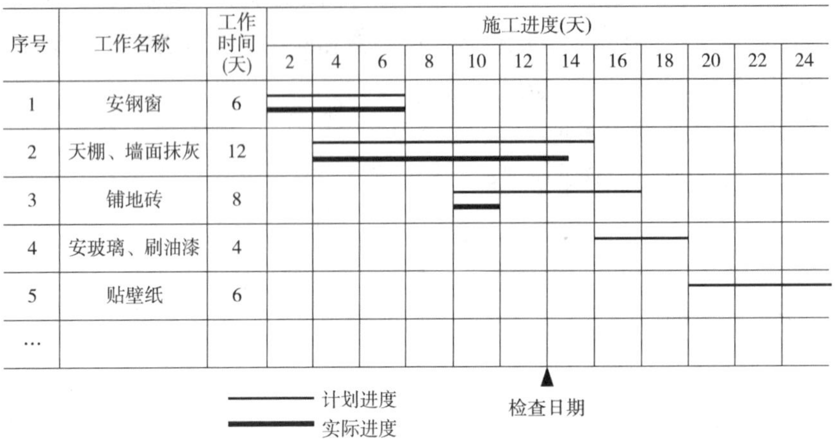

序号
工作名称
工作时间(天)
施工进度(天)
2 4 6 8 10 12 14 16 18 20 22 24
1 安钢窗 6
2 天棚、墙面抹灰 12
3 铺地砖 8
4 安玻璃、刷油漆 4
5 贴壁纸 6
…
计划进度
实际进度
检查日期

图 15-7-9　**横道图比较法示例**

（2）归纳分析：采用横道图比较法检查进度状况时，实际进度线右端若落在检查日期位置的左侧，则表明实际进度拖后；若二者重合，则表明实际进度与进度计划一致；若落在右侧，则表明实际进度超前。

2. 前锋线比较法

前锋线比较法适用于时标网络计划。所谓前锋线，是指在原时标网络计划上，从检查时刻的时标点出发，用点划线依次将各项工作实际进展位置点连接而成的折线。该法就是通过实际进度前锋线与原进度计划中各工作箭线交点的位置来判断工作实际进度与计划进度的偏差，进而判定该偏差对后续工作及总工期的影响程度。

（1）示例：如图 15-7-10 所示，某分部工程施工时标网络计划在第 4 天下班时的施工进度前锋线，通过比较可知：

0 1 2 3 4 5 6 7 8 9 10 11 12 (天)
A 2
C 3
G 5
D 4
H 4
B 3
E 2
F 2
I 3
①
②
③
④
⑤
⑥
⑦
⑧
⑨

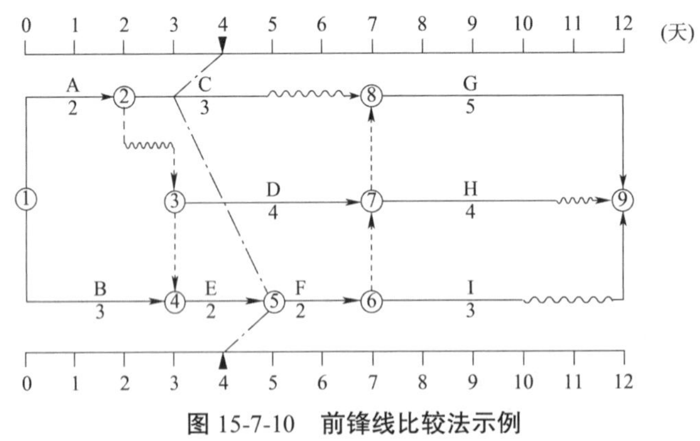

图 15-7-10　**前锋线比较法示例**

①工作 C 实际进度拖后 1 天，因其总时差和自由时差均为 2 天，既不影响总工期，也不影响其后续工作的正常进行；

②工作 D 实际进度与计划进度相同，对总工期和后续工作均无影响；

③工作 E 实际进度提前 1 天，对总工期无影响，将使其后续工作 F、I 的最早开始时间提前 1 天。

综上所述，该检查时刻各工作的实际进度对总工期无影响，将使工作 F、I 的最早开始时间提前 1 天。

（2）影响分析：

①若进度偏差发生在关键线路上，则肯定会影响工期。

②若进度偏差发生在非关键线路上：

a.若偏差值小于或等于工作的自由时差，则进度计划不会受到影响；

b.若偏差值大于工作的自由时差，但小于或等于工作的总时差，则紧后工作的最早开始时间会受到影响，但工期不会受到影响。

③偏差值大于工作的总时差，则肯定会影响到工期。

3. 香蕉曲线比较法

图 15-7-11 为根据计划绘制的累计完成数量与时间对应关系的轨迹。其中，一条 S 形曲线是按最早开始时间绘制的进度计划曲线，简称 ES 曲线；而另一条 S 形曲线是按最迟开始时间绘制的进度计划曲线，简称 LS 曲线。两条 S 形曲线形成一条类似香蕉形状的闭合曲线，故称为香蕉曲线。

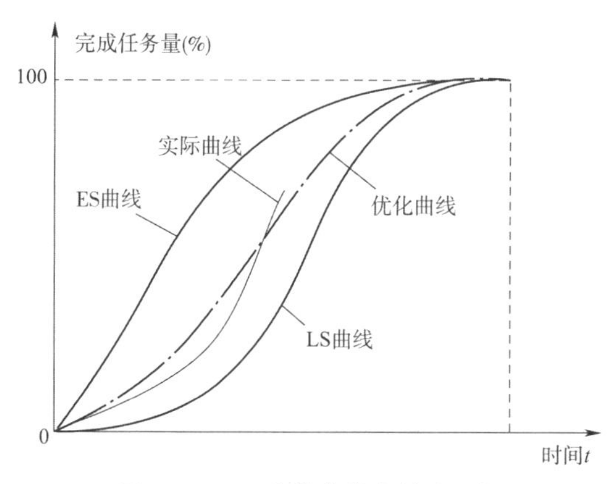

图 15-7-11　香蕉曲线比较法示例

在项目实施过程中，理想的状况是任一时刻的实际进度均在这两条曲线所包区域内。如果工程实际进展点落在 ES 曲线的左侧，则表明此刻实际进度比按最早开始时间安排的计划进度还超前；如果实际进展点落在 LS 曲线的右侧，则表明此刻实际进度比按其最迟开始时间安排的计划进度还拖后。

4. 挣值法（赢得值法）在进度控制中的应用

挣值法是一种工程进度、成本状况的偏差分析方法。其基本原理是用货币量代替工程量，以资金已经转化为工程成果的量来衡量工程进度和成本状况，可以通过三个基本参数的运算得到四个评价指标。主要用于工程项目费用、进度的综合分析控制。

（1）挣值法的三个基本参数

已完工作预算费用（BCWP）=已完成工作量×预算单价

计划工作预算费用（BCWS）=计划工作量×预算单价

已完工作实际费用（ACWP）=已完成工作量×实际单价

（2）四个评价指标

①费用偏差(CV) = 已完工作预算费用 − 已完工作实际费用

= 已完工作量 × (预算单价 − 实际单价)

CV 为负值时，即表示项目运行超出预算值（亏损）；为正值时，表示项目运行节支（挣得）。

②进度偏差(SV) = 已完工作预算费用 − 计划工作预算费用

= (已完工程量 − 计划工程量) × 预算单价

SV 为负值时，表示进度延误；为正值时，表示进度提前。

③费用绩效指数(CPI) = 已完工作预算费用(BCWP)/已完工作实际费用(ACWP)

CPI 小于 1 时，表示超支；大于 1 时，表示节支。

④进度绩效指数(SPI) = 已完工作预算费用(BCWP)/计划工作预算费用(BCWS)

SPI 小于 1 时，表示进度延误；大于 1 时，表示进度超前。

（四）进度计划的调整

若工程的进度计划工期由于某种原因受到影响，则须对原进度计划进行调整。调整的方法是：

（1）改变工作之间的逻辑关系；

（2）缩短关键线路上各关键工作的持续时间。

【例 15-7-2】 当采用匀速进展横道图比较工作的实际进度与计划进度时，如果表示实际进度的横道线右端落在检查日期的右侧，这表明：

A. 实际进度超前

B. 实际进度拖后

C. 实际进度与进度计划一致

D. 无法说明实际进度与计划进度的关系

解　采用匀速进展横道图比较法检查进度状况时，实际进度线右端若落在检查日期位置的左侧，则表明实际进度拖后；若二者重合，则表明实际进度与进度计划一致；若落在检查日期的右侧，则表明实际进度超前。

答案： A

【例 15-7-3】 某土方工程总挖方量为 1 万 m^3。预算单价45 元/m^3，该工程总预算为 45 万元，计划用 25 天完成，每天完成 400m^3。开工后第 7 天早晨刚上班时，经业主复核确定的挖方量为 2 000m^3，承包商实际付出累计 12 万元。应用挣值法（赢得值法）对项目进展进行评估，下列评估结论错误的是：

A. 进度偏差=−1.8 万元，因此工期拖延

B. 进度偏差=1.8 万元，因此工期超前

C. 费用偏差=−3 万元，因此费用超支

D. 工期拖后 1 天

解　用挣值法对项目进展进行评价：

进度偏差=已完工作预算费用−计划工作预算费用

$=2\,000\times45-400\times6\times45=90\,000-108\,000=-18\,000$ 元（负值，工期拖延）

费用偏差=已完工作预算费用−已完工作实际费用

$=2\,000\times45-120\,000=-30\,000$ 元（负值，费用超支）

工期拖后时间 $=(400\times6-2\,000)/400=1$ 天

工期拖后，费用偏差不能为正值。

答案： B

三、技术管理

技术管理是对施工生产中一系列技术活动和技术工作进行计划、组织、指挥、调节和控制，亦即采用科学有效的方法和制度对施工生产中的各种复杂技术因素进行合理安排，以保证有组织、有计划地进行施工，并不断提高企业的科学技术和管理水平。

（一）技术管理的任务

（1）正确贯彻执行国家各项技术政策和法令，认真执行国家和有关主管部门制定的技术规范和规定。

（2）科学组织各项技术工作，建立企业正常的生产技术秩序，保证施工生产的顺利进行。

（3）充分发挥各级技术人员和工人群众的积极作用，促进企业生产技术不断更新和发展，推进技术进步。

（4）加强技术教育，不断提高企业的技术素质和经济效益，以达到保证工程质量、节约材料和能源、降低工程成本的目的。

（二）技术管理环节、条件

1. 技术管理的三个环节

（1）施工前的各项技术准备工作；

（2）施工中的贯彻、执行、监督和检查；

（3）施工后的验收总结和提高。

2. 技术管理的五个条件

（1）合格的人员；

（2）先进的技术装备；

（3）严格的技术要求；

（4）科学的管理制度；

（5）科学试验条件。

（三）技术管理制度

（1）施工图纸学习与会审制度；

（2）方案制订和技术交底制度；

（3）材料检验制度；

（4）计量管理制度；

（5）翻样和加工订货制度；

（6）工程质量检查及验收制度；

（7）施工工艺卡的编制和执行；

（8）设计变更和技术核定制度；

（9）工程技术档案制度和技术资料管理制度。

四、全面质量管理

全面质量管理是企业为了保证和提高产品质量，综合运用一套质量管理体系、手段和方法而进行的系统管理活动。它要求企业全体职工和所有部门参加，综合运用现代科学和管理技术成果，控制影响质量全过程的各因素，并以研制、生产和提供用户满意的产品和服务为主要目标。全面质量管理在保证和提高工程质量、提高工效和降低成本方面，比传统的质量管理方法有着显著的成效。

（一）全面质量管理的特点

全面质量管理的特点主要是“三全”，即全面全方位、全过程和全员参与。

①全面全方位，是指项目参与各方（建设、监理、勘察、设计、施工总承包、施工分包等单位及材料、设备供应商等）所进行的工程（产品）质量与工作质量的全面管理，以及对工程的质量、成本、工

期、服务等各方面的全方位质量管理。

②全过程，是指对产品产生、形成、运行的整个过程进行质量控制，包括项目策划与决策过程、勘察设计过程、设备材料采购过程、施工组织与实施过程、施工生产的检验试验过程、工程质量的检验与评定过程、工程竣工验收与交付过程、工程回访维修服务过程等。

③全员参与，是指组织和动员全体员工参与到实施质量方针的系统活动中去，发挥自己的角色和作用。

（二）全面质量管理的理念和方法

（1）质量第一，用户至上，一切为用户着想；

（2）预防与检查相结合，一切以预防为主；

（3）尊重客观实际，一切用数据说话；

（4）采用科学的管理方法，一切工作按 PDCA 循环进行；

在管理过程中不断总结提高，实行标准化、制度化。

（三）全面质量管理的实施

（1）制定明确的质量目标和质量计划；

（2）按质量管理工作的 PDCA 循环组织质量管理的全部活动；

（3）建立专职的质量管理部门；

（4）建立质量责任制；

（5）开展质量管理小组活动；

（6）建立高效率的质量信息反馈系统，实现质量管理业务的标准化等。

五、施工质量验收

（一）质量验收的划分与顺序

检验批验收→分项工程验收→分部工程验收→单位工程验收。

其中，检验批可根据施工及质量控制和专业验收需要按楼层、施工段、变形缝等进行划分。

（二）施工质量验收的要求

（1）验收应在施工单位自检合格的基础上进行。

（2）参验的各方人员应具备相应的资格。

（3）检验批的质量应按主控项目和一般项目验收。其合格要求为：主控项目抽样检验均合格；一般项目抽样检验合格，计数项合格点率符合规范，且无严重缺陷。

（4）对于涉及结构安全、节能、环保、主要使用功能的试件、材料应按规定见证检验。

（5）隐蔽工程在隐蔽前验收，合格后方可继续施工。

（6）对于涉及结构安全、节能、环保、使用功能的重要分部工程，应在验收前抽样检验。

（7）工程的观感质量，应由验收人员现场检查，共同确认。

（三）检验批质量不合要求时的处理

（1）经返工返修或更换构件部件应重新进行验收。

（2）经有资质的检测单位检测鉴定，达到设计要求的应予以验收；达不到设计要求，但经原设计单位核算，可满足结构安全和使用功能的可予以验收。

（3）经返修或加固处理，能够满足结构可靠性要求的，可根据技术处理方案和协商文件进行验收。

【例 15-7-4】 有关施工过程质量验收的内容正确的是：

A. 检验批可根据施工及质量控制和专业验收需要按工程量、楼层、施工段、变形缝等进行划分

B. 一个或若干个分项工程构成检验批

C. 主控项目可有不符合要求的检验结果

D. 分部工程是在所含分项验收基础上的简单相加

解　《建设工程施工质量验收统一标准》(GB 50300—2013)第 4.0.5 条规定，“检验批可根据施工、质量控制和专业验收需要，按工程量、楼层、施工段、变形缝进行划分”，故选项 A 说法正确。

答案： A

六、竣工验收

竣工验收是建设全过程的最后一个程序。它是建设投资成果转入生产或使用的标志，是全面考核基本建设成果、检验设计和施工质量的重要环节，是建设单位会同施工单位、设计单位（国家主管部门代表）汇报建设项目按批准的设计内容建成后的工程质量、造价、形成的生产能力和综合效益等全面情况及交付新增固定资产的过程。竣工验收对促进建设项目及时投入生产，发挥投资效果，总结建设经验，都有着重要作用。

（一）竣工验收的依据

上级主管部门批准的计划任务书、初步设计或扩大初步设计、施工图纸和说明书、设备技术说明书、招标投标文件和经济合同、施工过程中的设计修改签证、现行施工技术验收标准及规范，以及主管部门的有关审批、修改、调整意见等。

（二）竣工验收的条件

（1）生产性工程和辅助公用设施，已按设计建成，能满足生产要求。

（2）主要工艺设备已安装配套，经联动负荷试车合格，安全生产和环境保护符合要求，已形成生产能力，能够生产出设计文件中所规定的产品。

（3）生产性建设项目中的职工宿舍和其他必要的生活福利设施以及生产准备工作，能适应投产初期的需要。

（4）非生产性建设项目，土建工程及房屋建筑附属的给水排水、采暖通风、电气、燃气及电梯已安装完毕，室外的各种管线已施工完毕，可以向用户供水、供电、供暖、供燃气，具备正常的使用条件。

（三）竣工验收的组织

竣工验收的组织要根据建设项目的重要性、规模大小和隶属关系而定。竣工验收的组织形式有验收委员会、验收领导小组或验收小组等。

建设项目的竣工验收，应在施工单位自检合格后，向建设单位提交验收申请；建设单位负责人组织，会同施工、生产或使用、设计、监理单位及与项目有关的单位共同进行验收。

【例 15-7-5】 竣工验收的依据不包括：

A. 施工图纸和说明书　　B. 招投标文件和合同

C. 施工图预算　　D. 设计变更单及有关技术文件

解　竣工验收的依据主要包括上级主管部门有关竣工验收的文件和规定，计划任务书及设计文件、施工图纸和说明书，招投标文件和施工合同，施工质量验收标准、规范，设备技术说明书、设计变更通

知书、有关协作配合协议书，以及主管部门的有关审批、修改、调整意见等。

可见，竣工验收的依据不包括施工图预算。

答案：C

习 题

15-7-1 大型综合施工企业宜采用（ ）现场施工管理组织形式。

A. 部门控制式 B. 工程队式 C. 矩阵式 D. 混合制式

15-7-2 网络计划执行中，某项工作延误时间超过了其自由时差，但未超过其总时差，则该延误将使得（ ）。

A. 紧后工作的最早开始时间后延 B. 总工期延长

C. 紧后工作的最迟开始时间后延 D. 后续关键工作的最早开始时间后延

15-7-3 图纸会审工作是属于（ ）方面的工作。

A. 全面质量管理 B. 技术管理

C. 现场施工管理 D. 文档管理

15-7-4 全面质量管理不强调（ ）的质量管理。

A. 全面质量 B. 全过程 C. 全方位 D. 全体人员

15-7-5 质量管理需按 PDCA 循环组织质量管理的全部活动，其中的 D 是指（ ）。

A. 计划 B. 实施 C. 检查 D. 行动

15-7-6 工程的竣工验收应由（ ）提出申请。

A. 主管部门 B. 建设单位 C. 设计单位 D. 施工单位

15-7-7 以下有关建筑工程施工质量验收要求，说法不正确的是（ ）。

A. 工程质量验收均应在监理单位检查评定的基础上进行

B. 工程的观感质量，应由验收人员现场检查，共同确认

C. 对于涉及结构安全、节能、环保和使用功能的试件、材料，应按规定见证检验

D. 对于涉及结构安全、节能、环保和使用功能的重要分部工程，应在验收前按规定抽样检验

15-7-8 检验批验收的项目包括（ ）。

A. 主控项目和一般项目 B. 主控项目和合格项目

C. 主控项目和允许偏差项目 D. 优良项目和合格项目

15-7-9 分包单位完成所分包的工程后，应将工程有关资料交（ ）。

A. 建设单位 B. 监理单位 C. 设计单位 D. 总包单位

习题题解及参考答案

第一节

15-1-1 **解：**根据土的开挖难易程度，土的工程分类可分为八类。其中，前四类为土，后四类为岩石。

答案：C

15-1-2　**解：**松土的体积与自然状态土体积的比值是最初可松性系数，而回填压实后的土体积与自然状态土体积的比值是最后可松性系数。

答案：A

15-1-3　**解：**开挖基坑或管沟可做成直立壁不加支撑，挖方深度宜为：①砂土和碎石土≤1m；②粉土及粉质黏土≤1.25m；③黏土≤1.5m；④坚硬的黏土≤2m。

答案：B

15-1-4　**解：**一般的土钉墙、灌注桩排桩不具备截水功能，水泥土墙能适应土质差且有截水功能，但不能用于较深的基坑（一般不超过5m）。而型钢水泥土墙具有挡土、截水功能，且能用于深度较大、土质差的基坑。

答案：D

15-1-5　**解：**当土的渗透系数很小（$k < 0.1\text{m/d}$）时，地下水流动很慢，需要用电极催流，故宜采用电渗井点。

答案：B

15-1-6　**解：**根据《土方与爆破工程施工及验收规范》（GB 50201—2012）第4.5.1条、第4.5.2条规定，选项A、B、D表述正确，选项D表述不正确。若采用的土料渗透性不同，则应将透水性好（渗透系数大）的土料填在下部，能使上部渗下的水迅速下渗排走，从而避免出现水囊现象或浸泡基础。

答案：D

15-1-7　**解：**一般人工打夯力量小，分层填土厚度不宜过厚，即小于200mm。

答案：A

15-1-8　**解：**影响土方夯实的因素有每层填土的厚度、压实功（包括压实力和压实遍数）、土的含水率。与土的渗透性无关。

答案：C

15-1-9　**解：**运距在60~100m内的挖填土作业，最适用的土方机械是推土机，经济合理。

答案：C

15-1-10　**解：**反铲挖土机的挖土特点是“后退向下，强制切土”。选项A、C、D分别是正铲、拉铲和抓铲挖土机的挖土特点。

答案：B

15-1-11　**解：**为了避免沉桩挤土效应造成桩位偏移、桩体上涌或倾斜、地面过多隆起等事故，打桩前必须合理确定打桩顺序。按照《建筑地基基础工程施工规范》（GB 51004—2015）第5.5.16条规定，沉桩顺序应按先深后浅、先大后小、先长后短、先密后疏的次序进行，对于密集桩群，宜自中间向两侧或向四周对称施打。

答案：C

15-1-12　**解：**螺旋钻钻孔法、爆扩法均适用于土质较好时的干作业成孔，人工挖孔法一般用于大直径灌注桩施工，故均不适用题列条件。只有沉管法适用于土质较差、地下水位高的较小直径灌注桩施工。

答案：B

第二节

15-2-1　**解：**钢筋进场时除需对外观、质量证明文件进行检验外，还需由第三方进行见证抽样检验（即复验）。复验的内容包括钢筋的拉伸性能（抗拉强度、屈服强度、伸长率）、弯曲性能和重量偏差。一般不检查化学成分，但当施工中发现钢筋脆断、焊接性能不良或力学性能显著不正常时，应进行化学成分检验。

答案：C

15-2-2　**解：**电渣压力焊适于竖向较粗钢筋的焊接，因此，柱的主筋适宜采用该焊接方法。电弧焊虽适用范围较广，但对柱的主筋焊接较为困难、效率低且质量不易保证。而电阻点焊适于直径16mm以下的交叉钢筋焊接，如钢筋网片、骨架等，不能用于柱子主筋的接长焊接。闪光对焊主要用于钢筋加工时对粗钢筋的水平接长，由于机械较笨重，不能用于现场焊接，更不适合竖向钢筋连接。

答案：C

15-2-3　**解：**大模板属于工具式模板，施工速度快，墙面效果好，较爬模费用低且灵活，因此在剪力墙结构中普遍使用。

组合钢模板通用性强，能适合各种结构构件，但施工效率低，混凝土表面平整度差，在有大量墙体的剪力墙结构中很少使用。

爬升模板施工速度快、质量好，可减少塔式起重机的运输量，不需另外搭设脚手架，但造价较高、位置固定，常用于超高层的筒体结构施工。

滑升模板在遇有水平构件时需要空滑和等待，适于筒仓、水塔、烟囱、桥墩等高耸的竖向构筑物施工，在房屋建筑中已很少使用。

答案：C

15-2-4　**解：**自落式搅拌机是通过搅拌筒转动，内部叶片将拌和材料提升后自由下落、冲击、交流、掺和而搅拌均匀，适用于搅拌骨料较粗重的塑性混凝土，而干硬性混凝土难以下落和拌匀。强制式搅拌机是通过多个搅拌铲在搅拌筒内旋转，推动拌和材料旋转、剪切、交流、掺和而达到均质状态，搅拌强烈、效率高、质量好，但耗能多、磨损大，适于搅拌各种混凝土。故规范规定，对于干硬性混凝土、轻骨料混凝土、高强度高性能混凝土均应采用强制式搅拌机进行拌制。

选项A、B所列的双锥式、鼓筒式搅拌机均属于自落式搅拌机。

答案：D

15-2-5　**解：**较长距离的商品混凝土的地面运输，宜采用混凝土搅拌运输车，它可以边运输，边搅拌，能避免混凝土分层离析，保证混凝土的坍落度和质量。

答案：B

15-2-6　**解：**普通泵送混凝土的最大骨料粒径一般不超过25mm。《混凝土结构工程施工规范》（GB 50660—2011）第8.6.3条规定，对骨料粒径不超过25mm的混凝土，浇筑时的倾落高度不应超过6.0m，对骨料粒径大于25mm者，浇筑高度不应超过3m；否则应加设串筒、溜管、溜槽等装置，以避免落差过高使混凝土产生离析现象。

答案：C

15-2-7　**解：**混凝土施工缝处由于粗骨料不能很好地相互嵌固，使该处的抗剪能力大大降低。因此

《混凝土结构工程施工规范》(GB 50666—2011)第 8.6.1 条规定，施工缝宜留设在结构受剪力较小且便于施工的位置。第 8.6.3 条规定，有主次梁的楼板，竖向施工缝应留设在次梁中间1/3跨度范围内(梁板同时浇筑)。

答案：C

15-2-8　**解：**浇筑多层钢筋混凝土框架结构的柱子时，应由外向内对称浇筑，避免由一端向另一端推进而受推倾斜造成累积误差。

答案：B

15-2-9　**解：**为保证大体积混凝土的整体性，常用的浇筑方法有全面分层、分段分层和斜面分层三种。全面分层用于面积较小的大体积混凝土；分段分层用于面积大但厚度不太大的工程(如 2 层，否则施工繁琐)；斜面分层施工简单，适用于厚度、面积均大但宽度不太大的工程。对于宽度虽大，但采用多台设备同时浇筑时，每台设备负责一条或一带的宽度则不大，因此，大体积基础混凝土常采用斜面分层浇筑，既使得施工简单又能保证整体性。《混凝土结构工程施工规范》(GB 50666—2011)第 8.3.16 条第 3 款规定，基础大体积混凝土结构宜采用斜面分层浇筑方法。

答案：C

15-2-10　**解：**大体积混凝土的振捣密实，宜选用内部振捣器，易插入到任何位置。因混凝土体积大，外部、表面振捣器不易振动均匀，振动台适用于工厂制作中小型构件。

答案：A

15-2-11　**解：**《混凝土结构工程施工规范》(GB 50666—2011)第 10.2.12 条规定，混凝土受冻临界强度为：采用硅酸盐水泥、普通硅酸盐水泥配制的混凝土为设计强度等级值的 30%，采用矿渣硅酸盐水泥、粉煤灰硅酸盐水泥、火山灰质硅酸盐水泥、复合硅酸盐水泥配制的混凝土为设计强度等级值的 40%。故普通硅酸盐水泥拌制的 C40 混凝土施工，允许受冻的最低强度为$40 \times 30\% = 12\text{N/mm}^2$。

答案：C

15-2-12　**解：**预应力混凝土管桩属于轴心受预压的预应力构件，据《混凝土结构工程施工规范》(GB 50666—2011)第 6.4.12 条第 2 款规定，对轴心受压构件，所有预应力筋应同时放张。而对预应力板等宽度较大的构件，则可从中间向两侧逐根放松，避免构件偏心受力。

答案：A

15-2-13　**解：**《混凝土结构工程施工规范》(GB 50666—2011)第 6.4.7 条规定，当设计无具体要求时，有黏结预应力筋长度不大于 20m 时，可一端张拉；预应力筋为直线形时，一端张拉的长度可延至 35m。无黏结预应力筋长度不大于 40m 时，可一端张拉。因此各选项中，只有 30m 长直线孔道(有孔道者为有黏结预应力筋)可一端张拉。

答案：B

15-2-14　**解：**预应力张拉的顺序应根据结构受力特点、施工方便及操作安全等因素确定，原则是均匀、对称、分批、逐步渐进地进行，以避免结构或构件扭转、侧弯或损坏。因此，《混凝土结构工程施工规范》(GB 50666—2011)第 6.4.6 条规定，对于现浇预应力混凝土楼盖，宜先张拉楼板、次梁的预应力筋，后张拉主梁的预应力筋。

答案：D

第三节

15-3-1　**解**：自行杆式起重机移动灵活，能满足多跨安装且较经济，一般适宜 1~5 层房屋结构安装。

人字拔杆起重机移动困难且起重工作范围极小，不能用于大面积房屋结构吊装。

附着式塔式起重机适用于高层建筑且平面面积不太大的结构安装，难以完成多跨大面积的结构吊装；且单层厂房高度有限难以附着，稳定性得不到保证，也极不经济，故不宜选用。

轨道式塔式起重机适用于宽度有限（如单跨）、长度可以较大、高度不超过 10 层的结构吊装，故也不能用于多跨厂房。

答案：A

15-3-2　**解**：采用旋转法吊装的柱子，就地预制或吊前布置时，应使柱的绑扎点、柱脚中心和柱基杯口中心三点均在以起重机回转中心为圆心，以回转半径为半径的圆弧上，以满足吊装要求。

答案：B

15-3-3　**解**：该题是一道真题，题干说法不够准确，但不影响答案。准确的说法是，起重机一个节间、一个节间地进行吊装，一次开行就能安装完全部构件，这种吊装方法称为综合吊装法。

而分件吊装法是指起重机一次开行仅吊装一种类型的构件，经过多次开行方能完成房屋吊装的吊装方法。

选项 A、B 的旋转法、滑行法是吊装柱子的方法。

答案：D

15-3-4　**解**：对已安装了大型设备的单层工业厂房结构吊装时，由于不便于机械往复行走，宜采用综合吊装法安装。选项 C、D 的分层流水是对多层房屋结构进行分件吊装的不同方法，不能用于单层厂房。

答案：A

15-3-5　**解**：砌筑用的混合砂浆若掺入石灰类材料，则必须是满足熟化期要求的石灰膏，而不得直接使用消石灰粉。故选项 A 的说法正确。

砌筑砂浆属于结构材料，必须采用重量配比。《砌体结构工程施工规范》（GB 50924—2014）第 5.3.2 条规定，配制砌筑砂浆时，各组分材料应采用质量计量，故选项 B 采用体积比计量的说法不正确。

选项 C、D 的说法符合规范要求。

答案：B

15-3-6　**解**：影响砂浆饱满度的主要因素是砖的含水率、砂浆的和易性、砌筑操作方法。所以，浇水湿润、采用“三一”砌砖法、掺入塑性外掺料（如石灰膏、粉煤灰等）及控制砂浆的使用时间都有益于砂浆的和易性。但磨细生石灰粉必须浸泡 2d 以上，成为充分熟化的石灰膏方可用于拌制砂浆，不得直接掺入。故选项 C 的措施不当。

答案：C

15-3-7　**解**：《砌体结构工程施工规范》（GB 50924—2014）第 6.2.4 条规定，砖砌体的转角处和交接处应同时砌筑。在抗震设防烈度 8 度及以上地区，对不能同时砌筑的临时间断处应砌成斜槎。其中，普通砖砌体的斜槎的水平投影长度不应小于高度的2/3，多孔砖砌体不应小于1/2。斜槎高度不得超过一步脚手架的高度。

答案：B

15-3-8　**解：** 采用保湿养护或蒸压养护的砌块，砌筑时，其龄期必须达到28d以上，以防止因块体收缩变形而引起墙体裂缝。故选项B的做法不符合要求。

答案： B

15-3-9　**解：** 空心砌块砌筑时，应将砌块制作时的底面朝上反砌于墙上，以利铺设砂浆和提高饱满度。故选项A的做法错误。

水平和竖向灰缝的砂浆饱满度均应不低于净截面面积的90%。故选项B的做法错误。

墙体转角处和纵横墙交接处应同时砌筑；其他临时间断处应砌成斜槎，其水平投影长度不小于斜槎高度。故选项D的做法错误。

仅选项C的做法正确，选C。

答案： C

第四节

15-4-1　**解：** 施工组织设计按编制的对象不同分为施工组织总设计（对象是建筑群或特大型项目）、单位工程施工组织设计（对象是单位工程）、分部（分项）工程施工方案（对象是分部或分项工程）三类。

答案： B

15-4-2　**解：** 选项A、B、C所列内容是单位工程施工组织设计的主要内容，施工方案需依据施工部署进行编制，施工进度计划需依据施工部署及施工方案进行编制，施工进度计划编制后才能制订资源配置计划、施工准备计划等，这些计划制订后才能布置施工现场。因此选项B所列的编制顺序合理。选项D所列内容不属于单位工程施工组织设计，而是其中的施工进度计划的编制步骤。

答案： B

15-4-3　**解：** 确定一般的单位工程施工展开程序的原则是：先地下后地上、先主体后围护、先结构后装修、先土建后设备。不宜采取先设备后土建的顺序，但对于某些重工业厂房（如炼铁厂）的生产设备与土建的顺序除外。故一般的建筑工程不宜采取选项B所述程序。

答案： B

15-4-4　**解：** 各施工过程的先后顺序与施工组织、施工工艺、施工质量有密切关系，也与结构构造、施工方法及机械、成品保护、气候条件、施工安全等环境与要求紧密相关。一般不需考虑施工管理人员的素质。

答案： D

15-4-5　**解：** 选择施工方法和施工机械的基本要求是要有可行性，其次是安全性、经济性和先进性。因此首先要满足施工工艺及技术要求。

答案： A

15-4-6　**解：** 施工进度计划常用横道图和网络图的形式表达。其中，横道图简单、直观，易于使用。而网络图提供的信息更为全面、丰富，对复杂、重要工程必须使用网络图。

答案： A

15-4-7　**解：** 在设计施工现场平面图时，首先应确定垂直运输机械的位置，因为搅拌站、材料堆场的位置、运输道路等，都取决于垂直运输机械的位置。

答案： B

第五节

15-5-1　**解：** 流水节拍是指一个施工队在一个施工段上的施工作业持续时间。

答案： B

15-5-2　**解：** 在流水施工过程中，相邻两个专业工作队开始施工的间隔时间称为流水步距。

答案： B

15-5-3　**解：** 固定节拍流水，取流水步距K=流水节拍t，则流水工期$T=(rm+n-1)K=(2\times3+3-1)\times2=16$天。

答案： A

15-5-4　**解：** 在成倍节拍流水中，任何两个相邻工作队间的流水步距都等于各施工过程流水节拍的最大公约数。

答案： D

15-5-5　**解：** 组织无节奏流水（分别流水）的关键，就是正确计算流水步距，以保证各施工过程间既不相互干扰，又能最大限度地搭接，且各施工队一旦开始施工就能连续地完成各段的作业。该流水步距计算的常用方法是"节拍累加数列错位相减取大差"法。

答案： B

15-5-6　**解：** 题目所给条件符合成倍节拍流水条件要求（同一施工过程节拍相等，而不同施工过程间节拍不等，但同为某一常数的倍数）。

首先确定流水步距，取各施工过程流水节拍的最大公约数，即$K=2$天。

第二步，确定各施工过程的施工队数，即$b_{甲}=\frac{t_{甲}}{K}=\frac{4}{2}=2$个，$b_{乙}=\frac{t_{乙}}{K}=\frac{6}{2}=3$个，$b_{丙}=\frac{t_{丙}}{K}=\frac{2}{2}=1$个，共6个队。

第三步，计算流水工期：$T=(rm+\sum b_i-1)K+\sum S-\sum C=(1\times6+6-1)\times2+1-2=21$天。

答案： B

15-5-7　**解：** 利用流水节拍累计相加数列错位相减取大差计算$K_{\text{A-B}}$及$K_{\text{B-C}}$，得出5天、2天。即：

A	2,	5,	7,	10	
−B		2,	3,	5,	6
	2	3	4	5	−6

B	2,	3,	5,	6	
−C		2,	5,	7,	8
	2	1	0	−1	−8

而流水工期：$T=\sum K+T_N=(5+2)+8=15$天。

答案： D

第六节

15-6-1　**解：** 双代号网络图的三要素是箭线、节点和线路。

答案： C

15-6-2　**解：** 选项B两节点间箭线不唯一（即有编号相同的工作AE），选项C有闭合回路，选项D网络图出现两个终点节点。

答案： A

15-6-3　**解：** 本工作最迟完成时间应以保证不影响任一紧后工作的最迟开始为前提。所以，应取各紧后工作最迟开始时间的小值。即：$LF_{本} = \min\{18-4,16-5,14-6\} = \min\{14,11,8\} = 8$。

答案： C

15-6-4　**解：** 关键线路是耗用时间最长的线路，它决定了工期，故选 C。

需注意，一个网络计划中，关键线路至少有一条，并非“只有一条”，故选项 A 的说法错误。

答案： C

15-6-5　**解：** 网络计划中总时差最小的工作为关键工作。当计算工期等于要求工期时，总时差的最小值为零。即：当计算工期等于要求工期时，总时差为零的工作为关键工作。

答案： A

15-6-6　**解：** 自由时差是用紧后工作最早开始时间减去本工作的最早完成时间，工作①→③的紧后工作是③→④，而③→④的最早开始时间是 max{4+3,5}=7，则①→③的自由时差为 7−5=2 天。

答案： B

15-6-7　**解：** 利用工作的自由时差，不会影响紧后工作，更不会影响总工期。

记住两个定义：工作的总时差（简称总时差）是指在不影响计划工期的前提下，一项工作可以利用的机动时间；工作的自由时差（简称自由时差）是总时差的一部分，是指一项工作在不影响其紧后工作最早开始的前提下，可以利用的机动时间。

可以得到结论：利用了总时差，不影响总工期，但会影响紧后工作乃至全部后续工作（使其不能按最早时间开始和完成）；利用了自由时差，对总工期、对紧后工作乃至全部后续工作都无影响。

答案： A

15-6-8　**解：** 自由时差是本工作在不影响紧后工作最早开始时间的前提下，所具有的机动时间。故拖延时间在自由时差范围内时，对总工期及后续工作均不会产生任何影响，故都不会发生“改变”。

答案： A

15-6-9　**解：** 在双代号时标网络计划中，自始至终没有波形线的线路为关键线路（注：找关键线路应从终点节点向起点节点进行，找无波形线的工作所构成的线路）。关键线路与有无虚工作及所需资源的多少无关。

答案： B

15-6-10　**解：** 单代号网络图是由一个节点表示一项工作，以箭线表示工作之间逻辑关系的网络图。即以节点表示工作、以箭线表示逻辑关系。

答案： C

15-6-11　**解：** 选项 B 是双代号网络图中工作的表达方法；选项 C 为时标网络计划的表达特点；而选项 D 为错误说法，因为在单代号网络图中，当有多个无内向箭线的节点或多个无外向箭线的节点时，则需要添加“开始”或“完成”这样的虚拟节点（即虚工作），才能保证网络图只有一个起点节点和一个终点节点。

答案： A

15-6-12　**解：** 在进行工期优化时，不得将关键工作直接压缩成非关键工作。否则，虽然付出了代价，而工期并不能按照所压数值缩短。（但允许压缩别的工作时，某些关键工作被动地变成了非关键工作。）

答案： B

15-6-13 **解：** 资源优化是使工程所需资源按时间的分布符合优化目标。优化的方法通常是改变工作的开始和完成时间（即进行时间），以便错开高峰或避免冲突，而不改变工作的持续时间或逻辑关系。

答案： A

第七节

15-7-1 **解：** 大型综合施工企业宜采用矩阵式现场施工管理组织形式。使职能部门和项目组织的优势都得到充分发挥和利用。

答案： C

15-7-2 **解：** 当工作延误是发生在非关键线路上时，若所延误时间小于或等于自由时差，则对工期及后续工作无任何影响；若所延误时间超过总时差，则既影响工期又影响后续工作；若所延误时间超过了自由时差，但未超过总时差，则不影响工期，但会影响后续工作，即使得后续工作不能按时开始。所以，题中所给情况将使得紧后工作的最早开始时间后延。三个选项 B、C、D 所给情况只有在延误时间超过总时差时才会出现。

答案： A

15-7-3 **解：** 图纸会审工作是属于技术管理方面的工作。图纸会审是技术制度。

答案： B

15-7-4 **解：** 全面质量管理强调全体人员、全过程、全面质量的质量管理。

答案： C

15-7-5 **解：** 质量管理需按 PDCA 循环组织质量管理的全部活动，PDCA 分别指计划、实施、检查、处置，故其中的 D 是指实施。

答案： B

15-7-6 **解：**《建筑工程施工质量验收统一标准》（GB 50300—2013）第 6.0.5 条、第 6.0.6 条规定，单位工程的竣工验收应由施工单位提出申请，由建设单位组织进行。

答案： D

15-7-7 **解：** 选项 A 的说法不正确，根据《建筑工程施工质量验收统一标准》（GB 50300—2013）第 3.0.6 条第 1 款的规定，工程质量验收均应在施工单位自检合格的基础上进行。

答案： A

15-7-8 **解：**《建筑工程施工质量验收统一标准》（GB 50300—2013）第 5.0.1 条规定，检验批质量验收的项目包括主控项目和一般项目。具体要求为：主控项目抽样检验应全部合格；一般项目抽样检验合格，当采用计数抽样时，合格点率应符合专业验收规范的规定，且不得存在严重缺陷。

答案： A

15-7-9 **解：**《建筑工程施工质量验收统一标准》（GB 50300—2013）第 6.0.4 条规定，分包工程完工后，分包单位应对所分包的工程项目进行自检，并应按规定的程序进行验收。验收时，总包单位应派人参加。分包单位应将所分包工程的质量控制资料整理完整，并移交给总包单位。

答案： D

第十六章 结构力学

复习指导

一、考试大纲

15.1 平面体系的几何组成

名词定义 几何不变体系的组成规律及其应用

15.2 静定结构受力分析与特性

静定结构受力分析方法 反力 内力的计算与内力图的绘制 静定结构特性及其应用

15.3 静定结构的位移

广义力与广义位移 虚功原理 单位荷载法 荷载下静定结构的位移计算 图乘法 支座位移和温度变化引起的位移 互等定理及其应用

15.4 超静定结构的受力分析及特性

超静定次数 力法基本体系 力法方程及其意义 位移法基本未知量 基本体系 基本方程及其意义 等截面直杆的转动刚度 力矩分配系数与传递系数 单结点的力矩分配 对称性利用 半结构法 超静定结构的位移 超静定结构特性

15.5 影响线及应用

影响线概念 简支梁、静定多跨梁、静定桁架反力及内力影响线 连续梁影响线形状 影响线应用 最不利荷载位置 内力包络图概念

15.6 结构动力特性与动力反应

单自由度体系周期、频率、简谐荷载作用下简单结构的动力系数、振幅与最大动内力 阻尼对振动的影响 多自由度体系自振频率与主振型 主振型正交性

二、复习指导

（一）平面体系的几何组成分析

要能正确地认知和表述与组成分析有关的名词概念，掌握无多余约束几何不变体系的组成规则，对常见结构能进行几何构造性质的分析，理解结构的几何特性与静力特性的关系。

（二）静定结构的受力分析与特性

静定结构的受力分析与计算非常重要，一定要注意概念，多做练习，力求把基础打好。要注意理解静定结构的基本特征与一般性质，并能灵活运用。静定结构反力、内力计算的关键是恰当选取隔离体和平衡方程，结构受力分析时要与结构的组成分析相联系，从中找出计算的途径，一定要注意通过练习，提高恰当选取隔离体与灵活运用平衡方程的能力。熟练掌握静定梁与静定刚架反力、内力的计算与弯矩图的绘制，掌握静定桁架与组合结构的内力计算方法，理解三铰拱的力学特性与合理拱轴的概念。注意

对称性的利用。

（三）结构的位移计算

结构位移计算的理论基础是虚功原理。要理解虚功、广义力、广义位移等概念，理解虚功原理的内容及应用条件，懂得用单位荷载法求位移的过程与方法，重点掌握应用图形相乘法计算梁和刚架指定截面的位移，会计算支座移动温度变化引起的位移，注意对称性的利用，理解互等定理的内容及其应用。

（四）超静定结构的受力分析与特性

要注意理解超静定结构的基本特性与一般性质，会判断结构的超静定次数。掌握力法、位移法及力矩分配法，懂得其物理概念及求解过程，对于常见的各种系数如柔度系数、刚度系数（转动刚度系数、侧移刚度系数）、力矩分配系数、传递系数等，要懂得其物理概念并会计算，常用的有关数据要记住。注意对称性的利用，会取对称结构的半结构计算简图。

（五）影响线及应用

学好影响线的关键是正确清楚地理解影响线定义，不但能从字面叙述上理解，且要清楚理解其坐标含义：横坐标是单位荷载位置，而纵坐标（竖标、竖距）是影响量（某反力、内力）的值。有的选择题（如求某影响量竖标）就可直接据此求答。

要注意，静定力的影响线由直线构成，而超静定力的影响线为曲线。

作影响线的静力法是基本方法，常用于单跨和多跨静定梁。要能熟练地作出静定单跨梁反力、内力影响线，并熟记其特点。作影响线的机动法可容易地绘出连续梁影响线形状，注意其变形曲线要符合支座的约束性能。

需掌握固定荷载作用下影响量值的计算，能确定较简单情况最不利荷载位置。懂得内力包络图的概念。

（六）结构的动力特性与动力反应

通过对自由振动的研究可掌握振动体系的动力特性，注意分析影响动力特性的因素（质量与刚度）。会判断振动体系的动力自由度。对于单自由度体系，需掌握自振频率、周期的概念，熟记频率公式并能进行计算，且需掌握在简谐荷载作用下动力系数的概念、公式及计算，以及动位移、动内力的计算。知道突加荷载作用下的动力系数为 2。了解阻尼对振动的影响。对于多自由度体系，侧重于从概念上理解，懂得动力自由度、自振频率及主振型的概念及其间的关系，知道主振型正交性表达式及其物理概念。

对于某些可利用对称性简化为单自由度体系的结构也应会进行分析。

第一节 平面体系的几何组成分析

一、几何组成分析的目的

体系的几何组成分析（又称几何构造分析、机动分析）是将材料刚化，从几何学、运动学的角度分析体系有无运动的可能。

体系（部件+约束）可分为：

{几何不变体系——不计应变，体系的位置和形状都不能改变。
几何可变体系——不计应变，体系的位置或形状可以改变。

几何瞬变体系是几何可变体系的特殊情况。如果某一几何可变体系发生微量位移后即成为几何不变体系，则称此体系为几何瞬变体系（此时构件有高阶微量的变形，会产生无穷大的内力）。能发生有限量位移的体系称为常变体系。

只有几何不变体系才能用作常规结构。

研究体系几何组成分析的目的是：

（1）判定给定体系是否几何不变，掌握几何不变体系的组成规则及其应用，以确保结构的几何不变性。

（2）了解结构各部分的组成关系，以便于受力分析。

二、几何不变体系的三条组成规则

（1）两刚片规则：两个刚片用不共点的三根链杆连接，组成几何不变体系，且无多余约束。

（2）三刚片规则：三个刚片用不共线的三个铰相互连接，组成几何不变体系，且无多余约束。

（3）二元体规则：增减二元体（不共线两链杆铰结点）不改变原有体系的几何构造性质。

这三条规则实质上就是三角形规则。然而根据连接两个刚片的两杆约束与铰可相互代换，又可演变出多种组成形式，如图 16-1-1 所示，需注意灵活应用。

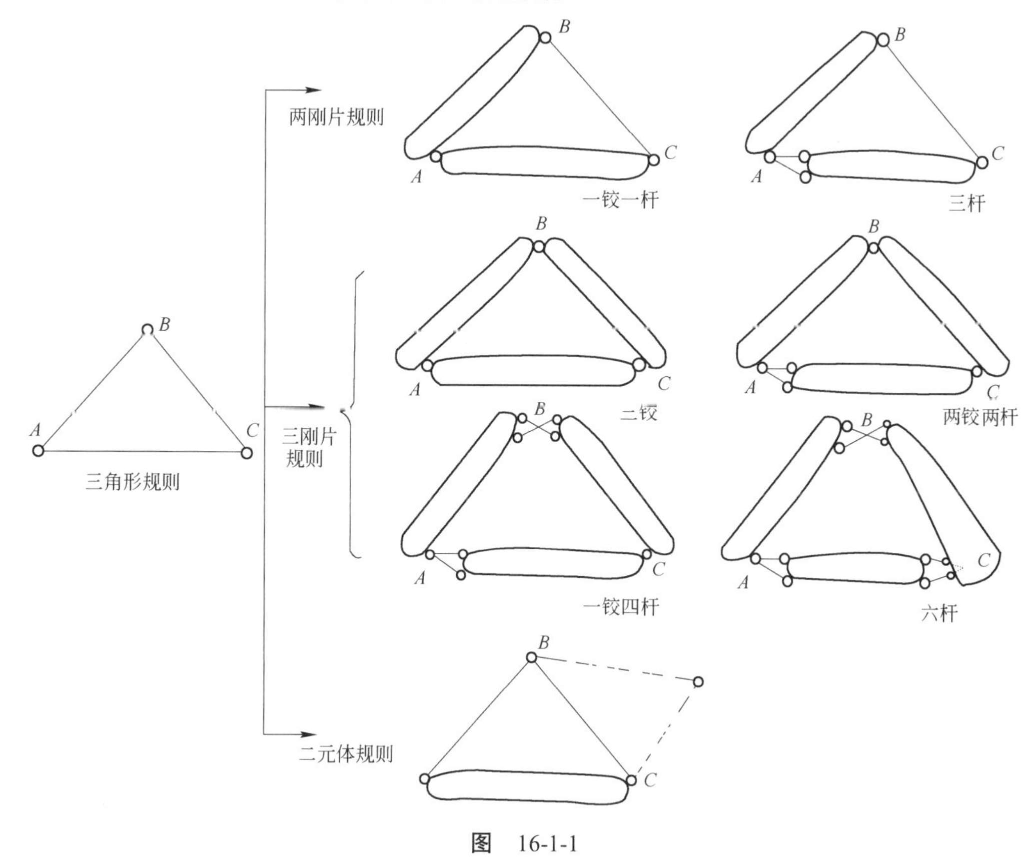

图 16-1-1

在上述规则中都有一定的限制条件，当不满足这些条件时，体系一般为瞬变体系（有时为常变体系），见图 16-1-2，a）~d）为瞬变，e）、f）为常变。

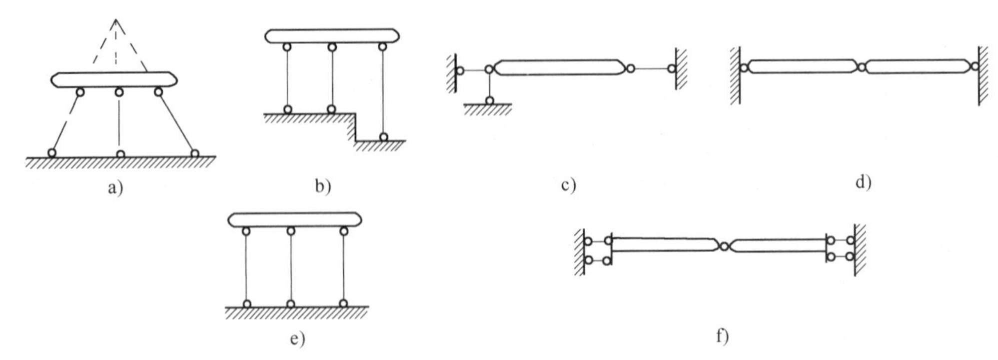

图 16-1-2

【例 16-1-1】 对如图 a）所示体系进行几何组成分析。

解 如图 b）所示刚片 I、II、III由不共线的三铰A、B、C相互连接，再增加上面的二元体即为所给体系。故所给体系为几何不变无多余约束的体系。

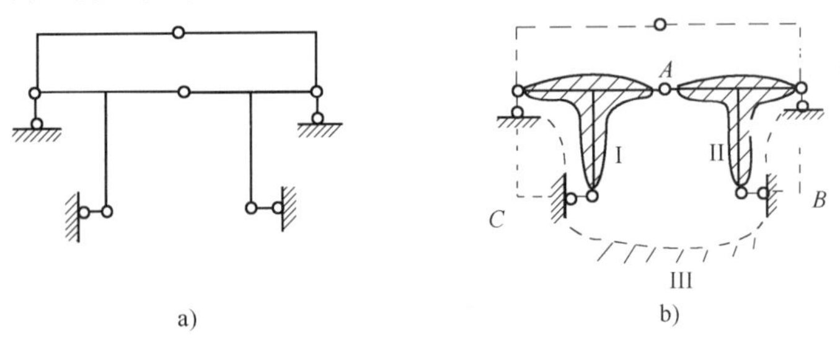

例 16-1-1 图

【例 16-1-2】 对如图 a）所示的铰接体系进行几何组成分析。

解 撤去不影响几何构造性质的顶部的二元体及底部的简支支座后，剩下九根杆件，可视为三个刚片，六根链杆，见图 b）。刚片 I、II、III用虚铰(1,2)、(2,3)、(3,1)相互连接，若三铰共线，则原体系为瞬变体系。

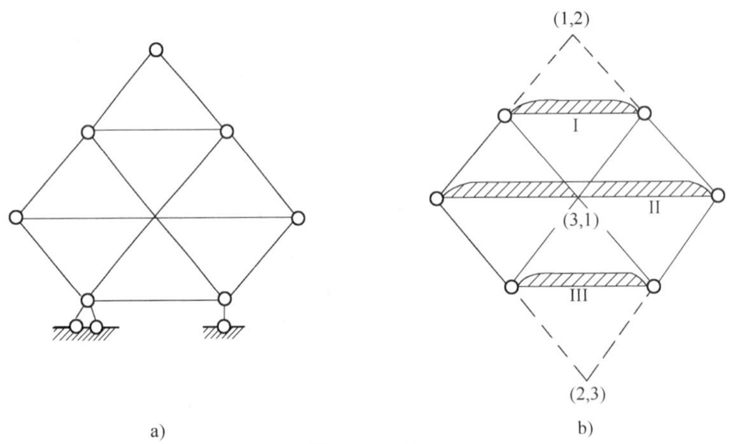

例 16-1-2 图

【例 16-1-3】 对如图 a）所示的体系进行几何组成分析。

解 体系的左半部分见图 b），是两个刚片用两个铰连接，组成有一个多余约束的大刚片，同理，体系的右半部分也是有一个多余约束的大刚片，但左、右两部分与地面连接少一根链杆，所以整体为几何可变体系。

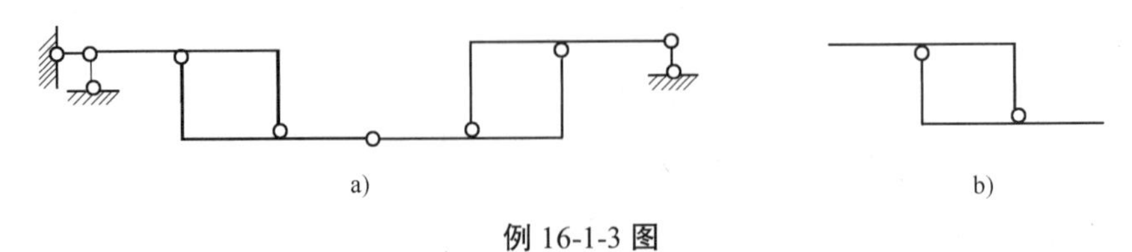

例 16-1-3 图

在进行几何组成分析时，有时会遇到虚铰在无穷远的情况，这时需引用射影几何学的定理："平面上不同方向所有无穷远点的集合是一条直线（无穷远直线），而一切有限远点均不在此直线上"的结论，才能正确进行分析。

三、注意事项及例题分析

（1）组成分析这部分内容的重点要求是能正确地理解和表述与组成分析有关的名词概念，能应用无多余约束几何不变体系的组成规则分析平面体系的几何构造性质。

（2）对体系进行组成分析常采取的措施：

①撤去不影响几何构造性质的部分以使问题简化。如可撤去二元体，可撤去与某刚片（基础）只用不共点三链杆相连的部分，见图 16-1-3。

②逐次应用基本组成规则将小刚片合成为大刚片，将体系归结为两刚片或三刚片相连的情况。见图 16-1-4。

③根据分析的需要，有时可作等效代换，例如：

连接两个刚片的两根链杆与一个单铰可作等效代换（见图 16-1-5）。

具有两个连接铰的刚片与一根链杆可作等效代换（见图 16-1-6）。

具有三个连接铰的刚片与三根链杆可作等效代换（见图 16-1-7）。

三根链杆汇交的 Y 形结点（见图 16-1-8），必须有一杆视为刚片。

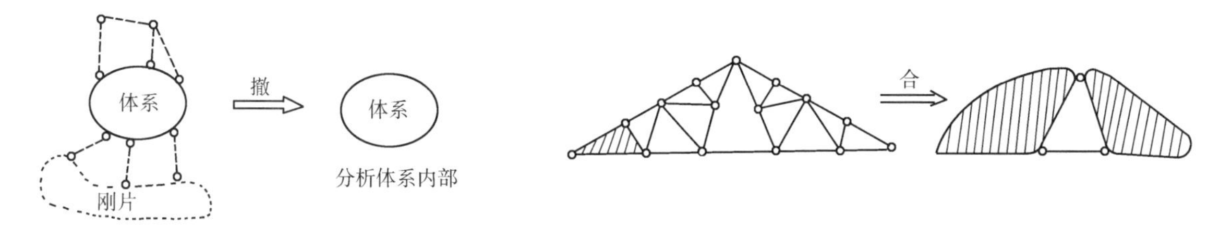

图 16-1-3　　图 16-1-4

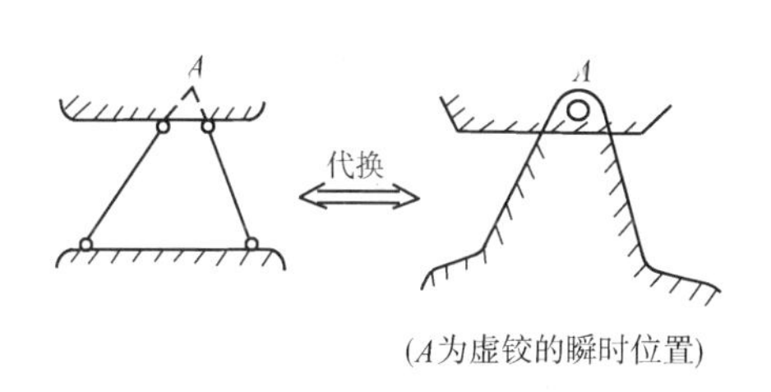

图 16-1-5

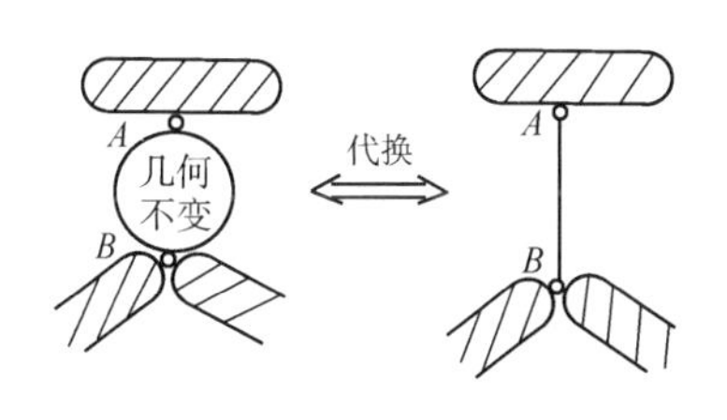

图 16-1-6

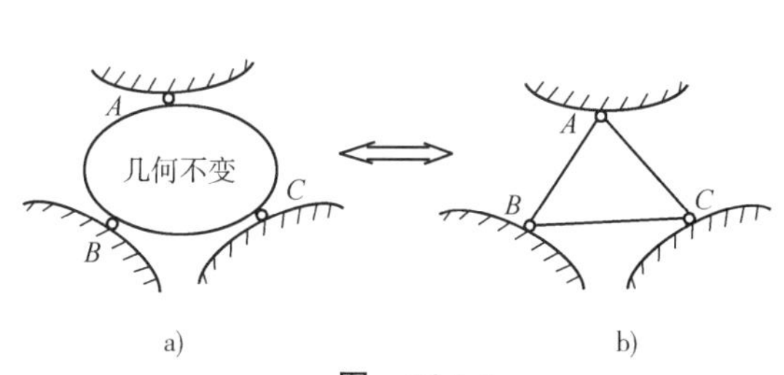

图 16-1-7

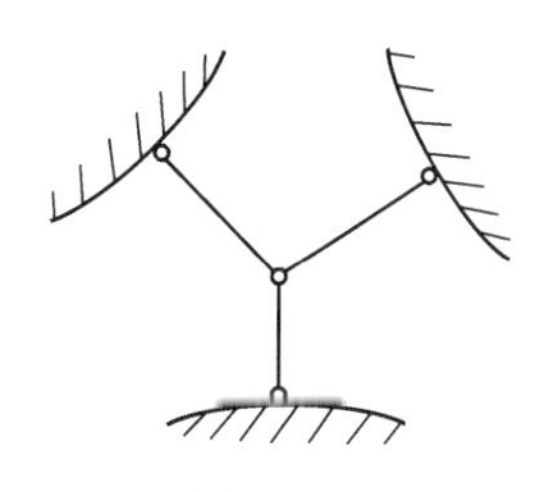

图 16-1-8

【例 16-1-4】如图 a）所示体系为：

A. 几何不变体系，无多余约束

B. 几何不变体系，有多余约束

C. 几何常变体系

D. 几何瞬变体系

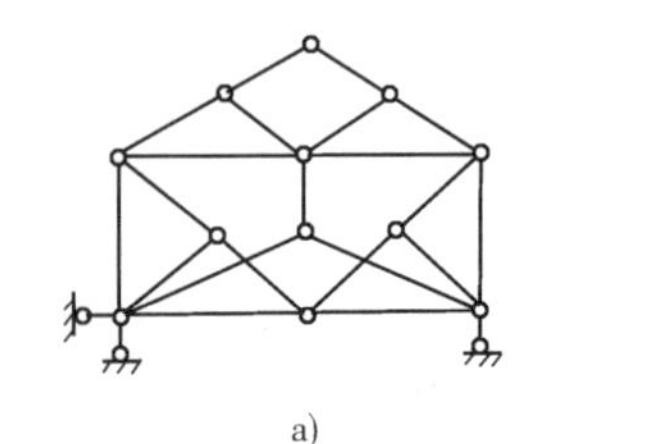
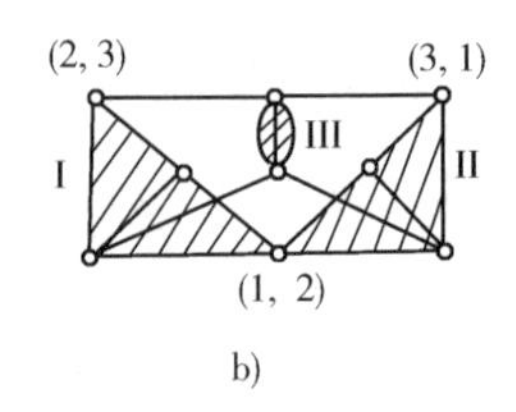

例 16-1-4 图

解 先撤去上面三个二元体及下面的简支支座，分析图 b）内部，再将三角形合成为大三角形，得刚片Ⅰ、Ⅱ，并将中间竖杆等效代换为刚片Ⅲ，可看出，刚片Ⅰ、Ⅱ、Ⅲ用不共线的三铰(1,2)、(2,3)、(3,1)相互连接，故体系为几何不变且无多余约束的体系。

答案： A

【例 16-1-5】如图 a）所示体系可用：

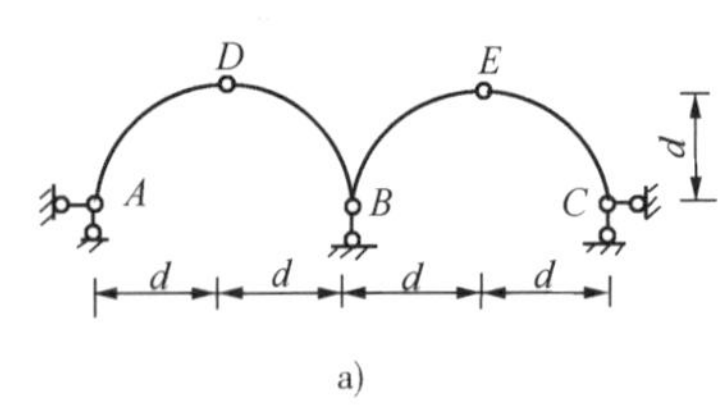

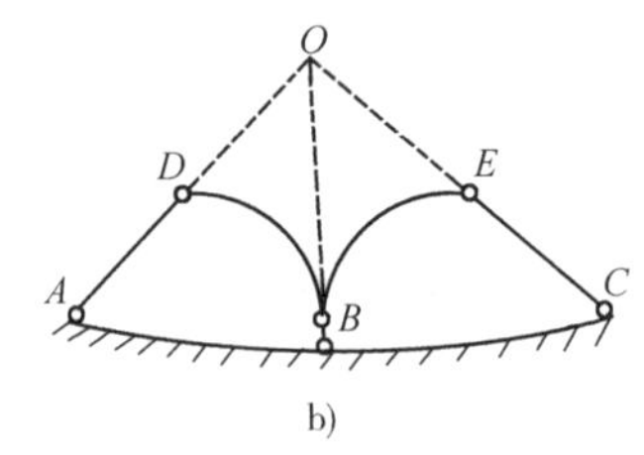

例 16-1-5 图

A. 两刚片规则分析为几何不变体系　　B. 两刚片规则分析为几何瞬变体系

C. 三刚片规则分析为几何不变体系　　D. 三刚片规则分析为几何瞬变体系

解 将A、C处的支座链杆用铰A、C代替并将看似刚片的曲杆AD、CE用直线链杆代替，如图 b）所示，则刚片DBE与地面用交于O点的三链杆相连，故体系为瞬变体系。

答案： B

【例 16-1-6】图示体系的几何组成为：

A. 几何不变，无多余约束

B. 几何不变，有多余约束

C. 瞬变体系

D. 常变体系

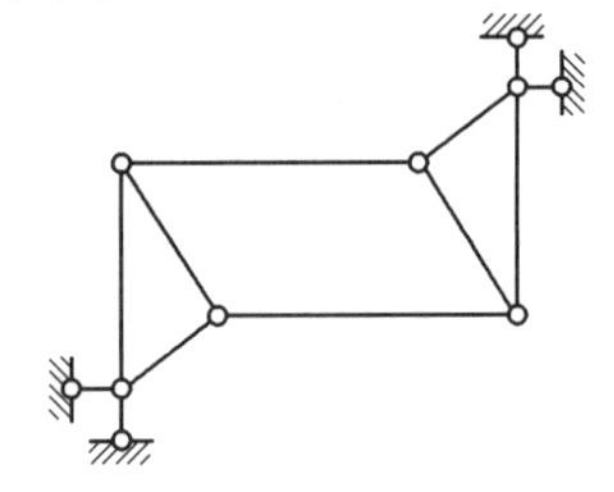

例 16-1-6 图

解 按三刚片规则分析，右上三角形刚片与基础用右上铰连接，左下三角形刚片与基础用左下铰连接，两个三角形刚片用两个平行链杆连接形成无限远铰，三铰不共线，故体系为几何不变且无多余约束。

答案： A

【例 16-1-7】如图 1a）所示体系可用三刚片规则进行分析，三个刚片应是：

A. ΔABC，ΔCDE与基础　　B. ΔABC，杆FD与基础

C. ΔCDE，杆BF与基础　　D. ΔABC，ΔCDE与ΔBFD

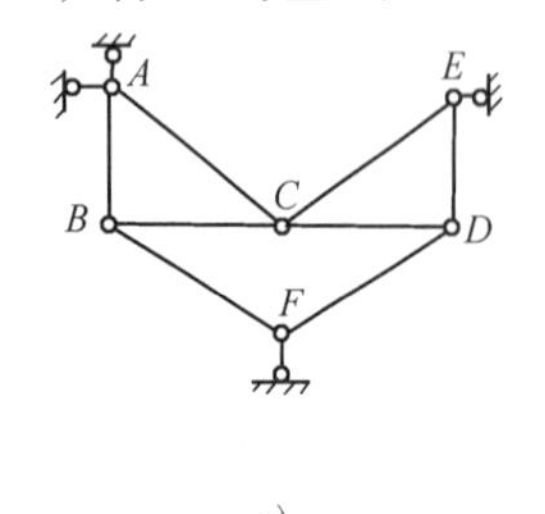

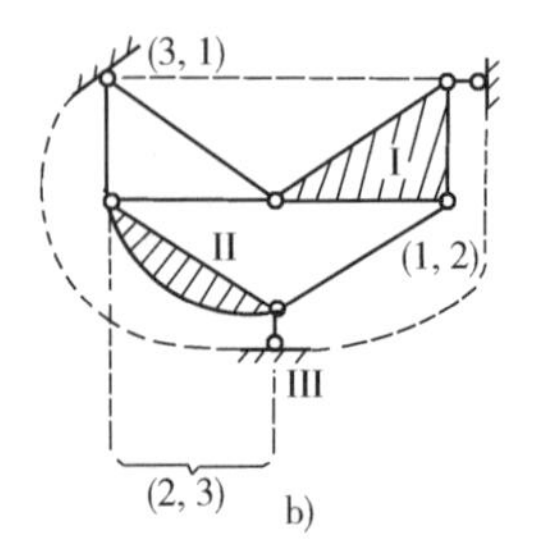

例 16-1-7 图 1

解　选项D不含基础，且ΔBFD不能构成刚片，显然不对，选项A，交于F点的三根链杆都看成约束，无法分析，故杆BF、FD之一需视为刚片，而ΔABC与ΔCDE只能其中之一视为刚片，正确分析见图1b)，刚片Ⅰ(ΔCDE)、Ⅱ(杆BF)及Ⅲ(基础)用不共线三铰(1,2)、(2,3)及(3,1)相连，为几何不变体系，且无多余约束，答案应选C。

答案：C

注：若将此题变化成图2a)、b)、d)，分析方法相同，分别见图2c)、e)，但由于连接三个刚片的三个铰位置不同，其结论也不相同，其中几何不变部分ABC起着限制A、B、C三点相对距离不变的约束作用，故可用相应三个链杆代替。

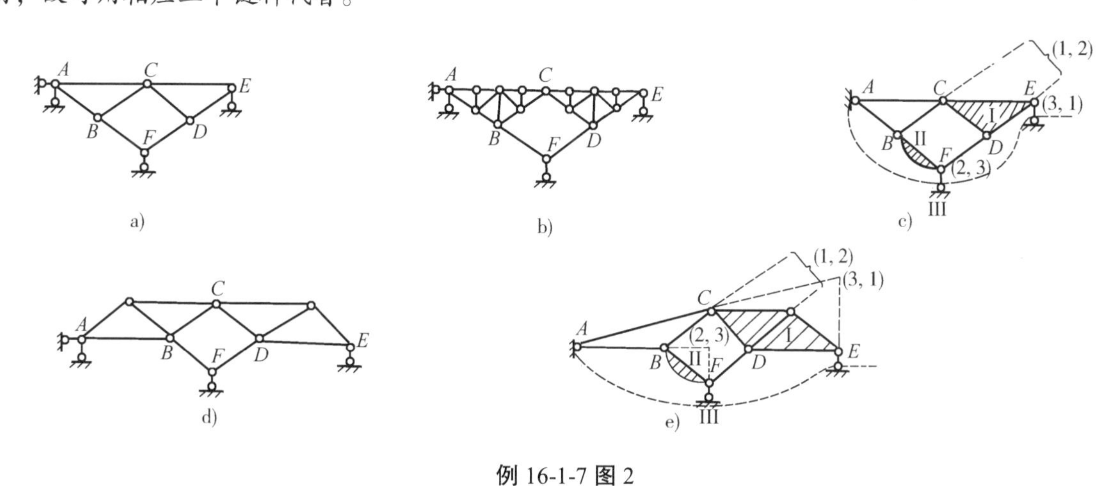

例16-1-7图2

习　题

16-1-1　三个刚片用三个铰(包括虚铰)两两相互连接而成的体系是(　　)。

A. 几何不变　　B. 几何常变

C. 几何瞬变　　D. 几何不变或几何常变或几何瞬变

16-1-2　在图示体系中，视为多余联系的三根链杆应是(　　)。

A. 5、6、9　　B. 5、6、7　　C. 3、6、8　　D. 1、6、7

16-1-3　对图示体系作几何组成分析时，用三刚片组成规则进行分析。则三个刚片应是(　　)。

A. Δ143，Δ325，基础　　B. Δ143，Δ325，Δ465

C. Δ143，杆6－5，基础　　D. Δ352，杆4－6，基础

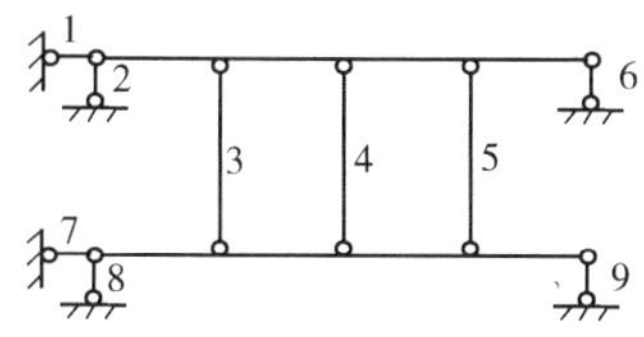

题16-1-2图

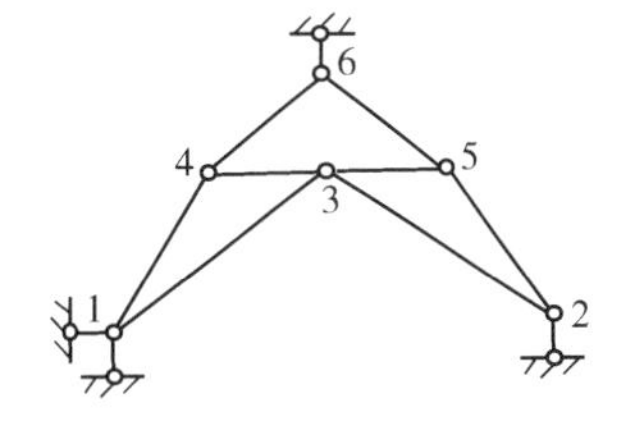

题16-1-3图

16-1-4　判断下图中各图所示体系为(　　)。

A. 几何不变无多余约束　　B. 几何不变有多余约束

C. 几何常变　　D. 几何瞬变

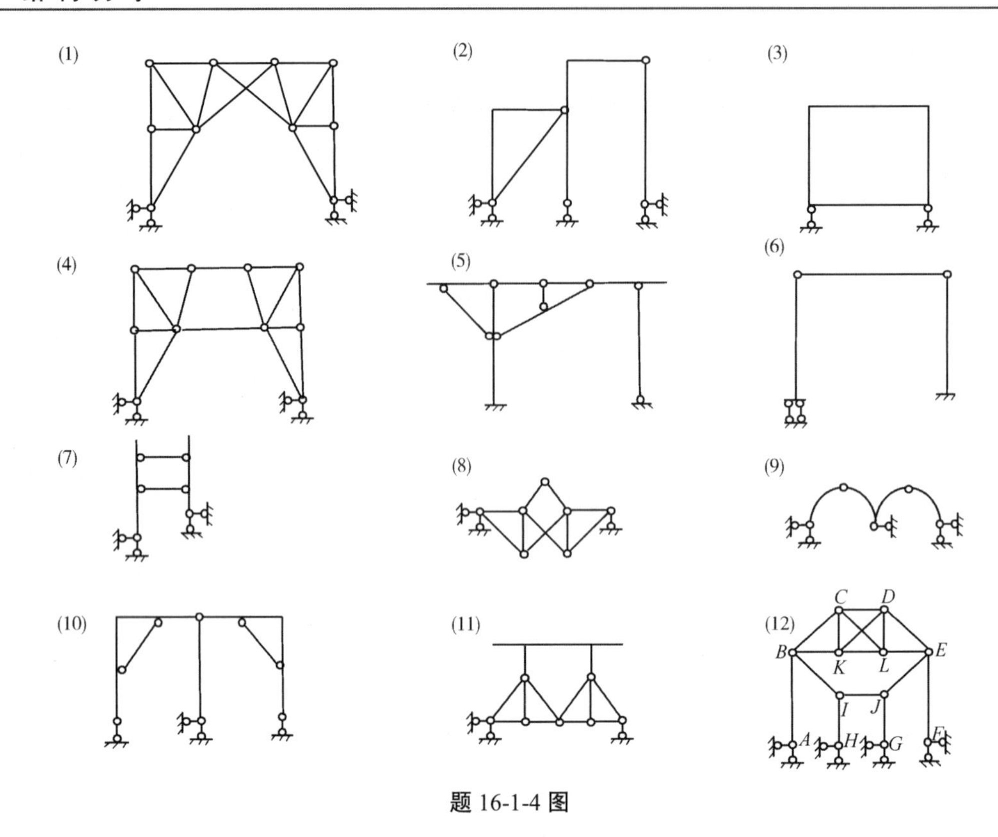

题 16-1-4 图

第二节 静定结构的受力分析与特性

一、静定结构的一般概念

（一）静定结构的基本特征

几何特征：几何不变且无多余约束

静力特征：未知力数与独立平衡方程式数相等

满足平衡方程的反力、内力解答唯一

静定结构的几何特征与静力特征是相互对应的，每一特征都可作为静定结构的定义。

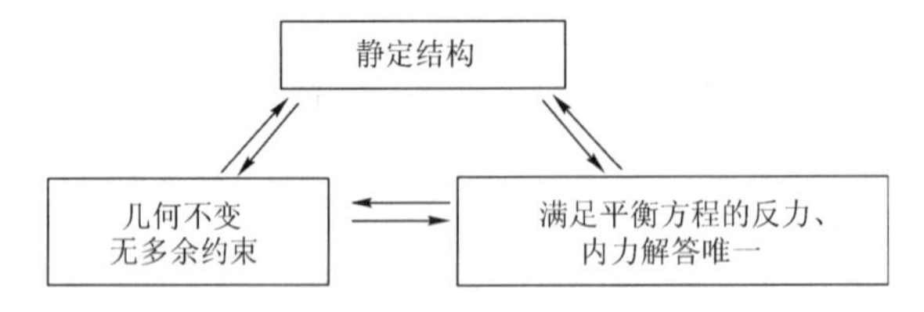

（二）静定结构的一般性质

根据静定结构的基本特征可派生出如下一般性质，它们都可以应用满足平衡方程内力解答的唯一性得到证明。

（1）静定结构由于给定荷载引起的内力与组成结构的材料以及杆件的截面形状尺寸无关，即与截面刚度（EA，EI）无关。

（2）在静定结构中，支座移动、温度改变及制作误差等非荷载因素不会引起内力。亦即只要不受荷载，静定结构就不会产生内力。

（3）静定结构的局部平衡性。

在静定结构中，如果某一局部可以与外力维持平衡，则其余部分的内力为零。

与外力维持平衡的局部，可以是几何不变部分，如图 16-2-1 所示的ABC；也可以是几何可变部分，如图 16-2-2 所示的$ABCDE$。

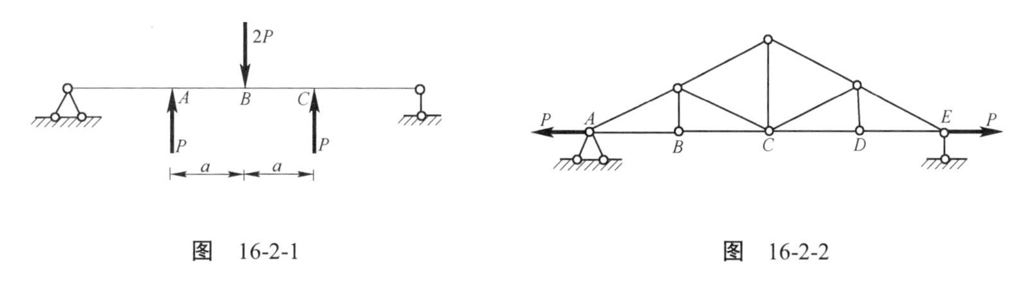

图　16-2-1　　　　图　16-2-2

（4）静定结构的荷载等效变换特性。

当静定结构上的荷载作等效变换（保持合力不变）时，其影响范围是包含荷载变化范围的最小几何不变部分，而其余部分的内力保持不变。例如在图 16-2-3 及图 16-2-4 中，若用合力代替均布荷载，则其内力发生变化的范围分别是图 16-2-3 中的BC部分及图 16-2-4 中的$BCDB$部分。

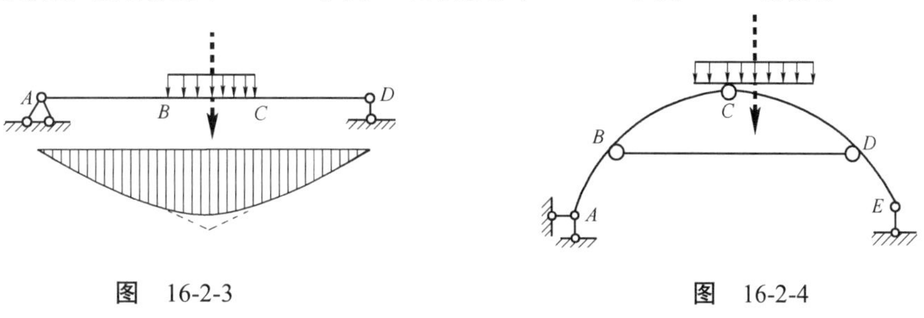

图　16-2-3　　　　图　16-2-4

（5）静定结构的几何构造变换特性。

当静定结构的某一局部作几何构造变换时，其影响范围是包含构造变换局部的最小几何不变部分，而其余部分的内力不变。

例如，在图 16-2-5 中若用BD杆代替AC杆时，内力发生变化的范围仅是$ABCDA$部分。

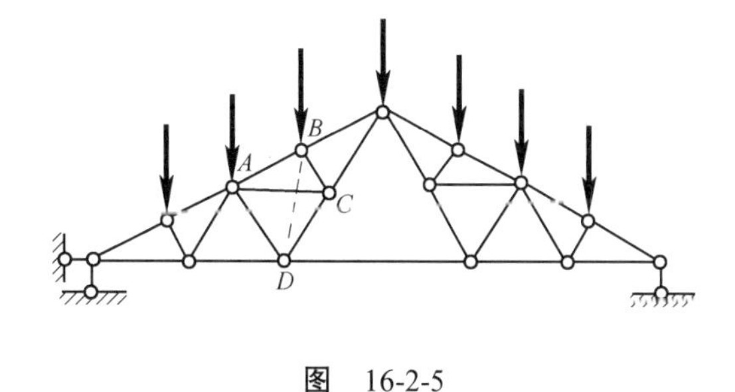

图　16-2-5

（6）基本部分上的荷载只使基本部分受力，而附属部分上的荷载使附属部分及基本部分都受力。

掌握静定结构的上述性质，有时会给内力求解工作带来诸多方便。例如，根据局部平衡特性很容易得到如图 16-2-6、图 16-2-7 所示的内力。

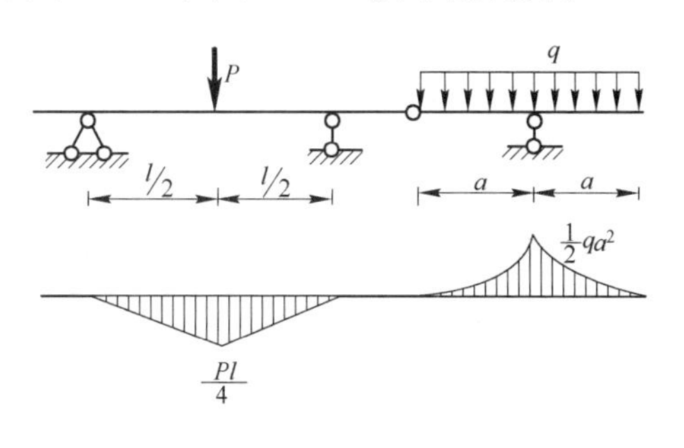

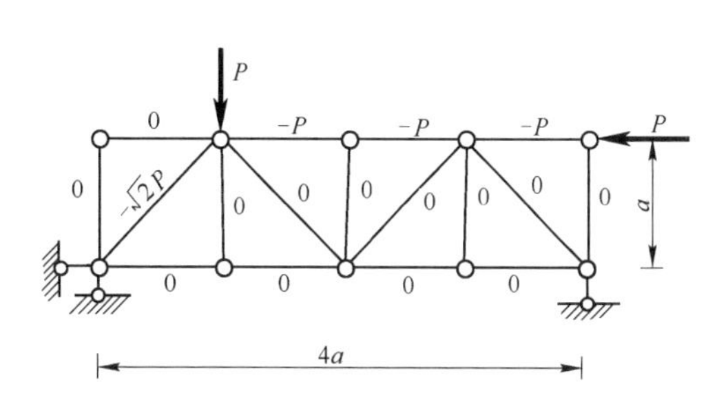

图　16-2-6　　　　图　16-2-7

二、静定结构受力分析的基本方法

根据静定结构的基本特征可知静定结构的受力分析就是研究平衡问题，因而进行受力分析的基本原则和方法是：

$$\begin{cases}\text{用截面法截取适当的隔离体，画受力图}\\ \text{针对隔离体受力图，应用平衡方程计算反力及内力}\end{cases}$$

在静定结构的计算中应注意以下两点：

（1）注意把受力分析与几何组成分析联系起来，根据结构的几何组成特点选取合适的计算途径。一般来说，组成分析是“搭”的顺序，而受力分析是“拆”的顺序。

（2）在应用平衡方程时，应注意矩心及投影轴的选取，最好使一个平衡方程只含一个未知力，尽量避免解联立方程，以节省工作量，减少计算错误。

静定结构的计算步骤，一般是先求支座反力，然后求杆件截面内力，再作内力图。

（一）支座反力的计算

根据结构的几何组成特点，可分以下几种情况：

1. 与基础按两刚片规则组成的结构——用截面法计算

这类结构的计算特点是采用截面法切断与基础的三个联系，考虑一个隔离体的平衡，用平面一般力系的三个平衡方程求解三个未知反力。为使一个平衡方程只含一个未知力，一般可选两个未知力延长线的交点作为力矩中心，用力矩平衡方程求第三个未知力。当两个未知力平行时，用投影平衡方程（选投影轴与平行力垂直）求另一未知力。如图 16-2-8 所示，用$\sum M_{\mathrm{A}}=0$求R_1，用$\sum M_{\mathrm{B}}=0$求R_2，用$\sum X=0$求R_3（x轴与平行力R_1、R_2垂直）。

如图 16-2-9 所示结构有两个集中反力和一个反力偶，宜用两个投影平衡方程和一个力矩平衡方程求解。

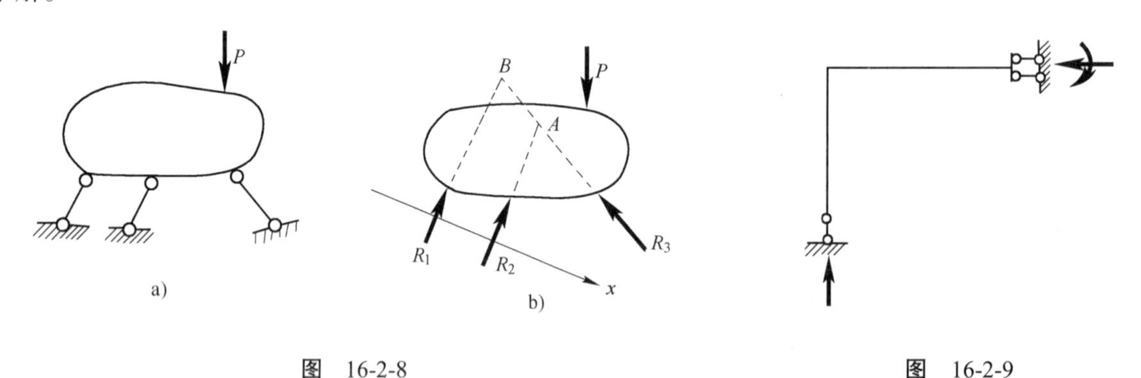

图 16-2-8　　图 16-2-9

悬臂结构，一般不需求支座反力，由自由端算起即可求得内力。

2. 与基础按三刚片规则组成的结构——用双截面法计算

这类结构的计算特点是：必须两次应用截面法，考虑两个隔离体的平衡，才能求得全部约束力。如图 16-2-10a）所示，原则上必须从铰C处拆开（注意作用力与反作用力等值反向的关系），分别建立两个刚片各自的平衡方程（图 16-2-10b），或分别建立整体平衡方程及一个刚片的平衡方程（图 16-2-10c），联立求解，才能求得铰A、铰B两处的四个反力及铰C处的两个约束力。

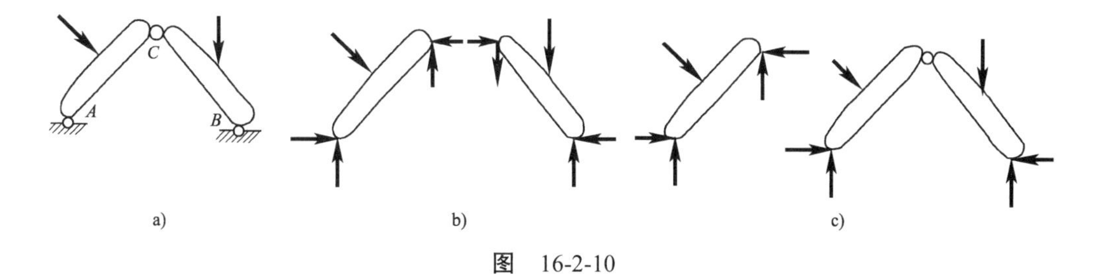

图　16-2-10

有时针对题目的具体情况计算还可得到简化。

例如图 16-2-11 所示三铰刚架，可考虑整体平衡，用下面四个平衡方程求得四个支座反力。

$\sum M_B = 0$，求V_A；

$\sum M_A = 0$，求V_B；

$\sum X = 0$，建立H_A与H_B的关系；

$M_C = 0$，求H_A或H_B。

其中第四个方程$M_C = 0$（铰C处弯矩为零）与从铰C处拆开，与根据一侧刚片为隔离体建立的$\sum M_C = 0$的实质是一样的。

3. 由基本部分及附属部分组成的结构（主从结构）——拆开从附属部分算起

这类结构只要将附属部分与基本部分拆开，先算附属部分，后算基本部分，就可归结为前两种情况，如图 16-2-12 所示。

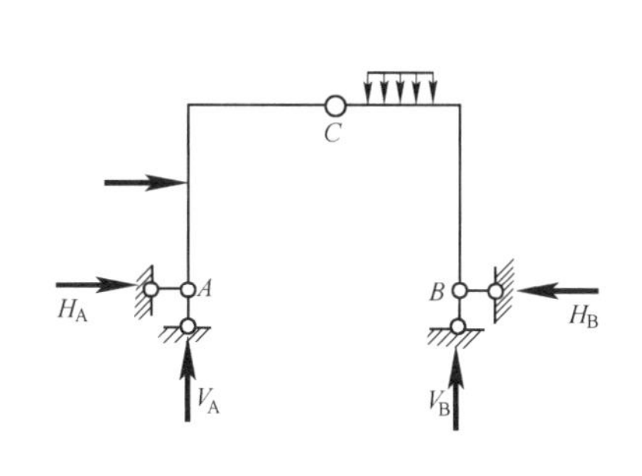

图　16-2-11

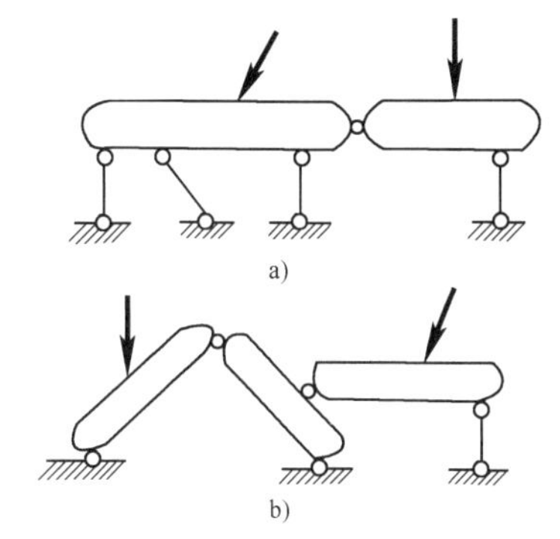

图　16-2-12

（二）杆件截面内力的计算

求内力的基本方法是截面法。

杆件某截面的内力一般有弯矩M、剪力Q及轴力N三个分量，其计算规律及符号规定如下：

$$M = \sum_{\text{截面一侧}} \text{外力对截面形心力矩} \quad M(+)$$

即某截面的弯矩等于该截面一侧隔离体上所有外力对截面形心力矩的代数和。对于弯矩的符号，不作统一硬性规定，弯矩图画在受拉侧，不注符号。

$$Q = \sum_{\text{截面一侧}} \text{平行于截面外力} \quad Q(+)$$

即某截面的剪力等于该截面一侧隔离体上所有平行于该截面外力分量的代数和。剪力的符号以使微体产生顺时针旋转倾向的错动为正。

$$N = \sum_{\text{截面一侧}} \text{垂直于截面外力} \quad N(+)$$

即某截面的轴力等于该截面一侧隔离体上所有垂直于该截面外力分量的代数和，轴力的符号以拉力为正。

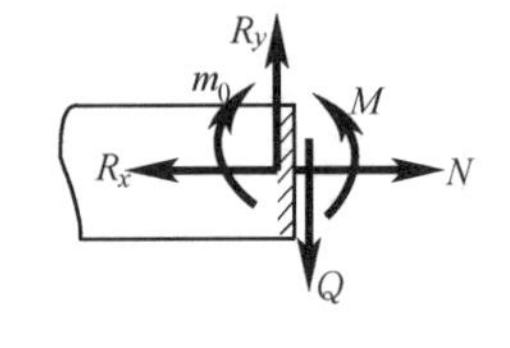

图 16-2-13

上述三条计算规律，实际上就是截面一侧隔离体的三个平衡方程，如图16-2-13 所示，其中R_x、R_y及m_0分别代表截面左侧隔离体上的外力向截面形心简化所得主向量的分量及主矩，也就是M、Q、N三个表达式中的右端项。这三条计算规律是截面内力计算的依据，非常重要，一定要正确理解并熟练掌握其应用。

（三）内力图的绘制

对于梁和刚架需绘制其内力图，一般是先作弯矩图，再作剪力图及轴力图。

作内力图的步骤如下：

（1）应用前述截面内力的计算规律，分段求控制截面的内力。荷载不连续处、杆件汇交处需选作为控制截面。

（2）根据荷载与内力间的微分关系，分段判别图线性质。

（3）逐段描点绘图。

荷载与内力间的微分关系（见图 16-2-14）主要指$\frac{\mathrm{d}M}{\mathrm{d}x}=Q$；$\frac{\mathrm{d}Q}{\mathrm{d}x}=-q$；$\frac{\mathrm{d}^2M}{\mathrm{d}x^2}=-q$。

它们是微体的平衡方程，根据这些微分关系，在作M、Q图时应注意下面一些特点：

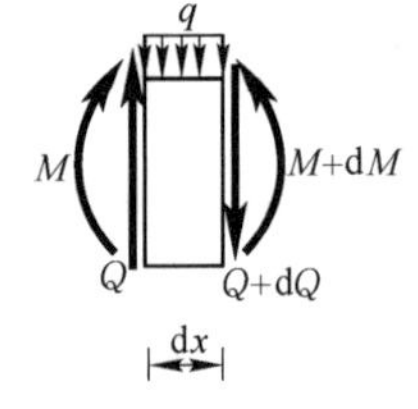

图 16-2-14

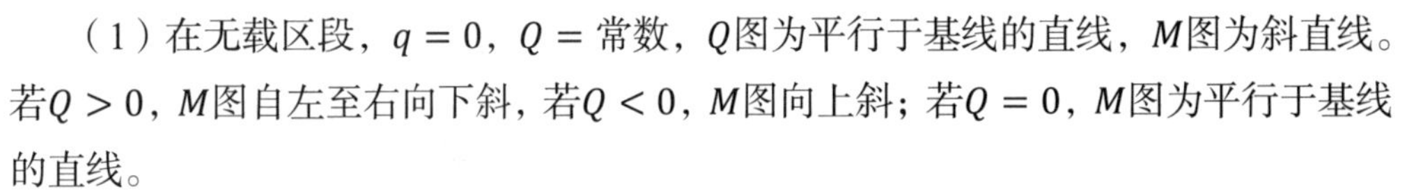

（1）在无载区段，$q=0$，$Q=$常数，Q图为平行于基线的直线，M图为斜直线。若$Q>0$，M图自左至右向下斜，若$Q<0$，M图向上斜；若$Q=0$，M图为平行于基线的直线。

（2）在均载区段，$q=$常数，Q图为斜直线，自左至右斜的方向与q的指向一致，M图为二次抛物线，其凸向与q的指向一致。

（3）在集中力作用处，Q图发生突变，其突变值等于该集中力沿截面方向的分量，M图发生方向改变，方向转折所形成的尖角与该集中力的指向相同。

（4）在集中力偶作用处，Q图不变，M图发生突变，其突变值等于该力偶的力偶矩。

（5）M图的极值点发生在$Q=0$处。

在作M图时，经常使用区段叠加法，它是叠加原理在内力分析中的应用，如图 16-2-15 所示，其中图 16-2-15a）是从结构中取出的某区段AB，其受力情况与如图 16-2-15b）所示的相应简支梁相同，根据叠加原理可分解为图 16-2-15c）与图 16-2-15d）的组合。如图 16-2-15d）所示为相应简支梁的M图，靠下方的图只是将基线放斜了，各截面弯矩竖标都不改变。

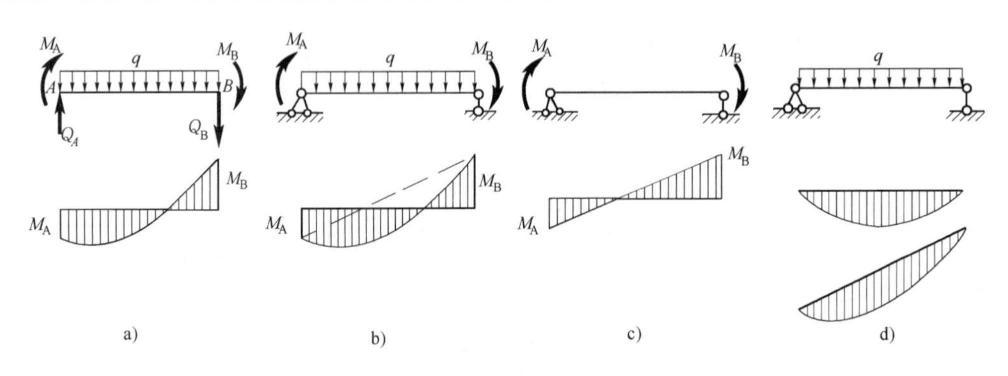

图 16-2-15

区段叠加法作M图的步骤如下：

（1）求控制截面的弯矩，在M图上取得相应的控制点。

（2）将M图的控制点之间连成直线，并以此为基线叠加相应简支梁的弯矩图。

三、各类静定结构的力学特性及计算

（一）静定梁

梁的力学特性是以受弯为主。单跨梁是计算的基础。多跨静定梁是由几根单跨梁连接而成的主从结构。分析的关键是拆成单跨梁，画出层次受力图，从附属部分算起，将各单跨梁的内力图连接起来，就是多跨静定梁的内力图。

【例 16-2-1】 作如图 a）所示多跨静定梁的Q、M图。

解　先作出层次受力图并求反力（见图 b），进一步再作Q图（见图 c）及M图（见图 d）。

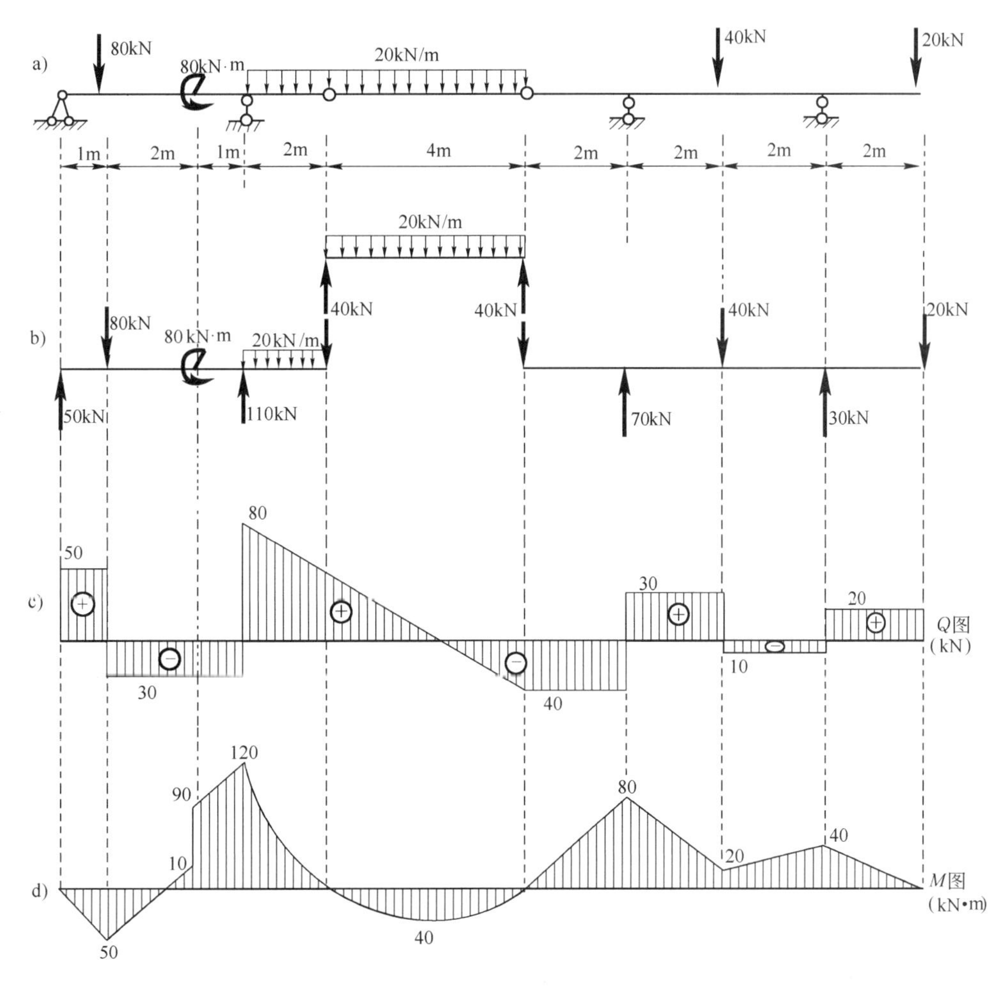

例 16-2-1 图

（二）静定刚架

1. 刚架的特点

刚架是用刚性结点将杆件连接起来而组成的几何不变体系。其力学特性也是以受弯为主。

刚架的特点是由刚性结点引起的。刚结点与铰结点不同之处见表 16-2-1。

表 16-2-1

特点＼结点	铰　结　点	刚　结　点
几何特点	所连各杆端间的夹角可变	所连各杆端间的夹角不变
受力特点	不能传递弯矩，只能传递剪力和轴力	既能传递弯矩也能传递剪力和轴力

由于刚架的几何不变性需要依靠结点的刚性来维持，所以刚架的整体性好，可作大空间，且受力比较均匀，可减小内力的峰值，如图 16-2-16 所示。

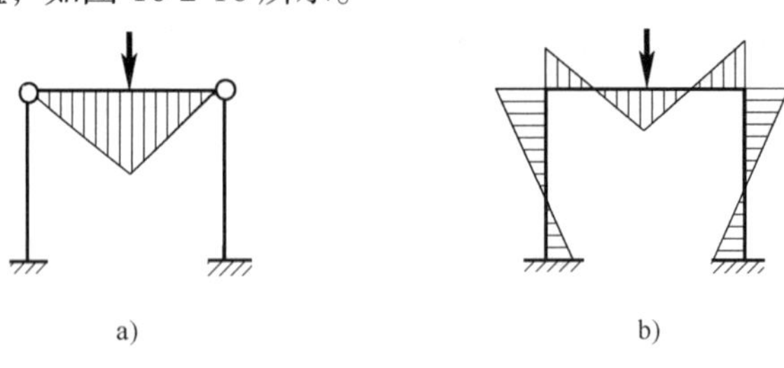

图　16-2-16

2. 静定刚架的计算

静定刚架内力图的绘制：先按前述基本方法求控制截面内力，然后分段判断图线性质，之后描点绘图。

【例 16-2-2】 作如图 a）所示刚架的M、Q、N图。

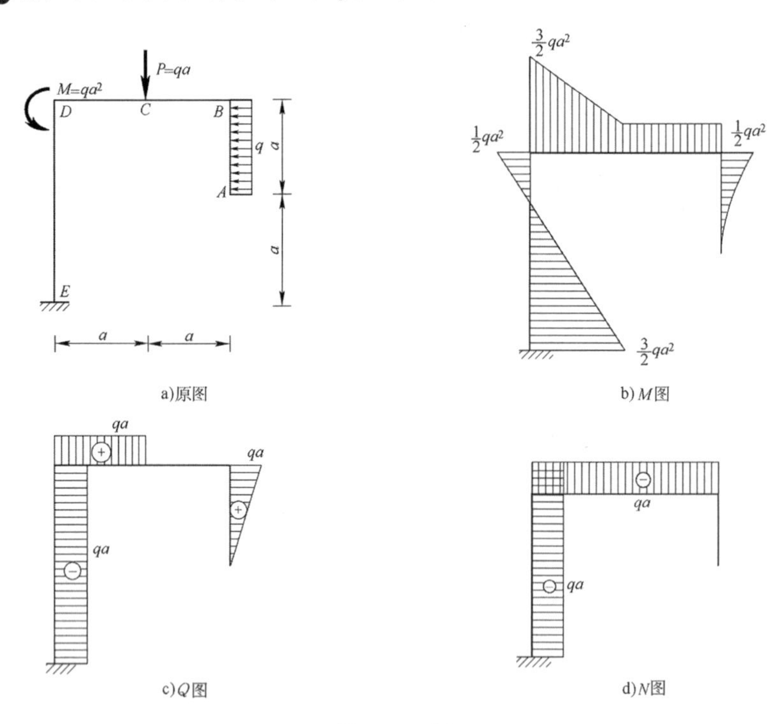

例 16-2-2 图

解　作M图：AB段　二次曲线，向左凸

$$M_{\mathrm{AB}}=0$$

$$M_{\mathrm{BA}}=\frac{1}{2}qa^2(\text{外侧受拉})$$

BC段　平直线

$$M_{\mathrm{BC}}=\frac{1}{2}qa^2(\text{上侧受拉})$$

CD段　斜直线

$$M_{CD}=\frac{1}{2}qa^2(\text{上侧受拉})$$

$$M_{DC}=\frac{3}{2}qa^2(\text{上侧受拉})$$

DE段 斜直线

$$M_{DE}=\frac{1}{2}qa^2(\text{外侧受拉})$$

$$M_{ED}=\frac{3}{2}qa^2(\text{内侧受拉})$$

作Q图

$$Q_{AB}=0$$

$$Q_{BA}=+qa$$

$$Q_{BC}=0$$

$$Q_{CD}=+qa$$

$$Q_{DE}=-qa$$

作N图

$$N_{BA}=0$$

$$N_{BD}=-qa$$

$$N_{DE}=-qa$$

校核：结点D

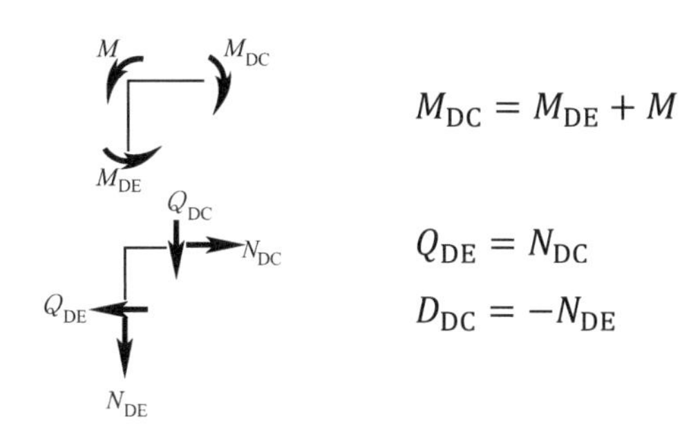

$$M_{DC}=M_{DE}+M$$

$$Q_{DE}=N_{DC}$$

$$D_{DC}=-N_{DE}$$

【例 16-2-3】 作如图 a）所示刚架的内力图。

解 先求反力，再求控制截面内力，分段作图。

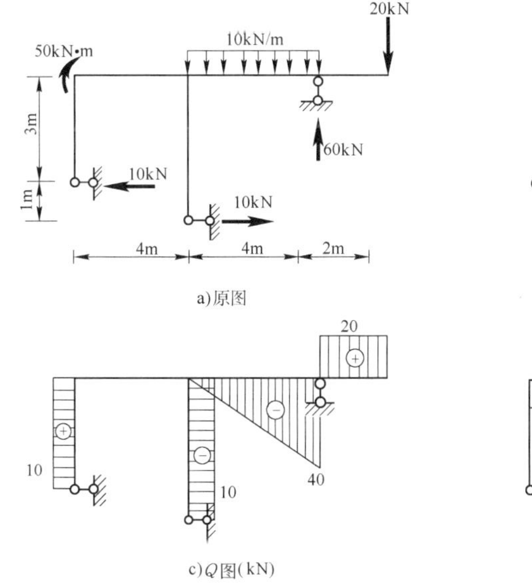

a)原图

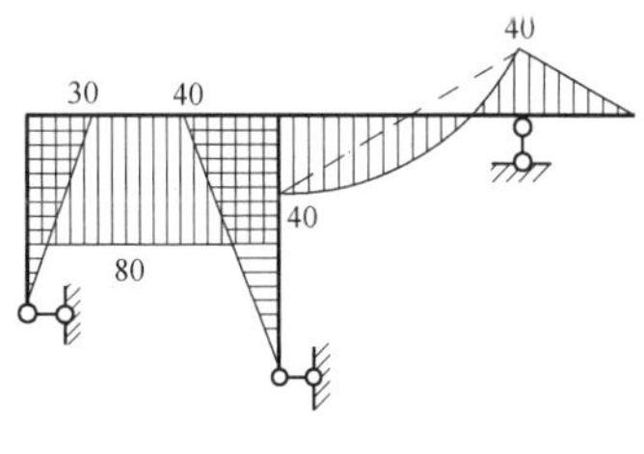

b) M图(kN•m)

c) Q图(kN)

d) N图(kN)

例 16-2-3 图

【例 16-2-4】 作如图 a）所示刚架的内力图。

解 先解左面附属部分，再解右面基本部分。

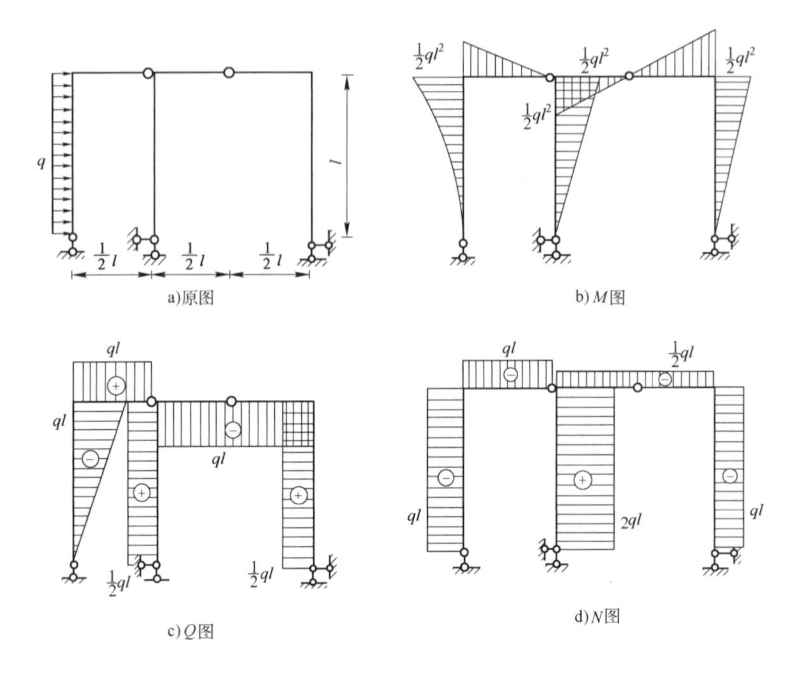

例 16-2-4 图

（三）三铰拱

1. 拱的力学特性

在竖向荷载作用下，不仅能产生竖向反力，而且能产生水平反力（推力）的曲线型结构称为拱。由于推力的存在，使拱截面上的弯矩较相应简支梁的弯矩大为减小，拱截面上增加了轴向力，使截面上正应力的分布趋于均匀，能较充分地发挥材料的作用，是一种较经济合理的结构形式。

2. 三铰拱的计算（限于：平拱—两底铰等高的三铰拱，受竖向荷载作用）

（1）支座反力：取决于荷载及三个铰的位置，与拱轴形状无关。如图 16-2-17 所示。

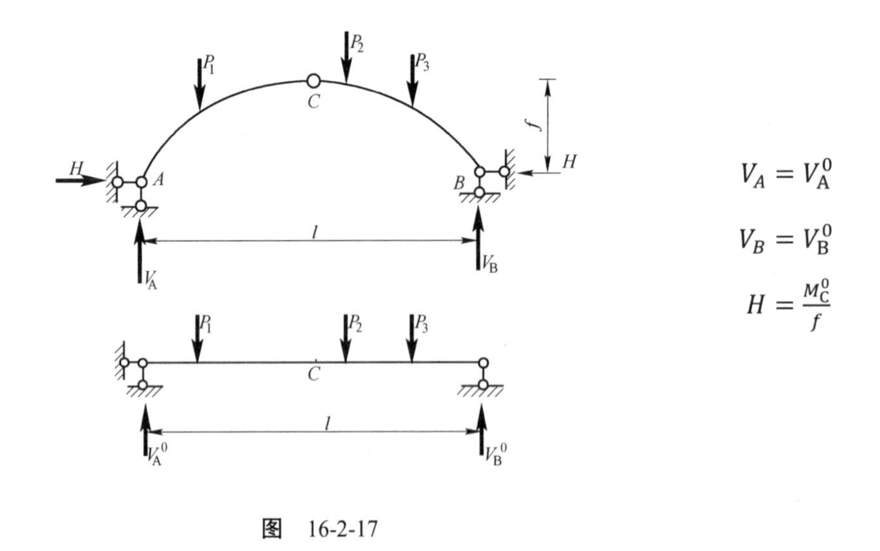

$$V_A = V_A^0$$

$$V_B = V_B^0$$

$$H = \frac{M_C^0}{f}$$

图 16-2-17

（2）截面内力：取决于荷载、三个铰的位置及拱轴形状。如图 16-2-18 所示。

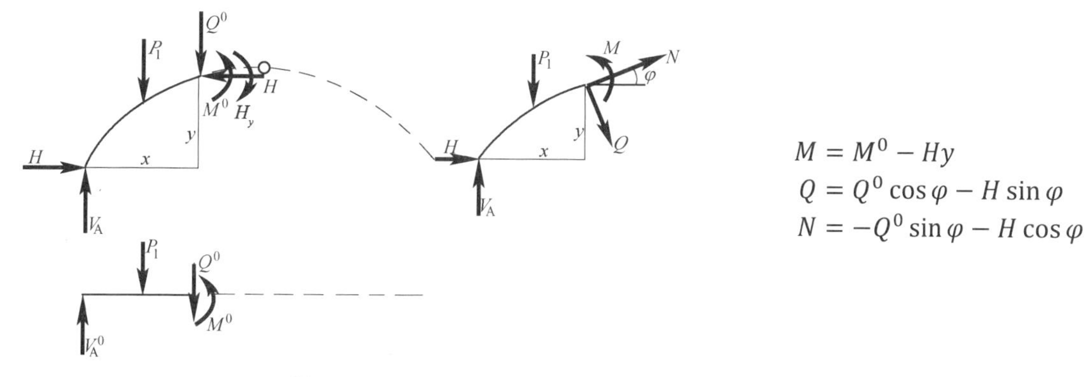

$$M = M^0 - Hy$$
$$Q = Q^0 \cos\varphi - H\sin\varphi$$
$$N = -Q^0 \sin\varphi - H\cos\varphi$$

图　16-2-18

【例 16-2-5】 图示三铰拱$y=\frac{4f}{l^2}x(1-x)$，$l=16\text{m}$，D右侧截面的弯矩值为：

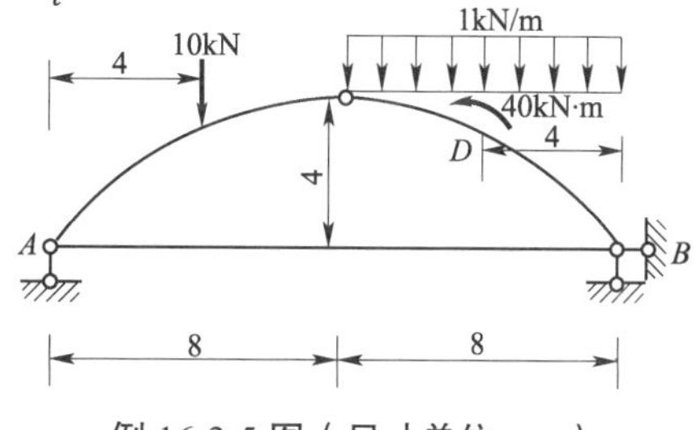

例 16-2-5 图（尺寸单位：m）

A. 26kN · m　　B. 66kN · m　　C. 58kN · m　　D. 82kN · m

解　$V_B=(10\times4+1\times8\times12-40)/16=6\text{kN}(\uparrow)$

$N_{AB}=(6\times8-1\times8\times4+40)/4=14\text{kN}(拉)$

$y_D=4\times4/16^2\times12\times(16-12)=3\text{m}$

$M_{D右}=6\times4-1\times4\times2-14\times3=-26\text{kN}\cdot\text{m}$

答案： A

3. 合理拱轴的概念

在一定荷载作用下，使拱处于无弯矩状态（各截面弯矩、剪力均为零，只受轴力）的轴线称为拱的合理轴线。

求法：

$$y(x)=\frac{M^0(x)}{H}$$

由此式可知，拱的合理轴线的纵坐标与相应简支梁的弯矩成正比，故合理轴线的形状与相应简支梁的弯矩图（倒置）相似。

图 16-2-19 给出了几种荷载情况下的合理轴线，其中，沿水平线的均布荷载作用下的合理拱轴为二次抛物线（见图 16-2-19d），填土荷载作用下的合理拱轴为悬链线（见图 16-2-19e），均匀内压或外压作用下的合理轴线为圆（见图 16-2-19f）。

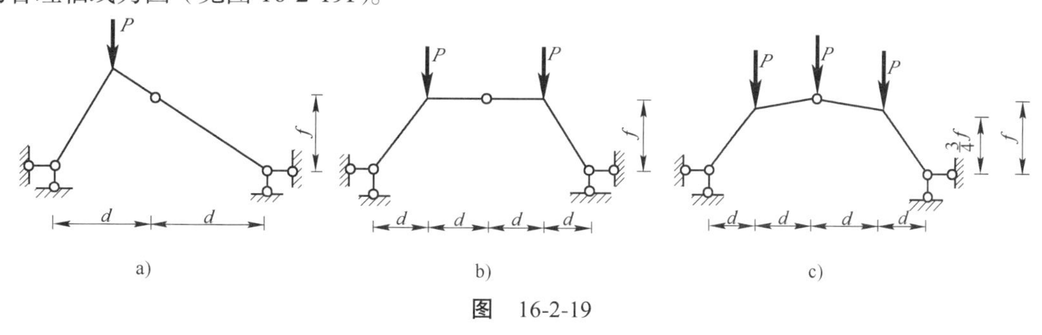

图　16-2-19

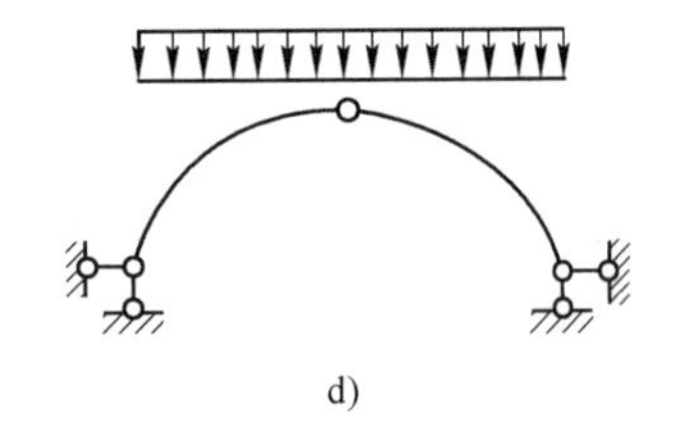

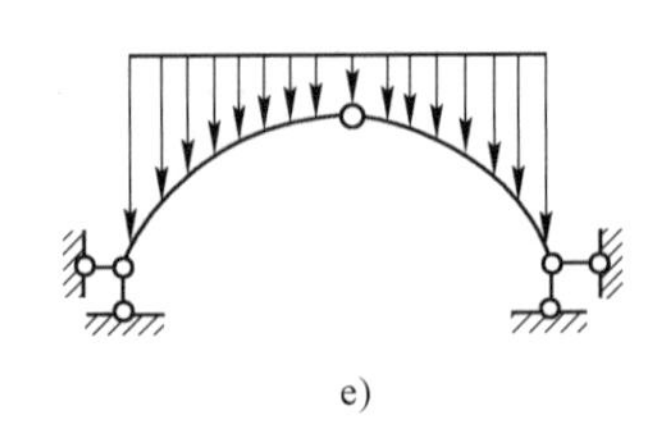

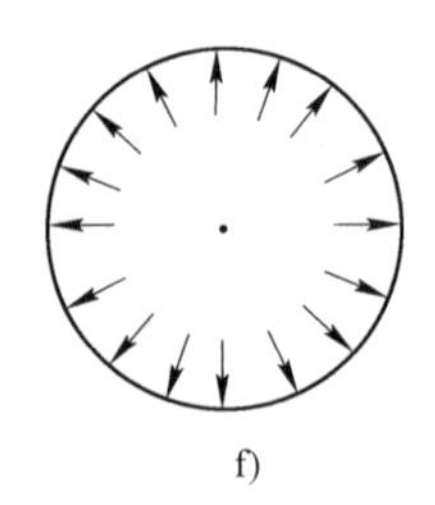

图 16-2-19 几种荷载情况下的合理轴线

（四）静定桁架

1. 桁架的特点

桁架是铰接几何不变体系。理想桁架的杆件都是二力杆，杆件截面内力只有轴力，能充分发挥材料的作用，是一种经济合理的受力形式。

2. 静定桁架内力的解法

结点法：依次（使未知力不超过两个）截取结点为隔离体，应用平面汇交力系的平衡方程求杆件内力。

截面法：用适当的截面截取桁架的一部分（至少含两个结点）为隔离体，应用平面一般力系的平衡方程求截断杆的内力。

3. 应用技巧

（1）注意结点平衡的特殊情况（零杆判断），参见图 16-2-20。

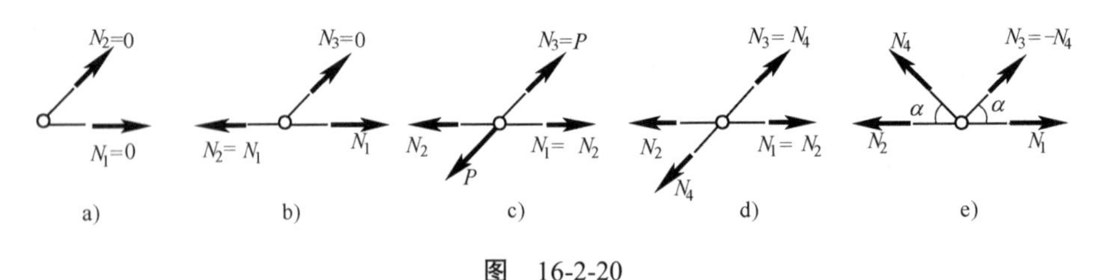

图 16-2-20

①不共线两杆结点，若不受荷载，则两杆内力为零，如图 16-2-20a）所示。

②三杆结点，其中两杆共线，若不受荷载，则另一杆（单杆、独杆）内力为零，共线两杆内力相同，见图 16-2-20b），若外力P与单杆共线，则共线的两力相等，如图 16-2-20c）所示。

③四杆结点，两两共线，若不受荷载，则共线的两杆内力相同，如图 16-2-20d）所示。

④四杆结点，两杆共线，另两杆在同侧且倾斜角相同（K 形结点），则同侧两杆内力大小相等，受力性质相反，如图 16-2-20e）所示。

（2）注意应用投影比例关系。由图 16-2-21 可得

$$\frac{N}{L}=\frac{X}{L_x}=\frac{Y}{L_y}$$

$$N=\frac{L}{L_x}X=\frac{L}{L_y}Y$$

一般可先求出分力X或Y，再求轴力N。

（3）恰当地选取矩心和投影轴，尽量使一个平衡方程只含一个未知量。

若隔离体上只有三个未知力，一般可选其中两个未知力的交点作为力矩中心，用力矩平衡方程求第三个未知力，并沿其作用线移动到适当的位置分解，以使力臂易求，如图 16-2-22a）所示，将N_2移到D点分解，用$\sum M_A=0$求Y_2，再利用投影关系求N_2。当两个未知力平行时，用投影平衡方程求第三个未知

力，投影轴与平行力垂直，如图 16-2-22b）所示，用$\sum Y=0$求Y_2，再求N_2。

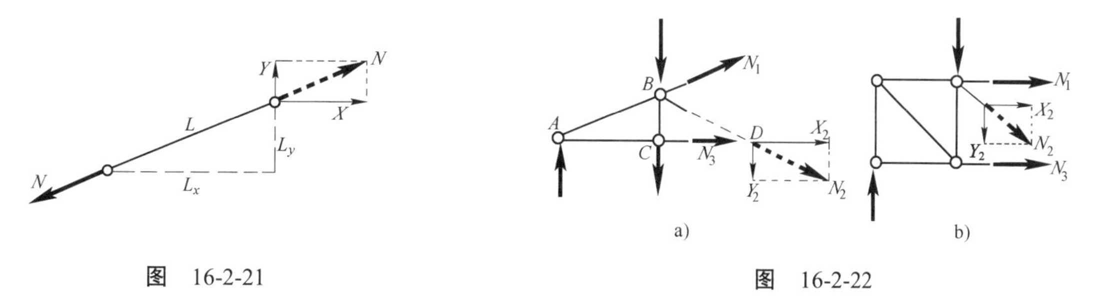

图　16-2-21　　　　图　16-2-22

（4）应用截面法时，一个截面截断的杆数一般不宜超过三根，当有特殊条件可以利用时，可超过三根，如图 16-2-23 所示。

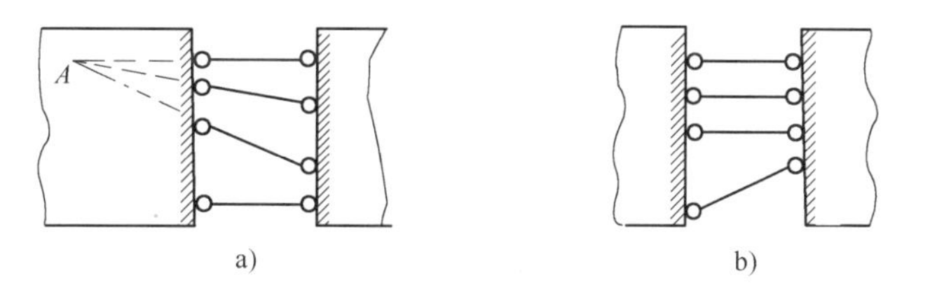

图　16-2-23

（5）对于联合桁架，宜先用截面法求出联系杆的内力。

（6）利用对称性。

对称桁架在对称荷载作用下，对称杆的内力大小相等、受力性质相同。位于对称轴线上的无载 K 形结点有零杆，如图 16-2-24a）所示。

对称桁架在反对称荷载作用下，对称杆的内力大小相等、受力性质相反。位于对称轴线上的杆件内力为零，如图 16-2-24b）所示。

对称桁架在一般荷载作用下，可考虑（如果计算简单）分解为对称荷载与反对称荷载两种情况的组合。

4. 桁架杆件内力的计算

【例 16-2-6】 求如图所示桁架各杆的内力。

解　判断零杆后，用结点法求解，如图所示。

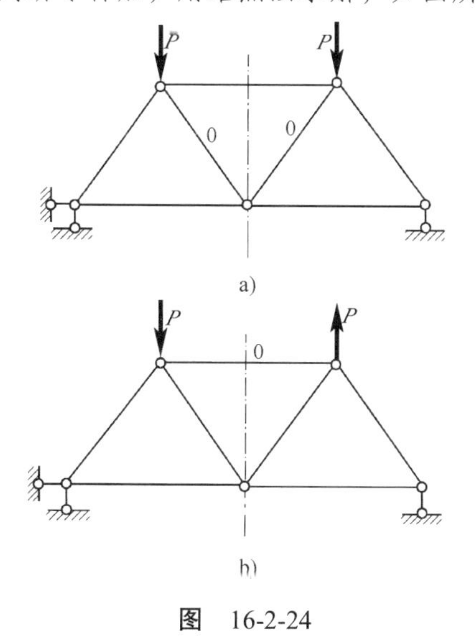

图　16-2-24

例 16-2-6 图

【例 16-2-7】 求如图 a）所示桁架杆①的内力。

解　取隔离体如图 b）所示。

由$\sum M_C=0$，得

$$Y_1=\frac{60\times12-90\times15}{18}=-35\text{kN}$$

$$N_1=-35\sqrt{2}=49.5\text{kN}(压)$$

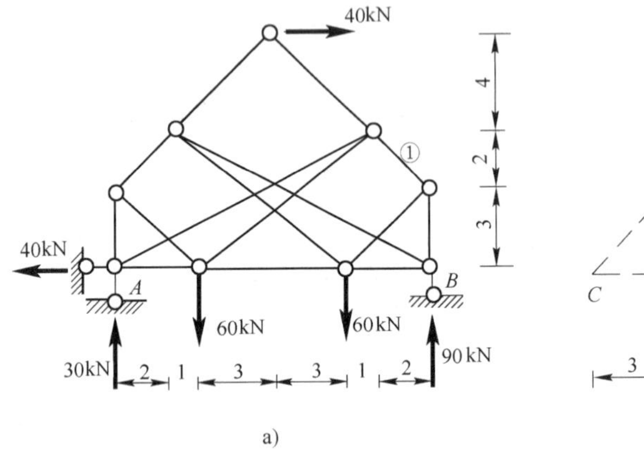

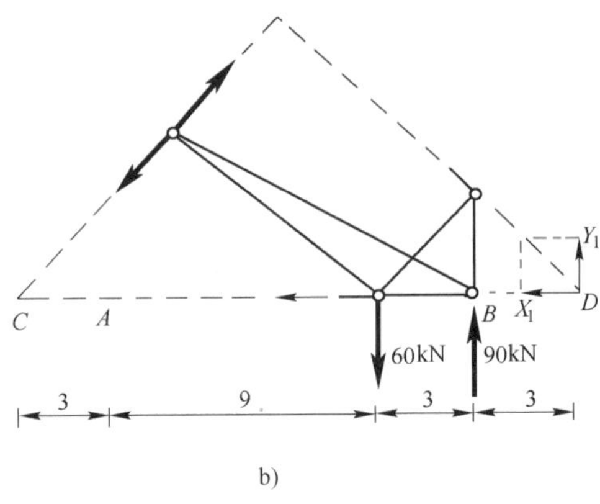

例 16-2-7 图

【例 16-2-8】 求如图 a）所示桁架杆①、杆②的内力。

解　将图 a）分解为图 b）与图 c）的组合，可得

$$N_1=-\sqrt{2}P(压)，N_2=-\frac{\sqrt{2}}{3}P(压)$$

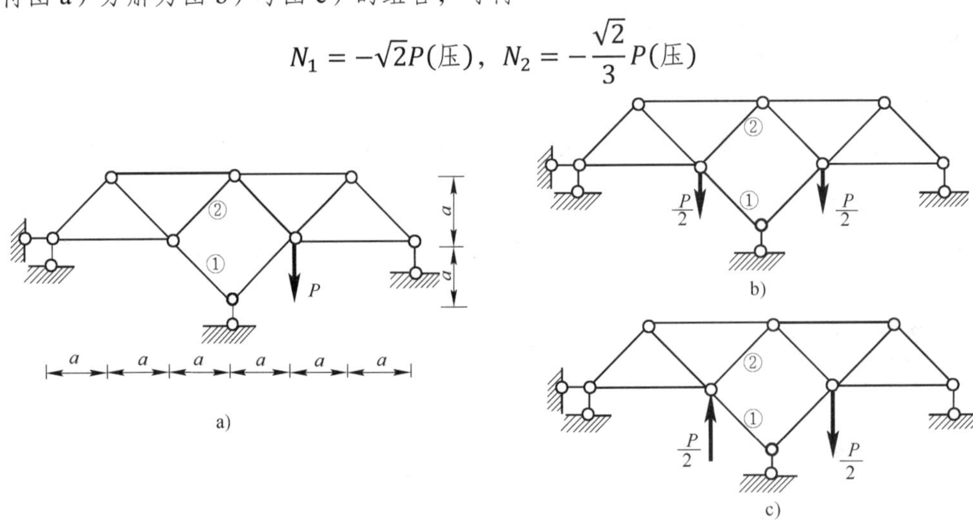

例 16-2-8 图

（五）静定组合结构

（1）组合结构的特点：既有只受轴力的二力杆（链杆、桁架杆件），又有受弯的梁式杆，如图 16-2-25 所示，AC、CB为梁式杆，其余为链杆。

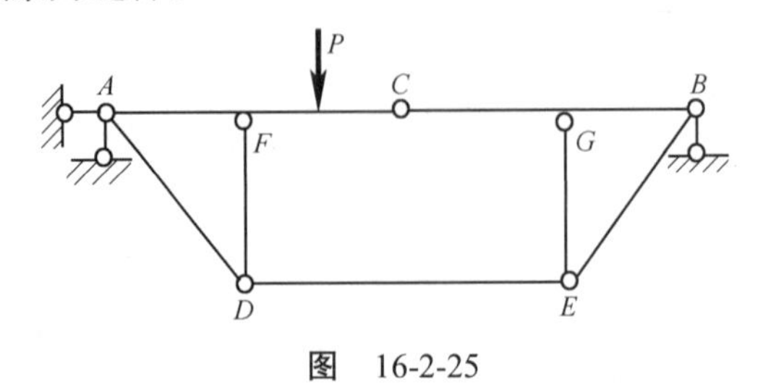

图　16-2-25

（2）内力解法：关键是分清杆件的受力性质，将链杆与梁式杆区分清楚，正确地选取隔离体。链杆的截面内力只有轴力，而梁式杆的截面内力有弯矩、剪力和轴力。为了不使隔离体上的未知力过多，在应用截面法时，应尽力避免将梁式杆切断。一般可先求链杆的轴力，再取梁式杆为隔离体作其内力图。

四、注意事项及例题分析

（1）静定结构的学习，要注意理解静定结构的基本特征与一般性质，并注意其在题目分析中的应用。

（2）静定结构受力分析与计算的关键是恰当地选取隔离体和平衡方程。要牢固掌握静定梁、静定刚架指定截面内力的计算，掌握静定桁架杆件内力的计算及静定组合结构的内力计算。对于三铰拱，要着重理解其力学性能及合理拱轴的概念，指定截面的内力也应会算。梁与刚架弯矩图的绘制非常重要，尽管选择型的考题一般不会直接考弯矩图的绘制，但若熟知弯矩图，常会对题目的分析带来不少方便。

（3）静定结构反力、内力的计算，宜先考察结构的几何组成，从中找出求解的途径。

（4）对称结构注意利用对称性简化计算，有的结构仅支座约束不对称，在一定条件下仍处于对称受力状态，内力分析仍可利用对称性（注意，位移常不对称）。

（5）要注意基本概念的灵活应用，针对不同情况使用不同的技巧，常作结点平衡及截面平衡校核，一定要多做练习，熟能生巧，才能在考场上用较短的时间作出准确的判断。

【例 16-2-9】 如图所示梁截面C的剪力Q_C为：

A. −3kN　　B. −2kN　　C. 0　　D. +2kN

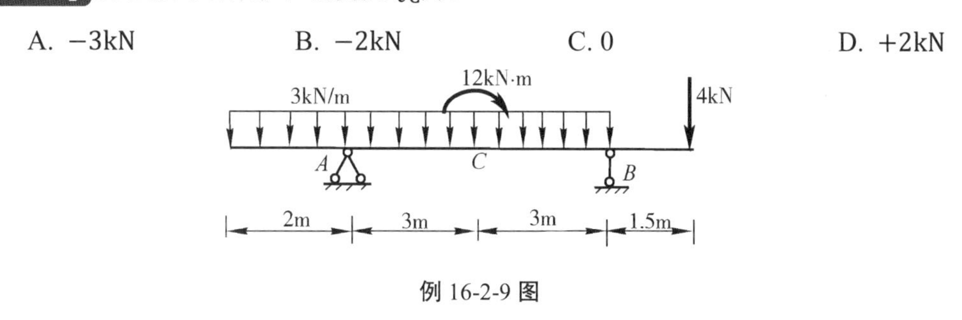

例 16-2-9 图

解 此题若直接求反力再计算截面C的剪力较费时，若根据题目的特点，使用叠加原理可知，AB间的均布荷载引起截面C的剪力为零，而将两个外伸端上的荷载向支座处简化所得两力偶为等值、反向，也不引起截面C的剪力，故只需考虑力偶荷载引起截面C的剪力，即知$Q_C = -12/6 = -2$kN。上述过程完全可以心算求得。

答案： B

【例 16-2-10】 如图所示梁截面A的弯矩M_A为：

A. $3ql^2/2$（上侧受拉）　　B. ql^2（上侧受拉）

C. $ql^2/2$（上侧受拉）　　D. $ql^2/2$（下侧受拉）

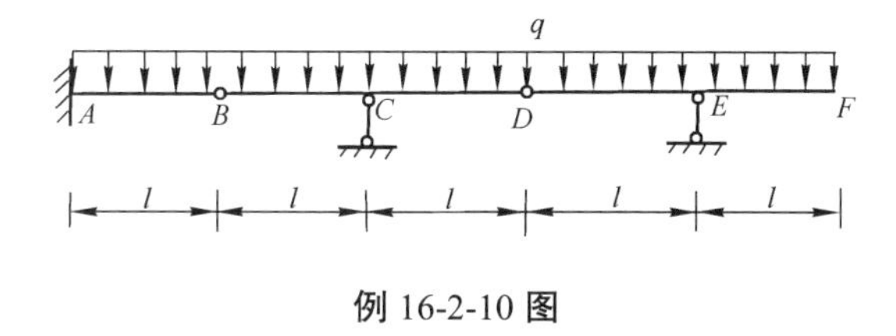

例 16-2-10 图

解 DF部分上的荷载和支座E的反力组成平衡力系，只引起自身内力而对别处无影响，同理BD部分上的荷载也只引起自身的内力，截面B的剪力为零，所以$M_A = ql^2/2$（上面受拉）。

答案： C

【例 16-2-11】 如图所示梁截面F的弯矩（以下侧受拉为正）M_F为：

A. $-Pa/2$　　B. $-Pa/4$　　C. $+Pa/4$　　D. $+Pa/2$

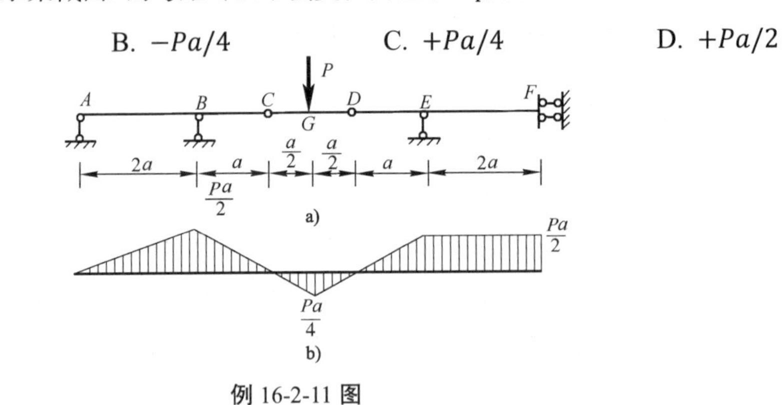

例 16-2-11 图

解 由CD部分简支梁弯矩图向外扩展，GDE部分为一条直线，EF部分为一条平线（F点滑动支座处剪力为零，EF杆不受剪），所以$M_F = -Pa/2$。

答案： A

【例 16-2-12】 如图所示梁，截面A、C的弯矩（以下侧受拉为正）M_A、M_C分别为：

A. $-qa^2/2$，$-qa^2/2$　　B. $-3qa^2/2$，$qa^2/2$

C. $2qa^2$，0　　D. $qa^2/2$，$-3qa^2/2$

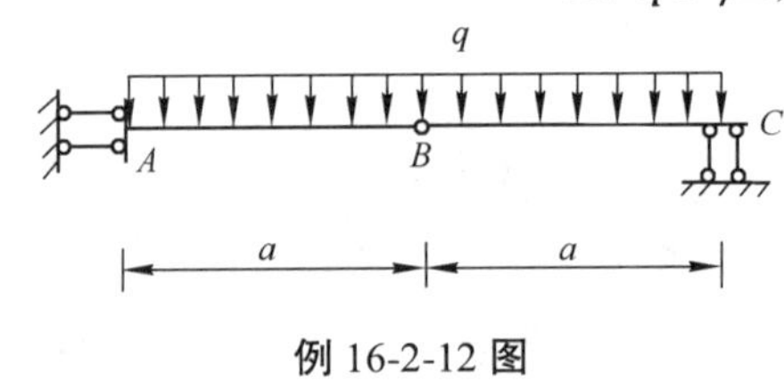

例 16-2-12 图

解 由AB杆段的平衡得截面B的剪力$Q_B = -qa$，进而可得$M_A = qa^2/2$，$M_C = -3qa^2/2$。

答案： D

【例 16-2-13】 如图 a)、b）所示两种斜梁仅右支座链杆方向不同，则两种梁的弯矩M、剪力Q及轴力N图形的状况为：

A. M、Q图相同，N图不同　　B. Q、N图相同，M图不同

C. N、M图相同，Q图不同　　D. M、Q、N图都不相同

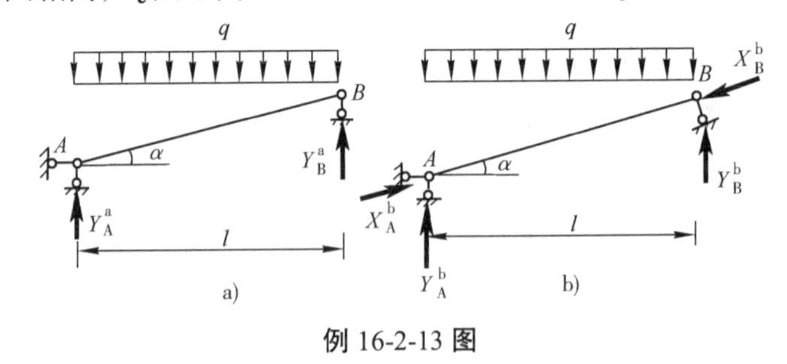

例 16-2-13 图

解 若将图 b）的支座反力沿竖向及梁轴方向分解，则竖向力$Y_A^b = Y_A^a$、$Y_B^b = Y_B^a$及均布荷载q组成平衡力系，两图完全相同，而梁轴方向的一对平衡力$X_A^b = X_B^b$只影响轴力N，对梁的弯矩M、剪力Q无影响，所以两斜梁的M、Q图相同，而N图不同。

答案： A

【例 16-2-14】 如图所示结构，剪力Q_{DA}等于：

A. −3Kn　　B. −1.5kN　　C. 0　　D. 1.5kN

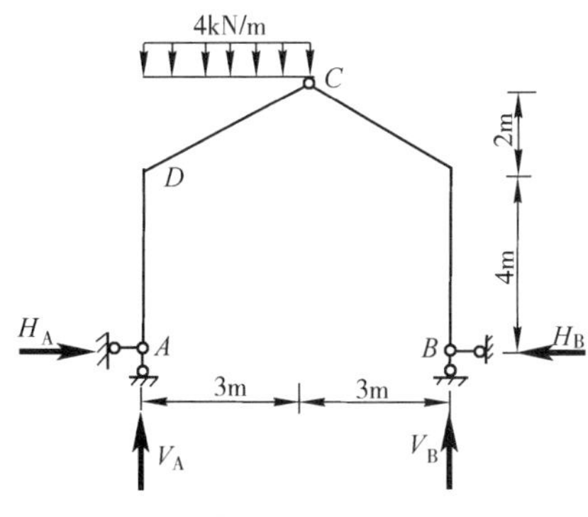

例 16-2-14 图

解　此三铰刚架在竖向荷载作用下的竖向反力与相应简支梁的竖向反力相同，均布荷载的合力在跨度的四分点，易知$V_B = 1/4 \times 4 \times 3 = 3\text{kN}(\uparrow)$

再由$M_C = 0$，得$H_A = H_B = 1.5\text{kN}(\rightarrow\leftarrow)$

进而可得$Q_{DA} = -1.5\text{kN}$

答案：B

【例 16-2-15】 图 a）示刚架M_{DC}为（下侧受拉为正）：

A. 0kN · m　　B. 20kN · m　　C. 40kN · m　　D. 60kN · m

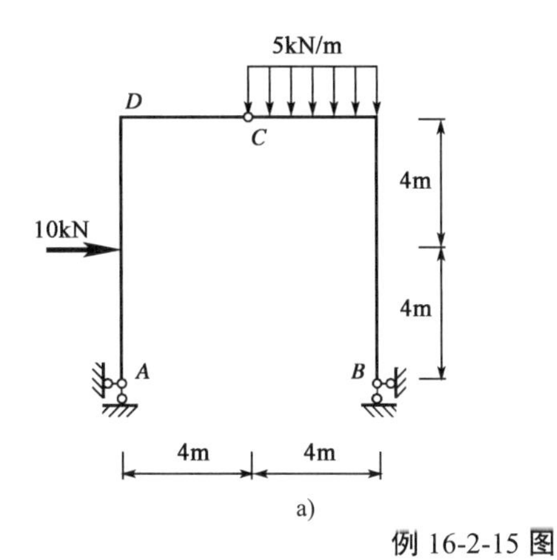

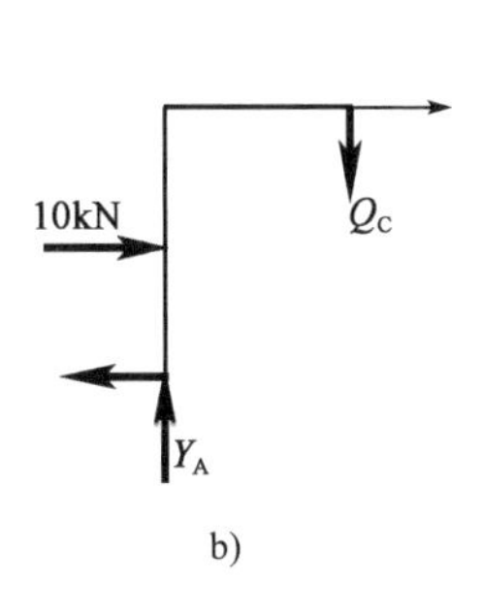

例 16-2-15 图

解　由整体平衡可得（见图 b）：$Y_A = 0$

C左隔离体平衡可得：$Q_C = 0$，$M_{DC} = 0$

答案：A

【例 16-2-16】 如图 a）所示结构，截面A、B的受拉侧分别为：

A. 外侧、外侧　　B. 内侧、内侧

C. 外侧、内侧　　D. 内侧、外侧

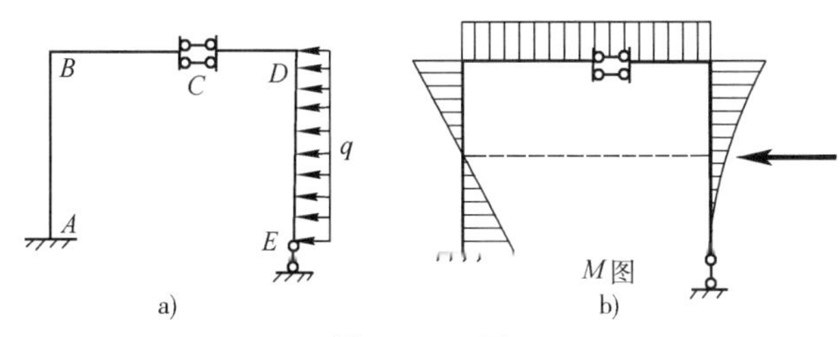

例 16-2-16 图

解 由于C处为滑动连接，则BD杆剪力为零，由CDE部分平衡可知E处反力为零，进而将荷载对A、B取矩可判断其受拉侧，或心算弯矩图形状（见图b），注意均布荷载合力作用线与AB线的交点弯矩为零，即可作出判断。

答案： D

【例16-2-17】 如图所示结构弯矩M_{AB}的绝对值等于：

A. 0　　B. $ql^2/8$　　C. $ql^2/2$　　D. ql^2

解 此题为对称结构承受对称荷载，则铰B处剪力为零，取AB部分为隔离体可得弯矩$M_{AB}=\frac{1}{2}\cdot q\cdot\left(\frac{l}{2}\right)^2=ql^2/8$，也可根据$AC$区段的弯矩曲线与相应简支梁的弯矩曲线相同，但最低点应通过铰B作出判断。

答案： B

【例16-2-18】 如图所示结构，弯矩M_{EF}的绝对值等于：

A. $qd^2/2-Pd$　　B. $M+Pd$　　C. $Pd/2$　　D. Pd

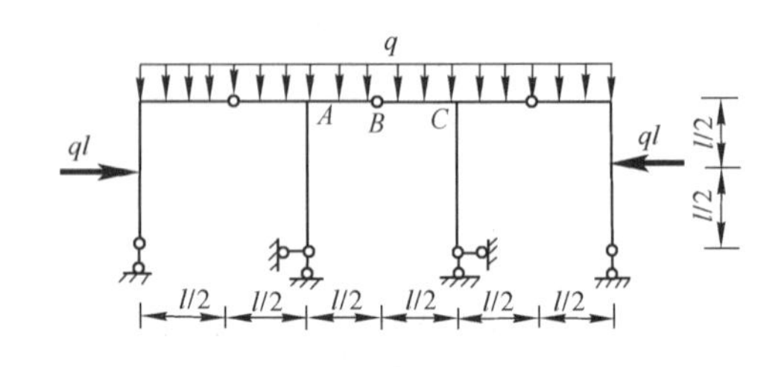

例16-2-17图

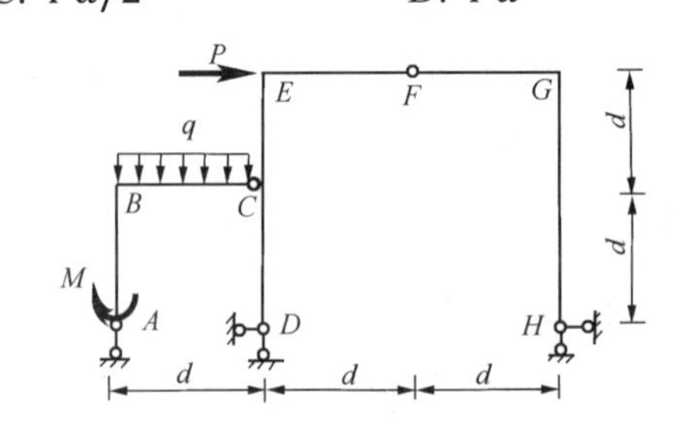

例16-2-18图

解 由附属部分ABC的平衡可知，铰C处的水平约束力为零，所以荷载M及q对右边基本部分的弯矩没有影响，故可排除选项A、B。而基本部分为对称三铰刚架，若将E处集中力的一半$P/2$沿其作用线移至G处（此变化只影响EG段的轴力，而对弯矩没有影响）则为对称结构承受反对称荷载；引起支座D、H的反对称水平反力为$P/2(\leftarrow)$，故可得$M_{ED}=(P/2)\cdot(2d)=Pd$，再由结点E平衡，得$M_{EF}=Pd$（内侧受拉）。

答案： D

【例16-2-19】 如图a）所示结构，截面A的弯矩（以下侧受拉为正）为：

A. $-qa^2$　　B. $-qa^2/2$　　C. $qa^2/2$　　D. qa^2

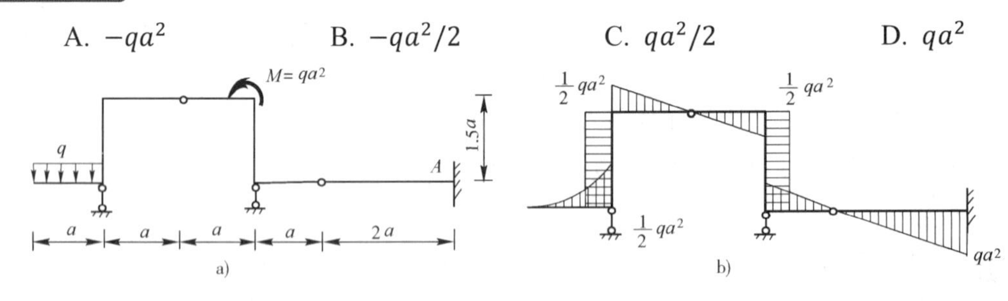

例16-2-19图

解 除悬臂部分外，其他杆弯矩图均为直线，注意两根竖杆剪力为零，弯矩为常数，铰处弯矩为零，并注意结点平衡，不难心算求得弯矩图如图b）所示，可知$M_A=qa^2$。

答案： D

【例16-2-20】 如图所示三铰拱，若用合力代替其所受的荷载，则其：

A. 竖向反力增大，水平反力不变　　B. 竖向反力减小，水平反力不变

C. 竖向反力不变，水平反力增大　　D. 竖向反力不变，水平反力减小

解 此三铰拱的竖向反力可由整体平衡求得，与其相应简支梁的反力相同，据此可排除选项A、B，用合力代替后，相应简支梁上与顶铰对应截面的弯矩M_C^0增大，由$H = M_C^0/f$可知其水平反力增大。

答案：C

【例 16-2-21】 如图所示三铰拱，当拱轴上各点纵坐标y增至ky时（k为任意常数），则拱截面D的弯矩：

A. 增大　　B. 减小

C. 不变　　D. 不定，当$k > 1$时增大，$k < 1$时，减小

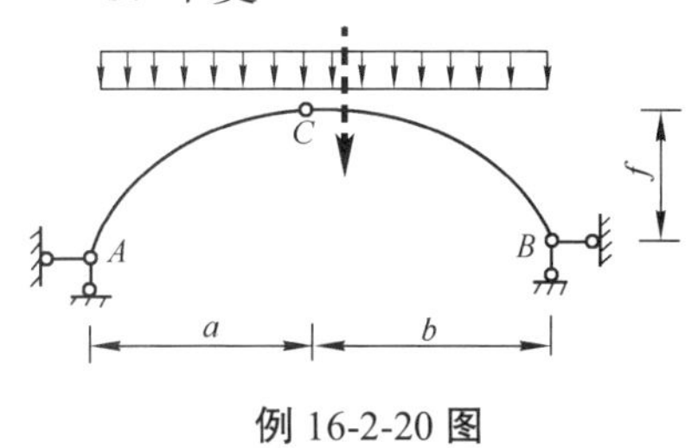

例 16-2-20 图

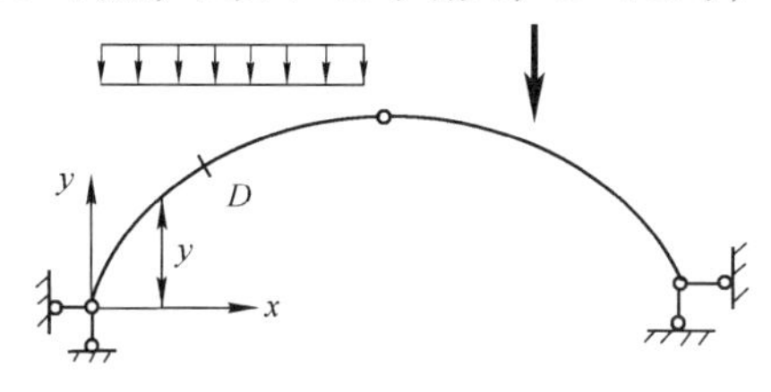

例 16-2-21 图

解 图示三铰拱任一截面的弯矩$M = M^0 - Hy$，当y变为ky时，M^0不变，H变为H/k，而乘积$H/k \cdot ky = Hy$不变，所以M不变。

答案：C

【例 16-2-22】 已知如图所示三铰拱的轴线方程为$y = px^2$，则截面K的弯矩为：

A. 0　　B. $ql^2/8$　　C. $ql^2/4$　　D. $ql^2/2$

解 所给拱轴为抛物线，是全跨均布荷载所对应的合理拱轴，各截面弯矩为零。

答案：A

【例 16-2-23】 如图所示三铰拱AB杆的拉力等于：

A. 18kN　　B. 20.66kN　　C. 23.33kN　　D. 24kN

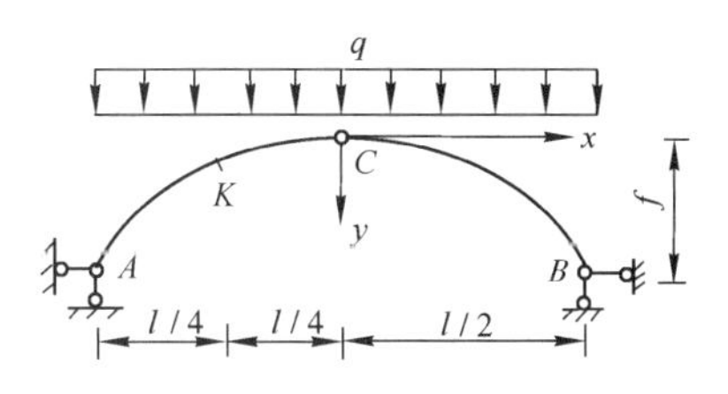

例 16-2-22 图

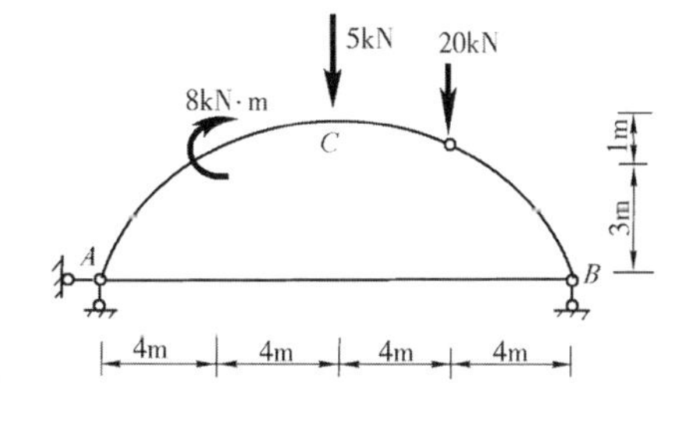

例 16-2-23 图

解 由整体平衡，可求得

$$V_B = \frac{3}{4} \times 20 + \frac{1}{2} \times 5 + \frac{8}{16} = 18\text{kN}(\uparrow)$$

再由CB部分平衡，对拱轴线上的铰处取矩，可求得

$$N_{AB} = \frac{18 \times 4}{3} = 24\text{kN}(\text{拉})$$

答案：D

【例 16-2-24】 图示静定三铰拱，拉杆AB的轴力等于：

A. 6kN　　B. 8kN　　C. 10kN　　D. 12kN

解 整体平衡可得$Y_B = 6\text{kN}$，再由CB隔离体平衡可得$N_{AB} = 6 \times 4/3 = 8\text{kN}$

答案：B

【例 16-2-25】 如图所示桁架零杆的数目（不计支座链杆）是：

A. 6　　B. 8　　C. 11　　D. 13

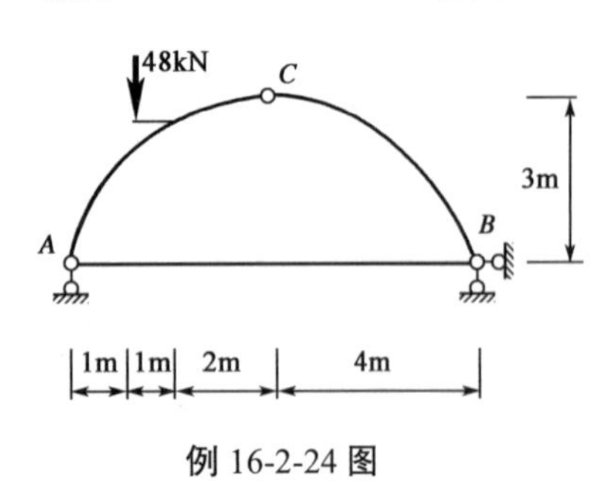

例 16-2-24 图

例 16-2-25 图

解 由结点 1 可知 12 为零杆。再由结点 2 知 24、27 为零杆。注意到水平反力为零，桁架处于对称受力状态，结点 3 为无载 K 形结点，两斜杆为零杆，继续按结点 4、5、6 的顺序，并注意对称性，可判断零杆总数为 13。

答案： D

【例 16-2-26】 图 a）示桁架 a 杆轴力为：

A. 15kN　　B. 20kN　　C. 25kN　　D. 30kN

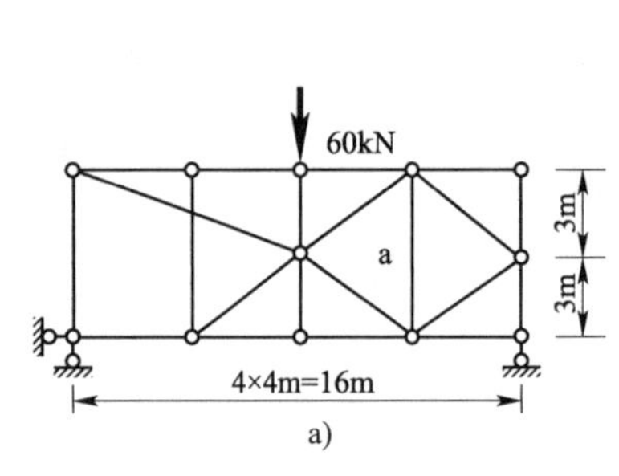

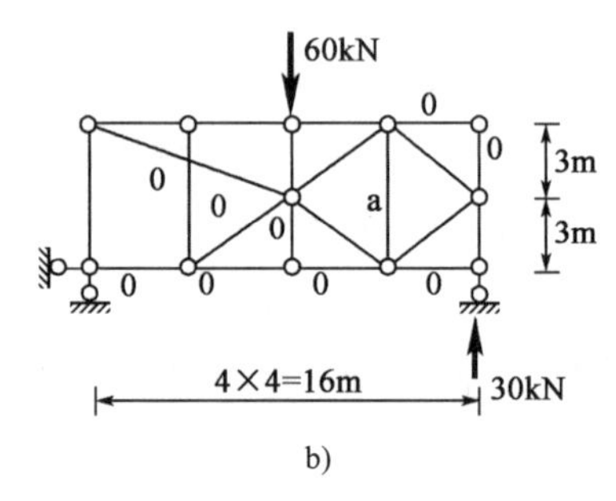

例 16-2-26 图

解 见图 b），判断零杆后由节点法可得：$N_a = 30\text{kN}$(压)。

答案： D

【例 16-2-27】 图示桁架杆①的轴力为：

A. $-P/3$　　B. $-2P/3$　　C. $2P/3$　　D. P

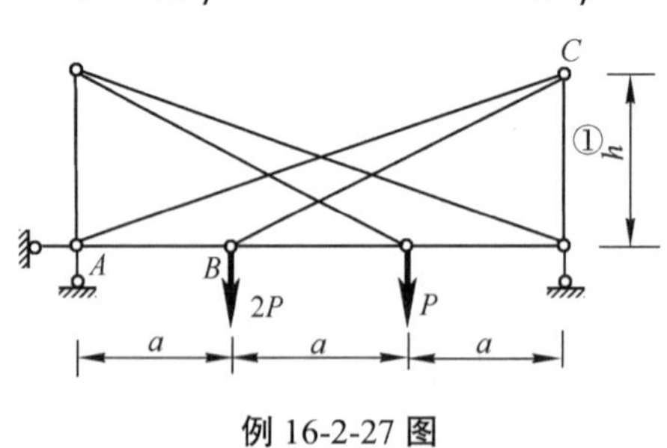

例 16-2-27 图

解 此桁架为联合桁架，切断三根联系杆，取出ABC部分为隔离体，由$\sum M_A = 0$，可得

$$N_1 = -2Pa/3a = -2P/3$$

答案： B

【例 16-2-28】 如图所示桁架杆①的轴力为：

A. $-10\sqrt{2}\text{kN}$　　B. $-15\sqrt{2}\text{kN}$　　C. $10\sqrt{2}\text{kN}$　　D. $15\sqrt{2}\text{kN}$

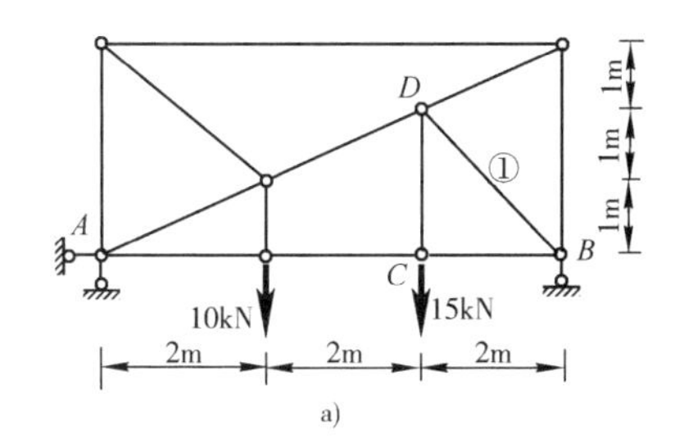

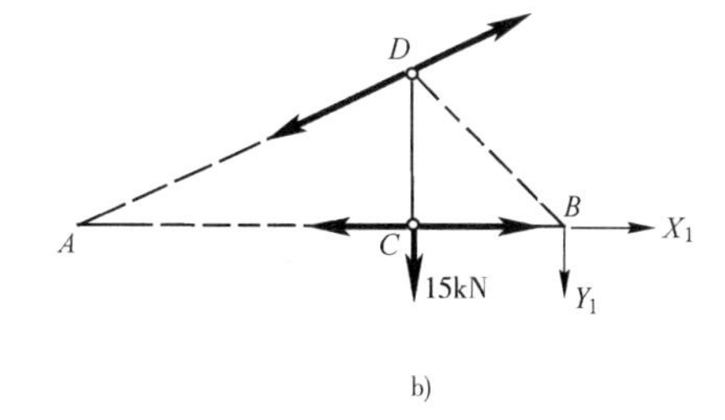

例 16-2-28 图

解　用截面取出包含杆CD的隔离体如图b）所示，由$\sum M_A = 0$，可得

$$N_1 = Y_1\sqrt{2} = -\frac{15 \times 4}{6}\sqrt{2} = -10\sqrt{2}\text{kN}$$

答案： A

【例 16-2-29】 如图所示桁架杆①的轴力为：

A. $-P/2$　　B. 0　　C. $P/2$　　D. P

解　支座A的水平反力为$P(\leftarrow)$，若在结点C和B处各加一对大小为$P/2$的反向水平平衡力($P/2 \leftarrow\circ\rightarrow P/2$)，则可将结构的受力状态分解为对称受力（此时$N_1 = P/2$）与反对称受力（此时$N_1 = 0$）的组合，所以在图示荷载作用下$N_1 = P/2$(拉)。

答案： C

【例 16-2-30】 如图所示结构，杆①的轴力为：

A. $-P$　　B. $-0.5P$　　C. 0　　D. P

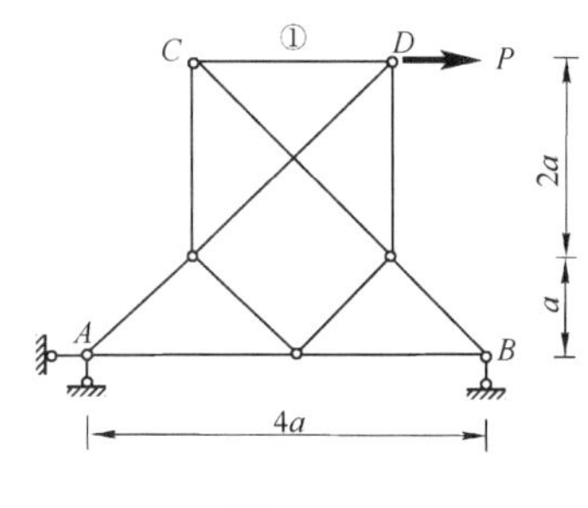

例 16-2-29 图

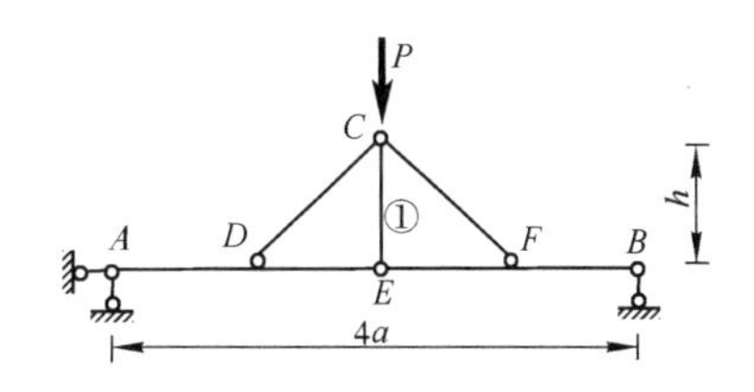

例 16-2-30 图

解　此题为组合结构，需注意区分梁式杆与链杆，支座A、B的反力均为$P/2$，方向向上，由梁式杆AE的平衡可求得链杆CD的竖向分力为$Y_{CD} = -P$(压)，同理$Y_{CF} = -P$(压)，再由结点C的平衡可得$N_1 = P$(拉)。

答案： D

【例 16-2-31】 如图所示结构弯矩M_{FC}等于：

A. $qa^2/4$（左侧受拉）　　B. $qa^2/2$（左侧受拉）

C. 0　　D. $qa^2/2$（右侧受拉）

解　支座A、C处的反力均为qa向上。过三链杆DE、EB、BC作截面，由一侧平衡可得$N_{EB} = 0$，由杆段EF平衡可得$M_{FE} = 0$，再由结点F的平衡可得$M_{FC} = qa^2/2$，左侧受拉。也可由一侧平衡求得$N_{BC} = -qa/2$，再由杆段FC的平衡求得$M_{FC} = qa^2/2$，左侧受拉。

答案： B

【例 16-2-32】 图示刚架M_{DC}为（下侧受拉为正）：

A. 20kN · m　　B. 40kN · m　　C. 60kN · m　　D. 80kN · m

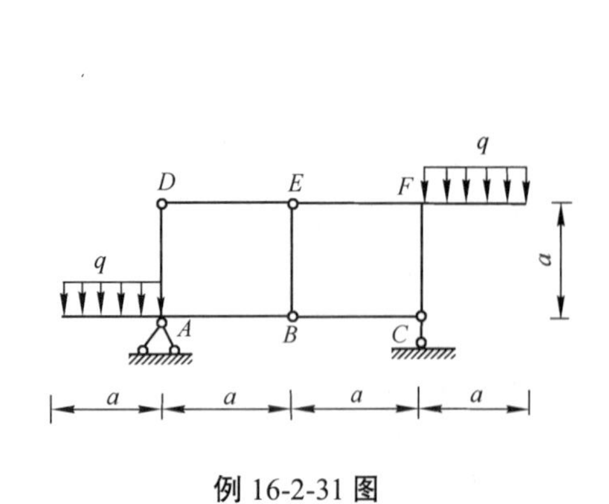

例 16-2-31 图

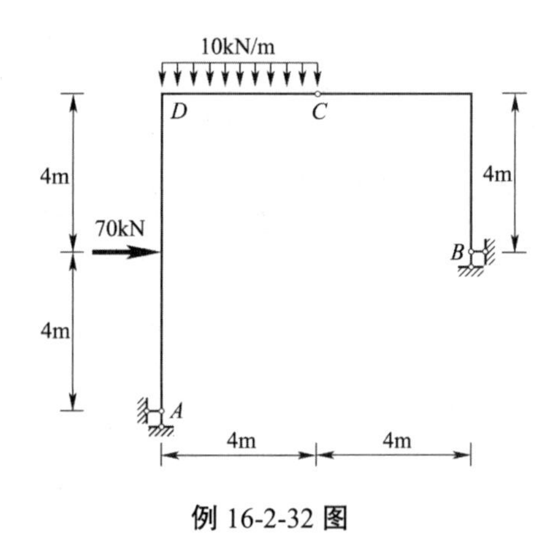

例 16-2-32 图

解　取整体平衡，以BC与AD延长线的交点为矩心建立力矩平衡方程，可求得支座A的水平反力为40kN（向左），再由AD杆隔离体平衡对D点取矩，可得$M_{DC}=40\text{kN}\cdot\text{m}$。

答案： B

习　题

16-2-1　图示梁中，反力V_E和反力V_B的值应为（　　）。

A. $V_E=P/4$，$V_B=0$　　B. $V_E=0$，$V_B=P$

C. $V_E=0$，$V_B=P/2$　　D. $V_E=P/4$，$V_B=P/2$

16-2-2　图示一结构受两种荷载作用，对应位置处的支座反力关系为（　　）。

A. 完全相同　　B. 完全不同

C. 竖向反力相同，水平反力不同　　D. 水平反力相同，竖向反力不同

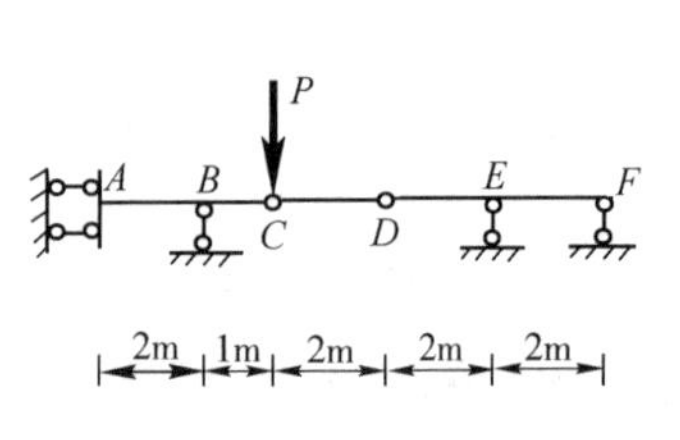

题 16-2-1 图

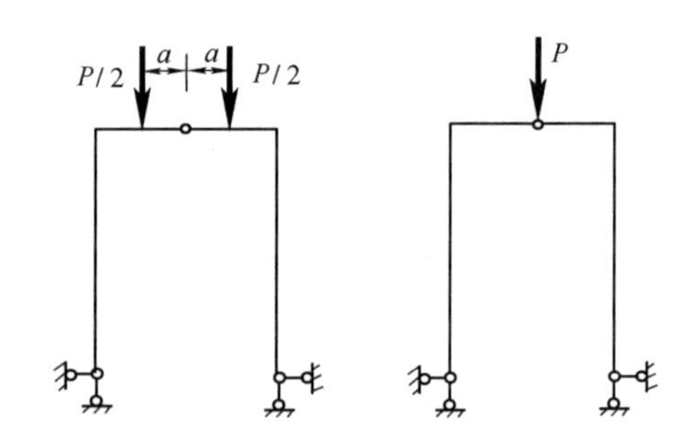

题 16-2-2 图

16-2-3　图示结构K截面弯矩值为（　　）。

A. 10kN · m（右侧受拉）　　B. 10kN · m（左侧受拉）

C. 12kN · m（左侧受拉）　　D. 12kN · m（右侧受拉）

16-2-4　图示结构K截面弯矩值为（　　）。

A. 0.5kN · m（上侧受拉）　　B. 0.5kN · m（下侧受拉）

C. 1kN · m（上侧受拉）　　D. 1kN · m（下侧受拉）

16-2-5　图示结构K截面剪力为（　　）。

A. 0　　B. P　　C. $-P$　　D. $P/2$

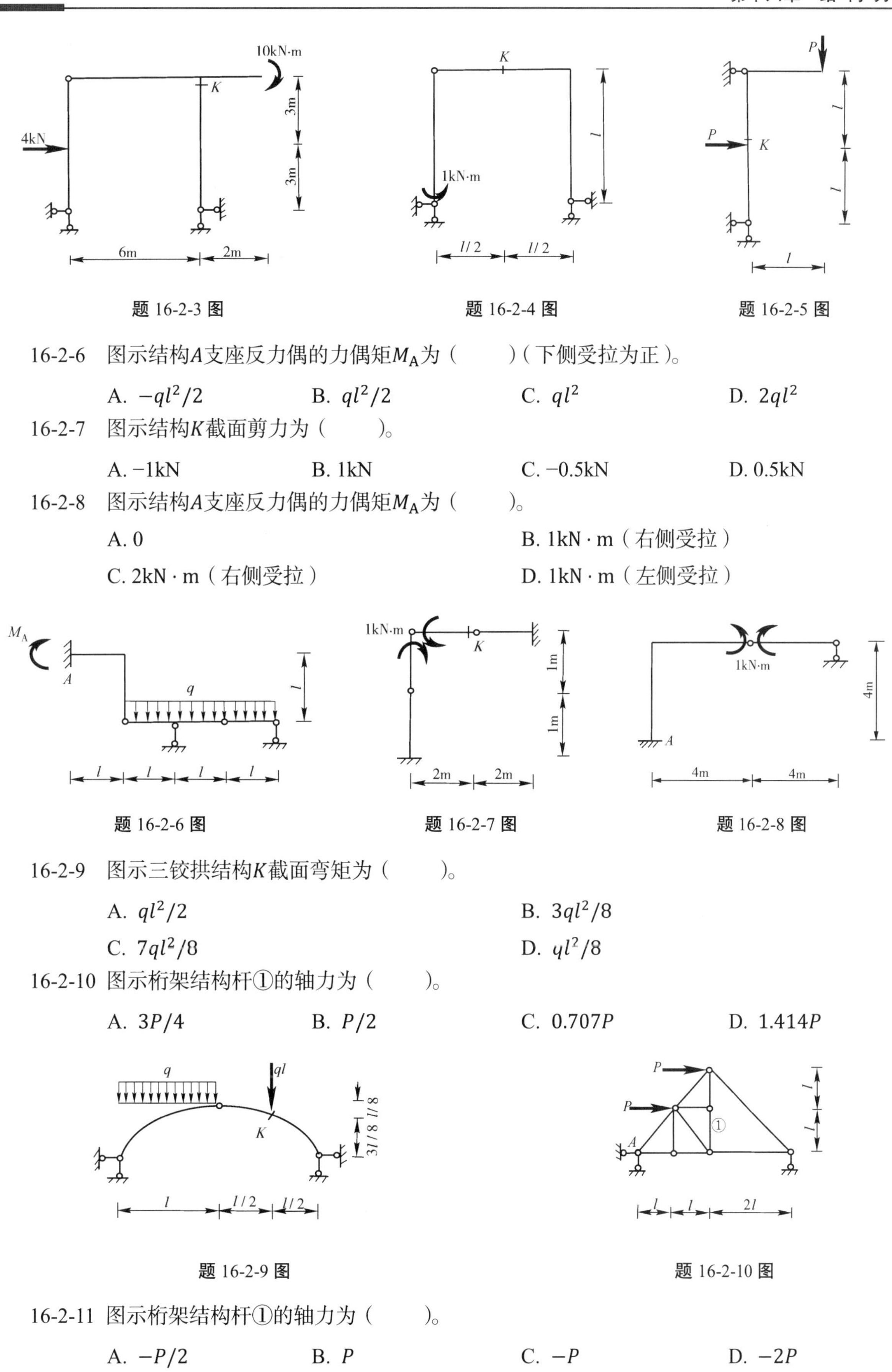

题 16-2-3 图

题 16-2-4 图

题 16-2-5 图

16-2-6　图示结构A支座反力偶的力偶矩M_A为（　　）（下侧受拉为正）。

A. $-ql^2/2$　　B. $ql^2/2$　　C. ql^2　　D. $2ql^2$

16-2-7　图示结构K截面剪力为（　　）。

A. −1kN　　B. 1kN　　C. −0.5kN　　D. 0.5kN

16-2-8　图示结构A支座反力偶的力偶矩M_A为（　　）。

A. 0　　B. 1kN · m（右侧受拉）

C. 2kN · m（右侧受拉）　　D. 1kN · m（左侧受拉）

题 16-2-6 图

题 16-2-7 图

题 16-2-8 图

16-2-9　图示三铰拱结构K截面弯矩为（　　）。

A. $ql^2/2$　　B. $3ql^2/8$

C. $7ql^2/8$　　D. $ql^2/8$

16-2-10 图示桁架结构杆①的轴力为（　　）。

A. $3P/4$　　B. $P/2$　　C. $0.707P$　　D. $1.414P$

题 16-2-9 图

题 16-2-10 图

16-2-11 图示桁架结构杆①的轴力为（　　）。

A. $-P/2$　　B. P　　C. $-P$　　D. $-2P$

16-2-12 图示桁架结构杆①的轴力为（　　）。

A. $-P$　　B. $-2P$　　C. $-P/2$　　D. $-1.414P$

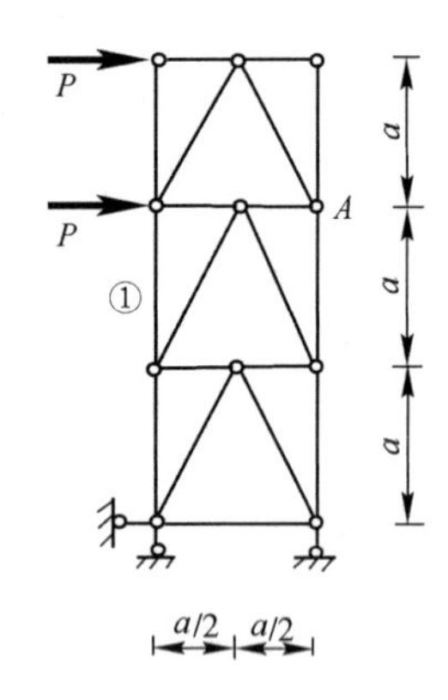

题 16-2-11 图

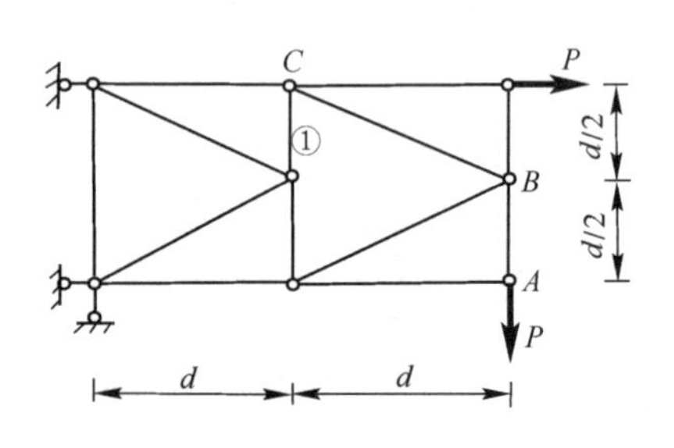

题 16-2-12 图

16-2-13 图示结构当高度增加时，杆①的内力（　　）。

A. 增大　　B. 减小

C. 不确定　　D. 不变

16-2-14 图示结构杆①的轴力为（　　）。

A. 0　　B. P　　C. $-P$　　D. $1.414P$

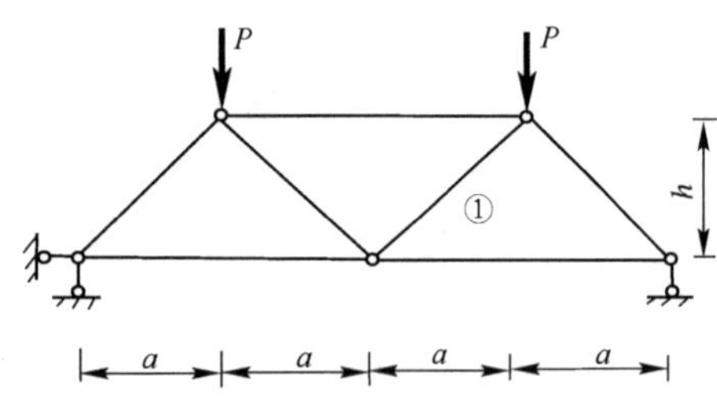

题 16-2-13 图

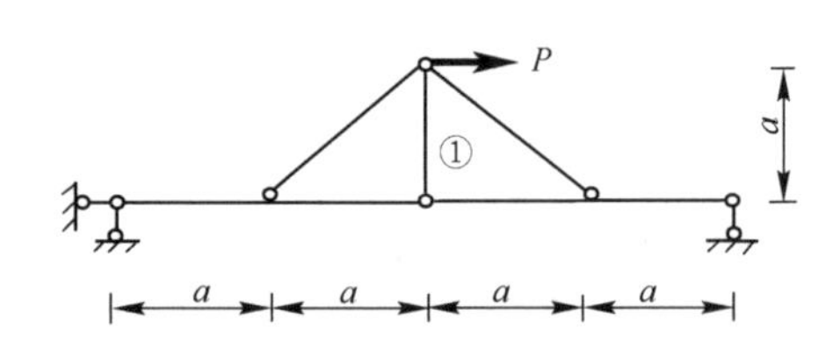

题 16-2-14 图

16-2-15 图示结构杆①的轴力为（　　）。

A. 0　　B. $-ql/2$　　C. $-ql$　　D. $-2ql$

16-2-16 图示结构杆a的轴力为（　　）。

A. $0.5F_{\mathrm{P}}$　　B. $-0.5F_{\mathrm{P}}$　　C. $1.5F_{\mathrm{P}}$　　D. $-1.5F_{\mathrm{P}}$

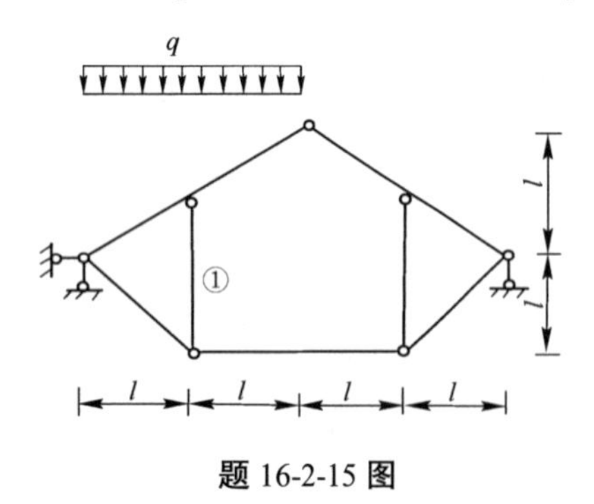

题 16-2-15 图

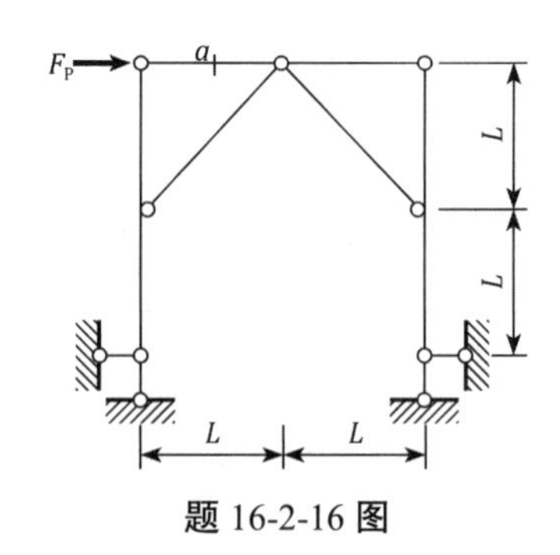

题 16-2-16 图

16-2-17 图示结构中，a杆的轴力N_{a}为（　　）。

A. 0　　B. −10kN

C. 5kN　　D. −5kN

16-2-18 图示结构中，a杆的内力为（　　）。

A. P　　B. $-3P$　　C. $2P$　　D. 0

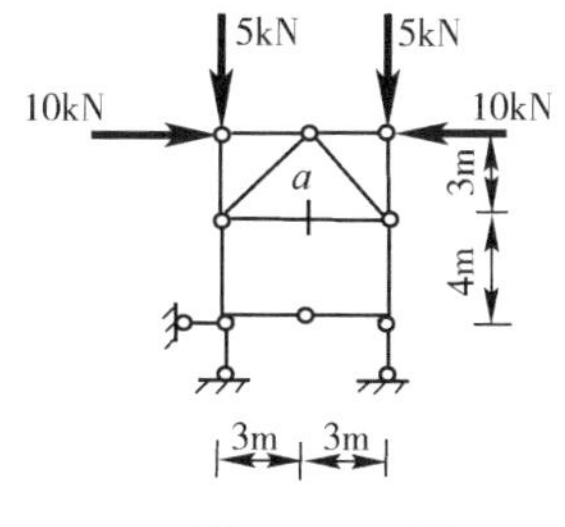

题 16-2-17 图

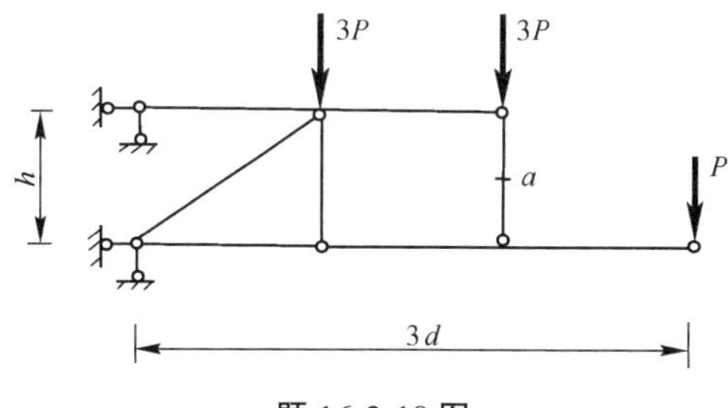

题 16-2-18 图

16-2-19 图示桁架中a杆的轴力N_a为（　　）。

A. $+P$　　B. $-P$　　C. $+\sqrt{2}P$　　D. $-\sqrt{2}P$

16-2-20 图示半圆弧三铰拱，半径为r，$\theta = 60°$。K截面的弯矩为（　　）。

A. $\sqrt{3}Pr/2$　　B. $-\sqrt{3}Pr/2$　　C. $(1-\sqrt{3})Pr/2$　　D. $(1+\sqrt{3})Pr/2$

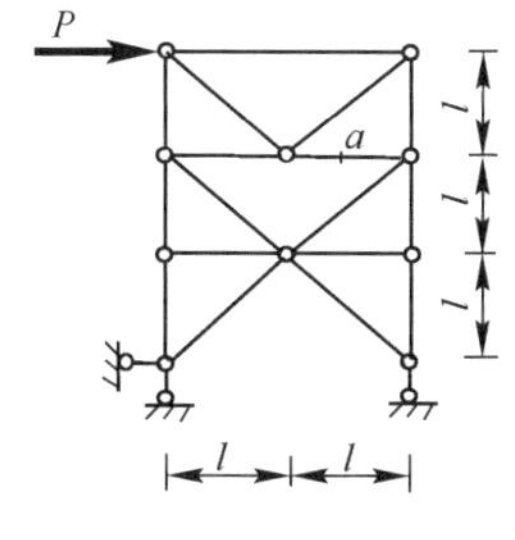

题 16-2-19 图

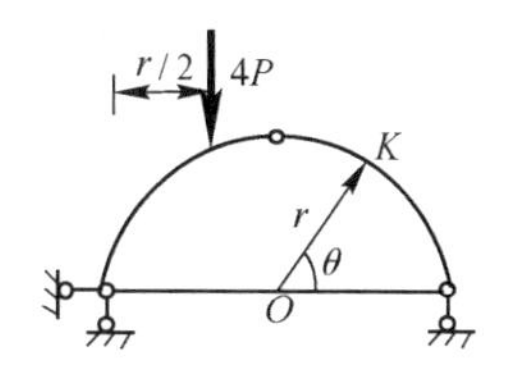

题 16-2-20 图

16-2-21 静定结构由于温度改变会产生（　　）。

A. 反力　　B. 内力　　C. 变形　　D. 应力

16-2-22 图示结构A截面的弯矩（以下边受拉为正）M_{AC}为（　　）。

A. $-Pl$　　B. Pl　　C. $-2Pl$　　D. $2Pl$

16-2-23 图示结构中，梁式杆上A点右截面的内力为（　　）。

A. $M_A = Pd$，$Q_{A右} = P/2$，$N_A \neq 0$

B. $M_A = Pd/2$，$Q_{A右} = P/2$，$N_A \neq 0$

C. $M_A = Pd/2$，$Q_{A右} = P$，$N_A \neq 0$

D. $M_A = Pd/2$，$Q_{A右} = P/2$，$N_A = 0$

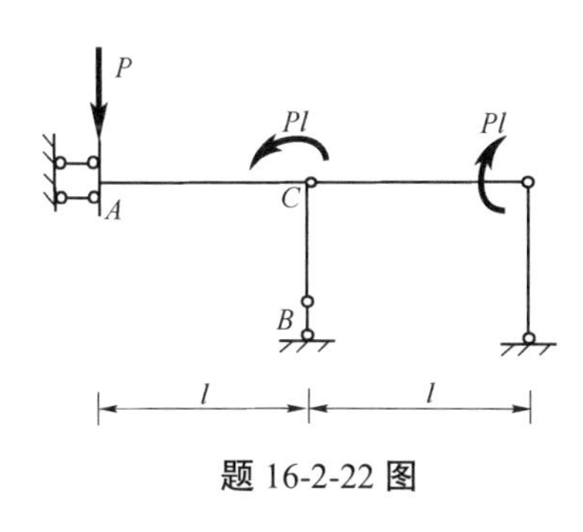

题 16-2-22 图

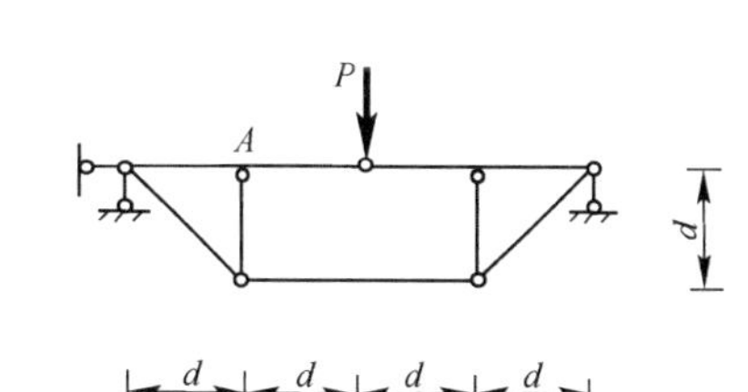

题 16-2-23 图

16-2-24 图示两桁架结构杆AB的内力分别记为N_1和N_2。则两者关系为（　　）。

A. $N_1 > N_2$　　B. $N_1 < N_2$　　C. $N_1 = N_2$　　D. $N_1 = -N_2$

16-2-25 图示结构杆①的受力状态是（　　）。

A. 不受力　　B. 受拉　　C. 受压　　D. 受弯

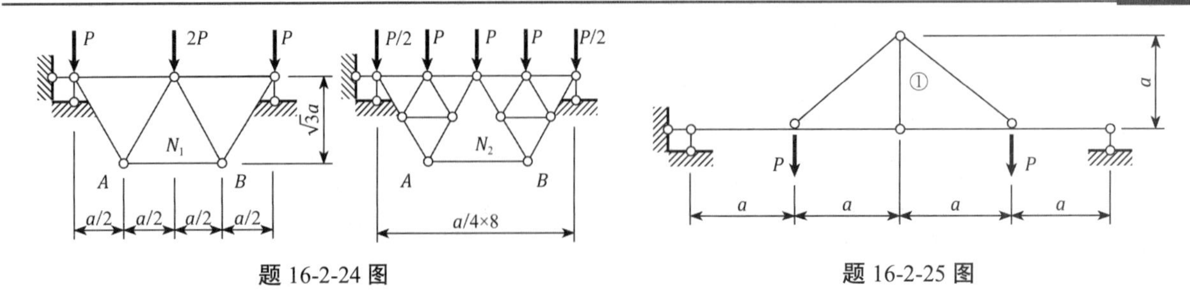

题 16-2-24 图　　　　题 16-2-25 图

第三节　结构的位移计算

结构位移计算的目的：

（1）结构的刚度要求，需控制结构的最大位移在允许的范围之内。

（2）为解超静定结构以及结构动力计算等打下基础。

一、虚功原理

（一）虚功的概念

功的定义　　　　**力的功=力×相应的位移**

相应位移是指力的作用点沿力方向上的位移。

虚功是指做功的力与其所乘的相应位移，两者独立无关，是力与其他原因引起的相应位移的乘积，力与相应位移分别属于两种可能状态。

在功的定义中，力和相应位移都可以是广义的。广义力如集中力偶、一对等值反向共线的集中力、一对等值反向的集中力偶等；相应广义位移是角位移、相对线位移、相对角位移等。还可能有更一般的情况，但要求广义力与相应广义位移的乘积是功。

广义力×相应广义位移⇒功

（二）两种可能状态

（1）静力平衡可能状态：指结构所受的外力、内力满足全部静力平衡条件的状态，简称可能力状态。

（2）位移协调可能状态：指结构所发生的位移、变形满足全部几何连续条件的状态，简称可能位移状态。

两种可能状态分别是单纯从静力平衡的角度（前者）和单纯从变形几何连续的角度（后者）来讨论结构可能存在的状态，它们不一定是结构所处的真实状态。结构所处的真实状态，应该既是可能力状态，同时又是可能位移状态。

（三）变形体虚功原理的内容

可能力状态中的外力在可能位移状态相应位移上所做的虚功（称为外力虚功）等于可能力状态中的内力在可能位移状态相应变形上所做的虚功（称为内力虚功或虚变形功）。

外力虚功=内力虚功

虚功原理的数学表达式称为虚功方程，它是以功的形式表达的静力平衡方程和几何连续方程的综合形式。

（四）虚功原理的应用条件

（1）外力、内力满足全部静力平衡条件，属于可能力状态。

（2）位移、变形满足全部几何连续条件，属于可能位移状态。

虚功原理与物性无关，既可应用于弹性、线性问题，也可应用于非弹性、非线性问题。

（五）虚功原理的两种表现形式和两种应用

（1）虚位移原理：是在虚设可能位移状态前提下的虚功原理，虚位移方程等价于静力平衡方程，可用于求解平衡问题。

（2）虚力原理：是在虚设可能力状态前提下的虚功原理，虚力方程等价于几何连续方程，可用于结构位移计算问题。

上述各原理之间的关系如图 16-3-1 所示。

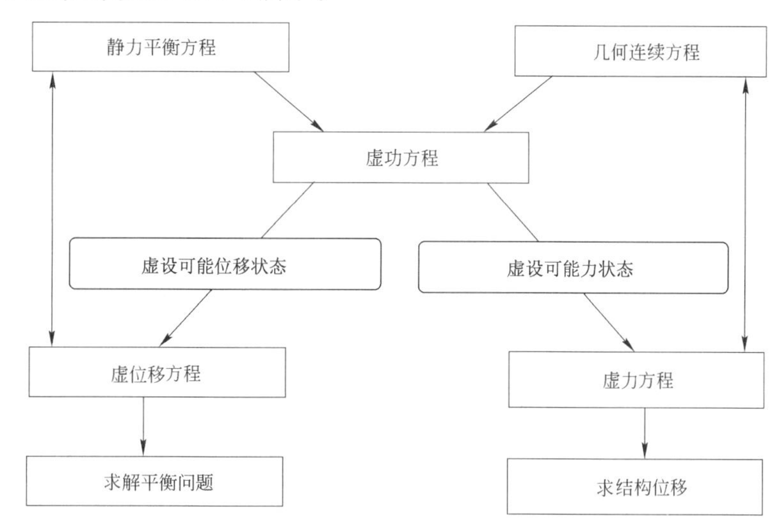

图 16-3-1

二、结构的位移计算——单位荷载法

（一）结构位移计算的一般公式

应用虚力原理可导出结构位移计算的一般公式。图 16-3-2a）虚线表示结构在荷载、支座移动及温度变化等实际外因作用下的真实变形，当然是可能位移状态。为求K截面沿K-K方向的位移分量Δ，虚设图 16-3-2b），是在K截面沿K-K方向施加单位力而引起的某一可能力状态。应用虚力原理可得

$$\Delta = \sum\int \overline{M}\mathrm{d}\theta + \sum\int \overline{Q}\mathrm{d}v + \sum\int \overline{N}\mathrm{d}u - \sum\overline{R}c \tag{16-3-1}$$

此式既可用于静定结构，也可用于超静定结构由于各种原因引起的位移的计算。

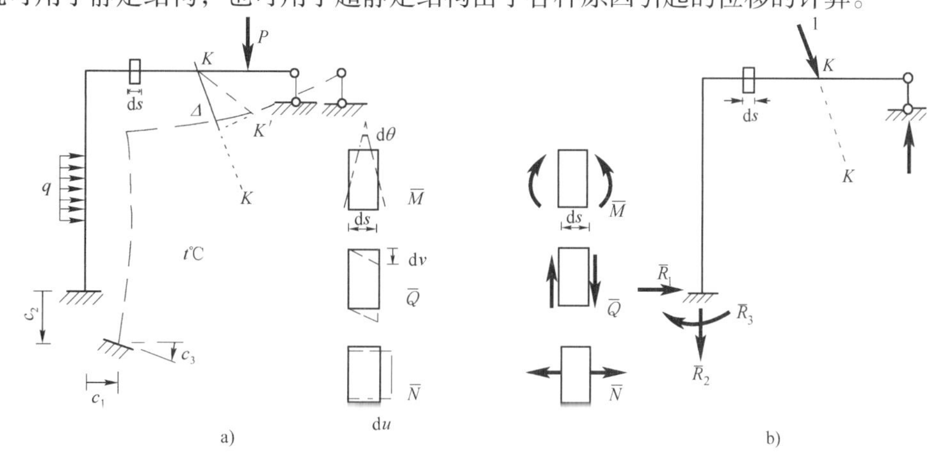

图 16-3-2

（二）各种结构的位移计算

1. 梁和刚架在荷载作用下的位移

梁和刚架的位移可只考虑弯曲变形的影响，将荷载引起的$\mathrm{d}\theta = \frac{M_P}{EI}\mathrm{d}s$代入式（16-3-1），即得：

位移积分公式

$$\varDelta = \sum \int \frac{\overline{M}M_P}{EI}\mathrm{d}s \tag{16-3-2}$$

图形相乘法公式

$$\varDelta = \sum \frac{\omega y_0}{EI} \tag{16-3-3}$$

在应用图乘法求梁和刚架的位移时，要注意下面几点：

（1）图乘法的应用条件：

①直杆；

②分段等截面；

③相乘的两个弯矩图中至少有一个是直线形弯矩图。

（2）单位力的施加方法：在所求位移的地点，沿所求位移的方向加单位力（可以是广义单位力）。

（3）图形相乘是指将一个弯矩图（曲线或直线）的面积乘以其形心所对另一弯矩图（必须是直线）的竖标，然后除以该段的抗弯刚度EI，分段求和。

（4）常见图形的面积及形心位置（见图 16-3-3）。

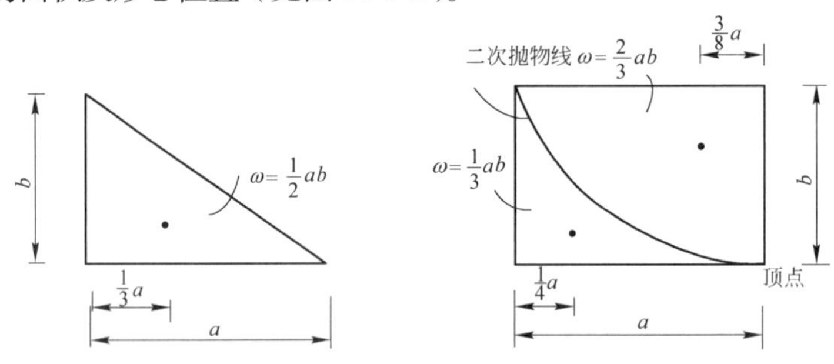

图 16-3-3 常见图形的面积及形心位置

（5）注意分段，一般在荷载不连续处、截面变化处及杆件方向改变处需分开。分段的概念是分段积分。

（6）注意弯矩图的分块，将弯矩图分解成几个面积及形心位置能直接计算的规则图形的组合。分块的概念是叠加原理的应用。

（7）同侧相乘为正，异侧相乘为负。求和后最后的正（负）号表示位移的实际方向与所加单位力的方向相同（相反）。

【例 16-3-1】 求如图 a）所示结构C点的竖向位移$\varDelta_{CV}(EI = 2.1 \times 10^5 \mathrm{kN \cdot m^2})$。

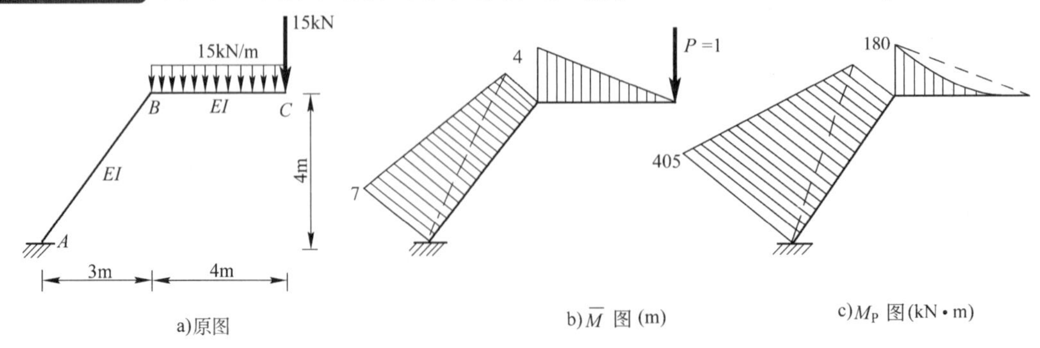

例 16-3-1 图

解　在C点加竖向单位力，作$\overline{M}$图（见图b），并作M_P图（见图c），图乘可得

$$\Delta_{CV}=\frac{1}{2.1\times10^5}\left[\frac{1}{2}\times180\times4\times\frac{2}{3}\times4-\frac{2}{3}\times\frac{15\times4^2}{8}\times4\times\frac{1}{2}\times4+\frac{1}{2}\times180\times5\times\left(\frac{2}{3}\times4+\frac{1}{3}\times7\right)+\frac{1}{2}\times405\times5\times\left(\frac{1}{3}\times4+\frac{2}{3}\times7\right)\right]$$

$$=0.043\,5\text{m}=4.35\text{cm}(\downarrow)$$

2. 桁架在荷载作用下的位移

桁架杆件仅有轴向变形，将荷载引起的$\mathrm{d}u=\frac{N_P}{EA}\mathrm{d}s$代入式（16-3-1）得

$$\Delta=\frac{\sum\overline{N}N_Pl}{EA}\qquad(16\text{-}3\text{-}4)$$

【例 16-3-2】 求如图a）所示桁架结点C的竖向位移Δ_C^V，各杆EA相同。

解　求荷载引起的轴力N_P（见图a），在C点加竖向单位力求轴力$\overline{N}$（见图b），可得

$$\Delta_C^V=\frac{2}{EA}\left[\left(-\frac{P}{\sqrt{3}}\right)\left(-\frac{1}{\sqrt{3}}\right)a+\left(\frac{P}{2\sqrt{3}}\right)\left(\frac{1}{2\sqrt{3}}\right)a\right]=\frac{5}{6}\frac{Pa}{EA}(\downarrow)$$

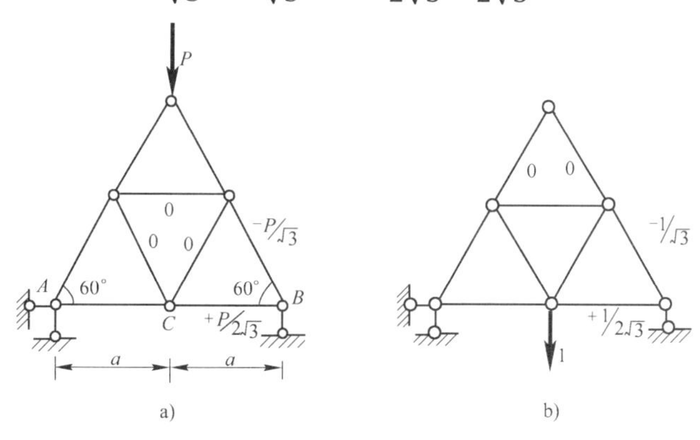

例 16-3-2 图

3. 组合结构在荷载作用下的位移

梁式杆只考虑弯曲变形的影响，链杆只有轴向变形的影响，故位移计算公式为

$$\Delta=\sum\int\frac{\overline{M}M_P}{EI}\mathrm{d}s+\sum\frac{\overline{N}N_Pl}{EA}\qquad(16\text{-}3\text{-}5)$$

【例 16-3-3】 求如图a）所示组合结构D点的水平位移Δ_D^H。

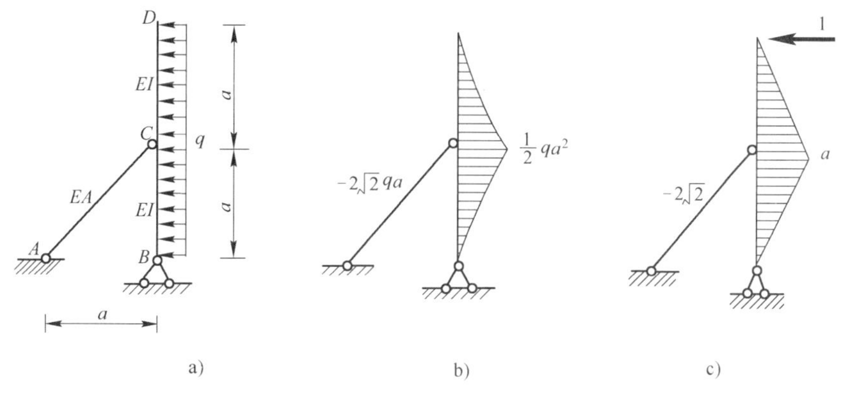

例 16-3-3 图

解　作M_P图（见图b）及D点单位水平力引起的$\overline{M}$图（见图c），并求链杆轴力N_P及$\overline{N}$，可得

$$\Delta_D^H=\frac{2}{EI}\left(\frac{1}{3}\times\frac{qa^2}{2}a\times\frac{3}{4}a\right)+\frac{1}{EA}(-2\sqrt{2}qa)\times(-2\sqrt{2})\sqrt{2}a=\frac{qa^4}{4EI}+\frac{8\sqrt{2}qa^2}{EA}(\leftarrow)$$

4. 静定结构由于支座移动引起的位移

静定结构由于支座移动不引起内力及变形，只产生刚体位移，将$d\theta = dv = du = 0$代入式（16-3-1）得

$$\Delta = -\sum \overline{R}c \tag{16-3-6}$$

【例 16-3-4】 求如图 a）所示三铰刚架由于图示支座移动引起结点C的竖向位移Δ_C^V及C点左右两侧截面的相对转角φ_C左右。

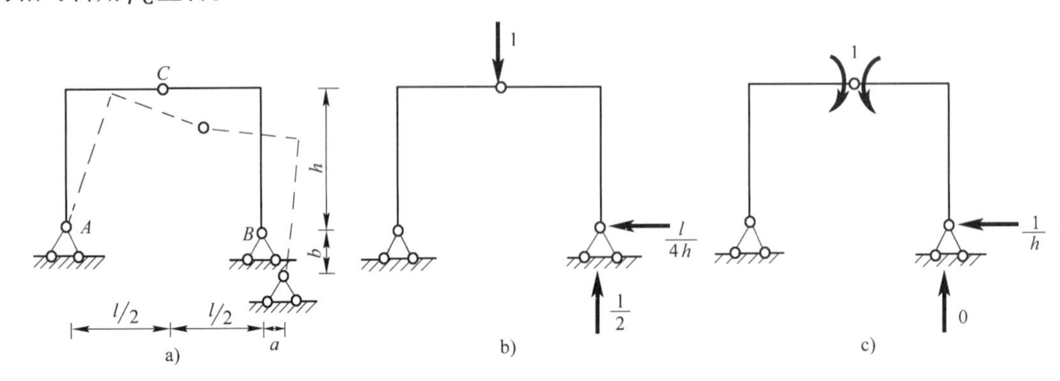

例 16-3-4 图

解　在C点加竖向单位力，求反力（见图 b），可得

$$\Delta_C^V = -\left(-\frac{l}{4h}a - \frac{1}{2}b\right) = \frac{l}{4h}a + \frac{1}{2}b(\downarrow)$$

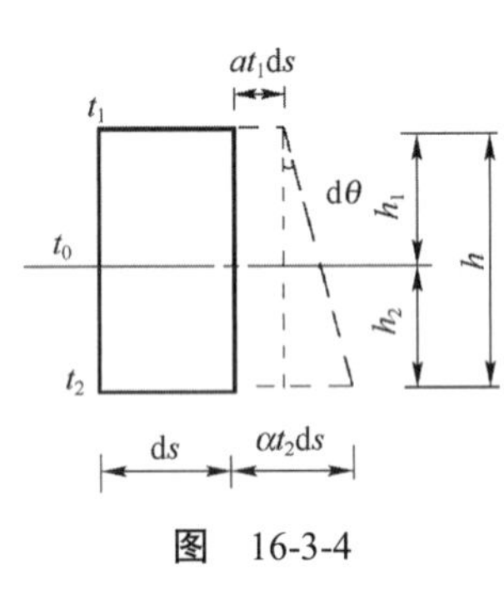

图　16-3-4

在C点两侧加一对反向单位力偶求反力（见图 c），可得

$$\varphi_{C左右} = -\left(-\frac{1}{h}a\right) = \frac{1}{h}a(\circlearrowright\circlearrowleft)$$

5. 静定结构由于温度变化引起的位移

设杆件两侧温度变化分别为t_1及t_2，并沿截面高度呈线性变化，如图16-3-4 所示，则轴线温度变化为$t_0 = (t_1h_2 + t_2h_1)/h$，温差$\Delta t = t_2 - t_1$，将$d\theta = \alpha\frac{\Delta t}{h}ds$及$du = \alpha t_0 ds$代入式（16-3-1），得

$$\Delta = \sum\int \overline{M} \cdot \alpha\frac{\Delta t}{h}ds + \sum\int \overline{N} \cdot \alpha t_0 ds = \sum\alpha\frac{\Delta t}{h}\omega_{\overline{M}} + \sum\alpha t_0\omega_{\overline{N}} \tag{16-3-7}$$

式中，$\omega_{\overline{M}}$及$\omega_{\overline{N}}$分别为$\overline{M}$图及$\overline{N}$图的面积，求和计算需考虑每项的正负号，以$\overline{M}$、$\overline{N}$在温度变形上做正功为正。

【例 16-3-5】 求如图 a）所示刚架由于图示温度变化引起C点的竖向位移Δ_{Ct}^V，已知材料的线膨胀系数为α，各杆截面均为矩形，截面高度为h。

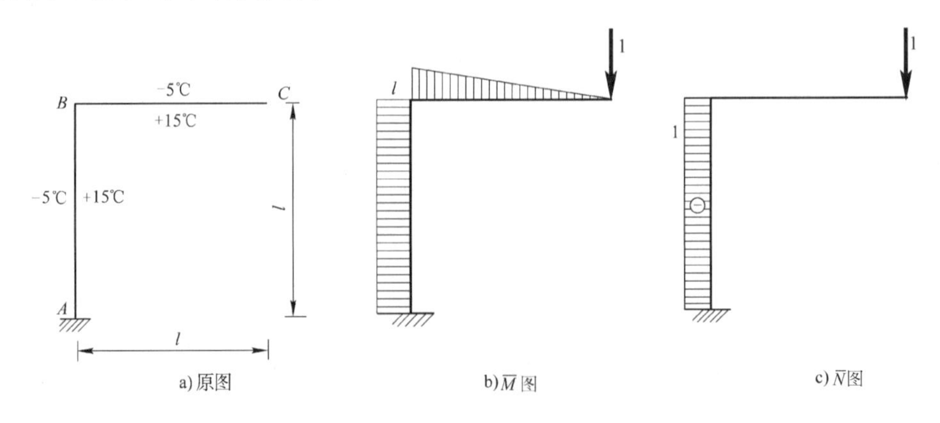

例 16-3-5 图

解 轴线温度变化$t_0=(-5+15)/2=5℃$，温差$\Delta t=15-(-5)=20℃$

在C点加竖向单位力，作$\overline{M}$图（见图b）及$\overline{N}$图（见图c），可得

$$\Delta_{ct}^{v}=-a\frac{20}{h}\left(\frac{1}{2}l\cdot l+l\cdot l\right)-a\cdot 5\cdot 1\cdot l=-\left(30\frac{al^2}{h}+5al\right)(\uparrow)$$

6. 静定桁架由于制作误差引起的位移

可将桁架杆件制作误差视为杆件的伸缩变形Δl，由式（16-3-1），得

$$\Delta=\sum\overline{N}\Delta l \tag{16-3-8}$$

【例 16-3-6】 欲使如图a）所示桁架起拱3cm，求下弦杆各需加长Δl的值。

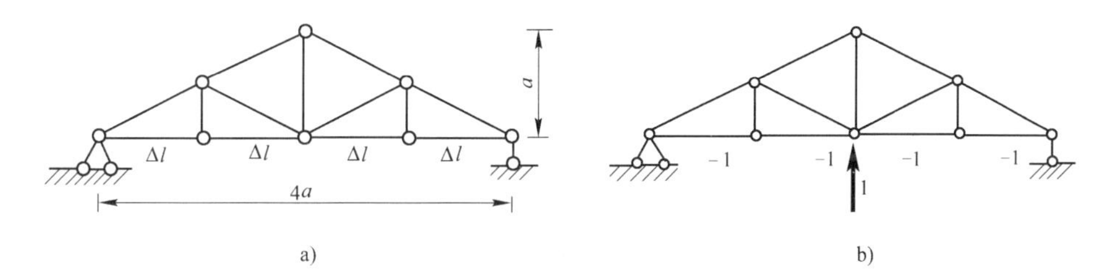

例 16-3-6 图

解 在下弦跨中结点加竖向单位力求轴力$\overline{N}$（见图b），根据式（16-3-8），可得

$$3=4\times(-1)\times\Delta l$$
$$\Delta l=-\frac{3}{4}=-0.75\text{cm}$$

下弦各杆均需截短0.75cm。

三、线弹性体系的互等定理

根据虚功原理，引用线弹性条件，可推得下面几个互等定理。

（一）功的互等定理

第一状态的外力在第二状态相应位移上所做的虚功，等于第二状态的外力在第一状态相应位移上所做的虚功，如图16-3-5所示。

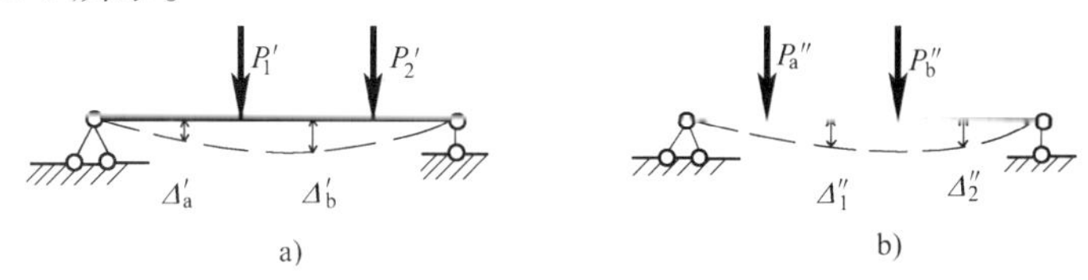

图 16-3-5

$$\sum P'\Delta''=\sum P''\Delta' \tag{16-3-9}$$

（二）位移互等定理

第一单位力引起的与第二单位力相应的位移，等于第二单位力引起的与第一单位力相应的位移，如图16-3-6所示。

$$\delta_{21}=\delta_{12} \tag{16-3-10}$$

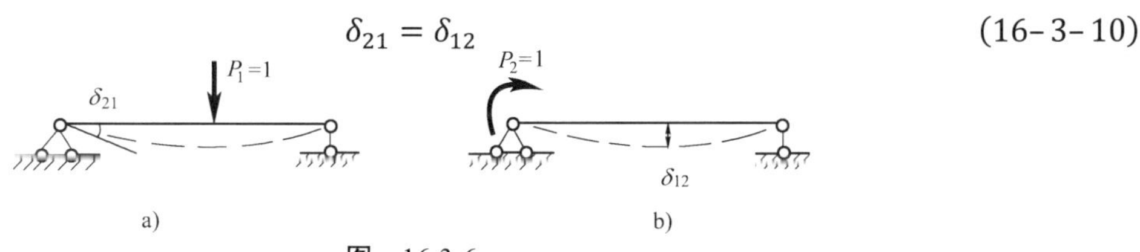

图 16-3-6

（三）反力互等定理

第一约束的单位位移引起第二约束的反力，等于第二约束的单位位移引起第一约束的反力，如图16-3-7所示。

$$r_{21} = r_{12} \tag{16-3-11}$$

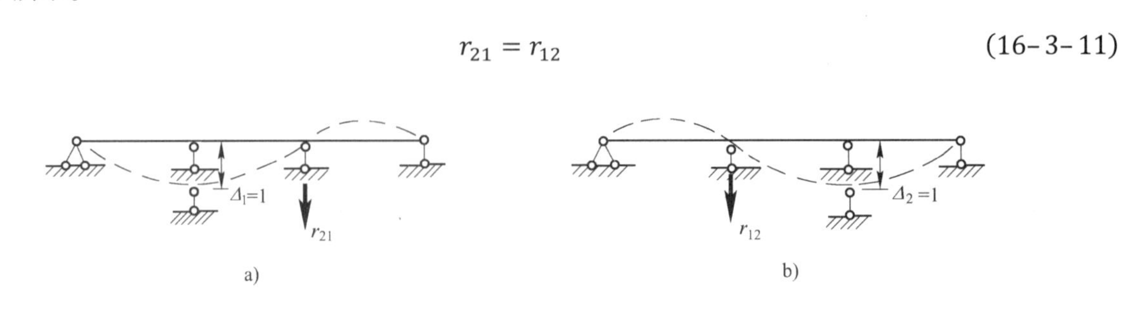

图 16-3-7

（四）反力位移互等定理

第一单位力引起的第二约束的反力，等于第二约束的单位位移引起的与第一单位力相应位移的负值，如图 16-3-8 所示。

$$r'_{21} = -\delta'_{12} \tag{16-3-12}$$

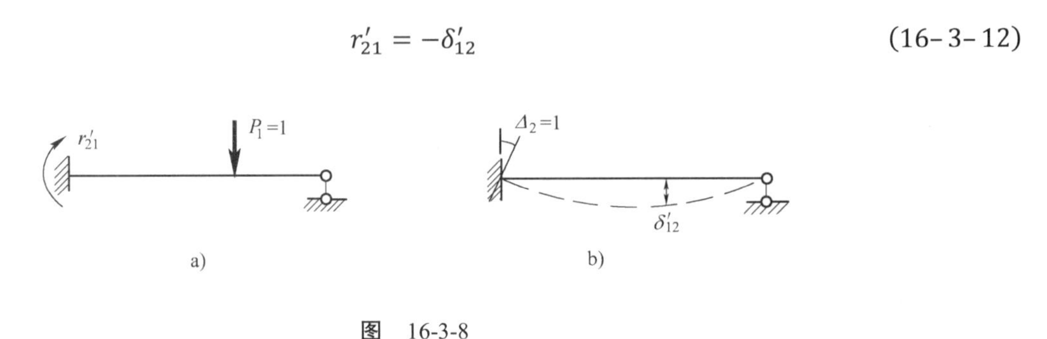

图 16-3-8

四、注意事项及例题分析

（1）要在虚功及两种可能状态概念的基础上理解变形体虚功原理的内容及其应用条件。知道虚位移原理与平衡条件等价、虚力原理与几何连续条件等价，懂得根据虚力原理求位移的过程，当所求位移没有现成公式可以利用时（如制作误差、材料收缩等局部已知变形引起的位移），可直接应用虚力原理来求。

（2）位移计算的重点是应用图乘法求静定梁与刚架指定截面的位移，以及简单的桁架及组合结构的位移计算，应很好掌握。要注意虚设的单位力应与所求广义位移相匹配（乘积为功），位移计算公式中每一项都是虚力在实际位移上所做的虚功。有的题目并不要求计算出具体数值而是要求位移的方向，这就需要根据基本概念及虚功的正负符号来做出判断。静定结构支座移动引起的位移属刚体位移，简单情况可直接根据几何关系思考，也可应用刚体体系虚功原理来求。

（3）如果是对称结构（结构的几何图形、支座及刚度均对称），应注意利用对称性，特别是零位移的判断：对称结构受对称荷载作用，反对称位移为零；对称结构受反对称荷载作用，对称位移为零。有的结构仅支座不对称，当处于对称受力状态时，其位移状态并不对称，但常与对称位移状态仅差一刚体位移。

（4）互等定理只适用于线弹性（弹性、小变形）结构，需懂得其内容及应用。

【例 16-3-7】 如图 a）所示梁中点的挠度为：

A. $Pl^3/(12EI)$　　B. $3Pl^3/(32EI)$

C. $5Pl^3/(48EI)$　　D. $Pl^3/(8EI)$

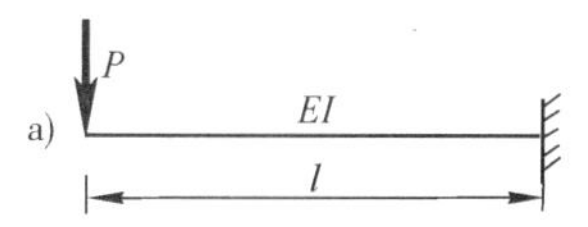

解　作图 b）、c），图乘可得中点挠度为

$$\frac{1}{EI}\times\frac{1}{2}\times\frac{l}{2}\times\frac{l}{2}\times\frac{5}{6}Pl=\frac{5}{48}\frac{Pl^3}{EI}(\downarrow)$$

答案： C

例 16-3-7 图

【例 16-3-8】 如图 a）所示结构截面A、B间的相对转角φ_{AB}为：

A. $qa^3/(6EI)$　　B. $qa^3/(3EI)$

C. $qa^3/(2EI)$　　D. $2qa^3/(3EI)$

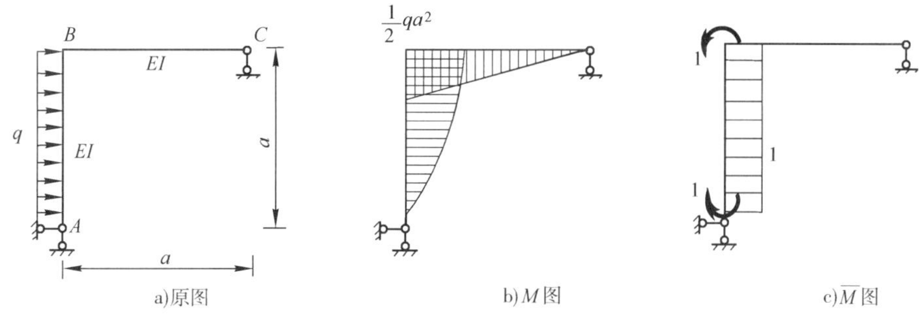

a)原图

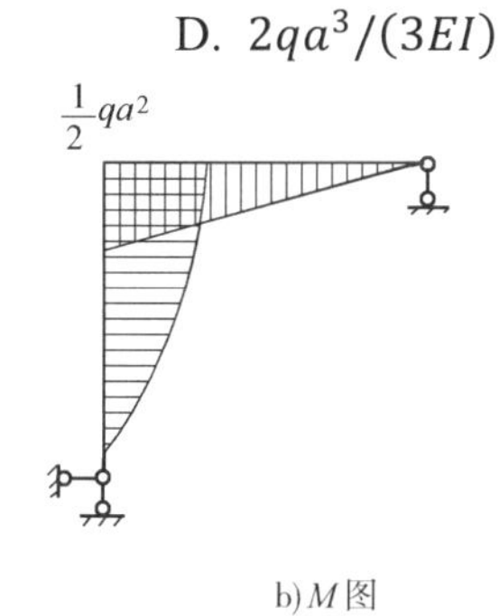

b) M图

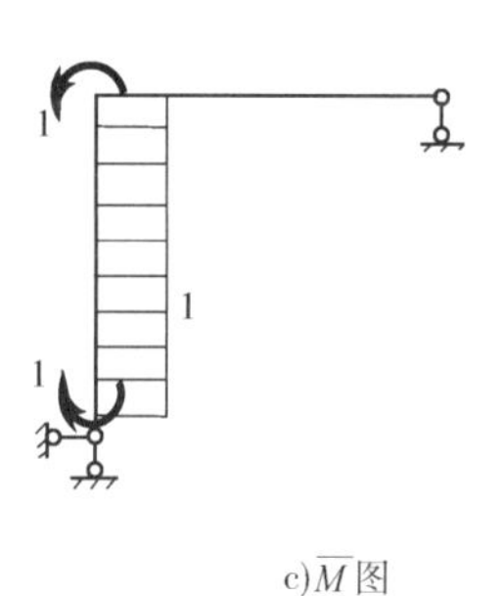

c) $\overline{M}$图

例 16-3-8 图

解　作图 b）、c），图乘可得

$$\varphi_{AB}=\frac{1}{EI}\times\frac{2}{3}\times\frac{qa^2}{2}\times a\times 1=\frac{1}{3}\frac{qa^3}{EI}$$

答案： B

【例 16-3-9】 如图所示结构各杆EI相同，结点D的竖向位移Δ_{DV}为：

A. $5ql^4/(192EI)+Pl^3/(24EI)$　　B. $5ql^4/(96EI)+Pl^3/(12EI)$

C. $5ql^4/(24EI)+Pl^3/(6EI)$　　D. $5ql^4/(12EI)+Pl^3/(3EI)$

解　下部杆件CD、ED、DF为附属部分，不受力，所以Δ_{DV}与简支梁AB中点C的挠度相同，即

$$\Delta_{DV}=\Delta_{CV}=\frac{5q(2l)^4}{384EI}+\frac{P(2l)^3}{48EI}=\frac{5ql^4}{24EI}+\frac{Pl^3}{6EI}$$

答案： C

【例 16-3-10】 如图所示结构a、l、h均大于零，B点水平位移：

A. 向左　　B. 向右

C. 为零　　D. 不定，需据a、l、h的比值而定

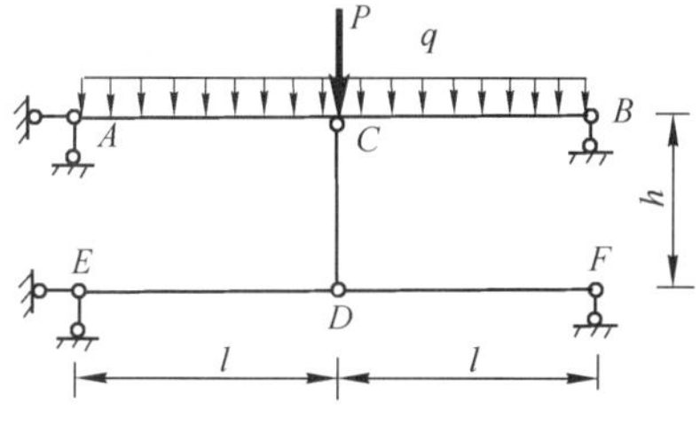

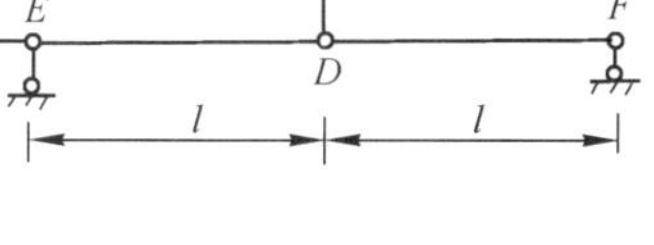

例 16-3-9 图

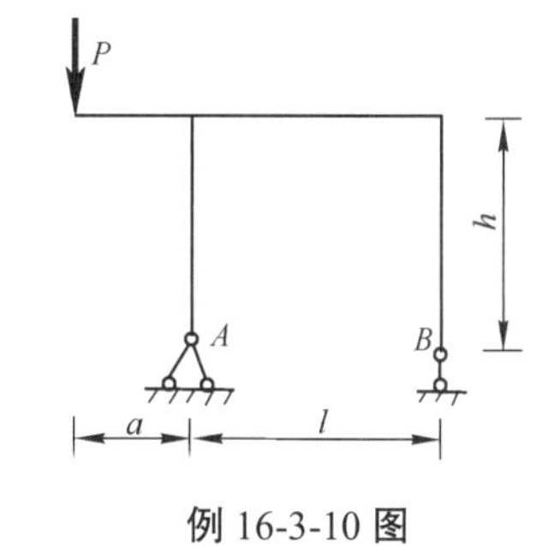

例 16-3-10 图

解　荷载P引起的弯矩图在水平杆的上侧，竖杆弯矩为零，若在B点虚设向左的单位集中力，它引起的单位弯矩图在外侧，图乘为正，所以B点水平位移向左。

答案：A

【例16-3-11】如图所示结构，各杆EI相同，在荷载P作用下，C、D两点：

A. 间距增大　　B. 间距减小

C. 都向左移相同距离　　D. 都向右移相同距离

解　此题为对称结构，可将所给荷载分解为对称与反对称两组。对称的两个$P/2$仅使杆EF、FG受压，不引起C、D两点的位移。反对称的两个$P/2$引起反对称的弯矩图，为求C、D两点间的相对线位移，需在C、D加一对反向单位集中力，引起对称的单位弯矩图，两者图乘求和为零，故C、D两点间无相对线位移。另外，注意到荷载弯矩图CA段在左侧，在C点加向右的单位力才能图乘得正号，所以，C、D两点都向右移相同距离。

答案：D

【例16-3-12】如图所示桁架各杆EA相同，结点B的竖向位移Δ_{BV}等于：

A. 0　　B. $Pd/(\sqrt{2}EA)$　　C. $Pd/(EA)$　　D. $\sqrt{2}Pd/(EA)$

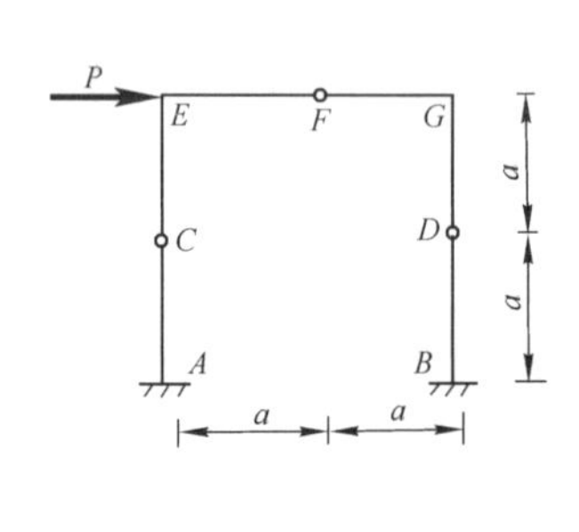

例16-3-11图

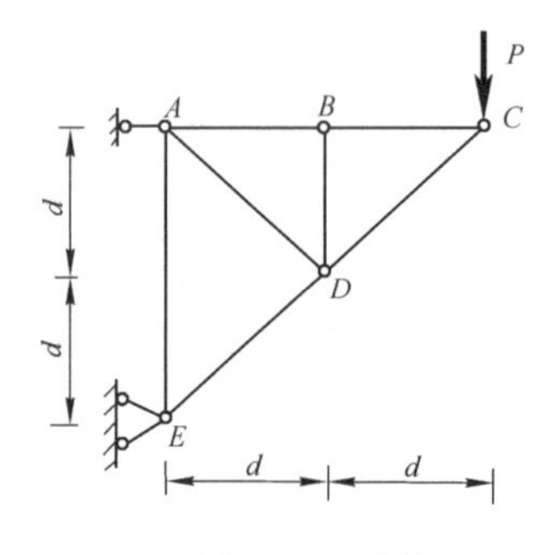

例16-3-12图

解　荷载P引起AB、BC、CD、DE四杆内力为非零值，其中$N_{DE}=-\sqrt{2}P$。在B点施加竖直向下单位集中力引起BD、AD、DE、AE四杆的内力为非零值，其中$\bar{N}_{DE}=-\sqrt{2}/2$，可见荷载P与单位力引起的非零内力只有DE杆重叠，故

$$\Delta_{BV}=\sum\frac{\bar{N}N_{P}l}{EA}=\frac{(\sqrt{2}P)\times\left(-\frac{\sqrt{2}}{2}\right)\times\sqrt{2}d}{EA}=\sqrt{2}\frac{Pd}{EA}$$

答案：D

【例16-3-13】如图所示桁架，各杆EA相同，结点C的竖向位移等于：

A. 0　　B. $\sqrt{2}Pd/(EA)$　　C. $2Pd/(EA)$　　D. $2\sqrt{2}Pd/(EA)$

解　注意到位于此对称桁架对称轴线上的无载K形结点C两斜杆内力为零，可知荷载P仅使斜杆AD、DB受力。而当在C点施加竖向单位集中力时，交于结点D的斜杆AD、DB内力为零。可见荷载P与单位力引起的非零内力互不重叠，故

$$\Delta_{CV}=\sum\frac{\bar{N}N_{P}l}{EA}=0$$

答案：A

【例16-3-14】如图所示结构支座A左移a、下沉b为已知，则D点的竖向位移Δ_{DV}为：

A. $a+b(\uparrow)$　　B. $b(\uparrow)$　　C. $b(\downarrow)$　　D. $b/2(\downarrow)$

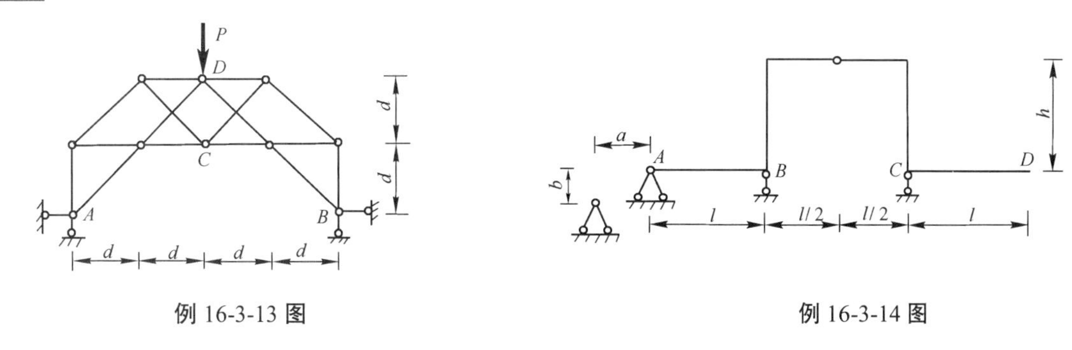

例 16-3-13 图　　　　例 16-3-14 图

解　在D点虚设向下的单位集中力，用平衡条件可求得支座A的水平反力$\overline{H}_A=0$，竖向反力$\overline{V}_A=1(\uparrow)$，或注意到结点平衡，容易作出单位力作用下的弯矩图，求得$\overline{M}_{BA}=l$（下侧受拉），再由$\overline{M}_{BA}=\overline{V}_A l$反求得$\overline{V}_A=1(\uparrow)$。应用静定结构由于支座移动的位移公式得

$$\Delta_{DV}=-\sum\overline{R}l=-(0\cdot a-1\cdot b)=b(\downarrow)$$

答案：C

【例 16-3-15】 如图 a）所示桁架，当AC杆因温度升高而伸长时，AC杆：

A. 作顺时针转动　　　　B. 作逆时针转动

C. 不转动　　　　D. 转向不定，随α值而定

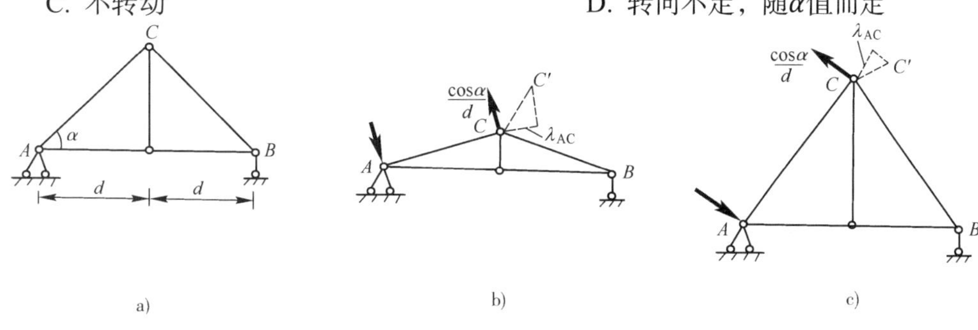

例 16-3-15 图

解　在AC杆上虚设反对针转向的单位力偶（化为垂直于杆的结点集中力$\cos\alpha/d$），由虚力原理可知

$$1\cdot\varphi_{AC}=\overline{N}_{AC}\lambda_{AC}$$

其中温度变形λ_{AC}为伸长。可见当$\alpha<45°$时，$\overline{N}_{AC}$为拉力，φ_{AC}为正值，AC杆逆时针转动（见图 b）；而当$\alpha>45°$时，$\overline{N}_{AC}$为压力，φ_{AC}为负值，AC杆顺时针转动（见图 c）；$\alpha=45°$时，$\varphi_{AC}=0$。AC杆不转动。AC杆的转向也可用几何作图的方法由变形后的结点位置C'来确定，如图 b）、c）所示。

答案：D

【例 16-3-16】 如图所示组合结构，EI，EA均为有限值，C、B两点水平位移Δ_{CH}、Δ_{BH}的关系是：

A. $\Delta_{CH}=\Delta_{BH}=0$　　　　B. $\Delta_{CH}=0$或$\Delta_{BH}=0$

C. $\Delta_{CH}=\Delta_{BH}\neq0$　　　　D. $\Delta_{CH}=\Delta_{BH}/2\neq0$

解　需注意荷载作用时，水平反力为零，引起对称的M_P图，杆AB产生拉力N_P，但位移并不对称。若用单位荷载法求位移，当在C点加向右的单位力时，引起反对称的$\overline{M}$图，杆AB产生拉力$\overline{N}=1/2$；而当在B点加向右单位力时，弯矩全为零，杆AB产生拉力$\overline{N}=1$。根据组合结构位移计算公式，弯矩图乘求和为零，只有杆AB轴向变形的影响，故得$\Delta_{CH}=N_Pl/(2EA)$，$\Delta_{BH}=N_Pl/(EA)$。

此题由于支座A、B约束不同，不是对称结构，但水平反力为零，仍可利用对称性分析。设想没有支座A的水平链杆，在图示对称荷载作用下仍能平衡并产生对称的受力状态和对称的变形状态，这时A点

向左移$N_{\mathrm{P}}l/(2EA)$，B点向右移$N_{\mathrm{P}}l/(2EA)$，但原题A点位移为零，故需整体右移$N_{\mathrm{P}}l/(2EA)$才能与原题相符，故正确答案为D。

答案： D

【例16-3-17】 图示对称结构C点的水平位移$\Delta_{\mathrm{CH}}=\Delta(\rightarrow)$，若$AC$杆$EI$增大一倍，$BC$杆$EI$不变，则$\Delta_{\mathrm{CH}}$变为：

A. 2Δ　　B. 1.5Δ　　C. 0.5Δ　　D. 0.75Δ

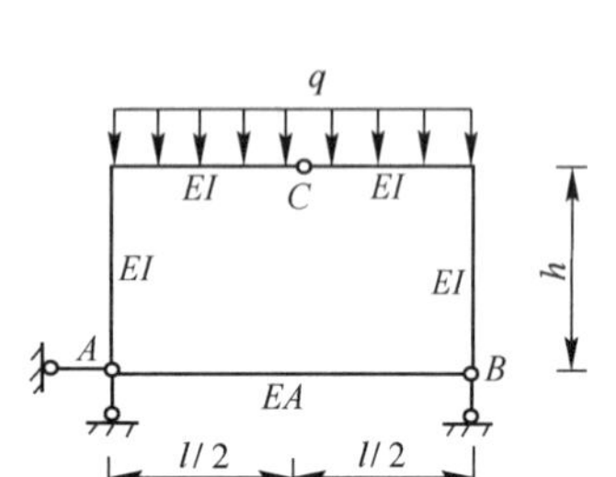

例16-3-16图

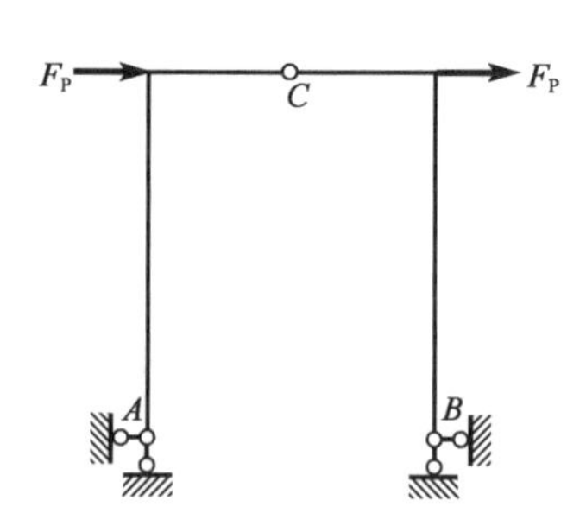

例16-3-17图

解　本题荷载弯矩图及求位移加单位力引起的弯矩图均为反对称图形，故图乘时可分左、右分别图乘然后相加。按题意，位移可表达为

$$\Delta_{\mathrm{CH}}=\frac{1}{2}\Delta+\frac{1}{2}\Delta=\Delta$$

当AC杆刚度由EI变为$2EI$时，由于图乘时刚度在分母，故新的位移为

$$\Delta'_{\mathrm{CH}}=\frac{1}{2}\frac{1}{2}\Delta+\frac{1}{2}\Delta=\frac{3}{4}\Delta$$

答案： D

【例16-3-18】 图示结构不考虑轴向变形，$\Delta_{\mathrm{CH}}=\Delta(\rightarrow)$，若结构$EI$增大一倍，则$\Delta_{\mathrm{CH}}$变为：

A. 2Δ　　B. 1.5Δ

C. 0.5Δ　　D. 0.75Δ

解　在线弹性结构位移计算公式中，刚度为分母，结构的位移与刚度成反比。

答案： C

【例16-3-19】 图示结构忽略轴向变形和剪切变形，若增大弹簧刚度k，则节点A的水平位移Δ_{AH}为：

A. 增大　　B. 减小

C. 不变　　D. 可能增大，可能减小

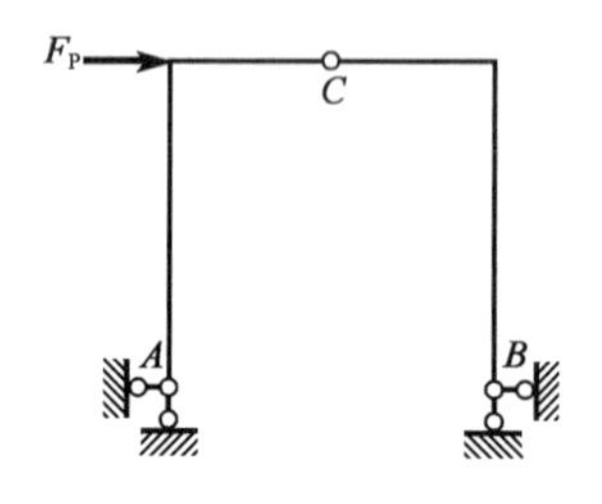

例16-3-18图

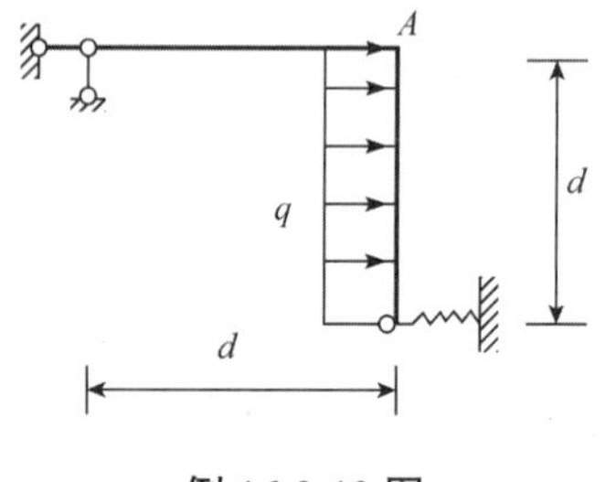

例16-3-19图

解　忽略轴向变形，水平杆只能弯曲和绕左铰支座摆动，A点水平位移为零，保持不变。

答案： C

习　题

16-3-1　图示结构杆长为l，$EI=$常数，C点两侧截面相对转角φ_C为（　　）。

A. $3Pl/(2EA)$　　B. $Pl^2/(12EI)$　　C. 0　　D. $Pl^3/(6EI)$

16-3-2　图示刚架B点水平位移Δ_{BH}为（　　）。

A. $qa^4/(4EI)(\rightarrow)$　　B. $7qa^4/(12EI)(\rightarrow)$

C. 0　　D. $4qa^4/(12EI)(\rightarrow)$

16-3-3　图示为刚架在均布荷载作用下的M图，曲线为二次抛物线，横梁的抗弯刚度为$2EI$，竖柱为EI，支座A处截面转角为（　　）。

A. $5qa^3/(12EI)$（顺时针）　　B. $5qa^3/(12EI)$（逆时针）

C. $qa^3/(2EI)$（顺时针）　　D. $qa^3/(2EI)$（逆时针）

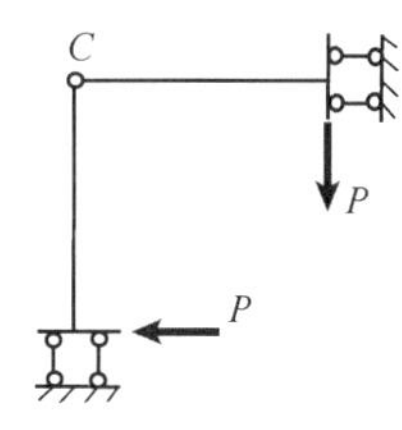

题 16-3-1 图

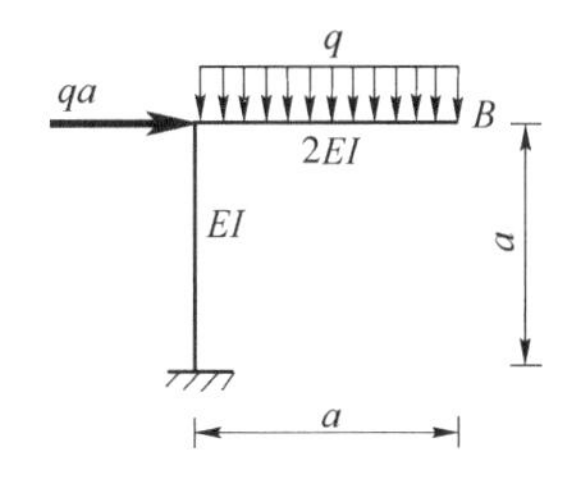

题 16-3-2 图

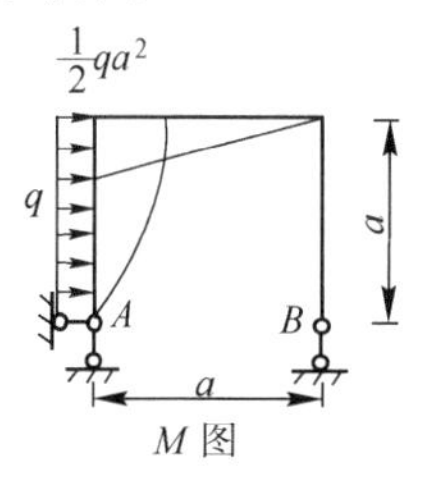

题 16-3-3 图

16-3-4　图示梁铰C左侧截面转角时，其虚拟的单位力状态应取（　　）。

A. 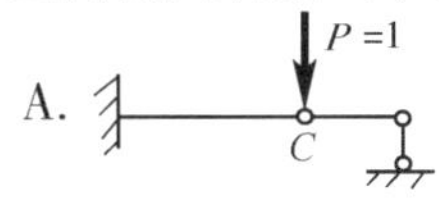

B. 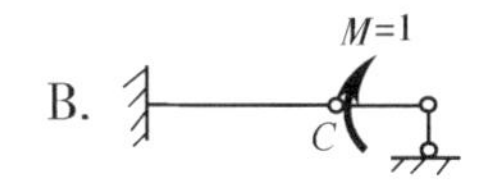

C. 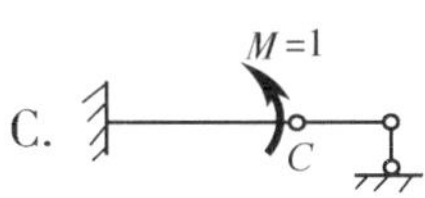

D. 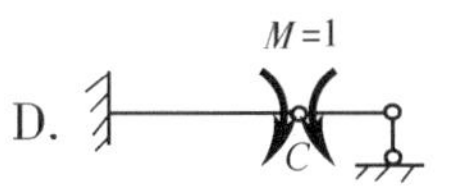

16-3-5　图示结构中AC杆的温度升高t°C，则杆AC与BC间的夹角变化是（　　）。

A. 增大　　B. 减小　　C. 不变　　D. 不定

16-3-6　图示结构$EI=$常数，截面C的转角是（　　）。

A. $ql^3/(8EI)$（逆时针）　　B. $5ql^3/(24EI)$（逆时针）

C. $ql^3/(24EI)$（逆时针）　　D. $ql^3/(24EI)$（顺时针）

16-3-7　图示梁当$EI=$常数时，B端的转角是（　　）。

A. $5ql^3/(48EI)$（顺时针）　　B. $5ql^3/(48EI)$（逆时针）

C. $7ql^3/(48EI)$（逆时针）　　D. $9ql^3/(48EI)$（逆时针）

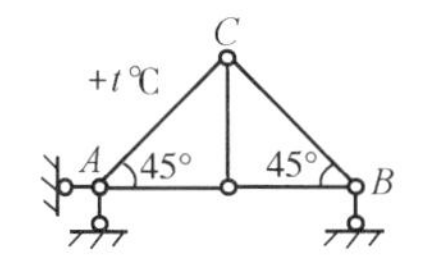

题 16-3-5 图

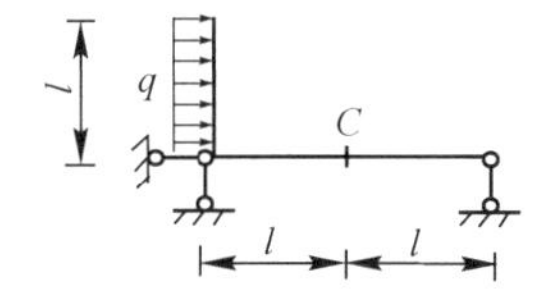

题 16-3-6 图

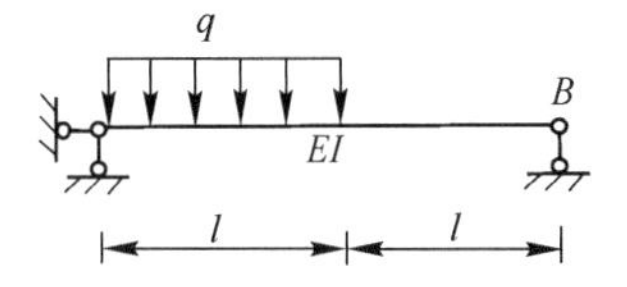

题 16-3-7 图

16-3-8　图示桁架B点竖向位移（向下为正）Δ_{BV}为（　　）。

A. $(4+2\sqrt{2})Pa/(EA)$　　B. $(-4+2\sqrt{2})Pa/(EA)$

C. $(2+2\sqrt{2})Pa/(EA)$　　D. 0

16-3-9　图示结构A、B两点相对竖向位移Δ_{AB}为（　　）。

A. $2\sqrt{2}Pa/(EA)$　　B. $3Pa/(EA)$

C. $8Pa/(EA)$　　D. 0

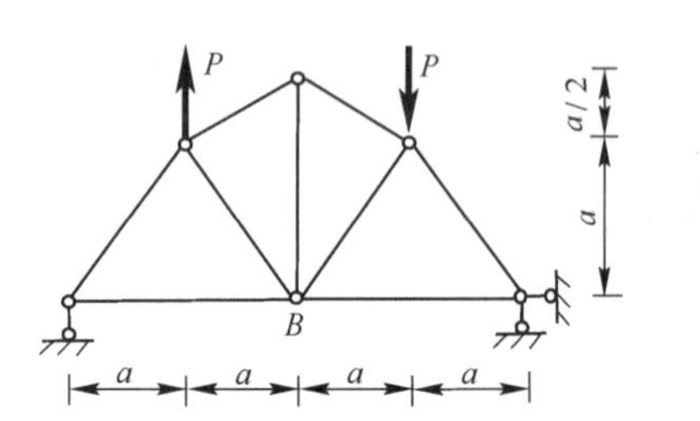

题 16-3-8 图

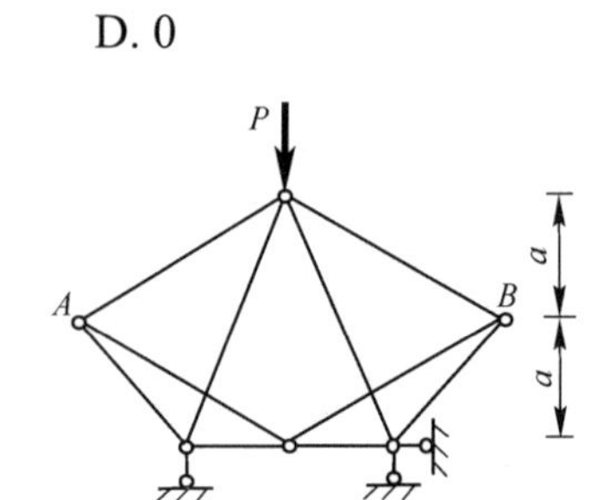

题 16-3-9 图

16-3-10 设a、b及φ分别为图示结构A支座发生的移动及转动，由此引起B点的水平位移（向左为正）Δ_{BH}为（　　）。

A. $h\varphi - a$　　B. $h\varphi + a$

C. $a - h\varphi$　　D. 0

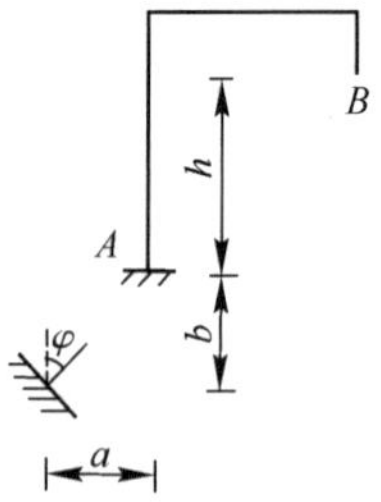

题 16-3-10 图

16-3-11 用图乘法求位移的必要应用条件之一是（　　）。

A. 单位荷载作用下的弯矩图为一直线

B. 结构可分为等截面直杆段

C. 所有杆件EI为常数且相同

D. 结构必须是静定的

16-3-12 变形体虚位移原理的虚功方程中包含了力系与位移（及变形）两套物理量，其中（　　）。

A. 力系必须是虚拟的，位移是实际的

B. 位移必须是虚拟的，力系是实际的

C. 力系与位移都必须是虚拟的

D. 力系与位移两者都是实际的

16-3-13 位移互等及反力互等定理适用的结构是（　　）。

A. 刚体　　B. 任意变形体

C. 线性弹性结构　　D. 非线性结构

16-3-14 如图 a)、b）所示两种状态中，作用于A截面的水平单位集中力$P=1$引起B截面的转角为φ，作用于B截面的单位集中力偶$M=1$引起A点的水平位移为δ，则φ与δ两者（　　）。

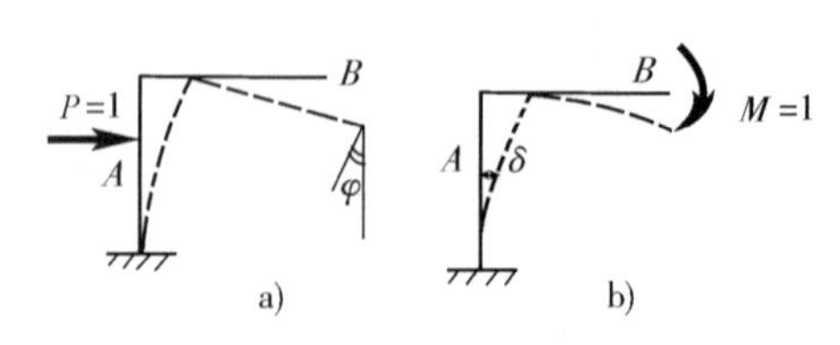

题 16-3-14 图

A. 大小相等，量纲不同　　B. 大小相等，量纲相同

C. 大小不等，量纲不同　　D. 大小不等，量纲相同

16-3-15 如图a)、b）所示两种状态中，梁的转角φ与竖向位移δ间的关系为（　　）。

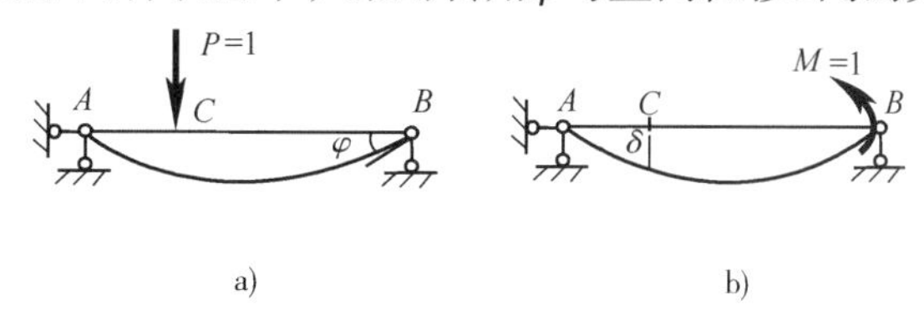

题 16-3-15 图

A. $\delta=\varphi$　　B. δ与φ关系不定，取决于梁的刚度大小

C. $\delta>\varphi$　　D. $\delta<\varphi$

16-3-16 图示结构当E点有$P=1$向下作用时，B截面产生逆时针转角φ，则当A点有图示单位力偶荷载作用时，E点产生的竖向位移为（　　）。

A. $\varphi(\uparrow)$　　B. $\varphi(\downarrow)$　　C. $\varphi a(\uparrow)$　　D. $\varphi a(\downarrow)$

16-3-17 图示结构$EA=$常数。C、D两点的水平相对线位移为（　　）。

A. $2Pa/(EA)$　　B. $Pa/(EA)$　　C. $3Pa/(2EA)$　　D. $Pa/(3EA)$

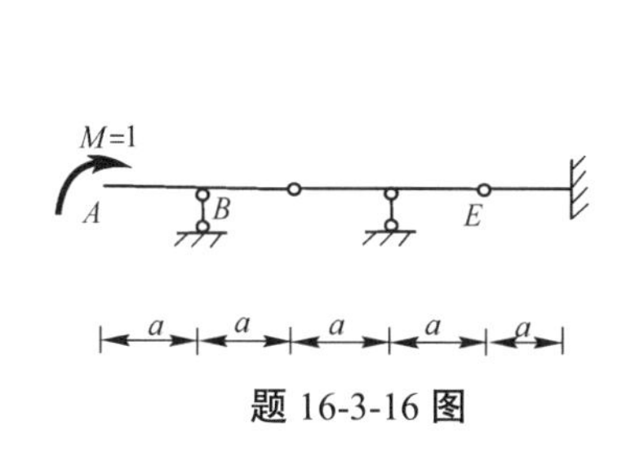

题 16-3-16 图

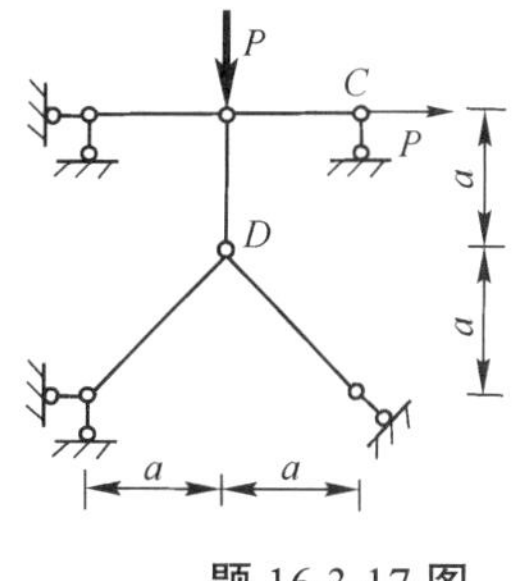

题 16-3-17 图

第四节　超静定结构的受力分析与特性

一、超静定结构的基本概念

（一）超静定结构的基本特征

（1）几何特征：几何不变，有多余约束。

（2）静力特征：未知力数大于独立平衡方程式数，仅依靠平衡方程不能将全部反力及内力都求出。满足平衡的内力解答不唯一。

几何特征与静力特征相互对应，每一特征都可作为超静定结构的定义，该含义如图16-4-1所示。

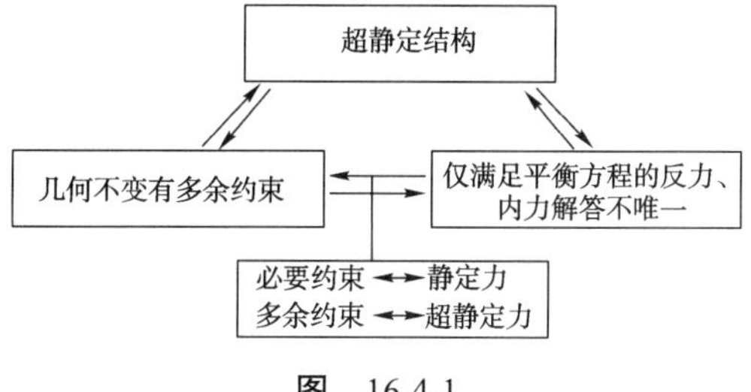

图　16-4-1

超静定结构的多余约束数，即未知力数多于独立平衡方程式的数目，称为超静定次数。判定超静定次数的实用方法是：将原超静定结构变为几何不变的、静定的结构，所需撤去多余约束的数目，即为超

静定次数。

（二）超静定结构内力求解的基本原则

超静定结构的真实内力分布必须同时满足：

（1）平衡方程。

（2）变形协调方程（包括几何方程和物理方程）。

（三）超静定结构的一般性质

（1）超静定结构的内力分布与各杆件的刚度有关。关于刚度对内力分布的影响应注意：

①在荷载作用下，超静定结构的内力分布决定于各杆件刚度的比值，计算时允许使用刚度的相对值。在非荷载因素（如支座移动、温度变化及制作误差等）作用下，超静定结构的内力分布决定于各杆件刚度的绝对值，计算时必须使用刚度的绝对值。

②改变各杆件的刚度，一般都将引起超静定结构内力的重新分布，据此，可通过改变杆件刚度的办法来调整内力分布，使其均匀合理。

例如图 16-4-2a）所示刚架，若横梁刚度远大于立柱刚度，横梁的弯矩图接近于简支梁的弯矩图，跨中弯矩很大，如图 16-4-2b）所示，这种内力状态不利。反之，若立柱的刚度远大于横梁的刚度，横梁的弯矩图接近于两端固定梁的弯矩图，横梁端部弯矩值大，立柱顶端弯矩值也大，如图 16-4-2c）所示，这种内力状态也不够有利。适当调整梁-柱的刚度比例，可以使横梁的跨中弯矩与端部弯矩绝对值大体相等，可使弯矩分布较均匀合理。

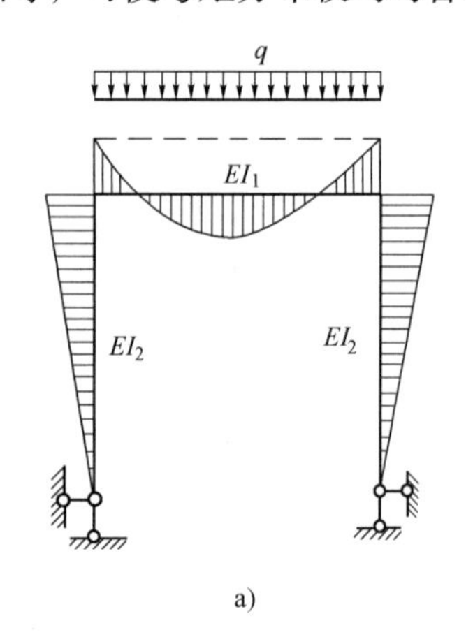

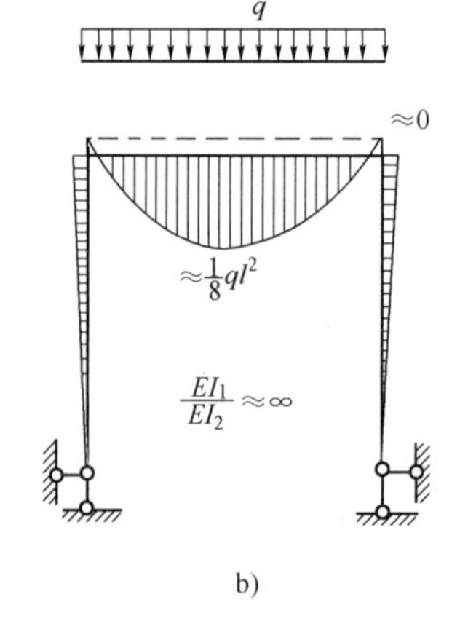

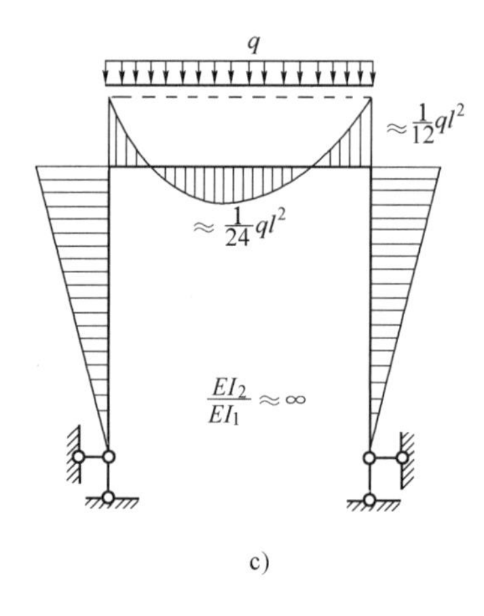

图 16-4-2

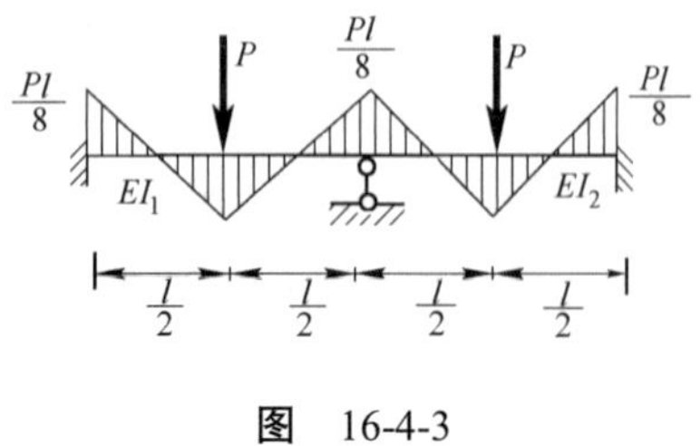

图 16-4-3

③某些特定结构在某些特定荷载作用下，其内力分布有可能不受截面刚度变化的影响。例如图 16-4-3 所示，当两杆截面刚度发生变化时并不引起内力的重新分布。

（2）非荷载因素会在超静定结构中引起内力，这种内力称为自内力。关于自内力应注意：

①“没有荷载就没有内力”这句话只适用于静定结构。静定结构不会产生自内力，超静定结构则有产生自内力的可能。支座移动、温度变化、制作误差及材料收缩等因素都会使超静定结构产生内力。

②自内力与结构各杆件刚度的绝对值有关，计算时不能使用相对值。

③自内力一般与结构各杆件刚度的绝对值成正比，增大杆件的刚度，则其自内力也相应增大，故依靠增加刚度来提高结构对非荷载因素的抵抗能力并非有效措施。

④可以主动地利用自内力来调整结构的内力状况，例如预应力结构的应用。

（3）超静定结构的整体性好，刚度大，防护能力强，内力分布比较均匀。

①局部荷载影响范围大，内力分布比较均匀合理。

例如图 16-4-4 所示，荷载P的作用，图 16-4-4a）只使基本部分受力，而图 16-4-4b）使全梁受力，影响范围大，受力比较均匀，也减少了内力的峰值，变形也比较均匀。

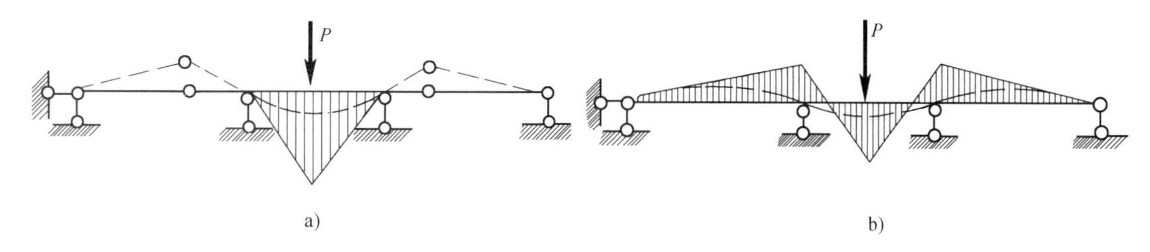

图　16-4-4

又如图 16-4-5 所示，荷载等效变化，图 16-4-5a）只影响局部，而图 16-4-5b）影响全梁。

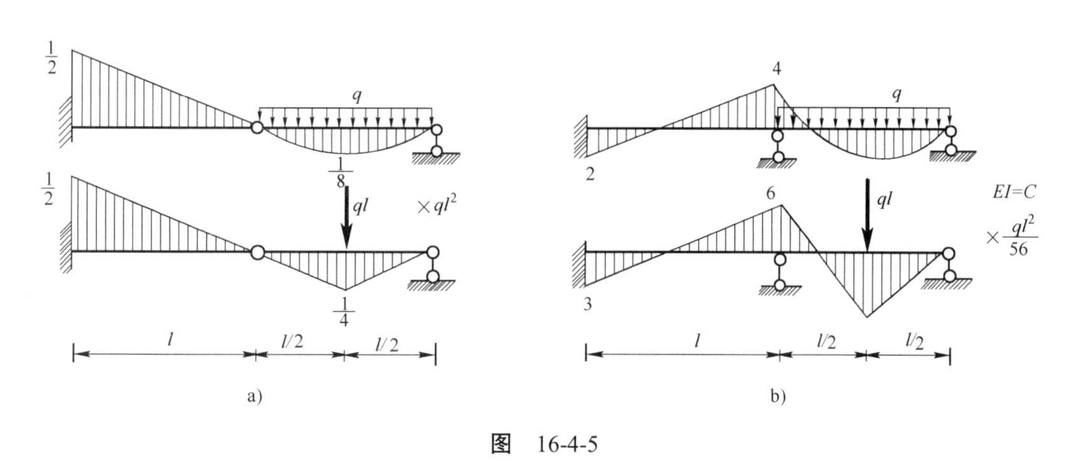

图　16-4-5

②防护能力强。多余约束遭到破坏仍可维持几何不变，仍有一定承载能力。

③整体性好，刚度大，稳定性好。

例如，如图 16-4-6 所示，梁的最大挠度，图 16-4-6b）仅为图 16-4-6a）的1/5。又如图 16-4-7 所示，柱的临界荷载，图 16-4-7b）为图 16-4-7a）的 4 倍。

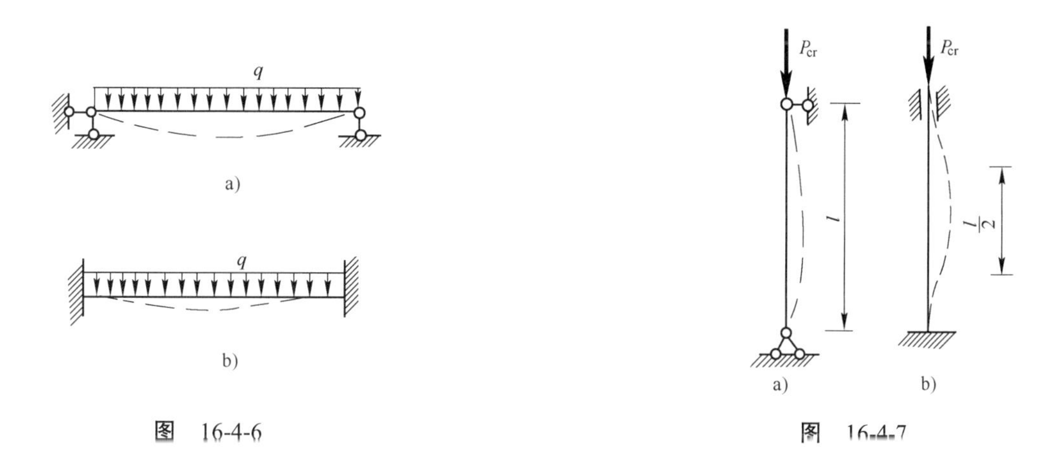

图　16-4-6　　　　图　16-4-7

下面讨论超静定结构内力的解法——力法、位移法、力矩分配法。

二、力法

（一）力法基本思路（见图 16-4-8）

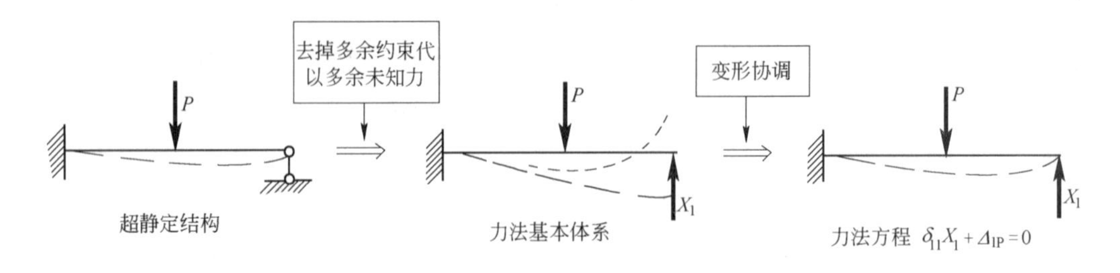

图　16-4-8

（二）力法原理要点

力法是以多余未知力为基本未知量的求解方法，其要点是：

1. 选择力法基本未知量和力法基本结构，建立力法基本体系

原则是：去掉多余约束，代之以相应的多余未知力（即力法基本未知量），使原超静定结构变为几何不变的、静定的结构（称为力法基本结构）。将实际荷载等外因和多余未知力共同作用在基本结构上，形成力法基本体系。

显然，力法基本体系处于平衡状态，它已满足了平衡条件，但多余未知力的值不唯一。

2. 建立力法典型方程

原则是：使力法基本结构在荷载等外因和多余未知力的共同作用下，沿多余未知力方向的位移等于原超静定结构的相应给定位移，从而实现与原结构的变形完全一致。

据此建立起的力法方程实际上是变形协调方程。

如图 16-4-9a）所示为某一高次超静定结构，承受荷载、支座移动及温度变化等外因的作用，其力法基本体系如图 16-4-9b）所示，力法典型方程的形式为

$$\left.\begin{aligned}\Delta_1=\overline{\Delta}_1,\quad &\delta_{11}X_1+\delta_{12}X_2+\delta_{13}X_3+\Delta_{1\mathrm{P}}+\Delta_{1\mathrm{C}}+\Delta_{1\mathrm{t}}=\overline{\Delta}_1\\ \Delta_2=\overline{\Delta}_2,\quad &\delta_{21}X_1+\delta_{22}X_2+\delta_{23}X_3+\Delta_{2\mathrm{P}}+\Delta_{2\mathrm{C}}+\Delta_{2\mathrm{t}}=\overline{\Delta}_2\\ \Delta_3=\overline{\Delta}_3,\quad &\delta_{31}X_1+\delta_{32}X_2+\delta_{33}X_3+\Delta_{3\mathrm{P}}+\Delta_{3\mathrm{C}}+\Delta_{3\mathrm{t}}=\overline{\Delta}_3\end{aligned}\right\}\tag{16-4-1}$$

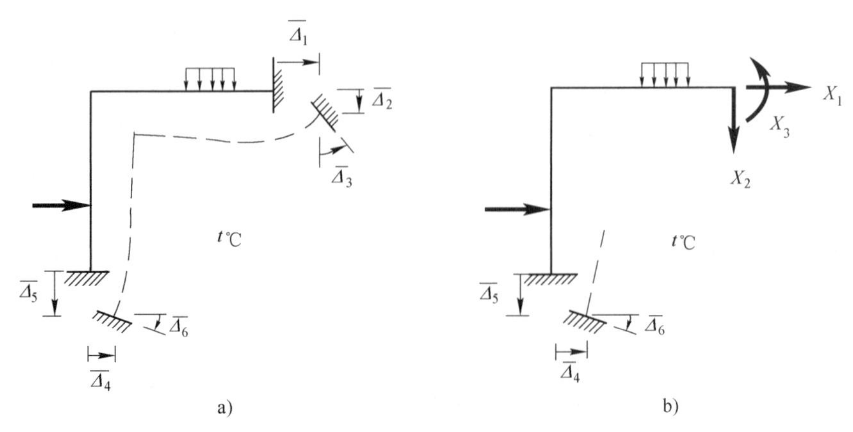

图　16-4-9

对于n次超静定结构，力法典型方程的一般形式可缩写为

$$\sum_{j=1}^{n}\delta_{ij}X_j+\varDelta_{iP}+\varDelta_{iC}+\varDelta_{it}=\overline{\varDelta}_i \qquad (i=1,2,\cdots,n) \tag{16-4-2}$$

其中，柔度系数δ_{ij}表示在基本结构上由于$X_j=1$引起的X_i方向上的位移，根据位移互等定理可知$\delta_{ij}=\delta_{ji}$；自由项$\varDelta_{iP}$、$\varDelta_{iC}$、$\varDelta_{it}$分别表示基本结构上由于荷载、支座移动、温度变化引起X_i方向上的位移；等式右端的$\overline{\varDelta}_i$表示原超静定结构沿X_i方向上的给定位移。对于无支座移动的刚性多余约束或结构内部多余约束，其切口处的相对位移$\overline{\varDelta}_i=0$。

力法方程等式左端是基本体系沿多余未知力方向的位移，等式右端是原结构沿同一方向的位移，两者大小相等，变形协调。

由力法方程解出的多余约束力，既满足平衡方程，又满足变形协调方程，即是真解。

（三）用力法计算超静定结构的内力

【例 16-4-1】 用力法解如图 a）所示刚架，并作弯矩图，$EI=$常数。

解 力法基本体系如图 b）所示。

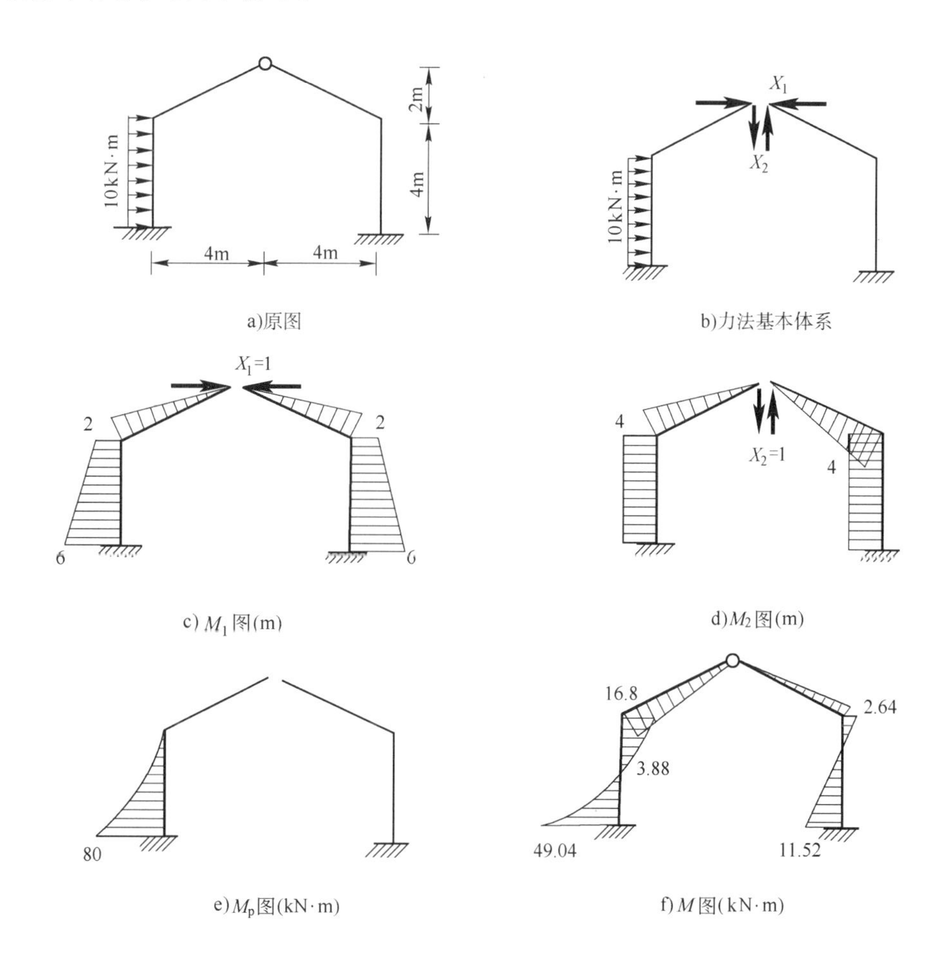

例 16-4-1 图

力法方程为

$$\delta_{11}X_1+\delta_{12}X_2+\varDelta_{1P}=0$$

$$\delta_{21}X_1+\delta_{22}X_2+\varDelta_{2P}=0$$

系数计算

$$\delta_{11}=\frac{2}{EI}\left[\frac{1}{2}\times2\times2\sqrt{5}\times\frac{2}{3}\times2+\frac{1}{2}\times2\times4\times\left(\frac{2}{3}\times2+\frac{1}{3}\times6\right)+\frac{1}{2}\times6\times4\times\left(\frac{1}{3}\times2+\frac{2}{3}\times6\right)\right]=\frac{150.59}{EI}$$

$$\delta_{12}=\delta_{21}=0$$

$$\delta_{22}=\frac{2}{EI}\left(\frac{1}{2}\times4\times2\sqrt{5}\times\frac{2}{3}\times4+4\times4\times4\right)=\frac{175.7}{EI}$$

$$\Delta_{1\mathrm{P}}=\frac{1}{EI}\frac{1}{3}\times80\times4\times\left(\frac{3}{4}\times6+\frac{1}{4}\times2\right)=\frac{533.33}{EI}$$

$$\Delta_{2\mathrm{P}}=\frac{1}{EI}\frac{1}{3}\times80\times4\times4=\frac{426.67}{EI}$$

代入力法方程求解

$$X_1=-\frac{\Delta_{1\mathrm{P}}}{\delta_{11}}=-\frac{533.33}{150.59}=-3.54\mathrm{kN}\qquad(\leftarrow\rightarrow)$$

$$X_2=-\frac{\Delta_{2\mathrm{P}}}{\delta_{22}}=-\frac{426.67}{175.7}=-2.43\mathrm{kN}\qquad(\uparrow\ \downarrow)$$

作弯矩图，见图 f)。

$$M=\overline{M}_1X_1+\overline{M}_2X_2+M_\mathrm{P}$$

【例 16-4-2】 求如图 a）所示桁架各杆的内力，各杆EA相同。

解 选力法基本体系，见图 b)。

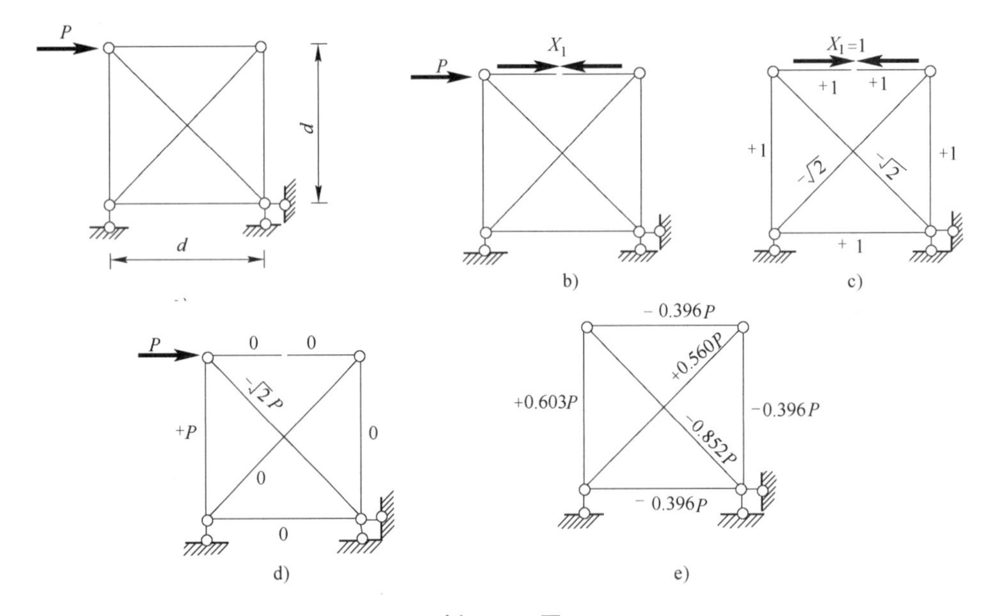

例 16-4-2 图

力法方程为

$$\delta_{11}X_1+\Delta_{1\mathrm{P}}=0$$

系数计算

$$\delta_{11}=\sum\frac{\overline{N}_1^2l}{EA}=\frac{4}{EA}1^2d+\frac{2}{EA}\left(-\sqrt{2}\right)^2\sqrt{2}d=\left(4+4\sqrt{2}\right)\frac{d}{EA}$$

$$\Delta_{1P}=\sum\frac{\overline{N}_1N_\mathrm{P}l}{EA}=\frac{1}{EA}1Pd+\frac{1}{EA}\left(-\sqrt{2}\right)\left(-\sqrt{2P}\right)\sqrt{2}d=\left(1+2\sqrt{2}\right)\frac{Pd}{EA}$$

代入力法方程得

$$X_1=-\frac{\Delta_{1P}}{\delta_{11}}=-\frac{1+2\sqrt{2}}{4+4\sqrt{2}}P=-0.396P(\text{压})$$

计算各杆内力

$$N=\overline{N}_1X_1+N_P$$

最后结果如图 e）所示。

【例 16-4-3】 求如图 a）所示梁由于转角θ_A及θ_B引起的内力，并作弯矩图。

方法 1：选如图 b）所示的力法基本体系，建立力法方程如下

$$\begin{cases}\dfrac{l^3}{3EI}X_1-\dfrac{l^2}{2EI}X_2-\theta_A l=0\\[2ex]-\dfrac{l^2}{2EI}X_1+\dfrac{l}{EI}X_2+\theta_A=\theta_B\end{cases}$$

解得

$$X_1=6\frac{EI}{l^2}(\theta_A+\theta_B)=6\frac{i}{l}(\theta_A+\theta_B)$$

$$X_2=2\frac{EI}{l}(\theta_A+2\theta_B)=2i(\theta_A+2\theta_B)$$

其中线刚度$i=\frac{EI}{l}$。

方法 2：选如图 e）所示的力法基本体系，相应力法方程为

$$\frac{l}{3EI}X_1-\frac{l}{6EI}X_2=\theta_A;\quad -\frac{1}{6EI}X_1+\frac{l}{3EI}X_2=\theta_B$$

解得

$$X_1=2i(2\theta_A+\theta_B);\ X_2=2i(\theta_A+2\theta_B)$$

最后弯矩图见图 h）。

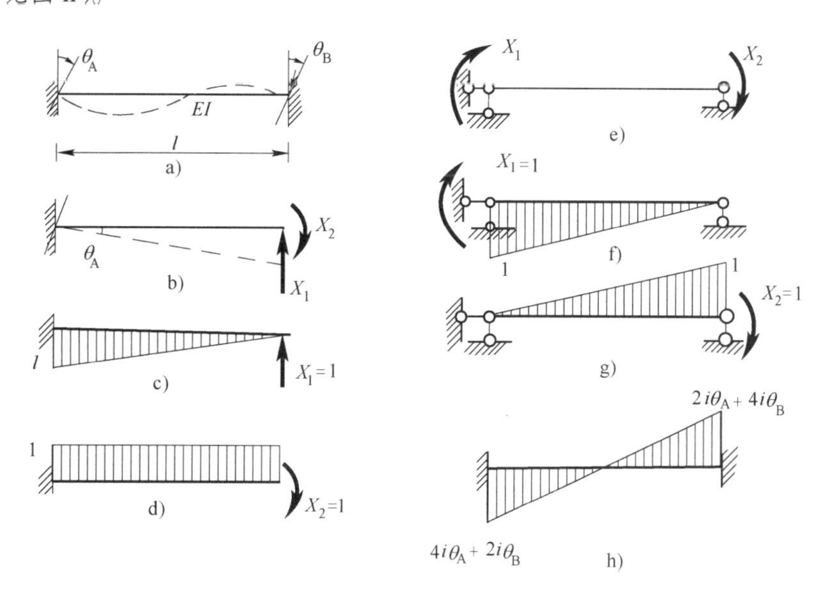

例 16-4-3 图

【例 16-4-4】 求如图 a）所示梁由于侧移Δ引起的内力，并作弯矩图。

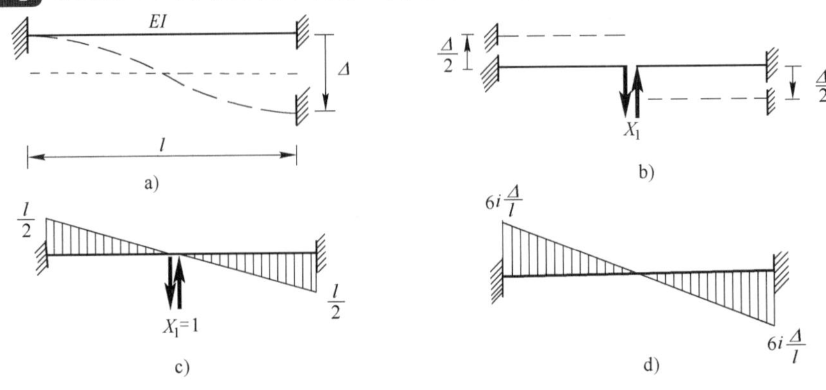

例 16-4-4 图

解 将图 a）视为对称结构，承受反对称外因，选如图 b）所示力法基本体系，相应力法方程为

$$\frac{l^3}{12EI}X_1-\Delta=0$$

解得

$$X_1=12\frac{EI}{l^3}\Delta=12\frac{i}{l^2}\Delta$$

最后弯矩图见图 d）。

【例 16-4-5】 求如图 a）所示结构由于温度变化引起的内力，并作弯矩图。已知截面为矩形，高$h=0.1l$，$EI=$常数，线膨胀系数为α，内外温度分别升高$t_1=10℃$和$t_2=30℃$。

解 轴线平均温度变化

$$t_0=\frac{10+30}{2}=20℃$$

温差

$$\Delta t=30-10=20℃$$

选力法基本体系如图 b）所示，建立相应力法方程为

$$\delta_{11}X_1+\Delta_{1t}=0$$

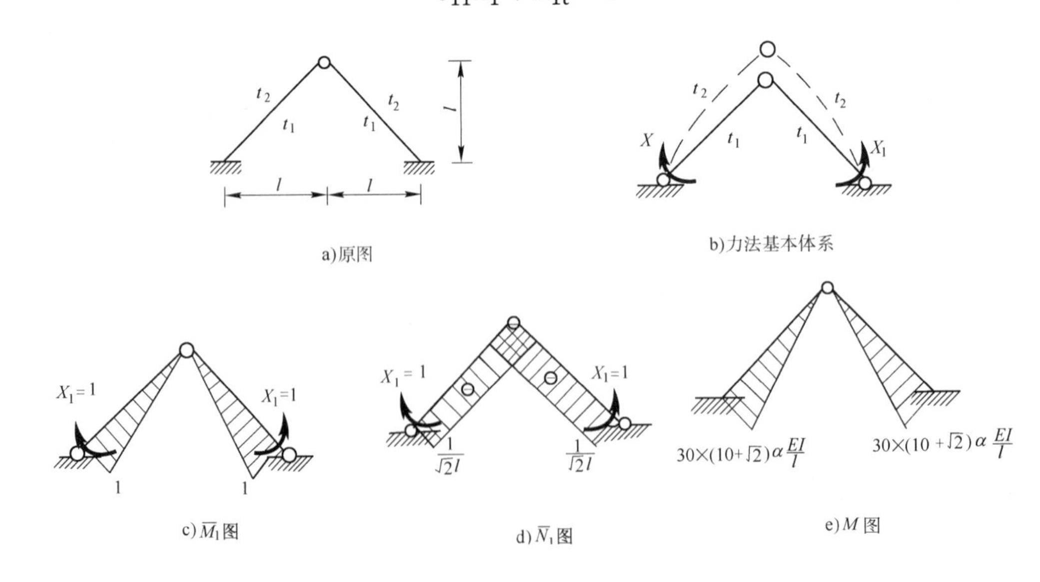

例 16-4-5 图

系数计算

$$\delta_{11}=\frac{2}{EI}\frac{1}{2}\times 1\times\sqrt{2}l\frac{2}{3}=\frac{2\sqrt{2}l}{3EI}$$

$$\begin{aligned}\Delta_{1t}&=\sum\left(-\alpha\frac{\Delta t}{h}\omega_{\bar{M}}-\alpha t_0\omega_{\bar{N}}\right)\\&=2\times\left(-\alpha\frac{20}{h}\frac{1}{2}\times 1\times\sqrt{2}l-\alpha\times 20\times\frac{1}{\sqrt{2}l}\sqrt{2}l\right)\\&=-2\times\left(10\sqrt{2}\frac{l}{h}+20\right)\alpha\\&=-2\times\left(100\sqrt{2}+20\right)\alpha\end{aligned}$$

代入力法方程，解得

$$X_1=-\frac{\Delta_{1t}}{\delta_{11}}=\frac{2\times\left(100\sqrt{2}+20\right)\alpha}{2\times\dfrac{\sqrt{2}l}{3EI}}=30\times\left(10+\sqrt{2}\right)\frac{\alpha EI}{l}$$

最后弯矩图见图 e）。

注意:(1)由温度变化引起的内力计算,必须同时考虑温度变化引起的弯曲变形及轴向变形的影响。

(2)杆件两侧温差变化引起的弯矩图总在降温侧。

三、位移法

(一)位移法基本思路

位移法基本思路如图 16-4-10 所示。

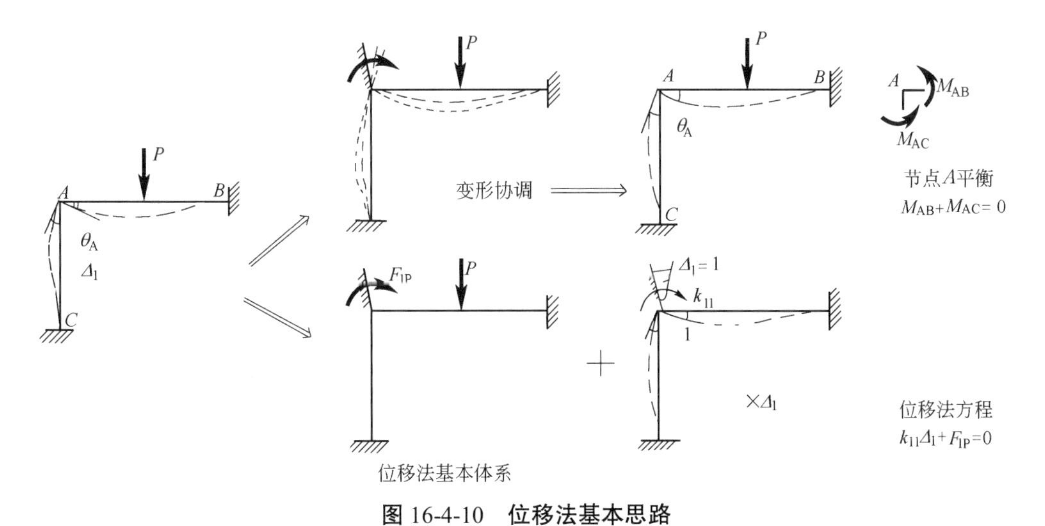

图 16-4-10　位移法基本思路

(二)位移法计算的基础——转角位移方程

符号规定：杆端内力及位移以如图 16-4-11 所示为正。

转角位移方程的基本形式

$$\left.\begin{aligned}M_{AB}&=4i_{AB}\theta_A+2i_{AB}\theta_B-6i_{AB}\frac{\Delta_{AB}}{l_{AB}}+M_{AB}^F\\M_{BA}&=2i_{AB}\theta_A+4i_{AB}\theta_B-6i_{AB}\frac{\Delta_{AB}}{l_{AB}}+M_{BA}^F\end{aligned}\right\}\tag{16-4-3}$$

当远端B为铰支时

$$\left.\begin{aligned} M_{AB} &= 3i_{AB}\theta_A - 3i_{AB}\frac{\Delta_{AB}}{l_{AB}} + M_{AB}^F \\ M_{BA} &= 0 \end{aligned}\right\} \tag{16-4-4}$$

当远端B为滑动支座时

$$\left.\begin{aligned} M_{AB} &= i_{AB}\theta_A + M_{AB}^F \\ M_{BA} &= -i_{AB}\theta_A + M_{BA}^F \end{aligned}\right\} \tag{16-4-5}$$

杆端剪力的计算

$$\left.\begin{aligned} Q_{AB} &= -\frac{M_{AB}+M_{BA}}{l_{AB}} + Q_{AB}^0 \\ Q_{BA} &= -\frac{M_{AB}+M_{BA}}{l_{AB}} + Q_{BA}^0 \end{aligned}\right\} \tag{16-4-6}$$

（三）位移法基本未知量的确定

位移法基本未知量的数目与计算要求的精度有关，经典位移法假定结构处于小变形状态，对于受弯杆忽略轴向变形及剪切变形。

位移法基本未知量数等于独立的节点角位移数与节点线位移数之和。

节点角位移数 = 刚接点数

节点线位移数 = 变刚接(含固定端)为铰接所得体系的自由度数

= 阻止节点线位移所需增加链杆的最小数目

位移法基本未知量的选取需同时考虑变形协调条件，且与所用的转角位移方程相适应。例如图 16-4-12 所示结构，C、D两处虽有转角θ_C、θ_D，可不作为基本未知量，但杆BC、BD必须使用一端为铰支的转角位移方程［见式（16-4-4）］。

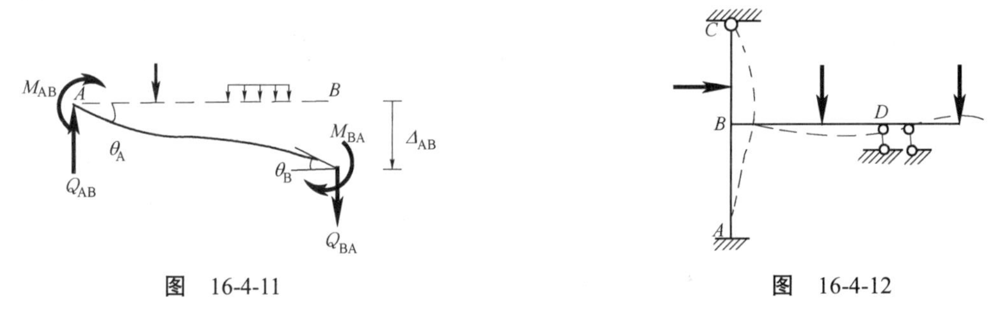

图　16-4-11　　　　图　16-4-12

（四）位移法求解的两种途径及其原理要点

位移法是以节点位移为基本未知量的求解方法，它有两种求解途径：

1. 通过平衡条件建立位移法基本方程

（1）选择位移法基本未知量，通过转角位移方程，用基本未知量表达杆端内力。

（2）建立位移法基本方程：针对角位移，建立相应节点隔离体的力矩平衡方程；针对线位移，建立相应截面截取隔离体的投影平衡方程，如图 16-4-13 所示。

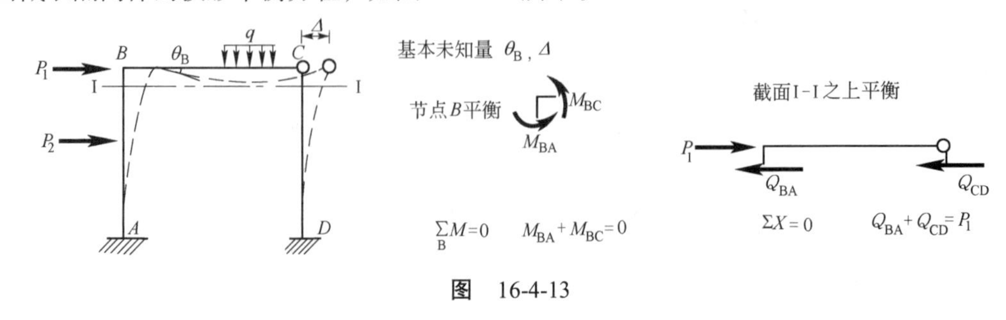

图　16-4-13

2. 通过基本体系建立位移法典型方程

（1）选择位移法基本未知量和位移法基本结构，建立位移法基本体系。

原则是：针对节点位移（位移法基本未知量），在原结构上人为增加附加约束（位移法基本结构），控制节点位移。针对角位移，增加附加刚臂，控制节点旋转；针对线位移，增加附加支承链杆，控制节点移动。将实际荷载等外因和受控制的节点位移共同作用在基本结构上，形成位移法基本体系。

显然，位移法基本体系已满足变形协调条件，但节点位移的值不唯一。

（2）建立位移法典型方程。

原则是：使位移法基本结构在荷载等外因和结点位移（附加约束位移）共同作用下，附加约束中的总反力为零，从而实现与原结构受力情况完全一致。

据此建立的位移法方程实际上是平衡方程。

例如图 16-4-14 所示，在节点B附加刚臂，在节点C附加水平链杆，形成位移法基本体系，相应的位移法典型方程为

$$\begin{aligned} k_{11}\Delta_1 + k_{12}\Delta_2 + F_{1P} = 0 \\ k_{21}\Delta_1 + k_{22}\Delta_2 + F_{2P} = 0 \end{aligned} \qquad (16\text{-}4\text{-}7)$$

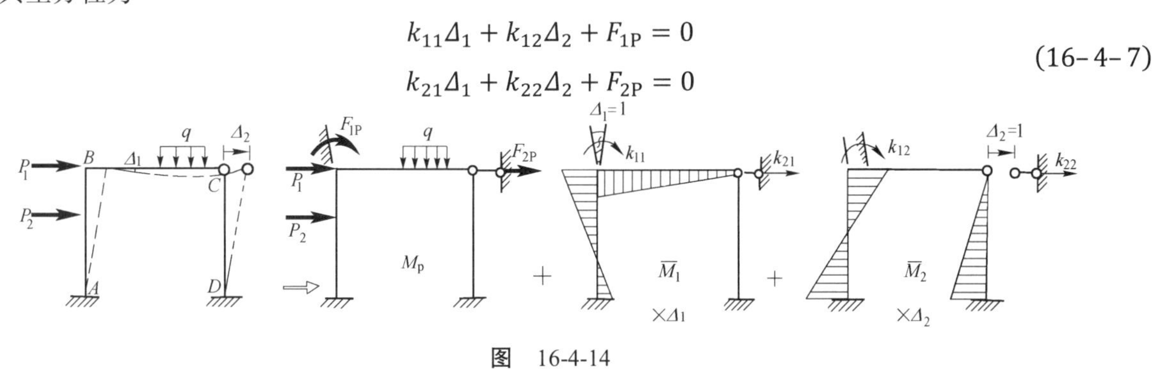

图 16-4-14

对于具有n个独立节点位移的结构，位移法典型方程的一般形式可缩写为

$$\sum_{j=1}^{n} k_{ij}\Delta_j + F_{iP} = 0 \qquad (i = 1,2,\cdots,n) \qquad (16\text{-}4\text{-}8)$$

其中刚度系数k_{ij}表示在基本结构上，由于第j个附加约束产生单位位移而引起第i个附加约束中的反力，根据反力互等定理可知，$k_{ij} = k_{ji}$；自由项F_{iP}表示在基本结构上由于荷载作用引起第i个附加约束中的反力。

位移法方程等式左端是基本体系上附加约束中的总反力，而原结构并无附加约束，故其值应等于零。此时，体系无附加约束而达平衡状态，与原结构受力完全一致。

由位移法方程解出的节点位移，既满足变形协调条件，与之相应的内力又满足平衡条件，所以是真解。

（五）用位移法计算结构的内力

【例 16-4-6】 用位移法解如图 a）所示刚架，并作弯矩图，各杆EI、l相同。

解 基本未知量θ_C、Δ。用基本未知量表达杆端内力

$$M_{AB} = -3i\frac{(-\Delta)}{l} \qquad Q_{BA} = -3i\frac{\Delta}{l^2}$$

$$M_{CB} = 3i\theta_C + \frac{1}{8}ql^2$$

$$M_{CD} = 4i\theta_C - 6i\frac{\Delta}{l}$$

$$M_{DC} = 2i\theta_C - 6i\frac{\Delta}{l} \qquad Q_{CD} = -6i\theta_C\frac{1}{l} + 12i\frac{\Delta}{l^2}$$

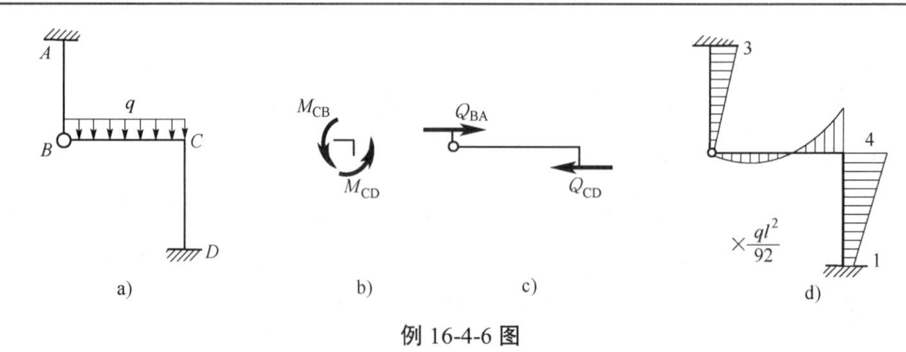

例 16-4-6 图

建立节点及截面平衡方程

图 b）

$$\sum_{C} M = 0, \ 7i\theta_C - 6i\frac{\Delta}{l} + \frac{1}{8}ql^2 = 0 \qquad ①$$

图 c）

$$\sum X = 0, \ -6i\frac{1}{l}\theta_C + 15i\frac{\Delta}{l^2} = 0 \qquad ②$$

联立①式、②式解得

$$\theta_c = -\frac{5}{184}\frac{ql^2}{i}(\curvearrowleft)$$

$$\Delta = -\frac{1}{92}\frac{ql^3}{i}(\leftarrow)$$

代回转角位移方程计算杆端弯矩，并作弯矩图，见图 d）。

【例 16-4-7】 用位移法解如图 a）所示刚架，并作弯矩图。

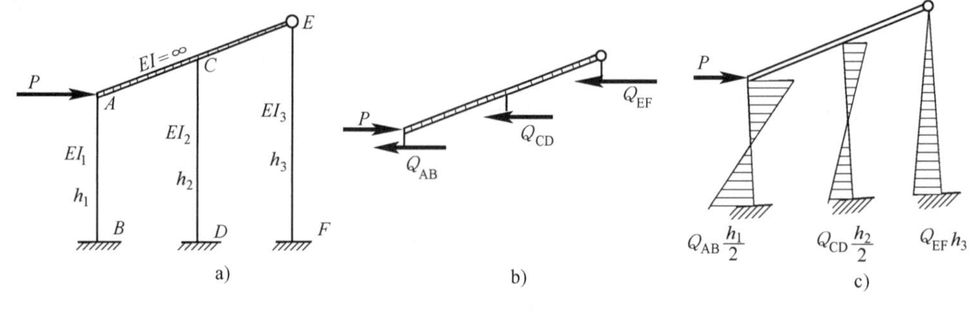

例 16-4-7 图

解 基本未知量Δ。用基本未知量表达杆端内力如下

$$M_{AB} = M_{BA} = -6\frac{EI_1}{h_1}\frac{\Delta}{h_1} \qquad Q_{AB} = 12\frac{EI_1}{h_1^3}\Delta = k_1\Delta$$

$$M_{CD} = M_{DC} = -6\frac{EI_2}{h_2}\frac{\Delta}{h_2} \qquad Q_{CD} = 12\frac{EI_2}{h_2^3}\Delta = k_2\Delta$$

$$M_{FE} = -3\frac{EI_3}{h_3}\frac{\Delta}{h_3} \qquad Q_{EF} = 3\frac{EI_3}{h_3^3}\Delta = k_3\Delta$$

式中k_1、k_2、k_3分别为三个柱子的侧移刚度（或称剪切刚度）系数。

建立截面平衡方程（图 b）

$$\sum X = 0, \ Q_{AB} + Q_{CD} + Q_{EF} = P$$

$$(k_1 + k_2 + k_3)\Delta = (\sum k)\Delta = P$$

解得

$$\Delta = \frac{1}{\sum k}P$$

计算杆件的剪力

$$\left.\begin{aligned} Q_{AB} &= \frac{k_1}{\sum k}P \\ Q_{CD} &= \frac{k_2}{\sum k}P \\ Q_{EF} &= \frac{k_3}{\sum k}P \end{aligned}\right\}$$

可统一写成

$$Q_i = \frac{k_i}{\sum k}P \tag{16-4-9}$$

可见柱的剪力按各柱的侧移刚度进行分配，这就是剪力分配法。一般用于带有刚性横梁的有侧移结构。最后弯矩图见图 c）。

四、力矩分配法

（一）力矩分配法的基本概念——单节点力矩分配

如图 16-4-15 所示，按位移法原理，图 16-4-15a）可以分解为图 16-4-15b）与图 16-4-15c）的组合。由图 16-4-15b）节点A的平衡可得：约束力矩M_A等于节点A各杆固端弯矩的代数和

$$M_A = M_{A1}^F + M_{A2}^F + M_{A3}^F = \sum M_{Aj}^F \tag{16-4-10}$$

由图 16-4-15c）可得各杆近端分配弯矩

$$M_{A1}^{\mu} = 4i_1\theta_A = S_{A1}\theta_A$$

$$M_{A2}^{\mu} = 3i_2\theta_A = S_{A2}\theta_A$$

$$M_{A3}^{\mu} = i_3\theta_A = S_{A3}\theta_A$$

节点A平衡

$$M_{A1}^{\mu} + M_{A2}^{\mu} + M_{A3}^{\mu} = -M_A$$

$$(S_{A1} + S_{A2} + S_{A3})\theta_A = \left(\sum S_{Aj}\right)\theta_A = -M_A$$

解得

$$\theta_A = \frac{1}{\sum S_{Aj}}(-M_A)$$

从而得

$$M_{A1}^{\mu} = \frac{S_{A1}}{\sum S_{Aj}}(-M_A) = \mu_{A1}(-M_A)$$

$$M_{A2}^{\mu} = \frac{S_{A2}}{\sum S_{Aj}}(-M_A) = \mu_{A2}(-M_A)$$

$$M_{A3}^{\mu} = \frac{S_{A3}}{\sum S_{Aj}}(-M_A) = \mu_{A3}(-M_A)$$

相应远端弯矩（称为传递弯矩）

$$M_{1A}^C = \frac{1}{2} \times 4i_1\theta_A = \frac{1}{2}M_{A1}^{\mu} = C_{A1}M_{A1}^{\mu}$$

$$M_{2A}^C = 0 \times 3i_2\theta_A = 0 \times M_{A2}^{\mu} = C_{A2}M_{A2}^{\mu}$$

$$M_{3A}^C = -1 \times i_3\theta_A = -1 \times M_{A3}^{\mu} = C_{A3}M_{A3}^{\mu}$$

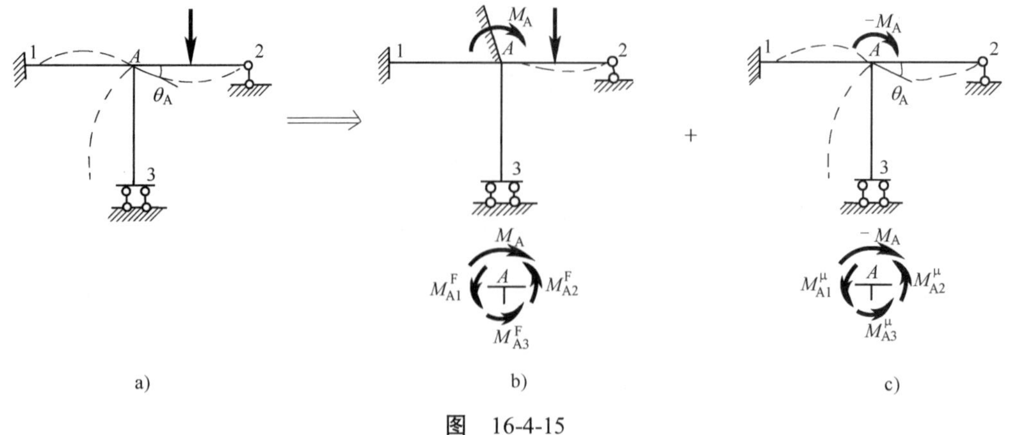

图 16-4-15

上面各杆端弯矩的计算可统一写成：

分配系数

$$\mu_{Ak} = \frac{S_{Ak}}{\sum S_{Aj}} \tag{16-4-11}$$

分配弯矩

$$M_{Ak}^{\mu} = \mu_{Ak}(-M_A) \tag{16-4-12}$$

传递弯矩

$$M_{kA}^{c} = C_{Ak} \cdot M_{Ak}^{\mu} \tag{16-4-13}$$

C_{Ak}为由A端向k端的传递系数。

最后杆端弯矩还需叠加各杆的固端弯矩

$$M_{Ak} = M_{Ak}^{F} + M_{Ak}^{\mu}$$

$$M_{kA} = M_{kA}^{F} + M_{kA}^{C}$$

（二）力矩分配法的三个基本要素

1. 固端弯矩

一般可查表，常见数据应记住，见图 16-4-16。

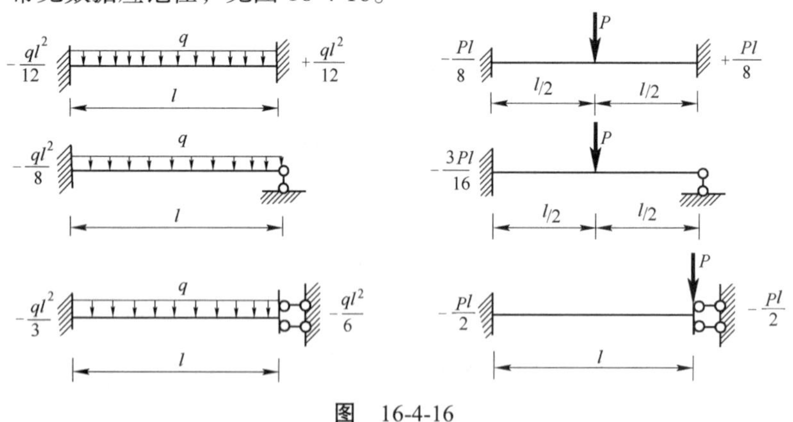

图 16-4-16

2. 分配系数

$$\text{杆件近端的力矩分配系数}=\frac{\text{近端转动刚度}}{\text{交于近端各杆端转动刚度之和}}$$

近端转动刚度是指：使近端产生单位转角所需要的近端弯矩，它取决于杆件的线刚度及远端的支承形式，见表 16-4-1。

表 16-4-1

支承形式	远端固定	远端铰支	远端滑动
近端转动刚度S_{Ak}	$4i_{Ak}$	$3i_{Ak}$	i_{Ak}
传递系数C_{Ak}	$\frac{1}{2}$	0	−1

$$分配弯矩 = 分配系数 \times (-约束力矩)$$

3. 传递系数

杆件由近端传向远端的传递系数是指：当近端产生转角时，远端弯矩与近端弯矩之比。它取决于远端的支承形式，见表 16-4-1。

$$传递弯矩 = 传递系数 \times 分配弯矩$$

（三）多节点力矩分配及力矩分配法的物理概念

力矩分配法可应用于连续梁及无侧移刚架的计算。多结点力矩分配是通过一系列单节点力矩分配来实现的。下面通过例题说明计算过程及物理概念。

【例 16-4-8】用力矩分配法计算如图所示连续梁。

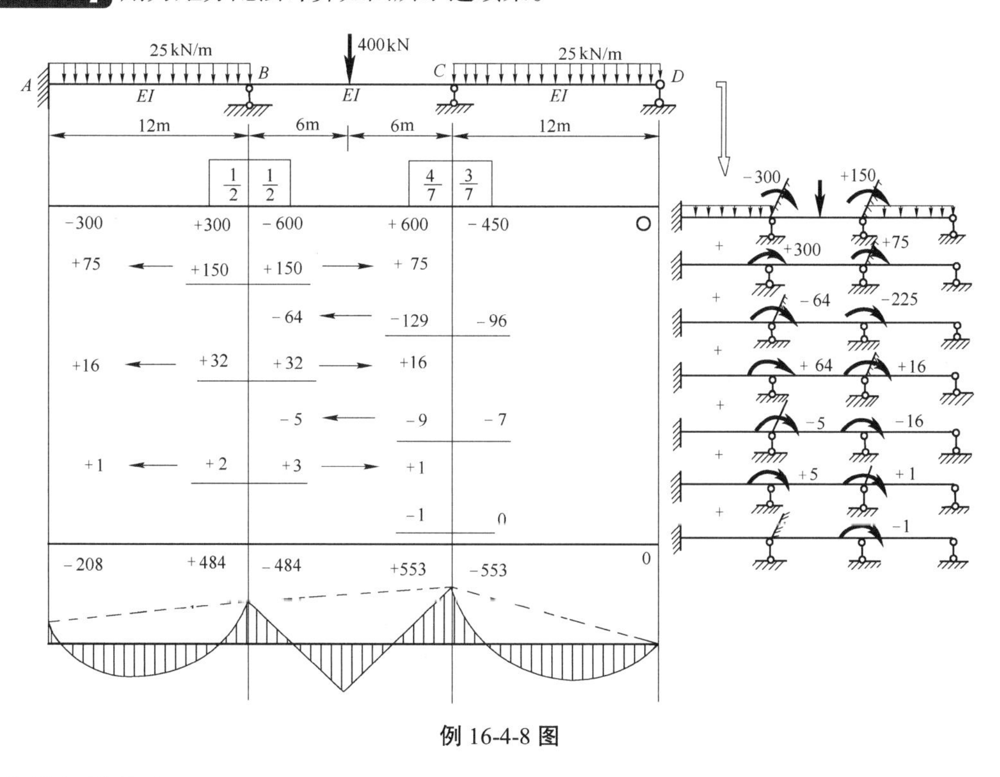

例 16-4-8 图

解 结果如图所画。

综上所述可知：

（1）力矩分配法是基于位移法原理的一种渐近解法。

（2）力矩分配法的优点是：物理概念清楚，计算方法可遵循一定的机械步骤循环进行，易于掌握。只要求出固端弯矩、分配系数及传递系数三个要素，以后的计算是循环进行单节点力矩分配，总是将约束力矩改号乘分配系数得分配弯矩，再乘传递系数向远端传递。其物理概念是对变形及内力分布进行局部调整，经若干循环，各节点都达到平衡状态，即可停止计算。

（3）力矩分配法只能适用于无侧移问题，但当侧移为已知时，只要求出相应的固端弯矩，也同样可用力矩分配法计算。

五、几个问题的讨论

(一)对称性的利用

对于对称结构，利用对称性可简化计算。

1. 对称结构的条件

(1)结构的几何图形对称。

(2)结构所受的约束形式对称。

(3)结构杆件的刚度对称。

2. 利用对称性简化计算的依据

(1)对称结构在对称荷载作用下，其内力分布及位移分布都是对称的，反对称的内力及位移为零。

(2)对称结构在反对称荷载作用下，其内力分布及位移分布都是反对称的，对称的内力及位移为零。

【例 16-4-9】 图 a)示对称结构$M_{AD} = ql^2/36$(左拉)，$F_{NAD} = 5ql/12$(压)，则M_{BC}为(以下侧受拉为正):

A. $-ql^2/6$　　B. $ql^2/6$

C. $-ql^2/9$　　D. $ql^2/9$

解 此结构为双轴对称结构承受对称荷载，其内力分布对称，可知杆AD及CF的中点剪力为零。通过杆AD中点及点B作截面取出隔离体(图 b)，对B取矩得:

$$M_{BA} = \frac{5ql}{12}l - \frac{ql^2}{36} - ql\frac{l}{2} = -\frac{ql^2}{9}$$

由于对称，故$M_{BC} = M_{BA} = -ql^2/9$

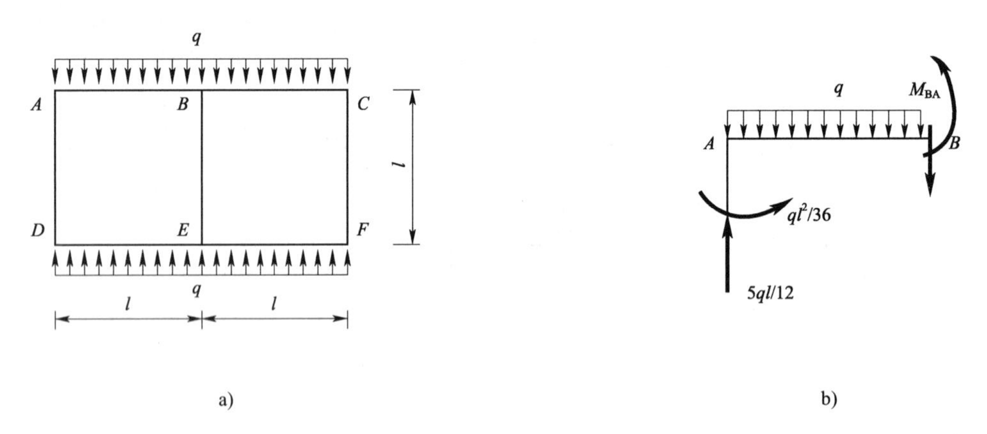

例 16-4-9 图

答案: C

3. 半结构法

利用对称性，用对称轴作截面，截取半边结构进行计算。在截断处需添加适当的支座，以保证与原结构受力情况及位移情况完全一致。半结构的选取方法如下。

(1)奇数跨结构(见图 16-4-17)

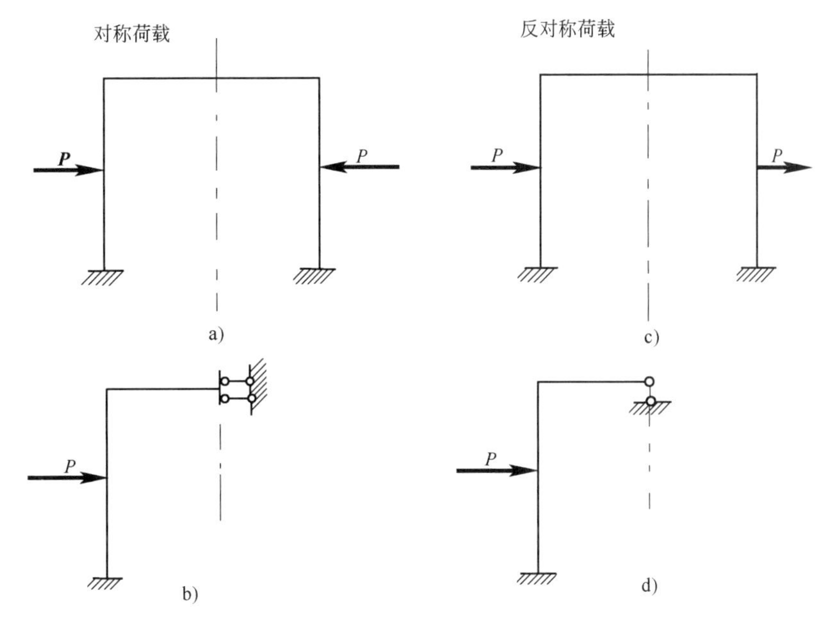

图 16-4-17

（2）偶数跨结构（见图 16-4-18）

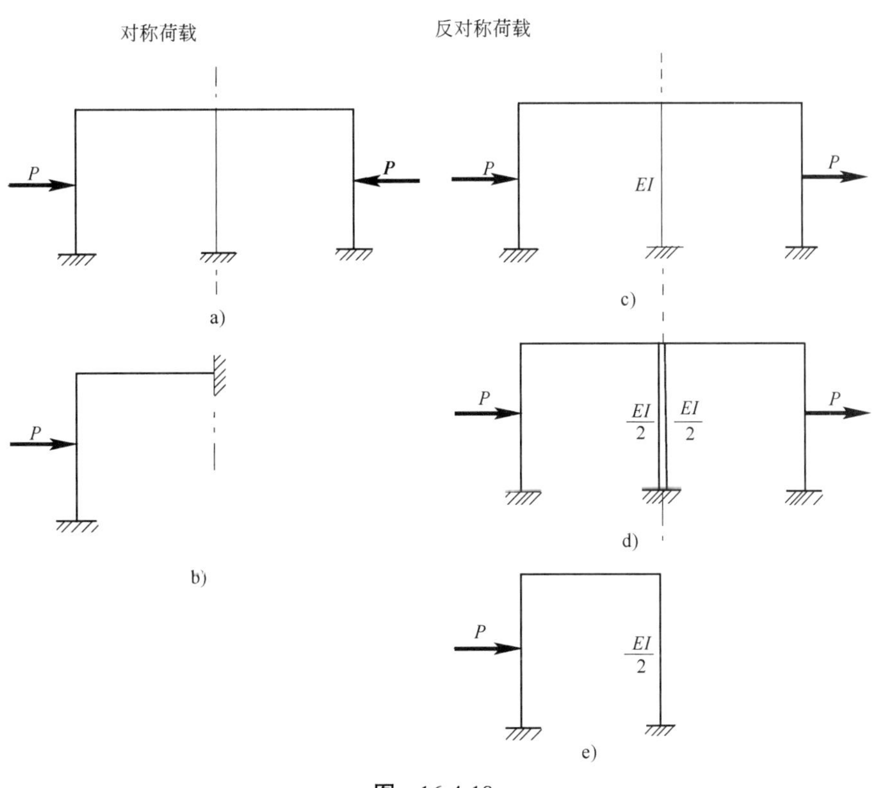

图 16-4-18

取半结构后，可根据具体情况选用较简洁的方法进行计算，另一半结构的内力可利用对称性来确定。

4. 一般荷载的分解

对称结构在一般非对称荷载作用下，可考虑（如果计算简单）将一般荷载分解为对称荷载和反对称荷载两种情况，分别选取半结构计算，然后将对称荷载引起的内力与反对称荷载引起的内力叠加，即为最后内力。

（二）刚架无弯矩情况的判定

在计算超静定刚架时，为简化计算，常忽略杆件的轴向变形。这时，某些刚架在结点集中力作用下有时无弯矩、无剪力，只产生轴力。这种情况若能预先判断出来会带来很大的方便。

刚架无弯矩情况判定的准则是：忽略杆件轴向变形，当集中力作用在无线位移的结点上时，各杆弯矩为零。

常见无弯矩情况有以下几种：

（1）集中力沿柱子的轴线作用，见图 16-4-19a）。

（2）一对等值、反向、共线的集中力作用在一直杆的轴线上，见图 16-4-19b）。

（3）集中力作用在不动结点上，见图 16-4-19c）。

（4）有时不易立即判断结点是否有线位移，但在结点集中力作用下，若将所有刚接点（含固定端）都变为铰接点所得体系仍能与结点集中力维持平衡，则原刚架弯矩为零，见图 16-4-19d）、e）。

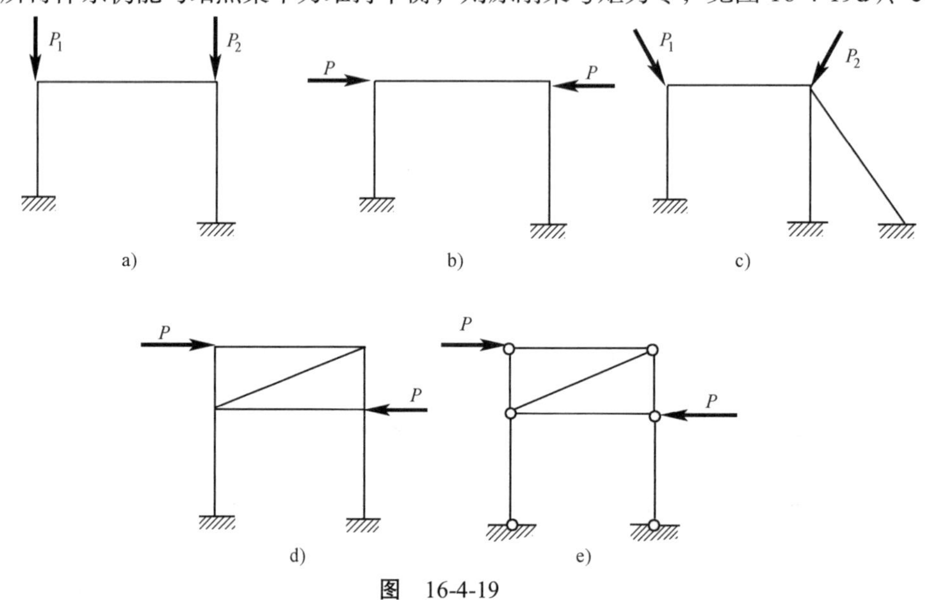

图　16-4-19

【例 16-4-10】 作如图所示刚架的弯矩图。

解　求解过程见图。

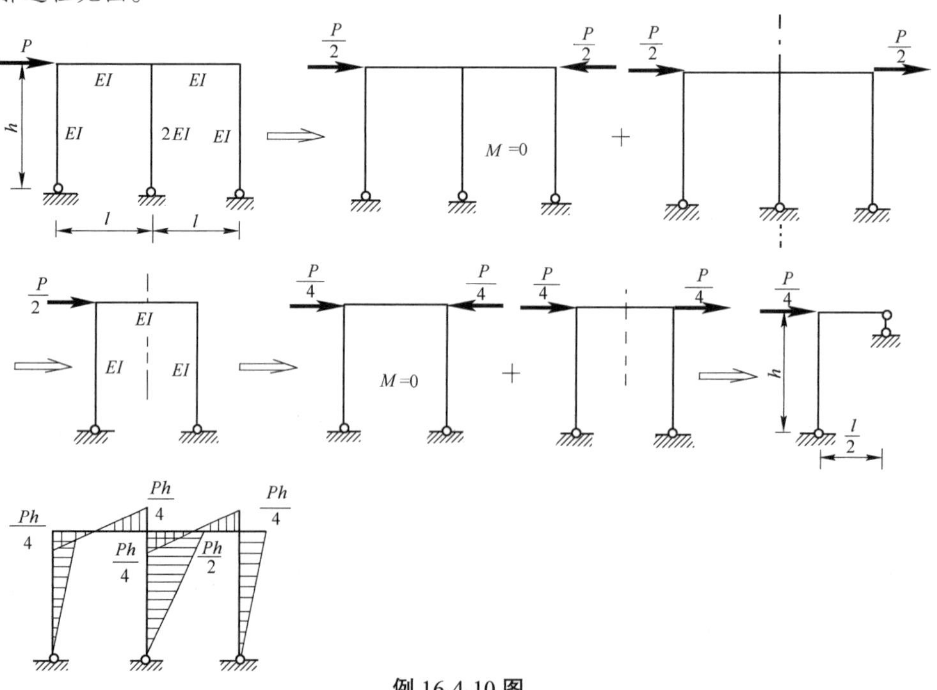

例 16-4-10 图

【例 16-4-11】 图示等截面梁正确的M图是：

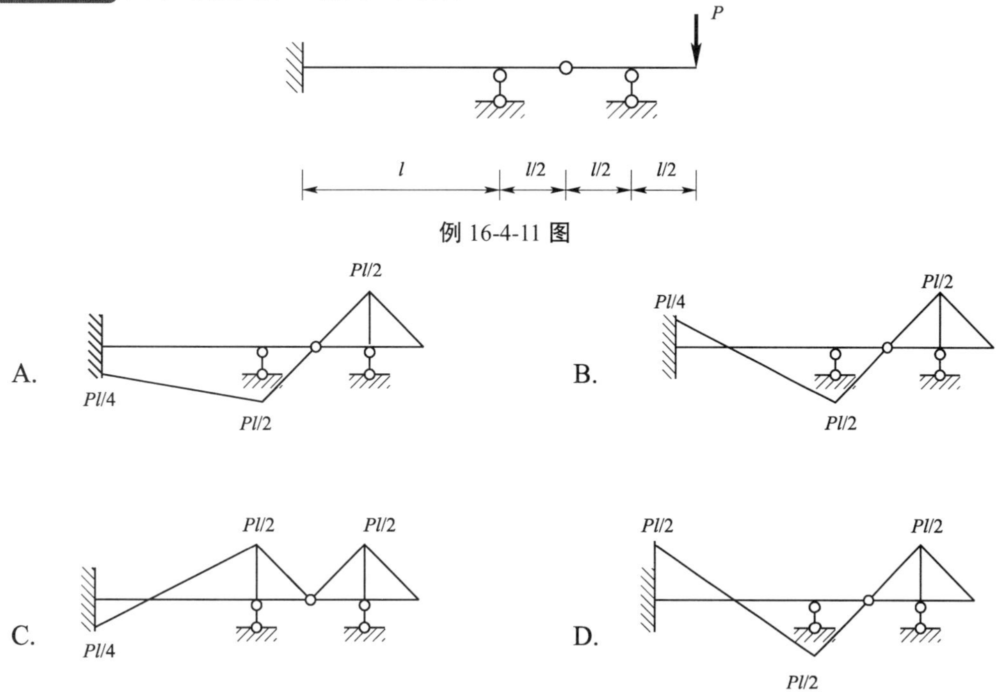

例 16-4-11 图

解 此题左边第一跨为超静定梁，右边为静定梁。先求得右链杆支座处截面弯矩$Pl/2$（上部受拉）及铰结点弯矩 0，连直线，即可得到静定部分的弯矩图，并求得中间链杆处截面弯矩$Pl/2$（下部受拉），再按力矩分配法向远端（固定端）传递$1/2$，得全梁弯矩图，固定端截面弯矩为$Pl/4$（上部受拉）。

答案： B

（三）超静定结构的位移计算

超静定结构位移的计算，仍是采用第三节所讲的单位荷载法。注意需先求出超静定结构由于实际外因引起的内力，并在所求位移地点沿所求位移方向虚设单位力，求其相应内力，代入位移计算公式（对梁和刚架常采用图乘法）进行计算。为简化计算，虚设单位力可加在由原超静定结构变来的任何一个静定结构上。

【例 16-4-12】 求如图 a）所示梁D点的竖向位移。

解 作超静定结构的M_P图，如图 b）所示，在静定结构上加单位力，作$\overline{M}$图，如图 c）所示，应用图乘法，得

$$\Delta_{DV}=\frac{-1}{EI}\frac{1}{2}\frac{qa^2}{4}\frac{l}{3}\frac{2}{3}\frac{l}{3}=-\frac{qa^2l^2}{108EI}(\uparrow)$$

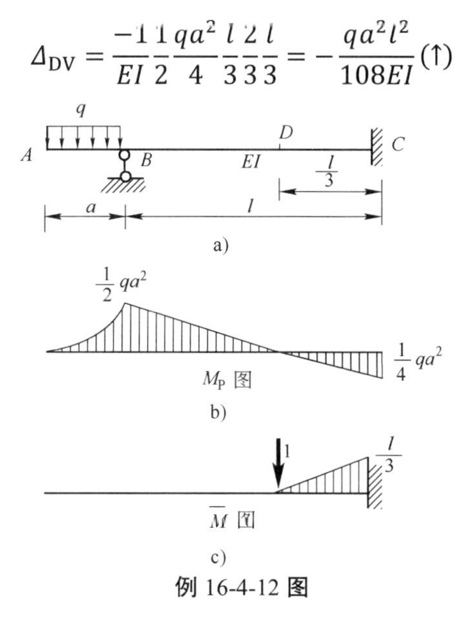

例 16-4-12 图

六、注意事项及例题分析

（1）要在多余约束概念的基础上，正确理解超静定结构的基本特征及一般性质，并根据题目的具体情况加以灵活应用。要能正确地判定结构的超静定次数。

（2）超静定结构的求解必须同时满足平衡条件和变形协调条件（包括几何条件和物理条件）要求掌握力法、位移法和力矩分配法，懂得其物理概念及求解过程，会计算有关的系数，如柔度系数、刚度系数、力矩分配系数及传递系数等。注意位移法系统符号规定的特点，对于常见基本杆件的变形常数及荷载常数（转角位移方程）应记清楚。

（3）对于对称结构要注意对称性的利用，要能正确地分析受力、位移的对称、反对称状态，熟记对称结构时，对称荷载只引起对称的内力及位移，反对称荷载只引起反对称的内力及位移，注意零内力、零位移的判断。

（4）称为超静定的结构中，并不一定所有的内力都超静定，有时超静定结构可能包含局部静定部分（如悬臂端），有时某项内力静定（如某杆剪力或轴力静定），这就需清楚地区分必要约束与多余约束，凡是必要约束所对应的约束力，一定是静定力，可由平衡条件直接解出，而多余约束所对应的约束力是超静定力，需同时应用平衡条件和变形协调条件才能解出。由此可知，如果支座移动、温度变化等非荷载因素作用在必要约束方向，它并不使结构产生内力。

（5）在分析题目时，一定要注意审题，看清楚题目所给条件，根据基本概念进行具体分析判断，注意某些附加条件（如受弯杆忽略轴向变形，设某杆刚度无穷等）带来的影响。

【例 16-4-13】 如图所示结构的超静定次数为：

A. 7　　B. 8　　C. 9　　D. 10

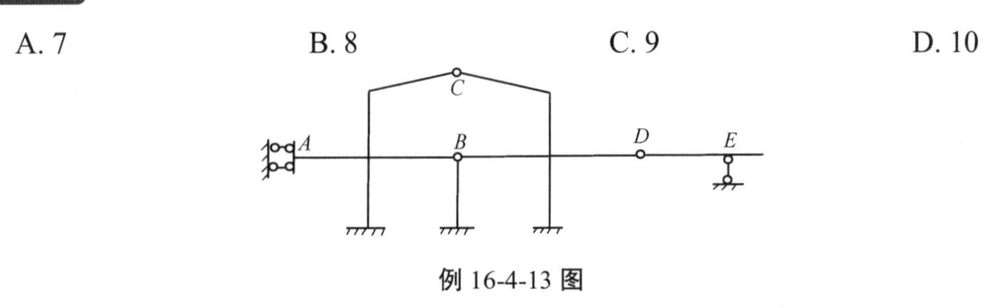

例 16-4-13 图

解　撤去支座A（2个约束）、铰C（2个约束）及复铰B（4个约束），结构即变为静定，右部DE为静定附属部分，所以超静定次数为 8。

答案： B

【例 16-4-14】 如图 a）所示为二次超静定结构，用力法求解时，不能用作基本结构的是：

A. 图 b）　　B. 图 c）　　C. 图 d）　　D. 图 e）

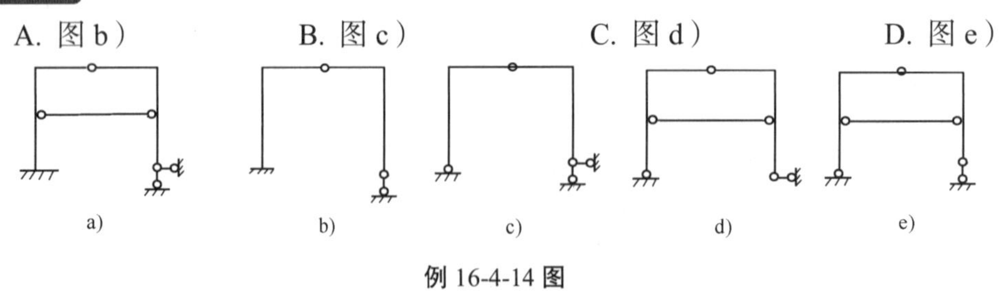

例 16-4-14 图

解　图 d）为瞬变体系，不能用作力法基本结构。

答案： C

【例 16-4-15】 如图 a）所示结构，若选用图 b）作为力法基本体系，则力法方程中的荷载项Δ_{1P}等于：

A. $ql^4/(48EI)$　　B. $ql^4/(24EI)$　　C. $ql^4/(16EI)$　　D. $ql^4/(12EI)$

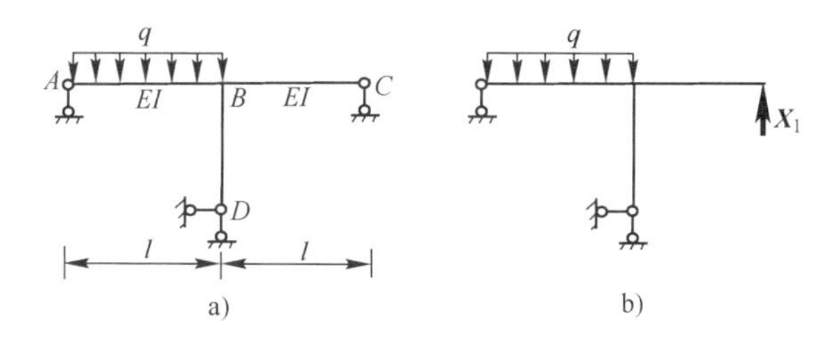

例 16-4-15 图

解 分别作荷载弯矩图（与AB简支梁弯矩图相同）与$X_1=1$单位弯矩图（在ABC上为三角形弯矩图），图乘可得

$$\Delta_{1\mathrm{P}}=\frac{1}{EI}\times\frac{2}{3}\times\frac{ql^2}{8}l\times\frac{l}{2}=\frac{ql^4}{24EI}$$

答案：B

【例 16-4-16】 如图 a）所示结构用力法求解时，若选用图 b）为力法基本体系，则相应力法方程的右端项：

A. >0　　B. $=0$

C. <0　　D. 不定，需根据荷载P_1、P_2的大小而定

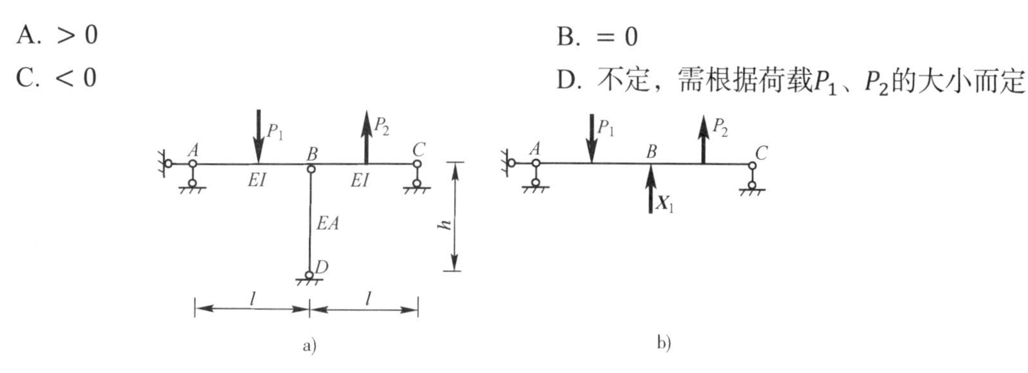

例 16-4-16 图

解 力法方程的右端项是原超静定结构沿基本未知力X_1方向的位移，以与X_1方向一致为正，现所设X_1的方向对应BD杆受压，B点下降，与X_1方向相反，故右端项为负。

答案：C

【例 16-4-17】 如图 a）所示结构，采用图 b）为力法基本体系，则力法方程中的荷载项$\Delta_{1\mathrm{P}}$：

A. >0　　B. $=0$

C. <0　　D. 不定，由I_1、I_2的比值而定

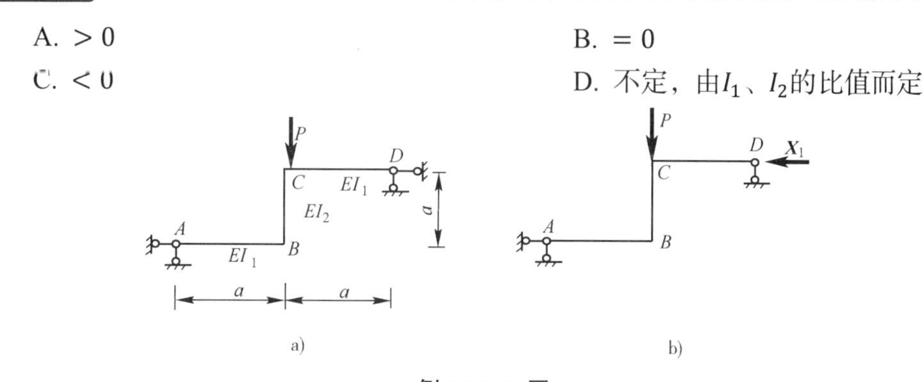

例 16-4-17 图

解 力法基本结构上的荷载弯矩图，AB、CD段为三角形，均在下侧，BC段为矩形，在右侧；而$X_1=1$的单位弯矩图，AB段为三角形，在下侧，CD段为三角形，在上侧，BC段为过中点的斜线。按图乘法，AB段为同侧图乘，CD段为异侧图乘，数值相同，求和为零，而BC段有弯矩零点，图乘也为零，所以$\Delta_{1\mathrm{P}}=0$。

答案：B

【例 16-4-18】 如图 a）所示梁，支座A发生逆时针转角θ，同时支座B下沉a，选用如图 b）所示力法基本体系，则力法方程$\delta_{11}X_1+\Delta_{1C}=\bar{\Delta}_1$，中$\Delta_{1C}$、$\bar{\Delta}_1$应分别为：

A. a/l，0　　B. a/l，θ　　C. $-a/l$，θ　　D. θ，$-a/l$

解 Δ_{1C}的含义是在基本结构上，由于支座移动引起X_1方向的位移应为$-a/l$，$\bar{\Delta}_1$的含义是原结构中X_1方向的位移应为θ。

答案： C

【例 16-4-19】 如图 a）所示结构，由于图示温度变化而产生内力，AB、BC杆的受拉侧分别是：

A. 外侧、外侧　　B. 内侧、内侧　　C. 内侧、外侧　　D. 外侧、内侧

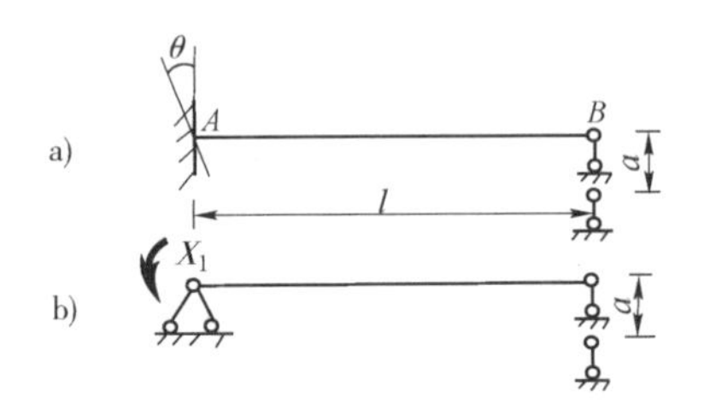

例 16-4-18 图

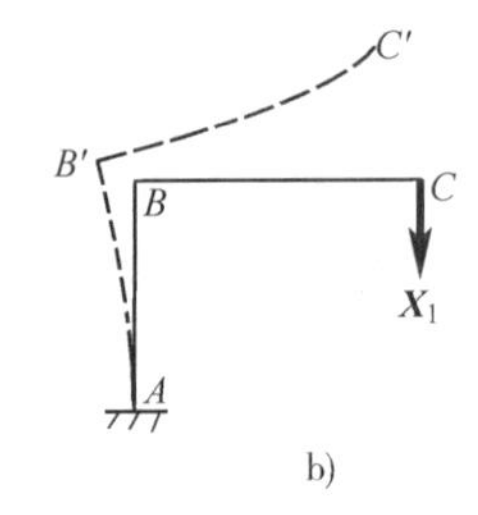

例 16-4-19 图

解 按力法，若选图 b）作为基本体系，由于图示温度变化作用在基本结构上使C点上移，为满足变形协调，C点反力X_1必须向下，从而使AB、BC杆均外侧受拉。

答案： A

【例 16-4-20】 如图所示结构，在应用位移法求解时，基本未知量的数目是：

A. 4　　B. 5　　C. 6　　D. 7

解 位移法节点位移基本未知量的选择，注意与三类基本杆件的转角位移方程匹配。此题E、F、G刚接点有独立角位移θ_E、θ_F、θ_G，在忽略轴向变形的前提下，有上、下两个独立线位移Δ_I、Δ_G，故基本未知量总数为 5。

答案： B

【例 16-4-21】 如图 a）所示结构用位移法求解时，刚度系数k_{11}等于：

A. $7EI/l$　　B. $11EI/l$　　C. $14EI/l$　　D. $16EI/l$

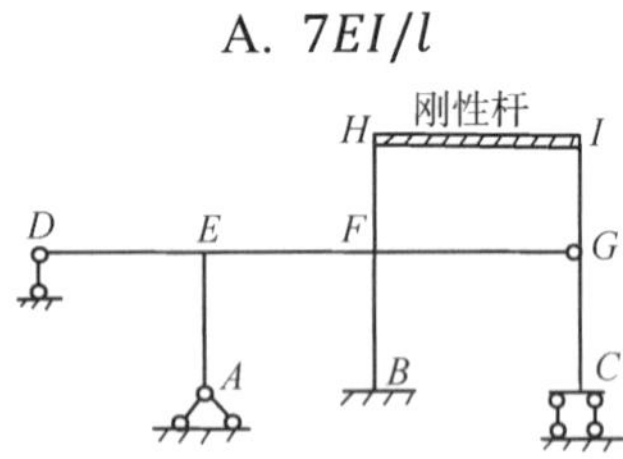

例 16-4-20 图

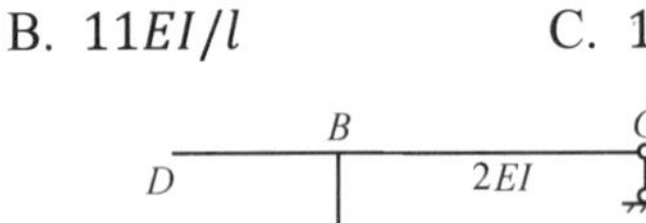
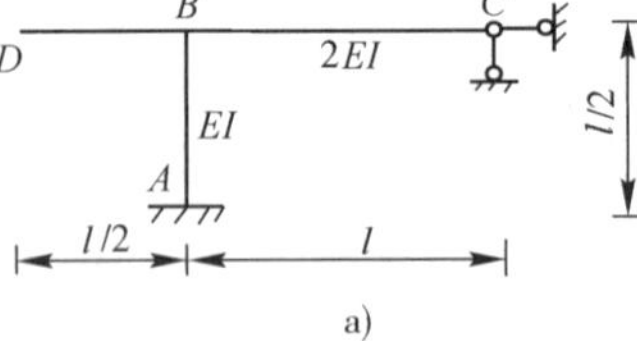

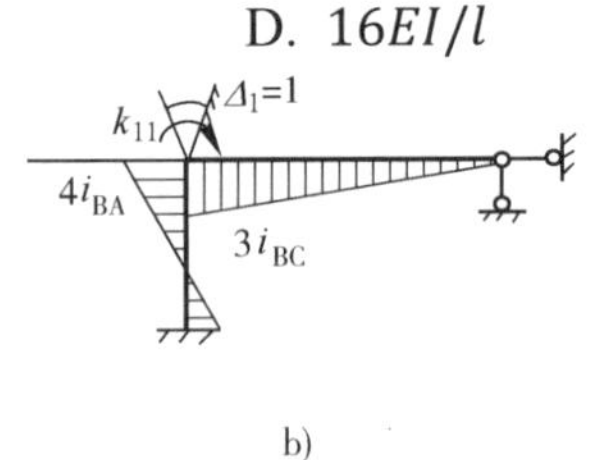

例 16-4-21 图

解 位移法基本未知量为节点B的转角Δ_1。相应刚度系数（见图 b）为

$$k_{11}=4\times\frac{EI}{\frac{l}{2}}+3\frac{2EI}{l}=14\frac{EI}{l}$$

答案： C

【例 16-4-22】 如图 a）所示结构，位移法方程的荷载项F_{1P}等于：

A. $-3qh/8$　　B. $-qh/2$　　C. 0　　D. $5qh/8$

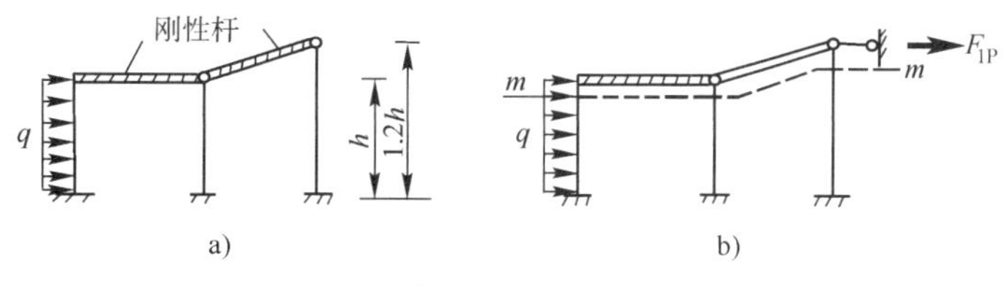

例 16-4-22 图

解 位移法基本体系如图 b）所示，由截面m-m以上隔离体的平衡可得$F_{1P}=-\frac{1}{2}qh$。

答案： B

【例 16-4-23】 如图所示连续梁各跨线刚度$i=EI/l$相同，位移法基本未知量为节点 1、2、3 的转角$\varDelta_1$、$\varDelta_2$、$\varDelta_3$，则位移法方程中的刚度系数k_{13}、k_{33}分别为：

A. $4i$，0　　B. $2i$，$5i$　　C. 0，$7i$　　D. $-2i$，$8i$

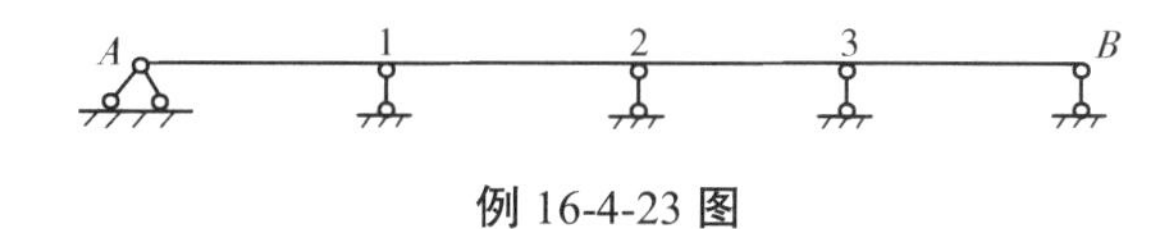

例 16-4-23 图

解 由刚度系数k_{ij}的物理概念，考虑节点平衡可得$k_{13}=0$，$k_{33}=7i$。

答案： C

【例 16-4-24】 如图所示结构C点的水平位移$\varDelta_C^H$等于：

A. $Ph^2/(6EI)$　　B. $Ph^3/(6EI)$　　C. $Ph^2/(12EI)$　　D. $Ph^3/(12EI)$

解 选项 A、C 量纲不对，可排除。由于杆BC刚度无穷，节点B无转角，杆AB相当于两端固定杆发生侧移，其侧移刚度系数$k=12EI/h^3$，所以$\varDelta_C^H=Ph^3/(12EI)$。

答案： D

【例 16-4-25】 如图所示结构，支座A发生已知逆时针转角$\bar{\theta}$，则弯矩M_{BC}等于：

A. $-6EI\bar{\theta}/(7l)$（上侧受拉）　　B. $3EI\bar{\theta}/(4l)$（下侧受拉）

C. $6EI\bar{\theta}/(7l)$（下侧受拉）　　D. $6EI\bar{\theta}/(5l)$（下侧受拉）

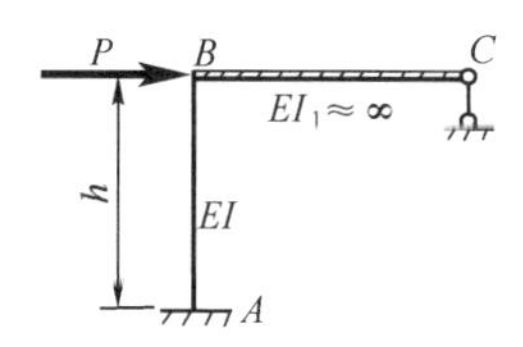

例 16-4-24 图

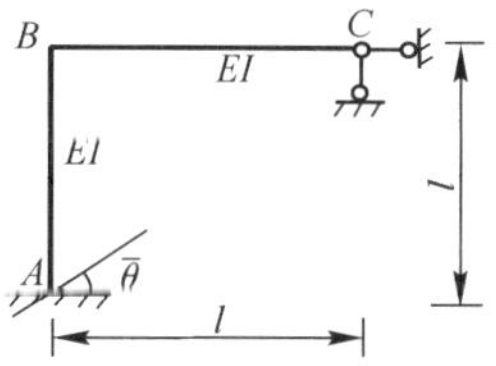

例 16-4-25 图

解 建立节点B的平衡方程$4i\theta_B+2i(-\bar{\theta})+3i\theta_B=0$，得$\theta_B=\frac{2}{7}\bar{\theta}$，所以

$$M_{BC}=3i\left(\frac{2}{7}\bar{\theta}\right)=\frac{6}{7}\frac{EI}{l}\bar{\theta}\quad（下侧受拉）$$

答案： C

【例 16-4-26】 如图所示结构，为使支座A不产生水平反力，则悬臂长a的取值应为：

A. $l/\sqrt{12}$　　B. $l/\sqrt{6}$　　C. $l/4$　　D. $l/2$

解 A点水平反力为零时，AB杆不弯，节点B转角为零，相当于固定端，建立节点B的平衡方程为

$$qa^2/2-ql^2/12=0$$

可解得$a=l/\sqrt{6}$。

答案： B

【例 16-4-27】 如图所示结构，各杆线刚度i相同，$A6$杆A端的力矩分配系数μ_{A6}为：

A. 1/18　　B. 1/15　　C. 2/9　　D. 4/15

解 注意当节点A转动时，$A6$杆的 6 端虽从形式上看属滑动支座，但实际上滑动不起来，需按固定端处理（忽略轴向变形时，斜杆$A6$与点 6 处铅垂线只能有唯一交点，6 端既无角位移也无线位移，故其约束性能相当于固定端）。2、5、8 处都无线位移，是铰支座，4 处相当于悬臂，所以

$$\mu_{A6}=\frac{4i}{4i+3i+i+0+3i+4i+0+3i}=\frac{4}{18}=\frac{2}{9}$$

答案： C

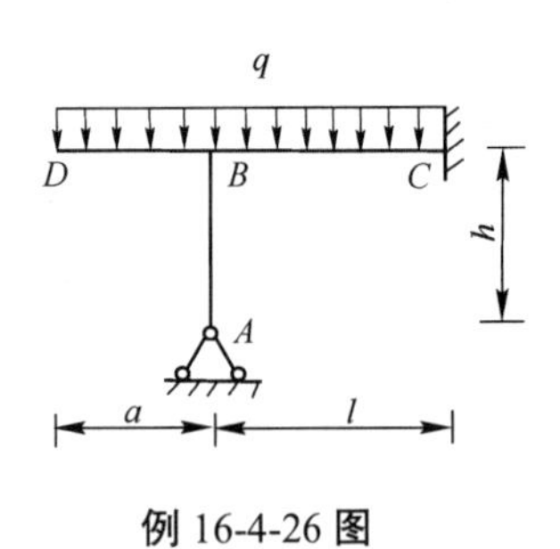

例 16-4-26 图

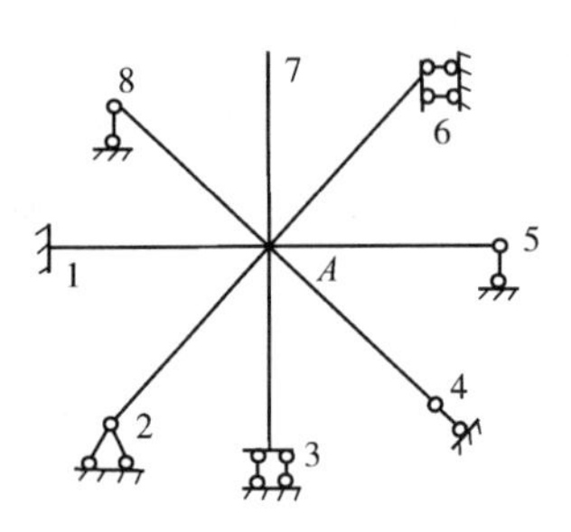

例 16-4-27 图

【例 16-4-28】 用力矩分配法分析图结构，先锁住节点B，然后再放松，则传递到C支座的力矩为：

A. $ql^2/27$　　B. $ql^2/54$　　C. $ql^2/23$　　D. $ql^2/46$

解 $\mu_{BC}=\frac{1}{1+4+4}=\frac{1}{9}$，$M_{BC}^{\mu}=\frac{1}{9}\left(-\frac{ql^2}{3}\right)=-\frac{ql^2}{27}$，$M_{CB}^{C}=(-1)\left(-\frac{ql^2}{27}\right)=\frac{ql^2}{27}$

答案： A

【例 16-4-29】 如图所示结构，弯矩M_{AB}等于：

A. $ql^2/8$　　B. $ql^2/7$　　C. $2ql^2/7$　　D. $ql^2/4$

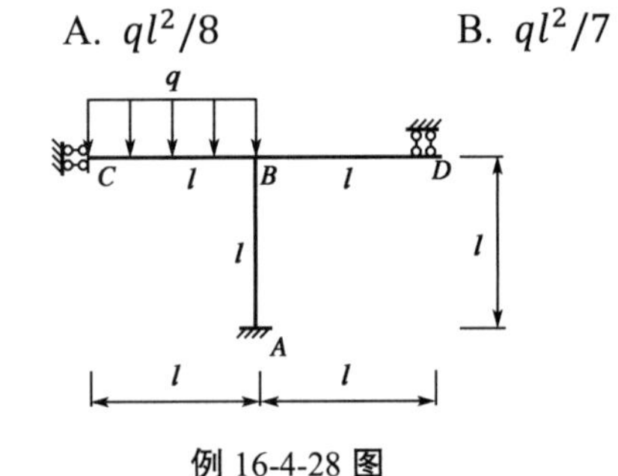

例 16-4-28 图

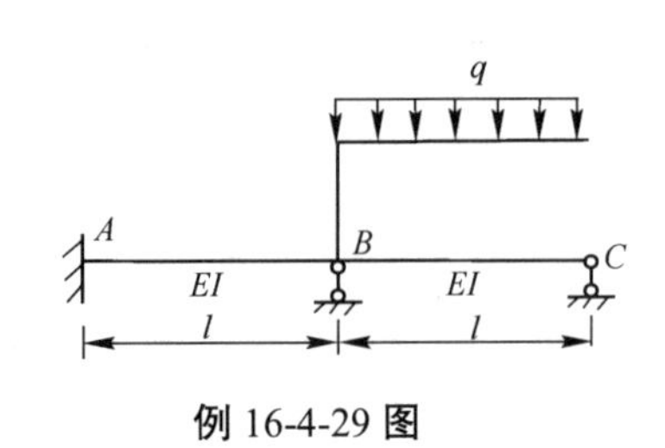

例 16-4-29 图

解 上部为静定，可将荷载向B点简化，相当于在B点有一顺时针转向的力偶$ql^2/2$，力矩分配系数$\mu_{BA}=\frac{4}{4+3}=4/7$，传递系数$C_{BA}=1/2$，故

$$M_{AB}=\frac{ql^2}{2}\times\frac{4}{7}\times\frac{1}{2}=\frac{1}{7}ql^2\quad（下侧受拉）$$

答案： B

【例 16-4-30】 如图所示结构截面A的弯矩M_{AB}等于：

A. $Ph/6$　　B. $Ph/5$　　C. $2Ph/5$　　D. $4Ph/5$

解 柱AB和CD的侧移刚度分别为$12EI/h^3$和$3EI/h^3$，两柱的剪力按侧移刚度进行分配，分别得$4P/5$和$P/5$，柱AB的反弯点在柱中点，所以

$$M_{AB}=\frac{4}{5}P\times\frac{h}{2}=\frac{2}{5}Ph$$

答案： C

【例 16-4-31】 已知如图 a）所示结构的弯矩图见图 b），则结点C的转角θ_C（绝对值）等于：

A. $ql^3/(120EI)$　　　　B. $ql^3/(90EI)$

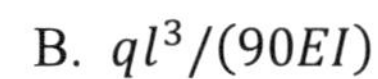

C. $ql^3/(60EI)$　　　　D. $ql^3/(30EI)$

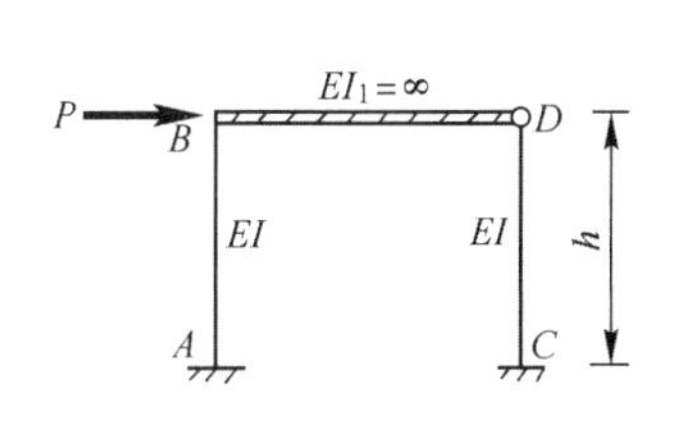

例 16-4-30 图

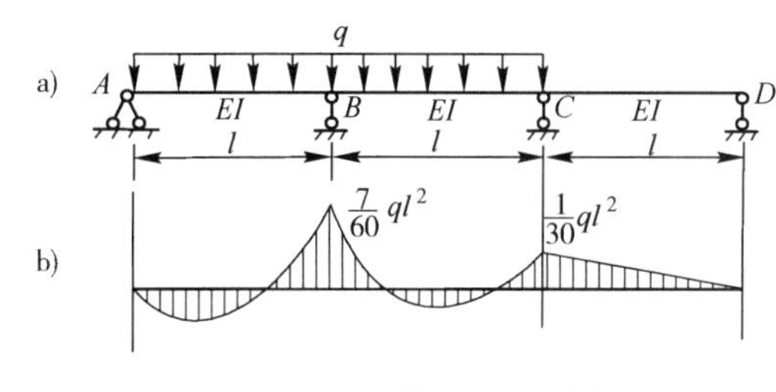

例 16-4-31 图

解　由于$M_{CD}=3i\theta_c$，所以

$$\theta_C=\frac{M_{CD}}{3i}=\frac{-\frac{1}{30}ql^2}{3\frac{EI}{l}}=-\frac{1}{90}\frac{ql^3}{EI}\text{（逆时针）}$$

答案： B

【例 16-4-32】 如图所示结构，剪力Q_{BC}等于：

A. $-qh/2$　　B. 0　　C. $qh/2$　　D. qh

解　杆BC为剪力静定杆，取杆BC为隔离体，由平衡条件得$Q_{BC}=qh$。

答案： D

【例 16-4-33】 如图所示对称结构，各杆EI相同，弯矩M_{AB}等于：

A. $Pl/16+Fl/4$　　　　B. $Pl/12+Fl/8$

C. $Pl/8$　　　　D. $Pl/4$

解　此题上部为静定附属部分三铰拱，力F引起拱的反力反向后作用在下部不动节点上，不引起弯矩。利用对称性，将作用在C点的荷载视为两个$P/2$，其中间铰C处剪力为零，由杆段BC的平衡可得$M_{BC}=Pl/2$，再在节点B力矩分配，得分配弯矩

$$M_{BA}=\frac{1}{2}\times\frac{Pl}{2}=\frac{Pl}{4}$$

向远端传递，可得传递弯矩

$$M_{AB}=\frac{1}{2}\times\frac{Pl}{4}=\frac{1}{8}Pl$$

答案： C

【例 16-4-34】 如图所示结构M_{BA}值的大小为：

A. $Pl/2$　　B. $Pl/3$　　C. $Pl/4$　　D. $Pl/5$

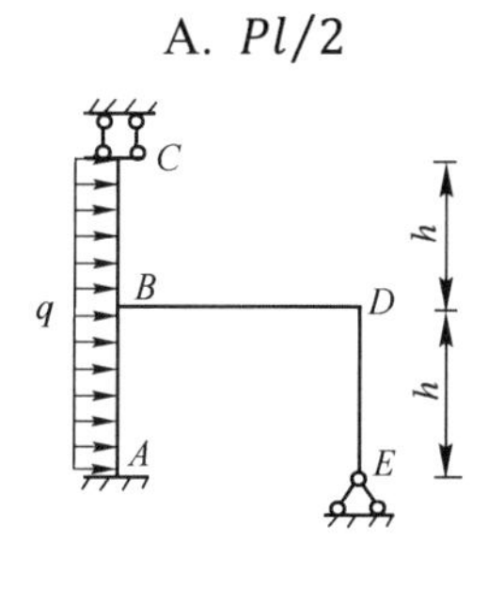

例 16-4-32 图

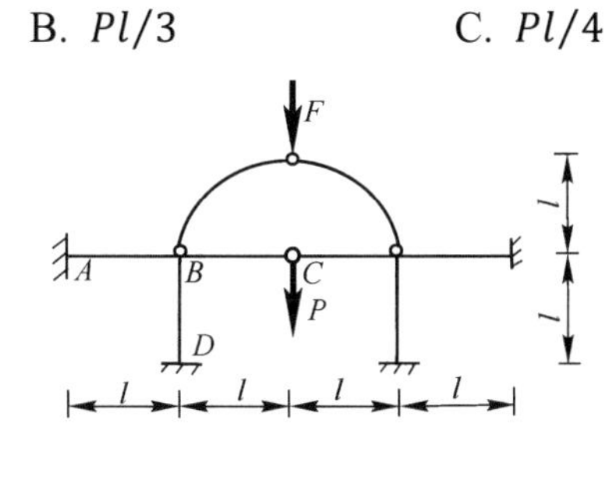

例 16-4-33 图

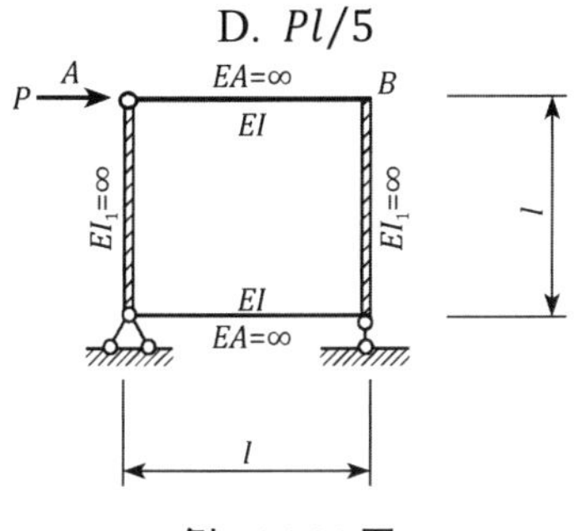

例 16-4-34 图

解　用静力平衡条件求得反力后，利用对称性可作解图所示转化，从而求得$M_{BA}=Pl/2$。

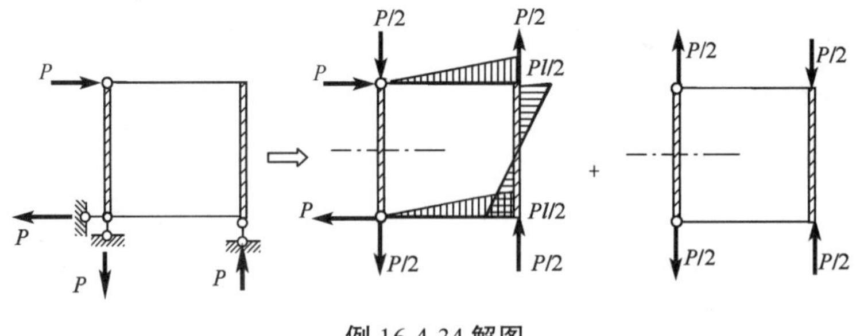

例 16-4-34 解图

答案： A

【例 16-4-35】 图示梁$EI=$常数，固定端A发生顺时针方向角位移θ，则铰支端B的转角（以顺时针方向为正）为：

A. $\theta/2$　　　　B. θ　　　　C. $-\theta/2$　　　　D. $-\theta$

解 按转角位移方程可得$M_{\mathrm{BA}}=4i\theta_{\mathrm{B}}+2i\theta=0$，$\theta_{\mathrm{B}}=-\theta/2$。

答案： C

【例 16-4-36】 图示结构$EI=$常数，在给定荷载作用下，水平反力H_{A}为：

A. P　　　　B. $2P$　　　　C. $3P$　　　　D. $4P$

例 16-4-35 图

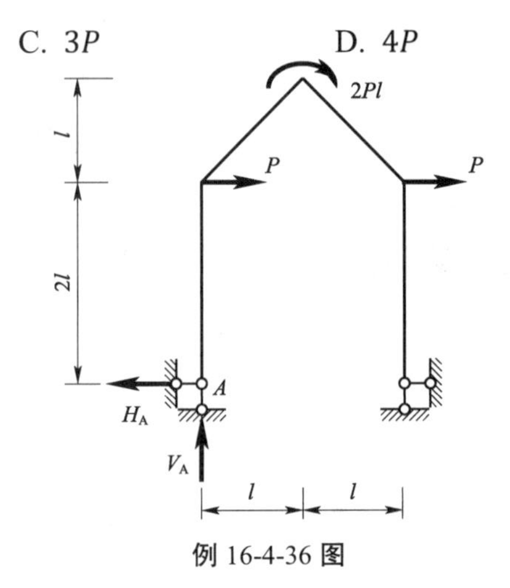

例 16-4-36 图

解 结构对称荷载反对称，其反力及内力必为反对称，可知两个水平反力等值同向，设方向向左，根据结构整体平衡有：

$$\sum X=0，H_{\mathrm{A}}+H_{\mathrm{B}}=2H_{\mathrm{A}}=P+P$$

$$H_{\mathrm{A}}=P$$

答案： A

【例 16-4-37】 图 a）示梁的抗弯刚度为EI，长度为l，欲使梁中点C弯矩为零，则弹性支座刚度k的取值应为：

A. $3EI/l^3$　　　　B. $6EI/l^3$　　　　C. $9EI/l^3$　　　　D. $12EI/l^3$

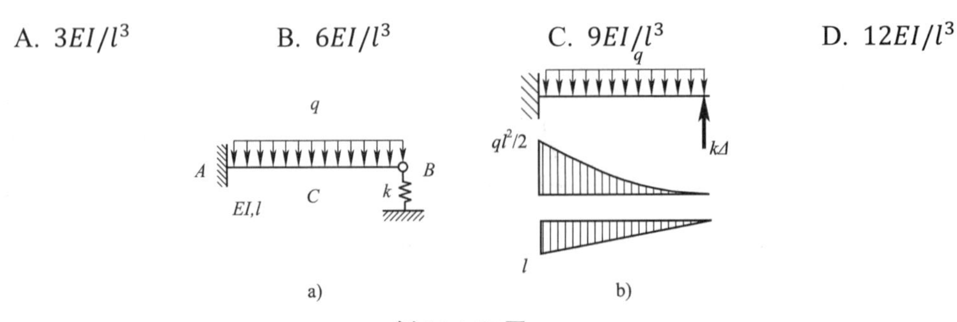

例 16-4-37 图

解 设弹簧压缩量为$\varDelta$，按题意（C点弯矩为零）由CB段的平衡，可知

$$k\varDelta = ql/4$$

按图b）可建立力法方程：

$$\frac{l^2}{2EI}\cdot\frac{2l}{3}\cdot k\varDelta - \frac{1}{3EI}\cdot\frac{ql^2}{2}l\frac{3l}{4} = -\varDelta$$

联立以上两式，解得$k = 6EI/l^3$

答案： B

【例 16-4-38】 图示梁的抗弯刚度为EI，长度为l，$k = 6EI/l^3$，跨中C截面弯矩为（以下侧受拉为正）：

A. 0　　B. $ql^2/32$　　C. $ql^2/48$　　D. $ql^2/64$

解 由解图建立力法方程$\delta_{11}X_1 + \varDelta_{1p} = -X_1/k$

已知$k = 6EI/l^3$，求得$\delta_{11} = l^3/(3EI)$，$\varDelta_{1p} = ql^4/(8EI)$，解得$X_1 = ql/4$

再由CB段隔离体平衡，可得$M_C = 0$

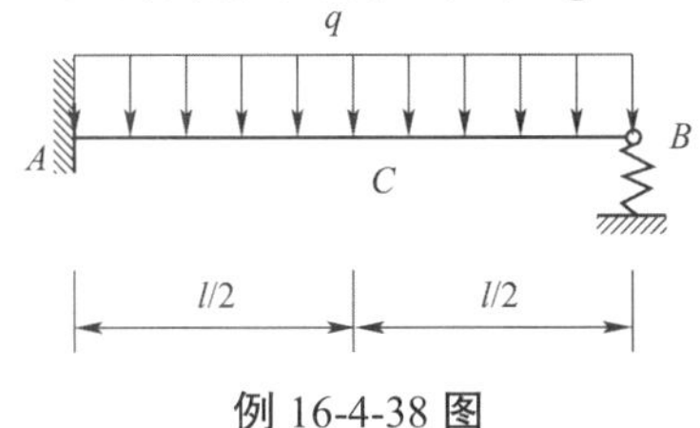

例 16-4-38 图

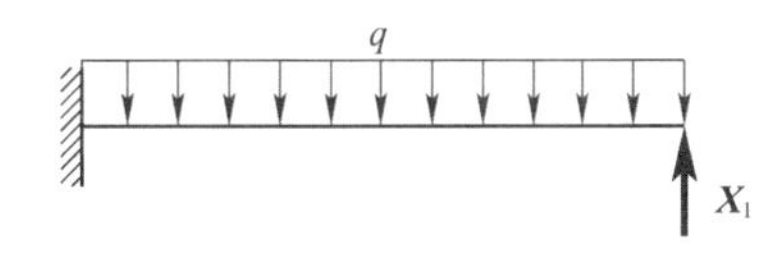

例 16-4-38 解图

答案： A

【例 16-4-39】 图示结构$EI =$常数，当支座A发生转角θ时，支座B处截面的转角为（以顺时针为正）：

A. $\theta/3$　　B. $2\theta/5$　　C. $-\theta/3$　　D. $-2\theta/5$

解 按位移法由节点B的平衡，知$M_{BA} + M_{BC} = 0$

即$(4i\theta_B + 2i\theta) + i\theta_B = 0$，得到$\theta_B = -2\theta/5$

答案： D

【例 16-4-40】 图示结构B处弹性支座的弹簧刚度$k = 3EI/l^3$，则节点B向下的竖向位移为：

A. $Pl^3/(12EI)$　　B. $Pl^3/(6EI)$

C. $Pl^3/(4EI)$　　D. $Pl^3/(3EI)$

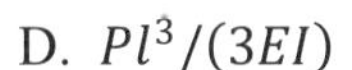

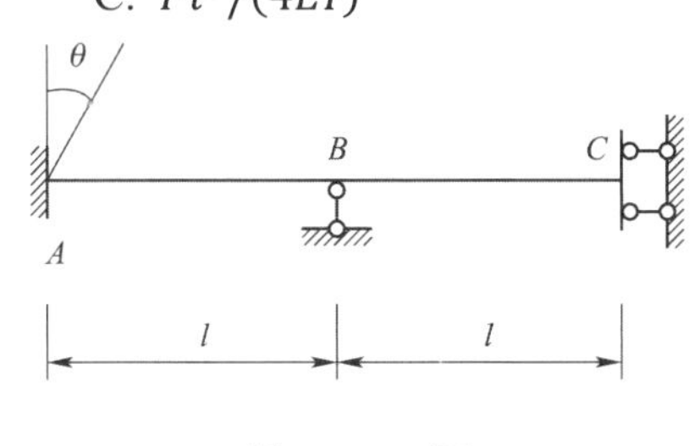

例 16-4-39 图

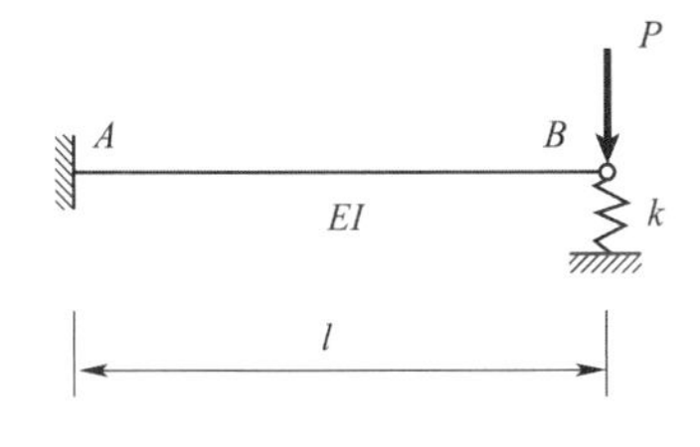

例 16-4-40 图

解 设所求位移为$\varDelta$，按位移法取节点B平衡，可得

$$3\frac{EI}{l^3}\varDelta + k\varDelta = P$$

已知$k = 3EI/l^3$，解得$\varDelta = Pl^3/(6EI)$

答案： B

【例 16-4-41】 图示结构M_{BA}的大小为：

A. $PL/2$　　B. $PL/3$　　C. $PL/4$　　D. $PL/5$

解　由整体平衡求得支座水平反力为P（向左）、竖向反力为P（左下、右上）。在荷载作用下AB杆右移、刚性竖杆转动后，两个弹性杆发生相同的变形弹性曲线，中点为反弯点。设上面杆的剪力为Q，则下面杆的剪力为$Q/2$（因刚度减半）。作竖直截面取半边结构为隔离体（见解图）建立竖向力平衡方程，可得$Q + Q/2 + P = 0$，即$Q = -2P/3$，则$M_{BA} = QL/2 = PL/3$（上面受拉）。

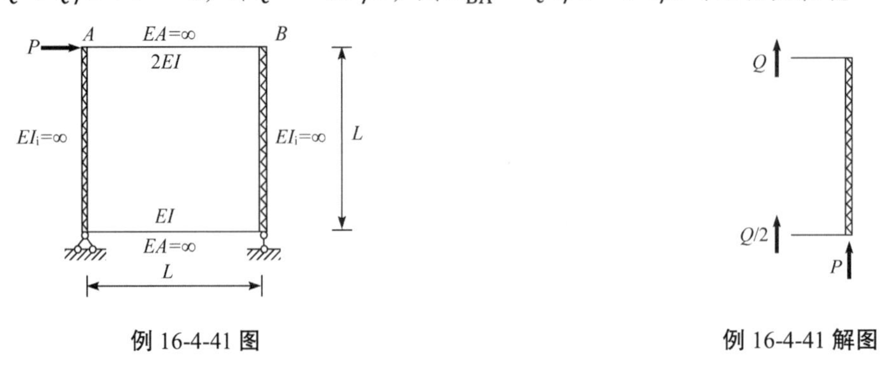

例 16-4-41 图　　　　例 16-4-41 解图

答案：B

习　题

16-4-1　图 b）为图 a）结构的力法基本体系，则力法方程中的系数和自由项为（　　）。

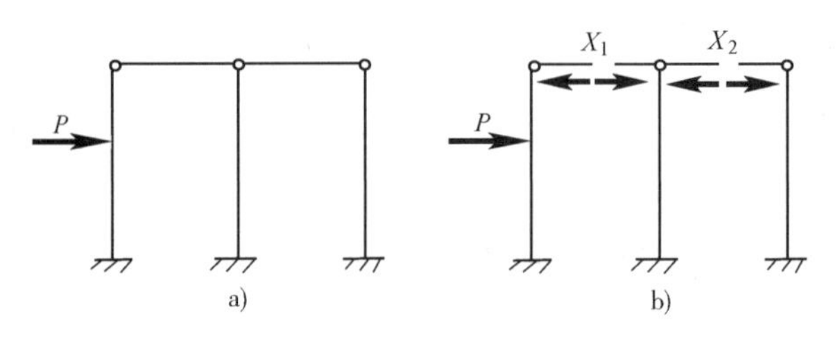

题 16-4-1 图

A. $\Delta_{1P} > 0$，$\delta_{12} < 0$　　　　B. $\Delta_{1P} < 0$，$\delta_{12} < 0$

C. $\Delta_{1P} > 0$，$\delta_{12} > 0$　　　　D. $\Delta_{1P} < 0$，$\delta_{12} > 0$

16-4-2　在力法方程$\sum\delta_{ij}X_j + \Delta_{1C} = \Delta_1$中，肯定有（　　）。

A. $\Delta_1 = 0$　　　　B. $\Delta_1 > 0$

C. $\Delta_1 < 0$　　　　D. 前三种答案都有可能

16-4-3　力法方程是沿基本未知量方向的（　　）。

A. 力的平衡方程　　　　B. 位移为零方程

C. 位移协调方程　　　　D. 力与位移间的物理方程

16-4-4　图 a）结构的最后弯矩图为（　　）。

A. 图 b）　　B. 图 c）　　C. 图 d）　　D. 图 e）

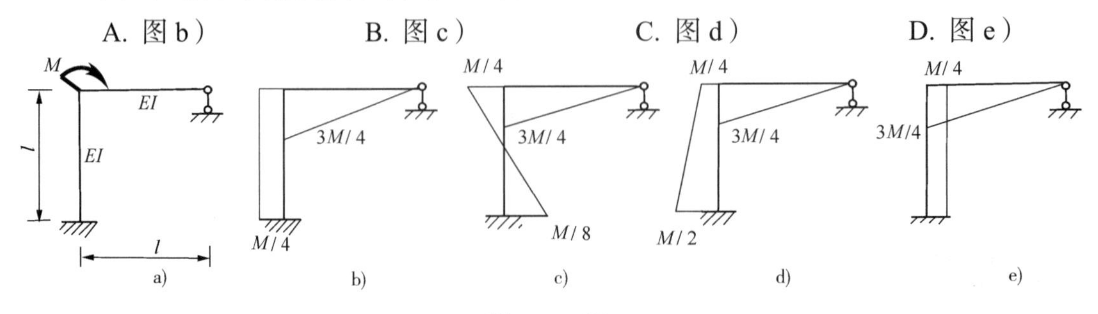

题 16-4-4 图

16-4-5　图示结构中，杆CD的轴力N_{CD}为（　　）。

A. 拉力　　B. 零

C. 压力　　D. 不定，取决于P_1与P_2的比值

16-4-6　图示桁架取B支座反力为力法的基本未知量X_1（向左为正），各杆抗拉刚度EA，则有（　　）。

A. X_1随EA取值而变　B. $X_1=0$　C. $X_1>0$　D. $X_1<0$

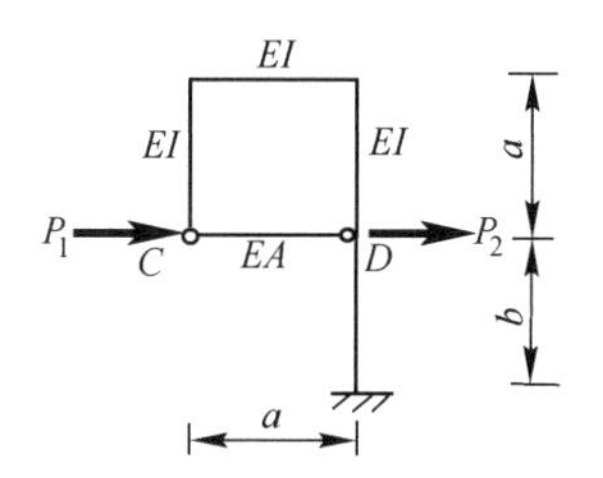

题 16-4-5 图

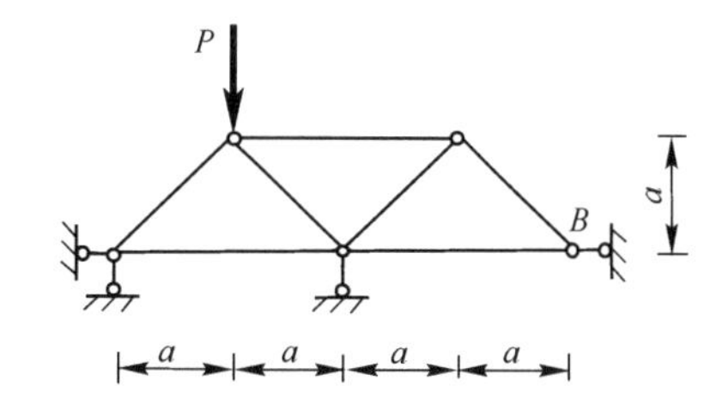

题 16-4-6 图

16-4-7　图示桁架取杆AC轴力（拉为正）为力法的基本未知量X_1，则有（　　）。

A. $X_1=0$　　B. $X_1>0$

C. $X_1<0$　　D. X_1不定，取决于A_1/A_2值及α值

16-4-8　图示结构，若取梁B截面弯矩为力法的基本未知量X_1，当I_2增大时，则X_1绝对值（　　）。

A. 增大　　B. 减小

C. 不变　　D. 增大或减小，取决于I_2/I_1比值

16-4-9　在图中取A支座反力为力法的基本未知量X_1，当I_1增大时，柔度系数δ_{11}（　　）。

A. 变大　　B. 变小

C. 不变　　D. 或变大或变小，取决于X_1的方向

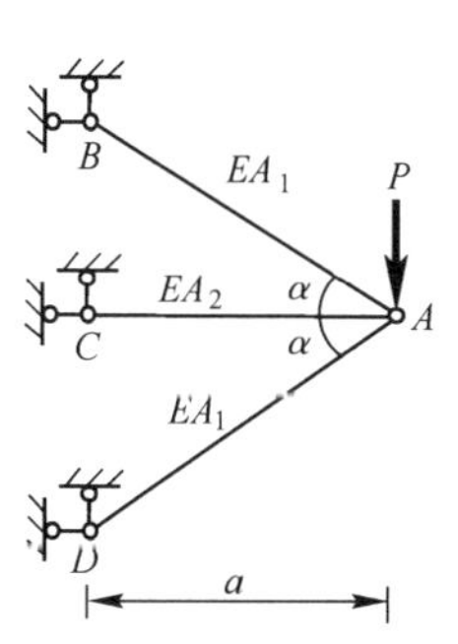

题 16-4-7 图

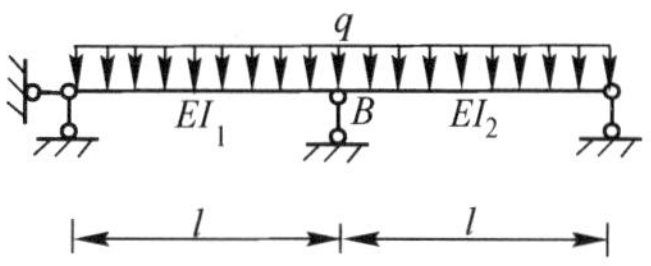

题 16-4-8 图

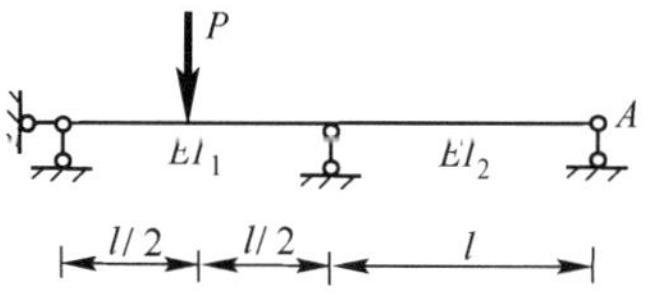

题 16-4-9 图

16-4-10　图 a）所示桁架，$EA=$常数，取图 b）为力法基本体系，则力法方程系数间的关系为（　　）。

A. $\delta_{22}<\delta_{11}$，$\delta_{12}>0$　　B. $\delta_{22}>\delta_{11}$，$\delta_{12}>0$

C. $\delta_{22}<\delta_{11}$，$\delta_{12}<0$　　D. $\delta_{22}>\delta_{11}$，$\delta_{12}<0$

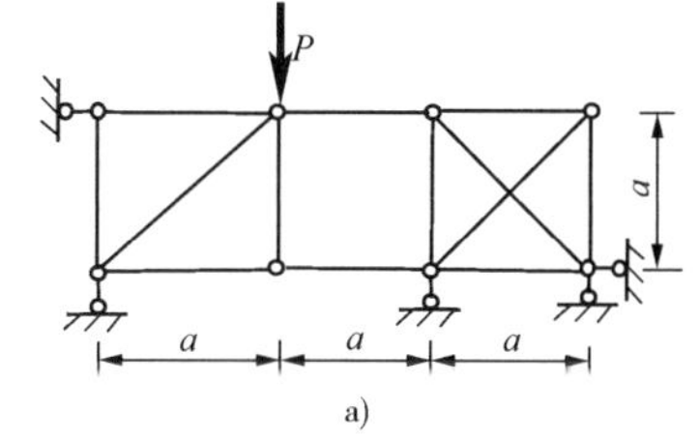

a)

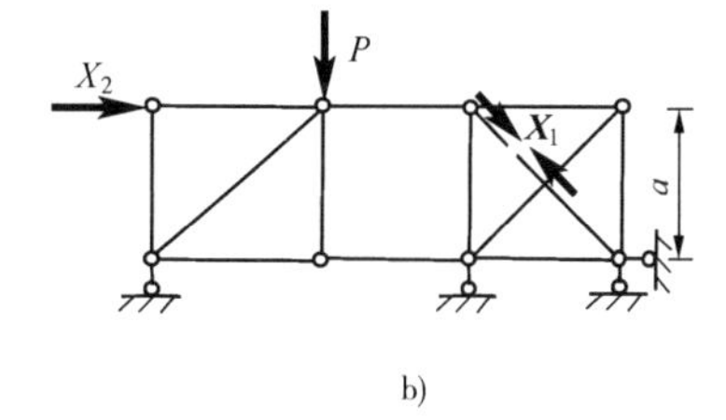

b)

题 16-4-10 图

16-4-11 图示结构$EI=$常数，在给定荷载作用下，剪力Q_{BA}为（　　）。

A. $P/2$　　B. $P/4$　　C. $-P/4$　　D. 0

16-4-12 图示结构$EI=$常数，弯矩M_{CA}为（　　）。

A. $Pl/2$（左侧受拉）　B. $Pl/4$（左侧受拉）　C. $Pl/2$（右侧受拉）　D. $Pl/4$（右侧受拉）

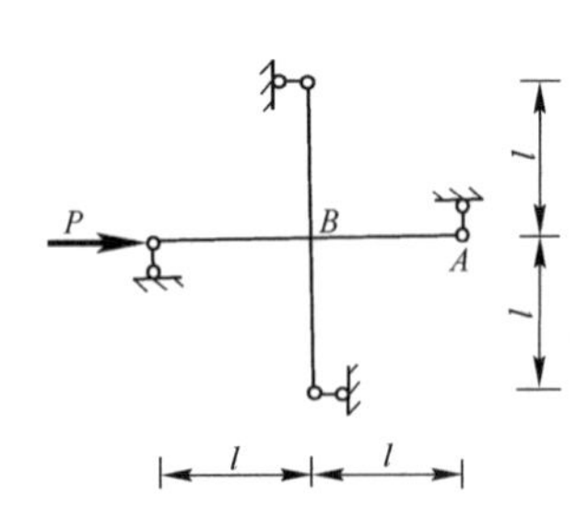

题 16-4-11 图

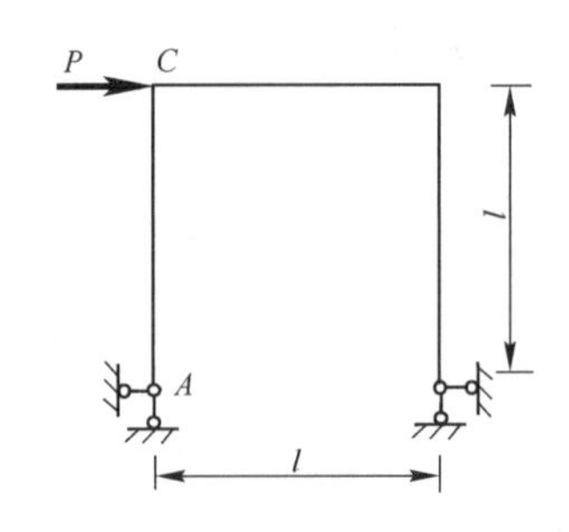

题 16-4-12 图

16-4-13 图示结构$EI=$常数，在给定荷载作用下，剪力Q_{AB}为（　　）。

A. $P/\sqrt{2}$　　B. $3P/16$

C. $P/2$　　D. $\sqrt{2}P$

16-4-14 图示结构（杆件截面为矩形）在图示温度变化$(t_1>t_2)$时，其轴力为（　　）。

A. $N_{BC}>0$，$N_{AB}=N_{CD}=0$　　B. $N_{BC}=0$，$N_{AB}=N_{CD}>0$

C. $N_{BC}<0$，$N_{AB}=N_{CD}=0$　　D. $N_{BC}<0$，$N_{AB}=N_{CD}>0$

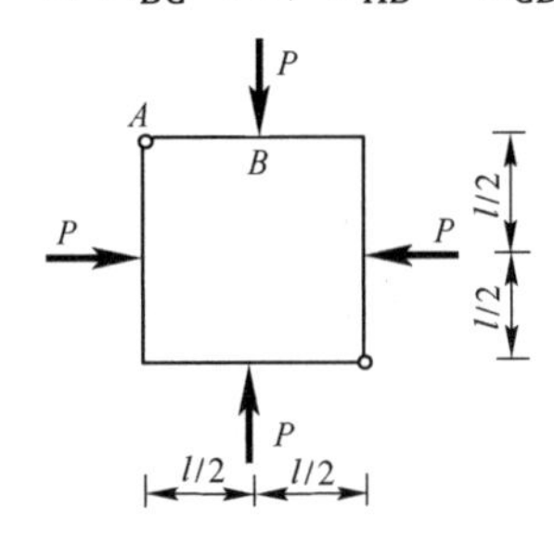

题 16-4-13 图

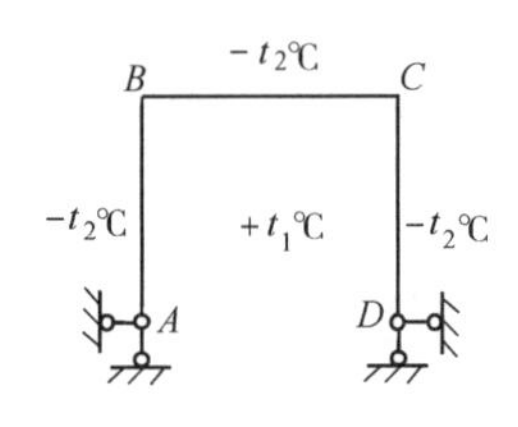

题 16-4-14 图

16-4-15 图示对称结构其半结构计算简图为图（　　）。

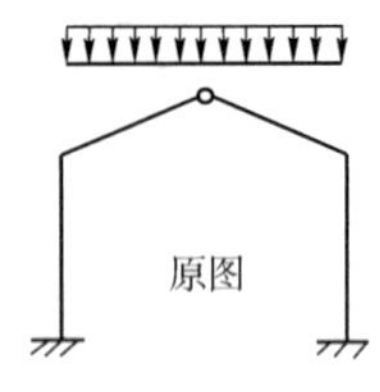

A.

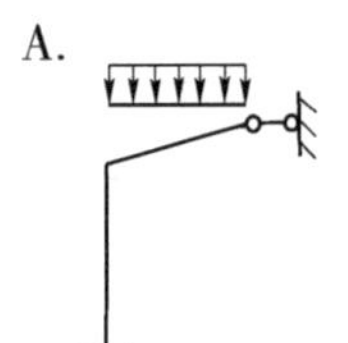

B.

C.

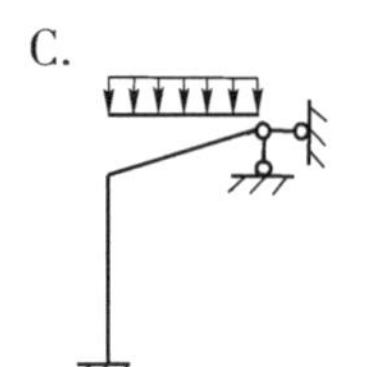

D.

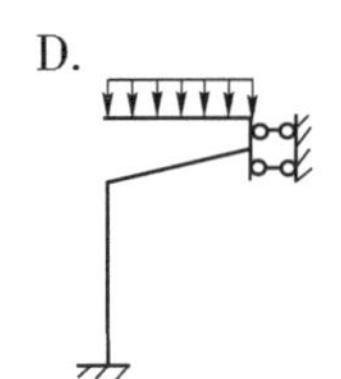

题 16-4-15 图

16-4-16 图示对称刚架具有两根对称轴，利用对称性简化后的计算简图为图（　　）。

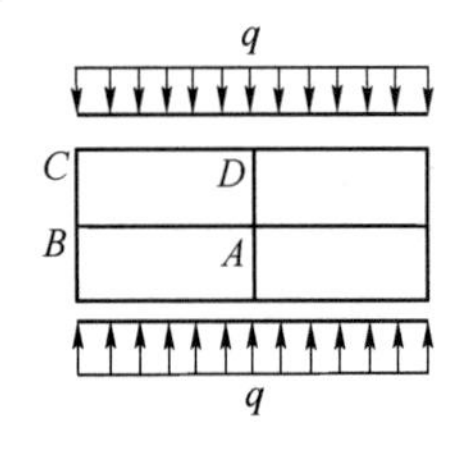

A.

B.

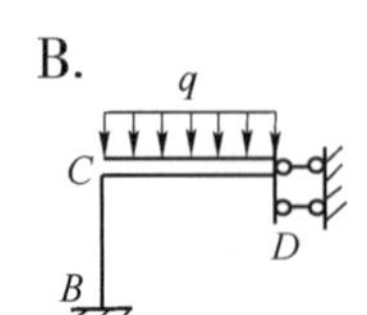

C.

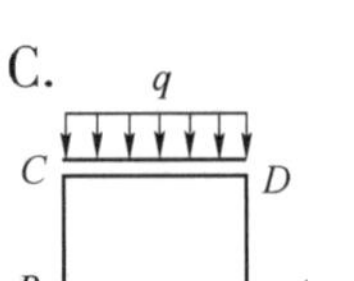

D.

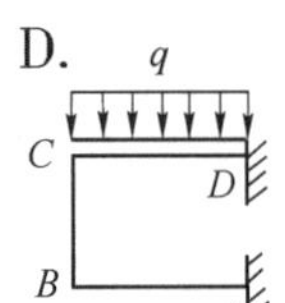

题 16-4-16 图

16-4-17 图示结构的超静定次数为（ ）。

A. 12　　B. 15

C. 24　　D. 35

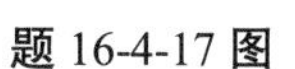

题 16-4-17 图

16-4-18 图示超静定刚架用力法计算时，可选取的基本体系是（ ）。

A. 图 a）、图 b）和图 c）

B. 图 a）、图 b）和图 d）

C. 图 b）、图 c）和图 d）

D. 图 a）、图 c）和图 d）

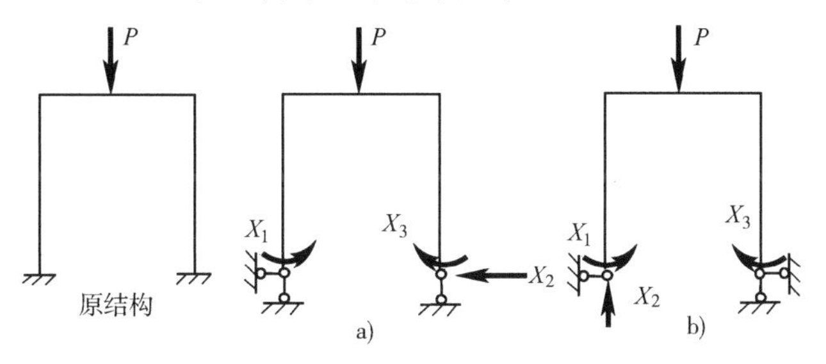

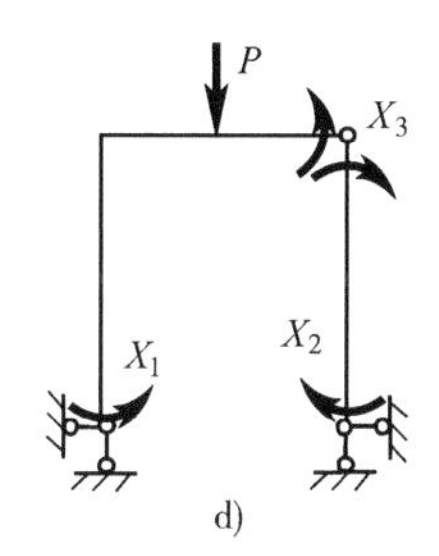

题 16-4-18 图

16-4-19 图示两刚架的EI均为常数，已知$EI_a = 4EI_b$，则图 a）刚架各截面弯矩为图 b）刚架各相应截面弯矩的（ ）。

A. 2 倍　　B. 1 倍　　C. 1/2　　D. 1/4

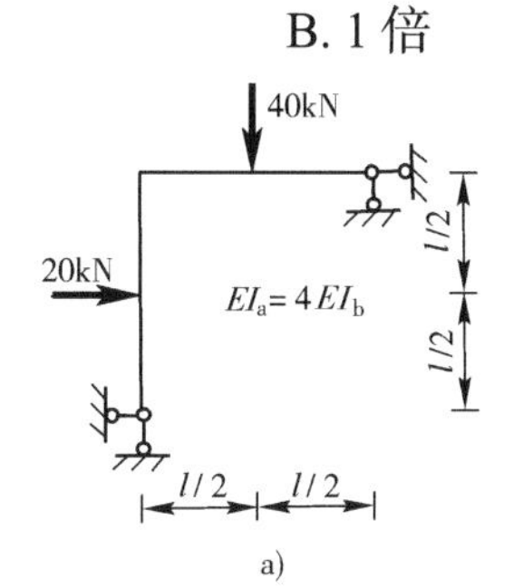

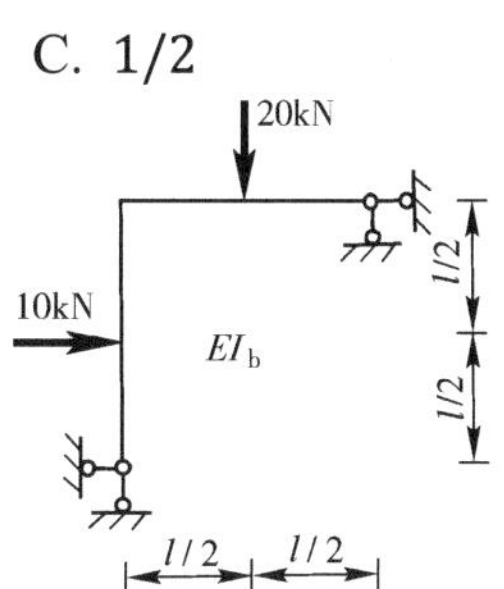

题 16-4-19 图

16-4-20 图 a）结构，取图 b）为力法基本体系，相应力法方程为$\delta_{11}X_1 + \Delta_{1C} = 0$，其中$\Delta_{1C}$为（ ）。

A. $\Delta_1 + \Delta_2$　　B. $\Delta_1 + \Delta_3$　　C. $\Delta_2 - \Delta_3$　　D. $\Delta_1 - 2\Delta_2$

16-4-21 图示结构用位移法计算时的基本未知量最小数目为（ ）。

A. 10　　B. 9　　C. 8　　D. 7

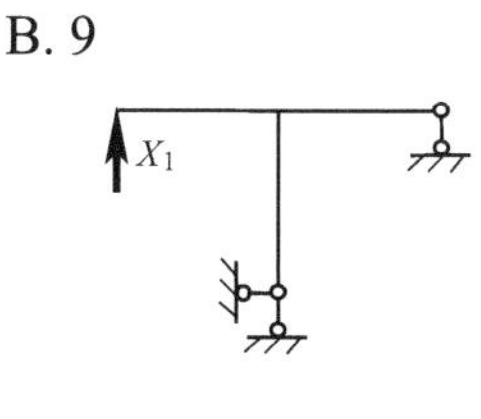

题 16-4-20 图

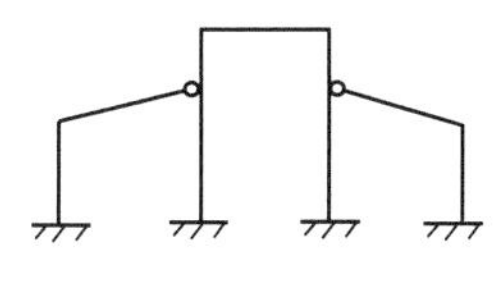

题 16-4-21 图

16-4-22 图示结构EI = 常数，欲使节点B的转角为零，比值P_1/P_2应为（ ）。

A. 1.5　　B. 2　　C. 2.5　　D. 3

16-4-23 图示连续梁$EI=$常数，已知支承B处梁截面转角为：$-7Pl^2/(240EI)$（逆时针向），则支承C处梁截面转角φ_C应为（　　）。

A. $Pl^2/(60EI)$　　B. $Pl^2/(120EI)$

C. $Pl^2/(180EI)$　　D. $Pl^2/(240EI)$

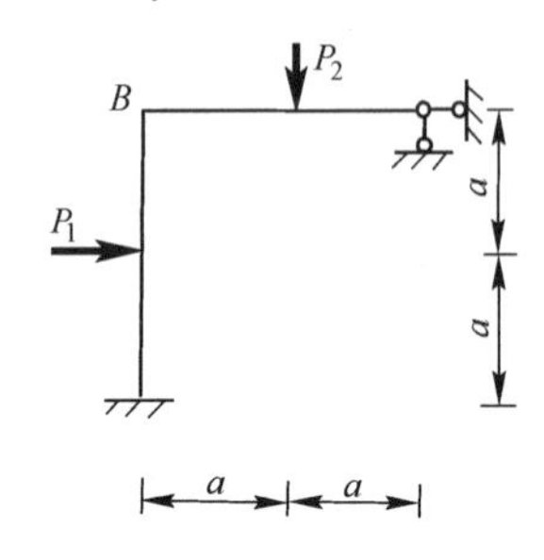

题 16-4-22 图

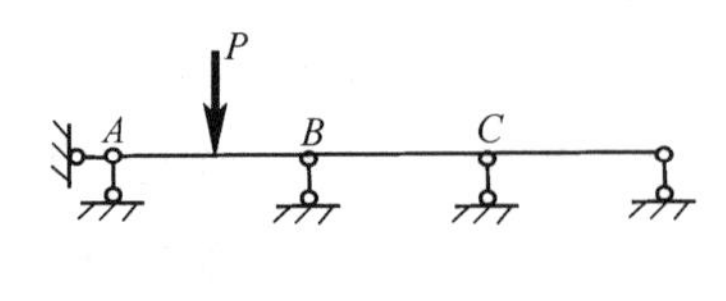

题 16-4-23 图

16-4-24 图示结构$EI=$常数，已知节点C的水平线位移为$\Delta_{CH}=7Pl^4/(184EI)(\rightarrow)$，则节点$C$的角位移$\varphi_C$应为（　　）。

A. $Pl^3/(46EI)$（顺时针向）　　B. $-Pl^3/(46EI)$（逆时针向）

C. $3ql^3/(92EI)$（顺时针向）　　D. $-3ql^3/(92EI)$（逆时针向）

16-4-25 图示刚架各杆线刚度i相同，则节点A的转角大小为（　　）。

A. $m_0/(9i)$　　B. $m_0/(8i)$　　C. $m_0/(11i)$　　D. $m_0/(4i)$

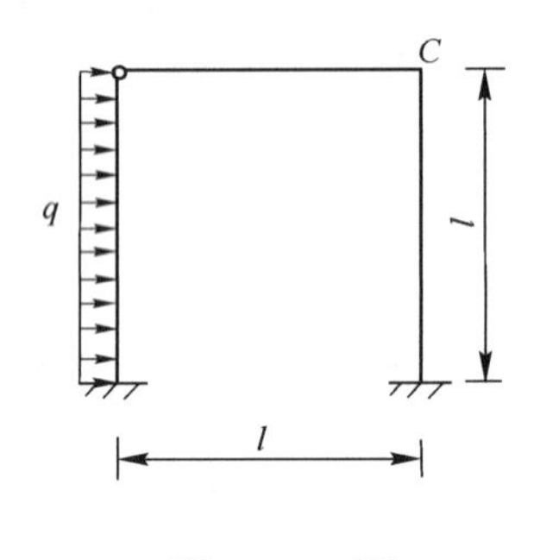

题 16-4-24 图

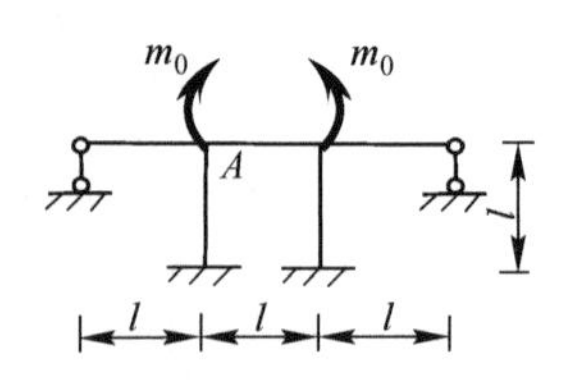

题 16-4-25 图

16-4-26 图示排架，已知各单柱柱顶有单位水平力时产生柱顶水平位移为$\delta_{AB}=\delta_{EF}=h/(100D)$，$\delta_{CD}=h/(200D)$，$D$为与柱刚度有关的给定常数，则此结构柱顶水平位移为（　　）。

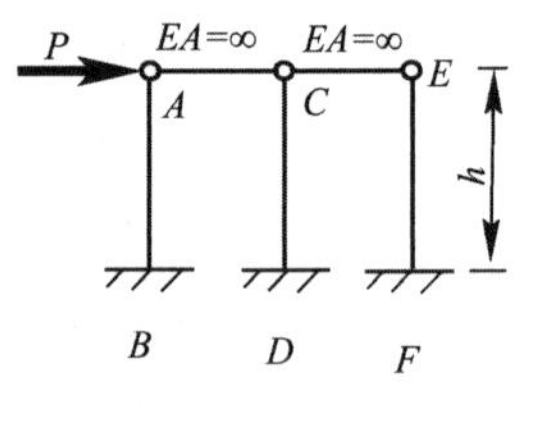

题 16-4-26 图

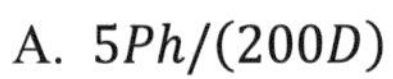

A. $5Ph/(200D)$　　B. $Ph/(100D)$

C. $Ph/(200D)$　　D. $Ph/(400D)$

16-4-27 图示两结构中，正确的弯矩关系为（　　）。

A. $|M_A|=|M_C|$　　B. $|M_D|=|M_F|$　　C. $|M_A|=|M_D|$　　D. $|M_C|=|M_F|$

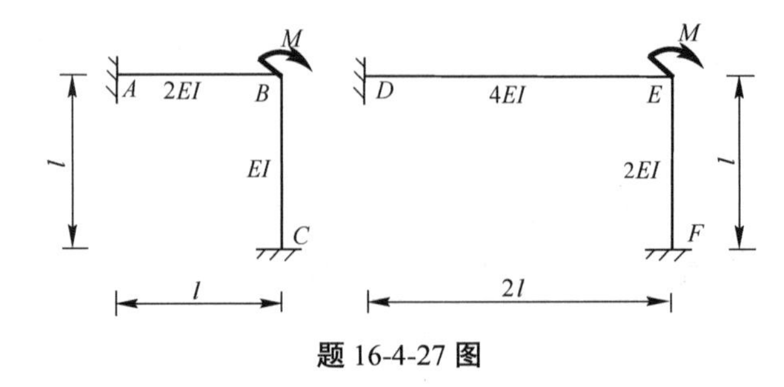

题 16-4-27 图

16-4-28 图示铰接排架，如略去杆件的轴向变形，当A点发生单位水平位移时，则P的大小为(　　)。

A. $6EI/h^3$　　B. $12EI/h^3$　　C. $24EI/h^3$　　D. $48EI/h^3$

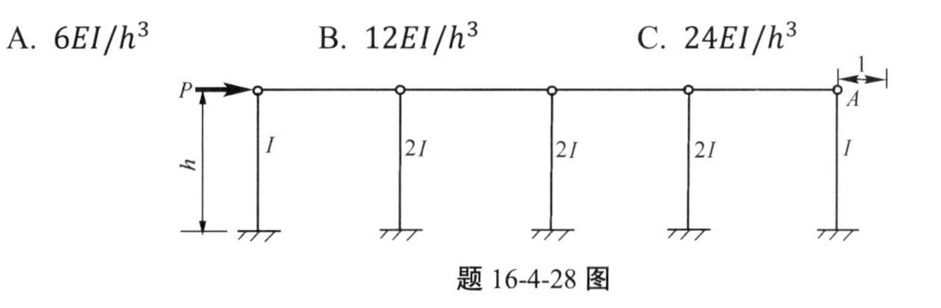

题 16-4-28 图

16-4-29 图示结构各杆EI常数，截面C、D两处的弯矩值M_C、M_D分别为（　　）。（单位：kN · m）

A. 1.0，2.0　　B. 2.0，1.0　　C. －1.0，－2.0　　D. －2.0，－1.0

16-4-30 已知刚架的弯矩图如图所示，A B杆的抗弯刚度为EI，BC 杆的为$2EI$，则节点B的角位移等于（　　）。

A. $10/(3EI)$　　B. $20/(EI)$

C. $20/(3EI)$　　D. 由于荷载未给出，无法求出

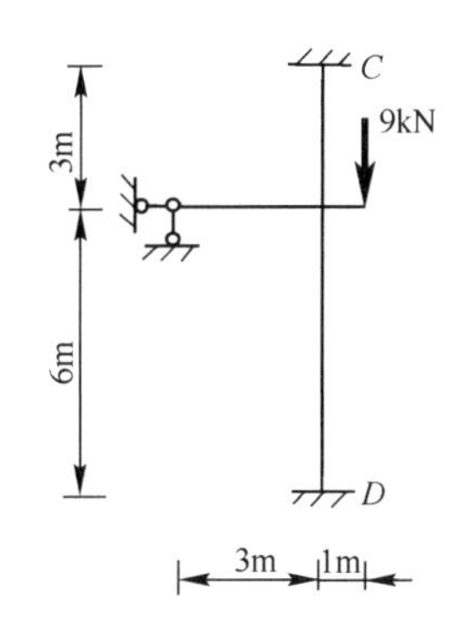

题 16-4-29 图

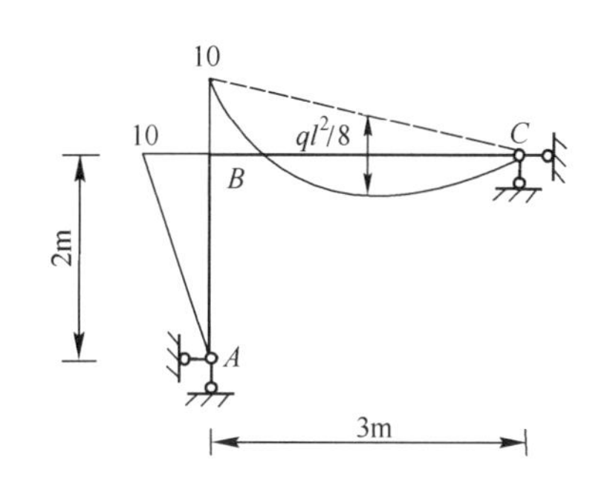

题 16-4-30 图

16-4-31 用位移法计算图示刚架时位移法方程的主系数k_{11}等于（　　）。

A. $4EI/l$　　B. $6EI/l$　　C. $10EI/l$　　D. $12EI/l$

16-4-32 图示杆件AB之A端转动刚度（劲度）系数是（　　）。

A. A端单位角位移引起B端的弯矩　　B. A端单位角位移引起A端的弯矩

C. B端单位角位移引起A端的弯矩　　D. D端单位角位移引起D端的弯矩

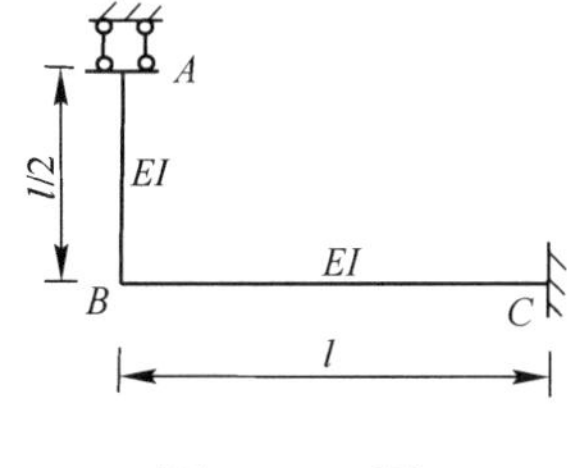

题 16-4-31 图

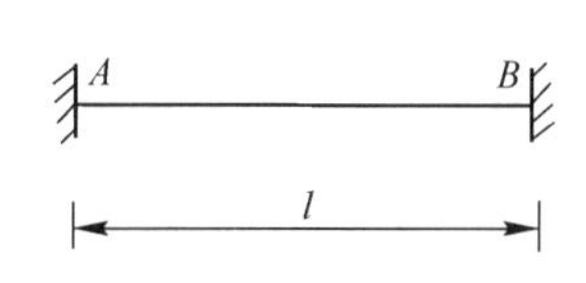

题 16-4-32 图

16-4-33 图示各结构中，除特殊注明者外，各杆件EI = 常数。其中不能直接用力矩分配法计算的结构是（　　）。

A. 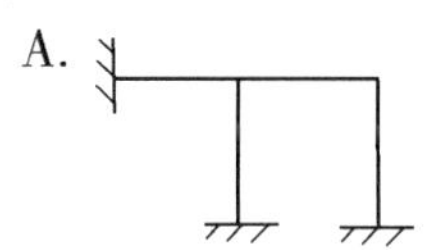

B. 

C. 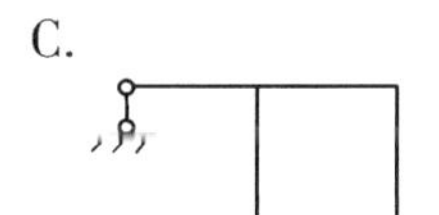

D. 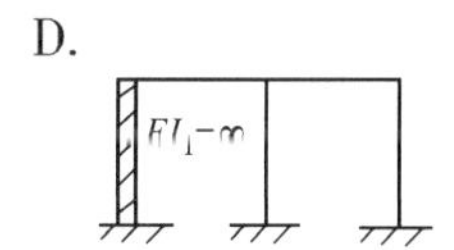

16-4-34 图示对称刚架在节点力偶作用下，弯矩图的正确形状是（　　）。

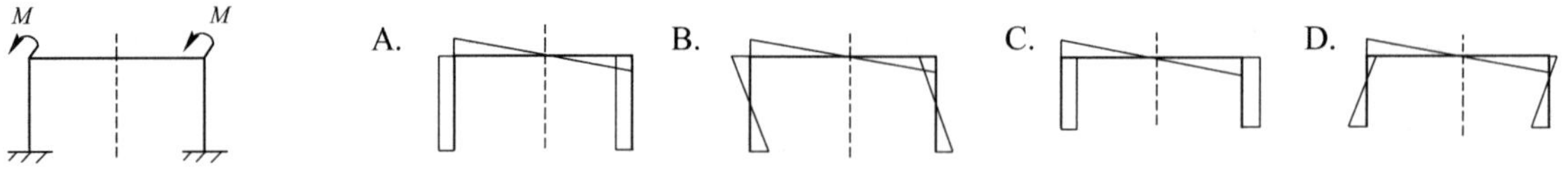

A.　B.　C.　D.

题 16-4-34 图

16-4-35 图示结构$EI=$常数，用力矩分配法计算时，分配系数μ_{A4}为（　　）。

A. 4/11　B. 1/2　C. 1/3　D. 4/9

16-4-36 图示结构（$EI=$常数）用力矩分配法计算时，分配系数μ_{BC}等于（　　）。

A. 0　B. 1/3　C. 1/8　D. 1/10

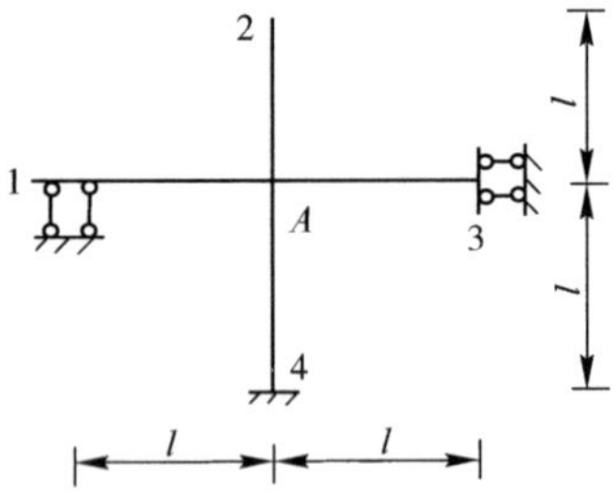

题 16-4-35 图 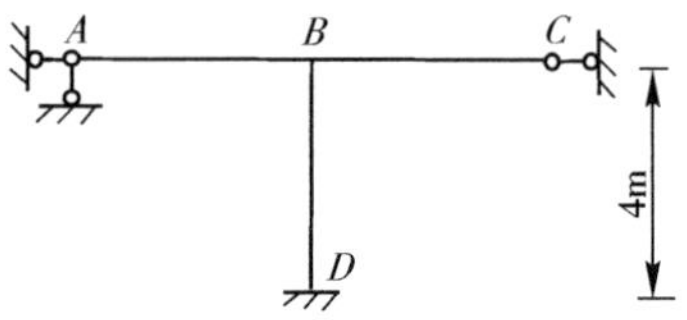　　题 16-4-36 图

16-4-37 图示各结构，可直接用力矩分配法计算的为（　　）。

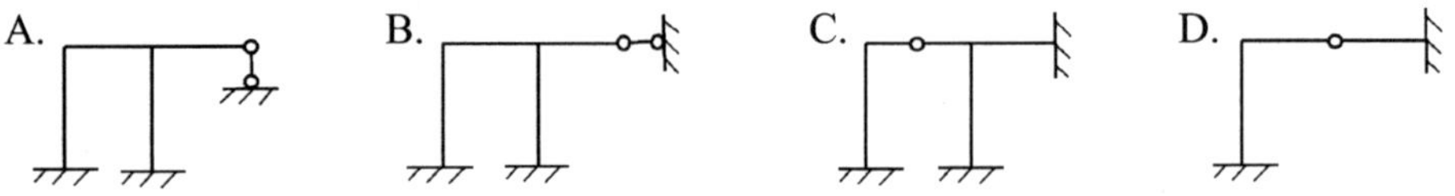

A.　B.　C.　D.

16-4-38 图示结构的最终弯矩M_{BA}和M_{BC}分别为（　　）。

A. $0.5M$，$0.5M$　B. $0.4M$，$0.6M$　C. $3/7M$，$4/7M$　D. $0.6M$，$0.4M$

16-4-39 图示结构用力矩分配法计算时，分配系数μ_{BC}等于（　　）。

A. 1/8　B. 3/10　C. 5/21　D. 5/17

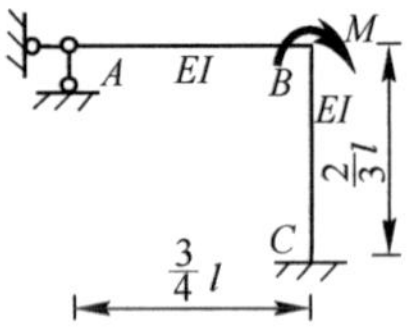

题 16-4-38 图 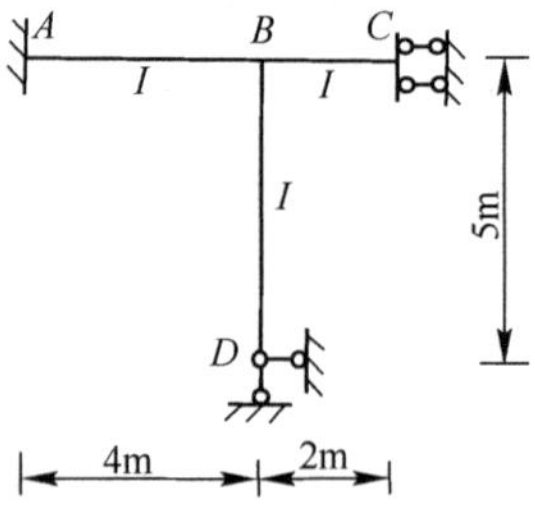　　题 16-4-39 图

16-4-40 图示结构各杆线刚度i相同，用力矩分配法计算时，力矩分配系数μ_{BA}及传递系数C_{BC}分别为（　　）。

A. 1/2，0　B. 4/7，0　C. 4/7，1/2　D. 4/5，－1

16-4-41 图示结构各杆线刚度i相同，用力矩分配法计算时，力矩分配系数μ_{BA}应为（　　）。

A. 1/2　B. 4/7　C. 4/5　D. 1

16-4-42 图示结构各杆线刚度i相同，角$\alpha \neq 0$，用力矩分配法计算时，力矩分配系数μ_{AB}应为（　　）。

A. 1/8　B. 3/10　C. 4/11　D. 1/3

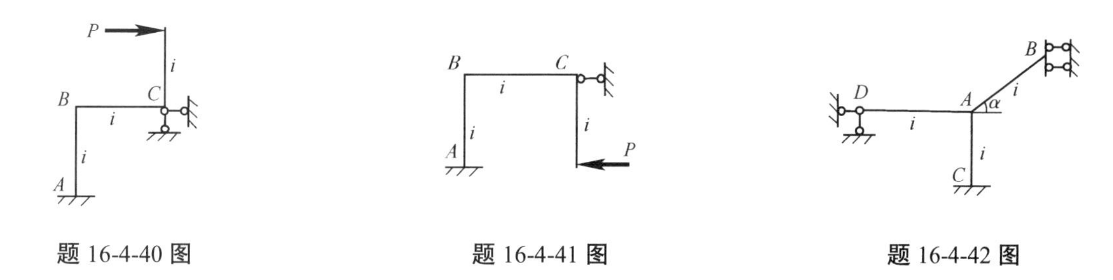

题 16-4-40 图　　题 16-4-41 图　　题 16-4-42 图

第五节　影响线及应用

一、影响线的定义

当方向不变（通常向下）的单位集中力$P=1$在结构上移动时，表示结构某量（称为影响量）随单位集中力$P=1$位置变化规律的图线，称为该量的影响线。

$$\text{影响线竖标的量纲}=\frac{\text{影响量的量纲}}{\text{集中力的量纲}}$$

影响线是研究移动荷载作用下结构计算的有力工具。通过叠加原理即可计算实际移动荷载对结构产生的影响。

二、影响线的作法

（一）静力法

通过静力分析作影响线的方法叫静力法。

用静力法作静定结构反力及内力影响线的步骤是：

（1）建立坐标系，用横坐标x表示单位集中力的位置；

（2）用平衡方程求影响量，建立影响量与横坐标x之间的函数关系，即影响方程；

（3）作影响方程的图像即影响线。

【例 16-5-1】 用静力法作如图所示外伸梁R_B、R_A、Q_C、M_C、$Q_{B右}$及M_B的影响线。

解

$$R_B=x/l,\quad R_A=1-x/l$$

$$Q_C=\begin{cases}-R_B & -c\leqslant x<a\\ +R_A & a<x\leqslant l+d\end{cases}$$

$$M_C=\begin{cases}R_Bb & -c\leqslant x<a\\ R_Aa & a<x\leqslant l+d\end{cases}$$

$$Q_{B右}=\begin{cases}0 & -c\leqslant x<l\\ 1 & 1l<x\leqslant l+d\end{cases}$$

$$M_B=\begin{cases}0 & -c\leqslant x<l\\ -(x-l) & l<x\leqslant l+d\end{cases}$$

【例 16-5-2】 求如图所示桁架R_A、R_B、N_{CD}、N_{Cd}、N_{Ab}及N_{Dd}的影响线。

解

$$N_{CD}=M_d/h$$

$$N_{Cd}=\begin{cases}R_B\dfrac{\sqrt{h^2+d^2}}{h} & (P=1\text{ 在}C\text{左})\\ \left(R_B-\dfrac{x}{d}\right)\dfrac{\sqrt{h^2+d^2}}{h} & (P=1\text{ 在}CD\text{上})\\ -R_A\dfrac{\sqrt{h^2+d^2}}{h} & (P=1\text{ 在}D\text{右})\end{cases}$$

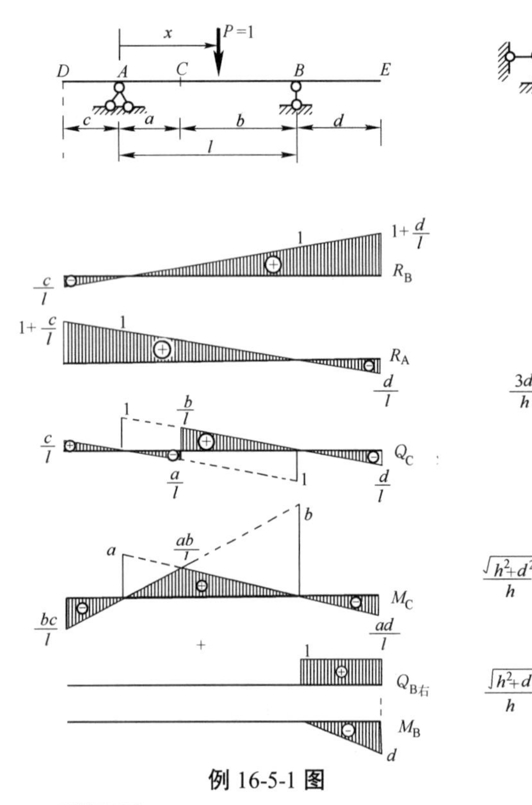

例 16-5-1 图

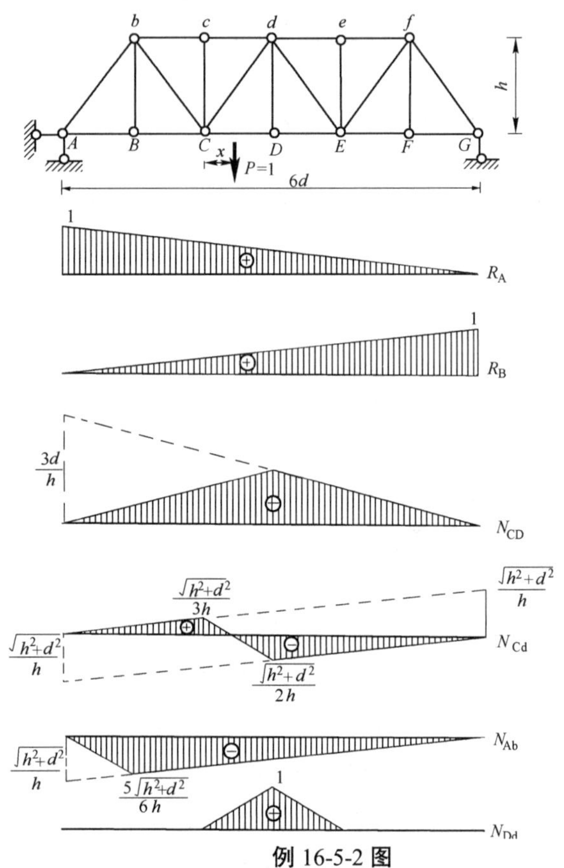

例 16-5-2 图

（二）机动法

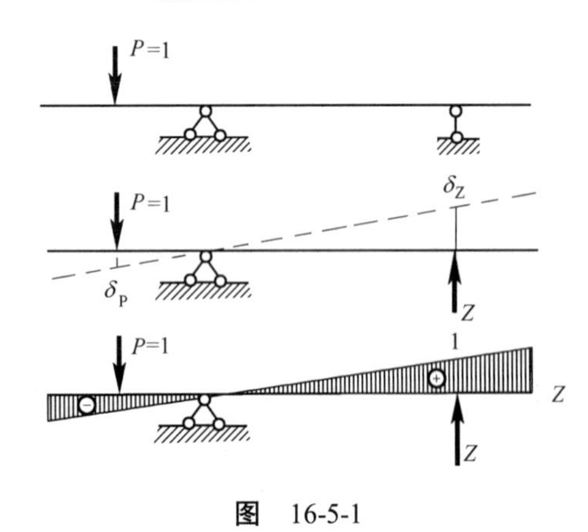

图　16-5-1

利用虚位移原理作影响线的方法叫机动法。如图 16-5-1 所示，应用虚位移原理可得

$$Z\cdot\delta_Z+1\cdot\delta_P=0$$

$$Z=-\frac{1}{\delta_Z}\delta_P \qquad (16\text{-}5\text{-}1)$$

此式表明，δ_P图即按一定比例代表Z的影响线。若取$\delta_Z=1$，则

$$Z=-\delta_P \qquad (16\text{-}5\text{-}2)$$

这时，δ_P图就是Z的影响线。

机动法作静定结构反力及内力影响线的步骤是：

（1）撤去与影响量相应的约束，代以正号的影响量Z。

（2）沿影响量Z的正方向给以单位位移，形成机构位移图。

（3）单位集中力的作用点，沿单位集中力方向所形成的位移图，即δ_P图，就是该影响量Z的影响线。在基线以上为正，基线以下为负。

【例 16-5-3】 用机动法作如图所示多跨静定梁R_E、M_D、Q_D、$Q_{E右}$、Q_B的影响线。

解　结果见图。

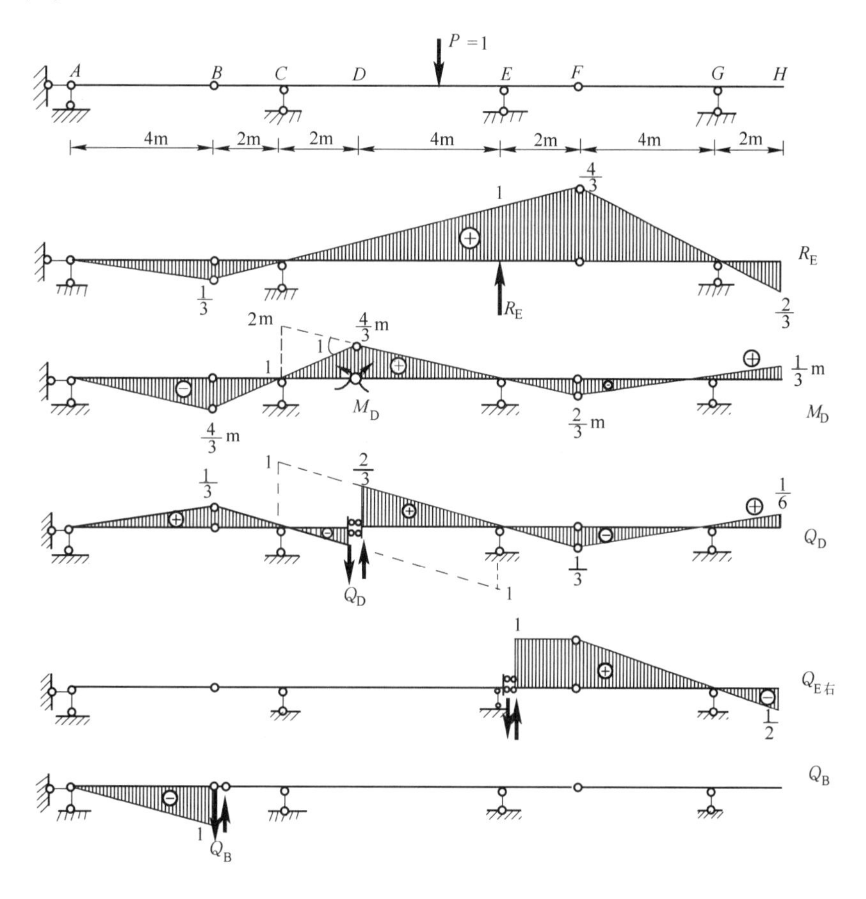

例 16-5-3 图

三、影响线的应用

（一）求固定荷载作用下影响量的值

欲求结构某量Z在固定荷载作用下的值，可先作出该量的影响线，应用叠加原理，将固定荷载与其所对应的影响线竖标相乘求和，即为该量的值。

1. 集中力系的作用（见图 16-5-2）

$$Z = P_1y_1 + P_2y_2 + \cdots + P_ny_n = \sum Py \tag{16-5-3}$$

2. 均布荷载的作用（见图 16-5-3）

ω代表均布荷载所对应的影响线面积，在基线以上取正值，基线以下取负值。

$$Z = \int_A^B y\,q\mathrm{d}x = \int_A^D qy\,\mathrm{d}x = q\int_A^D \mathrm{d}\,\omega = q\omega \tag{16-5-4}$$

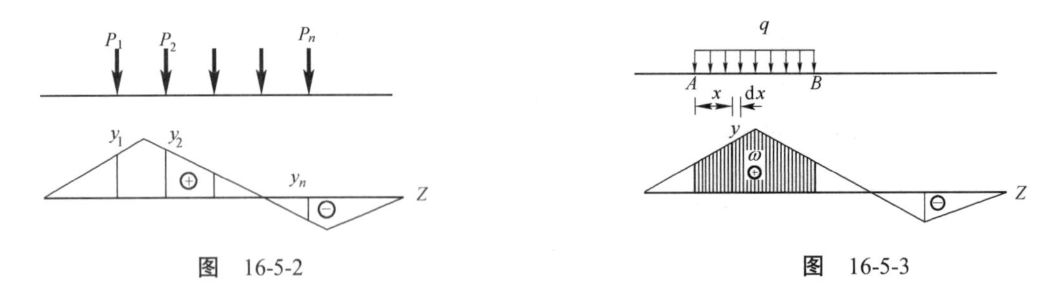

图 16-5-2　　　　图 16-5-3

【例 16-5-4】 求如图所示梁的M_D、$Q_{B左}$及$Q_{B右}$。

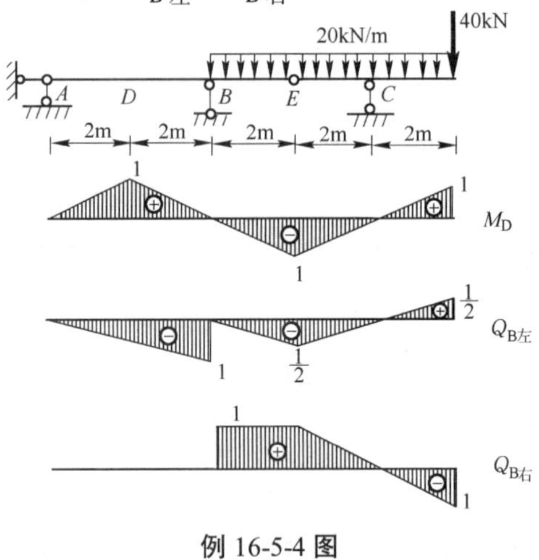

例 16-5-4 图

解 荷载与其所对应的影响线竖标相乘求和，可得

$$M_D = 40 \times 1 - 20 \times \frac{1}{2} \times 1 \times 2 = 20\text{kN} \cdot \text{m}$$

$$Q_{B左} = 40 \times \frac{1}{2} - 20 \times \frac{1}{2} \times \frac{1}{2} \times 2 = 10\text{kN}$$

$$Q_{B右} = 40 \times (-1) + 20 \times 1 \times 2 = 0$$

（二）求移动荷载的最不利位置

使结构某量Z产生最大值Z_{max}（或最小值Z_{min}）相应的荷载位置，称为该量Z的荷载最不利位置。它可利用Z的影响线来确定。

1. 简单情况

（1）单个集中力P的作用：P在影响线最大竖标位置产生Z_{max}，P在影响线最小竖标位置产生Z_{min}，如图 16-5-4a）、b）所示。

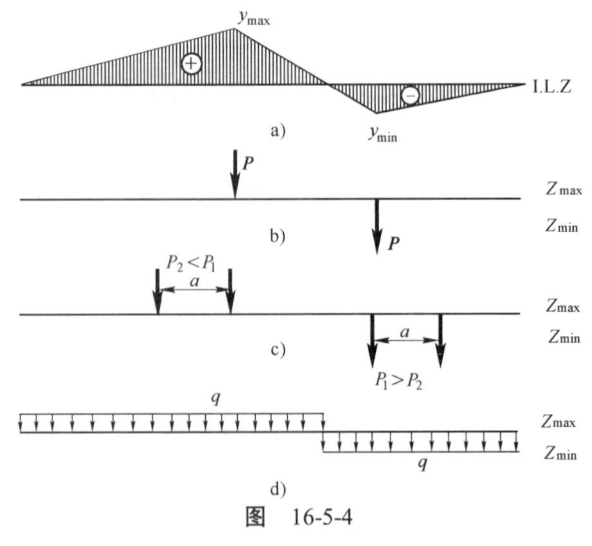

图 16-5-4

（2）间距不变的两个集中力的作用：如汽车的轮压，这时常需考虑汽车掉头。将较大的荷载放在影响线最大（最小）竖标的位置，而将另一荷载放在影响线坡度较缓的一侧，可得Z_{max}（Z_{min}），如图16-5-4a）、c）所示。

（3）长度任意的均布荷载作用：将正号（负号）影响线面积相应的位置布置均布荷载，可得Z_{max}（Z_{min}），如图 16-5-4a）、d）所示。

2. 一般情况

在一般行列荷载（大小、间距不变的多个集中力，如火车、汽车车队的轮压）作用下，常需先判断荷载的临界位置，再在所有临界位置中选择荷载的最不利位置。

荷载的临界位置是指使结构某量Z产生极值相应的荷载位置，下面讨论其判别准则。

（1）多边形影响线

如图 16-5-5 所示，当荷载移动Δx时，影响量Z的增量

$$\Delta Z = \Delta x \sum R_i \tan\alpha_i$$

若荷载在Z_{max}的临界位置，则要求当荷载前进$\Delta x > 0$时，$\sum R_i \tan\alpha_i \leqslant 0$；当荷载后退$\Delta x < 0$时，$\sum R_i \tan\alpha_i \geqslant 0$。

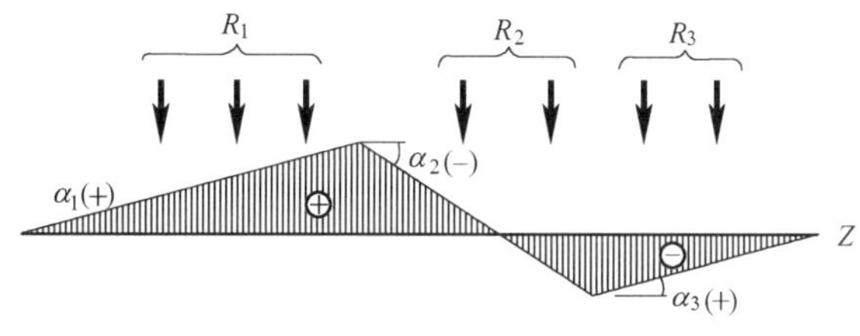

图　16-5-5

由此可推断，必有某一集中力P_K在影响线的某一个顶点上，P_K称为该顶点的临界荷载。一个影响线顶点可能对应有若干个临界荷载及相应的临界位置，计算各临界位置相应的Z值，并求出其中的最大值Z_{max}，与最大值Z_{max}相应的荷载位置即为最不利荷载位置。

（2）三角形影响线（见图 16-5-6）

Z_{max}的临界位置应满足

$$\frac{R_{左}}{a} \leqslant \frac{P_K + R_{右}}{b} \tag{16-5-5}$$

$$\frac{R_{左} + P_K}{a} \geqslant \frac{R_{右}}{b} \tag{16-5-6}$$

即将P_K算在哪边，哪边的平均荷载大。

若荷载为定长均布荷载，Z_{max}的最不利荷载位置应满足（见图 16-5-7）

$$\frac{R_{左}}{a} = \frac{R_{右}}{b} \tag{16-5-7}$$

即

$$y_1 = y_2$$

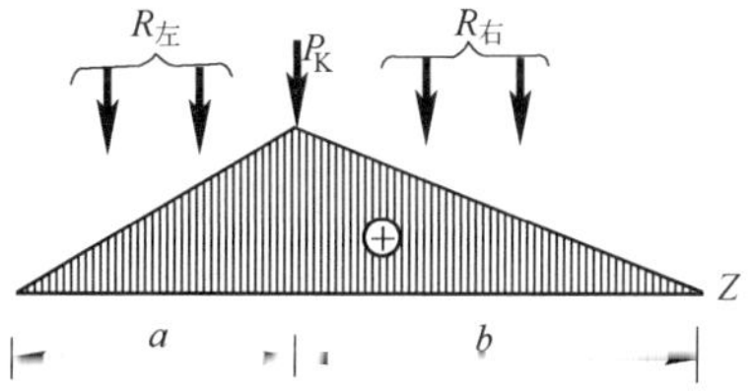

图　16-5-6

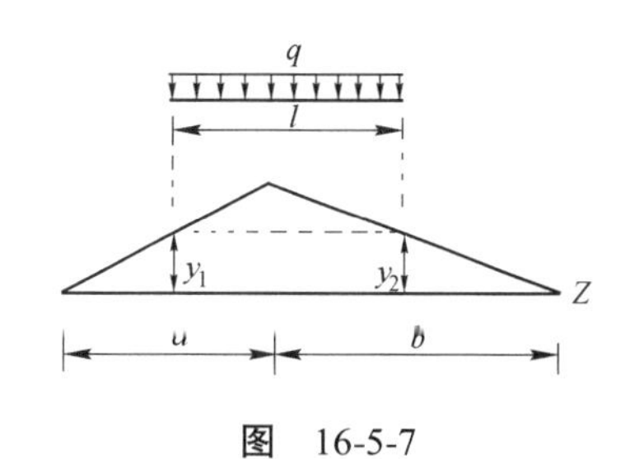

图　16-5-7

四、连续梁的影响线及内力包络图的概念

（一）连续梁的影响线

为求结构某量Z［如图 16-5-8a）中的R_D］的影响线，撤去与Z相应的约束，沿Z的正方向给以单位位移，如图 16-5-8b）所示，根据反力位移互等定理可得

$$Z = -\delta_P \tag{16-5-8}$$

即由此所得δ_P图就是Z的影响线，基线以上为正，基线以下为负。

图 16-5-8c）为Q_K的影响线。

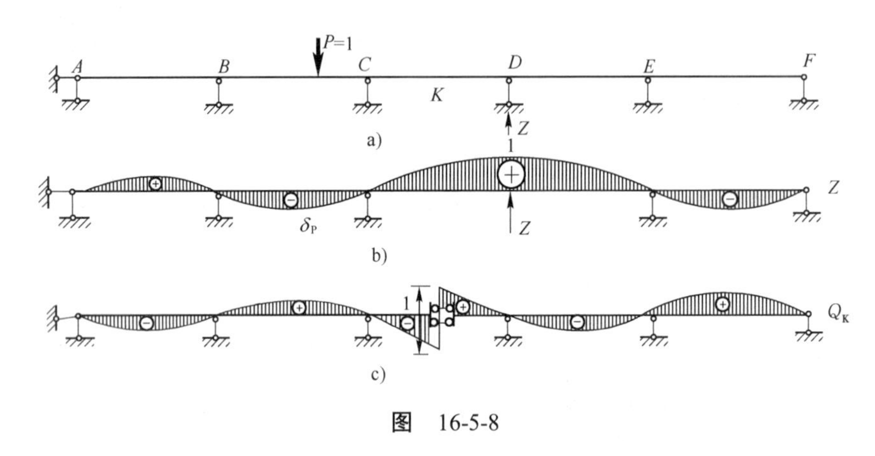

图　16-5-8

（二）连续梁的均布活载最不利分布

作出连续梁某内力（如跨中弯矩、支座弯矩）的影响线形状，即可布置均布活载最不利分布，如图16-5-9 所示。

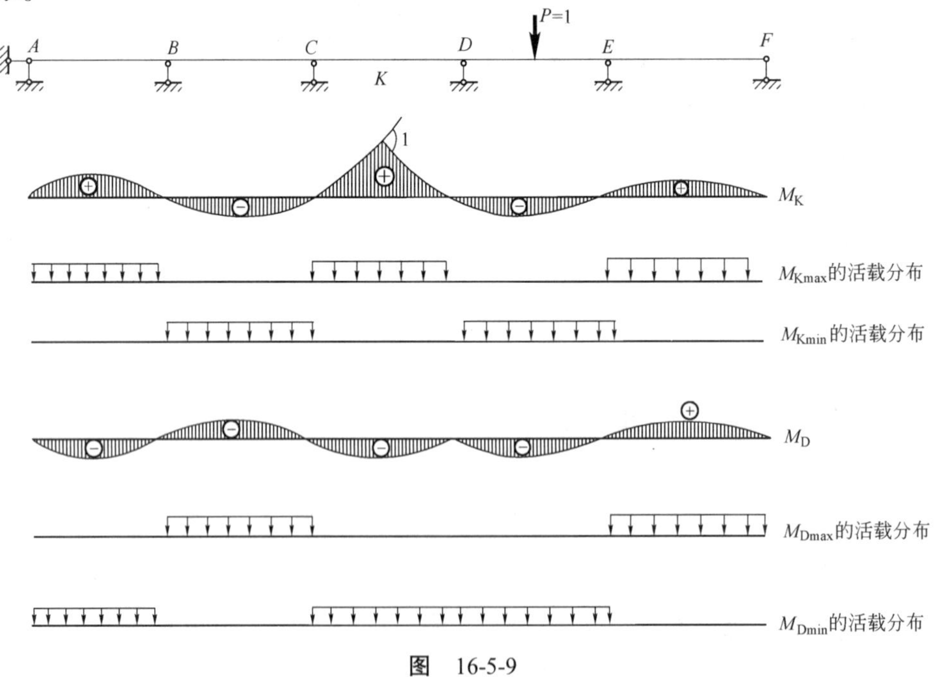

图　16-5-9

（三）内力包络图的概念

考虑结构在恒载作用下产生的内力及各种活载最不利影响所产生的内力加以组合，每个截面都可算出实际可能产生的内力的最大值及最小值，用图形表示，将各截面内力最大值连接起来所形成的曲

线，称为最大内力包络曲线；将各截面内力最小值连接起来所形成的曲线，称为最小内力包络曲线，这两条曲线即形成内力包络图，它表示在各种可能荷载作用下截面内力的变化范围。有了内力包络图，就可知道结构上所有截面可能出现的最大内力及最小内力（负号最大内力），并以此作为设计的依据。

五、注意事项及例题分析

（1）影响线这部分内容要求掌握影响线的概念、作法及应用这三个问题，其中正确清楚地理解影响线的定义非常重要，是掌握好这部分内容的关键。对影响线的定义不但要能从字面叙述上理解，而且还一定要清楚地理解其坐标的含义：影响线上点的横坐标表示单位移动荷载的位置，而纵坐标（竖标、竖距）表示影响量（某反力、某截面内力等）的值。有的选择题（如求与结构某点相对应的影响线竖标）就可直接据此概念求解回答。

（2）静定结构反力、内力影响线均由直线组成，而连续梁属超静定结构，其反力、内力影响线为曲线。对于含有局部静定部分（如悬臂端、杆端为滑动约束的剪力静定杆）的超静定结构，要注意，静定力的影响线为直线，而超静定力的影响线为曲线。

（3）作影响线的静力法、机动法各有其优点。静力法是基本方法，要求能熟练用静力法作静定单跨梁反力、内力的影响线，并熟记这些影响线的特点。对于单跨和多跨静定梁可以很容易地用机动法作出其影响线，而对于桁架等其他结构，一般不易准确判断机构位移图；这时可按影响线竖标含义，用静力法求出控制点，连以直线。连续梁影响线的形状由机动法绘出，注意变形曲线要符合支座的约束性能。

（4）影响线的应用需掌握固定荷载作用下影响量值的计算，能确定较简单情况的最不利荷载位置。懂得内力包络图的概念。

【例 16-5-5】 如图 a）所示结构，杆①轴力（以受拉为正）影响线正确的是：

A. 图 b）

B. 图 c）

C. 图 d）

D. 图 e）

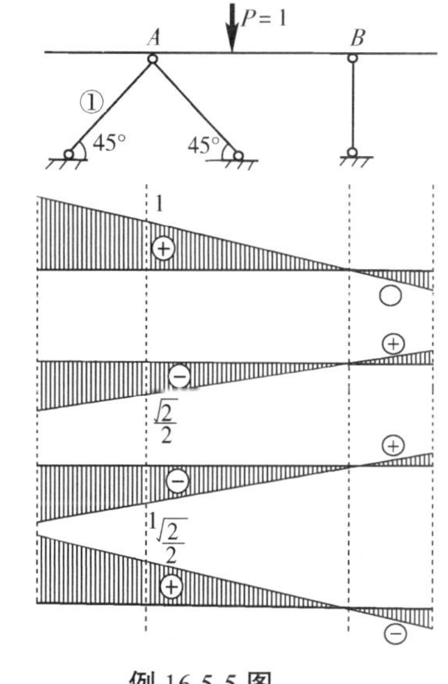

例 16-5-5 图

解　$P = 1$在A点时，$N_1 = -\sqrt{2}/2$，$P = 1$在B点时，$N_1 = 0$，可知N_1影响线正确的是图 c）。

答案： B

【例 16-5-6】 如图所示桁架，杆①轴力（以受拉为正）影响线在与节点C对应位置的竖标为：

A. $-1/4$　　B. $1/4$

C. $3/16$　　D. $5/16$

解　将$P = 1$放在C点，可求得

$$N_1 = \frac{1}{4} \times \frac{5}{4} = \frac{5}{16}(\text{拉})$$

答案： D

【例 16-5-7】 如图所示结构，单位力$P=1$在EF范围内移动，构成弯矩（下侧受拉为正）M_C影响线的是：

A. 一条向右上方倾斜的直线　　B. 一条向右下方倾斜的直线

C. 一条平行于基线的直线　　D. 两条倾斜的直线

解　若按静力法，$M_C=N_{CD}l/4$（N_{CD}压力为正），M_C与N_{CD}影响线成比例，为一条过基线左端点向右上方倾斜的直线。也可按$M_C=R_B\cdot l/2$作出判断。

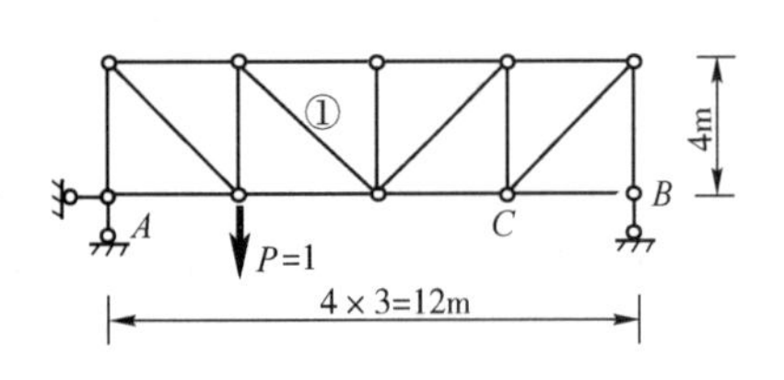

例 16-5-6 图

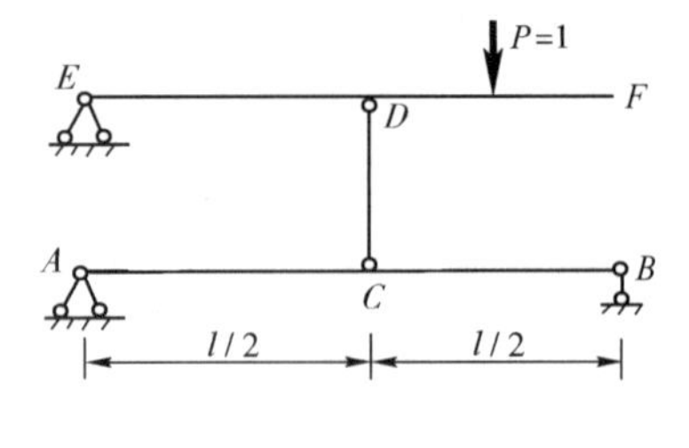

例 16-5-7 图

若按机动法，将C处刚结变铰接，沿正号弯矩M_C方向给以单位相对转角，这时杆EF向右上方倾斜，形成δ_P图，即M_C的影响线。

答案： A

【例 16-5-8】 图示圆弧曲梁K截面轴力F_{NK}（受拉为正）影响线在C点竖标为：

A. $(\sqrt{3}-1)/2$　　B. $-(\sqrt{3}-1)/2$

C. $(\sqrt{3}+1)/2$　　D. $-(\sqrt{3}+1)/2$

解　所求即为当单位移动荷载行至C点（$x=0$）时K截面的轴力，此时三个反力值均为 1，可用轴力公式计算，也可取CK隔离体（见解图）用平衡条件计算。

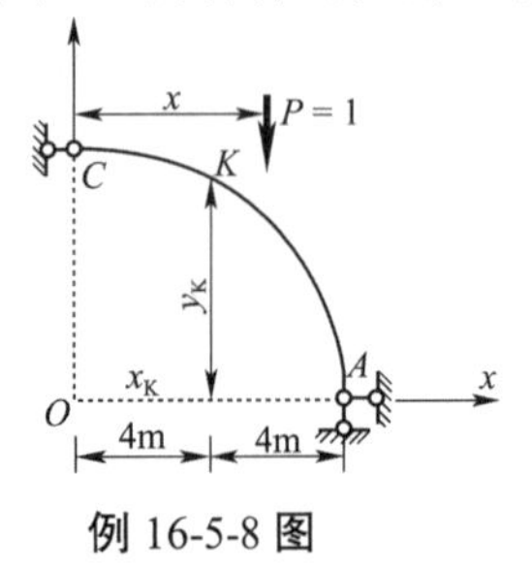

例 16-5-8 图

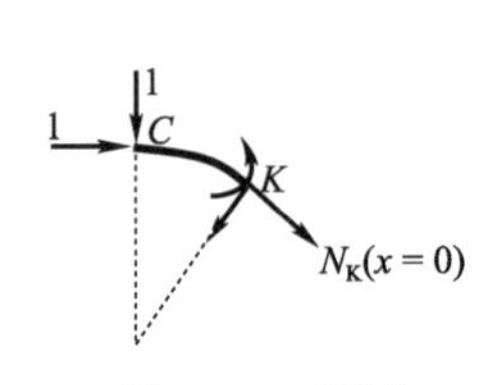

例 16-5-8 解图

$$N_K(x=0)=-\frac{\sqrt{3}}{2}-\frac{1}{2}=-\frac{\sqrt{3}+1}{2}$$

答案： D

【例 16-5-9】 图 a）所示简支梁在所示移动荷载下截面K的最大弯矩值为：

A. 90kN · m　　B. 120kN · m　　C. 150kN · m　　D. 180kN · m

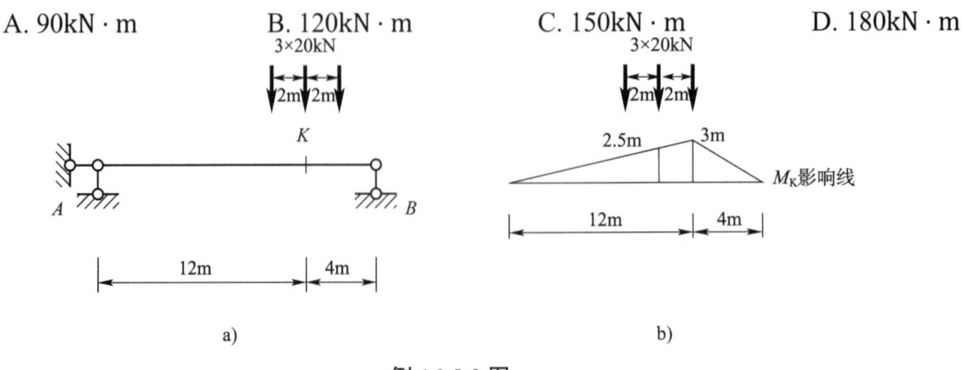

例 16-5-9 图

解　作M_K影响线如图b）所示，按图示荷载最不利位置（用判别式或试算）可得

$$M_{K,max}=3\times20\times2.5=150\text{kN}\cdot\text{m}$$

答案： C

【例 16-5-10】 如图a）所示梁，承受两个间距不变的移动荷载作用，截面B弯矩M_B绝对值最大为：

A. 30kN · m　　B. 35kN · m　　C. 40kN · m　　D. 45kN · m

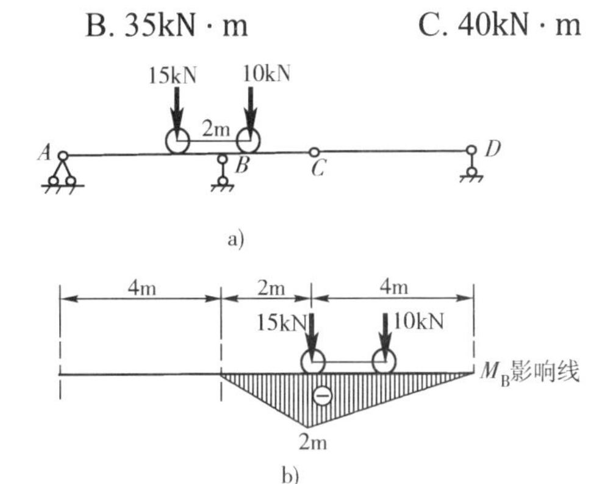

例 16-5-10 图

解　作出M_B影响线如图b）所示，将较大荷载 15kN 放置在影响线顶点对应的位置C处，另一荷载 10kN 放置在影响线的右侧，则

$$M_B=15\times2+10\times1=40\text{kN}\cdot\text{m}$$

答案： C

【例 16-5-11】 如图所示连续梁，截面K的剪力Q_K、弯矩M_K的影响线在AK段分别为：

A. 曲线、曲线　　B. 直线、直线

C. 曲线、直线　　D. 直线、曲线

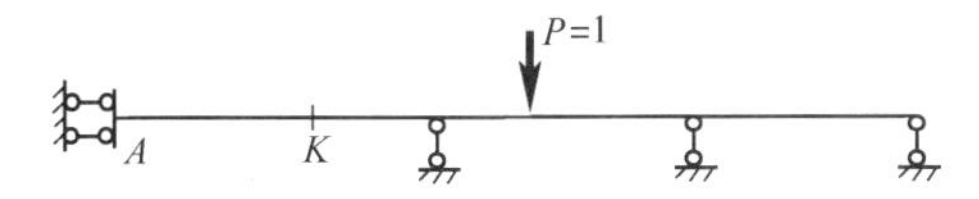

例 16-5-11 图

解　剪力Q_K为静定力，其影响线由直线组成，弯矩M_K为超静定力，其影响线为曲线。

答案： D

【例 16-5-12】 图示简支梁在移动荷载作用下截面K的最大弯矩值是：

A. 120kN · m　　B. 140kN · m　　C. 160kN · m　　D. 180kN · m

解　作M_K影响线并布置荷载不利位置如解图所示，可得$M_K=140\text{kN}\cdot\text{m}$

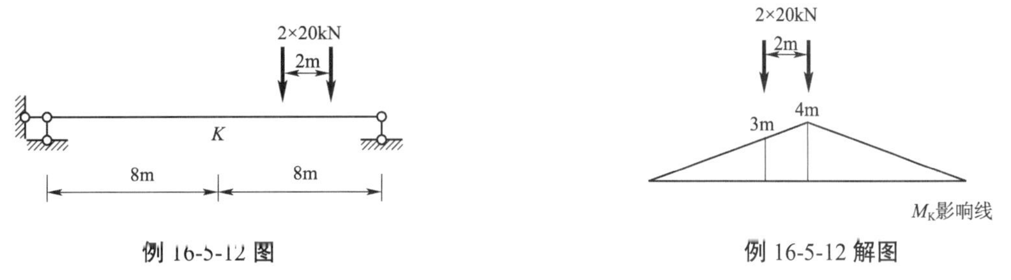

例 16-5-12 图　　例 16-5-12 解图

答案： B

习　题

16-5-1　图示结构M_A影响线（$P=1$在BE上移动，M_A右侧受拉为正）在B、D两点的纵标（单位：m）分别为（　　）。

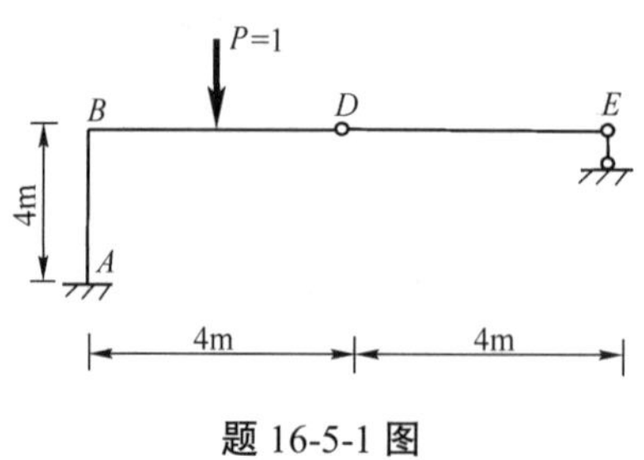

题 16-5-1 图

A. 4，4　　B. −4，−4　　C. 0，−4　　D. 0，4

16-5-2　图示结构剪力$Q_{C右}$的影响线正确的是（　　）。

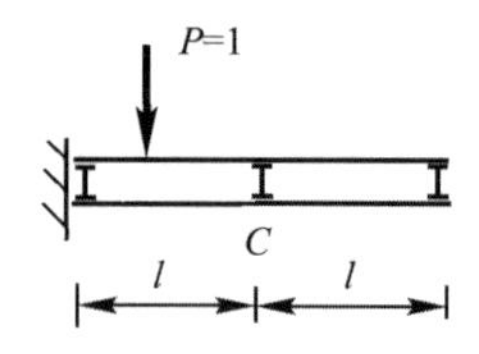

题 16-5-2 图

A.  ⊕ 1

B.  ⊕ 1

C. 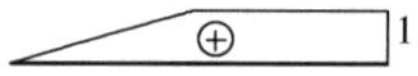 ⊕ 1

D. 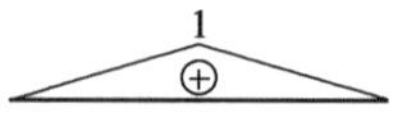 1 ⊕

16-5-3　图示结构弯矩M_K影响线在K点的竖标为（　　）。

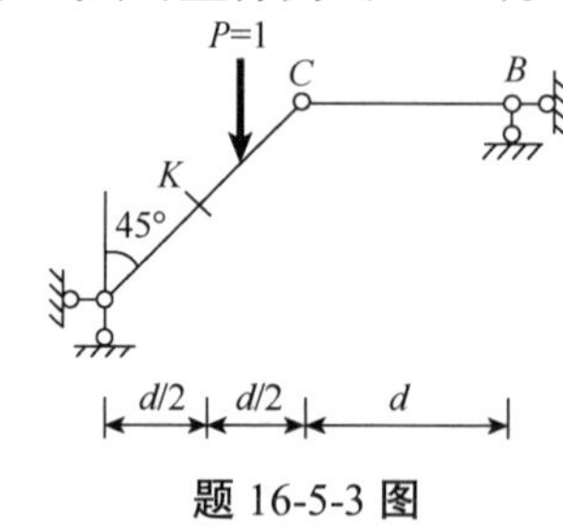

题 16-5-3 图

A. $1.414d/2$　　B. $d/4$　　C. 0　　D. $d/2$

16-5-4　如图所示，欲使剪力Q_K出现最大值Q_{Kmax}，均布活荷载的布置应为（　　）。

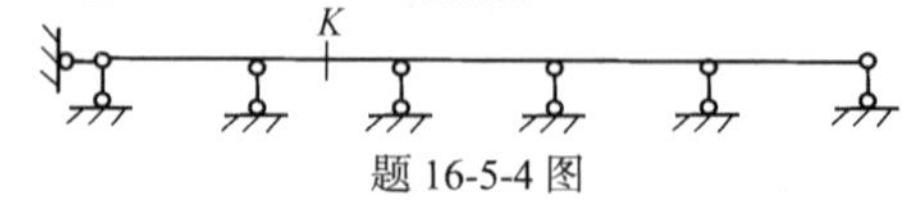

题 16-5-4 图

A.

B.

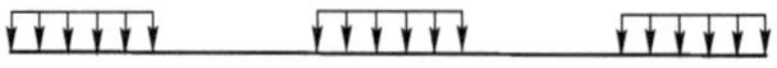

C.

D.

16-5-5 图示支座反力R_C的影响线形状应为（ ）。

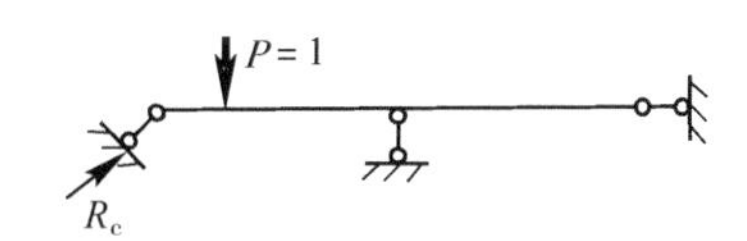

题 16-5-5 图

A.
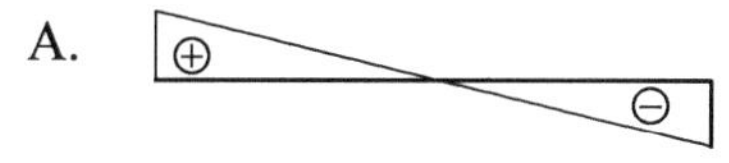

B.

C.

D.

16-5-6 单位力$P=1$沿图示桁架下弦移动，杆①内力影响线为（ ）。

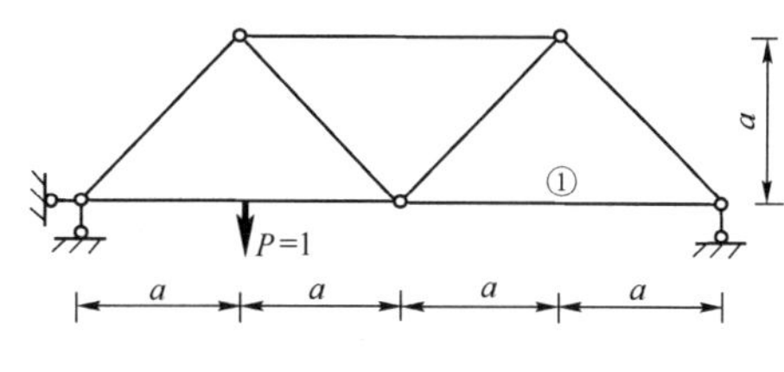

题 16-5-6 图

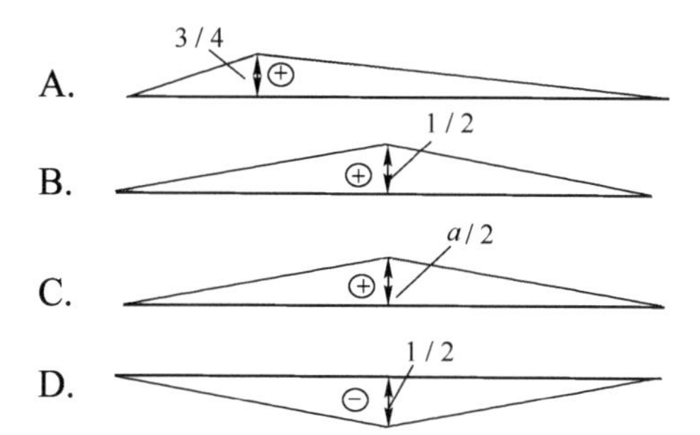

16-5-7 图示梁中支座反力R_A的影响线为（ ）。

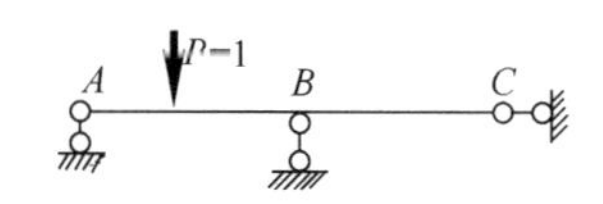

题 16-5-7 图

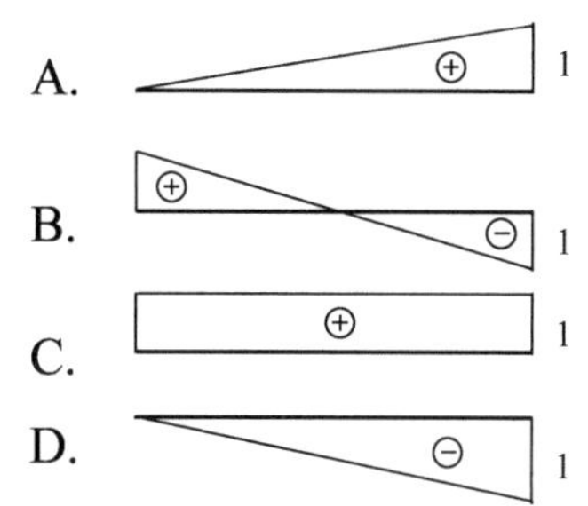

16-5-8 图示梁在给定移动荷载作用下，支座B反力最大值为（ ）。

A. 100kN B. 110kN C. 120kN D. 160kN

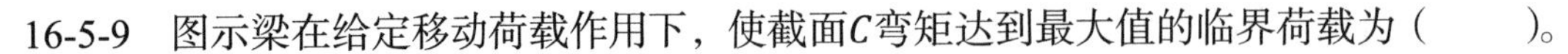

16-5-9　图示梁在给定移动荷载作用下，使截面C弯矩达到最大值的临界荷载为（　　）。

A. 50kN　　B. 40kN　　C. 60kN　　D. 80kN

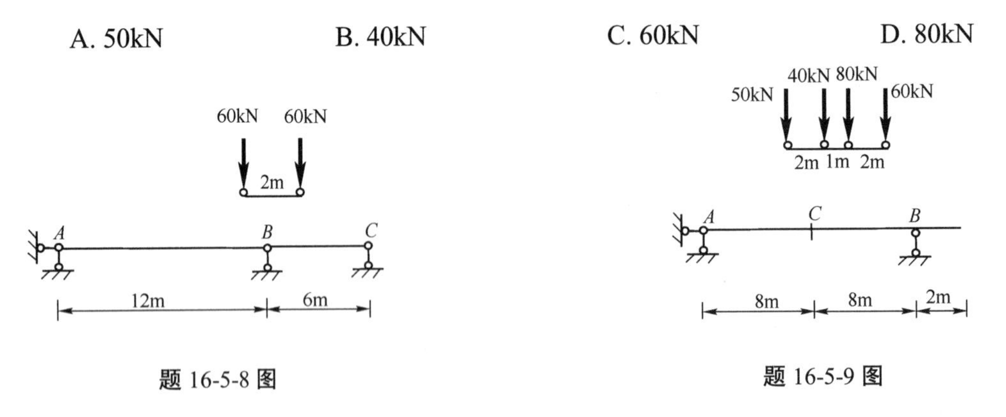

题 16-5-8 图　　题 16-5-9 图

16-5-10 图示结构中支座A右侧截面剪力影响线的形状为（　　）。

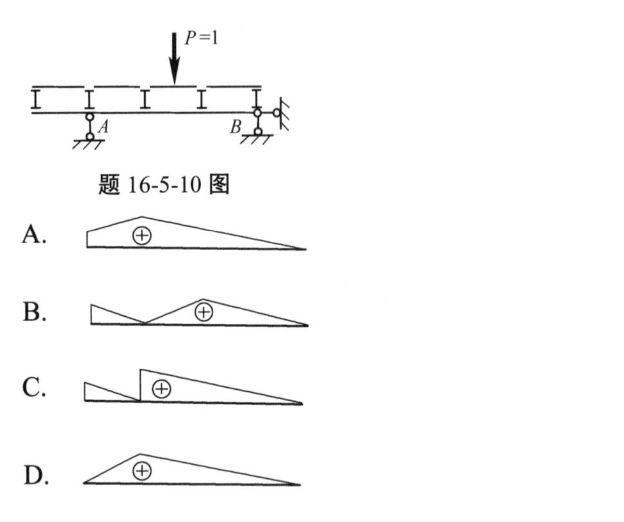

题 16-5-10 图

第六节　结构的动力特性与动力反应

一、结构动力计算的特点

结构在动力荷载作用下的计算称为动力计算，其特点是荷载的大小、方向、作用位置随时间而变化，在结构中引起的内力和位移也都随时间而变化。结构产生明显的振动，各质点产生的加速度不能忽略。计算时必须考虑惯性力的作用。

结构在动力荷载作用下所产生的动内力和动位移等，通常称为动力反应。结构的动力反应不仅与所受动力荷载的量值及变化规律有关，而且与结构本身的动力特性（结构本身内在因素所决定的特性，如自振频率、振型及阻尼等）有密切关系。所以，结构的动力计算首先要研究结构的动力特性，求结构的自振频率及振型，然后再研究结构的动力反应，求在给定动力荷载作用下所产生的动内力及动位移。

结构动力计算的基本原理与基本方法是应用达朗伯原理，采用动静法，即结构除受实际作用力以外，若设想在各质点加上惯性力的作用，则结构在实际受力及惯性力的共同作用下，每一瞬时都处于形式上的平衡状态（动力平衡），从而可以用静力分析的手段解决动力计算问题。

结构的动力计算需首先选取合理的计算模型，确定其动力自由度。为确定运动体系全部质体位置所需独立几何参数的数目称为该体系的动力自由度。它与计算要求的精度有关。如图 16-6-1 所示集中质量体系，在忽略受弯杆的轴向变形及质量的前提下，图 16-6-1a）、b）的动力自由度均为 2。

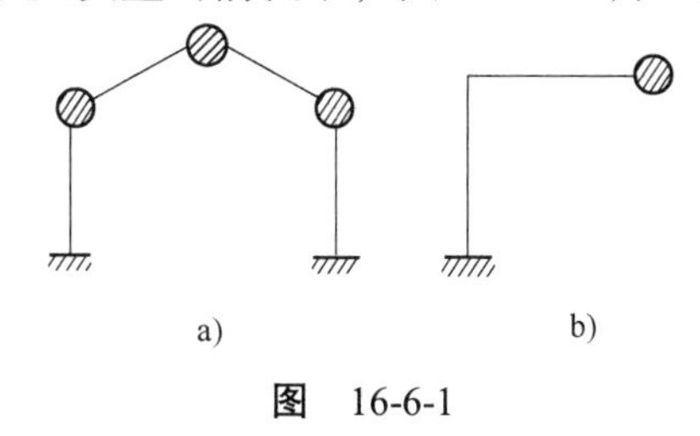

图　16-6-1

二、单自由度体系的自由振动（无阻尼）

经初始干扰后，体系自身的振动（没有动荷载作用）称为自由振动，研究自由振动是为了掌握体系的动力特性。

图 16-6-2 代表一单自由度振动体系，取静平衡位置为坐标原点，重力mg与相应静弹性恢复力$S_{静}=-k\Delta_{st}$满足静力平衡条件，与动位移$y(t)$相应的惯性力$I(t)=-m\ddot{y}(t)$及弹性恢复力$S(t)=-ky(t)$满足动力平衡条件，如图 16-6-2c）所示，则

$$m\ddot{y}(t)+ky(t)=0 \tag{16-6-1}$$

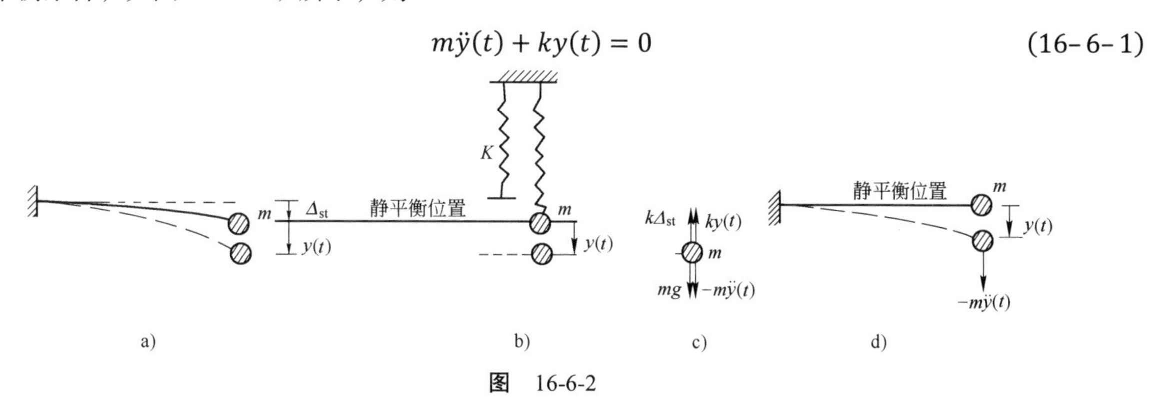

图　16-6-2

这就是单自由度体系自由振动的振动微分方程。这种利用刚度系数k建立动力平衡方程的方法称为刚度法。由于刚度系数k与柔度系数δ互为倒数，故振动微分方程又可写为

$$y(t)=\delta\cdot[-m\ddot{y}(t)] \tag{16-6-2}$$

此式的含义是：动位移就是将惯性力当成静荷载所产生的静位移，如图 16-6-2d）所示，这种利用柔度系数建立位移方程（写动位移的表达式）的方法称为柔度法。

引入
$$\omega=\sqrt{\frac{k}{m}}=\sqrt{\frac{1}{m\delta}}$$

振动微分方程可写成

$$\ddot{y}(t)+\omega^2y(t)=0 \tag{16-6-3}$$

考虑初始条件，用初位移y_0及初速度v_0确定积分常数后，可得运动方程

$$y(t)=y_0\cos\omega t+\frac{v_0}{\omega}\sin\omega t=A\sin(\omega t+\alpha) \tag{16-6-4}$$

其中：振幅
$$A=\sqrt{y_0^2+\left(\frac{v_0}{\omega}\right)^2}$$

初相角
$$\alpha=\arctan\left(\frac{y_0\omega}{v_0}\right)$$

由以上的分析可知：

（1）振动微分方程的建立可使用以下两种方法：

①刚度法——建立动力平衡方程。

②柔度法——建立位移方程（动位移的表达式）。

（2）单自由度体系无阻尼自由振动的运动规律是简谐振动，运动状态的描述取决于振幅及初相位角，由初始条件确定。对位移$y(t)$求导可知，加速度及惯性力的值都与位移成正比，三者随时间都按正弦规律变化，并同时达到最大值（幅值）。加速度最大值$\ddot{y}_{\max}=\omega^2 A$，由振幅位置指向平衡位置；惯性力最大值$I_{\max}=m\omega^2 A$，由振幅位置背离平衡位置；而速度的最大值$\dot{y}_{\max}=\omega A$，发生在平衡位置。

（3）体系的动力特性——自振周期T和频率ω。

单自由度体系简谐振动的自振周期为

$$T=\frac{2\pi}{\omega} \tag{16-6-5}$$

其含义为振动一个循环所用的时间，而

$$\omega=\frac{2\pi}{T}$$

为2π秒内振动的次数，称为自振圆频率，简称为自振频率。自振周期T及频率ω都是反映振动快慢的量，是体系本身固有的性质而与外界初始条件无关。

自振频率的计算公式为

$$\omega=\sqrt{\frac{k}{m}}=\sqrt{\frac{1}{m\delta}}=\sqrt{\frac{g}{W\delta}}=\sqrt{\frac{g}{\Delta_{\mathrm{st}}}} \tag{16-6-6}$$

可看出ω^2与刚度系数k成正比而与质量m成反比，增加刚度、减小质量可提高自振频率。

【例 16-6-1】 求如图 a）所示刚架的自振频率。

解 由图 b），刚度系数k由两立柱的剪力平衡，可得：

$$k=\frac{24EI}{h^3}，\ \omega=\sqrt{\frac{24EI}{mh^3}}$$

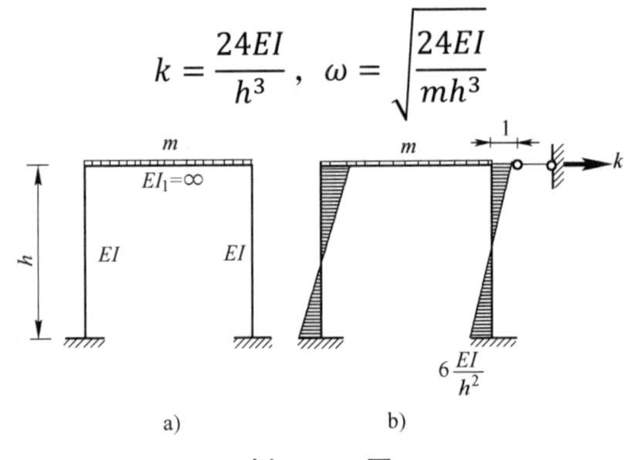

例 16-6-1 图

【例 16-6-2】 求如图 a）所示梁的自振频率，$EI=$常数。

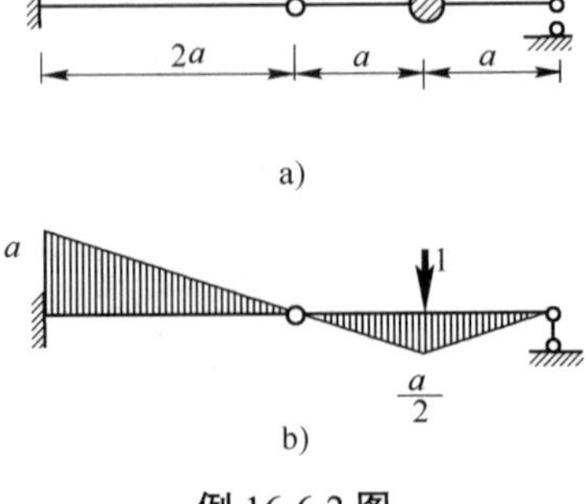

例 16-6-2 图

解 作图 b），自乘可得

$$\delta = \frac{1}{EI}\left(\frac{1}{2}a \times 2a \times \frac{2}{3}a + 2 \times \frac{1}{2} \times \frac{a}{2} \times a \times \frac{2}{3} \times \frac{a}{2}\right) = \frac{5}{6} \times \frac{a^3}{EI}$$

$$\omega = \sqrt{\frac{6EI}{5ma^3}}$$

【例 16-6-3】 无阻尼等截面梁承受一静力荷载P，设在$t = 0$时，撤掉荷载P，点m的动位移为：

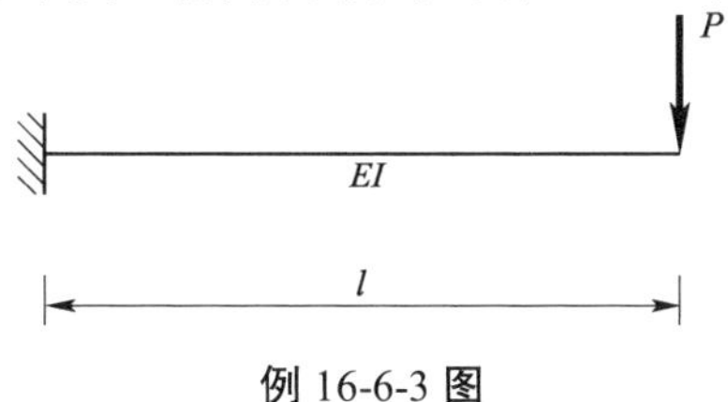

例 16-6-3 图

A. $y(t) = \frac{Pl^3}{3EI}\cos\sqrt{\frac{3EI}{ml^3}}t$　　B. $y(t) = \frac{Pl^3}{3EI}\sin\sqrt{\frac{3EI}{ml^3}}t$

C. $y(t) = \frac{Pl^3}{8EI}\cos\sqrt{\frac{3EI}{ml^3}}t$　　D. $y(t) = \frac{Pl^3}{8EI}\sin\sqrt{\frac{3EI}{ml^3}}t$

解　按题意，质点作初速为零、初位移为$\frac{Pl^3}{3EI}$（可用图乘法求）的单自由度体系无阻尼自由振动，其运动方程为$y(t) = y_0 \cos\omega t + \frac{v_0}{\omega}\sin\omega t = \frac{Pl^3}{3EI}\cos\omega t$。

答案： A

三、单自由度体系的强迫振动（无阻尼）

体系在动力荷载（干扰力）作用下的振动称为强迫振动。研究强迫振动是为了计算动力反应，求干扰力引起的动位移、动内力的变化规律，并计算其最大值。

如图 16-6-3 所示的单自由度体系在干扰力$P(t)$作用下产生强迫振动，其动力平衡方程为

$$I(t) + S(t) + P(t) = 0 \tag{16-6-7}$$

当干扰力为简谐荷载$P(t) = P\sin\theta t$时，其振动微分方程为

$$m\ddot{y}(t) + ky(t) = P\sin\theta t \tag{16-6-8}$$

其稳态强迫振动解为

$$y(t) = A\sin\theta t \tag{16-6-9}$$

其中

$$A = \beta y_{st} = \beta\frac{P}{m\omega^2} = \beta \cdot \delta \cdot P$$

β称为动力系数，其含义是最大动位移（振幅）A与干扰力幅值所生静位移y_{st}的比值，故又称放大系数，其计算公式为

$$\beta = \frac{1}{1 - \left(\frac{\theta}{\omega}\right)^2} \tag{16-6-10}$$

由式（16-6-10）及其图像（见图 16-6-4）可看出：

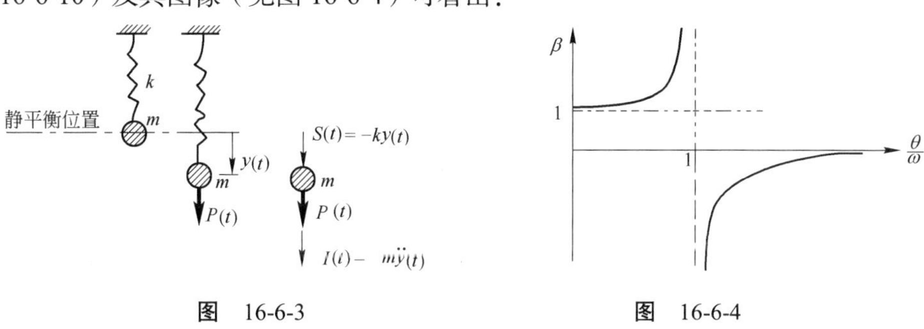

图　16-6-3　　　　图　16-6-4

（1）当$0 \leqslant \theta < \omega$时，$\beta$为正值，动位移与干扰力同向，且$\beta \geqslant 1$，动位移大于干扰力幅值所产生的静位移，$\beta$随$\theta/\omega$增大而增大。

（2）当$\theta > \omega$时，β为负值，动位移与干扰力反向，β的绝对值随θ/ω增大而减小，如果$\theta \gg \omega$，$\beta \approx 0$，动位移趋于零。

（3）当$\theta \approx \omega$时，$|\beta| \approx \infty$，会引起非常大的位移，这就是共振。一般认为$\theta/\omega = 0.75 \sim 1.25$为共振区，在进行工程结构设计时，应躲开共振区。

如果干扰力的频率变化很慢，$\theta/\omega \leqslant 1/5$，$\beta \leqslant 1.041$时，可忽略动力影响。

关于动力反应的计算，只需算出干扰力幅值所产生的静内力、静位移，再乘以动力系数，即得动内力、动位移的最大值，再与静平衡位置的内力、位移叠加，即为总的内力、位移的最大值（若干扰力不作用在振动质点上，需分别计算位移动力系数及内力动力系数，这时两者不相同）。

干扰力为突加荷载时，动力系数$\beta = 2$。

四、阻尼对振动的影响

实际结构都有阻尼，一般采用黏滞阻尼理论，在动力平衡方程中尚需加入阻尼力$R(t) = -c\dot{y}$，c为黏滞阻尼系数。

（一）单自由度体系有阻尼自由振动

振动微分方程为

$$m\ddot{y}(t) + c\dot{y}(t) + ky(t) = 0 \tag{16-6-11}$$

引入

$$\omega^2 = \frac{k}{m}, \ \xi = \frac{c}{2m\omega}$$

上式可写为

$$\ddot{y}(t) + 2\xi\omega\dot{y}(t) + \omega^2 y(t) = 0 \tag{16-6-12}$$

式中：ω—无阻尼的自振频率；

ξ—阻尼比，它是阻尼系数c与临界阻尼系数c_{r}($\xi = 1$时的阻尼系数，$c_{\mathrm{r}} = 2m\omega = 2\sqrt{mk}$)的比值。

对于小阻尼（$\xi < 1$）的情况，上面振动微分方程的解为

$$\begin{aligned} y(t) &= e^{-\xi\omega t}\left(y_0 \cos\omega_{\mathrm{r}} t + \frac{v_0 + \xi\omega y_0}{\omega_{\mathrm{r}}}\sin\omega_{\mathrm{r}} t\right) \\ &= e^{-\xi\omega t} A \sin(\omega_{\mathrm{r}} t + \alpha) \end{aligned} \tag{16-6-13}$$

其中

$$A = \sqrt{y_0^2 + \left(\frac{v_0 + \xi\omega y_0}{\omega_{\mathrm{r}}}\right)^2}$$

$$\tan\alpha = \frac{y_0\omega_{\mathrm{r}}}{v_0 + \xi\omega y_0}$$

$$\omega_{\mathrm{r}} = \omega\sqrt{1 - \xi^2}$$

由上式及其图像（见图 16-6-5）可看出阻尼对自由振动的影响是：

有阻尼的自振频率ω_{r}略小于无阻尼的自振频率ω。但一般建筑结构的ξ值很小，当$\xi < 0.2$时，可近似取$\omega_{\mathrm{r}} = \omega$，即忽略阻尼对自振频率的影响。

阻尼对振幅的影响较为明显。由于阻尼，振幅随时间逐渐衰减，振动能量逐渐消耗。严格讲，这种运动已不再具有周期性，但仍具有波动性和明显的等时性，习惯上称它为衰减振动。阻尼比ξ越大，振动衰减的速度越快。阻尼比ξ是反映振动体系阻尼情况的基本参数，其值可通过实测相差一个周期T_r($T_r = 2\pi/\omega_r \approx 2\pi/\omega$)的两个振幅$y_k$及$y_{k+1}$由下式计算得到

$$\xi = \frac{1}{2\pi}\ln\frac{y_k}{y_{k+1}} \tag{16-6-14}$$

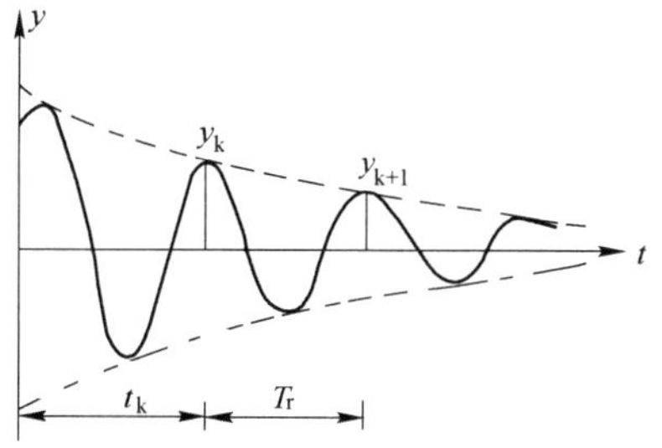

图 16-6-5

对于大阻尼($\xi > 1$)及临界阻尼($\xi = 1$)的情况，振动微分方程的解函数已不再具有波动性，不会出现振动现象。

（二）单自由度体系有阻尼强迫振动

当干扰力为简谐荷载$P\sin\theta t$时，振动微分方程为

$$\ddot{y}(t) + 2\xi\omega\dot{y}(t) + \omega^2 y(t) = P\sin\theta t \tag{16-6-15}$$

上式的一般解由两部分组成，第一部分是按频率ω_r振动求得的齐次解，由于阻尼的存在它将逐渐衰减而最后消失；第二部分是按荷载频率θ振动求得的特解，它受动荷载的周期影响而不衰减，称为稳态强迫振动，其解为

$$y(t) = A\sin(\theta t - \alpha) \tag{16-6-16}$$

其中

$$A = \beta y_{st} = \beta\frac{P}{m\omega^2} = \beta\delta P$$

$$\alpha = \arctan\frac{2\xi\left(\frac{\theta}{\omega}\right)}{1-\left(\frac{\theta}{\omega}\right)^2}$$

动力系数

$$\beta = \frac{1}{\sqrt{\left(1-\frac{\theta^2}{\omega^2}\right)^2 + 4\xi^2\frac{\theta^2}{\omega^2}}} \tag{16-6-17}$$

可见，动力系数β不仅与频率的比值θ/ω有关，而且与阻尼比ξ有关。对于不同的ξ值，可画出相应的β与θ/ω之间的关系曲线，如图 16-6-6 所示。

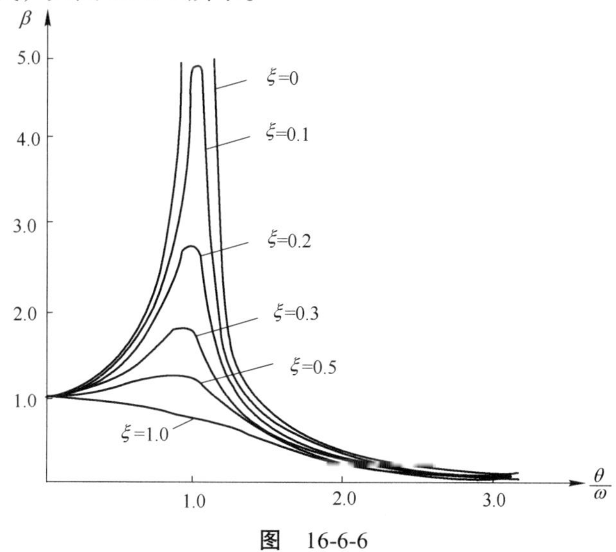

图 16-6-6

由以上的分析可知：

（1）随着阻尼比ξ值的增大（$0\leqslant\xi\leqslant1$范围内），动力系数β的峰值明显下降。

（2）在$\theta/\omega=1$共振时，动力系数为

$$\beta\Big|_{\frac{\theta}{\omega}=1}=\frac{1}{2\xi} \tag{16-6-18}$$

如果忽略阻尼，动力系数会趋于无穷大，但实际结构都有阻尼，因而即使共振时，动力系数也是一个有限值，其值随阻尼的增大而下降。在共振区$0.75\leqslant\theta/\omega\leqslant1.25$范围内$\xi$对$\beta$的影响很大，所以研究共振时的动力反应，应考虑阻尼的影响。而在共振区之外，可忽略阻尼的影响，按无阻尼问题考虑。

（3）由于阻尼的存在，动位移总是滞后于动荷载。位移及受力的特点是：

①当θ/ω很小时，体系振动很慢，惯性力、阻尼力都很小，这时动荷载主要由弹性恢复力平衡，位移与荷载基本同步；

②当θ/ω很大时，体系振动很快，惯性力很大，而弹性力和阻尼力较小，这时动荷载主要由惯性力平衡，位移与动荷载方向相反；

③当$\theta/\omega\approx1$时，位移与荷载的相位角相差接近于 90°，这时惯性力与弹性恢复力平衡，而动荷载与阻尼力平衡，而且当荷载值最大时，弹性力和惯性力都很小，与动荷载相平衡的阻尼力起重要作用，所以在共振区，阻尼的影响不容忽视。

阻尼对自振频率的影响很小，计算自振频率时，可按无阻尼体系计算。

五、多自由度体系的自由振动

研究多自由度体系自由振动的目的是为了掌握体系的动力特性，求体系的自振频率和相应的振型。阻尼的影响很小，可忽略。现以两个自由度体系为代表，分别用刚度法和柔度法进行讨论。

（一）刚度法——建立动力平衡方程

当体系的刚度系数容易计算时，宜采用刚度法，如图 16-6-7 所示，其动力平衡方程为

$$\left.\begin{aligned}m_1\ddot{y}_1(t)+k_{11}y_1(t)+k_{12}y_2(t)=0\\m_2\ddot{y}_2(t)+k_{21}y_1(t)+k_{22}y_2(t)=0\end{aligned}\right\} \tag{16-6-19}$$

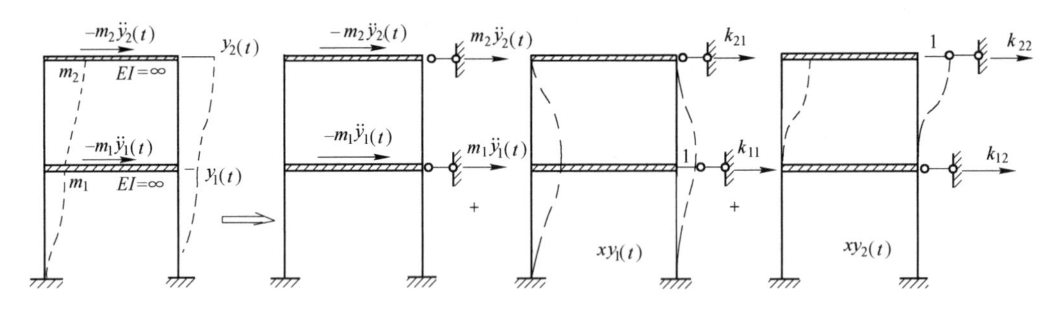

图　16-6-7

设解

$$\left.\begin{aligned}y_1(t)=Y_1\sin(\omega t+\alpha)\\y_2(t)=Y_2\sin(\omega t+\alpha)\end{aligned}\right\} \tag{16-6-20}$$

其运动的特点是：

（1）各质点作同频率、同相位的简谐振动；

（2）任一时刻，位移比值保持不变，即

$$\frac{y_1(t)}{y_2(t)}=\frac{Y_1}{Y_2}=常数$$

这种按单一频率自由振动而位移比值保持不变的振动形式，称为与该频率相应的主振型，简称为振型。

将式（16-6-20）代入式（16-6-19）整理后得

$$\left.\begin{aligned}(k_{11}-\omega^2m_1)Y_1+k_{12}Y_2=0\\ k_{21}Y_1+(k_{22}-\omega^2m_2)Y_2=0\end{aligned}\right\}\tag{16-6-21}$$

式（16-6-21）称为振型方程，为求Y_1、Y_2的非零解，应有

$$\begin{vmatrix}k_{11}-\omega^2m_1 & k_{12}\\ k_{21} & k_{22}-\omega^2m_2\end{vmatrix}=0\tag{16-6-22}$$

式（16-6-22）称为频率方程，由此式可求出第一频率ω_1及第二频率ω_2，分别将ω_1及ω_2代入式（16-6-21）中的任一式，可得相应的两个主振型为

$$\left.\begin{aligned}\rho_1=\frac{Y_1}{Y_2}\bigg|_{\omega_1}=-\frac{k_{12}}{k_{11}-\omega_1^2m_1}=-\frac{k_{22}-\omega_1^2m_2}{k_{21}}\\ \rho_2=\frac{Y_1}{Y_2}\bigg|_{\omega_2}=-\frac{k_{12}}{k_{11}-\omega_2^2m_1}=-\frac{k_{22}-\omega_2^2m_2}{k_{21}}\end{aligned}\right\}\tag{16-6-23}$$

据此可作第一主振型图及第二主振型图，如图16-6-8a）、b）所示。

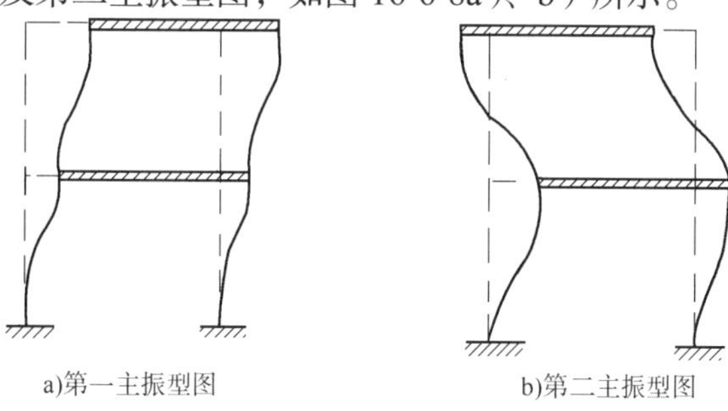

图16-6-8 主振型图

（二）柔度法　　建立位移方程（动位移的表达式）

当体系的柔度系数容易计算时，宜采用柔度法，如图16-6-9所示，其位移方程为

$$\left.\begin{aligned}y_1(t)=\delta_{11}[-m_1\ddot{y}_1(t)]+\delta_{12}[-m_2\ddot{y}_2(t)]\\ y_2(t)=\delta_{21}[-m_1\ddot{y}_1(t)]+\delta_{22}[-m_2\ddot{y}_2(t)]\end{aligned}\right\}\tag{16-6-24}$$

设解仍按式（16-6-20）为

$$\left.\begin{aligned}y_1(t)=Y_1\sin(\omega t+\alpha)\\ y_2(t)=Y_2\sin(\omega t+\alpha)\end{aligned}\right\}$$

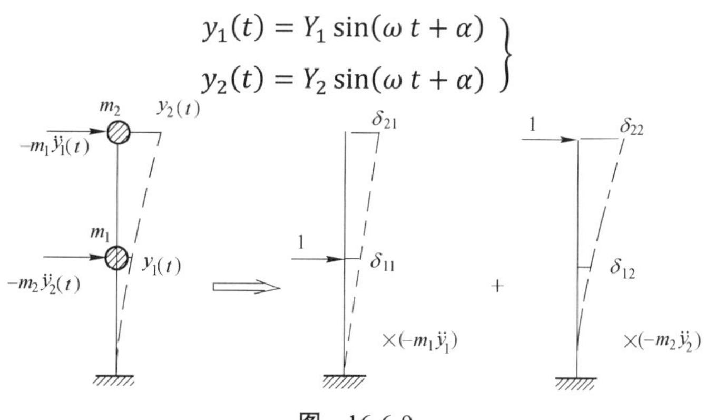

图　16-6-9

代入式（16-6-24）整理后，得振型方程

$$\left.\begin{aligned}\left(\delta_{11}m_1-\frac{1}{\omega^2}\right)Y_1+\delta_{12}m_2Y_2=0\\ \delta_{21}m_1Y_1+\left(\delta_{22}m_2-\frac{1}{\omega^2}\right)Y_2=0\end{aligned}\right\}\tag{16-6-25}$$

Y_1、Y_2的非零解应满足

$$\begin{vmatrix}\delta_{11}m_1-\dfrac{1}{\omega^2} & \delta_{12}m_2\\ \delta_{21}m_1 & \delta_{22}m_2-\dfrac{1}{\omega^2}\end{vmatrix}=0\tag{16-6-26}$$

这是柔度法的频率方程，由此可求得ω_1及ω_2，相应的主振型为

$$\rho_1=\left.\frac{Y_1}{Y_2}\right|_{\omega_1}=-\frac{\delta_{12}m_2}{\delta_{11}m_1-\dfrac{1}{\omega_1^2}}=-\frac{\delta_{22}m_2-\dfrac{1}{\omega_1^2}}{\delta_{21}m_1}\tag{16-6-27}$$

$$\rho_2=\left.\frac{Y_1}{Y_2}\right|_{\omega_2}=-\frac{\delta_{12}m_2}{\delta_{11}m_1-\dfrac{1}{\omega_2^2}}=-\frac{\delta_{22}m_2-\dfrac{1}{\omega_2^2}}{\delta_{21}m_1}\tag{16-6-28}$$

据此可作相应的主振型图，如图 16-6-10a)、b）所示。

下面讨论主振型的正交性。

与某频率相应的主振型曲线，就是与该频率相应的惯性力所产生的位移曲线。图 16-6-11a)、b）表示某体系的两个主振型及相应的惯性力，根据功的互等定理可得

$$\omega_1^2m_1Y_{11}Y_{12}+\omega_1^2m_2Y_{21}Y_{22}=\omega_2^2m_1Y_{12}Y_{11}+\omega_2^2m_2Y_{22}Y_{21}$$

移项得　　$$(\omega_1^2-\omega_2^2)(m_1Y_{11}Y_{12}+m_2Y_{21}Y_{22})=0$$

由于$\omega_1\neq\omega_2$，所以

$$m_1Y_{11}Y_{12}+m_2Y_{21}Y_{22}=0\tag{16-6-29}$$

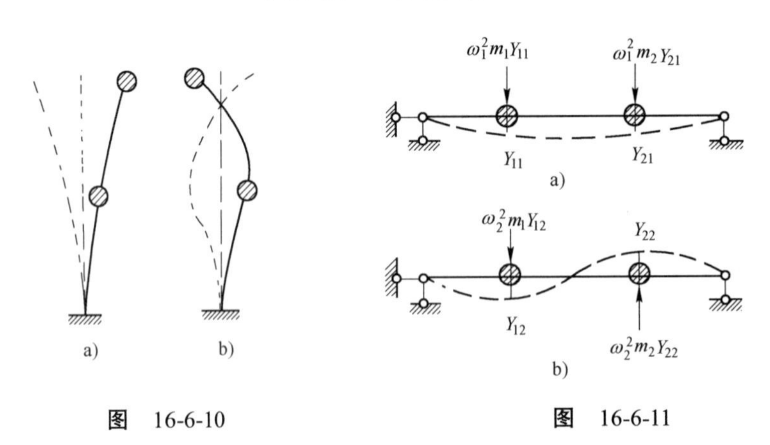

图　16-6-10　　　　图　16-6-11

推广到n个自由度体系，写成矩阵形式，设$\boldsymbol{Y}^{(k)}$及$\boldsymbol{Y}^{(l)}$分别代表第k及第l振型向量，则它们必须满足

$$\boldsymbol{Y}^{(k)\mathrm{T}}\boldsymbol{M}\boldsymbol{Y}^{(l)}=0\tag{16-6-30}$$

式（16-6-30）称为两个不同主振型间关于质量矩阵的正交性条件。其物理概念是某一主振型的惯性力不在另一主振型上做功，亦即某一主振型的动能不向别的主振型转移。

另外，还需满足

$$Y^{(k)^{\mathrm{T}}}KY^{(l)}=0 \tag{16-6-31}$$

式（16-6-31）称为两个不同主振型间关于刚度矩阵的正交性条件。其物理概念是某一主振型的弹性恢复力不在另一主振型上做功，亦即某一主振型的弹性势能不向别的主振型转移。

同时满足式（16-6-30）及式（16-6-31）即某一主振型的机械能不向别的主振型转移。

主振型正交性条件可用来校核所求主振型的正确性及简化动力计算。

从上面的讨论可归纳出以下几点：

（1）多自由度体系的自振频率可由频率方程得出，自振频率的个数与体系动力自由度的数目相等。n个自由度体系就有n个自振频率。

（2）对应于每个自振频率都可由振型方程求出相应的主振型。主振型就是单频自由振动的振动形式。n个自由度体系，有n个主振型，它们反映了体系自由振动的基本形式。若初始干扰严格符合某一主振型的要求，就会实现按该主振型的振动。在任意初始干扰下体系的振动是各主振型的线性组合。

（3）体系的自振频率、主振型及主振型的正交性，都是体系本身固有的动力性质，取决于体系本身的刚度（柔度）及质量的分布情况 ，而与外界荷载无关。

六、注意事项及例题分析

（1）结构动力计算包括动力特性及动力反应两个方面。动力特性指由结构内在因素（质量、刚度等）所确定的动力学方面的性质。如结构的自振频率、主振型、阻尼等，是结构本身固有的性质，与外界因素无关。动力特性需通过自由振动的研究获取。而动力反应是指结构在动荷载作用下所产生的动内力和动位移等，是强迫振动问题。对于单自由度体系，要求能进行动力特性、动力反应两方面的计算，而对于多自由度体系要求懂得动力特性的主要概念。

（2）应用达朗伯原理（动静法），动力计算就转化为静力计算，所以静力计算仍是重要的基础。要熟记单自由度体系自振频率的计算公式，要清楚地理解公式中的k、δ分别是结构沿振动方向的刚度系数、柔度系数，要求能对较简单的结构进行分析计算。

（3）单自由度体系在简谐荷载作用下动力反应的计算关键是动力系数的计算，要求懂得概念并能进行正确计算。了解阻尼对振动的影响，知道阻尼比的概念。知道突加荷载作用时动力系数为 2。

（4）多自由度体系动力特性的计算，需解频率方程和振型方程，计算量一般较大，学习时可侧重于从概念上理解，懂得动力自由度、自振频率及主振型的概念及其间的关系，知道主振型正交性的表达式及其物理概念。

对于某些可利用对称性简化为单自由度体系的结构也应会进行分析。

【例 16-6-4】 如图所示体系的动力自由度数是：

A. 2　　　　B. 3

C. 4　　　　D. 5

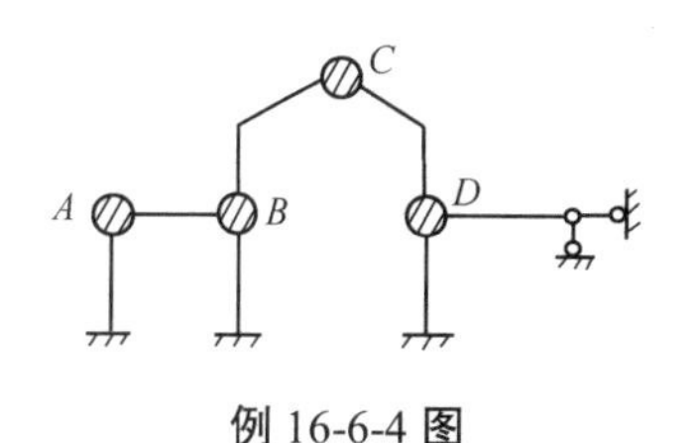

例 16-6-4 图

解 在集中质量体系的动力分析中，一般都假定杆件有弹性而无质量，且不计受弯杆件的轴向变形。在此事先约定的前提下，在A点加一个水平链杆即可确定A、B的位置，在C点需加水平、竖向两根链杆，才能确定C点的位置。所以该体系有 3 个动力自由度。

答案： B

【例 16-6-5】 如图 a）所示结构的自振频率ω为：

A. $\sqrt{\dfrac{4EI}{3ml^3}}$　　B. $\sqrt{\dfrac{2EI}{ml^3}}$

C. $\sqrt{\dfrac{4EI}{ml^3}}$　　D. $\sqrt{\dfrac{6EI}{ml^3}}$

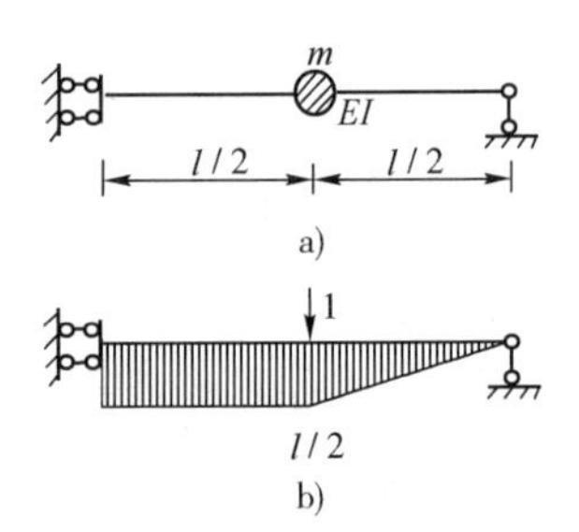

例 16-6-5 图

解　作图 b），图乘得

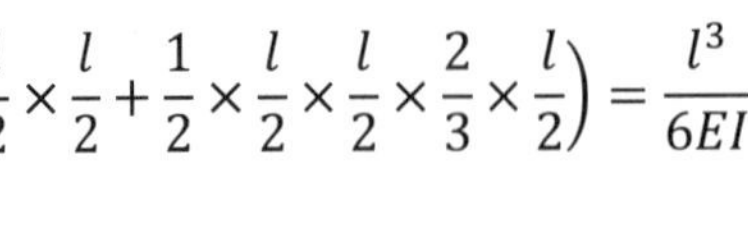

$$\delta=\frac{1}{EI}\left(\frac{l}{2}\times\frac{l}{2}\times\frac{l}{2}+\frac{1}{2}\times\frac{l}{2}\times\frac{l}{2}\times\frac{2}{3}\times\frac{l}{2}\right)=\frac{l^3}{6EI}$$

所以

$$\omega=\sqrt{\frac{1}{m\delta}}=\sqrt{\frac{6EI}{ml^3}}$$

答案： D

【例 16-6-6】 如图 a）所示结构的自振周期T等于：

A. $2\pi\sqrt{\dfrac{ml^3}{3EI}}$　　B. $4\pi\sqrt{\dfrac{ml^3}{3EI}}$　　C. $2\pi\sqrt{\dfrac{ml^3}{EI}}$　　D. $4\pi\sqrt{\dfrac{ml^3}{EI}}$

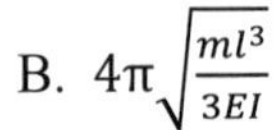

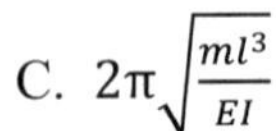

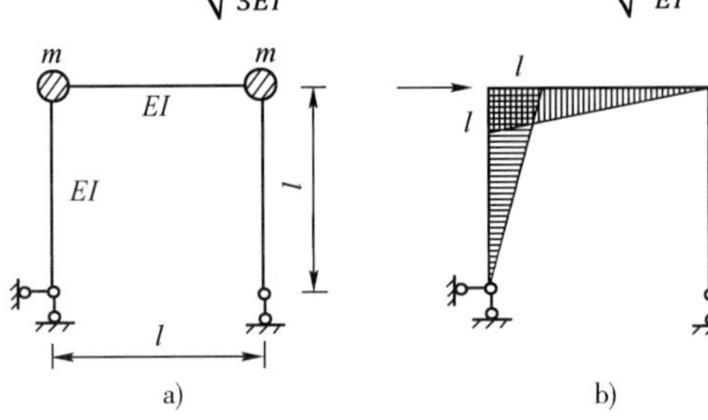

例 16-6-6 图

解　注意振动方向的质量为$m+m=2m$，作图 15-6-6b），图乘得

$$\delta=\frac{2}{EI}\left(\frac{1}{2}l\times l\times\frac{2}{3}l\right)=\frac{2l^3}{3EI}$$

所以

$$T=\frac{2\pi}{\omega}=2\pi\sqrt{(m+m)\frac{2l^3}{3EI}}=2\pi\sqrt{\frac{4}{3}\times\frac{ml^3}{EI}}=4\pi\sqrt{\frac{ml^3}{3EI}}$$

答案： B

【例 16-6-7】 如图所示两端固定梁的自振频率ω为：

A. $\sqrt{\dfrac{48EI}{ml^3}}$　　B. $\sqrt{\dfrac{96EI}{ml^3}}$　　C. $\sqrt{\dfrac{192EI}{ml^3}}$　　D. $\sqrt{\dfrac{384EI}{ml^3}}$

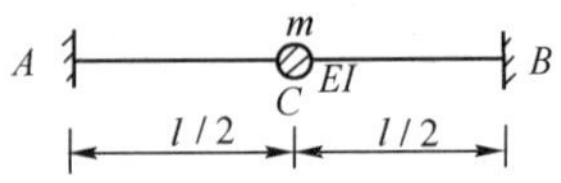

解　设想在C点附加竖向链杆，并令其产生单位竖向位移，则链杆反力即为振动方向的刚度系数k。由于对称，截面C转角为零，杆段AC、CB都相当于两端固定杆产生单位侧移，根据其侧移刚度系数，并考虑C处微段竖向平衡可得

例 16-6-7 图

$$k=2\times\left[12\frac{EI}{\left(\frac{l}{2}\right)^3}\right]=192\frac{EI}{l^3}$$

所以自振频率

$$\omega=\sqrt{\frac{k}{m}}=\sqrt{\frac{192EI}{ml^3}}$$

此题也可通过图乘法求柔度系数δ来解答。

答案：C

【例 16-6-8】 如图 a）、b）所示两结构仅支承形式不同，经初始干扰后：

A. 图 a）振动得快　　B. 图 b）振动得快

C. 振动得一样快　　D. 受干扰大的振动得快

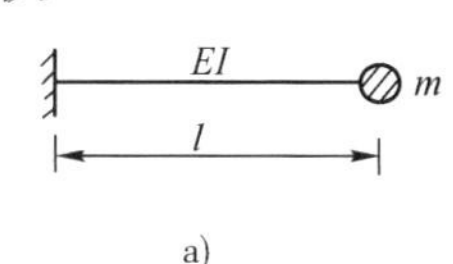

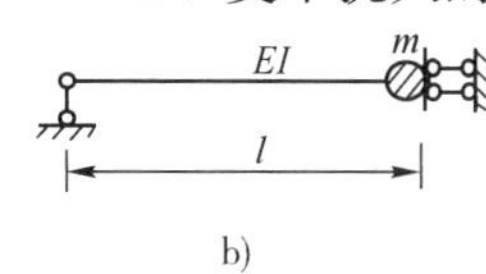

例 16-6-8 图

解　分别在两图质点上加单位力作弯矩图并自乘可知，两图的柔度系数同为$\delta = l^3/(3EI)$（刚度系数同为$k = 3EI/l^3$），自振频率相同，故两图振动快慢相同。

答案：C

【例 16-6-9】 某单自由度振动结构自振频率为ω，考虑作用质点上动荷载的两种情况：

（1）$P_1(t) = P\sin\frac{3\omega}{4}t$，产生振幅$A_1$；

（2）$P_2(t) = 2P\sin\frac{\omega}{4}t$，产生振幅$A_2$。

振幅A_1、A_2的关系是：

A. $A_1 > A_2$　　B. $A_1 < A_2$　　C. $A_1 = A_2$　　D. 不能确定

解　$P_1(t)$作用时，动力系数$\beta_1 = \frac{1}{1-\left(\frac{3}{4}\right)^2} = \frac{16}{7}$，振幅$A_1 = \frac{16}{7}\delta P$；

$P_2(t)$作用时，动力系数$\beta_2 = \frac{1}{1-\left(\frac{1}{4}\right)^2} = \frac{16}{15}$，振幅$A_2 = \frac{16}{15}\delta(2P)$。

比较可知，$A_1 > A_2$。

答案：A

【例 16-6-10】 如图所示结构，在作振动计算时所使用的质量矩阵应为：

A. $\begin{bmatrix} m & 0 \\ 0 & m \end{bmatrix}$

B. $\begin{bmatrix} 2m & 0 \\ 0 & 2m \end{bmatrix}$

C. $\begin{bmatrix} 2m & 0 \\ 0 & m \end{bmatrix}$或$\begin{bmatrix} m & 0 \\ 0 & 2m \end{bmatrix}$

D. $\begin{bmatrix} m & 2m \\ 2m & m \end{bmatrix}$或$\begin{bmatrix} 2m & m \\ m & 2m \end{bmatrix}$

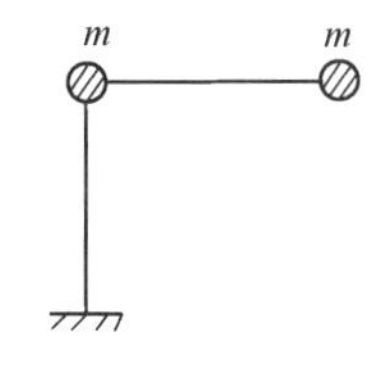

例 16-6-10 图

解　此题为两个自由度振动体系，水平振动的质量为$m + m = 2m$，竖向振动的质量为m，形成对角阵。

答案：C

【例 16-6-11】 如图 a）所示结构，水平自振频率ω^{H}与竖向自振频率ω^{V}的关系是：

A. $\omega^{\mathrm{H}} = \omega^{\mathrm{V}}$　　B. $\omega^{\mathrm{H}} > \omega^{\mathrm{V}}$　　C. $\omega^{\mathrm{H}} < \omega^{\mathrm{V}}$　　D. 不能确定

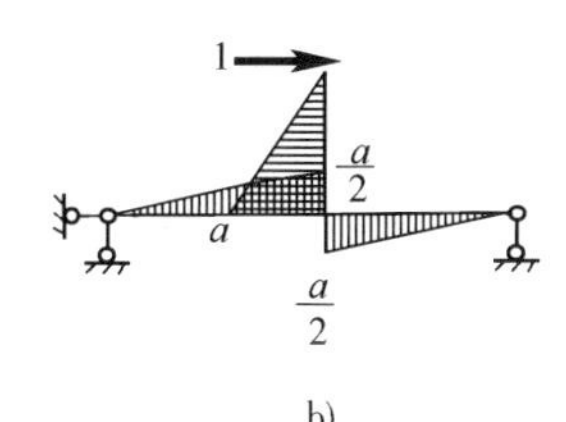

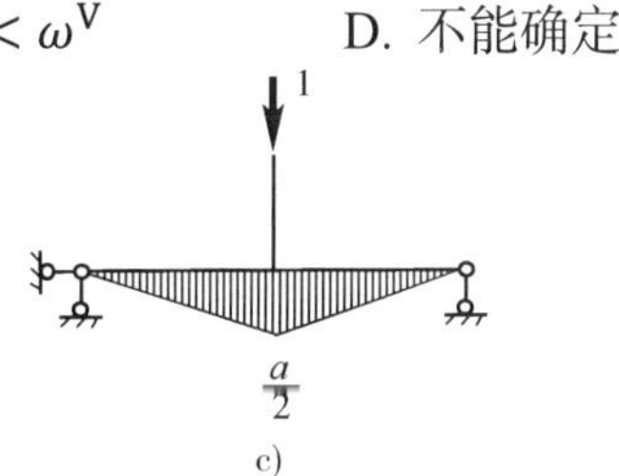

例 16-6-11 图

解 作图 b)、c)，两图互乘可知$\delta_{12}=\delta_{21}=0$，相当于两个单自由度体系，图 b）自乘所得柔度系数δ_{11}大于图 c）自乘所得柔度系数δ_{22}，所以$\omega^{\mathrm{H}}<\omega^{\mathrm{V}}$。

答案： C

【例 16-6-12】 在图示结构中，若要使其自振频率ω增大，可以：

A. 增大P　　B. 增大m

C. 增大EI　　D. 增大l

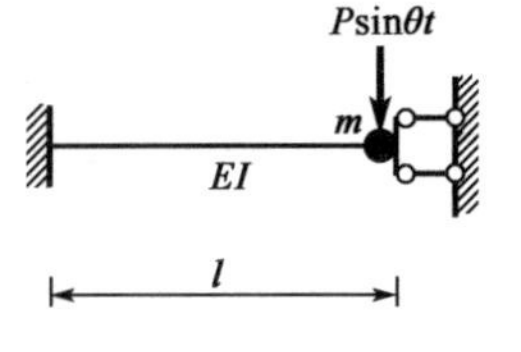

例 16-6-12 图

解 由频率计算公式$\omega=\sqrt{\frac{k}{m}}$可知，增大刚度可增大自振频率。

答案： C

【例 16-6-13】 不计阻尼时，图示体系的运动方程为：

A. $m\ddot{y}+\frac{24EI}{l^3}y=M\sin\theta$

B. $m\ddot{y}+\frac{24EI}{l^3}y=\frac{3M}{l}\sin\theta t$

C. $m\ddot{y}+\frac{3EI}{l^3}y=\frac{3M}{2l}\sin\theta t$

D. $m\ddot{y}+\frac{3EI}{l^3}y=\frac{3M}{8l}\sin\theta t$

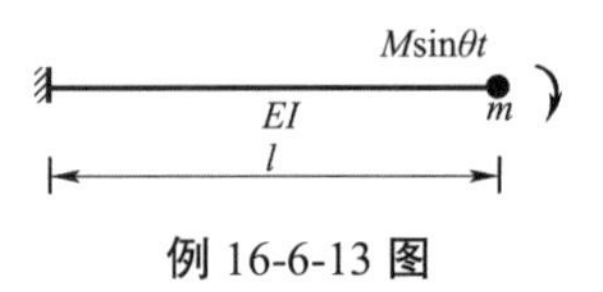

例 16-6-13 图

解 本题动荷载不是沿质点振动方向，质点的动位移需分别考虑惯性力及动荷载的影响，应用叠加原理求得。为此，先按解图 a）求柔度系数

$$\delta_{11}=\frac{l^3}{3EI},\ \delta_{12}=\frac{l^2}{2EI}$$

再按解图 b）加惯性力，用柔度法建立运动微分方程

$$y=\delta_{11}(-m\ddot{y})+\delta_{12}(M\sin\theta t)=\frac{l^3}{3EI}(-m\ddot{y})+\frac{l^2}{2EI}(M\sin\theta t)$$

即

$$m\ddot{y}+\frac{3EI}{l^3}y=\frac{3M}{2l}\sin\theta t$$

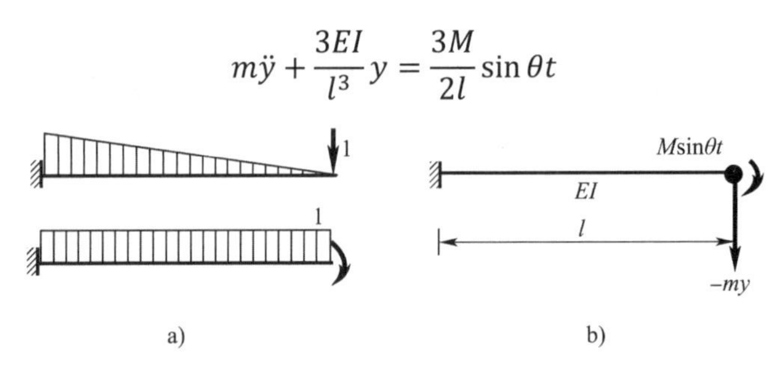

例 16-6-13 解图

答案： C

【例 16-6-14】 设μ_{a}和μ_{b}分别表示图 a)、b）两结构的位移动力系数，则：

A. $\mu_{\mathrm{a}}=\mu_{\mathrm{b}}/2$　　B. $\mu_{\mathrm{a}}=-\mu_{\mathrm{b}}/2$　　C. $\mu_{\mathrm{a}}=\mu_{\mathrm{b}}$　　D. $\mu_{\mathrm{a}}=-\mu_{\mathrm{b}}$

P sin θt　m　EI　l　a)

2P sin θt　2m　2EI　l　b)

例 16-6-14 图

解 两图外荷载的θ相同，结构的频率ω相同，故动力系数$\beta = \frac{1}{1-\frac{\theta^2}{\omega^2}}$相同。

答案：C

习 题

16-6-1 图示梁自重不计，在集中重量W作用下，C点的竖向位移$\Delta_C = 1\text{cm}$，则该体系的自振周期为（　　）。

A. 0.032s　　B. 0.201s　　C. 0.319s　　D. 2.007s

16-6-2 单自由度体系的其他参数不变，只有刚度增大到原来刚度的 2 倍，则其周期与原周期之比为（　　）。

A. 1/2　　B. $1/\sqrt{2}$　　C. 2　　D. $\sqrt{2}$

16-6-3 图示结构不计杆件分布质量，当EI_2增大时，结构的自振频率（　　）。

A. 不变　　B. 增大

C. 减小　　D. 增大或减小取决于EI_2与EI_1的比值

16-6-4 设直杆的轴向变形不计，如图所示体系的动力自由度数为（　　）。

A. 1　　B. 2　　C. 3　　D. 4

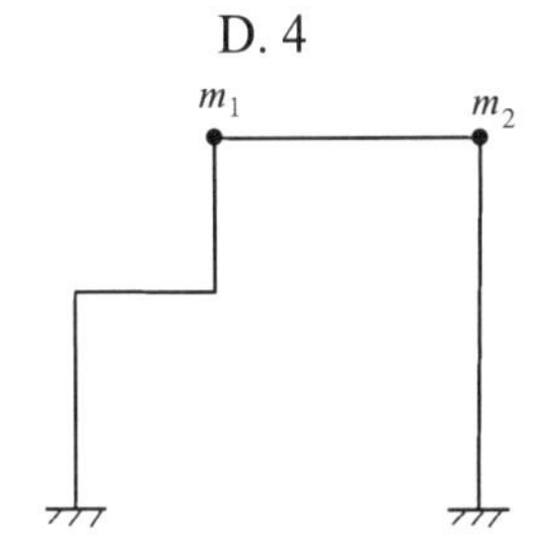

题 16-6-1 图　　题 16-6-3 图　　题 16-6-4 图

16-6-5 图示体系不计阻尼的稳态最大动位移$y_{\max} = 4Pl^3/(9EI)$，其最大动力弯矩为（　　）。

A. $7Pl/3$　　B. $4Pl/3$　　C. Pl　　D. $Pl/3$

16-6-6 设$\theta = 0.5\omega$（ω为自振频率），则如图所示体系的最大动位移为（　　）。

A. $Pl^3/(40EI)$　　B. $4Pl^3/(18EI)$

C. $Pl^3/(3EI)$　　D. $4Pl^3/(36EI)$

16-6-7 如图所示为无阻尼等截面梁承受一静力荷载P，设在$t = 0$时把这个荷载突然撤除，则质点m的位移为（　　）。

A. $y(t) = \frac{11}{EI}\cos\sqrt{\frac{3EI}{4m}}t$　　B. $y(t) = \frac{4mg}{3EI}\cos\sqrt{\frac{3EI}{4m}}t$

C. $y(t) = \frac{11}{EI}\cos\sqrt{\frac{4EI}{3mg}}t$　　D. $y(t) = \frac{4mg}{3EI}\cos\sqrt{\frac{EI}{11}}t$

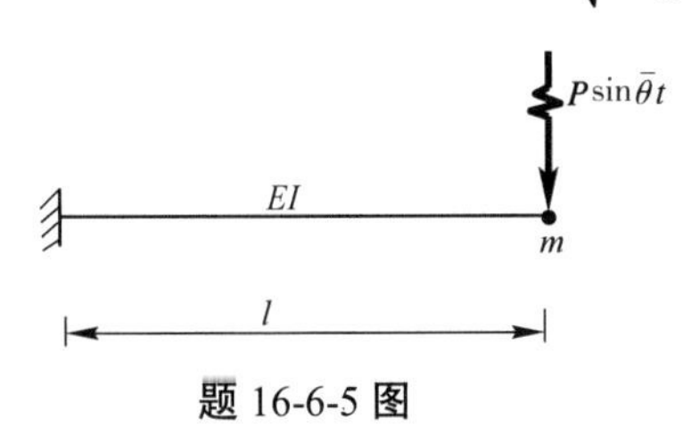

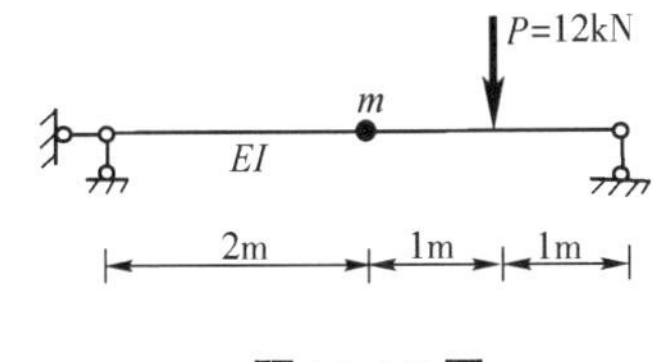

题 16-6-5 图　　题 16-6-6 图　　题 16-6-7 图

16-6-8 图示三种单自由度动力体系中，质量m均在杆件中点，各杆EI、l相同。其自振频率的大小排列次序为（　　）。

A. 图 a）>图 b）>图 c）　　B. 图 c）>图 b）>图 a）

C. 图 b）>图 a）>图 c）　　D. 图 a）>图 c）>图 b）

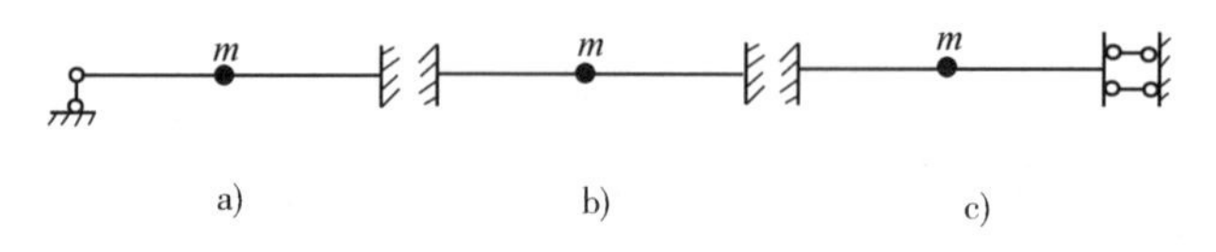

题 16-6-8 图

16-6-9　图示结构各杆EI、l相同，质量m在杆件中点，其自振频率为（　　）。

A. $3\sqrt{\frac{3EI}{ml^3}}$　　B. $2\sqrt{\frac{6EI}{ml^3}}$　　C. $4\sqrt{\frac{3EI}{ml^3}}$　　D. $4\sqrt{\frac{6EI}{ml^3}}$

16-6-10　图示结构刚性横梁质量为m，立柱无质量，高为l，抗弯刚度为EI，其自振频率为（　　）。

A. 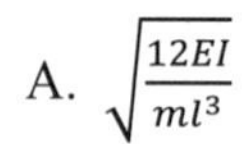　　B. 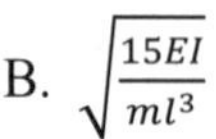　　C. 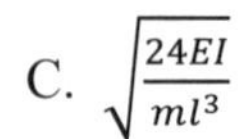　　D. 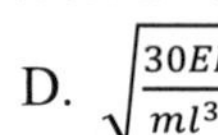

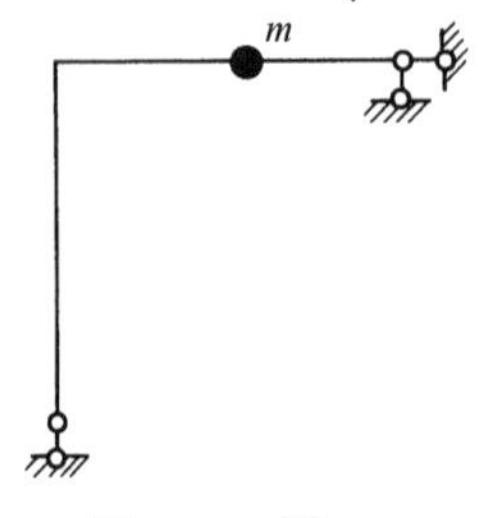

题 16-6-9 图

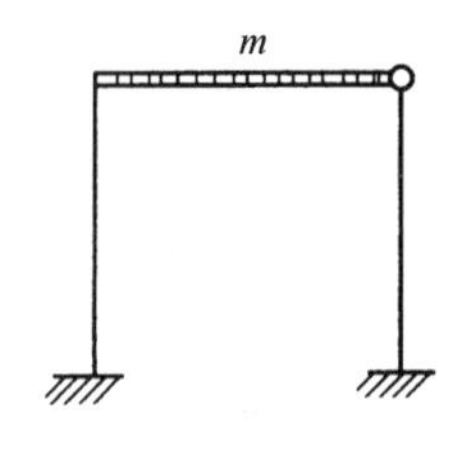

题 16-6-10 图

16-6-11　图示结构的动力自由度数（忽略受弯杆的轴向变形）为：

A. 2　　B. 3　　C. 4　　D. 5

16-6-12　图示桁架结构的动力自由度数为：

A. 2　　B. 3　　C. 4　　D. 5

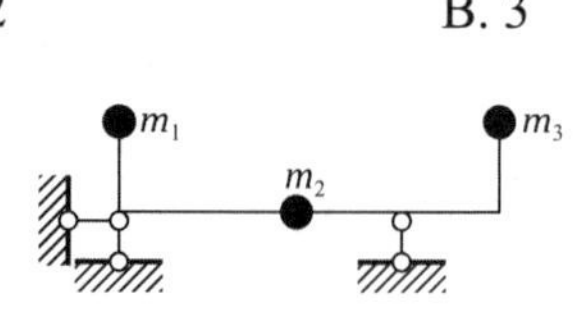

题 16-6-11 图

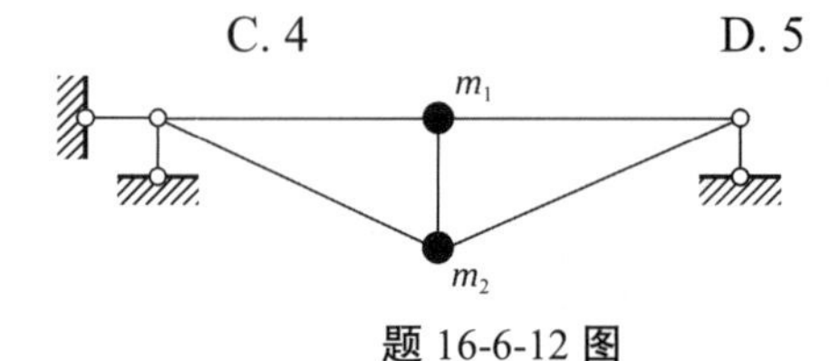

题 16-6-12 图

16-6-13　图示结构的动力自由度数（忽略受弯杆的轴向变形）为：

A. 2　　B. 3　　C. 4　　D. 5

16-6-14　图示组合结构的动力自由度数（忽略受弯杆的轴向变形）为：

A. 2　　B. 3　　C. 4　　D. 5

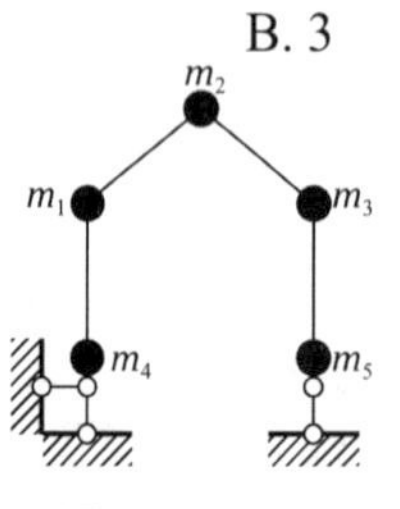

题 16-6-13 图

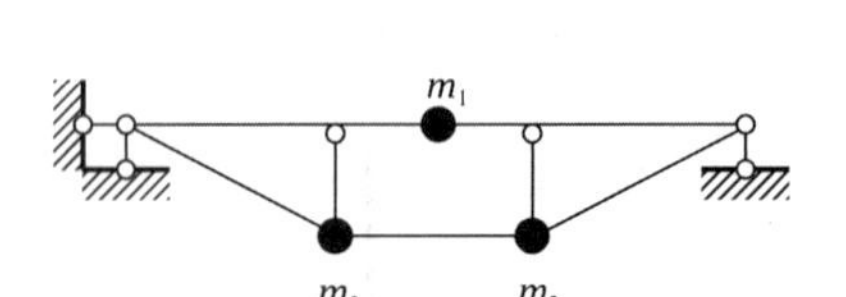

题 16-6-14 图

16-6-15　图示结构（忽略受弯杆的轴向变形）的质量矩阵是：

A. $\begin{bmatrix} m_1 & 0 \\ 0 & m_2 \end{bmatrix}$　　B. $\begin{bmatrix} m_2 & 0 \\ 0 & m_1 \end{bmatrix}$

C. $\begin{bmatrix} m_1+m_2 & 0 \\ 0 & m_2 \end{bmatrix}$　　D. $\begin{bmatrix} m_1 & 0 \\ 0 & m_1+m_2 \end{bmatrix}$

16-6-16 图示振动体系（忽略受弯杆的轴向变形）的刚度矩阵是：

A. 二阶对称满阵　　B. 三阶对称满阵

C. 二阶对角阵　　D. 三阶对角阵

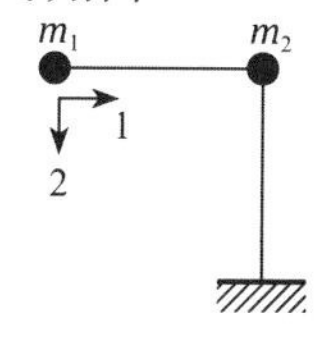

题 16-6-15 图

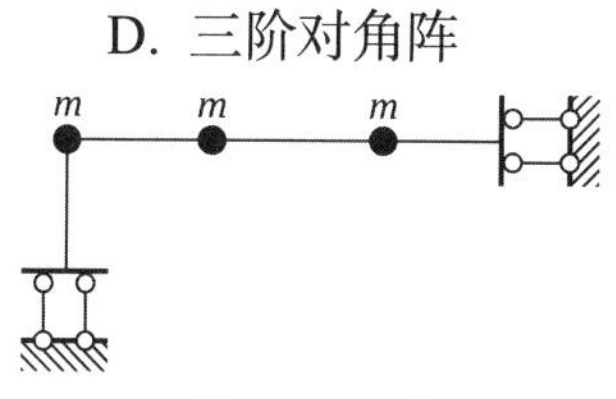

题 16-6-16 图

16-6-17 图示结构（忽略受弯杆的轴向变形）主阵型的数目是：

A. 1　　B. 2　　C. 3　　D. 4

16-6-18 有关图示结构（忽略受弯杆的轴向变形），下列说法正确的是：

A. 有两个自振频率、两个主阵型　　B. 有两个自振频率、三个主阵型

C. 有三个自振频率、两个主阵型　　D. 有三个自振频率、三个主阵型

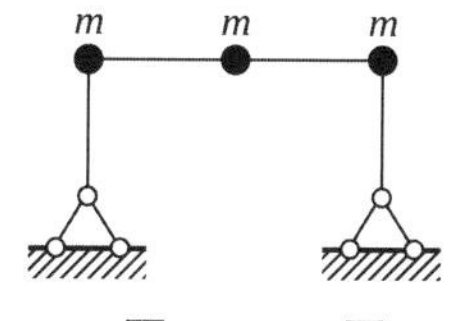

题 16-6-17 图

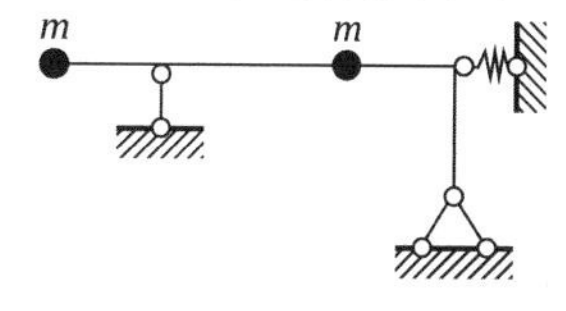

题 16-6-18 图

16-6-19 有关图示对称振动结构（忽略受弯杆的轴向变形），下列说法正确的是：

A. 有两个自振频率，按第一频率振动时左右两个质点同向运动

B. 有两个自振频率，按第一频率振动时左右两个质点反向运动

C. 有三个自振频率，按第一频率振动时左右两个质点同向运动

D. 有三个自振频率，按第一频率振动时左右两个质点反向运动

16-6-20 已知图示结构的刚度矩阵为$[K]=\frac{48EI}{7l^3}\begin{bmatrix} 16 & -5 \\ -5 & 2 \end{bmatrix}$，第一主阵型为$\begin{bmatrix} 1 \\ 3 \end{bmatrix}$，设第二主阵型为$\begin{bmatrix} 1 \\ x \end{bmatrix}$，则$x$等于：

A. 1　　B. −1　　C. 2　　D. −2

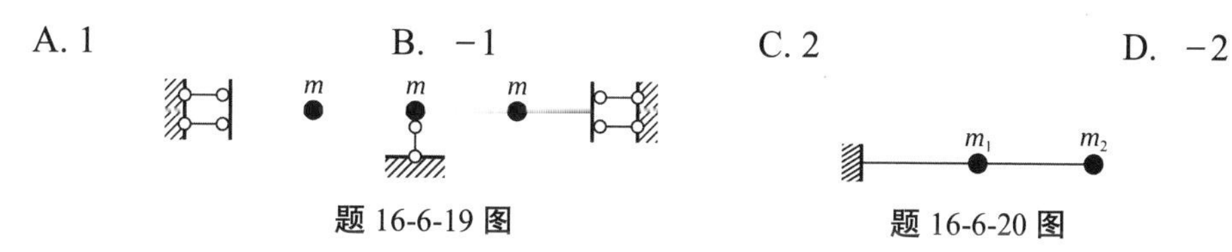

题 16-6-19 图　　题 16-6-20 图

习题题解及参考答案

第一节

16-1-1 **解：**需视三铰是否共线，不共线时为不变、共线时为瞬变（有时可能为常变）。

答案：D

16-1-2 **解：**易知 1、7 为必要联系，可先排除选项 D、B。选项 A 形成瞬变体系（铰 1、铰 2 与 3、4 两杆形成的无限远铰共线），也应排除。

答案： C

16-1-3 **解：** △465 不能当成刚片（4356 可变），排除选项 B。三刚片规则要求刚片之间用铰（或虚铰）相互联结，选项 A、C 不符合，可排除。铰接三角形不一定都选作刚片，可将交于点 6 的一杆选作刚片。选项 D 符合要求。

答案： D

16-1-4 （1）**解：** 由解图 1 可以看出，若去掉中间水平链杆，即为符合三刚片规则组成的静定结构。故原体系为有一个多余约束的几何不变体系。

答案： B

（2）**解：** 由解图 2 可以看出，若去掉右下斜链杆，即为符合两刚片规则组成的静定结构。故原体系为有一个多余约束的几何不变体系。

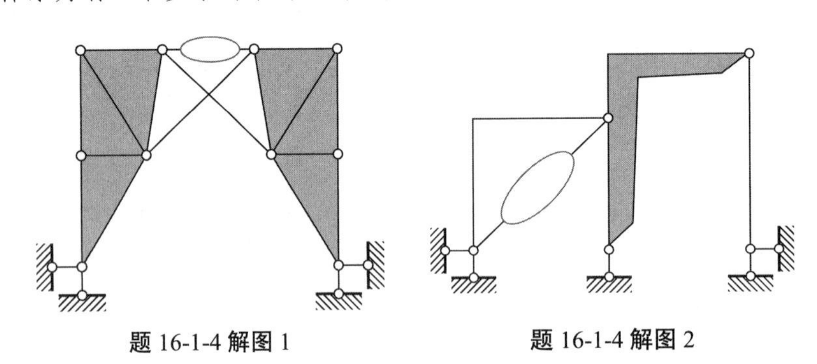

题 16-1-4 解图 1　　题 16-1-4 解图 2

答案： B

（3）**解：** 上部闭合四方回路内部有三个多余约束，而与基础连接只有两个链杆，缺少一个必要约束，整体为一个自由度的可变体系。

答案： C

（4）**解：** 由解图 3 按三刚片规则分析可以看出，连接左右两个刚片的两个水平链杆（形成无限远铰）与两个支座底铰连线平行，在无穷远相交，三铰共线，体系瞬变。

答案： D

（5）**解：** 由解图 4，先去掉左右两个二元体，再按解图 4 选出两个刚片，它们用一铰及不过铰的链杆相连，体系几何不变无多余约束。

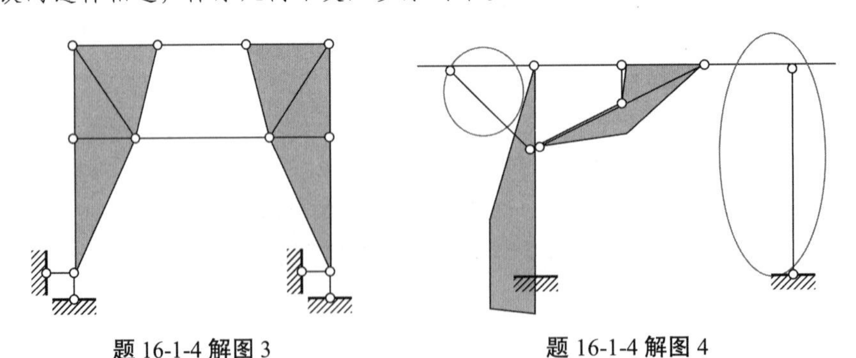

题 16-1-4 解图 3　　题 16-1-4 解图 4

答案： A

（6）**解：** 由解图 5 可以看出，两刚片用不交于一点的三链杆相连，组成无多余约束的几何不变体系。

答案： A

（7）**解：** 由解图6可以看出，三刚片用不共线的三铰（两个不在同一水平线上的底铰和两个水平链杆形成的无限远铰）两两相连，组成无多余约束的几何不变体系。

答案： A

（8）**解：** 由解图7可以看出，若先去掉上面的二元体及简支支座，剩下的左右两个三角形刚片只有两个链杆相连，体系可变。

答案： C

（9）**解：** 由解图8可以看出，中间的曲线刚片与大地用不交于一点的三链杆相连，体系不变且无多余约束。

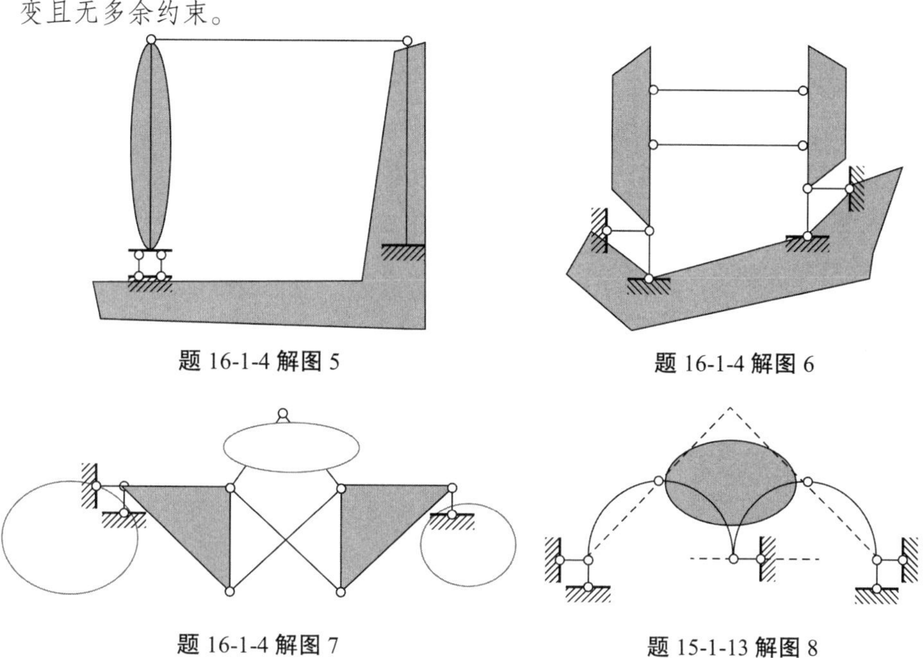

题16-1-4解图5　　题16-1-4解图6

题16-1-4解图7　　题15-1-13解图8

答案： A

（10）**解：** 由解图9可以看出，左右部分各为有一个内部多余约束的刚片，再加地面，三个刚片相互连接只有5个约束，缺少一个必要约束，体系可变。

答案： C

（11）**解：** 由解图10可以看出，图示三个刚片之间用不共线的三个铰相互连接组成一个大刚片，再与地面用不交于一点的三个链杆相连，体系为几何不变无多余约束。

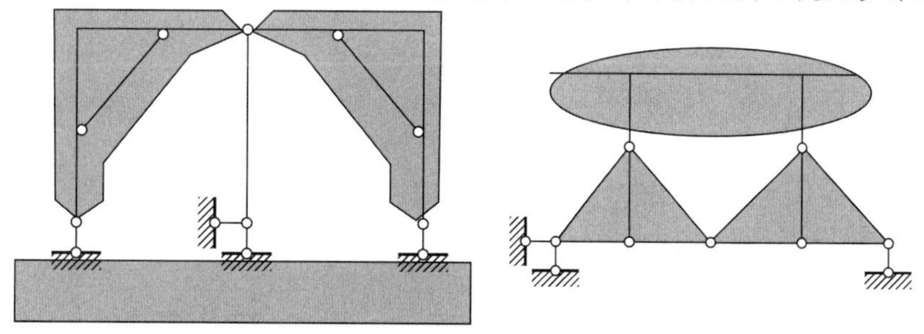

题16-1-4解图9　　题15-1-13解图10

答案： A

（12）**解：** 由解图11可以看出，上部为有一个多余约束的刚片，与中间刚片IJ用两斜杆（交点为虚铰）相连，而与地面用两个铅直平行链杆（形成无限远铰）相连，IJ与地面也是用两个铅直平行链杆（形成无限远铰）相连，三铰共线，体系瞬变。

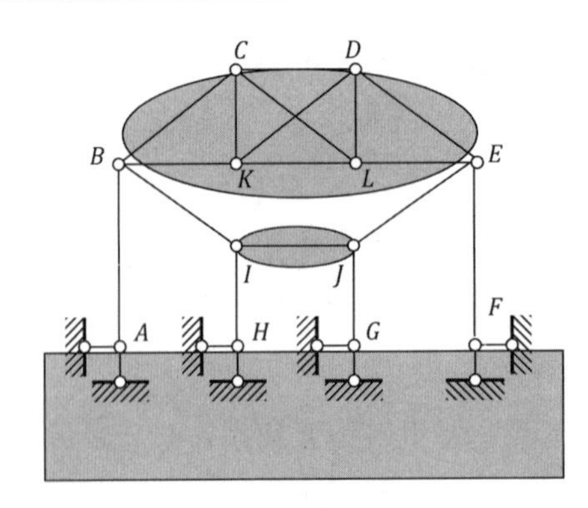

题 16-1-4 解图 11

答案： D

第二节

16-2-1 **解：** 见解图，$CDEF$为附属部分，没有荷载不受力，再由AC基本部分竖向力平衡可得$V_{\mathrm{B}} = P$。

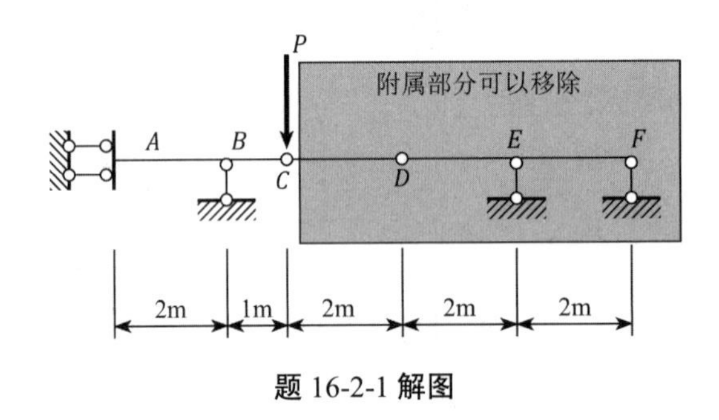

题 16-2-1 解图

答案： B

16-2-2 **解：** 本题结构为等高三铰刚架，承受竖向荷载，左右两图只是荷载作了等效变化。其竖向反力都等于相应简支梁的竖向反力，不发生变化。而水平反力取决于顶铰的高度及相应简支梁的弯矩，当竖向荷载作等效变化时其水平反力要发生变化。

也可直接取整体隔离体平衡求竖向反力，铰一侧隔离体平衡求水平反力。

答案： C

16-2-3 **解：** 见解图，从顶铰B处拆开取出左右两个隔离体。由左隔离体的平衡可得$X_{\mathrm{B}} = 2\mathrm{kN}$，再由右隔离体水平力平衡可得$X_{\mathrm{C}} = 2\mathrm{kN}$，最后由$K$截面之下对$K$取矩得$M_{\mathrm{K}} = 2 \times 6 = 12\mathrm{kN \cdot m}$，右侧受拉。

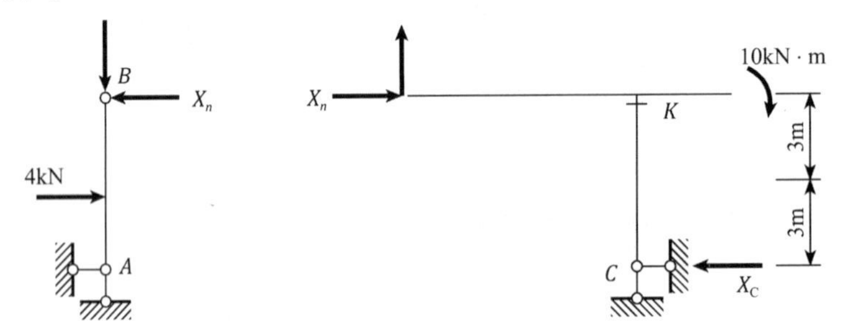

题 16-2-3 解图

答案： D

16-2-4 **解：** 见解图，先由整体平衡对右支座取矩，可得$V_{\mathrm{A}} = 1/l$；然后从铰B处拆开由AB隔离体竖向力平衡，得$Y_{\mathrm{B}} = V_{\mathrm{A}} = 1/l$；再由右部分隔离体对$K$取矩，得$M_{\mathrm{K}} = Y_{\mathrm{B}} \times l/2 = 0.5\mathrm{kN \cdot m}$。

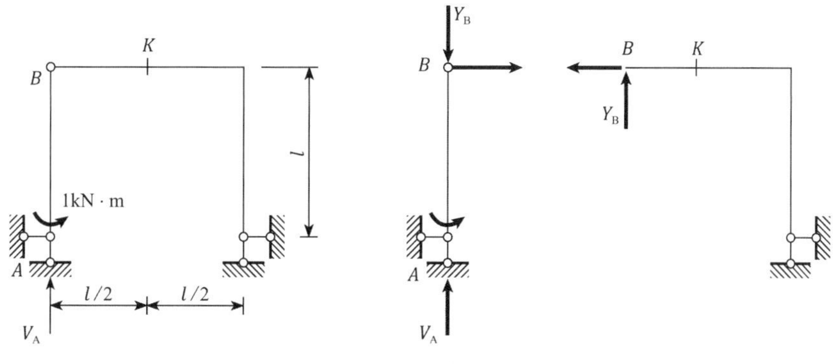

题 16-2-4 解图

答案： B

16-2-5 **解：** 见解图，考虑结构整体平衡对B取矩，可得$H_A = 0$，再由K截面之下水平力平衡求得K截面剪力为$-P$。

答案： C

16-2-6 **解：** 见解图，撤除铰B和铰C，暴露相应约束力Y_B和Y_C，依次考虑CD和BC的平衡，可求得$Y_C = Y_B = ql/2$。再由AB段隔离体平衡求得$M_A = Y_B l = ql^2/2$（下部受拉）。

（BC之间荷载合力作用线与链杆轴线重合，产生相应反力，组成自平衡力系，分析时可以移除，不影响所求结果。）

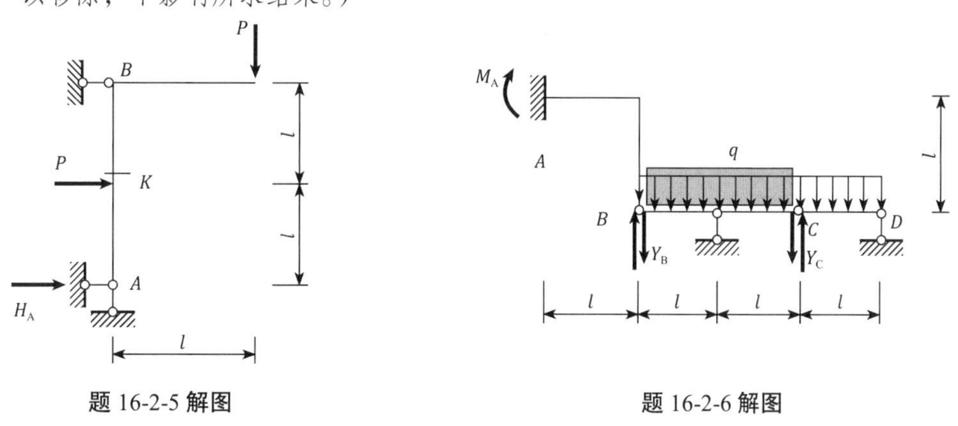

题 16-2-5 解图　　　　题 16-2-6 解图

答案： B

16-2-7 **解：** 取出K截面所在的杆（见解图），对左端取矩，可得$Q_K = \frac{1\text{kN}\cdot\text{m}}{2\text{m}} = 0.5\text{kN}$。

答案： D

16-2-8 **解：** 速画弯矩图（水平杆弯矩图为一条斜直线，竖直杆纯弯，其弯矩图为矩形），可得$M_A = 2\text{kN}\cdot\text{m}$（右侧受拉）。或从铰处拆成两个隔离体，由平衡计算求得结果。

答案： C

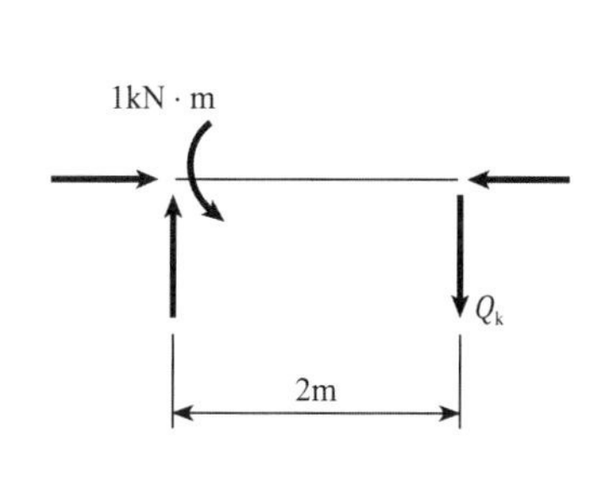

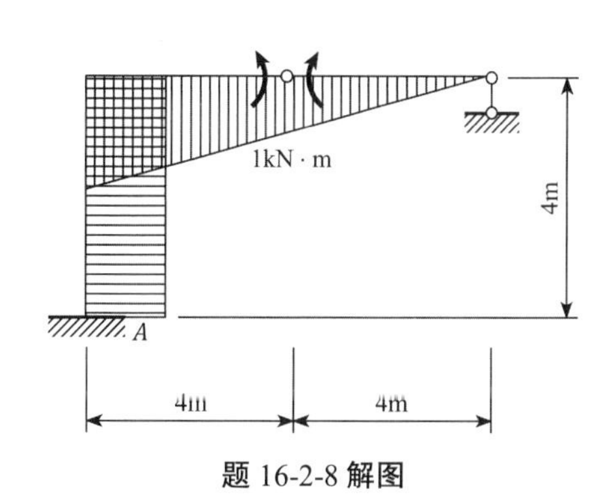

题 16-2-7 解图　　　　题 16-2-8 解图

16-2-9 **解：**见解图。由整体平衡可得竖向反力$V_A = V_B = ql$，再由半边隔离体平衡可知顶铰C截面剪力为零、轴力等于水平反力H。

$$H = \frac{M_C^0}{f} = \frac{ql(l/2)}{l/2} = ql$$

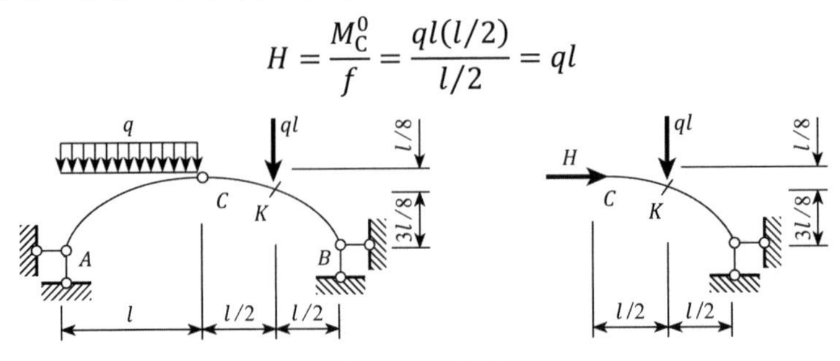

题 16-2-9 解图

由CK段的平衡可得

$$M_K = H\frac{l}{8} = ql\frac{l}{8} = \frac{ql^2}{8}$$

答案：D

16-2-10 **解：**作截面取出解图所示隔离体，可得：

$$\sum M_A = 0，N_1 = \frac{P \times l}{2l} = \frac{P}{2}(拉力)$$

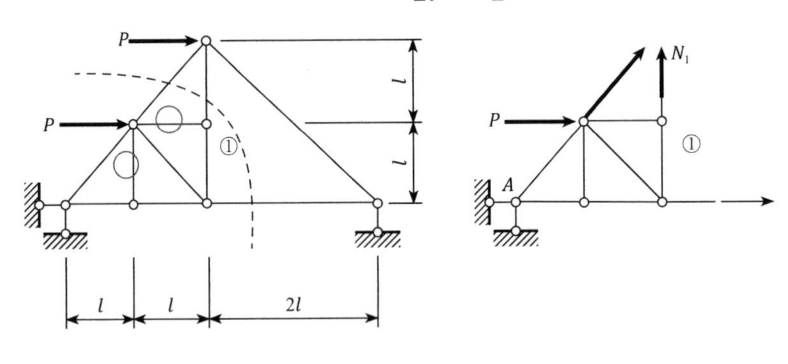

题 16-2-10 解图

答案：B

16-2-11 **解：**作截面取出解图所示隔离体，可得：

$$\sum M_A = 0，N_1 = \frac{P \times a}{a} = P(拉力)$$

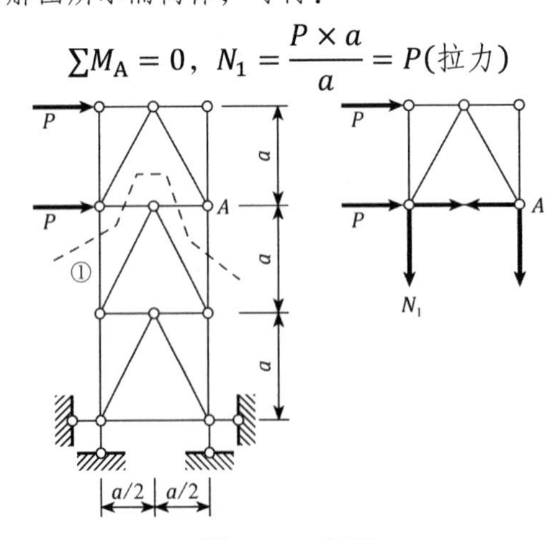

题 16-2-11 解图

答案：B

16-2-12 **解：** 按$DABC$的顺序依次应用结点法，可得$N_1 = -P/2$。

答案： C

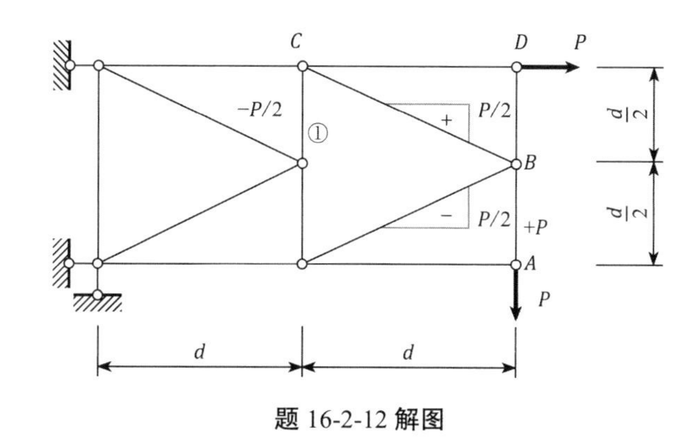

题 16-2-12 解图

16-2-13 **解：** 本题水平反力为零。根据对称性，可知杆①内力为零，而与桁架高度无关。

答案： D

16-2-14 **解：** 通过等效变化，本题可视为反对称受力状态，对称内力都应为零，所以杆①内力为零。

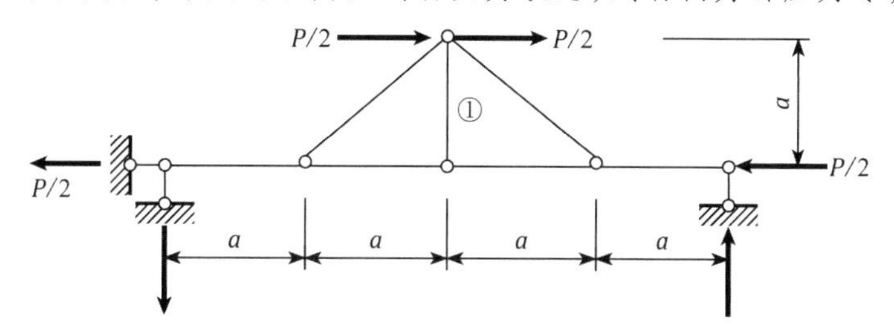

题 16-2-14 解图

答案： A

16-2-15 **解：** 见解图，先由结构整体平衡，$\sum M_{\mathrm{A}} = 0$，可得：$V_{\mathrm{B}} = \frac{q(2l)l}{4l} = \frac{ql}{2}$

再取右半部隔离体平衡，$\sum M_{\mathrm{E}} = 0$，可得：$N_{\mathrm{CD}} = \frac{V_{\mathrm{B}}(2l)}{2l} = V_{\mathrm{B}} = \frac{ql}{2}$（拉力）

然后考虑结点C平衡，可得：$N_1 = \frac{ql}{2}$（压力）

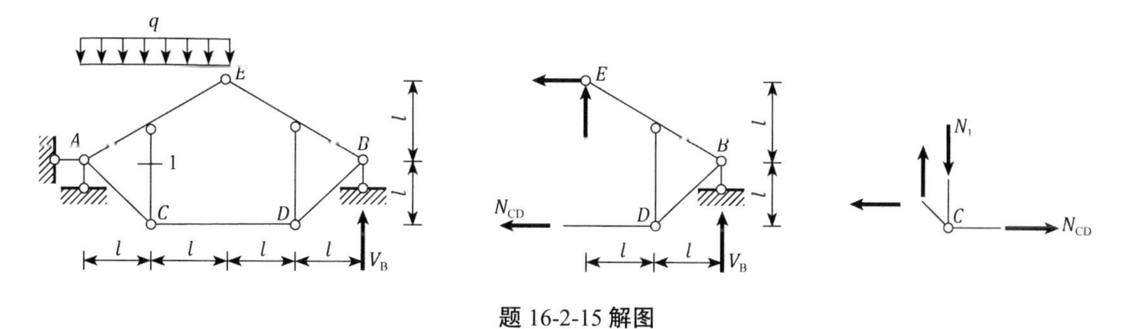

题 16-2-15 解图

答案： B

16-2-16 **解：** 先整体平衡求反力，两个水平反力均为$F_{\mathrm{P}}/2$（向左）。再选左竖杆隔离体对中间铰C点取矩，可得$N_{\mathrm{a}} = 3F_{\mathrm{P}}/2$（压力）。

答案： D

16-2-17 **解：** 见解图，顶部一对平衡的水平荷载作用线与顶部水平杆件轴线重合，只引起这两个杆件受压；每个竖向荷载作用线与相应竖向杆件及竖向支座链杆轴线重合，只引起相应竖杆受压，其余杆件内力均为零。这是静定结构局部平衡特性的体现。

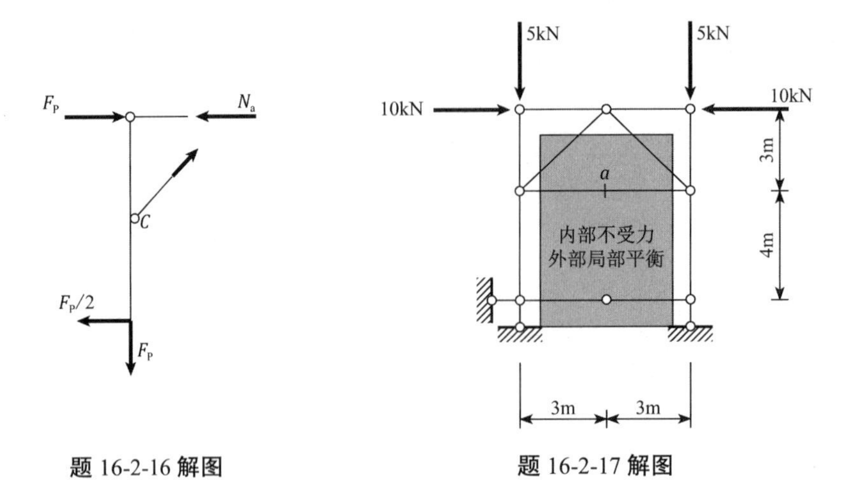

题 16-2-16 解图　　　　题 16-2-17 解图

答案：A

16-2-18 **解**：作解图所示截面，取AB杆为隔离体，对A取矩平衡可得：

$$N_a = \frac{P \cdot 2d}{d} = 2P(\text{拉力})$$

答案：C

16-2-19 **解**：先判断零杆（见解图），再作图示截面取上部为隔离体，可得$N_a = -P$（受压）。

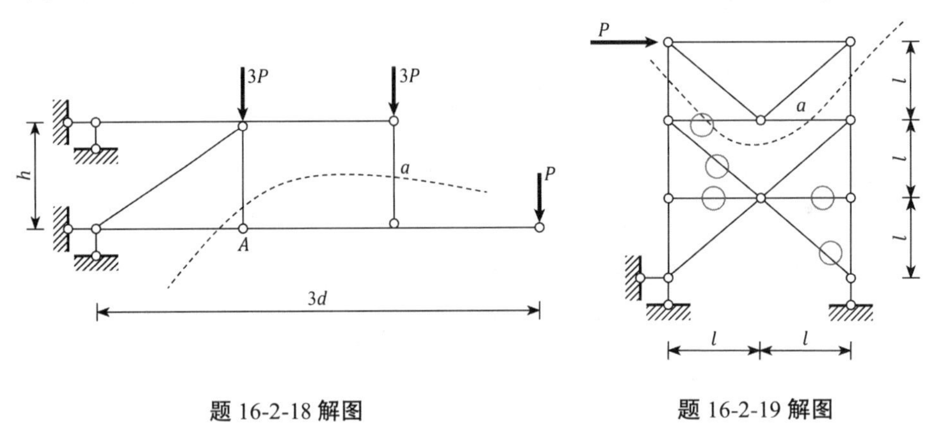

题 16-2-18 解图　　　　题 16-2-19 解图

答案：B

16-2-20 **解**：整体平衡求右支座竖向反力，再由右半部分平衡求水平杆拉力，然后取K截面之下隔离体求M_K。

$$V = P$$

$$N = \frac{Vr}{r} = V = P$$

$$M_K = V\frac{r}{2} - N\frac{\sqrt{3}r}{2} = \frac{1-\sqrt{3}}{2}Pr$$

题 16-2-20 解图

答案：C

16-2-21 **解**：静定结构没有多余约束，只要没有荷载就不产生反力内力。温度变化会引起变形。

答案：C

16-2-22 **解**：由于铰C处只能传递集中约束力，对左部基本部分的弯矩没有影响，分析时可以先去掉右部附属部分，对C点取矩平衡，根据基本部分ACD平衡，由$\sum M_C = 0$，可得：

$$M_A = Pl + Pl = 2Pl(\text{下部受拉})$$

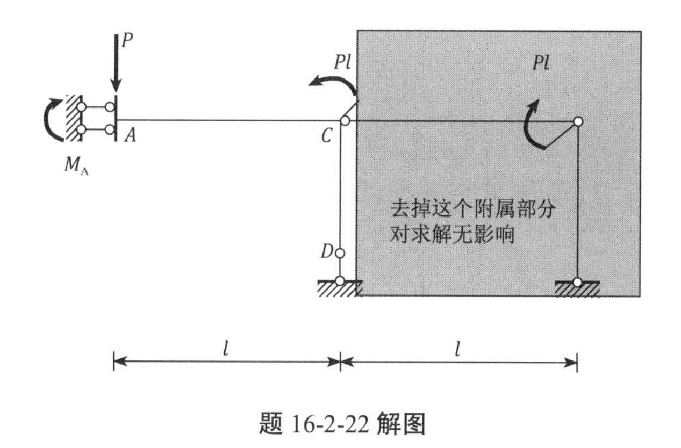

题 16-2-22 解图

答案： D

16-2-23 **解：** 本题水平反力为零，可视为对称受力状态，中间铰剪力为零，由解图可知$M_A = Pd/2$，$Q_{A右} = P/2$，N_A不为零。

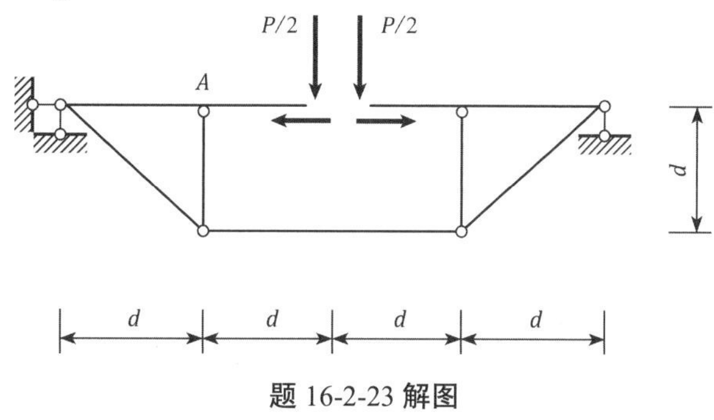

题 16-2-23 解图

答案： B

16-2-24 **解：**"当静定结构内某一几何不变的局部作构造变化时，其余部分的内力不变"，这是静定结构的一个特性。本题两个结构仅是在几何不变的铰接三角形内作构造变化，不影响AB杆的内力。这可从截面法求解过程得到证实。

答案： C

16-2-25 **解：** 图示组合结构承受向下的荷载，两个支座的反力向上。取CB隔离体（解图 b）对E取矩平衡可知，C右截面剪力为正；同理知C左截面剪力为负。再取组合结点C（解图 c）竖向力平衡，可知杆①受拉。

另一求解方法是，注意到水平杆为梁式受弯杆，作出其弯矩图的形状（解图 a），根据斜率判断相应剪力的正负，再由解图 c）求得答案。

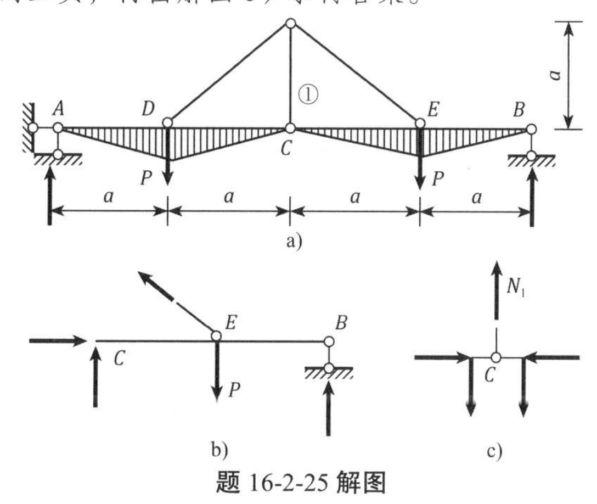

题 16-2-25 解图

答案：B

第三节

16-3-1 **解：**结构对过铰45°方向的斜轴线对称；受反对称荷载作用，产生的位移是反对称的，对称的位移为零。故C点两侧截面相对转角（对称位移）为零。

答案：C

16-3-2 **解：**由单位荷载法，按解图图乘（将梯形分为两个三角形），可得

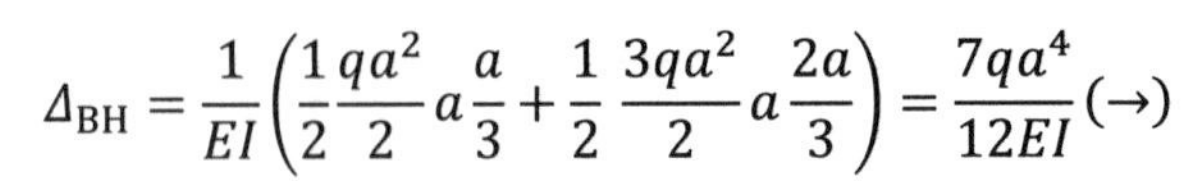

$$\Delta_{\mathrm{BH}}=\frac{1}{EI}\left(\frac{1}{2}\frac{qa^2}{2}a\frac{a}{3}+\frac{1}{2}\frac{3qa^2}{2}a\frac{2a}{3}\right)=\frac{7qa^4}{12EI}(\rightarrow)$$

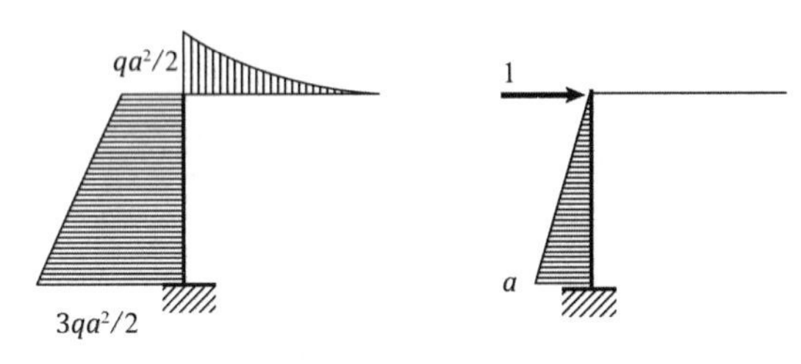

题 16-3-2 解图

答案：B

16-3-3 **解：**作解图，按单位荷载法图乘，可得

$$\varphi_{\mathrm{A}}=\frac{1}{EI}\frac{2}{3}\frac{qa^2}{2}a\times1+\frac{1}{2EI}\frac{1}{2}\frac{qa^2}{2}a\frac{2}{3}=\frac{5qa^3}{12EI}(\text{顺时针})$$

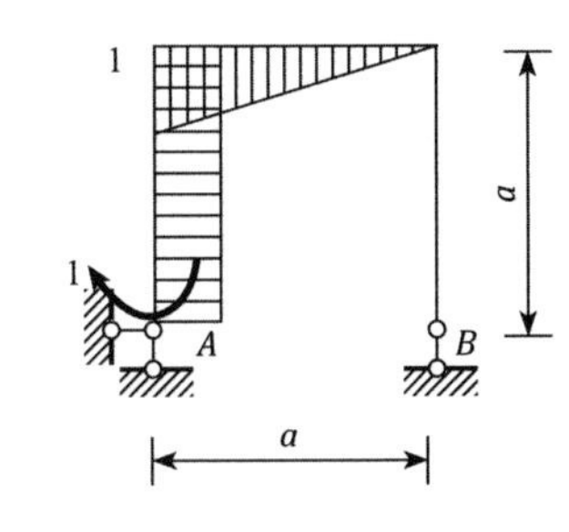

答案：A

16-3-4 **解：**求位移时虚拟单位力的施加方法是：在所求位移地点沿所求位移方向加单位力（虚拟单位力乘以所求位移应构成功）。选项C符合要求。

答案：C

16-3-5 **解：**按单位荷载法，为求杆AC与CB间夹角的变化，需虚加一对反向单位力偶（化为结点力）。现设夹角增大，作解图，由于杆AC温度升高使杆变长，而图示虚单位力偶使杆AC受压，代入位移计算公式，计算得负值，可知所求夹角的变化与所设虚单位力偶方向相反，即夹角变小。

注：与实际夹角变化方向一致的虚拟单位力（一对单位力偶，化为节点力）应使AC杆受拉。或根据几何关系判断。

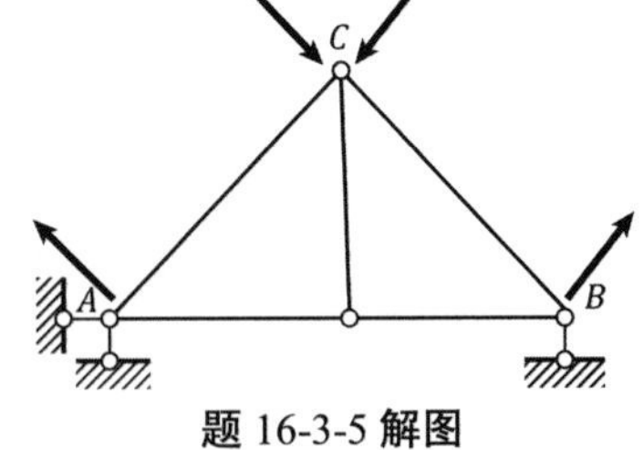

题 16-3-5 解图

答案：B

16-3-6 **解：**应用图乘法。作下面解图，图乘可得

$$\varphi_{\mathrm{C}}=\frac{1}{EI}\frac{1}{2}\frac{ql^2}{2}l\times\left(-\frac{1}{3}\times\frac{1}{2}\right)=-\frac{ql^3}{24EI}(\text{逆时针})$$

答案：C

16-3-7 **解：**应用图乘法。

$$\varphi_{\mathrm{B}}=\frac{1}{EI}\left(\frac{1}{2}\frac{ql^2}{4}2l\times\frac{1}{2}+\frac{2}{3}\frac{ql^2}{8}\times\frac{1}{4}\right)=\frac{7ql^3}{48EI}$$

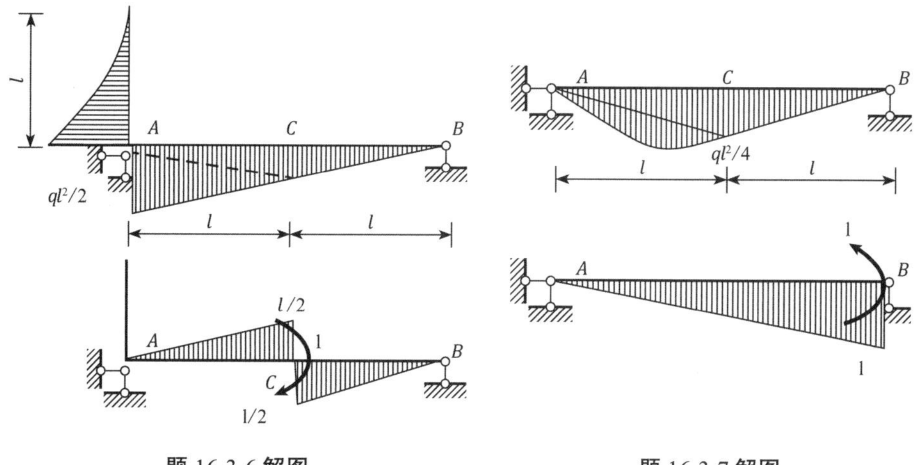

题 16-3-6 解图　　　　题 16-3-7 解图

答案： C

16-3-8　**解：** 去掉水平支杆，为反对称受力状态，相应产生反对称位移状态，对称的位移为零。故B点竖向位移（对称位移）为零。水平支杆的作用是限制水平刚体位移。

答案： D

16-3-9　**解：** 去掉水平支杆，为对称受力状态，相应产生对称位移状态，反对称位移为零。所求A、B两点相对竖向位移为反对称位移，应为零。水平支杆的作用是限制水平刚体位移。

答案： D

16-3-10　**解：** 作解图，在B点加向左的单位力，用求位移的单位荷载法公式计算，得

$$\varDelta_{\mathrm{BH}}=-\sum\overline{R}c=-(-1\times a+h\times\varphi)=a-\varphi h$$

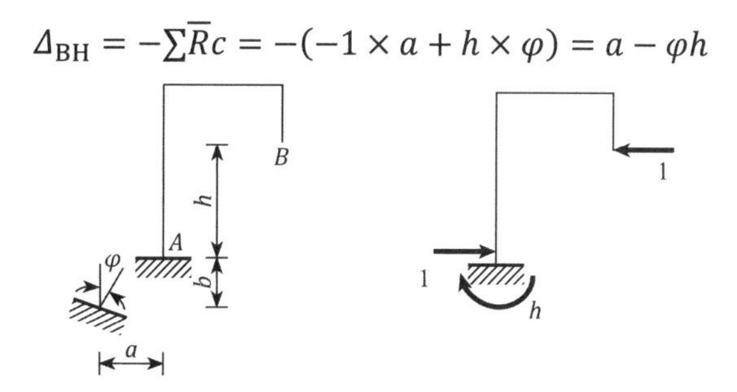

题 16-3-10 解图

或直接根据位移后的几何关系分析。

答案： C

16-3-11　**解：** 图乘法的应用条件是：直杆结构、分段等截面、相乘的两个弯矩图中至少有一个为直线型。

答案： B

16-3-12　**解：** 虚位移原理是在虚设可能位移状态前提下的虚功原理，位移是虚拟的，力系是实际的。

答案： B

16-3-13　**解：** 根据虚功原理推导互等定理时，必须引用线弹性条件。所以互等定理只适用于线弹性结构。

答案： C

16-3-14　**解：** 根据位移互等定理，φ与δ两者大小相等、量纲相同。

答案： B

16-3-15　**解：** 根据位移互等定理，$\delta=\varphi$。

答案： A

16-3-16　**解：** 当E点有向下单位集中力作用引起B截面逆时针转角φ（这时A、B两截面转角相同）时，应用位移互等定理可知，当A截面有顺时针单位力偶作用时，引起E点的竖向位移应为向上的φ。

答案： A

16-3-17　**解：** 本题竖向荷载P仅引起下面三个杆对称的内力与变形，D点无水平位移，水平荷载仅使水平杆拉伸，C点水平位移为$\frac{2Pa}{EA}$，向右。

或在C、D处加一对反向水平单位力（见解图），用单位荷载法求得C、D两点相对水平位移为$\Delta_{CD}=\frac{2Pa}{EA}$。

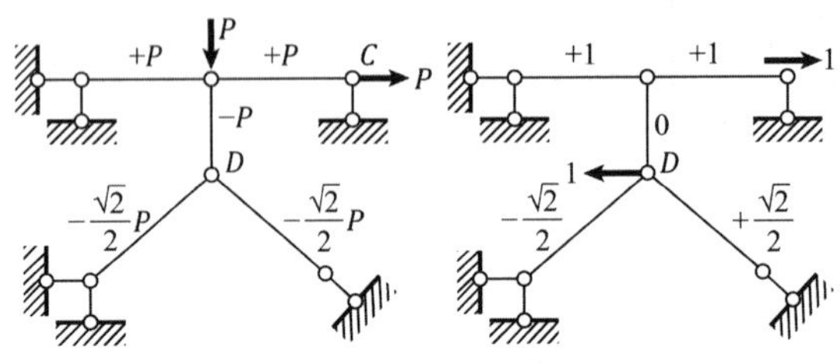

题 16-3-17 解图

答案： A

第四节

16-4-1　**解：** 图乘法求Δ_{1P}、δ_{12}时，同侧弯矩图相乘为正，异侧相乘为负。据此由题图 b）即可判断：

$$\Delta_{1P}<0,\ \delta_{12}<0$$

答案： B

16-4-2　**解：** 力法方程的右端项Δ_i为原超静定结构沿基本未知量X_i方向的位移，与X_i同向、反向或为零都有可能。

答案： D

16-4-3　**解：** 力法方程是位移协调方程。

答案： C

16-4-4　**解：** 本题为一次超静定结构，但竖杆剪力静定，为零。竖杆弯矩保持常数，可排除选项 B 和 C。力偶荷载节点处弯矩应有突变，选项 D 也应排除。

答案： A

16-4-5　**解：** 本题为一次超静定结构，按力法求解（见解图），其力法方程为：

$$\delta_{11}X_1+\Delta_{1P}=0$$

由于图乘的两个弯矩图在同侧，故$\Delta_{1P}>0$，代入力法方程，求得$X_1<0$，故CD杆的轴力为压力。

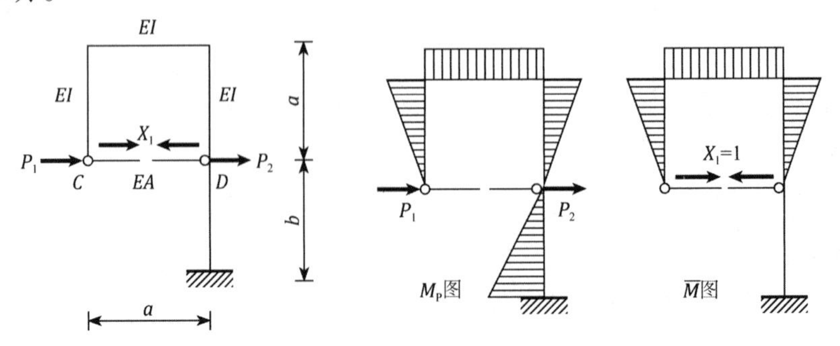

题 16-4-5 解图

答案： C

16-4-6　**解：** 由于P及X_1分别作用于力法基本结构时，左下水平杆受力性质相反（见解图），$\Delta_{1\mathrm{P}}$为负值，代入力法方程$\delta_{11}X_1+\Delta_{1P}=0$，可知$X_1>0$。

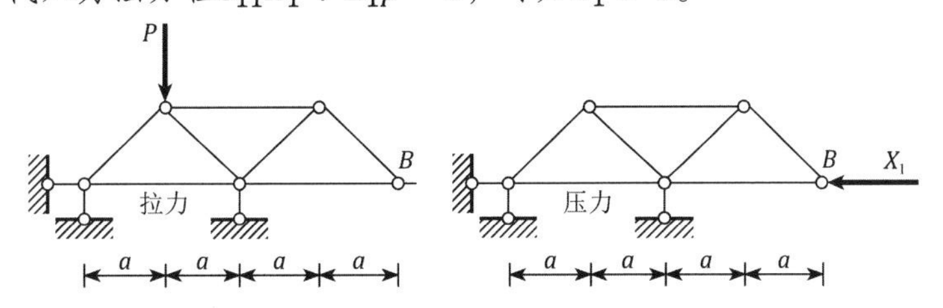

题 16-4-6 解图

答案： C

16-4-7　**解：** 本题对CA轴线结构对称，受反对称荷载作用（将P视为两个$P/2$），只引起反对称内力，对称内力为零，故杆AC轴力为零。

答案： A

16-4-8　**解：** 与X_1对应的基本结构左右两跨各为简支梁，其荷载弯矩图、单位弯矩图分别左右对称且相同，当梁的刚度变化时，$X_1=-\Delta_{1\mathrm{P}}/\delta_{11}$不变。若按位移法求解，会得出$B$截面转角为零（相当于固定端）。也可从力矩分配法的角度看，B点的约束力矩为零，不需分配，X_1相当于固端弯矩。

答案： C

16-4-9　**解：** 在δ_{11}的表达式中，刚度EI_1在分母上。当EI_1增大时，δ_{11}减小。

答案： B

16-4-10　**解：** 利用杆的拉压性质判断副系数，通过计算判断主系数。

$$\delta_{11}=\frac{2\times1^2+4\left(\frac{\sqrt{2}}{2}\right)^2}{EA}=\frac{4}{EA}$$

$$\delta_{22}=\frac{4\times1^2+1(\sqrt{2})^2}{EA}=\frac{6}{EA}$$

答案： B

16-4-11　**解：** 利用对称性，可判断$Q_{\mathrm{DA}}=0$（对水平杆轴线结构对称、荷载对称，只引起对称的水平反力，反对称的竖向反力为零）。或用力法判断支座A的反力为零。

答案： D

16-4-12　**解：** 将荷载分解为对称与反对称两组，对称荷载组不引起弯矩。针对反对称荷载组，可利用对称性规则求得两个水平反力均为$P/2$（向左），再求得$M_{\mathrm{CA}}=\frac{P}{2}l$（右侧受拉）。

答案： C

16-4-13　**解：** 利用对称性。本题对两个斜对角轴线结构对称、荷载对称，取半边结构，并利用对另一轴的对称性，知其受力如解图所示，进而可得：

$$Q_{\mathrm{AB}}=\frac{\sqrt{2}}{2}P\frac{\sqrt{2}}{2}=\frac{P}{2}$$

题 16-4-13 解图

答案： C

16-4-14　**解：** 由平衡条件可知两个竖向反力为零，竖杆无轴力，可排除选项 B、D。温度条件$t_1>$

t_2，杆件轴线温度升高，为满足支座变形协调，两个水平反力方向向内，水平杆受压，排除选项 A。

答案： C

16-4-15　**解：** 半结构应与原结构相应位置受力及位移情况完全一致。原结构顶铰会产生竖向位移，排除选项 B、C。原结构顶铰弯矩为零且左右截面有相对转角，排除选项 D。

答案： A

16-4-16　**解：** 对称结构承受对称荷载，只产生对称的内力和位移，反对称内力和位移应为零。本题为双轴对称结构，依次对两个轴取半边结构，按对称性要求可知B、D、A三处无任何位移（忽略杆的轴向变形），需加固定端，其过程如解图所示。

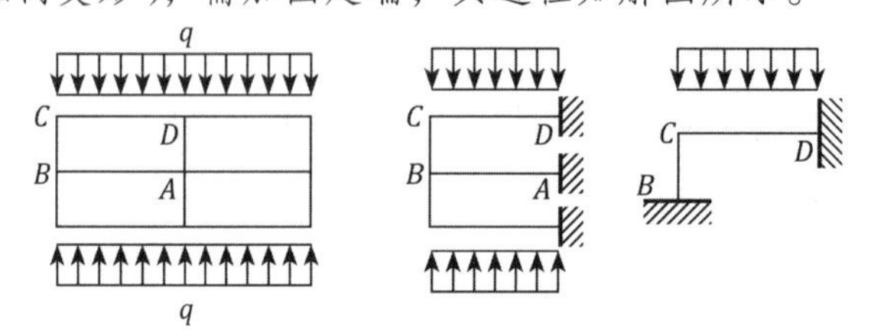

题 16-4-16 解图

这样的1/4结构才与原结构相应位置受力及位移情况完全一致。

答案： A

16-4-17　**解：** 切断一链杆相当于去掉一个约束，受弯杆作一切口相当于去掉三个约束。据此可推知此结构超静定次数为 35。

答案： D

16-4-18　**解：** 必要约束不能撤，需保证基本结构为几何不变。图 b）是瞬变体系，不能用作力法基本结构，可排除选项 A、B、C。图 a）、c）、d）都可用作力法基本体系。

答案： D

16-4-19　**解：** 荷载作用下的内力，取决于杆件的相对刚度，且与荷载值成正比。据此可推知，图 a）比图 b）荷载增大 2 倍，相应内力也增大 2 倍。刚度整体增大，但相对刚度没有变，对内力无影响。

答案： A

16-4-20　**解：** Δ_{1C}为在基本结构上由于支座位移引起多余未知力X_1方向的位移，可根据几何关系直接判断。也可作解图，用位移公式计算：

$$\Delta_{1C} = -\sum \overline{R}c = -(2\Delta_2 - 1 \times \Delta_1) = \Delta_1 - 2\Delta_2$$

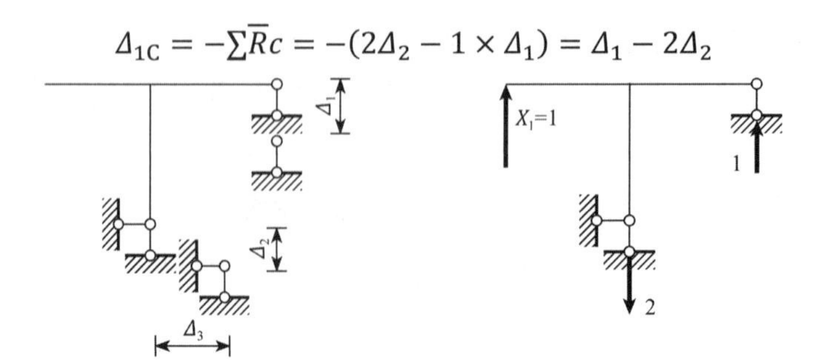

题 16-4-20 解图

答案： D

16-4-21 **解：**阻止全部结点位移所需附加约束的最小数目就是位移法基本未知量的数目。本题（忽略轴向变形）需加6个刚臂和3个链杆（见解图），所以位移法基本未知量的数目应为9。

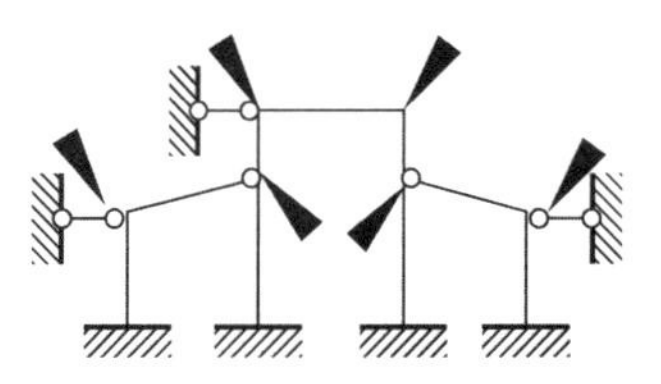

答案：B

16-4-22 **解：**B相当于固定端，两边固端弯矩绝对值相等。

B截面转角为零，相当于在B点加刚臂（见解图），要求刚臂的约束力矩为零，即：

$\frac{P_1(2a)}{8}-\frac{3P_2(2a)}{16}=0$，则$\frac{a}{b}=\frac{3}{2}$。

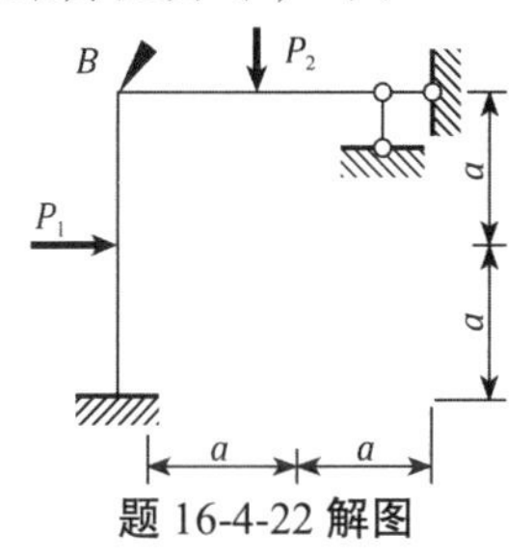

题 16-4-22 解图

答案：A

16-4-23 **解：**由节点C的平衡求。

按位移法建立结点C的平衡方程：$M_{\mathrm{CB}}+M_{\mathrm{CD}}=0$

应用转角位移方程：$M_{\mathrm{CB}}=4i\varphi_{\mathrm{C}}+2i\varphi_{\mathrm{B}}$，$M_{\mathrm{CD}}=3i\varphi_{\mathrm{C}}$

已知$\varphi_{\mathrm{B}}=-\frac{7Pl^2}{240EI}$，代入上式可得：$7i\varphi_{\mathrm{C}}+2i\left(-\frac{7Pl^2}{240EI}\right)=0$

解得：

$$\varphi_C=\frac{Pl^2}{120EI}$$

答案：B

16-4-24 **解：**按位移法建立结点C的力矩平衡方程：$3i\varphi_{\mathrm{C}}+4i\varphi_{\mathrm{C}}-6i\frac{\Delta_{\mathrm{CH}}}{l}=0$

已知$\Delta_{\mathrm{CH}}=\frac{7ql^4}{184EI}$，解得：$\varphi_{\mathrm{C}}=\frac{3ql^3}{92EI}$（顺时针）

答案：C

16-4-25 **解：**利用对称性，并建立节点A的平衡方程。本题为对称结构承受对称荷载，取半边结构，见解图，结点A的力矩平衡方程为：

$$(4i+3i+2i)\varphi_{\mathrm{A}}=m_0$$

解得：$\varphi_{\mathrm{A}}=\frac{m_0}{9i}$

答案：A

16-4-26 **解：**建立截面平衡方程。选取通过三柱头水平截面之上为隔离体（参见解图），建立水平力的平衡方程：$\left(\frac{100D}{h}+\frac{100D}{h}+\frac{200D}{h}\right)\Delta=P$，解得：$\Delta=\frac{Ph}{400D}$。

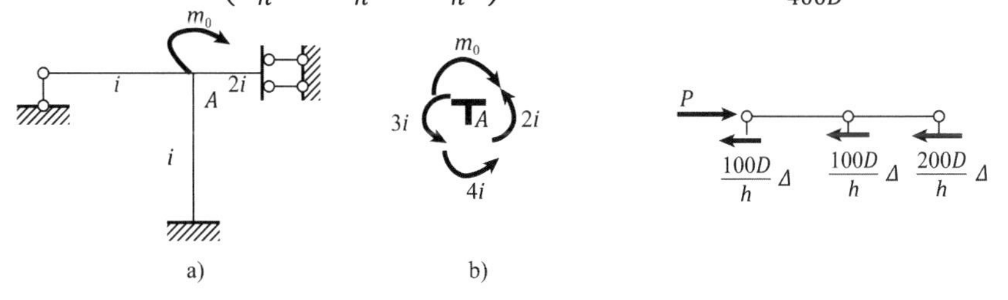

题 16-4-25 解图

题 16-4-26 解图

答案：D

16-4-27 **解：**利用力矩分配与传递的概念判断。交于E点的两杆线刚度相同且远端都是固定端，用力矩分配法求解时，分配系数与转递系数相同，故D与F端弯矩相等。

答案：B

16-4-28 **解：**建立截面平衡方程，各柱侧移刚度求和。

由水平杆隔离体平衡（见解图）可知，P值即为各柱头侧移刚度之和，即：

$$P = 3 \times (1 + 3 \times 2 + 1)\frac{EI}{h^3} = 24\frac{EI}{h^3}$$

答案： C

16-4-29　**解：** 用力矩分配法计算（仅给出了竖杆），见解图。

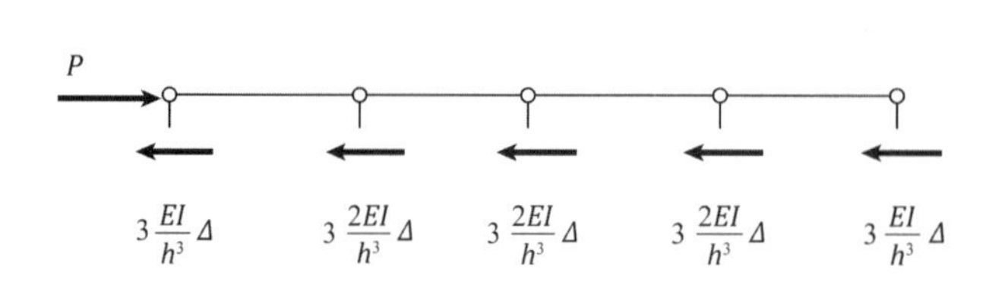

题 16-4-28 解图

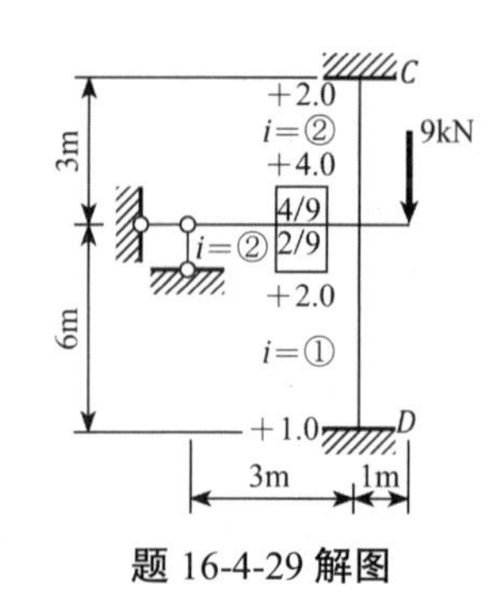

题 16-4-29 解图

答案： B

16-4-30　**解：** 使用BA杆的转角位移方程。根据所给弯矩图，应用转角位移方程，可得：$M_{\mathrm{BA}} = 3\frac{EI}{2}\theta_{\mathrm{B}} = 10$，解得：$\theta_{\mathrm{B}} = \frac{20}{3EI}$。

答案： C

16-4-31　**解：** 节点B平衡，两杆转动刚度求和。

刚度系数k_{11}表示第一附加约束产生单位位移时引起第一附加约束中的反力。本题即在B点附加刚臂产生单位转角时在附加刚臂中产生的反力偶，见解图 a）。截取结点B为隔离体，由平衡条件可得（见解图 b）：

$$k_{11} = (2 + 4)\frac{EI}{l} = 6\frac{EI}{l}$$

a）　　b）

答案： B

16-4-32　**解：** 转动刚度系数是近端单位角位移引起的近端弯矩。

答案： B

16-4-33　**解：** 力矩分配法只能直接用于无未知线位移的结构。图 C 结构有未知线位移，不能直接用力矩分配法计算。

答案： C

16-4-34　**解：** 本题为对称结构承受对称荷载，利用对称性规则，可知竖杆无剪力而弯矩为常数，故可排除选项 B 和 D。注意节点平衡，可排除选项 A 和 D（力偶荷载应使弯矩突变）。

答案： C

16-4-35　**解：** 支座 1 相当于固定端。$\mu_{\mathrm{A4}} = \frac{4}{4+0+1+4} = \frac{4}{9}$。

答案： D

16-4-36　**解：** 转动刚度$S_{\mathrm{BC}} = 0$，$\mu_{\mathrm{BC}} = 0$。

答案： A

16-4-37 **解：** 力矩分配法可直接用于无未知节点线位移的结构（中间铰也是节点）。图A、C、D都有未知节点线位移，可排除。

答案： B

16-4-38 **解：** 计算分配系数和分配弯矩。

$$\mu_{BA}=\frac{3\frac{EI}{3l/4}}{3\frac{EI}{3l/4}+4\frac{EI}{2l/3}}=\frac{4}{4+6}=\frac{2}{5}$$

$$M_{BA}=\frac{2}{5}M$$

$$\mu_{BC}=\frac{4\frac{EI}{2l/3}}{3\frac{EI}{3l/4}+4\frac{EI}{2l/3}}=\frac{6}{4+6}=\frac{3}{5}$$

$$M_{BC}=\frac{3}{5}M$$

答案： B

16-4-39 **解：** 计算分配系数。

$$\mu_{BC}=\frac{EI/2}{4EI/4+EI/2+3EI/5}=\frac{5}{21}$$

答案： C

16-4-40 **解：** 节点C可视为BC杆的铰支端（C点之上的悬臂杆静定）。$\mu_{BA}=\frac{4i}{4i+3i}=\frac{4}{7}$，$C_{BC}=0$。

答案： B

16-4-41 **解：** BC杆弯矩静定，转动刚度系数$S_{BC}=0$。AB杆弯矩为常数，$\mu_{BA}=1$。

答案： D

16-4-42 **解：** 支座B相当于固定端，$\mu_{AB}=\frac{4i}{4i+4i+3i}=\frac{4}{11}$。

答案： C

第五节

16-5-1 **解：** 影响线上点的横坐标表示移动单位力的位置，纵坐标表示影响量的值。据此分别将$P=1$放在B、D点，可求得M_A为0、-4m。

答案： C

16-5-2 **解：** 按静力法或机动法求。按静力法：当$P=1$在C点及以左时$Q_{C右}=0$，当$P=1$在自由端时$Q_{C右}=+1$。

答案： A

16-5-3 **解：** 将$P=1$放在K点，可求得$M_A=\frac{1\times d}{4}=\frac{d}{4}$。

答案： B

16-5-4 **解：** 用机动法求，见解图。

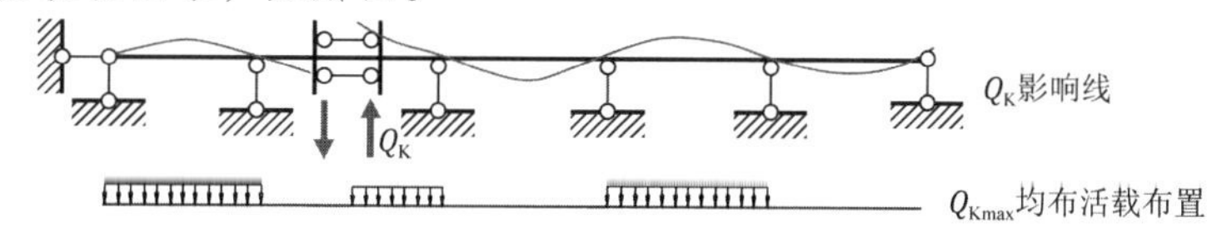

题16-5-4解图

答案：C

16-5-5 **解：**用静力法判断，当$P=1$在中间支座时R_C为零，可排除选项 C、D；而在其他处R_C非零，可排除选项 B。或用机动法求。

答案：A

16-5-6 **解：**用静力法求，当$P=1$在支座时N_1为零，而在中间节点时$N_1=1/2$。

答案：B

16-5-7 **解：**用静力法求，当$P=1$在支座B时$R_A=0$，排除选项 A、C、D。

答案：B

16-5-8 **解：**作R_B影响线并布置移动荷载的不利位置（将一个集中力放在影响线顶点，另一个放在影响线缓侧）（见解图），计算可得：

$$R_B = 60 \times \left(1+\frac{5}{6}\right) = 110\text{kN}$$

答案：B

16-5-9 **解：**三角形影响线移动荷载时，其临界荷载的判断标准是：将该荷载放在影响线顶点那边，那边平均荷载大。由解图易知荷载 80kN 符合此要求。

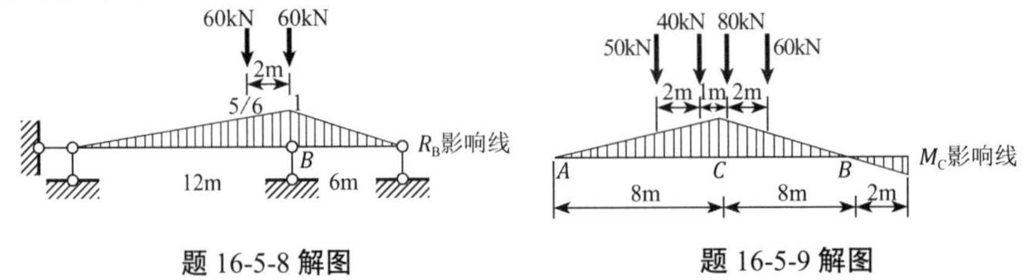

题 16-5-8 解图　　题 16-5-9 解图

答案：D

16-5-10 **解：**先做直接荷载影响线，再将节点的投影点连成直线。见解图。

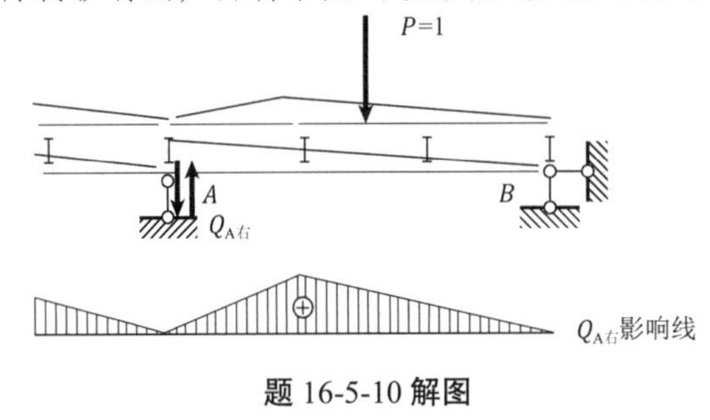

题 16-5-10 解图

答案：B

第六节

16-6-1 **解：**按题意$\Delta=1\text{cm}$，即W引起的静位移Δ_{st}代入公式$T=2\pi\sqrt{\frac{\Delta_{st}}{g}}$，可得

$$T = 2\pi\sqrt{\frac{1}{g}} = 2.007\text{s}$$

答案：D

16-6-2 **解：**分别将两个刚度代入公式$T=2\pi\sqrt{\frac{m}{k}}$，可求得所求比值为$\frac{1}{\sqrt{2}}$。

答案：B

16-6-3 **解：**质点振动方向的刚度（或柔度）系数与EI_2无关。

答案： A

16-6-4 **解：** 确定全部质点位置所需施加链杆的最小数目就是动力自由度数。本题至少需加两个链杆。

答案： B

16-6-5 **解：** 先求出发生于自由端的最大静位移y_{st}和发生于固定端的最大静弯矩M_{st}，再求动力系数β和固定端的最大动弯矩M_{max}。

$$y_{st}=\frac{3Pl^3}{EI}\quad,\quad M_{st}=Pl$$

$$\beta=\frac{y_{max}}{y_{st}}=\frac{4Pl^3}{9EI}\frac{3EI}{Pl^3}=\frac{4}{3}$$

$$M_{max}=\beta M_{st}=\frac{4}{3}Pl$$

答案： B

16-6-6 **解：** 根据题目给出θ及ω的关系求动力系数β，并按解图图乘求最大静位移y_{st}，再求最大动位移y_{max}。

$$\beta=\frac{1}{1-\left(\frac{\theta}{\omega}\right)^2}=\frac{1}{1-(0.5)^2}=\frac{4}{3}$$

$$y_{st}=\frac{1}{2EI}\cdot l\cdot l\left(\frac{1}{3}\frac{Pl}{2}\right)=\frac{Pl^3}{12EI}$$

$$y_{max}=\frac{4}{3}\frac{Pl^3}{12EI}=\frac{Pl^3}{9}$$

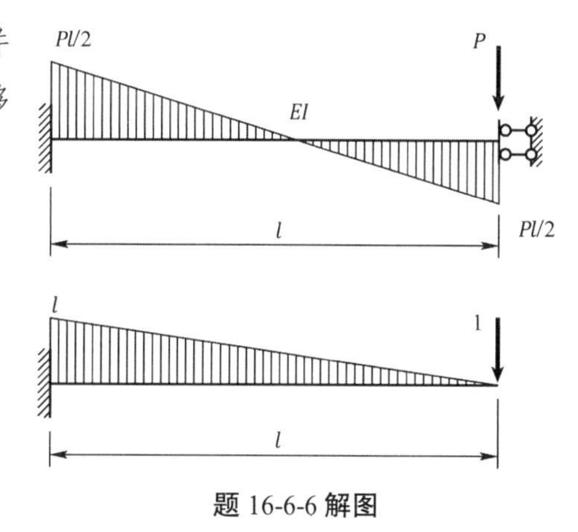

题 16-6-6 解图

答案： D

16-6-7 **解：** 本题为无阻尼单自由度体系自由振动，运动方程余弦前的系数应为初位移y_0，与mg无关，故可排除选项B、D；根号部分应为自振频率$\omega=\sqrt{\frac{48EI}{m4^3}}=\sqrt{\frac{3EI}{4m}}$，与$g$无关，可排除选项C。

答案： A

16-6-8 **解：** 三图质量m相同，沿振动方向刚度系数k大，其自振频率ω就大。比较三图只是支座约束不同，约束越多刚度越强。图b）支座约束最强，自振频率最大。

答案： C

16-6-9 **解：** 在m处加竖向单位力求柔度系数，可得$\delta=\frac{l^3}{48EI}$。自振频率$\omega=\sqrt{\frac{1}{m\delta}}=\sqrt{\frac{48EI}{ml^3}}=4\sqrt{\frac{3EI}{ml^3}}$。

答案： C

16-6-10 **解：** 本题刚性杆作水平振动，相应刚度系数k等于两柱侧移刚度之和，代入频率公式，可得

$$\omega=\sqrt{\frac{k}{m}}=\sqrt{\frac{12\frac{EI}{l^3}+3\frac{EI}{l^3}}{m}}=\sqrt{\frac{15EI}{ml^3}}$$

答案： B

16-6-11 **解：** 可直观判断，m_1只能水平动，m_2只能竖向动，而m_3可两个方向动，共4个自由度。也可用阻止质点运动所需增加链杆数目来判断。

答案：C

16-6-12 **解**：由于桁架杆可伸缩，故每个质点都有4个自由度。

答案：C

16-6-13 **解**：可用阻止质点运动所需增加链杆数目来判断。

答案：B

16-6-14 **解**：可用阻止质点运动所需增加链杆数目来判断。

答案：D

16-6-15 **解**：该体系有2个自由度，其质量矩阵为二阶对角阵。m_1和m_2沿1方向作同步振动。

答案：C

16-6-16 **解**：该体系有2个自由度，其刚度矩阵为二阶对称满阵。

答案：A

16-6-17 **解**：该体系有2个动力自由度，对应有2个主阵型。

答案：B

16-6-18 **解**：该体系有3个动力自由度。振动体系的自由度数、自振频率数以及主阵型数相等。

答案：D

16-6-19 **解**：本题为 2 个自由度对称振动体系，有对称及反对称两个主阵型，其第一主阵型为反对称。

答案：B

16-6-20 **解**：按两个不同主阵型需满足的刚度正交性条件计算

$$(1 \quad x)\begin{bmatrix}16 & -5\\-5 & 2\end{bmatrix}\begin{bmatrix}1\\3\end{bmatrix}=0$$

解得$x=-1$

答案：B

第十七章 结 构 设 计

复 习 指 导

一、考试大纲

14.1 钢筋混凝土结构

材料性能：钢筋 混凝土 黏结

基本设计原则：结构功能 极限状态及其设计表达式 可靠度

承载能力极限状态计算：受弯构件 受扭构件 受压构件 受拉构件 冲切 局部承压 疲劳

正常使用极限状态验算：抗裂 裂缝 挠度

预应力混凝土：轴拉构件 受弯构件

构造要求

梁板结构：塑性内力重分布 单向板肋梁楼盖 双向板肋梁楼盖 无梁楼盖

单层厂房：组成与布置 排架计算 柱 牛腿 吊车梁 屋架 基础

多层及高层房屋：结构体系及布置 框架近似计算 叠合梁 剪力墙结构 框-剪结构 框-剪结构设计要点 基础

抗震设计要点：一般规定 构造要求

14.2 钢结构

钢材性能：基本性能 影响钢材性能的因素 结构钢种类 钢材的选用

构件：轴心受力构件 受弯构件（梁） 拉弯和压弯构件的计算和构造

连接：焊缝连接 普通螺栓和高强度螺栓连接 构件间的连接

钢屋盖：组成 布置 钢屋架设计

14.3 砌体结构

材料性能：块材 砂浆 砌体

基本设计原则：设计表达式

承载力：抗压 局压

混合结构房屋设计：结构布置 静力计算 构造

房屋部件：圈梁 过梁 墙梁 挑梁

抗震设计要求：一般规定 构造要求

二、复习指导

根据考试的大纲要求，结构设计一章包括了钢筋混凝土结构、钢结构、砌体结构的全部内容，以及高层混凝土结构、抗震设计的部分内容，主要考查结构工程师是否掌握结构设计所需的基本理论知识。

复习时，考生应紧扣大纲内容，全面复习与突出重点相结合，即通过本复习教程对基本概念、基本原理和基本知识有一个整体把握，并在此基础上对每节的主要内容重点复习，重点掌握。

根据基础考试命题的特点，复习时不要偏重难度大、过于繁杂的知识，而应注重“基本”知识的理解和记忆，掌握“基本”概念、“基本”假设、“基本”思想及主要结论和应用。

结构设计包括了三类不同的结构，每一类结构基本由三部分组成：①材料性能；②基本计算方法；③构造。不同类型的结构之间，或同一类结构的不同受力构件之间存在着相同点与不同点，应善于分析比较，找出规律性，这样不仅可以加深记忆，也可事半功倍。

在熟练掌握考试大纲要求知识点的基础上，还应做一定数量的配套习题，查漏补缺，总结适合自己特点的解题技巧。

结构设计需要应用许多基本知识，只有较全面系统地理解与掌握了下列这些基本知识，才能更好地进行结构设计。

第一节　钢筋混凝土结构材料性能

钢筋混凝土是由钢筋和混凝土两种材料组成的。这两种物理与力学性能不同的材料之所以能有效地结合在一起并共同工作，主要是由于混凝土硬化后钢筋与混凝土之间产生了良好的黏结力，使两者可靠地结合在一起，从而保证在外荷载作用下，钢筋与相邻混凝土能相互作用，协调变形，共同受力。其次，钢筋与混凝土两种材料的温度线膨胀系数接近（钢筋为 1.2×10^{-5}，混凝土为 1.0×10^{-5}~1.5×10^{-5}），当温度变化时，两者之间不会产生较大的相对变形而导致黏结力破坏。另外，钢筋与构件边缘之间的混凝土保护层，起着防止钢筋锈蚀和高温软化的作用，提高结构的耐久性。

一、钢筋

（一）钢筋的分类

混凝土结构用的钢材有钢筋和钢丝两类，主要包括热轧钢筋、热处理钢筋、预应力钢丝（光面钢丝、螺旋肋钢丝）、钢绞线和预应力螺纹钢筋。

根据钢筋的力学性能可分为有明显屈服点和明显流幅的软钢、无明显屈服点和无明显流幅的硬钢。其中热轧钢筋属于软钢，预应力钢丝和预应力螺纹钢筋则为硬钢。

（二）钢筋力学性能指标

1. 极限抗拉强度

该指标对于硬钢是作为强度标准值取值的依据；对于软钢，虽不作为标准强度取值的依据，但仍有一个最低限值的要求，如 HPB300 级钢筋不小于 462MPa。

2. 屈服强度

该指标对于软钢是作为强度标准值取值的依据，并有最小限值的要求，如 HPB300 级钢筋不小于 300MPa；对于硬钢因无明显屈服点，但为了满足设计理论的需要，一般常取残余应变为 0.2%时所对应的应力值作为假定的屈服强度，称为“条件屈服强度”或“条件屈服点”，用$\sigma_{0.2}$表示。对于预应力钢丝、钢绞线和预应力螺纹钢筋，《混凝土结构设计规范》（GB 50010—2010）（2015 年版）（以下简称《混凝土规范》）统一取 0.85 倍极限抗拉强度作为$\sigma_{0.2}$。

3. 伸长率

这是衡量钢筋延性性能的一个指标，《混凝土规范》明确提出了对钢筋延性的要求。根据我国钢筋标准，将最大力下总伸长率δ_{gt}作为控制钢筋延性的指标。最大力下总伸长率δ_{gt}不受断口-颈缩区域局部变形的影响，反映了钢筋拉断前达到最大力（极限强度）时的均匀应变，故又称为均匀伸长率，其值为

$$\delta_{gt}=\left(\frac{l-l_0}{l_0}+\frac{\sigma_b}{E_s}\right)\times 100\% \tag{17-1-1}$$

式中：δ_{gt}—最大力作用下的总伸长率（%）；

l—试验后量测标记之间的距离；

l_0—试验前的原始标距（不包含颈缩区）；

σ_b—钢筋的最大拉应力（即极限抗拉强度）；

E_s—钢筋的弹性模量。

式（17-1-1）括号中的第一项反映了钢筋的塑性残余变形，第二项反映了钢筋在最大拉应力作用下的弹性变形。

对不同品种的钢筋，《混凝土规范》规定了不同的最大拉力下的总伸长率限值，如 HPB300 钢筋要求$\delta_{gt}\geqslant 10.0\%$。

4. 冷弯性能

它是检验钢筋塑性性能的另一种方法，也可以检查钢筋的脆性倾向。冷弯试验的两个主要参数是弯心直径D和冷弯角度α（见图 17-1-1）。对不同强度等级的钢筋，对D值及α值的要求不同。在规定的D值及α值下冷弯试验后的钢筋应无裂缝、鳞落或断裂现象。对 HPB300 级钢筋，$\alpha=180°$，$D=(1\sim4)d$；对 HRB400 级钢筋，$\alpha=90°$，$D=(3\sim6)d$。

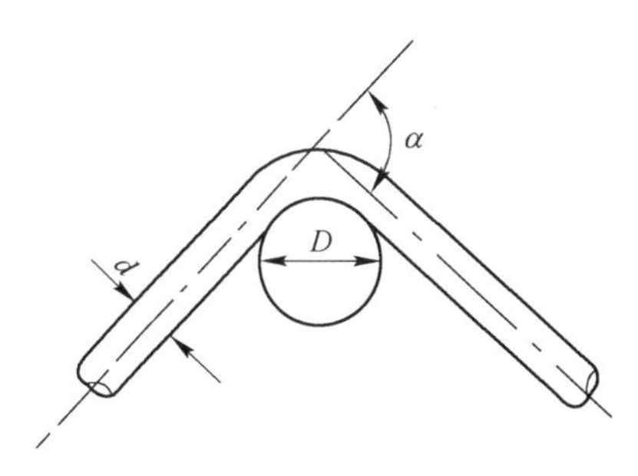

图 17-1-1　钢筋的冷弯试验

（三）对钢筋的质量要求

对钢筋的质量要求有三个方面，即应满足强度、延性性能及可焊性的规定要求。在工程应用中，应对钢筋的机械性能和冷弯性能及可焊性进行检验，以满足相应国家标准规定的要求。

钢筋的强度与延性性能属于钢筋的力学性能，其极限抗拉强度、屈服强度、伸长率、冷弯性能应符合规范要求。钢筋的可焊性由以下几点来衡量：

（1）焊接接头的强度应不低于被焊钢筋的强度；

（2）焊接接头及其附近不应出现焊接裂纹；

（3）焊接接头的塑性不应比被焊钢筋未焊前差。

对于可焊性不同的钢筋，应注意选用适宜的焊接工艺或采用不同的连接方法加以区别对待。

（四）钢筋的选用

纵向受力普通钢筋可采用 HRB400、HRB500、HRBF400、HRBF500、RRB400、HPB300 钢筋，梁、柱和斜撑构件的纵向受力普通钢筋宜采用 HRB400、HRB500、HRBF400、HRBF500 钢筋。

箍筋宜采用 HRB400、HRBF400、HPB300、HRB500、HRBF500 钢筋。

预应力筋宜采用预应力钢丝、钢绞线和预应力螺纹钢筋。

二、混凝土

混凝土是由水泥、砂、石和水按一定配合比，经搅拌、振捣、养护凝固而成，并与时间因素有关的多孔隙非匀质的弹塑性人造石材。

（一）混凝土的强度等级及其选用

《混凝土规范》规定混凝土强度等级是为了在设计、施工及质量检验中便于统一控制与应用。

混凝土强度等级应按立方体抗压强度标准值确定。《混凝土规范》规定的混凝土强度等级有C20、C25、C30、C35、C40、C45、C50、C55、C60、C65、C70、C75、C80共十三级。

选用混凝土时应遵循以下原则：

（1）素混凝土结构的混凝土强度等级不应低于C20；钢筋混凝土结构的混凝土强度等级不应低于C25；采用强度等级500MPa及以上的钢筋时，混凝土强度等级不应低于C30。承受重复荷载的钢筋混凝土构件，混凝土强度等级不应低于C30。

（2）预应力混凝土楼板结构的混凝土强度等级不应低于C30，其他预应力混凝土结构构件的混凝土强度等级不应低于C40。

（二）混凝土的力学指标及其相互关系

1. 立方体抗压强度标准值$f_{cu,k}$

立方体抗压强度标准值$f_{cu,k}$是混凝土各种力学指标的基本代表值。它是指按照标准方法制作养护的边长为150mm的立方体试件，在28d或设计规定龄期用标准试验方法测得的具有95%保证率的抗压强度。也可采用截面为100mm×100mm×100mm或200mm×200mm×200mm的非标准立方体试块。由于尺寸效应的影响，必须将非标准试块的强度乘以换算系数后换算为边长150mm的标准试块的强度，其换算系数分别为0.95或1.05。

2. 轴心抗压强度标准值f_{ck}

轴心抗压强度试件一般采用尺寸为150mm×150mm×300mm或150mm×150mm×450mm的棱柱体，其制作和试验条件与立方体抗压强度相同。根据试验资料统计的公式为

$$f_{ck} = \alpha_{c1}\alpha_{c2}f_{cu,k} \tag{17-1-2}$$

式中：α_{c1}—棱柱体强度与立方体强度的比值，对C50及以下混凝土$\alpha_{c1} = 0.76$，对C80混凝土，$\alpha_{c1} = 0.82$，中间按线性内插；

α_{c2}—混凝土脆性折减系数，对C40及以下混凝土$\alpha_{c2} = 1.0$，对C80混凝土$\alpha_{c2} = 0.87$，中间按线性内插。

考虑到结构中混凝土强度与试件混凝土强度之间的差异，根据以往的经验，并结合试验分析，以及参考其他国家的有关规定，《混凝土规范》考虑试件混凝土强度修正系数为0.88，则

$$f_{ck} = 0.88\alpha_{c1}\alpha_{c2}f_{cu,k} \tag{17-1-3}$$

国外，例如美国、日本和欧洲混凝土协会（CEB）是采用直径150mm、高300mm圆柱体试件的抗压强度作为轴心抗压强度指标，用f_c'表示，$f_c' \approx 0.79f_{cu,k}$。

3. 抗拉强度标准值f_{tk}

轴心受拉试件，我国采用尺寸为100mm×100mm×500mm的棱柱体试件，两端分别对中埋设长度为150mm的$1\phi16$钢筋。试验机夹紧两端伸出钢筋，使试件受拉，破坏时的平均应力即为混凝土轴心抗拉强度值。通过统计分析给出混凝土抗拉强度标准值的经验公式为

$$f_{tk}=0.395f_{cu,k}^{0.55}(1-1.645\delta)^{0.45}\alpha_{c2} \tag{17-1-4}$$

与f_{ck}取值类似，亦考虑到构件与试件差别、尺寸效应及加荷速度等因素，《混凝土规范》给出

$$f_{tk}=0.348f_{cu,k}^{0.55}(1-1.645\delta)^{0.45}\alpha_{c2} \tag{17-1-5}$$

式中：δ—混凝土立方体抗压强度的变异系数。

混凝土的抗拉强度试验也有采用劈裂试验的方法，其劈拉强度为

$$f_t=\frac{2P}{\pi dl} \tag{17-1-6}$$

式中：P—所施加的破坏压力；

d—圆柱体直径或立方体边长；

l—圆柱体长度或立方体边长。

混凝土抗拉强度离散性大而且低，并随混凝土强度等级的提高而降低，$f_{tk}\approx(0.1\sim0.05)f_{cu}$。

（三）复杂应力状态下混凝土的强度

1. 双向受力时的强度

（1）混凝土双向受压时两个方向的抗压强度比单轴受压时有所提高，最大的抗压强度发生在两个方向的压应力比介于 0.5~2.0 之间时，其中较大的压应力可比单轴时提高 27%。双向抗压强度的提高是由于变形受到约束的缘故。

（2）混凝土一个方向受压，另一个方向受拉时，其抗压或抗拉强度都比单轴抗压或抗拉时的强度低，这是由于异号应力加速变形的发展，较快地达到极限应变值的缘故。

（3）混凝土双向受拉时，其抗拉强度与单轴受拉时无明显差别。

2. 三向受压时的强度

圆柱体在等侧压应力下的三轴受压试验表明，其抗压强度有较大的提高。提高后的抗压强度最低值约为圆柱体单轴抗压时强度值加上 4 倍的侧向压应力值。在实际工程中，对于钢管混凝土柱或配置密排螺旋筋的钢筋混凝土柱，由于混凝土受到钢管壁或螺旋筋的约束，使它处于三向受力状态，可以利用这一特性，考虑混凝土抗压强度的提高。

3. 剪应力与单轴正应力共同作用下的强度

试验结果表明，当存在剪应力τ时，混凝土的抗压、抗拉强度都将有所降低。当压应力σ存在时，若$\sigma\leqslant0.6f_c$（f_c为混凝土轴心抗压强度值），其抗剪强度将随σ的增大而提高；但在$\sigma>0.6f_c$之后，其抗剪强度将随σ的加大而下降；当σ趋近于f_c时，将降至小于纯剪强度。当存在拉应力时，其抗剪强度将降低。

【例 17-1-1】 有关横向约束逐渐增加对混凝土竖向抗压性能的影响，下列说法中正确的是：

A. 抗压强度不断提高，但其变形能力逐渐下降

B. 抗压强度不断提高，但其变形能力保持不变

C. 抗压强度不断提高，但其变形能也得到改善

D. 抗压强度和变形能力均逐渐下降

解 横向约束抑制了混凝土内部开裂的倾向和体积的膨胀，可显著提高混凝土的抗压强度。

答案： A

（四）短期荷载作用下混凝土的应力-应变关系

1. 一次加荷的应力-应变关系

一次加荷的应力应变$\sigma-\varepsilon$曲线如图 17-1-2 所示，以峰值应力为界可分为上升段与下降段。

上升段大体又可分为三个阶段，当$\sigma \leqslant 0.3f_c$时，应力应变呈线性关系，变形主要取决于混凝土内部的弹性变形，黏结裂缝没有明显发展。当$\sigma = (0.3\sim0.8)f_c$时，由于混凝土内部水泥凝胶体的黏性流动，以及黏结裂缝的稳态发展，使应变的增长比应力的增长快，应力应变曲线发生明显的转折，表现为弹塑性性质。当$\sigma > 0.8f_c$时，水泥石中的裂缝将黏结裂缝连接起来形成贯通内裂缝，已进入非稳态发展阶段，塑性变形发展很快，曲线斜率明显减小。当$\sigma = f_c$时，σ-ε曲线达到了峰值。此后，σ-ε曲线进入下降段，由于内部裂缝形成破坏面，将混凝土分割成若干小柱体，破坏面上剪切滑移与裂缝的不断延伸扩大，使应变急剧增大，承载力不断下降，直至破坏。其下降段只有当试验机的刚度足够大时才测得出来。

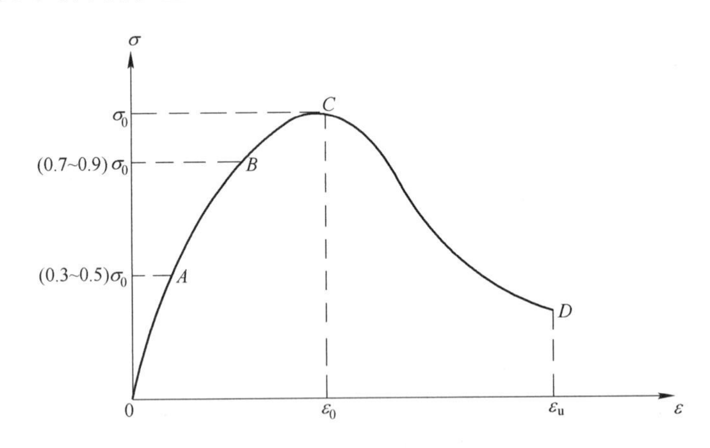

图 17-1-2　混凝土典型应力-应变曲线（$\sigma_0 = f_c$）

随着混凝土强度等级的提高，曲线峰值曲率增大，而下降段缩短，延性减小。

2. 混凝土的弹性模量与变形模量

混凝土为弹塑性材料，反映应力应变关系的模量值不是常数，因此《混凝土规范》中给出了弹性模量（E_c）值的确定方法：采用棱柱体试件，取应力上限值为$0.5\sigma_0$重复加荷 5~10 次，当应力与变形关系趋于线性关系时，该直线的斜率即为混凝土的弹性模量值。根据不同等级混凝土的弹性模量试验值统计分析得出E_c与$f_{cu,k}$的关系为

$$E_c = \frac{10^5}{2.2 + 34.7/f_{cu,k}} \quad (\text{MPa}) \tag{17-1-7}$$

应力应变曲线上任一点与原点连线的割线斜率称为混凝土的变形模量E'_c。

$$E'_c = \frac{\varepsilon_e}{\varepsilon}E_c = \upsilon E_c \tag{17-1-8}$$

式中：ε—总应变；

ε_e—弹性应变；

υ—弹性系数，$\upsilon = \varepsilon_e/\varepsilon$。

3. 多次重复加荷下的应力-应变关系

多次重复加荷试验表明，只要重复应力上限值$\sigma = (0.3\sim0.5)f_c$，加荷与卸荷循环多次将形成塑性变形积累，但塑性变形积累是收敛的，即随循环次数的增加，滞回环收敛成一直线，混凝土将处于弹性工作状态。在工程中，利用这一原理测定混凝土的弹性模量。当重复应力上限值$\sigma > 0.5f_c$时，循环一定次数之后，滞回环亦收敛成一条直线；但在某一循环之后，又重新开始出现塑性变形，其塑性变形积累为发散，不收敛，且一次比一次大，当累积的变形超过混凝土的极限变形能力时，混凝土被疲劳压坏，破坏时应力的上限值称为疲劳应力。

疲劳应力的大小与循环应力的上限、下限及循环次数有关。通常以使材料破坏所需荷载循环次数$n \geqslant 2 \times 10^6$次时的疲劳应力作为疲劳强度。

（五）荷载长期作用时的变形——徐变

混凝土在不变的应力长期持续作用下，随时间增长的变形称为徐变。

影响徐变的主要因素有持续应力的大小、加荷龄期、混凝土配合比、振捣养护条件、结构所处环境等。

当持续应力$\sigma_c \leqslant 0.5f_c$时，徐变与持续应力呈线性关系，称为线性徐变；当$\sigma_c = (0.5\sim0.8)f_c$时，徐变与持续应力不再呈线性关系，称之为非线性徐变，且徐变是收敛的；但当$\sigma_c \geqslant 0.8f_c$时，持续受压，则徐变不收敛，徐变发散将导致混凝土破坏。因此在长期荷载作用下应控制$\sigma_c \leqslant 0.8f_c$。一般认为线性徐变是混凝土的软质凝胶体产生黏性流动的结果，非线性徐变是微裂缝随时间发展的结果。

加载时的龄期越短，徐变越大；水灰比和水泥用量大，振捣不密实，养护与工作环境湿度小，养护时间短，则徐变大。为了减小徐变，应注意养护与控制水灰比，不要过早地拆模板支柱或施加长期荷载。

徐变能使构件变形增大，使预应力产生损失，使高应力受压构件发生突然性破坏等不利影响。但徐变引起的内力或应力重分布及应力松弛有时对结构亦产生有利作用，如对轴心受压柱，可使钢筋与混凝土的应力都可能达到各自的抗压强度；徐变可使温度应力降低。

【例 17-1-2】 在钢筋混凝土轴心受压构件中，混凝土的徐变将使：

A.钢筋应力增大，混凝土应力减少

B.混凝土应力增大，钢筋应力减少

C.钢筋应力不变，混凝土应力增大

D.钢筋与混凝土应力均不变

解 混凝土在不变应力的长期持续作用下，随时间增长的变形称为徐变。对于轴心受压构件，徐变将导致混凝土受压变形增大，应力减小；同时，钢筋应力增大。

答案： A

（六）混凝土收缩

混凝土在空气中硬结时产生体积变小的现象称为收缩，是一种非受力变形。

收缩包括凝缩与干缩两部分。混凝土中水泥与水起化学作用产生的体积变化为凝缩，大部分出现在早期。干缩是混凝土中自由水蒸发引起的体积缩小。收缩是使混凝土内产生初始微裂缝的主要原因，导致混凝土的抗拉强度降低与离散性变大。

混凝土收缩主要出现在早期，往后逐渐减慢，第一个月的收缩应变可完成50%左右，两个月可完成75%左右，1年以后逐渐趋于稳定，最终收缩量约为（2~5）$\times10^{-4}$。对于一般混凝土可取3×10^{-4}。

除受力因素之外，凡对徐变产生影响的因素对收缩都产生影响。此外，水泥强度等级越高，表面积与体积比越大，环境温度越高，收缩值也就越大。

收缩对结构与构件的不利影响是产生收缩裂缝与预应力的损失。当混凝土的收缩变形受到内部或外部约束时，将会产生收缩拉应力或裂缝。通常采用限制水灰比、水泥用量，加强振捣与养护，适量设置构造筋与变形缝及后浇带等措施减小收缩。

三、钢筋与混凝土之间的黏结与锚固

钢筋与混凝土之间的黏结与锚固是两者能共同工作的基础。

（一）形成黏结的因素

（1）水泥胶的水化作用，使钢筋与混凝土的接触面上形成胶结力。

（2）混凝土收缩对钢筋产生的握裹力。

（3）混凝土与钢筋之间的机械咬合力。

（二）钢筋与混凝土之间的黏结应力

钢筋与混凝土的接触界面上沿钢筋纵向分布的纵向剪应力称之为黏结力。在下列三种情况下可能产生黏结应力：

（1）当钢筋伸入混凝土支座内并受到拉力或压力作用时，在钢筋锚固长度范围内产生与拉力或压力相平衡的纵向剪应力，即为锚固黏结应力。

（2）当弯矩沿跨度方向变化时，相邻截面受拉钢筋的应力也发生变化，产生应力差，这使混凝土与钢筋之间产生了黏结应力，称之为弯曲黏结应力。

（3）当弯矩或轴力沿纵向不变，构件一旦开裂，则在两相邻裂缝之间的钢筋应力不均匀，存在应力差，在混凝土与钢筋之间产生黏结应力，称之为局部黏结应力。

（三）钢筋与混凝土之间的黏结强度

钢筋与混凝土之间黏结面上单位面积所能承担的最大黏结应力，称之为黏结强度。

黏结强度的高低对钢筋的锚固长度、搭接长度、裂缝的间距与宽度都有直接的影响。黏结强度越高，则锚固长度、搭接长度及裂缝间距和宽度都将减小。

【例 17-1-3】 钢筋混凝土结构对钢筋性能的需求不包括：

A. 强度　　B. 耐火性

C. 塑性　　D. 与混凝土的黏结能力

解 钢筋与构件边缘之间的混凝土保护层，起着防止钢筋锈蚀和高温软化的作用，可提高结构的耐久性（耐火性），所以钢筋混凝土结构对钢筋性能的需求不包括耐火性。

答案：B

习　题

17-1-1 对于有明显屈服点的钢筋，其强度标准值取值的依据是（　　）。

A. 极限抗拉强度

B. 屈服强度

C. 0.85 倍的极限抗拉强度

D. 钢筋比例极限对应的应力

17-1-2 对于无明显屈服点的钢筋，进行钢筋质量检验的主要指标是（　　）。

①极限强度；②条件屈服强度；③伸长率；④冷弯性能。

A. ①③④　　B. ①②④

C. ①②③　　D. ①②③④

17-1-3 《混凝土规范》中，混凝土各种力学指标的基本代表值是（　　）。

A. 立方体抗压强度标准值

B. 轴心抗压强度标准值

C. 轴心抗压强度设计值

D. 轴心抗拉强度设计值

17-1-4　混凝土双向受力时，何种情况下强度最低？（　　）

A. 两向受拉

B. 两向受压

C. 一拉一压

D. 两向受拉，且两向拉应力值相等时

第二节　基本设计原则

根据国家标准《建筑结构可靠性设计统一标准》（GB 50068—2018）（以下简称《结构统一标准》）所确定的原则，结构设计时采用以概率理论为基础的极限状态设计方法。现将基本设计原则简述如下。

一、结构功能要求和设计工作年限

结构设计的目的是要使所设计的结构能够完成全部预定功能要求，并具有足够的可靠性。结构功能要求可概括为下列三个方面。

（一）安全性

结构在正常设计、施工和使用条件下，应该能够承受可能出现的各种作用（各种荷载、外加变形、约束变形等）；而且在偶然荷载作用，或偶然事件发生时或发生后，结构应能保持必需的稳定性，不致倒塌。

（二）适用性

结构在正常使用时应能满足预定的使用要求，有良好的工作性能，其变形、裂缝或振动等均不超过规定的限值。

（三）耐久性

结构在正常使用和正常维护条件下，在规定的使用期限内应有足够的耐久性，如保护层不能过薄，裂缝不得过宽而引起钢筋锈蚀，不发生混凝土严重风化、腐蚀、老化，而影响结构的预定工作期限。

上述功能要求，即结构在规定的时间内（在设计基准期内），在规定的条件下（正常设计、正常施工、正常使用和正常维修）完成预定功能的能力，称为结构的可靠性。

结构的设计工作年限见表 17-2-1。

设计工作年限分类　　表 17-2-1

类　别	设计工作年限（年）	示　例	类　别	设计工作年限（年）	示　例
1	5	临时性结构	3	50	普通房屋和构筑物
2	25	易于替换的结构构件	4	100	标志性建筑和特别重要的建筑结构

【例 17-2-1】建筑结构的可靠性包括：

A. 安全性、耐久性、经济性

B. 安全性、适用性、经济性

C. 耐久性、经济性、适应性

D. 安全性、适用性、耐久性

解 建筑结构的可靠性包括安全性、适用性和耐久性。

答案：D

二、结构的极限状态

结构能够满足结构功能要求称之为结构“可靠”或“有效”；反之则称结构为“不可靠”或“失效”。结构是处于“可靠”或“失效”的某一特定的鉴别标准，称之为结构的极限状态。

我国《结构统一标准》将结构极限状态分为三类。

（一）承载能力极限状态

承载能力极限状态指结构或构件达到了最大承载能力，出现疲劳破坏或者产生了不适于继续承载的过大变形。当结构或结构构件出现下列状态之一时，即认为超过了承载能力极限状态：

（1）结构构件或其连接因超过材料强度而破坏（包括疲劳破坏），如短的轴心受压构件中混凝土和钢筋分别达到抗压强度而破坏，构件中的钢筋锚固长度不够而被拔出，或构件因过度变形而不适于继续承载。

（2）整个结构或结构的一部分作为刚体失去平衡，如烟囱在风力作用下整体倾倒。

（3）结构转变为机动体系，如简支梁跨中截面达到抗弯承载力而形成三铰共线的机动体系，丧失承载能力。

（4）结构或构件丧失稳定，如细长柱达到临界荷载后压屈失稳而破坏。

（5）结构因局部破坏而发生连续倒塌。

（6）地基丧失承载能力而破坏（如失稳等）。

（7）结构或构件发生疲劳破坏。

（二）正常使用极限状态

正常使用极限状态对应于结构或结构构件达到正常使用的某项规定限值。当出现下列状态之一时，即认为超过了正常使用极限状态：

（1）影响正常使用或外观的变形，如梁的变形过大影响正常使用或观瞻。

（2）影响正常使用的局部损坏，如裂缝过宽影响水池的正常使用或导致钢筋锈蚀。

（3）影响正常使用的振动，如楼盖梁板的振幅过大影响正常使用。

（4）影响正常使用的其他特定状态，如基础相对沉降过大等。

（三）耐久性极限状态

耐久性极限状态对应于结构或结构构件达到耐久性能的某项规定限值。当结构或结构构件出现下列状态之一时，应认定为超过了耐久性极限状态：

（1）影响承载能力和正常使用的材料性能劣化。

（2）影响耐久性能的裂缝、变形、缺口、外观、材料削弱等。

（3）影响耐久性能的其他特定状态。

三、结构上的作用、作用效应S、结构抗力R、结构的功能函数Z

（一）结构上的作用

结构上的作用是指施加在结构上的集中荷载与分布荷载（包括永久荷载、可变荷载等）或引起结构外加变形或约束变形因素的总称。

施加在结构上的集中荷载与分布荷载称为直接作用。引起结构外加变形或约束变形的其他作用称为间接作用，如基础沉降、温度变化、混凝土收缩、焊接变形等。

结构上的作用按下列原则分类。

1. 按随时间变化分类

（1）永久作用：在设计基准期内其值不随时间变化，或其变化与平均值相比可以忽略不计的作用。如结构自重、建筑层、土压力等。

（2）可变作用：在设计基准期内其值随时间变化，且其变化与平均值相比不可忽略的作用。如楼面活荷载、雪荷载、风荷载、吊车荷载等。

（3）偶然作用：在设计基准内可能出现，也可能不出现，但一旦出现其值很大且持续时间较短的作用。如爆炸、撞击等作用。

2. 按随空间的变化分类

（1）固定作用：在结构空间位置上具有固定分布的作用。如结构自重、固定的设备等。

（2）自由作用：在结构空间位置上的一定范围内可以任意布置的作用。如楼面上的活荷载、吊车荷载等。

3. 按结构的反应特点分类

（1）静态作用：使结构或结构构件产生的加速度很小可以忽略不计的作用。如楼面的活荷载等。

（2）动态作用：使结构或结构构件产生的加速度不可忽略不计的作用。如吊车荷载、地震、起吊荷载等。

4. 按有无限值分类

（1）有界作用：具有不能被超越的且可确切或近似掌握界限值的作用。

（2）无界作用：没有明确界限值的作用。

（二）作用效应S

施加在结构上的直接作用或者间接作用，在结构或结构构件内产生的内力和变形（如轴力、弯矩、剪力、扭矩、挠度、转角、裂缝、应力与应变等），总称为作用效应，用“S”表示。由直接作用产生的作用效应称之为荷载效应。

（三）结构抗力R

结构或结构构件承受内力和变形的能力，总称为结构抗力，如构件的承载能力、刚度、抵抗裂缝的能力等。结构抗力与结构构件的截面形式、尺寸、材料强度等级等因素有关。

（四）结构的功能函数Z与极限状态方程

结构或结构构件的工作状态是处于安全可靠还是处于失效状态，可以由反映作用效应S与结构抗力R两者之间关系的功能函数Z来表达。结构安全可靠的基本条件应符合下式要求

$$Z = g(R,S) = R - S \geqslant 0 \tag{17-2-1}$$

式（17-2-1）称之为结构的功能函数。当结构处于极限状态时，则

$$Z = R - S = 0 \tag{17-2-2}$$

式（17-2-2）称之为结构的极限状态方程。

功能函数是判别结构失效或可靠的标准

$$\left.\begin{array}{l}\text{当}Z > 0\text{时，结构处于可靠状态}\\ \text{当}Z = 0\text{时，结构处于极限状态}\\ \text{当}Z < 0\text{时，结构处于失效状态}\end{array}\right\} \tag{17-2-3}$$

四、结构可靠度

结构安全、适用、耐久是结构可靠的标志，总称为结构的可靠性。

（一）结构的可靠度

结构的可靠度是指在规定的设计基准期内（我国为 50 年），在规定的条件下（正常设计、正常施工、正常使用），完成预定功能（结构安全性、适用性、耐久性）的概率。结构可靠度是结构可靠性的概率度量。

（二）结构的可靠概率和失效概率与可靠指标

若结构功能函数$Z = R - S$的概率分布曲线如图 17-2-1 所示，属于正态分布，则结构的可靠概率P_s、失效概率P_f、结构的可靠指标β之间存在下列关系。

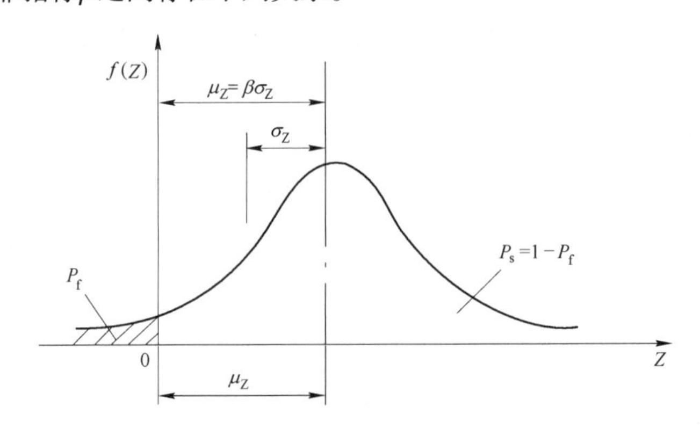

图 17-2-1　正态分布图上可靠概率、失效概率和可靠指标的表示方法

（1）结构可靠概率是指结构能够完成预定功能$Z = R - S > 0$的概率。

$$P_s = \int_0^{\infty} f(Z)\mathrm{d}Z \tag{17-2-4}$$

（2）结构失效概率是指结构不能完成预定功能的概率。

$$P_f = \int_{-\infty}^{0} f(Z)\mathrm{d}Z \tag{17-2-5}$$

（3）结构的可靠概率与失效概率的关系是

$$P_s + P_f = 1 \tag{17-2-6}$$

或

$$P_s = 1 - P_f \tag{17-2-7}$$

（4）结构的可靠指标β为结构功能函数Z的平均值μ_Z与其标准差σ_Z的比值。

$$\beta = \frac{\mu_Z}{\sigma_Z} \tag{17-2-8}$$

或

$$\mu_Z = \beta\sigma_Z \tag{17-2-9}$$

$$\mu_Z = \mu_R - \mu_S \tag{17-2-10}$$

$$\sigma_Z = \sqrt{\sigma_R^2 + \sigma_S^2} \tag{17-2-11}$$

式中：μ_R、σ_R—分别为结构抗力R正态分布随机变量平均值与标准差；

μ_S、σ_S—分别为作用效应S正态分布随机变量平均值与标准差。

用失效概率P_f来度量结构的可靠性有明确的物理意义，能较好地反映问题的实质。但结构功能函数包含多种因素影响，而且每一种因素不一定完全服从正态分布，需要对它们进行当量正态化处理。计算失效概率一般要进行多维积分，数学上复杂。由于可靠指标β与失效概率P_f在数量上有一一对应关系（见图 17-2-1），β越大，P_f越小；反之，β越小，P_f则越大。若用β来度量结构可靠度，可使问题简化。

（5）《结构统一标准》根据建筑结构的破坏后果，即危及人的生命、造成经济损失、产生社会影响等的严重程度，将结构安全等级分为三级：①破坏后果很严重的重要建筑物，安全等级为一级；②破坏后果严重的一般工业与民用建筑为二级；③破坏后果不严重的次要建筑为三级。并且规定了各类结构构件按承载能力极限状态设计时采用的可靠指标β值，见表 17-2-2。

结构构件的可靠指标β值 　　**表** 17-2-2

破坏类型	安全等级		
	一级	二级	三级
延性破坏	3.7	3.2	2.7
脆性破坏	4.2	3.7	3.2

按表 17-2-2 可靠指标进行设计的准则，称之为可靠指标设计准则。由于确定可靠指标β时，将作用效应S与结构抗力R作为两个服从正态分布的独立随机变量，只考虑平均值和标准差的影响，没有考虑两者的联合分布特征等因素，在计算中又做了假定与简化，所以称之为近似概率准则。

结构构件在正常使用极限状态的可靠指标，宜根据其可逆程度取 0~1.5。

结构构件在耐久性极限状态的可靠指标，宜根据其可逆程度取 1.0~2.0。

五、极限状态设计表达式

对于一般结构构件，若根据规定可靠指标β去进行结构设计，则必须利用荷载、材料、构件尺寸等的概率分布规律、统计参数，计算时复杂。因此，我国《结构统一标准》建议采用结构构件实用设计表达式。

（一）荷载的代表值

1. 荷载标准值

在结构设计基准期内，在正常情况下可能出现的最大荷载值，也是极限状态设计时采用的荷载代表值。

永久荷载标准值G_k是按构件的设计尺寸和材料重度的标准值确定的值。

可变荷载标准值Q_k是统一由设计基准期内最大荷载概率分布的某一分位数确定的，一般取具有95%保证率的上分位值，即取平均值加 1.645 倍的标准差。但对不少尚缺少研究的可变荷载，一般还沿用传统习惯的经验数值。

2. 荷载组合值

荷载组合值为可变荷载标准值乘以荷载组合值系数。这是考虑到两种或两种以上的可变荷载同时达到最大值的可能性较小，在设计中采用荷载组合值。

3. 荷载频遇值

荷载频遇值为可变荷载标准值乘以荷载频遇值系数，是指在设计基准期内被超越的总时间仅为设计基准期一小部分的荷载值；或在设计基准期内其超越概率为某一给定频率的荷载值，主要用于当一个极限状态被超越时将产生局部损害、较大变形或短暂振动等情况。

4. 荷载准永久值

荷载准永久值为可变荷载标准值乘以荷载准永久值系数，是指在设计基准期内被超越的总时间为设计基准期一半的荷载值，主要用于当长期效应是决定因素时的一些情况。

（二）荷载分项系数与荷载设计值

1. 荷载分项系数

它是设计计算中反映荷载不定性关系与结构可靠度相关联的分项系数。

（1）永久荷载分项系数γ_G：当其效应对结构不利时，取 1.3。当其效应对结构有利时，一般情况下取 1.0；对结构的倾覆、滑移或漂浮验算，应取 0.9。

（2）可变荷载分项系数γ_Q：一般情况下取 1.5，对标准值大于 4kN/m^2 的工业房屋楼面结构的活荷载应取 1.4。

对于某些特殊情况，可按建筑结构有关设计规范的规定确定。

2. 荷载设计值

荷载设计值为荷载代表值乘以荷载分项系数后的值。只有按承载力极限状态计算荷载效应时才需考虑荷载分项系数与荷载设计值。

注：《工程结构通用规范》（GB 55001—2021）将永久荷载分项系数γ_G由 1.2 调整为 1.3，可变荷载分项系数γ_Q由 1.4 调整为 1.5，同时取消了“由永久荷载控制的组合，或由可变荷载控制的组合”。但现行《混凝土规范》与《建筑结构荷载规范》（GB 50009—2012）（以下简称《荷载规范》）等还未做相应修改。

（三）材料强度指标取值

1. 强度标准值

强度标准值是结构设计时采用的材料性能基本代表值。材料强度的概率分布宜采用正态分布或对数正态分布。材料强度的标准值可取其概率分布的 0.05 分位值确定，即$\mu_R - 1.645\sigma_R$值，它具有 95%的保证率。当试验数据不足时，可根据经验分析确定（其值详见有关设计规范）。

2. 材料分项系数

材料分项系数是在按承载力极限状态设计时，按规定的可靠度指标β值在计算模式中所采用的系数值。我国规范根据β值及材料、几何参数、荷载基本参量，求出了各种结构用材料的分项系数，例如：

混凝土材料的分项系数$\gamma_c = 1.4$；

HPB300 级、HRB400 级和 RRB400 级钢筋的分项系数$\gamma_s = 1.1$；

HRB500 级钢筋的分项系数$\gamma_s = 1.15$；

预应力钢丝、钢绞线和预应力螺纹钢筋的分项系数$\gamma_s = 1.2$。

3. 材料强度设计值

材料强度设计值是材料强度的标准值f_k除以材料分项系数值后的值（其值详见有关设计规范）。在承载力极限状态设计中采用材料强度设计值。

（四）极限状态设计实用表达式

1. 承载力极限状态设计表达式

我国《混凝土规范》采用以概率理论为基础的极限状态设计法，结构构件的承载力设计应根据荷载效应的基本组合和偶然组合进行。其一般公式为

$$\gamma_0 S \leqslant R \tag{17-2-12}$$

1）结构构件重要性系数

对安全等级不同的结构，结构构件重要性系数取值如下：

安全等级为一级 $\gamma_0 = 1.1$

安全等级为二级 $\gamma_0 = 1.0$

安全等级为三级 $\gamma_0 = 0.9$

建筑物中各类结构构件的安全等级，宜与整个结构的安全等级相同，对其中部分结构构件的安全等级可根据其重要程度适当调整，但不得低于三级。对有特殊要求的建筑物，其安全等级应根据具体情况另行确定。

2）荷载效应的组合设计值S

（1）荷载效应基本组合

$$S = \gamma_G S_{Gk} + \gamma_{Q1} S_{Q1K} + \sum_{i=2}^{n} \gamma_{Qi} \psi_{ci} S_{Qik} \tag{17-2-13}$$

式中：γ_G—永久荷载的分项系数；

γ_{Qi}—第i个可变荷载的分项系数，其中γ_{Q1}为可变荷载Q_1的分项系数；

S_{Gk}—按永久荷载标准值G_k计算的荷载效应值；

S_{Qik}—按可变荷载标准值Q_{ik}计算的荷载效应值，其中S_{Q1k}为诸可变荷载效应中起控制作用者；

ψ_{ci}—可变荷载Q_i组合值系数，应根据不同可变荷载按《荷载规范》取用；

n—参与组合的可变荷载数。

基本组合中的设计值仅适用于荷载与荷载效应为线性的情况。

对于一般排架、框架结构可采用以下简化式：

$$\left.\begin{aligned} S &= \gamma_G S_{Gk} + \gamma_{Q1} S_{Q1k} \\ S &= \gamma_G S_{Gk} + 0.9 \sum_{i=1}^{n} \gamma_{Qi} \psi_{ci} S_{Qik} \end{aligned}\right\} \tag{17-2-14}$$

（2）偶然组合

荷载效应组合的设计值宜按下列规定确定：偶然荷载的代表值不乘分项系数，与偶然荷载同时出现的其他荷载可根据观测资料和工程经验采用适当的代表值。各种情况下荷载效应的设计值公式，可参照有关规范执行。

3）结构构件承载力设计值R

结构构件承载力设计值取决于截面几何尺寸、材料种类、材料强度等级、截面形式等因素。对钢筋混凝土构件，可表达为

$$R = R(f_c, f_s, a_k, \cdots)/\gamma_{Rd} \tag{17-2-15}$$

式中：　f_c、f_s—分别为混凝土、钢筋的强度设计值；

a_k—几何参数的标准值，当几何参数的变异性对结构性能有明显的不利影响时，应增减一个附加值；

γ_{Rd}—结构构件的抗力模型不定性系数，静力设计取 1.0，对不确定性较大的结构构件，根据具体情况取大于 1.0 的数值，抗震设计时采用承载力抗震调整系数γ_{RE}代替γ_{Rd}。

2. 正常使用极限状态表达式

正常使用极限状态应根据不同的设计要求，采用荷载的标准组合、频遇组合、准永久组合或标准组合并考虑长期作用影响，采用下列极限状态设计表达式

$$S \leqslant C \tag{17-2-16}$$

式中：C—结构或结构构件达到正常使用要求的规定限值，例如变形、裂缝、振幅、加速度、应力等限值。

（1）标准组合

荷载效应组合的设计值S应按下式采用

$$S = S_{Gk} + S_{Q1k} + \sum_{i=2}^{n} \psi_{ci} S_{Qik} \tag{17-2-17}$$

（2）频遇组合

荷载效应组合的设计值S应按下式采用

$$S = S_{Gk} + \psi_{f1} S_{Q1k} + \sum_{i=2}^{n} \psi_{qi} S_{Qik} \tag{17-2-18}$$

式中：ψ_{f1}—可变荷载Q_1的频遇值系数；

ψ_{qi}—可变荷载Q_i的准永久值系数。

（3）准永久组合

荷载效应组合的设计值S应按下式采用

$$S = S_{Gk} + \sum_{i=1}^{n} \psi_{qi} S_{Qik} \tag{17-2-19}$$

以上组合中的设计值仅适用于荷载与荷载效应为线性的情况。

3. 挠度验算

钢筋混凝土受弯构件的最大挠度f_{max}应按荷载的准永久组合，预应力混凝土受弯构件的最大挠度应按荷载的标准组合，并均应考虑荷载长期作用的影响进行计算，其计算值不应超过《混凝土规范》规定的挠度限值f_{lim}，即

$$f_{max} \leqslant f_{lim} \tag{17-2-20}$$

4. 裂缝验算

根据正常使用阶段对结构构件裂缝的不同要求，将结构构件正截面的裂缝控制等级分为三级：

一级——严格要求不出现裂缝的构件，在荷载标准组合计算时，构件受拉边缘混凝土不应产生拉应力。

二级——一般要求不出现裂缝的构件，在荷载标准组合计算时，构件受拉边缘混凝土拉应力不应大于混凝土抗拉强度标准值。

三级——允许出现裂缝的构件，对钢筋混凝土构件，按荷载准永久组合并考虑长期作用影响计算时，构件的最大裂缝宽度w_{max}不应超过《混凝土规范》规定的最大裂缝宽度限值w_{lim}。对预应力混凝土构件，按荷载标准组合并考虑长期作用影响计算时，构件的最大裂缝宽度w_{max}不应超过《混凝土规范》

规定的最大裂缝宽度限值w_{lim}，即

$$w_{max} \leqslant w_{lim} \tag{17-2-21}$$

对二 a 类环境的预应力混凝土构件，尚应按荷载准永久组合计算，且构件受拉边缘混凝土的拉应力不应大于混凝土的抗拉强度标准值。

5. 耐久性规定

混凝土结构应根据设计工作年限和环境类别进行耐久性设计。混凝土结构暴露的环境类别应按表 17-2-3 的要求划分；设计工作年限为 50 年的混凝土结构，其混凝土材料宜符合表 17-2-4 的规定。

混凝土结构的环境类别　　**表** 17-2-3

环境类别	条　件
一	室内干燥环境； 无侵蚀性静水浸没环境
二 a	室内潮湿环境； 非严寒和非寒冷地区的露天环境； 非严寒和非寒冷地区与无侵蚀性的水或土壤直接接触的环境； 严寒和寒冷地区的冰冻线以下与无侵蚀性的水或土壤直接接触的环境
二 b	干湿交替环境； 水位频繁变动环境； 严寒和寒冷地区的露天环境； 严寒和寒冷地区冰冻线以上与无侵蚀性的水或土壤直接接触的环境
三 a	严寒和寒冷地区冬季水位变动区环境； 受除冰盐影响环境； 海风环境
三 b	盐渍土环境； 受除冰盐作用环境； 海岸环境
四	海水环境
五	受人为或自然的侵蚀性物质影响的环境

注：1.室内潮湿环境是指构件表面经常处于结露或湿润状态的环境。

2.严寒和寒冷地区的划分应符合现行国家标准《民用建筑热工设计规范》（GB 50176）的有关规定。

3.海岸环境和海风环境宜根据当地情况，考虑主导风向及结构所处迎风、背风部位等因素的影响，由调查研究和工程经验确定。

4.受除冰盐影响环境是指受到除冰盐盐雾影响的环境，受除冰盐作用环境是指被除冰盐溶液溅射的环境以及使用除冰盐地区的洗车房、停车楼等建筑。

5.暴露的环境是指混凝土结构表面所处的环境。

结构混凝土材料的耐久性基本要求 表 17-2-4

环境等级	最大水胶比	最低强度等级	最大氯离子含量(%)	最大碱含量(kg/m^3)
一	0.60	C20	0.30	不限制
二 a	0.55	C25	0.20	3.0
二 b	0.50(0.55)	C30(C25)	0.15	
三 a	0.45(0.50)	C35(C30)	0.15	
三 b	0.40	C40	0.10	

注:1.氯离子含量系指其占胶凝材料总量的百分比。

2.预应力构件混凝土中的最大氯离子含量为0.06%,其最低混凝土强度等级宜按表中的规定提高两个等级。

3.素混凝土构件的水胶比及最低强度等级的要求可适当放松。

4.有可靠工程经验时,二类环境中的最低混凝土强度等级可降低一个等级。

5.处于严寒和寒冷地区二 b、三 a 类环境中的混凝土应使用引气剂,并可采用括号中的有关参数。

6.当使用非碱活性骨料时,对混凝土中的碱含量可不作限制。

习 题

17-2-1 下列情况属于超出正常使用极限状态的是( )。

A. 雨篷倾倒

B. 现浇双向楼板在人行走时振动较大

C. 连续板中间支座出现塑性铰

D. 钢筋锚固长度不够而被拔出

17-2-2 安全等级为二级的延性结构构件的可靠性指标为( )。

A. 4.2 B. 3.7 C. 3.2 D. 2.7

17-2-3 我国规范度量结构构件可靠度的方法是( )。

A. 用可靠性指标β,不计失效概率P_f

B. 用荷载、材料的分项系数及结构的重要性系数,不计P_f

C. 用β表示P_f,并在形式上采用分项系数和结构构件的重要性系数

D. 用荷载及材料的分项系数,不计P_f

17-2-4 可变荷载在设计基准期内被超越的总时间为( )的那部分荷载值,称为该可变荷载的准永久值。

A. 10 年 B. 15 年 C. 20 年 D. 25 年

17-2-5 混凝土材料的分项系数为( )。

A. 1.25 B. 1.35 C. 1.4 D. 1.45

17-2-6 结构在设计工作年限超过设计基准期后,结构将发生( )。

A. 立即丧失其功能

B. 可靠度降低

C. 不失效则可靠度不变

D. 可靠度降低,但可靠指标不变

第三节 钢筋混凝土构件承载能力极限状态计算

一、钢筋混凝土受弯构件

（一）正截面抗弯承载力

1. 受弯构件正截面可能发生的三种破坏形态

（1）少筋破坏

当构件受拉钢筋的配筋率$\rho = A_s/(bh) < \rho_{min}$（最小配筋率）时，构件一旦开裂即丧失承载能力，呈脆性破坏，无明显预兆，材料不能充分利用，在设计中应加以防止。

（2）适筋破坏

当正截面混凝土受压区的高度$x \leqslant \xi_b h_0$（ξ_b为相对界限受压区高度），$\rho = A_s/(bh) \geqslant \rho_{min}$时，构件纵向受拉筋先达到屈服，然后受压区混凝土被压坏，呈塑性破坏，有明显的塑性变形和裂缝预告，在设计中应设计成这种梁。

（3）超筋破坏

当正截面混凝土受压区高度$x > \xi_b h_0$时，由于受压区混凝土先压碎，而受拉钢筋尚未达到屈服，破坏前有一定的变形与裂缝预兆，但不如适筋梁明显，属脆性破坏，材料不能充分利用，在设计中应加以避免。

2. 适筋梁的三个应力阶段

（1）Ⅰ阶段

截面开裂前的阶段为Ⅰ阶段。当受拉区边缘的混凝土拉应变达到极限拉应变，即$\varepsilon_t = \varepsilon_{tu}$，拉区即将开裂时，称之为$\mathrm{I_a}$阶段，即为第Ⅰ阶段末。将$\mathrm{I_a}$阶段应力状态作为抗裂验算的依据。

（2）Ⅱ阶段

从截面受拉区开裂开始至纵向受拉钢筋刚达到屈服时止为Ⅱ阶段。钢筋刚达到屈服时称为$\mathrm{II_a}$阶段。$\mathrm{II_a}$阶段应力状态是正常使用极限状态的刚度与裂缝宽度验算的依据。

（3）Ⅲ阶段

从受拉钢筋屈服后至受压区混凝土压坏为止为Ⅲ阶段。当受压区混凝土压坏时称为$\mathrm{III_a}$阶段。$\mathrm{III_a}$的应力状态是正截面抗弯承载力计算的依据。

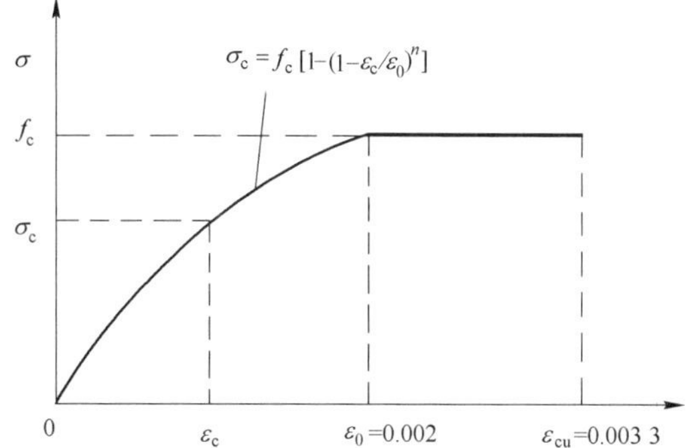

图 17-3-1 混凝土应力-应变曲线

3. 受弯构件正截面承载力计算的基本假定

（1）截面平均应变符合平截面假定；

（2）不考虑受拉区混凝土的抗拉强度；

（3）受压区混凝土的应力-应变曲线（见图 17-3-1）。

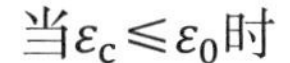

当$\varepsilon_c \leqslant \varepsilon_0$时

$$\sigma_c = f_c\left[1-\left(1-\frac{\varepsilon_c}{\varepsilon_0}\right)^n\right] \quad (17\ 3\ 1)$$

当$\varepsilon_0 < \varepsilon_c \leqslant \varepsilon_{cu}$时

$$\sigma_c = f_c \tag{17-3-2}$$

$$n = 2 - \frac{f_{cu,k} - 50}{60} \quad (n \leqslant 2.0) \tag{17-3-3}$$

$$\varepsilon_0 = 0.002 + 0.5(f_{cu,k} - 50) \times 10^{-5} \tag{17-3-4}$$

$$\varepsilon_{cu} = 0.0033 - (f_{cu,k} - 50) \times 10^{-5} \tag{17-3-5}$$

式中：σ_c—混凝土压应变为ε_c时的混凝土压应力；

f_c—混凝土轴心抗压强度设计值；

ε_0—混凝土压应力刚达到f_c时的混凝土压应变，$\varepsilon_0 \geqslant 0.002$；

ε_{cu}—正截面混凝土的极限压应变，当处于非均匀受压时，按式（17-3-5）计算，且$\varepsilon_{cu} \leqslant 0.0033$，当处于轴心受压时，$\varepsilon_{cu} = \varepsilon_0$。

设计计算时，如图 17-3-1 所示的受压区混凝土应力图形可简化为等效的矩形应力图。

（4）纵向钢筋的应力取等于钢筋应变与其弹性模量的乘积，但其绝对值不应大于其相应的强度设计值。纵向受拉钢筋的极限拉应变取为 0.01。

4. 矩形截面或翼缘位于受拉区的倒 T 形截面受弯构件

其正截面抗弯承载力计算及适用条件为

$$\left.\begin{aligned} &M \leqslant \alpha_1 f_c bx\left(h_0 - \frac{x}{2}\right) + f_y' A_s'(h_0 - a_s') \\ \text{或} \quad &M \leqslant \alpha_s \alpha_1 f_c b h_0^2 + f_y' A_s'(h_0 - a_s') \\ &\alpha_s = \xi\left(1 - \frac{\xi}{2}\right) \end{aligned}\right\} \tag{17-3-6}$$

式中：α_1—系数，对 C50 及以下混凝土$\alpha_1 = 1.0$，对 C80 混凝土$\alpha_1 = 0.94$，中间按线性内插。

混凝土受压区高度x按下式确定

$$\left.\begin{aligned} &\alpha_1 f_c bx = f_y A_s - f_y' A_s' \\ \text{或} \quad &\xi = \frac{f_y A_s - f_y' A_s'}{\alpha_1 f_c b h_0} \end{aligned}\right\} \tag{17-3-7}$$

式（17-3-6）和式（17-3-7）的适用条件为

$$x \leqslant \xi_b h_0 \tag{17-3-8}$$

$$x \geqslant 2a_s' \tag{17-3-9}$$

式（17-3-8）是为了防止超筋破坏，保证受拉钢筋A_s达到屈服强度，$\sigma_s = f_y$；式（17-3-9）是为了保证能充分利用受压钢筋A_s'的强度，$\sigma_s' = f_y'$；同时，为了防止少筋破坏，尚应满足$\rho = A_s/(bh) \geqslant \rho_{min}$（最小配筋率）（主要对于$A_s' = 0$时的单筋梁易出现这种情况）。

5. 翼缘位于受压区的 T 形截面受弯构件

其正截面抗弯承载力计算及适用条件如下。

（1）当符合下列条件时

$$f_y A_s \leqslant \alpha_1 f_c b_f' h_f' + f_y' A_s' \tag{17-3-10}$$

则混凝土受压区高度$x \leqslant h_f'$，按宽度为b_f'的矩形截面计算。

（2）当不符合式（17-3-10）的条件时，则受压区高度$x > h_f'$，计算中应考虑截面中腹板受压的作用，其正截面抗弯承载力按下列公式计算

$$\left.\begin{aligned}&M\leqslant\alpha_1f_cbx\left(h_0-\frac{x}{2}\right)+\alpha_1f_c(b_f'-b)h_f'\left(h_0-\frac{h_f'}{2}\right)+f_y'A_s'(h_0-a_s')\\ \text{或}\quad&M\leqslant\alpha_s\alpha_1f_cbh_0^2+\alpha_1f_c(b_f'-b)h_f'\left(h_0-\frac{h_f'}{2}\right)+f_y'A_s'(h_0-a_s')\\ &\alpha_s=\xi\left(1-\frac{\xi}{2}\right)\end{aligned}\right\}\tag{17-3-11}$$

混凝土受压区高度按下列公式确定

$$\left.\begin{aligned}&\alpha_1f_c[bx+(b_f'-b)h_f']=f_yA_s-f_y'A_s'\\ \text{或}\quad&\xi=\frac{A_sf_y-f_y'A_s'-\alpha_1f_c(b_f'-b)h_f'}{bh_0\alpha_1f_c}\end{aligned}\right\}\tag{17-3-12}$$

应用式（17-3-11）与式（17-3-12）时，为了防止出现超筋破坏，且保证A_s的$\sigma_s=f_y$及A_s'的$\sigma_s'=f_y'$，也应满足下式要求

$$x\leqslant\xi_bh_0$$
$$x\geqslant2a_s'$$

而且b_f'的取值应符合《混凝土规范》表 5.2.4 的规定。

【例 17-3-1】 若钢筋混凝土双筋矩形截面受弯构件的正截面受压区高度小于受压钢筋混凝土保护层厚度，表明：

A. 仅受拉钢筋未达到屈服

B. 仅受压钢筋未达到屈服

C. 受拉钢筋和受压钢筋均达到屈服

D. 受拉钢筋和受压钢筋均未达到屈服

解 设计中规定，当混凝土受压区高度x小于$2a_s'$时，取$x=2a_s'$，其目的是满足破坏时受压区钢筋的应力等于其抗压强度设计值的假定，故受压钢筋未达到屈服。

答案：B

6. 相对界限受压区高度ξ_b值计算公式

当受拉钢筋刚达到屈服应变$\varepsilon_y=f_y/E_s$，受压区外边缘混凝土达到受弯的极限压应变ε_{cu}时的相对界限受压区计算高度，可以根据平截面假定的比例关系确定。

（1）对于有屈服点钢筋

$$\xi_b=\frac{\beta_1}{1+\dfrac{f_y}{E_s\varepsilon_{cu}}}\tag{17-3-13}$$

（2）对于无屈服点钢筋

$$\xi_b=\frac{\beta_1}{1+\dfrac{0.002}{\varepsilon_{cu}}+\dfrac{f_y}{E_s\varepsilon_{cu}}}\tag{17-3-14}$$

式中：f_y—纵向钢筋抗拉强度设计值；

E_s—钢筋弹性模量；

ε_{cu}—非均匀受压时的混凝土极限压应变，按式（17-3-5）计算；

β_1—系数，对 C50 及以下混凝土$\beta_1=0.8$，对 C80 混凝土$\beta_1=0.74$，中间按线性内插。

【例 17-3-2】 下列哪种情况是钢筋混凝土适筋梁达到承载能力极限状态时不具有的：

A. 受压混凝土被压溃

B. 受拉钢筋达到其屈服强度

C. 受拉区混凝土裂缝多而细

D. 受压区高度小于界限受压区高度

解　当正截面混凝土受压区高度$x \leqslant \xi_b h_0$，$\rho = A_s/(bh) \geqslant \rho_{min}$时，构件纵向受拉钢筋先达到屈服，然后受压区混凝土被压碎，呈塑性破坏，有明显的塑性变形和裂缝预示(有一条或多条宽度较大的裂缝)，这种破坏形态是适筋破坏。

答案： C

7. 纵向受压钢筋A'_s的作用

（1）可提高截面极限抗弯承载力，当$x > x_b$时，可以增加A'_s，使$x \leqslant x_b$。

（2）可承受变号弯矩。

（3）可减小混凝土徐变，提高构件长期刚度。

（4）可作架立筋用。

（5）可提高构件延性，改善抗震性能。

（二）斜截面承载力

1. 影响斜截面破坏特征的两个主要因素及破坏形态

除混凝土强度等级及截面尺寸外，影响其破坏形态的还有两个主要因素，即剪跨比和配箍率。

（1）剪跨比λ

对于集中荷载作用的简支梁，剪跨比λ为

$$\lambda = \frac{M}{Vh_0} = \frac{a}{h_0} \tag{17-3-15}$$

式中：M—集中力作用截面处的弯矩设计值；

V—支座截面的剪力设计值；

a—第一个集中力作用点（计算截面）至剪力较大一侧支座截面的距离，称为剪跨。

（2）配箍率ρ_{sv}

$$\rho_{sv} = \frac{nA_{sv1}}{bs} \tag{17-3-16}$$

式中：A_{sv1}—单肢箍筋截面积；

n—同一截面内箍筋的肢数；

b—梁（肋）宽度；

s—箍筋间距。

（3）破坏形态

随着λ及ρ_{sv}的变化，斜截面可能发生以下三种破坏形态。

①当$\rho_{sv} < \rho_{sv,min}$（最小配箍率），$\lambda > 3$时，斜裂缝一出现，箍筋马上屈服并进入强化阶段，立即丧失斜截面的承载力，产生斜拉破坏。这种破坏预兆性很差，承载力低，不能充分利用材料，设计中应加以防止。

②当$\rho_{sv,max} \geqslant \rho_{sv} \geqslant \rho_{sv,min}$或者虽然$\rho_{sv} < \rho_{svmin}$，但$1 \leqslant \lambda \leqslant 3$时，当临界斜裂缝形成后，箍筋先屈服，然后斜裂缝顶端剪压区混凝土达到了复合受力的极限强度，丧失了斜截面抗剪压的承载力，称为剪压破坏。这种破坏事前有一定的预兆，其承载力随ρ_{sv}加大而提高，远大于斜拉破坏承载力。

③当$\rho_{sv} > \rho_{sv,max}$或虽然$\rho_{sv} < \rho_{sv,max}$，但$\lambda < 1$时，使梁的腹板上产生多条近似平行的斜向裂缝，腹板的混凝土发生斜向压坏，称之为斜压破坏。这种破坏是由于主压应力达到混凝土的抗压强度而引起的，承载力很高，但破坏预兆差，箍筋达不到屈服，强度不能充分利用，在设计中也应加以避免。

2. 矩形、T形和I形截面的受弯构件抗剪承载力计算

（1）为了防止构件发生斜压破坏，配置箍筋过多，达不到屈服，不能充分利用材料，其受剪截面应符合下列条件

当$h_w/b \leqslant 4$时

$$V \leqslant 0.25\beta_c f_c b h_0 \tag{17-3-17}$$

当$h_w/b \geqslant 6$时

$$V \leqslant 0.2\beta_c f_c b h_0 \tag{17-3-18}$$

当$4 < h_w/b < 6$时，按直线内插法取用。

式中：V—剪力设计值；

b—矩形截面宽度，T形与I形截面的腹板宽度；

h_w—截面的腹板高度，矩形截面取有效高度，T形截面取有效高度减去翼缘高度，I形截面取腹板净高；

β_c—混凝土强度影响系数，对C50及以下混凝土$\beta_c = 1.0$，对C80混凝土$\beta_c = 0.8$，中间按线性内插。

（2）计算抗剪承载力时的计算位置应按下列规定采用：

①剪力最大的支座边缘截面；

②受拉区弯起钢筋弯起点处截面，因此处的抗剪承载力中，其弯筋抗剪承载力值$V_b = 0.8A_{sb}f_y\sin\alpha_s$已全部不起作用，截面的抗剪承载力突然降低；

③箍筋截面面积或间距改变处的截面，因该截面的箍筋抗剪承载力突然降低；

④腹板宽度改变处，当腹板宽度突然变小时，混凝土抗剪承载力将降低。

（3）矩形、T形和I形截面抗剪承载力计算：

对于一般受弯构件

$$V \leqslant 0.7f_t b h_0 + f_{yv}\frac{A_{sv}}{s}h_0 + 0.8f_y A_{sb}\sin\alpha_s \tag{17-3-19}$$

对于集中荷载作用下的矩形截面独立梁（包括作用有多种荷载，且其中集中荷载对支座截面或节点边缘所产生的剪力值占总剪力值75%以上的情况），则

$$V \leqslant \frac{1.75}{\lambda + 1}f_t b h_0 + f_{yv}\frac{A_{sv}}{s}h_0 + 0.8f_y A_{sb}\sin\alpha_s \tag{17-3-20}$$

式中：λ—计算截面的剪跨比，可取$\lambda = a/h_0$，a为计算截面至支座截面或节点边缘的距离，计算截面取集中荷载作用点处的截面，当$\lambda < 1.5$时，取$\lambda = 1.5$，当$\lambda > 3$时，取$\lambda = 3$，计算截面至支座之间的箍筋，应均匀配置；

f_t—混凝土轴心抗拉强度设计值。

（4）为防止发生斜拉破坏，由式（17-3-19）及式（17-3-20）求出的配箍率及选用的箍筋间距s和直径d_{sv}尚应满足下列要求：

①$\rho_{sv} \geqslant \rho_{sv,min} = 0.24f_t/f_{yv}$；

②$s \leqslant s_{max}$（s_{max}见表17-3-1）；

③当截面高度$h>800$mm时，箍筋直径$d_{sv} \geqslant 8$mm；当$h \leqslant 800$mm时，$d_{sv} \geqslant 6$mm；当梁中配有计算需要的纵向受压钢筋时，箍筋直径$d_{sv} \geqslant 0.25d$（d为受压钢筋最大直径）。

梁中箍筋最大间距S_{max}（单位：mm）　　表 17-3-1

梁高h（mm）	$V > 0.7f_tbh_0$	$V \leqslant 0.7f_tbh_0$
$150 < h \leqslant 300$	150	200
$300 < h \leqslant 500$	200	300
$500 < h \leqslant 800$	250	350
$h > 800$	300	500

（三）受弯构件的构造要求

受弯构件承载力除满足正截面抗弯承载力和斜截面抗剪承载力之外，尚应满足构造要求，以防止出现支座钢筋锚固破坏或因钢筋弯起过早或切断过早而引起的斜截面受弯破坏，应注意下列方面的构造规定。

1. 纵向受力钢筋

纵向受力钢筋的经济配筋率，板为 0.4%~0.8%，梁为 0.6%~1.5%。纵向受力钢筋在支座处的锚固不应小于《混凝土规范》规定的锚固长度（见《混凝土规范》第 8.3 条），并注意伸入支座的最少根数与最小面积。

2. 钢筋的搭接长度

对受拉钢筋不应小于$1.2l_a$（l_a为受拉钢筋的锚固长度），且不小于 300mm；对受压钢筋不应小于受拉钢筋搭接长度的 70%，且不小于 200mm。在搭接长度范围内，箍筋的直径不应小于搭接钢筋较大直径的 1/4。当钢筋受拉时，箍筋间距不应大于$5d$（d为纵筋最小直径）与 100mm；当钢筋受压时，箍筋间距不应大于$10d$与 200mm。当受压钢筋直径$d > 25$mm时，尚应在搭接接头两个端面外 100mm 范围内各设置两道箍筋。

3. 纵筋的弯起

（1）为了保证正截面和斜截面的抗弯承载力，应使抵抗弯矩图M_u包住设计弯矩图M，受拉区钢筋应在离该钢筋充分利用点截面$h_0/2$以后才能弯起。

（2）为了保证斜截面抗剪承载力，抗剪承载力图V_u应包住剪力设计值图V，前一道弯起钢筋的下弯点至下一道弯起钢筋的上弯点之间的距离应不大于s_{max}（箍筋允许的最大间距）。

4. 钢筋的切断

（1）为了保证理论断点处不出现裂缝，钢筋强度仍能充分被利用，纵筋实际截断点应延伸至理论断点以外$20d$处。

（2）为了保证钢筋强度能充分发挥，自充分利用点至钢筋截断点的距离l_a，当$V \leqslant 0.7f_tbh_0$时为 $1.2l_a$；当$V > 0.7f_tbh_0$时为 $1.2l_a+h_0$。

应取（1）与（2）两者中的较大值作为钢筋的实际截断点位置。

5. 架立筋与梁侧构造钢筋

当梁的跨度$l < 4$m时，架立筋直径不宜小于 8mm；当$l = 4$~6m时，不应小于 10mm；当$l > 6$m时，不宜小于 12mm。当梁的腹板高度$h_w \geqslant 450$mm时，在梁的两侧应沿高度配置纵向构造钢筋，每侧构造钢筋的截面面积不应小于腹板截面面积bh_w的 0.1%，且其间距不宜大于 200mm。

6. 箍筋

当梁中配有按计算需要的纵向受压钢筋时，箍筋应做成封闭式。此时，箍筋的间距不应大于$15d$（d

为纵向受压钢筋的最小直径）与 400mm；当一层内的纵向受压钢筋多于 5 根且直径大于 18mm 时，箍筋间距不应大于$10d$；当梁的宽度大于 400mm 且一层内的纵向受压钢筋多于 3 根时，或当梁的宽度不大于 400mm 但一层内的纵向受压钢筋多于 4 根时，应设置复合箍筋。

7. 其他构造

其他构造详见《混凝土规范》。

二、受扭构件

（一）影响钢筋混凝土纯扭构件破坏特征的主要因素

除混凝土强度等级及截面尺寸外，影响其破坏特征的还有以下三个主要因素：

（1）受扭纵向钢筋配筋率$\rho_{tl}=A_{stl}/(bh)$，其中A_{stl}为对称布置的全部受扭纵向钢筋截面面积，b、h分别为受扭构件截面短边和长边尺寸。

（2）受扭箍筋配筋率$\rho_{sv}=2A_{st1}/(bs)$，其中A_{st1}为沿构件截面周边所配箍筋的单肢截面面积，s为受扭箍筋间距。

（3）受扭构件纵向钢筋与箍筋的配筋强度比值ζ，即沿截面核心周长单位长度上受扭纵筋的强度与沿构件轴线单位长度上受扭箍筋的强度之比，可按下式计算

$$\zeta=\frac{\dfrac{f_y A_{stl}}{u_{cor}}}{\dfrac{f_{yv}A_{st1}}{s}}=\frac{f_y A_{stl} s}{f_{yv}A_{st1}u_{cor}} \tag{17-3-21}$$

式中：　u_{cor}—截面核心部分的周长，$u_{cor}=2(b_{cor}+h_{cor})$，$b_{cor}$、$h_{cor}$分别为截面核心的短边和长边尺寸。

（二）钢筋混凝土纯扭构件的破坏形态

1. 受扭少筋破坏

当ρ_{tl}与ρ_{sv}均很小时，一旦出现受扭裂缝，即出现类似素混凝土的纯扭脆性断裂，破坏无预兆，材料不能充分利用，设计中应当避免。

2. 受扭适筋破坏

当ρ_{tl}、ρ_{sv}、ζ值均适当且配筋满足构造要求时，在出现多条螺旋状裂缝之后，与斜裂缝相交的纵筋与箍筋都达到了屈服，然后受压区混凝土达到极限压应变值，发生三面受拉、一面受压的空间扭曲截面破坏。破坏前有预兆，可充分利用材料，设计中应采用这种构件。

3. 受扭部分超筋破坏

当ρ_{tl}与ρ_{sv}之中的一个值太大，ζ值过大或过小，受压面混凝土压坏时，与斜裂缝相交的纵筋或箍筋中的一种尚达不到屈服。破坏也有一定预兆，但部分材料强度不能充分利用，在设计中也可采用。

4. 受扭超筋破坏

当ρ_{tl}、ρ_{sv}均太大，受压面混凝土被压坏时，与斜裂缝相交的纵筋和箍筋应力均达不到屈服。构件破坏预兆不明显，材料不能充分利用，在设计中应加以避免。

【例 17-3-3】 钢筋混凝土受扭构件随受扭箍筋配筋率的增加，将发生的受扭破坏形态是：

A. 少筋破坏　　　　B. 适筋破坏

C. 超筋破坏　　　　D. 部分超筋破坏或超筋破坏

解　受扭钢筋包括受扭纵筋和受扭箍筋，当受扭纵筋与受扭箍筋的强度比值 $0.6\leq\zeta\leq1.7$ 时，两者

应力均可以达到屈服强度，为延性破坏。如果受扭纵筋或受扭箍筋，有一超配筋，则为部分超筋，设计中也可采用。对于适筋构件，随着箍筋配筋率的增加，可能导致破坏时箍筋达不到屈服的部分超筋构件。对于受扭纵筋超配的部分超筋构件，随着配箍率的增加，将导致破坏时纵筋和箍筋均达不到屈服的超筋构件。

答案：D

（三）矩形截面纯扭构件的抗扭承载力计算

（1）为了防止受扭超筋破坏，材料不能充分利用，其截面应符合下列公式要求：

当$h_0/b \leqslant 4$时

$$T \leqslant 0.20\beta_c f_c W_t \tag{17-3-22}$$

当$h_0/b=6$时

$$T \leqslant 0.16\beta_c f_c W_t \tag{17-3-23}$$

当$4 < h_0/b < 6$时，按线性内插确定。

式中：T—扭矩设计值；

W_t—受扭构件的截面抗扭塑性抵抗矩，按式（17-3-24）计算；

b、h_0—分别为矩形截面的宽度和有效高度。

矩形截面的受扭塑性抵抗矩按下式计算

$$W_t = \frac{b^2}{6}(3h - b) \tag{17-3-24}$$

根据变角空间桁架理论可得到矩形截面抗扭承载力计算公式为

$$T_u = 2\sqrt{\zeta}\frac{f_{yv}A_{st1}}{s}A_{cor} \tag{17-3-25}$$

试验结果表明，式（17-3-25）计算结果对于低配筋纯扭构件偏保守，对高配筋纯扭构件偏不安全。《混凝土规范》建议按下式计算

$$T \leqslant 0.35 f_t W_t + 1.2\sqrt{\zeta} f_{yv}\frac{A_{st1}A_{cor}}{s} \tag{17-3-26}$$

式中： f_t—混凝土抗拉强度设计值；

ζ—受扭构件纵向钢筋与箍筋的配筋强度比，为避免出现受扭超筋破坏，材料不能充分发挥作用，ζ值应符合$0.6 \leqslant \zeta \leqslant 1.7$的要求，一般取$\zeta = 1\sim1.2$为佳，当$\zeta > 1.7$时，取$\zeta = 1.7$。

（2）为了防止出现少筋破坏构件，当符合下式时

$$T \leqslant 0.7 f_t W_t \tag{17-3-27}$$

要求$\rho_{sv}=2A_{sv1}/(bs)$不应小于$\rho_{sv,min}$值，即

$$\rho_{sv} \geqslant \rho_{sv,min} = \frac{0.28 f_t}{f_{yv}} \tag{17-3-28}$$

而且箍筋的间距不应超过表 17-3-1 的要求。

其纵向钢筋配筋率$\rho_{tl} = A_{stl}/(bh)$不应小于$\rho_{tl,min}$值，即

$$\rho_{tl} = \frac{A_{stl}}{bh} \geqslant \rho_{tl,min} = \frac{0.85 f_t}{f_y} \tag{17-3-29}$$

而且纵筋的间距不应大于 200mm 与构件短边边长。

（四）矩形截面剪扭构件的抗剪扭承载力计算

（1）为了防止设计成剪扭超筋构件，当$h_w/b\leqslant 6$时，其截面应符合下列公式要求：

当$h_0/b\leqslant 4$时

$$\frac{V}{bh_0}+\frac{T}{0.8W_t}\leqslant 0.25\beta_c f_c \tag{17-3-30}$$

当$h_0/b=6$时

$$\frac{V}{bh_0}+\frac{T}{0.8W_t}\leqslant 0.20\beta_c f_c \tag{17-3-31}$$

当$4<h_0/b<6$时，按线性内插确定。

（2）在剪力与扭矩共同作用下的矩形截面钢筋混凝土一般剪扭构件，考虑剪扭承载力降低的相关性，其抗剪扭承载力应按下式计算：

①受剪扭构件的抗剪承载力

$$V\leqslant 0.7f_t bh_0(1.5-\beta_t)+f_{yv}\frac{A_{sv}}{s}h_0 \tag{17-3-32}$$

②受剪扭构件的抗扭承载力

$$T\leqslant 0.35\beta_t f_t W_t+1.2\sqrt{\zeta}f_{yv}\frac{A_{st1}A_{cor}}{s} \tag{17-3-33}$$

式中：β_t—剪扭构件混凝土抗扭承载力降低系数，应按式（17-3-34）计算。

一般构件

$$\beta_t=\frac{1.5}{1+0.5\frac{VW_t}{Tbh_0}} \tag{17-3-34}$$

当$\beta_t<0.5$时，取$\beta_t=0.5$；当$\beta_t>1$时，取$\beta_t=1$。

对集中荷载作用下的矩形截面钢筋混凝土剪扭构件（包括作用有多种荷载，且其中集中荷载对支座截面或节点边缘所产生的剪力值占总剪力值的75%以上的情况），式（17-3-32）改为

$$V\leqslant\frac{1.75}{\lambda+1}f_t bh_0(1.5-\beta_t)+f_{yv}\frac{A_{sv}}{s}h_0 \tag{17-3-35}$$

而且式（17-3-33）及式（17-3-35）中的β_t值应按下式计算

$$\beta_t=\frac{1.5}{1+0.2(\lambda+1.0)\frac{VW_t}{Tbh_0}} \tag{17-3-36}$$

式中：λ—计算截面剪跨比，同抗剪承载力计算时的取值。

按式（17-3-32）或式（17-3-35）算出A_{sv}/s和按式（17-3-33）算出A_{st1}/s之后，剪扭构件总配箍量可按下式计算

$$\frac{A_{svt}}{s}=\frac{A_{sv}}{s}+\frac{A_{st1}}{s} \tag{17-3-37}$$

（3）为了避免设计成受扭少筋构件，剪扭构件的箍筋配筋率和纵筋配筋率应符合下列规定：

①箍筋的配筋率

$$\rho_{sv}\geqslant\rho_{sv,min}=\frac{0.28f_t}{f_{yv}} \tag{17-3-38}$$

②受扭纵向钢筋配筋率ρ_{tl}

$$\rho_{tl}=\frac{A_{stl}}{bh}\geqslant\rho_{tl,\min}=0.6\sqrt{\frac{T}{Vb}}\frac{f_t}{f_y} \tag{17-3-39}$$

当$T/(Vb)>2.0$时，取$T/(Vb)=2.0$。

（五）弯剪扭构件承载力计算

（1）为了防止出现剪扭超筋破坏，其截面尺寸应符合式（17-3-30）和式（17-3-31）的要求。

（2）弯剪扭构件的抗剪和抗扭承载力仍按式（17-3-32）~式（17-3-37）计算。即考虑剪扭之间的相关性，但弯矩不考虑它们之间的相关性，仅按叠加原理进行计算。并应注意由抗弯承载力计算的A_s应配置在截面受拉区，而按抗扭承载力计算的A_{stl}应沿截面核心周边均匀布置。

（3）为了防止出现剪扭少筋构件和受弯扭少筋构件，其箍筋配箍率和纵筋配筋率应满足下列条件：

$$箍筋配箍率\rho_{sv}\geqslant由式(17-3-38)确定的\rho_{sv,\min}值$$

$$纵向钢筋配筋率\rho\geqslant\rho_{\min}+\rho_{tl,\min}$$

式中：$\rho_{\min}$—受弯构件受拉钢筋最小配筋率；

$\rho_{tl,\min}$—受剪扭构件纵向钢筋最小配筋率，按式（17-3-39）计算。

（六）弯剪扭构件构造要求

1. 箍筋

（1）直径：同受弯构件对箍筋直径的要求。

（2）间距：$s\leqslant s_{\max}$，$s_{\max}$同受弯构件箍筋的最大间距（见表17-3-1）。

（3）形式：必须为封闭式，当采用绑扎骨架时，箍筋末端应做不小于135°弯钩，弯钩端头平直段长度不应小于$10d$（d为箍筋直径）。

2. 纵向钢筋

（1）直径：$d>10\text{mm}$。

（2）布置：受扭纵筋沿截面周边布置，在四角必须设置；受弯部分钢筋应设置在受拉边区域内。

（3）间距：$s\leqslant200\text{mm}$和梁宽b。

（4）锚固：伸入支座或节点内的长度不应小于受拉钢筋强度充分利用的最小锚固长度l_a。

（七）T形和I形截面纯扭构件抗扭承载力

对T形和I形截面构件，可将其截面划分为几个矩形截面，分别按矩形截面受扭计算。

1. 每个矩形的截面扭矩设计值

（1）腹板

$$T_w=\frac{W_{tw}}{W_t}T \tag{17-3-40}$$

（2）受拉翼缘

$$T_f=\frac{W_{tf}}{W_t}T \tag{17-3-41}$$

（3）受压翼缘

$$T_f'=\frac{W_{tf}'}{W_t}T \tag{17-3-42}$$

2. 截面受扭塑性抵抗矩

（1）矩形截面

$$W_{\mathrm{t}}=\frac{b^2}{6}(3h-b) \tag{17-3-43}$$

（2）T 形和 I 形截面

①全截面

$$W_{\mathrm{t}}=W_{\mathrm{tw}}+W'_{\mathrm{tf}}+W_{\mathrm{tf}} \tag{17-3-44}$$

②腹板

$$W_{\mathrm{tw}}=\frac{b^2}{6}(3h-b) \tag{17-3-45}$$

③受压翼缘

$$W'_{\mathrm{tf}}=\frac{h'^2_{\mathrm{f}}}{2}(b'_{\mathrm{f}}-b) \tag{17-3-46}$$

④受拉翼缘

$$W_{\mathrm{tf}}=\frac{h^2_{\mathrm{f}}}{2}(b_{\mathrm{f}}-b) \tag{17-3-47}$$

以上式中：b—腹板宽度；

h'_{f}、b'_{f}—分别为截面受压区翼缘的高度与宽度；

h_{f}、b_{f}—分别为截面受拉区翼缘的高度与宽度。

而且应符合$b'_{\mathrm{f}}\leqslant b+6h'_{\mathrm{f}}$及$b_{\mathrm{f}}\leqslant b+6h_{\mathrm{f}}$的规定。

（八）简化计算规定

（1）当$V/(bh_0)+T/W_t\leqslant 0.7f_{\mathrm{t}}$时，可按构造要求配置箍筋，不须计算。

（2）当$V\leqslant 0.035f_{\mathrm{t}}bh_0$或$V\leqslant 0.875f_{\mathrm{t}}bh_0/(1+\lambda)$时，可按弯扭构件计算，不考虑剪力作用的影响。

（3）当$T\leqslant 0.175f_{\mathrm{t}}W_{\mathrm{t}}$时，可按受弯构件计算，不考虑扭矩的影响。

三、受压构件

（一）普通箍筋轴心受压构件

其破坏特征与承载力如下：

（1）当长细比$l_0/b\leqslant 8$时，将发生短柱破坏，构件出现纵向裂缝，混凝土被压碎，纵筋压屈外鼓呈灯笼状。其正截面抗压承载力为

$$N\leqslant 0.9\left(f_{\mathrm{c}}A+f'_{\mathrm{y}}A'_{\mathrm{s}}\right) \tag{17-3-48}$$

式中：　N—轴向力设计值；

A—构件截面面积，当纵向钢筋配筋率大于 3%时，式中A改为混凝土净截面积A_{n}，$A_{\mathrm{n}}=A-A'_{\mathrm{s}}$；

A'_{s}、f'_{y}—分别为受压钢筋全部截面积及受压钢筋抗压强度设计值；

f_{c}—混凝土轴心抗压强度设计值。

（2）当$l_0/b>8$时，将发生长柱破坏，其一侧出现纵向裂缝，混凝土被压碎，纵筋压屈外鼓；而另一侧出现横向裂缝，钢筋应力可能达不到屈服强度。其正截面承载力为

$$N\leqslant 0.9\varphi\left(f_{\mathrm{c}}A+f'_{\mathrm{y}}A'_{\mathrm{s}}\right) \tag{17-3-49}$$

式中： φ—钢筋混凝土构件轴心受压的稳定系数，随构件长细比$(l_0/b, l_0/d, l_0/i)$的增加而降低（详见《混凝土规范》表 6.2.15），对于短柱取$\varphi=1$。

在实际工程中，不存在理想的轴心受压构件，对于长细比较小的构件，混凝土将承受大部分的轴向压力，在施工中控制混凝土质量特别重要。

（二）配有螺旋筋的轴心受压构件

对于符合适用条件的螺旋式或焊接环式间接钢筋，可以考虑螺旋筋对柱核心混凝土约束的间接作用，混凝土为三向受压。其正截面的抗压承载力为

$$N \leqslant 0.9(f_c A_{cor} + f_y' A_s' + 2\alpha f_{yv} A_{ss0}) \tag{17-3-50}$$

式中： A_{cor}—构件的核心截面面积；

f_{yv}—间接钢筋的抗拉强度设计值；

A_{ss0}—螺旋式或焊接环式间接钢筋的换算截面面积$A_{ss0}=\pi d_{cor} A_{ss1}/s$；

d_{cor}—构件的核心直径；

A_{ss1}—螺旋式或焊接环式单根间接钢筋的截面面积；

s—沿构件轴线方向间接钢筋的间距；

α—间接钢筋对混凝土约束的折减系数，C50 及以下时取 1.0，C80 时取 0.85，中间按线性内插。

应当注意，按式（17-3-50）设计时应考虑下列应用条件：

（1）式（17-3-50）算得的设计值不应大于由式（17-3-49）算得的设计值的 1.5 倍，这是为了保证在使用荷载作用下不发生保护层剥落；

（2）式（17-3-50）不适用于下列情况：

①当$l_0/d>12$时，因为这种柱由于侧向挠度引起的附加偏心距过大，使承载力降低过多，螺旋筋作用不能充分发挥；

②当间接钢筋的换算截面面积小于纵向钢筋全部截面面积A_s'的$1/4$，或者螺旋筋的间距$s>d_{cor}/5$或80mm时，螺旋筋的约束作用小，不能充分约束混凝土；

③当按式（17-3-50）计算的设计承载力小于按式（17-3-49）计算的设计承载力时，与实际情况不符合；

④螺旋筋的间距过小，将不便于施工，为了施工方便，$s \geqslant 40$mm。

（三）影响偏心受压构件破坏形态的主要因素与偏心受压构件的破坏形态

1. 影响偏心受压构件破坏形态的主要因素

除构件截面尺寸、形式及材料强度等级对破坏形态有影响外，影响偏心受压构件破坏形态的主要因素还有构件的长细比（计算长度l_0与偏心方向截面高度h之比l_0/h，或l_0/i，i为弯矩作用平面内的回转半径）、相对偏心距$[e_0/h_0=M/(Nh_0)]$、纵向钢筋的配筋率（靠近轴力一侧的受压钢筋配筋率ρ'与远离轴向力一侧的配筋率ρ）。

2. 偏心受压短柱随e_0/h_0、ρ、ρ'变化发生的破坏形态

1）大偏心受压破坏（拉坏）

（1）当相对偏心距e_0/h_0较大，但受拉钢筋的配筋率$\rho<\rho_{min}$时，将发生少筋破坏。这种破坏构件的材料不能充分发挥作用，预兆性差，设计中应避免。

（2）当e_0/h_0较大，且ρ适当时，发生大偏心受压破坏，或称拉坏。这种破坏始于拉区，其特点是远离轴向力一侧受拉区混凝土出现多条横向裂缝，最终有一条是主裂缝，在主裂缝处纵筋先受拉屈服，

以后随着主裂缝的开展，受压区缩小，导致受压区混凝土压碎，受压钢筋达到抗压强度设计值（可以屈服或不屈服）。

2）小偏心受压破坏（压坏）

（1）当e_0/h_0较小或很小，或虽然e_0/h_0较大，但ρ也很大时，将发生小偏心受压破坏。其破坏始于靠近荷载一侧的受压区，受压区的钢筋先达到抗压强度设计值（一般能达到屈服），混凝土出现纵向裂缝并且先压碎。而远离轴向力一侧不出现横向裂缝或者存在一些小的横向裂缝，但不存在主横向裂缝，其钢筋一般达不到屈服强度（可能受拉或受压）。

（2）当e_0/h_0较小，但ρ'远大于ρ，截面几何重心与物理重心相差较多，轴向力N位于这两者之间时，构件将首先发生远离轴向力一侧混凝土压碎，钢筋A_s达到受压屈服，而A_s'却达不到屈服。对于这种小偏心破坏，材料利用不合理，在设计中应加以避免。

3. 长细比对偏心受压构件破坏形态的影响

随着长细比的加大，偏心受压柱将发生短柱破坏、长柱破坏、细长柱破坏三种。现以矩形截面柱加以说明。

（1）当$l_0/h \leqslant 8$时为短柱，发生材料破坏。设计时可以忽略纵向弯曲二阶效应的作用，不考虑偏心距增大系数η的影响。

（2）当$8 < l_0/h \leqslant 30$时（一般工程中常取$l_0/h \leqslant 15$）为长柱。虽然也发生材料破坏，但在设计中纵向弯曲的二阶效应不能忽略，应考虑弯矩增大系数η_{ns}。

（3）当$l_0/h > 30$时为细长柱，将发生失稳破坏。材料强度不能充分发挥作用，设计中应避免。

（四）考虑二阶效应后控制截面的弯矩设计值M

（1）弯矩作用平面内截面对称的偏心受压构件，当同一主轴方向的杆端弯矩比M_1/M_2不大于 0.9 且轴压比不大于 0.9 时，若构件的长细比满足公式（17-3-51）的要求，可不考虑轴向压力在该方向挠曲杆件中产生的附加弯矩影响，即不考虑二阶效应。

$$l_c/i \leqslant 34 - 12(M_1/M_2) \tag{17-3-51}$$

式中：　M_1、M_2—分别为已考虑侧移影响的偏心受压构件两端截面按结构弹性分析确定的对同一主轴的组合弯矩设计值，绝对值较大端为M_2，绝对值较小端为M_1，当构件按单曲率弯曲时，M_1/M_2取正值，否则取负值；

l_c—构件的计算长度，可近似取偏心受压构件相应主轴方向上下支撑点之间的距离；

i—偏心方向的截面回转半径。

（2）当不满足公式（17-3-51）的要求时，除排架结构柱外，其他偏心受压构件考虑轴向压力在挠曲杆件中产生的二阶效应后控制截面的弯矩设计值，应按下列公式计算：

$$M = C_m \eta_{ns} M_2 \tag{17-3-52}$$

$$C_m = 0.7 + 0.3M_1/M_2 \tag{17-3-53}$$

$$\eta_{ns} = 1 + \frac{1}{1\,300(M_2/N + e_a)/h_0}\left(\frac{l_c}{h}\right)^2 \zeta_c \tag{17-3-54}$$

$$\zeta_c = 0.5 f_c A/N \tag{17-3-55}$$

当$C_m\eta_{ns}$<1.0 时取 1.0；对剪力墙及核心筒墙，可取$C_m\eta_{ns}$=1.0。

式中：　C_m—构件端截面偏心距调节系数，当小于 0.7 时取 0.7；

η_{ns}—弯矩增大系数；

N—与弯矩设计值M_2相应的轴向压力设计值；

e_a—附加偏心距，应取 20mm 和偏心方向截面最大尺寸的 1/30 两者中的较大值；

ζ_c—截面曲率修正系数，当计算值大于 1.0 时取 1.0；

h—截面高度，对环形截面取外径，对圆形截面取直径；

h_0—截面有效高度，对环形截面取$h_0 = r_2 + r_s$，对圆形截面取$h_0 = r + r_s$，其中，r_2为环形截面的外径，r_s为纵向钢筋重心所在圆周的半径，r为圆形截面的半径；

A—构件截面面积。

（五）矩形截面偏心受压构件正截面抗压承载力计算

1. 非对称配筋矩形截面的计算公式

$$N \leqslant \alpha_1 f_c bx + f_y' A_s' - \sigma_s A_s \tag{17-3-56}$$

$$Ne \leqslant \alpha_1 f_c bx \left(h_0 - \frac{x}{2}\right) + f_y' A_s' (h_0 - a_s') \tag{17-3-57}$$

$$e = e_i + \frac{h}{2} - a \tag{17-3-58}$$

$$e_i = e_0 + e_a \tag{17-3-59}$$

式中：　e—轴向压力作用点至纵向受拉钢筋合力点的距离；

σ_s—受拉边或受压较小边的纵向钢筋应力；

e_i—初始偏心距；

a—纵向受拉钢筋合力点至截面近边缘的距离；

e_0—轴向压力对截面重心的偏心距，取为M/N，当需要考虑二阶效应时，M为按式（17-3-52）计算的弯矩设计值。

在应用式（17-3-56）时，应考虑下列具体情况：

（1）当$\xi = x/h_0 \leqslant \xi_b$（界限相对受压区高度）时，为大偏心受压，取$\sigma_s = f_y$。

（2）当$\xi > \xi_b$时，为小偏心受压。而且应注意：

①σ_s可能受拉或受压，其值应按下式确定

$$\sigma_s = \frac{f_y(\xi - \beta_1)}{\xi_b - \beta_1} \tag{17-3-60}$$

而且由式（17-3-60）计算的值，应满足$f_y' \leqslant \sigma_s \leqslant f_y$；

②当$\xi > h/h_0$时，应取$\xi = x/h_0 = h/h_0$代入式（17-3-56）和式（17-3-57）进行计算。

（3）为了确保式（17-3-57）中A_s'的$\sigma_s' = f_y'$，应满足$x \geqslant 2a_s'$。当$x < 2a_s'$时，其正截面抗压承载力应按下列方法确定。

①近似取$x = 2a_s'$

$$Ne' = f_y A_s (h_0 - a_s') \tag{17-3-61}$$

$$e' = e_i - \frac{h}{2} + a_s' \tag{17-3-62}$$

②不考虑A_s'的作用，用式（17-3-56）和式（17-3-57）求出承载力值。

③取按①及②各自所算承载力中的较大值为其承载力值。

（4）对于小偏心受压构件，为了避免远离轴向力一侧混凝土压坏，尚应按下式验算

$$Ne' \leqslant \alpha_1 f_c bh \left(h_0' - \frac{h}{2}\right) + f_y' A_s (h_0' - a) \tag{17-3-63}$$

式中： e'—轴向力作用点至受压区钢筋合力点之间的距离值，初始偏心距取$e_i' = e_0 - e_a$，$e' = \frac{h}{2} - a_s' - (e_0 - e_a)$。

2. 对称配筋矩形截面偏心受压构件正截面承载力计算

（1）大、小偏心受压的判别条件

由式（17-3-56），当对称配筋，且$\xi < \xi_b$时，$A_s f_y' = A_s' f_y'$，可得其相对受压区高度ξ值为

$$\xi = \frac{N}{\alpha_1 f_c b h_0} \tag{17-3-64}$$

①当$\xi \leqslant \xi_b$时，为大偏心受压；

②当$\xi > \xi_b$时，为小偏心受压。

（2）大偏心受压构件($\xi \leqslant \xi_b$)承载力计算

①当$2a_s'/h_0 \leqslant \xi \leqslant \xi_b$时

$$N \leqslant \alpha_1 f_c b x$$

$$Ne \leqslant \alpha_1 f_c b x \left(h_0 - \frac{x}{2}\right) + f_y' A_s' (h_0 - a_s')$$

$$e = e_i + \frac{h}{2} - a$$

②当$\xi < 2a_s'/h_0$时

$$Ne' = A_s f_y (h_0 - a_s')$$

$$e' = e_i' - \frac{h}{2} + a_s'$$

（3）小偏心受压构件（$\xi > \xi_b$）承载力计算

$$N \leqslant \alpha_1 f_c b x + f_y' A_s' - \sigma_s A_s$$

$$Ne \leqslant \alpha_1 f_c b x \left(h_0 - \frac{x}{2}\right) + f_y' A_s' (h_0 - a_s')$$

$$\sigma_s = \frac{f_y (\xi - \beta_1)}{\xi_b - \beta_1}$$

$$e = e_i + \frac{h}{2} - a$$

也可以用以下简化法求ξ值

$$\xi = \frac{N - \xi_b \alpha_1 f_c b h_0}{\frac{Ne - 0.43 \alpha_1 f_c b h_0^2}{(\beta_1 - \xi_b)(h_0 - a_s')} + \alpha_1 f_c b h_0} + \xi_b \tag{17-3-65}$$

由式（17-3-65）求出ξ值，直接代入式（17-3-57），即可以求出承载力或配筋。

3. 偏心受压构件弯矩作用平面外的验算

偏心受压构件除应计算弯矩作用平面的抗压承载力外，尚应按轴心受压构件验算垂直于弯矩作用平面的抗压承载力，此时，可不计入弯矩的作用，但应考虑稳定系数φ的影响。

（六）M-N承载力相关曲线

偏心受压构件实际上是弯矩M和轴心压力N共同作用的构件，偏心距$e_0 = M/N$。因此，弯矩和轴心压力的不同组合使偏心距不同，将对给定材料、截面尺寸和配筋的偏心受压构件的承载力产生不同的影响，即在达到承载力极限状态时，截面承受的轴力N与弯矩M具有相关性，构件可以在不同N和M的组合下达到承载能力极限状态。

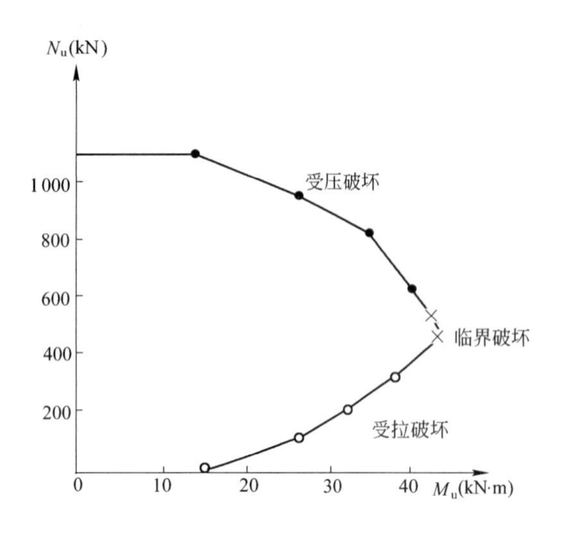

图 17-3-2 N_u-M_u试验相关曲线

试验表明，在“受压破坏”的情况下，随着轴力的增加，构件的抗弯能力随之减小；但在“受拉破坏”的情况下，轴力的存在反而使构件的抗弯能力提高。在界限状态时，构件的抗弯能力达到最大值，见图 17-3-2。

由如图17-3-2所示偏心受压构件的M-N相关曲线可以得出以下结论：

（1）当$N > N_b(\xi > \xi_b)$时，为小偏心受压，随着N的加大，截面能够承担的M将减小；反之亦然；或者说，对称配筋时，随着N或M的加大，$A_s' = A_s$将增加。

（2）当$N < N_b(\xi \leqslant \xi_b)$时，为大偏心受压，当$N$加大时，截面能够承担的$M$加大。或者说，随着$N$的加大，对称配筋时，$A_s' = A_s$将减小。

（3）当$N = N_b(\xi = \xi_b)$时，为界限破坏，达到了最大的抗弯承载力M_{max}。

（七）偏心受压构件斜截面抗剪承载力计算

试验结果表明，当轴向力N的轴压比$N/(f_cA) \leqslant 0.3$时，随着轴压比的增大，轴力将使构件的抗剪承载力提高，近似可取线性关系；但当$N/(f_cA) > 0.5$之后，由于内部微裂缝的发展，将使构件的抗剪承载力降低。因此《混凝土规范》中偏于安全的取为

$$V \leqslant \frac{1.75}{\lambda + 1} f_t b h_0 + f_{yv} \frac{A_{sv}}{s} h_0 + 0.07N \tag{17-3-66}$$

式中：λ—偏心受压构件计算截面的剪跨比，对框架柱，可取$\lambda = H_n/(2h_0)$，当λ<1 时，取λ=1，当λ>3 时，取λ=3，H_n为柱净高，对承受均布荷载的其他偏心受压构件，取λ=1.5；

N—与剪力设计值V相对应的轴向压力设计值，当$N > 0.3f_cA$时，取$N = 0.3f_cA$；

A—构件的截面面积，矩形柱$A = bh$。

为了防止出现斜拉破坏，偏心受压构件的受剪截面应符合式（17-3-17）和式（17-3-18）的规定。当符合下式要求时

$$V \leqslant \frac{1.75}{\lambda + 1} f_t b h_0 + 0.07N \tag{17-3-67}$$

可不进行斜截面抗剪承载力计算，仅需按构造要求配置箍筋。

【例 17-3-4】 已知柱截面所承受的内力组合如图所示，按承载力极限状态设计包括哪些内容？

A. 按受弯构件进行正截面承载力计算确定纵筋数量，按受弯构件斜截面承载力计算确定箍筋数量

B. 按轴心受压构件进行正截面承载力计算确定纵筋数量，按偏压剪进行斜截面承载力计算确定箍筋数量

C. 按偏心受压构件进行正截面承载力计算确定纵筋数量，按偏压剪进行斜截面承载力计算确定箍筋数量

D. 按偏心受压构件进行正截面承载力计算确定纵筋数量，按受弯构件斜截面承载力计算确定箍筋数量

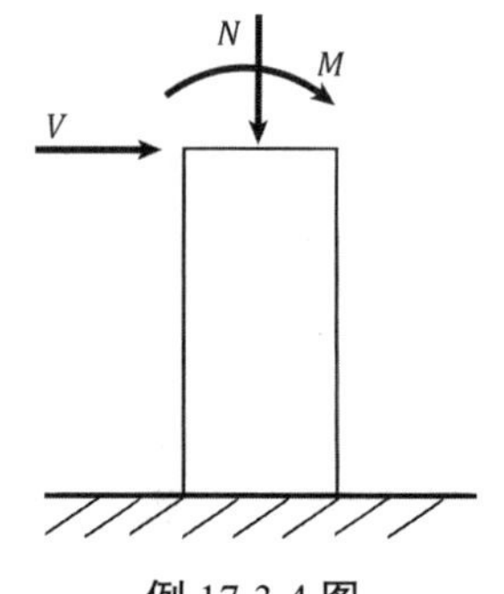

例 17-3-4 图

解 该柱承受弯矩M、轴向压力N和剪力V，应按偏心受压构件进行正截面

承载力计算，并按受弯构件进行斜截面承载力计算（考虑轴向压力N对斜截面受剪承载力的提高）。

答案：D

（八）受压构件的基本构造要求

1. 材料

混凝土强度等级应大于等于C25，且以等级高为宜；钢筋以$f_y \leqslant 0.002E_s$为宜，一般为热轧钢筋。

2. 截面

轴压以方形、圆形为宜，偏压以矩形（现浇柱）、I形（预制柱）为宜，矩形截面柱的最小截面尺寸不应小于300mm×300mm，圆柱的截面直径不应小于350mm。

3. 纵筋

直径$d \geqslant 12$mm；配筋率（按全部受压钢筋计算），$\rho_{min}=0.6\%$，$\rho_{max}=5\%$；净距$s_n \geqslant 50$mm（竖直浇筑混凝土），$s_n \geqslant 30$mm及$1.5d$（水平浇筑混凝土）；中距$s \leqslant 300$mm（轴压）；偏心受压柱中，垂直弯矩作用平面的纵向受力钢筋，$s \leqslant 300$mm；当截面高度$h \geqslant 600$mm时，在侧面应设置直径为10~16mm的纵向构造钢筋，并相应地设置复合箍筋或拉筋。

4. 箍筋

（1）箍筋应做成封闭式，末端应做成135°弯钩，弯钩末端平直段长度不应小于箍筋直径的5倍。

（2）间距不应大于400mm及构件截面短边尺寸，且不应大于$15d$，d为纵筋的最小直径。

（3）直径不应小于$d/4$，且不应小于6mm，d为纵筋的最大直径。

（4）当全部纵向受力钢筋的配筋率大于3%时，箍筋直径不应小于8mm，间距不应大于$10d$（d为最小受力钢筋直径），且不应大于200mm；箍筋末端应做成135°弯钩且弯钩末端平直段长度不应小于箍筋直径的10倍；箍筋也可焊成封闭环式。

（5）当柱截面短边尺寸大于400mm且各边纵向钢筋多于3根时，或当柱截面短边尺寸不大于400mm，但各边纵向钢筋多于4根时，应设置复合箍筋。

（6）在纵筋搭接长度范围内箍筋的间距，当搭接钢筋为受拉时，不应大于$5d$，且不应大于100mm；当搭接钢筋为受压时，不应大于$10d$，且不应大于200mm，d为搭接钢筋的最小直径。

（九）双向偏心受压构件的计算

对截面具有两个互相垂直对称轴的钢筋混凝土双向偏心受压构件（见图17-3-3），其正截面抗压承载力可按下式计算

$$N \leqslant \frac{1}{\frac{1}{N_{ux}}+\frac{1}{N_{uy}}-\frac{1}{N_{u0}}} \tag{17-3-68}$$

式中：N_{u0}—构件的截面轴心抗压承载力设计值，$N_{u0}=f_cA+f_y'A_s'$；

N_{ux}—轴向压力作用于x轴并考虑相应的计算偏心e_{ix}后，按全部纵向钢筋计算的构件偏心抗压承载力设计值；

N_{uy}—轴向压力作用于y轴并考虑相应的计算偏心e_{iy}后，按全部纵向钢筋计算的构件偏心抗压承载力设计值。

构件偏心抗压承载力设计值N_{ux}、N_{uy}的计算方法与前面单向偏心受压构件的计算方法相同，但应取等号，并将N以N_{ux}、N_{uy}代替。

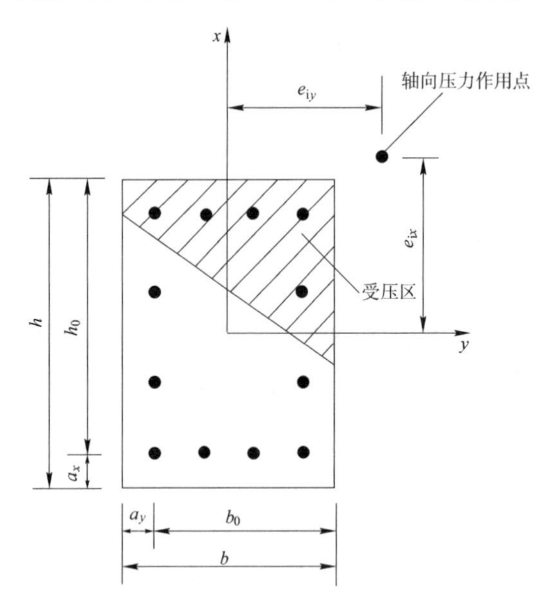

图 17-3-3　双向偏心受压构件截面

四、受拉构件

（一）受拉构件的受力特点及其分类

根据轴向拉力作用位置与偏心距的不同，其受力特点不同，可分为四类。

1. 轴心受拉

当轴向拉力沿截面重心轴线作用（偏心距$e_0 = 0$）时，则截面均匀受拉。破坏时，将出现横向贯穿全截面的裂缝，拉力全部由钢筋承担，并达到屈服强度。

2. 小偏心受拉

当轴向拉力作用在A_s（离轴向力近侧钢筋）与A_s'（离轴向力远侧钢筋）的合力点之间，即$e_0 \leqslant h/2 - a_s$时，构件应力为全截面非均匀受拉。破坏时也出现贯穿全截面的横向裂缝，但靠近A_s一侧宽，靠近A_s'一侧窄。

3. 大偏心受拉

当轴向拉力不作用在A_s与A_s'的合力点之间，即$e_0 > h/2 - a_s$时，构件截面应力为靠近拉力N近侧的混凝土为拉应力，远侧的混凝土为压应力，仅在受拉区出现横向裂缝。

4. 双向偏心受拉

当轴向拉力N对构件截面重心轴在两个正交方向x和y轴上均有偏心距e_{0x}、e_{0y}时，截面上的应力将随e_{0x}、e_{0y}值的大小，出现非均匀受拉或部分受拉与部分受压。

（二）受拉构件正截面抗拉承载力计算

1. 轴心受拉构件（$e_0 = 0$）

$$N \leqslant f_y A_s \tag{17-3-69}$$

2. 小偏心受拉构件($e_0 \leqslant h/2 - a_s$)

将轴向拉力设计值N与A_s及A_s'产生的设计拉力合力分别对A_s或A_s'重心取力矩，即可得

$$Ne' \leqslant f_y A_s (h_0' - a_s) \tag{17-3-70}$$

$$Ne \leqslant f_y A_s' (h_0 - a_s') \tag{17-3-71}$$

式中：e—N至A_s合力点距离，$e = h/2 - e_0 - a_s$；

e'—N至A_s'合力点距离，$e' = e_0 + h/2 - a_s'$。

3. 大偏心受拉构件($e_0 > h/2 - a_s$)

$$N \leqslant f_y A_s - f'_y A'_s - \alpha_1 f_c bx \tag{17-3-72}$$

$$Ne \leqslant \alpha_1 f_c bx\left(h_0 - \frac{x}{2}\right) + f'_y A'_s(h_0 - a'_s) \tag{17-3-73}$$

适用条件：

（1）$x \leqslant \xi_b h_0$，防止超筋破坏，保证A_s的$\sigma_s = f_y$；

（2）$x \geqslant 2a'_s$，保证A'_s的应力$\sigma'_s = f'_y$。

当$x < 2a'_s$时，可取$x = 2a'_s$，所有外拉力及内力对A'_s合力作用点取力矩，可得

$$Ne' \leqslant f_y A'_s(h'_0 - a_s)$$

对称配筋的矩形截面偏心受拉构件

不论大、小偏心受拉，均可按上式计算。显然，按对称配筋计算的用钢量较非对称配筋的用钢量大。

（三）偏心受拉构件斜截面抗剪承载力计算

根据试验研究结果，截面上存在拉应力时将使抗剪承载力降低，《混凝土规范》偏于安全地给出下列抗剪承载力计算公式

$$V \leqslant \frac{1.75}{\lambda + 1} f_t b h_0 + f_{yv}\frac{A_{sv}}{s}h_0 - 0.2N \tag{17-3-74}$$

式中： N—与剪力设计值V相应的轴向拉力设计值；

λ—计算截面的剪跨比，取$\lambda = a/h_0$，a为集中荷载至支座或节点边缘的距离，当λ<1.5 时，取λ=1.5，当λ>3 时，取λ=3。

应当注意，当式（17-3-74）的右边计算值小于$f_{yv}\frac{A_{sv}}{s}h_0$时，应取等于$f_{yv}\frac{A_{sv}}{s}h_0$，且$f_{yv}\frac{A_{sv}}{s}h_0$值不应小于 $0.36 f_t b h_0$。这里为了确保安全，设计剪力全部由箍筋承担，并且规定了最小的配箍条件。

五、抗冲切承载力计算

（一）钢筋混凝土板冲切计算

（1）冲切破坏面取局部荷载或集中反力作用面积周边以 45°角倾斜的锥体斜面，见图 17-3-4。

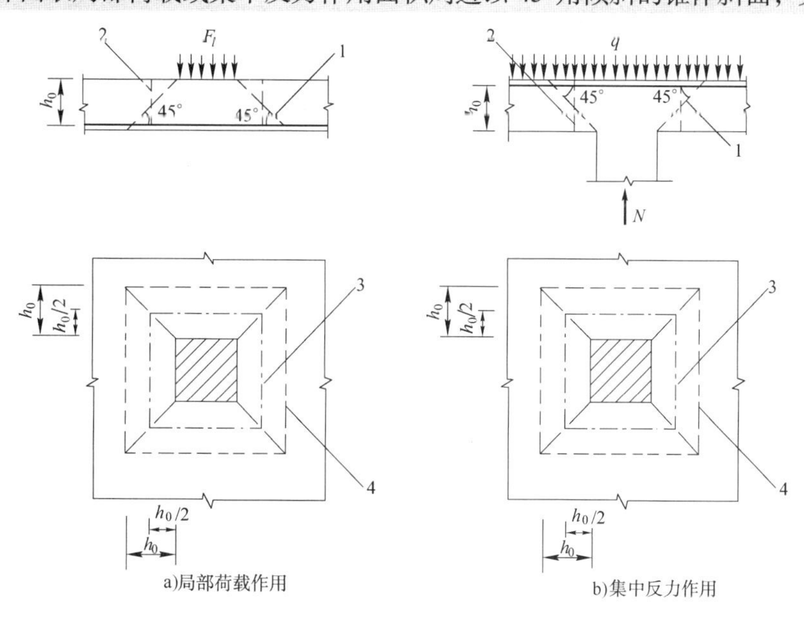

图 17-3-4 板受冲切破坏面

1-冲切破坏锥体的斜截面；2-计算截面；3-计算截面的周长；4-冲切破坏锥体的底面线

（2）不配箍筋或弯起钢筋的混凝土板，其受冲切承载力按下式计算

$$F_l \leqslant 0.7\beta_h f_t \eta u_m h_0 \tag{17-3-75}$$

式中的系数η应按下列两个公式计算，并取其中的较小值

$$\eta_1 = 0.4 + \frac{1.2}{\beta_s} \tag{17-3-76}$$

$$\eta_2 = 0.5 + \frac{\alpha_s h_0}{4u_m} \tag{17-3-77}$$

式中：　F_l—局部荷载设计值或集中反力设计值，对板柱结构的节点，取柱所承受的轴向压力设计值的层间差值减去冲切破坏锥体范围内板所承受的荷载设计值；

β_h—截面高度影响系数，当$h \leqslant 800$mm时，取$\beta_h = 1.0$，当$h \geqslant 2\,000$mm时，取$\beta_h = 0.9$，中间按线性内插；

u_m—计算截面的周长，为距离局部荷载或集中反力作用面积周边$h_0/2$处板垂直截面的最不利周长；

h_0—截面有效高度，取两个配筋方向的截面有效高度的平均值；

η_1—局部荷载或集中反力作用面积形状的影响系数；

η_2—计算截面周长与板截面有效高度之比的影响系数；

β_s—局部荷载或集中反力作用面积为矩形时的长边与短边尺寸的比值，β_s不宜大于 4，当$\beta_s < 2$时，取$\beta_s = 2$，对圆形冲切面，取$\beta_s = 2$；

α_s—柱位置影响系数，对中柱，取$\alpha_s = 40$，对边柱，取$\alpha_s = 30$，对角柱，取$\alpha_s = 20$。

（3）当式（17-3-75）不能满足，且板厚受到限制不能再增高时，可配置箍筋或弯起钢筋以提高其抗冲切承载力。此时，受冲切截面应符合下列条件（为了控制板厚不致过小，抗冲切钢筋不致过多）

$$F_l \leqslant 1.2 f_t \eta u_m h_0 \tag{17-3-78}$$

①配置箍筋时受冲切承载力按下式计算

$$F_l \leqslant 0.5 f_t \eta u_m h_0 + 0.8 f_{yv} A_{svu} \tag{17-3-79}$$

②配置弯起钢筋时受冲切承载力按下式计算

$$F_l \leqslant 0.5 f_t \eta u_m h_0 + 0.8 f_y A_{sbu} \sin\alpha \tag{17-3-80}$$

式中：A_{svu}、A_{sbu}—分别为与呈 45°冲切破坏锥体斜截面相交的全部箍筋和全部弯起钢筋的截面面积；

α—弯起钢筋与板底面的夹角。

③钢筋混凝土板中配置的抗冲切箍筋或弯起钢筋，应符合《混凝土规范》第 9.1.11 条的构造规定。

④对配置抗冲切钢筋的冲切破坏锥体以外的截面，尚应按式（17-3-75）进行受冲切承载力计算，此时，u_m应取配置抗冲切钢筋的冲切破坏锥体以外$0.5h_0$处的最不利周长。

（二）矩形截面柱的阶形基础受冲切计算

在柱与基础交接处以及基础变阶处的抗冲切承载力计算详见《混凝土规范》第 6.5.5 条。

六、局部抗压承载力计算

（1）配置间接钢筋的混凝土构件，其局部受压区的截面尺寸应符合下列要求

$$F_l \leqslant 1.35\beta_c \beta_l f_c A_{ln} \tag{17-3-81}$$

$$\beta_l = \sqrt{A_b/A_l} \tag{17-3-82}$$

式中：　F_l—局部受压面上作用的局部荷载或局部压力设计值，对后张法预应力混凝土构件中的锚头局部受压区的压力设计值，应取1.2倍张拉控制力；

β_l—混凝土局部受压时的强度提高系数；

A_l—混凝土局部受压面积；

A_{ln}—混凝土局部受压净面积；

A_b—局部受压的计算底面积。

局部受压的计算底面积A_b，可由局部受压面积与计算底面积按同心、对称的原则确定；对常用情况，可按图17-3-5取用。

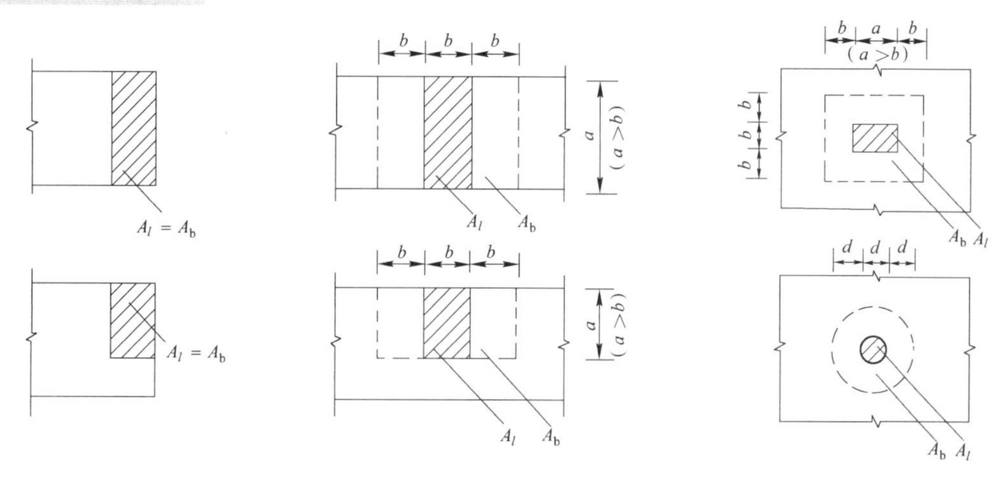

图17-3-5　局部受压的计算底面积

（2）对配置方格网式或螺旋式间接钢筋的局部抗压承载力按下式计算

$$F_l \leqslant 0.9(\beta_c\beta_l f_c + 2\alpha\rho_v\beta_{cor}f_{yv})A_{ln} \tag{17-3-83}$$

其中体积配筋率ρ_v按下列公式计算：

对方格网式配筋（见图17-3-6a）

$$\rho_v = \frac{n_1A_{s1}l_1 + n_2A_{s2}l_2}{A_{cor}s} \tag{17-3-84}$$

对螺旋式配筋（见图17-3-6b）

$$\rho_v = \frac{4A_{ss1}}{d_{cor}s} \tag{17-3-85}$$

式中：　β_{cor}—配置间接钢筋的局部抗压承载力提高系数，按公式（17-3-82）计算，但A_b用A_{cor}代替，当$A_{cor} > A_b$，应取$A_{cor} = A_b$；

α—间接钢筋对混凝土约束的折减系数，混凝土强度等级C50及以下时取1.0，C80时取0.85，中间按线性内插；

f_{yv}—间接钢筋的抗拉强度设计值；

A_{cor}—混凝土的核心面积，其重心应与A_l的重心重合；

n_1、A_{s1}—分别为方格网沿l_1方向的钢筋根数、单根钢筋的截面面积；

n_2、A_{s2}—分别为方格网沿l_2方向的钢筋根数、单根钢筋的截面面积；

A_{ss1}—单根螺旋式间接钢筋的截面面积；

d_{cor}—螺旋式间接钢筋内表面范围内的混凝土截面直径；

s—方格网式或螺旋式间接钢筋的间距，宜取30~80mm。

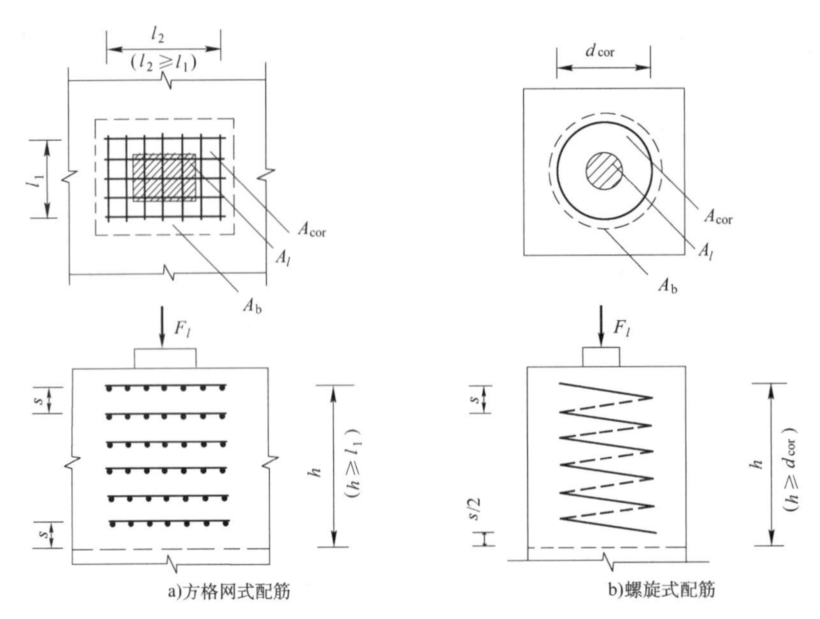

图 17-3-6　局部受压区的间接钢筋

（3）间接钢筋应配置在图 17-3-6 所规定的高度h范围内，对方格网，不应少于 4 片；对螺旋式钢筋，不应少于 4 圈。对柱接头，h尚不应小于$15d$，d为柱的纵向钢筋直径。

【例 17-3-5】 关于混凝土局部受压强度，下列描述正确的是：

A. 不小于非局部受压时的强度　　　　B. 一定比非局部受压时强度要大

C. 与局部受压时强度相同　　　　　　D. 一定比非局部受压时强度要小

解　根据《混凝土规范》第 6.6.1 条、第 6.6.2 条，混凝土局部受压时的强度提高系数$\beta_l = \sqrt{A_b/A_l}$，其中，A_l为混凝土局部受压面积，A_b为局部受压计算底面积。当构件处于边角局部受压时，$A_b = A_l$，$\beta_l = 1.0$。由于$A_b \geqslant A_l$，所以$\beta_l \geqslant 1.0$，故混凝土局部受压强度不小于非局部受压时的强度。

答案： A

七、疲劳验算

（1）需做疲劳验算的混凝土受弯构件，其正截面疲劳应力应按以下基本假定进行计算：

①截面应变保持平面。

②受压区混凝土的法向应力图形取为三角形。

③对钢筋混凝土构件，不考虑受拉区混凝土的抗拉强度，拉力全部由纵向钢筋承受；对要求不出现裂缝的预应力混凝土构件，受拉区混凝土的法向应力图形取为三角形。

④采用换算截面计算。

（2）在疲劳验算中，荷载应采用标准值。对吊车荷载应乘以动力系数，悬挂吊车（包括电动葫芦）及工作级别 A1~A5 的软钩吊车，动力系数可取 1.05；工作级别为 A6~A8 的软钩吊车、硬钩吊车和其他特种吊车，动力系数可取 1.1。

（3）钢筋混凝土受弯构件疲劳验算时，应计算下列部位的应力：

①正截面受压区边缘纤维的混凝土应力和纵向受拉钢筋的应力幅；

②截面中和轴处混凝土的剪应力和箍筋的应力幅。

注：纵向受压钢筋可不进行疲劳验算。

（4）钢筋混凝土受弯构件正截面的疲劳应力采用下列公式验算

$$\sigma_{cc,max}^{f} \leqslant f_{c}^{f} \tag{17-3-86}$$

$$\Delta\sigma_{si}^{f} \leqslant \Delta f_{y}^{f} \tag{17-3-87}$$

式中：　$\sigma_{cc,max}^{f}$—截面受压区边缘纤维混凝土的压应力，按《混凝土规范》第 6.7.5 条计算；

$\Delta\sigma_{si}^{f}$—截面受拉区第i层纵向钢筋的应力幅，按《混凝土规范》第 6.7.5 条计算，当纵向受拉钢筋为同一钢种时，可仅验算最外层钢筋的应力幅；

f_{c}^{f}—混凝土轴心抗压疲劳强度设计值；

Δf_{y}^{f}—钢筋的疲劳应力幅限值，见《混凝土规范》表 4.2.6-1。

（5）钢筋混凝土受弯构件斜截面的疲劳验算应符合下列规定：

①截面中和轴处的剪应力，当符合式（17-3-88）的条件时，该区段的剪力全部由混凝土承受，箍筋可按构造要求配置。

$$\tau^{f} \leqslant 0.6 f_{t}^{f} \tag{17-3-88}$$

式中：　τ^{f}—截面中和轴处的剪应力；

f_{t}^{f}—混凝土轴心抗拉疲劳强度设计值。②截面中和轴处的剪应力不符合式（17-3-88）的区段，其剪力应由箍筋和混凝土共同承受，箍筋的应力幅应符合下列规定

$$\Delta\sigma_{sv}^{f} \leqslant \Delta f_{yv}^{f} \tag{17-3-89}$$

式中：$\Delta\sigma_{sv}^{f}$—箍筋的应力幅；

Δf_{yv}^{f}—箍筋的疲劳应力幅限值，见《混凝土规范》表 4.2.6-1。

（6）对需做疲劳验算的钢筋混凝土梁，应在下部 1/2 梁高的腹板内沿两侧配置直径 8~14mm、间距 100~150mm 的纵向构造钢筋，并应按下密上疏的方法布置。在上部 1/2 梁高的腹板内，可按普通混凝土梁配置纵向构造钢筋。

其他有关疲劳验算的规定详见《混凝土规范》第 6.7 节。

【例 17-3-6】 关于钢筋混凝土受弯构件疲劳验算，下列哪种描述正确：

A. 正截面受压区混凝土的法向应力图可取为三角形，而不再取抛物状分布

B. 荷载应取设计值

C. 应计算正截面受压边缘处混凝土的剪应力和钢筋的应力幅

D. 应计算纵向受压钢筋的应力幅

解　根据《混凝土规范》第 6.7.1 条第 2 款，钢筋混凝土受弯构件的正截面疲劳应力验算时，假定受压区混凝土的法向应力图形取为三角形，选项 A 正确。第 6.7.2 条，在疲劳验算中，荷载应取用标准值，选项 B 错误。第 6.7.3 条，应计算正截面受压边缘纤维的混凝土应力和纵向受拉钢筋的应力幅，纵向受压钢筋可不进行疲劳验算，选项 C、D 错误。

答案：A

习　题

17-3-1　当构件截面尺寸和材料强度等相同时，钢筋混凝土受弯构件正截面承载力M_{u}与纵向受拉钢筋配筋率ρ的关系是（　　）。

A. ρ越大，M_{u}亦越大

B. ρ越大，M_u按线性关系增大越大

C. 当$\rho_{min} \leqslant \rho \leqslant \rho_{max}$时，$M_u$随$\rho$增大按线性关系增大

D. 当$\rho_{min} \leqslant \rho \leqslant \rho_{max}$时，$M_u$随$\rho$增大按非线性关系增大

17-3-2 钢筋混凝土受弯构件，当受拉纵筋达到屈服强度时，受压区边缘的混凝土也同时达到极限压应变，称为（　　）。

A. 少筋破坏　　　　B. 界限破坏

C. 超筋破坏　　　　D. 适筋破坏

17-3-3 T 形截面梁，尺寸如图所示，如按最小配筋率$\rho_{min} = 0.2\%$配置纵向受力钢筋A_s，A_s=（　　）。

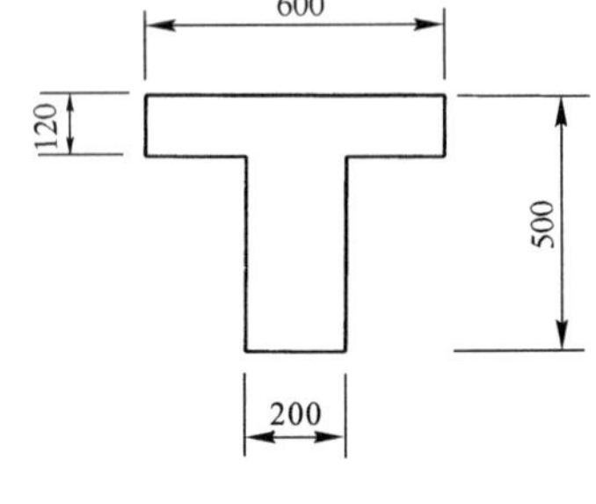

题 17-3-3 图（尺寸单位：mm）

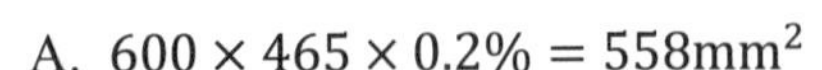
A. $600 \times 465 \times 0.2\% = 558\text{mm}^2$

B. $600 \times 500 \times 0.2\% = 600\text{mm}^2$

C. $200 \times 500 \times 0.2\% = 200\text{mm}^2$

D. $[200 \times 500 + (600 - 200) \times 120] \times 0.2\% = 296\text{mm}^2$

17-3-4 一矩形截面梁，$b \times h = 200\text{mm} \times 500\text{mm}$，混凝土强度等级 C25($f_c = 11.9\text{MPa}$)，受拉区配有 4⌀20($A_s = 1256\text{mm}^2$)的 HRB400 级钢筋($f_y = 360\text{MPa}$)。该梁沿正截面的破坏为（　　）。

A. 少筋破坏　　　　B. 超筋破坏

C. 适筋破坏　　　　D. 界限破坏

17-3-5 适筋梁，当受拉钢筋刚达到屈服时，其状态是（　　）。

A. 达到极限承载能力

B. 受压边缘混凝土的压应变$\varepsilon_c = \varepsilon_u$（$\varepsilon_u$混凝土的极限压应变）

C. 受压边缘混凝土的压应变$\varepsilon_c \leqslant \varepsilon_u$

D. 受压边缘混凝土的压应变$\varepsilon_c = 0.002$

17-3-6 设计双筋矩形截面梁，当A_s和A_s'均未知时，使用钢量接近最少的方法是（　　）。

A. 取$\xi = \xi_b$　　　　B. 取$A_s = A_s'$

C. 使$x = 2a_s'$　　　　D. 取$\rho = 0.8\% \sim 1.5\%$

17-3-7 无腹筋钢筋混凝土梁沿斜截面的抗剪承载力与剪跨比的关系是（　　）。

A. 随剪跨比的增加而提高

B. 随剪跨比的增加而降低

C. 在一定范围内随剪跨比的增加而提高

D. 在一定范围内随剪跨比的增加而降低

17-3-8 素混凝土构件的实际抗扭承载力应（　　）。

A. 按弹性分析方法确定

B. 按塑性分析方法确定

C. 大于按弹性分析方法确定的而小于按塑性分析方法确定的

D. 小于按弹性分析方法确定的而大于按塑性分析方法确定的

17-3-9 在钢筋混凝土纯扭构件中，当受扭纵筋与受扭箍筋的强度比$\zeta = 0.6 \sim 1.7$时，则受扭构件的受力状态为（　　）。

A. 纵筋与箍筋的应力均达到了各自的屈服强度

B. 只有纵筋和箍筋配得不过多或过少时，才能使两者都达到屈服强度

C. 构件将会发生超筋破坏

D. 构件将会发生少筋破坏

17-3-10 钢筋混凝土大偏心受压构件的破坏特征是（　　）。

A. 远离轴向力一侧的钢筋先受拉屈服，随后另一侧钢筋压屈，混凝土压碎

B. 远离轴向力一侧的钢筋应力不定，随后另一侧钢筋压屈，混凝土压碎

C. 靠近轴向力一侧的钢筋和混凝土应力不定，而另一侧钢筋受压屈服，混凝土压碎

D. 靠近轴向力一侧的钢筋和混凝土先屈服和压碎，而另一侧钢筋随后受拉屈服

17-3-11 钢筋混凝土偏心受压构件，其大小偏心受压的根本区别是（　　）。

A. 截面破坏时，远离轴向力一侧的钢筋是否受拉屈服

B. 截面破坏时，受压钢筋是否屈服

C. 偏心距的大小

D. 受压一侧的混凝土是否达到极限压应变

17-3-12 在钢筋混凝土双筋梁、大偏心受压和大偏心受拉构件的正截面承载力计算中，要求受压区高度$x \geqslant 2a'_s$是为了（　　）。

A. 保证受压钢筋在构件破坏时能达到其抗压强度设计值

B. 防止受压钢筋压屈

C. 避免保护层剥落

D. 保证受压钢筋在构件破坏时能达到其极限抗压强度

17-3-13 矩形截面对称配筋的偏心受压构件，发生界限破坏时的N_b值为（　　）。

A. 将随配筋率ρ值的增大而增大

B. 将随配筋率ρ值的增大而减小

C. N_b与ρ值无关

D. N_b与ρ值无关，但与配箍率有关

17-3-14 某矩形截面柱，截面尺寸为400mm×400mm，混凝土强度等级为C25($f_c = 11.9$MPa)，钢筋采用HRB400级，对称配筋。在下列四组内力组合中，以（　　）为最不利组合。

A. $M = 30$kN·m，$N = 200$kN

B. $M = 50$kN·m，$N = 300$kN

C. $M = 30$kN·m，$N = 205$kN

D. $M = 50$kN·m，$N = 305$kN

17-3-15 轴向压力N对构件抗剪承载力V_u的影响是（　　）。

A. 不论N的大小，均可提高构件的抗剪承载力V_u

B. 不论N的大小，均会降低构件的V_u

C. N适当时提高构件的V_u

D. N大时提高构件的V_u，N小时降低构件的V_u

17-3-16 偏心受压矩形截面构件，在（　　）情况下，令$x = x_b$来求配筋。

A. $A_s \neq A'_s$，而且均未知的大偏心受压构件

B. $A_s \neq A_s'$，而且均未知的小偏心受压构件

C. $A_s \neq A_s'$，且A_s'已知的大偏心受压构件

D. $A_s = A_s'$，且均未知的小偏心受压构件

第四节　正常使用极限状态验算

一、结构构件的裂缝控制要求

（一）产生裂缝的原因

引起构件产生裂缝的原因很多，但可归结为两大类：一类为荷载效应引起，其裂缝宽度与裂缝处的钢筋应力σ_{sk}近似地成正比，裂缝发生在受拉区内，称为受力裂缝；另一类是由外加变形或约束变形引起，如基础不均匀沉降、收缩、温度变化，以及混凝土碳化引起钢筋锈蚀的膨胀等，其出现在结构的某些部位，这类裂缝与结构设计及施工条件有密切关系，称为变形裂缝。实际工程中结构构件的裂缝绝大部分由变形因素引起，由荷载效应引起的裂缝为少数。对受力裂缝主要通过构件抗裂度计算及构造加以控制，对于变形裂缝主要通过结构设计、构造措施及施工方法解决。如设伸缩缝、沉降缝，加强保温措施及加强混凝土养护、改进施工条件，减小混凝土的收缩等。

（二）裂缝的控制及裂缝控制等级

（1）裂缝控制的目的及荷载裂缝控制等级详见本章第二节的二、（二）、2.及五、（四）、4.部分的有关阐述。

（2）对于由收缩及温度引起的裂缝，应控制钢筋混凝土结构伸缩缝的最大间距L满足《混凝土规范》的规定，即

$$L \leqslant [L] \tag{17-4-1}$$

式中：$[L]$—《混凝土规范》规定的钢筋混凝土结构伸缩缝间距（m），见《混凝土规范》表8.1.1。

（3）对于混凝土碳化引起的沿钢筋方向的裂缝，主要是控制保护层厚度C满足《混凝土规范》最小保护层厚度的要求，即

$$c \geqslant [c] \tag{17-4-2}$$

式中：$[c]$—《混凝土规范》规定的混凝土保护层最小厚度（mm），见《混凝土规范》表8.2.1。

（4）对地基不均匀沉降引起的裂缝，主要通过正确地选用地基处理、基础方案及基础设计解决。

二、影响受力裂缝的主要因素及最大裂缝宽度的计算

（一）影响受力裂缝宽度的主要因素

试验结果表明，受力裂缝宽度与下列因素有关：

（1）混凝土保护层厚度c，当$c \geqslant 20$mm时，裂缝间距及宽度将随c值增大而增大；

（2）钢筋直径d，在其他条件相同的条件下选择细一点的钢筋，则裂缝间距及宽度将有所减小；

（3）钢筋拉应力σ_{sk}，σ_{sk}越大，裂缝宽度越大；

（4）有效受拉区配筋率ρ_{te}，ρ_{te}值越大，裂缝间距及宽度越小；

（5）选用变形钢筋比光圆钢筋的裂缝宽度小。

（二）最大裂缝宽度的计算

1. 荷载标准组合下的平均裂缝间距

受弯构件

$$l_{\mathrm{m}}=\left(1.9c_{\mathrm{s}}+\frac{0.08d_{\mathrm{eq}}}{\rho_{\mathrm{te}}}\right) \tag{17-4-3a}$$

受拉构件

$$l_{\mathrm{m}}=1.1\left(1.9c_{\mathrm{s}}+\frac{0.08d_{\mathrm{eq}}}{\rho_{\mathrm{te}}}\right) \tag{17-4-3b}$$

2. 荷载标准组合下的平均裂缝宽度

产生裂缝宽度的原因是在平均裂缝间距之间的钢筋伸长与混凝土伸长的伸长差，即

$$\begin{aligned} w_{\mathrm{m}}&=(\bar{\varepsilon}_{\mathrm{s}}-\bar{\varepsilon}_{\mathrm{c}})l_{\mathrm{m}}=\bar{\varepsilon}_{\mathrm{s}}\left(1-\frac{\bar{\varepsilon}_{\mathrm{c}}}{\bar{\varepsilon}_{\mathrm{s}}}\right)l_{\mathrm{m}}=\psi\varepsilon_{\mathrm{s}}\left(1-\frac{\bar{\varepsilon}_{\mathrm{c}}}{\bar{\varepsilon}_{\mathrm{s}}}\right)l_{\mathrm{m}}\\ &=\psi\frac{\sigma_{\mathrm{sk}}}{E_{\mathrm{s}}}\left(1-\frac{\bar{\varepsilon}_{\mathrm{c}}}{\bar{\varepsilon}_{\mathrm{s}}}\right)l_{\mathrm{m}}=0.85\psi\frac{\sigma_{\mathrm{sk}}}{E_{\mathrm{s}}}l_{\mathrm{m}} \end{aligned} \tag{17-4-4}$$

式（17-4-4）中，根据试验结果取平均裂缝间距l_{m}之内的混凝土与钢筋平均应变的比值$\bar{\varepsilon}_{\mathrm{c}}/\bar{\varepsilon}_{\mathrm{s}}=0.15$；$\sigma_{\mathrm{sk}}$为在荷载标准组合下钢筋混凝土构件纵向受拉钢筋的应力；$\psi=\bar{\varepsilon}_{\mathrm{s}}/\varepsilon_{\mathrm{s}}$为平均裂缝间距$l_{\mathrm{m}}$之内钢筋的平均应变与裂缝截面处钢筋应变的比值。

（1）σ_{sk}的计算

轴心受拉：$\sigma_{\mathrm{sk}}=N_{\mathrm{k}}/A_{\mathrm{s}}$；偏心受拉：$\sigma_{\mathrm{sk}}=N_{\mathrm{k}}e'/[A_{\mathrm{s}}(h_0-a_{\mathrm{s}}')]$；受弯：$\sigma_{\mathrm{sk}}=M_{\mathrm{k}}/(0.87h_0A_{\mathrm{s}})$；偏心受压：$\sigma_{\mathrm{sk}}=N_{\mathrm{k}}(e-z)/(A_{\mathrm{s}}z)$。其符号与意义见《混凝土规范》第7.1.4条。

（2）裂缝间纵向受拉钢筋应变不均匀系数ψ

$$\psi=\frac{\bar{\varepsilon}_{\mathrm{s}}}{\varepsilon_{\mathrm{s}}}=1.1-\frac{0.65f_{\mathrm{tk}}}{\rho_{\mathrm{te}}\sigma_{\mathrm{sk}}} \tag{17-4-5}$$

当$\psi<0.2$时，取$\psi=0.2$；当$\psi>1$时，取$\psi=1$；对直接承受重复荷载的构件，取$\psi=1$。

3. 荷载标准组合下的最大裂缝宽度w_{kmax}

受弯构件　　$w_{\mathrm{kmax}}=1.66w_{\mathrm{m}}$

轴心受拉构件　　$w_{\mathrm{kmax}}=1.9w_{\mathrm{m}}$

其中，系数1.66与1.9为考虑超越概率为5%的裂缝宽度分位值与平均裂缝宽度的比值。

4. 考虑荷载长期作用影响的最大裂缝宽度$w_{\max}$

$$w_{\max}=1.5w_{\mathrm{kmax}}$$

其中1.5是考虑荷载长期作用影响的裂缝宽度扩大系数。

5. 按荷载标准组合并考虑长期作用影响的最大裂缝宽度

其计算公式统一表示为

$$w_{\max}=\alpha_{\mathrm{cr}}\psi\frac{\sigma_{\mathrm{sk}}}{E_{\mathrm{s}}}\left(1.9c_{\mathrm{s}}+0.08\frac{d_{\mathrm{eq}}}{\rho_{\mathrm{te}}}\right) \tag{17-4-6}$$

式中：α_{cr}—构件受力特征系数，对受弯、偏心受压构件，$\alpha_{\mathrm{cr}}=1.9$，对偏心受拉构件，$\alpha_{\mathrm{cr}}=2.4$，对轴心受拉构件，$\alpha_{\mathrm{cr}}=2.7$；

c_{s}—最外层纵向受拉钢筋外边缘至受拉区底边的距离，当$c_{\mathrm{s}}<20\mathrm{mm}$时，取$c_{\mathrm{s}}=20\mathrm{mm}$，当$c_{\mathrm{s}}>65\mathrm{mm}$时，取$c_{\mathrm{s}}=65\mathrm{mm}$；

ρ_{te}—按有效受拉混凝土截面面积计算的纵向受拉钢筋配筋率，$\rho_{\mathrm{te}}=A_{\mathrm{s}}/A_{\mathrm{te}}$，当$\rho_{\mathrm{te}}<0.01$时，取$\rho_{\mathrm{te}}=0.01$；

A_{te}—有效受拉混凝土截面面积，对轴心受拉构件，取构件截面面积，对受弯、偏心受压和偏心受拉构件，取$A_{\mathrm{te}}=0.5bh+(b_{\mathrm{f}}-b)h_{\mathrm{f}}$，$b_{\mathrm{f}}$、$h_{\mathrm{f}}$分别为受拉翼缘的宽度、高度；

d_{eq}—受拉区纵向钢筋的等效直径（mm），$d_{\mathrm{eq}}=\sum n_i d_i^2/\sum n_i v_i d_i$；

d_i、n_i—分别为受拉区第i种纵向钢筋的公称直径（mm）和根数；

v_i—受拉区第i种纵向钢筋的相对黏结特征系数，详见《混凝土规范》表 7.1.2-2。

6. 承受吊车荷载但不需作疲劳验算的受弯构件，可将计算求得的最大裂缝宽度乘以系数 0.85。对$e_0/h_0\leqslant 0.55$的偏心受压构件，可不进行裂缝宽度验算。

三、受弯构件的挠度验算

（一）短期刚度计算的基本假定与短期刚度

1. 平截面假定

采用裂缝之间截面受拉区与受压区的平均应变符合平截面假定，即平均应变沿截面高为线性分布。由此假定可得平均曲率为

$$\varphi=\frac{1}{\gamma_{\mathrm{m}}}=\frac{\varepsilon_{\mathrm{cm}}+\varepsilon_{\mathrm{sm}}}{h_0} \tag{17-4-7}$$

式中：$\varepsilon_{\mathrm{cm}}$、$\varepsilon_{\mathrm{sm}}$—分别为受压边缘混凝土的平均应变与受拉钢筋的平均应变；

h_0—截面有效高度。

由弯矩与曲率的关系可得短期刚度B_{s}为

$$B_{\mathrm{s}}=\frac{M_{\mathrm{k}}}{\varphi}=\frac{M_{\mathrm{k}}h_0}{\varepsilon_{\mathrm{cm}}+\varepsilon_{\mathrm{sm}}}=\frac{E_{\mathrm{s}}A_{\mathrm{s}}h_0^2}{1.15\psi+0.2+\dfrac{6\alpha_{\mathrm{E}}\rho}{1+3.5\gamma_{\mathrm{f}}'}} \tag{17-4-8}$$

式中：ψ—裂缝间纵向受拉钢筋应变不均匀系数，按《混凝土规范》第 7.1.2 条确定；

α_{E}—钢筋弹性模量与混凝土弹性模量的比值，$\alpha_{\mathrm{E}}=E_{\mathrm{s}}/E_{\mathrm{c}}$；

ρ—纵向受拉钢筋配筋率，对钢筋混凝土受弯构件，取$\rho=A_{\mathrm{s}}/(bh_0)$，对预应力混凝土受弯构件，取$\rho=\left(A_{\mathrm{p}}+A_{\mathrm{s}}\right)/(bh_0)$；

γ_{f}'—受压翼缘截面面积与腹板有效截面面积的比值。

2. 最小刚度假定

即在等截面钢筋混凝土受弯构件中的同号弯矩区段内，假定其刚度为常数，而且取该区段弯矩绝对值最大处的截面刚度，即最小刚度作为该区段的刚度。这一假定偏于安全，使计算大为简化。但对变截面梁应考虑采用分段总和法进行计算。

（二）受弯构件考虑荷载长期作用影响的刚度B与挠度验算

1. 长期刚度

按荷载短期效应组合并考虑荷载长期作用影响的长期刚度B主要是考虑了受压区混凝土徐变的影响，以及受拉区钢筋与混凝土黏结滑移徐变和混凝土收缩的影响，并利用挠度增大系数θ来反映，$f=\theta f_{\mathrm{s}}$。对于矩形、T 形、倒 T 形和 I 形截面受弯构件的“长期刚度”为

$$B=\frac{M_{\mathrm{k}}}{M_{\mathrm{q}}(\theta-1)+M_{\mathrm{k}}}B_{\mathrm{s}} \tag{17-4-9}$$

式中：M_{k}—按荷载效应的标准组合计算的弯矩，取计算区段内的最大弯矩；

M_q—按荷载效应的准永久组合计算的弯矩，取计算区段内的最大弯矩；

θ—考虑荷载长期作用对挠度增大的影响系数，当$\rho' = 0$时，取$\theta = 2.0$，当$\rho' = \rho$时，取θ=1.6，当ρ'为中间值时，θ按线性内插，此处，$\rho' = A_s'/(bh_0)$，$\rho = A_s/(bh_0)$，对翼缘位于受拉区的倒T形截面，θ应增加20%。

2. 受弯构件挠度验算

（1）受弯构件挠度计算公式

其挠度值f可以根据B利用结构力学的方法计算，对于均布荷载作用下的简支梁为

$$f = \frac{5M_k l_0^2}{48B} \tag{17-4-10}$$

一般公式为

$$f = S\frac{M_k l_0^2}{B} \tag{17-4-11}$$

式中：S—与荷载形式及支座条件有关的系数。

（2）挠度验算

由式（17-4-10）或式（17-4-11）计算的f值不应超过《混凝土规范》规定的挠度限值f_{lim}，即

$$f \leqslant f_{lim} \tag{17-4-12}$$

3. 提高刚度与减小挠度的方法

（1）B_s与梁宽b成正比，与梁有效高度h_0的平方成正比。

（2）当$\rho = A_s/(bh_0) = 0.01 \sim 0.02$时，提高混凝土强度对$B_s$增大不多；当$\rho \leqslant 0.005$时，效果大为提高。

（3）B_s将随$\alpha_E \rho$的增大近似线性增大。

在设计中可以综合考虑上述影响因素。

【例 17-4-1】 提高钢筋混凝土矩形截面受弯构件的弯曲刚度最有效的措施是：

A. 增加构件截面的有效高度

B. 增加受拉钢筋的配筋率

C. 增加构件截面的宽度

D. 提高混凝土强度等级

解　抗弯刚度与截面有效高度的平方成正比，因此增加构件截面的有效高度是提高混凝土受弯构件抗弯刚度最有效的措施。

答案： A

【例 17-4-2】 关于钢筋混凝土简支梁挠度验算的描述，不正确的是：

A. 作用荷载应取其标准值

B. 材料强度应取其标准值

C. 对带裂缝受力阶段的截面弯曲刚度按截面平均应变符合平截面假定计算

D. 对带裂缝受力阶段的截面弯曲刚度按截面开裂处的应变分布符合平截面假定计算

解　挠度验算为正常使用阶段，荷载和材料强度均应取标准值。（荷载效应为荷载准永久组合）。对于带裂缝受力阶段的混凝土，裂缝截面处与裂缝间截面，受拉钢筋的拉应变与受压区边缘混凝土的压应变是不均匀的，截面的弯曲刚度B_s是根据各水平纤维的平均应变沿截面高度的变化符合平截面假定建立的。故选项D不正确。

答案： D

习　题

17-4-1　受弯构件减小受力裂缝宽度最有效的措施是（　　）。

A. 增加截面尺寸

B. 提高混凝土的强度等级

C. 增加受拉钢筋截面面积，减小裂缝截面的钢筋应力

D. 增加钢筋的直径

17-4-2　控制钢筋混凝土构件因碳化引起的沿钢筋走向裂缝最有效的措施是（　　）。

A. 减小钢筋直径　　B. 提高混凝土的强度等级

C. 选用合适的钢筋保护层厚度　　D. 增加钢筋的截面面积

17-4-3　进行简支梁挠度计算时，用梁的最小刚度B_{min}代替材料力学公式中的EI，B_{min}值是指（　　）。

A. 沿梁长的平均刚度　　B. 沿梁长挠度最大处截面的刚度

C. 沿梁长内最大弯矩处截面的刚度　　D. 梁跨度中央处截面的刚度

第五节　预应力混凝土

混凝土结构构件在承受作用（荷载）以前，利用张拉钢筋回弹挤压混凝土使混凝土截面受到预压应力，而被张拉的钢筋中存在预拉应力，称之为预应力混凝土结构。它与钢筋混凝土结构的受力差别是截面上的混凝土增加了预压应力，预应力筋增加了预拉应力，因而提高了构件的抗裂度与刚度，从而可以而且必须选用高强度的材料。

一、一般规定

（一）预应力混凝土构件的计算内容

1. 承载力极限状态计算

根据使用条件进行正截面抗弯承载力与斜剪面抗剪承载力计算，必要时包括疲劳验算。

2. 正常使用极限状态验算

根据使用条件进行变形、抗裂、裂缝宽度和应力验算。

3. 施工阶段验算

按具体情况对制作、运输、吊装等施工阶段进行验算。

（二）适用范围、材料及施加预应力方法

1. 适用范围

（1）先张法预应力混凝土

先张法宜用于预制厂大批制作的中、小型构件；设计和施工条件许可时，也可用于生产非常用的构件。

（2）后张法预应力混凝土

后张法宜用于大型构件及现浇构件；根据具体情况，如施工条件、构件类型、受力特点、工作环境等可以选用有黏结预应力或无黏结预应力混凝土。

2. 预应力混凝土材料

（1）预应力筋：宜采用预应力钢丝、钢绞线和预应力螺纹钢筋。

（2）普通钢筋：可采用 HRB400、HRB500、HRBF400、HRBF500、RRB400、HPB300 钢筋。

（3）混凝土：预应力混凝土楼板结构的混凝土强度等级不应低于 C30，其他预应力混凝土结构构件的混凝土强度等级不应低于 C40。

（4）锚具：必须采用由持有生产许可证的制造厂生产，并有合格证书及使用说明书的锚具。

3. 施加预应力方法（见表 17-5-1）

施加预应力方法　　表 17-5-1

类　别	工　　序	原　　理	特　　点
先张法	1.在台座或钢模上张拉钢筋； 2.支模绑扎其他钢筋，浇筑混凝土； 3.混凝土达到一定强度后，切断或放松钢筋，挤压混凝土	预应力筋张拉时截面缩小；混凝土硬化后切断端部预应力筋，回缩受阻；通过端部黏结应力传递预应力使混凝土预压	1.工艺较简单，无需锚具； 2.需要台座或钢模； 3.张拉钢筋一般为直线； 4.适合于中、小型工厂化生产
后张法	1.浇筑混凝土构件，预留孔洞； 2.混凝土达到一定强度后，穿预应力筋，并张拉钢筋，预压混凝土，锚固钢筋保持预压应力； 3.孔道灌浆或不灌浆	利用构件本身作为支点张拉钢筋预压混凝土，利用端部锚具固定预应力筋以保持混凝土预压状态	1.工艺较复杂，需要锚具； 2.无需台座与钢模张拉； 3.可以采用直线或曲线； 4.可现场制作大、中型构件或整体结构； 5.是结构或构件重要的拼装手段

（三）预应力筋张拉控制应力、预应力损失及预应力损失组合

1. 预应力筋张拉控制应力σ_{con}

预应力筋张拉控制应力σ_{con}是张拉钢筋时施加给预应力筋从制造到使用阶段承受的最大应力。σ_{con}值越高，越可以充分利用预应力筋对混凝土建立较高的预应力，节约材料。但若过高，使σ_{con}值很接近f_{puk}值，则构件出现裂缝时的荷载接近极限荷载，破坏前预兆性差；而且进行超张拉时可能使个别钢筋超过屈服强度，产生永久变形或脆断；同时使钢筋松弛损失加大。但若σ_{con}过低，经过预应力损失之后，建立预压应力的效果差，不经济，而且有丧失预应力的危险，因此预应力筋的张拉控制应力σ_{con}应符合表 17-5-2 的规定。消除应力钢丝、钢绞线、中强度预应力钢丝的张拉控制应力值不应小于$0.4f_{ptk}$；预应力螺纹钢筋的张拉应力控制值不宜小于$0.5f_{pyk}$。

张拉控制应力限值　　表 17-5-2

消除应力钢丝、钢绞线	$\sigma_{con} \leqslant 0.75f_{ptk}$
中强度预应力钢丝	$\sigma_{con} \leqslant 0.70f_{ptk}$
预应力螺纹钢筋	$\sigma_{con} \leqslant 0.85f_{pyk}$

2. 预应力损失

预应力损失包括：张拉端锚具变形和钢筋内缩引起的损失σ_{l1}，预应力筋的摩擦损失σ_{l2}，混凝土加热养护时受张拉的钢筋与承拉设备之间的温差引起的损失σ_{l3}，预应力筋的应力松弛引起的损失σ_{l4}，混凝土收缩和徐变引起的损失σ_{l5}，以及采用螺旋式预应力筋配筋的环形构件，当直径$d \leqslant 3\text{m}$时，由于混凝土的局部挤压引起的损失σ_{l6}。各项预应力损失值的计算见《混凝土规范》第 10.2 条。为了保证安全，《混凝土规范》给出了预应力总损失的最小值，即当计算的预应力总损失σ_l小于下列值时，应按下列数值取用：

先张法构件　　100MPa

后张法构件　　80MPa

3. 预应力损失值的组合

预应力混凝土构件在施工、运输、吊装及使用阶段的预应力损失值宜按表 17-5-3 的规定进行组合。

各阶段预应力损失值的组合　　**表** 17-5-3

预应力损失值的组合	先张法构件	后张法构件
混凝土预压前（第一批）的损失	$\sigma_{l1}+\sigma_{l2}+\sigma_{l3}+\sigma_{l4}$	$\sigma_{l1}+\sigma_{l2}$
混凝土预压后（第二批）的损失	σ_{l5}	$\sigma_{l4}+\sigma_{l5}+\sigma_{l6}$

（四）预应力及预应力合力

1. 预加应力产生的混凝土法向应力及相应阶段预应力筋的应力计算

（1）先张法构件

由预加应力产生的混凝土法向应力

$$\sigma_{pc}=\frac{N_{p0}}{A_0}\pm\frac{N_{p0}e_{p0}}{I_0}y_0 \tag{17-5-1}$$

相应阶段预应力筋的有效预应力

$$\sigma_{pe}=\sigma_{con}-\sigma_l-\alpha_E\sigma_{pc} \tag{17-5-2}$$

预应力筋合力点处混凝土法向应力等于零时的预应力筋应力

$$\sigma_{p0}=\sigma_{con}-\sigma_l \tag{17-5-3}$$

（2）后张法构件

由预加应力产生的混凝土法向应力

$$\sigma_{pc}=\frac{N_p}{A_n}\pm\frac{N_pe_{pn}}{I_n}y_n \tag{17-5-4}$$

相应阶段预应力筋的有效预应力

$$\sigma_{pe}=\sigma_{con}-\sigma_l \tag{17-5-5}$$

预应力筋合力点处混凝土法向应力等于零时的预应力筋应力

$$\sigma_{p0}=\sigma_{con}-\sigma_l+\alpha_E\sigma_{pc} \tag{17-5-6}$$

上述式中：　A_0、A_n—分别为换算截面面积（包括扣除孔道、凹槽等削弱部分以外的混凝土全部截面面积以及全部纵向预应力筋和普通钢筋截面面积换算成混凝土截面面积，对于不同混凝土强度等级组成的截面，应根据混凝土弹性模量比值折换算成同一混凝土强度等级的截面面积）、净截面面积（换算截面面积减去全部纵向预应力筋截面面积换算成混凝土的截面面积）；

I_0、I_n—分别为换算截面惯性矩、净截面惯性矩；

e_{p0}、e_{pn}—分别为换算截面重心、净截面重心至预加力作用点的距离，按式（17-5-8）、式（17-5-10）计算；

y_0、y_n—分别为换算截面重心、净截面重心至所计算纤维处的距离；

σ_l—相应阶段的预应力损失；

α_E—钢筋弹性模量与混凝土弹性模量的比值，$\alpha_E = E_s/E_c$；

N_{p0}、N_p—分别为先张法构件、后张法构件的预加力，按式（17-5-7）、式（17-5-9）计算。

2. 预加力及其作用点的偏心距（见图 17-5-1）

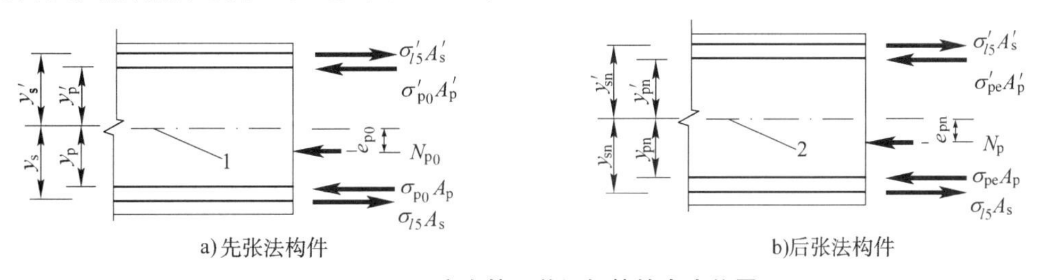

图 17-5-1 预应力筋及普通钢筋的合力位置

1-换算截面重心轴；2-净截面重心轴

可按下列公式计算：

（1）先张法构件

$$N_{p0} = \sigma_{p0}A_p + \sigma'_{p0}A'_p - \sigma_{l5}A_s - \sigma'_{l5}A'_s \tag{17-5-7}$$

$$e_{p0} = \frac{\sigma_{p0}A_p y_p - \sigma'_{p0}A'_p y'_p - \sigma_{l5}A_s y_s + \sigma'_{l5}A'_s y'_s}{\sigma_{p0}A_p + \sigma'_{p0}A'_p - \sigma_{l5}A_s - \sigma'_{l5}A'_s} \tag{17-5-8}$$

（2）后张法构件

$$N_p = \sigma_{pe}A_p + \sigma'_{pe}A'_p - \sigma_{l5}A_s - \sigma'_{l5}A'_s \tag{17-5-9}$$

$$e_{pn} = \frac{\sigma_{pe}A_p y_{pn} - \sigma'_{pe}A'_p y'_{pn} - \sigma_{l5}A_s y_{sn} + \sigma'_{l5}A'_s y'_{sn}}{\sigma_{pe}A_p + \sigma'_{pe}A'_p - \sigma_{l5}A_s - \sigma'_{l5}A'_s} \tag{17-5-10}$$

上述式中：σ_{p0}、σ'_{p0}—分别为受拉区、受压区的预应力筋合力点处混凝土法向应力等于零时的预应力筋应力；

σ_{pe}、σ'_{pe}—分别为受拉区、受压区预应力筋的有效预应力；

A_s、A'_s—分别为受拉区、受压区的普通钢筋的截面面积；

A_p、A'_p—分别为受拉区、受压区的预应力筋截面面积；

y_p、y'_p—分别为受拉区、受压区的预应力合力点至换算截面重心的距离；

y_s、y'_s—分别为受拉区、受压区的普通钢筋重心至换算截面重心的距离；

σ_{l5}、σ'_{l5}—分别为受拉区、受压区的预应力筋在各自合力点处混凝土收缩和徐变引起的预应力损失值；

y_{pn}、y'_{pn}—分别为受拉区、受压区预应力合力点至净截面重心的距离；

y_{sn}、y'_{sn}—分别为受拉区、受压区的普通钢筋重心至净截面重心的距离。

当式（17-5-7）~式（17-5-10）中的$A'_p = 0$时，可取$\sigma'_{l5} = 0$。

3. 混凝土法向应力为零时的N_{p0}及e_{p0}值

对先张法和后张法预应力混凝土构件，在承载力和裂缝宽度验算中，所有的混凝土法向应力为零时的预应力筋及普通钢筋合力N_{p0}及相应偏心距e_{p0}，均应按式（17-5-7）及式（17-5-8）计算，但式中的预应力筋的应力σ_{p0}及σ'_{p0}则应分别按先张法式（17-5-3）及后张法式（17-5-6）计算。

（五）先张法构件预应力筋的预应力传递长度l_{tr}计算

计算公式如下

$$l_{tr} = \alpha \frac{\sigma_{pe}}{f'_{tk}} d \tag{17-5-11}$$

式中：σ_{pe}—放张时预应力筋的有效预应力；

d—预应力筋的公称直径；

α—预应力筋的外形系数，按《混凝土规范》表 8.3.1 采用；

f'_{tk}—与放张时混凝土立方体抗压强度f'_{cu}相应的轴心抗拉强度标准值。

当采用骤然放松预应力筋的施工工艺时，l_{tr}的起点应从距构件末端 $0.25l_{tr}$处开始计算。

计算先张法预应力混凝土构件端部锚固区的正截面和斜截面抗弯承载力时，锚固长度范围内的预应力筋抗拉强度设计值在锚固起点处应取为零，在锚固终点处应取为f_{py}，两点之间可按线性内插确定。预应力筋的锚固长度l_a应按《混凝土规范》第 8.3.1 条确定。

（六）施工阶段的验算要求

1. 施加预应力时混凝土的强度

施加预应力时，所需的混凝土立方体抗压强度应经计算确定，但不宜低于混凝土设计强度值的 75%。

2. 施工阶段验算时，截面法向应力应满足的要求

对制作、运输及安装等施工阶段预拉区允许出现拉应力的构件或预压时全截面受压的构件，在预加应力、自重及施工荷载作用下（必要时应考虑动力系数），截面边缘的混凝土法向应力宜符合下列规定（见图 17-5-2）

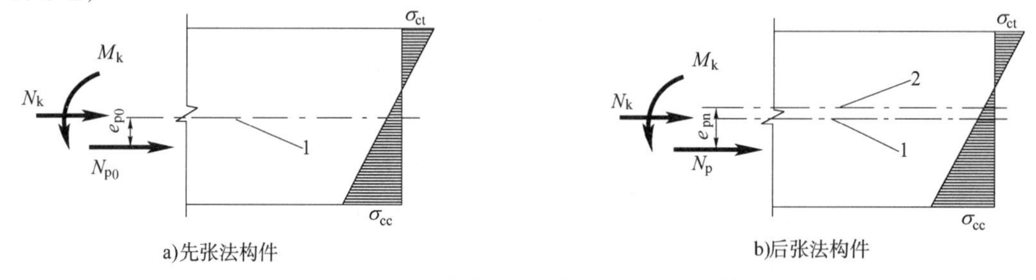

图 17-5-2　预应力混凝土构件施工阶段计算

1-换算截面重心轴；2-净截面重心轴

$$\sigma_{ct} \leqslant f'_{tk} \tag{17-5-12}$$

$$\sigma_{cc} \leqslant 0.8f'_{ck} \tag{17-5-13}$$

截面边缘的混凝土法向应力可按下式计算

$$\sigma_{cc}(\text{或}\sigma_{ct}) = \sigma_{pc} + \frac{N_k}{A_0} \pm \frac{M_k}{W_0} \tag{17-5-14}$$

上述式中：σ_{cc}、σ_{ct}—分别为相应施工阶段计算截面边缘纤维的混凝土压应力、拉应力；

f'_{tk}、f'_{ck}—分别为与各施工阶段混凝土立方体抗压强度f'_{cu}相应的抗拉强度标准值、抗压强度标准值；

N_k、M_k—分别为构件自重及施工荷载的标准组合在计算截面产生的轴向力值、弯矩值；

W_0—验算边缘的换算截面弹性抵抗矩。

当σ_{pc}为压应力时，取正值；当σ_{pc}为拉应力时，取负值。当N_k为轴向压力时，取正值；当N_k为轴向拉力时，取负值。由M_k产生的边缘纤维应力，压应力取正号，拉应力取负号。

当有可靠工程经验时，叠合式受弯构件预拉区的混凝土法向拉应力可按σ_{ct}不大于$2f'_{tk}$控制。

3. 预应力混凝土构件预拉区的纵向钢筋

施工阶段预拉区允许出现拉应力的构件，预拉区纵向钢筋的配筋率$(A'_s+A'_p)/A$不宜小于 0.15%，对后张法构件不应计入A'_p，其中，A为构件截面面积。预拉区纵向普通钢筋的直径不宜大于 14mm，并应沿构件预拉区的外边缘均匀布置。

二、轴心受拉构件

（一）轴心受拉构件截面应力状态及计算公式（见表 17-5-4）

（二）先张法及后张法的应力分析小结

1. 施工阶段

两者的应力计算公式是不同的：先张法预应力筋应力(σ_p)比后张法减少$\alpha_E\sigma_{pcI}$或$\alpha_E\sigma_{pc}$，在计算混凝土预压应力公式中，先张法用A_0，后张法用A_n。

2. 使用阶段

施加外荷载以后，用σ_{p0}及N_{p0}表达不同状态的轴力计算公式，两者形式完全相同，但σ_{p0}公式对先张法和后张法不同。

3. 引入σ_{p0}及N_{p0}的目的

（1）将先张法与后张法的N公式统一起来。

（2）把预应力与普通钢筋混凝土轴心受拉构件承载力计算公式统一起来。当$N>N_{cr}$以后取σ_{pc}，$N_{p0}=0$时，即变为普通钢筋混凝土计算公式。由此引出$\sigma_p-\sigma_{pc}$值相当于钢筋混凝土拉杆开裂后的钢筋应力σ_s，即在验算预应力混凝土的裂缝宽度计算公式中取$\sigma_s=\sigma_p-\sigma_{p0}=(N-N_{p0})/(A_p+A_s)$。

（三）使用阶段正截面承载力计算

正截面抗拉承载力按下式计算

$$N\leqslant f_{py}A_p+f_yA_s \tag{17-5-15}$$

式中：f_{py}—预应力筋抗拉强度设计值。

（四）使用阶段裂缝控制验算

（1）一级裂缝控制等级构件，在荷载标准组合下，受拉边缘应力应符合下列规定

$$\sigma_{ck}-\sigma_{pc}\leqslant 0 \tag{17-5-16}$$

（2）二级裂缝控制等级构件，在荷载标准组合下，受拉边缘应力应符合下列规定

$$\sigma_{ck}-\sigma_{pc}\leqslant f_{tk} \tag{17-5-17}$$

轴心受拉构件截面应力计算公式 表 17-5-4

受力阶段		预应力筋应力σ_p（拉）		普通钢筋应力σ_s		混凝土应力σ_c		N计算公式
		先张法	后张法	先张法	后张法	先张法	后张法	
施工阶段	完成第一批预应力损失σ_{lI}	放张预应力筋时 $\sigma_{pI}=\sigma_{con}-\sigma_{lI}-\alpha_E\sigma_{pcI}$	终拉终止时 $\sigma_{pI}=\sigma_{con}-\sigma_{lI}$	放松预应力筋时 $\sigma_{sI}=-\alpha_E\sigma_{pcI}$	张拉终止时 $\sigma_{sI}=-\alpha_E\sigma_{pcI}$	$\sigma_{pc}=\frac{(\sigma_{con}-\sigma_{lI})A_p}{A_0}$ $A_0=A_c+\alpha_E A_s+\alpha_E A_p$	$\sigma_{pc}=\frac{(\sigma_{con}-\sigma_{lI})A_p}{A_n}$ $A_n=A_c+\alpha_E A_s$	—
	完成第二批预应力损失时的σ_l	$\sigma_{pII}=\sigma_{con}-\sigma_l-\alpha_E\sigma_{pcII}$	$\sigma_{pII}=\sigma_{con}-\sigma_l$	$\sigma_s=-\alpha_E\sigma_{pcII}-\sigma_{l5}$	$\sigma_s=-\alpha_E\sigma_{pcII}-\sigma_{l5}$	$\sigma_{pcII}=\frac{(\sigma_{con}-\sigma_l)A_p-\sigma_{l5}A_s}{A_0}$	$\sigma_{pcII}=\frac{(\sigma_{con}-\sigma_l)A_p-\sigma_{l5}A_s}{A_n}$	—
使用阶段	N_{p0}作用下消压状态	$\sigma_{p0}=\sigma_{con}-\sigma_l$	$\sigma_{p0}=\sigma_{con}-\sigma_l+\alpha_E\sigma_{pcII}$	$\sigma_{s0}=-\sigma_{l5}$	$\sigma_{s0}=-\sigma_{l5}$	0	0	$N_{p0}=\sigma_{pcII}A_0$ $=\sigma_{p0}A_p-\sigma_{l5}A_s$
	N_{cr}作用下开裂前瞬间	$\sigma_{pcr}=\sigma_{con}-\sigma_l+\alpha_E f_{tk}$	$\sigma_{pcr}=\sigma_{con}-\sigma_l+$ $\alpha_E\sigma_{pcII}+\alpha_E f_{tk}$	$\sigma_{ccr}=-\sigma_{l5}+\alpha_E f_{tk}$	$\sigma_{ccr}=-\sigma_{l5}+\alpha_E f_{tk}$	$\sigma_c=f_{tk}$	$\sigma_c=f_{tk}$	$N_{cr}=(\sigma_{pcII}+f_{tk})A_0$ $=N_{p0}+f_{tk}A_0$
	N_u作用下的破坏阶段	$\sigma_{pu}=f_{py}$	$\sigma_{pu}=f_{py}$	$\sigma_{su}=f_y$	$\sigma_{su}=f_y$	—	—	$N_u=f_{py}A_p+f_y A_s$

（3）三级裂缝控制等级时，预应力混凝土构件的最大裂缝宽度可按荷载标准组合并考虑长期作用影响的效应计算。最大裂缝宽度应符合下列规定

$$w_{max} \leqslant w_{lim}$$

对二 a 类环境的预应力混凝土构件，在荷载准永久组合下，受拉边缘应力尚应符合下列规定：

$$\sigma_{cq} - \sigma_{pc} \leqslant f_{tk} \tag{17-5-18}$$

预应力混凝土轴心受拉构件的最大裂缝宽度可按式（17-4-6）计算，其中构件受力特征系数$\alpha_{cr} = 2.2$；纵向受拉钢筋的有效配筋率$\rho_{te} = (A_p + A_s)/A_{te}$；受拉区纵向钢筋的等效应力$\sigma_{sk}$按下式计算

$$\sigma_{sk} = \frac{N_k - N_{p0}}{A_p + A_s} \tag{17-5-19}$$

（五）施工阶段验算

1. 先张法放张钢筋或后张法张拉钢筋时混凝土的预压应力

$$\sigma_{cc} \leqslant 0.8 f'_{ck}$$

2. 后张法构件端部锚固区局部抗压承载力计算

详见本章第三节“六、局部抗压承载力计算”。

【例 17-5-1】 两个预应力混凝土轴心受拉构件，一个为先张法，另一个为后张法，两者的预应力筋种类和截面面积、张拉控制应力σ_{con}、预应力损失σ_l、混凝土强度、混凝土截面面积A_c（后张法已扣除面积）在数值上均相同，且无非预应力钢筋。下面结论正确的是：

A.两者的N_{p0}在数值上相同

B.两者的σ_{p0}在数值上相同

C.两者的承载力相同

D.两者由预加应力产生的σ_{pcII}相同

解　在N_{p0}作用下（消压状态）预应力筋的应力，先张法：$\sigma_{p0} = \sigma_{con} - \sigma_l$，后张法：$\sigma_{p0} = \sigma_{con} - \sigma_l + \alpha_E \sigma_{pcII}$，$N_{p0} = \sigma_{p0} A_p$，选项 A、B 错误。完成第二批预应力损失后混凝土的应力，先张法：$\sigma_{pcII} = (\sigma_{con} - \sigma_l) A_p / A_0$，后张法：$\sigma_{pcII} = (\sigma_{con} - \sigma_l) A_p / A_n$（$A_p$、$A_0$、$A_n$分别为预应力筋截面面积、换算截面面积、净截面面积），选项 D 错误。混凝土截面面积、配筋相同，先张法和后张法预应力混凝土轴心受拉构件的承载力相同，选项 C 正确。

答案： C

三、受弯构件

（一）应力计算公式及说明

表 17-5-5 及表 17-5-6 分别为先张法和后张法预应力混凝土受弯构件在施工阶段和使用阶段的应力计算公式，其中：

σ_{peI}、σ_{pe}、σ_{p0}、σ_{pcr}、σ_{pu}与σ'_{peI}、σ'_{pe}、σ'_{p0}、σ'_{pcr}、σ'_{pu}分别为受拉区与受压区预应力筋在完成第一、二批预应力损失，以及在M_0、M_{cr}、M_u作用下的应力。

表 17-5-5

先张法预应力混凝土受弯构件截面应力计算公式

受力阶段		预应力筋应力		普通钢筋应力		混凝土应力	
		A_p的应力	A'_p的应力	A_s的应力	A'_s的应力	截面上任一点的应力	截面下缘的应力
施工阶段	完成第一批预应力损失	$\sigma_{pI}=\sigma_{con}-\sigma_{lI}-\alpha_E\sigma_{pcI}$	$\sigma'_{pI}=\sigma'_{con}-\sigma'_{lI}-\alpha_E\sigma'_{pcI}$	$\sigma_{sI}=-\alpha_E\sigma_{pcI}$	$\sigma'_{sI}=-\alpha_E\sigma'_{pcI}$	$\sigma_{pcI}=\frac{N_{p0I}}{A_0}\pm\frac{N_{p0I}e_{p0I}}{I_0}y_0$	$\sigma_{pcI}=\frac{N_{p0I}}{A_0}+\frac{N_{p0I}e_{p0I}}{I_0}y_{0max}$
	完成第二批预应力损失	$\sigma_{pII}=\sigma_{con}-\sigma_l-\alpha_E\sigma_{pcII}$	$\sigma'_{pII}=\sigma'_{con}-\sigma'_l-\alpha_E\sigma'_{pcII}$	$\sigma_s=-\alpha_E\sigma_{pcII}-\sigma_{l5}$	$\sigma'_s=-\alpha_E\sigma'_{pcII}-\sigma'_{l5}$	$\sigma_{pcII}=\frac{N_{p0}}{A_0}\pm\frac{N_{p0}e_{p0}}{I_0}y_0$	$\sigma_{pcII}=\frac{N_{p0}}{A_0}+\frac{N_{p0}e_{p0}}{I_0}y_{0max}$
使用阶段	M_0作用下	$\sigma_{p0}=\sigma_{con}-\sigma_l$	$\sigma'_{p0}=\sigma'_{con}-\sigma'_l$	$\sigma_{s0}=-\sigma_{l5}$	$\sigma'_{s0}=-\sigma'_{l5}$	$\sigma_{c0}=\sigma_{pcII}\pm\frac{M_0}{I_0}y_0$	0
	M_{cr}作用下	$\sigma_{pcr}=\sigma_{p0}+2\alpha_E f_{tk}$	$\sigma'_{pcr}=\sigma'_{p0}-2\alpha_E f_{tk}$	$\sigma_{scr}=\sigma_{s0}-2\alpha_E f_{tk}$	$\sigma'_{scr}=\sigma'_{s0}+2\alpha_E f_{tk}$	$\sigma_c=\sigma_{pcII}\pm\frac{M_{cr}}{I_0}y_0$	f_{tk}
	M_u 作用下	$\sigma_{pu}=f_{py}$	$\sigma'_{pu}=\sigma'_{p0}-f'_{py}$	$\sigma_{su}=f_y$	$\sigma_{su}=f'_y$	受拉区混凝土$\sigma_c=0$ 受压区混凝土$\sigma_c=\alpha_1 f_c$	0

表 17-5-6

后张法预应力混凝土受弯构件截面应力计算公式

受力阶段		预应力筋应力		普通钢筋应力		混凝土应力	
		A_p的应力	A'_p的应力	A_s的应力	A'_s的应力	截面上任一点的应力	截面下缘的应力
施工阶段	完成第一批预应力损失	$\sigma_{pI}=\sigma_{con}-\sigma_{lI}$	$\sigma'_{pI}=\sigma'_{con}-\sigma'_{lI}$	$\sigma_{sI}=-\alpha_E\sigma_{pcI}$	$\sigma'_{sI}=-\alpha_E\sigma'_{pcI}$	$\sigma_{pcI}=\frac{N_{pI}}{A_n}\pm\frac{N_{pI}e_{pnI}}{I_0}y_0$	$\sigma_{pcI}=\frac{N_{pI}}{A_n}+\frac{N_{pnI}e_{pnI}}{I_n}y_{nmax}$
	完成第二批预应力损失	$\sigma_{pII}=\sigma_{con}-\sigma_l$	$\sigma'_{pII}=\sigma'_{con}-\sigma'_l$	$\sigma_s=-\alpha_E\sigma_{pcII}-\sigma_{l5}$	$\sigma'_s=-\alpha_E\sigma'_{pcII}-\sigma'_{l5}$	$\sigma_{pcII}=\frac{N_p}{A_n}\pm\frac{N_p e_{pn}}{I_n}y_0$	$\sigma_{pcII}=\frac{N_p}{A_n}+\frac{N_p e_{p0}}{I_n}y_{nmax}$
使用阶段	M_0作用下	$\sigma_{p0}=\sigma_{con}-\sigma_l+\alpha_E\sigma_{pc}$	$\sigma'_{p0}=\sigma'_{con}-\sigma'_l+\alpha_E\sigma'_{pc}$	$\sigma_{s0}=\sigma_s+\alpha_E\sigma_{cos}$	$\sigma'_{s0}=\sigma'_s+\sigma'_{con}$	$\sigma'_{c0}=\sigma_{pc}\pm\frac{M_0}{I_0}y_0$	0
	M_{cr}作用下	$\sigma_{pcr}=\sigma_{p0}+2\alpha_E f_{tk}$	$\sigma'_{pcr}=\sigma'_{p0}-2\alpha_E f_{tk}$	$\sigma_{scr}=\sigma_{s0}+2\alpha_E f_{tk}$	$\sigma'_{scr}=\sigma'_{s0}-2\alpha_E f_{tk}$	$\sigma_c=\sigma_{pc}\pm\frac{M_{cr}}{I_0}y_0$	f_{tk}
	M_u作用下	$\sigma_{pu}=f_{py}$	$\sigma'_{pu}=\sigma'_{p0}-f'_{py}$	$\sigma_{su}=f_y$	$\sigma_{su}=f'_y$	受拉区混凝土$\sigma_c=0$ 受压区混凝土$\sigma_c=\alpha_1 f_c$	0

σ_{sI}、σ_s、σ_{s0}、σ_{scr}、σ_{su}与σ'_{sI}、σ'_s、σ'_{s0}、σ'_{scr}、σ'_{su}分别为受拉区与受压区的普通钢筋在完成第一、二批预应力损失，以及在M_0、M_{cr}、M_u作用下的应力。

σ_{pcI}、σ_{pc}分别为预应力筋完成第一批及全部预应力损失后产生的混凝土法向应力。

σ_{pcIs}、σ_{pcs}与σ'_{pcIs}、σ'_{pcs}分别为预应力筋完成第一批及全部预应力损失后，在A_s重心与A'_s重心处产生的混凝土法向应力。

M_0、M_{cr}、M_u分别为受弯构件在消压状态（截面下边缘的σ_{pc}=0），裂缝即将出现时以及达到承载力极限状态时截面所承担的弯矩。

（二）使用阶段正截面受弯承载计算

1. 矩形截面或翼缘位于受拉边缘的 T 形截面受弯构件

其正截面抗弯承载力应按下列公式计算（见图 17-5-3）

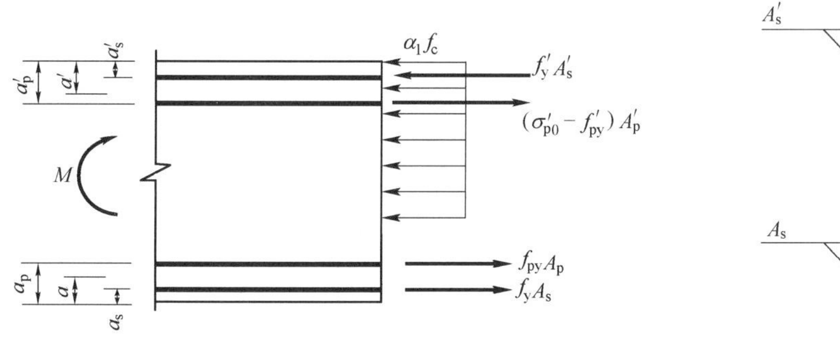

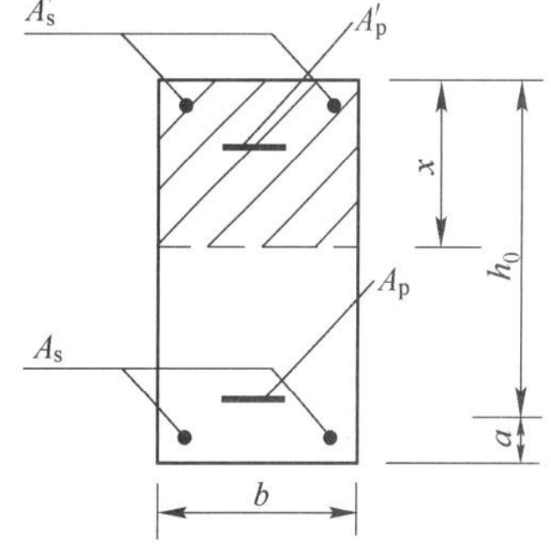

图 17-5-3　矩形截面受弯构件正截面抗弯承载力计算

$$M \leqslant \alpha_1 f_c bx\left(h_0-\frac{x}{2}\right)+f'_y A'_s(h_0-a'_s)-(\sigma'_{p0}-f'_{py})A'_p(h_0-a'_p) \tag{17-5-20}$$

混凝土受压区高度按下列公式计算

$$\alpha_1 f_c bx = f_y A_s - f'_y A'_s + f_{py}A_p + (\sigma'_{p0}-f_{py})A'_p \tag{17-5-21}$$

混凝土受压区高度应符合下列要求：

为了避免出现超筋梁

$$x \leqslant \xi_b h_0 \tag{17-5-22}$$

为了使A'_s达到f'_y值

$$x \geqslant 2a' \tag{17-5-23}$$

上述式中：　a'—纵向受压钢筋合力点至受压区边缘的距离，当受压区未配置纵向预应力筋或受压区纵向预应力筋的应力（$\sigma'_{p0}-\sigma'_{py}$）为拉应力时，式（17-5-23）中的$a'$应用$a'_s$代替；

ξ_b—相对界限受压区高度，按下列公式计算

$$\xi_b=\frac{\beta_1}{1+0.002/\varepsilon_{cu}+\dfrac{f_{py}-\sigma_{p0}}{E_s\varepsilon_{cu}}} \tag{17-5-24}$$

σ_{p0}—受拉区纵向预应力筋合力点处混凝土法向应力等于零时的预应力筋应力。

2. 翼缘位于受压区的 T 形截面受弯构件（见图 17-5-4）

其正截面抗弯承载力应按下列情况计算

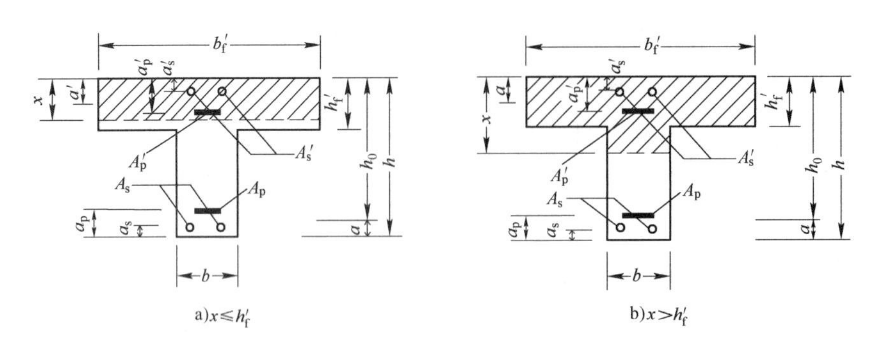

图 17-5-4 T 形截面受弯构件受压区高度位置

（1）当符合下式条件时

$$f_y A_s + f_{py} A_p \leq \alpha_1 f_c b_f' h_f' + f_y' A_s' - (\sigma_{p0}' - f_{py}') A_p' \tag{17-5-25}$$

则按宽度为b_f'的矩形截面计算。

（2）当不符合式（17-5-25）的条件时，计算中应考虑截面中腹板的受压作用，其正截面抗弯承载力按下列公式计算

$$M \leq \alpha_1 f_c b x \left(h_0 - \frac{x}{2}\right) + \alpha_1 f_c (b_f' - b) h_f' \left(h_0 - \frac{h_f'}{2}\right) +$$
$$f_y' A_s' (h_0 - a_s') - (\sigma_{p0}' - f_{py}') A_p' (h_0 - a_p') \tag{17-5-26}$$

其混凝土受压区高度按下列公式确定

$$\alpha_1 f_c [bx + (b_f' - b) h_f] = f_y A_s - f_y' A_s + f_{py} A_p + (\sigma_{p0}' - f_{py}') A_p \tag{17-5-27}$$

式中：h_f'—T 形截面受压区翼缘高度；

b_f'—T 形截面受压区翼缘计算宽度，应按《混凝土规范》表 5.2.4 中所列各项中的最小值取用。

应用式（17-5-26）和式（17-5-27）时，混凝土受压区高度尚应符合式（17-5-22）和式（17-5-23）的要求。

（3）在计算中考虑普通受压钢筋A_s'，若不符合$x \geq 2a'$的条件时，正截面抗弯承载力可按下式计算

$$M \leq f_{py} A_p (h - a_p - a_s') + f_y A_s (h - a_s - a_s') + (\sigma_{p0}' - f_{py}') A_p (a_p' - a_s') \tag{17-5-28}$$

【例 17-5-2】 关于预应力混凝土受弯构件的描述，正确的是：

A. 受压区设置预应力筋的目的是增强该受压区的强度

B. 预应力混凝土受弯构件的界限相对受压区高度计算公式与钢筋混凝土受弯构件相同

C. 承载力极限状态时，受拉区预应力筋均能达到屈服，且受压区混凝土被压溃

D. 承载力极限状态时，受压区预应力筋一般未能达到屈服

解 受压区（预拉区）设置预应力筋是为了减小预拉区的拉应力，减小构件的反拱值，选项 A 错误。

由于预压应力的存在，预应力混凝土受弯构件的相对界限受压区高度ξ_b的计算公式与普通钢筋混凝土受弯构件不同，选项 B 错误。

承载能力极限状态时，预应力混凝土受弯构件与钢筋混凝土受弯构件相似，当$\xi \leq \xi_b$时，受拉区的预应力筋先达到屈服，而后受压区混凝土被压碎使构件破坏，当不满足$\xi \leq \xi_b$时，选项 C 错误。

受压区的预应力筋初始应力为拉应力，承载能力极限状态时，预应力筋的应力为拉应力或压应力，但一般不能达到其受压屈服强度，选项 D 正确。

答案： D

（三）使用阶段斜截面承载力计算

（1）矩形、T形及I形截面的预应力混凝土受弯构件，其受剪截面应符合的条件同普通钢筋混凝土梁，即按式（17-3-17）和式（17-3-18）的条件。

（2）在计算预应力混凝土受弯构件斜截面的抗剪承载力时，其计算位置同普通钢筋混凝土梁的规定，即：

①支座边缘处的截面；

②受拉区弯起钢筋弯起点处的截面；

③箍筋截面面积或间距改变处的截面；

④腹板宽度改变处的截面。

（3）矩形、T形和I形截面的预应力混凝土受弯构件，当配有箍筋和弯起钢筋时，其斜截面抗剪承载力应按下式计算

$$V \leqslant V_{cs} + V_p + 0.8 f_y A_{sb} \sin\alpha_s + 0.8 f_{py} A_{pb} \sin\alpha_p \tag{17-5-29}$$

式中： V—构件斜截面上最大剪力设计值；

V_{cs}—构件斜截面上混凝土和箍筋的抗剪承载力值，按式（17-5-30）和式（17-5-31）计算，一般受弯梁

$$V_{cs} = 0.7 f_t b h_0 + f_{yv} \frac{A_{sv}}{s} h_0 \tag{17-5-30}$$

集中荷载作用下的矩形独立梁

$$V_{cs} = \frac{1.75}{\lambda + 1} f_t b h_0 + f_{yv} \frac{A_{sv}}{s} h_0 \tag{17-5-31}$$

式（17-5-31）中λ为计算截面剪跨比，取值同式（17-3-20）中的数值；

V_p—由预应力所提高的构件抗剪承载力设计值，其值为

$$V_p = 0.05 N_{p0} \tag{17-5-32}$$

应注意，当N_{p0}产生的弯矩M_p与荷载产生的弯矩M同向时应取$V_p = 0$；

N_{p0}—计算截面上混凝土法向预应力等于零时的预加力，按式（17-5-7）计算，当$N_{p0} > 0.3 f_c A_0$时，取$N_{p0} = 0.3 f_c A_0$，而且计算N_{p0}时不考虑预应力弯起钢筋的作用，应注意：当N_{p0}引起的截面弯矩与荷载引起的弯矩相同时，以及预应力混凝土连续梁和允许出现裂缝的预应力简支梁，均取$V_p = 0$，对先张法预应力混凝土构件，在计算合力N_{p0}时，应考虑预应力筋传递长度的影响；

f_{py}—预应力筋的抗拉强度设计值；

A_{pb}—同一弯起平面内的预应力弯起钢筋的截面面积；

α_s—斜截面上预应力弯起钢筋的切线与构件纵向轴线的夹角；

其余符号意义同钢筋混凝土受弯构件。

（4）矩形、T形和I形截面的预应力混凝土受弯构件，当符合式（17-5-33）和式（17-5-34）要求时，则均可不进行斜截面抗剪承载力计算，仅需按构造要求配置箍筋。

一般受弯构件

$$V \leqslant 0.7 f_t b h_0 + 0.05 N_{p0} \tag{17-5-33}$$

集中荷载作用下矩形截面独立梁

$$V \leqslant \frac{1.75}{\lambda + 1} f_t b h_0 + 0.05 N_{p0} \tag{17-5-34}$$

（四）使用阶段正截面裂缝控制验算

（1）对裂缝控制等级为一级、二级的预应力混凝土受弯构件，同轴心受拉构件，应符合式（17-5-16）、式（17-5-17）的规定。但公式中的$\sigma_{ck} = M_k/W_0$，$\sigma_{cq} = M_q/W_0$。

（2）对裂缝控制等级为三级（允许出现裂缝）的构件，按荷载效应的标准组合并考虑长期作用影响的最大裂缝宽度应符合$w_{max} \leqslant w_{lim}$。预应力混凝土受弯构件的最大裂缝宽度可按公式（17-4-6）计算，其中构件受力特征系数$\alpha_{cr} = 1.5$；纵向受拉钢筋的有效配筋率$\rho_{te} = (A_p + A_s)/A_{te}$；受拉区纵向钢筋的等效应力$\sigma_{sk}$按下式计算

$$\sigma_{sk} = \frac{M_k - N_{p0}(z - e_p)}{(A_p + A_s)z} \tag{17-5-35}$$

$$z = \left[0.87 - 0.12(1 - \gamma_f')\left(\frac{h_0'}{e}\right)^2\right]h_0 \tag{17-5-36}$$

$$e = e_p + \frac{M_k}{N_{p0}} \tag{17-5-37}$$

$$\gamma_f' = (b_f' - b)\frac{h_f'}{bh_0}$$

当$h_f' > 0.2h_0$时，取

$$h_f' = 0.2h_0 \tag{17-5-38}$$

式中：z—受拉区纵向普通钢筋和预应力筋合力点至截面受压区合力点的距离；

e_p—混凝土法向预应力等于零时的预加力N_{p0}的作用点至受拉区纵向预应力和普通钢筋合力点的距离。

（五）使用阶段斜截面裂缝控制验算

（1）预应力混凝土受弯构件斜截面裂缝的控制验算，主要是验算截面的混凝土主拉应力与主压应力，应符合下列规定：

①混凝土的主拉应力σ_{tp}

对严格要求不出现裂缝的构件

$$\sigma_{tp} \leqslant 0.85f_{tk} \tag{17-5-39}$$

对一般要求不出现裂缝的构件

$$\sigma_{tp} \leqslant 0.95f_{tk} \tag{17-5-40}$$

②混凝土的主压应力σ_{cp}

对严格要求和一般要求不出现裂缝的构件

$$\sigma_{cp} \leqslant 0.6f_{ck} \tag{17-5-41}$$

应当注意，应选择跨度内不利位置的截面，对该截面的换算截面重心处和截面宽度剧烈改变处进行验算。对允许出现裂缝的吊车梁，在静力计算中应符合式（17-5-40）及式（17-5-41）的规定。

（2）混凝土主拉应力和主压应力应按《混凝土规范》第7.1.7条规定计算。

（3）对先张法预应力混凝土构件端部进行斜截面抗剪承载力计算及正截面、斜截面抗裂验算时，应考虑预应力筋在预应力传递长度l_{tr}范围内实际应力值的变化。

（4）应验算抗裂的部位：

①在构件长度方向，应根据剪力及弯矩图形变化的特点和构件外形及截面变化情况选择最危险区段：a.支座边缘截面；b.腹板宽度削弱处；c.弯起预应力筋在跨中的锚固终点处截面。

②沿截面高度方向，一般应验算截面的重心轴线处及截面腹板厚度有剧烈变化的部位，即翼缘与腹

板相交处。

③吊车梁斜截面抗裂验算部位，需考虑两种荷载位置，即轮压作用在宽度剧烈变化的截面上和轮压作用在离该截面 0.6h处（向跨中方向）。

（六）使用阶段变形验算

预应力混凝土受弯构件的挠度由两部分组成，一部分是由荷载作用产生的挠度f_1，另一部是由预应力作用产生的反拱f_2。

1. 荷载作用下的挠度值f_1

（1）荷载效应标准组合作用下的短期刚度B_s可按下列公式计算：

①使用阶段要求不出裂缝的构件

$$B_s = 0.85E_cI_0 \tag{17-5-42}$$

②使用阶段允许出现裂缝的构件

$$B = \frac{0.85E_cI_0}{\kappa_{cr} + (1 - \kappa_{cr})\omega} \tag{17-5-43}$$

$$\kappa_{cr} = \frac{M_{cr}}{M_k} \tag{17-5-44}$$

$$\omega = \left(1.0 + \frac{0.21}{\alpha_E\rho}\right)(1 + 0.45\gamma_f) - 0.7 \tag{17-5-45}$$

$$M_{cr} = (\sigma_{pc} + \gamma \cdot f_{tk})W_0 \tag{17-5-46}$$

$$\gamma = \left(0.7 + \frac{120}{h}\right)\gamma_m \tag{17-5-47}$$

式中：κ_{cr}—预应力混凝土受弯构件正截面的开裂弯矩M_{cr}与弯矩M_k的比值，当$\kappa_{cr} > 1.0$时，取$\kappa_{cr} = 1.0$；

α_E—钢筋弹性模量与混凝土弹性模量的比值，$\alpha_E = E_s/E_c$；

σ_{pc}—扣除全部预应力损失后，由预应力在抗裂验算截面边缘产生的混凝土预压应力；

γ_f—受拉翼缘截面面积与腹板有效截面面积的比值，$\gamma_f = (b_f - b)h_f/(bh_0)$；

I_0—换算截面惯性矩；

γ_m—混凝土构件的截面抵抗矩塑性影响系数基本值，见《混凝土规范》表 7.2.4。

对预压时预拉区出现裂缝的构件，B_s应降低 10%。

（2）预应力混凝土受弯构件考虑荷载长期作用影响的刚度B（简称“长期刚度”）可按式（17-4-9）计算，公式中的影响系数θ取为 2.0。

（3）正常使用下由荷载作用产生的挠度f_1，根据式（17-4-9）求出的B，即可按结构力学的方法计算。在等截面构件中，可假定各同号弯矩区段内的刚度为常数，并取该区段弯矩绝对值最大处的截面刚度（最小刚度）。

2. 预应力产生的反拱值f_2

在偏心压力作用下预应力构件产生的反拱值f_2可按两端作用有弯矩为N_pe_p的简支梁的挠度计算。

（1）施工阶段刚预压时产生的短期反拱值f_{2s}

$$f_{2s} = \frac{N_{p0I}e_{p0I}}{8E_cI_0} \tag{17-5-48}$$

在计算N_{p0I}、e_{p0I}时，预应力筋的应力应扣除混凝土预压前的第一批损失σ_{l1}。

（2）使用阶段预应力产生的反拱值f_2应考虑混凝土的徐变作用，其值为

$$f_2=\frac{2N_{p0}e_{p0}}{8E_cI_0}=\frac{N_{p0}e_{p0}}{4E_cI_0} \tag{17-5-49}$$

在计算N_{p0}、e_{p0}时，预应力筋的应力应扣除全部预应力损失$\sigma_l=\sigma_{lI}+\sigma_{lII}$。

（3）使用阶段的挠度值

$$f_{max}=f_1-f_2\leqslant f_{lim} \tag{17-5-50}$$

（七）施工阶段验算

1. 施工阶段验算的要求

详见本节一、（六）的内容。

2. 预拉区不允许出现裂缝的构件

（1）使用荷载作用下受拉区允许出现裂缝的构件，为了避免上、下裂缝贯通，预拉区不应再有裂缝；

（2）经受重复荷载作用需作疲劳计算的吊车梁，为了避免使用阶段抗裂度降低和影响构件工作性能，预拉区应按不允许出现裂缝的条件设计；

（3）预拉区有较大翼缘的构件，由于翼缘部分混凝土的抗裂弯矩所占比重较大，一旦开裂，钢筋应力将有较大增长，因裂缝开展宽度过大，不易控制，预拉区应按不允许出现裂缝条件设计。

习　题

17-5-1　先张法和后张法预应力混凝土构件传递预应力方法的区别是（　　）。

A. 先张法是靠钢筋与混凝土之间的黏结力来传递预应力，后张法是靠锚具来保持预应力

B. 先张法是靠锚具来保持预应力，后张法是靠钢筋与混凝土之间的黏结力来传递预应力

C. 先张法是靠传力架来保持预应力，后张法是靠千斤顶来保持预应力

D. 先张法和后张法均是靠锚具来保持预应力，只是张拉顺序不同

17-5-2　条件相同的钢筋混凝土和预应力混凝土轴心受拉构件相比较（　　）。

A. 前者的承载力高于后者

B. 前者的抗裂性比后者差

C. 前者与后者的承载力和抗裂性相同

D. 在相同外荷载作用下，截面混凝土的应力两者相同

17-5-3　条件相同的先、后张法预应力混凝土轴心受拉构件，如果σ_{con}及σ_l相同时，预应力筋中的应力σ_{peII}是（　　）。

A. 两者相等　　　　B. 后张法大于先张法

C. 后张法小于先张法　　　　D. 谁大谁小不能确定

17-5-4　后张法预应力混凝土轴心受拉构件完成全部预应力损失后，预应力筋的总预拉应力$N_{pII}=50\text{kN}$，若加荷至混凝土应力为零时，外荷载N_0为（　　）。

A. $N_0=50\text{kN}$　　　　B. $N_0>50\text{kN}$

C. $N_0<50\text{kN}$　　　　D. $N_0=50\text{kN}$或$N_0>50\text{kN}$，应看σ_l的大小

第六节　构 造 要 求

关于钢筋混凝土和预应力混凝土结构的构造规定及结构构件的规定详见《混凝土规范》第 8 章及第 9 章。

第七节　钢筋混凝土梁板结构

一、塑性内力重分布

钢筋混凝土连续梁内力计算有两种方法，按弹性理论计算和考虑塑性内力重分布的计算。对直接承受动力荷载作用的结构和要求不出现裂缝或处于三 a、三 b 类环境情况下的结构，应采用弹性理论计算。

（一）钢筋混凝土受弯构件的塑性铰

钢筋混凝土适筋受弯构件的正截面应力状态从$\mathrm{II_a}$的纵向受拉钢筋刚达到受拉屈服强度开始，至截面受压区混凝土被压碎的$\mathrm{III_a}$应力阶段为止；第III应力分布阶段的弯矩M与截面曲率Φ的关系是，在弯矩M增加不多的情况下，曲率Φ急剧增大；在屈服截面附近形成了一个集中的转动区域，相当于一个铰，称之为塑性铰。

钢筋混凝土塑性铰与理想铰不同，理想铰可以正反两个方向自由转动，但不能承担任何弯矩，而塑性铰只能在$M_y \leqslant M \leqslant M_u$作用下作有限的转动，而且其转动能力与混凝土极限压应变ε_u，混凝土的相对受压区高度$\xi = x/h_0$及钢筋等级等有关，并且不能作反方向转动（对单筋梁）。

（二）超静定结构的塑性内力重分布

按照弹性理论计算的连续梁内力包络图来选择构件的截面和配筋，当连续梁的任意一个截面上的弯矩M达到截面的受弯极限弯矩M_u时，认为整个结构已达到破坏状态。这种概念对于脆性材料结构及塑性材料的静定结构是正确的；但对塑性材料超静定结构来说，当某一截面出现塑性铰，即$M - M_u$时，该截面处M不再增加，而转角可以继续增大，仅相当于使超静定结构减少一个约束，结构可以继续增加荷载而不破坏。当出现足够数量的塑性铰并使结构成为几何可变体系时，结构才达到破坏。

塑性内力重分布理论与弹性理论计算法的对比结果如下所述。

（1）塑性内力重分布理论认为钢筋混凝土超静定结构的破坏是一个塑性内力重分布的过程。首先在超静定结构中，在一个或几个截面处形成塑性铰，随着荷载的增加，塑性铰是陆续出现的，结构的内力经历了一个重新分布的过程，直到形成破坏机构为止。而且其内力解不是唯一的，内力可随配筋率的不同而变化，内力与外力只需满足平衡条件；而转角相等的变形协调条件不再适用，即塑性铰截面处梁的变形曲线不再有共同的切线。而按弹性理论计算，当荷载与跨度确定后，内力解是唯一确定的，内力与外力不仅平衡而且变形协调。

（2）钢筋混凝土超静定结构可以通过控制截面的配筋来控制塑性铰出现的早晚与位置，可以通过内力的调幅控制配筋。调幅越大，截面出现塑性铰越早，要求截面具有的塑性转动能力也越大。而弹性理论计算则无此功能。

（3）钢筋混凝土不是理想的弹塑性材料，塑性铰的转动能力受混凝土的极限压应变与配筋率的限制，因此实现充分内力重分布是有条件的。

（三）钢筋混凝土连续梁塑性内力重分布条件

为了使钢筋混凝土连续梁在荷载作用下能够按预期的顺序出现塑性铰，并按照选定的调幅值达到预期极限荷载，实现塑性内力充分重分布，应符合下列条件：

（1）应选用符合《混凝土规范》第4.2.4条规定的钢筋，并应满足正常使用极限状态要求且采取有效的构造措施。

（2）钢筋混凝土梁支座或节点边缘截面的负弯矩调幅幅度不宜大于25%；弯矩调整后的梁端截面相对受压区高度$\xi = x/h_0$不应超过0.35，且不宜小于0.10。钢筋混凝土板的负弯矩调幅幅度不宜大于20%。

（3）应当满足平衡条件，调整后每个跨度两端的支座弯矩M_A、M_B绝对值的平均值与跨中弯矩M_C之和应不小于按简支梁计算的跨中弯矩M_0，即$(M_A + M_B)/2 + M_C \geqslant M_0$。

（四）钢筋混凝土连续梁调幅法的原则

（1）为了节约钢筋，应使弯矩包络图的面积为最小；

（2）为了便于浇筑混凝土，应减少支座上部承受负弯矩的钢筋；

（3）为了便于布置钢筋，应力求各跨的跨中最大弯矩与支座的最大弯矩接近相等。

二、单向板肋梁楼盖（要点）

由板、次梁和主梁组成的楼盖结构中，每一区格都有梁或墙支承，形成四边支承板。当全部荷载通过短跨方向受弯传给长边支座时，称为单向板肋梁楼盖。当板的长跨l_2与短跨l_1之比大于2时，通常按单向板设计。

（一）单向板设计计算要点

1. 计算简图和计算跨度

（1）支承在砖墙或梁上的板支座均按铰支座考虑。

（2）计算跨度l_0与支座情况及板的厚度有关，可参照有关结构设计手册的规定采用。

（3）计算简化：多跨连续板，当跨度相差不超过10%，且各跨截面尺寸及荷载相同时，可近似按等跨连续板计算；跨度在5跨以内，按实际跨数计算；跨度超过5跨，近似按5跨计算，其余各中间跨的内力，按5跨连续板的第3跨采用。

2. 荷载计算

（1）板的永久荷载标准值按实际计算，楼面荷载标准值按《荷载规范》采用。

（2）取宽度为1m的板带作为计算单元，板带上的荷载按均布计算。

（3）折算荷载：考虑计算简图（铰支）与实际工作状态的差异，用增大永久荷载和减小可变荷载的办法进行调整。折算永久荷载g'和折算可变荷载q'按下式计算

$$\left.\begin{aligned} g' &= g + \frac{q}{2} \\ q' &= \frac{q}{2} \end{aligned}\right\} \tag{17-7-1}$$

式中：g—实际永久荷载；

q—实际可变荷载。

支承在墙上或钢梁上的板不做此调整。

（4）最不利荷载：多跨连续板，计算各跨跨中弯矩时，可变荷载除本跨布置外尚应隔跨布置；计算各中间支座弯矩时，可变荷载应在其相邻两跨布置，再隔跨布置。永久荷载则各跨均匀布置。

【例 17-7-1】 五等跨连续梁，为使第 2 和 3 跨之间的支座上出现最大负弯矩，活荷载应布置在以下哪几跨？

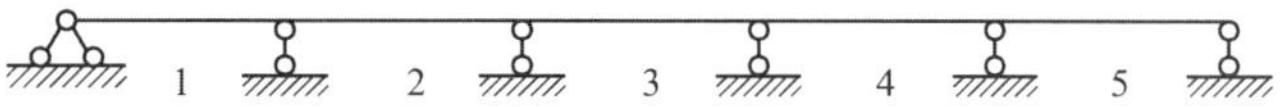

1　2　3　4　5

例 17-7-1 图

A. 第 2、3、4 跨　　B. 第 1、2、3、4、5 跨

C. 第 2、3、5 跨　　D. 第 1、3、5 跨

解　根据连续梁最不利荷载布置原则，为使第 2 跨与第 3 跨间的支座出现最大负弯矩，应在该支座相邻两跨布置荷载，并隔跨布置，即在第 2、3、5 跨布置荷载。

答案：C

3. 计算内力方法的选择

除直接承受动力荷载作用的构件，以及要求不出现裂缝或处于侵蚀环境等情况下的结构外，其余均可按塑性理论方法计算。

跨中及支座弯矩　$$M = \alpha(g+q)l_0^2 \quad (17\text{–}7\text{–}2)$$

支座剪力　$$V = \beta(g+q)l_n \quad (17\text{–}7\text{–}3)$$

式中：α、β—分别为弯矩、剪力系数，按表 17-7-1 采用；

g、q—分别为均布恒载、均布活载；

l_0、l_n—分别为板的计算跨度、净跨。

对于跨度差小于 10%的不等跨连续板，仍可按式（17-7-1）、式（17-7-2）计算，但支座弯矩应按相邻跨的较大计算跨度计算，跨中弯矩仍取本跨的计算跨度计算。

4. 截面配筋计算

（1）按构造要求确定板厚度，板应满足最小厚度和最小厚跨比的要求（详见有关结构设计手册规定）。

（2）考虑钢筋混凝土板的推力效应，对四周与梁整体连接的单向板，其中间跨的跨中截面及中间支座截面的计算弯矩可减少 20%，其他截面不折减。

（3）选择钢筋时应先内跨后外跨，先跨中后支座，以便于充分弯起钢筋。

5. 单向板构造规定

板的最小厚度、最小厚跨比、支承长度、配筋构造规定及方法详见有关钢筋混凝土结构设计手册或《混凝土规范》第 9.1 条规定。

（二）次梁设计计算要点

1. 计算简图和计算跨度

（1）支承条件：支承在砖墙或主梁上按铰支考虑。支承在柱上，当梁柱的线刚度比大于 5 时，按铰接于柱的连续梁计算；否则，应按弹性嵌固于柱上的框架梁计算。

（2）计算跨度应以弹性理论或塑性理论，分别按不同规定采用（详见有关结构设计手册）。

2. 计算内力规定

（1）次梁承受的荷载为次梁两侧由板短跨传来的永久荷载和可变荷载的均布荷载，5 跨或 5 跨以内的连续梁按实际跨数计算；5 跨以上的连续梁，当跨度相差不超过 10%，且各跨截面尺寸和荷载相同时，可近似按 5 跨梁计算。

（2）对于直接承受动力荷载作用，以及要求不出现裂缝的连续梁，应按弹性理论计算。连续梁的永久荷载为各跨布置，对可变荷载应考虑最不利组合和截面包络图。在设计整体楼盖时，应考虑支座宽度的影响，支座计算内力应取支座边缘处内力。计算内力时应取折算永久荷载和折算可变荷载，即

$$\left.\begin{aligned} &\text{折算永久荷载} \quad g' = g + \frac{1}{4}q \\ &\text{折算可变荷载} \quad q' = \frac{3}{4}q \end{aligned}\right\} \tag{17-7-4}$$

（3）除上述（2）的情况外，均可按塑性理论方法计算。对均布荷载作用下的等跨连续梁，可由调幅法求得下列弯矩和剪力

$$M = \alpha(g+q)l_0^2 \tag{17-7-5}$$

$$V = \beta(g+q)l_{\rm n} \tag{17-7-6}$$

式中：α、β—分别为弯矩、剪力系数，按表 17-7-1 和表 17-7-2 采用。

弯矩系数α表　　**表** 17-7-1

截面		边跨中	第一内支座	中跨中	中间支座
α	板	1/11	−1/14	1/16	−1/16
	次梁	1/11	−1/11	1/16	−1/16

注：表中系数是在$q/g=3$和跨数为 5 时求得的。

剪力系数β表　　**表** 17-7-2

截面		边支座	第一内支座左	第一内支座右	中间支座
β	板	0.4	0.6	0.5	0.5
	次梁	0.4	0.6	0.5	0.5

注：表中系数是在$q/g=3$和跨数为 5 时求得的。

3. 梁的截面配筋计算

（1）按正截面抗弯承载力计算配筋时，对跨中取 T 形截面，对支座则取矩形截面。

（2）当梁高跨比$h/l=1/18\sim1/12$，截面的宽高比$b/h=1/3\sim1/2$时，一般可不作使用阶段的挠度和裂缝宽度验算。

（三）主梁设计计算要点

1. 计算简图和计算跨度

（1）支承条件的确定同前述次梁。

（2）计算跨度的取值应分别按弹性或塑性理论计算方法根据有关结构设计手册确定。

2. 计算规定

（1）主梁承受的荷载为主梁两侧由次梁传来的集中永久荷载和集中可变荷载（支反力）。主梁的自重可简化为集中力，与次梁传来的集中力叠加。计算简图、跨数的取法同前述次梁。

（2）对于直接承受动力荷载作用以及要求不出现裂缝的主梁，应按弹性理论计算。内力计算时要考虑荷载的最不利组合和截面的包络图。对支座的计算内力（M、V）应考虑主梁支座的宽度影响，配筋计算时应取支座边缘的内力。

（3）连续主梁按塑性理论计算时，须按弹性理论考虑荷载的最不利组合，并作出截面内力包络图，然后利用调幅法进行计算，对最不利荷载作用下的弹性弯矩图进行调整，而且应当符合本节前述一、（三）的塑性内力重分布条件。

3. 主梁的截面配筋计算

（1）计算正截面抗弯承载力时，通常跨中按 T 形截面，支座按矩形截面计算。

（2）考虑到主梁支座处，存在板、次梁、主梁钢筋的交错重叠，主梁上部的负弯矩纵向钢筋的有效高度h_0将减小。单排布置时，取$h_0 = h - (50\sim60)$；双排布置时，取$h_0 = h - (70\sim90)$。

（3）在次梁与主梁相交的次梁两侧应设置附加吊筋或附加抗剪箍筋，并按下列规定设置。

①承载力计算

$$F \leqslant 2f_{y}A_{sb}\sin\alpha + mnA_{sv1}f_{yv} \tag{17-7-7}$$

式中：F—作用于主梁上的集中力；

A_{sb}—吊筋总截面面积；

A_{sv1}—附加箍筋单肢面积；

n—同一截面内附加箍筋肢数；

m—在配筋区布置长度s范围内附加箍筋的个数；

α—吊筋的弯起角度；

f_{yv}、f_{y}—分别为箍筋、吊筋的抗拉强度设计值。

②附加箍筋的布置长度s

由式（17-7-7）确定的附加箍筋或吊筋应设置在以次梁为中心的“附加箍筋布置长度s”的范围内。

$$s = 2h_1 + 3b \tag{17-7-8}$$

式中：b—次梁宽度；

h_1—次梁底至主梁底的距离。

（四）单向板肋梁楼盖的板、次梁、主梁的构造要求

此部分内容详见《混凝土规范》第 9.1 条、第 9.2 条的规定。

三、双向板肋梁楼盖（要点）

（一）双向板设计计算方法

一般当板的区格长边l_2与短边l_1的比值$l_2/l_1 \leqslant 2$（按弹性理论计算）或$l_2/l_1 \leqslant 3$（按塑性理论计算）时，称为双向板。双向板通过两个方向的弯曲变形，将荷载传递给四边的梁，并双向设受力钢筋。

1. 弹性理论计算方法

（1）单区格双向板实用计算法

根据弹性薄板小挠度理论，已编制了一套计算表，并且符合工程需要的精度，设计时可直接查相关资料。

（2）多区格双向板的实用计算法

对于多跨连续双向板，计算各跨板内力时，要考虑活荷载的最不利布置对跨内弯矩的影响，其计算方法要点如下：

①首先将永久荷载g与可变荷载q分为$g+q/2$与$\pm q/2$两部分。

②当全板各区格均作用有$g+q/2$时，可近似地将内部区格看作为四边固定的双向板；角区格看作两内边固定、两外边简支的双向板；边区格看作三内边固定、一外边简支板；如果所要计算的跨内弯矩的区格作用有$q/2$，而其相邻区格均作用有$-q/2$时，可按四边简支板计算；最后将所求区格在两部分荷载作用下的跨中弯矩叠加，即为跨中最大弯矩。

③假定全板各区格均作用有$g+q$时，所求的支座弯矩即为最大支座弯矩。

④当各区格板计算所得的公共边中点的支座弯矩不同时，应取两者的平均值进行截面设计。

⑤考虑周边梁对板产生拱水平推力的影响时，中间跨的跨中截面及中间支座上的计算弯矩可减少20%；边跨的跨中截面及从楼板边缘算起的第二支座上的计算弯矩，当$l_2/l_1 \leqslant 1.5$时，减少 20%，当$1.5 \leqslant l_2/l_1 \leqslant 2$时，减小 10%。

2. 塑性理论计算方法

四边连续板，在荷载作用下，沿板的支座边由于负弯矩的作用形成塑性绞线，跨中的板底在正弯矩作用下沿长边方向并向四角发展形成塑性绞线，根据虚功原理及极限荷载的上限定理可以求出双向板的极限荷载。

（1）在设计双向板时，通常已知荷载设计值（$g+q$），净跨l_x、l_y，要求确定内力和配筋，共有四个未知量，取跨中弯矩m_x、m_y，支座弯矩$m'_x=m''_x$、$m'_y=m''_y$，但仅有一个方程式，因此，应当设$m_y/m_x=\alpha=1/n^2$、$n=l_y/l_x$、$m'_x/m_x=m''_x/m_x=m'_y/m_y=m''_y/m_y=\beta=1.5\sim2.5$，即可以求出$m_x$，然后利用$\alpha$、$\beta$，可依次求出$m_y$、$m'_x=m''_x$、$m'_y=m''_y$。

（2）考虑四边整体梁起拱的影响时，应对计算弯矩加以折减。

（3）多区格板的计算简图同弹性板。

（4）配筋率$\rho=0.4\%\sim0.8\%$为宜，钢筋直径不宜相差过大，且应均匀布置。

（二）梁的设计计算要点

1. 计算简图和计算跨度

支承在砖墙上按简支梁计算。当支承在柱上，梁柱的线刚度比大于 5 时，按铰接于柱的连续梁计算；否则按弹性嵌固于柱上的框架梁计算。

2. 计算跨度取值

其计算详见有关结构设计手册。

3. 荷载

各区格板从板角做 45°分角线，与板的短跨中线相交，形成荷载分割面积，分别以三角形荷载传给短边梁，梯形荷载传给长边梁。

4. 其他

其他方面同单向板楼盖梁。

四、无梁楼盖

无梁楼盖也是一种双向受力的楼盖，但沿柱中心线不设置梁，楼面荷载直接通过板的弯曲变形传给柱，板内双向布置受力钢筋。

（一）无梁楼盖受力特点

无梁楼盖中板的受力可视为支承在柱上的交叉“板带”体系，可划分为柱上板带与跨中板带。跨中板带可视为支承在另一方向的柱上板带的多跨连续梁，而柱上板带则相当于以柱为支点的多跨连续梁或与柱形成连续框架梁（视柱的线刚度大小而定）。由于柱的存在，柱上板带的刚度要比跨中板带大得多，要承担的弯矩也大得多。

（二）无梁楼盖的破坏形态

（1）沿柱上板带或跨中板带产生受弯破坏。

（2）沿板柱连接面，即柱的四周边产生 45°方向的冲切破坏。为了提高板柱连接面的抗冲切能力，可设柱帽。

（三）无梁楼盖的计算方法

若按弹性理论计算，可采用下列两种方法。

1. 直接设计法

在试验研究与实践经验基础上给出了两个方向截面总弯矩分配系数，再将截面总弯矩分配给柱上板带和跨中板带，该方法只适用于规则柱网情况，并必须满足一定的条件。

2. 等代框架法

将无梁楼盖作了下列假设，简化成等代框架进行计算：

（1）将无梁楼盖沿纵、横柱列方向划分为纵、横方向的等代框架；

（2）等代梁的宽度取等于板跨中心线间的距离，等代梁的高度取板厚，等代梁的跨度等于$(l_x - 2c/3)$或$(l_y - 2c/3)$；

（3）等代柱截面取柱本身截面，楼层等代柱的计算高度取层高减去柱帽高度，底层等代柱的计算高度取基础面至底层楼板底面的高度减去柱帽高度；

（4）当仅有竖向荷载时，可采用远端固定的分层法进行计算。

按简化等代框架计算时，应考虑活荷载的不利组合，并将最后等代框架的弯矩值按计算的弯矩分配系数分配给柱上板带和跨中板带。

（四）柱帽及无梁楼盖的构造要求和配筋方法

此部分内容可查阅有关参考书。

习　　题

17-7-1　按塑性理论计算现浇单向板肋梁楼盖时，对板和次梁应采用换算荷载进行计算，这是因为（　　）。

A. 考虑到在板的长向也能传递一部分荷载

B. 考虑到板塑性内力重分布的有利影响

C. 考虑到支座转动的弹性约束将减小活荷载布置对内力的不利影响

D. 荷载传递时存在拱的作用

第八节 单层厂房

一、组成与布置

（一）组成

1. 屋盖结构

（1）有檩屋盖体系：由压型钢板或小型屋面板、檩条、屋架及支撑系统组成。

（2）无檩屋盖体系：由大型屋面板、天沟板、屋架或屋面梁及屋盖支撑系统组成。

（3）为采光及通风设有天窗时，由天窗架、挡风板、支撑组成。

（4）对于有抽柱的厂房，在抽柱部位设有托架。

2. 横向排架

（1）中部横向排架：由屋面梁或屋架、横向柱列和基础组成。

（2）端部横向排架：除具有中部横向排架的组成外，一般还设有抗风柱、抗风梁、基础梁。

3. 纵向排架

纵向排架由纵向柱列、连系梁、吊车梁、柱间支撑、基础梁、基础组成。

4. 围护结构

围护结构由纵墙、山墙（横墙）、墙梁、抗风柱（有时设有抗风梁或抗风桁架）、基础梁、基础等组成。

由上述四部分组成空间受力与围护结构。

（二）结构布置

1. 厂房平面布置

柱网布置首先满足生产工艺要求，并应符合统一模数，厂房跨度可选 9m、12m、15m、18m、21m、24m、27m、30m、33m、36m 等。柱间距可选用 6m、9m 和 12m。厂房应按《混凝土规范》要求设置变形缝。除有要求外，一般可不设沉降缝。在地震区应按防震缝要求做伸缩缝。变形缝处应设双排架。

2. 厂房剖面布置

柱高按生产工艺要求确定，应满足吊车轨顶标高及吊车安全运行的要求，并应符合模数。

3. 屋盖结构布置

屋盖应优先采用自重较轻的压型钢板、轻质大型屋面板等。有檩屋盖中，常用冷弯薄壁型钢、轻型 H 型钢檩条，檩条应布置在屋架节点上。

天窗架应从两端的第二柱间开始布置，对于抗震设防烈度为 8 度及 8 度以上的地区，则应从第三柱间开始布置。有抽柱时，应沿纵向布置托架。

4. 支撑系统布置

支撑系统主要用于加强厂房的整体刚度和稳定，并传递风荷载及吊车水平荷载，可分为屋盖支撑和柱间支撑两大类。屋盖支撑包括上弦横向水平支撑、下弦横向水平支撑、纵向水平支撑、竖向支撑及纵向水平系杆，天窗架支撑等。柱间支撑分为上柱支撑和下柱支撑。

横向水平支撑布置在温度区段的两端。上、下弦横向水平支撑最好布置在同一柱间内。

纵向水平支撑一般是由交叉角钢等杆件和屋架下弦第一节间组成水平桁架。

竖向支撑一般是由角钢杆件与屋架中的直腹杆或天窗架中的立柱组成垂直桁架，一般布置在厂房温度区段两端第一或第二柱之间，并在下弦柱高度处布置通长水平受拉系杆。

系杆一般通长设置，一端最终连接于竖向支撑或上、下弦横向水平支撑节点上。

关于各种支撑的设置原则，详见有关结构设计手册。

柱间支撑的上柱柱间支撑一般设在温度区段两侧与屋盖横向水平支撑相对应的柱间，以及温度区段中央柱间；下柱柱间支撑设置在温度区段中部与上柱柱间支撑相应的位置。

5. 围护结构布置

厂房檐口处的柱高小于或等于 8m、跨度小于或等于 12m 时，抗风柱可用砖壁柱，一般采用钢筋混凝土抗风柱。对圈梁、过梁、连系梁和基础梁应综合考虑，尽可能一梁多用。

【例 17-8-1】 钢筋混凝土排架结构中承受和传递横向水平荷载的构件是：

A. 吊车梁和柱间支撑　　B. 吊车梁和山墙

C. 柱间支撑和山墙　　D. 排架柱

解　吊车梁承受吊车横向水平制动力，并传递纵向水平制动力；柱间支撑是为保证建筑结构整体稳定、提高侧向刚度和传递纵向水平力而在相邻两柱之间设置的连系杆件。承受和传递横向水平荷载的构件是排架柱。

答案：D

二、排架计算

（一）横向排架

1. 计算单元与计算简图

沿相邻柱距的中心线截出一个横向典型区段，称为横向排架的计算单元。假定屋面梁（或屋架）的刚度为无穷大（但对下弦杆采用圆钢的屋架除外），并与柱顶为铰接，柱与基础为刚接，排架柱的高度为固定端至柱顶铰接点处的距离，排架的跨度为以厂房的横向轴线为准，由此构成排架的计算简图。

2. 荷载

横向排架承受的荷载有屋盖自重（屋面构造层、屋面板、天沟板、天窗架、屋架、支撑及与屋架连接的设备管道等）、屋面的雪荷载及施工荷载、积灰荷载、柱与吊车梁及其轨道连接自重、桥式吊车竖向荷载与横向水平荷载、风荷载，在地震区还有地震作用。其荷载的取值与计算方法应按照《荷载规范》的规定。

3. 排架计算

（1）用剪力分配法计算等高排架

①柱顶作用水平集中力F时，第i柱顶剪力V_i可按下式计算

$$V_i = \eta_i F \tag{17-8-1}$$

式中：η_i—柱i的剪力分配系数；

$$\eta_i = \frac{\frac{1}{\delta_i}}{\sum_{i=1}^{n}\frac{1}{\delta_i}} \tag{17-8-2}$$

δ_i—悬臂柱i顶部作用单位水平力时在柱顶产生的水平位移。

②任意荷载作用时，先在排架柱顶附加不动铰支座，查有关单阶柱（或多阶柱）柱顶反力与位移系数表可得相应的柱顶支反力R值；然后撤销不动铰支座，并在此处加上反作用力R，以恢复到原来的实际情况。分别求出这两种情况的内力，然后叠加即求得排架的内力。

（2）内力组合

一般排架的控制截面、荷载组合和内力组合可按表17-8-1采用。

内力组合表　　表17-8-1

项　目	选择内容
控制截面	上柱的下端截面、下柱的牛腿顶及柱底截面
荷载组合	①恒载+0.9（活+风）；②恒+活载组合；③恒+风
内力组合	①$+M_{max}$、N、V；②$-M_{max}$、N、V；③N_{max}、N、V；④N_{min}、N、V

（3）非等高排架计算

对非等高排架应按结构力学方法计算。

（二）纵向排架

1. 计算单元与计算简图

沿纵向厂房的跨度中线为界截出一个区段作为厂房的纵向计算单元。纵向排架的计算简图为柱底嵌固于基础上，柱顶与系杆铰接，牛腿顶的吊车梁与柱子铰接，在排架两端第一柱间的上柱与上柱支撑相连接，在排架中部下柱柱间与下柱支撑相连接。

2. 荷载

纵向排架的荷载项同横向排架，但对风荷载应取纵向风荷载，对桥式吊车的水平力应取纵向水平制动力，对地震作用应取纵向地震作用力。其详细计算原则与方法详见《荷载规范》及有关单层工业厂房参考书。

3. 排架计算

详见单层工业厂房教材。

三、柱

柱子分为排架柱与抗风柱。排架柱设计计算应考虑下列要点。

1. 截面形式和尺寸

（1）厂房柱常用截面形式：应根据厂房跨度、高度和吊车起重量确定，一般可参照柱截面高度h大小选型。当$h \leqslant 500$mm时，可选矩形截面；$h = 600 \sim 800$mm时，可选矩形或工字形；$h = 900 \sim 1\,200$mm时，可选工字形截面；$h = 1\,300 \sim 1\,500$mm时，可选工字形或双肢柱；$h > 1\,600$mm时，可选双肢柱。

（2）柱截面尺寸：由计算确定，且应符合最小截面的构造规定，其目的是保证必要的横向刚度。一般可不必验算横向水平位移。

2. 截面配筋计算要点

（1）柱的计算长度可按《混凝土规范》第6.2.20条取用。

（2）已知柱子计算长度l_0、截面尺寸，及控制截面内力M、N、V，选定截面材料后即可按偏心受压构件进行截面配筋计算。

（3）运输及吊装验算：构件平卧浇制时，采用平吊较为方便，应按平吊验算；当平吊验算不够时，可采用翻身起吊验算。

3. 柱的构造要求

柱的构造要求见《混凝土规范》第 9.3 条。

四、牛腿

根据牛腿所受竖向荷载作用点到牛腿下边根部的水平距离a与牛腿有效高度h_0的比值，将其划分为长牛腿与短牛腿。当$a/h_0>1$时，为长牛腿，可按悬臂梁设计；当$a/h_0\leqslant1$时，为短牛腿。实腹短牛腿是一个变截面的深梁，在选择截面时，应符合裂缝控制及构造要求；在配筋计算时，应满足垂向与水平拉力的共同作用要求；在选择吊车梁下垫板时，应满足局部抗压要求；牛腿水平箍筋及是否应设置弯起钢筋都应满足构造规定。其设计方法详见《混凝土规范》第 9.3 条。

【例 17-8-2】确定短牛腿高度与纵向受拉钢筋面积时：

A. 两者均由承载力控制

B. 两者均由斜裂缝和构造要求控制

C. 前者由承载力控制，后者由斜裂缝和构造要求控制

D. 前者由斜裂缝和构造要求控制，后者由承载力控制

解 支承吊车梁等构件的牛腿均为短牛腿，实质上是一变截面深梁。《混凝土规范》第 9.3.10 条规定：牛腿的截面尺寸应符合裂缝控制要求和构造要求；第 9.3.11 条规定：纵向受力钢筋应由承受竖向力和承受水平拉力的承载力计算确定。

答案：D

五、吊车梁

（一）吊车梁类型

常用的吊车梁有钢筋混凝土吊车梁、预应力混凝土吊车梁、钢吊车梁，主要包括钢筋混凝土等截面吊车梁、预应力混凝土等截面或变截面吊车梁、部分预应力混凝土吊车梁、组合式吊车梁、实腹式钢吊车梁、下撑式或桁架式钢吊车梁等。

（二）吊车梁受力特点

（1）承受吊车竖向移动轮压（P_{max}、P_{min}）作用；

（2）承受吊车横向及纵向水平制动力作用；

（3）吊车梁和轨道自重作用；

（4）吊车梁截面受弯剪扭共同作用以及疲劳作用。

（三）吊车梁的选型

各种吊车梁均有标准图集可以选用。首先应根据工艺要求和吊车特点（工作制、最大起重量、跨度、台数等），结合当地施工技术条件和材料供应情况，选出吊车梁形式，再从相应图集中找到符合设计要求的吊车梁编号。

六、屋架（或屋面梁）

（一）屋架（或屋面梁）种类与选型

常用的屋架（或屋面梁）有钢筋混凝土屋架和预应力混凝土（或工字形薄腹屋面梁）屋架。可由钢筋混凝土、预应力混凝土、轻质钢组成各种类型的屋架，它们具有各种不同跨度、形状与应用范围，而且均有标准图集可以选用。应根据设计的具体条件，按下列方法选出适宜的屋架。

1. 确定屋架形式

根据工艺和建筑设计要求（跨度、下弦标高、吊车吨位及工作制、有无悬挂吊车和工艺设备、有无天窗、屋面排水坡度、有无天沟及做法）、屋面荷载情况（屋面板和天窗架集中力位置、屋面构造等）、施工条件和材料供应（预应力设备、吊装能力、焊接技术、构件制作水平、运输能力）、各种屋架的适用范围和经济指标等选出所需屋架类型。

2. 选定屋架型号中所需的屋架编号

由选定的屋架形式选择有关的标准图集，由标准图集的编制说明及内容选出屋架型号中所需的屋架编号。

（二）屋架的作用及受力特点

1. 屋架的作用

（1）保证厂房内部有一个必要的大空间；

（2）作为排架分析中的水平横梁，承受拉压力；

（3）承受屋盖上的永久荷载和可变荷载；

（4）与屋盖支撑体系组成水平及竖向的空间受力结构体系，保证厂房整体刚度和稳定。

2. 屋架的受力特点

屋架由梁演变而来，上、下弦杆主要承担弯矩，相当于工字形梁翼缘；腹杆主要承担剪力，相当于梁的腹板。屋架在等节点荷载作用下，弯矩包络图接近于抛物线，中间大、两端为零。由此可以得出：对平行弦屋架，因高度不变，其弦杆轴力是中间大、两端小，腹杆内力和梁剪力一样，两端大、中间小；对拱形屋架，上弦轴线接近于抛物线，弦杆轴力比较均匀，腹杆内力几乎为零；三角形屋架的高度是线性变化，弦杆轴力是中间小、两端大；折线形屋架受力状态介于拱形与三角形之间；梯形屋架则介于平行弦屋架与三角形屋架之间。

七、基础

此部分内容详见第十八章土力学与地基基础。

第九节　钢筋混凝土多层及高层房屋

一、结构体系及布置

多层及高层房屋的层数与高度的划分是一个相对的概念，国内外还没有一个统一的划分标准，但我国《高层建筑混凝土结构技术规程》（JGJ 3—2010）（以下简称《高层混凝土规程》）中将10层及10层以上或房屋高度超过 28m 的住宅建筑和房屋高度大于 24m 的其他民用建筑划分为高层建筑。

（一）结构体系选择

随着建筑物高度的增加，水平荷载（风荷载或地震作用）对结构起的作用越来越大，除内力增加之外，结构的侧向位移增加得更大。结构的轴力N与建筑的高度H为线性增长，弯矩与建筑高度为 2 次方增长，而侧向位移则随H为 4 次方增长。因此抗侧力成为高层建筑结构的主要问题。在地震区，地震对高层建筑的危害比多层建筑要大。因此，在选择结构体系时，除考虑使用要求、施工条件、经济等因素外，还应特别重视各结构体系的应用范围和条件。

1. 框架体系

由梁、柱构件通过节点连接构成的承受各种竖向和水平作用的结构称为框架体系。框架结构的优点是建筑平面布置灵活，立面也可变化，容易满足各种工业与民用建筑的使用要求。其缺点是抗侧刚度较小，因梁柱截面不能太大，其使用高度受到限制，一般宜控制在 15 层以下，高度不超过 70m。在高层建筑中梁柱必须做成刚节点。

水平荷载作用下，框架结构的侧移呈剪切型。

2. 剪力墙结构

由纵横方向的竖向墙体组成的承重与抗侧力体系称为剪力墙结构。墙体同时又作为分隔房间和维护构件。剪力墙结构的侧向刚度比框架结构大很多，侧移小，抵御地震作用的能力强，但结构自重大，建筑平面布置局限性大，难以满足建筑内部大空间的要求，在 10~50 层范围内都适用，但从经济上看，30 层左右较适宜。为了满足首层大空间及中间各层一些大空间的需要，可采用底层部分框支剪力墙或部分剪力墙落地的底层大空间剪力墙结构以及跳层剪力墙结构。

水平荷载作用下，剪力墙结构的侧移呈弯曲型。

3. 框架-剪力墙及框架-筒体结构

在框架结构中的适当部位布置剪力墙或筒体结构，即成为框架-剪力墙或框架-筒体结构。这两种结构集框架与剪力墙及筒体的优点于一身，既具有框架建筑布置灵活，又具有剪力墙与筒体抗侧移刚度大的优点。框-剪结构可用于 10~20 层，框-筒结构可建造 30~40 层。

水平荷载作用下，框架-剪力墙结构中，框架和剪力墙协同工作，其水平侧移呈弯剪型。

4. 筒体结构

（1）框筒结构：由建筑外围周边间距很密的柱和截面很高的窗裙梁组成的筒体结构。

（2）筒中筒结构：由外面框筒和内部剪力墙围成的薄壁实筒组成的结构。

（3）多筒结构：在平面内将多个筒体组合在一起形成多筒结构体系，或者是将几个单筒体并联成为整体刚度很大的筒体。

筒体结构抗侧力刚度大，一般宜用于 40 层以上。

（二）结构布置原则

在多层、高层建筑中，除根据使用要求和建筑高度等选择合理的结构体系之外，还要合理选择和布置建筑物的平面、剖面和立面。应当正确地理解与运用下列布置原则。

1. 结构的最大适用高度及结构适用的最大高宽比

为避免建筑结构侧移过大及可能发生倾覆，对建筑结构的最大高度及高宽比B/H应加以控制。钢筋混凝土高层建筑结构的最大适用高度和高宽比分为 A 级和 B 级。B 级高度建筑结构的最大适用高度和高宽比可较 A 级适当放宽，但其结构抗震等级、有关的计算和构造措施应相应加严，并应符合《高层混凝土规程》有关条文的规定。钢筋混凝土高层建筑结构的最大适用高度及适用的最大高宽比分别见表 17-9-1~表 17-9-3。

2. 结构平面与竖向布置要求

结构平面与竖向体型应力求简单、规则、对称，质量和刚度变化均匀，减少扭转的影响。对抗震要求应从严掌握。高层建筑的开间、进深尺寸和选用的构件类型应减少规格，以利建筑工业化。

A 级高度钢筋混凝土高层建筑的最大适用高度（单位：m） **表 17-9-1**

结构体系		非抗震设计	抗震设防烈度				
			6 度	7 度	8 度		9 度
					0.20g	0.30g	
框架		70	60	50	40	35	—
框架-剪力墙		150	130	120	100	80	50
剪力墙	全部落地剪力墙	150	140	120	100	80	60
	部分框支剪力墙	130	120	100	80	50	不应采用
筒体	框架-核心筒	160	150	130	100	90	70
	筒中筒	200	180	150	120	100	80
板柱-剪力墙		110	80	70	55	40	不应采用

注：1.表中框架不含异形柱框架。

2.部分框支剪力墙结构指地面以上有部分框支剪力墙的剪力墙结构。

3.甲类建筑，6、7、8 度时宜按本地区抗震设防烈度提高一度后符合本表的要求，9 度时应专门研究。

4.框架结构、板柱-剪力墙结构以及 9 度抗震设防的表列其他结构，当房屋高度超过本表数值时，结构设计应有可靠依据，并采取有效的加强措施。

B 级高度钢筋混凝土高层建筑的最大适用高度（单位：m） **表 17-9-2**

结构体系		非抗震设计	抗震设防烈度			
			6 度	7 度	8 度	
					0.20g	0.30g
框架-剪力墙		170	160	140	120	100
剪力墙	全部落地剪力墙	180	170	150	130	110
	部分框支剪力墙	150	140	120	100	80
筒体	框架-核心筒	220	210	180	140	120
	筒中筒	300	280	230	170	150

注：1.部分框支剪力墙结构指地面以上有部分框支剪力墙的剪力墙结构。

2.甲类建筑，6、7 度时宜按本地区设防烈度提高一度后符合本表的要求，8 度时应专门研究。

3.当房屋高度超过表中数值时，结构设计应有可靠依据，并采取有效的加强措施。

钢筋混凝土高层建筑结构适用的最大高宽比 **表 17-9-3**

结构体系	非抗震设计	抗震设防烈度		
		6 度、7 度	8 度	9 度
框架	5	4	3	—
板柱-剪力墙	6	5	4	—
框架-剪力墙、剪力墙	7	6	5	4
框架-核心筒	8	7	6	4
筒中筒	8	8	7	5

（1）平面布置

在高层建筑的一个独立结构单元内，结构平面形状宜简单、规则，质量、刚度和承载力分布宜均匀。不应采用严重不规则的平面布置。高层建筑宜选用风作用效应较小的平面形状。

抗震设计的混凝土高层建筑，其平面宜简单、规则、对称，减少偏心；平面长度不宜过长（见图 17-9-1），L/B宜符合表 17-9-4 的要求；平面凸出部分的长度l不宜过大，宽度b不宜过小，$l/B_{\max}$、l/b宜符合表 17-9-4 的要求；建筑平面不宜采用角部重叠或细腰形平面布置。

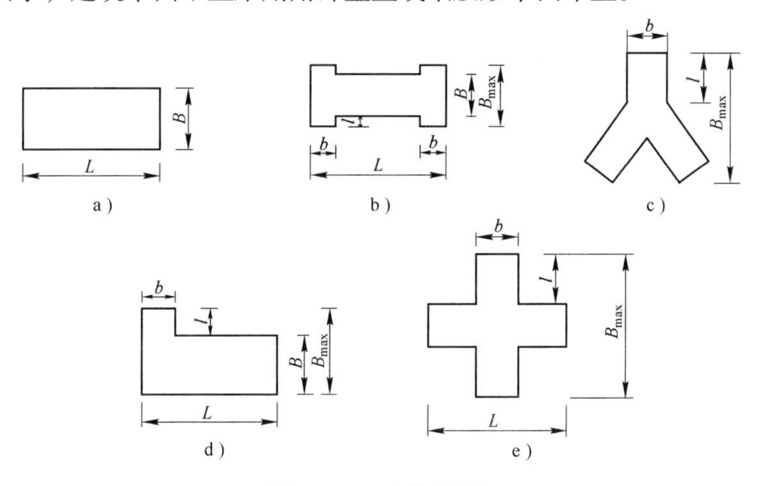

图 17-9-1　建筑平面

平面尺寸及凸出部位尺寸的比值限值　　**表** 17-9-4

设 防 烈 度	L/B	$l/B_{\max}$	l/b
6 度、7 度	≤6.0	≤0.35	≤2.0
8 度、9 度	≤5.0	≤0.30	≤1.5

抗震设计时，B 级高度钢筋混凝土高层建筑、混合结构高层建筑以及复杂高层建筑结构，其平面布置应简单、规则，减少偏心。

当楼板平面比较狭长、有较大的凹入或开洞时，应在设计中考虑其对结构产生的不利影响。有效楼板宽度不宜小于该层楼面宽度的 50%；楼板开洞总面积不宜超过楼面面积的 30%；在扣除凹入或开洞后，楼板在任一方向的最小净宽度不宜小于 5m，且开洞后每一边的楼板净宽度不应小于 2m。

（2）竖向布置

①高层建筑的竖向体型宜规则、均匀，避免有过大的外挑和内收。结构的侧向刚度宜下大上小、均匀变化，不应采用竖向布置严重不规则的结构。

②A 级高度建筑的楼层层间抗侧力结构的抗剪承载力不宜小于其上一层抗剪承载力的 80%，不应小于其上一层抗剪承载力的 65%；B 级高度建筑的楼层层间抗侧力结构的抗剪承载力不应小于其上一层抗剪承载力的 75%。

③抗震设计的建筑，其楼层侧向刚度不宜小于相邻上部楼层侧向刚度的 70%或其上相邻三层侧向刚度平均值的 80%。

④抗震设计时，当结构上部楼层收进部位到室外地面的高度H_1与房屋高度H之比大于 0.2 时，上部楼层收进后的水平尺寸B_1不宜小于下部楼层水平尺寸B的 75%，见图 17-9-2a）、b）；当上部结构楼层相对于下部楼层外挑时，下部楼层的水平尺寸B不宜小于上部楼层水平尺寸B_1的 90%，且水平外挑尺寸a不宜大于 4m，见图 17-9-2c）、d）。

⑤结构顶层取消部分墙、柱形成空旷房间时，应进行弹性动力时程分析计算并采取有效构造措施。

⑥高层建筑宜设地下室。

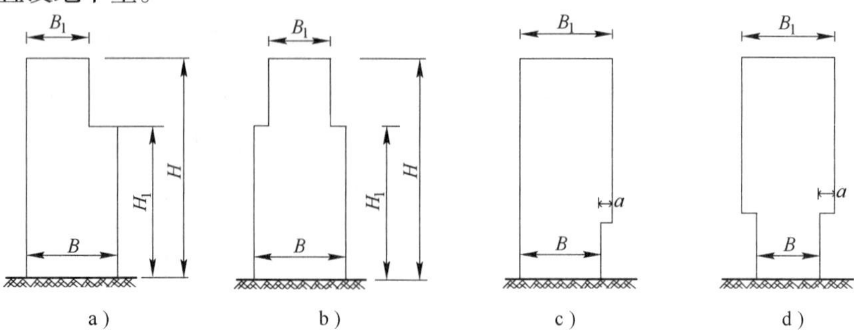

图 17-9-2 结构竖向收进和外挑示意图

3. 防震缝、伸缩缝和沉降缝的设置

（1）抗震设计时，建筑宜调整平面形状和结构布置，避免结构不规则，不设防震缝。当建筑平面形状复杂而又无法调整其平面形状和结构布置使之成为较规则的结构时，宜设置防震缝将其划分为较简单的几个结构单元。防震缝的设置应符合下列规定。

①防震缝最小宽度应符合下列要求：

a.框架结构房屋，高度不超过 15m 不应小于 100mm；超过 15m 的部分，抗震设防烈度为 6 度、7 度、8 度和 9 度相应每增加高度 5m、4m、3m、2m，宜加宽 20mm。

b.框架-剪力墙结构房屋可按框架房屋结构规定数值的 70%采用，剪力墙结构房屋可按框架结构规定数值的 50%采用，但均不宜小于 100mm。

②防震缝两侧结构体系不同时，防震缝宽度应按不利的结构类型确定；防震缝两侧的房屋高度不同时，防震缝宽度应按较低的房屋高度确定。

③当相邻结构的基础存在较大沉降差时，宜增大防震缝的宽度。

④防震缝宜沿房屋全高设置，地下室、基础可不设，但在与上部防震缝对应处应加强构造和连接。

⑤结构单元之间或主楼与裙房之间如无可靠措施，不应采用牛腿托梁的做法设置防震缝。

（2）抗震设计时，伸缩缝、沉降缝的宽度均应符合防震缝最小宽度的要求。

（3）高层建筑结构伸缩缝的最大间距宜符合表 17-9-5 的规定。

伸缩缝的最大间距　　表 17-9-5

结构体系	施工方法	最大间距（m）
框架结构	现浇	55
剪力墙结构	现浇	45

注：1.框架-剪力墙的伸缩缝间距可根据结构的具体布置情况取表中框架结构与剪力墙结构之间的数值。

2.当屋面无保温或隔热措施、混凝土的收缩较大或室内结构因施工外露时间较长时，伸缩缝间距应适当减小。

3.位于气候干燥地区、夏季炎热且暴雨频繁地区的结构，伸缩缝间距宜适当减小。

当采用下列构造措施和施工措施减少温度和混凝土收缩对结构的影响时，可适当放宽伸缩缝的间距：

①顶层、底层、山墙和纵墙开间等温度变化影响较大的部位提高配筋率；

②顶层加强保温隔热措施，外墙设置外保温层；

③每 30~40m 间距留出施工后浇带，带宽 800~1 000mm，钢筋采用搭接接头，后浇带混凝土宜在 45d 后浇灌；

④采用收缩小的水泥，减少水泥用量，在混凝土中加入适宜的外加剂；

⑤提高每层楼板的构造配筋率或采用部分预应力结构。

4. 楼盖结构体系选择

楼盖结构不仅是承重的重要结构体系，而且也是保证高层建筑结构的空间整体性和水平力有效传递的结构，应保证在自身平面内有足够大的刚度。《高层混凝土规程》规定，现浇楼盖和装配整体式楼盖的适用范围如下：

（1）房屋高度超过 50m 时，框架-剪力墙结构、筒体结构及复杂高层建筑结构应采用现浇楼盖结构，剪力墙和框架结构宜采用现浇楼盖结构。

（2）房屋高度不超过 50m 时，8 度、9 度抗震设计时宜采用现浇楼盖结构；6 度、7 度抗震设计时可采用装配整体式楼盖。

（3）房屋的顶层、结构转换层、大底盘多塔楼结构的底盘顶层、平面复杂或开洞过大的楼层、作为上部结构嵌固部位的地下室楼层应采用现浇楼盖结构。一般楼层现浇板厚度不应小于 80mm，当板内预埋暗管时不宜小于 100mm；顶层楼板厚度不宜小于 120mm，宜双层双向配筋；普通地下室顶板厚度不宜小于 160mm；作为上部结构嵌固部位的地下室楼层的顶楼盖应采用梁板结构，楼板厚度不宜小于 180mm，应采用双层双向配筋，且每层每个方向的配筋率不宜小于 0.25%。

二、框架近似计算

（一）平面结构假定

任何建筑结构都是空间结构，但在下列两个假定下可以简化为按平面结构考虑。

（1）一片框架或一片剪力墙可以抵抗在本身平面内的侧向力，而在平面外的刚度很小，可以忽略。

（2）各个平面抗侧力结构之间通过楼板互相联系并协同工作。楼板在其自身平面内的刚度很大，可视为刚度无限大的平板；楼板平面外的刚度很小，可以忽略。

在以上两个假定下，可以把空间结构简化为沿纵向和横向的若干个平面结构，共同抵抗与平面结构平行的侧向荷载，而垂直于该平面方向的结构不参与受力。

（二）竖向荷载作用下的内力近似计算——分层计算法

多层多跨框架一般在竖向荷载作用下侧移比较小，可作为无侧移框架按力矩分配法进行内力分析。由于各层荷载对其他层杆件内力影响不大，因此做以下两个基本假定，即可按分层法进行计算：

（1）在竖向荷载作用下框架侧移的影响可忽略不计；

（2）每层梁上的荷载对其他各层梁、柱的影响忽略不计。

计算时，可将每层框架梁连同上、下柱组成基本计算单元，梁与柱为刚接，上、下柱远端视为固结，用弯矩分配法或其他方法（如迭代法）进行计算。在计算分配系数时，除底层柱下端为固定端外，其余均应考虑支座转动的影响，即除首层柱外的其他柱的线刚度均应乘以折减系数 0.9，相应的传递系数为 1/3（底层为 1/2）。竖向荷载产生的固端弯矩只在本层内进行弯矩分配，单元之间不再传递。梁的弯矩取分配后的数值；柱的弯矩取相邻两个单元对应柱端弯矩之和。验算节点弯矩时，如不平衡弯矩值偏大，可在节点重新分配一次，但不再传递。计算框架梁惯性矩时，对现浇楼面边框架梁，取$I = 1.5I_r$；对中框架梁，取$I = 2I_r$，I_r为矩形部分的惯性矩。

（三）水平荷载作用下的框架内力近似计算

水平荷载作用下的框架内力，当梁柱的线刚度比$i_b/i_c \geqslant 3$时，可采用反弯点法计算；当$i_b/i_c < 3$时，

可采用D值法计算。

1. 反弯点法

首先把作用在每个楼层上的总风荷载或总地震作用分配到各榀框架上。反弯点计算法是假定梁的刚度无限大，根据柱子两端无转角，但有单位水平位移，可得柱的抗侧移刚度为

$$d=\frac{V}{\delta}=\frac{12i_{c}}{h^{2}} \tag{17-9-1}$$

式中：V—柱剪力；

δ—柱层间位移；

h—柱层高；

i_c—柱线刚度，$i_c=EI/h$，EI为柱抗弯刚度。

（1）根据同层各柱柱端的层间侧移相等，同层中各柱i所承担的剪力V_{ij}可按抗侧移刚度进行分配，即

$$V_{ij}=\frac{d_{ij}}{\sum\limits_{i=1}^{m}d_{ij}}V_{pj} \tag{17-9-2}$$

式中：d_{ij}—第j层第i根柱抗侧移刚度，按式（17-9-1）计算；

V_{pj}—第j层的总剪力值；

m—第j层柱的数量。

（2）求各柱反弯点高度y_{j_h}。

当梁的线刚度i_b无限大，柱两端完全无转角且弯矩相等时，反弯点在柱中点，$y_h=h/2$；当$i_b/i_c\geqslant 3$时，除底层柱外，其余各层可近似取$y_{j_h}=h/2(j=2,3,\cdots,n)$，底层柱$y_{1h}=2h/3$。

（3）根据各柱分配到的剪力及反弯点高度计算各柱端弯矩值。

第1层第i柱：

$$\left.\begin{aligned}&\text{上端弯矩}\qquad (M_{i1}^{上})_c=V_{i1}\cdot h_1/3\\&\text{下端弯矩}\qquad (M_{i1}^{下})_c=V_{i1}\cdot 2h_1/3\end{aligned}\right\} \tag{17-9-3}$$

第j层第i柱：则上下端弯矩相等，即

$$\left(M_{ij}^{上}\right)_c=\left(M_{ij}^{下}\right)_c=V_{ij}\frac{h}{2} \tag{17-9-4}$$

（4）根据节点平衡计算梁弯矩。

j层边柱边梁端弯矩

$$(M_j)_b=\left(M_j^{上}\right)_c+\left(M_{j+1}^{下}\right)_c \tag{17-9-5}$$

j层中柱的左、右梁端弯矩

$$\left.\begin{aligned}\left(M_{j左}\right)_b&=\left[\left(M_j^{上}\right)_c+\left(M_{j+1}^{下}\right)_c\right]\frac{i_{bj左}}{i_{bj左}+i_{bj右}}\\\left(M_{j右}\right)_b&=\left[\left(M_j^{上}\right)_c+\left(M_{j+1}^{下}\right)_c\right]\frac{i_{bj右}}{i_{bj左}+i_{bj右}}\end{aligned}\right\} \tag{17-9-6}$$

（5）根据力的平衡，由梁两端弯矩求出梁的剪力值。

2. D值法

D值法亦可称为改进反弯点法。该法考虑了当i_b/i_c值较小时，因节点转角对柱抗侧移刚度及反弯点高度的影响，修正了柱的抗侧移刚度及调整了反弯点高度。修正后的抗侧移刚度用D值表示，故称D值法。对于$i_b/i_c < 3$的框架，可以明显地提高其精度。D值法的计算步骤与反弯点法基本相同，仅在求柱抗侧移刚度的公式及确定反弯点的方法上有些不同，其计算步骤如下。

（1）求柱抗侧移刚度D值

$$D = \alpha_c \frac{12 i_c}{h^2} \tag{17-9-7}$$

式中：α_c—考虑梁柱线刚度比影响的柱刚度修正系数；

$$\left.\begin{aligned} &\text{一般层柱} \quad \alpha_c = \frac{K}{2+K} \\ &\qquad K = \frac{i_1 + i_2 + i_3 + i_4}{2 i_c} \\ &\text{底层柱} \quad \alpha_c = \frac{0.5+K}{2+K} \\ &\qquad K = \frac{i_1 + i_2}{i_c} \end{aligned}\right\} \tag{17-9-8}$$

i_1、…、i_4—分别为所计算D值柱的上、下节点两侧梁的线刚度；

i_c—计算D值柱的线刚度。

（2）确定柱反弯点高度系数y值。

距柱下端反弯点高度y_h的反弯点高度系数y值为

$$y = y_n + y_1 + y_2 + y_3 \tag{17-9-9}$$

式中：y_n—各层标准反弯点高度比，根据水平荷载作用形式及K值、结构总层数n与第j层位置，可查有关高层建筑结构参考书中的专用表格；

y_1、y_2、y_3—分别为考虑上、下梁线刚度变化或上、下柱高度变化，反弯点高度系数修正值，亦可查有关高层建筑结构参考书中的专用表格。

（3）求各柱反弯点处剪力V_{ij}。

荷载在各楼层j产生的剪力V_{pj}在各柱i间可按各柱的D_{ij}比例分配，第j层第i柱的剪力为

$$V_{ij} = \frac{D_{ij}}{\sum_{i=1}^{n} D_{ij}} V_{pj} \tag{17-9-10}$$

（4）求柱端弯矩。

$$\left.\begin{aligned} &\text{第}j\text{层第}i\text{柱上端弯矩} \quad \left(M_{ij}^{上}\right)_c = V_{ij}(1-y)h \\ &\text{下端弯矩} \quad \left(M_{ij}^{下}\right)_c = V_{ij} y h \end{aligned}\right\} \tag{17-9-11}$$

（5）求梁端弯矩。

第j层边跨梁端

$$\left(M_j\right)_b = \left(M_j^{上}\right)_c + \left(M_{j+1}^{下}\right)_c \tag{17-9-12}$$

在j层中跨梁端弯矩，根据节点力矩平衡原则，按左右梁线刚度进行分配：

$$\left.\begin{array}{ll}\text{左梁的右梁端} & (M_{j\text{左}})_{\text{b}}=\left[(M_j^{\text{上}})_{\text{c}}+(M_{j+1}^{\text{下}})_{\text{c}}\right]\dfrac{i_{\text{b}j\text{左}}}{i_{\text{b}j\text{左}}+i_{\text{b}j\text{右}}}\\ \text{右梁的左梁端} & (M_{j\text{右}})_{\text{b}}=\left[(M_j^{\text{上}})_{\text{c}}+(M_{j+1}^{\text{下}})_{\text{c}}\right]\dfrac{i_{\text{b}j\text{右}}}{i_{\text{b}j\text{左}}+i_{\text{b}j\text{右}}}\end{array}\right\}\quad(17\text{–}9\text{–}13)$$

（6）求框架剪力。

利用力的平衡原理及已求出的梁端、柱端弯矩，即可求出框架的剪力。

（7）由上到下，逐层叠加左右梁的剪力，可得柱的轴力。

（8）在竖向荷载作用下，可以考虑梁端塑性内力重分布，对梁端负弯矩进行调幅。其调幅系数：装配整体式框架 0.7~0.8，现浇框架 0.8~0.9。梁端负弯矩减小后，应按力的平衡条件计算调幅后的跨中弯矩。

（四）水平荷载作用下的框架位移近似计算

框架侧移u为梁柱弯曲变形产生的侧移u_{m}与柱轴向变形产生的侧移u_{n}之和，即

$$u=u_{\text{m}}+u_{\text{n}}\quad(17\text{–}9\text{–}14)$$

1. 梁、柱弯曲变形产生的侧移u_{m}

由D值法可以求出每层的层间位移Δu_j

$$\Delta u_j=\frac{V_j}{\sum\limits_{j=1}^{j}D_j}\quad(17\text{–}9\text{–}15)$$

第j层侧移
$$u_j=\sum_{j=1}^{j}\Delta u_j\quad(17\text{–}9\text{–}16)$$

顶点侧移
$$u_{\text{m}}=\sum_{j=1}^{n}\Delta u_j\quad(17\text{–}9\text{–}17)$$

2. 柱轴向变形产生的侧移u_{n}

在水平荷载作用下由框架柱轴向变形产生的侧移，近似地简化为由框架两侧边柱中的一侧柱为拉力，另一侧柱为压力引起的拉、压变形产生的侧移，而忽略中柱的影响。根据结构力学的计算公式，在水平荷载作用下，由柱轴力产生的变形为

$$u_{\text{n}}=2\int_0^h\frac{\overline{N}N}{EA}\text{d}s=\frac{V_0H^3}{EA_1B}F_{\text{n}}\quad(17\text{–}9\text{–}18)$$

式中：V_0—水平荷载作用下的基底剪力；

H、B—分别为框架结构的总高度和宽度；

A_1—框架边柱底层柱截面面积；

F_{n}—与荷载形式有关的系数，其具体计算公式及曲线可参阅有关高层建筑结构设计计算参考书。

（五）框架结构截面设计和结构构造

此部分内容见《高层混凝土规程》第 6 章。

【例 17-9-1】 水平力作用下多层框架结构，当该柱其他条件不变，仅与某层柱相连的下层梁刚度变小时，该柱的反弯点位置：

A. 向上移动　　B. 向下移动

C. 不变　　D. 无法确定

解　下层梁刚度减小，柱的下端转角增大，反弯点下移。

答案： B

三、叠合梁设计计算要点

叠合梁在装配式框架中应用时，如果在施工阶段对预制部分梁设有可靠的下部支撑，则在竖向荷载作用下的框架内力分析应考虑安装和使用两个阶段。

1. 安装阶段

梁上设计荷载为q_1（梁板自重加上施工荷载），梁高为预制部分高度h_1，按简支梁计算内力及相应的承载力和挠度（$f_1 \leqslant f_{\lim}$）。

2. 使用阶段

梁上设计荷载为$q_2 = q - q_1$，q为全部使用荷载设计值，梁高为预制部分高度h_1加上后浇混凝土高度，梁的总高度为h，按框架分析内力，其框架梁内力为

跨中
$$M_{\text{b中}} = M_{\text{b}}^{\text{I}} + M_{\text{b}}^{\text{II}} \tag{17-9-19}$$

支座
$$M_{\text{b}}' = M_{\text{b}}^{\text{II}\prime} \tag{17-9-20}$$

式中：M_{b}^{I}—安装阶段在q_1作用下的跨中弯矩；

M_{b}^{II}、$M_{\text{b}}^{\text{II}\prime}$—分别为使用阶段在$q_2$作用下按框架分析求得的跨中和支座弯矩。

应当注意，在截面配筋计算时，当$M_{\text{b}}^{\text{II}}<M_{\text{b}}^{\text{I}}$，即简支梁跨中弯矩较大时，钢筋存在超应力现象，为了减小超应力值，按式（17-9-19）计算的$M_{\text{b中}}$应乘以超应力系数 1.1，梁的配筋取安装阶段内力和使用阶段组合内力算得的A_{s1}与A_{s2}中的较大者。

四、剪力墙结构

剪力墙结构是利用建筑的纵向和横向墙体作为竖向承重和抵抗侧力的结构，墙体同时又作为维护和分隔房间的构件。

（一）剪力墙结构布置的基本要求

剪力墙结构应具有适宜的侧向刚度。剪力墙平面布置宜简单、规则，宜沿两个主轴方向或其他方向双向布置，两个方向的侧向刚度不宜相差过大。抗震设计时，不应采用仅单向有墙的结构布置。

剪力墙宜自下而上连续布置，避免刚度突变。

门窗洞口宜上下对齐、成列布置，形成明确的墙肢和连梁，宜避免造成墙肢宽度相差悬殊的洞口设置；抗震设计时，一、二、三级剪力墙的底部加强部位不宜采用上下洞口不对齐的错洞墙，全高均不宜采用洞口局部重叠的叠合错洞墙。

剪力墙不宜过长，较长剪力墙宜设置跨高比较大的连梁将其分成长度较均匀的若干墙段，各墙段的高度与墙段长度之比不宜小于 3，墙段长度不宜大于 8m。

抗震设计时，短肢剪力墙的抗震等级应比《高层混凝土规程》规定的剪力墙的抗震等级提高一级采用。各层短肢剪力墙在重力荷载代表值作用下产生的轴力设计值的轴压比，抗震等级为一、二、三时分别不宜大于 0.45、0.50、0.55；对于无翼缘或端柱的一字形短肢剪力墙，其轴压比限值相应减少 0.1。

（二）剪力墙的截面尺寸和混凝土强度等级

1. 剪力墙截面尺寸

剪力墙的厚度，抗震等级一、二级不应小于 160mm 且不宜小于层高或无支长度的1/20；三、四级不应小于 160mm 且不宜小于层高或无支长度的1/25。无端柱或翼墙时，一、二级不宜小于层高或无支长度的1/16；三、四级不宜小于层高或无支长度的1/20。

底部加强部位的墙厚，抗震等级一、二级不应小于200mm且不宜小于层高或无支长度的1/16；三、四级不应小于160mm且不宜小于层高或无支长度的1/20。无端柱或翼墙时，一、二级不宜小于层高或无支长度的1/12；三、四级不宜小于层高或无支长度的1/16。

非抗震设计的剪力墙厚度不应小于160mm。

剪力墙井筒中，分隔电梯井或管道井的墙肢截面厚度可适当减小，但不宜小于160mm。

为了防止剪力墙配筋过多、斜裂缝过大以及发生斜压破坏，其受剪截面尚应符合下列要求：

（1）无地震作用组合时

$$V_w \leqslant 0.25\beta_c f_c b_w h_{w0} \tag{17-9-21}$$

（2）有地震作用组合时

剪跨比$\lambda > 2.5$时
$$V_w \leqslant 0.20\beta_c f_c b_w h_{w0}/\gamma_{RE} \tag{17-9-22}$$

剪跨比$\lambda \leqslant 2.5$时
$$V_w \leqslant 0.15\beta_c f_c b_w h_{w0}/\gamma_{RE} \tag{17-9-23}$$

式中：V_w—剪力墙截面剪力设计值；

h_{w0}—剪力墙截面有效高度；

β_c—混凝土强度影响系数；

λ—计算截面处的剪跨比。

2. 混凝土强度等级

剪力墙结构混凝土强度等级不应低于C25，带有筒体的剪力墙结构的混凝土强度等级不宜低于C30。

（三）剪力墙结构的计算要点

1. 剪力墙结构分析

布置较复杂的剪力墙宜按薄壁杆件系统进行三维空间分析，对一般布置较规则的剪力墙可以简化为沿纵向与横向分别按平面结构进行内力与位移分析，但可以考虑纵横墙的协同工作。纵墙的一部分可作为横墙的有效翼缘，横墙的一部分也可作为纵墙的有效翼缘。每侧有效翼缘宽度可取翼缘厚度的6倍、墙间距的一半和总高度的1/20三者中的最小值，且不大于至洞口边缘的距离。

2. 剪力墙的类型及判别方法

采用简化计算时，可以把剪力墙分为下列各类，分别采用不同的方法计算。

1）整体悬臂墙

当剪力墙孔洞面积与墙面面积之比不大于0.16，且孔洞净距及孔洞边至墙边距离大于孔洞长边尺寸时，可作为整体截面悬臂构件计算，按平截面假定计算截面应力分布。其等效刚度为

$$E_c I_{eq} = \frac{E_c I_w}{1 + \dfrac{9\mu I_w}{A_w H^2}} \tag{17-9-24}$$

式中：$E_c I_{eq}$—等效刚度；

E_c—混凝土的弹性模量；

I_w—剪力墙惯性矩，小洞口整体截面墙取组合截面惯性矩，整体小开口墙取组合截面惯性矩的80%；

A_w—无洞口剪力墙的截面积，小洞口整体截面墙取折算截面面积，$A_w = \left(1 - 1.25\sqrt{\frac{A_{op}}{A_f}}\right)A$，整体小开口墙取墙肢截面面积之和$A_w = \sum\limits_{i=1}^{m} A_i$；

A—墙截面毛面积；

A_{op}—墙面洞口面积；

A_f—墙面总面积；

A_i—第i墙肢截面面积；

H—剪力墙总高度；

μ—截面形状系数，矩形截面$\mu = 1.2$。

剪力墙惯性矩按下式计算

$$I_w = \frac{\sum I_i h_i}{\sum h_i} \tag{17-9-25}$$

式中：I_i—剪力墙有洞截面及无洞截面的惯性矩；

h_i—相应各段的高度。

2）整体小开口墙

当剪力墙开洞不符合整体悬臂墙条件，但符合下列条件时，可按整体小开口墙计算。

（1）整体系数

$$\alpha \geqslant 10 \tag{17-9-26}$$

（2）扣除墙肢惯性矩后剪力墙的惯性矩对剪力墙组合截面惯性矩之比

$$\frac{I_n}{I} \leqslant \zeta \tag{17-9-27}$$

$$\alpha = \begin{cases} H\sqrt{\dfrac{12 I_b a^2}{h(I_1 + I_2) l^3} - \dfrac{I}{I_n}} & \text{(双肢墙)} \\ H\sqrt{\dfrac{12}{\tau h \sum\limits_{j=1}^{m+1} I_j} - \sum\limits_{i=1}^{m} \dfrac{I_{bj} a_j^2}{l_{bj}^3}} & \text{(多肢墙)} \end{cases} \tag{17-9-28}$$

式中：τ—系数，当墙肢为3~4肢时取0.8，5~7肢时取0.85，8肢以上取0.9；

I—剪力墙对组合截面形心的惯性矩；

I_n—扣除墙肢惯性矩后剪力墙的惯性矩；

$$I_n = I - \sum_{j=1}^{m+1} I_j$$

I_{bj}—第j列连梁的折算惯性矩；

$$I_{bj} = \frac{I_{bj0}}{1 + \dfrac{30\mu I_{bj0}}{A_{bj} l_{bj}^2}}$$

I_1、I_2—分别为墙肢1、2的截面惯性矩；

m—洞口列数；

h—层高；

H—剪力墙总高度；

a_j—第j列洞口两侧墙肢轴线距离；

l_{bj}—第j列连梁计算跨度，取洞口宽度加梁高的一半；

I_j—第j墙肢的截面惯性矩；

ζ—系数，由α及层数按表17-9-6取用。

系数 ζ 的数值　　表 17-9-6

α	层数n					
	8	10	12	16	20	≥30
10	0.886	0.948	0.975	1.000	1.000	1.000
12	0.866	0.924	0.950	0.994	1.000	1.000
14	0.353	0.908	0.934	0.978	1.000	1.000
16	0.844	0.896	0.923	0.964	0.988	1.000
18	0.836	0.888	0.914	0.952	0.978	1.000
20	0.831	0.880	0.906	0.945	0.970	1.000
22	0.327	0.875	0.901	0.940	0.965	1.000
24	0.824	0.871	0.897	0.936	0.960	0.989
26	0.822	0.867	0.894	0.932	0.955	0.986
28	0.320	0.864	0.890	0.929	0.952	0.982
≥30	0.818	0.861	0.887	0.926	0.950	0.979

3）联肢剪力墙

当满足式（17-9-29）时，可作为联肢墙

$$\alpha < 10;\quad I_n/I \leqslant \zeta \tag{17-9-29}$$

此时连梁刚度小，整体性差，而且连梁的反弯点在跨中。

4）壁式框架

当满足式（17-9-30）时，可按壁式框架计算

$$\alpha \geqslant 10;\quad I_n/I > \zeta \tag{17-9-30}$$

此时结构整体性虽然较好，但墙肢上均有反弯点，受力性能为带刚域的框架。

3. 剪力墙结构的内力及位移计算

1）整体小开口墙

整体小开口墙的内力为组合截面的整体作用内力和各墙肢的局部作用内力之和，可按下列方法计算

$$\left.\begin{aligned} &\text{墙肢弯矩} && M_j = 0.85M\frac{I_j}{I} + 0.15M\frac{I_j}{\sum I_j} \\ &\text{墙肢轴力} && N_j = 0.85M\frac{A_j y_j}{I} \\ &\text{墙肢剪力} && V_j = \frac{V}{2}\left(\frac{A_j}{\sum A_j} + \frac{I_j}{\sum I_j}\right) \end{aligned}\right\} \tag{17-9-31}$$

式中：M、V—分别为计算所得的弯矩和剪力；

I_j、A_j—分别为第j墙肢的截面惯性矩和截面面积；

y_j—第j墙肢截面形心至组合截面形心的距离；

I—组合截面惯性矩。

连梁的剪力可由上、下墙肢的轴力差计算。

剪力墙多数墙肢基本均匀，又符合整体小开口墙的条件，当有个别细小墙肢时，仍可按整体小开口墙计算内力，但小墙肢端部宜按下式计算附加局部弯曲的影响

$$M_j = M_{j0} + \Delta M_j$$

$$\Delta M_j = V_j \frac{h_0}{2} \tag{17-9-32}$$

式中：M_{j0}—按整体小开口墙计算的墙肢弯矩；

ΔM_j—由于小墙肢局部弯曲增加的弯矩；

V_j—第j墙肢剪力；

h_0—洞口高度。

整体小开口墙的顶点位移可按下式计算

$$u=\begin{cases}1.2\times\dfrac{qH^4}{8EI}\left(1+\dfrac{4\mu EI}{GAH^2}\right) & \text{(均布荷载)}\\ 1.2\times\dfrac{11q_{\max}H^4}{120EI}-\left(1+\dfrac{3.67\mu EI}{GAH^2}\right) & \text{(倒三角形分布荷载)}\\ 1.2\times\dfrac{PH^3}{3EI}\left(1+\dfrac{3\mu EI}{GAH^2}\right) & \text{(顶点集中荷载)}\end{cases}\tag{17-9-33}$$

式中： A—截面总面积，$A=\sum\limits_{j=1}^{m+1}A_{j0}$；

I—剪力墙组合截面的惯性矩。

2）联肢墙

联肢墙内力和位移在下列假定下，简化为按连续连杆法计算：

（1）连梁的反弯点在跨中，连梁的作用可以用沿高度均匀分布的连续弹性薄片代替；

（2）各墙肢的变形曲线相似；

（3）连梁和墙肢考虑弯曲和剪切变形，墙肢还应考虑轴向变形的影响。

联肢墙的内力和位移计算公式及计算用图表可参阅有关高层建筑结构设计计算参考书。

3）壁式框架

壁式框架内力和位移的计算类同一般框架的计算方法，只需将壁式框架带刚域的梁、柱分别等效为等截面的梁、柱，即对带刚域的梁、柱进行刚度修正，即可采用D值法进行简化计算。

壁式框架梁、柱轴线由剪力墙连梁和墙肢的形心轴线决定，梁、柱相交的节点区中，梁柱的弯曲刚度为无限大而形成刚域（见图 17-9-3）。刚域的长度可按下式计算

$$\left.\begin{aligned}l_{\mathrm{b1}}&=a_1-0.25h_{\mathrm{b}}\\ l_{\mathrm{b2}}&=a_2-0.25h_{\mathrm{b}}\\ l_{\mathrm{c1}}&=c_1-0.25h_{\mathrm{c}}\\ l_{\mathrm{c2}}&=c_2-0.25h_{\mathrm{c}}\end{aligned}\right\}\tag{17-9-34}$$

当计算的刚域长度小于零时，可不考虑刚域的影响。

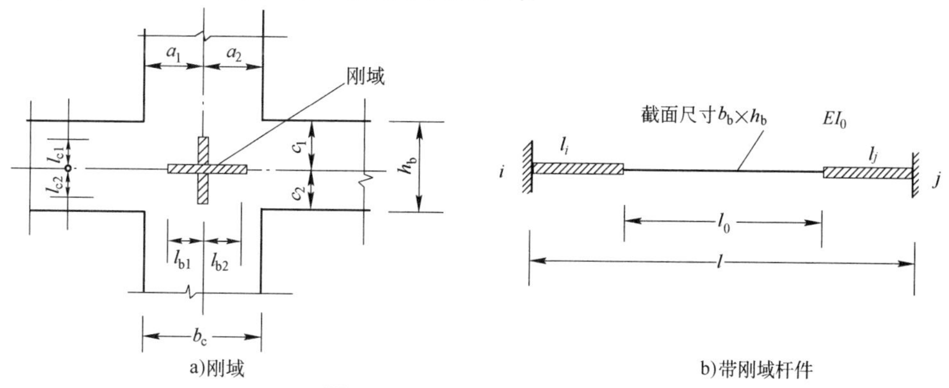

图 17-9-3 刚域及带刚域杆件

带刚域杆件的等效刚度可按下式计算

$$EI=EI_0\eta_{\mathrm{v}}\left(\frac{l}{l_0}\right)^3\tag{17-9-35}$$

上两式中：EI_0—杆件中段截面刚度；

η_v—考虑剪切变形的刚度折减系数，按表 17-9-7 取用；

l_0—杆件中段的长度；

h_b—杆件中段截面高度。

η_v 取值 表 17-9-7

h_b/l_0	0.0	0.1	0.2	0.3	0.4	0.5	0.6	0.7	0.8	0.9	1.0
η_v	1.00	0.97	0.89	0.79	0.68	0.57	0.48	0.41	0.34	0.29	0.25

（四）剪力墙结构的截面设计

剪力墙结构的截面设计详见《高层混凝土规程》第 7 章。

五、框架-剪力墙结构

（一）框架-剪力墙结构布置

框架-剪力墙结构应设计成双向抗侧力体系。抗震设计时，结构在两主轴方向均应布置剪力墙。

主体结构构件之间除个别节点外，不应采用铰接，梁与柱或柱与剪力墙的中线宜重合。框架梁、柱中线之间有偏离时，其偏心距，9 度抗震设计时不应大于柱截面在该方向宽度的 1/4；非抗震设计和 6~8 度抗震设计时不宜大于柱截面在该方向宽度的 1/4；如偏心距大于该方向柱宽的 1/4 时，可采取增设梁的水平加腋等措施。

1. 框架-剪力墙结构中剪力墙的布置要求

（1）剪力墙宜均匀布置在建筑物的周边附近、楼梯间、电梯间、平面形状变化及恒载较大的部位，剪力墙间距不宜过大。

（2）平面形状凹凸较大时，宜在凸出部分的端部附近布置剪力墙。

（3）纵、横剪力墙宜组成 L 形、T 形和形等形式。

（4）单片剪力墙底部承担的水平剪力不宜超过结构底部总水平剪力的 30%。

（5）剪力墙宜贯通建筑物的全高，宜避免刚度突变；剪力墙开洞时，洞口宜上下对齐。

（6）楼梯间、电梯间等竖井宜尽量与靠近的抗侧力结构结合布置。

（7）抗震设计时，剪力墙的布置宜使结构各主轴方向的侧向刚度接近。

2. 长矩形平面或平面有一部分较长的建筑中，其剪力墙的布置要求

（1）横向剪力墙沿长方向的间距宜满足表 17-9-8 的要求，当这些剪力墙之间的楼盖有较大开洞时，剪力墙的间距应适当减小。

剪力墙间距（单位：m） 表 17-9-8

楼盖形式	非抗震设计（取较小值）	抗震设防烈度		
		6 度、7 度（取较小值）	8 度（取较小值）	9 度（取较小值）
现浇	5.0B，60	4.0B，50	3.0B，40	2.0B，30
装配整体	3.5B，50	3.0B，40	2.5B，30	—

注：1.表中B为剪力墙之间的楼盖宽度（m）。

2.装配整体式楼盖的现浇层应符合《高层混凝土规程》第 3.6.2 条的有关规定。

3.现浇层厚度大于 60mm 的叠合楼板可作为现浇板考虑。

4.当房屋端部未布置剪力墙时，第一片剪力墙与房屋端部的距离，不宜大于表中剪力墙间距的 1/2。

（2）纵向剪力墙不宜集中布置在房屋的两尽端。

（二）框架-剪力墙结构计算

1. 计算的基本原则

框架与剪力墙是通过刚性楼板连接，将两者联系成相互作用、共同工作的结构，在水平荷载作用下，其侧向变形曲线既不同于框架的剪切型曲线，也不同于剪力墙的弯曲型曲线，而是两者的协调变形。其下部主要呈弯曲型，而上部主要呈剪切型。因此，框架-剪力墙结构应按协同工作条件进行内力、位移分析，不宜将楼层剪力简单地按某一比例在框架和剪力墙之间分配。

框架结构中设置了电梯井、楼梯井或其他剪力墙型的抗侧力结构后，应按框架-剪力墙结构计算。

2. 框架-剪力墙结构的计算方法（要点）

对于体型和平面复杂的框架-剪力墙结构，当采用计算机进行计算时，可采用协同工作程序或空间三维分析程序计算。但对于一般框架-剪力墙结构均可按下列简化方法计算。框架-剪力墙结构采用简化方法计算时，作了如下假定：

（1）在整个高度上，框架和剪力墙的几何和力学特性不变，总框架（包括总连梁）作为竖向悬臂剪切构件，总剪力墙作为竖向悬臂弯曲构件，它在同一楼层上水平位移相等。

（2）结构单元内所有框架合并为总框架，所有连梁合并为总连梁，所有剪力墙合并为总剪力墙；总框架、总连梁和总剪力墙的刚度分别为各单个结构刚度之和。

（3）风荷载及水平地震作用由总框架（包括总连梁）和总剪力墙共同分担。

在上述假定下，把框架与剪力墙的连梁作为多余未知力并加以连续化，建立满足变形协调和力平衡的微分方程，通过解微分方程利用剪力墙底端和顶端的边界条件求出剪力墙（也是框架）的侧移曲线计算公式；进而利用材料力学的基本公式，可以求出总剪力墙和总框架的内力及荷载；然后按各榀框架的等效抗侧刚度对总框架的剪力进行分配；同样，按各片剪力墙的等效抗弯刚度将总剪力墙的弯矩和剪力分配到每片剪力墙上；最后分别对每榀框架和每片剪力墙进行设计计算。

设计计算时用的具体计算公式和图表可查阅有关高层建筑结构设计计算参考书。

3. 框架剪力的调整

在地震作用下，结构已进入弹塑性状态，剪力墙和框架之间的内力将会出现重分布，框架承受的地震力将增加。因此，抗震设计时，框架-剪力墙结构计算所得的框架各层总剪力V_f（各框架柱剪力之和）应按下列方法调整。

（1）规则建筑中的楼层按下列方法调整框架总剪力：

①$V_f \geqslant 0.2V_0$的楼层不必调整，V_f可按计算值采用；

②$V_f < 0.2V_0$的楼层，设计时V_f取$1.5V_{max,f}$和$0.2V_0$两者中的较小值，其中，V_0为地震作用产生的结构底部总剪力，$V_{max,f}$为各层框架部分所承担总剪力中的最大值。

（2）当屋面凸出部分也采用框架-剪力墙结构时，凸出部分框架的总剪力取本层框架部分计算值的1.5 倍。

（3）按振型分解反应谱法计算时，调整在振型组合之后进行。

（4）各层框架总剪力调整后，按调整前后的比例调整各柱和梁的剪力和端部弯矩，柱轴向力不调整。

（三）框架-剪力墙结构设计和构造要求

框架-剪力墙结构设计和构造要求详见《高层混凝土规程》第 8 章。

【例 17-9-2】 承受水平荷载的钢筋混凝土框架-剪力墙结构中，框架和剪力墙协同工作，但两者之间：

A. 只在上部楼层，框架部分拉住剪力墙部分，使其变形减小

B. 只在下部楼层，框架部分拉住剪力墙部分，使其变形减小

C. 只在中间楼层，框架部分拉住剪力墙部分，使其变形减小

D. 在所有楼层，框架部分拉住剪力墙部分，使其变形减小

解 水平荷载单独作用于框架结构时，结构侧移曲线呈剪切型，单独作用于剪力墙结构时，结构侧移曲线呈弯曲型。所以，在结构的底部，框架结构的侧向变形较剪力墙结构大，在结构的顶部，剪力墙结构的侧向变形较框架结构大。两者协同工作后，在上部楼层，框架部分拉住剪力墙部分，使其变形减小。

答案：A

【例 17-9-3】 与钢筋混凝土框架-剪力墙结构相比，钢筋混凝土筒体结构所特有的规律是：

A. 弯曲型变形与剪切型变形叠加　　B. 剪力滞后

C. 是双重抗侧力体系　　D. 水平荷载作用下是延性破坏

解 钢筋混凝土筒体结构是由四片密柱深梁框架所组成的立体结构。在水平荷载作用下，四片框架同时参与工作。水平剪力主要由平行于荷载方向的“腹板框架”承担，倾覆力矩则由垂直于荷载方向的“翼缘框架”和“腹板框架”共同承担。由于“翼缘”和“腹板”是由密柱深梁的框架所组成，相当于墙面上布满洞口的空腹筒体。尽管深梁的跨度很小，截面高度很大，深梁的竖向弯剪刚度仍然是有限的，因此出现剪力滞后现象，使得柱的轴向力愈接近角柱愈大，框筒的“翼缘框架”和“腹板框架”的各柱轴向力分布均呈现曲线变化。

答案：B

六、高层建筑基础

（1）高层建筑的基础设计，应综合考虑建筑场地的工程地质和水文地质状况、上部结构的类型和房屋高度、施工技术和经济条件等因素，使建筑物不致发生过量沉降或倾斜，满足建筑物正常使用要求；还应了解邻近地下构筑物及各项地下设施的位置和标高等，减少与相邻建筑的相互影响。

（2）在地震区，高层建筑宜避开对抗震不利的地段；当条件不允许避开不利地段时，应采取可靠措施，使建筑物在地震时不致由于地基失效而破坏，或者产生过量下沉或倾斜。

（3）基础设计宜采用当地成熟可靠的技术，宜考虑基础与上部结构相互作用的影响。施工期间需要降低地下水位的，应采取避免影响邻近建筑物、构筑物、地下设施等安全和正常使用的有效措施；同时还应注意施工降水的时间要求，避免停止降水后水位过早上升而引起建筑物上浮等问题。

（4）高层建筑应采用整体性好、能满足地基承载力和建筑物容许变形要求并能调节不均匀沉降的基础形式；宜采用筏形基础或带桩基的筏形基础，必要时可采用箱形基础。当地质条件好且能满足地基承载力和变形要求时，也可采用交叉梁式基础或其他形式基础；当地基承载力或变形不满足设计要求时，可采用桩基或复合地基。

（5）高层建筑主体结构基础底面形心宜与永久作用重力荷载重心重合；当采用桩基础时，桩基的竖向刚度中心宜与高层建筑主体结构重力荷载重心重合。

（6）在重力荷载与水平荷载标准值或重力荷载代表值与多遇水平地震标准值共同作用下，高宽比

大于4的高层建筑，基础底面不宜出现零应力区；高宽比不大于4的高层建筑，基础底面与地基之间零应力区面积不应超过基础底面面积的15%。质量偏心较大的裙楼与主楼可分别计算基底应力。

（7）基础应有一定的埋置深度。在确定埋置深度时，应综合考虑建筑物的高度、体型、地基地质、抗震设防烈度等因素。基础埋置深度可从室外地坪算至基础底面，并宜符合下列规定：

①天然地基或复合地基，可取房屋高度的1/15；

②桩基础，不计桩长，可取房屋高度的1/18。

当建筑物采用岩石地基或采取有效措施时，在满足地基承载力、稳定性要求及第（6）条规定的前提下，基础埋深可比本条第①、②两款的规定适当放松。

当地基可能产生滑移时，应采取有效的抗滑移措施。

（8）高层建筑的基础和与其相连的裙房的基础，设置沉降缝时，应考虑高层主楼基础有可靠的侧向约束及有效埋深；不设沉降缝时，应采取有效措施减少差异沉降及其影响。

（9）高层建筑基础的混凝土强度等级不宜低于C25。当有防水要求时，混凝土抗渗等级应根据基础埋置深度按表17-9-9采用，必要时可设置架空排水层。

基础防水混凝土的抗渗等级　　表17-9-9

基础埋置深度H（m）	抗渗等级	基础埋置深度H（m）	抗渗等级
$H<10$	P6	$20\leqslant H<30$	P10
$10\leqslant H<20$	P8	$H\geqslant 30$	P12

习　题

17-9-1　单层工业厂房设计中，若需将伸缩缝、沉降缝、抗震缝合成一体时，其设计构造做法是（　　）。

A. 在缝处从基础底至屋顶把结构分成两部分，其缝宽应按沉降缝要求设置

B. 在缝处只需从基础顶以上至屋顶将结构分成两部分，缝宽取三者中的最大值

C. 在缝处从基础底至屋顶把结构分成两部分，其缝宽取三者的最大值

D. 在缝处从基础顶以上至屋顶把结构分成两部分，其缝宽按抗震缝要求设置

17-9-2　钢筋混凝土高层建筑结构的最大适用高度和高宽比分为A级和B级，其主要区别是（　　）。

A. B级高度建筑结构的最大适用高度和高宽比较A级适当放宽

B. B级高度建筑结构的最大适用高度和高宽比较A级更加严格

C. B级高度建筑结构较A级的抗震等级、有关的计算和构造措施放宽

D. 区别不大

17-9-3　某一钢筋混凝土框架-抗震墙结构为丙类建筑，高度为60m，设防烈度为8度，II类场地，其抗震墙的抗震等级为（　　）。

A. 一级　　B. 二级

C. 三级　　D. 四级

17-9-4 已经按框架计算完毕的框架结构，后来再加上一些抗震墙，结构将变得（　　）。

A. 更加安全

B. 不安全

C. 框架的下部某些楼层可能不安全

D. 框架的顶部楼层可能不安全

17-9-5 采用简化计算时，当满足（　　）条件时，抗震墙可按整体小开口抗震墙计算。

A. 剪力墙孔洞面积与墙面面积之比大于 0.16

B. $\alpha \geqslant 10, I_n/I \leqslant \zeta$

C. $\alpha < 10, I_n/I \leqslant \zeta$

D. $\alpha \geqslant 10, I_n/I > \zeta$

第十节 抗震设计要点

一、一般规定

（一）设防依据

（1）设防依据为“抗震设防烈度”。

（2）抗震设防烈度必须按国家规定的权限审批、颁发的文件确定。一般情况下，抗震设防烈度可采用中国地震动参数区划图的地震基本烈度 [《建筑抗震设计规范》（GB 50011—2010）（2016 年版）（以下简称《抗震规范》）设计基本地震加速度值所对应的烈度值]。

（二）设防范围

《抗震规范》适用于抗震设防烈度为 6 度、7 度、8 度和 9 度地区建筑工程的抗震设计及隔震、消能减震设计。抗震设防烈度大于 9 度地区的建筑和行业有特殊要求的工业建筑，其抗震设计应按有关专门规定执行。

（三）设防分类

（1）建筑抗震设防类别划分，应根据下列因素综合分析确定：

①建筑破坏造成的人员伤亡、直接和间接经济损失及社会影响的大小。

②城镇的大小、行业的特点、工矿企业的规模。

③建筑使用功能失效后，对全局的影响范围大小、抗震救灾影响及恢复的难易程度。

④建筑各区段的重要性有显著不同时，可按区段划分抗震设防类别。下部区段的类别不应低于上部区段。

⑤不同行业的相同建筑，当所处地位及地震破坏所产生的后果和影响不同时，其抗震设防类别可不相同。

注：区段指由防震缝分开的结构单元、平面内使用功能不同的部分或上下使用功能不同的部分。

（2）建筑工程应分为以下四个抗震设防类别：

①特殊设防类，指使用上有特殊设施，涉及国家公共安全的重大建筑工程和地震时可能发生严重次生灾害等特别重大灾害后果，需要进行特殊设防的建筑，简称甲类。

②重点设防类，指地震时使用功能不能中断或需尽快恢复的生命线相关建筑，以及地震时可能导致大量人员伤亡等重大灾害后果，需要提高设防标准的建筑，简称乙类。

③标准设防类，指大量的除①、②、④款以外按标准要求进行设防的建筑，简称丙类。

④适度设防类，指使用上人员稀少且震损不致产生次生灾害，允许在一定条件下适度降低要求的建筑，简称丁类。

（3）各抗震设防类别建筑的抗震设防标准，应符合下列要求：

①标准设防类，应按本地区抗震设防烈度确定其抗震措施和地震作用，达到在遭遇高于当地抗震设防烈度的预估罕遇地震影响时不致倒塌或发生危及生命安全的严重破坏的抗震设防目标。

②重点设防类，应按高于本地区抗震设防烈度 1 度的要求加强其抗震措施；但抗震设防烈度为 9 度时，应按比 9 度更高的要求采取抗震措施；地基基础的抗震措施，应符合有关规定。同时，应按本地区抗震设防烈度确定其地震作用。

③特殊设防类，应按高于本地区抗震设防烈度提高 1 度的要求加强其抗震措施；但抗震设防烈度为 9 度时，应按比 9 度更高的要求采取抗震措施。同时，应按批准的地震安全性评价的结果且高于本地区抗震设防烈度的要求确定其地震作用。

④适度设防类，允许比本地区抗震设防烈度的要求适当降低其抗震措施，但抗震设防烈度为 6 度时不应降低。一般情况下，仍应按本地区抗震设防烈度确定其地震作用。

（4）设防水准及其概率水平，见表 17-10-1。

设防水准及其概率水平　　表 17-10-1

水　准	含　义	要　求	设计基准期内的超越概率
第一水准	小震不坏	当遭受低于本地区抗震设防烈度的多遇地震影响时，主体结构不受损坏或不需修理可继续使用	多遇地震对应的（众值）烈度 63.2%
第二水准	中震可修	当遭受相当于本地区抗震设防烈度的地震影响时，可能损坏，经一般修理仍可继续使用	基本（设防）烈度 10%
第三水准	大震不倒	当遭受高于本地区抗震设防烈度的罕遇地震影响时，不致倒塌或发生危及生命的严重破坏	罕遇地震对应的烈度 2%~3%

注：1.根据规范组研究，我国地震强度概率分布符合极值 III 型；多遇地震对应的烈度为位于地震烈度概率密度曲线的峰点，在设计基准期内平均重现一次的地震烈度，又称众值烈度，其超越概率为 63.2%。

2.按小震不坏、大震不倒的要求进行抗震设计，又称为二阶段设计。

（四）地震影响

建筑所在地区遭受的地震影响，应采用相应于抗震设防烈度的设计基本地震加速度和特征周期表征。

抗震设防烈度和设计基本地震加速度取值的对应关系应符合表 17-10-2 的规定。设计地震加速度为 $0.15g$ 和 $0.30g$ 地区内的建筑，除《抗震规范》另有规定外，应分别按抗震设防烈度为 7 度和 8 度的要求进行抗震设计。

抗震设防烈度和设计基本地震加速度值的对应关系　　表 17-10-2

抗震设防烈度	6	7	8	9
设计基本地震加速度值	$0.05g$	$0.10(0.15)g$	$0.20(0.30)g$	$0.40g$

注：g 为重力加速度。

地震影响的特征周期应根据建筑所在地的设计地震分组和场地类别确定。《抗震规范》的设计地震共分为三组。

我国主要城镇（县级及县级以上城镇）中心地区的抗震设防烈度、设计基本加速度值和所属的设计地震分组，可按《抗震规范》附录A采用。

（五）抗震设计概念和基本要求

1. 场地和地基

（1）选择建筑场地时，应根据工程需要和地震活动情况、工程地质和地震地质的有关资料，对地震有利、一般、不利和危险地段作出综合评价。对不利地段，应提出避开要求；当无法避开时，应采取有效措施。对于危险地段，严禁建造甲、乙类建筑，不应建造丙类建筑。

（2）建筑场地为Ⅰ类时，甲、乙类建筑应允许仍按本地区抗震设防烈度的要求采取抗震构造措施；丙类建筑应允许按本地区抗震设防烈度降低一度的要求采取抗震构造措施；但抗震设防烈度为6度时仍应按本地区抗震设防烈度的要求采取抗震构造措施。

（3）建筑场地为Ⅲ、Ⅳ类时，对设计基本地震加速度为$0.15g$和$0.30g$的地区，除《抗震规范》另有规定外，宜分别按抗震设防烈度为8度$(0.20g)$和9度$(0.40g)$时各类建筑的要求采取抗震构造措施。

（4）地基和基础设计应符合下列要求：

①同一结构单元的基础不宜设置在性质截然不同的地基上；

②同一结构单元不宜部分采用天然地基，部分采用桩基；

③地基为软弱黏性土、液化土、新近填土或严重不均匀土时，应根据地震时地基不均匀沉降和其他不利影响，采取相应的措施。

2. 建筑形体及其构件布置的规则性和防震缝

（1）建筑形体及其构件布置的规则性

建筑设计应根据抗震概念设计的要求明确建筑形体的规则性。不规则的建筑，应按规定采取加强措施；特别不规则的建筑，应进行专门研究和论证，采取特别的加强措施；严重不规则的建筑，不应采用。（形体指建筑平面形状和立面、竖向剖面的变化）

建筑设计应重视其平面、立面和竖向剖面的规则性对抗震性能及经济合理性的影响，宜择优选用规则的形体，其抗侧力构件的平面布置宜规则对称，侧向刚度沿竖向宜均匀变化，竖向抗侧力构件的截面尺寸和材料强度宜自下而上逐渐减小，避免侧向刚度和承载力突变。

平面不规则类型和竖向不规则类型分别见表17-10-3和表17-10-4。

平面不规则的类型 **表17-10-3**

不规则类型	定义和参数指标
扭转不规则	在规定的水平力作用下，楼层的最大弹性水平位移（或层间位移），大于该楼层两端弹性水平位移（或层间位移）平均值的1.2倍
凹凸不规则	平面凹进的尺寸，大于相应投影方向总尺寸的30%
楼板局部不连续	楼板的尺寸和平面刚度急剧变化，例如，有效楼板宽度小于该层楼板典型宽度的50%，或开洞面积大于该层楼面面积的30%，或较大的楼层错层

竖向不规则的类型 表 17-10-4

不规则类型	定义和参数指标
侧向不规则	该层的侧向刚度小于相邻上一层的 70%，或小于其上相邻三个楼层侧向刚度平均值的 80%；除顶层或出屋面小建筑外，局部收进的水平向尺寸大于相邻下一层的 25%
竖向抗侧力构件不连续	竖向抗侧力构件（柱、抗震墙、抗震支撑）的内力由水平转换构件（梁、桁架等）向下传递
楼层承载力突变	抗侧力结构的层间受剪承载力小于相邻上一楼层的 80%

（2）防震缝

体形复杂、平立面不规则的建筑，应根据不规则程度、地基基础条件和技术经济等因素的比较分析，确定是否设置防震缝，并分别符合下列要求：

①当不设置防震缝时，应采用符合实际的设计模型，分析判明其应力集中、变形集中或地震扭转效应等导致的易损部位，采取相应的加强措施。

②当在适当部位设置防震缝时，宜形成多个较规则的抗侧力结构单元。防震缝应根据抗震设防烈度、结构材料种类、结构类型、结构单元的高度和高差以及可能的地震扭转效应的情况，留有足够的宽度，其两侧的上部结构应完全分开。

③当设置伸缩缝和沉降缝时，其宽度应符合防震缝的要求。

3. 抗震等级

钢筋混凝土房屋应根据设防类别、烈度、结构类型和房屋高度采用不同的抗震等级，并应符合相应的计算和构造措施要求。丙类建筑的抗震等级应按表 17-10-5 确定。

现浇钢筋混凝土房屋的抗震等级 表 17-10-5

<table>
<tr><td colspan="3" rowspan="2">结构类型</td><td colspan="10">设防烈度</td></tr>
<tr><td colspan="2">6</td><td colspan="3">7</td><td colspan="3">8</td><td colspan="2">9</td></tr>
<tr><td rowspan="3">框架结构</td><td colspan="2">高度（m）</td><td>≤24</td><td>>24</td><td colspan="2">≤24</td><td>>24</td><td>≤24</td><td colspan="2">>24</td><td colspan="2">≤24</td></tr>
<tr><td colspan="2">框架</td><td>四</td><td>三</td><td colspan="2">三</td><td>二</td><td>二</td><td colspan="2">一</td><td colspan="2">一</td></tr>
<tr><td colspan="2">大跨度框架</td><td colspan="2">三</td><td colspan="3">二</td><td colspan="3">一</td><td colspan="2">一</td></tr>
<tr><td rowspan="3">框架-抗震墙结构</td><td colspan="2">高度（m）</td><td>≤60</td><td>>60</td><td>≤24</td><td>25~60</td><td>>60</td><td>≤24</td><td>25~60</td><td>>60</td><td>≤24</td><td>25~50</td></tr>
<tr><td colspan="2">框架</td><td>四</td><td>三</td><td>四</td><td>三</td><td>二</td><td>三</td><td>二</td><td>一</td><td>二</td><td>一</td></tr>
<tr><td colspan="2">抗震墙</td><td colspan="2">三</td><td>三</td><td colspan="2">二</td><td>二</td><td colspan="2">一</td><td colspan="2">一</td></tr>
<tr><td rowspan="2">抗震墙结构</td><td colspan="2">高度（m）</td><td>≤80</td><td>>80</td><td>≤24</td><td>25~80</td><td>>80</td><td>≤24</td><td>25~80</td><td>>80</td><td>≤24</td><td>25~60</td></tr>
<tr><td colspan="2">剪力墙</td><td>四</td><td>三</td><td>四</td><td>三</td><td>二</td><td>三</td><td>二</td><td>一</td><td>二</td><td>一</td></tr>
<tr><td rowspan="4">部分框支抗震墙结构</td><td colspan="2">高度（m）</td><td>≤80</td><td>>80</td><td>≤24</td><td>25~80</td><td>>80</td><td>≤24</td><td>25~80</td><td rowspan="4"></td><td colspan="2" rowspan="4"></td></tr>
<tr><td rowspan="2">抗震墙</td><td>一般部位</td><td>四</td><td>三</td><td>四</td><td>三</td><td>二</td><td>三</td><td>二</td></tr>
<tr><td>加强部位</td><td>三</td><td>二</td><td>三</td><td>二</td><td>一</td><td>二</td><td>一</td></tr>
<tr><td colspan="2">框支层框架</td><td colspan="2">二</td><td colspan="2">二</td><td>一</td><td colspan="2">一</td></tr>
<tr><td rowspan="2">框架-核心筒结构</td><td colspan="2">框架</td><td colspan="2">三</td><td colspan="3">二</td><td colspan="3">一</td><td colspan="2">一</td></tr>
<tr><td colspan="2">核心筒</td><td colspan="2">二</td><td colspan="3">二</td><td colspan="3">一</td><td colspan="2">一</td></tr>
</table>

续上表

结构类型		设防烈度						
		6		7		8		9
筒中筒结构	外筒	三		二		一		一
	内筒	三		二		一		一
板柱-抗震墙结构	高度（m）	≤35	>35	≤35	>35	≤35	>35	
	框架、板柱的柱	三	二	二	二	一		
	抗震墙	二	二	二	一	二	一	

注：1.建筑场地为Ⅰ类时，除6度外，应允许按表内降低一度所对应的抗震等级采取抗震构造措施，但相应的计算要求不应降低。

2.接近或等于高度分界时，应允许结合房屋不规则程度及场地、地基条件确定抗震等级。

3.大跨度框架指跨度不小于18m的框架。

4.高度不超过60m的框架-核心筒结构按框架-抗震墙的要求设计时，应按表中框架-抗震墙结构的规定确定其抗震等级。

4. 对抗震结构的要求

抗震结构体系应根据建筑的抗震设防类别、抗震设防烈度、建筑高度、场地条件、地基、结构材料和施工等因素，经技术、经济和使用条件综合比较确定。

（1）抗震结构体系

①应具有明确的计算简图和合理的地震作用传递途径；

②应避免因部分结构或构件破坏而导致整个结构丧失抗震能力或对重力荷载的承载能力；

③应具备必要的抗震承载力、良好的变形能力和消耗地震能量的能力；

④对可能出现的薄弱部位，应采取措施提高其抗震能力；

⑤宜有多道抗震防线；

⑥宜具有合理的刚度和承载力分布，避免因局部削弱或突变形成薄弱部位，产生过大的应力集中或塑性变形集中；

⑦结构在两个主轴方向的动力特性宜相近。

（2）结构构件

抗震结构的构件，应力求避免出现脆性破坏，并采取下列措施，以改善其变形能力。

①砌体结构应按规定设置钢筋混凝土圈梁和构造柱、芯柱，或采用约束砌体、配筋砌体等。

②混凝土结构构件应控制截面尺寸和纵向受力钢筋、箍筋的设置，防止剪切破坏先于弯曲破坏、混凝土的压溃先于钢筋的屈服、钢筋的锚固黏结破坏先于钢筋破坏。

③预应力混凝土构件，应配有足够的普通钢筋。

④钢结构构件的尺寸应合理控制，避免局部失稳或整个构件失稳。

⑤多、高层的混凝土楼、屋盖宜优先采用现浇混凝土板。当采用混凝土预制装配式楼、屋盖时，应从楼盖体系和构造上采取措施确保各预制板之间连接的整体性。

（3）构件连接

①构件节点的破坏，不应先于其连接的构件；

②预埋件的锚固破坏，不应先于连接件；

③装配式结构构件的连接，应能保证结构的整体性；

④预应力混凝土构件的预应力筋，宜在节点核心区以外锚固。

（4）装配式单层厂房

各种抗震支撑系统，应保证地震时厂房的整体性和稳定性。

【例 17-10-1】 钢筋混凝土结构中抗震设计要求“强柱弱梁”是为了防止出现的破坏模式是：

A. 梁中发生剪切破坏，从而造成结构倒塌

B. 柱先于梁进入受弯屈服，从而造成结构倒塌

C. 柱出现失稳破坏，从而造成结构倒塌

D. 柱出现剪切破坏，从而造成结构倒塌

解 地震作用下，框架柱的破坏一般发生在柱的上下端，对于一般的框架结构，柱内弯矩以地震作用产生的弯矩为主，“强柱弱梁”就是为了防止柱先于梁进入受弯屈服，导致整体结构破坏。

答案：B

5. 对非结构构件的要求

非结构构件，包括建筑非结构构件和建筑附属机电设备，自身及其与结构主体的连接，应进行抗震设计。非结构构件的抗震设计，应由相关专业人员分别负责进行。

（1）附属结构构件

附着于楼、屋面结构上的非结构构件，以及楼梯间的非承重墙体，应与主体结构有可靠的连接和锚固，避免地震时倒塌伤人或砸坏重要设备。

（2）框架结构围护墙和隔墙

应考虑其设置对结构抗震的不利影响，避免不合理设置而导致主体结构的破坏。

（3）室外装饰物

幕墙、装饰贴面与主体结构应有可靠连接，避免地震时脱落伤人。

（4）附属设备

安装在建筑上的附属机械、电气设备系统的支座和连接，应符合地震时使用功能的要求，且不应导致相关部件的损坏。

6. 隔震和消能减震

隔震和消能减震设计，可用于对抗震安全性和使用功能有较高要求或专门要求的建筑。采用隔震或消能减震设计的建筑，当遭遇到本地区的多遇地震影响、设防地震影响和罕遇地震影响时，可按高于《抗震规范》第 1.0.1 条的基本设防目标进行设计。

7. 结构材料与施工

抗震结构对材料和施工质量的特别要求，应在设计文件中注明。

（1）砌体结构材料

①普通砖和多孔砖的强度等级不应低于 MU10，其砌筑砂浆强度等级不应低于 M5；

②混凝土小型空心砌块的强度等级不应低于 MU7.5，其砌筑砂浆强度等级不应低于 Mb7.5。

（2）混凝土结构材料

混凝土的强度等级，框支梁、框支柱及抗震等级为一级的框架梁、柱、节点核心区，不应低于 C30；构造柱、芯柱、圈梁及其他各类构件不应低于 C25。

混凝土的强度等级，抗震墙不宜超过 C60；其他构件，9 度时不宜超过 C60，8 度时不宜超过C70。

（3）钢筋

普通钢筋宜优先采用延性、韧性和焊接性较好的钢筋；普通钢筋的强度等级，纵向受力钢筋宜选用符合抗震性能指标的不低于 HRB400 级热轧钢筋；箍筋宜选用符合抗震性能指标的 HRB400 级热轧钢筋，也可选用 HPB300 级热轧钢筋。

抗震等级为一、二、三级的框架结构和斜撑构件（含梯段），其纵向受力钢筋采用普通钢筋时，钢筋的抗拉强度实测值与屈服强度实测值的比值不应小于 1.25，钢筋的屈服强度实测值与屈服强度标准值的比值不应大于 1.3，且钢筋在最大拉力下的总伸长率实测值不应小于 9%。

在施工中，当需要以强度等级较高的钢筋替代原设计中的纵向受力钢筋时，应按照钢筋抗拉承载力设计值相等的原则换算，并应满足最小配筋率要求。

（4）钢结构材料

①钢材的屈服强度实测值与抗拉强度实测值的比值不应大于 0.85；

②钢材应有明显的屈服台阶，且伸长率应大于 20%；

③钢材应有良好的焊接性和合格的冲击韧性；

④钢材宜采用 Q235 等级 B、C、D 的碳素结构钢及 Q355 等级 B、C、D、E 的低合金高强度结构钢；当有可靠依据时，尚可采用其他钢种和钢号；

⑤采用焊接连接的钢结构，当接头的焊接约束度较大、钢板厚度不小于 40mm 且承受沿板厚方向的拉力时，钢板厚度方向截面收缩率，不应小于国家标准《厚度方向性能钢板》（GB/T 5313）关于 Z15 级规定的容许值。

（5）施工

钢筋混凝土构造柱和底部框架-抗震墙房屋中的砌体抗震墙，其施工应先砌墙后浇构造柱和框架梁柱。

二、构造要求

结构抗震设计包括概念设计、抗震验算与构造要求三部分。构造要求是解决在前两部分的抗震设计与验算中尚未包括的重要和关键部分，从构造要求上加以补充，以提高结构、结构构件及节点的延性和耗能能力。具体的构造要求很多，可参阅有关规范及结构设计计算手册。下面仅提供应注意的要点。

（一）框架结构的构造措施

1. 梁的截面尺寸要求

（1）截面宽度不宜小于 200mm；

（2）截面高宽比不宜大于 4；

（3）净跨与截面高度之比不宜小于 4。

其中第（1）条是为了使梁柱节点能具有较好的约束条件，以利改善抗震性能；第（2）条是由于高宽比大于 4 后，不仅抗剪承载力下降，且易导致腹板破坏，抗震性能降低；第（3）条是由于梁净跨与截面高度之比小于 4 后，已属于短深梁，若沿用《抗震规范》中框架梁的抗震设计方法设计，则易导致剪切破坏，延性差，难以达到抗震设计要求。

2. 对梁配筋的要求

（1）纵向钢筋

梁的延性和耗能能力将随梁端截面纵向受拉钢筋配筋率及混凝土相对受压区高度的加大而降低，而且还与梁端截面底面和顶面配筋比等有关，因此梁的纵向配筋应符合下列要求：

①梁端纵向受拉钢筋的配筋率不宜大于 2.5%，且计入受压钢筋的梁端混凝土受压区高度和有效高度之比，一级不应大于 0.25，二、三级不应大于 0.35。

②梁端截面的底面和顶面纵向钢筋配筋量的比值，除按计算确定外，一级不应小于 0.5，二、三级不应小于 0.3。

③沿梁全长顶面和底面的配筋，一、二级不应少于$2\phi14$，且分别不应少于梁两端顶面和底面纵向配筋中较大截面面积的 1/4，三、四级不应少于$2\phi12$。

④一、二、三级框架梁内贯通中柱的每根纵向钢筋直径，对矩形截面柱，不应大于柱在该方向截面尺寸的 1/20；对圆形截面柱，不应大于纵向钢筋所在位置柱截面弦长的 1/20。

（2）箍筋

在框架梁的两端为塑性铰区，加强和加密箍筋对提高梁端抗震性能有利，因此梁端加密区的箍筋应符合下列要求：

①加密区的长度、箍筋最大间距和最小直径应按表 17-10-6 采用，当梁端纵向受拉钢筋配筋率大于 2%时，表中箍筋最小直径数值应增大 2mm；

梁加密区的长度、箍筋最大间距和最小直径　　表 17-10-6

抗 震 等 级	加密区长度（采用较大值）（mm）	箍筋最大间距（采用最小值）（mm）	箍筋最小直径（mm）
一	$2h_b$，500	$h_b/4$，$6d$，100	10
二	$1.5h_h$，500	$h_b/4$，$8d$，100	8
三	$1.5h_b$，500	$h_b/4$，$8d$，150	8
四	$1.5h_b$，500	$h_b/4$，$8d$，150	6

注：d为纵向钢筋直径，h_b为梁截面高度。

②加密区的箍筋肢距，一级不宜大于 200mm 和 20 倍箍筋直径的较大值，二、三级不宜大于 250mm 和 20 倍箍筋直径的较大值，四级不宜大于 300mm。

3. 柱的截面尺寸要求

（1）柱的截面宽度和高度均不应小于 300mm，圆柱直径不应小于 350mm；

（2）剪跨比宜大于 2；

（3）截面长边与短边的边长比不宜大于 3；

（4）柱轴压比不宜超过表 17-10-7 的规定，建造于 IV 类场地且较高的高层建筑，柱轴压比限值应适当减小。

柱轴压比限值　　表 17-10-7

结构类型	抗震等级			
	一	二	三	四
框架结构	0.65	0.75	0.85	0.90
框架-抗震墙，板柱-抗震墙、框架-核心筒及筒中筒	0.75	0.85	0.90	0.95
部分框支抗震墙	0.6	0.7	—	

注：1.轴压比指柱组合的轴压力设计值与柱的全截面面积和混凝土轴心抗压强度设计值乘积之比值，可不进行地震作用计算的结构，取无地震作用组合的轴力设计值。

2.表内限值适用于剪跨比大于 2、混凝土强度等级不高于 C60 的柱；剪距比不大于 2 的柱轴压比限值应降低 0.05；剪跨比小于 1.5 的柱，轴压比限值应专门研究并采取特殊构造措施。

3.沿柱全高采用井字复合箍且箍筋肢距不大于 200mm、间距不大于 100mm、直径不小于 12mm，或沿柱全高采用连续复合螺旋筋，螺旋筋净距不大于 100mm、箍筋肢距不大于 200mm、直径不小于 12mm，或沿柱全高采用连续复合矩形螺旋筋，螺旋筋净距不大于 80mm、箍筋肢距不大于 200mm、直径不小于 10mm，轴压比限值均可增加 0.10；上述三种箍筋的配筋特征值均应按增大的轴压比由表 17-10-10 确定。

4.在柱的截面中部附加芯柱，其中另加的纵向钢筋的总面积不少于柱截面面积的 0.8%，轴压比限值可增加 0.05；此项措施与注 3 的措施共同采用时，轴压比限值可增加 0.15，但箍筋的配箍特征值仍可按增加 0.10 的要求确定。

5.柱轴压比不应大于 1.05。

【例 17-10-2】 钢筋混凝土结构抗震设计中轴压比限值的作用是：

A. 使混凝土得到充分利用

B. 确保结构的延性

C. 防止构件剪切破坏

D. 防止柱的纵向屈曲

解　轴压比是指柱组合的轴压力设计值与柱的全截面面积和混凝土轴心抗压强度设计值乘积之比值。限制柱的轴压比主要是为了保证柱的塑性变形能力和保证结构的抗倒塌能力。

答案：B

4. 柱的配筋要求

（1）纵向钢筋应符合下列要求：

柱纵向钢筋的最小总配筋率应按表 17-10-8 采用，同时每一侧配筋率不应小于 0.2%；对建造于 IV 类场地且较高的高层建筑，表中的数值应增加 0.1%。

柱截面纵向钢筋的最小总配筋率（单位：%）　　表 17-10-8

类　别	抗震等级			
	一	二	三	四
中柱和边柱	0.9（1.0）	0.7（0.8）	0.6（0.7）	0.5（0.6）
角柱、框支柱	1.1	0.9	0.8	0.7

注：1.表中括号内数值用于框架结构的柱。

2.钢筋强度标准值小于 400MPa 时，表中数值应增加 0.1，钢筋强度标准值为 400MPa 时，表中数值应增加 0.05。

3.混凝土强度等级高于 C60 时，上述数值应相应增加 0.1。

柱的纵向钢筋配置，尚应符合下列要求：

①宜对称布置；

②截面尺寸大于 400mm 的柱，纵向钢筋间距不宜大于 200mm；

③柱的总配筋率不应大于 5%；

④一级且剪跨比不大于 2 的柱，每侧纵向钢筋配筋率不宜大于 1.2%；

⑤边柱、角柱及抗震墙端柱在小偏心受拉时，柱内纵向钢筋总截面面积应比计算值增加 25%；

⑥柱纵向钢筋的绑扎接头应避开柱端的箍筋加密区。

（2）柱的箍筋加密范围，应按下列规定采用：

①柱端，取截面高度（圆柱直径）、柱净高的1/6和 500mm 三者中的最大值；

②底层柱，柱根不小于柱净高的1/3，当有刚性地面时，除柱端外尚应取刚性地面上下各 500mm；

③剪跨比不大于 2 的柱和因设置填充墙等形成的柱净高与柱截面高度之比不大于 4 的柱，取全高；

④框支柱，取全高；

⑤一级及二级框架的角柱，取全高。

（3）柱箍筋加密区的箍筋间距和直径，应符合下列要求：

①一般情况下，箍筋的最大间距和最小直径，应按表 17-10-9 采用。

柱箍筋加密区的箍筋最大间距和最小直径　　**表** 17-10-9

抗 震 等 级	箍筋最大间距（采用较小值，mm）	箍筋最小直径（mm）
一	$6d$，100	10
二	$8d$，100	8
三	$8d$，150（柱根 100）	8
四	$8d$，150（柱根 100）	6（柱根 8）

注：d为钢筋直径。

②二级框架柱的箍筋直径不小于 10mm 且箍筋肢距不大于 200mm 时，除柱根外最大间距应允许采用 150mm；三级框架柱的截面尺寸不大于 400mm 时，箍筋最小直径应允许采用 6mm；四级框架柱剪跨比不大于 2 时，箍筋直径不应小于 8mm。

③框支柱和剪跨比不大于 2 的柱，箍筋间距不应大于 100mm。

（4）柱箍筋加密区箍筋肢距，一级不宜大于 200mm，二、三级不宜大于 250mm，四级不宜大于 300mm。至少每隔一根纵向钢筋宜在两个方向有箍筋或拉筋约束；采用拉筋复合箍时，拉筋宜紧靠纵向钢筋并钩住箍筋。

（5）柱箍筋加密区的体积配箍率应符合下式要求：

$$\rho_v \geqslant \frac{\lambda_v f_c}{f_{yv}} \tag{17-10-1}$$

式中：ρ_v—柱箍筋加密区的体积配箍率，一级不应小于 0.8%，二级不应小于 0.6%，三、四级不应小于 0.4%，计算复合箍的体积配箍率时，其非螺旋筋的体积应乘以换算系数 0.8；

f_c—混凝土轴心抗压强度设计值，强度等级低于 C35 时，应按 C35 计算；

f_{yv}—箍筋或拉筋抗拉强度设计值；

λ_v—最小配箍特征值，宜按表 17-10-10 采用。

柱箍筋加密区的箍筋最小特征值　　表 17-10-10

抗震等级	箍 筋 形 式	柱 轴 压 比								
		≤0.3	0.4	0.5	0.6	0.7	0.8	0.9	1.0	1.05
一	普通箍、复合箍	0.10	0.11	0.13	0.15	0.17	0.20	0.23		
	螺旋筋、复合或连续复合矩形螺旋筋	0.08	0.09	0.11	0.13	0.15	0.18	0.21		
二	普通箍、复合箍	0.08	0.09	0.11	0.13	0.15	0.17	0.19	0.22	0.24
	螺旋筋、复合或连续复合矩形螺旋筋	0.06	0.07	0.09	0.11	0.13	0.15	0.17	0.20	0.22
三	普通箍、复合箍	0.06	0.07	0.09	0.11	0.13	0.15	0.17	0.20	0.22
	螺旋筋、复合或连续复合矩形螺旋筋	0.05	0.06	0.07	0.09	0.11	0.13	0.15	0.18	0.20

注：1.普通箍指单个矩形箍或单个圆形箍，复合箍指由矩形、多边形、圆形箍或拉筋组成的箍筋，复合螺旋筋指由螺旋筋与矩形、多边形、圆形箍或拉筋组成的箍筋，连续复合矩形螺旋筋指全部为同一根钢筋加工而成的箍筋。

2.框支柱宜采用复合螺旋筋或井字复合箍，其最小配箍特征值应比表内数值增加 0.02，且体积配筋率不应小于 1.5%。

3.剪跨比不大于 2 的柱宜采用复合螺旋筋或井字复合箍，其体积配箍率不应小于 1.2%，9 度一级时不应小于 1.5%。

（6）柱箍筋非加密区的体积配箍率不宜小于加密区的 50%；箍筋间距，一、二级框架柱不应大于 10 倍的纵向钢筋直径，三、四级框架柱不应大于 15 倍的纵向钢筋直径。

（7）框架节点核心区箍筋的最大间距和最小直径宜按表 17-10-9 采用，一、二、三级框架节点核心区配箍特征值分别不宜小于 0.12、0.10 和 0.08，且体积配箍率分别不宜小于 0.6%、0.5%和 0.4%。柱剪跨比不大于 2 的框架节点核芯区配箍率不宜小于核芯区上、下柱端的较大配箍率。

5. 砌体填充墙

钢筋混凝土结构中的砌体填充墙，宜与柱脱开或采用柔性连接，并应符合下列要求：

（1）填充墙在平面和竖向的布置，宜均匀对称，宜避免形成薄弱层或短柱。

（2）砌体的砂浆强度等级不应低于 M5；实心块体的强度等级不宜低于 MU2.5，空心块体的强度等级不宜低于 MU3.5；墙顶应与框架梁密切结合。

（3）填充墙应沿框架全高每隔 500~600mm 设$2\phi6$拉筋，拉筋伸入墙内的长度，抗震设防烈度为 6 度、7 度时宜沿墙全长贯通，8 度、9 度时应沿墙全长贯通。

（4）墙长大于 5m 时，墙顶与梁宜有拉结；墙长超过 8m 或层高的 2 倍时，宜设置钢筋混凝土构造柱；墙高超过 4m 时，墙体半高宜设置与柱连接且沿墙全长贯通的钢筋混凝土水平系梁。

（二）抗震墙结构的构造措施

（1）抗震墙的厚度，一、二级不应小于 160mm 且不宜小于层高或无支长度的 1/20，三、四级不应小于 140mm 且不宜小于层高或无支长度的 1/25；无端柱或翼墙时，一、二级不宜小于层高或无支长度的 1/16，三、四级不宜小于层高或无支长度的 1/20。

底部加强部位的墙厚，一、二级不应小于 200mm 且不宜小于层高或无支长度的 1/16，三、四级不应小于 160mm 且不宜小于层高或无支长度的 1/20；无端柱或翼墙时，一、二级不宜小于层高或无支长度的 1/12，三、四级不宜小于层高或无支长度的 1/16。

（2）一、二、三级抗震墙在重力荷载代表值作用下墙肢的轴压比，一级时，9 度不宜大于 0.4，7、8 度不宜大于 0.5；二、三级时，不宜大于 0.6。

注：墙肢轴压比指墙的轴压力设计值与墙的全截面面积和混凝土轴心抗压强度设计值乘积之比值。

（3）抗震墙竖向、横向分布钢筋的配筋，应符合下列要求：

①一、二、三级抗震墙的竖向和横向分布钢筋最小配筋率均不应小于 0.25%，四级抗震墙分布钢筋最小配筋率不应小于 0.20%。

注：高度小于 24m 且剪压比很小的四级抗震墙，其竖向分布筋的最小配筋率应允许按 0.15%采用。

②部分框支抗震墙结构的落地抗震墙底部加强部位，竖向和横向分布钢筋配筋率均不应小于 0.3%。

（4）抗震墙竖向和横向分布钢筋的配置，尚应符合下列规定：

①抗震墙的竖向和横向分布钢筋的间距不宜大于 300mm，部分框支抗震墙结构的落地抗震墙底部加强部位，竖向和横向分布钢筋的间距不宜大于 200mm。

②抗震墙厚度大于 140mm 时，其竖向和横向分布钢筋应双排布置，双排分布钢筋间拉筋的间距不宜大于 600mm，直径不应小于 6mm。

③抗震墙竖向和横向分布钢筋的直径，均不宜大于墙厚的 1/10 且不应小于 8mm，竖向钢筋直径不宜小于 10mm。

（5）抗震墙两端和洞口两侧应设置边缘构件，边缘构件包括暗柱、端柱和翼墙，并应符合下列要求：

①对于抗震墙结构，底层墙脚底截面的轴压比不大于表 17-10-11 规定的一、二、三级抗震墙及四级抗震墙，墙肢两端可设置构造边缘构件，构造边缘构件的范围可按图 17-10-1 采用，构造边缘构件的配筋除应满足抗弯承载力要求外，并宜符合表 17-10-12 的要求。

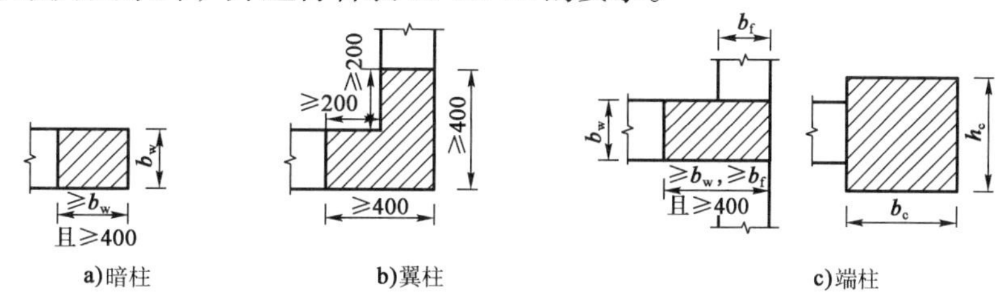

图 17-10-1 抗震墙的构造边缘构件范围（尺寸单位：mm）

抗震墙设置构造边缘构件的最大轴压比 表 17-10-11

抗震等级或烈度	一级（9 度）	一级（7、8 度）	二、三级
轴压比	0.1	0.2	0.3

②底层墙肢底截面的轴压比大于表 17-10-11 规定的一、二、三级抗震墙，以及部分框支抗震墙结构的抗震墙，应在底部加强部位及相邻的上一层设置约束边缘构件，在以上的其他部位可设置构造边缘构件。约束边缘构件沿墙肢的长度、配箍特征值、箍筋和纵向钢筋宜符合表 17-10-13 的要求（见图 17-10-2）。

抗震墙构造边缘构件的配筋要求 表 17-10-12

抗震等级	底部加强部位			其他部位		
	纵向钢筋最小量（取较大值）	箍筋		纵向钢筋最小量（取较大值）	拉筋	
		最小直径（mm）	沿竖向最大间距（mm）		最小直径（mm）	沿竖向最大间距（mm）
一	$0.010A_c$，$6\phi16$	8	100	$0.008A_c$，$6\phi14$	8	150
二	$0.008A_c$，$6\phi14$	8	150	$0.006A_c$，$6\phi12$	8	200
三	$0.006A_c$，$6\phi12$	6	150	$0.005A_c$，$4\phi12$	6	200
四	$0.005A_c$，$4\phi12$	6	200	$0.004A_c$，$4\phi12$	6	250

注：1.A_c为边缘构件的截面面积。

2.其他部位的拉筋，水平间距不应大于纵筋间距的 2 倍，转角处宜采用箍筋。

3.当端柱承受集中荷载时，其纵向钢筋、箍筋直径和间距应满足柱的相应要求。

抗震墙约束边缘构件的范围及配筋要求　　表 17-10-13

项　　目	一级（9 度）		一级（8 度）		二、三级	
	$\lambda \leqslant 0.2$	$\lambda > 0.2$	$\lambda \leqslant 0.3$	$\lambda > 0.3$	$\lambda \leqslant 0.4$	$\lambda > 0.4$
l_c（暗柱）	$0.20h_w$	$0.25h_w$	$0.15h_w$	$0.20h_w$	$0.15h_w$	$0.20h_w$
l_c（翼墙或端柱）	$0.15h_w$	$0.20h_w$	$0.10h_w$	$0.15h_w$	$0.10h_w$	$0.15h_w$
λ_v	0.12	0.20	0.12	0.20	0.12	0.20
纵向钢筋（取较大值）	$0.012A_c$，$8\phi16$		$0.012A_c$，$8\phi16$		$0.010A_c$，$6\phi16$（三级 $6\phi14$）	
箍筋或拉筋沿竖向间距	100mm		100mm		150mm	

注：1.抗震墙的翼墙长度小于其 3 倍厚度或端柱截面边长小于 2 倍墙厚时，按无翼墙、无端柱查表。

2.l_c为约束边缘构件沿墙肢长度，且不小于墙厚和 400mm；有翼墙或端柱时，不应小于翼墙厚度或端柱沿墙肢方向截面高度加 300mm。

3.λ_v为约束边缘构件的配箍特征值，体积配箍率可按式（17-10-1）计算，并可适当计入满足构造要求且在墙端有可靠锚固的水平分布钢筋的截面面积。

4.h_w为抗震墙墙肢长度。

5.λ为墙肢轴压比。

6.A_c为图 17-10-2 中约束边缘构件阴影部分的截面面积。

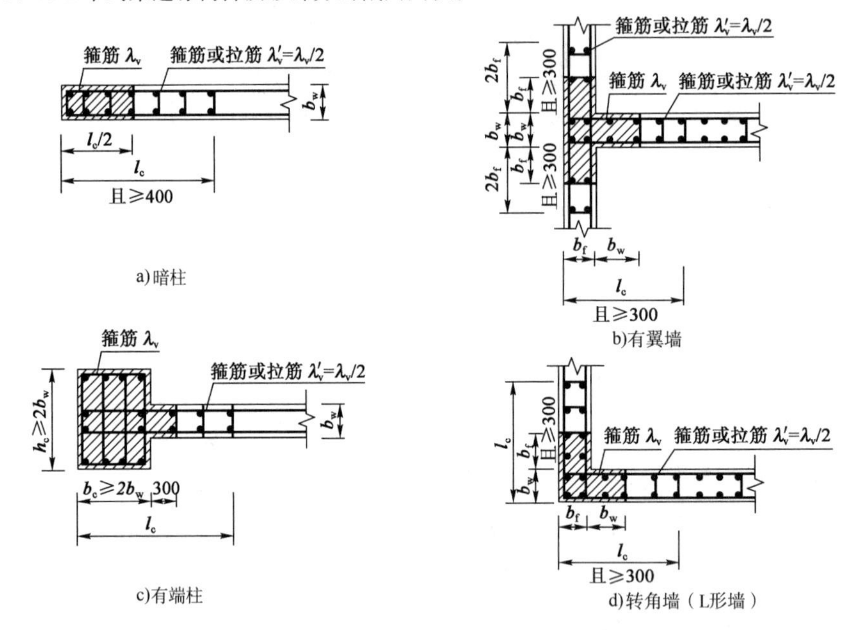

图 17-10-2　抗震墙的约束边缘构件（尺寸单位：mm）

（6）抗震墙的墙肢长度不大于墙厚的 3 倍时，应按柱的有关要求进行设计；矩形墙肢的厚度不大于 300mm 时，尚宜全高加密箍筋。

（7）跨度比较小的高连梁，可设水平缝形成双连梁、多连梁或采取其他加强抗剪承载力的构造。顶层连梁的纵向钢筋伸入墙体的锚固长度范围内，应设置箍筋。

（三）框架-抗震墙结构的构造措施

（1）框架-抗震墙结构的抗震墙厚度和边框设置，应符合下列要求：

①抗震墙的厚度不应小于 160mm 且不宜小于层高或无支长度的$1/20$，底部加强部位的抗震墙厚度不应小于 200mm 且不宜小于层高或无支长度的$1/16$。

②有端柱时，墙体在楼盖处宜设置暗梁，暗梁的截面高度不宜小于墙厚和400mm的较大值；端柱截面宜与同层框架柱相同，并应满足规范对框架柱的要求；抗震墙底部加强部位的端柱和紧靠抗震墙洞口的端柱宜按柱箍筋加密区的要求沿全高加密箍筋。

（2）抗震墙的竖向和横向分布钢筋，配筋率均不应小于0.25%，钢筋直径不宜小于10mm，间距不宜大于300mm，并应双排布置，双排分布钢筋间应设置拉筋。

（3）楼面梁与抗震墙平面外连接时，不宜支承在洞口连梁上；沿梁轴线方向宜设置与梁连接的抗震墙，梁的纵筋应锚固在墙内；也可在支承梁的位置设置扶壁柱或暗柱，并应按计算确定其截面尺寸和配筋。

（4）框架-抗震墙结构的其他抗震构造措施，应符合本节框架及抗震墙的有关要求。

三、其他一些补充规定

其他一些补充规定详见《高层混凝土规程》的有关章节。

习　题

17-10-1　三水准抗震设防标准中的“小震”是指（　　）。

A. 6度以下的地震

B. 设计基准期内，超越概率大于63.2%的地震

C. 设计基准期内，超越概率大于10%的地震

D. 6度和7度的地震

17-10-2　设计计算时，地震作用的大小与下列（　　）因素有关。

①建筑物的质量；②设防烈度；③建筑物本身的动力特性；④地震的持续时间。

A. ①③④　　B. ①②④　　C. ①②③　　D. ①②③④

17-10-3　《抗震规范》规定框架-抗震墙结构抗震墙的厚度不应小于（　　）。

A. 100mm　　B. 120mm　　C. 140mm　　D. 160mm

17-10-4　抗震等级为二级的框架结构，一般情况下，柱的轴压比限值为（　　）。

A. 0.65　　B. 0.9　　C. 0.75　　D. 0.85

17-10-5　高度为24m的框架结构，抗震设防烈度为8度时，防震缝的最小宽度为（　　）。

A. 100mm　　B. 160mm　　C. 120mm　　D. 140mm

第十一节　钢结构钢材性能

一、基本性能

（一）钢材的两种破坏形式

当钢材的应力超过其屈服应力，发生很大塑性变形后的破坏，称之为塑性破坏；钢材在没有明显塑性变形情况下发生的破坏，称之为脆性破坏。钢材虽然有较好的塑性，但在某一特定使用条件下，也可能发生脆性破坏。在设计、施工和使用中，应注意防止发生脆性破坏。

（二）钢材的主要机械性能

钢材的主要机械性能指标有抗拉强度、屈服强度、伸长率、冷弯性能和冲击韧性五项。前三项指标由标准拉伸试验确定，后两项指标分别由冷弯试验和冲击试验确定。钢材的机械性能指标详见有关钢结构参考用书。

抗拉强度是钢材断裂前的最大强度，表示钢材屈服后安全储备的大小。屈服强度是确定钢材强度标准值的依据。伸长率和冷弯性能是反映钢材塑性变形大小及冷加工时对出现裂缝的抵抗能力。冲击韧性是反映钢材在冲击荷载和三轴应力下抵抗脆性破坏的能力。

二、影响钢材机械性能的因素

（一）化学成分的影响

碳素钢材主要由纯铁及很少量的碳、硅、锰、硫、磷、氮、氧等元素组成。其中纯铁占 99%，其余成分占 1%。

随着含碳量的增加，钢材的强度提高，但塑性、冷弯性能、韧性、可焊性变差。钢结构用钢的含碳量一般不大于 0.22%，对焊接结构不宜大于 0.2%。硫、磷、氮、氧是对钢材性能有害的元素，硫、氧将使钢材发生热脆，磷、氮将使钢材发生冷脆，这些元素都将使钢材塑性、韧性、冷弯性能变差，在炼钢时都应严格加以限制。适当增加硅、锰、钒等元素的含量对钢材的性能会产生有利影响，但其含量通常不超过 3%，称之为低合金钢。

（二）冶金缺陷、冶炼和轧制过程的影响

常见的冶金缺陷有偏析、非金属夹杂、裂纹和分层。沸腾钢偏析元素硫和磷要比镇静钢严重。偏析将使钢材的塑性、冲击韧性、冷弯性能、可焊性变差；非金属夹杂、裂缝和分层都将使钢材抵抗塑性破坏的能力降低。

我国结构用钢的冶炼方法有碱性平炉炼钢法、顶吹氧气转炉炼钢法和侧吹碱性转炉炼钢法。这三种方法冶炼的钢材其抗拉强度、屈服强度、伸长率和冷弯性能比较接近，但冲击韧性有明显差别。其中侧吹碱性转炉钢有害元素的含量较高，性能相对较差。

根据脱氧的程度不同，钢材可分为沸腾钢、镇静钢、半镇静钢和特殊镇静钢。脱氧程度取决于脱氧剂量和种类。这几种钢所用的脱氧剂量和种类有所不同，因此对钢材性能有影响。镇静钢用锰和适量硅脱氧，脱氧程度取决于硅含量；沸腾钢采用锰脱氧，两者相比，前者比后者机械性能及可焊性好，但成本高、成品率较低、表面质量较差。

钢材的轧制不仅改变钢材的形状与尺寸，也改变了钢材的内部组织与性能。它使钢材的强度提高，但塑性和韧性降低。因此同一钢材按轧制的厚度或直径分成若干组，取不同的强度设计值。

（三）钢材硬化的影响

1. 时效硬化

时效硬化指随着时间的延长，钢材的强度提高、塑性和韧性降低的现象。

2. 应变硬化

应变硬化指钢材冷加工产生塑性变形后，屈服强度提高、塑性和韧性降低的现象。

3. 应变时效

应变时效指应变硬化和时效硬化的复合作用。

钢材经过硬化后会变脆，常成为裂缝产生的原因。普通钢结构不利用硬化现象所提高的强度，对承受动力荷载作用的重要结构，还应将冷作硬化的边缘部分除去。

（四）温度的影响

当温度升高，开始时的钢材强度和弹性模量基本不变，塑性的变化也不大。当$t \geqslant 160$℃时，随着t的增加钢材的强度略有下降，塑性增加。当温度$t \approx 250$℃时，钢材的抗拉强度提高而塑性和冲击韧性下降，这种现象称为“蓝脆现象”（表面氧化膜呈现蓝色），应避免钢材在蓝脆温度范围内进行热加工。当温度超过300℃以后，屈服点和极限强度显著下降，达到600℃时强度几乎等于零。

当钢材的温度从常温下降时，其强度略有提高而塑性和冲击韧性有所下降（变脆）。特别是当温度下降到某一数值时，钢材的冲击韧性突然急剧下降，试件断口属于脆性破坏，这种现象称为低温冷脆现象。因此在低温工作的结构（$t < -20$℃），特别是低温下承受动力荷载时，应保证负温（-20℃或-40℃）冲击韧性合格。

（五）应力集中的影响

当构件内部存在构造缺陷或截面急剧改变时都将产生应力集中。应力集中将使钢材抗拉强度提高，屈服点变得不明显，塑性变小变脆，是造成构件脆断的主要原因之一。设计和加工时应避免截面陡变、产生刻槽等缺陷，表面应尽可能光滑。

（六）复杂应力作用下的影响

根据材料力学能量强度理论，在复杂应力作用下，当钢材的折算应力$\sigma_{\mathrm{eq}} < f_{\mathrm{y}}$时，钢材处于弹性状态；当$\sigma_{\mathrm{eq}} \geqslant f_{\mathrm{y}}$时，钢材进入塑性状态。其折算应力按式（17-11-1）计算

$$\sigma_{\mathrm{eq}} = \sqrt{\frac{1}{2}[(\sigma_1 - \sigma_2)^2 + (\sigma_2 - \sigma_3)^2 + (\sigma_3 - \sigma_1)^2]} \qquad (17-11-1)$$

很明显，当三个主应力σ_1、σ_2、σ_3同号且相差不大时，即使$|\sigma_1| > f_{\mathrm{y}}$、$|\sigma_2| > f_{\mathrm{y}}$、$|\sigma_3| > f_{\mathrm{y}}$时，也很难使$\sigma_{\mathrm{eq}} \geqslant f_{\mathrm{y}}$（进入塑性状态），至破坏时塑性变形不明显，呈脆性破坏特征。钢材破坏状态与三个主应力的大小与符号有关。

（七）重复荷载作用下的影响

钢材在重复荷载作用下的疲劳强度取决于应力循环中的最大应力值、最大应力与最小应力比值、应力循环次数，以及钢材本身的应力集中，而与钢材的静力强度关系不大。

三、结构钢种类

在钢结构设计文件中，应注明采用的钢材牌号（包括质量等级、脱氧方法、供货条件等）、连接材料的型号（或钢号）和对钢材所要求的力学性能、化学成分及其他的附加保证项目。

（1）普通碳素钢按规定应保证的条件分为甲类钢、乙类钢、特类钢三类，建筑结构常用甲类钢材。

甲类钢——按机械性能供应的钢。

乙类钢——按化学成分供应的钢。

特类钢——按机械性能与化学成分供应的钢。

（2）普通碳素钢，按炼钢炉种类分为平炉钢、氧气转炉钢、空气转炉钢。

（3）普通碳素钢，按脱氧程度分为沸腾钢、镇静钢、半镇静钢。

（4）低合金高强度钢是加入适量硅、锰、钒等元素，使钢材的力学性能提高。常用的钢号有Q355、Q390、Q420和Q460。

【例 17-11-1】建筑钢结构经常采用的钢材牌号是 Q355，其中 355 表示的是：

A. 抗拉强度　　　　B. 弹性模量

C. 屈服强度　　　　D. 合金含量

解　钢材牌号 Q355，Q 表示屈服强度，355 表示屈服强度为 355N/mm^2。

答案：C

四、钢材的选用

为保证承重结构的承载能力和防止在一定条件下出现脆性破坏，应根据结构的重要性、荷载特征、结构形式、应力状态、连接方法、钢材厚度和工作环境等因素综合考虑，选用合适的钢材牌号和材性。

钢材宜采用 Q235、Q355、Q390、Q420、Q460 和 Q355GJ 钢，其质量应分别符合现行国家标准《碳素结构钢》（GB/T 700）、《低合金高强度结构钢》（GB/T 1591）和《建筑结构用钢板》（GB/T 19879）的规定。

承重结构所用的钢材应具有屈服强度、抗拉强度、断后伸长率和硫、磷含量的合格保证，对焊接结构尚应具有碳当量的合格保证。

焊接承重结构以及重要的非焊接承重结构采用的钢材应具有冷弯试验的合格保证，对直接承受动力荷载或需验算疲劳的构件所用钢材尚应具有冲击韧性的合格保证。

钢材质量等级应符合下列规定：

（1）A 级钢仅可用于结构工作温度高于 0℃的不需要验算疲劳的结构，且 Q235A 钢不宜用于焊接结构。

（2）需验算疲劳的焊接结构用钢材应符合下列规定：

①当工作温度$t > 0$℃时，其质量等级不应低于 B 级；

②当工作温度0℃$\geqslant t > -20$℃时，Q235、Q355 钢的质量等级不应低于 C 级，Q390、Q420 及 Q460 钢的质量等级不应低于 D 级；

③当工作温度$t \leqslant -20$℃时，Q235 钢和 Q355 钢的质量等级不应低于 D 级，Q390 钢、Q420 钢、Q460 钢的质量等级应选用 E 级。

（3）需验算疲劳的非焊接结构，其钢材质量等级要求可较上述焊接结构降低一级但不应低于 B 级。吊车起重量不小于 50t 的中级工作制吊车梁，其质量等级要求应与需要验算疲劳的构件相同。

工作温度$t \leqslant -20$℃的受拉构件及承重构件的受拉板材应符合下列规定：

（1）所用钢材厚度或直径不宜大于 40mm，其质量等级不宜低于 C 级；

（2）当钢材厚度或直径不小于 40mm 时，其质量等级不宜低于 D 级。

【例 17-11-2】结构钢材牌号 Q355C 和 Q355D 的主要区别在于：

A. 抗拉强度不同　　　　B. 冲击韧性不同

C. 含碳量不同　　　　D. 冷弯角不同

解　钢材牌号最后的字母代表冲击韧性合格保证，其中 A 级为不要求 V 型冲击试验，B 级为具有常温冲击韧性合格保证。对于 Q235 和 Q355 钢，C 级为具有 0℃（工作温度-20℃$< t \leqslant 0$℃）冲击韧性合格保证，D 级为具有-20℃（工作温度$t \leqslant -20$℃）冲击韧性合格保证，B 选项正确。

答案：B

【例 17-11-3】 结构钢材的主要力学性能指标包括：

A. 屈服强度、抗拉强度和伸长率

B. 可焊性和耐候性

C. 碳、硫和磷含量

D. 冲击韧性和屈强比

解　钢材的主要力学指标包括屈服强度、抗拉强度、伸长率和冷弯性能。对于低温条件下的结构钢材，还应有冲击韧性的合格保证。

答案： A

五、钢材强度设计值的折减

计算下列情况的结构构件或连接时，强度设计值应乘以相应的折减系数。

（1）单面连接的单角钢：

①按轴心受力计算强度和连接　　0.85

②按轴心受压计算稳定性

等边角钢　　$0.6+0.0015\lambda$，但不大于 1.0

短边相连的不等边角钢　　$0.6+0.0025\lambda$，但不大于 1.0

长边相连的不等边角钢　　0.70

λ为长细比，对中间无连系的单角钢压杆，应按最小回转半径计算。当$\lambda < 20$时，取$\lambda = 20$。

（2）无垫板的单面施焊对接焊缝　　0.85

（3）施工条件较差的高空安装焊缝和铆钉连接　　0.90

（4）沉头和半沉头铆钉连接　　0.80

注：当几种情况同时存在时，其折减系数应连乘。

习　题

17-11-1　钢结构一般不会因偶然超载或局部超载而突然断裂，这是由于钢材具有（　　）。

A. 良好的塑性　　B. 良好的韧性

C. 均匀的内部组织　　D. 良好的弹性

17-11-2　下面四种因素中，（　　）对钢材的疲劳强度影响不显著。

A. 应力集中的程度　　B. 应力循环次数

C. 钢材强度　　D. 最大最小应力的比值

17-11-3　起重量为 75t 的中级工作制吊车梁（焊接），处于−20℃的露天料场，应采用的钢号为（　　）。

A. Q235-A.F　　B. Q235-B.b

C. Q235-C　　D. Q235-D

17-11-4　焊接残余应力对构件的（　　）无影响。

A. 变形　　B. 静力强度

C. 疲劳强度　　D. 整体稳定性

第十二节　钢结构基本构件

一、轴心受力构件

（一）轴心受拉构件

1. 强度计算

轴心受拉构件的强度（除摩擦型高强度螺栓连接处外）应按下式计算

毛截面屈服：

$$\sigma=\frac{N}{A}\leqslant f \tag{17-12-1}$$

净截面断裂

$$\sigma=\frac{N}{A_n}\leqslant 0.7f_u \tag{17-12-2}$$

式中：N—所计算截面处的拉力设计值；

f—钢材的抗拉强度设计值；

A—构件的毛截面面积；

A_n—构件的净截面面积，当构件多个截面有孔时，取最不利的截面；

f_u—钢材的抗拉强度最小值。

【例 17-12-1】 设计螺栓连接的槽钢柱间支撑时，应计算支撑构件的：

A. 净截面惯性矩

B. 净截面面积

C. 净截面扭转惯性矩

D. 净截面扇性惯性矩

解　支撑杆件一般按受拉设计，根据《钢结构设计标准》（GB 50017—2017）（以下简称《钢结构标准》）第 7.1.1 条第 1 款，轴心受拉构件的截面强度应计算毛截面屈服强度$\sigma=N/A\leqslant f$和净截面断裂强度$\sigma=N/A_n\leqslant 0.7f_u$（其中，$f_u$指钢材的抗拉强度最小值）。

答案：B

2. 刚度验算

为防止制作、运输安装和使用中出现刚度不足现象，对于桁架、支撑等受拉构件应按下式验算其长细比

$$\lambda_{max}=\left(\frac{l_0}{i}\right)_{max}\leqslant[\lambda] \tag{17-12-3}$$

式中：λ_{max}—两个主轴方向长细比的较大值；

$[\lambda]$—构件的容许长细比，《钢结构标准》规定的受压、受拉构件的容许长细比见表 17-12-1 和表 17-12-2。

受压构件的长细比容许值 表 17-12-1

构件名称	容许长细比
轴心受压柱、桁架和天窗架中的压杆	150
柱的缀条、吊车梁或吊车桁架以下的柱间支撑	150
支撑	200
用以减小受压构件计算长度的杆件	200

注：1.当杆件内力设计值不大于承载能力的50%时，容许长细比值可取200。

2.计算单角钢受压构件的长细比时，应采用角钢的最小回转半径，但计算在交叉点相互连接的交叉杆件平面外的长细比时，可采用与角钢肢边平行轴的回转半径。

3.跨度等于或大于60m的桁架，其受压弦杆、端压杆和直接承受动力荷载的受压腹杆的长细比不宜大于120。

4.验算容许长细比时，可不考虑扭转效应。

受拉构件的容许长细比 表 17-12-2

构件名称	承受静力荷载或间接承受动力荷载的结构			直接承受动力荷载的结构
	一般建筑结构	对腹杆提供平面外支点的弦杆	有重级工作制起重机的厂房	
桁架的构件	350	250	250	250
吊车梁或吊车桁架以下柱间支撑	300	—	200	—
除张紧的圆钢外的其他拉杆、支撑、系杆等	400	—	350	—

注：1.除对腹杆提供平面外支点的弦杆外，承受静力荷载的结构受拉构件，可仅计算竖向平面内的长细比。

2.在直接或间接承受动力荷载的结构中，计算单角钢受拉构件的长细比时，应采用角钢的最小回转半径，但计算在交叉点相互连接的交叉杆件平面外的长细比时，可采用与角钢肢边平行轴的回转半径。

3.中、重级工作制吊车桁架下弦杆的长细比不宜超过200。

4.在设有夹钳或刚性料耙等硬钩起重机的厂房中，支撑的长细比不宜超过300。

5.受拉构件在永久荷载与风荷载组合作用下受压时，其长细比不宜超过250。

6.跨度等于或大于60m的桁架，其受拉弦杆和腹杆的长细比，承受静力荷载或间接承受动力荷载时不宜超过300，直接承受动力荷载时，不宜超过250。

7.柱间支撑按拉杆设计时，竖向荷载作用下柱子的轴力应按无支撑时考虑。

【例 17-12-2】设计钢结构圆管截面支撑压杆时，需要计算构件的：

A. 挠度　　B. 弯扭稳定性　　C. 长细比　　D. 扭转稳定性

解 根据《钢结构标准》第7.4.6条表7.4.6，受压的支撑构件，其容许长细比为200。

答案：C

（二）轴心受压构件

1.实腹式

（1）强度计算

实腹式轴心受压构件的强度（除摩擦型高强度螺栓连接处外）应按式（17-12-1）、式（17-12-2）计算。

（2）稳定性计算

轴心受压构件尚应按下式计算其稳定性

$$\sigma = \frac{N}{\varphi Af} \leqslant 1.0 \tag{17-12-4}$$

式中：N—轴心压力设计值；

A—构件的毛截面面积；

φ—轴心受压构件的稳定系数（取截面两主轴稳定系数的较小者），应根据构件的长细比、钢材屈服强度和截面分类（截面分为 a、b、c 和 d 类），按《钢结构标准》附录 D 采用。

（3）抗剪计算

轴心受压构件所承受的剪力由下式计算

$$V \leqslant \frac{Af}{85\varepsilon_k} \tag{17-12-5}$$

$$\varepsilon_k = \sqrt{235/f_y}$$

并认为剪力设计值沿构件全长不变。对实腹式轴心受压构件一般可不进行抗剪计算。对格构式轴心受压构件，剪力V应由承受该剪力的缀材面（包括整体连接板的面）分担。

（4）局部稳定验算

板件的局部失稳不能先于构件的整体失稳。要保证构件的局部稳定性，必须控制板件的宽厚比。为此《钢结构标准》规定，在轴心受压构件中，翼缘板自由外伸宽度b与其厚度t_f之比，应符合下列要求

$$\frac{b}{t_f} \leqslant (10 + 0.1\lambda)\varepsilon_k \tag{17-12-6}$$

在工字形及 H 形截面的轴心受压构件中，腹板计算高度h_0与其厚度t_w之比，应符合下列要求

$$\frac{h_0}{t_w} \leqslant (25 + 0.5\lambda)\varepsilon_k \tag{17-12-7}$$

式中：λ—构件两个方向长细比的较大值，当$\lambda < 30$时，取$\lambda = 30$，当$\lambda > 100$时，取$\lambda = 100$。

2. 格构式

（1）格构式构件分类

格构式构件分为缀板式构件和缀条式构件。

（2）格构式构件与实腹式构件在设计上的主要区别

①格构式构件绕虚轴的整体稳定性必须考虑剪切变形的影响（应满足换算长细比限值）；

②除验算整体稳定性外，还应验算格构式构件的分肢的稳定性（应满足分肢长细比限值）；

③对格构式构件的缀材应进行计算。

【例 17-12-3】 钢结构轴心受拉构件的刚度设计指标是：

A. 荷载标准值产生的轴向变形　　B. 荷载标准值产生的挠度

C. 构件的长细比　　D. 构件的自振频率

解 钢结构轴心受拉构件的轴向变形一般不需要计算，选项 A 错误。荷载标准值下产生的挠度为受弯构件的一个刚度设计指标，选项 B 错误。自振频率为构件的固有动态参数，选项 D 错误。钢结构轴心受拉构件除了应进行强度计算外，还应进行刚度验算，对不同的受拉构件，《钢结构标准》规定了构件的容许长细比来满足刚度要求。

答案：C

【例 17-12-4】轴心受压钢构件常见的整体失稳模态是：

A. 弯曲失稳　　B. 扭转失稳

C. 弯扭失稳　　D. 以上三个都是

解 轴心受压构件整体失稳的破坏形式与截面形式有关。一般情况下，双轴对称截面，如工字形截面、H 形截面在失稳时只出现弯曲变形，称为弯曲失稳。单轴对称截面，如不对称工字形截面、T 形截面等在绕非对称轴失稳时是弯曲失稳，而绕对称轴失稳时，不仅出现弯曲变形还有扭转变形，称为弯扭失稳。对于十字形截面和 Z 形截面，除出现弯曲失稳外，还可能出现只有扭转变形的扭转失稳。

答案：D

二、受弯构件（梁）

（一）型钢梁

1. 强度计算

（1）抗弯强度

在主平面内受弯的实腹构件，其抗弯强度应按下式计算

$$\frac{M_x}{\gamma_x W_{nx}}+\frac{M_y}{\gamma_y W_{ny}}\leqslant f \tag{17-12-8}$$

式中：M_x、M_y—分别为同一截面处绕x轴和y轴的弯矩（对工字形截面，x轴为强轴，y轴为弱轴）；

W_{nx}、W_{ny}—分别为对x轴、y轴的净截面模量；

γ_x、γ_y—分别为沿x轴、y轴的截面塑性发展系数，对工字形截面，$\gamma_x=1.05$，$\gamma_y=1.20$，对箱形截面$\gamma_x=\gamma_y=1.05$，对其他截面，可按《钢结构标准》表 8.1.1 采用，需要计算疲劳的梁宜取$\gamma_x=\gamma_y=1.0$。

（2）抗剪强度

$$\tau=\frac{VS}{It_w}\leqslant f_v \tag{17-12-9}$$

式中：V—计算截面沿腹板平面作用的剪力；

S—计算剪应力处以上（或以下）毛截面对中和轴的面积矩；

I—毛截面惯性矩；

t_w—腹板厚度；

f_v—钢材的抗剪强度设计值。

（3）局部抗压强度

当梁上翼缘作用有沿腹板平面的集中荷载，且该荷载又未设置支承加劲肋时，腹板计算高度上边缘的局部抗压强度按下式计算

$$\sigma_c=\frac{\psi F}{t_w l_z}\leqslant f \tag{17-12-10}$$

式中：F—集中荷载，对动力荷载应考虑动力系数；

ψ—集中荷载增大系数，对重级工作制吊车梁，$\psi=1.35$，对其他梁，$\psi=1.0$；

l_z—集中荷载按 45°扩散在腹板计算高度上边缘的假定分布长度，其值应根据支座具体尺寸确定。

【例 17-12-5】设计一悬臂钢架如图所示，最合理的截面形式是：

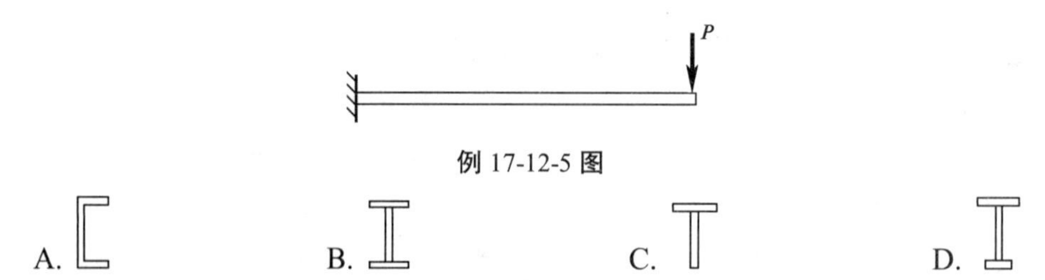

例 17-12-5 图

解　根据悬臂梁的受力特点可知，上翼缘承受拉应力，下翼缘承受压应力，钢材的抗拉、抗压强度相同，当不考虑构件的稳定性时，应选择上、下翼缘面积相同，双轴对称的工字形截面。

答案： B

2. 整体稳定计算

（1）当铺板密铺在梁的受压翼缘上并与其牢固相连，能阻止梁受压翼缘的侧向位移时，可不计算梁的整体稳定性。

（2）当箱形截面简支梁满足第（1）项要求或其截面尺寸满足$h/b_0 \leqslant 6$，$l_1/b_0 \leqslant 95\varepsilon_k^2$时，可不计算整体稳定性。其中，$h$为梁高，$b_0$为两腹板间的距离，$l_1$为受压翼缘侧向支承点间的距离（梁的支座处视为有侧向支承）。

当不满足以上情况时，在最大刚度主平面内受弯的构件，其整体稳定性应按下式计算

$$\frac{M_x}{\varphi_b W_x f} \leqslant 1.0 \tag{17-12-11}$$

在两个主平面内受弯的 H 型钢截面或工字形截面构件，其整体稳定性应按下式计算

$$\frac{M_x}{\varphi_b W_x f} + \frac{M_y}{\gamma_y W_y f} \leqslant 1.0 \tag{17-12-12}$$

上述式中：M_x、M_y—分别为绕强轴（x轴）、弱轴（y轴）作用的最大弯矩；

W_x、W_y—分别为按受压纤维确定的对x轴、y轴的毛截面模量；

φ_b—绕强轴弯曲所确定的梁整体稳定系数（$\varphi_b > 0.6$时应修正）。

3. 挠度验算

$$f_{max} \leqslant [f] \tag{17-12-13}$$

式中：f_{max}—按全部荷载标准值计算的梁最大挠度值；

$[f]$—受弯构件挠度容许值，按《钢结构标准》附录 B 采用。

（二）组合梁

组合梁的强度、刚度及整体稳定性验算公式与型钢梁相同，但应注意翼缘与腹板的局部稳定。根据翼缘失稳不先于构件破坏的原则，按弹性设计时（$\gamma_x = 1.0$），梁受压翼缘自由外伸宽度b与其厚度t之比，应符合下式要求

$$\frac{b}{t} \leqslant 15\varepsilon_k \tag{17-12-14}$$

当考虑截面部分塑性发展时，为保证局部稳定，翼缘宽厚比限值应减小，即须满足

$$\frac{b}{t} \leqslant 13\varepsilon_k \tag{17-12-15}$$

为了提高腹板的局部稳定性，可增加腹板的厚度或配置合适的加劲肋，后一措施比增加腹板的厚度更经济。防止梁的腹板剪切失稳、弯曲失稳和在局部压应力作用下失稳的有效措施分别是配置横向加劲肋、纵向加劲肋和短加劲肋。根据板的稳定理论，可以确定腹板不失稳时的高厚比要求。当$h_0/t_w \leqslant 80\varepsilon_k$时，腹板不会发生剪切失稳，一般不配置加劲肋；当$80\varepsilon_k < h_0/t_w \leqslant 170\varepsilon_k$时，腹板会发生剪切失稳但

不会发生弯曲失稳，应配置横向加劲肋；当$h_0/t_w > 170\varepsilon_k$时，腹板会发生剪切失稳和弯曲失稳，应配置横向加劲肋和在受压区配置纵向加劲肋，必要时尚应在受压区配置短加劲肋。加劲肋的间距和截面尺寸应按《钢结构标准》的规定计算确定。

三、拉弯和压弯构件

（一）拉弯构件

1. 强度计算

弯矩作用在主平面内的拉弯构件，其强度应按下式计算

$$\frac{N}{A_n} \pm \frac{M_x}{\gamma_x W_{nx}} \pm \frac{M_y}{\gamma_y W_{ny}} \leqslant f \tag{17-12-16}$$

需要验算疲劳的拉弯构件，宜取$\gamma_x = \gamma_y = 1.0$。

2. 刚度验算

当M_x很大时，同受弯构件应验算挠度；当M_x不很大时，可按公式（17-12-3）控制其最大长细比。

3. 局部稳定性验算

对型钢截面不必验算局部稳定性，但对组合截面的受压翼缘，则应按式（17-12-14）和式（17-12-15）控制宽厚比。

（二）实腹式压弯构件

1. 强度计算、刚度验算

与拉弯构件相同，按式（17-12-16）计算强度，但当受压翼缘的自由外伸宽度与其厚度之比大于$13\varepsilon_k$而不超过$15\varepsilon_k$时，应取$\gamma_x = 1.0$。需要验算疲劳的压弯构件，宜取$\gamma_x = \gamma_y = 1.0$。

刚度验算与轴心受压构件相同，即控制长细比。

2. 整体稳定性计算

（1）弯矩作用平面内的稳定性

$$\frac{N}{\varphi_x A f} + \frac{\beta_{mx} M_x}{\gamma_x W_{1x}\left(1 - 0.8\dfrac{N}{N'_{Ex}}\right) f} \leqslant 1.0 \tag{17-12-17}$$

对于单轴对称截面，当弯矩作用在对称平面内且使较大翼缘受压时，可能在较小翼缘一侧受拉破坏。此时，除应按上式计算外，尚应按下式计算

$$\left|\frac{N}{Af} - \frac{\beta_{mx} M_x}{\gamma_x W_{2x}\left(1 - 1.25\dfrac{N}{N'_{Ex}}\right) f}\right| \leqslant 1.0 \tag{17-12-18}$$

（2）弯矩作用平面外的稳定性

$$\frac{N}{\varphi_y A f} + \eta \frac{\beta_{tx} M_x}{\varphi_b W_{1x} f} \leqslant 1.0 \tag{17-12-19}$$

上述式中：N、M_x—分别为所计算构件范围内的轴心压力设计值和最大弯矩设计值；

N'_{Ex}—参数，$N'_{Ex} = \pi^2 EA/(1.1\lambda_x^2)$；

φ_x、φ_y—分别为弯矩作用平面内和平面外的轴心受压稳定系数；

φ_b—均匀弯曲受弯构件的整体稳定系数；

W_{1x}—在弯矩作用平面内对受压最大纤维的毛截面模量；

W_{2x}—对无翼缘端的毛截面模量；

β_{mx}、β_{tx}—等效弯矩系数；

η—截面影响系数，对闭口截面，$\eta = 0.7$，对其他截面，$\eta = 1.0$。

等效弯矩系数β_{mx}应按下列规定采用：

（1）无侧移框架柱和两端支承的构件

①无横向荷载作用时，β_{mx}应按下式计算：

$$\beta_{mx} = 0.6 + 0.4M_2/M_1 \tag{17-12-20}$$

式中：M_1、M_2—端弯矩（N·mm），构件无反弯点时取同号，构件有反弯点时取异号，$|M_1| \geqslant |M_2|$。

②无端弯矩但有横向荷载作用时，β_{mx}应按下列公式计算：

跨中单个集中荷载：

$$\beta_{mx} = 1 - 0.36N/N_{cr} \tag{17-12-21}$$

全跨均布荷载：

$$\beta_{mx} = 1 - 0.18N/N_{cr} \tag{17-12-22}$$

$$N_{cr} = \pi^2 EI/(\mu l)^2 \tag{17-12-23}$$

式中：N_{cr}—弹性临界力（N）；

μ—构件的计算长度系数。

③端弯矩和横向荷载同时作用时，式（17-12-17）的$\beta_{mx}M_x$应按下式计算：

$$\beta_{mx}M_x = \beta_{mqx}M_{qx} + \beta_{m1x}M_1 \tag{17-12-24}$$

式中：M_{qx}—横向均布荷载产生的弯矩最大值（N·mm）；

M_1—跨中单个横向集中荷载产生的弯矩（N·mm）；

β_{m1x}—取式（17-12-20）计算的等效弯矩系数；

β_{mqx}—取式（17-12-21）或式（17-12-22）计算的等效弯矩系数。

（2）有侧移框架柱和悬臂构件

①有横向荷载的柱脚铰接的单层框架柱和多层框架的底柱，$\beta_{mx} = 1.0$。

②除①情况之外的框架柱，β_{mx}应按式（17-12-21）计算。

③自由端作用有弯矩的悬臂柱，β_{mx}应按下式计算：

$$\beta_{mx} = 1 - 0.36(1 - \mathrm{m})N/N_{cr} \tag{17-12-25}$$

式中：m—自由端弯矩与固定端弯矩之比，当弯矩图无反弯点时取正号，有反弯点时取负号。

等效弯矩系数β_{tx}应按下列规定采用：

（1）在弯矩作用平面外有支承的构件，应根据两相邻支承间构件段内的荷载和内力情况确定。

①无横向荷载作用时，β_{tx}应按下式计算：

$$\beta_{tx} = 0.6 + 0.35\,M_2/M_1 \tag{17-12-26}$$

②端弯矩和横向荷载同时作用时，β_{tx}应按下列规定取值：

使构件产生同向曲率时：$\beta_{tx} = 1.0$；

使构件产生反向曲率时：$\beta_{tx} = 0.85$。

③无端弯矩有横向荷载作用时，$\beta_{tx} = 1.0$。

（2）弯矩作用平面外为悬臂的构件，$\beta_{tx} = 1.0$。

【例 17-12-6】计算钢结构框架柱弯矩作用平面内稳定性采用的等效弯矩系数β_{mx}是考虑了：

A. 截面应力分布的影响

B. 截面形状的影响

C. 构件弯矩分布的影响

D. 支座约束条件的影响

解　等效弯矩系数β_{mx}是考虑了构件弯矩非均匀分布的影响而引入的系数。

答案： C

3. 局部稳定性验算

实腹压弯构件要求不出现局部失稳者，其腹板高厚比、翼缘宽厚比应符合《钢结构标准》表 3.5.1 规定的压弯构件 S4 级截面要求。工字形和箱形截面压弯构件的腹板高厚比超过规定的压弯构件 S4 级截面要求时，应以有效截面代替实际截面计算构件的承载力。

（三）格构式压弯构件（要点）

1. 强度计算和刚度验算

强度计算、刚度验算与实腹式压弯构件相同，但对虚轴计算时要采用换算长细比。

2. 整体稳定性计算

（1）绕实轴（y轴）弯曲时，与实腹式压弯构件相同，弯矩作用平面内和平面外的整体稳定性分别按式（17-12-17）和式（17-12-19）计算。但应注意此时弯矩作用平面为x轴所在平面，故应将公式中各符号的下标x换成y，y换成x，式（17-12-17）中绕虚轴（x轴）的轴心受压稳定系数φ_x应由换算长细比λ_{0x}查表而得，φ_b取 1.0。

（2）绕虚轴（x轴）弯曲时，《钢结构标准》采用边缘屈服准则计算弯矩作用平面内的稳定性，即按下式计算

$$\frac{N}{\varphi_x A f}+\frac{\beta_{mx}M_x}{W_{1x}\left(1-\frac{N}{N'_{Ex}}\right)f}\leqslant 1.0 \tag{17-12-28}$$

式中，$W_{1x}=I_x/y_0$，I_x为对x轴的毛截面惯性矩，y_0为由x轴到压力较大分肢的轴线距离或到压力较大分肢腹板外边缘的距离，两者取较大值，φ_x、N'_{Ex}由换算长细比确定。

绕虚轴弯曲时，还应计算分肢的稳定性。可把分肢视作平行弦桁架的弦杆来计算每个分肢的轴力，然后按轴心受压构件计算分肢的整体稳定性。若能保证分肢的整体稳定性，则整个构件在弯矩作用平面外的稳定性也能保证。当分肢为组合截面时，尚需验算分肢的局部稳定性。

3. 缀材计算

计算格构式压弯构件的缀材时，应取构件的实际剪力和按式（17-12-5）计算的剪力两者中的较大值进行计算。

四、疲劳计算

（1）直接承受动力荷载重复作用的结构构件及其连接，当应力变化的循环次数$n\geqslant 5\times 1.0^4$次时，应进行疲劳计算。

（2）重级工作制吊车梁和重级、中级工作制吊车桁架，应进行疲劳计算。

（3）对非焊接的构件和连接，其应力循环中不出现拉应力的部位可不计算疲劳强度。

（4）需要疲劳计算的构件所用钢材应具有冲击韧性的合格保证，钢材质量等级应符合《钢结构标准》的相关规定。

（5）疲劳计算应采用基于名义应力的容许应力幅法，名义应力应按弹性状态计算。容许应力幅按构件和连接类别、应力循环次数以及计算部位的板件厚度确定。

【例 17-12-7】设计起重量为$Q = 100$t 的钢结构焊接工字形截面吊车梁且应力变化的循环次数$n \geqslant 5 \times 10^4$次时，截面塑性发展系数取：

A. 1.05　　B. 1.2

C. 1.15　　D. 1.0

解　《钢结构标准》第 16.1.1 条规定，直接承受动力荷载重复作用的钢结构构件，当应力变化的循环次数$n \geqslant 5 \times 10^4$次时，应进行疲劳计算；第 6.1.2 条第 3 款规定，对需要计算疲劳的梁，其截面塑性发展系数宜取 1.0。

答案：D

五、构造要求

基本构件的构造要求详见《钢结构标准》的有关规定。

习　题

17-12-1　钢结构轴心受压构件的整体稳定性系数φ与下列（　　）因素有关。

A. 构件的截面类别和构件两端的支承情况

B. 构件的截面类别、长细比及构件两个方向的长度

C. 构件的截面类别、长细比和钢材的钢号

D. 构件的截面类别和构件计算长度系数

17-12-2　双轴对称工字形简支梁，有跨中荷载作用于腹板平面内，作用点位于（　　）时，整体稳定性最好。

A. 形心位置　　B. 上翼缘

C. 下翼缘　　D. 形心与上翼缘之间

17-12-3　承受动力荷载的焊接工字形截面简支梁，在验算翼缘局部稳定性时，要求受压翼缘自由外伸宽度b与其厚度t的比满足（　　）。

A. $b/t \leqslant 13\varepsilon_k$　　B. $b/t \leqslant 18\varepsilon_k$

C. $b/t \leqslant 40\varepsilon_k$　　D. $b/t \leqslant 15\varepsilon_k$

17-12-4　配置加劲肋是提高焊接组合梁腹板局部稳定性的有效措施，当$h_0/t_w > 170\varepsilon_k$时，（　　）。

A. 可能发生剪切失稳，应配置横向加劲肋

B. 可能发生弯曲失稳，应配置纵向加劲肋

C. 剪切失稳与弯曲失稳均可能发生，应同时配置横向加劲肋和纵向加劲肋

D. 可能发生剪切失稳，应配置纵向加劲肋

第十三节 钢结构的连接设计计算

钢结构的连接方法有焊缝连接、铆钉连接、普通螺栓连接和高强度螺栓连接。焊接是钢结构的最主要连接方法。

一、焊接连接

焊接方法有电弧焊、气焊、电渣焊和电阻焊等。焊接的形式有平接、搭接、T 形连接和角接四种。焊缝形式主要有对接焊缝和角焊缝。焊缝质量检验一般可用外观检查及无损检验。焊缝质量检验和质量标准分为三级：一级焊缝的检验项目除外观检查与超声波检验外，还需进行X射线检验；二级焊缝的检验项目是外观检查与超声波检验；三级焊缝的检验项目是对全部焊缝作外观检查。钢结构中一般采用三级焊缝，但对较大拉应力的对接焊缝、直接承受动力荷载构件的较重要焊缝以及对动力和疲劳性能要求较高的焊缝，应采用不低于二级的焊缝。

（一）对接焊缝

对接焊缝通常有五种截面形式：不剖口的矩形，剖口的 V 形、X 形、U 形和 K 形。这种焊缝的优点是用料经济、传力均匀，没有显著的应力集中。对于承受动力荷载作用的结构采用对接焊缝最为有利。

1. 强度计算

（1）在对接接头和 T 形接头中，垂直于轴心拉力或压力的对接焊缝，其强度按下式计算

$$\sigma=\frac{N}{l_{\mathrm{w}}h_{\mathrm{e}}}\leqslant f_{\mathrm{t}}^{\mathrm{w}}(f_{\mathrm{c}}^{\mathrm{w}}) \tag{17-13-1}$$

（2）在对接接头和 T 形接头中，承受弯矩和剪力共同作用的对接焊缝，其正应力和剪应力应按式（17-13-2）和式（17-13-3）分别进行计算；但在同时受有较大正应力和剪应力处（如梁腹板横向对接焊缝的端部），应按式（17-13-4）计算折算应力

$$\sigma=\frac{M}{W_{\mathrm{f}}}\leqslant f_{\mathrm{t}}^{\mathrm{w}} \tag{17-13-2}$$

$$\tau=\frac{VS_{\mathrm{f}}}{I_{\mathrm{f}}h_{\mathrm{e}}}\leqslant f_{\mathrm{v}}^{\mathrm{w}} \tag{17-13-3}$$

$$\sqrt{\sigma^2+3\tau^2}\leqslant 1.1f_{\mathrm{t}}^{\mathrm{w}} \tag{17-13-4}$$

上述式中： N—轴心拉力或压力设计值；

M—弯矩设计值；

V—剪力设计值；

l_{w}—焊缝长度，当无法采用引弧板和引出板，计算焊缝长度时，应减去 2t（t 为焊件的较小厚度）；

h_{e}—在对接接头中为连接板件的较小厚度，在 T 形接头中为腹板的厚度；

W_{f}—焊缝的截面模量；

I_{f}—焊缝截面惯性矩；

S_{f}—焊缝截面面积矩；

$f_{\mathrm{t}}^{\mathrm{w}}$、$f_{\mathrm{c}}^{\mathrm{w}}$、$f_{\mathrm{v}}^{\mathrm{w}}$—分别为对接焊缝抗拉、抗压和抗剪强度设计值。

（3）当承受轴心力作用的板件用斜焊缝对接，焊缝与作用力间的夹角θ符合$\tan\theta \leqslant 1.5$时，其强度可不计算。

2. 构造要求

（1）对接焊缝的坡口形式，宜根据板厚和施工条件按有关现行国家标准的要求选用。

（2）在对接焊缝的拼接处，当焊件的宽度不同或厚度在一侧相差 4mm 以上时，应分别在宽度方向或厚度方向从一侧或两侧做成坡度不大于 1∶2.5 的斜角；直接承受动力荷载作用且需要进行疲劳验算的结构，斜角坡度不应大于 1∶4。当厚度不同时，焊缝坡口形式应根据较薄焊件厚度要求确定。

（3）承受动力荷载时，严禁采用断续坡口焊缝；除横焊位置以外，不宜采用 L 形和 J 形坡口。对接与角接组合焊缝和 T 形连接的全焊透坡口焊缝应采用角焊缝加强，加强焊脚尺寸不应大于连接部位较薄件厚度的 1/2，但最大值不得超过 10mm。承受动力荷载需经疲劳验算的连接，当拉应力与焊缝轴线垂直时，严禁采用部分焊透对接焊缝。

【例 17-13-1】两块厚度分别为 10mm 和 12mm 的钢板，板宽为 300mm，采用对接焊缝连接，材料为 Q235 钢、无引弧板，承受静态轴心拉力 400kN，则焊缝应力为：

A. 119N/mm^2　　B. 121N/mm^2　　C. 133N/mm^2　　D. 143N/mm^2

解　根据《钢结构标准》第 11.2.1 条，焊缝应力：

$$\sigma = \frac{N}{l_w h_e} = \frac{400 \times 10^3}{(300 - 2 \times 10) \times 10} = 142.9\text{N/mm}^2$$

注：凡要求等强的对接焊缝，施焊时应采用引弧板和引出板，以避免焊缝两端的起、落弧缺陷。当无法采用引弧板和引出板时，计算每条焊缝长度时应减去$2t$（t为焊件的较小厚度）。

答案：D

（二）直角角焊缝

1. 强度计算

（1）在通过焊缝形心的拉力、压力或剪力作用下

正面角焊缝（作用力垂直于焊缝长度方向）的强度按下式计算

$$\sigma_f = \frac{N}{h_e l_w} \leqslant \beta_f f_f^w \tag{17-13-5}$$

侧面角焊缝（作用力平行于焊缝长度方向）的强度按下式计算

$$\tau_f = \frac{N}{h_e l_w} \leqslant f_f^w \tag{17-13-6}$$

（2）在各种力的综合作用下，σ_f和τ_f共同作用处

$$\sqrt{\left(\frac{\sigma_f}{\beta_f}\right)^2 + \tau_f^2} \leqslant f_f^w \tag{17-13-7}$$

上述式中：σ_f—按焊缝有效截面（$h_e l_w$）计算，垂直于焊缝长度方向的应力；

τ_f—按焊缝有效截面计算，沿焊缝长度方向的剪应力；

h_e—角焊缝的计算厚度，当两焊件间隙$b \leqslant 1.5$mm 时，$h_e = 0.7h_f$，当$1.5\text{mm} < b \leqslant 5\text{mm}$时，$h_e = 0.7(h_f - b)$，$h_f$为焊脚尺寸；

l_w—角焊缝的计算长度，对每条焊缝取其实际长度减去 $2h_f$；

f_f^w—角焊缝的强度设计值；

β_f—正面角焊缝的强度设计值增大系数，对承受静力荷载和间接承受动力荷载作用的结构，$\beta_f = 1.22$；对直接承受动力荷载作用的结构，$\beta_f = 1.0$。

2. 构造要求

（1）角焊缝最小焊脚尺寸宜按表 17-13-1 取值，承受动荷载作用的角焊缝焊脚尺寸不宜小于 5mm。

角焊缝最小焊脚尺寸（单位：mm） 表 17-13-1

母材厚度t	$t \leqslant 6$	$6<t \leqslant 12$	$12<t \leqslant 20$	$t>20$
角焊缝最小焊脚尺寸h_f	3	5	6	8

注：1.采用不预热的非低氢焊接方法进行焊接时，t等于焊接连接部位中较厚件厚度，宜采用单道焊缝；采用预热的非低氢焊接方法或低氢焊接方法进行焊接时，t等于焊接连接部位中较薄件厚度；

2.焊缝尺寸h_f不要求超过焊接连接部位中较薄件厚度的情况除外。

（2）断续角焊缝焊段的最小长度不应小于最小计算长度。

（3）角焊缝的最小计算长度应为其焊脚尺寸(h_f)的 8 倍，且不应小于 40mm；焊缝计算长度应为扣除引弧、收弧长度后的焊缝长度。

（4）被焊构件中较薄板厚度不小于 25mm 时，宜采用开局部坡口的角焊缝。

（5）采用角焊缝焊接连接，不宜将厚板焊接到较薄板上。

（6）角焊缝的搭接焊缝连接中，当焊缝计算长度l_w超过 $60h_f$时，焊缝的承载力设计值应乘以折减系数α_f，$\alpha_f = 1.5 - l_w/(120h_f)$，并不小于 0.5。

【例 17-13-2】 焊接 T 形截面构件中，腹板和翼缘相交处的纵向焊接残余应力为：

A. 压应力　　B. 拉应力

C. 剪应力　　D. 零

解 焊接 T 形截面构件，腹板与翼缘用焊缝顶接，翼缘与腹板相交处因焊缝收缩受到两边钢板的阻碍而产生纵向拉应力。

答案：B

二、普通螺栓连接

普通螺栓根据加工精度分为 A、B 和 C 三级。C 级螺栓（粗制螺栓）连接的抗剪性能较差，主要用于受拉安装连接、次要结构或可拆卸结构的受剪连接以及安装时的临时定位连接。

（一）普通螺栓连接计算

普通螺栓连接可分为受剪螺栓连接和受拉螺栓连接。受剪螺栓连接依靠螺杆抗剪和孔壁承压传力，可能发生以下五种破坏形式：螺杆剪断、孔壁挤压破坏、连接板净截面被拉或压破坏、连接板端部剪坏和螺杆受弯破坏。前三种破坏通过计算避免，后两种可通过构造措施避免。

在受拉连接中考虑到可能存在撬力而产生附加拉力，将螺栓的抗拉强度设计值f_t^b取为 80%的钢材抗拉强度设计值f，即$f_t^b = 0.8f$。

受剪或受拉螺栓连接的计算步骤是，先按式（17-13-8）~式（17-13-10）计算单个螺栓承载力设计值，然后对螺栓连接进行内力分析，并使最不利螺栓的内力不大于单个螺栓的承载力设计值。

1. 受剪连接

在普通螺栓的受剪连接中，每个螺栓的承载力设计值应取抗剪和抗压承载力设计值中的较小者：

抗剪承载力设计值

$$N_v^b = n_v \frac{\pi d^2}{4} f_v^b \tag{17-13-8}$$

抗压承载力设计值

$$N_c^b = d\sum t f_c^b \tag{17-13-9}$$

上述式中：n_v—受剪面数目；

d—螺栓杆直径；

$\sum t$—在不同受力方向中一个受力方向承压构件总厚度的较小值；

f_v^b、f_c^b—分别为螺栓的抗剪和抗压强度设计值。

2. 受拉连接

在普通螺栓的受拉连接中，每个螺栓的承载力设计值应按下式计算

$$N_t^b = \frac{\pi d_e^2}{4} f_t^b \tag{17-13-10}$$

式中：d_e—螺栓在螺纹处的有效直径；

f_t^b—螺栓的抗拉强度设计值。

（二）构造要求

（1）A 级螺栓用于$d \leqslant 24$mm和$l \leqslant 10d$或$l \leqslant 150$mm（按较小值）的螺栓，B 级螺栓用于$d > 24$mm和$l > 10d$或$l > 150$mm（按较小值）的螺栓。d为公称直径，l为螺杆公称长度。

（2）A、B 级螺栓孔的精度和孔壁表面粗糙度，C 级螺栓孔的允许偏差和孔壁表面粗糙度，均应符合现行国家标准《钢结构工程施工质量验收规范》（GB 50205）的要求。

（3）每一杆件在节点上以及拼接接头的一端，永久性螺栓数目不宜少于 2 个。对组合构件的缀条，其端部连接可采用 1 个螺栓。

（4）C 级螺栓宜用于沿其杆轴线方向受拉的连接，在下列情况下可用于受剪连接：

①承受静力荷载或间接承受动力荷载作用的结构中的次要连接；

②承受静力荷载作用的可拆卸结构的连接；

③临时固定构件用的安装连接。

（5）对直接承受动力荷载作用的普通螺栓受拉连接，应采用双螺母或其他防止螺母松动的有效措施。

（6）沿杆轴方向受拉的螺栓连接中的端板（法兰板），应适当增强其刚度（如加设加劲肋），以减少撬力对螺栓抗拉承载力的不利影响。

三、高强度螺栓连接

高强度螺栓的连接可分为摩擦型高强度螺栓连接和承压型高强度螺栓连接。前者只靠被连接板件的摩擦力传力，以摩擦力被克服作为承载能力的极限状态；后者起初靠摩擦力传力，摩擦被克服后依靠栓杆抗剪和承压传力，以栓杆剪切或孔壁承压破坏作为受剪的极限状态，并要求在正常使用状态下（取荷载标准值计算）被连接板间不发生滑移。这两种形式的螺栓在受拉时没有区别，在材料、螺栓预拉力和构件摩擦面处理等施工操作技术要求上也完全相同。但承压型高强度螺栓连接的承载能力比摩擦型的高，可节约螺栓，但其连接的剪切变形较大。《钢结构标准》规定，高强度螺栓承压型连接不应用于直接承受动力荷载作用的结构。

（一）高强度螺栓连接计算

1. 摩擦型高强度螺栓

（1）在抗剪连接中，每个高强度螺栓的承载力设计值按下式计算

$$N_{v}^{b}=0.9kn_{f}\mu P \tag{17-13-11}$$

式中：N_{v}^{b}——一个高强度螺栓的抗剪承载力设计值；

k—孔型系数，标准孔取 1.0，大圆孔取 0.85，内力与槽孔长向垂直时取 0.7，内力与槽孔长向平行时取 0.6；

n_{f}—传力摩擦面数目；

μ—摩擦面的抗滑移系数，可按《钢结构标准》表 11.4.2-1 取值；

P——一个高强度螺栓的预拉力设计值，按《钢结构标准》表 11.4.2-2 取值。

（2）在螺栓杆轴方向的受拉连接中，每个高强度螺栓的承载力设计值按下式计算

$$N_{t}^{b}=0.8P \tag{17-13-12}$$

（3）当高强度螺栓同时承受摩擦面间的剪力和螺栓杆轴方向的外拉力时，其承载力应按下式计算

$$\frac{N_{v}}{N_{v}^{b}}+\frac{N_{t}}{N_{t}^{b}}\leqslant 1 \tag{17-13-13}$$

式中：N_{v}、N_{t}—分别为某个高强度螺栓所承受的剪力和拉力；

N_{v}^{b}、N_{t}^{b}—分别为一个高强度螺栓的抗剪、抗拉承载力设计值。

2. 承压型高强度螺栓

（1）在抗剪连接中，每个承压型连接的高强度螺栓的承载力设计值的计算方法与普通螺栓相同；但当剪切面在螺纹处时，其抗剪承载力设计值应按螺纹处的有效面积计算。

（2）在杆轴方向的受拉连接中，每个承压型高强度螺栓的承载力设计值的计算方法与普通螺栓相同。

（3）同时承受剪力和杆轴方向拉力的承压型高强度螺栓，应符合下式的要求

$$\sqrt{\left(\frac{N_{v}}{N_{v}^{b}}\right)^{2}+\left(\frac{N_{t}}{N_{t}^{b}}\right)^{2}}\leqslant 1 \tag{17-13-14}$$

$$N_{v}\leqslant\frac{N_{c}^{b}}{1.2} \tag{17-13-15}$$

式中：N_{c}^{b}——一个高强度螺栓的抗压承载力设计值。

其余符号意义同上。

（二）构造要求

（1）承压型连接的高强度螺栓的预拉力P应与摩擦型连接的高强度螺栓相同。连接处构件接触面应清除油污及浮锈。

（2）高强度螺栓承压型连接采用标准圆孔时，其孔径d_{0}可按《钢结构标准》表 11.5.1 采用。

（3）高强度螺栓摩擦型连接可采用标准孔、大圆孔和槽孔，孔型尺寸可按《钢结构标准》表 11.5.1 采用。采用扩大孔连接时，同一连接面只能在盖板和芯板其中之一的板上采用大圆孔或槽孔，其余仍采用标准孔。

【例 17-13-3】 计算图示高强度螺栓摩擦型连接节点时，假设螺栓 A 所受的拉力为：

A. $Fey_{1}/(5.5y_{1}^{2}+y_{2}^{2})$　　B. $Fey_{1}/(2y_{1}^{2}+2y_{2}^{2})$

C. $F/10$　　D. $F/5$

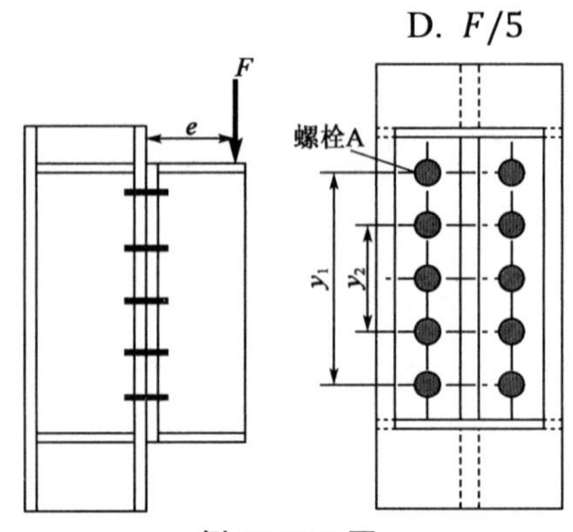

例 17-13-3 图

解 螺栓群的转动中心（形心）为中间一排螺栓，受力为零，形心以上螺栓受拉，形心以下螺栓受压。螺栓受力大小与其到形心的距离成正比，有$\frac{N_1}{y_1/2}=\frac{N_2}{y_2/2}$，则$N_2=\frac{N_1y_2}{y_1}$。

根据弯矩平衡，有$Fe=2N_1y_1+2N_2y_2$

螺栓 A 所受的拉力$N_1=Fey_1/(2y_1^2+2y_2^2)$

答案：B

【例 17-13-4】计算拉力和剪力同时作用的高强度螺栓承压型连接时，螺栓的：

A. 抗剪承载力设计值取$N_v^b=0.9n_f\mu P$　　B. 抗拉承载力设计值取$N_t^b=0.8P$

C. 承压承载力设计值取$N_c^b=d\sum tf_c^b$　　D. 预拉力设计值应进行折减

解 根据《钢结构标准》第 11.4.3 条，承压型连接的高强度螺栓的预拉力P与摩擦型连接相同，抗剪、抗拉和承压承载力设计值的计算方法与普通螺栓相同。选项 A、B 为摩擦型高强度螺栓的计算公式。

答案：C

四、构件间的连接

构件间的连接可以采用焊缝连接、螺栓连接或者栓焊混合连接。连接构造设计的原则是传力明确简洁、安全可靠、构造简单、便于制造与施工。下面仅介绍其连接构造形式，其详细的设计计算详见有关钢结构设计教材。

（一）次梁与主梁的连接

次梁和主梁的连接一般设计成铰接，次梁为简支梁，即主梁只承受次梁的反力而不承受端弯矩。次梁可以叠接于主梁之上（见图 17-13-1）或侧接于主梁的侧面（见图 17-13-2）。当次梁按连续梁设计时，则应有保证连续梁在主梁位置处传递弯矩的构造措施。

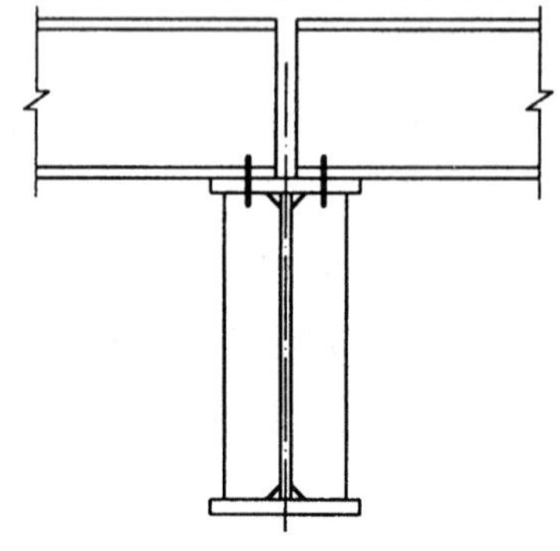

图 17-13-1 次梁叠接于主梁

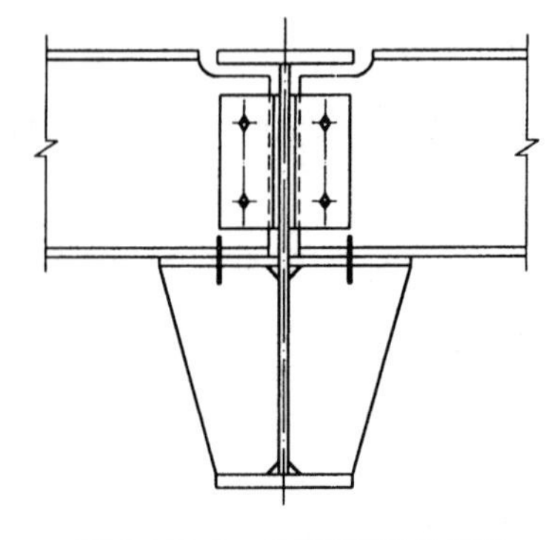

图 17-13-2 次梁侧接于主梁

（二）梁与柱的连接

梁与柱的顶部连接部分称为柱头。梁与轴心受压柱的连接应为铰接，常采用顶接（见图 17-13-3）和侧接（见图 17-13-4）。框架结构的梁柱节点，多数做成刚性连接，其构造要保证将梁端的弯矩和剪力可靠地传递给柱，如图 17-13-5 所示。

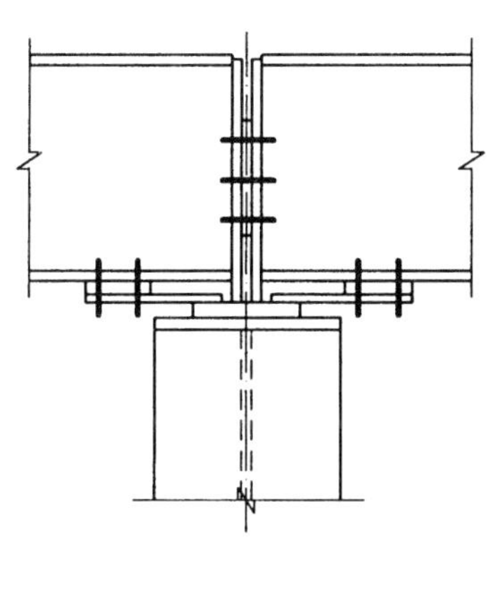

图 17-13-3 梁与柱的顶接

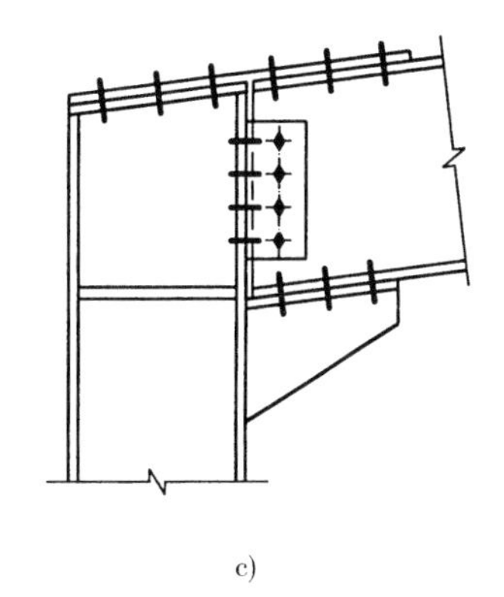

图 17-13-4 梁与柱的侧接

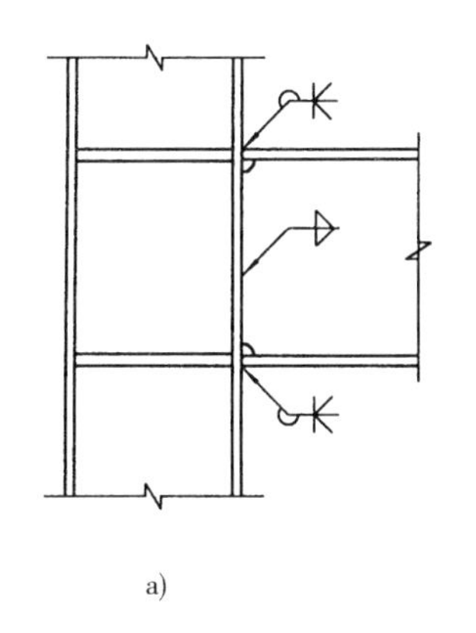

a)

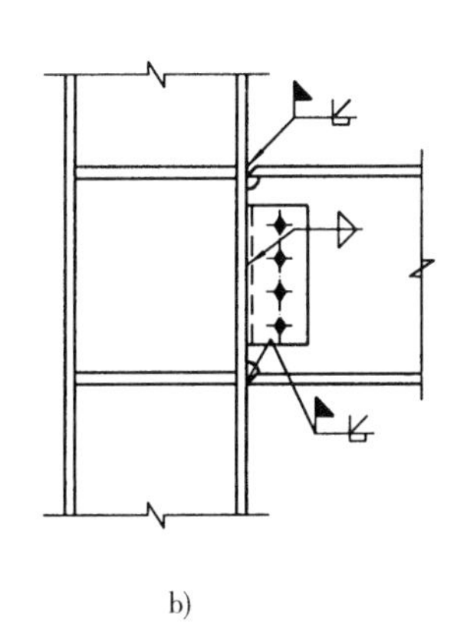

b)

c)

图 17-3-5 框架梁柱连接

【例 17-13-5】 钢框架柱拼接不常用的是：

A. 全部采用坡口焊缝

B. 全部采用高强度螺栓

C. 翼缘用焊缝而腹板用高强度螺栓

D. 翼缘用高强度螺栓而腹板用焊缝

解 框架柱安装拼接接头宜采用高强螺栓和焊接组合节点或全焊缝节点。采用高强度螺栓和焊缝组合节点时，腹板应采用高强度螺栓连接，翼缘板应采用单面 V 形坡口加衬垫全焊透焊缝连接；采用全焊缝节点时，翼缘板应采用单面 V 形坡口加衬垫全焊透焊缝，腹板宜采用 K 形坡口双面部分焊透焊缝。

答案： D

（三）柱脚

柱脚是柱下端与基础相连的部分，分铰接和刚接两种类型。对轴心受压柱多采用铰接柱脚（见图 17-13-6），框架柱多采用刚接柱脚（见图 17-13-7）。对于肢间距离很大的格构柱，可在每个肢的下端设置独立柱脚，组成分离式柱脚。

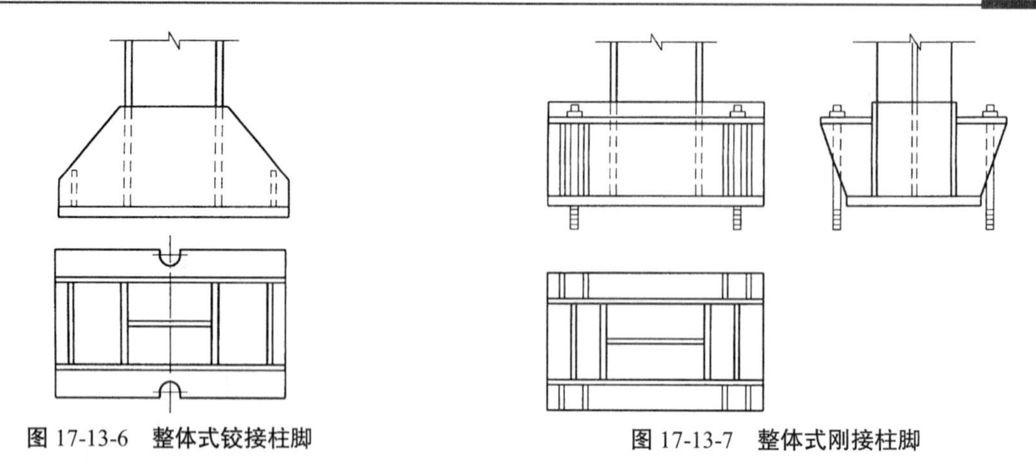

图 17-13-6 整体式铰接柱脚　　　　图 17-13-7 整体式刚接柱脚

习　题

17-13-1 如图所示的拼接，主板为—240 × 12，两块拼板为—180 × 8，采用侧面角焊缝连接，钢材 Q235，焊条 E43 型，角焊缝的强度设计值f_t^w=160MPa，焊脚尺寸h_f=6mm，此焊缝连接可承担的静载拉力设计值为（　　）。

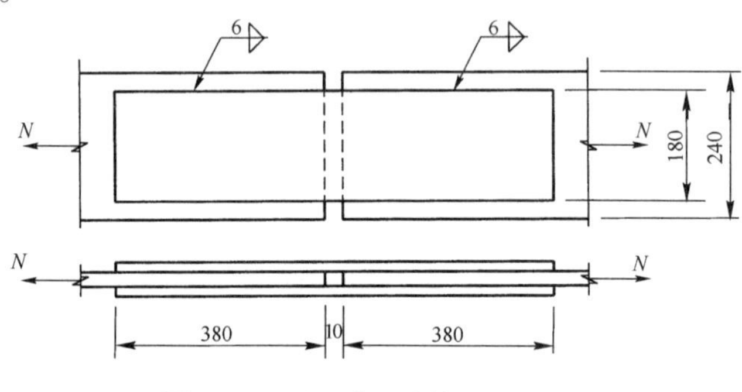

题 17-13-1 图　（尺寸单位：mm）

A. $2 \times 0.7 \times 6 \times 160 \times 380$　　　B. $4 \times 0.7 \times 6 \times 160 \times (380 - 12)$

C. $4 \times 0.7 \times 6 \times 160 \times (60 \times 6 - 12)$　　　D. $0.99 \times 4 \times 0.7 \times 6 \times 160 \times (380 - 12)$

17-13-2 如图所示的拼接，板件分别为—240 × 8和—180 × 8，采用三面角焊缝连接，钢材 Q235，焊条 E43 型，角焊缝的强度设计值f_t^w=160MPa，焊脚尺寸$h_f = 6$mm，此焊缝连接可承担的静载拉力设计值为（　　）。

A. $4 \times 0.7 \times 6 \times 160 \times 300 + 2 \times 0.7 \times 6 \times 160 \times 180$

B. $4 \times 0.7 \times 6 \times 160 \times (300 - 10) + 2 \times 0.7 \times 6 \times 160 \times 180$

C. $4 \times 0.7 \times 6 \times 160 \times (300 - 10) + 1.22 \times 2 \times 0.7 \times 6 \times 160 \times 180$

D. $4 \times 0.7 \times 6 \times 160 \times (300 - 6) + 1.22 \times 2 \times 0.7 \times 6 \times 160 \times 180$

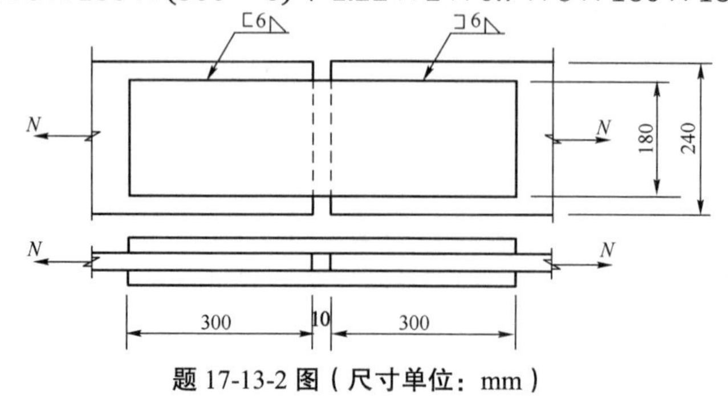

题 17-13-2 图（尺寸单位：mm）

17-13-3 摩擦型与承压型高强度螺栓连接的主要区别是（ ）。

A. 高强度螺栓的材料不同

B. 摩擦面的处理方法不同

C. 施加的预加拉力不同

D. 受剪的承载力不同

17-13-4 在螺栓杆轴方向受拉的连接中，采用摩擦型高强度螺栓或承压型高强度螺栓，承载力设计值（ ）。

A. 后者大于前者　　B. 前者大于后者

C. 相等　　D. 不一定相等

第十四节 钢屋盖结构

一、钢屋盖结构组成

钢屋盖结构分为无檩屋盖和有檩屋盖。无檩屋盖采用尺寸为 1.5m×6.0m 的大型屋面板直接搁置在屋架或天窗架上。有檩屋盖是在屋架或天窗架上设置实腹式型钢檩条或桁架式檩条来支承屋面材料（如波形石棉瓦、瓦楞铁或压型钢板）。

钢屋盖结构一般由屋架、托架、天窗架、檩条（有檩屋盖）、屋面构件（大型屋面板）或其他屋面材料（波形石棉瓦、瓦楞铁、压型钢板）、屋盖支撑系统组成，与第八节的钢筋混凝土屋盖一样，两者区别仅在于组成承重构件的材料不同。

二、钢屋盖布置（详见第八节）

钢屋盖的布置同钢筋混凝土屋盖布置类似，但由于钢屋盖应用的跨度要比钢筋混凝土屋盖大，而且有些用于大吨位重级工作制吊车的厂房，其支撑布置要求严格一些，设计时可查阅有关单层工业厂房结构设计或结构构造设计手册。下面仅就钢屋盖的主要内容加以说明。

（一）屋盖支撑的种类与作用

屋盖支撑通常可分为上弦横向水平支撑、下弦横向水平支撑、下弦纵向水平支撑、竖向支撑和系杆五种类型。屋盖支撑的主要作用：

（1）保证在施工和使用阶段厂房屋盖结构的空间几何稳定性；

（2）保证屋盖结构的横向、纵向空间刚度和空间整体性；

（3）为屋架弦杆提供必要的侧向支撑点，避免压杆侧向失稳和防止拉杆产生过大的振动；

（4）承受和传递水平荷载。

（二）屋盖支撑的布置

所有屋盖必须设置上弦横向水平支撑、竖向支撑和系杆，是否设置下弦横向或纵向水平支撑则视具体情况而定。

1. 横向水平支撑

横向水平支撑是由交叉角钢和屋架上弦或下弦组成的水平桁架。上弦横向水平支撑应设置在房屋的两端或横向温度缝区段的两端。一般设在第一柱间或第二柱间（此时第一柱间设置刚性系杆），间距（净距）不宜大于 60m。下弦横向水平支撑若需设置时，一般宜设在厂房端部及伸缩缝处的第一柱间，并且与上弦横向水平支撑布置在同一柱间。若具有下列情况之一时，宜设置下弦横向水平支撑：

（1）山墙抗风柱与屋架下弦连接，纵向水平力通过下弦传递；

（2）厂房内设有重级工作制吊车，或起重量大于 10t 的中级工作制吊车，或设有振动设备时；

（3）有纵向运行的悬挂吊车且吊点设在下弦时；

（4）钢屋盖跨度大于 18m 时。

2. 竖向支撑

竖向支撑一般是角钢杆件与屋架中的直腹杆或天窗架中的立柱组成的垂直桁架。跨度不超过 30m 的梯形屋架以及跨度不超过 24m 的三角形屋架，应在跨中设置一道竖向支撑；当跨度大于上述数值时，宜在 1/3 跨度附近或天窗架侧腿处设置两道；梯形屋架还应在两端各设一道，当有托架时可由托架代替；天窗架的竖向支撑，一般在两侧设置，当天窗架宽度大于 12m 时，还应在中央设置一道，竖向支撑应与上、下弦横向水平支撑设置在同一柱间。

3. 下弦横向或纵向水平支撑

下弦纵向水平支撑设在屋架下弦（三角形屋架也可设在上弦）端节间，沿两纵向柱列通长布置，与下弦横向水平支撑组成封闭体系。凡符合下列条件之一时，均应设置下弦纵向水平支撑：

（1）厂房高度或跨度大于 24m 时；

（2）厂房内设有重级工作制吊车或起重量大于 50t 的中级工作制吊车时；

（3）厂房内设有较大振动设备（如大于 5t 的自由锻锤）时；

（4）在厂房排架计算中考虑空间工作时；

（5）柱距等于或大于 12m 且设有托架时，应在局部加设纵向支撑，并由托架两端各延伸一个柱间设置。

4. 系杆

系杆的作用是充当屋架上、下弦的侧向支撑点。系杆一般通长设置，一端最终连接于竖向支撑或上、下弦横向水平支撑的节点上。能承受拉力又能承受压力的系杆为刚性系杆，通常采用双角钢组成的十字形截面；只能承受拉力的系杆为柔性系杆，通常采用单角钢截面。屋脊节点及主要支座节点处需通长设置刚性系杆；当横向水平支撑设在房屋端部第二柱间时，第一柱间所有系杆均应为刚性系杆；竖向支撑平面内一般在上、下弦设置柔性系杆；跨度等于或大于 18m 的芬克式屋架，在主斜杆与下弦节点处设置柔性系杆；弯折下弦的屋架应在弯折点通长设置柔性系杆；天窗侧柱及下弦跨中或跨中附近应设置柔性系杆，需设置系杆的部位若已设有托架、连系梁或圈梁，可以此代替系杆，大型屋面板或檩条也可以代替系杆发挥作用。系杆应与横向支撑的节点相连。

三、钢屋架设计

（一）杆件的内力计算

1. 基本假设

计算中假设钢屋架为理想的铰接平面桁架，荷载作用在桁架节点上，而且不管实际荷载是否作用在节点上，均按水平投影面积来汇集节点荷载（见图 17-14-1），用结构力学的方法求各杆的轴力。

2. 荷载组合

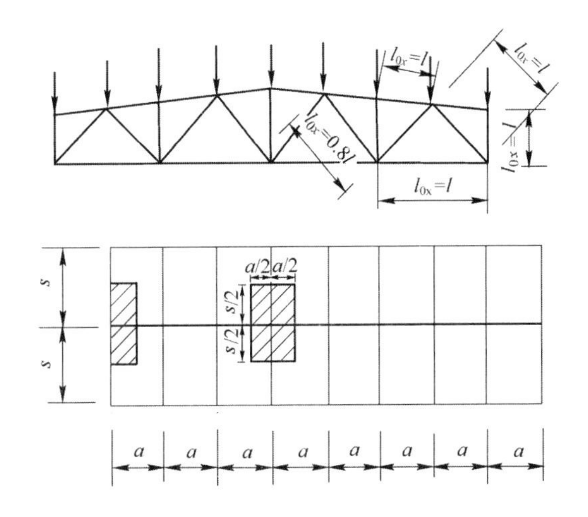

图 17-14-1　节点荷载汇积图

荷载汇集时要区分永久荷载和可变荷载，要将沿屋面（斜平面）分布的荷载化成水平投影面分布荷载。一般应考虑如下三种荷载组合：

①全跨永久荷载+全跨可变荷载；

②全跨永久荷载+半跨可变荷载；

③全跨屋架、天窗架和支撑自重+半跨屋面板重+半跨施工活荷载和雪荷载的较大值。

在荷载组合时，因屋面均布活荷载和雪荷载一般不同时出现，可取两者中的较大值。对于三角形屋架，通常第一种组合计算的内力为最不利内力；对于梯形屋架，大多数杆件按第一种组合计算为最不利，但在第二种和第三种组合下，跨中附近的斜腹杆可能由拉杆变为压杆或内力增大。

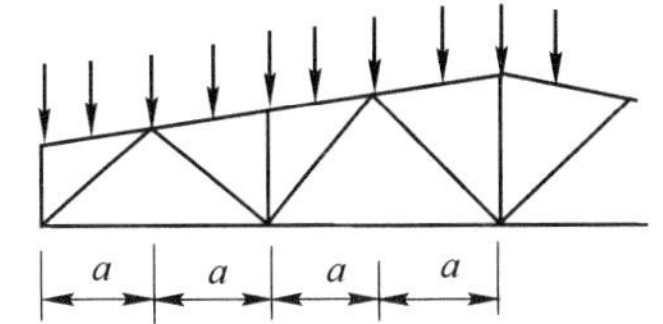

对轻质屋面材料的屋架，当风荷载较大时，风吸力（荷载分项系数取 1.5）可能大于屋面永久荷载（荷载分项系数取 1.0），此时，屋架弦杆和腹杆中的内力均可能变号，故必须考虑此项荷载组合。

3. 屋架弦杆局部弯矩计算

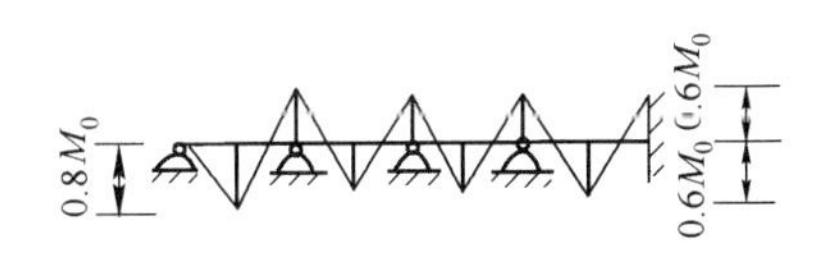

图 17-14-2　上弦杆局部弯矩计算简图

对有节间荷载作用的屋架弦杆，除按上述方法计算各杆件轴力外，尚需计算节间荷载产生的局部弯矩，在截面设计时，这类杆件按压（拉）弯构件计算。为了简化局部弯矩的计算，可取端节间正弯矩为 $0.8M_0$，其他节点正弯矩和节点负弯矩均为 $0.6M_0$（见图 17-14-2）。其中M_0为将弦杆节间视为简支梁所得的跨中弯矩。

（二）杆件截面设计

1. 杆件计算长度

屋架杆件在屋架平面内的计算长度l_{0x}与杆端嵌固程度有关。弦杆、支座斜杆和支座竖杆的自身刚度较大，端节点上的拉杆又少，故嵌固程度弱，取屋架平面内的计算长度$l_{0x} = l$（l为几何长度）。其他中间腹杆上端嵌固程度较小，但下端嵌固程度很大，取屋架平面内的计算长度$l_{0x} = 0.8l$（见图 17-14-1）。

弦杆在屋架平面外的计算长度l_{0y}应取侧向支撑点之间的距离l_1，即$l_{0y} = l_1$。腹杆的节点板在屋架平面外相当于板铰，故所有腹杆在屋架平面外的计算长度l_{0y}应取其几何长度l_1，即$l_{0y} = l$。

对单面连接的单角钢腹杆及双角钢十字形截面腹杆，其斜平面计算长度$l_0 = 0.9l$。

2. 杆件的合理截面形式

屋架杆件的截面形式，应该保证杆件具有较大的承载能力，较大的抗弯刚度，同时应满足稳定性条件和便于与支撑连接，宜采用下列形式：

（1）对于上弦杆，宜采用两个不等边角钢短肢相连或两个等边角钢相连的 T 形截面；

（2）当上弦（或下弦）有节间荷载时，宜采用两个等边角钢相连或两个不等边角钢长肢相连的 T 形截面；

（3）下弦杆的桁架平面外计算长度较大，宜采用两个不等边角钢短肢相连的 T 形截面；

（4）支座竖杆或斜杆，两个方向计算长度相等，宜采用两个不等边角钢长肢相连的 T 形截面；

（5）中间腹杆在屋架平面外的计算长度较大，宜采用两个等边角钢相连的 T 形截面；

（6）与竖向支撑连接的竖杆，宜采用等边角钢相连的十字形截面；

（7）为了保证相连的两角钢能共同受力，必须每隔一定距离设置垫板使两角钢连成整体，垫板的厚度与节点板厚度相同，而节点板的厚度由弦杆最大内力（三角形屋架）或腹杆最大内力（梯形屋架）确定，但不小于 6mm。

3. 杆件截面选择

已知屋架各杆的内力设计值之后，即可按一般的轴心受拉或受压构件，或者压弯或拉弯构件进行承载力计算和稳定性计算。选取截面时，为使角钢规格尽量统一，一般一个屋架不宜多于 5~6 种规格的角钢，且不宜使用肢宽相同而厚度不同的角钢，以免制造时混料。对跨度大于 24m 的屋架，根据内力变化，上、下弦杆可改变一次截面。

【例 17-14-1】 简支平行弦钢屋架下弦杆的长细比应控制在：

A. 不大于 150　　B. 不大于 300

C. 不大于 350　　D. 不大于 400

解 屋架下弦杆一般为受拉杆件，根据《钢结构标准》第 7.4.7 条表 7.4.7，一般建筑结构桁架的受拉杆件容许长细比为 350。

答案：C

4. 钢屋架节点设计

（1）节点设计的一般原则

各杆件的形心线应与杆件轴线重合并交汇于节点中心，但为了制造时划尺寸线的方便，常将角钢肢背至形心线的距离调整为 5mm 的倍数。

（2）节点计算

钢屋架节点的计算，主要是角钢杆件、支座加劲肋和支座底板与节点板的连接焊缝计算。只要弄清楚传力路径及各传力焊缝的受力性质，即可以进行计算。

（3）节点构造

①腹杆角钢与弦杆角钢或腹杆角钢与腹杆角钢间的距离应尽量靠近，但不宜小于 20mm，承受动力荷载时应适当增大，以便施焊和避免焊缝密集使钢材过热变脆。

②节点板一般应伸出弦杆 10~15mm，以便施焊，但当上弦节点上需搁置屋面板或檩条时，只能把节点板全部或局部缩进 5~10mm，以便设塞焊焊缝；节点板的平面尺寸应根据腹杆角钢的宽度和倾角、焊缝长度及便于加工等因素确定，以包络各连接焊缝为原则，在画施工图时按比例量取其平面尺寸。节点板的平面形状至少应有两平行边，杆轴线与节点板边缘夹角不小于 15°~20°。

③主要节点构造图。

图 17-14-3 是一屋脊拼接节点构造图。其中屋架分左半跨和右半跨两个单元，运至工地后进行拼装；a、b分别是右单元的上弦杆和腹杆，需在现场插入节点板后定位，并用拼接角钢c和安装螺栓临时固定，最后将a、b杆与节点板焊接，并将拼接角钢c与上弦杆焊接。

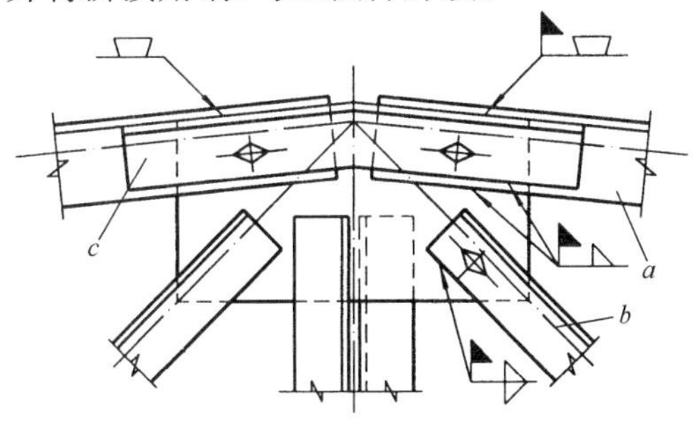

图 17-14-3　屋脊拼接节点构造

a、b-杆件；c-拼接角钢

图 17-14-4 是梯形屋架铰支于柱顶时的支座节点和与柱刚性连接时上、下节点的构造示例。与柱刚接的屋架，除按简支屋架计算杆件内力外，还应叠加框架内力分析所得的屋架端弯矩和轴力引起的内力。

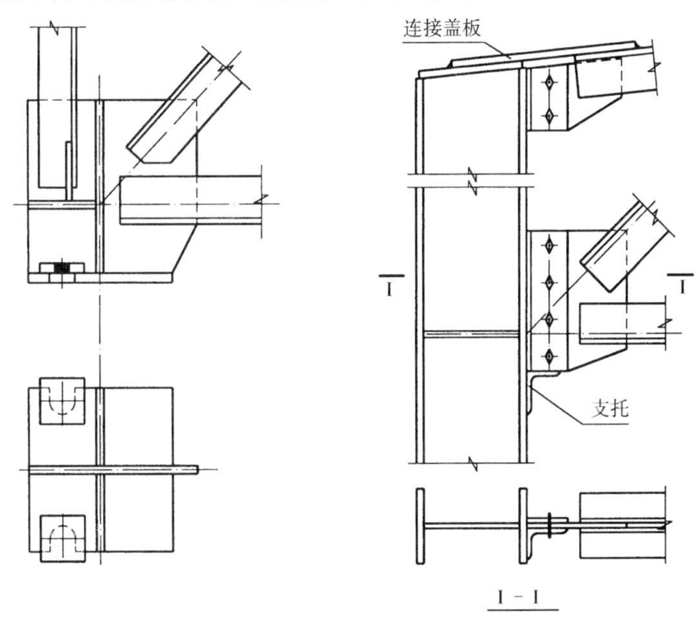

图 17-4-4　屋架与柱的铰接和刚接

习　　题

17-14-1　当屋架杆件在风吸力作用下由拉杆变为压杆时，其允许长细比应为（　　）。

A. 150　　B. 200　　C. 250　　D. 350

17-14-2　钢屋盖结构的支撑系统必须设置（　　），以保证屋盖结构的空间刚度和空间整体性，为屋架弦杆提供必要的侧向支撑点，承受和传递水平荷载以及保证在施工和使用阶段屋面结构的空间几何稳定性。

A. 屋架上弦横向水平支撑，下弦横向水平支撑和纵向水平支撑

B. 屋架上弦横向水平支撑，竖向支撑和系杆

C. 屋架下弦横向水平支撑，纵向水平支撑和系杆

D. 屋架下弦横向水平支撑，纵向水平支撑和竖向支撑

17-14-3　有重级工作制吊车的厂房，屋架间距和支撑节间均为 6m，选择屋架下弦交叉支撑的断面是（　　）。

A. ∠63×5，i_x=1.94cm　　B. ∠70×5，i_x=2.16cm

C. ∠75×5，i_x=2.32cm　　D. ∠80×5，i_x=2.43cm

第十五节　砌体结构材料性能

砌体结构是以砌体（砖、石、砌块）为主要材料建造的结构。砌体的胶结材料主要是砂浆（水泥石灰混合砂浆、石灰砂浆、水泥砂浆）。

一、块材

常用的砌体有砖、砌块和石材，其强度等级根据块体的标准试件，在标准试验条件下测得的抗压强度划分，用“MU”表示。

（一）砖

烧结普通砖、烧结多孔砖的强度级分为 MU30、MU25、MU20、MU15 和 MU10；蒸压灰砂普通砖、蒸压粉煤灰普通砖的强度等级分为 MU25、MU20 和 MU15。

烧结普通砖是以黏土、贝岩、煤矸石或粉煤灰为主要原料，经过焙烧而成的实心或孔洞率不大于规定值且外形尺寸符合规定的砖，分烧结黏土砖、烧结贝岩砖、烧结煤矸石砖、烧结粉煤灰砖。

烧结多孔砖的主要原料与烧结普通砖相同，经过焙烧而成，孔洞率不小于 25%，孔的尺寸小而数量多，主要用于承重部位，简称多孔砖。目前多孔砖分为 P 型砖和 M 型砖。

蒸压灰砂普通砖是以石灰和砂为主要原料，经坯料制备、压制成型、蒸压养护而成的实心砖，简称灰砂砖。

蒸压粉煤灰普通砖是以粉煤灰、石灰为主要原料，掺加适量石膏和集料，经坯料制备、压制成型、高压蒸气养护而成的实心砖，简称粉煤灰砖。

（二）砌块

砌块的强度等级分为 MU20、MU15、MU10、MU7.5 和 MU5。

砌块由普通混凝土或轻集料混凝土制成，主要为规格尺寸 390mm×190mm×190mm、空心率在25%~50%之间的空心砌块，有单排孔、双排孔和多排孔砌块，用于承重的双排孔或多排孔轻集料混凝土砌块砌体的孔洞率不应大于 35%。

（三）石材

石材的强度等级分为 MU100、MU80、MU60、MU50、MU40、MU30 和 MU20。

石材一般由重质岩石或轻质岩石制成，按其加工后的外形规则程度可分为料石和毛石。料石又可分为细料石、半细料石、粗料石和毛料石。石材的强度等级可用边长为 70mm 的立方体试块的抗压强度表示。

二、砂浆

砌体中常用的砂浆有水泥石灰混合砂浆、石灰砂浆和水泥砂浆（纯水泥砂浆）。石灰砂浆强度低，但砌筑方便。水泥砂浆适用于潮湿环境的砌体，但施工中保水性和流动性差，和易性不好。砂浆的强度等级分为 M15、M10、M7.5、M5 和 M2.5，由边长 70.7mm 的立方体试块的抗压强度表示。采用同强度等级的水泥砂浆和混合砂浆砌筑的砌体，前者的砌体强度设计值低于后者。施工阶段砂浆尚未硬化的新砌砌体，或经检测砂浆未硬化的已建砌体，均可按砂浆强度为零确定其砌体强度。

在施工中很容易产生砂浆强度低于设计强度的现象，应特别注意砂浆配合比和水泥的质量，通过试配确定配合比。

三、砌体

（一）砌体抗压强度

砌体是由块体用砂浆垫平黏结而成，因而它的受压工作状态与匀质的整体结构构件有很大差别。由于灰缝厚度和密实性的不均匀，以及块体和砂浆交互作用等原因，使块体的抗压强度不能充分发挥，即砌体的抗压强度将低于块体的抗压强度。

砌体能承受的最大压应力，称为砌体抗压强度。它是确定砌体及其构件受压承载能力的一个重要指标。

各类砌体轴心抗压强度平均值按下式计算

$$f_{\mathrm{m}} = k_1 f_1^{a}(1 + 0.07 f_2) k_2 \tag{17-15-1}$$

式中：f_1—块体（砖、石、砌块）的抗压强度平均值（MPa）；

f_2—砂浆抗压强度平均值（MPa）；

k_1、a、k_2—系数，见表 17-15-1。

各类砌体轴心抗压强度平均值的计算系数 **表** 17-15-1

砌体类别	k_1	a	k_2
烧结普通砖、烧结多孔砖、蒸压灰砂普通砖、蒸压粉煤灰普通砖、混凝土普通砖、混凝土多孔砖	0.78	0.5	当$f_2 < 1$时，$k_2 = 0.6 + 0.4f_2$
混凝土砌块、轻集料混凝土砌块	0.46	0.9	当$f_2 = 0$时，$k_2 = 0.8$
毛料石	0.79	0.5	当$f_2 < 1$时，$k_2 = 0.6 + 0.4f_2$
毛石	0.22	0.5	当$f_2 < 2.5$时，$k_2 = 0.6 + 0.24f_2$

注：1.k_2在表列条件以外时均取等于 1。

2.混凝土砌块砌体的轴心抗压强度平均值，当f_2 >10MPa 时，应乘以系数$1.1 \sim 0.01f_2$，MU20 的砌体应乘以系数 0.95，且满足$f_1 \geqslant f_2$，$f_1 \leqslant 20$MPa。

（二）砌体轴心抗拉强度

砌体轴心受拉时，视拉力作用于砌体的方向，有三种破坏形态。当轴心拉力与砌体水平灰缝平行时，砌体可能发生沿齿缝截面的受拉破坏，而对于烧结普通砖砌体也可能发生沿砖块体截面的拉坏。当轴心拉力与砌体水平灰缝垂直时，砌体可能沿通缝截面发生受拉破坏，由于沿通缝截面轴心抗拉强度很低，所以在设计时应予以避免。

各类砌体轴心抗拉强度平均值按下式计算

$$f_{t,m} = k_3\sqrt{f_2} \tag{17-15-2}$$

式中：k_3—系数，见表 17-15-2。

各类砌体轴心抗拉、弯曲抗拉和抗剪强度平均值的计算系数 表 17-15-2

砌体类别	k_3	k_4		k_5
		沿齿缝	沿通缝	
烧结普通砖、烧结多孔砖、混凝土普通砖、混凝土多孔砖	0.141	0.250	0.125	0.125
蒸压灰砂普通砖、蒸压粉煤灰普通砖	0.09	0.180	0.090	0.090
混凝土砌块	0.069	0.081	0.056	0.069
毛料石	0.075	0.113	—	0.188

【例 17-15-1】砌体的抗拉强度主要取决于：

A. 块材的抗拉强度　　B. 砂浆的抗压强度

C. 灰缝厚度　　D. 块材的整齐程度

解 根据《砌体结构设计规范》(GB 50003—2011)(以下简称《砌体规范》)第 3.2.2 条表 3.2.2，砌体的抗拉强度与砌体的破坏特征、块材的种类及砂浆的强度等级（抗压强度）有关。

答案：B

（三）砌体弯曲抗拉强度

砌体弯曲时可能出现三种破坏形态。当弯矩平行于砌体通缝的平面方向作用时，则可能发生沿齿缝截面或沿块体截面的破坏；当弯矩沿垂直于砌体通缝截面作用时，则发生沿通缝截面的破坏。

各类砌体弯曲抗拉强度平均值按下式计算

$$f_{tm,m} = k_4\sqrt{f_2} \tag{17-15-3}$$

式中：k_4—系数，见表 17-15-2。

（四）砌体抗剪强度

砌体抗剪强度是指砌体能承受的最大剪应力。砌体受剪后，其强度实质上取决于砂浆与块体间的黏结强度，因此砌体的抗剪强度主要由砂浆强度决定。

各类砌体抗剪强度平均值按下式计算

$$f_{v,m} = k_5\sqrt{f_2} \tag{17-15-4}$$

式中：k_5—系数，见表 17-15-2。

（五）砌体强度标准值

砌体强度标准值是结构设计时采用的强度基本代表值，由概率分布的 0.05 分位数确定，即

$$f_k = f_m - 1.645\sigma_f = (1 - 1.645\delta_f)f_m \tag{17-15-5}$$

式中：σ_f—砌体强度的标准差；

δ_f—砌体强度的变异系数。

（六）砌体强度设计值

砌体强度设计值是采用可靠度分析方法或工程经验校准法确定的，直接用于结构或构件的承载力计算。龄期为 28d 的以毛截面计算的各类砌体强度设计值，按下式计算

$$f = \frac{f_k}{\gamma_f} \tag{17-15-6}$$

式中： γ_f—砌体结构的材料性能分项系数，一般情况下，宜按施工控制等级为 B 级考虑，取$\gamma_f = 1.6$；当为 C 级时，取$\gamma_f = 1.8$；当为 A 级时，取$\gamma_f = 1.5$。

（七）砌体强度设计值的调整

在某些情况下，砌体强度有可能降低，为保证结构构件的安全度，在设计计算时需考虑强度设计值的调整。《砌体规范》规定，在下列情况下的各类砌体，其砌体强度设计值应乘以调整系数γ_a：

（1）对无筋砌体构件，其截面面积A小于0.3m²时，$\gamma_a = 0.7 + A$；对配筋砌体构件，当其中砌体截面面积A小于 0.2m² 时，$\gamma_a = 0.8 + A$；构件截面面积A以 m² 计。

（2）当砌体用水泥砂浆砌筑，且强度等级小于 M5.0 时，对各类砌体的抗压强度设计值，$\gamma_a = 0.9$；对沿砌体灰缝截面破坏时砌体的轴心抗拉、弯曲抗拉和抗剪强度设计值，$\gamma_a = 0.8$。

（3）当验算施工中房屋的构件时，$\gamma_a = 1.1$。

【例 17-15-2】 用水泥砂浆与用同等级混合砂浆砌筑的砌体（块材相同），两者的抗压强度：

A. 相等　　B. 前者小于后者

C. 前者大于后者　　D. 不一定

解 《砌体规范》第 3.2.3 条第 2 款规定，当砌体用强度等级小于 M5.0 的水泥砂浆砌筑时，各类砌体的抗压强度设计值应乘以调整系数 0.9；其余同混合砂浆。

答案： D

习　题

17-15-1 下面关于砌体抗压强度正确的说法是（　　）。

A. 砌体的抗压强度随砂浆和块体的强度等级的提高按一定比例增加

B. 块体的外形越规则、平整，则砌体的抗压强度越高

C. 砌体中灰缝越厚，则砌体的抗压强高越高

D. 砂浆的变形性能越大，越容易砌筑，砌体的抗压强度越高

第十六节 砌体结构设计基本原则

砌体结构的基本设计原则与钢筋混凝土结构相同。按承载能力极限状态设计时，应考虑可变荷载控制和永久荷载控制的两种组合，按下列公式中的最不利组合进行计算

$$\gamma_0\left(1.2S_{Gk} + 1.4\gamma_L S_{Q1k} + \gamma_L\sum_{i=2}^{n}\gamma_{Qi}\psi_{ci}S_{Qik}\right) \leqslant R(f, a_k\cdots) \tag{17-16-1}$$

$$\gamma_0\left(1.35S_{Gk} + 1.4\gamma_L\sum_{i=1}^{n}\psi_{ci}S_{Qik}\right) \leqslant R(f, a_k\cdots) \tag{17-16-2}$$

式中： γ_0—结构重要性系数；

γ_L—结构构件的抗力模型不定性系数，对静力设计，考虑结构设计工作年限的荷载调整系数，设计工作年限为 50 年，取 1.0，设计工作年限为 100 年，取 1.1；

S_{Gk}—永久荷载标准值的效应；

S_{Q1k}—在基本组合中起控制作用的第一个可变荷载标准值的效应；

$S_{\mathrm{Q}ik}$—第i个可变荷载标准值的效应；

$R(f, a_{\mathrm{k}}\cdots)$—结构构件的抗力函数；

$\gamma_{\mathrm{Q}i}$—第i个可变荷载的分项系数；

$\psi_{\mathrm{c}i}$—第i个可变荷载的组合系数，一般情况下应取 0.7；

f—砌体的强度设计值；

a_{k}—几何参数标准值。

当砌体结构作为一个刚体需验算整体稳定性时，例如倾覆、滑移、漂浮等，应按下式验算

$$\gamma_0\left(1.2S_{\mathrm{G2k}}+1.4\gamma_{\mathrm{L}}S_{\mathrm{Q1k}}+\gamma_{\mathrm{L}}\sum_{i=2}^{n}S_{\mathrm{Q}ik}\right)\leqslant 0.8S_{\mathrm{G1k}} \tag{17-16-3}$$

$$\gamma_0\left(1.35S_{\mathrm{G2k}}+1.4\gamma_{\mathrm{L}}\sum_{i=1}^{n}\psi_{\mathrm{c}i}S_{\mathrm{Q}ik}\right)\leqslant 0.8S_{\mathrm{G1k}} \tag{17-16-4}$$

式中：S_{G1k}—起有利作用的永久荷载标准值的效应；

S_{G2k}—起不利作用的永久荷载标准值的效应。

第十七节　砌体墙、柱的承载力计算

一、抗压承载力

（一）无筋砌体墙、柱的承载力计算

对无筋砌体墙、柱的承载力应按下式计算

$$N\leqslant\varphi fA \tag{17-17-1}$$

式中：N—轴向力设计值；

φ—高厚比β和轴向力的偏心距e对受压构件承载力的影响系数，可按《砌体规范》附录 D 的规定采用；

A—截面面积，对各类砌体均应按毛截面计算，对带壁柱墙，其翼缘宽度可按《砌体规范》采用；

f—砌体的抗压强度设计值。

对矩形截面构件，当轴向力偏心方向的截面边长大于另一方向的边长时，除按偏心受压计算外，还应对较小边长方向，按轴心受压进行验算。

（二）构件高厚比

构件高厚比β应按下列公式确定：

对矩形截面

$$\beta=\gamma_{\beta}\frac{H_0}{h} \tag{17-17-2}$$

对 T 形截面

$$\beta=\gamma_{\beta}\frac{H_0}{h_{\mathrm{T}}} \tag{17-17-3}$$

式中：γ_{β}—不同砌体材料的高厚比修正系数，按表 17-17-1 采用；

H_0—受压构件的计算高度，按表 17-17-2 确定；

h—矩形截面轴向力偏心方向的边长，当轴心受压时为截面较小边长；

h_T—T 形截面的折算厚度，可近似按 $3.5i$计算；

i—截面回转半径。

高厚比修正系数γ_β　　　　表 17-17-1

砌体材料类别	γ_β	砌体材料类别	γ_β
烧结普通砖、烧结多孔砖	1.0	蒸压灰砂普通砖、蒸压粉煤灰普通砖、细料石	1.2
混凝土普通砖、混凝土多孔砖、混凝土及轻集料混凝土砌块	1.1	粗料石、毛石	1.5

注：对灌孔混凝土砌块，γ_β取 1.0。

受压构件的计算高度H_0　　　　表 17-17-2

<table>
<tr><th colspan="3" rowspan="2">房 屋 类 别</th><th colspan="2">柱</th><th colspan="3">带壁柱墙或周边拉结的墙</th></tr>
<tr><th>排架方向</th><th>垂直排架方向</th><th>$s > 2H$</th><th>$2H \geqslant s > H$</th><th>$s \leqslant H$</th></tr>
<tr><td rowspan="3">有吊车的单层房屋</td><td rowspan="2">变截面柱上段</td><td>弹性方案</td><td>$2.5H_u$</td><td>$1.25H_u$</td><td colspan="3">$2.5H_u$</td></tr>
<tr><td>刚性、刚弹性方案</td><td>$2.0H_u$</td><td>$1.25H_u$</td><td colspan="3">$2.0H_u$</td></tr>
<tr><td colspan="2">变截面柱下段</td><td>$1.0H_l$</td><td>$0.8H_l$</td><td colspan="3">$1.0H_u$</td></tr>
<tr><td rowspan="5">无吊车的单层和多层房屋</td><td rowspan="2">单跨</td><td>弹性方案</td><td>$1.5H$</td><td>$1.0H$</td><td colspan="3">$1.5H_u$</td></tr>
<tr><td>刚弹性方案</td><td>$1.2H$</td><td>$1.0H$</td><td colspan="3">$1.2H_u$</td></tr>
<tr><td rowspan="2">多跨</td><td>弹性方案</td><td>$1.25H$</td><td>$1.0H$</td><td colspan="3">$1.25H_u$</td></tr>
<tr><td>刚弹性方案</td><td>$1.1H$</td><td>$1.0H$</td><td colspan="3">$1.1H_u$</td></tr>
<tr><td colspan="2">刚性方案</td><td>$1.0H$</td><td>$1.0H$</td><td>$1.0H$</td><td>$0.4s+0.2H$</td><td>$0.6s$</td></tr>
</table>

注：1.表中H_u为变截面柱的上段高度，H_l为变截面柱的下段高度。

2.对于上端为自由端的构件，$H_0 = 2H$。

3.独立砖柱，当无柱间支撑时，柱在垂直排架方向的H_0应按表中数值乘以 1.25 后采用。

4.s为房屋横墙间距。

5.自承重墙的计算高度应根据周边支承或拉结条件确定。

（三）矩形截面单向偏心受压构件承载力影响系数

当$\beta \leqslant 3$时

$$\varphi = \frac{1}{1 + 12\left(\frac{e}{h}\right)^2} \tag{17-17-4}$$

当$\beta > 3$时

$$\varphi = \frac{1}{1 + 12\left[\frac{e}{h} + \sqrt{\frac{1}{12}\left(\frac{1}{\varphi_0} - 1\right)}\right]^2} \tag{17-17-5}$$

$$\varphi_0 = \frac{1}{1 + \alpha\beta^2} \tag{17-17-6}$$

上述式中：　e—轴向力的偏心距；

h—矩形截面的轴向力偏心方向的边长；

φ_0—轴心受压构件的稳定系数；

α—与砂浆强度等级有关的系数，当砂浆强度等级大于或等于 M5 时，α =0.001 5，当砂浆强度等级等于 M2.5 时，α =0.002，当砂浆强度等级等于 0 时，α =0.009；

β—构件的高厚比。

计算 T 形截面受压构件的φ时，应以折算厚度h_T代替式（17-17-4）中的h。

【例 17-17-1】 截面尺寸为 240mm×370mm 的砌块短柱，当轴向力N的偏心距如图所示时，受压承载力的大小顺序为：

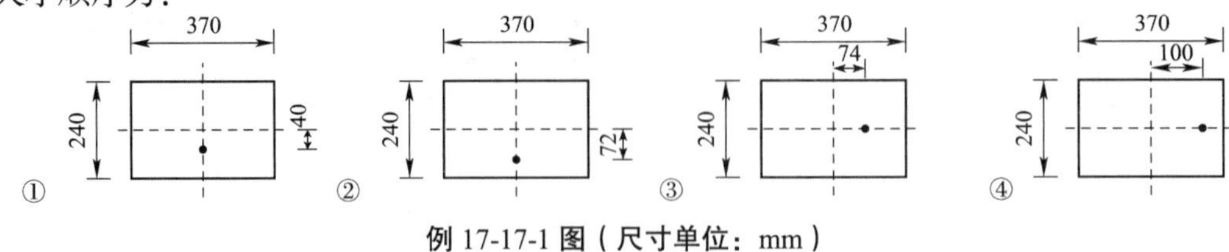

例 17-17-1 图（尺寸单位：mm）

A. ①>③>④>②　　B. ①>②>③>④　　C. ③>①>②>④　　D. ③>②>①>④

解　e/h越小（e为偏心距，h为偏心方向柱的边长），受压构件承载力的影响系数φ越大，N_u越大。四种情况的e/h分别为 0.17、0.3、0.2、0.27。

答案： A

（四）轴心受压柱的承载力计算

由以上公式可知，对于轴心受压短柱，即$e=0,\beta\leqslant 3$，此时承载力影响系数$\varphi=1.0$。其抗压承载力可按下式计算

$$N\leqslant fA \tag{17-17-7}$$

对于轴心受压长柱，即$e=0,\beta>3$，此时承载力影响系数$\varphi=\varphi_0$。其抗压承载力可按下式计算

$$N\leqslant \varphi_0 fA \tag{17-17-8}$$

（五）轴向力偏心距限值

轴向力的偏心距e按内力设计值计算，并不应超过$0.6y$，y为截面重心到轴向力所在偏心方向截面边缘的距离。

二、局部抗压承载力

荷载作用于砌体部分截面上的受压，称为砌体局部受压。如梁端下面的砌体或柱下面与基础接触部分属于砌体局部受压。砌体的局部受压，视局部压应力分布是否均匀可分为均匀局部受压和不均匀局部受压，后者常指梁端支承处砌体的局部受压。砌体局部受压的特点是其抗压强度有所提高，但局部受压面积一般很小，设计时应加以校核，明确是否需要采取构造措施。

（一）砌体截面局部均匀受压的承载力

1. 砌体截面中受局部均匀受压时的承载力

$$N_l\leqslant \gamma fA_l \tag{17-17-9}$$

式中：N_l—局部受压面积上的轴向力设计值；

γ—砌体局部抗压强度提高系数；

f—砌体的抗压强度设计值，局部受压面积小于 0.3m²，可不考虑强度调整系数γ_a的影响；

A_l—局部受压面积。

2. 砌体局部抗压强度提高系数γ

$$\gamma = 1 + 0.35\sqrt{\frac{A_0}{A_l} - 1} \tag{17-17-10}$$

式中：A_0—影响砌体局部抗压强度的计算面积。

由式（17-17-10）计算的γ值，尚应符合下列规定：

（1）在图 17-17-1a）的情况下，$\gamma \leqslant 2.5$；

（2）在图 17-17-1b）的情况下，$\gamma \leqslant 2.0$；

（3）在图 17-17-1c）的情况下，$\gamma \leqslant 1.5$；

（4）在图 17-17-1d）的情况下，$\gamma \leqslant 1.25$；

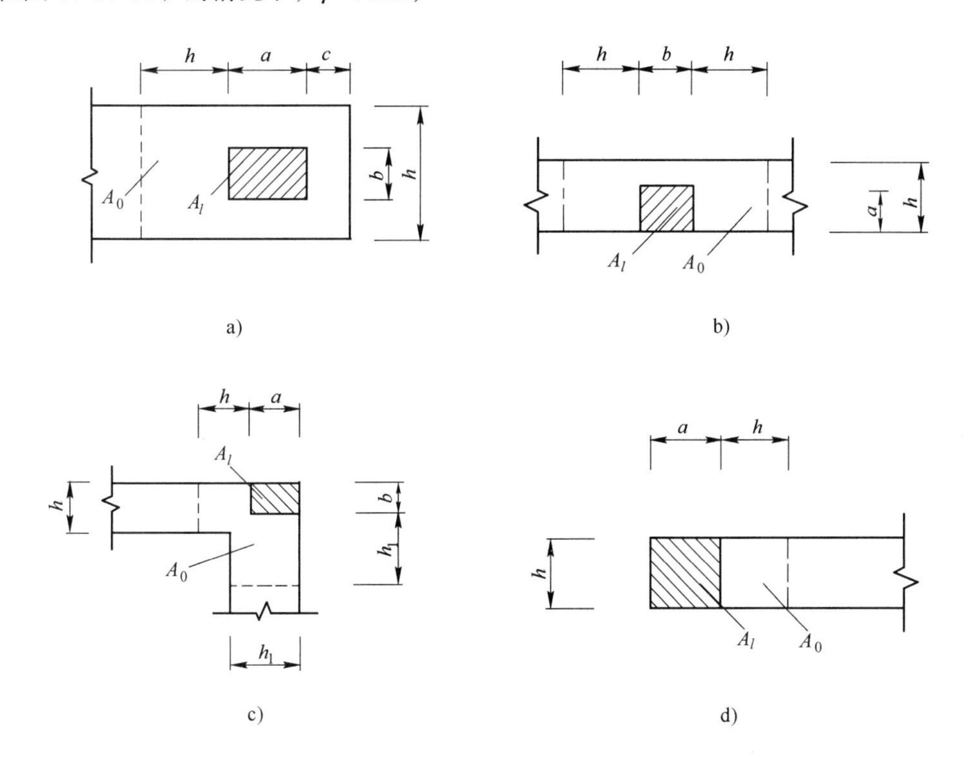

图　17-17-1

（5）要求灌孔的砌块砌体，在（1）、（2）款的情况下，尚应符合$\gamma \leqslant 1.5$；未灌孔的混凝土砌块砌体，$\gamma = 1.0$。

3. 影响砌体局部抗压强度的计算面积

（1）在图 17-17-1a）的情况下，$A_0 = (a + c + h)h$；

（2）在图 17-17-1b）的情况下，$A_0 = (b + 2h)h$；

（3）在图 17-17-1c）的情况下，$A_0 = (a + h)h + (b + h_1 - h)h_1$；

（4）在图 17-17-1d）的情况下，$A_0 = (a + h)h$。

式中：a、b—矩形局部受压面积A_l的边长；

h、h_1—墙厚或柱的较小边长、墙厚；

c—矩形局部受压面积的外边缘至构件边缘的较小距离，当大于h时，应取h。

（二）梁端支承处砌体的局部抗压承载力

当梁直接支承在砌体上（见图 17-17-2），其局部抗压承载力应按下列公式计算

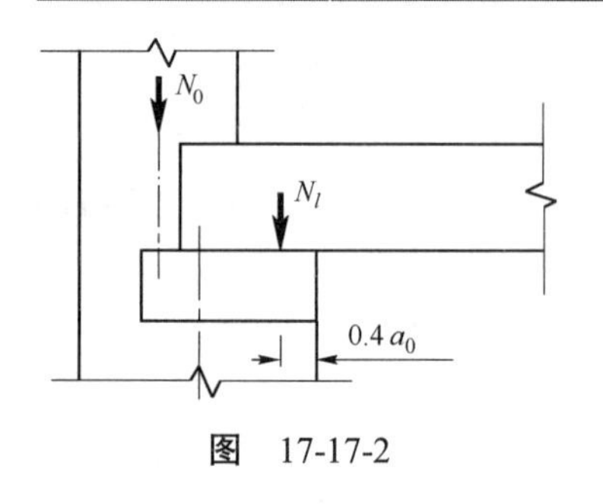

图　17-17-2

$$\psi N_0 + N_l \leqslant \eta\gamma f A_l \quad (17\text{-}17\text{-}11)$$

$$\psi = 1.5 - 0.5\frac{A_0}{A_l} \quad (17\text{-}17\text{-}12)$$

$$N_0 = \sigma_0 A_l \quad (17\text{-}17\text{-}13)$$

$$A_l = a_0 b \quad (17\text{-}17\text{-}14)$$

$$a_0 = 10\sqrt{\frac{h_c}{f}} \quad (17\text{-}17\text{-}15)$$

上述式中：ψ—上部荷载的折减系数，当$A_0/A_l \geqslant 3$时，$\psi = 0$；

N_0—局部受压面积内上部轴向力设计值（N）；

N_l—梁端支承压力设计值（N）；

σ_0—上部平均压应力设计值（MPa）；

η—梁端底面压应力图形的完整系数，应取 0.7，对于过梁和墙梁应取 1.0；

a_0—梁端有效支承长度（mm），当$a_0 > a$时，应取$a_0 = a$；

a—梁端实际支承长度（mm）；

b、h_c—分别为梁的截面宽度和高度（mm）；

f—砌体的抗压强度设计值（MPa）。

式（17-17-11）中采用上部荷载的折减系数ψ，是由于上部荷载通过砌体传至梁端支承处局部受压面积上时，产生一定的内拱卸载作用。由式（17-17-12）可知，随A_0/A_l的增大，上述内拱卸载作用增大，当$A_0/A_l \geqslant 3$时，$\psi = 0$，即完全不考虑上部荷载N_0的作用。

（三）梁端设有刚性垫块的砌体局部抗压承载力

如果梁端支承处砌体局部抗压承载力不足时，可以在梁端下面设置预制垫块或与梁现浇成整体的垫块，以增大局部受压面积，提高砌体局部抗压承载力。

1. 设置刚性垫块下的砌体局部抗压承载力

$$N_0 + N_l \leqslant \varphi\gamma_1 f A_b \quad (17\text{-}17\text{-}16)$$

$$N_0 = \sigma_0 A_b \quad (17\text{-}17\text{-}17)$$

$$A_b = a_b b_b \quad (17\text{-}17\text{-}18)$$

上述式中：　N_0—垫块面积A_b内上部轴向力设计值（N）；

φ—垫块上N_0及N_l合力的影响系数，应采用$\beta \leqslant 3$时的φ值；

γ_1—垫块外砌体面积的有利影响系数，γ_1应为 0.8γ，但不小于 1.0，γ为砌体局部抗压强度提高系数，按式（17-17-10）以A_b代替A_l计算；

A_b—垫块面积（mm^2）；

a_b—垫块伸入墙内的长度（mm）；

b_b—垫块的宽度（mm）。

2. 刚性垫块的构造要求

（1）刚性垫块的高度不宜小于 180mm，自梁边算起的垫块挑出长度不宜大于垫块高度t_b；

（2）在带壁柱墙的壁柱内设刚性垫块时（见图 17-17-3），其计算面积应取壁柱范围内的面积，而不计算翼缘部分，同时壁柱上垫块伸入翼墙内的长度不应小于 120mm；

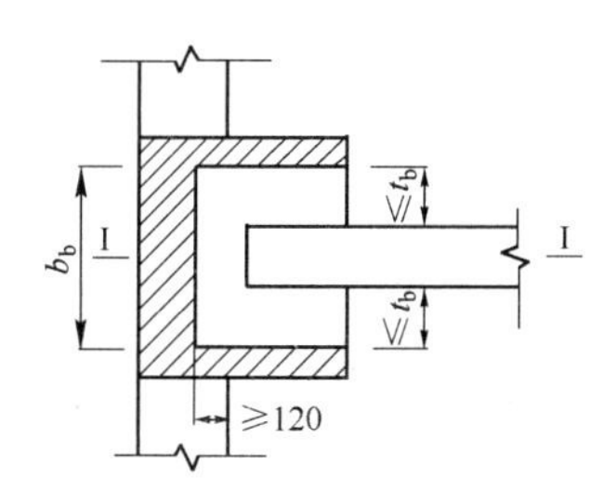

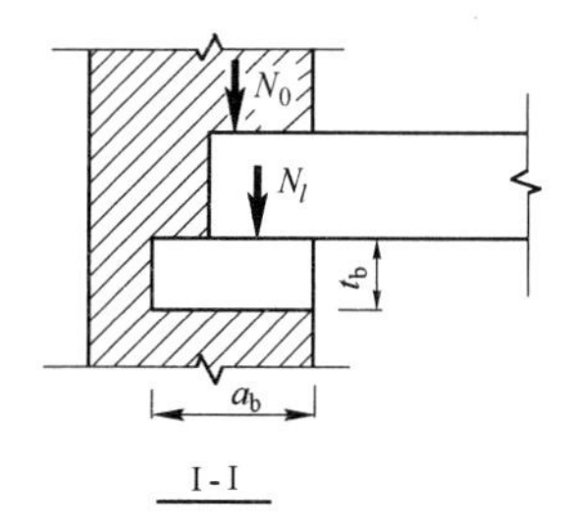

图　17-17-3

（3）当现浇垫块与梁端整体浇筑时，垫块可在梁高范围内设置。

3. 梁端设有刚性垫块时的梁端有效支承长度a_0

$$a_0 = \delta_1 \sqrt{\frac{h}{f}} \tag{17-17-19}$$

式中：δ_1—刚性垫块的影响系数，按表 17-17-3 采用。

系　数　δ_1　值　　　　**表** 17-17-3

σ_0/f	0	0.2	0.4	0.6	0.8
δ_1	5.4	5.7	6.0	6.9	7.8

注：表中其间的数值可采用插入法求得。

垫块上N_l作用点的位置可取 0.4a_0处。

（四）梁下设有垫梁的砌体局部抗压承载力

梁下设有长度大于πh_0垫梁的砌体局部抗压承载力应按下列公式计算（见图 17-17-4）。

$$N_0 + N_l \leqslant 2.4\delta_2 f b_b h_0 \tag{17-17-20}$$

$$N_0 = \frac{\pi b_b h_0 \sigma_0}{2} \tag{17-17-21}$$

$$h_0 = 2\sqrt[3]{\frac{E_c I_c}{E h_c}} \tag{17-17-22}$$

上述式中：N_0—垫梁上部轴向力设计值（N）；

b_b—垫梁在墙厚方向的宽度（mm）；

δ_2—系数，当荷载沿墙厚方向均匀分布时δ_2取 1.0，不均匀时可取 0.8；

h_0—垫梁折算高度（mm）；

E_c、I_c—分别为垫梁的混凝土弹性模量和截面惯性矩；

E—砌体的弹性模量；

h—墙厚（mm）。

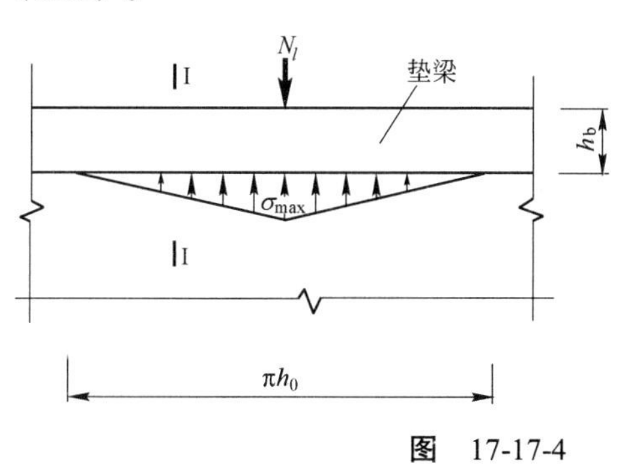

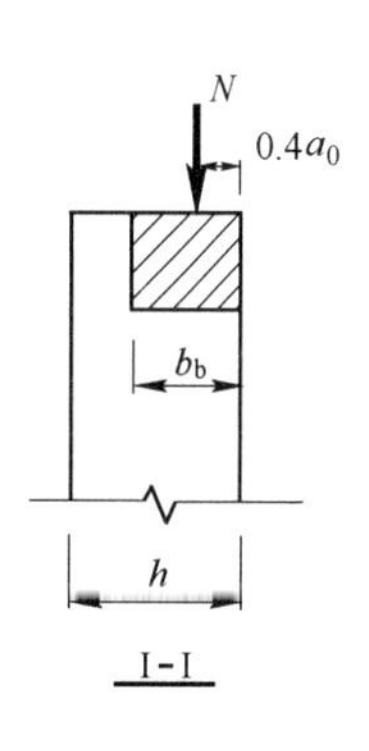

图　17-17-4

垫梁上梁端有效支承长度a_0可按式（17-17-19）计算。

【例 17-17-2】 砌体局部受压强度的提高，是因为：

A. 局部砌体处于三向受力状态

B. 非局部受压砌体有起拱作用而卸载

C. 非局部受压面积提供侧压力和力的扩散的综合影响

D. 非局部受压砌体参与受力

解　砌体的局部受压，按受力特点的不同，可以分为局部均匀受压和梁端局部受压两种。由于局部受压砌体有套箍作用及应力扩散的存在，所以砌体抵抗压力的能力有所提高，在计算砌体局部抗压承载力时，用局部抗压提高系数γ来修正。

答案： C

习　题

17-17-1　截面尺寸、砂浆和块体强度等级均相同的砌体受压构件，下面说法正确的是（　　）。

①承载力随高厚比的增大而减小；②承载力随偏心距的增大而减小；③承载力与砂浆的强度等级无关；④承载力随相邻横墙间距的增加而增大。

A. ①②　　B. ①②③　　C. ①②③④　　D. ①③④

17-17-2　截面尺寸为 240mm×370mm 的砖砌短柱，轴向压力的偏心距如图所示，其抗压承载力的大小顺序是（　　）。

A. ①>②>③>④　　B. ③>①>②>④　　C. ④>②>③>①　　D. ①>③>④>②

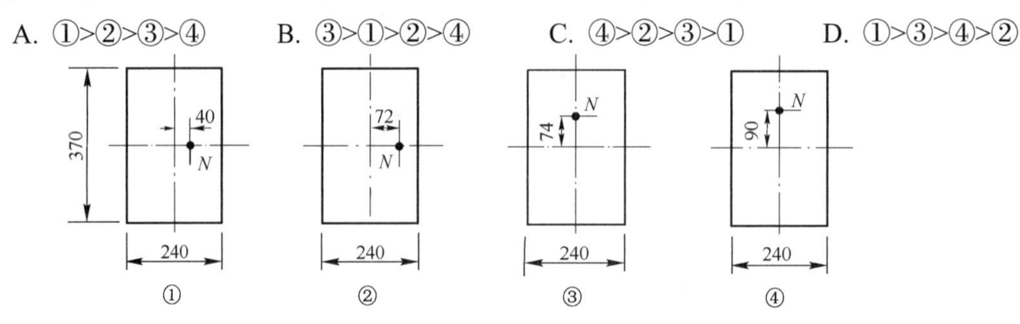

题 17-17-2 图（尺寸单位：mm）

17-17-3　如图所示，截面尺寸为 240mm×250mm 的钢筋混凝土柱，支承在 490mm 厚的砖墙上，墙采用 MU10 砌块、M2.5 混合砂浆砌筑，可能最先发生局部受压破坏的是（　　）。

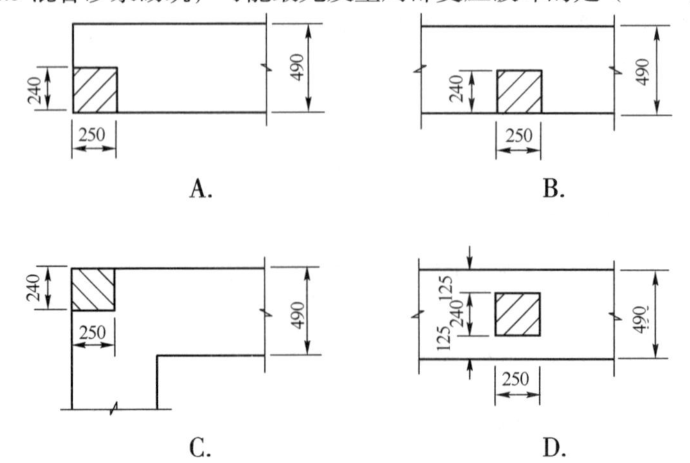

17-17-4　某带壁柱砖墙及轴向压力的作用位置如图所示，设计时轴向压力的偏心距e不应大于（　　）。

A. 161mm　　B. 193mm　　C. 225mm　　D. 321mm

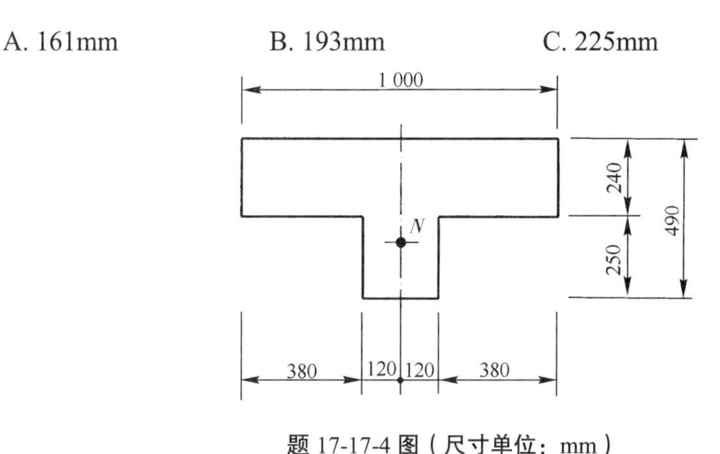

题 17-17-4 图（尺寸单位：mm）

第十八节　混合结构房屋设计

混合结构房屋通常是指屋盖、楼盖等水平构件采用钢筋混凝土材料或木材，而墙、柱、基础等竖向构件采用砌体材料的房屋。混合结构房屋设计包括结构布置，房屋静力计算，墙、柱设计及构造设计。

一、结构布置

（一）结构布置方案

按结构的承重体系及荷载的传递路线，房屋的结构布置方案可分为四种类型。

1. 横墙承重体系

它是由横墙直接承受屋盖、楼盖荷载的结构承重体系。其特点是：

（1）房屋横向刚度较大，整体性好，外纵墙不承重，便于设置洞口大的门窗，外墙面的装饰也容易处理；

（2）楼盖结构较简单，施工方便，楼盖的材料用量较少，但墙体材料用量较多。

这种体系适用于横墙间距较密的多层住宅、宿舍和旅馆等建筑。

2. 纵墙承重体系

它是由纵墙直接承受屋盖、楼盖荷载的结构承重体系。其特点是：

（1）横墙较少，楼盖跨度较大，建筑平面布置较灵活；但楼盖材料用量较多，纵墙承受的荷载较大，往往要设扶壁柱，且纵墙上门窗洞口尺寸和位置受到一定的限制；其墙体材料用量较横墙承重体系少。

（2）房屋的横向刚度较横向承重体系差。

这种体系适用于要求空间较大的教学楼、办公楼、实验楼、影剧院和仓库等建筑。

3. 纵横墙承重体系

它是由纵墙和横墙混合承受屋盖、楼盖荷载的结构承重体系，兼有上述两种承重体系的优点。在多层房屋中一般采用这种承重体系。

4. 底层框架或多层内框架承重体系

它是指底层为钢筋混凝土框架而上面各层仍为混合结构，或由房屋内部的钢筋混凝土框架和外部砌体墙、柱构成的承重体系（见图 17-18-1）。其特点是：

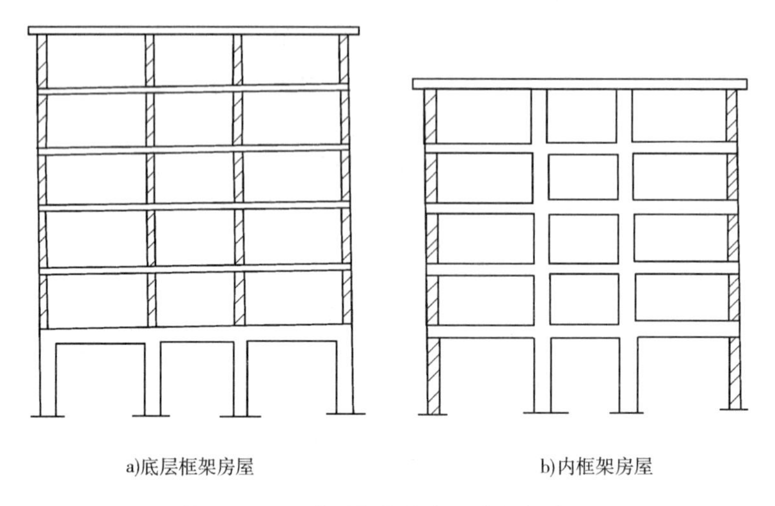

a)底层框架房屋　　b)内框架房屋

图 17-18-1　底层框架和多层内框架房屋

（1）房屋或房屋底层开间大，平面布置较为灵活，但横墙或房屋底层的横墙较少，房屋刚度或底层刚度较差。

（2）多层内框架房屋由钢筋混凝土和砌体两种性能不同的材料组成，在荷载作用下，墙、柱将产生不同的压缩变形，从而在结构中引起较大的附加内力，抵抗地基不均匀沉降和抗震能力较弱；对于底层为框架上层为混合结构的房屋，其抗震性能也较差。因此，在抗震设防地区选用这种承重体系时，应注意限制层数、总高度及满足抗震墙的最大间距要求。

（3）与钢筋混凝土框架结构房屋相比，可节省材料。

注：内框架砖房已很少使用且抗震性能较低，现行规范取消了相关内容。

（二）结构布置主要规定

与钢筋混凝土结构相比，砌体结构的抗震性能较差，其震害随砌体房屋的高度增加而加剧，特别是高烈度区尤为严重。因此，对抗震设计的砌体房屋，应符合《抗震规范》中关于房屋层数和总高度、房屋的最大高宽比、抗震横墙最大间距的规定，见表 17-18-1~表 17-18-3，以及其他构造规定。

房屋的层数和总高度限值（单位：m）　　表 17-18-1

房屋类别		最小抗震墙厚度（mm）	烈度和设计基本地震加速度											
			6 度		7 度				8 度				9 度	
			0.05g		0.10g		0.15g		0.20g		0.30g		0.40g	
			高度	层数	高度	层数	高度	层数	高度	层数	高度	层数	高度	层数
多层砌体房屋	普通砖	240	21	7	21	7	21	7	18	6	15	5	12	4
	多孔砖	240	21	7	21	7	18	6	18	6	15	5	9	3
	多孔砖	190	21	7	18	6	15	5	15	5	12	4	—	—
	混凝土砌块	190	21	7	21	7	18	6	18	6	15	5	9	3

续上表

房屋类别		最小抗震墙厚度（mm）	烈度和设计基本地震加速度											
			6度		7度				8度				9度	
			0.05g		0.10g		0.15g		0.20g		0.30g		0.40g	
			高度	层数	高度	层数	高度	层数	高度	层数	高度	层数	高度	层数
底部框架-抗震墙砌体房屋	普通砖多孔砖	240	22	7	22	7	19	6	16	5	—	—	—	—
	多孔砖	190	22	7	19	6	16	5	13	4	—	—	—	—
	混凝土砌块	190	22	7	22	7	19	6	16	5	—	—	—	—

注：1.房屋的总高度指室外地面到主要屋面板板顶或檐口的高度，半地下室从地下室室内地面算起，全地下室和嵌固条件好的半地下室应允许从室外地面算起；对带阁楼的坡屋面应算到山尖墙的1/2高度处。

2.室内外高差大于0.6m时，房屋总高度应允许比表中的数据适当增加，但增加量应少于1.0m。

3.乙类的多层砌体房屋仍按本地区设防烈度查表，其层数应减少一层且总高度应降低3m；不应采用底部框架-抗震墙砌体房屋。

房屋最大高宽比　　表17-18-2

烈　度	6度	7度	8度	9度
最大高宽比	2.5	2.5	2.0	1.5

注：1.单面走廊房屋的总宽度不包括走廊宽度。

2.建筑平面接近正方形时，其高宽比宜适当减小。

房屋抗震横墙的间距（单位：m）　　表17-18-3

房屋类别		烈度			
		6度	7度	8度	9度
多层砌体房屋	现浇或装配整体式钢筋混凝土楼、屋盖	15	15	11	7
	装配式钢筋混凝土楼、屋盖	11	11	9	4
	木屋盖	9	9	4	—
底部框架-抗震墙砌体房屋	上部各层	同多层砌体房屋			—
	底层或底部两层	18	15	11	—

注：1.多层砌体房屋的顶层，除木屋盖外的最大横墙间距应允许适当放宽，但应采取相应加强措施。

2.多孔砖抗震横墙厚度为190mm时，最大横墙间距应比表中数值减少3m。

二、房屋的静力计算

（一）划分房屋静力计算方案的依据

划分房屋静力计算方案的目的是选用与其相适应的内力计算方法。影响房屋空间工作性能的因素较多，但主要是屋、楼盖的刚度及横墙的刚度和间距。对于不同屋盖或楼盖的房屋，当横墙间距s符合表 17-18-4 的规定，即可把房屋划分为三种静力计算方案：刚性方案、刚弹性方案、弹性方案。

房屋的静力计算方案 表 17-18-4

屋盖或楼盖类别	刚性方案	刚弹性方案	弹性方案
整体式、装配整体式和装配式无檩体系钢筋混凝土屋盖或钢筋混凝土楼盖	$s<32$m	32m$\leqslant s\leqslant$72m	$s>72$m
装配式有檩体系钢筋混凝土屋盖、轻钢屋盖和有密铺望板的木屋盖或木楼盖	$s<20$m	20m$\leqslant s\leqslant$48m	$s>48$m
瓦材屋面的木屋盖和轻钢屋盖	$s<16$m	16m$\leqslant s\leqslant$36m	$s>36$m

注：对无山墙或伸缩缝处无横墙的房屋，应按弹性方案考虑。

对于刚性和刚弹性方案房屋的横墙，应符合下列规定：

（1）横墙中开有洞口时，洞口的水平截面面积不应超过横墙截面面积的 50%。

（2）横墙的厚度不宜小于 180mm。

（3）单层房屋的横墙长度不宜小于其高度，多层房屋的横墙长度不宜小于横墙总高度的 1/2。

（4）当横墙不能同时符合上述要求时，应对横墙的刚度进行验算。如其最大水平位移$u_{\max}\leqslant H/4\,000$（$H$为横墙总高度）时，仍可视作刚性或刚弹性方案房屋的横墙。

（5）凡符合上述第（4）项刚度要求的一段横墙或其他结构构件（如框架等），也可视作刚性或刚弹性方案房屋的横墙。

【例 17-18-1】 影响砌体结构房屋空间工作性能的主要因素是下面哪一项：

A. 房屋结构所用块材和砂浆的强度等级

B. 外纵墙的高厚比和门窗洞口的开设是否超过规定

C. 圈梁和构造柱的设置是否满足规范的要求

D. 房屋屋盖、楼盖的类别和横墙的距离

解 砌体结构房屋静力计算时，根据房屋的空间工作性能分为刚性方案、刚弹性方案和弹性方案。影响房屋空间工作性能的主要因素有屋盖或楼盖的类别和横墙的间距。见《砌体规范》第 4.2.1 条表 4.2.1。

答案：D

（二）计算单元划分

对于承重纵墙一般选取一段有代表性的、宽度等于一个开间的竖条墙、柱为计算单元，受荷宽度为相邻两开间宽度之和的一半。当计算截面有窗洞时，取窗间墙宽度内的截面面积；无窗洞时，取一个开间宽度内的墙截面面积。

对于承重横墙，一般可沿横墙取宽度为 1m 的墙作为计算单元，受荷范围为计算单元 1m 内的两侧各二分之一开间内的所有荷载。计算截面取每层墙顶的大梁底面及墙底截面。

（三）刚性方案墙、柱内力分析

刚性方案的房屋在屋盖和楼层处认为无侧移。在进行内力计算时，作下列简化和规定。

1. 单层房屋

在荷载作用下，墙、柱可视为上端不动铰支承于屋盖，下端则嵌固于基础的竖向构件，见图 17-18-2。

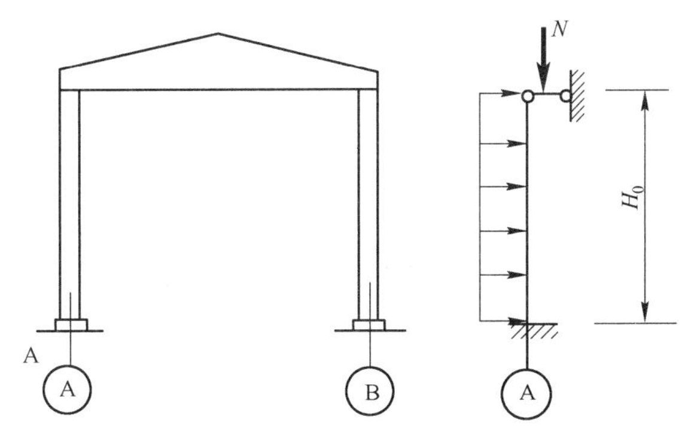

图 17-18-2 单层房屋刚性方案计算简图

2. 多层房屋（见图 17-18-3）

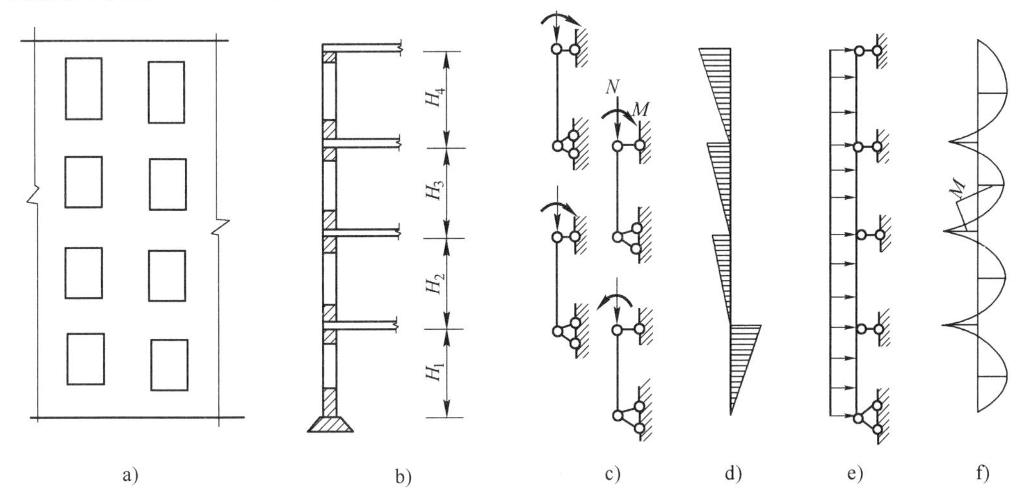

图 17-18-3 多层房屋刚性方案内力分析

（1）在竖向荷载作用下，墙、柱在每层高度范围内为两端铰支的竖向构件，见图 17-18-3c）、d）。

（2）在水平荷载作用下，墙、柱为竖向连续梁，见图 17-18-3e）、f）。

多层房屋在风荷载作用下，当外墙上洞口水平截面面积小于全截面面积的 2/3；房屋的层高和总高不超过表 17-18-5 的规定，且房屋自重不小于 0.8kN/m²时，在静力计算中可不考虑风荷载影响。如果必须考虑风荷载影响时，由风荷载设计值w引起的弯矩$M = wH_i^2/12$。

外墙不考虑风荷载影响时的最大高度 表 17-18-5

基本风压值（kN/m²）	层高（m）	总高（m）	基本风压值（kN/m²）	层高（m）	总高（m）
0.4	4.0	28	0.6	4.0	18
0.5	4.0	24	0.7	3.5	18

注：对于多层混凝土砌块房屋，当外墙厚度不小于 190mm、层高不大于 2.8m、总高不大于 19.6m、基本风压不大于 0.7kN/m²时，可不考虑风荷载的影响。

【例 17-18-2】 对多层砌体房屋进行承载力验算时，“墙在每层高度范围内可近似视作两端铰支的竖向构件”所适用的荷载是：

A. 风荷载　　　　B. 水平地震作用

C. 竖向荷载　　　　D. 永久荷载

解 根据《砌体规范》第4.2.5条第2款，刚性方案多层砌体房屋在竖向荷载作用下，墙、柱在每层高度范围内，可近似视作两端铰支的竖向构件；在水平荷载作用下，墙、柱可视作竖向连续梁。

答案： C

（3）墙、柱截面上的轴向力和作用位置，应考虑竖向荷载对墙、柱的偏心影响，其中梁端支承压力N_l至墙内边缘的距离应取梁端有效支承长度a_0的2/5（见图17-17-4）；由上面楼层传来的压力N_u作用于上一楼层墙、柱的截面重心处。按本条假定，在计算某层墙、柱时，上面楼层传来的荷载在该层墙体顶端支承面处的弯矩为零；本层竖向荷载在其顶端支承截面处产生弯矩$M_l = N_l e_l$（e_l为N_l对截面重心处的偏心距），该弯矩在本层内按三角形分布，见图17-18-3d）。

【例17-18-3】 按刚性方案计算的砌体房屋的主要特点为：

A. 空间性能影响系数η大，刚度大

B. 空间性能影响系数η小，刚度小

C. 空间性能影响系数η小，刚度大

D. 空间性能影响系数η大，刚度小

解 刚性方案砌体房屋，横墙顶端的水平位移很小，静力分析时可认为水平位移为零，其空间性能影响系数η即为零，刚度大。

答案： C

（四）弹性方案房屋墙、柱的内力分析

弹性方案房屋墙、柱的内力，可按屋架或大梁与墙、柱为铰接，不考虑空间工作的平面排架或框架，采用结构力学的方法计算。以单层单跨房屋为例，在风荷载作用下的计算方法如图17-18-4所示。

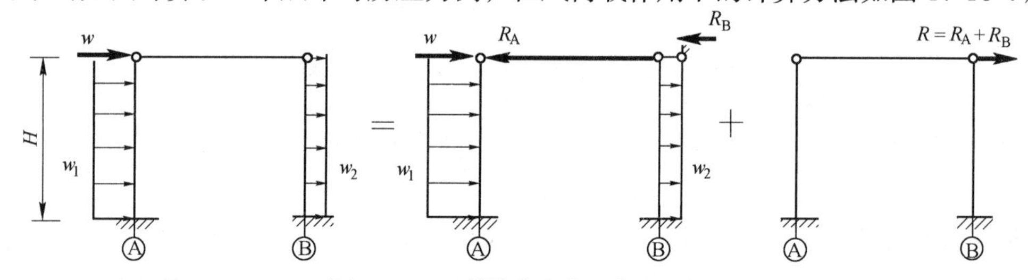

图17-18-4 弹性方案房屋内力分析

（五）刚弹性方案房屋墙、柱的内力分析

刚弹性方案房屋墙、柱内力分析可按屋架或大梁与墙、柱为铰接，并考虑房屋空间工作性能影响的平面排架（单层）或框架（多层）计算。其计算方法与弹性方案房屋类似，只是把屋架或大梁支承点的水平方向看成弹性支座，考虑房屋空间工作性能影响系数η的影响。

1. 单层房屋墙、柱内力计算方法（见图17-18-5）

（1）根据屋盖类别和横墙最大间距确定静力计算方案，并确定空间性能影响系数η，形成柱顶具有弹性支承的平面排架，见图17-18-5a）。

（2）按平面排架的一般分析方法，假设排架无侧移，求出不动铰支承反力R和各柱顶剪力（如V_{A1}），见图17-18-5b）。

（3）由于横墙承担（$1-\eta$）R的水平反力，因此只需将R乘以η后反向作用于排架上，求出柱顶剪力（如V_{A2}、V_{B2}），见图17-18-5c）。

（4）叠加上述两种情况下的柱顶剪力，即得最后的柱顶剪力（如V_A、V_B），见图17-18-5d），然后算出柱内各控制截面的内力。

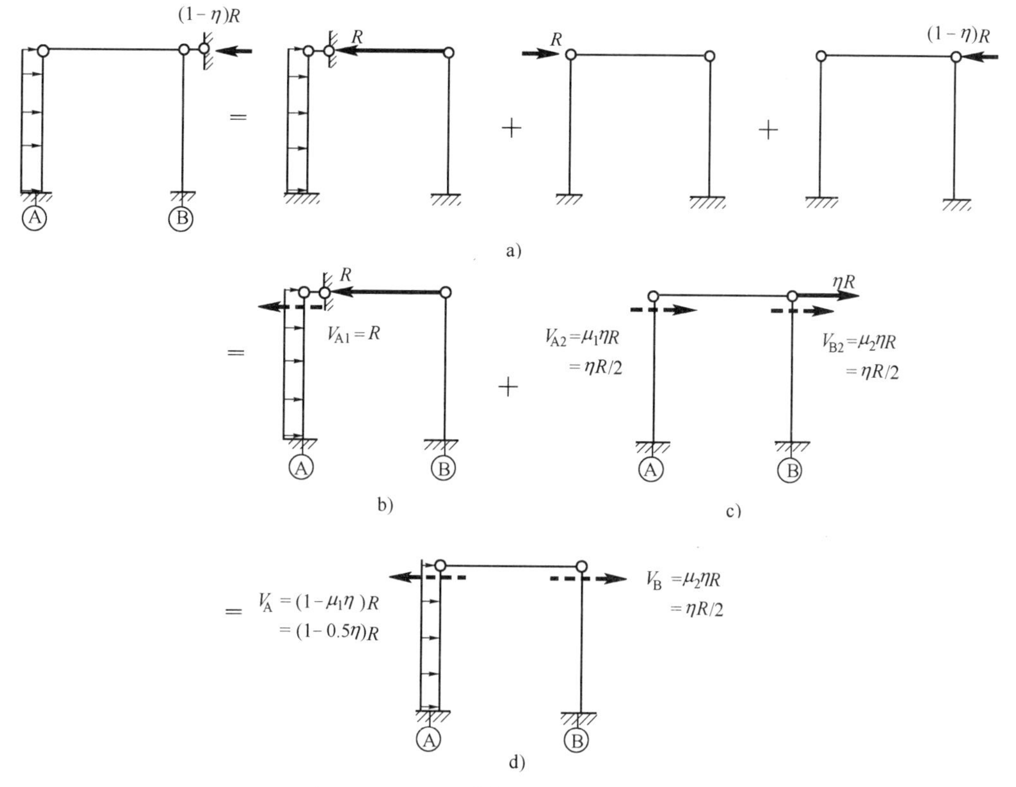

图 17-18-5　刚弹性方案房屋内力分析

2. 多层房屋墙、柱内力计算方法

多层刚弹性方案房屋墙、柱内力分析步骤与上述单层的内力分析步骤没有原则上的区别，只是首先需根据相应层的楼盖（或屋盖）类别和横墙最大间距确定房屋各层的空间性能影响系数η_i。对于上柔下刚方案或上刚下柔方案的多层房屋，可采用下述近似分析方法。

（1）上柔下刚方案多层房屋

如顶层为会议室而底层为办公室的房屋，有可能属上柔下刚方案，其顶层按单层房屋（空间性能影响系数为η）进行内力计算，下面各层按刚性方案计算内力（见图 17-18-6）。

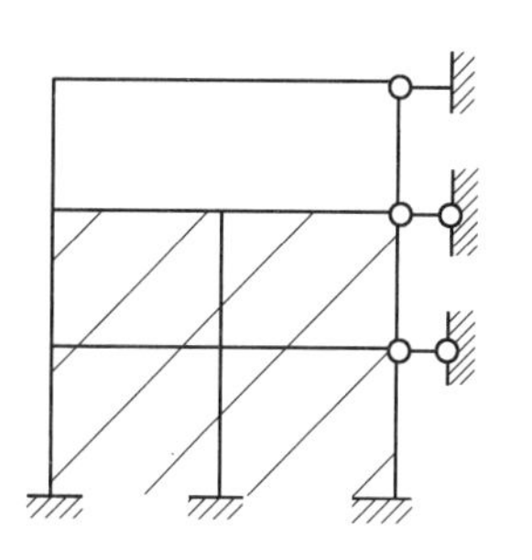

图 17-18-6　上柔下刚多层房屋

（2）上刚下柔方案多层房屋

如底层为商场，而上面各层为办公室或住宅的房屋，有可能属上刚下柔方案。其内力计算步骤如图 17-18-7 所示。

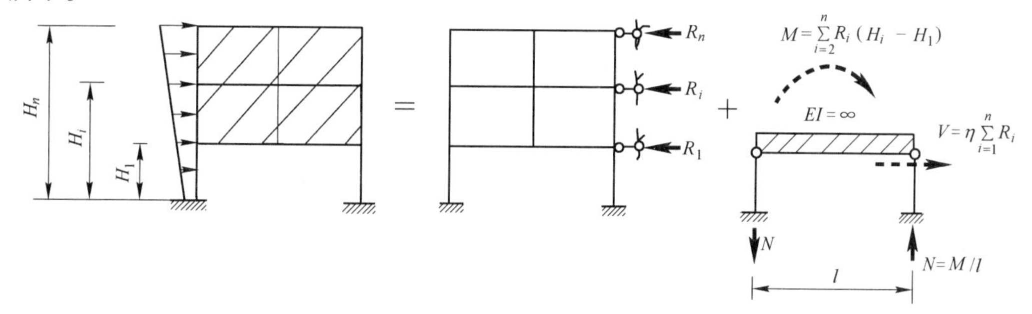

图 17-18-7　上刚下柔多层房屋内力分析

【例 17-18-4】在相同荷载、相同材料、相同几何条件下，用弹性方案、刚弹性方案和刚性方案计算砌体结构的柱（墙）底端弯矩，结果分别为$M_{弹}$、$M_{刚弹}$和$M_{刚}$，三者的关系是：

A. $M_{刚弹} > M_{刚} > M_{弹}$　　B. $M_{弹} < M_{刚弹} < M_{刚}$

C. $M_{弹} > M_{刚弹} > M_{刚}$　　D. $M_{刚弹} < M_{刚} < M_{弹}$

解 上端约束越小，变形越大，柱（墙）底弯矩越大。刚性方案上端为不动铰支座，柱底弯矩最小；刚弹性方案为弹性支座，柱底弯矩次之；弹性方案无约束，柱底弯矩最大。

答案： C

三、构造

砌体结构设计时，为了保证房屋的耐久性，提高房屋的空间刚度和整体性能，墙、柱应满足高厚比及其他构造要求。

（一）墙、柱的计算高度

在墙、柱截面抗压承载力计算以及高厚比验算时，应采用计算高度，其值与墙、柱的实际高度不一定相等。砌体墙、柱的计算高度H_0应根据房屋类别和构件支承条件等按表 17-17-2 采用。表中的构件高度H应按下列规定采用：

（1）在房屋底层，为楼板顶面到构件下端支点的距离；下端支点的位置，可取在基础顶面；当埋置较深且有刚性地坪时，可取室外地面下 500mm 处。

（2）在房屋其他层，为楼板或其他水平支点间的距离。

（3）对于无壁柱的山墙，可取层高加山墙尖高度的 1/2；对于带壁柱的山墙，可取壁柱处的山墙高度。

（二）墙、柱的允许高厚比

1. 墙、柱高厚比验算

矩形截面墙、柱的高厚比应按下式验算

$$\beta = \frac{H_0}{h} \leqslant \mu_1\mu_2[\beta] \tag{17-18-1}$$

式中：H_0—墙、柱的计算高度，应按表 17-17-2 采用；

h—墙厚或矩形柱与H_0相对应的边长；

μ_1—自承重墙允许高厚比的修正系数；

μ_2—有门窗洞口墙允许高厚比的修正系数；

$[\beta]$—墙、柱的允许高厚比，按表 17-18-6 采用。

墙、柱的允许高厚比$[\beta]$值　　表 17-18-6

砌体类型	砂浆强度等级	墙	柱
无筋砌体	M2.5	22	15
	M5.0 或 Mb5.0、Ms5.0	24	16
	≥M7.5 或 Mb7.5、Ms7.5	26	17
配筋砌块砌体	—	30	21

注：1.毛石墙、柱的允许高厚比应按表中数值降低 20%。

2.带有混凝土或砂浆面层的组合砖砌体构件的允许高厚比，可按表中数值提高 20%，但不得大于 28。

3.验算施工阶段砂浆尚未硬化的新砌砌体构件高厚比时，允许高厚比对墙取 14，对柱取 11。

由式（17-18-1）可知，当墙、柱的厚度一定时，其最大计算高度$H_0 = \mu_1\mu_2[\beta]h$；而当墙、柱的计算高度H_0一定时，其最小厚度$h = H_0/(\mu_1\mu_2[\beta])$。如果与墙连接的相邻两横墙间的距离$s \leqslant \mu_1\mu_2[\beta]h$时，

可认为墙两边的支承情况牢靠，墙的高度可不受上述高厚比限制而由承载力计算确定。

此外，承重的独立砖柱截面尺寸不应小于 240mm×370mm。毛石墙的厚度不宜小于 350mm，毛料石柱较小边长不宜小于 400mm。

2. 带壁柱墙和带构造柱墙的高厚比验算

包括整片墙的高厚比验算和壁柱间或构造柱间墙的局部稳定性高厚比验算，两者均应符合要求。

（1）整片墙的高厚比验算

①带壁柱墙的高厚比按式（17-18-1）验算，此时式中的h应改用带壁柱墙截面的折算厚度h_T。按表 17-17-2 确定带壁柱墙的计算高度H_0时，s应取相邻横墙间的距离。

②当构造柱截面宽度不小于墙厚时，可按式（17-18-1）验算带构造柱墙的高厚比，此时公式中的h取墙厚；当确定墙的计算高度H_0时，s应取相邻横墙间的距离。墙的允许高厚比$[\beta]$可乘以提高系数μ_c

$$\mu_c = 1 + \gamma \frac{b_c}{l} \tag{17-18-2}$$

式中：γ—系数，对细料石砌体，$\gamma = 0$，对混凝土砌块、混凝土多孔砖、粗料石、毛料石及毛石砌体，$\gamma = 1.0$，其他砌体，$\gamma = 1.5$；

b_c—构造柱沿墙长方向的宽度；

l—构造柱的间距。

当$b_c/l > 0.25$时，取$b_c/l = 0.25$；当$b_c/l < 0.05$ 时，取$b_c/l = 0$。

（2）壁柱间或构造柱间墙的高厚比验算

该墙以壁柱或构造柱作为支承，按矩形截面采用式（17-18-1）验算高厚比，此时，s应取相邻壁柱间或相邻构造柱间的距离。设有钢筋混凝土圈梁的带壁柱墙或带构造柱墙，当$b/s \geqslant 1/30$时，圈梁可视作壁柱间墙或构造柱间墙的不动铰支点（b为圈梁的宽度）。如不允许增加圈梁宽度，可按墙体平面外等刚度原则增加圈梁高度，以满足壁柱间墙或构造柱间墙不动铰支点的要求。

3. 厚度$h \leqslant 240\text{mm}$的自承重墙的允许高厚比修正系数μ_1

$h = 240\text{mm}$	$\mu_1 = 1.2$
$h = 90\text{mm}$	$\mu_1 = 1.5$
$240\text{mm} > h > 90\text{mm}$	μ_1可按插入法取值

上端为自由端墙的允许高厚比，除按上述规定提高外，尚可提高 30%。对厚度小于 90mm 的墙，当双面采用不低于 M10 的水泥砂浆抹面，包括抹面层的墙厚不小于 90mm 时，可按墙厚等于 90mm 验算高厚比。

4. 对有门窗洞口墙的允许高厚比修正系数μ_2

$$\mu_2 = 1 - 0.4\frac{b_s}{s} \tag{17-18-3}$$

式中：b_s—在宽度s范围内的门窗洞口总宽度；

s—相邻窗间墙或壁柱之间的距离。

当按式（17-18-3）算得的$\mu_2 < 0.7$ 时，取$\mu_2 = 0.7$。当洞口高度等于或小于墙高的 1/5 时，取$\mu_2 = 1.0$。

【例 17-18-5】 在墙的高厚比不满足时，下列哪种改善措施的作用并不明显？

A.提高砂浆强度等级　　B.提高块体强度等级

C.加大墙体厚度　　D.增加壁柱

解　根据《砌体规范》第6.1.1条表6.1.1，提高砂浆的强度等级，墙、柱的允许高厚比$[\beta]$值增加，但与块体的强度等级无关。第6.1.2条，验算带壁柱墙的高厚比时，采用带壁柱墙截面的折算厚度。加大墙体厚度可以减小高厚比。

答案：B

（三）耐久性规定

设计工作年限为50年时，砌体材料的耐久性应符合下列规定：

（1）地面以下或防潮层以下的砌体、潮湿房间的墙所用材料的最低强度等级应符合表17-18-7的规定。

地面以下或防潮层以下的砌体、潮湿房间的墙所用材料的最低强度等级　　**表**17-18-7

潮湿程度	烧结普通砖	混凝土普通砖、蒸压普通砖	混凝土砌块	石材	水泥砂浆
稍潮湿的	MU15	MU20	MU7.5	MU30	MU5
很潮湿的	MU20	MU20	MU10	MU30	MU7.5
含饱和水的	MU20	MU25	MU15	MU40	MU10

注：1.在冻胀地区，地面以下或防潮层以下的砌体，不宜采用多孔砖；如采用时，孔洞应用不低于M10的水泥砂浆预先灌实；当采用混凝土空心砌块时，其孔洞应采用强度等级不低于Cb20的混凝土预先灌实。

2.对安全等级为一级或设计工作年限大于50年的房屋，表中材料强度等级应至少提高一级。

（2）处于有侵蚀性介质的砌体材料应符合下列规定：

①不应采用蒸压灰砂普通砖、蒸压粉煤灰普通砖；

②应采用实心砖，砖的强度等级不应低于MU20，水泥砂浆的强度等级不应低于M10；

③混凝土砌块的强度等级不应低于MU15；灌孔混凝土的强度等级不应低于Cb30，砂浆的强度等级不应低于Mb10。

（四）一般构造要求

为了保证房屋的空间刚度和良好的整体性，墙、柱除应进行高厚比验算外，还应满足以下构造要求。

1. 沉降缝设置

（1）为防止因地基不均匀沉降而出现裂缝，在房屋下列部位宜设置沉降缝：

①建筑平面有转折的部位；

②建筑物高度差异或荷载差异较大的分界处；

③房屋的长度超过规定的温度缝间距时，在房屋中部适当部位；

④地基土的压缩性有显著差异处；

⑤在不同建筑结构形式或不同基础类型的分界处；

⑥在分期建筑房屋的交界处。

（2）沉降缝的构造是缝两侧的结构从基础至屋顶全部分开，可以各自自由沉降而不发生碰撞。

（3）对于建筑在软弱地基或不均匀地基上的砌体房屋，宜采用下列措施增强整体刚度和承载力，以减小房屋的沉降和不均匀沉降：

①对于三层和三层以上的房屋，其长高比L/H_f宜小于或等于2.5；当房屋的长高比$2.5 < L/H_f \leqslant 3.0$时，宜做到纵墙不转折或少转折，并应控制其内横墙间距或增强基础刚度和承载力；当房屋的预估最大

沉降量小于或等于 120mm 时，其长高比可不受此限制。

②墙体内宜设置钢筋混凝土圈梁或钢筋砖圈梁。

③在墙体上开洞时，宜在开洞部位配筋或采用构造柱及圈梁加强。

2. 圈梁设置

为增强房屋的整体刚度，防止由于地基不均匀沉降或较大振动荷载等对房屋引起的不利影响，需在墙中设置现浇钢筋混凝土圈梁。

（1）单层房屋

车间、仓库、食堂等空旷的单层房屋应按下列规定设置圈梁：

①砖砌体房屋，檐口标高为 5~8m 时，应在檐口标高处设置圈梁一道，檐口标高大于 8m 时，应增加设置数量；

②砌体及料石砌体房屋，檐口标高为 4~5m 时，应在檐口标高处设置圈梁一道，檐口标高大于 5m 时，应增加设置数量；

③对有吊车或较大振动设备的单层工业房屋，除在檐口或窗顶标高处设置现浇钢筋混凝土圈梁外，尚应增加设置数量。

（2）多层房屋

①住宅、办公楼等多层砌体民用房屋，且层数为 3~4 层时，应在底层和檐口标高处各设置圈梁一道；当层数超过 4 层时，应在所有纵、横墙上隔层设置。

②多层砌体工业房屋，应每层设置现浇钢筋混凝土圈梁。

③设置墙梁的多层砌体房屋，应在托梁、墙梁顶面和檐口标高处设置现浇钢筋混凝土圈梁，其他楼层处应在所有纵横墙上每层设置。

④采用现浇钢筋混凝土楼（屋）盖的多层砌体结构房屋，当层数超过 5 层时，除在檐口标高处设置一道圈梁外，可隔层设置圈梁，并与楼（屋）面板一起整浇；未设置圈梁的楼面板嵌入墙内的长度不应小于 120mm，并沿墙长配置不少于$2\phi10$的纵向钢筋。

（3）建筑在软弱地基或不均匀地基上的砌体房屋

①在多层房屋的基础和顶层宜各设置一道，其他各层可隔层设置，必要时也可每层设置；单层工业房屋、仓库，可结合基础梁、连系梁、过梁等酌情设置。

②圈梁应设置在外墙、内纵墙和主要内横墙上，并宜在平面内连成封闭系统。

（4）圈梁构造要求

①圈梁宜连续设在同一水平面上，并形成封闭状；当圈梁被门窗洞口截断时，应在洞口上部增设相同截面的附加圈梁；附加圈梁与圈梁的搭接长度不应小于两者中到中垂直距离的两倍，且不得小于 1m。

②纵横墙交接处的圈梁应有可靠的连接；刚弹性和弹性方案房屋，圈梁应与屋架、大梁等构件可靠连接。

③钢筋混凝土圈梁的宽度宜与墙厚相同，当墙厚$h \geq 240$mm时，其宽度不宜小于$2/3h$；圈梁高度不应小于 120mm，纵向钢筋不应少于$4\phi10$，绑扎接头的搭接长度按受拉钢筋考虑，箍筋间距不应大于 300mm。

④圈梁兼作过梁时，过梁部分的钢筋应按计算另行增配。

【例 17-18-6】 设计多层砌体房屋时，受工程地质条件的影响，预期房屋中部的沉降比两端大，为防止地基不均匀沉降对房屋的影响，最宜采取的措施是：

A. 设置构造柱　　B. 在檐口处设置圈梁

C. 在基础顶面设置圈梁　　D. 采用配筋砌体结构

解 为了防止地基不均匀沉降，可在多层砌体房屋的基础顶面和檐口处各设一道圈梁。当房屋中部沉降较两端为大时，基础顶面的圈梁作用大；当房屋两端沉降较中部为大时，则檐口处的圈梁作用大。

答案：C

3. 垫块设置

跨度大于 6m 的屋架和跨度大于下列数值的梁，应在支承处的砌体上设置混凝土或钢筋混凝土垫块；当墙中设有圈梁时，垫块与圈梁宜浇成整体。

（1）对砖砌体为 4.8m；

（2）对砌块和料石砌体为 4.2m；

（3）对毛石砌体为 3.9m。

4. 壁柱设置

当梁跨度大于或等于下列数值时，在其支承处宜加设壁柱，或采取其他加强措施：

（1）对 240mm 厚的砖墙为 6m，对 180mm 厚的砖墙为 4.8m；

（2）对砌块、料石墙为 4.8m。

【例 17-18-7】砌体结构房屋，当梁跨度大到一定程度时，在梁支承处宜加设壁柱。对砌块砌体而言，现行规范规定的该跨度限值是：

A. 4.8m　　B. 6.0m

C. 7.2m　　D. 9m

解 构造要求，见《砌体规范》第 6.2.8 条，对砌块、料石墙为 4.8m。

答案：A

5. 支承长度要求

预制钢筋混凝土板在混凝土圈梁上的支承长度不应小于 80mm；板端伸出的钢筋应与圈梁可靠连接，且同时浇筑。预制钢筋混凝土板在墙上的支承长度不应小于 100mm。

6. 连接锚固要求

（1）支承在墙、柱上的吊车梁、屋架及跨度大于或等于下列数值的预制梁端部，应采用锚固件与墙、柱上的垫块锚固：

①对砖砌体为 9m；

②对砌块和料石砌体为 7.2m。

（2）填充墙、隔墙应分别采取措施与周边主体结构构件可靠连接。

（3）山墙处的壁柱或构造柱宜砌至山墙顶部，屋面构件应与山墙可靠拉结。

7. 墙体与钢筋混凝土柱的连接要求

墙体与钢筋混凝土柱应有可靠拉结，如图 17-18-8 所示，柱内预埋钢筋应砌入墙体灰缝中。

（五）防止或减轻墙体开裂的主要措施

（1）为了防止或减轻房屋在正常使用条件下，由温差和砌体干缩引起的墙体竖向裂缝，应在墙体中设置伸缩缝。伸缩缝应设在因温度和收缩变形引起应力集中、砌体产生裂缝的可能性最大处。伸缩缝的间距可按表 17-18-8 采用。

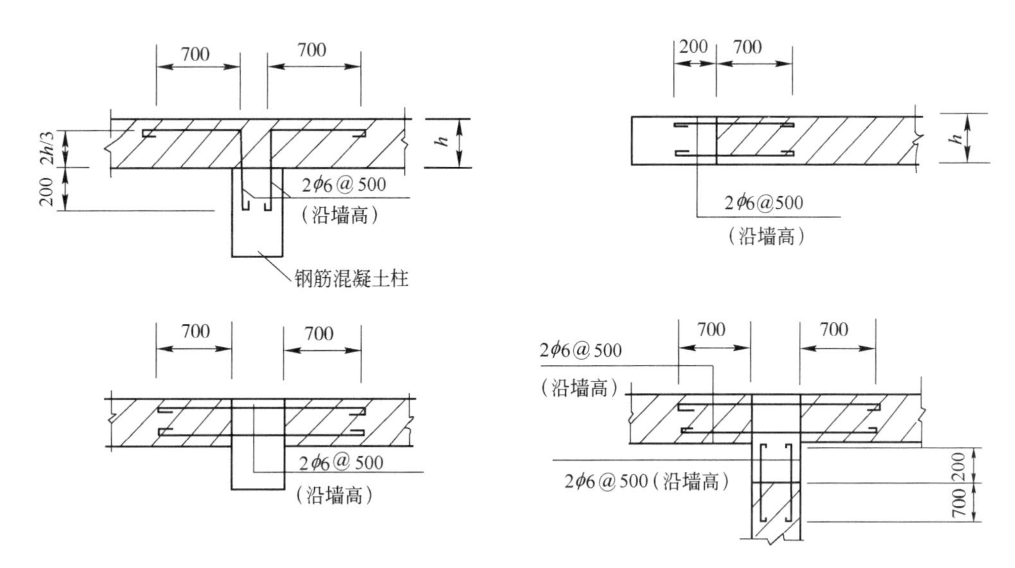

图 17-18-8 墙体与混凝土柱的连接（尺寸单位：mm）

砌体房屋伸缩缝的最大间距（单位：m） 表 17-18-8

屋盖或楼盖类别		间距
整体式或装配整体式钢筋混凝土结构	有保温层或隔热层的屋盖、楼盖	50
	无保温层或隔热层的屋盖	40
装配式无檩体系钢筋混凝土结构	有保温层或隔热层的屋盖、楼盖	60
	无保温层或隔热层的屋盖	50
装配式有檩体系钢筋混凝土结构	有保温层或隔热层的屋盖	75
	无保温层或隔热层的屋盖	60
瓦材屋盖、木屋盖或楼盖、轻钢屋盖		100

注：1.对烧结普通砖、烧结多孔砖、配筋砌块砌体房屋，取表中数值；对石砌体、蒸压灰砂普通砖、蒸压粉煤灰普通砖、混凝土砌块、混凝土普通砖和混凝土多孔砖房屋，取表中数值乘以 0.8 的系数；当墙体有可靠外保温措施时，其间距可取表中数值。

2.在钢筋混凝土屋面上挂瓦的屋盖应按钢筋混凝土屋盖采用。

3.层高大于 5m 的烧结普通砖、烧结多孔砖、配筋砌块砌体结构单层房屋，其伸缩缝间距可按表中数值乘以 1.3。

4.温差较大且变化频繁地区和严寒地区不采暖的房屋及构筑物墙体伸缩缝的最大间距，应按表中数值予以适当减小。

5.墙体的伸缩缝应与结构的其他变形缝相重合，缝宽度应满足各种变形缝的变形要求；在进行立面处理时，必须保证缝隙的伸缩作用。

（2）房屋顶层墙体，宜根据情况采取下列措施：

①屋面应设置保温、隔热层；

②屋面保温（隔热）层或屋面刚性面层及砂浆找平层应设置分隔缝，分隔缝间距不宜大于 6m，其缝宽不小于 30mm，并与女儿墙隔开；

③采用装配式有檩体系钢筋混凝土屋盖和瓦材屋盖；

④顶层屋面板下设置现浇钢筋混凝土圈梁，并沿内外墙拉通，房屋两端圈梁下的墙体内宜设置水平钢筋；

⑤顶层墙体有门窗等洞口时，在过梁上的水平灰缝内设置 2~3 道焊接钢筋网片或 2 根直径 6mm 钢筋，焊接钢筋网片或钢筋应伸入洞口两端墙内不小于 600mm；

⑥顶层及女儿墙砂浆强度等级不低于 M7.5（Mb7.5、Ms7.5）；

⑦女儿墙应设置构造柱，构造柱间距不宜大于 4m，构造柱应伸至女儿墙顶并与现浇钢筋混凝土压顶整浇在一起；

⑧对顶层墙体施加竖向预应力。

（3）房屋底层墙体，宜根据情况采取下列措施：

①增大基础圈梁的刚度；

②在底层的窗台下墙体灰缝内设置 3 道焊接钢筋网片或 2 根直径 6mm 钢筋，并伸入两边窗间墙内不小于 600mm；

（4）在每层门、窗过梁上方的水平灰缝内及窗台下第一和第二道水平灰缝内，宜设置焊接钢筋网片或 2 根直径 6mm 钢筋，焊接钢筋网片或钢筋应伸入两边窗间墙内不小于 600mm。当墙长大于 5m 时，宜在每层墙高度中部设置 2~3 道焊接钢筋网片或 3 根直径 6mm 的通长水平钢筋，竖向间距为 500mm。

（5）房屋两端和底层第一、第二开间门窗洞口处，可采取下列措施：

①在门窗洞口两边墙体的水平灰缝中，设置长度不小于 900mm、竖向间距为 400mm 的 2 根直径 4mm 的焊接钢筋网片。

②在顶层和底层设置通长钢筋混凝土窗台梁，窗台梁高宜为块材高度的模数，梁内纵筋不少于 4 根，直径不小于 10mm，箍筋直径不小于 6mm，间距不大于 200mm，混凝土强度等级不低于 C25。

③在混凝土砌块房屋门窗洞口两侧不少于一个孔洞中设置直径不小于 12mm 的竖向钢筋，竖向钢筋应在楼层圈梁或基础内锚固，孔洞用不低于 Cb20 混凝土灌实。

（6）填充墙砌体与梁、柱或混凝土墙体结合的界面处（包括内、外墙），宜在粉刷前设置钢丝网片，网片宽度可取 400mm，并沿界面缝两侧各延伸 200mm，或采取其他有效的防裂、盖缝措施。

（7）当房屋刚度较大时，可在窗台下或窗台角处墙体内、在墙体高度或厚度突然变化处设置竖向控制缝。竖向控制缝宽度不宜小于 25mm，缝内填以压缩性能好的填充材料，且外部用密封材料密封，并采用不吸水的、闭孔发泡聚乙烯实心圆棒（背衬）作为密封膏的隔离物（见图 17-18-9）。

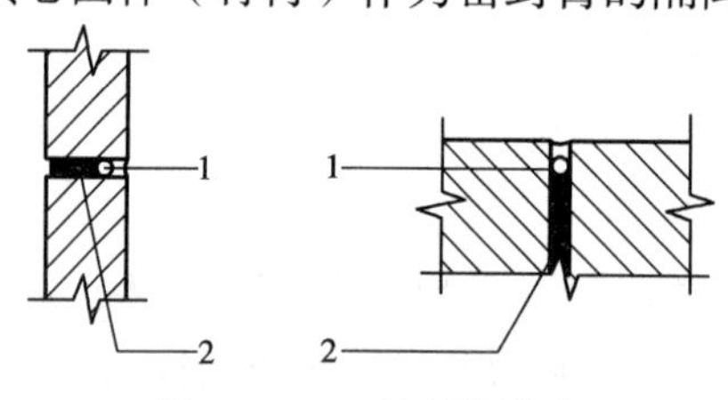

图 17-18-9 控制缝构造

1-不吸水的、闭孔发泡聚乙烯实心圆棒；2-柔软、可压缩的填充物

（8）夹心复合墙的外叶墙宜在建筑墙体适当部位设置控制缝，其间距宜为 6~8m。

习 题

17-18-1 《砌体规范》判定砌体结构为刚性方案、刚弹性方案或弹性方案判别因素是（ ）。

A. 砌体的材料和强度

B. 砌体的高厚比

C. 屋盖、楼盖的类别与横墙的刚度及间距

D. 屋盖、楼盖的类别与横墙的间距，而与横墙本身条件无关

17-18-2　刚性和刚弹性方案房屋的横墙应符合的要求是（　　）。

①墙的厚度不宜小于 180mm；②横墙中开有洞口时，洞口的水平截面面积不应超过横墙截面面积的 25%；③单层房屋的横墙长度不宜小于其高度；④多层房屋的横墙长度不宜小于横墙总高的 1/2。

A. ①②　　B. ①②③

C. ①②③④　　D. ①③④

17-18-3　影响砌体结构房屋空间工作性能的主要因素是（　　）。

A. 砌体所用块材和砂浆的强度等级　　B. 外纵墙的高厚比和门窗开洞数量

C. 屋盖、楼盖的类别及横墙的间距　　D. 圈梁和构造柱的设置是否符合要求

17-18-4　砖砌体结构房屋，对于跨度大于（　　）的梁，其支承面下的砌体应设置混凝土或钢筋混凝土垫块。

A. 4.2m　　B. 4.8m　　C. 3.9m　　D. 4.5m

17-18-5　对厚度 240mm 的砖墙，当梁跨度大于或等于（　　）时，其支承处宜加设壁柱或采取其他加强措施。

A. 4.8m　　B. 6.0m　　C. 7.5m　　D. 4.5m

17-18-6　经验算某砌体房屋墙体的高厚比不满足要求，可采取下列（　　）措施。

①提高块体的强度等级；②提高砂浆的强度等级；③增加墙的厚度；④减小洞口面积。

A. ①③　　B. ①②③　　C. ②③④　　D. ①③④

17-18-7　防止或减轻砌体房屋顶层墙体的裂缝，可采取的措施是（　　）。

①屋面设置保温、隔热层；②屋面保温或屋面刚性面层设置分隔缝；③顶层屋面板下设置现浇钢筋混凝土圈梁；④女儿墙设置构造柱。

A. ①②③　　B. ①②③④　　C. ①②④　　D. ①③④

17-18-8　砌体房屋伸缩缝的间距与下列因素有关的是（　　）。

①屋盖或楼盖的类别；②砌体的类别；③砌体的强度等级；④环境温差。

A. ①②③　　B. ①③④　　C. ①②④　　D. ①③

第十九节　砌体结构房屋部件

一、圈梁

在房屋的檐口、窗顶、楼层、吊车梁顶或基础顶面标高处，沿砌体墙水平方向设置封闭状的按构造配筋的混凝土梁式构件，称为圈梁。位于屋顶屋面梁、板下的圈梁称为檐口圈梁；在±0.00 以下基础中的圈梁，称为基础圈梁。

圈梁的作用是增加砌体结构房屋的空间整体性和刚度，提高墙体的稳定性；可抑制由于地基不均匀沉降引起的墙体开裂，并有效消除或减弱较大振动荷载对墙体产生的不利影响。跨越门窗洞口的圈梁经过设计可兼作过梁。

圈梁的布置和构造见本章第十八节。

二、过梁

（一）过梁的分类和应用

过梁在砌体结构中用于门、窗洞上承受洞口顶面以上砌体的自重及上层楼面梁、板可能传下来的均布荷载或集中荷载。

过梁有砖砌过梁和钢筋混凝土过梁。砖砌过梁又可分为砖砌平拱、砖砌弧拱、钢筋砖过梁。砖砌平拱是将砖以竖立和侧立形式跨越洞口的过梁，一般用于净跨不大于 1.2m，且非抗震或无动载的洞口。砖砌弧拱是将砖以竖立或侧立形式砌成弧形拱式过梁，当弧拱矢高$a=$（1/8~1/2）l_n时，l_n=2.5~3m；当$a=$（1/5~1/6）l_n时，l_n=3.0~4.0m。这种过梁建筑美观，但施工复杂，抗震和抗振动性差，一般用于非抗震设计的建筑。钢筋砖过梁是在砖砌过梁底部放置不少于$\phi5\sim\phi8@120$ 的纵向受力钢筋而形成的过梁；钢筋在支座内的锚固长度每端不少于 240mm；过梁计算高度内的砂浆强度等级不低于 M5，且应与两端墙体同时砌筑；梁底用厚 30mm 的 1∶3 水泥砂浆抹平；一般净跨不应超过 1.5m。

（二）过梁的荷载

1. 梁、板荷载

对砖和砌块砌体，当梁、板下的墙体高度$h_w < l_n$时（l_n为过梁的净跨），应计入梁、板传来的荷载；当梁、板下的墙体高度$h_w \geqslant l_n$时，可不考虑梁、板荷载。

2. 墙体荷载

（1）对砖砌体，当过梁上的墙体高度$h_w < l_n/3$时，应按墙体的均布自重采用；当墙体高度$h_w \geqslant l_n/3$时，应按高度为$l_n/3$墙体的均布自重采用。

（2）对砌块砌体，当过梁上的墙体高度$h_w < l_n/2$时，应按墙体的均布自重采用；当墙体高度$h_w \geqslant l_n/2$时，应按高度为$l_n/2$墙体的均布自重采用。

（三）过梁计算

1. 砖砌平拱

跨中按正截面抗弯承载力验算，并采用沿齿缝截面的弯曲抗拉强度设计值。支座边截面按抗剪承载力计算，但一般均能满足，可不计算。

2. 钢筋砖过梁

抗弯承载力可按下式计算

$$M \leqslant 0.85 h_0 f_y A_s \tag{17-19-1}$$

式中：M—按简支梁计算的跨中弯矩设计值；

f_y—钢筋的抗拉强度设计值；

A_s—受拉钢筋的截面面积；

h_0—过梁截面的有效高度，$h_0 = h - a_s$；

a_s—受拉钢筋重心至截面下边缘的距离；

h—过梁的截面计算高度，取过梁底面以上的墙体高度，但不大于$l_n/3$，当考虑梁、板传来的荷载时，则按梁、板下的高度采用。

3. 混凝土过梁

混凝土过梁的承载力，应按混凝土受弯构件计算。验算过梁下砌体局部抗压承载力时，可不考虑上层荷载的影响；梁端底面压应力图形完整系数可取 1.0，梁端有效支承长度可取实际支承长度，但不应大于墙厚。

【例 17-19-1】 图示砖砌体中的过梁，作用在过梁上的荷载为：

A. 20kN/m　　B. 18kN/m

C. 17.5kN/m　　D. 2.5kN/m

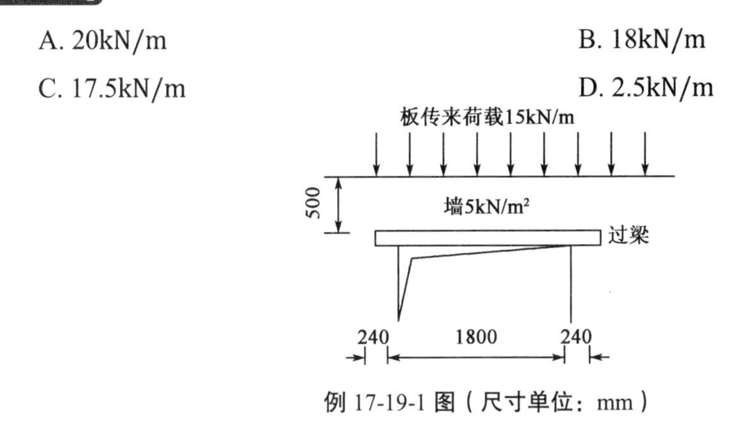

例 17-19-1 图（尺寸单位：mm）

解　《砌体规范》第 7.2.2 条第 1 款规定，当梁、板下的墙体高度h_w小于过梁的净跨l_n时，过梁应计入梁、板传来的荷载。第 2 款规定，对砖砌体，当过梁上的墙体高度$h_w < l_n/3$（l_n为过梁净跨）时，应按墙体的均布自重采用；当墙体高度$h_w \geqslant l_n/3$时，应按高度为$l_n/3$墙体的均布自重采用。所以作用在过梁上的荷载为：$15 + 5 \times 0.5 = 17.5$kN/m。

答案： C

三、墙梁

由钢筋混凝土托梁和托梁以上计算高度范围内的墙体组成的组合构件称为墙梁。墙梁包括简支墙梁、连续墙梁和框支墙梁，可分为承重墙梁和自承重墙梁。

（一）墙梁的适用条件

采用烧结普通砖砌体、混凝土普通砖砌体、混凝土多孔砖砌体和混凝土砌块砌体的墙梁设计应符合表 17-19-1 的规定。墙梁计算高度范围内每跨允许设置一个洞口；洞口边至支座中心的距离a_i，距边支座不应小于$0.15l_{0i}$，距中支座不应小于$0.07l_{0i}$。对多层房屋的墙梁，各层洞口宜设置在相同位置处，并宜上、下对齐。

墙梁的一般规定　　表 17-19-1

墙梁类别	墙体总高度（m）	跨　度（m）	墙体高跨比 h_w/l_{0i}	托梁高跨比 h_b/l_{0i}	洞宽比 b_h/l_{0i}	洞　高 h_h
承重墙梁	≤18	≤9	≥0.4	≥1/10	≤0.3	$\leqslant 5h_w/6$且 $h_w - h_h \geqslant 0.4$m
自承重墙梁	≤18	≤12	≥1/3	≥1/15	≤0.8	

注：1.墙体总高度指托梁顶面到檐口的高度，带阁楼的坡屋面应算到山尖墙 1/2 高度处。

2.对自承重墙梁，洞口至边支座中心的距离不宜小于$0.1l_{0i}$，门窗洞上口至墙顶的距离不应小于 0.5m。

3.h_w为墙体计算高度；h_b为托梁截面高度；l_{0i}为墙梁计算跨度；h_h为洞口高度，对窗洞取洞顶至托梁顶面距离。

（二）墙梁的计算简图

墙梁的计算简图应按图 17-19-1 采用。各计算参数应按下列规定取用：

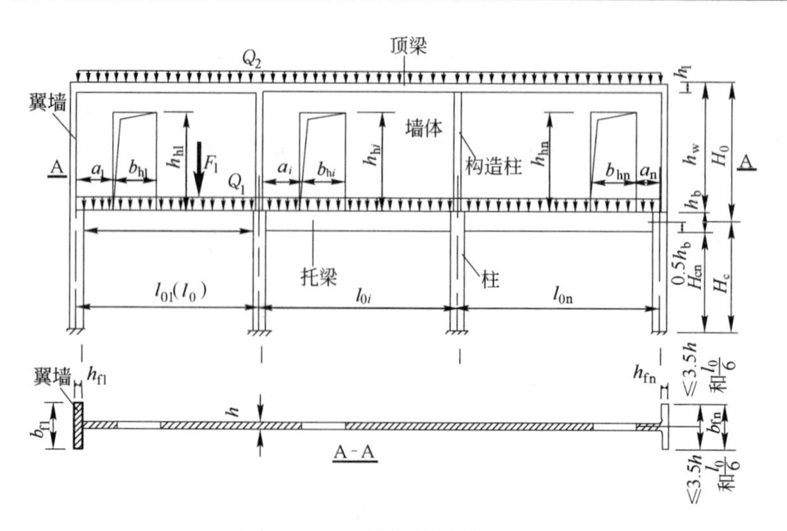

图 17-19-1　墙梁的计算简图

（1）墙梁计算跨度l_0（l_{0i}），对简支墙梁和连续墙梁取$1.1l_n$（$1.1l_{ni}$）或l_c（l_{ci}）两者中的较小值；l_n（l_{ni}）为净跨，l_c（l_{ci}）为支座中心线距离；对框支墙梁，取框架柱轴线间的距离l_c（l_{ci}）。

（2）墙体计算高度h_w，取托梁顶面上一层墙体高度，当$h_w > l_0$时，取$h_w = l_0$（对连续墙梁和多跨框支墙梁，l_0取各跨的平均值）。

（3）墙梁跨中截面计算高度H_0，取$H_0 = h_w + 0.5h_b$。

（4）翼墙计算宽度b_f，取窗间墙宽度或横墙间距的 2/3，且每边不大于 3.5h（h为墙体厚度）和$l_0/6$。

（5）框架柱计算高度H_c，取$H_c = H_{cn} + 0.5h_b$；H_{cn}为框架柱的净高，取基础顶面至托梁底面的距离。

（三）墙梁的荷载

墙梁上的荷载由作用于墙梁顶面的荷载和作用于托梁顶面的荷载两部分组成，上述荷载对墙梁使用阶段和施工阶段的影响有所不同。墙梁的计算荷载，应按下列规定采用。

1. 使用阶段墙梁上的荷载

1）承重墙梁

（1）承重墙梁的托梁顶面的荷载设计值，取托梁自重及本层楼盖的恒荷载和活荷载。

（2）承重墙梁的墙梁顶面的荷载设计值，取托梁以上各层墙体自重，以及墙梁顶面以上各层楼（屋）盖的恒荷载和活荷载；集中荷载可沿作用的跨度近似化为均布荷载。

2）自承重墙梁

自承重墙梁顶面的荷载设计值，取托梁自重及托梁以上墙体自重。

2. 施工阶段托梁上的荷载

（1）托梁自重及本层楼盖的恒荷载；

（2）本层楼盖的施工荷载；

（3）墙体自重，可取高度为$l_{0max}/3$的墙体自重，开洞时尚应按洞顶以下实际分布的墙体自重复核，l_{0max}为各计算跨度的最大值。

（四）墙梁的承载力计算

墙梁应分别进行托梁使用阶段正截面抗弯承载力和斜截面抗剪承载力计算、墙体抗剪承载力和托梁支座上部砌体局部抗压承载力计算，以及施工阶段托梁承载力验算。自承重墙梁可不验算墙体抗剪承载力和砌体局部抗压承载力。

1. 使用阶段托梁正截面承载力计算

（1）托梁跨中截面应按钢筋混凝土偏心受拉构件计算，第i跨跨中最大弯矩设计值M_{bi}及轴心拉力设计值N_{bti}可按下列公式计算

$$M_{bi}=M_{1i}+\alpha_M M_{2i} \tag{17-19-2}$$

$$N_{bti}=\eta_N\frac{M_{2i}}{H_0} \tag{17-19-3}$$

对简支墙梁

$$\alpha_M=\psi_M\left(1.7\frac{h_b}{l_0}-0.03\right) \tag{17-19-4}$$

$$\psi_M=4.5-10\frac{a}{l_0} \tag{17-19-5}$$

$$\eta_N=0.44+2.1\frac{h_w}{l_0} \tag{17-19-6}$$

对连续墙梁和框支墙梁

$$\alpha_M=\psi_M\left(2.7\frac{h_b}{l_{0i}}-0.08\right) \tag{17-19-7}$$

$$\psi_M=3.8-8\frac{a_i}{l_{0i}} \tag{17-19-8}$$

$$\eta_N=0.8+2.6\frac{h_w}{l_{0i}} \tag{17-19-9}$$

上述式中：M_{1i}—荷载设计值Q_1、F_1作用下的简支梁跨中弯矩或按连续梁、框架分析的托梁第i跨跨中最大弯矩；

M_{2i}—荷载设计值Q_2作用下的简支梁跨中弯矩或按连续梁、框架分析的托梁第i跨跨中最大弯矩；

α_M—考虑墙梁组合作用的托梁跨中弯矩系数，可按式（17-19-4）或式（17-19-7）计算，但对自承重简支墙梁应乘以 0.8，当式（17-19-4）中的$h_b/l_0>1/6$时，取$h_b/l_0=1/6$，当式（17-19-7）中的$h_b/l_{0i}>1/7$时，取$h_b/l_{0i}=1/7$，当$\alpha_M>1.0$时，取$\alpha_M=1.0$；

η_N—考虑墙梁组合作用的托梁跨中截面轴力系数，可按式（17-19-6）或式（17-19-9）计算，但对自承重简支墙梁应乘以 0.8，当$h_w/l_{0i}>1$时，取$h_w/l_{0i}=1$；

ψ_M—洞口对托梁弯矩的影响系数，对无洞口墙梁取 1.0，对有洞口墙梁可按式（17-19-5）或式（17-19-8）计算；

a_i—洞口边缘至墙梁最近支座中心的距离，当$a_i>0.35l_{0i}$时，取$a_i=0.35l_{0i}$。

（2）托梁支座截面应按钢筋混凝土受弯构件计算，第j支座的弯矩设计值M_{bj}可按下列公式计算

$$M_{bj}=M_{1j}+\alpha_M M_{2j} \tag{17-19-10}$$

$$\alpha_M=0.75-\frac{a_i}{l_{0i}} \tag{17-19-11}$$

上述式中：M_{1j}—荷载设计值Q_1、F_1作用下按连续梁或框架分析的托梁第j支座截面的弯矩设计值；

M_{2j}—荷载设计值Q_2作用下按连续梁或框架分析的托梁第j支座截面的弯矩设计值；

α_M—考虑墙梁组合作用的托梁支座截面弯矩系数，无洞口墙梁取 0.4，有洞口墙梁可按式（17-19-11）计算。

2. 使用阶段托梁斜截面承载力计算

（1）墙梁的托梁斜截面抗剪承载力应按钢筋混凝土受弯构件计算，第j支座边缘截面的剪力设计值V_{bj}可按下式计算

$$V_{bj}=V_{1j}+\beta_v V_{2j} \tag{17-19-12}$$

式中：V_{1j}—荷载设计值Q_1、F_1作用下按简支梁、连续梁或框架分析的托梁第j支座边缘截面剪力设计值；

V_{2j}—荷载设计值Q_2作用下按简支梁、连续梁或框架分析的托梁第j支座边缘截面剪力设计值；

β_v—考虑墙梁组合作用的托梁剪力系数，无洞口墙梁边支座截面取 0.6，中间支座截面取 0.7，有洞口墙梁边支座截面取 0.7，中间支座截面取 0.8，对自承重墙梁，无洞口时取 0.45，有洞口时取 0.5。

（2）墙梁的墙体受剪承载力，应按下式验算

$$V_2\leqslant\xi_1\xi_2\left(0.2+\frac{h_b}{l_{0i}}+\frac{h_t}{l_{0i}}\right)fhh_w \tag{17-19-13}$$

式中：V_2—在荷载设计值Q_2作用下墙梁支座边缘截面剪力的最大值；

ξ_1—翼墙影响系数，对单层墙梁取 1.0，对多层墙梁，当$b_f/h=3$时取 1.3，当$b_f/h=7$时取 1.5，当$3<b_f/h<7$时按线性插入取值；

ξ_2—洞口影响系数，无洞口墙梁取 1.0，多层有洞口墙梁取 0.9，单层有洞口墙梁取 0.6；

h_t—墙梁顶面圈梁截面高度。

3. 使用阶段托梁支座上部砌体局部抗压承载力验算

托梁支座上部砌体局部抗压承载力应按下列公式验算

$$Q_2\leqslant\zeta fh \tag{17-19-14}$$

$$\zeta=0.25+0.08b_f/h \tag{17-19-15}$$

式中：ζ—局部抗压系数。

当$b_f/h\geqslant5$或墙梁支座处设置上、下贯通的落地构造柱，且其截面不小于 240mm×240mm 时，可不验算托梁上部砌体局部抗压承载力。

4. 施工阶段托梁承载力验算

由施工阶段作用在托梁上的荷载设计值产生的最大弯矩和剪力，按钢筋混凝土受弯构件验算其抗弯和抗剪承载力。

（五）墙梁的构造要求

墙梁除需满足表 17-19-1 的适用条件及承载力计算之外，尚需满足下列要求。

1. 材料

（1）托梁和框支柱的混凝土强度等级不应低于 C30；

（2）承重墙梁的块体强度等级不应低于 MU10，计算高度范围内墙体的砂浆强度等级不应低于 M10（Mb10）。

2. 墙体

（1）框支墙梁的上部砌体房屋，以及设有承重的简支墙梁或连续墙梁的房屋，应满足刚性方案房屋的要求。

（2）墙梁的计算高度范围内的墙体厚度，对砖砌体不应小于 240mm，对混凝土砌块砌体不应小于 190mm。

（3）墙梁洞口上方应设置混凝土过梁，其支承长度不应小于 240mm；洞口范围内不应施加集中荷载。

（4）承重墙梁的支座处应设置落地翼墙；翼墙厚度，对砖砌体不应小于 240mm，对混凝土砌块砌体不应小于 190mm；翼墙宽度不应小于墙梁墙体厚度的 3 倍，并与墙梁墙体同时砌筑；当不能设置翼墙时，应设置落地且上、下贯通的混凝土构造柱。

（5）当墙梁墙体在靠近支座 1/3 跨度范围内开洞时，支座处应设置落地且上、下贯通的混凝土构造柱，并应与每层圈梁连接。

（6）墙梁计算高度范围内的墙体，每天可砌高度不应超过 1.5m；否则，应加设临时支撑。

3. 托梁

（1）托梁两侧各两个开间的楼盖应采用现浇混凝土楼盖；楼板厚度不应小于 120mm；当楼板厚度大于 150mm 时，宜采用双层双向钢筋网；楼板上应少开洞，洞口尺寸大于 800mm 时应设洞口边梁。

（2）托梁每跨底部的纵向受力钢筋应通长设置，不应在跨中弯起或截断；钢筋连接应采用机械连接或焊接。

（3）托梁跨中截面纵向受力钢筋总配筋率不应小于 0.6%。

（4）托梁上部通长布置的纵向钢筋面积与跨中下部纵向钢筋面积的比值不应小于 0.4。连续墙梁或多跨框支墙梁的托梁支座上部附加纵向钢筋，从支座边缘算起每边延伸长度不应小于$l_0/4$。

（5）承重墙梁的托梁在砌体墙、柱上的支承长度不应小于 350mm，纵向受力钢筋伸入支座的长度应符合受拉钢筋的锚固要求。

（6）当托梁截面高度$h_\mathrm{b}\geqslant 450$mm时，应沿梁截面高度设置通长水平腰筋，直径不应小于 12mm，间距不应大于 200mm。

（7）对于洞口偏置的墙梁，其托梁的箍筋加密区范围应延到洞口外，距洞边的距离大于或等于托梁截面高度h_b；箍筋直径不应小于 8mm，间距不应大于 100mm（见图 17-19-2）。

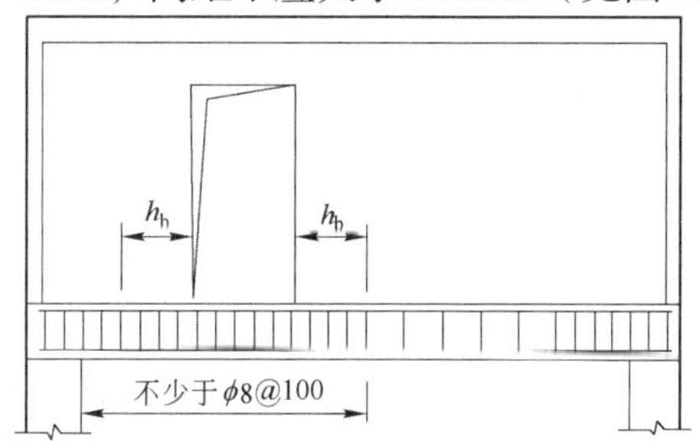

图 17-19-2　偏开洞时托梁箍筋加密区

四、挑梁

挑梁的特点是一端嵌入砌体墙内，另一端悬挑在外，且墙体与钢筋混凝土梁形成整体作用，而且必须重视抗倾覆问题。

（一）挑梁的抗倾覆验算

1. 砌体墙中钢筋混凝土挑梁的抗倾覆验算

$$M_{0\mathrm{v}}\leqslant M_\mathrm{r} \tag{17-19-16}$$

式中：$M_{0\mathrm{v}}$—挑梁的荷载设计值对计算倾覆点产生的倾覆力矩；

M_r—挑梁的抗倾覆力矩设计值。

2. 挑梁计算倾覆点至墙外边缘的距离

（1）当$l_1 \geqslant 2.2h_b$时

$$x_0 = 0.3h_b \tag{17-19-17}$$

且不应大于$0.13l_1$。

（2）当$l_1 < 2.2h_b$时

$$x_0 = 0.13l_1 \tag{17-19-18}$$

上述式中：l_1—挑梁埋入砌体墙中的长度（mm）；

x_0—计算倾覆点至墙外边缘的距离（mm）；

h_b—挑梁的截面高度（mm）。

注：当挑梁下有混凝土构造柱或垫梁时，计算倾覆点至墙外边缘的距离可取$0.5x_0$。

3. 挑梁的抗倾覆力矩设计值

$$M_r = 0.8G_r(l_2 - x_0) \tag{17-19-19}$$

式中：　G_r—挑梁的抗倾覆荷载，为挑梁尾端上部 45°扩展角的阴影范围（其水平长度为l_3）内本层的砌体与楼面恒荷载标准值之和（见图 17-19-3）；

l_2—G_r作用点至墙外边缘的距离。

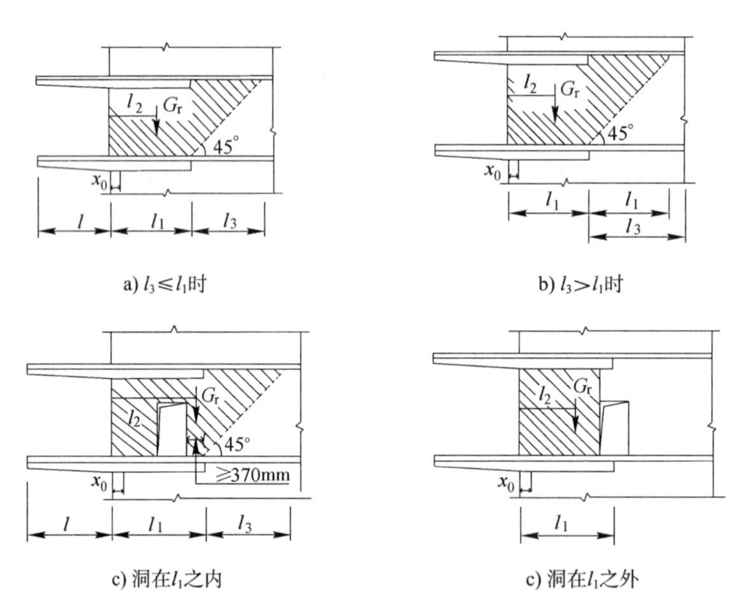

图 17-19-3　挑梁的抗倾覆荷载

（二）挑梁下砌体局部抗压承载力验算

挑梁下砌体的局部抗压承载力，可按下式验算（见图 17-19-4）

$$N_l \leqslant \eta \gamma f A_l \tag{17-19-20}$$

式中：N_l—挑梁下的支承压力，可取$N_l = 2R$，R为挑梁的倾覆荷载设计值；

η—梁端底面压应力图形的完整系数，可取 0.7；

γ—砌体局部抗压强度提高系数，对图 17-19-4a）可取 1.25，对图 17-19-4b）可取 1.5；

A_l—挑梁下砌体局部受压面积，可取$A_l = 1.2bh_b$，b为挑梁的截面宽度，h_b为挑梁的截面高度。

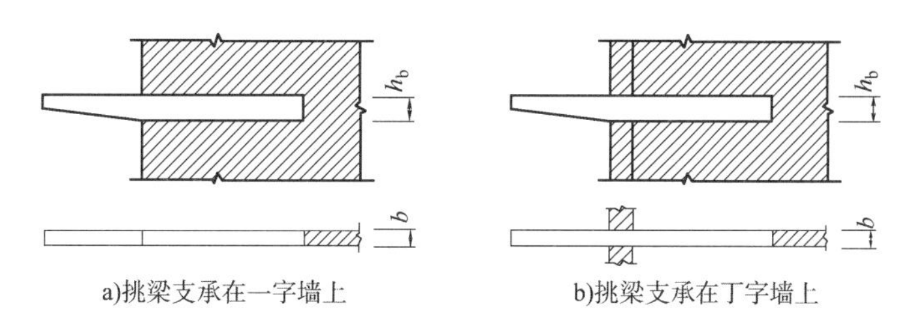

图 17-19-4　挑梁下砌体局部受压

（三）挑梁正截面和斜截面承载力计算

挑梁的最大弯矩设计值M_{max}和最大剪力设计值V_{max}，可按下列公式计算

$$M_{max}=M_0 \tag{17-19-21}$$

$$V_{max}=V_0 \tag{17-19-22}$$

式中：M_0—挑梁的荷载设计值对计算倾覆点截面产生的弯矩；

V_0—挑梁的荷载设计值在挑梁墙外边缘处截面产生的剪力。

其余同钢筋混凝土梁承载力计算。

（四）挑梁的构造要求

（1）纵向受力钢筋至少应有 1/2 的钢筋面积伸入梁尾端，且不少于$2\phi12$；其余钢筋伸入支座的长度不应小于$2l_1/3$。

（2）挑梁埋入砌体长度l_1与挑出长度l之比宜大于 1.2；当挑梁上无砌体时，l_1与l之比宜大于 2。

习　题

17-19-1　关于圈梁作用，正确的是（　　）。

①提高楼盖的水平刚度；②增强纵、横墙的连接，提高房屋的整体性；③减轻地基不均匀沉降对房屋的影响；④承担竖向荷载，减小墙体厚度；⑤减小墙体的自由长度，提高墙体的稳定性。

A. ①②③　　B. ①②③⑤

C. ①②③④　　D. ①③⑤

17-19-2　墙梁设计时，正确的概念是（　　）。

①施工阶段，托梁应按偏心受拉构件计算；②使用阶段，托梁支座截面应按钢筋混凝土受弯构件计算；③使用阶段，托梁斜截面抗剪承载力应按钢筋混凝土受弯构件计算；④承重墙梁的支座处应设置落地翼墙。

A. ①②③　　B. ①②③④　　C. ②③④　　D. ①③④

17-19-3　作用在过梁上的荷载有砌体自重和过梁计算高度范围内的梁板荷载，但可以不考虑高于l_n（l_n为过梁静跨）的墙体自重及高度大于l_n以上的梁板荷载，这是因为考虑了（　　）作用。

A. 应力重分布　　B. 起拱而产生的卸载

C. 梁与墙之间的相互作用　　D. 应力扩散

17-19-4　砖砌体墙上有 1.2m 宽的门洞，门洞上设钢筋砖过梁，若梁上墙高为 1.5m，则计算过梁上墙重时，墙高应取（　　）。

A. 0.4m　　B. 0.5m　　C. 1.2m　　D. 0.6m

17-19-5　关于挑梁的说法正确的是（　　）。

①挑梁抗倾覆力矩中的抗倾覆荷载，应取挑梁尾端上部 45°扩散角范围内本层的砌体与楼面恒载标准值之和；②挑梁埋入砌体的长度与挑出长度之比宜大于 1.2；当挑梁上无砌体时，宜大于 2；③挑梁下砌体的局部抗压承载力验算时，挑梁下的支承压力取挑梁的倾覆荷载设计值；④挑梁本身应按钢筋混凝土受弯构件设计。

A. ②③　　B. ①②③　　C. ①②④　　D. ①③

第二十节　配筋砖砌体构件

为了提高砌体的强度，减小砌体截面尺寸，增强砌体结构的整体性，可在砌体内配置适量的钢筋或钢筋混凝土，形成配筋砌体。配筋砌体可分为配筋砖砌体和配筋砌块砌体。本节重点介绍配筋砖砌体的承载力计算和构造要求。

配筋砖砌体又可分为网状配筋砖砌体、组合砖砌体、砖砌体和钢筋混凝土构造柱组合墙。

一、网状配筋砖砌体

网状配筋砖砌体将钢筋网配在砌体水平灰缝内，在砖柱或砖墙中每隔几皮砖在其水平灰缝中设置边长为 3~4mm 的方格网式钢筋网片，如图 17-20-1 所示。水平钢筋网能约束网片间无筋砌体的横向变形，使该段砌体处于三向受力状态，间接提高了砖砌体的抗压强度。

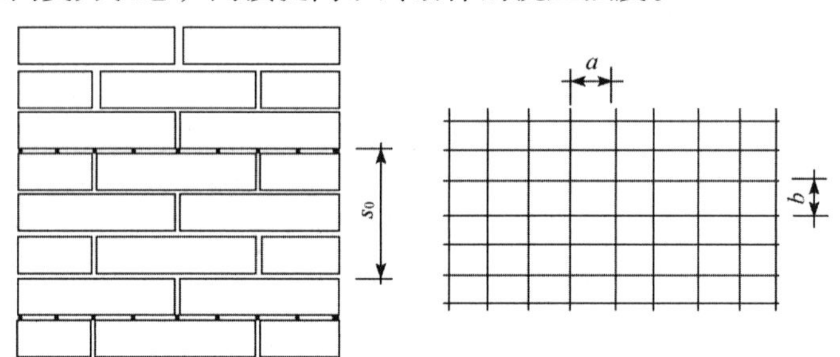

图 17-20-1　网状配筋砖砌体

（1）网状配筋砖砌体受压构件，应符合下列规定：

①偏心距超过截面核心范围（对于矩形截面，即$e/h>0.17$），或构件的高厚比$\beta>16$时，不宜采用网状配筋砖砌体构件。

②对矩形截面构件，当轴向力偏心方向的截面边长大于另一方向的边长时，除按偏心受压计算外，还应对较小边长方向按轴心受压进行验算。

③当网状配筋砖砌体构件下端与无筋砌体交接时，尚应验算交接处无筋砌体的局部受压承载力。

（2）网状配筋砖砌体（见图 17-20-1）受压构件的承载力，应按下列公式计算：

$$N \leqslant \varphi_n f_n A \tag{17-20-1}$$

$$f_n = f + 2\left(1 - \frac{2e}{y}\right)\rho f_y \tag{17-20-2}$$

$$\rho = \frac{(a+b)A_s}{abs_n} \tag{17-20-3}$$

式中：　N—轴向力设计值；

φ_n—高厚比和配筋率以及轴向力的偏心距对网状配筋砖砌体受压构件承载力的影响系数，可按《砌体规范》附录 D.0.2 的规定采用；

f_n—网状配筋砖砌体的抗压强度设计值；

A—截面面积；

e—轴向力的偏心距；

y—截面重心至轴向力所在偏心方向截面边缘的距离；

ρ—体积配筋率；

f_y—钢筋的抗拉强度设计值，当$f_y > 320\text{MPa}$时，仍采用 320MPa；

a、b—钢筋网的网格尺寸；

A_s—钢筋的截面面积；

s_n—钢筋网的竖向间距。

（3）网状配筋砖砌体构件的构造应符合下列规定：

①网状配筋砖砌体中的体积配筋率，不应小于 0.1%，并不应大于 1%。

②采用钢筋网时，钢筋的直径宜采用 3 ~ 4mm。

③钢筋网中钢筋的间距，不应大于 120mm，并不应小于 30mm。

④钢筋网的间距，不应大于 5 皮砖，并不应大于 400mm。

⑤网状配筋砖砌体所用的砂浆强度等级不应低于 M7.5；钢筋网应设置在砌体的水平灰缝中，灰缝厚度应保证钢筋上下至少各有 2mm 厚的砂浆层。

二、组合砖砌体

组合砖砌体是由砖砌体和钢筋混凝土面层或钢筋砂浆面层组成的组合构件，如图 17-20-2 所示。当轴向力的偏心距超过$0.6y$（y为截面重心至轴向力所在偏心方向截面边缘的距离）时，宜采用组合砖砌体。对于砖墙与组合砌体一同砌筑的 T 形截面构件（见图 17-20-2b），其承载力和高厚比可按矩形截面组合砌体构件计算（见图 17-20-2c）。

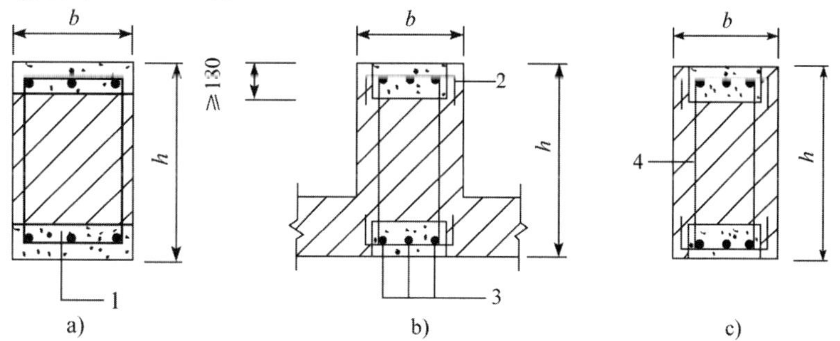

图 17-20-2　组合砖砌体构件截面

1-混凝土或砂浆；2-拉结钢筋；3-纵向钢筋；4-箍筋

钢筋混凝土面层或钢筋砂浆面层和砖砌体共同工作，接近于钢筋混凝土柱，既提高了砌体的承载力，又改善了其变形性能。

（1）组合砖砌体轴心受压构件的承载力，应按下式计算：

$$N \leqslant \varphi_{com}\left(fA + f_c A_c + \eta_s f_y' A_s'\right) \tag{17-20-4}$$

式中：φ_{com}—组合砖砌体构件的稳定系数，可按《砌体规范》表 8.2.3 采用；

A—砖砌体的截面面积；

f_c—混凝土或面层水泥砂浆的轴心抗压强度设计值，砂浆的轴心抗压强度设计值可取为同强度等级混凝土的轴心抗压强度设计值的 70%，当砂浆强度为 M15 时，取 5.0MPa，当砂浆强度为 M10 时，取 3.4MPa，当砂浆强度为 M7.5 时，取 2.5MPa；

A_c—混凝土或砂浆面层的截面面积；

η_s—受压钢筋的强度系数，当为混凝面土面层时，可取 1.0，当为砂浆面层时，可取 0.9；

f_y'—钢筋的抗压强度设计值；

A_s'—受压钢筋的截面面积。

（2）偏心受压组合砖砌体构件的承载力和变形特点与钢筋混凝土偏心受压构件类似，也可分为大偏心受压和小偏心受压两种。当轴向力偏心距较大时，组合砖砌体的变形较大，延性也较好，且高厚比越大，延性越好。

组合砖砌体偏心受压构件的承载力可按《砌体规范》第 8.2.4 条、8.2.5 条公式计算。

（3）组合砖砌体构件的构造应符合下列规定：

①面层混凝土强度等级宜采用 C25。面层水泥砂浆强度等级不宜低于 M10。砌筑砂浆的强度等级不宜低于 M7.5。

②砂浆面层的厚度可采用 30 ~ 45mm。当面层厚度大于 45mm 时，其面层宜采用混凝土。

③竖向受力钢筋宜采用 HPB300 级钢筋，对于混凝土面层，亦可采用 HRB400 级钢筋。受压钢筋一侧的配筋率，对砂浆面层，不宜小于 0.1%；对混凝土面层，不宜小于 0.2%。受拉钢筋的配筋率，不应小于 0.1%。竖向受力钢筋的直径，不应小于 8mm，钢筋的净间距，不应小于 30mm。

④箍筋的直径，不宜小于 4mm 及受压钢筋直径的 20%，并不宜大于 6mm。箍筋的间距，不应大于 20 倍受压钢筋的直径及 500mm，并不应小于 120mm。

⑤当组合砖砌体构件一侧的竖向受力钢筋多于 4 根时，应设置附加箍筋或拉结钢筋。

⑥对于截面长短边尺寸相差较大的构件，如墙体等，应采用穿通墙体的拉结钢筋作为箍筋，同时设置水平分布钢筋。水平分布钢筋的竖向间距及拉结钢筋的水平间距，均不应大于 500mm。

⑦组合砖砌体构件的顶部和底部，以及牛腿部位，必须设置钢筋混凝土垫块。竖向受力钢筋伸入垫块的长度，必须满足锚固要求。

【例 17-20-1】 配筋砌体结构中，下列说法正确的是：

A. 当砖砌体受压构件承载力不符合要求时，应优先采用网状配筋砌体

B. 当砖砌体受压构件承载力不符合要求时，应优先采用组合砖砌体

C. 网状配筋砌体灰缝厚度应保证钢筋上下至少 5mm 厚的砂浆层

D. 网状配筋砌体中，钢筋网的间距s_n不应大于四皮砖，也不应大于 400mm

解 网状配筋对提高轴心受压和小偏心受压构件的承载能力是有效的，但由于没有纵向钢筋，其抗纵向弯曲的能力并不比无筋砌体强。根据《砌体规范》第 8.1.1 条第 1 款，偏心距超过截面核心范围（对于矩形截面，即$e/h > 0.17$）或构件的高厚比$\beta > 16$时，不宜采用网状配筋砖砌体构件。第 8.2.1 条，当轴向力偏心距$e > 0.6y$时，宜采用砖砌体和钢筋混凝土面层或钢筋砂浆面层组成的组合砖砌体构件。第 8.1.3 条第 5 款，钢筋网应设置在砌体的水平灰缝中，灰缝厚度应保证钢筋上下至少各有 2mm 厚的砂浆层，选项 C 错误。第 8.1.3 条第 4 款，钢筋网的间距，不应大于五皮砖，并不应大于 400mm，选项 D 错误。

综合以上，采用网状配筋是有条件的，而组合砖砌体构件适用于普通的情况，故应优先选择组合砖砌体构件，故选项 B 正确。

答案：B

三、砖砌体和钢筋混凝土构造柱组合墙

砖砌体和钢筋混凝土构造柱组合墙是在砖砌体中每隔一定距离设置钢筋混凝土构造柱，并在各层楼盖处设置钢筋混凝土圈梁，使砖砌体墙与钢筋混凝土构造柱及圈梁组成一个整体结构共同受力，如图 17-20-3 所示。构造柱不但自身能承受一定荷载，而且与圈梁组成“构造框架”共同约束墙体，显著提高了墙体抵抗竖向荷载和水平荷载的能力，对增强房屋的变形能力和抗倒塌能力十分明显。

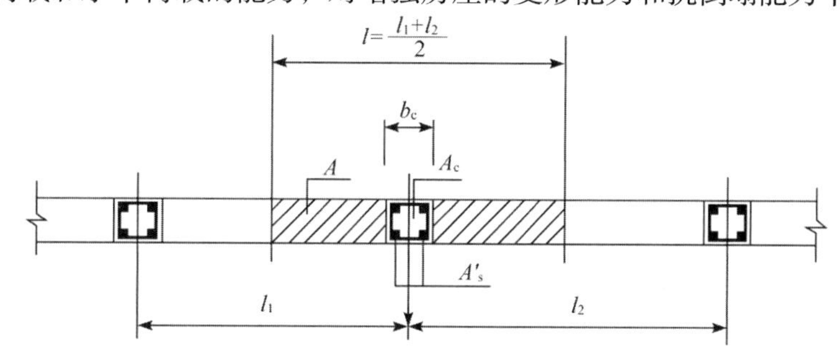

图 17-20-3　砖砌体和钢筋混凝土构造柱组合墙截面

（1）砖砌体和钢筋混凝土构造柱组合墙轴心受压承载力，应按下列公式计算：

$$N \leqslant \varphi_{com}\left[fA + \eta\left(f_c A_c + f_y' A_s'\right)\right] \tag{17-20-5}$$

$$\eta = \left(\frac{1}{l/b_c - 3}\right)^{\frac{1}{4}} \tag{17-20-6}$$

式中：φ_{com}—组合砖砌体构件的稳定系数，可按《砌体规范》表 8.2.3 采用；

η—强度系数，当$l/b_c < 4$时，取$l/b_c = 4$；

l—沿墙长方向构造柱的间距；

b_c—沿墙长方向构造柱的宽度；

A—扣除孔洞和构造柱的砖砌体截面面积；

A_c—构造柱的截面面积。

（2）砖砌体和钢筋混凝土构造柱组合墙，平面外的偏心抗压承载力，可按《砌体规范》第 8.2.8 条的规定计算。

（3）砖砌体和钢筋混凝土构造柱组合墙的构造应符合下列规定：

①砂浆的强度等级不应低于 M5，构造柱的混凝土强度等级不宜低于 C25。

②构造柱的截面尺寸不宜小于 240mm×240mm，其厚度不应小于墙厚，边柱、角柱的截面宽度宜适当加大。柱内竖向受力钢筋，对于中柱，不宜少于 4 根、直径不宜小于 12mm；对于边柱、角柱，不宜少于 4 根、直径不宜小于 14mm。构造柱的竖向受力钢筋的直径也不宜大于 16mm。一般部位的箍筋宜采用直径 6mm、间距 200mm，楼层上下各 500mm 范围内宜采用直径 6mm、间距 100mm。构造柱的竖向受力钢筋应在基础梁和楼层圈梁中锚固，并应符合受拉钢筋的锚固要求。

③组合砖墙砌体结构房屋，应在纵横墙交接处、墙端部和较大洞口的洞边设置构造柱，其间距不宜大于 4m。各层洞口宜设置在相应位置，并宜上下对齐。

④组合砖墙砌体结构房屋应在基础顶面、有组合墙的楼层处设置现浇钢筋混凝土圈梁。圈梁的截面高度不宜小于 240mm；纵向钢筋不宜少于 4 根，直径不宜小于 12mm，纵向钢筋应伸入构造柱内，并应符合受拉钢筋的锚固要求；圈梁的箍筋直径宜采用 6mm、间距 200mm。

⑤砖砌体与构造柱的连接处应砌成马牙槎，并应沿墙高每隔 500mm 设 2 根直径 6mm 的拉结钢筋，且每边伸入墙内不宜小于 600mm。

⑥构造柱可不单独设置基础，但应伸入室外地坪下 500mm，或与埋深小于 500mm 的基础梁相连。

⑦组合砖墙的施工顺序应为先砌墙后浇混凝土构造柱。

第二十一节　砌体结构抗震设计要点

一、一般规定

（一）房屋总高度和层数的限制

砌体结构房屋的层数越多，高度越高，震害的程度和破坏的概率也越大，因此《抗震规范》规定砌体房屋的总高度和层数应符合表 17-18-1 的规定；对横墙较少的多层砌体房屋总高度，应比表 17-18-1 的规定降低 3m，层数相应减少一层；各层横墙很少的多层砌体房屋，还应再减少一层。

多层砌体房屋的层高，不应超过 3.6m；底部框架-抗震墙房屋的底部，层高不应超过 4.5m，当底层采用约束砌体抗震墙时，底层的层高不应超过 4.2m。

（二）房屋的最大高宽比限值

为了保证房屋的整体抗弯承载力，多层砌体房屋总高度与总宽度的最大比值，应符合表 17-18-2 的要求。

（三）抗震横墙间距的限制

抗震横墙除承担横向地震作用之外，尚应保证楼盖的水平刚度。多层砌体房屋抗震横墙的间距，不应超过表 17-18-3 的要求。

（四）房屋局部尺寸的限制

在强烈地震作用下，首先在房屋薄弱部位产生震害。多层砌体房屋中砌体墙段的局部尺寸限值，宜符合表 17-21-1 的要求。

房屋的局部尺寸限值（单位：m）　　**表** 17-21-1

部　位	6 度	7 度	8 度	9 度
承重窗间墙最小宽度	1.0	1.0	1.2	1.5
承重外墙尽端至门窗洞边的最小距离	1.0	1.0	1.2	1.5
非承重外墙尽端至门窗洞边的最小距离	1.0	1.0	1.0	1.0
内墙阳角至门窗洞边的最小距离	1.0	1.0	1.5	2.0
无锚固女儿墙（非出入口处）的最大高度	0.5	0.5	0.5	0.0

注：1.局部尺寸不足时应采取局部加强措施弥补，且最小宽度不宜小于 1/4 层高和表列数据的 80%。

2.出入口处的女儿墙应有锚固。

（五）结构体系选择

多层砌体房屋的建筑布置和结构体系，应符合下列要求：

（1）应优先采用横墙承重或纵横墙共同承重的结构体系。不应采用砌体墙和混凝土墙混合承重的结构体系。

（2）纵横向砌体抗震墙的布置应符合下列要求：

①宜均匀对称，沿平面内宜对齐，沿竖向应上下连续，且纵横向墙体的数量不宜相差过大。

②平面轮廓凹凸尺寸，不应超过典型尺寸的50%；当超过典型尺寸的25%时，房屋转角处应采取加强措施。

③楼板局部大洞口的尺寸不宜超过楼板宽度的30%，且不应在墙体两侧同时开洞。

④房屋错层的楼板高差超过500mm时，应按两层计算；错层部位的墙体应采取加强措施。

⑤同一轴线上的窗间墙宽度宜均匀；墙面洞口的面积，6度、7度时不宜大于墙面总面积的55%，8度、9度时不宜大于50%。

⑥在房屋宽度方向的中部应设置内纵墙，其累计长度不宜小于房屋总长度的60%（高宽比大于4的墙段不计入）。

（3）房屋有下列情况之一时宜设置防震缝，缝两侧均应设置墙体，缝宽应根据烈度和房屋高度确定，可采用70~100mm：

①房屋立面高差在6m以上；

②房屋有错层，且楼板高差大于层高的1/4；

③各部分结构刚度、质量截然不同；

（4）楼梯间不宜设置在房屋的尽端或转角处；

（5）不应在房屋转角处设置转角窗；

（6）横墙较少、跨度较大的房屋，宜采用现浇钢筋混凝土楼、屋盖。

【例17-21-1】《砌体规范》对砌体房屋抗震横墙最大间距限制的目的是：

A. 保证房屋的空间工作性能

B. 保证楼盖具有传递地震作用给墙所需要的水平刚度

C. 保证房屋地震时不倒塌

D. 保证纵墙的高厚比满足要求

解　多层砌体房屋的横向地震作用主要由横墙承担，地震中横墙间距大小对房屋倒塌影响很大，不仅横墙需具有足够的承载力，而且楼盖需具有传递地震作用给横墙的水平刚度。规范对砌体房屋抗震横墙间距的限制，是为了满足楼盖对传递水平地震作用所需要的刚度要求。

答案：B

二、构造要求

（一）多层砖砌体房屋构造措施

（1）各类多层砖砌体房屋，应按下列要求设置现浇钢筋混凝土构造柱（以下简称构造柱）：

①构造柱设置部位，一般情况下应符合表17-21-2的要求。

②外廊式和单面走廊式的多层房屋，应根据房屋增加一层的层数，按表17-21-2的要求设置构造柱，且单面走廊两侧的纵墙均应按外墙处理。

多层砖砌体房屋构造柱设置要求 表 17-21-2

<table>
<tr><th colspan="4">房屋层数</th><th colspan="2" rowspan="2">设置部位</th></tr>
<tr><th>6度</th><th>7度</th><th>8度</th><th>9度</th></tr>
<tr><td>四、五</td><td>三、四</td><td>二、三</td><td></td><td rowspan="3">楼、电梯间四角，楼梯斜梯段上下端对应的墙体处；
外墙四角和对应转角；
错层部位横墙与外纵墙之交接处；
大房间内外墙交接处；
较大洞口两侧</td><td>隔 12m 或单元横墙与外纵墙交接处；
楼梯间对应的另一侧内横墙与外纵墙交接处</td></tr>
<tr><td>六</td><td>五</td><td>四</td><td>二</td><td>隔开间横墙（轴线）与外墙交接处；
山墙与内纵墙交接处</td></tr>
<tr><td>七</td><td>≥六</td><td>≥五</td><td>≥三</td><td>内墙（轴线）与外墙交接处；
内墙的局部较小墙垛处；
内纵横与横墙（轴线）交接处</td></tr>
</table>

注：较大洞口，内墙指不小于 2.1m 的洞口；外墙在内外墙交接处已设置构造柱时，应允许适当放宽，但洞侧墙体应加强。

③横墙较少的房屋，应根据房屋增加一层的层数，按表 17-21-2 的要求设置构造柱。当横墙较少的房屋为外廊式或单面走廊式时，应按上述②的要求设置构造柱；但 6 度不超过四层、7 度不超过三层和 8 度不超过两层时，应按增加两层的层数对待。

④各层横墙很少的房屋，应按增加两层的层数设置构造柱。

⑤采用蒸压灰砂砖和蒸压粉煤灰砖的砌体房屋，当砌体的抗剪强度仅达到普通黏土砖砌体的 70% 时，应根据增加一层的层数按上述①~④的要求设置构造柱；但 6 度不超过四层、7 度不超过三层和 8 度不超过两层时，应按增加两层的层数对待。

（2）多层砖砌体房屋的构造柱应符合下列要求：

①构造柱最小截面可采用 180mm×240mm（墙厚 190mm 时为 180mm×190mm），纵向钢筋宜采用 $4\phi12$，箍筋间距不宜大于 250mm，且在柱上下端应适当加密；抗震设防烈度为 6 度、7 度时超过六层、8 度时超过五层和 9 度时，构造柱纵向钢筋宜采用 $4\phi14$，箍筋间距不应大于 200mm；房屋四角的构造柱应适当加大截面及配筋。

②构造柱与墙连接处应砌成马牙槎，沿墙高每隔 500mm 设 $2\phi6$ 水平钢筋和 $\phi4$ 分布短筋平面内点焊组成的拉结网片或 $\phi4$ 点焊钢筋网片，每边伸入墙内不宜小于 1m。6 度、7 度时底部 1/3 楼层，8 度时底部 1/2 楼层，9 层时全部楼层，上述拉结钢筋网片应沿墙体水平通长设置。

③构造柱与圈梁连接处，构造柱的纵筋应在圈梁纵筋内侧穿过，保证构造柱纵筋上下贯通。

④构造柱可不单独设置基础，但应伸入室外地面下 500mm，或与埋深小于 500mm 的基础圈梁相连。

⑤房屋高度和层数接近表 17-18-1 的限值时，纵、横墙内构造柱间距尚应符合下列要求：

a.横墙内的构造柱间距不宜大于层高的 2 倍，下部 1/3 楼层的构造柱间距适当减小。

b.当外纵墙开间大于 3.9m 时，应另采取加强措施；内纵墙的构造柱间距不宜大于 4.2m。

【例 17-21-2】多层砖砌体房屋钢筋混凝土构造柱的说法，正确的是：

A. 设置构造柱是为了加强砌体构件抵抗地震作用时的承载力

B. 设置构造柱是为了提高墙体的延性、加强房屋的抗震能力

C. 构造柱必须在房屋每个开间的四个转角处设置

D. 设置构造柱后砌体墙体的抗侧刚度有很大的提高

解 构造柱不能够提高砌体的承载能力，选项 A 错误。构造柱应按规范要求进行设置，但并不需要在房屋每个开间的四角处设置，选项 C 错误。设置构造柱后并不能较大提高砌体墙体的抗侧刚度，选项 D 错误。设置构造柱后可以提高墙体的延性，提高房屋的抗震能力，选项 B 正确。

答案：B

（3）多层砖砌体房屋的现浇钢筋混凝土圈梁的设置要求：

①装配式钢筋混凝土楼、屋盖或木屋盖的砖房，应按表 17-21-3 的要求设置圈梁，纵墙承重时，抗震横墙上的圈梁间距应比表内要求适当加密。

多层砖砌体房层现浇钢筋混凝土圈梁设置要求 **表** 17-21-3

墙　类	抗震设防烈度		
	6 度、7 度	8 度	9 度
外墙和内纵墙	屋盖处及每层楼盖处	屋盖处及每层楼盖处	屋盖处及每层楼盖处
内横墙	屋盖处及每层楼盖处，屋盖处间距不应大于4.5m，楼盖处间距不应大于7.2m，构造柱对应部位	屋盖处及每层楼盖处；各层所有横墙，且间距不应大于 4.5m；构造柱对应部位	屋盖处及每层楼盖处，各层所有横墙

②现浇或装配整体式钢筋混凝土楼、屋盖与墙体有可靠连接的房屋，应允许不另设圈梁，但楼板沿抗震墙体周边应加强配筋并应与相应的构造柱钢筋可靠连接。

（4）多层砖砌体房屋的现浇钢筋混凝土圈梁的构造要求：

①圈梁应闭合，遇有洞口，圈梁应上下搭接，圈梁宜与预制板设在同一标高处或紧靠板底。

②圈梁在本节第二、（一）、（3）条要求的间距内无横墙时，应利用梁或板缝中配筋替代圈梁。

③圈梁的截面高度不应小于 120mm，配筋应符合表 17-21-4 的要求；按《抗震规范》第 3.3.4 条第 3 款要求增设的基础圈梁，截面高度不应小于 180mm，配筋不应小于$4\phi12$。

多层砖砌体房屋圈梁配筋要求 **表** 17-21-4

配　筋	抗震设防烈度		
	6 度、7 度	8 度	9 度
最小纵筋	$4\phi10$	$4\phi12$	$4\phi14$
最大箍筋间距（mm）	250	200	150

（5）多层砖砌体房屋的楼、屋盖要求：

①现浇钢筋混凝土楼板或屋面板伸进纵、横墙内的长度，均不应小于 120mm。

②装配式钢筋混凝土楼板或屋面板，当圈梁未设在板的同一标高时，板端伸进外墙的长度不应小于120mm，伸进内墙的长度不应小于100mm，在梁上不应小于80mm。

③当板的跨度大于4.8m并与外墙平行时，靠外墙的预制板侧边应与墙或圈梁拉结。

④房屋端部大房间的楼盖，抗震设防烈度为6度时房屋的屋盖和7~9度时房屋的楼、屋盖，当圈梁设在板底时，钢筋混凝土预制板应相互拉结，并应与梁、墙或圈梁拉结。

（6）楼、屋盖的钢筋混凝土梁或屋架应与墙、柱（包括构造柱）或圈梁可靠连接，不得采用独立砖柱。跨度不小于6m大梁的支承构件应采用组合砌体等加强措施，并满足承载力要求。

（7）楼梯间要求：

①顶层楼梯间墙体应沿墙高每隔500mm设$2\phi6$通长钢筋和$\phi4$分布短钢筋平面内点焊组成的拉结网片或$\phi4$点焊网片；7~9度时其他各层楼梯间墙体应在休息平台或楼层半高处设置60mm厚、纵向钢筋不应少于$2\phi10$的钢筋混凝土带或配筋砖带，配筋砖带不少于3皮，每皮的配筋不少于$2\phi6$，砂浆强度等级不应低于M7.5且不低于同层墙体的砂浆强度等级。

②楼梯间及门厅内墙阳角处的大梁支承长度不应小于500mm，并应与圈梁连接。

③装配式楼梯段应与平台板的梁可靠连接，8度、9度时不应采用装配式楼梯段；不应采用墙中悬挑式踏步或踏步竖肋插入墙体的楼梯，不应采用无筋砖砌栏板。

④凸出屋顶的楼、电梯间，构造柱应伸到顶部，并与顶部圈梁连接，所有墙体应沿墙高每隔500mm设$2\phi6$通长钢筋和$\phi4$分布短筋平面内点焊组成的拉结网片或$\phi4$点焊网片。

（8）坡屋顶房屋的屋架应与顶层圈梁可靠连接，檩条或屋面板应与墙、屋架可靠连接，房屋出入口处的檐口瓦应与屋面构件锚固；采用硬山搁檩时，顶层内纵墙顶宜增砌支承山墙的踏步式墙垛，并设置构造柱。

（9）门窗洞处不应采用砖过梁；过梁支承长度，抗震设防烈度为6~8度时不应小于240mm，9度时不应小于360mm。

（10）预制阳台，6度、7度时应与圈梁和楼板的现浇板带可靠连接，8度、9度时不应采用预制阳台。

（11）同一结构单元的基础（或桩承台），宜采用同一类型的基础，底面宜埋置在同一标高上，否则应增设基础圈梁并应按1∶2的台阶逐步放坡。

（12）丙类的多层砖砌体房屋，当横墙较少且总高度和层数接近或达到表17-18-1的规定限值时，应采取下列加强措施：

①房屋的最大开间尺寸不宜大于6.6m。

②同一结构单元内横墙错位数量不宜超过横墙总数的1/3，且连续错位不宜多于两道；错位的墙体交接处均应增设构造柱，且楼、屋面板应采用现浇钢筋混凝土板。

③横墙和内纵墙上洞口的宽度不宜大于1.5m；外纵墙上洞口的宽度不宜大于2.1m或开间尺寸的一半；且内外墙上洞口位置不应影响内外纵墙与横墙的整体连接。

④所有纵横墙均应在楼、屋盖标高处设置加强的现浇钢筋混凝土圈梁；圈梁的截面高度不宜小于150mm，上下纵筋各不应少于$3\phi10$，箍筋不小于$\phi6$，间距不大于300mm。

⑤所有纵横墙交接处及横墙的中部，均应增设满足下列要求的构造柱：在纵、横墙内的柱距不宜大于3.0m，最小截面尺寸不宜小于240mm×240mm（墙厚190mm时为240mm×190mm），配筋宜符合表17-21-5的要求。

增设构造柱的纵筋和箍筋设置要求　　表 17-21-5

<table>
<tr><th rowspan="2">位　　置</th><th colspan="3">纵 向 钢 筋</th><th colspan="3">箍　　筋</th></tr>
<tr><th>最大配筋率（%）</th><th>最小配筋率（%）</th><th>最小直径（mm）</th><th>加密区范围（mm）</th><th>加密区间距（mm）</th><th>最小直径（mm）</th></tr>
<tr><td>角柱</td><td rowspan="2">1.8</td><td rowspan="2">0.8</td><td>14</td><td>全高</td><td rowspan="3">100</td><td rowspan="3">6</td></tr>
<tr><td>边柱</td><td>14</td><td rowspan="2">上端 700
下端 500</td></tr>
<tr><td>中柱</td><td>1.4</td><td>0.6</td><td>12</td></tr>
</table>

⑥同一结构单元的楼、屋面板应设置在同一标高处。

⑦房屋底层和顶层的窗台标高处，宜设置沿纵横墙通长的水平现浇钢筋混凝土带；其截面高度不小于 60mm，宽度不小于墙厚，纵向钢筋不少于$2\phi10$，横向分布钢筋的直径不小于$\phi6$且其间距不大于 200mm。

（二）多层砌块房屋抗震构造措施

（1）多层小砌块房屋应按表 17-21-6 的要求设置钢筋混凝土芯柱。对外廊式和单面走廊式的多层房屋、横墙较少的房屋、各层横墙很少的房屋，尚应分别按“多层砖砌体房屋构造措施”中关于增加层数的对应要求，按表 17-21-6 的要求设置芯柱。

多层小砌块房屋芯柱设置要求　　表 17-21-6

<table>
<tr><th colspan="4">房 屋 层 数</th><th rowspan="2">设 置 部 位</th><th rowspan="2">设 置 数 量</th></tr>
<tr><th>6 度</th><th>7 度</th><th>8 度</th><th>9 度</th></tr>
<tr><td>四、五</td><td>三、四</td><td>二、三</td><td></td><td>外墙转角，楼、电梯间四角，楼梯斜梯段上下端对应的墙体处；
大房间内外墙交接处；
错层部位横墙与外纵墙交接处；
隔 12m 或单元横墙与外纵墙交接处</td><td rowspan="2">外墙转角，灌实 3 个孔；
内外墙交接处，灌实 4 个孔；
楼梯斜段上下端对应的墙体处，灌实 2 个孔</td></tr>
<tr><td>六</td><td>五</td><td>四</td><td></td><td>同上；
隔开间横墙（轴线）与外纵墙交接处</td></tr>
<tr><td>七</td><td>六</td><td>五</td><td>二</td><td>同上；
各内墙（轴线）与外纵墙交接处；
内纵墙与横墙（轴线）交接处和洞口两侧</td><td>外墙转角，灌实 5 个孔；
内外墙交接处，灌实 4 个孔；
内墙交接处；灌实 4~5 个孔；
洞口两侧各灌实 1 个孔</td></tr>
<tr><td></td><td>七</td><td>≥六</td><td>≥三</td><td>同上；
横墙内芯柱间距不大于 2m</td><td>外墙转角，灌实 7 个孔；
内外墙交接处，灌实 5 个孔；
内墙交接处，灌实 4~5 个孔；
洞口两侧各灌实 1 个孔</td></tr>
</table>

注：外墙转角、内外墙交接处、楼电梯间四角等部位，应允许采用钢筋混凝土构造柱替代部分芯柱。

（2）多层小砌块房屋的芯柱，应符合下列构造要求：

①小砌块房屋芯柱截面尺寸不宜小于 120mm×120mm。

②芯柱混凝土强度等级，不应低于 Cb20。

③芯柱的竖向插筋应贯通墙身且与圈梁连接；插筋不应小于1ϕ12，抗震设防烈度为6度、7度时超过五层、8度时超过四层和9度时，插筋不应小于1ϕ14。

④芯柱应伸入室外地面下500mm或与埋深小于500mm的基础圈梁相连。

⑤为提高墙体抗震受剪承载力而设置的芯柱，宜在墙体内均匀布置，最大净距不宜大于2.0m。

（3）多层小砌块房屋中替代芯柱的钢筋混凝土构造柱，应符合下列构造要求：

①构造柱截面不宜小于190mm×190mm，纵向钢筋宜采用4ϕ12，箍筋间距不宜大于250mm，且在柱上下端宜适当加密；抗震设防烈度为6度、7度时超过五层，8度时超过四层及9度时，构造柱纵向钢筋宜采用4ϕ14，箍筋间距不应大于200mm；外墙转角的构造柱可适当加大截面及配筋。

②构造柱与砌块墙连接处应砌成马牙槎，与构造柱相邻的砌块孔洞，6度时宜填实，7度时应填实，8度、9度时应填实并插筋。构造柱与砌块墙之间沿墙高每隔600mm设置ϕ4点焊拉结钢筋网片，并应沿墙体水平通长设置。6度、7度时底部1/3楼层，8度时底部1/2楼层，9度全部楼层，上述拉结钢筋网片沿墙高间距不大于400mm。

③构造柱与圈梁连接处，构造柱的纵筋应在圈梁纵筋内侧穿过，保证构造柱纵筋上下贯通。

④构造柱可不单独设置基础，但应伸入室外地面下500mm，或与埋深小于500mm的基础圈梁相连。

（4）多层小砌块房屋的现浇钢筋混凝土圈梁的设置位置应按本节第二、（一）、（3）条多层砖砌体房圈梁的要求执行，圈梁宽度不应小于190mm，配筋不应少于4ϕ12，箍筋间距不应大于200mm。

（5）多层小砌块房屋的层数，6度时超过五层、7度时超过四层、8度时超过三层和9度时，在底层和顶层的窗台标高处，沿纵横墙应设置通长的水平现浇钢筋混凝土带；其截面高度不小于60mm，纵筋不少于2ϕ10，并应有分布拉结钢筋；其混凝土强度等级不应低于C25。

水平现浇混凝土带亦可采用槽形砌块替代模板，其纵筋和拉结钢筋不变。

（6）丙类的多层小砌块房屋，当横墙较少且总高度和层数接近或达到表17-18-1规定的限值时，应符合本节第二、（一）、（12）条的相关要求。其中，墙体中部的构造柱可采用芯柱替代，芯柱的灌孔数量不应少于2孔，每孔插筋的直径不应小于18mm。

（7）小砌块房屋的其他抗震构造措施，尚应符合本节第二、（一）、（5）~（11）条的有关要求。其中，墙体的拉结钢筋网片间距应符合本节的相应规定，分别取600mm和400mm。

【例17-21-3】 下列哪种情况对抗震不利？

A. 楼梯间设在房屋尽端

B. 采用纵横墙混合承重的结构布置方案

C. 纵横墙布置均匀对称

D. 高宽比为1：2

解 根据《抗震规范》第7.1.7条第4款，楼梯间不宜设在房屋的尽端或转角处。

答案： A

习 题

17-21-1 关于构造柱的作用，正确的是（ ）。

①提高砌体房屋的抗剪能力；②构造柱对砌体起到约束作用，使其变形能力有较大提高；③提高了墙体高厚比限值；④大大提高了砌体承受竖向荷载的能力。

A. ①②③　　B. ①③④　　C. ①②④　　D. ①③

17-21-2 在砌体结构抗震设计中，决定砌体房屋总高度和层数限制的因素是（　　）。

A. 砌体强度与高厚比

B. 砌体结构的静力计算方案

C. 房屋类别、最小墙厚度、地震设防烈度及横墙的数量

D. 房屋类别与高厚比及地震设防烈度

习题题解及参考答案

第一节

17-1-1 **解：**有明显屈服点的钢筋，其强度标准值的取值依据为屈服强度；对于无明显屈服点的钢筋，其强度标准值的取值依据为极限抗拉强度。

答案：B

17-1-2 **解：**对于无明显屈服点的钢筋，条件屈服强度是人为定义的强度指标，不作为钢筋质量检验的依据。

答案：A

17-1-3 **解：**混凝土其他强度指标均可用立方体抗压强度标准值（混凝土强度等级）表示。

答案：A

17-1-4 **解：**混凝土一个方向受拉，一个方向受压时，其抗压和抗拉强度均比单轴抗压或抗拉强度低，这是由于异号应力加速变形的发展，使其较快达到其极限应变值。

答案：C

第二节

17-2-1 **解：**除选项B外，其余均超出承载能力极限状态。

答案：B

17-2-2 **解：**根据《结构统一标准》第3.2.6条表3.2.6，安全等级为二级的延性结构构件的可靠性指标为3.2，脆性结构构件为3.7。

答案：C

17-2-3 **解：**我国规范采用以概率理论为基础的极限状态设计法，并采用多个分项系数（包括结构构件的重要性系数）表达的设计式进行设计。

答案：C

17-2-4 **解：**一般工业与民用建筑的设计基准期为50年，在设计基准期内，被超越的总时间约为设计基准期一半的荷载值为该可变荷载的准永久值，见现行《建筑结构荷载规范》第2.1.9条。

答案：D

17-2-5 **解：**《混凝土规范》第4.1.4条规定，混凝土的材料分项系数γ_c取1.40。

答案：C

17-2-6 **解：**结构的工作年限超过设计基准期后，并非立即丧失其使用功能，只是可靠度降低。

答案：B

第三节

17-3-1 **解：**只有在适筋情况下，ρ越大，M_u越大，但并不是线性关系。

$$M_u = f_y A_s (h_0 - x/2)$$
$$x = f_y A_s / (\alpha_1 f_c b)$$

答案：D

17-3-2 **解：**适筋破坏与超筋破坏的界限。

答案：B

17-3-3 **解：**根据《混凝土规范》表 8.5.1 注 5，受弯构件的配筋率应按全截面面积扣除受压翼缘面积后的截面面积计算。因此，$A_s = b \times h \times \rho_{min} = 200 \times 500 \times 0.2\% = 200 mm^2$。

答案：C

17-3-4 **解：**相对界限受压区高度

$$\xi_b = \frac{\beta_1}{1 + f_y/(E_s \varepsilon_u)} = \frac{0.8}{1 + 360/(2.0 \times 10^5 \times 0.003\,3)} = 0.518$$

根据已知条件（按两排配筋，$h_0 = 430$）

$x = f_y A_s / (\alpha_1 f_c b h_0) = 360 \times 1\,256 / (1.0 \times 11.9 \times 200 \times 430) = 0.442 < \xi_b$

故不会发生超筋破坏。

配筋率$\rho = A_s/(bh) = 1\,256/(200 \times 500) = 1.256\% > \rho_{min} = 0.2\%$

也不会发生少筋破坏，故应为适筋破坏。

答案：C

17-3-5 **解：**界限破坏时受压边缘混凝土的压应变$\varepsilon_c = \varepsilon_u$，对于适筋梁$\varepsilon_c \leqslant \varepsilon_u$。

答案：C

17-3-6 **解：**此时有三个未知量，而方程只有两个，需补充一个条件，为了充分利用混凝土的抗压强度，取$x = \xi_b$。

答案：A

17-3-7 **解：**由公式$V \leqslant \frac{1.75}{\lambda+1} f_t b h_0$，当$\lambda < 1.5$时，取$\lambda = 1.5$；当$\lambda > 3$时，取$\lambda = 3$。故在一定范围内，抗剪承载力随剪跨比$\lambda$的增加而降低。

答案：D

17-3-8 **解：**显而易见，素混凝土构件的实际抗扭承载力应介于按弹性分析方法确定与按塑性分析方法确定的之间。

答案：C

17-3-9 **解：**受扭纵筋与受扭箍筋的强度比$\zeta = 0.6 \sim 1.7$时，可能出现纵筋达不到屈服，或箍筋达不到屈服的部分超筋情况，这两种情况都是允许的。只有当两者配筋适量时，才可能都达到屈服。

答案：B

17-3-10 **解：**大偏心受压构件的破坏特征为受拉破坏，类似适筋的双筋梁。

答案：A

17-3-11 **解：**大偏心受压构件的破坏特征是远离轴向力一侧的钢筋先受拉屈服，随后另一侧钢筋受压屈服，混凝土压碎，为受拉破坏。小偏心受压构件的破坏特征是远离轴向力一侧的钢筋无论是受拉还是受压一般均达不到屈服，属于受压破坏。

答案： A

17-3-12 **解：** 为了满足破坏时受压区钢筋等于其抗压强度设计值的假定，混凝土受压区高度x应不小于$2a_s'$。

答案： A

17-3-13 **解：** 对称配筋时，$N_b = \alpha_1 f_c b h_0 \xi_b$，而$\xi_b$只与材料的力学性能有关。

答案： C

17-3-14 **解：** $\xi_b = 0.518$，则$N_b = \alpha_1 f_c b h_0 \xi_b = 1.0 \times 11.9 \times 400 \times 365 \times 0.518 = 899.97\text{kN}$，$N < N_b$，为大偏心受压。根据大偏心受压构件$M$与$N$的相关性，当$M$不变时，$N$越小越不利，剔除选项 C 和选项 D。接下来比较选项 A 和选项 B，$e_0 = M/N$越大，对大偏心受压构件越不利。

答案： B

17-3-15 **解：** 由公式$V_u \leqslant \frac{1.75}{\lambda+1} f_t b h_0 + 0.07N$，当$N > 0.3 f_c A$时，取$N = 0.3 f_c A$。故$N$适当时，可提高构件的抗剪承载力。

答案： C

17-3-16 **解：** 对于非对称配筋（$A_s \neq A_s'$）的大偏心受压构件，平衡方程只有两个，而未知量有三个，需补充一个条件，为了充分利用混凝土的抗压强度，取$x = x_b$。

答案： A

第四节

17-4-1 **解：** 增加受拉钢筋截面面积，不仅可以降低裂缝截面的钢筋应力，同时也可提高钢筋与混凝土之间的黏结力，这对减小裂缝宽度十分有效。

答案： C

17-4-2 **解：** 根据构件类型和环境类别，按《混凝土规范》第 8.2.1 条表 8.2.1 规定的最小保护层厚度取用。

答案： C

17-4-3 **解：** 弯矩越大，截面的抗弯刚度越小，最大弯矩截面处的刚度，即为最小刚度。

答案： C

第五节

17-5-1 **解：** 先张法的工序：在台座上张拉钢筋—浇筑混凝土—混凝土达到设计强度后切断钢筋，预应力筋在回缩时挤压混凝土，使混凝土获得预压力。所以先张法预应力混凝土构件中，预应力是靠钢筋与混凝土之间的黏结力来传递的。

后张法的工序：先浇筑混凝土构件，并在构件中预留孔道，混凝土达到设计强度后，将预应力筋穿入孔道，利用构件本身作为台座，在张拉预应力筋的同时，使混凝土受到预压，当预应力筋的张拉力达到设计值后，在张拉端用锚具将钢筋锚住，使构件保持预压状态。

答案： A

17-5-2 **解：** 施加预应力后，在混凝土上建立了预压应力，可以提高构件的抗裂度和刚度。

答案： B

17-5-3 **解：** 完成第二批预应力损失后预应力筋的应力，先张法：$\sigma_{pII}=\sigma_{con}-\sigma_l-\alpha_E\sigma_{pcII}$，后张法：$\sigma_{pII}=\sigma_{con}-\sigma_l$。

答案： B

17-5-4 **解：** 对于后张法预应力混凝土构件，施工阶段采用净截面面积A_n（预应力筋与混凝土之间无黏结），使用阶段则采用换算截面面积A_0，有$N_{pII}=(\sigma_{con}-\sigma_l)A_n$，$N_0=(\sigma_{con}-\sigma_l)A_0$。

答案： B

第七节

17-7-1 **解：** 计算假定支座为铰支。当活荷载隔跨布置时，由于板与次梁（或次梁与主梁）整浇在一起，当板受荷弯曲在支座发生转动时，将带动次梁一起转动。由于次梁具有一定的抗扭刚度，将阻止板自由转动，使板的跨中弯矩有所降低，支座弯矩相应地有所增加。考虑支承构件对跨中弯矩有所减小的有利影响，在设计中一般采用增大恒荷载和减小活荷载的方法。

答案： C

第九节

17-9-1 **解：** 沉降缝应从基础底至屋顶把结构分成两部分。当伸缩缝、沉降缝、抗震缝三缝合一时，其缝宽应满足三种缝中最大缝宽的要求。一般情况下，抗震缝的宽度比伸缩缝、沉降缝大。

答案： C

17-9-2 **解：** 现行《高层混凝土规程》第 4.2.1 条规定，B 级高度建筑结构的最大适用高度和高宽比较 A 级适当放宽，其抗震等级、有关的计算和构造措施应相应加严。

答案： A

17-9-3 **解：** 根据现行《抗震规范》第 6.1.2 条表 6.1.2，抗震设防烈度为 8 度，高度 60m 的框架-剪力墙结构，框架的抗震等级为二级，剪力墙的抗震等级为一级。

答案： A

17-9-4 **解：** 框架-剪力墙结构在水平荷载作用下，其侧向变形曲线既不同于框架的剪切形曲线，也不同于剪力墙的弯曲形曲线，而是两者的协调变形，其下部主要呈弯曲形，而上部主要呈剪切形。因此，按框架计算完毕后再加上一些剪力墙对上部结构有可能是不安全的。

答案： D

17-9-5 **解：** 采用简化计算时，剪力墙分为不同的类型，并采用不同的方法计算。当剪力墙孔洞面积与墙面面积之比不大于 0.16 时，为整体悬臂墙；当$\alpha\geqslant 10$，$I_n/I\leqslant\zeta$时，为整体小开口墙；当$\alpha<10$，$I_n/I\leqslant\zeta$时，为连肢剪力墙；当$\alpha\geqslant 10$，$I_n/I>\zeta$时，为壁式框架。其中，α为整体系数，I_n为扣除墙肢惯性矩后剪力墙的惯性矩，I为剪力墙对组合截面形心的惯性矩，ζ为与α及层数有关的系数。

答案： B

第十节

17-10-1 **解：** 在设计基准期内，“小震”（多遇地震）的超越概率为 63.2%，“中震”（基本设防烈度）的超越概率为 10%，“大震”（罕遇地震）的超越概率为 2%~3%。

答案： B

17-10-2　**解：** 设计计算中，地震对结构作用的大小与地震的持续时间无关。

答案： C

17-10-3　**解：** 构造要求，现行《抗震规范》第6.5.1条规定，框架-抗震墙结构的抗震墙厚度不应小于160mm且不宜小于层高或无支长度的1/20。

答案： D

17-10-4　**解：** 构造要求，现行《抗震规范》第6.3.6条规定，抗震等级为二级的框架结构，柱轴压比限值为0.75。

答案： C

17-10-5　**解：** 现行《抗震规范》第6.1.4条规定，框架结构房屋的防震缝宽度，当高度不超过15m时，可采用100mm；超过15m时，6度、7度、8度和9度相应每增加高度5m、4m、3m、2m，宜加宽 20mm。高度超过$24-15=9$m，防震缝宽度增加 60mm，因此最小宽度为160mm。

答案： B

第十一节

17-11-1　**解：** 由于钢材具有良好的塑性，钢结构构件在常温、静力荷载作用下一般不会发生突然断裂。

答案： A

17-11-2　**解：** 钢材的疲劳强度取决于应力循环中的最大应力值、应力幅值、应力循环次数，以及钢材本身的应力集中，而与钢材的静力强度关系不大。

答案： C

17-11-3　**解：** 根据《钢结构标准》第4.3.2条，对直接承受动力荷载或验算疲劳的构件所用钢材应具有冲击韧性的合格保证（用钢材的质量等级保证）。第4.3.3条第2款，当工作温度高于0℃时其质量等级不应低于B级；当工作温度不高于0℃但高于−20℃时，Q235、Q345钢不应低于C级；当工作温度不高于−20℃时，Q235钢和Q345钢不应低于D级。根据题意，吊车梁需要验算疲劳，且工作温度不高于−20℃，应选用Q235D级钢。

答案： D

17-11-4　**解：** 焊接残余应力对在常温下承受静力荷载作用的结构的承载力没有影响，但对于构件的刚度有影响，会降低压杆的稳定性，对承受疲劳荷载的结构尤为不利。

答案： B

第十二节

17-12-1　**解：** 轴心受压构件的整体稳定性系数φ是根据构件的长细比、钢材屈服强度和截面类别（a、b、c、d四类）确定的。

答案： C

17-12-2　**解：** 根据《钢结构标准》附录C，受弯构件的整体稳定性系数φ_b与梁整体稳定的等效弯矩系数β_b成正比，根据表C.0.1，系数β_L与荷载的作用位置有关，通常荷载作用在下翼缘较上翼缘的系数β_b大，φ_b也大，整体稳定性好。

答案： C

17-12-3 **解：** 对于承受动力荷载作用的梁，宜不考虑截面的塑性发展，按弹性设计，$b/t \leqslant 15\varepsilon_k$。

答案： D

17-12-4 **解：** 当$h_0/t_w \leqslant 80\varepsilon_k$时，腹板不会发生剪切失稳，一般不配置加劲肋；当$80\varepsilon_k < h_0/t_w \leqslant 170\varepsilon_k$时，腹板会发生剪切失稳但不会发生弯曲失稳，应配置横向加劲肋；当$h_0/t_w > 170\varepsilon_k$时，腹板会发生剪切失稳和弯曲失稳，应配置横向加劲肋，并在受压区配置纵向加劲肋。

答案： C

第十三节

17-13-1 **解：** 侧面角焊缝的计算长度$l_w = 380 - 2 \times 6 = 368 > 60h_f = 360\text{mm}$，焊缝的承载力设计值折减系数$\alpha_f = 1.5 - l_w/(120h_f) = 1.5 - 368/(120 \times 6) = 0.99$。

答案： D

17-13-2 **解：** ①角焊缝的计算长度l_w，对每条焊缝（三面围焊视为一条焊缝）取其实际长度减去$2h_f$；②对承受静力荷载和间接承受动力荷载的结构，正面角焊缝的强度设计值增大系数$\beta_f = 1.22$；③角焊缝的搭接焊缝连接中，如果焊缝计算长度l_w超过$60h_f$，则焊缝的承载力设计值应乘以折减系数$\alpha_f = 1.5 - l_w/(120h_f)$ $(\alpha_f \geqslant 0.5)$（本题l_w未超过$60h_f$）。

答案： D

17-13-3 **解：** 摩擦型高强度螺栓受剪连接是以摩擦力被克服作为承载能力极限状态，承压型高强度螺栓连接是以栓杆剪切或孔壁承压破坏作为受剪的极限状态。

答案： D

17-13-4 **解：** 在螺栓杆轴方向受拉的连接中，每个摩擦型高强度螺栓的承载力设计值为：$N_t^b = 0.8P$（P为预拉力），而承压型高强度螺栓承载力设计值的计算公式与普通螺栓相同，即$N_t^b = \pi d_e^2 f_t^b/4$。两公式的计算结果相近，但并不完全相等。

答案： D

第十四节

17-14-1 **解：** 根据《钢结构标准》第 7.4.7 条第 4 款，按受拉设计的构件在永久荷载与风荷载组合下受压时，其长细比不宜超过 250。

答案： C

17-14-2 **解：** 所有屋盖必须设置上弦横向水平支撑、竖向支撑和系杆，是否设置下弦横向水平支撑和纵向水平支撑则视情况而定。

答案： B

17-14-3 **解：** 根据《钢结构标准》第 7.4.7 条表 7.4.7，有重级工作制吊车的厂房，支撑杆件的容许长细比$[\lambda] = 350$，计算长度$l_0 = 600\sqrt{2} = 849\text{cm}$，$i_x = 849/350 = 2.43\text{cm}$。

答案： D

第十五节

17-15-1 **解：** 块体的强度等级和砂浆的强度等级越高，砌体的抗压强度越高，但并非按比例增加，选项 A 错误。块体的形状越规则、表面越平整，则块体的受弯、受剪作用越小，可推迟块体内竖向裂缝的出现，因而砌体的抗压强度得到提高，选项 B 正确。灰缝过厚会使块体受到的横向拉应力增大，导致砌体抗压强度降低；灰缝过薄，不易铺抹均匀，会加剧块体在砌体中的复杂应力状态，同样降低砌体抗压强度，选项 C 错误。砂浆的弹性模量决定其变形率，砂浆的弹性模量越小，在压力作用下其横向变形越大，导致块体受到拉、剪应力越大，使砌体的抗压强度降低，选项 D 错误。

答案： B

第十七节

17-17-1 **解：** 砌体受压构件承载力的计算公式为$N \leqslant \varphi f A$，其中φ为高厚比β和轴向力偏心距e对受压构件承载力的影响系数，β和e越大，φ越小，承载力N越低，①、②项正确；同时φ还与砂浆的强度等级有关，③项错误；受压构件的承载力与横墙间距的关系不大，④项错误。

答案： A

17-17-2 **解：** 抗压承载力与e/h成反比，其中e为偏心距，h为偏心方向的截面尺寸，①、②、③、④的e/h分别为 0.17、0.3、0.2、0.24。

答案： D

17-17-3 **解：** 砌体局部抗压强度提高系数$\gamma = 1 + 0.35\sqrt{A_0/A_l - 1}$，其中$A_l$为局部受压面积，$A_0$为影响砌体局部抗压强度的计算面积。根据《砌体规范》第 5.2.2 条图 5.2.2 可分别计算出四种情况的A_0及γ，并考虑每种情况下γ的最大取值，得到 A、B、C 和 D 四种情况下的局部抗压强度提高系数γ分别为 1.25、2.0、1.5 和 2.05，所以可能最先发生局部受压破坏的是选项 A。

答案： A

17-17-4 **解：** 现行《砌体规范》规定：偏心距$e \leqslant 0.6y$，y为截面重心到轴向力所在偏心方向截面边缘的距离，经计算$y = 321\text{mm}$，则$e \leqslant 193\text{mm}$。

答案： B

第十八节

17-18-1 **解：** 根据现行《砌体规范》第 4.2.1 条表 4.2.1，判断砌体结构房屋静力计算方案的因素包括屋盖或楼盖的类别和横墙的间距，第 4.2.2 条对刚性和刚弹性方案房屋的横墙有明确的要求（对横墙刚度的要求）。

答案： C

17-18-2 **解：** 根据现行《砌体规范》第 4.2.2 条，要求洞口的水平截面面积不应超过横墙截面面积的 50%。其他三条均符合要求。

答案： D

17-18-3 **解：** 根据《砌体规范》第 4.2.1 条，房屋的静力计算，根据房屋的空间工作性能分为刚性方案、刚弹性方案和弹性方案，三种计算方案是根据房屋的屋盖或楼盖类别、横墙的间距划分的，故选项 C 正确。

答案： C

17-18-4 **解：** 构造要求，现行《砌体规范》第 6.2.7 条规定，对砖砌体，当梁的跨度>4.8m 时，应在支承处砌体上设置垫块。

答案：B

17-18-5 **解：**构造要求，现行《砌体规范》第 6.2.8 条规定，对 240mm 厚的砖墙，当梁跨度≥6m 时，其支承处宜加设壁柱。

答案：B

17-18-6 **解：**由现行《砌体规范》第 6.1.1 条，块体的强度等级对墙体高厚比没有影响。

答案：C

17-18-7 **解：**构造要求，根据现行《砌体规范》第 6.5.2 条，措施①、②、③、④均正确。

答案：B

17-18-8 **解：**砌体房屋伸缩缝的间距与砌体的强度等级无关，见《砌体规范》第 6.5.1 条。

答案：C

第十九节

17-19-1 **解：**圈梁是按构造要求设置的，不应承担竖向荷载，也不会减小墙体厚度，第④项错误。第①、②、③、⑤项均为圈梁的作用。

答案：B

17-19-2 **解：**根据《砌体规范》第 7.3.6 条，使用阶段，托梁跨中截面应按混凝土偏心受拉构件计算，托梁支座截面、托梁斜截面应按混凝土受弯构件计算，第①项错误，第②、③项正确。第 7.3.12 条第 6 款，承重墙梁的支座处应设置落地翼墙，当不能设置翼墙时，应设置落地且上、下贯通的混凝土构造柱，第④项正确。

答案：C

17-19-3 **解：**试验表明，当在砖砌体高度等于过梁跨度 4/5 左右的位置施加荷载时，过梁挠度变化极微。可以认为，在高度等于或大于过梁跨度的砌体上施加荷载时，由于过梁与砌体的组合作用，部分荷载将通过组合拱作用传至砖墙，而不是单独由过梁传给砖墙支座。因此，当梁、板距过梁下边缘的高度较小时，其荷载才会传给过梁；若梁、板位置较高，则梁、板荷载将通过下面砌体的起拱作用而直接传给支承过梁的墙体。

答案：B

17-19-4 **解：**根据《砌体规范》第 7.2.2 条第 2 款规定，对于砖砌体，当过梁上的墙体高度$h_w < l_n/3$（l_n为过梁净跨）时，应按墙体的均布自重采用；当墙体高度$h_w \geq l_n/3$时，应按高度为$l_n/3$墙体的均布自重采用。$h_w = 1.5\text{m} > l_n/3 = 1.2/3 = 0.4\text{m}$，墙高应取 0.4m。

答案：A

17-19-5 **解：**根据《砌体规范》第 7.4.3 条及第 7.4.6 条，可知①、②项正确。又挑梁的受力状态为受弯构件，④项正确。规范第 7.4.4 条要求：挑梁下的支承压力应取两倍的挑梁倾覆荷载设计值，故③项错误。

答案：C

第二十一节

17-21-1 **解：**构造柱不会提高砌体承受竖向荷载的能力，但可以间接提高砌体房屋的抗剪能力，第②、③项均为构造柱的作用。

答案： A

17-21-2 **解：** 根据现行《砌体规范》第 10.1.2 条表 10.1.2，决定砌体结构房屋的层数和总高度限值的因素有房屋类别、最小墙厚度、抗震设防烈度；第 10.1.2 条第 2 款规定，各层横墙较少的多层砌体房屋，总高度应降低 3m，层数相应减少一层。

答案： C

第十八章　土力学与地基基础

复 习 指 导

一、考试大纲

16.1　土的物理性质及工程分类

土的生成和组成　　土的物理性质　　土的工程分类

16.2　土中应力　自重应力　附加应力

16.3　地基变形

土的压缩性　基础沉降　地基变形与时间关系

16.4　土的抗剪强度

抗剪强度的测定方法　土的抗剪强度理论

16.5　土压力、地基承载力和边坡稳定

土压力计算　挡土墙设计　地基承载力理论　边坡稳定

16.6　地基勘察

工程地质勘察方法　勘察报告分析与应用

16.7　浅基础

浅基础类型　地基承载力设计值　浅基础设计　减少不均匀沉降损害的措施　地基、基础与上部结构共同工作概念

16.8　深基础

深基础类型　桩与桩基础的分类　单桩承载力　群桩承载力　桩基础设计

16.9　地基处理

地基处理方法　地基处理原则　地基处理方法选择

二、复习指导

应根据注册结构工程师执业资格考试基础考试大纲的要求，着重对大纲涉及内容的基本概念、基本理论、基本计算方法和公式、基本计算步骤、相关的试验方法、基本知识的应用等内容有系统、有条理地进行重点掌握。明白其中的道理和关系，掌握分析问题的方法。在了解基本计算原理的基础上，应学会使用为减小计算工作量或简化、方便计算所制的相关表格。就本章的选择题类型而言，也不允许有很长的答题时间，因此不必过分追求复杂的原始计算公式和过于繁杂、难度大的知识。从多年考试内容和本科要求进行重点分析，认为应掌握以下重点内容：

（一）土的物理性质和工程分类

（1）应熟练掌握土的三相组成及其指标，土的结构、级配有关概念，土的三相物理性质指标及其

计算。

（2）无黏性土的分类方法及定名，无黏性土的特性、密实度指标及标准贯入锤击试验方法。

（3）黏性土的分类方法及定名，黏性土的状态指标、可塑性指标的概念与计算。

（二）土中应力与地基变形

地基沉降问题是在工程建设中要考虑和解决地基变形和强度的问题之一。对于地基沉降问题应了解地基变形的机理、地基土体产生变形的原因及其影响因素、基本计算方法与公式。

（1）土体的变形是由于在荷载作用下土体内部孔隙减小所致（孔隙内水和气排出、封闭气泡被压缩）。掌握土粒骨架所承受的有效应力与土体沉降变形的关系。

（2）地基土体承受附加应力引起地基变形。一般情况下我们接触的多是正常固结状态的地基土体，地基的变形是由于在建筑物荷载作用下产生的附加应力所致。附加应力即地基土体在自身自重应力作用下已完成固结沉降，在建筑物荷载作用下，土体在承受自重应力的基础上净增加的那部分应力。应该掌握基底压力、基底附加应力的计算方法和公式、常用荷载作用面积和不同荷载分布的土中附加应力的查表方法。

（3）土的自重应力计算。掌握分层土、有地下水位、有隔水层土的竖向自重应力计算。

（4）地基的超固结、欠固结基本概念及其对地基沉降的影响。固结度的概念、一维平均固结度的计算方法和公式。

（5）土的压缩试验方法、压缩性指标的确定及在土的沉降变形计算中的应用。

（6）地基的最终沉降量和沉降与时间的关系。在掌握土中应力计算的基础上，掌握大纲要求的计算最终沉降量的分层总和法和弹性理论法的基本计算方法和公式。掌握一维固结理论的基本原理、基本概念和简化计算方法。

（三）土的抗剪强度

（1）土的抗剪强度是由土的抗剪强度指标c、φ值决定的，即由颗粒之间的黏聚力、摩擦阻力以及连锁作用决定。要了解抗剪强度指标的测定方法及影响因素。

（2）掌握土的强度理论、极限平衡条件、抗剪强度的测定方法和公式的应用。

（四）土压力、地基承载力与边坡稳定

（1）要熟练掌握静止土压力、主动土压力和被动土压力的基本概念、基本计算公式的应用，掌握重力式挡土墙的设计、验算方法。

（2）掌握确定地基承载力特征值的方法（载荷试验、公式计算、工程经验等方法）。掌握载荷试验确定地基承载力特征值的方法和判别标准，理论公式的计算方法，按规范修正公式确定修正后的地基承载力特征值的计算方法。

（3）了解土坡稳定的基本概念及基本计算原理。

（五）地基勘察

（1）工程地质勘察的基本方法、适用性及优缺点。

（2）勘察报告的目的、用途、主要内容。要会运用勘察报告和图表对勘察成果进行综合分析，对资料的合理性与可靠性作出判断，以便为工程设计、施工选择正确的参数。

（六）浅基础

（1）常见的浅基础结构类型有独立基础、条形基础、十字交叉基础、筏板基础、箱形基础。这些基础对地基的要求由高到低，基础刚度、基底面积和所适应的荷载由小到大，对不均匀沉降的适应性由弱到强。

（2）地基承载力是指地基在同时满足强度和变形两个条件时，地基单位面积上所能承受的最大荷载。应掌握影响地基承载力的因素及确定地基承载力的常用方法。

（3）应熟练掌握浅基础设计方法、设计步骤及其之间的关系。浅基础设计前期，必须对场地的地质情况进行勘探调查，确定地基承载力及有关物理、力学性质指标。根据上部结构资料计算作用在基础上的荷载，确定基础埋深，并按地基承载力确定基础底面尺寸，然后进行必要的验算（包括地基承载力及变形验算），最后根据作用在基础底面上的地基反力和材料强度等级确定基础的构造尺寸。

（4）在软弱地基上建造建筑物时，可以在建筑、结构、设计和施工中采取相应的措施，以减轻不均匀沉降对建筑物的危害，措施得当可以达到减少甚至不必对地基进行处理的效果。对这些必要的措施应系统地加以了解。

（5）掌握地基、基础与上部结构相互作用的基本概念将有助于了解各类基础的性能，正确选择地基基础方案，评价常规理论分析与相互作用理论之间的可能存在的差异，认识与理解地基特征变形允许值的影响因素和帮助采取防止不均匀沉降损害的措施等。地基、基础与上部结构共同工作是指地基、基础和上部结构三者相互联系成整体来承担荷载并发生变形。这三部分都将按各自的刚度对整体变形产生制约作用，从而使整个体系的内力和变形发生变化。

（七）深基础

（1）常见的深基础结构类型有桩基础、大直径桩墩基础、沉井基础、地下连续墙、桩箱基础等，应特别注意对应用面广、适用面宽的桩基础和其他常见类型深基础特点的了解。

（2）桩与桩基础有不同的分类方法。掌握桩基础最基本的分类方法，而不同的分类方法反映了不同桩基础的某些方面的特点。按受力情况，可分为端承型桩、摩擦型桩；按所用材料，可分为混凝土桩、钢筋混凝土桩、钢桩、木桩；按施工方法，可分为预制桩与灌注桩；按承台位置的高低，可分为高桩承台基础、低桩承台基础；按桩的使用功能，可分为竖向抗压桩、竖向抗拔桩、水平受荷桩；按成桩方法，可分为非挤土桩、部分挤土桩、挤土桩；按桩径大小，可分为小直径桩、中等直径桩、大直径桩。应了解各类桩基础的特点、设计与施工方法。

（3）桩的承载力问题是桩基础设计的重要内容。目前我国确定桩承载力的规范有《建筑地基基础设计规范》（GB 50007—2011）（以下简称《地基规范》）和《建筑桩基技术规范》（JGJ 94—2008）。桩的承载力，包括单桩竖向承载力、群桩竖向承载力和桩的水平承载力。不同承载性状、不同使用功能、不同桩周土与桩端土质、不同桩的数量使桩承载力的设计变得较为复杂。特别是两个规范中桩的承载力有多种计算方法和公式，给这部分内容的复习带来了难度。本教材基于《地基规范》进行介绍。应注意将各种桩的承载力计算方法和公式加以分析、比较、归类与总结，搞清楚每个公式的适用条件，以达到灵活掌握与应用。对两规范中单桩轴向承载力计算公式应能熟练应用。

（4）桩基础设计包括确定桩的类型、规格、尺寸与单桩竖向承载力，计算桩的数量并进行桩的平面布置、桩基础验算、桩承台设计。应掌握桩基础的设计步骤，重点掌握桩基础的受力验算。

（八）地基处理

（1）应了解最常用的地基处理方法及计算公式。

（2）地基处理的每一种方法都有它的适用范围、局限性和优缺点。应全面分析、综合考虑工程的复杂程度、工程对地基的具体要求、工程费用等以确定合适的地基处理方法。

第一节　土的物理性质和工程分类

一、土力学、地基和基础的概念

土力学是用力学知识和土工测试技术，研究土的物理、力学性质，研究土的变形及其强度规律的一门科学。

工程上所研究的土，是作为地下建筑的“围岩”（如地下工程周围的土介质）、建筑材料（如修筑路基和土坝的土料）和支承建筑物荷载的地基出现在实际工程中。

建筑物或构筑物一般可分为上部结构和下部结构两部分。下部结构即基础，其作用是支承上部结构荷载，并将其传给地基，如图 18-1-1 所示。

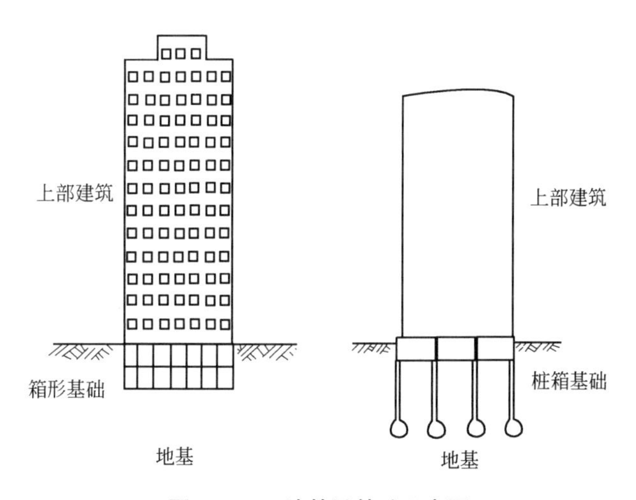

图 18-1-1　地基及基础示意图

二、土的生成和组成

（一）土的生成

土是岩石经过风化（物理、化学、生物风化）作用后，再经过其他各种外力地质作用（如搬运、沉积等）的产物，是由固体颗粒、水和空气组成的三相体，这三种成分混合分布。为研究方便，将三相体中的固体颗粒（简称为土粒）、水和气体分别集中起来，用如图 18-1-2 所示的三相组成示意图来表示各部分之间的数量关系。图中符号的意义如下：

V—土的总体积；

V_a—土中气体体积；

V_w—土中水体积；

V_s—土粒体积；

V_v—土中孔隙体积；

m_w—土中水质量；

m_s—土粒质量；

m—土的总质量，$m = m_w + m_s$。

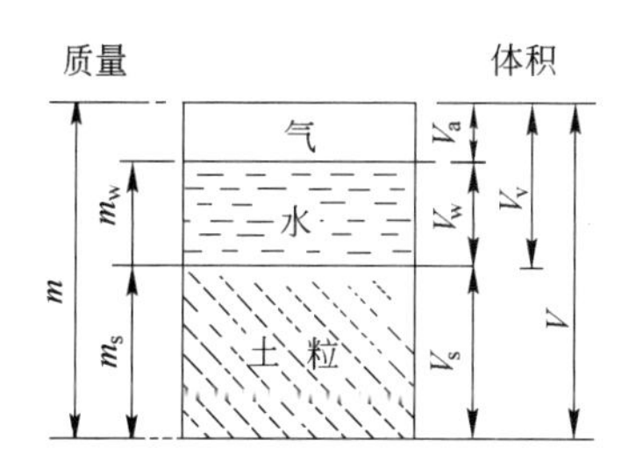

图 18-1-2　土的三相组成示意图

$$V_v = V_a + V_w \tag{18-1-1}$$

（二）土的组成及相关概念

1. 固相

固相，即土的颗粒。它的矿物成分、颗粒大小、形状与级配影响土的物理力学性质。

（1）土的粒组：将土中颗粒按适当粒径范围分组，使各组内土粒大小、性质大体相近，划分粒组的分界尺寸，称为界限粒径。我国按界限粒径 200、20、2、0.05 和 0.005（单位：mm）把土粒分为六组：漂石（块石）、卵石、圆砾、砂粒、粉粒和黏粒。

（2）土的级配：即土中各粒组的相对含量（各粒组质量占全部粒组质量的百分比），可通过颗粒分析试验测得，用级配累计曲线表示。如图 18-1-3 所示为三种土样的级配情况，利用级配曲线可求得不均匀系数C_u、曲率系数C_c，用以判断土的级配情况。

不均匀系数

$$C_u = \frac{d_{60}}{d_{10}} \tag{18-1-2}$$

曲率系数

$$C_c = \frac{d_{30}^2}{d_{60}d_{10}} \tag{18-1-3}$$

式中：d_{10}、d_{30}、d_{60}—分别相当于累计百分比含量为 10%、30%和 60%的对应粒径，d_{10}为有效粒径，d_{60}为限制粒径。

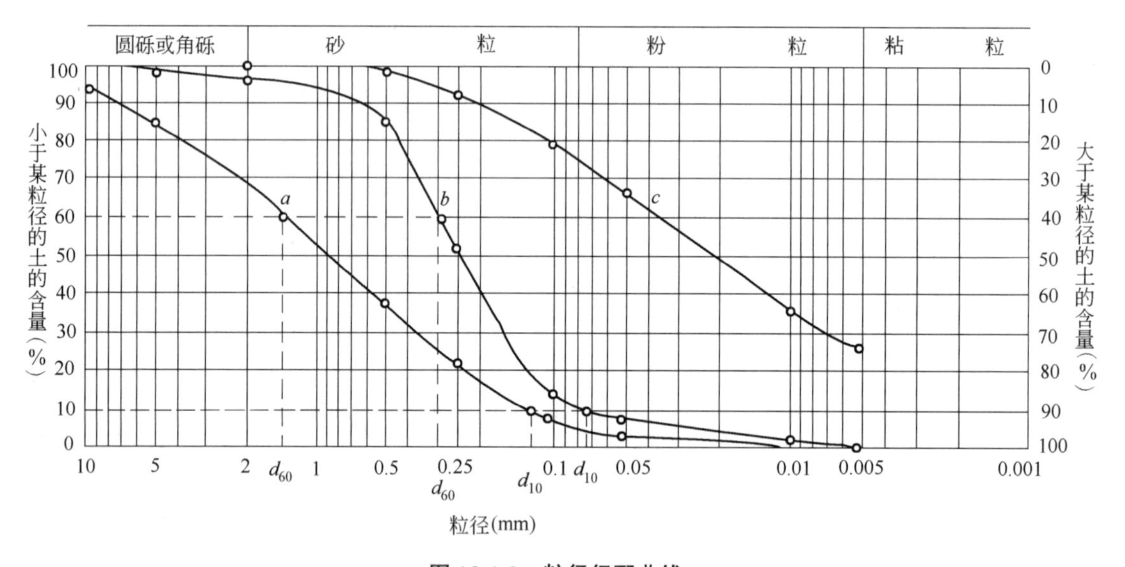

图 18-1-3　粒径级配曲线

图中，曲线越缓，C_u越大，表示土粒大小分布范围越大，$C_u > 10$，称为级配良好的土，宜作为良好地基。反之，曲线越陡，土粒大小分布范围越小，$C_u < 5$，称为均粒土，其级配不好，不宜做地基，可做反滤料使用。但实际上仅用单独一个指标C_u来确定土的级配情况是不够的，还必须同时考察累计曲线的整体形状，故需兼顾曲率系数C_c值。

当同时满足不均匀系数$C_u > 5$和曲率系数$C_c = 1 \sim 3$这两个条件时，土为级配良好的土；如不能同时满足，则土为级配不良的土。

（3）土的结构：指土粒及其集合体的大小、形状、相互排列与联结等综合特征。主要有三种结构：

单粒结构（砂粒、碎石，颗粒较大）、蜂窝结构（粉粒，颗粒较细）、絮状结构（黏粒，颗粒极细）。

（4）土的构造：指物质成分和颗粒大小等相近的各部分土层之间的相互联系特征。主要有层理构造（分水平、交错两种）、裂隙构造和分散构造。

2. 液相

液相，即土中水。水可以呈固态（冰）、液态（水）、气态（水蒸气）存在于土中。从水膜理论的角度来看，水的分类如下：

（1）结合水
- 强结合水（吸着水）　固态黏土所含的水。
- 弱结合水（薄膜水）　可塑状态黏土多含此水，性质特殊对黏性土的性质影响大。

（2）自由水
- 重力水　地下水位以下透水层中的水。
- 毛细水　孔隙中的自由水，也能在地下水位以上存在。

3. 气相

气相，即土中气
- 通畅气　与大气相连，常存在于粗粒土中。
- 封闭气　封闭于孔隙中，常存在于细粒土中。

三、土的物理性质和状态指标

（一）由试验直接测定的基本指标

1. 土的重度（重力密度）γ

该指标可用环刀法、灌砂法测定。

天然状态下单位体积土的重力称为天然重度（kN/m^3），$W = mg$，而

$$\gamma = \frac{W}{V} \tag{18-1-4}$$

它与土的矿物成分、孔隙大小、含水多少等有关，一般$\gamma = 16\sim22kN/m^3$。

2. 土的含水率（量）w

该指标可用烘干法、酒精燃烧法测定。

土中水的重力与土颗粒重力之比，称为含水率，常用百分比表示

$$w(\%) = \frac{W_w}{W_s} \times 100\% \tag{18-1-5}$$

它反映土的干湿程度。含水率越大土越湿越软，地基土承载力越低，我国沿海软黏土含水率常接近50%，高者达60%~70%，地基土容许承载力仅50~80kPa。

3. 土粒相对密度（旧称“比重”）d_s

该指标可用比重瓶法测定。

土粒重力与同体积4℃时水的重力之比称为土粒相对密度，即

$$d_s = \frac{W_s}{V_s \gamma_w} \tag{18-1-6}$$

式中：γ_w—4℃时水的重度，近似取$\gamma_w = 10kN/m^3$。

d_s大小随土粒矿物成分而异。砂土为2.65~2.69，黏性土在2.72~2.76之间。土中含大量有机质时，土粒相对密度则显著减少。

（二）换算的物理性质指标（见表 18-1-1）

土的三相比例指标换算公式 　表 18-1-1

名　称	符号	三相比例表达式	常用换算公式	单　位	常见的数值范围
土粒相对密度	d_s	$d_s=\frac{m_s}{V_s\rho_w}$	$d_s=\frac{S_r e}{w}$		黏性土：2.72~2.76 粉　土：2.70~2.71 砂　土：2.65~2.69
含水量	w	$w=\frac{m_w}{m_s}\times 100\%$	$w=\frac{S_r e}{d_s}$ $w=\frac{\rho}{\rho_d}-1$		20%~60%
密度	ρ	$\rho=\frac{m}{V}$	$\rho=\rho_d(1+w)$ $\rho=\frac{d_s(1+w)}{1+e}\rho_w$	g / cm³	1.6~2.0
干密度	ρ_d	$\rho_d=\frac{m_s}{V}$	$\rho_d=\frac{\rho}{1+w}$ $\rho_d=\frac{d_s}{1+e}\rho_w$	g / cm³	1.3~1.8
饱和密度	ρ_{sat}	$\rho_{sat}=\frac{m_s+V_v\rho_w}{V}$	$\rho_{sat}=\frac{d_s+e}{1+e}\rho_w$	g / cm³	1.8~2.3
重度	γ	$\gamma=\frac{m}{V}\cdot g=\rho\cdot g$	$\gamma=\frac{d_s(1+w)}{1+e}\gamma_w$	kN / m³	16~20
干重度	γ_d	$\gamma_d=\frac{m_s}{V}\cdot g=\rho_d\cdot g$	$\gamma_d=\frac{d_s}{1+e}\gamma_w$	kN / m³	13~18
饱和重度	γ_{sat}	$\gamma_{sat}=\frac{m_s+V_v\rho_w}{V}g$ $=\rho_{sat}\cdot g$	$\gamma_{sat}=\frac{d_s+e}{1+e}\gamma_w$	kN / m³	18~23
有效重度	γ'	$\gamma'=\frac{m_s-V_s\rho_w}{V}g=\rho'\cdot g$	$\gamma'=\frac{d_s-1}{1+e}\gamma w$	kN / m³	8~13
孔隙比	e	$e=\frac{V_v}{V_s}$	$e=\frac{d_s\rho_w}{\rho_d}-1$ $e=\frac{d_s(1+w)\rho_w}{\rho}-1$		黏性土和粉土：0.40~1.20 砂土：0.30~0.90
孔隙率	n	$n=\frac{V_v}{V}\times 100\%$	$n=\frac{e}{1+e}$ $n=1-\frac{\rho_d}{d_s\rho_w}$		黏性土和粉土：30%~60% 砂土：25%~45%
饱和度	S_r	$S_r=\frac{V_w}{V_v}\times 100\%$	$S_r=\frac{w d_s}{e}$ $S_r=\frac{w\rho_d}{n\rho_w}$		0~100%

注：水的重度$\gamma_w=\rho_w\cdot g=1\text{t/m}^3\times 9.807\text{m/s}^2\approx 10\text{kN/m}^3$。

1. 土的饱和重度γ_{sat}、浮重度γ'及干土重度γ_d

（1）饱和重度γ_{sat}。土的孔隙全部被水充满时的重度，称为饱和重度γ_{sat}(kN/m^3)，即

$$\gamma_{sat}=\frac{W_s+V_v\gamma_w}{V} \tag{18-1-7}$$

（2）浮重度（有效重度）γ'。一般情况下从地下水位以下取出的土，其天然重度，可视为饱和重度。当土处于地下水位以下时，则受到水的浮力作用，单位土体积中颗粒的有效重力，由单位土体积中土颗粒的重力扣除浮力后的重度称为土的浮重度γ'(kN/m^3)，即

$$\gamma'=\frac{W_s-V_s\gamma_w}{V}=\gamma_{sat}-\gamma_w \quad (\gamma_w\approx 10\text{kN/m}^3) \tag{18-1-8}$$

（3）干重度（干重力密度）γ_d。单位土体积中固体颗粒的重力称为土的干重度γ_d(kN/m^3)，即

$$\gamma_d=\frac{W_s}{V} \tag{18-1-9}$$

土的干重度在很大程度上可反映土颗粒排列的紧密程度，工程上用γ_d作为人工填土压实质量的控制指标。一般γ_d达到16kN/m^{3}以上时，土就比较密实。

2. 土的孔隙比e

土中孔隙体积与土的颗粒体积之比，称为孔隙比，即

$$e=\frac{V_v}{V_s} \tag{18-1-10}$$

它表明土的密实程度，建筑物的沉降与土的孔隙比有着密切的关系。天然状态的黏性土，一般当$e<0.6$时，土密实、压缩性低；当$e>1.0$时，土是松软的。高压缩性的淤泥质土、淤泥的e则高达 1.5 以上。地基土层中含有$e>1.0$的黏性土时，建筑物的沉降量较大。

3. 土的饱和度S_r

土中水的体积与孔隙体积之比称为饱和度S_r，以百分数表示，即

$$S_r=\frac{V_w}{V_v}\times 100\% \tag{18-1-11}$$

它表示土的潮湿程度，如$S_r=100\%$，表明土孔隙中充满水，土是完全饱和的；$S_r=0$，土是完全干燥的。

砂土的含水饱和程度，对其工程性质影响较大，如饱和粉细砂土在动荷载作用下会发生液化。根据饱和度S_r的数值，砂土可分为稍湿（$S_r\leqslant 50\%$）、很湿（$50\%<S_r\leqslant 80\%$）和饱和（$S_r>80\%$）的三种湿度状态。

各指标常见值已列入表 18-1-1。

（三）土的物理状态指标

1. 砂土的密实度

砂土的密实度对地基土的工程性质有很大影响。如密实的天然砂层是良好的天然地基。疏松的砂，尤其是饱和的粉细砂，在动力作用下土的结构常处于不稳定状态，对土建工程很不利。

确定砂土的密实度，目前常用标准贯入试验，它是将带有刃口的厚壁管状的标准贯入器，在规定的锤重（63.5kg）和落距（76cm）的条件下击入土中，测定贯入量为 30cm 所需要的击数N，称为标准贯入锤击数。以此确定砂土层的密实度，见表 18-1-2。

标准贯入试验判定砂土密实度　　表 18-1-2

密实度	松散	稍密	中密	密实
锤击数N	$\leqslant 10$	$10\leqslant N\leqslant 15$	$15<N\leqslant 30$	>30

砂土的密实程度还可以根据相对密实度D_r和孔隙比e来评定，即

$$相对密实度\ D_r = \frac{e_{max} - e}{e_{max} - e_{min}} \tag{18-1-12}$$

2. 黏性土的稠度

（1）界限含水率（量）

黏性土由某一状态转入另一状态时的分界含水率，称为土的界限含水率。

（2）液限和塑限

液限和塑限在国际上称为阿太堡界限（Atterberg Limit），它们是黏性土的重要物理特性指标。

液限：土由流动状态转变成可塑状态的界限含水率称为液限，以符号w_L表示。

塑限：土由可塑状态变化到半固体状态的界限含水率称为塑限，以符号w_p表示。

缩限：土由半固体状态变化到固体状态的界限含水率称为缩限，以符号w_s表示，不常用。

（3）塑性指数I_p

$$I_p = w_L - w_p \tag{18-1-13}$$

液限与塑限之差值（省去%号）反映在可塑状态下的含水率范围。此值可作为黏性土分类的指标。

（4）液性指数I_L

$$I_L = \frac{w - w_p}{I_p} = \frac{w - w_p}{w_L - w_p} \tag{18-1-14}$$

即天然含水率和塑限之差与塑性指数之比值。反映土在天然条件下所处的状态。

黏性土中水的含量对其性质、状态的影响如图 18-1-4 所示。土中多含自由水时，处于流动状态；土中多含弱结合水时，处于可塑状态，弱结合水减少，水膜变薄，土向半固态转化，土中水为强结合水时处于固态。

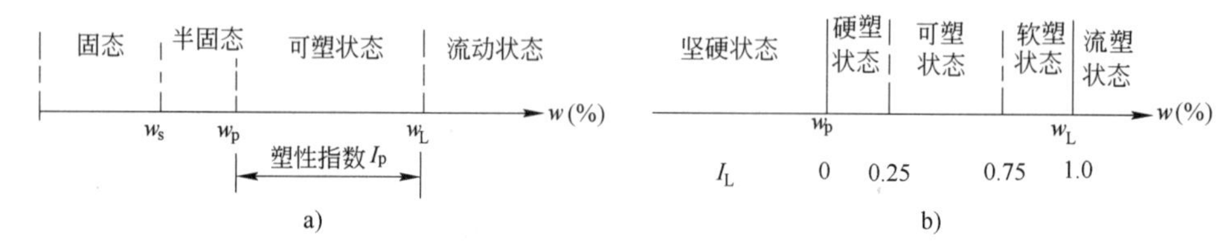

图 18-1-4　黏性土的物理状态与含水率关系

【例 18-1-1】 关于土的塑性指数，下面说法正确的是：

A. 可以作为黏性土工程分类的依据之一

B. 可以作为砂土工程分类的依据之一

C. 可以反映黏性土的软硬情况

D. 可以反映砂土的软硬情况

解　细颗粒土可以按塑性指数分类。塑性指数$I_p = w_L - w_p$。液限与塑限之差值（省去%），反映在可塑状态下土的含水率变化范围，此值可作为黏性土分类的指标。

答案：A

【例 18-1-2】 某土样液限$w_L = 25.8\%$，塑限$w_p = 16.1\%$，含水率$w = 13.9\%$，可以得到其液性指数I_L为：

A. $I_L = 0.097$　　　　B. $I_L = 1.23$

C. $I_L = 0.23$　　　　D. $I_L = -0.23$

解

$$I_L = \frac{w - w_p}{w_L - w_p} = \frac{13.9\% - 16.1\%}{25.8\% - 16.1\%} = -0.23$$

答案： D

【例 18-1-3】 某土样液限$w_L = 24.3\%$，塑限$w_p = 15.4\%$，含水率$w = 20.7\%$，可以得到其塑性指数I_p为：

A. $I_p = 0.089$　　B. $I_p = 8.9$　　C. $I_p = 0.053$　　D. $I_p = 5.3$

解　$I_p = w_L - w_p = 24.3 - 15.4 = 8.9$

答案： B

四、土的压实性

有时建筑物建筑在填土上，为了提高填土的强度，增加土的密实度，降低其透水性和压缩性，通常用分层压实的办法来处理地基。

实践经验表明，对过湿的黏性土进行夯实或碾压时就会出现软弹现象（俗称“橡皮土”），此时土的密实度是不会增大的。对很干的土进行夯实或碾压，显然也不能把土充分压实。所以，要使土的压实效果最好，其含水率一定要适当。在一定的压实能量下使土最容易压实，达到最大密实度时的含水率，称为土的最优含水率（或称最佳含水率），用w_{op}表示。相对应的干重度叫作最大干重度，用γ_{dmax}表示。

土的最优含水率可在试验室内通过击实试验测得。试验时将同一种土，配制成若干份不同含水率的试样，用同样的压实能量分别对每一份试样进行击实［试验的仪器和方法见现行《土工试验方法标准》（GB/T 50123—1999）］，然后测定各试样击实后的含水率w和干重度γ_d，从而绘制含水率与干重度关系曲线（见图 18-1-5），称为压实曲线。从图中可以知道，当含水率较低时，随着含水率的增大，土的干重度也逐渐增大，表明压实效果逐步提高；当含水率超过某一限值w_{op}时，干重度则随着含水率增大而减小，即压实效果下降。这说明土的压实效果随含水率的变化而变化，并在击实曲线上出现一个干重度峰值（即最大干重度γ_{dmax}），相应于这个峰值的含水率就是最优含水率。

试验还证明，最优含水率与压实能量有关。对同一种土，用人力夯实时，因能量小，要求土粒之间有较多的水分使其更为润滑，因此，最优含水率较大而得到的最大干重度却较小，如图 18-1-6 所示的曲线 3。当用机械夯实时，压实能量较大，得出的曲线为如图 18-1-6 所示的曲线 1 和曲线 2。所以当填土压实程度不足时，可以改用大的压实能量补夯，以达到所要求的密实度。

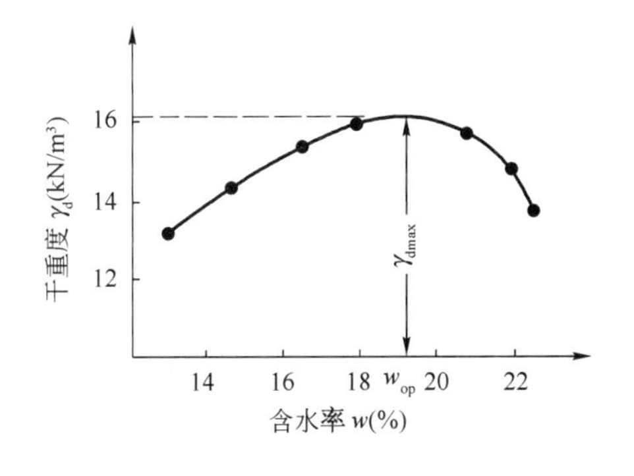

图 18-1-5　干重度与含水率的关系

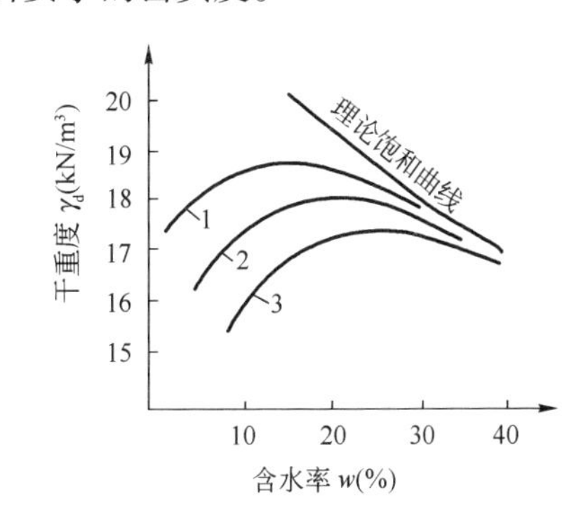

图 18-1-6　压实能量对压实效果的影响

在同类土中，土的颗粒级配对土的压实效果影响很大，颗粒级配不均匀的土容易压实，均匀的土则不易压实。

必须指出：室内击实试验与现场夯实或碾压的最优含水率是不一样的。所谓最优含水率，是针对某一种土，在一定的压实机械、压实能量和填土分层厚度等条件下测得的。如果这些条件改变，就会得出不同的最优含水率。因此，要指导现场施工，还应该进行现场试验。

图 18-1-6 还给出了理论饱和曲线，它表示土处在饱和状态下的干重度γ_d与含水率w的关系。实践中，土不可能被压实到完全饱和的程度。试验证明，黏性土在最优含水率时，压实到最大干重度γ_{dmax}，其饱和度一般为 80%左右。此时，因为土孔隙中的气体越来越难以和大气相通，压实时不能将其完全排出去，因此压实曲线只能趋于理论饱和曲线的左下方，而不可能与它相交。

【例 18-1-4】 对同一种土进行击实试验，击实能量越大，土的：

A. 最优含水率越小，最大干重度越大　　B. 最优含水率越大，最大干重度越大

C. 最优含水率越大，最大干重度越小　　D. 最优含水率越小，最大干重度越小

解 根据压实能量对压实效果影响的击实曲线，对同一种土进行压实，压实能量越大，最优含水率越小，最大干重度越大。

答案： A

【例 18-1-5】 对同类回填土地基进行压实，土压实效果与下列哪项因素无关？

A. 含水量　　B. 压实能量

C. 土的级配　　D. 原始固结状态

解 对回填土地基进行压实，顾名思义，回填土已经不是原状土，已经改变了土体的原始固结状态。

答案： D

五、地基土的分类

地基土工程分类的目的是为判别土的工程特性和评价土作为建筑场地的可用程度。

作为建筑地基的这一部分土（包括岩石）分为六大类，即岩石、碎石土、砂土、粉土、黏性土、人工填土和特殊性土，每个大类又细分为若干亚类。

（一）岩石

岩石应为颗粒间牢固联结、呈整体或具有节理裂隙的岩体。岩石的坚硬程度应根据岩块的饱和单轴抗压强度f_{rk}按规范表分为坚硬岩、较硬岩、较软岩、软岩和极软岩。岩石的风化程度可分为未风化、微风化、中风化、强风化和全风化。岩体完整程度应根据完整性指数（为岩体纵波波速与岩块纵波波速之比的平方）分为完整、较完整、较破碎、破碎和极破碎。

（二）碎石土

碎石土为粒径大于 2mm、颗粒含量超过全重 50%的土。碎石土可根据颗粒形状和粒组含量按规范表分为漂石、块石、卵石、碎石、圆砾和角砾。

碎石土的密实度，可根据重型圆锥动力触探锤击数分为松散、稍密、中密和密实。

（三）砂土

砂土为粒径大于 2mm 的颗粒含量不超过全重的 50%、粒径大于 0.075mm 的颗粒超过全重 50%的土。砂土可根据粒组含量按规范表分为砾砂、粗砂、中砂、细砂和粉砂。

砂土的密实度，可根据标准贯入试验锤击数按规范表分为松散、稍密、中密和密实。

（四）黏性土

黏性土为塑性指数$I_p > 10$的土，其中$I_p > 17$的土为黏土，$10 < I_p \leq 17$的土为粉质黏土。

黏性土的状态，可根据液性指数按规范表分为坚硬、硬塑、可塑、软塑和流塑。

（五）粉土

粉土为介于砂土与黏性土之间，塑性指数I_p小于或等于 10 且粒径大于 0.075mm 的颗粒含量不超过全重 50%的土。

（六）淤泥

淤泥为在静水或缓慢的流水环境中沉积，并经生物化学作用形成，其天然含水量大于液限、天然孔隙比大于或等于 1.5 的黏性土。当天然含水量大于液限而天然孔隙比小于 1.5 但大于或等于 1.0 的黏性土或粉土为淤泥质土。含有大量未分解的腐殖质，有机质含量大于 60%的土为泥炭，有机质含量大于或等于 10%且小于或等于 60%的土为泥炭质土。

（七）红黏土

红黏土为碳酸盐岩系的岩石经红土化作用形成的高塑性黏土。其液限一般大于 50%。红黏土经再搬运后仍保留其基本特征，其液限大于 45%的土为次生红黏土。

（八）人工填土

人工填土根据其组成和成因，可分为素填土、压实填土、杂填土、冲填土。素填土为由碎石土、砂土、粉土、黏性土等组成的填土。经过压实或夯实的素填土为压实填土。杂填土为含有建筑垃圾、工业废料、生活垃圾等杂物的填土。冲填土为由水力冲填泥沙形成的填土。

（九）膨胀土

膨胀土指土中黏粒成分主要由亲水性矿物组成，同时具有显著的吸水膨胀和失水收缩特性，其自由膨胀率大于或等于 40%的黏性土。

（十）湿陷性土

湿陷性土为在一定压力下浸水后产生附加沉降，其湿陷系数大于或等于 0.015 的土。

习　题

18-1-1　影响黏性土性质的土中水主要是（　　）。

A. 强结合水　　B. 弱结合水　　C. 重力水　　D. 毛细水

18-1-2　有效粒径为一特定粒径，即小于该粒径的土粒质量累计百分数为（　　）。

A. 10%　　B. 30%　　C. 60%　　D. 50%

18-1-3　工程上所谓的均粒土，其不均匀系数C_u为（　　）。

A. $C_u < 5$　　B. $C_u \geq 5$　　C. $C_u > 10$　　D. $5 < C_u < 10$

18-1-4　标准贯入锤击试验时，最初打入土层不计入锤击数的土层厚度为（　　）。

A. 15cm　　B. 30cm　　C. 63.5cm　　D. 50cm

18-1-5　已知某土样孔隙比$e = 1$，饱和度$S_r = 0$，则土样应符合以下哪两项条件？（　　）。

①土粒、水、气三相体积相等；②土粒、气两相体积相等；③土粒体积是气体体积的两倍；④此土样为干土。

A. ①②　　B. ①③　　C. ②③　　D. ②④

18-1-6　反映黏性土状态的指标是（　　）。

A. w　　B. I_L　　C. w_p　　D. S_r

18-1-7　计算土的不均匀系数的参数是（　　）。

①粒组平均粒径；②有效粒径；③限制粒径；④界限粒径。

A. ①②　　B. ②③　　C. ②④　　D. ③④

18-1-8　同一种土的压实效果和下列（　　）因素有关。

①土的粒组数量；②压实能量；③土的含水率；④堆积年代。

A. ①②　　B. ②③　　C. ①③　　D. ③④

18-1-9　黏性土是指（　　）。

A. I_p大于 10 的土　　B. I_p大于 17 的土

C. 黏土与粉土的总称　　D. 红黏土中的一种

18-1-10 同一土样，其重度指标γ_{sat}、γ_d、γ、γ'大小存在的关系是（　　）。

A. $\gamma_{sat} > \gamma_d > \gamma > \gamma'$　　B. $\gamma_{sat} > \gamma > \gamma_d > \gamma'$

C. $\gamma_{sat} > \gamma > \gamma' > \gamma_d$　　D. $\gamma_{sat} > \gamma' > \gamma > \gamma_d$

18-1-11 已知土样的最大、最小孔隙比分别为 0.8、0.4，若天然孔隙比为 0.7，则土样的相对密实度D_r为（　　）。

A. 0.75　　B. 0.5　　C. 4.0　　D. 0.25

第二节　地基中的应力

计算基础沉降以及对地基进行强度与稳定性分析时，均需知道土（地基）中应力分布。土中应力可分为自重应力和附加应力，现分述如下。

一、土中自重应力

由于土体自身重力所引起的应力称为自重应力，它一般情况下不产生地基沉降变形。

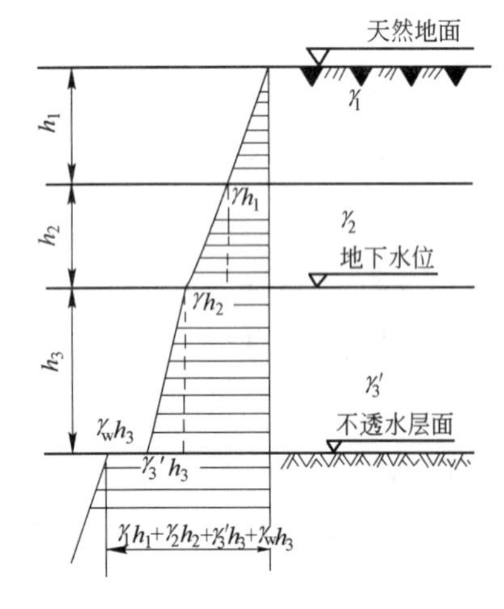

图 18-2-1　成层土中竖向自重应力分布

假定地基是半无限空间体（具有一个水平界面的无限空间体），当土质均匀时，土的自重可视为分布面积为无限的荷载。地基内任一竖直面均是对称面，故不存在剪应力和横向变形，只产生竖向变形。地面下任意深度处，土的自重应力分布如图 18-2-1 所示，计算式如下

$$\sigma_{cz} = \gamma_1 h_1 + \gamma_2 h_2 + \cdots + \gamma_n h_n = \sum_{i=1}^{n} \gamma_i h_i \qquad (18\text{–}2\text{–}1)$$

式中：γ_i—第i层土的重度（kN/m³），地下水位以下透水层中取浮重度γ'；

h_i—第i层土的厚度（m）；

n—从天然地面到深度z处的土层层数。

二、基底接触压力

假定基底压力直线分布。

（一）在中心荷载作用下，基底压力假设为均匀分布

基底接触压力计算如下

$$p_{\mathrm{k}}=\frac{F_{\mathrm{k}}+G_{\mathrm{k}}}{A} \tag{18-2-2}$$

$$G_{\mathrm{k}}=A\bar{d}\gamma_{\mathrm{G}} \tag{18-2-3}$$

式中：p_{k}—相应于荷载效应标准组合时，基础底面的平均压力（kPa）；

F_{k}—相应于荷载效应标准组合时，上部结构传至基础顶面的竖向力值（kN）；

G_{k}—基础自重与基础上土的总重（kN）；

A—基础底面积（m^2）；

$\bar{d}$—基础平均埋深；

γ_{G}—基础及上覆土平均重度，地下水位以上取$20\mathrm{kN/m^3}$，地下水位以下取$10\mathrm{kN/m^3}$。

如基础为条形（长度大于宽度的 10 倍），则沿长度方向取 1m 来计算。此时上式中的F_{k}、G_{k}代表每延米内的相应值，A在数值上等于条形基础宽度。

（二）偏心荷载作用下的基底压力

对于单向偏心荷载作用下的矩形基础，基础底面两侧的最大与最小边缘压力p_{kmax}、p_{kmin}按下式计算

$$p_{\mathrm{k}\,\mathrm{min}}^{\ \mathrm{max}}=\frac{F_{\mathrm{k}}+G_{\mathrm{k}}}{bl}\pm\frac{M_{\mathrm{k}}}{W}=\frac{F_{\mathrm{k}}+G_{\mathrm{k}}}{bl}\left(1\pm\frac{6e}{l}\right) \tag{18-2-4}$$

式中：l—矩形基础的长边（m），此处l为偏心方向的基础边长（条形基础为b）；

b—矩形基础的短边（m）；

M_{k}—相应于荷载效应标准组合时，作用于矩形底面的力矩（kN · m）；

W—基础底面的抵抗矩（m^3），$W=bl^2/6$；

e—偏心距，$e=M_{\mathrm{k}}/(F_{\mathrm{k}}+G_{\mathrm{k}})$。

视其大小，基底压力分布可呈三角形、梯形、相对三角形。为了减少因地基应力不均匀而引起过大的不均匀沉降，一般要求$p_{\max}/p_{\min}\leqslant1.5\sim3$。对条形基础，计算原则同上。

当偏心距$e>l/6$时（见图 18-2-2），p_{kmax}应按下式计算

$$p_{\mathrm{kmax}}=\frac{2(F_{\mathrm{k}}+G_{\mathrm{k}})}{3ba} \tag{18-2-5}$$

式中：b—垂直于力矩作用方向的基础底面边长；

a—合力作用点至基础底面最大压力边缘的距离，$a=l/2-e$。

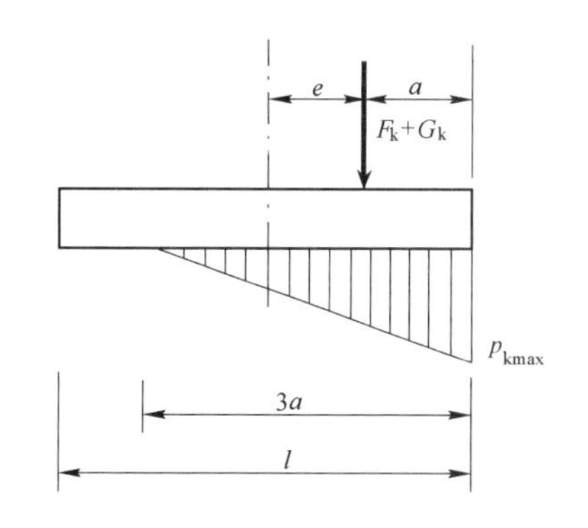

图 18-2-2　偏心荷载（$e>l/6$）作用下基底压力计算示意图

l-力矩作用方向基础底面边长

三、基底附加应力

因修建建筑物的荷载在其基底处土体上所引起的应力增量，即接触压力与自重压力之差（见图 18-2-3）为

$$p_0 = p_k - \sigma_c = p_k - \gamma_m d \tag{18-2-6}$$

式中：p_0—基底处附加应力；

p_k—相应于荷载效应标准组合时，基础底面的平均压力（kPa）；

γ_m—基础底面以上土的加权平均重度，地下水位以下取浮重度（kN/m³）；

d—基础埋置深度（m），一般自室外地面标高算起。

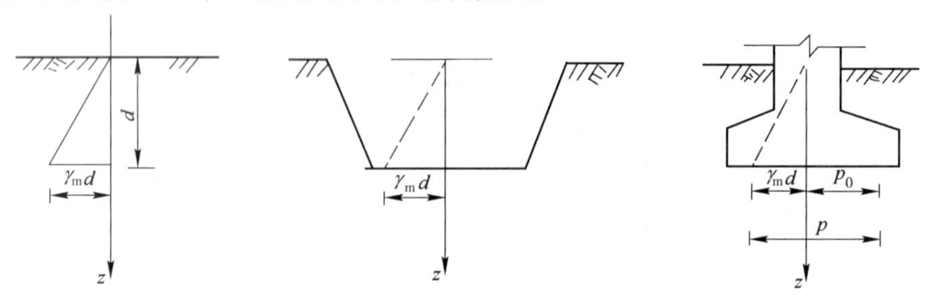

图 18-2-3　基底附加压力

四、地基中的附加应力

由基底附加应力所引起的地基中的应力增量，即基底附加应力向地基中逐渐扩散并逐渐减小的应力，可用通式表达为

$$\sigma_z = Kp_0 \tag{18-2-7}$$

式中：σ_z—地基中任意点处竖向附加应力；

K—（土中）附加应力系数，$K<1$，且与基底处的受荷面积、荷载分布情况、所求点的平面位置、距基底面的深度有关，可分如下各种情况求解，但基本理论为弹性力学方法及等代荷载原则。

按荷载在地基各点引起的应力状况，又分为空间问题和平面问题两大类。

（一）空间问题

1. 竖向集中力作用下的附加应力——布辛奈斯克解

地面（或基底）作用竖向集中力P时，离此力作用点竖向距离（深度）为z、径向距离为r处的竖向附加应力σ_z为

$$\sigma_z = K\frac{P}{z^2} \tag{18-2-8}$$

式中：K—应力系数，由比值r/z确定。

2. 均布矩形荷载作用下的附加应力

设矩形荷载面的长度和宽度分别为l和b，作用于地基上的竖向均布荷载（如中心荷载作用下的基底附加压力）为p_0。以积分法和角点法可求得矩形荷载作用下任意点的地基附加应力。以矩形荷载面角点为坐标原点O（见图 18-2-4），则在角点O下任意深度z的M点竖向附加应力

$$\sigma_z = K_c p_0 \tag{18-2-9}$$

式中：K_c—角点应力系数，由边比$m=l/b$及$n=z/b$确定（b为荷载面的短边）。

角点法可用来求矩形荷载面积下地基中任一点的附加应力。其实质有两点，首先以所求点的水平投影为控制点，将荷载平面（或其扩大面）分为若干矩形，求各矩形荷载（有可能为虚拟的）作用下的附加应力，再按等代荷载原则求其代数和，即：使最终的附加应力为真实荷载作用下的结果。应注意的是，

无论如何要使所求点在所划分的若干矩形的公共角点下，求附加应力系数时分清短边。

3. 矩形面积三角形分布荷载作用下的附加应力

利用图 18-2-5 可求矩形面积上作用着三角形分布的荷载，在角点下任意深度处M点的附加应力。其系数的选取，应注意角点的位置，在荷载为 0 处与荷载最大处是不同值，分别用脚标 1、2 代表。p_0为最大荷载。

$$\sigma_{z1} = K_{t1} \cdot p_0,\ \sigma_{z2} = K_{t2} \cdot p_0 \tag{18-2-10}$$

K_{t1}、K_{t2}按l/b、z/b查表。

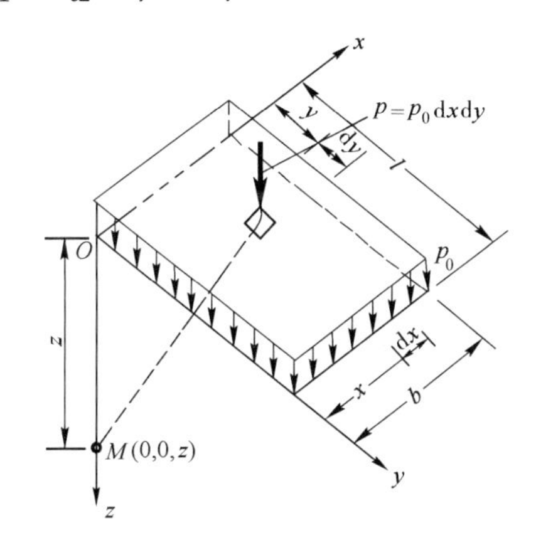

图 18-2-4　均布矩形荷载角点下的附加应力σ_z

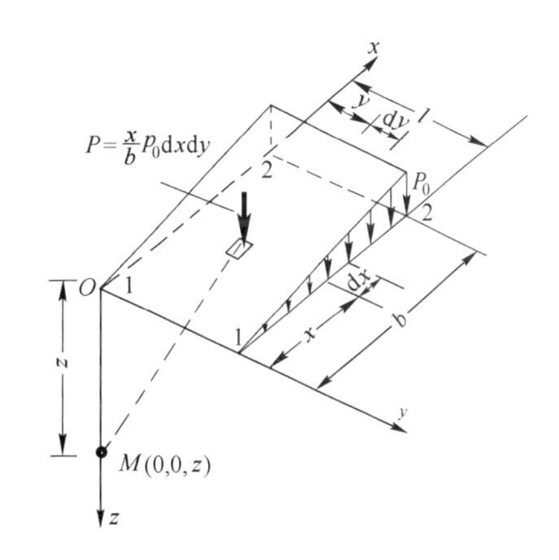

图 18-2-5　三角形分布矩形荷载角点下的σ_z

4. 圆形面积均布荷载作用下地基附加应力

利用图 18-2-6 可求圆心下任意点的附加应力，其系数K_r可据r/r_0、z/r_0查相应表格，r_0为圆的半径。

$$\sigma_z = K_r \cdot p_0 \tag{18-2-11}$$

【例 18-2-1】 均匀地基中，地下水位埋深为 1.80m，毛细水向上渗流 0.60m。如果土的干重度为15.9kN/m^3，土的饱和重度为17kN/m^3，地表超载为25.60kN/m^2，那么地基埋深 3.50m 处的垂直有效应力为：

A. 66.99kPa　　B. 72.99kPa

C. 70.71kPa　　D. 41.39kPa

解　毛细水上升范围内土中的有效应力的计算，毛细水上升范围内土的重度取为饱和重度，则：

$$\sigma = 25.6 + 1.2 \times 15.9 + 0.6 \times 17 + (17-10) \times (3.5-1.8)$$
$$= 66.99\text{kPa}$$

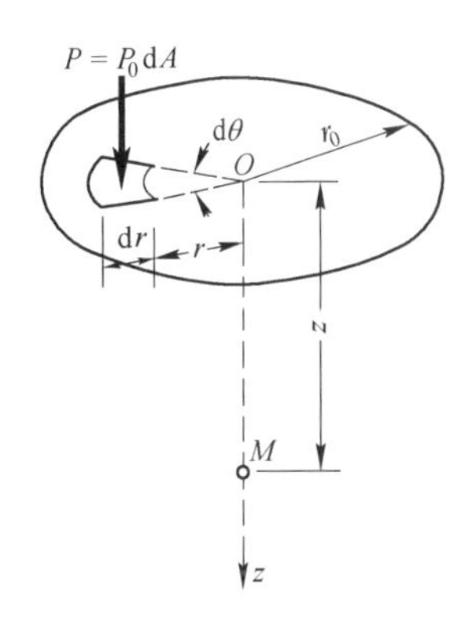

图 18-2-6　均布圆形荷载中点下的σ_z

答案：A

【例 18-2-2】 在相同的地基上，甲、乙两条形基础的埋深相等，基底附加压力相等，基础甲的宽度是基础乙的 2 倍。在基础中心以下相同深度$z(z > 0)$处基础甲的附加应力σ_A与基础乙的附加应力σ_B相比：

A. $\sigma_A > \sigma_B$，且$\sigma_A > 2\sigma_B$

B. $\sigma_A > \sigma_B$，且$\sigma_A < 2\sigma_B$

C. $\sigma_A > \sigma_B$，且$\sigma_A = 2\sigma_B$

D. $\sigma_A > \sigma_B$，但σ_A与$2\sigma_B$的关系尚要根据深度z与基础宽度的比值确定

解　据题意，相同地基条件，有甲、乙两条形基础，埋深相同，即$d_{甲} = d_{乙}$；基底附加应力相同，

均为p_0；基础甲的宽度是基础乙的2倍，即基础甲的宽度$B_{甲}=2b$，基础乙的宽度$B_{乙}=b$，则$B_{甲}=2B_{乙}$。基于以上条件，比较甲、乙两条形基础各自基础地面中心点以下相同深度（z）处的土中附加应力σ_A与σ_B的大小关系。

根据土中附加应力计算公式$\sigma_z=\sigma p_0$和两基础基底附加应力相等，比较σ_A与σ_B的大小关系即是比较附加应力系数σ_A与σ_B的大小关系。σ_A与σ_B可根据x/B，z/B查均布条形荷载作用附加应力系数表。甲、乙两基础中心点下$x=0,x/B=0,z_{甲}=z_{乙}=z$，由前$z/B_{甲}=z/(2b),z/B_{乙}=z/b$，有$z/B_{乙}=2(z/B_{甲})$，据此查表得到在持力层范围内：$\alpha_A>\alpha_B$、$\alpha_A<2\alpha_B$，故$\alpha_A>\alpha_B$，$\alpha_A<2\alpha_B$，具体数值由$z$深度决定。

答案： B

（二）平面问题

其特点是荷载沿y坐标轴均匀分布而无限延伸，因此与y轴垂直的任何平面上对应点的应力状态都完全相同。

1. 线荷载

线荷载是在半空间表面上一条无限长直线上的均布荷载。如图 18-2-7 所示，设一个竖向线荷载$\bar{p}$（kN/m）作用在y坐标轴上，求得地基中任意点M处由$\bar{p}$引起的竖向附加应力σ_z为

$$\sigma_z=\frac{2\bar{p}x^2z}{\pi R_1^4}=\frac{2\bar{p}}{\pi R_1}\cos^3\beta \tag{18-2-12}$$

2. 均布的条形荷载

竖向条形荷载沿宽度方向（图 18-2-8 中x轴方向）均匀分布为p_0，采用直角坐标表示。取条形荷载的中点为坐标原点，则$M(x,z)$点的三个附加应力分量为

$$\begin{cases}\sigma_z=K_{sz}p_0\\ \sigma_x=K_{sx}p_0\\ \tau_{xz}=\tau_{zx}=K_{sxz}p_0\end{cases} \tag{18-2-13}$$

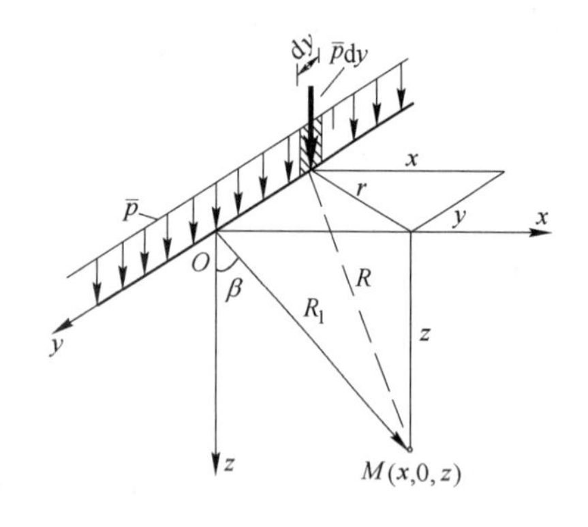

图 18-2-7　线荷载作用下

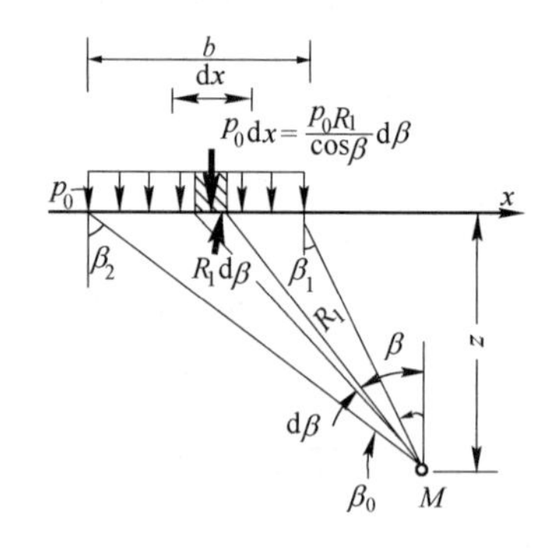

图 18-2-8　均布条形荷载作用下

实用中只计算垂直附加应力σ_z，其附加应力系数K_{sz}按z/b、x/b查相应表格。矩形面积均布荷载作用，当$l/b\geqslant10$时，可视为均布条形荷载作用。

（三）地基附加应力的分布规律讨论

（1）σ_z不仅发生在荷载面积之下，而且分布在荷载面积外相当大的范围之下；

（2）在荷载分布范围内任意点沿垂线的σ_z值，随深度越向下越小；

（3）在基础底面下任意水平面上，以基底中心点下轴线处的σ_z为最大，离其越远越小。

图 18-2-9a）、b）为地基附加应力等值线，由方形荷载所引起的σ_z，其影响深度要比条形荷载小得

多。以$\sigma_z = 0.1p_0$的受力区影响范围为例，均布条形荷载下$\sigma_z = 0.1p_0$的等值线约在中心下$z = 6b$处通过，而方形荷载下相应深度z仅达$2b$。图 18-2-9c）和图 18-2-9d）分别为条形荷载下的σ_x和τ_{xz}的等值线图。图中可见σ_x的影响范围较浅，所以基底下地基土侧向变形主要发生在浅层；而τ_{xz}的最大值出现于荷载边缘，所以位于基础边缘下的土容易发生剪切滑动而出现塑性变形区。

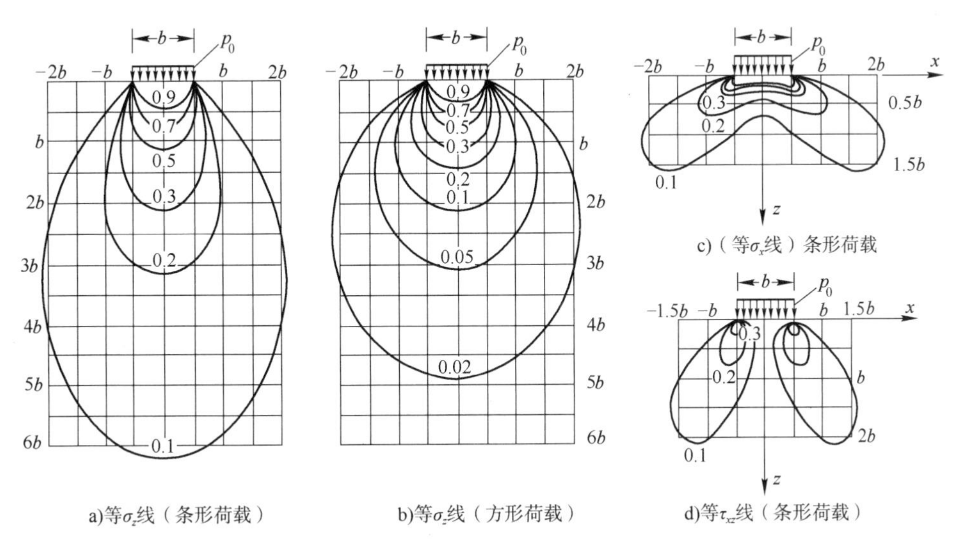

图 18-2-9　地基附加应力等值线

【例 18-2-3】 关于附加应力，下面说法正确的是：

A. 土中的附加应力会引起地基的压缩，但不会引起地基的失稳

B. 土中的附加应力除了与基础底面压力有关外，还与基础埋深等有关

C. 土中的附加应力主要发生在竖直方向，水平方向上则没有附加应力

D. 土中的附加应力一般小于土的自重应力

解　A 项，土中的附加应力是使地基产生变形；导致土体强度破坏和失去稳定的重要原因；C 项，土的附加应力不只发生在竖直方向，还有作用在水平方向；D 项，当上部荷载过大时，土中的附加应力将大于土的自重应力。

答案： B

习　　题

18-2-1　土的自重应力起算点的位置为（　　）。

A. 室内设计地面　　B. 室外设计地面

C. 天然地面　　D. 基础底面

18-2-2　由于土中毛细水的作用，可以使土中的有效应力（　　）。

A. 减小　　B. 增大

C. 变化不定　　D. 不变

18-2-3　埋深为d的基础，基底平均附加压力p_0的表达式为（　　）。

A. $p_0 = (F_k + G_k)/A$　　B. $p_0 = (F_k + G_k)/A - \gamma_m d$

C. $p_0 = F_k/A - \gamma d$　　D. $p_0 = (F_k + G_k - \gamma_m d)/A$

18-2-4　地基附加应力沿深度的分布是（　　）。

A. 逐渐增大，曲线变化　　B. 逐渐减小，曲线变化
C. 逐渐减小，直线变化　　D. 均匀分布

18-2-5　成层土中竖向自重应力沿深度的分布为（　　）。
A. 折线增大　　B. 折线减小
C. 斜线增大　　D. 斜线减小

18-2-6　基础中心点下地基中竖向附加应力沿深度的分布为（　　）。
A. 折线增大　　B. 折线减小
C. 曲线增大　　D. 曲线减小

18-2-7　矩形面积上作用有三角形分布荷载时，地基中附加应力系数是l/b、z/b的函数，b指的是（　　）。
A. 矩形的短边　　B. 三角形分布荷载变化方向的边长
C. 矩形的长边　　D. 矩形的短边与长边的平均值

第三节　地 基 变 形

一、土的压缩性及其指标

地基土在压力作用下体积缩小的特性称为压缩性，主要由于土中孔隙水和气体被排出，土粒重新排列造成，但其颗粒体积保持不变，如图 18-3-1 所示。压缩性指标有三个：压缩系数、压缩模量和变形模量。

（一）压缩系数

在由压缩试验所得的压缩曲线（压力p及孔隙比e曲线）上，常以$p_1 = 100\text{kPa}$及$p_2 = 200\text{kPa}$相对应的孔隙比e_1及e_2计算土的压缩系数，如图 18-3-2 所示，常用单位为MPa^{-1}。

$$a_{1\text{-}2} = \frac{e_1 - e_2}{p_2 - p_1} \quad (\text{MPa}^{-1}) \tag{18-3-1}$$

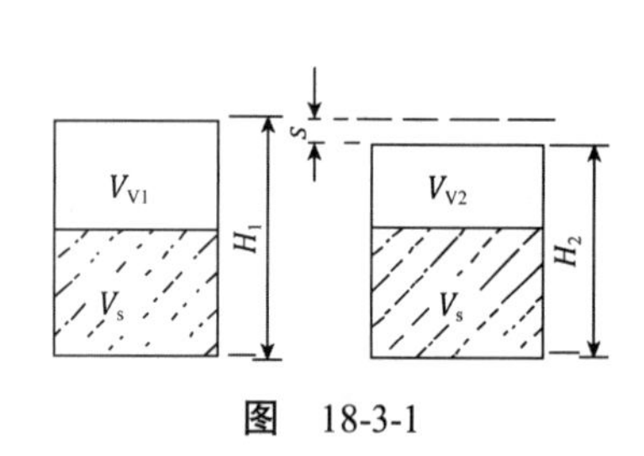

图　18-3-1

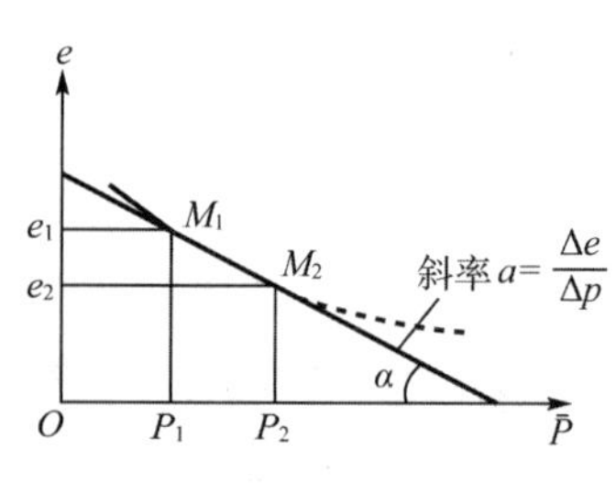

图 18-3-2　e-p曲线

依$a_{1\text{-}2}$可评价土的压缩性高低：

$a_{1\text{-}2} < 0.1\text{MPa}^{-1}$　　为低压缩性土

$0.1\text{MPa}^{-1} \leqslant a_{1\text{-}2} < 0.5\text{MPa}^{-1}$　　为中压缩性土

$a_{1\text{-}2} \geqslant 0.5\text{MPa}^{-1}$　　为高压缩性土

（二）压缩模量

土的压缩模量E_s是表示土压缩性的又一指标，它与压缩系数$a_{1\text{-}2}$的关系为

$$E_s = \frac{1+e_1}{a_{1\text{-}2}} \quad (\text{MPa}) \tag{18-3-2}$$

$E_s > 15\text{MPa}$	为低压缩性土
$15\text{MPa} \geqslant E_s > 4\text{MPa}$	为中压缩性土
$E_s \leqslant 4\text{MPa}$	为高压缩性土

（三）压缩指数

在e-lg$p$压缩曲线上，当压力p超过某一数值后孔隙比变化与压力的对数值变化成正比。该直线段的斜率C_c称为压缩指数，如图 18-3-3 所示。

$$C_c = \frac{e_1 - e_2}{\lg p_2 - \lg p_1} \tag{18-3-3}$$

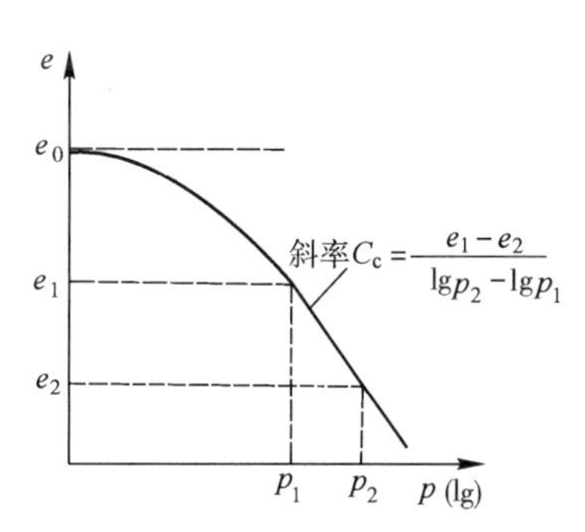

图 18-3-3　e-lg$p$曲线

【例 18-3-1】某国家用固结仪试验结果计算土样的压缩指数（常数）时，不是用常用对数，而是用自然对数对应取值的。如果根据我国标准（常用对数），一个图样的压缩指数（常数）为 0.004 85，有一个土样竖向应力增大为初始状态的 100 倍，则土样孔隙比将：

A. 增大 0.011 2　　B. 减小 0.011 2　　C. 增大 0.022 4　　D. 减小 0.022 4

解　根据用常用对数和自然对数表示的压缩指数的数值关系有：

$$C_1 = \frac{e_1 - e_2}{\ln p_2 - \ln p_1} = \frac{\Delta e}{\ln(p_2/p_1)}，C_2 = \frac{e_1 - e_2}{\lg p_2 - \lg p_1} = \frac{\Delta e}{\lg(p_2/p_1)}$$

$$\frac{C_1}{C_2} = \frac{\lg(p_2/p_1)}{\ln(p_2/p_1)} = \frac{1}{\ln 10}$$

已知$C_1 = 0.004\,85$，可得出：$C_2 = C_1 \times \ln 10 = 0.011\,2$

已知应力增大为：$p_2 = 100p_1$，则有：

$$\Delta e = C_2 \times \lg\left(\frac{p_2}{p_1}\right) = 0.011\,2 \times \lg 100 = 0.022\,4$$

即孔隙比减小了 0.022 4。

答案：D

（四）变形模量E_0

它是由现场静载试验确定的。E_0与E_s的关系为

$$E_0 = \left(1 - \frac{2\mu^2}{1-\mu}\right)E_s \tag{18-3-4}$$

这里μ为土的泊松比。粉土、砂石类土的$\mu = 0.15\sim0.25$，粉质黏土的$\mu = 0.25\sim0.35$，黏土的$\mu = 0.25\sim0.42$。

二、基础沉降

工程上需要计算两种沉降：地基的最终沉降量（基础沉降量）及任意时刻的沉降量。地基的最终沉降量计算，假定土体为线弹性体。

（一）分层总和法计算最终沉降量

分层总和法是针对附加应力曲线分布的一种化整为零、积零为整的最终沉降量计算方法。计算简图如图 18-3-4 所示。

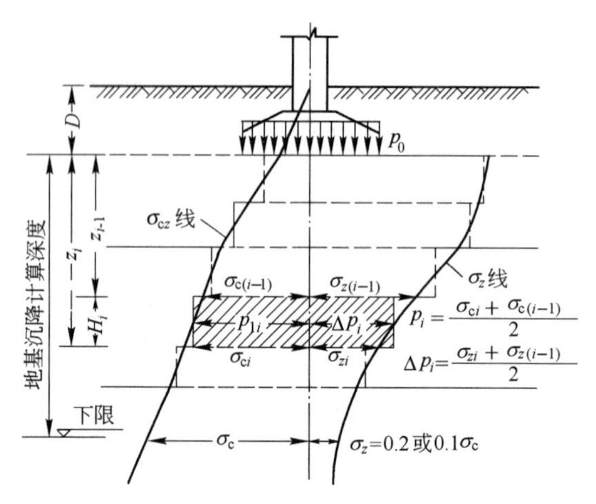

图 18-3-4　分层总和法计算沉降图

（1）绘σ_{cz}及σ_z曲线；

（2）确定压缩层厚度，用应力比法，即：

一般土层　　$\sigma_z/\sigma_{cz}\leqslant 0.2$

软土层　　$\sigma_z/\sigma_{cz}\leqslant 0.1$

（3）在压缩层内计算各土层压缩量，分层厚度约取$0.4b$（b为基底宽），各层压缩量为

$$\Delta s_i=\frac{e_{1i}-e_{2i}}{1+e_{1i}}H_i=\frac{a_i(p_{2i}-p_{1i})}{1+e_{1i}}H_i=\frac{\Delta p_i}{E_{si}}H_i \tag{18-3-5}$$

（4）求各层压缩量之和

$$s_i=\sum_{i=1}^{n}\Delta s_i \tag{18-3-6}$$

（二）“规范”法计算最终沉降量

实质是分层总和法的另一种形式，计算简图如图 18-3-4 所示。

（1）分层按自然土层划分，求各层沉降量

$$\Delta s_i'=\frac{p_0}{E_{si}}(z_i\bar{\alpha}_i-z_{i-1}\bar{\alpha}_{i-1}) \tag{18-3-7}$$

（2）确定计算深度，在无相邻基础影响时可按下式计算

$$z_n=b(2.5\sim 0.4\ln b) \tag{18-3-8}$$

式中：b—基底宽度，在 1~50m 之间；

$\ln b$—b的自然对数。

（3）试算计算深度，若有相邻基础影响，可按下述步骤试算确定计算深度，先根据经验假定计算深

度为z_n，并求出其沉降量，再按基底宽度b选取计算厚度Δz，并求其沉降量$\Delta s'_n$，使其满足

$$\Delta s'_n \leqslant 0.025 \sum_{i=1}^{n} \Delta s'_i \tag{18-3-9}$$

（4）求总沉降量如下式

$$s = \psi_s \cdot s' = \psi_s \cdot \sum_{i=1}^{n} \frac{p_0}{E_{si}} (z_i \bar{\alpha}_i - z_{i-1} \bar{\alpha}_{i-1}) \tag{18-3-10}$$

式中：s—地基规范最终沉降量（mm）；

s'—按规范分层总和法计算出的地基沉降量（mm）；

ψ_s—沉降计算经验系数，根据地区沉降观测资料及经验确定，也可查表；

n—地基沉降计算深度范围内所划分的土层数；

p_0—对应于荷载效应准永久组合时的基础底面处的附加压力（kPa）；

E_{si}—基础底面下第i层土的压缩模量，按实际应力范围取值（MPa）；

z_i、z_{i-1}—分别为基础底面至第i层土、第$i-1$层土底面的距离（m）；

$\bar{\alpha}_i$、$\bar{\alpha}_{i-1}$—分别为基础底面计算点至第i层土、第$i-1$层土底面范围内平均附加应力系数，查相应表格。

（三）弹性理论方法计算最终沉降量

$$s = \frac{pb\omega(1-\mu^2)}{E_0} \tag{18-3-11}$$

式中：p—基础底面的平均压力；

b—矩形基础的宽度或圆形基础的直径；

μ、E_0—分别为土的泊松比和变形模量；

ω—沉降影响系数，与基础的刚度、形状和计算点位置等有关，可由有关表查得。

三、地基变形与时间的关系

地基在附加荷载作用下的至变形稳定需经历一定的时间过程，不同土层条件此种变形的时间历程也不同。碎石土和砂土的压缩性小，其稳定所经历的时间很短。黏性土和粉土达到稳定所需时间比较长。

地基变形与时间的关系可由土的渗透固结理论确定。土的固结理论涉及饱和土的有效应力原理和渗透固结机理。工程上常采用太沙基一维理论作简化计算。不同于饱和土渗透固结过程的次固结现象被认为与土骨架蠕变有关，它是在孔隙水压力已消散、有效应力基本不变之后，仍随时间增长而缓慢增长的压缩过程。

（一）土的渗透性及流砂现象

1. 土的层流渗透定律

地下水在土的连通孔隙中流通的难易程度，称为土的渗透性。在计算沉降与时间的关系和地下水的涌水量时都需要土的渗透性指标。

水的流动状态分为层流和紊流两种。水在孔隙中流动速度缓慢，属于层流。1856 年法国学者达西（Darcy）进行了大量试验后发现，单位时间通过砂层渗流出的水量q与水头降低（$H_1 - H_2$）成正比，与砂层厚度（即渗流途径）L成反比。即

$$q = vA = kA\frac{H_1 - H_2}{L} = kAi \tag{18-3-12}$$

称此为渗透定律（或达西定律）。它表明了水在土中的渗透速度与水头梯度成正比（见图 18-3-5），即v、i呈直线关系

$$v = ki \tag{18-3-13}$$

以上两式中：　v—水在土中的渗透速度（cm/s），即单位时间（s）内流过单位土截面（cm^2）的水量（cm^3）；

i—水头梯度，$i = (H_1 - H_2)/L$；

k—土的渗透系数（cm/s），是与土的渗透性质有关的常数；

A—发生渗流土的横截面面积。

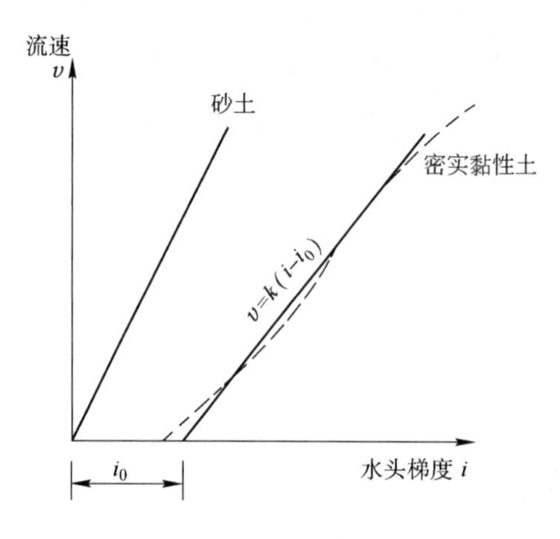

图 18-3-5　达西定律

对黏性土，由于土粒表面存在结合水膜，阻塞了孔隙间的通道，故只有当水头梯度$i > i_0$（起始梯度）时才开始发生渗流。这样黏性土中的达西定律应表示为

$$v = k(i - i_0) \tag{18-3-14}$$

2. 动力水及流砂现象

水在水中渗流过程中将受到土颗粒的阻力，根据作用力与反作用力原理，渗流的水流也必然作用在土颗粒上一个相等的冲击力，我们把水流作用在单位体积土体中土颗粒上的力称为动水力G_D(kN / m^3)，也称渗流力，其作用方向与水流方向一致。

$$G_D = \gamma_w i$$

若水的渗流方向自下而上，水中土体表面土的重度为浮重度γ'，当向上的动水力G_D与土的浮重度相等时，即：$G_D = \gamma_w i = \gamma' = \gamma_{sat} - \gamma_w$，这时土颗粒间的压力等于零，土颗粒处于悬浮状态而失去稳定，这种现象称为流砂，这时的水头梯度称为临界水头梯度i_{cr}，$i_{cr} = \gamma'/\gamma_w$。

水在砂性土中渗流时，土中一些细小颗粒在动水力作用下，可能通过粗颗粒的孔隙被水流带走，这种现象称为管涌。

流砂现象发生在土体表面渗流逸出处，而管涌现象可以发生在渗流逸出处，也可能发生于土体内部。

（二）沉降的历时组成

可以认为地基最终沉降量通常由三个部分组成：瞬时沉降s_d（不排水沉降）、固结沉降s_c和次固结沉降s_s。即

$$s = s_d + s_c + s_s \tag{18-3-15}$$

瞬时沉降是紧随着加压之后即时发生的沉降，此时地基土在荷载作用下只发生剪切变形，其体积还来不及发生变化。固结沉降是由于在荷载作用下随着土孔隙中水分的逐渐挤出，孔隙体积相应减少而发生的。次固结沉降则是指孔隙水压力消散后仍在继续缓慢进行的，由土骨架蠕变而引起的沉降。各种变形随时间的变形如图 18-3-6 所示。

几种沉降的相对大小和时间过程，随土的类型而异。干净砂土孔隙水挤出很快，且次固结现象不显著，所以沉降量几乎全在加荷后即时发生；而饱和软黏土则沉降时间很长，实测的瞬时沉降量往往占最终沉降量的 30%~40%。次固结沉降一般不重要，但对于很软的土，尤其是土中含有一些有机质（如胶态腐殖质等），或是在深处的可压缩土层中，当附加应力与自重应力比较小时，次固结沉降必须引起注意。

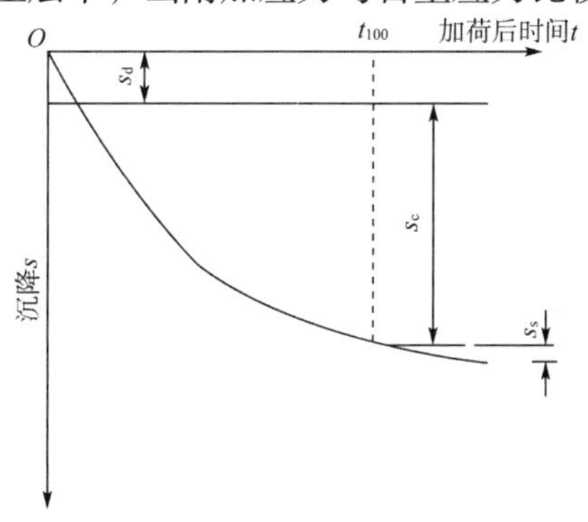

图 18-3-6　地基沉降的三个组成部分

（三）应力历史与黏性土的压缩性

天然土层在地质历史中，在不同压力作用下压缩的情况，称为应力历史。

在研究应力历史时应注意两个基本参数。

（1）任何土层在历史上所受过的最大有效压力称为前期固结压力p_c。

（2）p_c与现有土的自重应力p_1之比称为“超固结比”，其值越大，超固结作用越大。

根据地基土层的应力历史，可将地基土层分为三种情况，如图 18-3-7 所示。

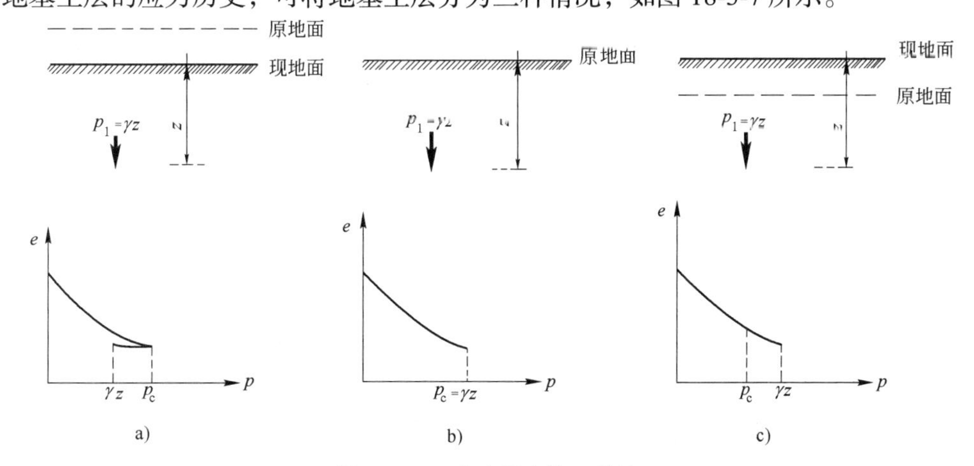

图 18-3-7　应力历史的三种情况

情况图 18-3-7a），现地面以下某深度z处一点，土的自重应力为$\gamma z < p_c$，这种土就称为超固结土，处于超压密状态。压缩量最小，于工程有利。

情况图 18-3-7b），$\gamma z = p_c$，此种土是一层层逐渐沉积覆盖至现地面，且在自重应力作用下土层已达到固结稳定状态，称正常固结土。设计中最常见。

情况图 18-3-7c），土层也是逐渐沉积至现地面的，只是最后沉积的土年代较短，或为新近大面积的人工填土，在自重作用下并没有达到完全固结（变形稳定）而是处于欠固结状态，自重压缩变形处在继续发展中。图中虚线表示将来固结完毕后的地表。$\gamma z > p_c$，称为欠固结土。应特别注意。

（四）有效应力原理

在土体中只有通过土骨架中土粒接触点彼此传递的应力，才能使土体中土粒彼此挤紧，从而引起土体变形。此应力称为粒间应力，又称有效应力，用$\bar{\sigma}$表示。土中还有孔隙水传递的压力，在饱和土中受外荷载作用又以超静孔隙水压力（通称孔隙水压力）出现，以u表示。

如用p代表外荷载作用下的总应力，则有效应力原理可用下式表示

$$p = \bar{\sigma} + u \tag{18-3-16}$$

【例 18-3-2】 饱和土中总应力为 200kPa，孔隙水压力为 50kPa，孔隙率 0.5，那么土中的有效应力为：

A. 100kPa　　B. 25kPa　　C. 150kPa　　D. 175kPa

解　$\sigma' = \sigma - u = 200 - 50 = 150\text{kPa}$

答案： C

【例 18-3-3】 关于有效应力原理，下列说法正确的是：

A. 土中的自重应力属于有效应力

B. 土中的自重应力属于总应力

C. 地基土层中水位上升不会引起有效应力的变化

D. 地基土层中水位下降不会引起有效应力的变化

解　B 项，饱和土体中的总应力包括孔隙水压力和有效应力；C、D 项，在计算有效应力时通常取用浮重度，故水位的上升、下降会引起有效应力的变化。

答案： A

（五）渗透固结简介

饱和黏土中，在外荷载作用下，孔隙水逐渐被排出，孔隙体积逐渐缩小，土粒逐渐被挤密，也就是孔隙水压力逐渐消散，有效应力逐渐增长的过程，这就是渗透固结或称主固结。

为求饱和土在任意时刻的变形，需要用太沙基一维固结理论计算。其中重要的概念是固结度U

$$U = \frac{s_{ct}}{s_c} \quad 或 \quad s_{ct} = U s_c \tag{18-3-17}$$

式中：s_{ct}—地基在某一时刻t的固结沉降；

s_c—地基最终的固结沉降。

为便于计算可利用有关图表求解。

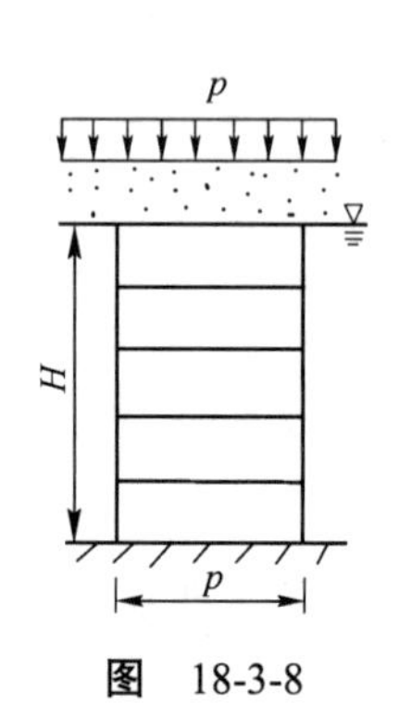

图　18-3-8

在渗透固结计算中孔隙水压力u是随时间t和深度z两个参数而变化的，与排水路径有关。计算中出现的竖向固结时间因数T_v与孔隙水最大渗径H的平方成反比，孔隙水最大渗径H视土层上下排水条件而定。通过孔隙水压力和有效应力计算公式，可以推导出土的固结度计算公式。土层为单面排水（见图 18-3-8），起始孔隙水压力为矩形分布时，固结度的表达式为

$$U_0 = 1 - \frac{8}{\pi^2} \cdot e^{-\frac{\pi^2}{4}T_v} \tag{18-3-18}$$

式中：T_v—时间因数，$T_v = C_v t/H^2$；

C_v—固结系数（m^2/s），$C_v = k(1+e)/(a\gamma_w) = kE_s/\gamma_w$；

k—渗透系数；

a—压缩系数；

e—孔隙比；

γ_w—水的重度；

H—孔隙水最大渗径，单面排水H为土层厚度，双面排水H为1/2土层厚度；

t—时间。

必要时，需要分别预估建筑物在施工期间和使用期间的地基变形值，以便预留建筑物有关部分之间的净空，考虑连接方法和施工顺序。此时，一般建筑物在施工期间完成的沉降量与最终沉降量的关系，对于砂土地基基本相当，对于低压缩黏性土地基已完成 50%~80%，对于中压缩黏性土地基已完成 20%~50%，对于高压缩黏性土已完成 5%~20%。

【例 18-3-4】 下面哪一个可以作为固结系数的单位？

A. 年/m　　B. m^2/年　　C. 年　　D. m/年

解　一般使用单位为cm^2/s，与选项 B 量纲相同。

答案： B

习　题

18-3-1　用直角坐标系绘制压缩曲线可直接确定的压缩性指标是（　　）。

A. a　　B. E_s　　C. E_0　　D. C_c

18-3-2　用分层总和法计算一般土地基最终沉降量时，用附加应力与自重应力之比确定压缩层深度，一般其值应小于或等于（　　）。

A. 0.2　　B. 0.1　　C. 0.5　　D. 0.4

18-3-3　计算地基变形时，传至基础底面的荷载组合应是（　　）。

A. 荷载效应标准组合

B. 荷载效应标准永久组合

C. 荷载效应频遇组合

D. 荷载效应永久组合

18-3-4　某地基土压缩模量为$E_s = 17$MPa，此土的压缩性（　　）。

A. 高　　B. 中等　　C. 低　　D. 一般

18-3-5　某双面排水、厚度 5m 的饱和黏土地基，$C_v = 15m^2$/年，当固结度为 90%时，时间因数$T_v = 0.85$，达到此固结度所需时间为（　　）。

A. 0.35 年　　B. 1.4 年　　C. 0.7 年　　D. 2.8 年

18-3-6　分层总和法计算地基最终沉降量的分层厚度一般为（　　）。

A. 0.4b　　B. 0.4L

C. 0.4m　　D. 天然土层厚度

18-3-7　对于计算地基土在正常固结状态下的沉降量，应该选用下列哪种方法？（　　）

A. 考虑荷载作用下的附加应力，使用原始压缩曲线及指标进行计算

B. 考虑大于前期固结压力的自重应力及荷载作用下的附加应力，使用原始压缩曲线及指标进行计算

C. 考虑荷载作用下的附加应力，使用原始压缩曲线及指标和再压缩曲线及指标进行计算

D. 考虑自重应力和荷载作用下的附加应力，使用再压缩曲线及指标进行计算

第四节　土的抗剪强度和地基承载力

土的强度通常是指土体抵抗剪切破坏的极限能力，称为抗剪强度。

在荷载作用下，土体中产生法向应力和剪应力，当土中某点某方向平面上的剪应力达到其抵抗剪切破坏能力的极限值时，该点产生剪切破坏。地基土体中产生剪切破坏的区域随着荷载的增加而扩展，最终形成连续的滑动面，则地基土体因发生剪切破坏而丧失稳定性。

一、抗剪强度的测定方法

土的抗剪强度测定方法有多种，在试验室内常用的有直接剪切试验、三轴剪切试验和无侧限抗压强度试验；现场原位测试有十字板剪切试验等。

（一）直剪试验

法国库仑（Coulomb）于1776年提出库仑定律或库仑公式，c、φ称为土的抗剪强度指标（或参数）。由剪切试验可得出如图18-4-1所示的抗剪强度。

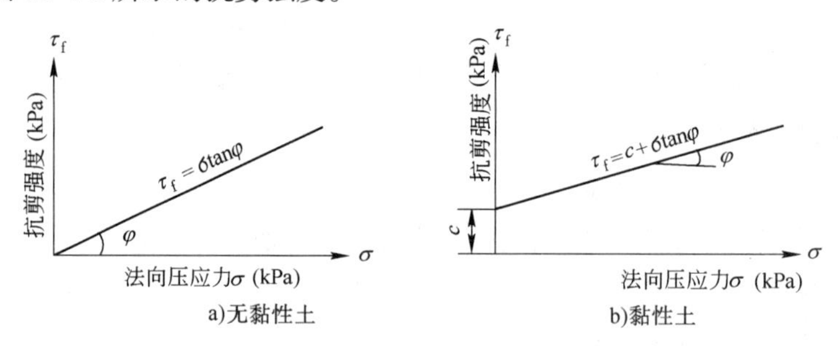

图18-4-1　抗剪强度与法向压应力关系

土中任一平面上的抗剪强度，取决于土的性状和作用在该平面上的法向应力，可用一直线方程表示。对于无黏性土为

$$\tau_f = \sigma \tan\varphi \tag{18-4-1}$$

对于黏性土为

$$\tau_f = c + \sigma \tan\varphi \tag{18-4-2}$$

式中：τ_f—土的抗剪强度（kPa）；

σ—剪切面上的法向应力（kPa）；

c—土的黏聚力（kPa）；

φ—土的内摩擦角（°）。

砂类土的抗剪强度与颗粒大小、形状、粗糙程度、土的密实程度和饱和度等有关。一般中、粗、砾砂的$\varphi = 32° \sim 40°$，粉、细砂的$\varphi = 28° \sim 36°$。对饱和的粉、细砂，因容易失稳，φ值的取值须慎重，有时取$\varphi = 20°$左右。

黏性土的内摩擦角一般较无黏性土小，对于饱和软黏土有时取零。一般黏性土的抗剪强度除内摩擦力外，较大程度上是由黏聚力决定的。黏性土的φ及c还与试验方法有关。

为模拟土体的实际受力情况，直剪试验又分为快剪、固结快剪、慢剪三种排水条件下的试验方法。若施工速度快，则可采用快剪指标；若相反，加荷速度慢、排水条件较好、地基土透水性较大，则可选用慢剪；若介于二者之间，则可选用固结快剪。直剪试验可用于总应力分析。

【例 18-4-1】 针对一项地基基础工程，到底是进行排水、不排水固结，与下列哪项因素基本无关？

A. 地基渗透性　　B. 施工速率

C. 加载或者卸载　　D. 都无关

解　应根据地基土的渗透性和施工加载速度确定土的固结试验方法。

答案： C

（二）三轴剪切试验

对应于直剪试验，三轴试验又分为不固结不排水、固结不排水、固结排水试验。用于分析地基的长期稳定性可用三轴固结不排水的有效抗剪强度指标c'、φ'，对分析短期稳定宜采用不固结不排水指标。三轴试验可用于有效应力分析，即可从试验中分别计算出孔隙水压力。

（三）无侧限抗压强度试验

该试验仅适用于测定饱和黏性土的不排水抗剪强度，其值为无侧限抗压强度值的一半。

（四）十字板剪切试验

该试验属原位测试，是按不排水剪切条件求得的数值，接近无侧限抗压强度试验方法，适用于饱和软黏土。

【例 18-4-2】 十字板剪切试验最适用的土层是：

A. 硬黏土　　B. 软黏土

C. 砂砾石　　D. 风化破解岩石

解　十字板剪切试验是将十字板头插入软土中，以一定速率扭转，在土层中形成圆柱形破坏面，根据扭力大小确定软土的饱和不排水抗剪强度的一种试验方法。不适用于砂土、碎石类土及坚硬土体等。

答案： B

（五）土工离心模型试验

在岩土工程中，土体自重引起的应力常常占支配地位，土的力学特性随着应力大小的变化而变化，而常规小尺寸模型试验，由于其自重产生的应力远小于原型，因而无法再现原型特性。

解决这个问题的唯一途径，就是把小比例尺模型放在离心机所形成的加速度场中，补偿模型因为尺寸缩小而导致的土工构筑物自重的损失，使之与原型等效，以获取全比例尺模型的变化破坏机理。

土工离心模拟试验技术就是获取全比例尺模型的变化破坏机理的模拟试验技术。

相关内容可参见《土工离心模型试验规程》（DL/T 5102—1999）。

二、土的抗剪强度理论

理论分析和实验都证明，莫尔强度理论对土比较合适。由库仑公式（$\tau = c + \sigma\tan\varphi$或$\tau = \sigma\tan\varphi$）

表示的莫尔包络线的理论，称之为莫尔-库仑强度理论，即土的抗剪强度理论。

（一）莫尔圆与包络线的三种关系（见图 18-4-2）

（1）当土体中任意一点在某一平面上的剪应力达到土的抗剪强度时，该点即处于极限平衡状态。莫尔圆与包络线相切，如图 18-4-2（Ⅱ）所示。由此图可求得用主应力表示的极限平衡条件。

（2）包络线与莫尔圆相离，如图 18-4-2（Ⅰ）所示，表示该点任何平面上剪应力均小于抗剪强度，该点处于弹性平衡状态。

（3）包络线与莫尔圆相割，如图 18-4-2（Ⅲ）所示，表示该点某些平面上剪应力已大于抗剪强度，该点已处于破坏状态。实际此情况不存在。

（二）极限平衡条件

在图 18-4-3 中延长包络线与σ轴交于R点，由直角三角形ARD得

$$\sin\varphi = \frac{\overline{AD}}{\overline{RD}} = \frac{(\sigma_1 - \sigma_3)/2}{c \cdot \cot\varphi + (\sigma_1 + \sigma_3)/2}$$

利用三角函数关系可得黏性土的极限平衡条件

$$\sigma_1 = \sigma_3 \tan^2\left(45° + \frac{\varphi}{2}\right) + 2c\tan\left(45° + \frac{\varphi}{2}\right) \tag{18-4-3}$$

或

$$\sigma_3 = \sigma_1 \tan^2\left(45° - \frac{\varphi}{2}\right) - 2c\tan\left(45° - \frac{\varphi}{2}\right)$$

对于无黏性土，由于$c = 0$，极限平衡条件为

$$\sigma_1 = \sigma_3 \tan^2\left(45° + \frac{\varphi}{2}\right) \tag{18-4-4}$$

或

$$\sigma_3 = \sigma_1 \tan^2\left(45° - \frac{\varphi}{2}\right)$$

当土中某点处于极限平衡状态时，破裂面与大主应力作用面的夹角（破裂角α_f）为$45° + \varphi/2$（见图 18-4-3）。

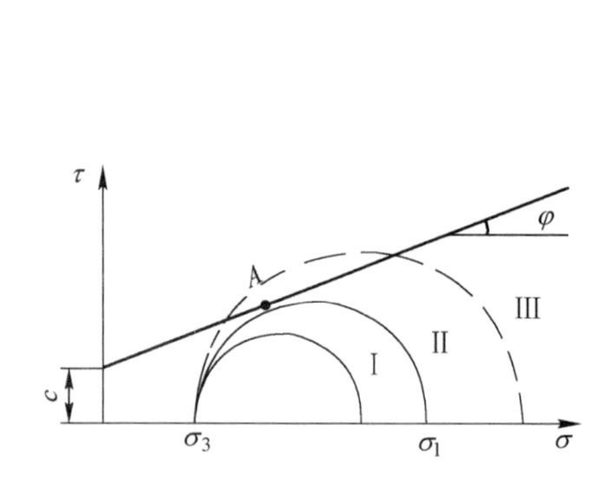

图 18-4-2　莫尔圆与抗剪强度之间的关系

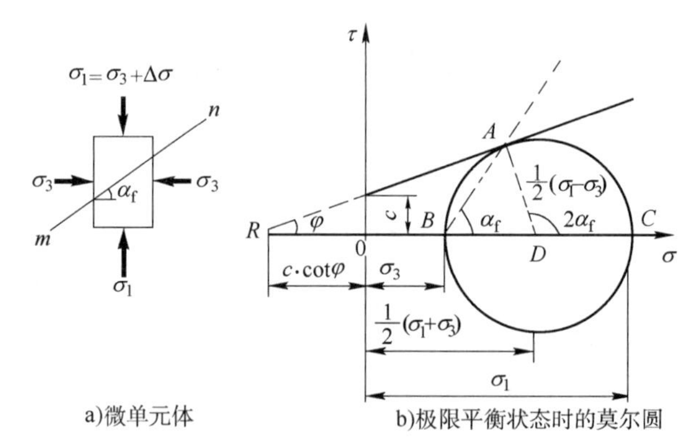

图 18-4-3　土体中一点达极限平衡状态时的莫尔圆

【例 18-4-3】 饱和黏性土的抗剪强度指标：

A. 与排水条件有关　　B. 与基础宽度有关

C. 与试验时的剪切速率无关　　D. 与土中孔隙水压力是否变化无关

解　根据饱和黏性土的抗剪强度理论和《土工试验方法标准》（GB/T 50123—2019）中三轴压缩试验及条文说明，有效应力大小决定了黏性土的抗剪强度，排水条件和剪切速率直接影响孔隙水压力，间接影响有效应力的大小。抗剪强度由土的自身条件决定，与基础宽度无关。

答案： A

【例 18-4-4】 一般黏性土，土中一点发生剪切破坏，破坏面所在位置：

A. 是最大剪应力所在平面　　　　B. 与最小主应力面成 90°的平面

C. 与最大主应力面成 45°的平面　　　　D. 与最大主应力面成$45° + \frac{\varphi}{2}$的平面

解　一般黏性土，土的$\varphi \neq 0$，则根据土极限平衡状态时的摩尔应力圆以及极限平衡条件知，破坏面与大主应力面的夹角为$45° + \frac{\varphi}{2}$。

答案： D

三、地基承载力理论

（一）地基剪切破坏模式

1. 地基剪切破坏的三种模式

地基的剪切破坏模式主要有三种：整体剪切破坏、刺入剪切破坏和局部剪切破坏。发生何种破坏除与地基土性质有关外，还同基础埋置深度、加荷速度等因素有关。

（1）整体剪切破坏。有轮廓分明的从地基到地面的连续剪切滑动面，邻近基础的土体有明显的隆起，可使上部结构随基础发生突然倾斜，造成灾难性破坏。在密实的砂土中会出现整体剪切破坏。

（2）刺入剪切破坏。地基不出现明显连续的剪切滑动面，以竖向下沉变形为主。荷载的增加，使地基土不断被压缩，基础竖向下沉，垂直刺入地基中，基础之外的土体无变形。基础除在竖向有突然的小移动之外，既没有明显的失稳，也没有大的倾斜。在软黏土中会发生刺入剪切破坏。

（3）局部剪切破坏。随荷载的增加，紧靠基础的土层会出现轮廓分明的剪切滑动面，滑动面不出露地表，在地基内某一深度处终止。基础竖向下沉显著，基础周边地表有隆起现象。只有产生大于基础宽度之半的下沉量时，滑动面才会露于地表。任何情况下，建筑物均不会发生灾难性倾倒，基础总是下沉，深埋于地基之中。

2. 破坏模式的p-s曲线的特点

三种破坏模式的p-s曲线虽然各有特点，但整体剪切破坏明显存在三个变形阶段，如图 18-4-4 所示。

（1）线性变形阶段：荷载p较小时，出现oa直线段，土粒发生竖向位移，孔隙减小，产生地基的压密变形，土中各点均处于弹性应力平衡状态，地基中应力-应变关系可用弹性力学理论求解。

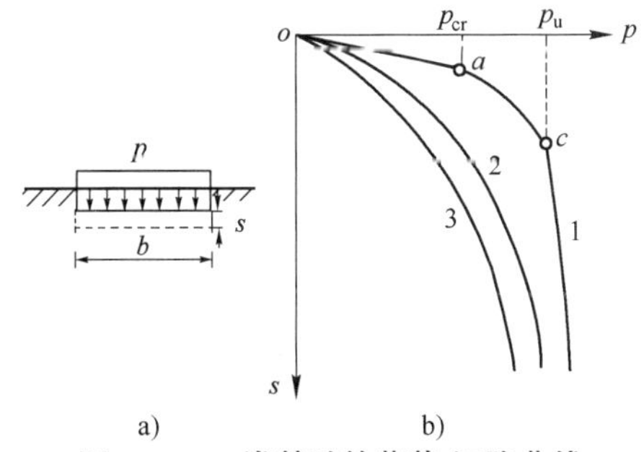

图 18-4-4　浅基础的荷载-沉降曲线

（2）塑性变形阶段：如图中ac段，a点的荷载为地基边缘将出现塑性区的临界值，故称a点的荷载为临塑荷载p_{cr}。曲线ac段表明p-s不再是线性关系，变形速率不断加大，主要是塑性变形。随荷载的加大，塑性变形区从基础边缘逐渐开展并加大加深，荷载加大到c点时，塑性变形区扩展为连续滑动面，则地基濒临失稳破坏，故称c点对应的荷载为极限荷载p_u。p-s曲线上的峰值荷载（图中曲线 1、2）或p-s曲线变化率变为恒值起始点的荷载（曲线 3）均定为p_u值。ac段上任意一点对应的荷载均称为塑性荷载。p_{cr}与p_u可视为塑性荷载中的特殊点。

（3）完全破坏阶段：p-s曲线c点以下的阶段，基础急剧下沉，荷载不能增加。

（二）临塑荷载、界限荷载、极限荷载、破坏荷载

临塑荷载p_{cr}是指地基中刚要出现塑性剪切区的临界荷载。

界限（临界）荷载是指地基中发生任一大小塑性区时，其相应的荷载。如基底宽度为b，塑性区开

展深度为$b/4$或$b/3$时，相应的荷载为$p_{\frac{1}{4}}$、$p_{\frac{1}{3}}$，称为界限荷载。

极限荷载p_u是指使地基发生失稳破坏前的那级荷载。

破坏荷载是指地基发生失稳破坏时的荷载。

（三）地基承载力概念

地基承载力是指单位面积上地基所能承受的荷载。地基承受这一荷载时，在强度方面，相对于破坏状态的极限荷载有足够大的安全储备；而所产生的变形均在容许的范围内。

（四）地基承载力的确定方法

应按《地基规范》的规定，确定地基承载力特征值，地基承载力特征值可由载荷试验或其他原位测试公式计算，并结合工程实践经验等方法综合确定。

1. 按《地基规范》规定确定地基承载力

当基础宽度大于 3m 或埋置深度大于 0.5m 时，从载荷试验或其他原位测试、经验值等方法确定的地基承载力特征值，尚应按下式修正

$$f_a = f_{ak} + \eta_b\gamma(b-3) + \eta_d\gamma_m(d-0.5) \tag{18-4-5}$$

式中：f_a—修正后的地基承载力特征值（kPa）；

f_{ak}—地基承载力特征值（kPa），按规范的原则确定；

η_b、η_d—分别为基础宽度和埋深的地基承载力修正系数，按基底下土的类别查规范表取值；

γ—基础底面以下土的重度，地下水位以下取有效重度；

b—基础底面宽度（m），当基宽小于 3m 按 3m 取值，大于 6m 按 6m 取值；

γ_m—基础底面以上土的加权平均重度（kN/m^3），地下水位以下取浮重度；

d—基础埋置深度（m），一般自室外地面标高处算起，在填方整平地区，可自填土地面标高处算起，但填土在上部结构施工后完成时，应从天然地面标高处算起，对于地下室，如采用箱形基础或筏基时，基础埋置深度自室外地面标高处算起，当采用独立基础或条形基础时，应从室内地面标高处算起。

【例 18-4-5】 在相同的砂土地基上，甲、乙两基础的底面均为正方形，且埋深相同。基础甲的面积为基础乙的 2 倍，根据载荷试验得到的承载力进行深度和宽度修正后，有：

A. 基础甲的承载力大于基础乙

B. 基础乙的承载力大于基础甲

C. 两个基础的承载力相等

D. 根据基础宽度不同，基础甲的承载力可能大于或等于基础乙的承载力，但不会小于基础乙的承载力

解　增大基础宽度和埋深可以提高地基承载力。根据《地基规范》，可对基础宽度在 3~6m 范围内的基础地基承载力进行提高修正。据题意，影响两基础地基承载力的因素只有基础宽度。

答案：D

【例 18-4-6】 对于相同的场地，下面哪种情况可以提高地基承载力并减少沉降？

A. 加大基础埋深，并加做一层地下室

B. 基底压力p（kPa）不变，加大基础宽度

C. 建筑物建成后抽取地下水

D. 建筑物建成后，填高室外地坪

解　A 项，增大基础埋深可减小基底附加应力，进而减小基础沉降，且由地基承载力特征值计算公式：$f_a = f_{ak} + \eta_b\gamma(b-3) + \eta_d\gamma_m(d-0.5)$可知，埋深$d$值增大，可适当提高地基承载力；B 项，加大基础宽度可提高地基承载力，但当基础宽度过大时，基础的沉降量会增加；C 项，抽取地下水会增大土的自重应力，进而增大基础沉降量；D 项，提高室外地坪，增大了基底附加应力，进而会增大基础沉降量。

答案： A

【例 18-4-7】 关于地基承载力特征值的深度修正式$\eta_d\gamma_m(d-0.5)$，下面说法不正确的是：

A. $\eta_d\gamma_m(d-0.5)$的最大值为$5.5\eta_d\gamma_m$

B. $\eta_d\gamma_m(d-0.5)$总是大于或等于 0，不能为负值

C. η_d总是大于或等于 1

D. γ_m取基底以上土的重度，地下水以下取浮重度

解　《地基规范》规定："d为基础埋深，宜为室外地面标高算起"。规范中并未对基础埋深最大值作出限值。

答案： A

【例 18-4-8】 下面哪种情况不能提高地基承载力：

A. 加大基础宽度　　B. 增加基础埋深

C. 降低地下水　　D. 增加基础材料的强度

解　岩基的破坏主要为剪切破坏，因此，从理论上看，极限承载力应该主要取决于岩体和结构面的抗剪强度。

答案： D

2. 按载荷试验确定地基承载力

载荷试验是地基承载力的原位测试方法。

（1）浅层平板载荷试验

地基土浅层平板载荷试验可适用于确定浅部地基土层的承压板下应力主要影响范围内的承载力。

承载力特征值的确定应符合下列规定：

①当$p-s$曲线上有比例界限时，取该比例界限所对应的荷载值；

②当极限荷载小于对应比例界限荷载值的 2 倍时，取极限荷载值的一半；

③当不能按上述两款要求确定时，当压板面积为$0.25\sim0.50\text{m}^2$，可取$s/b = 0.01\sim0.015$所对应的荷载，但其值不应大于最大加载量的一半。

同一土层参加统计的试验点不应少于三个，当试验实测值的极差不超过其平均值的 30%时，取此平均值作为该土层的地基承载力特征值f_{ak}。

（2）深层平板载荷试验

深层平板载荷试验可适用于确定深部地基土层及大直径桩桩端土层在承压板下应力主要影响范围内的承载力。

承载力特征值的确定应符合下列规定：

①当$p-s$曲线上有比例界限时，取该比例界限所对应的荷载值；

②满足前三条终止加载条件之一时，其对应的前一级荷载定为极限荷载，当该值小于对应比例界限荷载值的 2 倍时，取极限荷载值的一半；

③不能按上述两款要求确定时，可取$s/d = 0.01\sim0.015$所对应的荷载值，但其值不应大于最大加载

量的一半。

④同一土层参加统计的试验点不应少于 3 个，当试验实测值的极差不超过平均值的 30%时，取此平均值作为该土层的地基承载力特征值f_{ak}。

3. 按土的抗剪强度指标计算地基承载力（不常用）

当荷载偏心距e小于或等于 0.033 倍的基础地面宽度（$e \leqslant 0.033b$，而b指的是弯矩作用方向的基础底面尺寸）时，根据由试验和统计得到的土的抗剪强度指标标准值，可按下式计算地基土承载力特征值

$$f_a = M_b \gamma b + M_d \gamma_m d + M_c c_k \tag{18-4-6}$$

式中：　f_a—由土的抗剪强度指标确定的地基承载力特征值（kPa）；

M_b、M_d、M_c—承载力系数，可查相应表格；

b—基础底面宽度，$b > 6$m时按 6m 计，对于砂土$b < 3$m时按 3m 计；

c_k—基底下 1 倍基宽深度范围内的黏聚力标准值（kPa）。

γ、γ_m、d—同前。

4. 按当地建筑经验确定地基承载力

在拟建场地附近，调查邻近已有建筑物的形式、构造、荷载、地基土层情况与采用的承载力数值，具有一定的参考价值。对简单场地、中小工程，可通过综合分析，参用当地尤其是邻近场地的经验。对中等复杂场地或大中型工程，参用当地经验仍可能减少勘察工作量。

在应用建筑经验法时，首先要注意了解拟建场地有无新填土、软弱夹层、地下沟洞等不利情况。对于地基持力层，可通过现场开挖进行视觉鉴别，根据土的名称和所处状态估计地基承载力。这些工作也可与基坑验槽相结合进行。

习　题

18-4-1　当允许地基塑性区的最大开展深度$z_{max} = b/4$时，地基承载力应选择（　　）。

A. p_{cr}　　B. $p_{\frac{1}{4}}$　　C. $p_{\frac{1}{3}}$　　D. p_u

18-4-2　地基的临塑荷载p_{cr}、界限荷载$p_{\frac{1}{4}}$和$p_{\frac{1}{3}}$、极限荷载p_u的大小排列正确的是（　　）。

A. $p_u < p_{\frac{1}{4}} < p_{\frac{1}{3}} < p_{cr}$　　B. $p_{cr} < p_{\frac{1}{4}} < p_{\frac{1}{3}} < p_u$

C. $p_{cr} < p_{\frac{1}{3}} < p_{\frac{1}{4}} < p_u$　　D. $p_{\frac{1}{4}} < p_{\frac{1}{3}} < p_{cr} < p_u$

19-4-3 在排水不良的软黏土地基上快速施工，在基础设计时，应选择的抗剪强度指标是（　　）。

A. 快剪指标　　B. 慢剪指标

C. 固结快剪指标　　D. 直剪指标

18-4-4　地基承载力需进行深度、宽度修正的条件是（　　）。

①$d > 0.5$m；②$b > 3$m；③$d > 1$m；④$3\text{m} < b \leqslant 6$m。

A. ①②　　B. ①④　　C. ②③　　D. ③④

18-4-5　通过直剪试验得到的土体抗剪强度线在纵坐标上的截距为（　　）。

A. 黏聚力　　B. 有效黏聚力　　C. 内摩擦角　　D. 有效内摩擦角

18-4-6　某土样的黏聚力为 10kPa，内摩擦角为 30°，当土样处于极限平衡状态、最大主应力为 300kPa，其最小主应力为（　　）。

A. 934.64kPa　　B. 865.35kPa　　C. 111.54kPa　　D. 88.45kPa

18-4-7　某内摩擦角为 20°的土样，发生剪切破坏时，破坏面与最大主应力面的夹角为（　　）。

A. 55°　　B. 35°　　C. 70°　　D. 110°

18-4-8　三轴压缩试验的抗剪强度线为（　　）。

A. 一个摩尔应力圆的切线　　B. 不同试验点所连斜线

C. 一组摩尔应力圆的公切线　　D. 不同试验点所连折线

18-4-9　在$\varphi = 15°(N_{\gamma} = 1.8，N_{q} = 4.45，N_{c} = 12.9)$，$c = 15\text{kPa}$，$\gamma = 18\text{kN/m}^3$的地表面有一个宽度为 3m 的条形均布荷载，对于整体剪切破坏的情况，按太沙基承载力公式计算的极限承载力为（　　）。

A. 80.7kPa　　B. 193.5kPa　　C. 242.1kPa　　D. 50.8kPa

第五节　土压力和边坡稳定

一、土压力计算

设计挡土墙，首先应根据挡土墙场地的工程地质及水文地质条件选择挡土墙的材料、结构形式及填土材料，然后再确定作用在挡土墙墙背土压力的性质、大小、方向和分布。土压力的确定涉及填料、挡土墙以及地基三者之间的相互作用。目前计算土压力大多仍沿用朗金理论（也称极限应力法）和库仑理论（又称滑动楔体法），本节介绍朗金土压力理论。

依据挡土墙的位移情况和墙后土体所处的应力状态，可将土压力分为静止土压力、主动土压力和被动土压力，如图 18-5-1 所示。

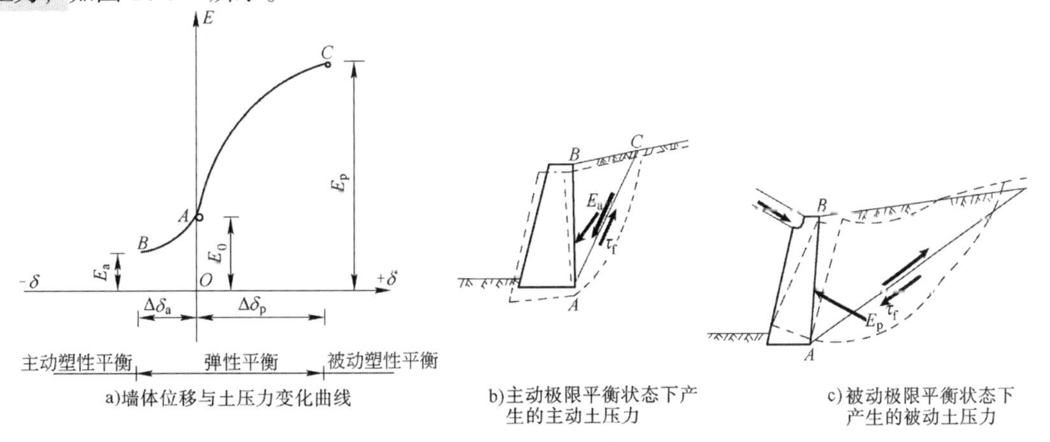

图 18-5-1　挡土墙土压力与墙体位移的关系

朗金土压力理论的基本假定是在已知地面水平的半无限土体中，任意竖直面和水平面均是主应力面，假定该墙背竖直、光滑，填土面水平，土体为均匀各向同性体。

（一）静止土压力

若工作条件使挡土墙不产生变位，填土对墙背的侧向压力即为静止土压力E_0，如图 18-5-2 所示。

在均质土层中，计算点在填土面以下为z处的静止土压力σ_x为

$$\sigma_x = \sigma_0 = K_0\sigma_z = K_0\gamma z \tag{18-5-1}$$

式中：K_0—静止土压力系数，与土的性质有关，一般黏性土可取 0.50~0.70，砂土可取 0.35~0.50。

K_0也可用近似式计算

$$K_0 = 1 - \sin\varphi' \tag{18-5-2}$$

其中，φ'为土的有效内摩擦角。静止土压力沿墙高呈三角形分布，合力作用在距墙底1/3高度处。

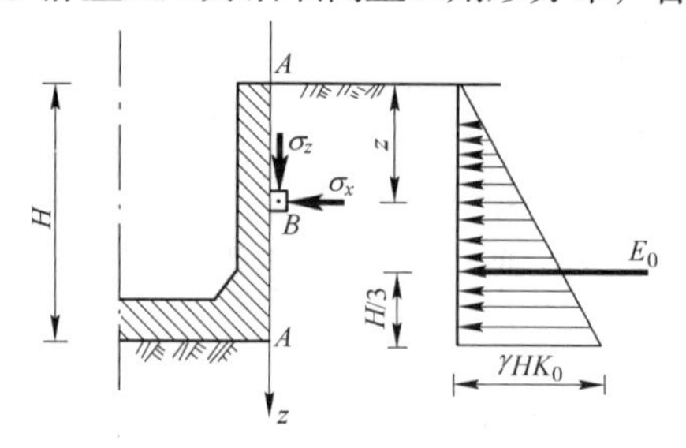

图 18-5-2　静止土压力

（二）主动土压力

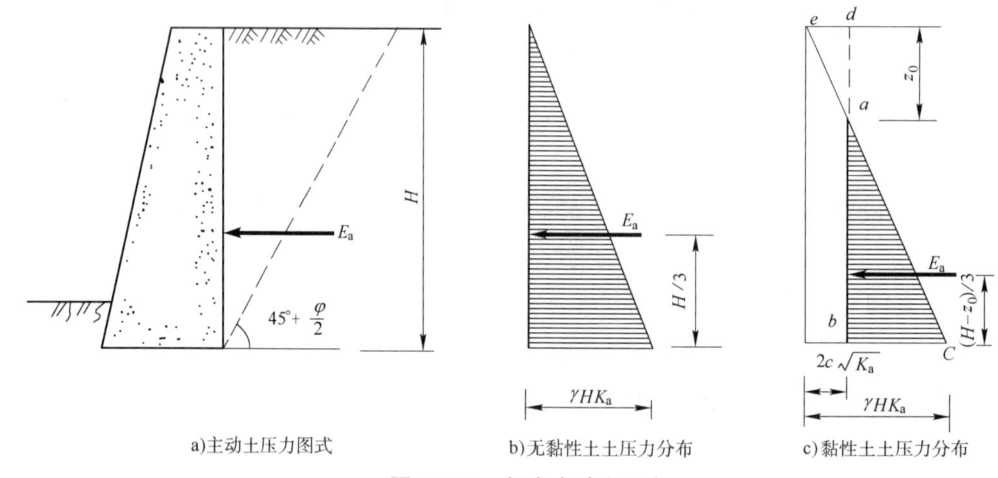

图 18-5-3　朗金主动土压力

挡土墙在土压力作用下背离墙背方向移动或转动时，墙后土压力逐渐减小，当达到某一位移量时，作用在挡土墙上的土压力达最小值，此时作用在墙背的土压力称为主动土压力。为求土压力，必先求得强度分布图，此图受压区的面积即为合力值，其形心位置即为合力作用点，如图 18-5-3 所示。

墙背上任意深度z处的土压力强度值为：

无黏性土
$$\sigma_a = \gamma z K_a \tag{18-5-3}$$

黏性土
$$\sigma_a = \gamma z K_a - 2c\sqrt{K_a} \tag{18-5-4}$$

式中：c—填土的黏聚力；

K_a—主动土压力系数，它与填土的内摩擦角φ的关系是

$$K_a = \tan^2\left(45° - \frac{\varphi}{2}\right) \tag{18-5-5}$$

朗金主动土压力沿墙高呈线性分布，因而对无黏性土作用在高度为H的墙背上的主动土压力（合力）E_a作用在离墙底$H/3$处，其值为

$$E_a = \frac{1}{2}\gamma H^2 K_a \tag{18-5-6}$$

黏性土的土压力强度为土体自重引起的强度$\gamma z K_a$扣除黏聚力效应$2c\sqrt{K_a}$。由于填土不可能产生对墙背面的拉力，因此应略去临界深度z_0范围内的土拉力。确定z_0的条件是此处$\sigma_a = 0$，即

$$z_0 = \frac{2c}{\gamma\sqrt{K_a}}$$

主动土压力E_a应为

$$E_a=\frac{1}{2}(H-z_0)\left(\gamma HK_a-2c\sqrt{K_a}\right) \tag{18-5-7}$$

且作用在离墙底$(H-z_0)/3$处。

【例 18-5-1】 如果其他条件保持不变，墙后填土的下列哪些指标的变化，会引起挡土墙的主动土压力增大?

A. 填土的内摩擦角φ减小　　B. 填土的重度γ减小

C. 填土的压缩模量E增大　　D. 填土的黏聚力c增大

解　主动土压力强度$\sigma_a=\gamma zK_a-2c\sqrt{K_a}$，其中$K_a=\tan^2\left(45°-\frac{\varphi}{2}\right)$，可知，填土内摩擦角$\varphi$减小，重度$\gamma$增大，黏聚力$c$减小，都会引起挡土墙的主动土压力增大；压缩模量对其没有影响。

答案： A

【例 18-5-2】 墙后填土表面有超载作用时，会使：

A. 主动土压力增大、被动土压力减小　　B. 主动土压力和被动土压力均减小

C. 主动土压力和被动土压力均增大　　D. 主动土压力减小、被动土压力增大

解　根据主、被土压力计算公式，若将超载q换算成厚度为h的等效土层作用，即$q=\gamma h$，则经土压力计算，主、被动土压力计算结果均增大。

答案： C

（三）被动土压力

挡土墙在外力作用下向墙背方向移动或转动时，墙挤压土体，墙后土压力逐渐增大，当达到某一位移量时，墙后土体开始上隆，作用在墙上的土压力达到最大值，此时作用在墙背上的土压力称为被动土压力。被动土压力计算图式如图 18-5-4 所示，其强度计算公式如下：

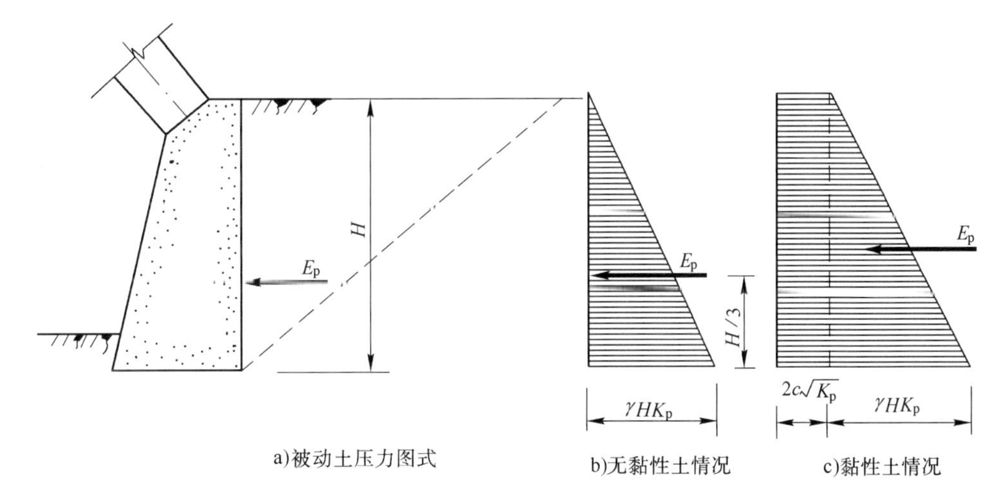

图 18-5-4　朗金被动土压力

无黏性土

$$\sigma_p=\gamma zK_p \tag{18-5-8}$$

黏性土

$$\sigma_p=\gamma zK_p+2c\sqrt{K_p} \tag{18-5-9}$$

被动土压力E_p为：

无黏性土

$$E_p=\frac{1}{2}\gamma H^2K_p \tag{18-5-10}$$

黏性土

$$E_p=\frac{1}{2}\gamma H^2K_p+2cH\sqrt{K_p} \tag{18-5-11}$$

式中：K_p—被动土压力系数。

$$K_{\mathrm{p}}=\tan^2\left(45°+\frac{\varphi}{2}\right) \tag{18-5-12}$$

合力作用于三角形（无黏性土）或梯形（黏性土）的形心处。

（四）关于土压力计算的几点说明

以上计算σ_{a}及σ_{p}时是按朗金土压力理论进行的，假定墙背竖直、光滑及填土面水平。实际情况往往较此条件复杂。

对于墙后填土上有超载的情况，一般可换算成墙后填土面上的等效土层。对于墙后填土面非平面，墙背形状复杂等情况，一般可用广义的库仑土压力理论计算，即按墙后滑楔平衡理论计算。《地基规范》考虑到所设计的挡土墙都具有一定的安全度，变位较小，黏性填土地表裂缝尚未形成，即不考虑地表裂缝出现，给出计算公式和四类填土的主动土压力系数曲线，可参考。

此外，有关墙后为分层填土，墙后填土中有地下水等复杂情况，详见由华南理工大学、东南大学、浙江大学、湖南大学合编的《地基及基础》（中国建筑工业出版社）和其他相关教材。

当挡土墙后有较陡的稳定岩石坡面时，应按有限范围填土计算土压力，即取稳定岩石坡面为破裂面，并考虑稳定坡面与填土间的摩擦因数由滑动楔体平衡条件计算主动土压力。

二、挡土墙设计

（一）挡土墙类型的选择

常用挡土墙的结构形式有重力式、悬臂式、扶壁式、锚杆及锚定板式和加筋挡土墙等。一般应根据工程需要、土质情况、材料供应、施工技术以及造价等因素合理地选择。

1. 重力式挡土墙

重力式挡土墙如图 18-5-5 所示，一般由块石或混凝土材料砌筑，墙身截面较大。根据墙背倾斜方向可分为仰斜、直立和俯斜三种。墙高一般小于 8m，当$H=8\sim12\mathrm{m}$时，宜用衡重式。重力式挡土墙依靠墙身自重抵抗土压力引起的倾覆弯矩。其结构简单、施工方便，能就地取材，在土建工程中应用最广。

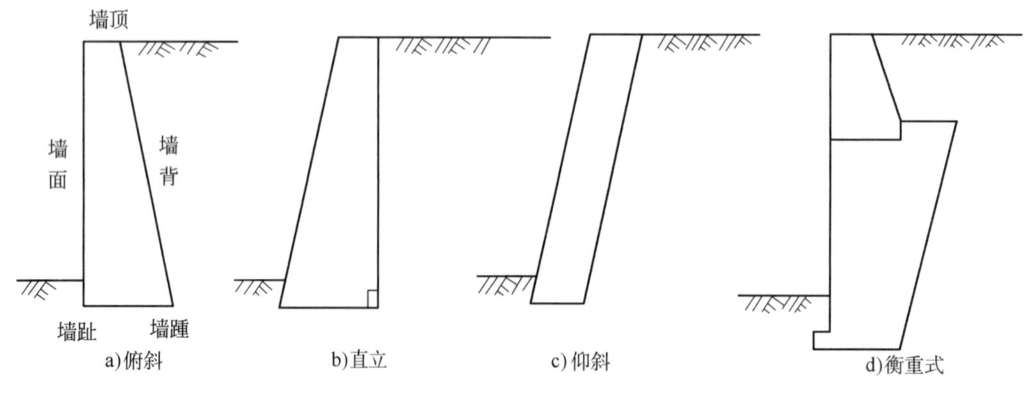

图 18-5-5　重力式挡土墙形式

2. 悬臂式挡土墙

一般由钢筋混凝土建造，墙的稳定主要依靠墙踵悬臂以上土重维持。墙体内设置钢筋承受拉应力，故墙身截面较小。初步设计时可按图 18-5-6 选取截面尺寸。其适用于墙高大于 5m、地基土质差、当地缺少石材等情况，多用于市政工程及储料仓库。

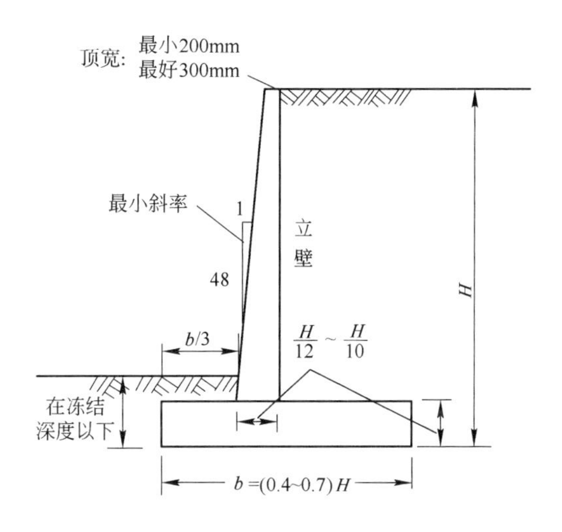

图 18-5-6　悬臂式挡土墙初步设计尺寸

3. 扶壁式挡土墙

当墙高大于 10m 时，挡土墙立壁挠度较大，为了增强立壁的抗弯性能，常沿墙纵向每隔一定距离［(0.3~0.6)H］设置一道扶壁，故称为扶壁式挡土墙（见图 18-5-7）。扶壁间填土可增加抗滑和抗倾覆能力，一般用于重要的大型土建工程。设计时，可按图初选截面尺寸，然后将墙身及墙踵作为三边固定的板，用有限元或有限差分计算机程序进行优化计算。

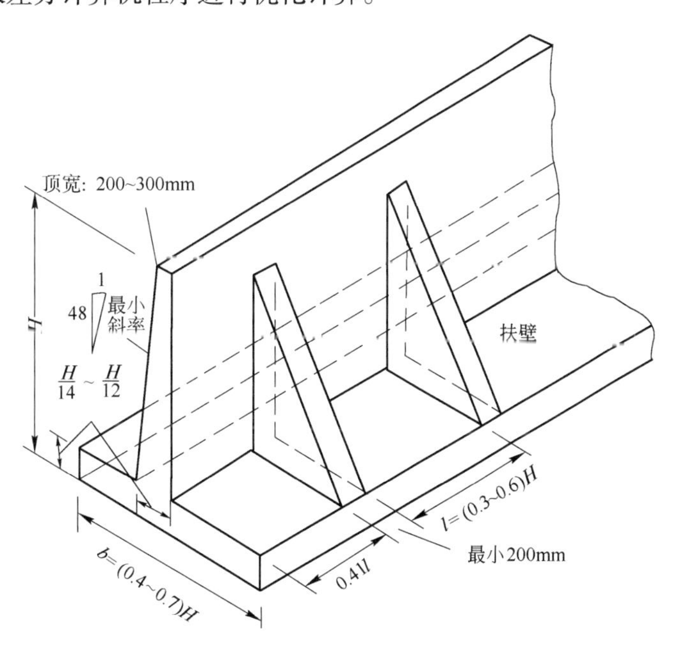

图 18-5-7　扶壁式挡土墙初步设计尺寸

4. 锚定板及锚杆式挡土墙

锚定板挡土墙由预制的钢筋混凝土立柱、墙面、钢拉杆和埋在填土中的锚定板在现场拼装而成。这种结构依靠填土与结构的相互作用力而维持其自身的稳定。与重力式挡土墙相比，其结构轻。为了维持锚定板挡土结构内力平衡，必须保证锚定板的抗拔力大于墙面上的土压力；为了保证锚定板挡土结构周边的整体稳定，必须满足土的摩擦阻力大于由土自重和超载引起的土压力。锚杆式挡土墙是利用嵌入坚实岩层的灌浆锚杆作拉杆的一种挡土墙。

5. 其他形式

除上述几种挡土墙外，还有混合式挡土墙、构架式挡土墙、板桩墙、加筋土挡土墙以及近年来发展的土工合成材料（各种土工织物或无纺土工布）挡土墙等。

（二）挡土墙的计算

根据挡土墙的工程地质、填土性质以及墙身材料和施工条件等，初步拟定截面尺寸，然后进行验算。如不满足要求，则修改截面尺寸或采取其他措施。

作用在挡土墙上的荷载有土压力E_a、挡土墙自重G、墙面埋入土中部分承受的被动土压力，但一般可忽略不计，其结果偏于安全。

验算挡土墙的稳定性时，《建筑边坡工程技术规范》（GB 50330）仍采用安全系数法，计算土压力及挡土墙的重力时其荷载分项系数采用 1.0；验算挡土墙墙体的结构强度时，根据所用的材料参照有关结构设计规范进行。

1. 抗倾覆稳定性验算

挡土墙破坏大部分是由于发生倾覆造成的。要保证挡土墙在土压力作用下不发生绕墙趾O点的倾覆（见图 18-5-8），要求对O点的抗倾覆力矩M_1大于倾覆力矩M_2。即抗倾覆安全系数K_t应满足

$$K_t = \frac{M_1}{M_2} = \frac{Gx_0 + E_{az}x_f}{E_{ax}z_f} \geqslant 1.5 \qquad (18-5-13)$$

式中：E_{ax}—E_a的水平分力，$E_{ax} = E_a \sin(\alpha - \delta)$；

E_{az}—E_a的竖向分力，$E_{az} = E_a \cos(\alpha - \delta)$；

x_f—$b - z\tan\alpha$；

z_f—$z - b\tan\alpha_0$；

x_0—挡土墙重心离墙趾的水平距离（m）；

α_0—挡土墙的基底倾角（°）；

b—基底的水平投影宽度（m）；

z—土压力作用点离墙踵的高度（m）。

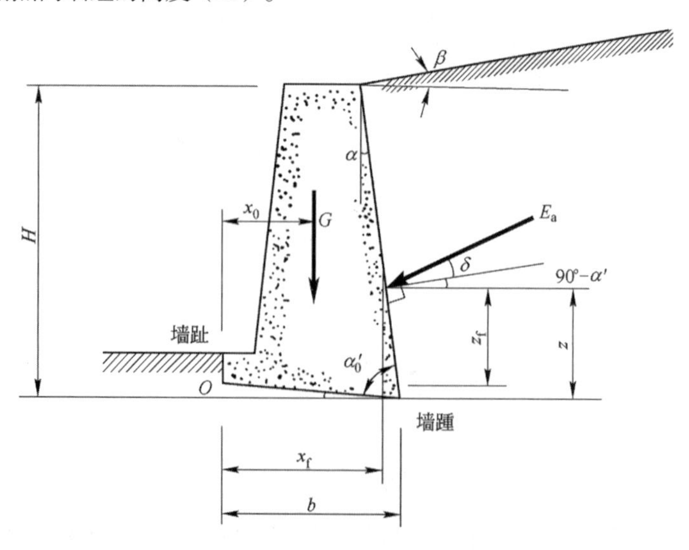

图 18-5-8　挡土墙稳定验算

挡土墙在软弱地基上倾覆时，墙趾可能陷入土中，力矩中心点内移，导致抗倾覆安全系数降低，有时甚至会沿圆弧滑动而发生整体破坏，因此验算时应注意土的压缩性。验算悬臂式挡土墙时，可视土压力作用在墙踵的垂直面上，将墙踵悬臂以上土重计入挡土墙自重。

若验算结果不能满足要求，则可采取以下措施：

（1）增大挡土墙断面尺寸，使G增大，但工程量也增大。

（2）加大x_0，即伸长墙趾。如墙趾过长，厚度不足，则需配筋。

（3）墙背做成仰斜，可减小土压力。

（4）在挡土墙垂直墙背处做卸荷台，形状如牛腿（见图 18-5-9），则平台以上土压力不能传到平台以下，总土压力减小，且倾覆稳定性加大。

2. 抗滑动稳定性验算

在土压力作用下，挡土墙也有可能沿墙基底面发生滑动。因此要求基底的抗滑力F_1应大于其滑动力F_2，即抗滑安全系数K_s应满足

$$K_s = \frac{F_1}{F_2} = \frac{(G_n + E_{an})\mu}{E_{at} - G_t} \geqslant 1.3 \tag{18-5-14}$$

式中：G_n—G垂直于墙底的分力，$G_n = G\cos\alpha_0$；

G_t—G平行于墙底的分力，$G_t = G\sin\alpha_0$；

E_{an}—E_a垂直于墙底的分力，$E_{an} = E_a\cos(\alpha - \alpha_0 - \delta)$；

E_{at}—E_a平行于墙底的分力，$E_{at} = E_a\sin(\alpha - \alpha_0 - \delta)$；

μ—土对挡土墙基底的摩擦因数，宜按试验确定，也可查相应表格选用。

若验算不能满足要求，则应采取以下措施：

（1）修改挡土墙断面尺寸，以加大G值。

（2）挡土墙底面做成砂、石垫层，以提高μ值。

（3）挡土墙底做成逆坡（见图 18-5-10），以利用滑动面上部分反力来抗滑，坡度为（0.2~0.1）：1.0。

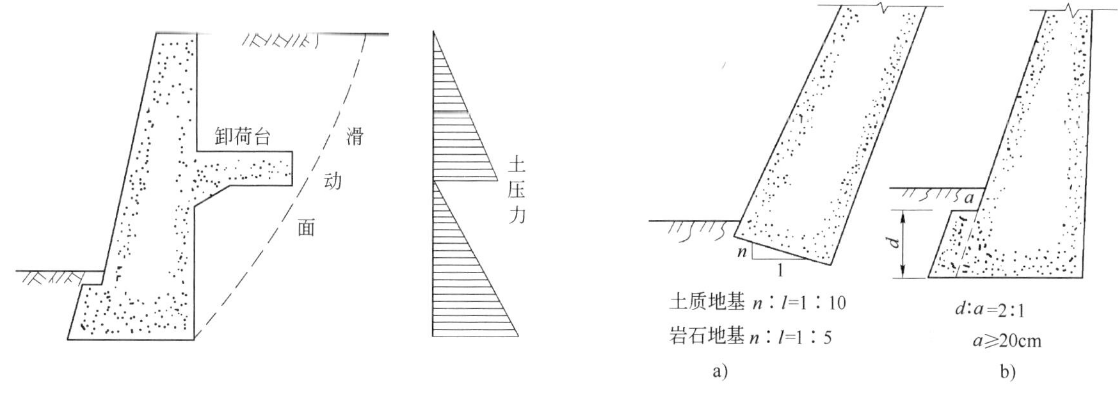

图 18-5-9　有卸荷台的挡土墙

图 18-5-10　基底逆坡及墙趾台阶

（4）在软土地基上，其他方法无效或不经济时，可在墙踵后加拖板，利用拖板上的土重来抗滑。拖板与挡土墙之间应用钢筋连接。

3. 圆弧滑动稳定性验算

当土质较软弱时，挡土墙可能产生接近圆弧状滑动而丧失稳定性，此时可采用条分法进行分析验算。

4. 地基承载力及墙身强度验算

挡土墙在自重及土压力的垂直分力作用下，基底压力按线性分布计算。其验算方法及要求与浅基础地基验算方法相同，具体参见本章第四节有关内容。挡土墙墙身材料强度应按《混凝土规范》和《砌体规范》的有关要求验算。

（三）挡土墙构造措施简介

合理选择墙型对挡土墙设计的安全性和经济性有着较大的作用。挡土墙中主动土压力以仰斜最小、直立居中、俯斜最大，因此仰斜墙背较为合理。然而墙背的倾斜形式还应根据使用要求、地形和施工等条件综合考虑确定。一般挖坡建墙宜用仰斜，其土压力小，且墙背可与边坡紧密贴合；填方地区则可用直立或俯斜，便于施工使填土夯实，而在山坡上建墙，则宜用直立，因为此时仰斜墙身较高，俯斜则土压力较大。墙背仰斜时其坡度不宜缓于 1：0.25（高宽比），且墙面应尽量与墙背平行。

挡土墙墙顶宽度，一般块石挡土墙不应小于 0.5m，混凝土挡土墙最小可为 0.2~0.4m。当地基承载力难以满足时，墙趾宜设台阶（见图 18-5-10b）。挡土墙基底埋深一般不应小于 0.5m，岩石地基应将基底埋入未风化的岩层内。重力式挡土墙基底宽度与墙高之比为$1/2 \sim 1/3$。

挡土墙常因排水不良而大量积水，使土的抗剪强度指标下降，土压力增大，导致挡土墙破坏。因此，挡土墙应设置泄水孔，其间距宜取 2~3m，外斜 5%，孔眼尺寸不宜小于 100mm。墙后要做好反滤层和必要的排水盲沟，在墙顶地面宜铺设防水层。当墙后有山坡时，还应在坡下设置截水沟。

墙背填土宜选择透水性较强的填料。当采用黏性土作填料时，宜掺入适量的块石。在季节性冻土地区，墙后填土应选用非冻胀性填料（如炉渣、碎石、粗砂等）。

挡土墙每隔 10~20m 应设置一道伸缩缝。当地基有变化时宜加设沉降缝。在拐角处应适当采取加强的构造措施。

对于重要的、高度较大的挡土墙，不宜采用黏性土填土。因黏性土性能不稳定，干缩湿胀，这种交错变化将使挡土墙产生较大的侧压力，而目前在设计中无法考虑。

三、简单土坡稳定分析

土坡稳定分析是一个比较复杂的问题，目前理论分析只限于较简单的情况。采用理论分析与现场观测相结合的方法比较切实可行又比较可靠。本节主要介绍简单土坡的稳定分析。所谓简单土坡是指土坡的顶面和底面都是水平面，并伸至无穷远，土坡由均质土组成。

（一）土坡失稳的主要原因

（1）土坡作用力发生变化。如人工开挖坡脚、坡顶增加荷载，或由于打桩、车辆行驶、爆破、地震等引起的振动改变了原来的平衡状态。

（2）土的抗剪强度降低。如土体中含水量或超静水压力的增加。

（3）静水力的作用。如土体中由于剪切或张拉产生垂直裂隙，雨水或地面水流入缝隙，土坡产生侧向推力而促使土坡的滑动。

（4）地下水的渗流作用。当土坡中有地下水渗流且动水压力与滑动方向相同时，也会促使土坡滑动。

（二）无黏性土土坡稳定分析

设一坡角为β的无黏性土土坡，土坡及地基为均质的同一种土，且不考虑渗流的影响。

纯净的干砂类土坡，其稳定性条件可由如图 18-5-11 所示的力系来说明。

斜坡上的土颗粒M，其自重为W，砂土的内摩擦角为φ。W垂直于坡面和平行于坡面的分力分别为

N和T，则

$$T = W \cdot \sin\beta$$

$$N = W \cdot \cos\beta$$

分力T将使土颗粒M向下滑动，为滑动力。阻止M下滑的抗滑力则是由垂直于坡面上的分力N引起的最大静摩擦力T'

$$T' = N\tan\varphi = W \cdot \cos\beta \cdot \tan\varphi$$

抗滑力与滑动力的比值称为稳定安全系数，为

$$K = \frac{T'}{T} = \frac{W \cdot \cos\beta \cdot \tan\varphi}{W \cdot \sin\beta} = \frac{\tan\varphi}{\tan\beta} \tag{18-5-15}$$

由上式可知，无黏性土土坡稳定的极限坡角β等于其内摩擦角，即当$\beta = \varphi(K = 1)$时，土坡处于极限平衡状态。由上述的平衡关系还可看出：无黏性土坡的稳定性与坡高无关，仅取决于坡角β，只要$\beta < \varphi(K > 1)$，土坡就是稳定的。为了保证土坡有足够的安全储备，可取$K = 1.1$~1.5。

（三）黏性土土坡稳定分析

黏性土土坡的滑动情况如图 18-5-12 所示。土坡失稳前一般在坡顶产生张拉裂缝，继而沿着某一曲面产生整体滑动，同时伴随着变形。在垂直于纸面方向，滑坡将延伸至一定范围，也是曲面。为了简化，在稳定分析中通常作为平面问题处理，而且假定滑动面为圆筒面。

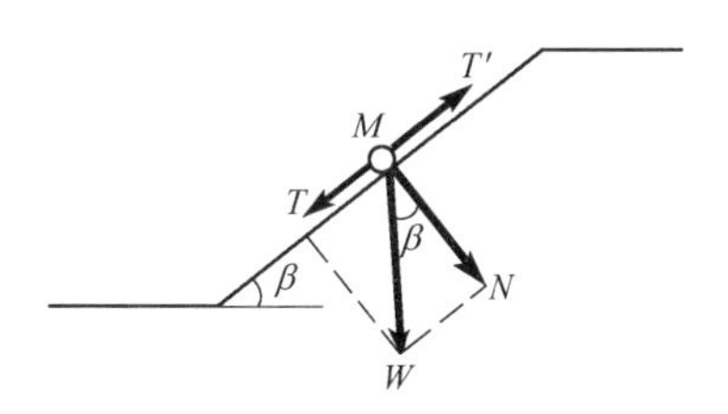

图 18-5-11　无黏性土坡稳定分析

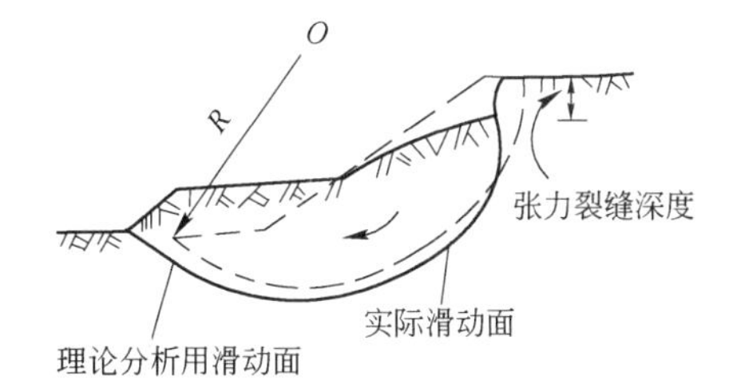

图 18-5-12　黏性土坡的滑动面

以下介绍黏性土土坡稳定分析的条分法和稳定数法。

1. 条分法

条分法首先为瑞典工程师费兰纽斯（Fellenious,1922）所提出，这个方法具有较普遍的意义，它不仅可以分析简单土坡，还可以用来分析非简单土坡，例如土质不均匀的、坡上或坡顶作用有荷载的土坡。

条分法的基本原理是，滑动土体重连同顶面上的荷载W在滑动面上的分力为滑动力，而沿滑动面上由土的抗剪强度产生的力为抗滑力。滑动力与抗滑力对圆心取矩。若总抗滑力矩大于滑动力矩，则土坡稳定。因滑动面为曲面，为简化计算，分析时将滑动土体沿横向分成若干小土条，每条的滑动面近似取为平面。逐条计算滑动力矩和抗滑力矩，最后叠加，即得总的抗滑力矩和滑动力矩，两者之比称为安全系数K。根据建筑等级、土的性质及地区经验等因素综合考虑，K取 1.1~1.5。注意选择滑动应在危险滑动面的区域内以减少工作量。按经验危险滑动面的两端点距坡顶和坡角点各$0.1nH$（n为坡度、H为坡高），其滑弧中心在此两点连线的垂直平分线上，故可在此线上取若干点作为滑弧圆心，按上述方法分别计算相应的稳定安全系数，就可求得最小的安全系数了。

工程中要求最小安全系数$K_{\min} \geqslant 1.1$~1.5，视工程重要性而定。

2. 稳定数法

黏性土土坡的稳定坡角β与土坡坡高h和土的c、φ、γ有关。泰勒（Taylor,1937）根据大量计算结果，绘制成如图 18-5-13 所示的图，应用此图可以很简便地分析简单土坡的稳定。图中的纵坐标N_s，称为稳定数

$$N_s = \frac{\gamma h}{c}$$

$$K = \frac{N_s'}{N_s} = \frac{\frac{\gamma h'}{c}}{\frac{\gamma h}{c}} = \frac{h'}{h} \tag{18-5-16}$$

式中：γ—土的重度（kN/m³）；

c—土的黏聚力（kPa）；

h—土坡高度（m）；

N_s'—由图 18-5-13 查得的土坡处于极限状态时的稳定数；

N_s—由实际土坡计算的稳定数；

h'—土坡处于极限状态时的临界高度。

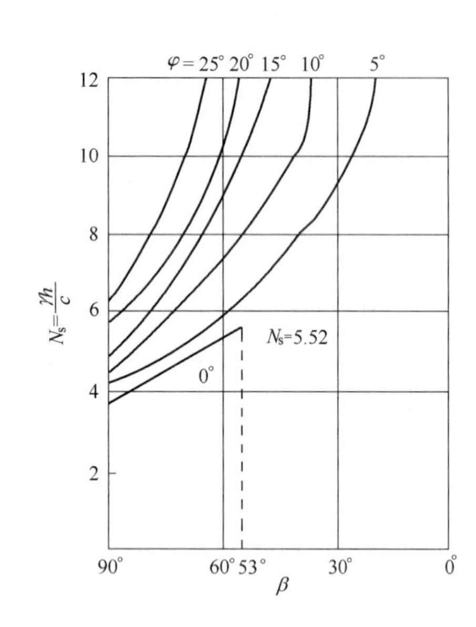

图 18-5-13　泰勒稳定数图表

当$K > 1$，即$N_s' > N_s$时，表明土坡稳定。

对于饱和软黏土土坡，快剪条件下$\varphi = 0$，当坡角$\beta > 53°$时，同样可从图 18-5-13 查得稳定数N_s'，进行稳定分析。

当$\varphi = 0, \beta < 53°$时，土坡的破坏形式不仅取决于坡角β，还取决于坡下坚硬土层面离土坡坡顶的距离h_d，与土坡高度h的比值n_d（称为深度系数），其滑动面类型有三种：

（1）滑动面通过坡脚，称为坡脚圆；

（2）滑动面通过坡面并切于坚硬土层，称为坡面圆；

（3）滑动面通过坡脚以外，且滑弧圆心位于坡面中点垂直线上，称为中点圆（见图 18-5-14）。

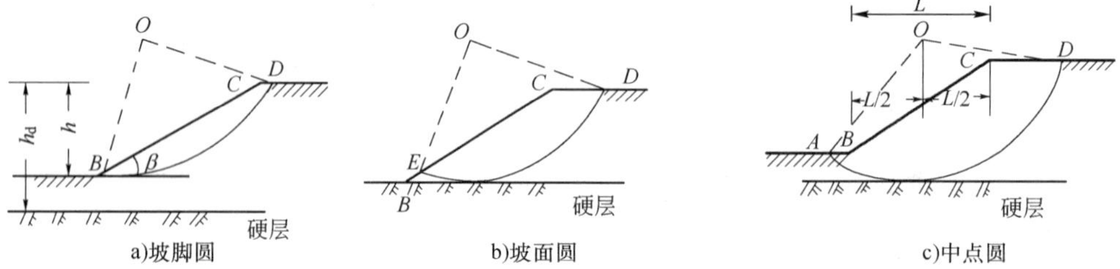

图 18-5-14　均质黏性土土坡的三种滑动面位置

滑动面形式与$n_d = h_d/h$有关，当n_d较大时，即硬土层较深时，滑动面呈中点圆，随n_d减小，渐转为坡脚圆，n_d再小，则转为坡面圆（见图 18-5-15）。

$\varphi = 0$、$\beta < 53°$时的稳定数可由图 18-5-15 查取。

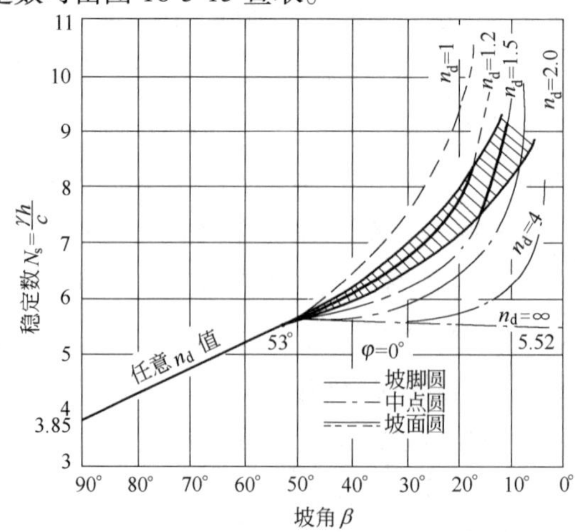

图 18-5-15　坡角与稳定数之间的关系

如果软土层很厚，$n_d > 4$，取$n_d = \infty$，由图可知，$N_s = 5.52$，且与β无关，则土坡的临界高度为

$$h_c = \frac{cN_s}{\gamma} = \frac{5.52c_u}{\gamma} \tag{18-5-17}$$

式中：c_u—不排水抗剪强度（kPa）。

【例 18-5-3】 已知某工程基坑开挖深度$h = 5\text{m}$，地基土$\gamma = 19\text{kN/m}^3$，$\varphi = 15°$，黏聚力$c = 12\text{kPa}$。求稳定坡角。若以 60°放坡，则最大开挖深度为多少？

解　由已知条件，得$N_s = \gamma h/c = 19 \times 5/12 = 7.92$

查图，$\varphi = 15°$，得$\beta = 64°$，当$\beta = 60°$时，查得$N_s = 8.7$

则$h = N_s c/\gamma = 8.7 \times 12/19 = 5.5\text{m}$

习　题

18-5-1　设计地下室外墙时选用的土压力是（　　）。

A. 主动土压力　　B. 静止土压力　　C. 被动土压力　　D. 平均土压力

18-5-2　若计算方法、填土指标、挡土墙高度均相同，则作用在挡土墙上的主动土压力数值最小的墙背形式是（　　）。

A. 仰斜　　B. 直立　　C. 俯斜　　D. 背斜

18-5-3　相同条件下，作用在挡土构筑物上的主动土压力、被动土压力、静止土压力的大小之间存在的关系是（　　）。

A. $E_p > E_a > E_0$　　B. $E_p > E_0 > E_a$

C. $E_a > E_p > E_0$　　D. $E_0 > E_p > E_a$

18-5-4　库仑土压力理论的适用条件为（　　）。

A. 墙背必须光滑、垂直　　B. 墙后填土为理想散粒体

C. 填土面必须水平　　D. 墙后填土为理想黏性体

18-5-5　为增加挡土墙抗滑移稳定性，可采取的有效措施为（　　）。

A. 减轻挡土墙自重　　B. 加设墙趾台阶

C. 基底做逆坡　　D. 墙背选用俯斜形式

18-5-6　挡土墙后的回填土最好选用（　　）。

A. 含水量大的黏土　　B. 渗透系数大的土

C. 含水量小的黏土　　D. 渗透系数小的土

18-5-7　若某砂土坡的稳定安全系数$K = 1.5$，可满足土坡稳定的条件为（　　）。

A. 坡角=天然休止角　　B. 坡角<1.5 倍天然休止角

C. 坡角>1.5 倍天然休止角　　D. 1.5 倍坡角<天然休止角

18-5-8　分析黏性土坡稳定性时，假定滑动面为（　　）。

A. 斜平面　　B. 曲面　　C. 圆筒面　　D. 水平面

第六节　地 基 勘 察

地基勘察的目的在于以各种勘察手段和方法，调查研究和分析评价建筑场地和地基的工程地质条

件，为设计和施工提供所需的工程地质资料。勘察工作应该遵循基本的建设程序走在设计和施工前面，采取必要的勘察手段和方法，提供准确无误的地基勘察报告。

一、地基基础设计等级与岩土工程等级

地基勘察任务和内容以及勘察的详细程度与工作方法的选择，与建筑场地、地基岩土性质及建筑物等级有关。

《地基规范》根据地基复杂程度、建筑物规模和功能特征以及由于地基问题可能造成建筑物破坏或影响正常使用的程度，将地基基础设计分为三个设计等级，设计时应根据具体情况，按表 18-6-1 选用。

地基基础设计等级　　表 18-6-1

设 计 等 级	建筑和地基类型
甲级	重要的工业与民用建筑物 30 层以上的高层建筑 体型复杂，层数相差超过 10 层的高低层连成一体建筑物 大面积的多层地下建筑物（如地下车库、商场、运动场等） 对地基变形有特殊要求的建筑物 复杂地质条件下的坡上建筑物（包括高边坡） 对原有工程影响较大的新建建筑物 场地和地基条件复杂的一般建筑物 位于复杂地质条件及软土地区的二层及二层以上地下室的基坑工程 开挖深度大于 15m 的基坑工程 周边环境条件复杂、环境保护要求高的基坑工程
乙级	除甲级、丙级以外的工业与民用建筑物 除甲级、丙级以外的基坑工程
丙级	场地和地基条件简单、荷载分布均匀的七层及七层以下民用建筑及一般工业建筑；次要的轻型建筑物 非软土地区且场地地质条件简单、基坑周边环境条件简单、环境保护要求不高且开挖深度小于 5.0m 的基坑工程

根据《岩土工程勘察规范》（GB 50021—2001）（2009 年版）（以下简称《岩土规范》）结合《地基规范》，建筑物地基基础设计等级划分，按照工程重要性等级、场地复杂程度等级和地基复杂程度等级，将岩土工程划分为三个等级。其中以甲级岩土工程的自然条件最为复杂，技术要求的难度最大，工作环境最不利。详见《岩土规范》的规定。

二、勘察阶段的划分

一般建筑工程的设计分为场址选择、初步设计和施工图设计三个阶段。为了提供各设计阶段所需的工程地质资料，勘察工作一般也可相应地分为选址勘察、初步勘察和详细勘察三个阶段。对于地质条件复杂或有特殊施工要求的重要建筑物地基，尚应进行施工勘察；反之，对地质条件简单、面积不大的场地，其勘察阶段可适当简化或直接进行一次性勘察。

三、勘察方法

工程地质勘察方法很多，结合岩土工程情况和勘察阶段选取适宜的方法。

（一）工程地质测绘与调查

（二）勘探

（1）坑探。

（2）钻探：可用回转式或冲击式钻机进行。

（3）触探：触探是用静力或动力的方法，借助探杆将能够量测土对金属触探头阻抗能力的触探头贯入土层，从而间接判断土层及其性质的勘探方法和原位测试技术。一般有静力触探和动力触探两类。

静力触探是借助静压力将触探头压入土层，测得比贯入阻力来判定土的力学性质。

动力触探一般是将一定质量的穿心锤以一定的高度（落距）自由落下，将探头贯入土中，记录贯入一定深度的锤击数，并以此判断土的性质。动力触探一般可分为标准贯入触探和轻型灌入触探两种方法。标准贯入试验可以与钻探配合使用。

以上相关试验方法和要求可以参看《岩土规范》。

（4）地球物理勘探。

（三）原位测试

（1）旁压试验。

（2）载荷试验。

四、勘察报告分析与应用

在勘察工作开始前，应按工程要求把“地基勘察任务书”提交给受委托的勘察单位。任务书应说明工程概况、工程意图、设计阶段、要求提交勘察成果（即“勘察报告书”）的内容和目的、提出勘探技术要求等。对详细设计阶段，尚应说明需要勘察的建筑物具体情况（上部结构特点、层数及高度、基础埋深及形式等）。

阅读勘察报告时应熟悉其主要内容，了解勘察结论和岩土参数的可靠程度，判断报告中的建议对该项工程的适用性。

（一）场地稳定性的评价

应注意地质构造（断层、褶皱等）及地层成层条件，是否有不良地质现象（泥石流、滑坡、崩塌、岩溶等），以及其分布规律、危害程度和发展趋势。

在断层、向斜、背斜等构造地带和地震区修建建筑物，必须慎重对待。在不良地质现象发育且对场地稳定性有直接危害或潜在威胁的地区，如不得不在其中较为稳定的地段进行建筑，也需事先采取有力措施，避免中途改变场地或花费极高的处理费用。

（二）地基持力层的选择与认定

对不发生威胁场地稳定性的建筑地段，则应以地基承载力为主要控制指标。通过阅读勘察报告，熟悉场地各土层的分布和性质。对报告中所选定的地基持力层按深度方向的分层、厚度、水平方向的均匀程度，以及各土层的物理力学性质指标及上部结构和基础特点等因素进行分析、认定。

（三）地基与基础方案的认定

分析勘察报告中所建议的地基基础方案，结合上部结构特点、具体施工条件等进行认定或改进，要注意充分尊重勘察部门的意见，对其原建议有修改意见也应征得他们的同意，必要时请其配合补充勘察。

习 题

18-6-1 属于原位的试验方法是指（ ）。

A. 载荷试验 B. 压缩试验 C. 直剪试验 D. 击实试验

18-6-2 与地勘察任务内容及勘察详细程度和方法无关的环境条件是（ ）。

A. 建筑场地 B. 气候条件 C. 建筑物等级 D. 地基岩土性质

第七节 浅 基 础

一、地基基础方案及其选择

建筑物可分为上部结构（地上部分）、下部结构（地下部分）——基础两部分，而基础坐落在地基上。地基作为支承建筑物的地层，若为自然状态则为天然地基，若经过人工处理则为人工地基。

基础又分为浅基础与深基础两大类，通常按基础的埋置深度划分。一般埋深小于5m的为浅基础，大于5m的为深基础。也有建议按施工方法来划分的：用普通基坑开挖和敞坑排水方法修建的基础统称浅基础，如高层建筑箱型基础（埋深可能大于5m）也属此类，而用特殊施工方法将基础埋置于深层地基中的基础称为深基础，如桩基础、沉井、地下连续墙等。

设计建筑物的地基基础时，需将地基、基础视为一个整体，按照下述的组合关系（见表18-7-1），确定地基基础方案。其受上部结构类型、使用荷载大小、施工等多种因素制约，对每一个具体工程，应综合考虑，通过经济技术比较，确定最佳方案。一般应优先选择天然地基上的浅基础，条件不允许时，可比较天然地基上的深基础和人工地基上的浅基础两方案，选定其一，必要时才选用人工地基上的深基础。

地基与基础组合方案 表18-7-1

地 基 种 类	选择组合顺序	基 础 类 型
天然地基 人工地基	1（天然地基→浅基础） 2（天然地基→深基础；人工地基→浅基础） 3（人工地基→深基础）	浅基础 深基础

二、浅基础类型

浅基础有多种形式，是随上部结构类型的发展和荷载的增大、使用功能的需求、地基条件、建筑材料和施工方法的发展而演变的，形成了从独立的、条形的到交叉的、成片的乃至空间整体的基础系列。浅基础的类型划分按不同标准有不同形式。按表18-7-2分类，可大致看出基础形式发展演变过程、材料及受力特点。

浅 基 础 分 类 表　　　　表 18-7-2

	按结构形式分类	使用的材料	受 力 特 征
常用类型	单独基础{柱下 墙下	砖、石、混凝土（无筋扩展基础） 钢筋混凝土（扩展基础）	以受压为主 可受拉、受弯
	条形基础{柱列下 局部 墙下	钢筋混凝土 钢筋混凝土 }（扩展式基础） 钢筋混凝土 砖、石、混凝土（无筋扩展基础）	可受拉、受弯 主要受压
	交叉条形基础	钢筋混凝土	受拉、受弯
	片筏基础（俗称满堂基础） 浮筏式基础（墙下浅埋或不埋式）	钢筋混凝土 钢筋混凝土（墙下筏板基础）	双向受力板或受力肋板
	箱形基础	钢筋混凝土	空间受力结构
其他类型	壳体基础 折板基础	钢筋混凝土、混凝土 （减少了材料用量）	将受拉状态转为受压状态，充分发挥材料特性
	块体基础	钢筋混凝土（整体式）、砖石	在动力作用下呈刚性运动

（一）独立基础（含扩展式基础）

独立基础是柱基础的主要类型，所用材料依柱的材料和荷载大小而定。现浇柱下常采用钢筋混凝土基础，此时也称为扩展式基础。基础截面可做成阶梯形或锥形。预制柱下一般采用杯形基础。砌体柱下可采用无筋扩展基础，材料一般为砖、混凝土等。

有时墙下也可采用独立基础。这时基础顶面应架设钢筋混凝土过梁（见图 18-7-1a）或砌砖拱以传递竖向力（见图 18-7-1b）。

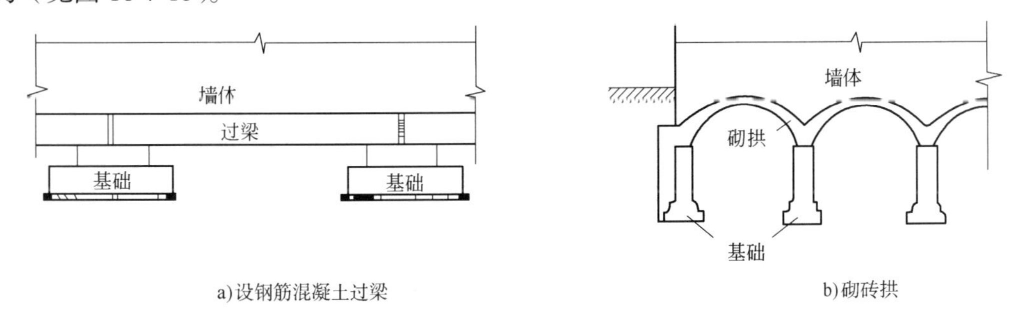

图 18-7-1　墙下单独基础

（二）条形基础和联合基础

1. 条形基础

墙下条形基础有无筋扩展和钢筋混凝土（扩展式）两种。后者一般做成无肋板式，若为了增强基础的整体性和抗弯能力，则可采用带肋式。

当荷载较大且地基承载力较低时，柱列下也常采用条形基础。将同一排的柱基础相连成为钢筋混凝土柱下条形基础（见图 18-7-2），但若仅是相邻两柱基础相连又称联合基础或两柱联合基础。

2. 联合基础

根据建筑物的荷载、地基及限制条件，可能有如图 18-7-3 所示几种形式。

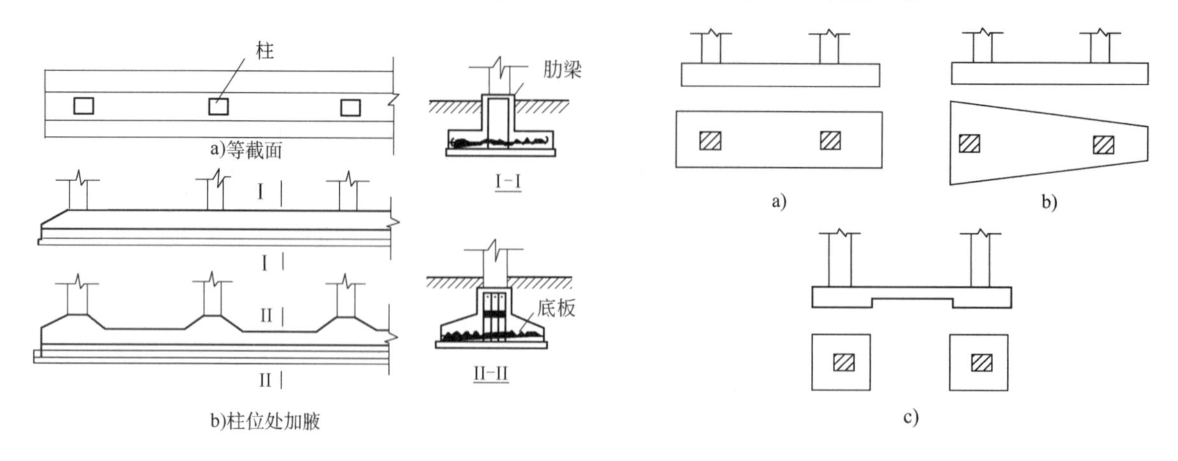

图 18-7-2 柱下条形基础

图 18-7-3 联合基础基本形式

（1）矩形联合基础（见图 18-7-3a）

适用于相邻荷载差异不大且地基较为均匀的条件。它整体性能好，可设计成变截面的形式。

（2）梯形联合基础（见图 18-7-3b）

边柱基础荷载较大或为偏心荷载，与内柱基础需要连接时，采用梯形形式可使基底压力接近于均匀分布。

（3）连梁式联合基础（见图 18-7-3c）

当基础间距较大，地基不均匀，可能产生较大的沉降差时，将联合基础做成连梁式，且设计成刚性梁，使不平衡剪力和弯矩得以传递和调整。

（三）交梁基础

当荷载较大，采用柱下条形基础不能满足地基承载力要求时，可采用交梁基础（或称“十字交叉基础”）。这种基础在纵横两向均具有一定的刚度和调整不均匀沉降的能力。

（四）筏板基础

遇上部结构荷载大、地基软弱或地下防渗需要时，可采用筏板基础，俗称满堂基础。由于基底面积大，故可减小地基单位面积上的压力，并能有效地增强基础的整体性。

筏板基础像倒置的钢筋混凝土楼盖，可分为平板式和梁板式两种类型。它可用在柱网下，亦可用在砌体结构下。我国南方某些城市大量采用为多层住宅基础，并直接做在地表杂填土上，称无埋深筏基。但在北方应用时，必须考虑能否满足抗冻与采暖要求。

（五）箱形基础

由钢筋混凝土底板、顶板和纵横内外墙组成的整体空间结构，称为箱形基础。其具有很大的抗弯刚度，整体性好，只会产生大致均匀的沉降或整体倾斜而不致产生挠曲，从而基本上消除了因地基变形而使建筑物开裂的可能性。抗震性能较好，适用于软弱地基上高层、重型或对不均匀沉降有严格要求的建筑物。可满足高层建筑对建筑功能与结构受力等方面的要求。

箱基的用料多、工期长、造价高、施工技术比较复杂，尤其当需进行深基坑开挖时要考虑人工降低地下水位、坑壁支护和对邻近建筑物的影响问题。此外，还要对箱基地下室的防水、通风采取周密的措施。综上所述，箱基的采用与否，应该慎重地综合考虑各方面因素，通过方案比较后确定，才能收到技术和经济上的最大效益。

（六）壳体基础

当荷载较大时，柱下基础也可采用壳体基础。这种基础使径向内力由以弯矩为主，变为以压力为主，通常可节省混凝土 30%~50%。壳体基础常用作为筒形构筑物（如烟囱、水塔、料仓、中小型高炉等）基础，也可用作一般工业与民用建筑柱基。壳体基础常用的结构形式为正圆锥壳、M 形组合壳和内球外锥组合壳。

（七）动力机器基础

动力机械基础常采用大块式、墙式及框架式三种形式。大块式基础应用最广，通常做成刚度很大的钢筋混凝土块体。墙式基础则由承重的纵、横向墙组成。基础中均预留有安装和操作机器所必需的沟槽和孔洞。框架式基础一般用于平衡性较好的高频机器，其上部结构是由固定在一起连续底板或可靠基岩上的立柱以及与立柱上端刚性连接的纵、横梁组成的弹性体系，因而可按框架结构计算。

（八）基础选型示例

基础的选型，应根据地质条件、建筑体型、结构类型、荷载情况、有无地下室以及施工条件等，提出适用技术方案，进行经济效果对比。一般按以下原则选型：

1. 砖混结构

包括多层房屋，应优先选用刚性基础。按就地取材和方便施工的原则，选择毛石基础、砖基础、灰土基础或三合土基础。地下水位较高时选用混凝土基础，或有混凝土垫层的砖基础，一般做成条形基础。基础宽度大于 2.5m 时，宜采用柔性钢筋混凝土基础。上部地基土软弱，基础深度大于 3m 时，宜用墩式基础。

2. 框架结构

无地下室，地基较好，荷载较小，柱网分布比较均匀时，宜选用单独柱基，纵横方向应用拉梁连接，拉梁位置以设置在柱根为宜。框架底层的砖墙和相邻砖混结构的墙体，宜结合拉梁设置地梁。柱基埋深较浅时直接做条形墙基，此时圈梁与拉梁结合布置。对于多层内框架结构，地基较差时，柱列宜选用柱下条形基础或条形刚性墙基础。

3. 框架或剪力墙结构

（1）无地下室，地基较差，荷载较大时，为了增强整体性，减少不均匀沉降，可选用十字交叉刚性基础。如不满足变形条件要求，可考虑采用桩基础，或对地基进行处理。仍不满足要求时，可选用钢筋混凝土筏板基础。

（2）有地下室，无特殊防水要求，柱网、荷载及墙间距比较均匀，地基较好时，可选用十字交叉刚性基础。

（3）有地下室，上部结构对不均匀沉降限制较严，防水要求较高时，可选用箱形基础。当高层建筑层数较多，重量较大，地基较软弱时，宜采用复合式箱形基础。

上述事例说明，进行基础工程设计必须洞悉上部结构及地基的特点，考虑上部结构—基础—地基的相互作用，才可能达到最佳效果。

三、基础工程设计的三项重要技术指标

（一）技术合理性

技术合理性是最重要的指标。合理的地基基础设计是由许多因素经综合分析才能取得，除了地基土

本身以外，还包括建筑环境、工艺要求、建筑形式和水文气候等因素。

（二）施工可行性

基础设计的任务应根据地质条件及结构要求、现场条件、工期等选择可行的施工方案，因为在一定情况下，设计意图能否实现与施工可行性关系甚大。

（1）在城市建设中往往限制使用对环境有污染的施工方法。例如，强夯法处理不均匀杂填土时振动和噪声较大，又如预制沉桩的噪声超过规定标准，这些在大城市中已禁止使用。

（2）施工方法对施工质量的保证率。不同的基础形式，有不同的施工要求和方法以及需注意的质量问题。

（三）经济性

当基础工程有多种方案可供选择时，则应比较造价，并注意各地劳动力价格及材料价格。应当说明，基础造价不完全取决于基础设计本身，还与建筑体形的复杂性、场地工程地质条件、结构布局及工艺要求有关。

四、浅基础设计的基本规定

（一）建筑物的设计等级

地基与基础计算的内容和要求与建筑物的安全等级有关。根据地基损坏造成建筑物的破坏后果（危及人的生命、造成经济损失、造成社会影响及修复的可能性）的严重性，将建筑物地基基础设计分为三个等级，见表 18-6-1。

（二）对地基与基础设计规定

根据建筑物地基基础设计等级及长期荷载作用下地基变形对上部结构的影响程度，地基基础设计应符合下列规定：

（1）所有建筑物的地基计算均应满足承载力计算的有关规定。

（2）设计等级为甲级、乙级的建筑物，均应按地基变形设计。

（3）表 18-7-3 所列范围内设计等级为丙级的建筑物可不作变形验算，但设计等级为丙级的建筑物有下列情况之一时，仍应作变形验算：

可不作地基变形验算的设计等级为丙级的建筑物范围　　　　表 18-7-3

地基主要受力层情况	地基承载力特征值 f_{ak}（kPa）			$80 \leq f_{ak} < 100$	$100 \leq f_{ak} < 130$	$130 \leq f_{ak} < 160$	$160 \leq f_{ak} < 200$	$200 \leq f_{ak} < 300$
	各土层坡度（%）			≤5	≤10	≤10	≤10	≤10
建筑类型	砌体承重结构、框架结构（层数）			≤5	≤5	≤6	≤6	≤7
	单层排架结构（6m 柱距）	单跨	吊车额定起重量（t）	10~15	15~20	20~30	30~50	50~100
			厂房跨度（m）	≤18	≤24	≤30	≤30	≤30
		多跨	吊车额定起重量（t）	5~10	10~15	15~20	20~30	30~75
			厂房跨度（m）	≤18	≤24	≤30	≤30	≤30

续上表

建筑类型	烟囱	高度（m）	≤40	≤50	≤75		≤100
	水塔	高度（m）	≤20	≤30	≤30		≤30
		容积（m^3）	50~100	100~200	200~300	300~500	500~1 000

注：1.地基主要受力层是指条形基础底面下深度为 $3b$（b为基础底面宽度），独立基础下为$1.5b$，且厚度均不小于 5m 的范围（2 层以下一般的民用建筑除外）。

2.地基主要受力层中如有承载力特征值小于 130kPa 的土层时，表中砌体承重结构的设计，应符合规范的有关要求。

3.表中砌体承重结构和框架结构均指民用建筑，对于工业建筑可按厂房高度、荷载情况折合成与其相当的民用建筑层数。

4.表中吊车额定起重量、烟囱高度和水塔容积的数值均是指最大值。

①地基承载力特征值小于 130kPa，且体形复杂的建筑；

②在基础上及其附近有地面堆载或相邻基础荷载差异较大，可能引起地基产生过大的不均匀沉降时；

③软弱地基上的建筑物存在偏心荷载时；

④相邻建筑距离过近，可能发生倾斜时；

⑤地基内有厚度较大或厚薄不均的填土，其自重固结未完成时。

（4）对经常受水平荷载作用的高层建筑、高耸结构和挡土墙等，以及建造在斜坡上或边坡附近的建筑物和构筑物，尚应验算其稳定性。

（5）基坑工程应进行稳定性验算。

（6）当地下水埋藏较浅，建筑地下室或地下构筑物存在上浮问题时，尚应进行抗浮验算。

（三）地基变形特征及允许值

沉降量、沉降差、倾斜和局部倾斜均称为地基变形特征，如图 18-7-4 所示。

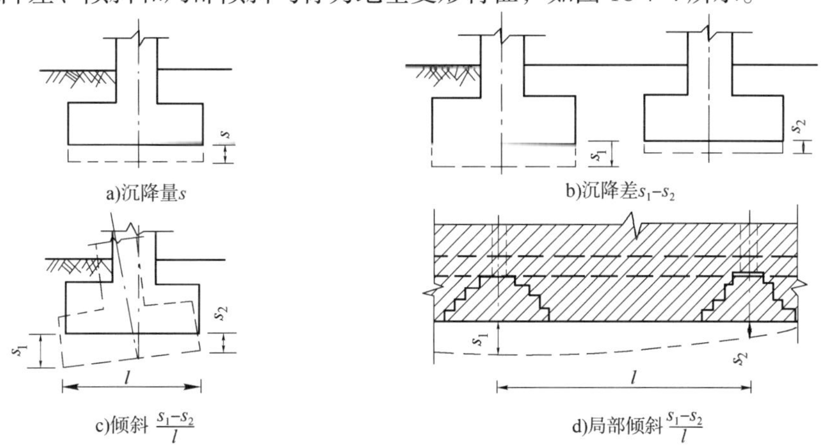

a)沉降量s　b)沉降差s_1-s_2　c)倾斜 $\frac{s_1-s_2}{l}$　d)局部倾斜 $\frac{s_1-s_2}{l}$

图 18-7-4　地基变形特征

沉降量为基础中心点的沉降量。

沉降差为相邻单独基础沉降量的差值。

倾斜为单独基础在倾斜方向两端点的沉降差与其距离的比值。

局部倾斜为砌体承重结构沿纵墙 6~10m 内基础两点的沉降差与其距离之比。

从变形特征上可以看出最基本的变形计算是沉降计算，建筑物的地基变形计算值不应大于地基变形允许值（见表 18-7-4）。不同结构类型、地质条件，其控制变形特征及容许值不同。

建筑物的地基变形允许值　　**表** 18-7-4

变形特征		地基土类别	
		中、低压缩性土	高压缩性土
砌体承重结构基础的局部倾斜		0.002	0.003
工业与民用建筑相邻柱基的沉降差	框架结构	$0.002l$	$0.003l$
	砌体墙填充的边排柱	$0.0007l$	$0.001l$
	当基础不均匀沉降时不产生附加应力的结构	$0.005l$	$0.005l$
单层排架结构（柱距为 6m）柱基的沉降量（mm）		120	200
桥式吊车轨面的倾斜（按不调整轨道考虑）	纵向	0.004	
	横向	0.003	
多层和高层建筑的整体倾斜	$H_g \leqslant 24$	0.004	
	$24 < H_g \leqslant 60$	0.003	
	$60 < H_g \leqslant 100$	0.002 5	
	$H_g > 100$	0.002	
体型简单的高层建筑基础的平均沉降量（mm）		200	
高耸结构基础的倾斜	$H_g \leqslant 20$	0.008	
高耸结构基础的倾斜	$20 < H_g \leqslant 50$	0.006	
	$50 < H_g \leqslant 100$	0.005	
	$100 < H_g \leqslant 150$	0.004	
	$150 < H_g \leqslant 200$	0.003	
	$200 < H_g \leqslant 250$	0.002	
高耸结构基础的沉降量（mm）	$H_g \leqslant 100$	400	
	$100 < H_g \leqslant 200$	300	
	$200 < H_g \leqslant 250$	200	

注：1.本表数值为建筑物地基实际最终变形允许值。

2.有括号者仅适用于中压缩性土。

3.l为相邻柱基的中心距离（mm）；H_g为自室外地面起算的建筑物高度（m）。

4.倾斜指基础倾斜方向两端点的沉降差与其距离的比值。

5.局部倾斜指砌体承重结构沿纵向 6~10m 内基础两点的沉降差与其距离的比值。

在计算地基变形时，应符合下列规定：

（1）由于建筑地基不均匀、荷载差异很大、体型复杂等因素引起的地基变形，对于砌体重结构应由局部倾斜值控制；对于框架结构和单层排架结构应由相邻柱基的沉降差控制；对于多层或高层建筑和高耸结构应由倾斜值控制；必要时尚应控制平均沉降量。

（2）在必要情况下，需要分别预估建筑物在施工期间和使用期间的地基变形值，以便预留建筑有关部分之间的净空，选择连接方法和施工顺序。

建筑物的地基变形允许值应按表 18-7-4 规定采用。对表中未包括的建筑物，其地基变形允许值应根据上部结构对地基变形的适应能力和使用上的要求确定。

（四）地基稳定性计算

（1）地基稳定性可采用圆弧滑动面法进行验算。最危险的滑动面上诸力对滑动中心所产生的抗滑力矩与滑动力矩应符合下式要求。

$$M_R/M_S \geqslant 1.2 \tag{18-7-1}$$

式中：M_S—滑动力矩（kN·m）；

M_R—抗滑力矩（kN·m）。

（2）位于稳定土坡坡顶上的建筑，应符合下列规定。

①对于条形基础或矩形基础，当垂直于坡顶边缘线的基础底面边长小于或等于 3m 时，其基础底面外边缘线至坡顶的水平距离（见图 18-7-5）应符合下式要求，且不得小于 2.5m。

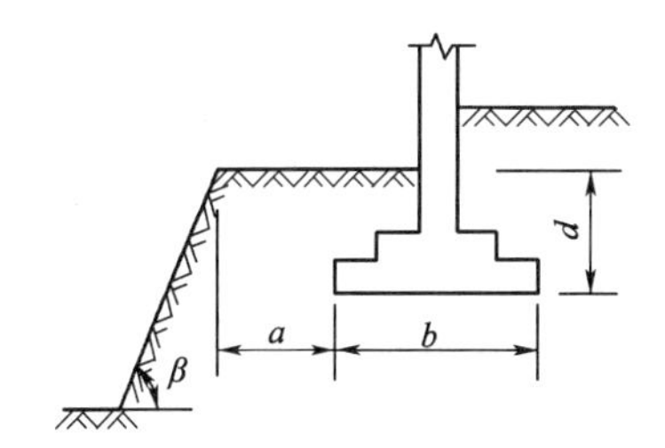

图 18-7-5　基础底面外边缘线至坡顶的水平距离示意图

条形基础

$$a \geqslant 3.5b - \frac{d}{\tan\beta} \tag{18-7-2}$$

矩形基础

$$a \geqslant 2.5b - \frac{d}{\tan\beta} \tag{18-7-3}$$

式中：a—基础底面外边缘线至坡顶的水平距离（m）；

b—垂直于坡顶边缘线的基础底面边长（m）；

d—基础埋置深度（m）；

β—边坡坡角（°）。

②当基础底面外边缘线至坡顶的水平距离不满足式（18-7-2）、式（18-7-3）的要求时，可根据基底平均压力按公式（18-7-1）确定基础距坡顶边缘的距离和基础埋深。

③当边坡坡角大于 45°、坡高大于 8m 时，尚应按式（18-7-1）验算坡体稳定性。

（3）建筑物基础存在浮力作用时应进行抗浮稳定性验算，并应符合下列规定。

①对于简单的浮力作用情况，基础抗浮稳定性应符合下式要求

$$\frac{G_k}{N_{w,k}} \geqslant k_w \tag{18-7-4}$$

式中：G_k—建筑物自重及压重之和（kN）；

$N_{w,k}$—浮力作用值（kN）；

k_w—抗浮稳定安全系数，一般情况下可取 1.05。

②抗浮稳定性不满足设计要求时，可采用增加压重或设置抗浮构件等措施。在整体满足抗浮稳定性

要求而局部不满足时，也可采用增加结构刚度的措施。

五、浅基础的设计步骤

（1）根据就地取材原则，考虑上部结构荷载和地基条件，确定基础形式和埋深。

（2）确定地基承载力特征值并根据其大小初步确定基础底面积，并确定其形状。

（3）剖面设计如下：

①若为刚性基础，需：

根据容许宽高比设计剖面形状及尺寸，同时考虑构造要求。

验算基础顶面或两种材料接触面上的抗压强度。

②若为钢筋混凝土基础，需：

根据构造要求确定剖面尺寸，求内力并进行配筋计算，验算剖面尺寸。

（4）如有软弱下卧层，尚需进行软弱下卧层承载力验算。

（5）根据规定计算地基的变形量，并控制在允许范围内。

（6）绘制基础施工图。

下面将分别叙述有关内容。

（一）基础埋置深度的选择

基础埋置深度的大小，对工程造价、施工技术、工期以及保证建筑物的安全都有密切关系。

（1）基础的埋置深度，应按下列条件确定：

①建筑物的用途，有无地下室、设备基础和地下设施，基础的形式和构造；

②作用在地基上的荷载大小和性质；

③工程地质和水文地质条件；

④相邻建筑物的基础埋深；

⑤地基土冻胀和融陷的影响。

（2）在满足地基稳定和变形要求的前提下，当上层地基的承载力大于下层土时，宜利用上层土作持力层。除岩石地基外，基础埋深不宜小于0.5m。

（3）高层建筑基础的埋置深度应满足地基承载力、变形和稳定性要求。位于岩石地基上的高层建筑，其基础埋深应满足抗滑稳定性要求。

（4）在抗震设防区，除岩石地基外，天然地基上的箱形和筏形基础其埋置深度不宜小于建筑物高度的1/15；桩箱或桩筏基础的埋置深度（不计桩长）不宜小于建筑物高度的1/18。

（5）基础宜埋置在地下水位以上，当必须埋在地下水位以下时，应采取地基土在施工时不受扰动的措施。当基础埋置在易风化的岩层上，施工时应在基坑开挖后立即铺筑垫层。

（6）当存在相邻建筑物时，新建建筑物的基础埋深不宜大于原有建筑基础。当埋深大于原有建筑基础时，两基础间应保持一定净距，其数值应根据建筑荷载大小、基础形式和土质情况确定。

（7）季节性冻土地区基础埋置深度宜大于场地冻结深度。对于深厚季节冻土地区，当建筑基础底面土层为不冻胀、弱冻胀、冻胀土时，基础埋置深度可以小于场地冻结深度，基底允许冻土层最大厚度应根据当地经验确定。没有地区经验时可按《地基规范》附录G查取。此时，基础最小埋深d_{min}可按下式计算：

$$d_{\min} = Z_{\mathrm{d}} - h_{\max} \tag{18-7-5}$$

式中：Z_{d}—场地冻结深度（m）；

$h_{\max}$—基础底面下允许冻土层的最大厚度（m）。

【例 18-7-1】 在保证安全可靠的前提下，浅基础深埋设计时应考虑：

A. 尽量浅埋

B. 尽量埋在地下水位以下

C. 尽量埋在冻结深度以上

D. 尽量采用人工地基

解 浅基础，如条件允许，宜尽量浅埋。

答案： A

（二）根据持力层承载力计算基础底面尺寸

按地基承载力确定基底面积时，传至基础底面上的荷载应按荷载效应标准组合计算；计算土体自重时，荷载分项系数采用 1.0，即按实际的重度计算。

1. 中心荷载作用下的基础

其强度条件为

$$p_{\mathrm{k}} \leqslant f_{\mathrm{a}} \tag{18-7-6}$$

式中：p_{k}—相应于荷载效应标准组合时，基础底面的平均压力值。

（1）独立基础（见图 18-7-6）

基础底面积A的计算公式，据$p_{\mathrm{k}} = (F_{\mathrm{k}} + G_{\mathrm{k}})/A$为

$$A \geqslant \frac{F_{\mathrm{k}}}{f_{\mathrm{a}} - \gamma_{\mathrm{G}}\bar{d}} \tag{18-7-7}$$

式中：F_{k}—相应于作用的标准组合时，上部结构传至基础顶面的竖向力值（kN）；

G_{k}—基础自重和基础上的土重（kN）；

A—基础底面面积（m^2）；

γ_{G}—基础及回填土的平均重度，地下水位以上可取$20\mathrm{kN/m^3}$，地下水位以下可取$10\mathrm{kN/m^3}$；

f_{a}—修正后的地基承载力特征值（kPa）；

$\bar{d}$—基础平均埋深（m）。

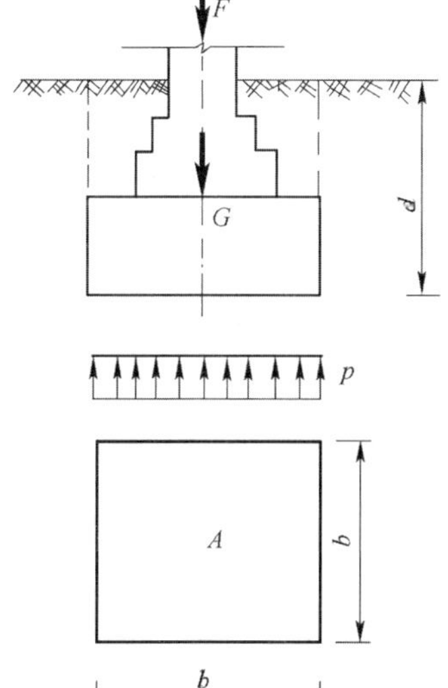

图 18-7-6　中心受压的独立基础

求出基底面积后，按基底形状求其边长。

基底为方形，边长$b = \sqrt{A}$；基底为矩形，边长为l、b，取其比例$l/b \leqslant 2$，与柱的边长比相应为好，取整数，使$l \times b \geqslant A$即可。注意，上述计算中b与f_{a}均为未知，可先不做承载力的宽度修正，待求得b后再进行地基承载力修正，总之是试算过程。

（2）条形基础

计算公式同上，为计算方便，通常取$l = 1\mathrm{m}$。其中，F_{k}为线荷载（kN/m），所求的A在数值上即为基底宽度b。

2. 偏心荷载作用下的基础（见图 18-7-7、图 18-7-8）

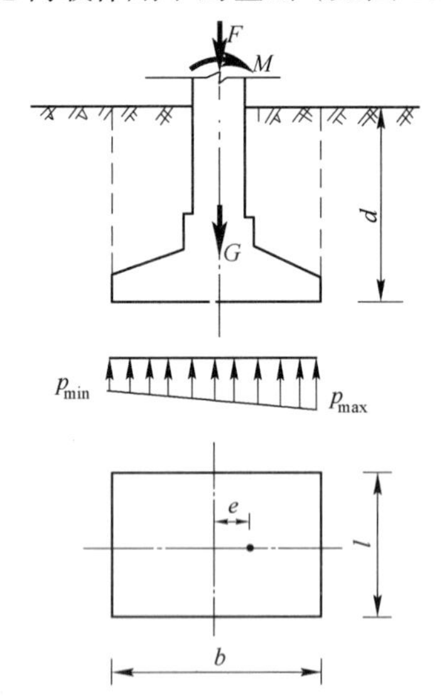

图 18-7-7　单向偏心荷载作用下的基础

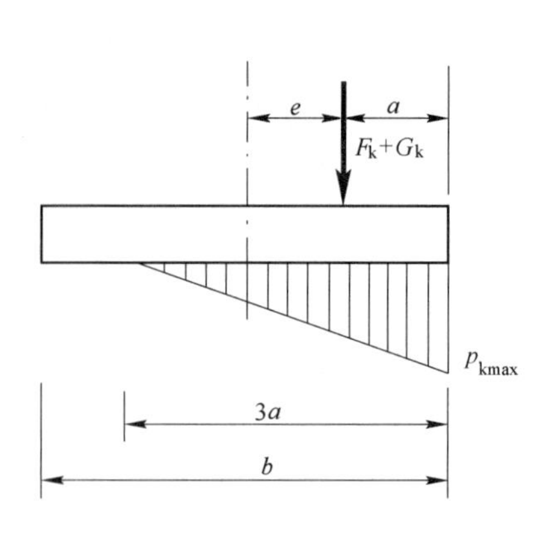

图 18-7-8　偏心荷载（$e>b/6$）下基底压力计算示意图

矩形基础偏心荷载作用时，除应符合公式（18-7-6）要求外，基底最大压力尚应符合下式要求

$$p_{kmax}=\frac{F_k+G_k}{A}+\frac{M_k}{W}\leqslant 1.2f_a \tag{18-7-8}$$

当偏心距$e\leqslant b/6$（b为偏心方向基础底面边长）时

$$p_{kmax}=\frac{F_k+G_k}{A}\left(1+\frac{6e}{b}\right) \tag{18-7-9}$$

当偏心距$e>b/6$时

$$p_{kmax}=\frac{2(F_k+G_k)}{3la} \tag{18-7-10}$$

上述式中：G_k—基础自重和基础上的土重；

M_k—相应于荷载效应标准组合时，作用于基础底面的力矩值；

W—基础底面的抵抗矩（m^3），$W=b^2l/6$；

p_{kmax}—相应于荷载效应标准组合时，基底边缘最大压力值。

l—垂直于力矩作用方向的基础底面边长（m）；

a—合力作用点至基础底面最大压力边缘的距离（m）；

b—力矩作用方向基础底面边长。

用试算法确定基础尺寸，步骤如下：

（1）先按中心荷载作用计算基础底面积A_p。

（2）考虑偏心影响，加大A_p。一般可根据偏心距的大小增大 10%~40%，即

$$A=(1.1\sim 1.4)A_p \tag{18-7-11}$$

对矩形基础可按A初步选择相应的基础底面长度l和宽度b，一般取$l/b=1.2\sim 2.0$。

（3）将l和b代入公式（18-7-9）、式（18-7-10）验算地基承载力。如满足，即可选定上述尺寸，如不满足则重新选择A，据A定l、b，再验算至满足要求为止。

（4）若验算式不仅能满足地基承载力要求且有较大富余时，则应缩小A值后再验算，否则造成浪费。

偏心荷载作用下的条形基础设计同上，只是F_k、M_k均为线荷载，直接可求得基础宽度b。

3. 矩形联合基础

可将其简化为若干集中荷载作用下的刚性板，计算简图如图 18-7-9 所示。设计中应考虑基础具有较好的刚度，并尽可能使荷载合力作用于基础底面形心。设计步骤为：

（1）求荷载合力作用点位置$\bar{x}$（可对某点取矩求得）。

（2）以合力作用点为底面形心，设计底面长度L

$$L = 2(x_A +)\bar{x} = x_A + L_0 + x_B \tag{18-7-12}$$

式中：x_A、x_B—分别为各边柱轴线至其外端基础边缘的距离（m）；

$\bar{x}$—荷载合力作用点距边柱A的距离（m）；

L_0—两边柱轴线间的距离（m）。

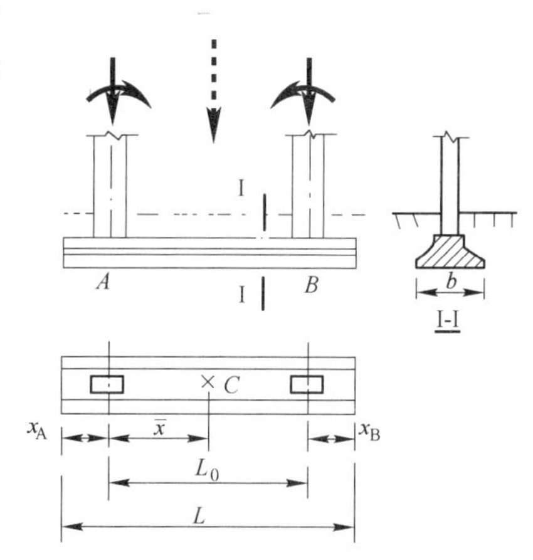

图 18-7-9　矩形联合基础计算简图

根据经验，x_A、x_B可初步选定为0.5m~$L_{边}/3$，其中，$L_{边}$为边端相邻两柱柱距。从A点起算，则初设x_A后，基础长度为$L = 2(x_A + \bar{x})$，$x_B = L - L_0 - x_A$。

考虑构造要求，初设基础宽度b，根据式（18-7-6）验算基底压力p_k，方法同前。

若不满足，则应修改设计，或增大底宽b，或增大长度L，此时应从选定x_A开始重复上述各步骤，直至求得合适的尺寸。

还可根据地基承载力特征值初估基底面积，因此时基底宽度未知，故G_k尚不能计入，则$A > \sum F_k / f_a$。选定A值后，可算得b，然后验算，直至满足。

（3）若条件有限，形心与合力作用点难以重合，则可设计为偏心基础，但应注意，尽量使这两点接近，以减小偏心距。求得基础尺寸后，基底压力按前面的方法验算。公式为

$$p_{max} = \frac{\sum F_k + G_k}{A} + \frac{\sum F_k \cdot e_x}{I_x} \cdot \frac{L}{2} \leqslant 1.2 f_a \tag{18-7-13}$$

式中：e_x—沿柱荷载分布方向的合力偏心距（m）；

I_x—基础惯性矩（m^4），$I_x = bL^3/12$。

（三）软弱下卧层的验算

当地基受力层范围内有软弱下卧层时，还必须对软弱下卧层进行验算，要求作用在软弱下卧层顶面处的附加压力p_z与土的自重压力p_{cz}之和不超过软弱下卧层顶面处经深度修正后的地基承载力特征值f_a，如图 18-7-10 所示，即

$$p_z + p_{cz} \leqslant f_{az} \tag{18-7-14}$$

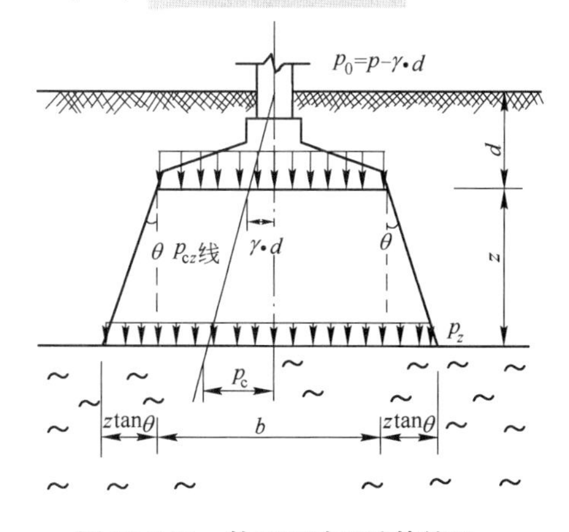

图 18-7-10　软弱下卧层验算简图

当上层土与下卧软弱土层的压缩模量比值不小于 3 时，p_z按下列公式简化计算：

条形基础

$$p_z = \frac{b(p_k - p_c)}{b + 2z\tan\theta} \tag{18-7-15}$$

矩形基础

$$p_z = \frac{lb(p_k - p_c)}{(b + 2z\tan\theta)(l + 2z\tan\theta)} \tag{18-7-16}$$

式中：b—条形基础或矩形基础底面宽度（m）；

p_c—基底处土的自重压力值（kPa）；

z—基础底面至软弱下卧层顶面的距离（m）；

θ—地基压力扩散线与垂直线的夹角，可查规范表采用；

l—矩形基础底面长度（m）。

（四）无筋扩展基础剖面设计

无筋扩展基础使用的脆性材料可为砖、毛石、灰土、三合土、混凝土和毛石混凝土。无筋扩展基础可用于多层的民用建筑和轻型厂房。无筋扩展基础的底面宽度b应符合下式要求（见图 18-7-11），即通常所说的刚性角要求。

$$b \leqslant b_0 + 2H_0 \tan\alpha \qquad (18-7-17)$$

式中：b_0—基础顶面的砌体宽度；

H_0—基础高度；

$\tan\alpha$—基础台阶宽高比的允许值，一般可表示为$b_i/H_i \leqslant \alpha$。

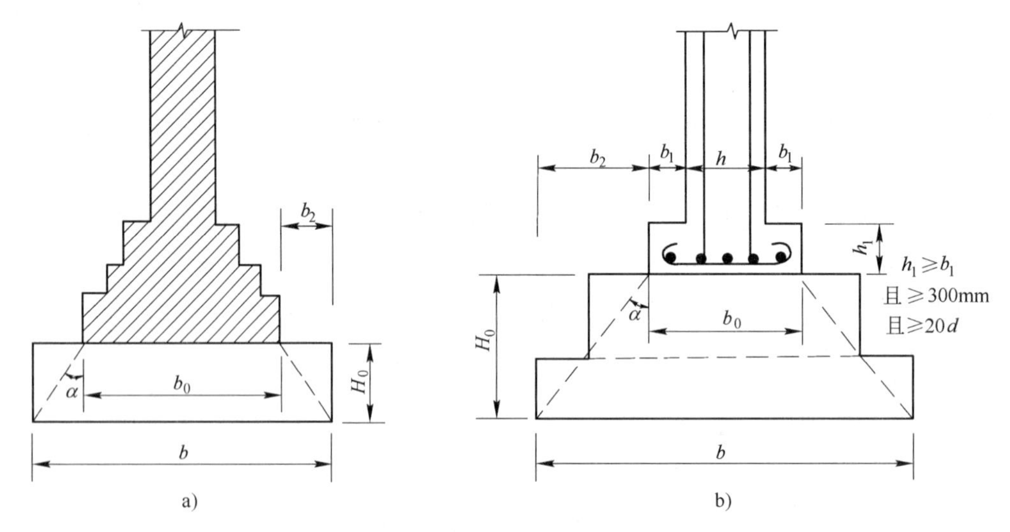

图 18-7-11　无筋扩展基础构造

a）墙下扩展基础；b）柱下扩展基础（d –柱中纵向钢筋直径）

当基础由不同材料叠合组成时，每种材料相应的基础段均应符合上式要求。此值与基础材料及其质量要求和基础底面处的平均压力有关，数值见表 18-7-5，α称为刚性角。

无筋扩展基础台阶宽高比的允许值　　**表** 18-7-5

基 础 材 料	质 量 要 求	台阶宽高比的允许值		
		$p_k \leqslant 100$	$100 < p_k \leqslant 200$	$200 < p_k \leqslant 300$
混凝土基础	C15 混凝土	1 : 1.00	1 : 1.00	1 : 1.25
毛石混凝土基础	C15 混凝土	1 : 1.00	1 : 1.25	1 : 1.50
砖基础	砖不低于 MU10、砂浆不低于 M5	1 : 1.50	1 : 1.50	1 : 1.50
毛石基础	砂浆不低于 M5	1 : 1.25	1 : 1.50	—

续上表

基础材料	质量要求	台阶宽高比的允许值		
		$p_k \leqslant 100$	$100 < p_k \leqslant 200$	$200 < p_k \leqslant 300$
灰土基础	体积比为 3：7 或 2：8 的灰土，其最小干密度： 粉 1.55t 土/m^3 粉质黏土 1.50t/m^3 黏土 1.45t/m^3	1：1.25	1：1.50	—
三合土基础	体积比 1：2：4~1：3：6（石灰：砂：骨料） 每层约需铺 220mm，夯至 150mm	1：1.50	1：2.00	—

注：1.p_k为荷载效应标准组合时基础底面处的平均压力值（kPa）。

2.阶梯形毛石基础的每阶伸出宽度，不宜大于 200mm。

3.当基础由不同材料叠合组成时，应对接触部分作抗压验算。

4.基础底面处的平均压力值超过 300kPa 的混凝土基础，尚应进行抗剪验算。

阶梯形基础的每阶厚度应按不同材料满足相应构造要求。如灰土每步 15cm，最少两步最多三步，砖基础（含大放脚）符合二皮一收、二皮一皮兼收砌筑法，混凝土基础最小台阶厚度为 20cm 等。

采用无筋扩展基础的钢筋混凝土柱，其柱脚高度h_1不得小于b_1，并不应小于 300mm 且不小于$20d$（d为柱中纵向受力钢筋的最大直径）。当柱纵向钢筋在柱脚内的竖向锚固长度不满足锚固要求时，可沿水平方向弯折，弯折后的水平锚固长度不应小于$10d$也不应大于$20d$。

【例 18-7-2】 如果扩展基础的冲切验算不能满足要求，可以采取以下哪种措施？

A. 降低混凝土强度等级　　B. 加大基础底板的配筋

C. 增大基础的高度　　D. 减小基础宽度

解　增大基础高度即增大基础抗冲切面积。

答案： C

【例 18-7-3】 如果无筋扩展基础不能满足刚性角的要求，可以采取以下哪种措施？

A. 增大基础高度　　B. 减小基础高度

C. 减小基础宽度　　D. 减小基础埋深

解　刚性角可用$\tan\alpha = b/h$表示（b为基础挑出墙外宽度，h为基础放宽部分高度），需满足$\alpha < \alpha_{max}$，故当无筋扩展基础不能满足刚性角的要求时，可采取增大基础高度和减小基础挑出宽度来调整α大小，使其满足要求，其代替了抗弯验算。

答案： A

【例 18-7-4】 无筋扩展基础需要验算下面哪一项？

A. 冲切验算　　B. 抗弯验算

C. 斜截面抗剪验算　　D. 刚性角

解　无筋扩展基础即刚性基础，在设计时，基础尺寸如满足刚性角，则基础截面弯曲拉应力和剪应力不超过基础施工材料的强度限值，故不必对基础进行抗弯验算和斜截面抗剪验算，也不必进行抗冲切验算。

答案： D

（五）扩展基础构造及配筋计算

1. 扩展基础的构造要求

（1）锥形基础的边缘高度，不宜小于 200mm；阶梯形基础的每阶高度，宜为 300~500mm。

（2）垫层的厚度不宜小于 70mm，垫层混凝土强度等级应为 C10。

（3）扩展基础底板受力钢筋的最小直径不宜小于 10mm，间距不宜大于 200mm，也不宜小于 100mm。墙下钢筋混凝土条形基础纵向分布钢筋的直径不小于 8mm，间距不大于 300mm，每延米分布钢筋的面积应不小于受力钢筋面积的1/10。当有垫层时钢筋保护层的厚度不小于 40mm，无垫层时不小于 70mm。

（4）混凝土强度等级不应低于 C20。

（5）当柱下钢筋混凝土独立基础的边长和墙下钢筋混凝土条形基础的宽度大于或等于 2.5m 时，底板受力钢筋的长度可取边长或宽度的9/10，并宜交错布置。

（6）钢筋混凝土条形基础底板在 T 形及十字形交接处，底板横向受力钢筋仅沿一个主要受力方向通长布置，另一方向的横向受力钢筋可布置到主要受力方向底板宽度的1/4处。在拐角处底板横向受力钢筋应沿两个方向布置。

钢筋混凝土柱和剪力墙纵向受力钢筋在基础内的锚固长度l_a应根据钢筋在基础内的最小保护层厚度按现行《混凝土规范》的有关规定确定。

现浇柱的基础，其插筋的数量、直径以及钢筋种类应与柱内纵向受力钢筋相同。插筋的锚固长度应满足规范的要求，插筋与柱的纵向受力钢筋的连接方法，应符合现行《混凝土规范》的规定。

预制钢筋混凝土柱与杯口基础的连接要求见《地基规范》第 8.2.4 条。

预制钢筋混凝土柱（包括双支柱）与高杯口基础的连接，应符合相应插入深度及其他相关规范规定。

2. 扩展基础的计算

（1）扩展基础的基础底面积，应按前述方法确定。在条形基础相交处，不应重复计入基础面积。

（2）扩展基础的计算应符合下列规定：

①对柱下独立基础，当冲切破坏锥体落在基础底面以内时，应验算柱与基础交接处以及基础变阶处的受冲切承载力。

②对基础底面短边尺寸小于或等于柱宽加两倍基础有效高度的柱下独立基础，以及墙下条形基础，应验算柱（墙）与基础交接处的基础受剪切承载力。

③基础底板的配筋，应按抗弯计算确定。

④当基础的混凝土强度等级小于柱的混凝土强度等级时，尚应验算柱下基础顶面的局部受压承载力。

（3）对于扩展基础还有其他计算和构造要求（具体内容见规范）：

①柱下独立基础的受冲切承载力的验算。

②当基础底面短边尺寸小于或等于柱宽加两倍基础有效高度时，柱与基础交接处截面受剪承载力验算。

③墙下条形基础底板，墙与基础底板交接处截面受剪承载力验算。

④在轴心荷载或单向偏心荷载作用下，当台阶的宽高比小于或等于 2.5 和偏心距小于或等于1/6基础宽度时，柱下矩形独立基础任意截面的底板弯矩计算。

⑤基础底板配筋计算、最小配筋率及构造要求。

⑥当柱下独立柱基底面长短边之比在大于或等于 2、小于或等于 3 的范围时，基础底板短向钢筋布置方法。

⑦墙下条形基础的受弯计算和配筋要求。

（六）柱下条形基础

1. 柱下条形基础的构造

除满足前述要求外，尚应符合下列规定：

（1）柱下条形基础梁的高度宜为柱距的1/4~1/8。翼板厚度不应小于 200mm，当翼板厚度大于 250mm 时，宜采用变厚度翼板，其坡度不宜大于 1：3。

（2）条形基础的端部宜向外伸出，其长度宜为第一跨距的1/4。

（3）条形基础梁顶部和底部的纵向受力钢筋除满足计算要求外，顶部钢筋按计算配筋全部贯通，底部通长钢筋不应少于底部受力钢筋截面总面积的1/3。

（4）柱下条形基础的混凝土强度等级不应低于 C20。

2. 柱下条形基础的计算

除应符合《地基规范》相关要求外，尚应符合下列规定：

（1）在比较均匀的地基上，上部结构刚度较好，荷载分布较均匀，且条形基础梁的高度不小于1/6 柱距时，地基反力可按直线分布，条形基础梁的内力可按连续梁计算，此时边跨跨中弯矩及第一内支座的弯矩值宜乘以 1.2 的系数。

（2）当不满足本条第一款的要求时，宜按弹性地基梁计算。

（3）对交叉条形基础，交点上的柱荷载，可按静力平衡条件及变形协调条件，进行分配。其内力可按本条上述规定，分别进行计算。

（4）应验算柱边缘处基础梁的受剪承载力。

（5）当存在扭矩时，尚应作抗扭计算。

（6）当条形基础的混凝土强度等级小于柱的混凝土强度等级时，应验算柱下条形基础梁顶面的局部受压承载力。

（七）筏形基础设计简介

筏形基础成片覆盖于建筑物地基上，有面积较大和完整的平面连续性，易于满足软弱地基承载力的要求，减少地基的附加应力和不均匀沉降，能跨越地下浅层小洞穴和局部软弱层；提供比较宽敞的使用空间；可作为水池、油库等的防渗地板；可增强建筑物的整体抗震性能；能适应位于其上的工艺连续作业和设备重新布置的要求等。有地下室或架空地板的筏基还具有一定的补偿性效应。但由于平面面积较大而厚度有限，故抗弯刚度有限，无力调整过大的沉降差异，尤其是对土岩组合地基等软硬明显不均匀的情况，就须局部处理才能适应；由于它的连续性，在局部荷载作用下，既要有抵抗正弯矩的钢筋，也要有抵抗负弯矩的钢筋，还须有一定数量的构造钢筋，因此经济指标较高。

筏板基础可分为等厚度的平板式和肋梁式筏板基础（见图 18-7-12），前者一般在荷载不太大、柱网较均匀且柱距较小的情况下采用。

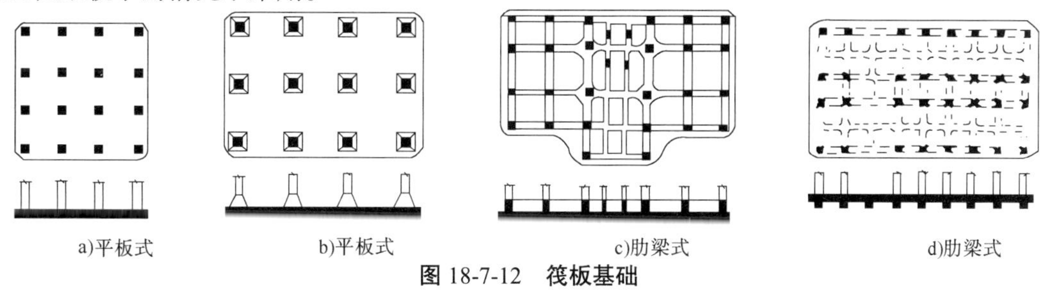

图 18-7-12　筏板基础

（1）筏形基础的平面尺寸，应根据地基土的承载力、上部结构的布置及荷载分布等因素按规范的有关规定确定。对单幢建筑物，在地基土比较均匀的情况下，基础底面形心宜与结构竖向永久荷载重心重合。当不能重合时，在荷载效应准永久组合下，偏心距e宜符合下式要求

$$e \leqslant 0.1W/A \tag{18-7-18}$$

式中：W—与偏心距方向一致的基础底面边缘抵抗矩；

A—基础底面积。

筏形基础的混凝土强度等级不应低于C30。当有地下室时应采用防水混凝土，防水混凝土的抗渗等级应根据地下水的最大水头与防渗混凝土厚度的比值，按现行《地下工程防水技术规范》（GB 50108—2008）选用，但不应小于0.6MPa，必要时宜设架空排水层。

采用筏形基础的地下室，地下室钢筋混凝土外墙厚度不应小于250mm，内墙厚度不应小于200mm。墙的截面设计除满足承载力要求外，尚应考虑变形、抗裂及防渗等要求。墙体内应设置双面钢筋，竖向和水平钢筋的直径不应小于12mm，间距不应大于300mm。

（2）梁板式筏基底板除计算正截面抗弯承载力外，其厚度尚应满足抗冲切承载力、抗剪切承载力的要求。对12层以上建筑的梁板式筏基，其底板厚度与最大双向板格的短边净跨之比不应小于1/14，且板厚不应小于400mm。

地下室底层柱、剪力墙与梁板式筏基的基础梁连接的构造应符合下列要求：

①柱、墙的边缘至基础梁边缘的距离不应小于50mm；

②当交叉基础梁的宽度小于柱截面的边长时，交叉基础梁连接处应设置八字角，柱角与八字角之间的净距不宜小于50mm；

③单向基础梁与柱的连接，基础梁与剪力墙的连接，可参见相关规范。

（3）平板式筏基的板厚应满足抗冲切承载力的要求。计算时应考虑作用在冲切临界面重心上的不平衡弯矩产生的附加剪力。平板式筏基内筒下的板厚应满足抗冲切承载力的要求，平板式筏板除满足抗冲切承载力外，尚应验算距内筒边缘或柱边缘处筏板的抗剪承载力。

当筏板变厚度时，尚应验算变厚度处筏板的抗剪承载力。

当筏板的厚度大于2 000mm时，宜在板厚中间部位设置直径不小于12mm、间距不大于300mm的双向钢筋网。

（4）当地基土比较均匀、上部结构刚度较好、梁板式筏基梁的高跨比或平板式筏基板的厚跨比不小于1/6，且相邻柱荷载及柱间距的变化不超过20%时，筏形基础可仅考虑局部弯曲作用。筏形基础的内力，可按基底反力直线分布进行计算，计算时基底反力应扣除底板自重及其上填土的自重。当不满足上述要求时，筏基内力应按弹性地基梁板的方法进行分析计算。

有抗震设防要求时，对无地下室且抗震等级为一、二级的框架结构，基础梁除满足抗震构造要求外，计算时尚应将柱根组合的弯矩设计值分别乘以1.5和1.25的增大系数。

对于矩形筏板基础，基底反力可按下列偏心受压公式进行简化计算（见图18-7-13）

$$p_{\mathrm{kmax}}、p_{\mathrm{kmin}}、p_{\mathrm{k1}}、p_{\mathrm{k2}} = \frac{\sum F_{\mathrm{k}} + G_{\mathrm{k}}}{lb}\left(1 \pm \frac{6e_x}{l} \pm \frac{6e_y}{b}\right) \tag{18-7-19}$$

式中：p_{kmax}、p_{kmin}、p_{k1}、p_{k2}—分别为按荷载效应标准组合时，基底四个角的压力值（kPa）；

$\sum F_{\mathrm{k}}$—按荷载效应标准组合时，传至筏板上的总竖向力值（kN）；

G_k—基础自重和基础上的土重（kN），$G_k = \gamma_G \bar{d} lb$（地下水位以上$\gamma_G = 20\text{kN/m}^3$，地下水位以下$\gamma_G = 10\text{kN/m}^3$）；

l、b—分别为筏板基础底面长与宽（m）；

$\bar{d}$—筏板基础的平均埋置深度（m）；

e_x、e_y—分别为上部结构荷载在x、y方向对基底形心的偏心距（x轴、y轴的原点通过基底形心）；

$$e_x = \frac{M_{ky}}{\sum F_k + G_k}，\ e_y = \frac{M_{kx}}{\sum F_k + G_k} \tag{18-7-20}$$

M_{kx}、M_{ky}—分别为按荷载效应标准组合时，作用于基础底面对x轴、y轴的力矩值（kN·m）。

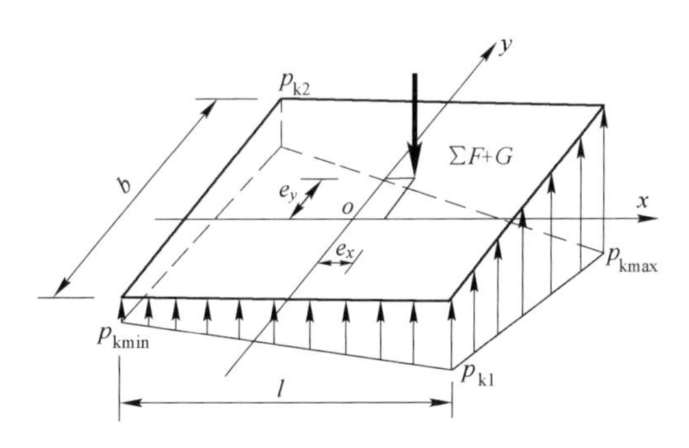

图 18-7-13　基底反力简化计算

确定筏基底面积时，同样要求满足

$$p_k = \frac{\sum F_k + G_k}{lb} \leqslant f_a$$

与

$$p_{kmax} \leqslant 1.2 f_a$$

按基底反力直线分布计算的梁板式筏基，其基础梁的内力可按连续梁分析，边跨跨中弯矩以及第一内支座的弯矩值宜乘以 1.2 的系数。梁板式筏基的底板和基础梁的配筋除满足计算要求外，纵横方向的底部钢筋尚应有1/2~1/3贯通全跨，且其配筋率不应小于 0.15%，顶部钢筋按计算配筋全部连通。

按基底反力直线分布计算的平板式筏基，可按柱下板带和跨中板带分别进行内力分析。柱下板带中，柱宽及其两侧各1/2板厚且不大于1/4板跨的有效宽度范围内，其钢筋配置量不应小于柱下板带钢筋数量的一半，且应能承受部分不平衡弯矩$\alpha_m M_{unb}$。M_{unb}为作用在冲切临界截面重心上的不平衡弯矩，α_m为分配系数。

梁板式筏基的基础梁除满足正截面抗弯及斜截面抗剪承载力外，尚应按现行《混凝土规范》的有关规定验算底层柱下基础梁顶面的局部抗压承载力。

筏板与地下室外墙的接缝、地下室外墙沿高度处的水平接缝应严格按施工缝的要求施工，必要时可设通长止水带。

高层建筑筏形基础与裙房基础之间的构造要求可参见《地基规范》。

（八）箱形基础设计简介

箱基在构造上要求平面形状简单，通常为矩形（见图 18-7-14）。基底的形心宜与结构竖向永久荷载重心重合，当不能重合时，在荷载效应准永久组合下，偏心距不宜大于$0.1W/A$，式中，W为基底的抵抗矩，A为基底面积。

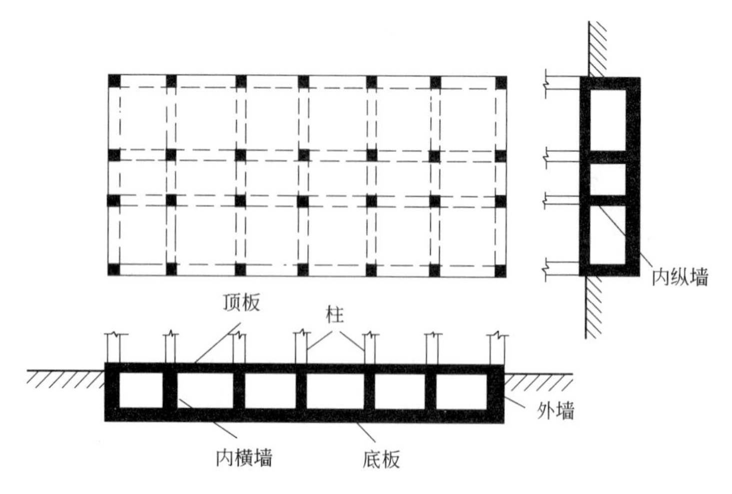

图 18-7-14　**箱形基础**

箱基宽阔的基础底面使地基受力层范围大为扩大，较大的埋置深度（$d \geqslant 3\text{m}$）和中空的结构形式使开挖卸去的土重抵偿了上部结构传来的分布荷载在地基中引起的附加应力（补偿效应），所以，与一般实体基础（扩展基础和柱下条形基础）相比，它能显著提高地基稳定性、减小基础沉降量。箱基形成的地下室可以提供多种使用功能。但由于内墙分隔，导致其不如筏基那样可以提供能充分利用的地下空间。

1. 构造要求

箱基从底板底面到顶板顶面的高度应满足结构承载力、整体刚度和使用功能的要求，一般可取建筑物高度的$1/12 \sim 1/8$，也不宜小于箱基长度的$1/8$，并应不小于 3.0m。

箱基埋置深度，一方面应满足建筑物对地基承载力、基础的倾覆和滑移稳定性以及建筑物整体倾斜的要求；另一方面也受深基坑开挖极限深度、降水的可能性，以及对邻近建筑物影响等因素的制约，一般可取等于箱基的高度，在地震区不宜小于建筑物高度的$1/10$。

箱基的平面尺寸应根据地基承载力、地基变形允许值以及上部结构的布局和荷载分布等条件确定。平面形状应力求简单，以便获得较好的整体刚度。必要时可调整箱基的平面尺寸或仅调整箱形基础的底板外伸尺寸以满足偏心距要求。

箱基顶、底板及墙身的厚度应根据受力情况、整体刚度及防水要求确定。一般底板及外墙的厚度不小于 250mm，内墙厚度不小于 200mm，底板厚度不小于 50mm，顶板厚度不小于 150mm。顶、底板厚度应满足剪切验算要求，底板尚应满足冲切验算要求。顶、底板及墙身的钢筋一般按双向、双面分离布置。墙体横、竖向钢筋直径不宜小于 10mm，间距不宜大于 200mm。除上部为剪力墙外，内、外墙的墙顶处宜配置两根直径不小于 20mm 的钢筋。

箱基外墙沿建筑物四周布置，内墙一般沿上部结构柱网和剪力墙的位置纵横均匀布置。平均每平方米箱基面积上的墙体长度不小于 0.4m。墙体的水平截面积不小于箱基面积的$1/10$，其中纵墙配置量不小于总配置量的$3/5$。门洞应尽可能开设在柱间中部，其面积不宜大于柱距之间的墙体面积的 16%，洞口四周应加强配筋。箱基长度大于 40m 时，要设置施工缝。

箱基大多埋置于地下水位以下，其外围多采用柔性卷材防水和防渗混凝土刚性防水方案，混凝土强度等级不应低于 C20。

当箱基埋置于地下水位以下时，要重视施工阶段中的抗浮稳定性。一般采用井点降水法，使地下水位维持在基底以下以利施工。在箱基封完底让地下水位回升前，上部结构应有足够的重量，保证抗浮稳定系数不小于 1.2，否则应另拟抗浮方案。此外，底板及外墙要采取可靠的防渗措施。

2. 内力计算

箱基的内力分析，应根据上部结构整体刚度的强弱选择不同的计算方法。

（1）整体弯曲方案（或称整体+局部方案）

当上部结构为框架（或框剪）体系时，与刚度很大的箱基相比，其刚度不太大，属于敏感性结构。箱形基础内力应同时考虑整体弯曲及局部弯曲作用。对于天然地基上 8~20 层或建筑物高度不超过 60m 的钢筋混凝土框架结构的箱形基础，基础底面为矩形，地基土一般为第四纪黏性土及软土，《高层建筑箱形与筏形基础技术规范》（JGJ 6）提供了地基反力系数，可以简化地基反力的计算，计算所得局部弯曲的弯矩应乘以 0.8 的折减系数。计算所得整体弯曲的弯矩，在考虑上部结构与箱形基础共同作用后，约折减3/4。

（2）局部弯曲方案

当上部结构基本上为现浇剪力墙（筒）体系时，箱基几乎无异于带筏板基础的一个地下层。由于整个建筑物的刚度巨大，箱基的内、外墙便成了顶板和底板的可靠支座，基础顶板和底板按局部弯曲计算，顶部按实际荷载、底板按均布基底反力分析。考虑到整体弯曲的影响，钢筋配置量除应符合计算要求外，纵横方向支座钢筋尚应分别有 0.15%、0.10%的配筋率连通配置，跨中钢筋按实际配筋率全部连通。

六、减轻不均匀沉降的措施

（一）建筑措施

（1）在满足使用和其他要求的前提下，建筑体型应力求简单，高差不宜过大。当建筑体型比较复杂时，应根据其平面形状和高度差异情况，在适当部位用沉降缝将其划分成若干个刚度较好的单元；当刚度差异或荷载差异较大时，可将两者隔开一定距离；当拉开距离后的两单元必须连接时，应采用能自由沉降的连接构造。

（2）建筑物的下列部位宜设置沉降缝：

①建筑平面的转折部位；

②高度或荷载差异处；

③长高比过大的砌体承重结构或钢筋混凝土框架结构的适当部位；

④地基土的压缩性有显著差异处；

⑤建筑结构或基础类型不同处；

⑥分期建造房屋的交界处。

沉降缝应有足够的宽度，数值可查《地基规范》，缝内一般不填塞材料。

（3）相邻建筑物基础间保持一定净距数值可查《地基规范》。建造在软弱地基上的建筑物，应将高低悬殊部分（或新老建筑物）拉开一定距离。

（4）相邻高耸结构或对倾斜要求严格的建筑物的外墙间隔距离，应根据倾斜允许值计算确定。

（5）调整建筑物的某些标高。建筑物各组成部分的标高，应根据可能产生的不均匀沉降采取以下措施：室内地坪和地下设施的标高，应根据预估沉降量予以提高；当建筑物各部分（或设备之间）有联系时，可提高沉降较大者的标高；建筑物与设备之间，应备有足够的净空；当建筑物有管道穿过时，应预留足够尺寸的孔洞，或采用柔性的管道接头。

（二）结构措施

（1）减小建筑物沉降和不均匀沉降。选用轻型结构，减轻墙体自重，采用架空地板代替室内回填土；设置地下室或半地下室；采用覆土少、自重轻的基础形式；调整各部分的荷载分布、基础宽度或埋置深度；对不均匀沉降要求严格的建筑物，可减小基底压力。

（2）加强基础整体刚度。对于建筑体型复杂、荷载差异较大的框架结构，可采用箱基、桩基、筏基等，以减少不均匀沉降。

（3）对于砌体承重结构的房屋，宜采用下列措施增强其上部结构的整体刚度和强度：

①对于三层和三层以上的房屋，其长高比宜小于或等于 2.5，当长高比小于或等于 3 且大于 2.5 时，宜做到纵墙不转折或少转折，并应控制其内横墙间距或增强基础刚度和强度。当房屋的预估最大沉降量不大于 120mm 时，其长高比可不受限制。

②墙体内宜设置钢筋混凝土圈梁或钢筋砖圈梁。

③在墙体上开洞时，宜在开洞部位配筋或采用构造柱及圈梁加强。

（4）圈梁应按下列要求设置：

①在多层房屋的基础和顶层处宜各设置一道，其他各层可隔层设置，必要时也可层层设置。单层厂房、仓库可结合基础梁、连系梁、过梁等酌情设置。

②圈梁应设置在外墙、内纵墙和主要横墙上，并宜在平面内连成封闭系统。

从抗震方面对多层砖砌体结构房屋圈梁的相关规定，详见《建筑抗震设计规范（附条文说明）》（GB 50011—2010）（2016 年版）。

（三）施工措施

（1）基坑开挖时，不要扰动基底土的原状结构，通常在坑底保留 200mm 厚的土层，待垫层施工时再铲除。如发现坑底土已被扰动，应将已扰动的土挖去，并用砂、碎石回填夯实。

（2）当建筑物存在高低或轻重不同部分时，一般应先施工高层或重的部分，后建低层或轻的部分。如在高低层之间使用连接体时，应最后修建连接体。

【例 18-7-5】 下面哪种措施有利于减轻不均匀沉降的危害？

A. 建筑物采用较大的长高比　　B. 复杂的建筑物平面形状设计

C. 增强上部结构的整体刚度　　D. 增大相邻建筑物的高差

解　增强建筑物上部结构的整体刚度有利于减轻不均匀沉降的危害。选项 A、B、D 都不利于减轻不均匀沉降的危害。

答案：C

【例 18-7-6】 对于建筑体型复杂荷载的结构，减小基础底面的沉降的措施不包括：

A. 采用箱基　　B. 柱下条形基础　　C. 采用筏基　　D. 单独基础

解　对于建筑体型复杂、荷载差异较大的结构，可采用柱下条形基础、筏基及箱基等基础，以减小不均匀沉降。

答案：D

七、地基、基础及上部结构共同工作的初步概念

目前的地基基础设计方法是力学分析中的隔离体法，即将上部结构、基础、地基分别按隔离体对待。上部结构与基础接触处的内力作为外荷载（一般称为支座反力），作用于上部结构或基础上（方向相反），基础与地基接触面处的内力也作为外荷载（一般称为地基反力），作用于基础上或地基上（方向相反）。支座反力视基础与上部结构的连接方式可按铰接或固定支座求解，地基反力一般按简化直线

分布法计算。

这种实用的解法存在着弊病，即各部分接触面处不一定满足变形协调条件。

实际上，地基、基础与上部结构是共同工作，只因影响因素多，还未有成熟方法从理论上将它们作为一个整体来计算。现简单分析一下它们的相互关系。

（一）上部结构刚度与基础受力的关系

任何结构都具有一定的刚度，同样，基础作为一种结构也具有刚度。上部结构的刚度大小，决定了它对不均匀沉降引起的附加应力的敏感性。刚度越大，敏感性越大（不均匀沉降引起较大附加应力的结构称敏感性结构），对不均匀沉降的适应性越小。上部结构刚度与基础刚度之比对地基的受力及变形影响在梁板式基础中尤显重要。上部结构与基础刚度之比（相对刚度）越大，对地基受力和变形的调整能力越强，地基的变形越趋于均匀。

当然，实际工程中不存在绝对刚性（柔性）结构，只能定性地判断其更接近于哪种状态，如高炉、烟囱等整体构筑物可以认为是绝对刚性的，剪力墙体系的高层建筑接近绝对刚性，而单层排架和静定结构是接近绝对柔性的。在基础设计时，应考虑上部结构的刚度影响，恰当选择上部结构类型以适应地基变形，并满足基础强度要求。

（二）地基条件对基础受力的影响

地基条件的变化，将引起基础挠曲形态的变化。实际工程可能基础与荷载均相同，地基条件不同。如地基为中部硬，两边软，基础呈凸状挠曲；如果相反，地基中软，两边硬，则基础呈凹状挠曲。地基的压缩性均匀与否，直接影响着基础的受力和变形。因此，基础设计时必须充分考虑地基条件，尽量避开不均匀的地基。

（三）上部荷载对基础受力的影响

上部荷载的大小与分布，对基础受力状况有直接的影响，它们与地基条件的搭配是否合理，更会使这种影响扩大，应尽力使荷载大小分布与地基强度大小相对应。

实践中，共同工作问题绝非如此直观、简单，此处仅供初步建立概念而已。

习　题

18-7-1　框架结构地基变形的主要特征是（　　）。

A. 沉降量　B. 沉降差　C. 倾斜　D. 局部倾斜

18-7-2　当基础需要浅埋，而基底面积又受限时，应选用的刚性基础是（　　）。

A. 混凝土基础　B. 毛石基础　C. 砖基础　D. 钢筋混凝土基础

18-7-3　设计有吊车的厂房柱基础时，为防止基础过分倾斜，偏心距e应控制在（　　）。（注：以下式中b为偏心方向边长）

A. $e < b/2$　B. $e < b/4$　C. $e < b/6$　D. $e < b/8$

18-7-4　新建建筑物基础与原有相邻建筑物基础间的净距L与两基底标高差ΔH的关系是（　　）。

A. $L = (0.5{\sim}1)\Delta H$　B. $L = (1{\sim}2)\Delta H$

C. $L \geqslant (1{\sim}2)\Delta H$　D. $L \geqslant 2\Delta H$

18-7-5　基础的最小埋深$d_{\min}$允许残留冻土层最大厚度$h_{\max}$与设计冻深z_{d}的关系是（　　）。

A. $d_{\min} = z_{\mathrm{d}}$　B. $d_{\min} = z_{\mathrm{d}} + h_{\max}$

C. $d_{\min} = z_{\mathrm{d}} - h_{\max}$　D. $d_{\min} = h_{\max} - z_{\mathrm{d}}$

18-7-6　柱下条形基础端部宜向外伸出，其长度宜为第一跨距的（　　）。

A. 1/3　　B. 1/2　　C. 1/4　　D. 1/5

18-7-7　当建筑物长度较大时设置沉降缝，其作用是（　　）。

A. 减少地基不均匀沉降的结构措施　　B. 减少地基不均匀沉降的施工措施

C. 减少地基不均匀沉降的建筑措施　　D. 减少地基不均匀沉降的构造措施

18-7-8　地基、基础与上部结构共同工作是指三者之间应满足（　　）。

A. 静力平衡条件　　B. 动力平衡条件

C. 变形协调条件　　D. 静力平衡和变形协调条件

18-7-9　当拟建的相邻建筑物之间高低、埋深悬殊时，合理的施工顺序为（　　）。

A. 先高后低，先深后浅　　B. 先高后低，先浅后深

C. 先低后高，先深后浅　　D. 先低后高，先浅后深

第八节　深　基　础

一、深基础类型

高层或重型建筑物荷载较大，浅层地基的强度及变形均不能满足设计要求，必须利用深层地基土作为持力层，此时应采用深基础。其中普遍采用的是桩基础，将在以下详述，尚有其他几种类型，因使用范围有限仅作简介。

（一）桩箱（筏）复合基础

采用摩擦群桩与箱基（或筏基）共同承受建筑物荷载的基础，称之为桩箱（或筏桩）基础。它具备两种基础的功能，是复合式基础。

竖向荷载主要由桩承担，桩与箱基底板（或筏板）的嵌固，应符合桩与承台连接的要求。

桩箱（筏桩）基础的布桩方式可分为均匀布桩，在箱基的纵、横墙下布桩，根据基底压力图疏密不均布桩以及按复合地基的要求布桩等。

在地下室底板下设桩时，应根据不同土层特性，考虑复合基础的受力。

（1）桩全部打入压缩性黏土层中。基坑开挖因卸载而膨胀，又由于打桩而隆起。要先清除隆起的土层，再浇注底板混凝土。以后，隆起土壤将下塌，底板下面和土壤表面空隙增大，底板所受的压力就是浇注时土壤的膨胀压力。

如果先将灌注桩做到底板底面处，然后开挖，基底在未充分膨胀之前就立即修建底板，则底板既要承受上部荷载产生的压力，又要承受基底土膨胀时的上托力（相当于恒载的1/2）。

（2）在含水的土层中，桩承受的净荷载，应按常规计算后再减去地下水对底板的浮力。

（3）打入桩支承在基岩上时，会引起如前所述的隆起，如在打桩后不久就浇注底板，待隆起的基土逐渐沉落后，底板下将出现永久性缝隙难以消除。如采用挖孔灌注桩，由于基土的长时间膨胀（在桩上加载是逐渐的），会连同桩体一起上托，使桩底离开基岩面。

（4）穿过软黏土而进入硬黏土的桩，其受力情况介于（1）、（3）两种情况之间。硬黏土层的沉降量较小，软黏土层开始隆起，随着孔隙水压力的消散而沉降，基土离开底面而出现缝隙。

（5）在松砂中的桩，不会由于开挖引起基土的膨胀，在成桩过程中松砂还会有一定下沉致密作用，因此对底板的土压力会很小，主要是静水压力。

虎柏（Hooper）经测试，得出结论，施工结束时大厦荷载的60%由桩支承，40%由筏基底板支承，经过3年后，又有6%的荷载传递给桩，以后荷载将缓慢地全部由桩承受。

（二）沉井基础

在旧房改建加固工程中，由于周围建筑密集，不能采用大开挖，又无条件选用地下连续墙时，可采用开口沉井方案。开口沉井由井壁、凹槽和刃脚等部分组成，其构造如图18-8-1所示。

沉井的平面形状有圆形、椭圆形、方形等，还可分为单孔、双孔和多孔等类型。

沉井井壁可分为竖直的、台阶形的、斜坡形的等几种类型。

旱地下沉沉井的施工过程：制作第一节沉井，抽垫木，挖土下沉，接高沉井，达设计标高后封底并浇筑钢筋混凝土底板，如图18-8-2所示。

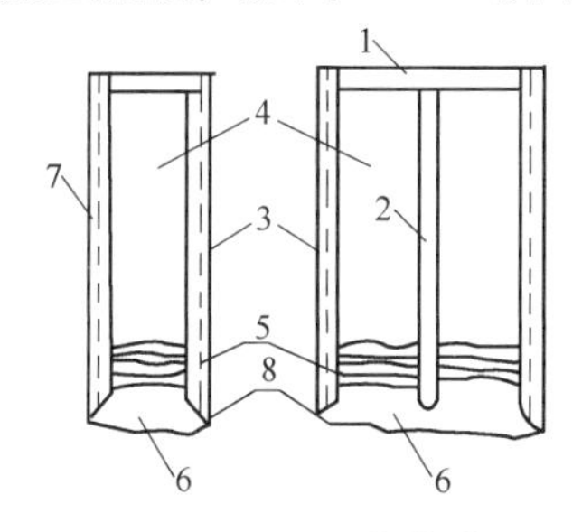

图 18-8-1　沉井构造

1-顶板；2-隔墙；3-井壁；4-井孔；5-凹槽；
6-封底混凝土；7-射水管；8-刃脚

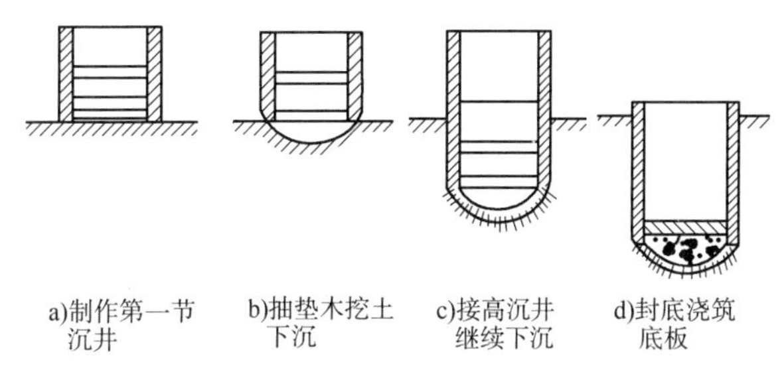

图 18-8-2　沉井下沉施工过程

（三）地下连续墙

基坑开挖施工时，地下连续墙可作为支护结构，施工后也可作为承重结构，支承上部荷载。

地下连续墙适用于各种土质和各种场地，施工时无振动，无噪声，不必放坡，不必支撑；特别是在建筑物拥挤地区，能在确保相邻建筑安全的情况下进行施工，综合经济效果好。

地下连续墙厚度一般为450~600mm，长度可根据工程需要而定，每段槽孔长度约为6~8m，深度可达20~30m，为防止坍孔，施工时要向槽内灌注膨润土泥浆。

地下连续墙每槽段的连接可用接头管法、接头箱法、钢板接头法及隔板式接头法等方法。

（四）深基坑的支护工程

深基坑的开挖和支护是整个建筑工程的重要组成部分，其造价、工期在整个工程中占有很大比例。

作为支护结构，除了打入式钢板桩（或钢筋混凝土桩）之外，目前最常用的是挖（钻）孔灌注桩、深层搅拌桩、地下连续墙等。板桩或灌注桩再配合土锚杆及拉杆，可以有效地支护基坑边坡。此外，还可与坑内外的降水技术和信息化施工的监测系统配合起来，这是一整套深基坑支护技术，从计算到监测均有待于进一步探讨以确保质量，降低造价。

二、桩与桩基础分类

（一）桩的作用

在房屋结构、道路桥梁以及码头护岸工程中广泛采用桩基础，随着高层建筑的大量修建，单桩承载力不断提高，大直径扩底桩墩基础方兴未艾。为了节约耕地，尽量利用各类软弱地基，桩基础也是一种主要手段。

桩基础是由多根设置在土中的桩和承接上部结构的承台组成，随着大直径桩墩基础的应用，也出现了不要承台的一柱一墩（桩）基础。

通常，桩的作用有以下几种：

（1）把上部结构的垂直荷载和水平荷载传到地基中的持力层，同时又是抗地震液化的重要措施。

（2）抵抗上拔力和倾覆力。例如，地下水位以下的筏基或箱基受上浮力的作用，各种塔架如输电线路转角铁塔、电视广播发射塔、雷达天线架等均承受倾覆力。

（3）对打入桩（预制桩）可通过打桩振动挤密松软的地基土。

（4）扩展式基础、箱基、筏基等基础的持力层土质不太好，或者下卧层有高压缩性土，采用桩基可以控制沉降。

（5）可以提高机器设备基础下的地基刚度，从而控制振动的振幅和系统的自振频率。

（6）如果桥墩有潜在冲刷的危险，采用桩基并深入冲刷线以下，可以提高安全度。

（二）桩基础分类及构造

1. 桩的分类

根据桩的受力、材料和施工方法的不同，可将其分为多种类型，如图 18-8-3 所示。

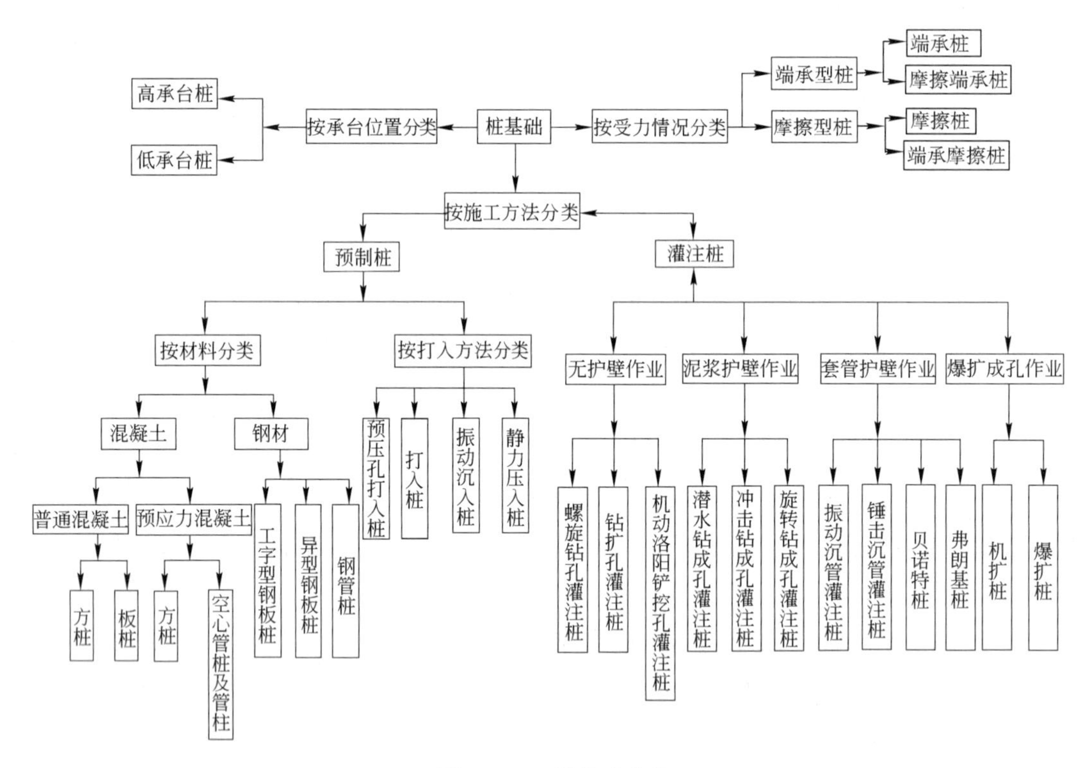

图 18-8-3　桩基础分类

根据桩的受力情况，可分为摩擦型桩和端承型桩，如图 18-8-4 所示。

根据桩的成桩方式，将用压入、振动或打入预制桩的成桩方式成的桩，称作不排土桩或挤土桩；将先成孔、后灌注混凝土的桩，称为排土桩或非挤土桩。

摩擦型桩分为摩擦桩和端承摩擦桩。摩擦桩是指在竖向极限荷载作用下，桩顶荷载全部由桩侧阻力承受的桩，而桩顶荷载主要由桩侧阻力承受的桩称为端承摩擦桩。设置于深厚的软弱土层中，无较硬的土层作为桩端持力层或桩端持力层虽然较坚硬但桩的长径比l/d很大的桩，可视为摩擦桩。

端承型桩分为端承桩和摩擦端承桩。端承桩是指在竖向极限荷载作用下，桩顶荷载全部由桩端阻力承受的桩，而桩顶荷载主要由桩端阻力承受的桩称为摩擦端承桩。一般长径比$l/d<10$，桩身穿越软弱土层，桩端设置于密实砂层、碎石类土层、中等风化及微风化岩层中的桩，均可视为端承桩。

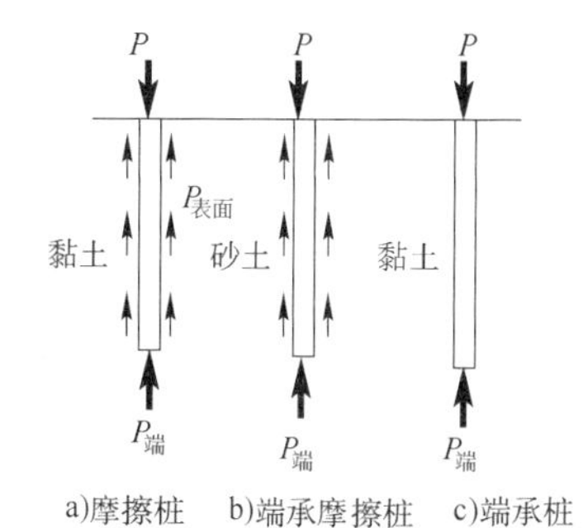

图 18-8-4 按桩的受力情况分类

2. 桩基设计应符合的规定

（1）所有桩基均应进行承载力和桩身强度计算。对预制桩，尚应进行运输、吊装和锤击等过程中的强度和抗裂验算。

（2）桩基础沉降验算应符合《地基规范》相关规定。

（3）桩基础的抗震承载力验算应符合现行国家标准《抗震规范》的有关规定。

（4）桩基宜选用中、低压缩性土层作桩端持力层。

（5）同一结构单元内的桩基，不宜选用压缩性差异较大的土层作桩端持力层，不宜采用部分摩擦桩和部分端承桩。

（6）由于欠固结软土、湿陷性土和场地填土的固结，场地大面积堆载、降低地下水位等原因，引起桩周的沉降大于桩的沉降时，应考虑桩侧负摩擦力对桩基承载力和沉降的影响；

（7）对位于坡地、岸边的桩基，应进行桩基的整体稳定验算。桩基应与边坡工程统一规划，同步设计；

（8）岩溶地区的桩基，当岩溶上覆土层的稳定性有保证，且桩端持力层承载力及厚度满足要求，可利用上覆土层作为桩端持力层。当必须采用嵌岩桩时，应对岩溶进行施工勘察；

（9）应考虑桩基施工中挤土效应对桩基及周边环境的影响；在深厚饱和软土中不宜采用大片密集有挤土效应的桩基；

（10）应考虑深基坑开挖中，坑底土回弹隆起对桩身受力及桩承载力的影响；

（11）桩基设计时，应结合地区经验考虑桩、土、承台的共同工作；

（12）在承台及地下室周围的回填中，应满足填土密实度要求。

3. 桩和桩基的构造应符合的规定

（1）摩擦型桩的中心距不宜小于桩身直径的 3 倍：扩底灌注桩的中心距不宜小于扩底直径的 1.5 倍，当扩底直径大于 2m 时，桩端净距不宜小于 1m。在确定桩距时尚应考虑施工工艺中挤土等效应对邻近桩的影响。

（2）扩底灌注桩的扩底直径，不应大于桩身直径的 3 倍。

（3）桩底进入持力层的深度，根据地质条件、荷载及施工工艺确定，宜为桩身直径的 1~3 倍。在确定桩底进入持力层深度时，尚应考虑特殊土、岩溶以及震陷液化等影响。嵌岩灌注桩周边嵌入完整和较完整的未风化、微风化、中风化硬质岩体的最小深度，不宜小于 0.5m。

（4）布置桩位时宜使桩基承载力合力点与竖向永久荷载合力作用点重合。

（5）设计使用年限不少于 50 年时，非腐蚀环境中预制桩的混凝土强度等级不应低于 C30，预应力桩不应低于 C40，灌注桩的混凝土强度等级不应低于 C25；二类环境及三类、四类、五类微腐蚀环境中不应低于 C30；在腐蚀环境中的桩，桩身混凝土的强度等级应符合现行国家标准《混凝土规范》的有关规定。设计使用年限不少于 100 年的桩，桩身混凝土的强度等级宜适当提高。水下灌注混凝土的桩身混凝土强度等级不宜高于 C40。

（6）桩身混凝土的材料、最小水泥用量、水灰比、抗渗等级等应符合现行国家标准《混凝土规范》、《工业建筑防腐蚀设计标准》（GB/T 50046）及《混凝土结构耐久性设计规范》（GB/T 50476）的有关规定。

（7）桩的主筋配置应经计算确定。预制桩的最小配筋率不宜小于 0.8%（锤击沉桩）、0.6%（静压沉桩），预应力桩不宜小于 0.5%；灌注桩最小配筋率不宜小于 0.2%~0.65%（小直径桩取大值）。桩顶以下 3~5 倍桩身直径范围内，箍筋宜适当加强加密。

（8）桩身纵向钢筋配筋长度应符合下列规定：

①受水平荷载和弯矩较大的桩，配筋长度应通过计算确定。

②桩基承台下存在淤泥、淤泥质土或液化土层时，配筋长度应穿过淤泥、淤泥质土层或液化土层。

③坡地岸边的桩、8 度及 8 度以上地震区的桩、抗拔桩、嵌岩端承桩应通长配筋。

④钻孔灌注桩构造钢筋的长度不宜小于桩长的2/3；桩施工在基坑开挖前完成时，其钢筋长度不宜小于基坑深度的 1.5 倍。

（9）桩身配筋可根据计算结果及施工工艺要求，可沿桩身纵向不均匀配筋。腐蚀环境中的灌注桩主筋直径不宜小于 16mm，非腐蚀性环境中灌注桩主筋直径不应小于 12mm。

（10）桩顶嵌入承台内的长度不应小于 50mm。主筋伸入承台内的锚固长度不应小于钢筋直径（HPB300）的 30 倍和钢筋直径（HRB335 和 HRB400）的 35 倍。对于大直径灌注桩，当采用一柱一桩时，可设置承台或将桩和柱直接连接。桩和柱的连接可按《地基规范》第 8.2.5 条高杯口基础的要求选择截面尺寸和配筋，柱纵筋插入桩身的长度应满足锚固长度的要求。

（11）灌注桩主筋混凝土保护层厚度不应小于 50mm；预制桩不应小于 45mm；预应力管桩不应小于 35mm；腐蚀环境中灌注桩不应小于 55mm。

三、单桩轴向承载力的确定

（一）桩身结构的承载力

确定桩身结构的承载力应该考虑以下三个方面的问题：

（1）施工起吊和运输的强度设计，此为施工领域问题，预制桩多有标准设计。

（2）沉桩施工中的锤击动应力和瞬间动荷载作用下的结构强度。

（3）长期荷载作用下桩身材料强度的确定。

对于钢筋混凝土桩的单桩轴向承载力设计值R，可按下式计算

$$R=\varphi\left(\psi_{c} f_{c} A_{p}+f_{y}^{\prime} A_{g}\right) \tag{18-8-1}$$

式中：R—混凝土桩的单桩轴向承载力设计值（kN）；

f_c—混凝土轴心抗压强度设计值（kPa）；

A_p—桩的横截面面积（m^2）；

f_y'—纵向钢筋抗压强度设计值（kPa）；

A_g—纵向钢筋的横截面面积（m^2）；

φ—桩的稳定系数，计算桩身轴心抗压强度时，一般可不考虑弯曲的影响，即取$\varphi=1.0$，若桩的自由长度较大或桩周有厚度较大的软弱土层，或桩周围有较厚的可液化土层，应考虑桩身弯曲的影响；

ψ_c—施工工艺系数，考虑到灌注桩的混凝土质量不像预制桩那样易于保证，设计时应将轴心抗压强度设计值和弯曲抗压强度设计值乘以系数ψ_c，对挖孔灌注桩$\psi_c = 0.9$，其他各类灌注桩$\psi_c = 0.8$，对混凝土预制桩$\psi_c = 1.0$。

（二）土对桩的承载力

《地基规范》规定：初步设计时，单桩竖向承载力特征值可按下列公式估算

$$R_a = q_{pa}A_p + u_p\sum q_{sia}l_i \quad (18\text{-}8\text{-}2)$$

式中：R_a—单桩竖向承载力特征值（kN）；

q_{pa}—桩端土端阻力特征值（kPa）；

A_p—桩底端横截面面积（m^2）；

u_p—桩身周边长度（m）；

q_{sia}—桩侧阻力特征值（kPa）；

l_i—按土层划分的各段桩长（m）。

当桩端嵌入完整及较完整的硬质岩中时，可按下式估算单桩的竖向承载力特征值

$$R_a = q_{pa}A_p \quad (18\text{-}8\text{-}3)$$

式中：q_{pa}—桩端岩石承载力特征值；

A_p—桩底端横截面面积（m^2）。

【例 18-8-1】某桩基础的桩的截面为 400mm×400mm，建筑地基土层由上而下依次为粉质黏土（3m 厚）、中密粗砂（4m 厚）、微风化软质岩（5m 厚）。对应的桩周土摩擦力特征值分别为 20kPa、40kPa、65kPa，桩长为 9m，桩端岩土承载力特征值为 6 000kPa，则单桩竖向承载力特征值为：

A. 1 129kN　　B. 1 420kN　　C. 1 520kN　　D. 1 680kN

解　根据单桩竖向承载力计算公式：

$$R_a = q_{pa}A_p + u_p\sum q_{sia}l_i$$

其中，桩端岩土承载力特征值$q_{pa} = 6\,000\text{kPa}$，桩截面面积$A_p = 0.4 \times 0.4 = 0.16\text{m}^2$，桩身周长为$u_p = 1.6\text{m}$，计算：

$$R_a = 6\,000 \times 0.16 + 1.6 \times (20 \times 3 + 40 \times 4 + 65 \times 2) = 1\,520\text{kN}$$

答案：C

（三）按静载荷试验确定单桩承载力

《地基规范》规定：单桩竖向承载力特征值，应通过单桩竖向静载荷试验确定。同一条件下的试桩数量，不宜少于总桩数的 1%，并不应少于 3 根。

挤土桩宜在设置后隔一段时间开始静载荷试验，对预制桩，打入砂土中后 7d，如为黏性土，应视土的强度恢复而定，一般不得少于 15d，对于饱和黏性土不得少于 25d。至于灌注桩，尚应待桩身混凝土达到设计强度后，才能进行试桩。

【例 18-8-2】对混凝土灌注桩进行载荷试验，从成桩到开始试验的间歇时间为：

A. 7d　　B. 15d

C. 25d　　D. 桩身混凝土达设计强度

解　《地基规范》第 Q.0.4 条规定开始试验的时间：预制桩在砂土中入土 7d 后。黏性土不得少于 15d。对于饱和软黏土不得少于 25d。灌注桩应在桩身混凝土达到设计强度后，才能进行。

答案：D

1. 加荷方式与稳定判断

试验的加荷方式应尽可能再现桩的实际工作情况。《地基规范》规定：每级加载量宜为预估极限荷载的1/8~1/10，且不小于8级。每级荷载作用下，桩顶沉降量连续两次每1h不超过0.1mm，即视为已达到稳定，可加下一级荷载。当出现下列情况之一者，即可终止加载：

（1）当荷载-沉降（Q-s）曲线上有可判定极限承载力的陡降段，且桩顶总沉降量超过40mm；

（2）$\Delta s_{n+1}/\Delta s_n \geqslant 2$，且经24h尚未达到稳定；

（3）25m以上的非嵌岩桩，Q-s曲线呈缓变型时，桩顶总沉降量大于60~80mm；

（4）在特殊条件下，可根据具体要求加载至桩顶总沉降量大于100mm。

注：①Δs_n为第n级荷载的沉降增量；Δs_{n+1}为第$n+1$级荷载的沉降增量。

②桩底支承在坚硬岩（土）层上，桩的沉降量很小时，最大加载量不应小于设计荷载的2倍。

卸载观测：每级卸载值为加载值的2倍。卸载后隔15min测读一次，读两次后，隔半小时再读一次，即可卸下一级荷载。全部卸载后，隔3~4h再测读一次。

2. 单桩极限承载力的确定

单桩竖向极限承载力可按下列方法确定：

（1）作荷载-沉降（Q-s）曲线和其他辅助分析所需的曲线。

（2）当陡降段明显时，取相应于陡降段起点的荷载值。

（3）当出现《地基规范》附录Q.0.8第二款的情况时，取前一级荷载值。

（4）Q-s曲线呈缓变型时，取桩顶总沉降量$s=40$mm所对应的荷载值，当桩长大于40m时，宜考虑桩身的弹性压缩。

（5）按上述方法判断有困难时，可结合其他辅助分析方法综合判定。对桩基沉降有特殊要求者，应根据具体情况选取。

（6）参加统计的试桩，当满足其极差不超过平均值的30%时，可取其平均值为桩竖向极限承载力。极差超过平均值的30%时，宜增加试桩数量并分析离散过大的原因，结合工程具体情况确定极限承载力。

注：对桩数为3根及3根以下的柱下桩基，取最小值。

（7）将单桩竖向极限承载力除以安全系数2，即为单桩竖向承载力特征值R_a。

（四）根据原位测试参数确定单桩承载力

可采用静力触探及标准贯入试验参数确定。

（五）根据岩石饱和单轴抗压强度确定单桩承载力

嵌岩灌注桩按端承桩设计，要求桩底以下3倍桩径范围内无软弱夹层、断裂带、洞穴分布，在桩端应力扩散范围内无岩体临空面。其端承力按嵌岩深度及施工条件确定，可查规范表格。

（六）经验法确定单桩承载力

若较小工程，附近又有条件类似的成功桩基础，可借鉴其单桩承载力选用。

对具体工程应用以上各方法对照比较综合分析后确定单桩承载力。

【例18-8-3】 打入式敞口钢管桩属于：

A. 非挤土桩　　B. 部分挤土桩　　C. 挤土桩　　D. 端承桩

解　打入式成桩是在未成孔（排土）情况下将桩打入，成桩过程中不排土，因是敞口钢管桩，故有部分挤土作用。

答案：B

四、群桩承载力

（1）对于端承桩基和桩数少于3根的非端承桩基，群桩的竖向承载力为各单桩竖向承载力的总和。

（2）对于桩的中心距小于6倍（摩擦桩）桩径，而桩数超过3根的桩基，可视作一假想的实体深基础，进行地基验算，并计算桩基中单桩所承受的外力和校核单桩承载力。

地基验算包括桩端持力层承载力、软弱下卧层承载力、沉降等内容，方法同浅基础，此处从略。

（3）群桩中单桩所承受的外力，应按下列公式验算：

轴心竖向力作用下

$$Q_{\mathrm{k}} \leqslant R_{\mathrm{a}} \tag{18-8-4}$$

$$Q_{\mathrm{k}} = \frac{F_{\mathrm{k}} + G_{\mathrm{k}}}{n} \tag{18-8-5}$$

偏心竖向力作用下，除满足上式外，尚应满足下式要求

$$Q_{i\mathrm{kmax}} \leqslant 1.2R_{\mathrm{a}} \tag{18-8-6}$$

$$Q_{i\mathrm{kmax}} = \frac{F_{\mathrm{k}} + G_{\mathrm{k}}}{n} + \frac{M_{x\mathrm{k}}y_{i\mathrm{max}}}{\sum y_i^2} + \frac{M_{y\mathrm{k}}x_{i\mathrm{max}}}{\sum x_i^2} \tag{18-8-7}$$

式中：　Q_{k}—相应于作用标准组合时，轴心竖向力作用下任一单桩的竖向力；

R_{a}—单桩竖向承载力特征值；

F_{k}—相应于荷载效应标准组合时，作用于桩基承台顶面的竖向力；

G_{k}—桩基承台自重和承台上土自重标准值；

n—桩数；

$M_{x\mathrm{k}}$、$M_{y\mathrm{k}}$—分别为相应于荷载效应标准组合时，作用于群桩上的外力对通过群桩形心的x轴、y轴的力矩；

x_i、y_i—分别为桩i至通过群桩形心的y轴、x轴线的距离；

$Q_{i\mathrm{kmax}}$—相应于荷载效应标准组合时偏心竖向力作用下，最大受力桩的竖向力；

$x_{i\mathrm{max}}$、$y_{i\mathrm{max}}$—分别为最大受力桩至群桩形心y轴、x轴线的距离。

水平力作用下：

$$H_{i\mathrm{k}} = \frac{H_{\mathrm{k}}}{n} \tag{18-8-8}$$

式中：H_{k}—相应于作用的标准组合时，作用于承台底面的水平力（kN）；

$H_{i\mathrm{k}}$—相应于作用的标准组合时，作用于任一单桩的水平力（kN）。

当外力作用面内的桩距较大时，桩基的水平承载力可视为各单桩的水平承载力总和；当承台侧面的土未经扰动或回填良好时，应考虑土抗力的作用；当水平推力较大时，宜设置斜桩。

（4）承台效应

承台效应是指摩擦型群桩，在竖向荷载作用下，由于桩土相对位移，桩间土对承台产生竖向抗力，成为桩基竖向承载力的一部分而分担荷载的现象。

在承台下，因可液化土、湿陷性土、高灵敏度软土、欠固结土、新填土、沉桩引起孔隙水压力和各种外因引起的基坑土体隆起等情况，不考虑承台效应。

【例18-8-4】下面哪种情况下的群桩效应比较突出？

A. 间距较小的端承桩　　B. 间距较大的端承桩

C. 间距较小的摩擦桩　　D. 间距较大的摩擦桩

解　当摩擦型群桩桩距较小时，群桩效应显著，破坏时接近实体基础破坏形式。

答案：C

五、桩身混凝土强度计算

按桩身混凝土强度计算桩的承载力时，应按桩的类型和成桩工艺的不同将混凝土的轴心抗压强度设计值乘以工作条件系数φ_c，桩轴心受压时桩身强度应符合式（18-8-9）的规定。当桩顶以下5倍桩身直径范围内螺旋式箍筋间距不大于100mm且钢筋耐久性得到保证的灌注桩，可适当计入桩身纵向钢筋的抗压作用。

$$Q \leqslant A_p f_c \varphi_c \tag{18-8-9}$$

式中：f_c—混凝土轴心抗压强度设计值（kPa），按现行国家标准《混凝土规范》取值；

Q—相应于作用的基本组合时的单桩竖向力设计值（kN）；

A_p—桩身横截面面积（m^2）；

φ_c—工作条件系数，非预应力预制桩取0.75，预应力桩取0.55~0.65，灌注桩取0.6~0.8（水下灌注桩、长桩或混凝土强度等级高于C35时用低值）。

六、沉降验算

对以下建筑物的桩基应进行沉降验算：

（1）地基基础设计等级为甲级的建筑物桩基；

（2）体型复杂、荷载不均匀或桩端以下存在软弱土层的设计等级为乙级的建筑物桩基；

（3）摩擦型桩基。

嵌岩桩、设计等级为丙级的建筑物桩基、对沉降无特殊要求的条形基础下不超过两排桩的桩基、吊车工作级别A5及A5以下的单层工业厂房桩基（桩端下为密实土层），可不进行沉降验算。

当有可靠地区经验时，对地质条件不复杂、荷载均匀、对沉降无特殊要求的端承型桩基也可不进行沉降验算。

桩基础的沉降不得超过建筑物的沉降允许值，并应符合规范的有关规定。

计算桩基沉降时，最终沉降量宜按单向压缩分层总和法计算。地基内的应力分布宜采用各向同性均质线性变形体理论，按实体深基础方法或明德林应力公式方法进行计算。

以控制沉降为目的设置桩基时，应结合地区经验，并满足下列要求：

（1）桩身强度应按桩顶荷载设计值验算；

（2）桩、土荷载分配应按上部结构与地基共同作用分析确定；

（3）桩端进入较好的土层，桩端平面处土层应满足下卧层承载力设计要求；

（4）桩距可采用4~6倍桩身直径。

当桩距小于$6d$，可按实体深基础计算桩基础的最终沉降量，主要参考《建筑桩基技术规范》（JGJ 94—2008）。

七、桩基础设计

（一）设计原则

（1）建筑桩基采用以概率理论为基础的极限状态设计法，以可靠指标度量桩基的可靠度，采用以分项系数表达的极限状态设计表达式进行计算。

（2）桩基极限状态分为下列两类：

①承载能力极限状态，对应于桩基达到最大承载能力或整体失稳或发生不适于继续承载的变形。

②正常使用极限状态，对应于桩基达到建筑物正常使用所规定的变形限值或达到耐久性要求的某项限值。

（3）根据桩基损坏造成建筑物的破坏后果（危及人的生命、造成经济损失、产生社会影响）的严重性，桩基设计时应根据表 18-8-1 选用适当的安全等级。

建筑桩基安全等级　　表 18-8-1

安全等级	破坏后果	建筑物类型
一级	很严重	重要的工业与民用建筑物，对桩基变形有特殊要求的工业建筑物
二级	严重	一般的工业与民用建筑物
三级	不严重	次要的建筑物

（4）根据承载能力极限状态和正常使用极限状态的要求，桩基需进行下列计算和验算。

①所有桩基均应进行承载能力极限状态的计算，内容包括：

a.根据桩基的使用功能和受力特征进行桩基的竖向（抗压或抗拔）承载力计算和水平承载力计算；对于某些条件下的群桩基础宜考虑由群桩、土、承台相互作用产生的承载力群桩效应。

b.对桩身及承台承载力进行计算；对于桩身露出地面或桩侧为可液化土、极限承载力小于50kPa（或不排水抗剪强度小于10kPa）土层中的细长桩尚应进行桩身压屈验算；对混凝土预制桩尚应按施工阶段的吊装、运输和锤击作用进行强度验算。

c.当桩端平面以下存在软弱下卧层时，应验算软弱下卧层的承载力。

d.对位于坡地、岸边的桩基，应验算整体稳定性。

e.按现行《抗震规范》规定应进行抗震验算的桩基，应验算抗震承载力。

②下列建筑桩基应验算变形：

a.桩端持力层为软弱土的一、二级建筑桩基，以及桩端持力层为黏性土、粉土或存在软弱下卧层的一级建筑桩基，应验算沉降，并宜考虑上部结构与基础的共同作用。

b.受水平荷载作用较大或对水平变位要求严格的一级建筑桩基，应验算水平变位。

③桩身和承台抗裂和裂缝宽度验算：

对使用要求混凝土不得出现裂缝的桩基，应进行抗裂验算；对使用上需限制裂缝宽度的桩基，应进行裂缝宽度验算。

（5）桩基承载能力极限状态的计算应采用荷载作用效应的基本组合和地震作用效应组合。

当进行桩基的抗震承载能力计算时，荷载设计值和地震作用设计值应符合现行《抗震规范》的规定。

（6）按正常使用极限状态验算桩基沉降时应采用荷载的长期效应组合；验算桩基的水平变位、抗裂、裂缝宽度时，根据使用要求和裂缝控制等级应分别采用作用效应的短期效应组合或及其长期荷载的影响。

（7）建于黏性土、粉土中的一级建筑桩基及软土地区的一、二级建筑桩基在其施工过程及建成后使用期间，必须进行系统的沉降观测直至沉降稳定。

（二）设计规定

（1）所有桩基均应进行承载力和桩身强度计算。对预制桩，尚应进行运输、吊装和锤击等过程中的强度和抗裂验算；

（2）桩基础沉降验算应符合《地基规范》相关的规定；

（3）桩基础的抗震承载力验算应符合现行国家标准《抗震规范》的有关规定；

（4）桩基宜选用中、低压缩性土层作桩端持力层；

（5）同一结构单元内的桩基，不宜选用压缩性差异较大的土层作桩端持力层，不宜采用部分摩擦桩和部分端承桩；

（6）由于欠固结软土、湿陷性土和场地填土的固结，场地大面积堆载、降低地下水位等原因，引起桩周土的沉降大于桩的沉降时，应考虑桩侧负摩擦力对桩基承载力和沉降的影响；

（7）对位于坡地、岸边的桩基，应进行桩基的整体稳定验算。桩基应与边坡工程统一规划，同步设计；

（8）岩溶地区的桩基，当岩溶上覆土层的稳定性有保证，且桩端持力层承载力及厚度满足要求，可利用上覆土层作为桩端持力层，当必须采用嵌岩桩时，应对岩溶进行施工勘察；

（9）应考虑桩基施工中挤土效应对桩基及周边环境的影响；在深厚饱和软土中不宜采用大片密集有挤土效应的桩基；

（10）应考虑深基坑开挖中，坑底土回弹隆起对桩身受力及桩承载力的影响；

（11）桩基设计时，应结合地区经验考虑桩、土、承台的共同工作；

（12）在承台及地下室周围的回填中，应满足填土密实度要求。

（三）设计步骤

1. 确定桩端持力层及桩长

一般应选择较硬土层作为桩端持力层。桩端全断面进入持力层的深度，对于黏性土、粉土不宜小于$2d$，砂土不宜小于$1.5d$，碎石类土不宜小于$1d$。当存在软弱下卧层时，桩基以下硬持力层厚度不宜小于$4d$。

当硬持力层较厚且施工条件许可时，桩端全断面进入持力层的深度宜达到桩端阻力的临界深度。

同一基础相邻桩的桩底标高差，对于非嵌岩端承桩，不宜超过相邻桩的中心距；对于摩擦桩，在相同土层中不宜超过桩长的1/10。

2. 确定桩型及单桩承载力

根据结构类型、荷载性质、地质条件、施工条件并结合以上条件综合考虑，并经方案比较最后确定。应注意同一结构不宜采用不同桩型。

3. 选择布桩方式及桩距

桩的布置方式可为行列式或梅花式，桩的间距见表18-8-2。

桩的最小中心距应符合表18-8-2的规定。对于大面积桩群，尤其是挤土桩，桩的最小中心距宜按表列值适当加大。

桩的最小中心距　　表 18-8-2

土类与成桩工艺		排数不少于 3 排且桩数不少于 9 根的摩擦型桩桩基	其 他 情 况
非挤土灌注桩		$3.0d$	$3.0d$
部分挤土桩		$3.5d$	$3.0d$
挤土桩	非饱和土	$4.0d$	$3.5d$
	饱和黏性土	$4.5d$	$4.0d$
钻、挖孔扩底桩		$2D$或$D+2.0\text{m}$（当$D>2\text{m}$）	$1.5D$或$D+1.5\text{m}$（当$D>2\text{m}$）
沉管夯扩、钻孔挤扩桩	非饱和土	$2.2D$且$4.0d$	$2.0D$且$3.5d$
	饱和黏性土	$2.5D$且$4.5d$	$2.2D$且$4.0d$

注：1.d为圆桩直径或方桩边长，D为扩大端设计直径。

2.当纵横向桩距不相等时，其最小中心距应满足“其他情况”一栏的规定。

3.当为端承型桩时，非挤土灌注桩的“其他情况”一栏可减小至$2.5d$。

排列基桩时，宜使桩群承载力合力点与竖向永久荷载合力作用点重合，并使基桩受水平力和力矩较大方向有较大抗弯截面模量。对于桩箱基础、剪力墙结构桩筏（含平板和梁板式承台）基础，宜将桩布置于墙下。对于框架—核心筒结构桩筏基础应按荷载分布考虑相互影响，将桩相对集中布置于核心筒和柱下，外围框架柱宜采用复合桩基，桩长宜小于核心筒下基桩（有合适桩端持力层时）。

4. 承台设计

桩基承台的构造，除满足抗冲切、抗剪切、抗弯承载力和上部结构的要求外，尚应符合下列要求：

（1）承台的宽度不应小于 500mm。边桩中心至承台边缘的距离不宜小于桩的直径或边长，且桩的外边缘至承台边缘的距离不小于 150mm。对于条形承台梁，桩的外边缘至承台梁边缘的距离不小于 75mm。

（2）承台的最小厚度不应小于 300mm。

（3）承台的配筋，对于矩形承台其钢筋应按双向均匀通长布置（见图 18-8-5a），钢筋直径不宜小于 10mm，间距不宜大于 200mm；对于三桩承台，钢筋应按三向板带均匀布置，且最里面的三根钢筋围成的三角形应在柱截面范围内（见图 18-8-5b）。承台梁的主筋除满足计算要求外尚应符合现行国家标准《混凝土规范》关于最小配筋率的规定，主筋直径不宜小于 12mm，架立筋不宜小于 10mm，箍筋直径不宜小于 6mm（见图 18-8-5c）；柱下独立桩基承台的最小配筋率不应小于 0.15%。钢筋锚固长度自边桩内侧（当为圆桩时，应将其直径乘以 0.886 等效为方桩）算起，锚固长度不应小于 35 倍钢筋直径，当不满足时应将钢筋向上弯折，此时钢筋水平段的长度不应小于 25 倍钢筋直径，弯折段的长度不应小于 10 倍钢筋直径。

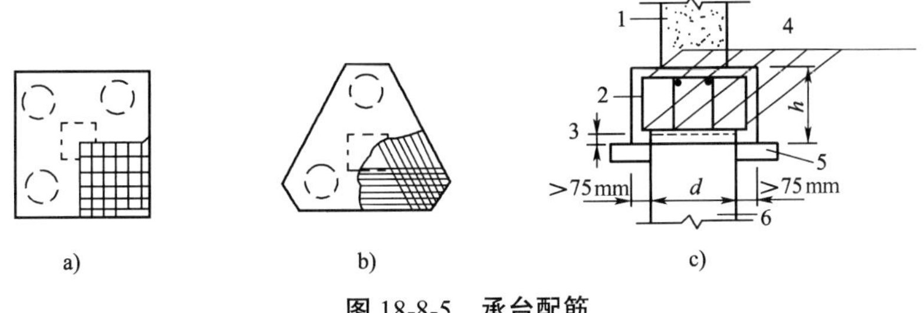

图 18-8-5　承台配筋

1-墙；2-箍筋直径≥6mm；3-桩顶入承台≥50mm；4-承台梁内主筋除须按计算配筋外尚应满足最小配筋率；5-垫层 100mm 厚 C10 混凝土

（4）承台混凝土强度等级不应低于 C20；纵向钢筋的混凝土保护层厚度不应小于 70mm，当有混凝土垫层时，不应小于 40mm；且不应小于桩头嵌入承台内的长度。

柱下桩基承台的弯矩可按以下简化计算方法确定：

①多桩矩形承台计算截面取在柱边和承台高度变化处（杯口外侧或台阶边缘）

$$M_x = \sum N_i y_i \tag{18-8-10}$$

$$M_y = \sum N_i x_i \tag{18-8-11}$$

式中：M_x、M_y—分别为垂直y轴和x轴方向计算截面处的弯矩设计值；

x_i、y_i—垂直y轴和x轴方向自桩轴线到相应计算截面的距离；

N_i—扣除承台和其上填土自重后相应于荷载效应基本组合时的第i桩竖向力设计值。

②三桩承台

a.等边三桩承台

$$M = \frac{N_{\max}}{3}\left(s - \frac{\sqrt{3}}{4}c\right) \tag{18-8-12}$$

式中：M—由承台形心至承台边缘距离范围内板带的弯矩设计值；

$N_{\max}$—扣除承台和其上填土自重后的三桩中相应于荷载效应基本组合时的最大单桩竖向力设计值；

s—桩距；

c—方柱边长，圆柱时$c = 0.866d$（d为圆柱直径）。

b.等腰三桩承台

$$M_1 = \frac{N_{\max}}{3}\left(s - \frac{0.75}{\sqrt{4-\alpha^2}}c_1\right) \tag{18-8-13}$$

$$M_2 = \frac{N_{\max}}{3}\left(\alpha s - \frac{0.75}{\sqrt{4-\alpha^2}}c_2\right) \tag{18-8-14}$$

式中：M_1、M_2—分别为由承台形心到承台两腰和底边的距离范围内板带的弯矩设计值；

s—长向桩距；

α—短向桩距与长向桩距之比，当$\alpha < 0.5$时，应按变截面的两桩承台设计；

c_1、c_2—分别为垂直于、平行于承台底边的柱截面边长。

对于柱下桩基础独立承台还应进行抗冲切承载力的计算。当柱边外有多排桩形成多个剪切斜截面时，尚应对每个斜截面进行验算。

当承台的混凝土强度等级低于柱或桩的混凝土强度等级时，尚应验算柱下或桩上承台的局部抗压承载力。

5. 验算单桩承载力（方法如前）

6. 必要时验算地基变形（内容如前）

八、桩的负摩阻力

当因某些原因导致桩侧土的沉降大于桩身沉降时，土对桩的摩擦力向下作用，这种力称为桩的负摩擦力。因为土的沉降自上而下逐渐减小，桩的沉降近似为常量，故在某深度处有一桩土沉降相同的点，称为中性点，该点桩的轴向压力最大。负摩阻力计算复杂，目前尚处于研究阶段。

（一）应该计算负摩阻力的场合

（1）土层自身将发生沉降。如桩穿过较松散填土、自重湿陷性黄土、欠固结土，进入相对较硬土层时。

（2）施工环境条件起变化。如桩周存在软弱土层，而邻近桩侧地面承受局部较大的长期荷载，或地表大面积堆载时；由于降低地下水位，使桩周土中有效应力增大，并产生显著沉降时。

（二）计算桩侧负摩阻力

符合下列条件之一的桩基，当桩周土层产生的沉降超过基桩的沉降时，在计算基桩承载力时应计入桩侧负摩阻力：

（1）桩穿越较厚松散填土、自重湿陷性黄土、欠固结土、液化土层进入相对较硬土层时；

（2）桩周存在软弱土层，邻近桩侧地面承受局部较大的长期荷载，或地面大面积堆载（包括填土）时；

（3）由于降低地下水位，使桩周土有效应力增大，并产生显著压缩沉降时。

应根据工程具体情况考虑，最好依据实测资料确定。仅当无工程经验与实测资料时，按下述方法进行估算。

首先确定中性点位置。中性点深度l_n应按桩周土沉降与桩沉降相等的条件确定，也可参照表 18-8-3 确定，表中L_0为桩周沉降变形土层下限深度。如桩穿越自重湿陷性黄土层而持力层非基岩时，L_n按表列数值增大 10%。

中性点深度 l_n　　表 18-8-3

持力层性质	黏性土、粉土	中密以上砂	砾石、卵石	基　岩
中性点深度比（l_n/l_0）	0.5~0.6	0.7~0.8	0.9	1.0

注：1.l_n、l_0分别为自桩顶算起的中性点深度和桩周软弱土层下限深度；

2.桩穿过自重湿陷性黄土层时，l_n可按表列值增大 10%（持力层为基岩除外）；

3.当桩周土层固结与桩基固结沉降同时完成时，取$l_n = 0$；

4.当桩周土层计算沉降量小于 20mm 时，l_n应按表列值乘以 0.4~0.8 折减。

其次区分不同传力类型的桩，按不同的原则计算：

（1）对一般摩擦桩，中性点以上的侧负摩阻力不计入桩的承载力；

（2）对端承桩除上条内容外，还应计入负摩阻力引起的下拉荷载影响，需要时可查相应资料，此处从略。

【例 18-8-5】不会对已施工好的摩擦桩桩身产生向下摩阻力的情况是：

A. 桩顶荷载增大

B. 桩穿过欠固结的软黏土，而支撑于较坚硬的土层，桩周围土在自重力作用下随时间逐渐固结

C. 地下水位全面下降

D. 桩周自重湿陷性黄土浸水下沉

解　选项 B、C、D 桩周土均会因各种原因发生固结沉降，土对桩产生向下的摩阻力，只有给桩施加更大的竖向荷载，才不会对已施工好的摩擦桩桩身产生向下的摩阻力。

答案：A

习　题

18-8-1　当桩周产生负摩阻力时，桩相对于地基土的位移是（　　）。

A. 向上　　B. 向下　　C. 为零　　D. 侧向

18-8-2　单向偏心受压群桩基础，单桩的几何尺寸均相同，对称行列式排列，每根桩桩顶所受的竖向力是（　　）。

①各不相同；②各行相同，各列不同；③各行不同，各列相同；④对角线方向对称的桩相同。

A. ①④　　B. ②③　　C. ②④　　D. ③④

18-8-3　端承型桩是指桩顶竖向荷载主要由（　　）。

A. 桩顶阻力分担　　B. 桩端阻力分担

C. 桩侧阻力分担　　D. 桩周阻力分担

18-8-4　偏心竖向力作用下，单桩竖向承载力应满足的条件是（　　）。

A. $Q_k \leqslant R_a$　　B. $Q_{ik\max} \leqslant 1.2R_a$

C. $Q_k \leqslant R_a$且$Q_{ik\max} \leqslant 1.2R_a$　　D. $Q_{ik\min} \geqslant 0$

18-8-5　某直径为 400mm、桩长为 10m 的钢筋混凝土预制摩擦型桩，桩端阻力特征值$q_{pa}=3\,000\text{kPa}$，桩侧阻力特征值$q_{sia}=100\text{kPa}$，初步设计时，单桩竖向承载力特征值为（　　）。

A. 1 737kN　　B. 1 634kN　　C. 777kN　　D. 1 257kN

第九节　地 基 处 理

为节约耕地而又要满足各类生产和生活设施建设用地需求，必须充分利用各类软弱地基。因此，必须掌握其特性及处理方法。

一、软弱地基与复合地基

软土地基、杂填土和冲填土地基均属软弱地基。

杂填土是人类活动而任意堆填的建筑垃圾、工业废料和生活垃圾。杂填土的主要特性是强度低、压缩性高和均匀性差。

冲填土是用挖泥船或泥浆泵将泥沙夹带大量水分吹送到江河两岸而形成的沉积土层。在冲填土地基上建造房屋，应考虑它的欠固结影响和不均匀性。

淤泥及淤泥质土统称软土。其含水量高，孔隙比大。

淤泥及淤泥质土的天然含水量均大于液限，天然孔隙比大于 1.5 的黏性土称为淤泥。天然孔隙比小于 1.5 而大于等于 1.0 时称为淤泥质土。

软土具有高压缩性，压缩系数通常为 0.5~2.0MPa^{-1}，个别可达 4.2MPa^{-1}，且其压缩性随液限的增大而增高。软土渗透性差，强度低，具有显著的结构性（一旦受扰动，其强度显著降低），具有明显的流变性，可产生较大的次固结沉降。软土地基上的建筑物沉降量大，沉降稳定时间长。

复合地基是指在地基处理过程中，由天然地基土体或被改良的天然地基土体与得到增强或被置换的增强土体两部分组成的人工地基，两者共同承担上部荷载，并协调变形。

二、常用地基处理方法简介

（一）换填法

换填法是将天然软弱土层挖去或部分挖去，分层回填强度较高、压缩性较低且无腐蚀性材料，压实或夯实后作为地基持力层，故也称为换土垫层法或开挖置换法。

换填法的主要作用是提高基础底面以下地基浅层的承载力，减少沉降量，加速地基的排水固结，防止冻胀，消除地基的湿陷性和胀缩性。换填法适用于淤泥、淤泥质土、湿陷性黄土膨胀土、素填土、杂填土、季节性冻土以及暗沟、暗塘等地基的浅层处理。

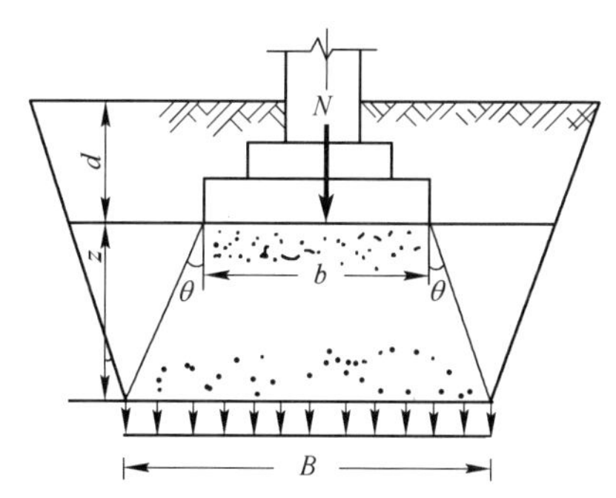

图 18-9-1　砂垫层计算简图

垫层设计除选定材料（多用砂、砾石、碎石、矿渣、灰土，不宜用粉土或细砂）外，主要是确定垫层厚度及宽度，此处仅介绍常用的计算方法。厚度由下卧土层的承载力决定，宽度应满足基础底面应力扩散要求和防止垫层向两侧挤动，计算简图如图 18-9-1 所示。

基础埋深与底宽必须要满足承载力要求。

1. 垫层厚度的确定

采用试算法，先按经验初拟厚度，一般为 1.0~1.5m，不宜大于 3m 且不小于 0.5m。再按下式验算软弱下卧层的强度

$$\sigma_z + \sigma_{cz} \leqslant f_z \tag{18-9-1}$$

式中：σ_z—（$d+z$）深度处的附加应力（见图 18-9-1）；

σ_{cz}—砂垫层底面处的自重应力。

为了简便，σ_z值可按应力扩散法计算：

条形基础

$$\sigma_z = \frac{b(p_k - \sigma_c)}{b + 2z\tan\theta} \tag{18-9-2}$$

矩形基础

$$\sigma_z = \frac{bl(p_k - \sigma_c)}{(l + 2z\tan\theta)(b + 2z\tan\theta)} \tag{18-9-3}$$

式中：σ_c—基底处土的自重应力；

p_k—相应于荷载效应标准组合时的基底平均压力；

f_z—（$d+z$）深度处，软弱土层顶面处的地基承载力特征值（经$d+z$修正）；

b、l—分别为基底宽度和长度；

θ—应力扩散角，可查规范表格，一般砂、碎石的θ在 20°~30°之间。

2. 垫层宽度的确定

砂垫层底宽应不小于$b + 2z\tan\theta$，考虑侧向挤压时，应加宽构造尺寸，即每侧加宽 10~30cm。按常规的边坡设计即可得出垫层上部宽度。

【例 18-9-1】 软弱下卧层验算公式$P_z + P_{cz} \leqslant f_{az}$，其中$P_{cz}$为软弱下卧层顶面处土的自重应力，则下列说法正确的是：

A. P_{cz}的计算应当从基础底面算起　　B. P_{cz}的计算应当从地下水位算起

C. P_{cz}的计算应当从基础顶面算起　　D. P_{cz}的计算应当从地表算起

解　P_{cz}为软弱下卧层顶面处土的自重应力，应该从原地面算起。

答案： D

【例 18-9-2】 在进行地基处理时，淤泥和淤泥质土的浅层处理宜采用下面哪种方法？

A. 换土垫层法　　B. 砂石桩挤密法

C. 强夯法　　D. 振冲挤密法

解　换土垫层法主要应用于浅层地基处理。砂石桩挤密法适用于挤密松散砂土、粉土、黏性土、素填土、杂填土等地基。强夯法适用于处理碎石土、砂土、低饱和度的粉土与黏性土、湿陷性黄土、杂填土和素填土等地基。振冲挤密法适用于处理砂土和粉土等地基。

答案： A

（二）排水预压法

在建筑物建造以前对其场地进行预压，使地基在预压过程中排水固结、成，沉降基本完以提高地基土的强度。预压系统有加载预压和真空预压之分，排水系统有砂井、塑料排水带等。预压法适用于淤泥、淤泥质土、冲填土等饱和黏性土的地基处理。可参见《建筑地基处理技术规范》（JGJ 79—2012）预压地基内容。

【例 18-9-3】 采用真空预压法加固地基，计算表明在规定时间内达不到要求的固结度，加快固结进程时，下面哪种措施是正确的？

A. 增加预压荷载　　B. 减小预压荷载

C. 减小井径比　　D. 将真空预压法改为堆载预压

解　井径比为砂井的有效排水直径d_e与砂井的直径d_w之比。加大砂井直径、增加砂井数量（即减少砂井间距）或减小井径比可加快地基固结进程。

答案： C

【例 18-9-4】 对软土地基采用真空预压法进行加固后，下面哪一项指标会减小？

A. 压缩系数　　B. 抗剪强度

C. 饱和度　　D. 土的重度

解　对软土地基进行真空预压法加固后，孔隙水排出，孔隙减小，其孔隙比减小，压缩系数减小，渗透系数减小，黏聚力增大，土的重度增大，抗剪强度增加。真空预压法主要是将孔隙中的水排出，土体固结所产生的沉降量主要是孔隙中水的体积减小引起的。即使固结中饱和度有变化，但也很小，因为软土地基接近饱和。

答案： A

【例 18-9-5】 关于堆载预压法加固地基，下面说法正确的是：

A. 砂井除了起加速固结的作用外，还作为复合地基提高地基的承载力

B. 在砂井长度相等的情况下，较大的砂井直径和较小的砂井间距都能够加速地基的固结

C. 堆载预压时控制堆载速度的目的是为了让地基发生充分的蠕变变形

D. 为了防止预压时地基失稳，堆载预压通常要求预压荷载小于基础底面的设计压力

解　A项，砂井仅起到加速固结的作用；C项，在预压过程中控制加载速率，可防止因加载速率过快而导致土体结构破坏；D项，堆载预压荷载的大小应根据设计要求确定，宜使得预压荷载下受压土层各点的有效竖向应力大于建筑物荷载引起的相应点的附加应力。

答案：B

（三）碾压、夯实法

碾压、夯实法历来是加固地基、修路、筑堤坝等工程常用的浇层压实地基处理方法，通过夯击及碾压可达到减少孔隙体积、使土密实、提高抗剪强度、减少沉降量和提高承载力的目的。

可采用相应夯实、碾压和振动碾压等相应的设备对土进行压（夯）实，对于回填土可以采用分层压（夯）实的方法。对于施工现场压（夯）质量采用压实系数λ_c来控制。如前述采用室内击实试验来模拟工地压实是可行的，但施工参数（施工机械、填土厚度、压实遍数和填筑含水量）应由工地试验确定。压实系数λ_c为施工现场要求达到的干重度与室内试验得到的最大干重度的比值。压（夯）实地基可参见《建筑地基处理技术规范》（JGJ 79—2012）相关内容。

（四）强夯法（压实法之一）

强夯是将很重的锤（一般重100~400kN）从高处（6~40m）自由下落，给地基以冲击和振动。巨大的冲击能量在土中产生很强的冲击波和动应力，致使地基压缩和振密，从而提高地基土的强度并降低其压缩性。此外，强夯法尚可改善地基土抵抗振动液化能力和消除黄土的湿陷性。

经强夯法处理的地基，其承载力可提高2~5倍，压缩性可降低50%~90%，此法适用于碎石土、砂土、低饱和度的粉土和黏性土、湿陷性黄土、杂填土和素填土地基。它不仅能在陆上施工，还可在不深的水下夯实地基。但在饱和黏土中使用效果不易控制，应慎重对待。

强夯法加固效果好、速度快、节省材料且用途广泛。其缺点是施工时的噪声和振动大，且影响邻近建筑物，在建筑物稠密地区不宜使用。

（五）挤密法

依挤密法填入材料的不同，可分为砂桩、石灰桩、土桩和碎石桩等。挤密法主要是靠桩管打入或振入地基时对软弱土产生横向挤密作用，从而使上的压缩性减小、抗剪强度提高。由于桩体有较高的承载力和变形模量，截面又较大，约占松软土加固面积的20%，可与软弱土形成“复合地基”共同承受建筑物和构筑物的荷载。

在我国，技术上较为成熟的挤密法有：

（1）挤密桩法——由碎石、砂、灰土等材料及土构成的挤密桩等将需加固的地基土挤密，挤密桩与周围地基共同形成“复合地基”的方法。

图18-9-2为复合地基应力及面积。

复合地基平衡方程式为

$$p \times A = p_{\mathrm{p}} \times A_{\mathrm{p}} + p_{\mathrm{s}} \times A_{\mathrm{s}}$$

式中：p—复合地基上作用的荷载（kPa）；

p_{p}—作用于加固桩柱体的应力（kPa）；

p_{s}—作用于柱体间土的应力（kPa）；

A——一根加固桩柱体所承担的加固地基的面积（m^2）；

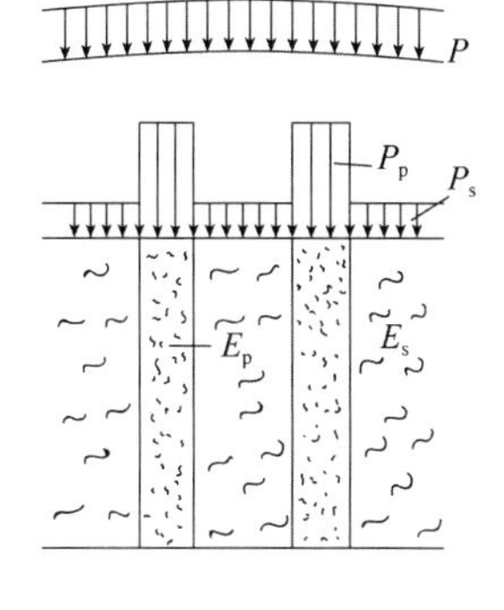

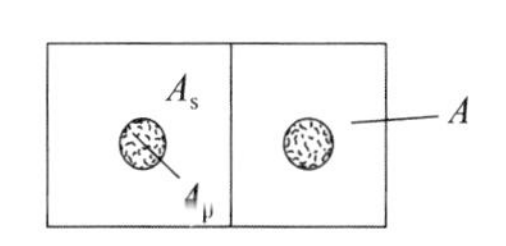

图18-9-2 复合地基应力及面积

A_p——一根加固桩柱体的横截面面积（m^2）；

A_s——一根加固桩柱体所承担的加固范围内松软土面积（m^2），$A_s = A - A_p$。

复合地基应力集中比：

$$n = \frac{p_p}{p_s} \tag{18-9-4}$$

复合地基面积置换率：

$$m = \frac{A_p}{A_e} \tag{18-9-5}$$

式中：A_p——一根加固桩体的横截面积（m^2）；

A_e——一根加固桩体所承担的加固地基的面积（m^2）。

（2）振动水冲法——利用振动器边振边冲，使松砂地基密实（振冲密实），或在黏性地基中成孔填入碎石后形成复合地基（振冲置换）；

（3）砂石桩法——由桩间挤密土和锤击或振动密实的砂石桩体，组成砂石桩挤密的复合地基。

（六）旋喷法

旋喷法是利用钻机钻至相应土层，将钻杆下端特殊喷嘴喷出的高速水泥浆与土体充分搅拌混合，在地基中形成直径比较均匀的胶结硬化并具有一定强度的桩体，从而使地基得到加固的方法。该法适用于处理淤泥、淤泥质土、黏粉砂土、黄土、素填土和碎石土等地基。

【例 18-9-6】 复合地基中桩的直径为 0.36m，桩的间距（中心距）为 1.2m，当桩按正方形布置时，面积置换率为：

A. 0.142　　B. 0.035　　C. 0.265　　D. 0.070

解　圆形桩直径$d = 0.36\text{m}$，桩间距$B = 1.2\text{m}$

正方形布置时一根桩分担的处理地基面积等效圆直径：$d_e = 1.13B = 1.356\text{m}$

复合地基面积置换率：

$$m = \frac{A_p}{A_e} = \frac{\pi\left(\frac{d}{2}\right)^2}{\pi\left(\frac{d_e}{2}\right)^2} = \frac{\pi \times 0.18^2}{\pi \times 0.678^2} = 0.070$$

答案：D

【例 18-9-7】 挤密桩的桩孔中，下面哪一种可以作为填料？

A. 黄土

B. 膨胀土

C. 含有有机质的黏性土

D. 含有冰屑的黏性土

解　B 项，膨胀土含有蒙脱石、伊利石等亲水性黏土矿物，有较强的胀缩性；C 项，黏性土中含有有机质，会减弱桩与周围土体的黏结作用；D 项，黏性土中含有冰屑时，将降低挤密桩的密实度。以上三种土质均不宜作为挤密桩桩孔中的填料。

答案：A

（七）化学加固法

凡将化学溶剂或胶结剂灌入土中，使土与胶结合以提高地基强度，减少沉降量的方法统称化学加固法。目前常采用的化学浆液有以水泥灌浆（由强度等级高的硅酸盐水泥和速凝剂组成）、硅酸钠（水玻璃）、丙烯酸氨和以纸浆为主的浆液等。

施工方法有压力灌注法、旋喷搅拌法和电渗硅化法等。

（1）高压喷射注浆法——用钻机钻至所需深度后，用高压脉冲泵通过安装在钻杆下端的特殊喷射装置向四周土体喷射化学浆液，强力冲击破坏土体，使浆液与土搅拌混合，经过凝结固化，便在土中形成固结体。注浆形式有旋转喷射、定向喷射和摆动喷射。

（2）硅化法和电渗硅化法——将水玻璃溶液通过压力注入土中，由硅酸钠分解的凝胶把土胶结（硅化法）。对靠压力难以使水玻璃注入的土体，尚需用电渗的作用使溶液进入土中（电渗硅化法）。

（3）深层搅拌法——利用水泥作固结剂，通过特制的深层搅拌机械，在地基深部就地将软黏土和水泥或石灰强制搅拌，使软黏土硬结成具有整体性、水稳定性和足够强度的地基土。

按施工特点各种处理方法分类见表 18-9-1，可根据具体条件选用。

按加固施工方法的特点分类　　表 18-9-1

施工特点	方法分类	施工特点	方法分类
换填	1.挖填法 挤填法{2.强制挤填法；3.爆炸挤填法}	固结	冻结固结法{23.氯化钠冻结法；24.低温液态氮法} 灌入固结法{25.真空灌浆法；26.药物灌注法；27.水泥灌注法；28.沥青灌注法；29.合成树脂灌注法} 30.热加固法 31.化学加固法（单液或双液法） 电渗加固法{32.离子交换法；33.电渗硅化法}
压实	4.重锤夯实法 5.机器碾压法 6.振动压实法 7.强力夯实法		
排水	A.加压排水{8.填土预压法；9.堆载砂井法；10.堆载砂袋法；11.纸板或塑料板排水法} B.重力排水{12.浅集水坑排水法；13.深井排水法；14.井点法} C.负压排水-15.抽真空排水法 D.吸排水-16.生石灰桩法 E.电渗排水-17.电渗排水法 F.强制排水-18.毛细管干燥法	拌和	A.表层拌和处理{34.颗粒级配法；35.凝聚沉淀法；36.添加料拌和法；37.旋喷桩法(水泥、药液)} B.深层拌和处理-38.深层搅拌法（水泥浆、生石灰、药液）
		挤密	39.振冲桩法 40.挤密桩法（振动、冲击、旋转） 41.碎石桩法

续上表

施工特点	方 法 分 类	施工特点	方 法 分 类
表层加固	19.土工合成纤维法 20.竹筋土法 21.金属板带法 22.预应力法	桩工	42.板桩法 43.帽桩法 44.网桩法 45.桩基法：灌注桩（无护壁作业、泥浆护壁作业、套管护壁作业、扩孔作业）；预制桩（材料：钢、混凝土；方法：打入、压入、振动）

三、地基处理原则

（一）处理原则

地基处理除应满足工程设计要求外，尚应做到因地制宜、就地取材、保护环境和节约资源等要求。

在选择地基处理方案前，应进行以下工作：

（1）收集详细的工程地质、水文地质及地基基础设计等资料；

（2）根据工程的设计要求和采用天然地基存在的主要问题，确定地基处理的目的、处理范围和处理后要求达到的各项技术经济指标等；

（3）结合工程情况，了解本地区的地基处理经验和施工条件，以及其他地区相似场地上同类工程的地基处理经验和使用情况等。

（二）方案选择

在考虑地基处理方案时，应同时考虑上部结构、基础和地基的协同作用，决定选用的地基处理方案或选用加强上部结构和处理地基相结合的方案。

（三）处理方法

地基处理方法的确定，可按下列步骤进行：

（1）根据结构类型、荷载大小及使用要求，结合地形地貌、地层结构、土质条件、地下水特征、环境情况和对邻近建筑物影响等因素，初步选定几种可供考虑的地基处理方法。

（2）对初步选定的各种地基处理方法，分别从加固原理、适用范围、预期效果、材料来源和消耗、机具条件、施工进度，以及对环境的影响等方面进行技术经济分析和对比选择最佳的地基处理方法，也可选择几种方法组成的综合处理方法。

（3）对已选定的地基处理方法，必须按建筑物安全等级和场地的复杂程度，在具有代表性的场地上进行相应的现场试验和试验性施工，并进行必要的测试，以检验设计参数和处理效果。如达不到设计要求时，应找出原因并修改设计或采取补救措施。

地基处理的施工，是实现地基处理的重要环节。技术人员应掌握地基处理的目的、加固原理、技术要求和质量标准等。施工中应有专人负责质量控制和监测，并做好施工记录。当出现异常情况时，必须及时会同有关部门妥善解决，施工结束后应按国家规定进行工程质量检验和验收。

经地基处理的建筑应在施工期间进行观测（包括水平位移、孔隙水压力观测）；对于重要的或对沉降有严格限制的建筑，尚应在使用期间进行沉降观测。

【例 18-9-8】 土工聚合物在地基处理中的作用不包括：

A. 排水作用　　B. 加筋　　C. 挤密　　D. 反滤

解　土工聚合物对土没有挤密作用。

答案： C

四、区域性特殊土地基简介

特殊土是指在特定的环境和历史条件下沉积形成的土类，具有明显的区域性，它包括膨胀土、红黏土、湿陷性黄土、多年冻土及山区地基（包含土岩组合地基、岩溶和土洞等），其特点主要表现为地基的不均匀性和场地的不稳定性。

（一）膨胀土地基

膨胀土为高塑性黏土。黏粒成分主要由强亲水性矿物组成，具有明显的吸水膨胀和失水收缩性。一般强度高、压缩性低，常被误认为是良好的地基。实际上，由于它具有较强烈的膨胀和收缩特性，能使基础升降、建筑物和地坪开裂和变形，尤其对低层轻型房屋和构筑物带来的危害更大。

膨胀土地基上的建筑物都要验算地基变形量。位于坡地场地上的建筑物的地基，尚应验算地基的稳定性。

（二）红黏土地基

红黏土是高塑性黏土，指石灰岩、白云岩等碳酸盐类岩石，在温湿气候条件下经长期的风化作用所形成。其液限大于 50%，通常显红色，是建筑物较好的地基，但须注意：

（1）有些地区的红黏土具有膨胀性。

（2）厚度受基岩起伏的影响，变化很大。

（3）其上部呈坚硬或硬塑状，应充分利用它作天然地基的持力层，从地表往下有逐渐变软的规律。

（4）与岩溶、土洞关系密切。

（5）当下层有局部的软弱下卧层或岩层起伏过大时，应考虑地基不均匀沉降的影响。

（三）湿陷性黄土地基

在覆盖土层的自重压力或与建筑物附加压力共同作用下受水浸湿，由于充填在土颗粒间的可溶盐类物质遇水溶解，土的结构迅速破坏，强度迅速降低，并发生显著附加下沉的黄土称为湿陷性黄土，分为非自重湿陷性和自重湿陷性两种。

湿陷性黄土地基的设计原则与一般地基相同，在确定正常情况下湿陷性黄土地基的承载力时，可不考虑地基浸水所引起的变化。但针对湿陷性，应采取地基处理、防水措施与结构措施。

结构措施是补充地基处理和防水措施不可缺少的辅助手段，可以增强建筑物适应或抵抗因湿陷引起的不均匀沉降的能力。主要有：

（1）加强建筑物的整体性和空间刚度。建筑体型力求简单，否则需用沉降缝分割成平面形状简单且具有足够刚度的独立单元。

（2）选择适宜的结构和基础形式。单层工业厂房宜用铰接排架；对多层厂房和民用建筑，不宜采用内框架结构。

（3）加强砌体和构件的刚度。

（4）预留适应沉降的净空。

（四）土岩组合地基

此类地基的主要特征是地基在水平方向和竖直方向存在不均匀性。

（1）下卧基岩表面坡度较大的地基。上覆土层厚薄不均匀时，可能引起建筑物倾斜或土层沿岩面滑动而丧失稳定。当建筑物处于稳定的单向倾斜岩层上，且下卧基岩表面坡度符合一定要求时，不均匀变形较小，可不作变形验算，也不需进行地基处理，否则应作变形验算。当变形值超过容许范围时，可调整基础宽度、埋深、采用褥垫或采用桩基等深基础。

（2）石芽密布并有出露的地基。这种地基多为岩溶的结果，它的表面凹凸不平，其间充填有黏性土。当石芽间距小于 2m，在一定条件下，可不作地基处理；否则可利用稳定可靠的石芽作支墩式基础。当石芽间土层较薄时，可挖去土层，夯填碎石、土夹石等压缩性较低的材料。个别石芽露出部位可凿去，并设置褥垫，褥垫材料可采用炉渣、中砂、粗砂、土夹石或黏性土等。

（3）大块孤石或个别石芽出露的地基。在处理时，应使局部的变形与周围土的变形条件相适应。

（五）岩溶及土洞

1. 岩溶（“喀斯特”）

岩溶是指可溶性岩层长期受到地下水或地表水的化学侵蚀及机械作用而形成的溶洞、溶沟、溶蚀裂隙、暗河以及漏斗、钟乳石等奇特的地表形态及地下形态的总称。在岩体自重或建筑物自重作用下，会发生地面变形、地基塌陷。

2. 土洞

岩溶地区上覆土层在地表水与地下水作用下形成的洞穴称为土洞。

岩溶及土洞可造成地面变形、地基陷落，影响结构物安全，在这类地基上建造建筑物，必须掌握场地地质情况对其进行处理，其具体措施可查相关资料。

五、基础托换

托换法是因原有建筑物需加固、增层或扩建，或因受修建地下工程、新建工程或深基坑开挖影响，对原有建筑物的地基进行处理和基础加固的技术总称。

在制订托换设计和施工方案前，应掌握：

（1）现场的工程地质和水文地质资料，必要时应作补充勘察；

（2）被托换建筑物的结构设计、施工、竣工、沉降观测和损坏原因分析等资料；

（3）场地内地下管线、邻近建筑物和自然环境等原有建筑物在托换施工时或竣工后可能产生影响的调查资料。

根据原有建筑物的地基基础等情况，可采用一种或多种托换法，进行综合加固处理。

（一）桩式托换法

桩式托换法是将基础及其上荷载转移到桩上的方法，适用于软弱黏性土、松散砂土、饱和黄土、湿陷性黄土、素填土和杂填土等地基。桩式托换可分为：

（1）坑式净压桩式托换；

（2）锚杆净压桩式托换；

（3）灌注桩式托换；

（4）树根桩式托换。

（二）灌浆桩式托换

灌浆桩式托换是用泵或压缩空气等机械把浆液注入地层中，浆液以填充和渗透等方式排出地层中的水和空气，凝固后形成强度大、防水防渗透性高和化学稳定性好的人工地基。此法包括：

（1）水泥灌浆法；

（2）硅化法；

（3）碱液法。

（三）基础加固法

基础加固法适用于对建筑物基础支承能力不足的既有建筑物的基础加固。

当基础由于机械损伤、不均匀沉降或冻胀等原因引起开裂或损坏时，可采用灌浆法加固基础。采用的浆液有水泥浆或环氧树脂等。

当既有建筑物的基础出现裂缝或基础底面积不足时，可用混凝土或钢筋混凝土套加大基础尺寸。

当既有建筑物需要增层或基础需要加固，而地基不能满足变形和强度要求时，可采用坑式托换法增大基础的埋置深度，使基础支承在较好的土层上。

当对地基或基础进行局部或单独加固不能满足要求时，可将原单独或条形基础连成整体式的片筏基础，或将原片筏基础改成具有较大刚度的箱形基础，也可设置结构连接体构成组合结构，以增加基础刚度，克服不均匀沉降。

习　题

18-9-1　砂井堆载预压加固饱和软黏土时，砂井的主要作用是（　　）。

A. 置换　　B. 挤密

C. 加速排水固结　　D. 改变地基土级配

18-9-2　砂垫层的厚度是由下列（　　）条件确定的。

A. 持力层强度　　B. 基础底面应力扩散要求

C. 软弱下卧层强度　　D. 地基变形要求

18-9-3　以砾石作填料时，分层压实时其最大粒径不宜大于（　　）。

A. 200mm　　B. 300mm　　C. 100mm　　D. 400mm

18-9-4　不适合处理饱和黏性土地基的处理方法是（　　）。

A. 换土垫层　　B. 碾压夯实　　C. 深层搅拌　　D. 排水固结

习题题解及参考答案

第一节

18-1-1　**解：**弱结合水受到土颗粒表面电场力的作用，但有一定自由度。

答案：B

18-1-2　**解：**即d_{10}粒径。

答案：A

18-1-3　**解：** 即$d_{60}/d_{10} < 5$。

答案： A

18-1-4　**解：** 做现场试验就是为了更好地了解土体的真实情况。标准贯入试验需先行钻孔，再在孔底以下做试验，为避免标准贯入试验钻孔时对其下试验位置的土体产生扰动，《岩土工程勘察规范》(GB 50021—2001)(2009年版)第10.5.3条规定，贯入器打入土中15cm后，开始记录每打入10cm的锤击数。而30cm是贯入试验记录锤击数的贯入总深度。63.5kg是锤重。

答案： A

18-1-5　**解：** 饱和度为零的土为干土，$V_w = 0$，$V_v = V_a$。

答案： D

18-1-6　**解：** 反映黏性土状态的指标是液性指数，$I_L = (w - w_p)/(w_L - w_p)$，$I_L > 1$，流动状态；$0 < I_L \leqslant 1$，可塑状态；$I_L \leqslant 0$，固态，半固态。

答案： B

18-1-7　**解：** $K_u = d_{60}/d_{10}$。

答案： B

18-1-8　**解：** 土的压实能量越大，土的最优含水量越小，最大干重度越大；最优含水量条件压实时，干重度最大。

答案： B

18-1-9　**解：** 根据规范对土的工程分类的规定。

答案： A

18-1-10　**解：** 根据含水的多少及有无浮力作用判断。

答案： B

18-1-11　**解：** 根据公式$D_r = (e_{max} - e)/(e_{max} - e_{min})$计算。

答案： D

第二节

18-2-1　**解：** 即计算原始自重应力的起算点位置。

答案： C

18-2-2　**解：** 分散在地下水位以上土粒部分孔隙中毛细水带的毛细水，由于水的表面张力和土颗粒表面的湿润作用，吸附于土粒表面且存在于部分孔隙中的毛细水会增加土颗粒间的接触应力，使土中的有效应力增大。

答案： B

18-2-3　**解：** 根据$p_0 = p_k - \gamma_m d$，基底总压力减去埋深处土的自重应力。

答案： B

18-2-4　**解：** 有限面积基础（荷载）作用下即是。

答案： B

18-2-5　**解：** 同种土中自重应力直线分布，不同种土中γ不同，直线斜率不同，在土层面出现拐点，因此成折线。

答案： A

18-2-6　**解：**有限面积基础在地基中的附加应力沿深度分布为曲线减小。

答案：D

18-2-7　**解：**计算表格规定。

答案：B

第三节

18-3-1　**解：**由e-p曲线确定压缩系数。

答案：A

18-3-2　**解：**一般土取0.2，软土可取0.1。其值越小，意味着压缩层计算厚（深）度越厚（深）。

答案：A

18-3-3　**答案：**B

18-3-4　**解：**$E_s > 15\text{MPa}$为低压缩性土。

答案：C

18-3-5　**解：**根据固结度与时间关系公式计算得出。

答案：A

18-3-6　**解：**此厚度已满足计算要求。

答案：A

18-3-7　**解：**正常固结土的自重应力是先期固结压力，附加应力作用下仅用原始压缩曲线及指标计算沉降变形即可；超固结土需用原始压缩曲线和再压缩曲线及指标，根据地基先期固结压力和目前自重应力差值与附加应力的大小关系分别计算；欠固结土的沉降变形不仅由地基附加应力引起，也包括原自重应力作用下未固结沉降稳定的那部分。

答案：B

第四节

18-4-1　**解：**称此为“塑性荷载”。

答案：B

18-4-2　**解：**地基中未出现塑性变形区的最大荷载是临塑荷载p_{cr}，其最小；地基即将发生失稳破坏的荷载为极限荷载p_u，最大；允许地基中产生一定深度的塑性区对应的荷载，界限荷载居中。因为$p_{\frac{1}{3}}$对应的塑性变形区大于$p_{\frac{1}{4}}$，故$p_{\frac{1}{3}}$大于$p_{\frac{1}{4}}$。

答案：B

18-4-3　**解：**施工时间短，排水条件不良的地基应选择接近不排水的抗剪强度指标。快剪意味着不排水（少排水）。

答案：A

18-4-4　**解：**规范规定。增大基础宽度和基础埋深可提高地基承载力，但增大基础尺寸会增大基础沉降量。

答案：A

18-4-5　**解：**抗剪强度线在纵坐标轴上的截距为土的剪切破坏面上法向应力为零时的抗剪强度，即黏聚力c。

答案：A

18-4-6　**解：**用大、小主应力关系表示的极限平衡条件公式计算。

答案：D

18-4-7　**解：**破坏面与最小主应力面的夹角为$45° - \varphi/2$。

答案：A

18-4-8　**解：**可通过三轴试验测得同一种土的若干个土样在不同极限状态时的摩尔应力圆数据。

答案：C

18-4-9　**解：**将已知条件代入太沙基公式计算。

答案：C

第五节

18-5-1　**解：**地下室外墙无相对位移。

答案：B

18-5-2　**解：**墙背位置土面上倾、墙面下倾的墙背形式称为仰斜墙。

答案：A

18-5-3　**解：**被动土压力是土被墙压坏，土对墙的作用力；主动土压力是土失去墙的挡土作用造成的破坏，土对墙的作用力。

答案：B

18-5-4　**解：**要求墙后填土黏聚力c为零，即为非黏性土。

答案：B

18-5-5　**解：**做逆坡可增大滑动阻力。

答案：C

18-5-6　**解：**减小水的影响。

答案：B

18-5-7　**解：**设天然休止角为φ（一般干砂的天然休止角为内摩擦角φ），坡角为β。根据定义：砂性土坡稳定安全系数为$K = \tan\varphi / \tan\beta$（而非$K = \varphi/\beta$）据题意，砂性土坡稳定应是满足$K = \tan\varphi / \tan\beta \geqslant 1.5$（而非$K = \varphi/\beta \geqslant 1.5$）。但从数学计算上，$\varphi/\beta \geqslant 1.5$的范围包含在$\tan\varphi / \tan\beta \geqslant 1.5$范围之中，即如果土坡满足$\varphi/\beta \geqslant 1.5$这一条件，则也符合$\tan\varphi / \tan\beta \geqslant 1.5$的条件。

选项A，坡角等于天然休止角，即$K = 1$，为极限状态，没有安全储备，错误。

选项B，坡角小于1.5倍的天然休止角，不符合$\tan\varphi / \tan\beta \geqslant 1.5$的要求，不安全，错误。

选项C，坡角大于1.5倍的天然休止角，不符合$\tan\varphi / \tan\beta \geqslant 1.5$的要求，不安全，错误。

选项D，1.5倍的坡角小于天然休止角，符合$\tan\varphi / \tan\beta \geqslant 1.5$的要求，可满足土坡稳定的要求，正确。

答案：D

18-5-8　**解：**简化为圆筒面计算，实际破坏面为曲面。

答案：C

第六节

18-6-1　**解：**除载荷试验外，其余均为室内试验。

答案：A

18-6-2　**解：**气候条件是无关的环境条件。

答案：B

第七节

18-7-1　**解：**框架结构整体刚度低。

答案：B

18-7-2　**解：**对选项中几种不同刚性材料的刚性基础进行比较，混凝土基础允许刚性角（台阶宽高比）大。

答案：A

18-7-3　**解：**按偏心受压公式计算，$e < b/6$时基础底面不出现受拉区。

答案：C

18-7-4　**解：**当“新建”（建筑物基础）较相邻“既有”（建筑物基础）埋置深度深时，为减少新建对既有的影响，要求新建离既有足够远。

答案：C

18-7-5　**解：**考虑建筑有室内采暖的设施。

答案：C

18-7-6　**解：**见《地基规范》第 8.3.12 条。

答案：C

18-7-7　**解：**由于建筑地基土分布不均匀，可造成建筑物沉降不均匀。

答案：C

18-7-8　**答案：**D

18-7-9　**解：**主要是防止“高”“深”建筑物在“低”“浅”建筑物的地基中产生过大的附加应力，引起地基变形等。减小“高”“深”建筑物对“低”“浅”建筑物的影响。

答案：A

第八节

18-8-1　**解：**土对桩作用的摩阻力（负摩阻力）方向是向下的。

答案：A

18-8-2　**解：**偏心方向各桩受力不同。

答案：B

18-8-3　**解：**端承桩荷载主要由持力层承担。

答案：B

18-8-4　**答案：**C

18-8-5　**答案：**B

第九节

18-9-1　**解：**砂土渗透性强。

答案：C

18-9-2　**解：**砂垫层平面尺寸由基底应力扩散范围确定。

答案：C

18-9-3　**答案：**D

18-9-4　**解：**碾压夯实对土含水量有要求，不适合饱和条件。

答案：B

第十九章 结构试验

复习指导

一、考试大纲

16.1 结构试验的试件设计、荷载设计、观测设计、材料的力学性能与试验的关系

16.2 结构试验的加载设备和量测仪器

16.3 结构静力（单调）加载试验

16.4 结构低周反复加载试验（伪静力试验）

16.5 结构动力试验

结构动力特性量测方法、结构动力响应量测方法

16.6 模型试验

模型试验的相似原则 模型设计与模型材料

16.7 结构试验的非破损检测技术

二、复习指导

结构试验是以结构、构件为研究对象，用仪表、加载设备、试验方法和数据处理来获得结构、构件的一些技术性能。学习这门课程时应注意：

（1）复习教程对课程的主要内容进行了简要介绍，但实际上结构试验内容比教程中的内容丰富。因此，复习题范围适当扩展，解题内容也较教程内容丰富。

（2）结构试验的试件有三种情况：①模型试件需用相似原理进行设计；②小结构试件，试件的形状、尺寸、数量需进行专门的设计；③实际结构或构件。

（3）结构试验用仪表测量相关的参数，不同参数采用不同的仪表测量，仪表有机、电之分，仪表有技术性能、使用前标定、正确的使用方法等。

（4）加载方案中涉及荷载设计、加载设备、加载程序等，并有静、动之分，以及各种参数的测试方法。

（5）试验数据的分析有单一参数，如挠度、应力、应变、裂缝宽度、延性等。也有两个参数在直角坐标系内的曲线，以及试验点进行回归分析等。

（6）非破损结构试验是现场进行结构和构件性能评定的主要方法，应用非常广泛，应予以充分的重视。

需要指出的是，结构试验是一门实践性很强的学科，涉及结构、构件、仪表、加载设备、试验方法以及数据处理等，内容丰富、涉及面广、不断发展并具有一定的灵活性。因此，有些问题解答不是唯一的，但有比较合理的答案。

第一节　试件设计、荷载设计、观测设计与材料试验

一、试件设计

结构试验有现场试验与室内试验。

现场试验是在实际的结构或构件上进行试验。现场试验分研究性试验和鉴定性试验两类。清华大学在湖北某地通过爆炸地震，对距爆心 132m 处建造的两座三层内框架房屋进行抗震试验，量测了地面水平加速度、房屋水平加速度、位移以及柱中钢筋的应变，为研究性试验。北京建工学院在北京信达金融大厦，对 5~14 层预应力梁进行张拉时，在张拉的过程中测试梁的控制截面混凝土应力、钢筋应力和梁的挠度，为鉴定性试验。

室内试验，鉴定构件的承载力、变形、抗裂和裂缝宽度，须采用实际构件。对成批生产的构件，按同一工艺正常生产不超过 1 000 个构件，且不超过 3 个月的同类型产品为一批，在每批中应随机抽取 1 个构件作为试件进行检验。构件结构性能检验结果均应符合《混凝土结构工程施工质量验收规范》（GB 50204—2015）的规定。

研究性试验需要对结构构件的尺寸、形状、数量、加载方法进行设计。与原型结构缩小比例较大的试件，需用相似理论进行设计，称为模型试验。通常缩尺的结构或构件试验称为一般结构试验（或小结构试验）。例如：

（1）钢筋混凝土简支梁试件，截面尺寸宽度$b = 120\text{~}200\text{cm}$，高度$h = 200\text{~}600\text{cm}$。

（2）偏心受压钢筋混凝土短柱，截面尺寸宽度$b = 160\text{cm}$，高度$h = 200\text{~}250\text{cm}$，柱高$l = 1\,200\text{~}1\,400\text{cm}$，$l/h \leqslant 8$。

（3）砌块墙体抗剪强度试验，墙宽B为实际墙体的$1/2\text{~}1/3$，墙高h取$h\,/\,B = 0.25\text{~}1.25$，墙厚为实际墙厚。

试件形状要满足在试验时和实际工作相一致的应力状态和边界条件。

试件的数量，对于某一试验指标，例如砌块墙体的抗剪强度试验，考虑影响因素（墙体高宽比、砂浆强度、正应力σ_0和芯柱数量 4 个因素），每个因素选择 3 个不同状态（水平），选用$L_9(3^4)$正交试验表，见表 19-1-1。

用$L_9(3^4)$墙体抗剪强度试验　　表 19-1-1

试验次数	试验因素				试验指标
	A 高宽比	*B* 砂浆强度	*C* 正应力σ_0（MPa）	*D* 芯柱数量	墙体抗剪强度（MPa）
1	1.2	A	0.4	0	
2	1.2	B	0.5	1	
3	1.2	C	0.6	2	
4	1.0	A	0.5	2	
5	1.0	B	0.6	0	

续上表

试验次数	试验因素				试验指标
	A 高宽比	B 砂浆强度	C 正应力σ_0（MPa）	D 芯柱数量	墙体抗剪强度（MPa）
6	1.0	C	0.4	1	
7	0.8	A	0.6	1	
8	0.8	B	0.4	2	
9	0.8	C	0.5	0	

$L_9(3^4)$表示：试验次数9次，4个因素，每个因素有3个水平。

为了保证试件的制作质量，试件的原材料、施工工艺，应符合有关标准的要求，还应保证量测仪器用的预埋件和预留孔洞位置正确，尽可能减少截面的削弱。在试件制作过程中保护预埋的传感元件和引出线。

试件设计的构造措施见图19-1-1。图中支座反力和集中力作用处设预埋垫板，防止试件和支墩的局部承压破坏（见图19-1-1a、b、c）；混凝土垫梁使墙顶面均匀受压（见图19-1-1d）；偏心受压柱设牛腿、配钢筋，防止试验过程牛腿先于柱子破坏（见图19-1-1e）。

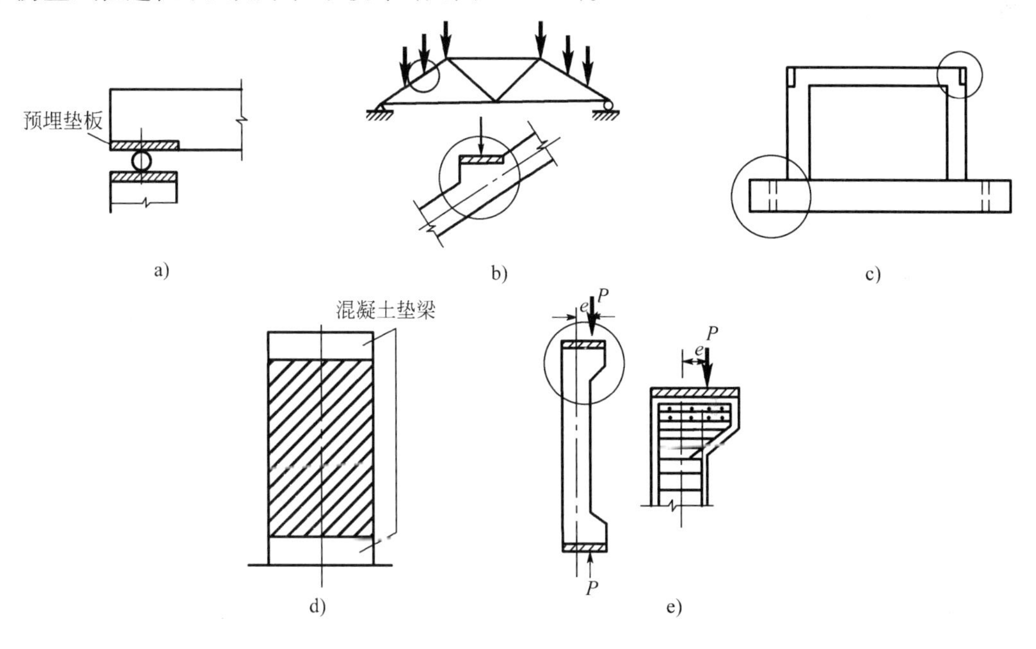

图19-1-1　试件设计的构造措施

二、荷载设计

（一）加载图式

为使结构构件的试验与实际工作状态一致，应优先采用正位试验。对自重较大的吊车梁、柱、屋架等构件，当不便于吊装、运输和量测时，可采用卧位试验。试验梁板的抗裂和裂缝宽度，可采用反位试验，对观测裂缝比较方便。

试验荷载在结构构件上的布置形式（包括集中荷载、均布荷载等）称为加载图式。加载图式应和设计结构构件时的计算简图一致。当试验条件受到限制时，在不影响试验主要目的的前提下，允许采用与计算简图等效的加载图式。

等效的原则是：试验荷载与计算荷载在控制截面或部位上主要内力的数值相等，其余截面或部位上主要内力和非主要内力的数值相近，内力图形相似；内力等效对试验结果的影响可明确计算。如图 19-1-2 所示，在均布荷载q作用下的简支梁，用一个集中力$p = ql$ 二分点加载，$V_{\max}$等效，但$M_{\max}$不等效；用两个集中力四分点加载或四个集中力八分点加载，则$V_{\max}$和$M_{\max}$均等效。

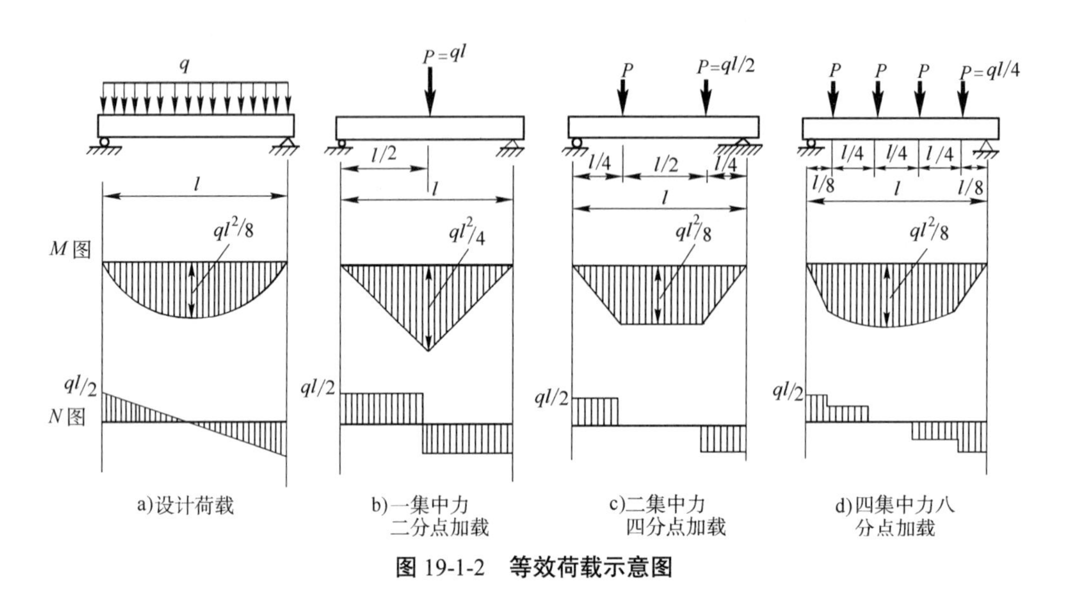

图 19-1-2　等效荷载示意图

在变形量测时，均布荷载q作用下的简支梁，换算成等效荷载时，在各级荷载作用下的挠度实测值，应按表 19-1-2 乘以相应的修正系数Ψ。

加载图式修正系数　　表 19-1-2

名　　称	加 载 图 式	修 正 系 数 Ψ
均布荷载	l	1.0
二集中力四分点等效荷载	l/4　l/2　l/4	0.91
二集中力三分点等效荷载	l/3　l/3　l/3	0.98
四集中力八分点等效荷载	l/8　l/4　l/4　l/4　l/8	0.97
八集中力十六分点等效荷载	l/16　l/8　l/8　l/16	1.0

（二）试验荷载的确定

在进行混凝土结构试验前，应根据试验要求分别确定下列试验荷载值：

（1）对结构构件的挠度、裂缝宽度试验，应确定正常使用极限状态试验荷载值（简称为使用状态试验荷载值）；

（2）对结构构件的抗裂试验，应确定开裂试验荷载值；

对结构构件的承载力试验，应确定承载能力极限状态试验荷载值，简称承载力试验荷载值。

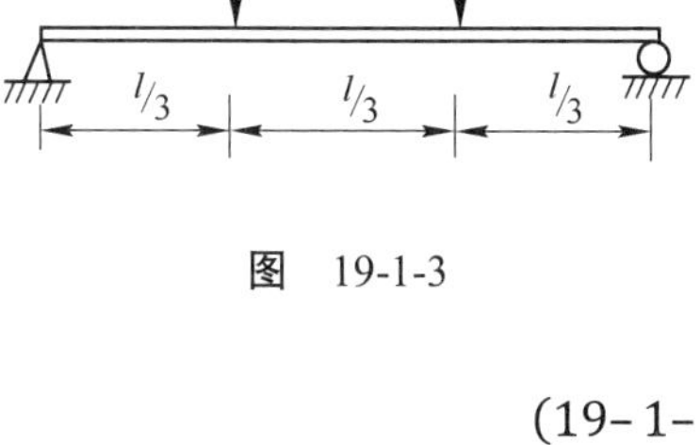

图 19-1-3

进行鉴定（检验）试验，设计用均布荷载简支梁，检验用三分点加载，如图 19-1-3 所示。正常使用短期荷载检验值F_s和承载力检验荷载设计值F_d按下列原则进行计算。

正常使用极限状态，跨中截面弯矩M等效：

$$F_s = \frac{3}{8}(G_k + Q_k)bl \tag{19-1-1}$$

承载力极限状态，跨中截面弯矩等效：

$$F_d = \frac{3}{8}(\gamma_G G_k + \gamma_Q Q_k)bl \tag{19-1-2}$$

式中：G_k、Q_k—分别为永久荷载、可变荷载标准值；

γ_G、γ_Q—分别为永久荷载、可变荷载的分项系数；

b—板的宽度；

l—梁板的计算跨度。

如果试验荷载用二集中力四分点加载，则式（19-1-1）、式（19-1-2）中的系数由3 / 8改为1 / 2。

实际加载时，结构构件的自重和加载设备的重量，应作为试验荷载的一部分，在施加的检验荷载计算值中扣除。式（19-1-1）应为：

$$F_s = \frac{3}{8}\left(G_k + Q_k - Q_{自}\right)bl \tag{19-1-3}$$

（三）加载程序

一般结构静载试验的加载程序为：预加载→标准荷载→破坏荷载。图 19-1-4 是一个典型的静载试验加载程序。

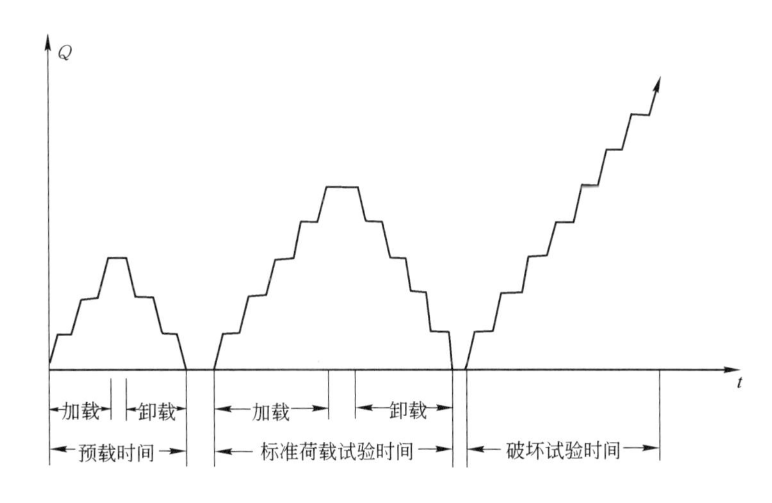

图 19-1-4 静载试验加载程序

1. 预加载

预加载可分级加载，但不宜超过混凝土或预应力混凝土结构构件开裂荷载的 70%，以免影响结构性能的评定。预加载的目的是：

（1）检查试验装置、量测仪表工作是否正常；

（2）减少试件和各支承装置间的接触变形；

（3）检查试验人员加载、仪表观测是否正确；

（4）检查现场的组织工作。

2. 加载和卸载

试验荷载应分级加载和卸载。

（1）在达到使用状态试验荷载值F_s前，每级加载不宜大于$20\%F_s$；超过F_s后，每级加载不大于$10\%F_s$。

（2）对于研究性试验，加载值达 90%开裂荷载计算值后，每级加载不大于$5\%F_s$；对于鉴定性试验，试验荷载接近抗裂荷载时，每级加载不宜大于$5\%F_s$。

（3）对于研究性试验，加载达承载力试验荷载计算值的 90%时，每级按$5\%F_s$加载；对于鉴定性试验，加载接近承载力检验荷载时，每级按 5%的承载力检验荷载值加载。

（4）每级荷载持续时间的长短，取决于结构变形的发展情况，即结构变形基本上充分完成后，就可加下一级荷载。如果持续时间过短，结构变形不能充分发展，变形值偏小，在进行破坏荷载试验时，破坏荷载值偏高。

（5）试件卸载亦需分级，但级距可放大，每级卸载值按$20\%\sim50\%F_s$取。每级卸载后，试件上保留的荷载与加载时的某一级荷载相对应，其目的是便于观测试件变形的恢复情况，了解结构构件的非弹性性质。

全部卸载完成以后，宜经过一定的时间后重新量测残余变形、残余裂缝形态及最大裂缝宽度等，以检验试件的恢复性能。恢复性能的量测时间，对于一般结构构件取 1h，对于新型结构和跨度较大的试件取 12h，也可根据具体需要确定时间。

3. 试验荷载的实测值

分级加载试验时，试验荷载的实测值应按下列原则确定：

（1）在持荷时间完成后出现试验标志（如混凝土开裂）时，取该级荷载值作为试验荷载实测值（如开裂荷载）。

（2）在加载过程中出现试验标志时，取前一级荷载值作为试验荷载实测值。

（3）在持荷过程中出现试验标志时，取该级荷载和前一级荷载的平均值作为试验荷载实测值。

【例 19-1-1】 试件的最大承载能力和相应变形计算，应按下列哪一项进行？

A. 材料的设计值　　B. 材料的标准值

C. 实际材料性能指标　　D. 材料设计值修正后的取值

解 《混凝土结构试验方法标准》（GB/T 50152—2012）第 4.0.1 条规定，混凝土结构试验中用于计算和分析的有关材料性能的参数应通过实测确定。

答案：C

三、观测设计

试验的观测设计应包括以下内容：

（1）按试验要求确定观测项目；

（2）布置测点位置；

（3）选择合适的仪表；

（4）确定观测方法。

（一）确定观测项目

1. 整体变形

结构的位移、挠度、转角、支座偏移等称为整体变形，结构的整体变形能够反映试件受力后的全貌。

一个构件的挠度曲线至少有 5 个测点（包括跨中或集中荷载作用下位移最大处和两端支座沉降处），见图 19-1-5a）。由挠度曲线不仅可以知道构件的刚度变化，而且可区分构件的弹性和非弹性性质。构件任何部位的异常变形或局部破坏均会在位移上得到反映，如图 19-1-5b）所示曲线中的拐点。

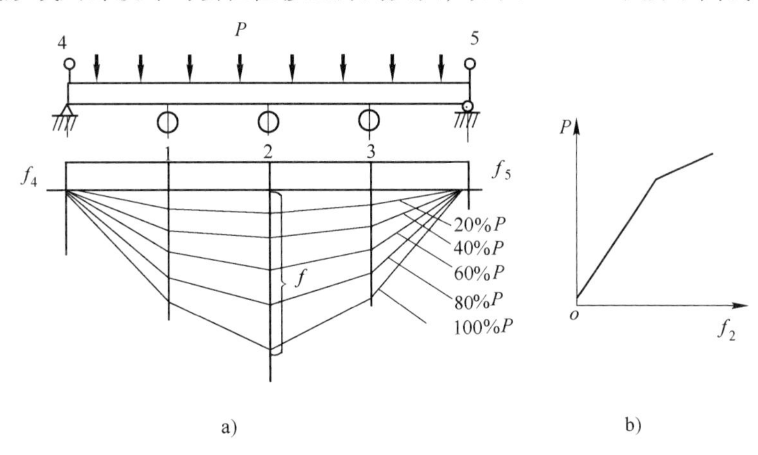

图 19-1-5　构件的挠度曲线

2. 裂缝量测

在正常使用极限状态中，裂缝宽度是重要指标之一；在承载力极限状态中，它也是破坏指标之一。因此，试验时应对结构在各级荷载作用下的裂缝发生、发展和试件的破坏作详细观测和记录，以便对结构的受力性能作出全面的判断。

3. 局部变形

结构构件的局部变形，如构件的应变、曲率、裂缝、某一点的位移和钢筋滑移等可以反映构件受载后的局部情况。

（二）测点布置

测点布置应遵循以下原则：

（1）在满足试验要求的前提下，测点宜少不宜多，使试验工作重点突出；

（2）测点位置要有代表性，最大挠度和最大应力等测点作为控制测点；

（3）保证量测数据的可靠性，应布置一定数量的校核性测点（包括零应力点）；

（4）测点布置便于测读和安全。

（三）仪器的选择

（1）能满足测点所需的量程和精度。一般试验相对误差不超过 5%，仪表的最小刻度值不大于 5% 的最大被测值。被测值宜在仪器满量程的1/5~2/3范围内，最大被测值不宜大于仪器量程的 80%。

（2）现场试验环境复杂，影响因素多，应选择合适的电测、机测仪表。如果测点的数量多，位置高、远，则采用电测仪表。

（3）尽可能使用自动记录装置。

（4）量测仪器的型号、规格尽可能一致，控制测点或校核性测点可同时使用两种类型仪器，便于比较。

【例 19-1-2】 在确定试验的观测项目时，应该按哪一项考虑？

A. 整体变形测量

B. 局部变形测量

C. 首先考虑整体变形测量，其次考虑局部变形测量

D. 首先考虑局部变形测量，其次考虑整体变形测量

解 结构的整体变形能够反映试件受力后的全貌，任何部位的异常变形或局部破坏都能在整体变形中得到反映。对于某些结构构件，局部变形（如应变、裂缝、钢筋滑移等）也很重要，根据试验目的，也经常需要测定一些局部变形的项目。所以在确定试验的观测项目时，首先应考虑整体变形测量，其次考虑局部变形测量。

答案： C

四、材料的力学性能试验

钢筋和混凝土的力学性能指标，对于正确估计结构构件的承载力、挠度、抗裂性、裂缝宽度，以及试验中荷载分级均具有重要意义。同时，在试验资料整理分析和评定试验结果时，也需要构件材料的实际力学性能。

钢筋的力学性能试验包括屈服强度、抗拉强度、伸长率和冷弯性能。

在制作混凝土结构构件时，应同时制作立方体试块，与结构构件同条件养护，以确定试验构件中混凝土的实际强度。当需要测定混凝土的弹性模量或轴心抗压强度时，应同时制作棱柱体试件，以确定混凝土的弹性模量和轴心抗压强度，并绘制混凝土的应力-应变曲线。当进行抗裂性能试验时，应同时制作抗拉试件，以测定混凝土的抗拉强度。

习 题

19-1-1 结构试验中，常用科研性试验解决的问题是（ ）。

A. 综合鉴定重要工程和建筑物的设计与施工质量

B. 鉴定预制构件的产品质量

C. 已建结构可靠性检验、推断和估计结构的剩余寿命

D.为发展和推广新结构、新材料与新工艺提供实践经验

19-1-2 某钢筋混凝土预制板，计算跨度$L_0 = 3.3\text{m}$，板宽$b = 0.6\text{m}$，永久荷载标准值$g_\text{k} = 5.0\text{kN/m}^2$，可变荷载标准值$q_\text{k} = 2.0\text{kN/m}^2$，预制板检验时用二集中力四分点加载，则承载力检验荷载设计值为（ ）kN。（其中$\gamma_\text{g} = 1.3$，$\gamma_\text{q} = 1.5$，板自重2.0kN/m^2）

A. 4.95　　B. 3.712

C. 7.425　　D. 5.049

19-1-3 下列（ ）不是等效加载图式应当满足的条件。

A. 等效荷载产生的控制截面内力与计算内力值相等

B. 等效荷载产生的主要内力图形与计算内力图形相同

C. 由于等效荷载引起的变形差别，应当给以适当修正

D. 控制截面内力等效，次要截面内力应与设计值接近

19-1-4　正交表$L_9(3^4)$中的数字3的含义是（　　）。

A. 表示因子的数目　　　　B. 表示试件的数目

C. 表示试验的次数　　　　D. 表示每个因子的水平参数

19-1-5　下列关于加载速度对试件材料性能影响的叙述正确的是（　　）。

A. 钢筋的强度随加载速度的提高而提高

B. 混凝土的强度随加载速度的提高而降低

C. 加载速度对钢筋强度和弹性模量没有影响

D. 混凝土弹性模量随加载速度的提高而降低

第二节　结构试验的加载设备和量测仪器

一、加载设备

结构构件进行静载试验时，加载设备应满足以下基本要求：

（1）荷载作用点位置准确，传力方式满足加载图式要求，不影响结构构件自由变形，不影响结构的受力；

（2）加载值要准确、稳定，荷载值的相对误差不超过±3%，现场试验不超过±5%，加载值不随时间、环境条件的改变和结构变形而变化；

（3）能方便地加载或卸载，荷载分级值能满足试验的精度要求，加载设备的加载能力应大于最大试验荷载值，并有足够的安全储备；

（4）加载设备要有足够的强度和刚度，使加载过程设备本身变形很小，容易稳定加载值，而且加载设备要安全可靠。

（一）重物加载

重物加载有铁块、砖、水、砂石以及其他废构件等重物。重物荷载常作为均布荷载直接堆载在结构表面上。为了防止重物荷载本身的起拱作用，造成试验构件的卸载，重物应分堆，每堆之间有一定间隙，如图19-2-1所示。

用水加载做楼板的静载试验，是一个简单易行的方案，可观测楼板变形、板底裂缝和板底钢筋应力，见图19-2-2。

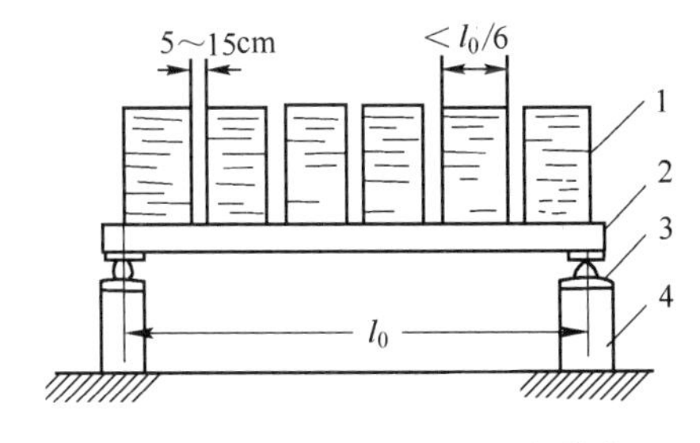

图19-2-1　重物对板加均布荷载

1-重物；2-试验板；3-支座；4-支墩

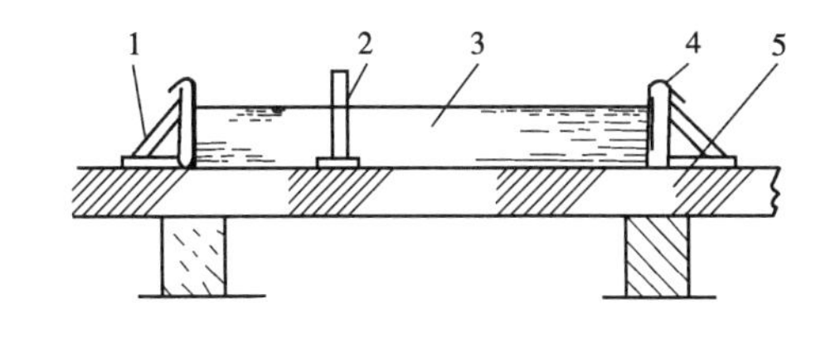

图19-2-2　水作为均布荷载

1-侧向支撑；2-标尺；3-水；4-防水胶布或塑料布；5-试件

重物加载除可加均布荷载外，也可加两个集中荷载，见图19-2-3a）。由于受加载设备的限制，对试验构件加集中荷载时，可利用杠杆加载装置，见图19-2-3b）、c）。图19-2-3c）中，杠杆的三个支点应明确，并应在同一直线上，加载放大的比例不宜大于 5 倍。

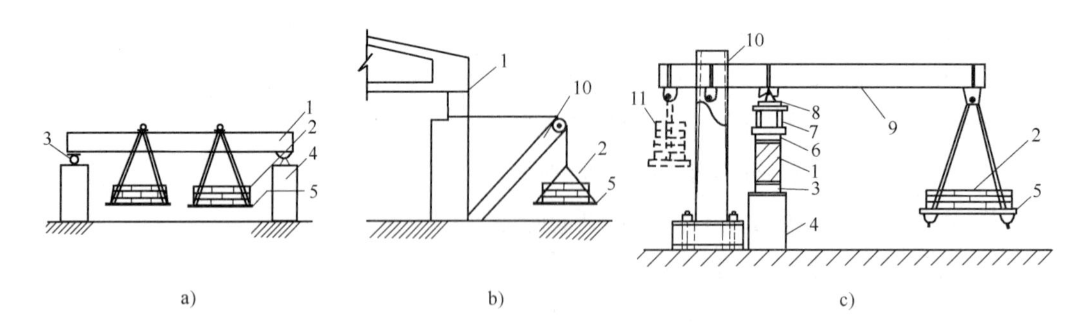

图 19-2-3 重物加集中荷载

1-试件；2-重物；3-支座；4-支墩；5-荷载盘；6-分配梁支座； 7-分配梁；8-加载支点；9-杠杆；10-荷载支架；11-杠杆平衡重

（二）液压加载

液压加载是目前最常用的加载方法，有手动液压千斤顶加载、长柱试验机加载、同步液压加载系统、电液伺服加载系统。

1. 手动液压千斤顶加载

图 19-2-4 是一个简支梁三分点加载的加载装置。用一个液压千斤顶和一个分配梁对试验构件施加两个集中荷载，千斤顶上部布置一个荷载传感器，通过应变仪控制加载值，横梁的立柆固定在台座或底梁上。

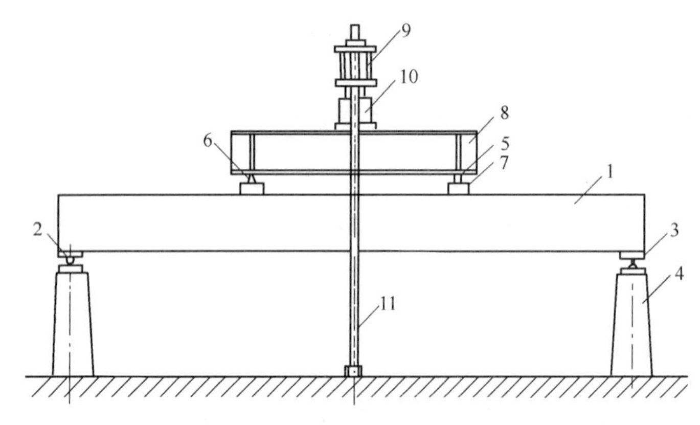

图 19-2-4 简支梁用千斤顶分配梁加载装置

1-试验梁；2-滚动铰支座；3-固定铰支座；4-支墩；5-分配梁滚动铰支座；6-分配梁固定铰支座；7-集中力下的垫板；8-分配梁；9-横梁；10-千斤顶；11-立柆

2. 试验机加载

图 19-2-5 是一个偏心受压柱的加载装置。柱子试件放在长柱试验机的上下压板中间，在柱子加压部位上下各加一个刀铰支座，加载值可用压力计表盘控制，或在刀铰支座上设置一个荷载传感器来控制。

3. 液压加载系统

如图 19-2-6 所示，液压加载系统是结构试验中最常用的加载设备，主要由液压稳压器（或高压油泵）、分油器、高压油管、千斤顶组成。不同型号的稳压器可同时提供 1~5 组不同的油压，最大压力 250~3000MPa，每一组压力可经几个分油器供几个千斤顶使用，千斤顶规格一致，活塞与油缸体摩擦力相同，放置高度相差不超过 5m，可以保证每一路供油的几个千斤顶多点、同步加载的要求。

4. 电液伺服加载系统

电液伺服加载系统是目前最先进的结构试验加载设备。电液伺服加载系统主要采用电液伺服阀进行闭环控制，因而可获得高精度的加载控制，还易于对试验进行不同力学参数（如位移、荷载、应变等）的控制，以及在试验过程中进行控制参数的转换。

所谓电液伺服闭环控制，是在试验时以电量通过伺服阀控制高压油的流量，推动千斤顶的活塞施加荷载；结构构件受载后产生变形，通过安装在结构构件上的传感元件，检测某一物理量的参数（位移、荷载、应变等），并以电量的方式反馈信号，在比较器中实时地与设定的控制参数进行比较，得出的差值信号经调整放大后，控制电液伺服阀再推动执行元件，使其以消除差值的方向动作，最终使执行元件的动作和设定量保持一致，见图19-2-7。

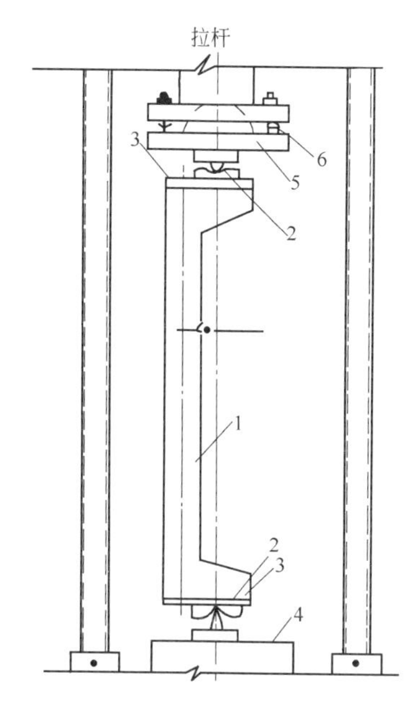

图 19-2-5 柱用试验机加载装置

1-试验柱；2-刀口支座；3-垫板；4-试验机下压板；5-试验机上压板；6-调节试验机压板的弹簧

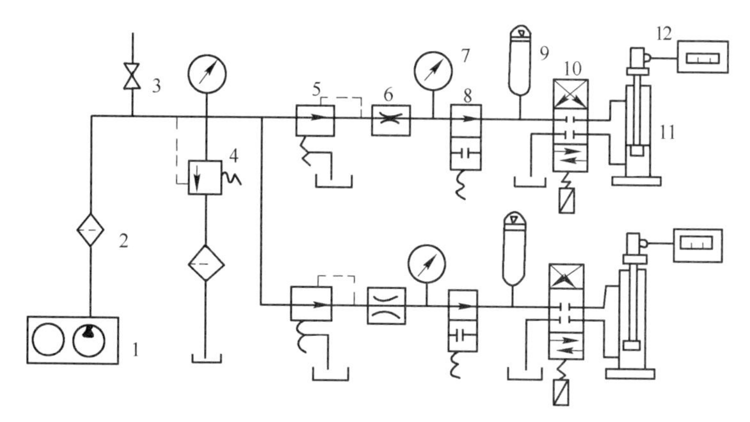

图 19-2-6 同步液压加载系统图

1-高压油泵；2-滤油器；3-截止阀；4-溢流阀；5-减压阀；6-节流阀；7-压力表；8-电磁阀；9-蓄能器；10-电磁阀；11-加载器；12-测力计

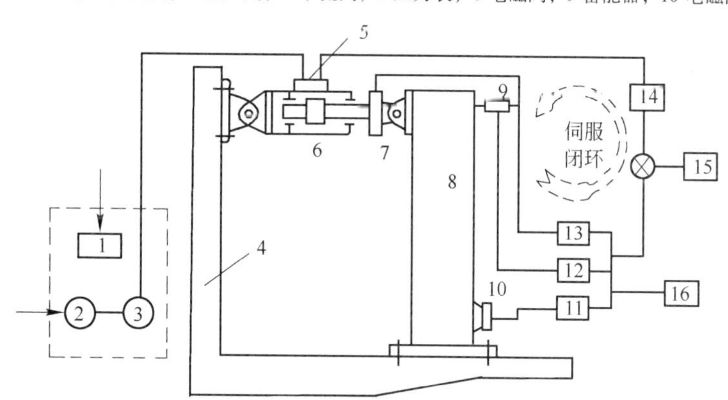

图 19-2-7 电液伺服加载系统及其闭环控制原理框图

1-冷却器；2-电机；3-油泵；4-支承机构；5-伺服阀；6-加载器；7-荷载传感器；8-试件；9-位移传感器；10-应变传感器；11-应变调节器；12-位移调节器；13-荷载调节器；14-伺服控制器；15-指令发生器；16-记录显示器

（三）机械机具加载

常用的机械式加载机具有绞盘、弹簧、螺旋千斤顶等，用作结构构件的静载试验。

绞盘一般用于水平加载或变位较大的结构试验，在拉索中接入测力计量测加载值，还可利用滑轮组提高荷载值。

弹簧加载常用于长期荷载试验，用千分表量测弹簧长度的改变来换算弹簧所加的荷载值。当结构发生徐变后会产生卸载，因此需要经常拧紧螺母调整压力。

由机械式激振器产生的正弦波荷载，用于测定结构的动力特性。机械式激振器由变速电机带动偏心轮，利用偏心重量的离心力产生垂直或水平方向的周期荷载，使用时将它固定在结构物上产生结构的强迫振动。激振力P的大小与偏心块质量m、偏心距r和电机转速ω有关，见图 19-2-8。即

$$P = 2r\omega^2 m \sin \omega t \tag{19-2-1}$$

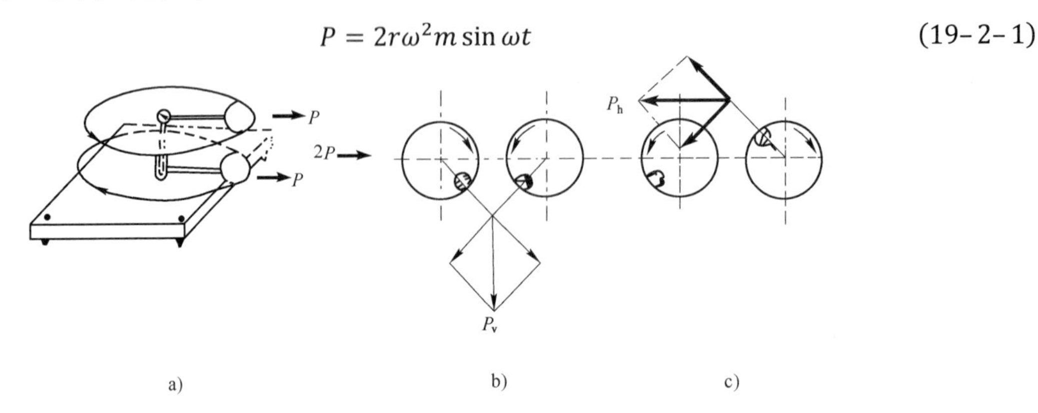

图 19-2-8　机械式偏心起振机的原理图

（四）气压加载

图 19-2-9 为利用空气压缩机对气包充气，给试件加均匀荷载的示意图。为提高气包耐压能力，四周加边框，这样最大压力可达 180kPa。压力用不低于 1.5 级的压力表量测，此法较适用于板壳试验。

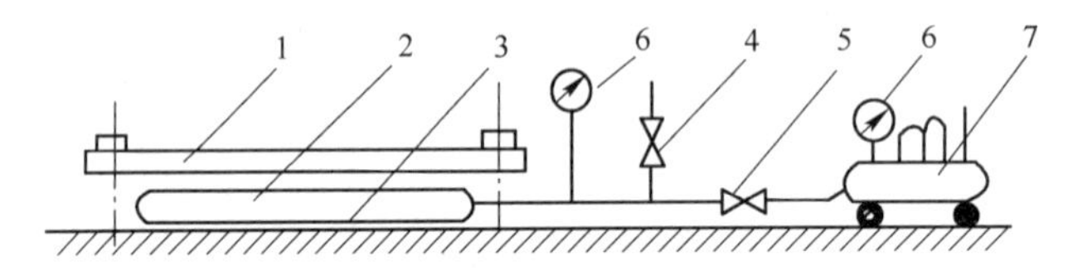

图 19-2-9　压缩空气加载示意图

1-试件；2-气包；3-台座；4-泄气针阀；5-进气针阀；6-压力表；7-空气压缩机

（五）支座和支墩

支座和支墩能保证结构构件在支座处力的正确传递，本身要有足够的强度与刚度。常用的构造形式如图 19-2-10 所示。

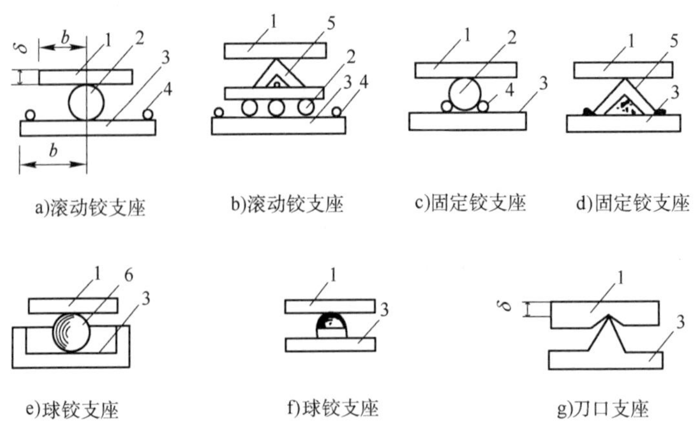

图 19-2-10　常用几种支座的形式

1-上垫板；2-滚轴；3-下垫板；4-限位钢筋；5-角钢；6-钢球

为防止试件支承处和支墩的局部破坏，上下垫板尺寸应分别按试件和支墩局部受压考虑，垫板厚度应保证有足够的刚度。用于钢筋混凝土构件上垫板厚度δ可按下式计算

$$\delta = \sqrt{\frac{2f_{cu}b^2}{f}} \tag{19-2-2}$$

式中：f_{cu}—试件混凝土立方体抗压强度（MPa）；

b—滚轴中线至板边缘的距离（mm）；

f—垫板钢材的强度设计值（MPa）。

二、量测仪器

结构试验时要对作用在结构构件上的荷载（包括支座反力）和结构构件的局部或整体变形进行量测，量测的工具称量测仪器。量测仪器分机测仪器和电测仪器。机测仪器将量测的参数经放大后直接显示在仪器的表盘上；而电测仪器将感受参数变化的量测仪器称为一次仪表（如电阻应变片、位移传感器、荷载传感器等），将物理参数经电量放大显示部分称为二次仪表（如电阻应变仪等）。

量测仪器的基本量测方法一般采用偏位测量法和零位测量法。

（1）偏位测量法：根据量测仪表放大部分产生的偏转或位移量得出欲测参数的大小，如百分表、千分表等。

（2）零位测量法：用已知标准量去抵消未知物理量对仪表指示装置引起的偏转，使被测量和标准量对仪器指示装置的效应经常保持相等，即两个作用的总效应为零。指示装置指零时的标准量即为被测的物理量，如称重天平。

由于零位读数法测量结果的误差主要取决于标准量的误差，因而测量精度高于偏位测量法。

量测仪器的主要技术指标包括：

（1）刻度值：是指每一个最小刻度代表被量测的数值；

（2）量程：指测量上限值和下限值之差；

（3）灵敏度：指仪表在稳态下，某物理量输出值与输入值的比值；

（4）精度：指仪表指示值与被测值的符合程度；

（5）滞后：指仪表输入量从起始值到最大值，再从最大值到起始值之差。

在选用量测仪表时，应考虑下列要求：

（1）仪器的量程和精度：仪器的量程为1.5倍最大被测值，仪器的精度常以最大量程的相对误差来表示，并以相对误差值判定仪器的精度等级。如一台精度为0.2级的仪表，示值误差不超过最大量程的±0.2%。

（2）动力试验用仪表，其线性范围、相频和幅频特性应满足试验要求。

（3）安装在结构上的仪表，应质量轻、体积小、不影响被测结构的工作性能。

（4）选用仪表时，应考虑试验的环境条件。

（5）仪表使用前必须进行率定。

仪器的率定（标定）是要确定仪器的灵敏度和精确度，确定试验数据的误差。仪器的率定有两种情况：一是单件率定，确定某一件仪器的灵敏度和精确度；二是系统率定，确定几台仪器组成的量测系统的灵敏度和精确度。

（一）位移量测

结构试验中需要测量两种位移：线位移和角位移。

1. 线位移量测

线位移量测允许使用钢直尺、百分表、千分表、大量程百分表、水准仪等。

百分表最小分度值为0.01mm，量程为10mm、20mm、30mm等。量程大于20mm的百分表称为大量程百分表。

千分表的最小分度值为0.001mm，量程为1mm，主要用于量测钢筋在混凝土中的滑移，也可用作角位移、应变等量测的指示仪表。

位移也可用位移传感器接应变仪量测（电测）。位移传感器的准确度不应低于1.0级，最小分度值不宜大于所测总位移的1.0%，示值允许误差为±1.0%F.S（F.S表示量测仪表的满量程）。

2. 倾角仪

倾角仪的最小分度值不宜大于5″，电子倾角仪的示值允许误差为±1.0%F.S。

（二）应变量测

应变量测实际上是测量单位长度的伸长量Δl，$\varepsilon = \Delta l/l$，ε是指l标距范围内的平均应变。量测方法有机测和电测两种。

1. 机测法

机测法通常在被测构件表面放置杠杆应变仪，或者带空穴的测点用手持式应变仪量测，见图19-2-11。一台手持式应变仪可进行多点量测，测点可长期放在试件上，但测量误差偏大。

2. 电测法

电测法是在试件测点处粘贴电阻应变片（计），见图19-2-12。试件受力后测点处产生变形，使应变片的电阻丝产生拉伸或压缩，阻值发生变化。电阻的变化率为

$$\frac{\mathrm{d}R}{R} = K\varepsilon \tag{19-2-3}$$

式中：K—应变片的灵敏系数；

ε—金属丝的应变。

电阻应变片（计）的主要技术指标有：

（1）电阻值R，一般为120Ω；

（2）标距l，即电阻丝栅的有效长度，应变梯度大，则选用小标距；

（3）灵敏系数K，表示单位应变引起应变片的相对电阻变化。

将应变片接入应变仪的电桥（惠斯登电桥）上，使电桥有一个电压（V_0）输出，经滤波和放大，在仪器的指示盘上显示应变的数值（见图19-2-13）。当接入电桥上的四个应变片阻值R相同，灵敏系数K相同，输出电压V_0可写成

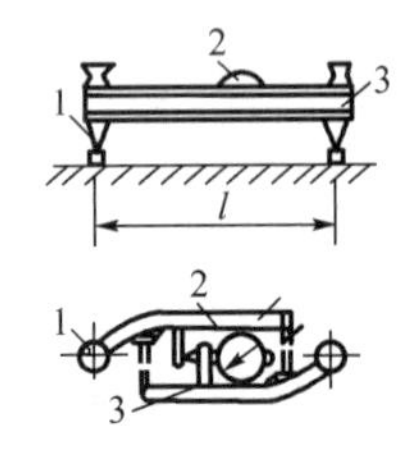

图19-2-11 手持式应变仪

1-脚标；2-千分表；3-仪器架

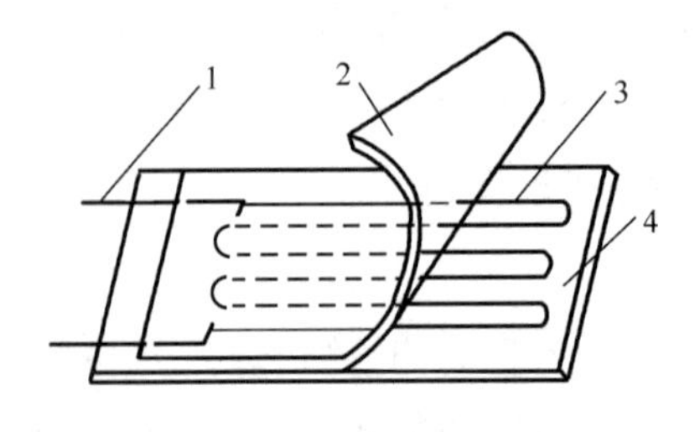

图19-2-12 电阻应变计

1-引出线；2-覆盖层；3-电阻栅；4-基底

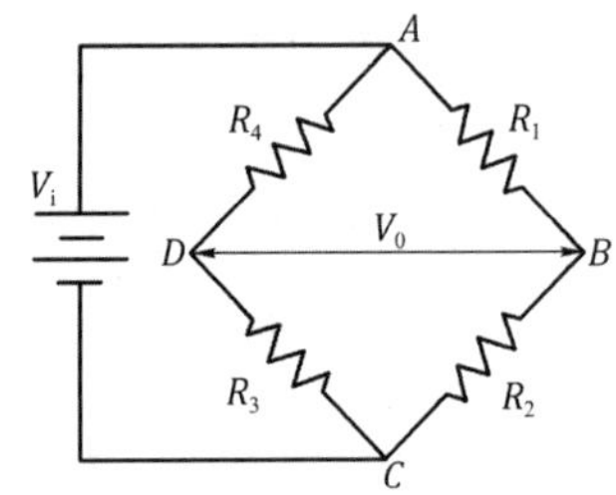

图19-2-13 惠斯登电桥

$$V_0=\frac{1}{4}V_iK(\varepsilon_1-\varepsilon_2+\varepsilon_3-\varepsilon_4) \tag{19-2-4}$$

常用的电桥形式和应变计的布置见表 19-2-1。

常用的电桥形式和应变计布置　　表 19-2-1

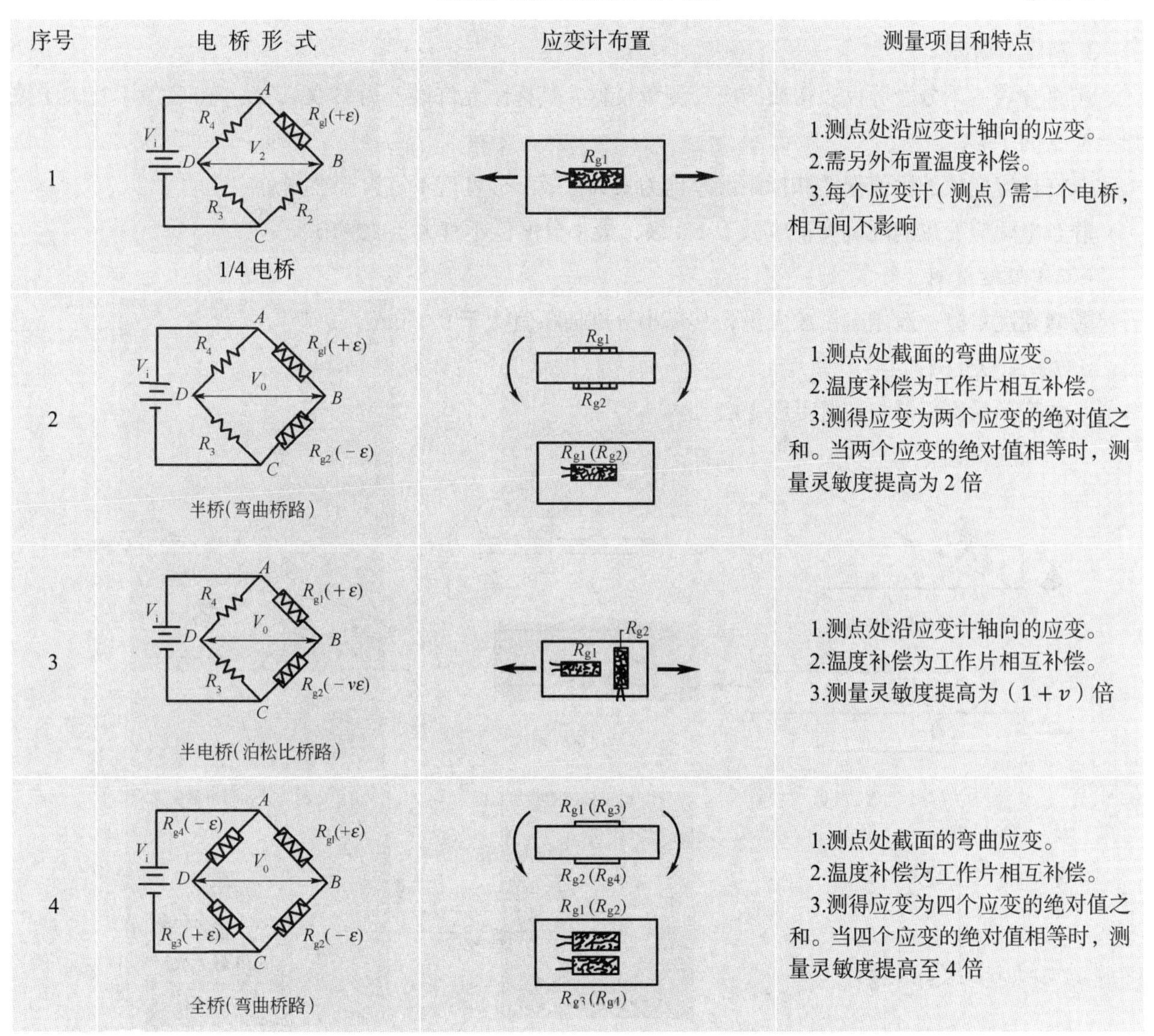

序号	电桥形式	应变计布置	测量项目和特点
1	1/4 电桥		1.测点处沿应变计轴向的应变。 2.需另外布置温度补偿。 3.每个应变计（测点）需一个电桥，相互间不影响
2	半桥（弯曲桥路）		1.测点处截面的弯曲应变。 2.温度补偿为工作片相互补偿。 3.测得应变为两个应变的绝对值之和。当两个应变的绝对值相等时，测量灵敏度提高为 2 倍
3	半电桥（泊松比桥路）		1.测点处沿应变计轴向的应变。 2.温度补偿为工作片相互补偿。 3.测量灵敏度提高为（$1+v$）倍
4	全桥（弯曲桥路）		1.测点处截面的弯曲应变。 2.温度补偿为工作片相互补偿。 3.测得应变为四个应变的绝对值之和。当四个应变的绝对值相等时，测量灵敏度提高至 4 倍

电阻应变量测是目前应变量测的主要方法，它的优点有：

（1）精确地量测 1×10^{-6} 应变，应变量测范围可达 $\pm11\ 100\times10^{-6}$；

（2）电阻应变片的体积小、质量轻，可安装在复杂、空间很小的区段内，且不影响结构的静态和动态特性；

（3）对环境适应性强，可在高温（800~1 000℃）、高压（1 万个大气压）及水中进行量测；

（4）便于与计算机联用，实现量测自动化。

应变片的种类繁多，按敏感材料有丝绕式和箔式（可耐高温）等；按基底材料有纸基和胶基（可防潮）等；按温度场有低温（−30℃）、常温（−30~60℃）和高温（>350℃）等。另外有小标距（$l=2\sim7$mm）、中标距$l=10\sim30$mm、大标距$l>30$mm之分，还有各种应变花。

应变片的粘贴工艺是电测的重要环节之一。应变片需进行分选（阻值差小于 0.5Ω）、测点表面处理、黏结剂的选择（常用 502 胶和环氧树脂胶）、固化处理、粘贴质量检查（阻值和绝缘电阻 500MΩ 以上）以及防潮处理等。

应变片粘贴在试件上，当环境温度变化时，由于敏感材料与试件材料线膨胀系数不同，而产生敏感材料的约束变形，再加上温度变化引起敏感材料的自由变形，使阻值改变产生视应变。为了消除视应变需粘贴温度补偿片，称温度补偿。量测时，温度补偿片与试件上的工作片，必须阻值、灵敏系数相同，粘贴在相同材料上，处在同一个温度场。

3. 精度与误差

用百分表、千分表等仪表构成的应变测量装置，其标距允许误差为±1.0%，最小分度值不宜大于被测总应变的 1.0%。

双杠杆应变仪的示值误差和标距误差均为±1%，最小分度值不宜大于被测总应变的 2%。

静态电阻应变仪的准确度不应低于 1.0 级，最小分度值不宜大于 10×10^{-6}。

（三）裂缝量测

裂缝宽度量测一般用刻度放大镜，其最小分度值不宜大于 0.05mm。

（四）变形量测

几种变形量测仪器与装置见图 19-2-14。

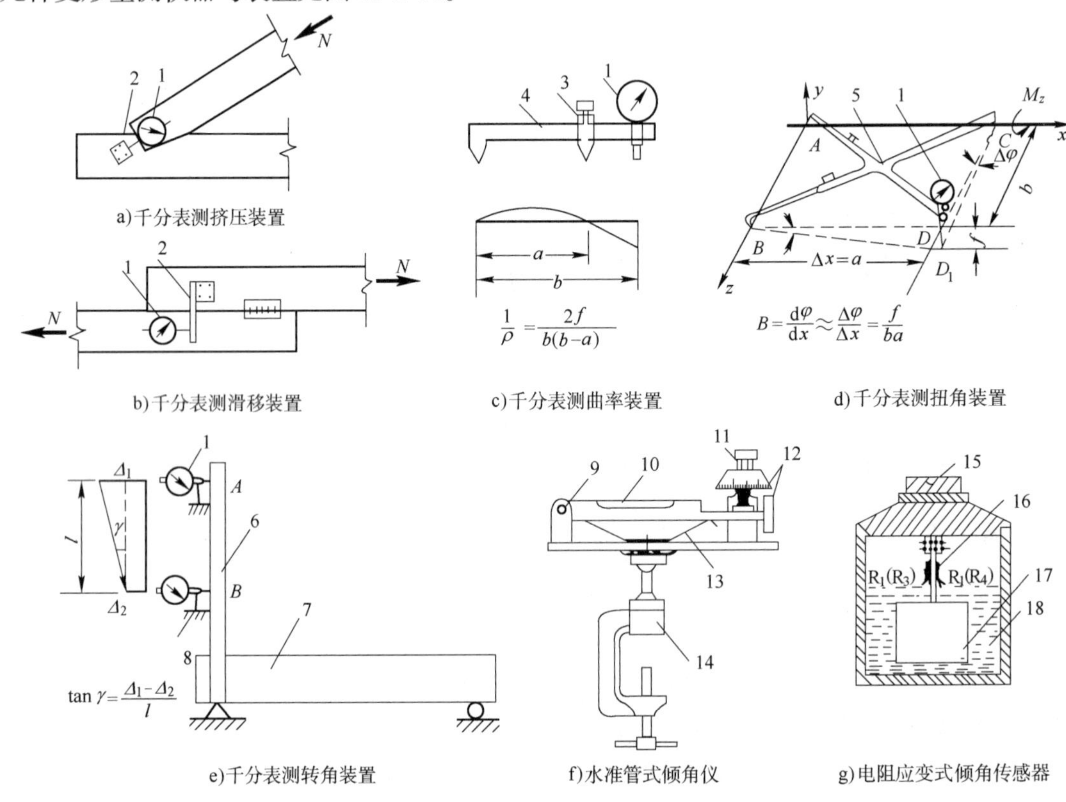

图 19-2-14　几种变形量测仪器与装置

1-千分表；2-角铁；3-活动点滑块；4-固定点刚性杆；5-可伸缩十字刚性架；6-刚性杆；7-试件；8-千分表架；9-铰；10-长水准管；11-微调螺丝；12-度盘；13-弹簧片；14-夹具；15-圆水准器；16-电阻应变计（R_1、R_2、R_3、R_4）；17-质量块；18-油

1. 转角

测定构件节点或截面的转角，可用位移计，也可用水准式或电子式倾角仪。

2. 曲率

曲率的测定通常用位移计制作一个特定的装置进行量测。

3. 扭角

用位移计测得某点的位移进行扭角计算，见图 19-2-14d）。

（五）力的量测

力的量测有机械式的各种测力计。由于电测技术的发展，目前常用的各种压（拉）力传感器，用应变仪显示力的数值，见图 19-2-15。

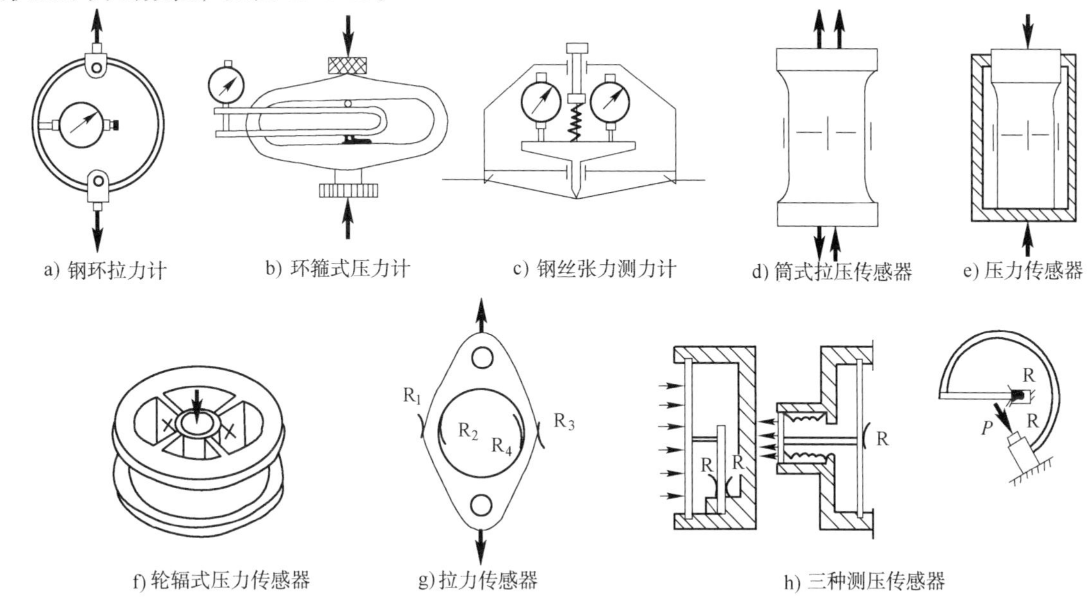

图 19-2-15 几种测力计及传感器

弹簧式拉（压）力测力计的最小分度值不应大于 2.0%F.S，示值误差应为±1.5%。负荷传感器精度不应低于 C 级，对于长期荷载试验，精度不应低于 B 级，最小分度值不宜大于被测力值总量的 1.0%，示值允许误差为 1.0%F.S。

【例 19-2-1】 下述四种试验所选用的设备最不合适的是：

A. 采用试件表面刷石蜡后，四周封闭抽真空产生负压方法进行薄壳试验

B. 采用电液伺服加载装置对梁柱节点构件进行模拟地震反应试验

C. 采用激振器方法对吊车梁做疲劳试验

D. 采用液压千斤顶对桁架进行承载力试验

解 建筑结构的动力特性测试，或评估结构的抗震性能时，可采用激振法。工程结构的疲劳试验一般在疲劳试验机上进行，也可采用电液伺服加载系统。选项 A、B、D 中的试验所选用的设备是合适的。

答案： C

【例 19-2-2】 通过测量混凝土棱柱体试件的应力-应变曲线计算所用试件的刚度，已知棱柱体试件的尺寸为 100mm×100mm×300mm，浇筑试件完毕并养护，且实测同批次立方体（150mm × 150mm × 150mm）强度为 300kN，则使用下列哪种试验机完成上述试件的加载试验最合适？

A. 使用最大加载能力为 300kN 的拉压试验机进行加载

B. 使用最大加载能力为 500kN 的拉压试验机进行加载

C. 使用最大加载能力为 1 000kN 的拉压试验机进行加载

D. 使用最大加载能力为 2 000kN 的拉压试验机进行加载

解 立方体试件的承压面积为$150 \times 150 = 22\,500\text{mm}^2$，棱柱体试件的承压面积仅为$100 \times 100 = 10\,000\text{mm}^2$，并且棱柱体试件的抗压强度较立方体试件的抗压强度低（约为 76%），所以选用最大加载能力为 300kN 的抗压试验机进行加载可以满足试验要求。

答案： A

【例 19-2-3】 标距$l = 200$mm的手持应变仪，用千分表进行量测读数，读数为 3 小格，测得应变值为（με表示微应变）：

A. 1.5με　　B. 15με　　C. 6με　　D. με

解 应变$\varepsilon = \Delta l/l$，千分表读数 3 小格，即$\Delta l = 3 \times 0.001$mm，$1\mu\varepsilon = 10^{-6}$

$$\varepsilon = \frac{3 \times 0.001}{200} = 15 \times 10^{-6} = 15\mu\varepsilon$$

答案： B

【例 19-2-4】 以下不是结构静力试验仪器仪表主要性能指标的是：

A. 灵敏度　　B. 分辨率　　C. 频响特性　　D. 准确度

解 结构静力试验仪器仪表的主要性能指标包括量程、灵敏度、分辨率、准确度、线性度、漂移量。频响特性（频率响应特性）是仪器仪表对于不同频率测量参数的响应程度，是结构动力试验仪器仪表的性能指标。

答案： C

习　题

19-2-1　杠杆加载试验中，杠杆制作方便，荷载值稳定不变，当结构有变形时，荷载可以保持恒定，对于做下列（　　）试验尤为适用。

A. 动力荷载　　B. 循环荷载　　C. 持久荷载　　D. 抗震荷载

19-2-2　在进行构件试验时，加载设备必须有足够的强度和刚度，其主要目的是（　　）。

A. 避免加载过程加载设备因强度不足而破坏

B. 避免加载过程影响试件的强度

C. 避免加载过程因加载设备强度不足而产生过大的变形，影响试件的变形

D. 避免在加载过程，由于加载设备变形不稳定，影响加载值的稳定

19-2-3　支座的形式、构造与试件的类型和下列（　　）的要求等因素有关。

A. 力的边界条件　　B. 位移的边界条件　　C. 边界条件　　D. 平衡条件

19-2-4　下列（　　）项为固定铰支座。

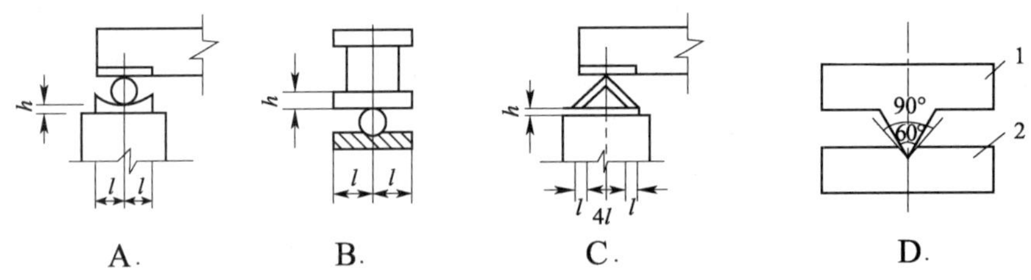

19-2-5　当在一个桥臂上接应变计进行测量时，这种接法被称为（　　）。

A. 1/4桥　　B. 半桥　　C. 全桥　　D. 1/3桥

19-2-6　标距为 200mm 的手持应变仪，用千分表进行量测，若某次量测试件的读数为 4 小格，则测得的应变值为（　　）。

A. 10×10^{-6}　　B. 20×10^{-6}　　C. 40×10^{-6}　　D. 80×10^{-6}

19-2-7　试验装置设计和配置应满足一定的要求，下列（　　）项要求是不对的。

A. 采用先进技术，满足自动化的要求，减轻劳动强度，方便加载，提高试验效率和质量

B. 应使试件的跨度、支承方式、支撑等条件和受力状态满足设计计算简图，并在整个试验过程中保持不变

C. 试验装置不应分担试件应承受的试验荷载，也不应阻碍试件变形的自由发展

D. 试件装置应有足够的强度和刚度，并有足够的储备，在最大试验荷载作用下，保证加载设备参与结构试件工作

19-2-8　一电阻应变片（$R = 120\Omega$，$K = 2.0$），粘贴于混凝土轴心受拉构件平行于轴线方向，试件材料的弹性模量为$E = 2 \times 10^5$MPa，若加载至应力$\sigma = 400$MPa时，应变片的阻值变化dR为（　　）Ω。

A. 0.24　　B. 0.48　　C. 0.42　　D. 0.96

19-2-9　电阻应变片的灵敏度系数K指的是（　　）。

A. 应变片电阻值的大小

B. 单位应变引起的应变片相对电阻值变化

C. 应变片金属丝的截面积的相对变化

D. 应变片金属丝电阻值的相对变化

19-2-10　下列加载方法中（　　）不属于惯性力加载方法。

A. 冲击力加载法　　B. 离心力加载法　　C. 电磁加载法　　D. 初位移加载法

第三节　结构静力（单调）加载试验

结构静力试验一般是指在不长时间内，对试验对象进行平稳的连续加载，使荷载从“零”开始一直加到结构构件破坏或达到预定荷载。静力试验多采用单调加载。

静力试验主要用于模拟结构承受静荷载下的工作情况。试验中，可以观测和研究结构构件的承载力、变形、抗裂性和裂缝宽度等基本性能和破坏形态。

结构静载试验根据试验要求布置测点，将试件放在试验装置上分级加载进行试验。通常，试验要求有开裂荷载，极限荷载，裂缝的发生、发展及破坏形态，变形（整体变形和局部变形），两个试验参数的关系（荷载-应变曲线、荷载-挠度曲线）等。

一、构件的破坏

（一）轴拉、偏拉、受弯、大偏压构件

在加载过程中，出现下列破坏标志之一时，此构件破坏：

（1）有明显流限的热轧钢筋，受拉主筋达到屈服强度或受拉应变达到0.01；无明显流限的钢筋，主筋应变达到0.01。

（2）受拉主筋拉断。

（3）受拉主筋处最大垂直裂缝宽度达1.5mm。

（4）挠度达到跨度的1/50；对悬臂结构，挠度达到悬臂长的1/25。

（5）受压区混凝土压坏。

（二）轴心受压或小偏心受压

构件的破坏标志是混凝土受压破坏。

（三）受剪构件

构件的破坏标志是：

（1）斜裂缝端部受压区混凝土剪压破坏；

（2）沿斜截面混凝土斜向受压破坏；

（3）沿斜截面撕裂形成斜拉破坏；

（4）箍筋或弯起钢筋与斜裂缝交汇处的斜裂缝宽度达到 1.5mm；

（5）钢筋末端相对于混凝土的滑移值达 0.2mm。

（四）极限荷载的取值

当加载过程中试件破坏，应取前一级荷载值作为结构构件的极限荷载实测值；当在荷载持续时间内试件破坏，应取本级荷载与前一级荷载的平均值作为极限荷载；荷载持续时间后试件破坏，取本级荷载为极限荷载。

二、变形的量测

（一）结构构件的整体变形

结构构件的整体变形主要有竖向平面内的挠度和侧向位移。

（1）任何构件的挠度或侧向位移都是指截面中轴线上的变形。因此，挠度测点位置必须布置在试件中轴线上，或在中轴线两侧对称布置。

（2）构件跨中最大挠度是指消除支座沉降后的挠度最大值，测点不少于 3 个。

（3）宽度大于 600mm 的构件、双向板、桁架的挠度测点，三铰拱的水平位移测点，以及悬臂式构件的测点见图 19-3-1。

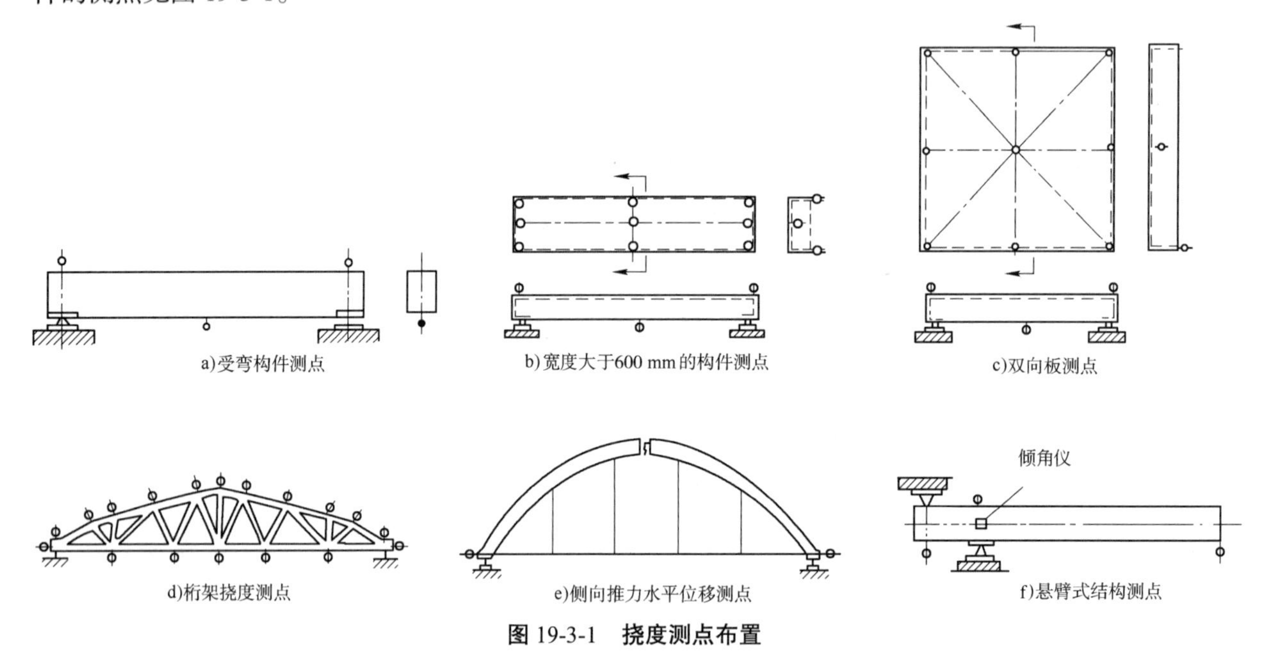

图 19-3-1 挠度测点布置

（二）结构构件的局部变形

1. 受弯构件

在弯矩最大截面上布置不少于 2 个应变测点；需要量测沿截面高度的应变分布规律时，测点数不宜少于 5 个，且在同一截面受拉主筋上布置应变测点，见图 19-3-2。

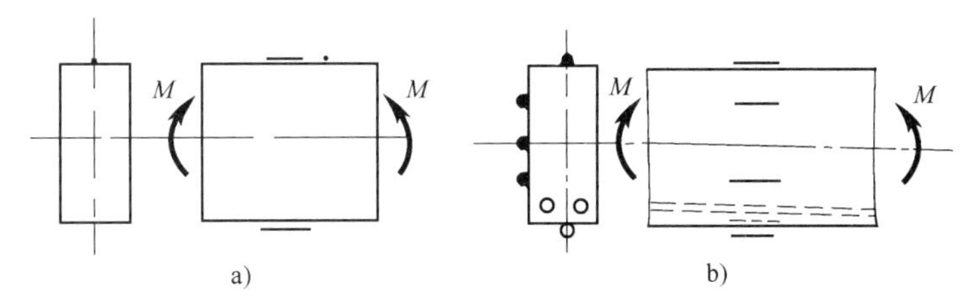

图 19-3-2 受弯构件截面应变测点布置

2. 轴拉（压）构件

为了消除荷载的偏心或材料不均匀引起的偏心，应在截面形心主轴方向布置 2 个测点。

3. 复杂受力构件

偏心受力构件量测截面上不少于 2 个测点；双向受弯构件，在构件截面边缘处测点不少于 3 个；双向弯曲扭转构件截面测点不少于 4 个，详见图 19-3-3。

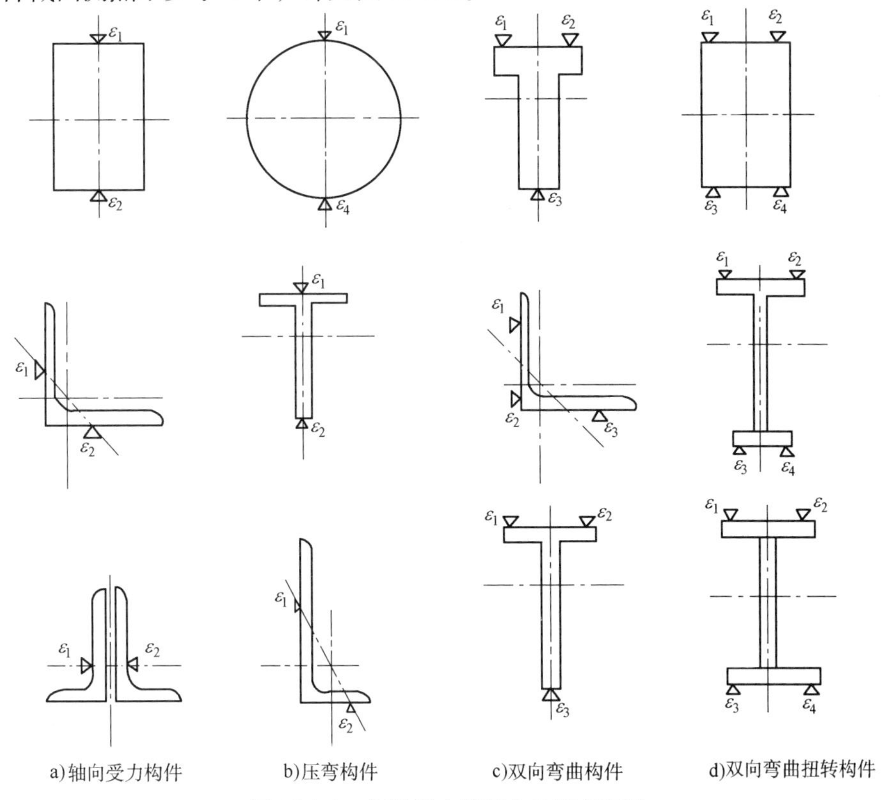

图 19-3-3 各种受力截面上的测点布置

4. 其他受力构件

对同时受剪力和弯矩作用的构件，需量测主应力大小和方向及剪应力时，应布置 45°或 60°平面三向应变测点，或称 45°、60°应变花，见图 19-3-4。

对纯扭构件，在构件量测截面两长边方向、侧面对应部位，布置与扭转轴线成 45°方向的测点，数量根据试验要求确定，见图 19-3-5。

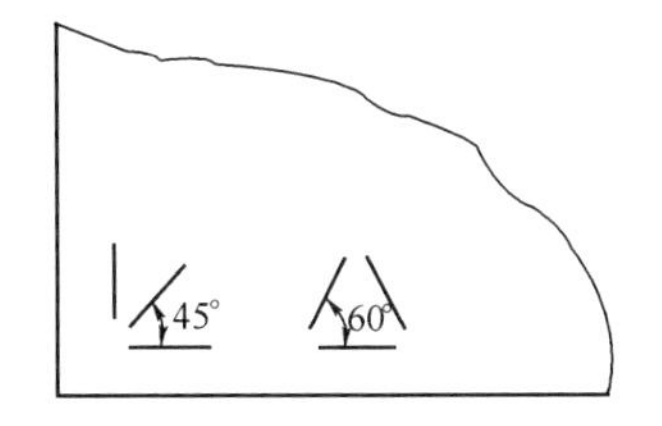

图 19-3-4 三向应变量测测点布置

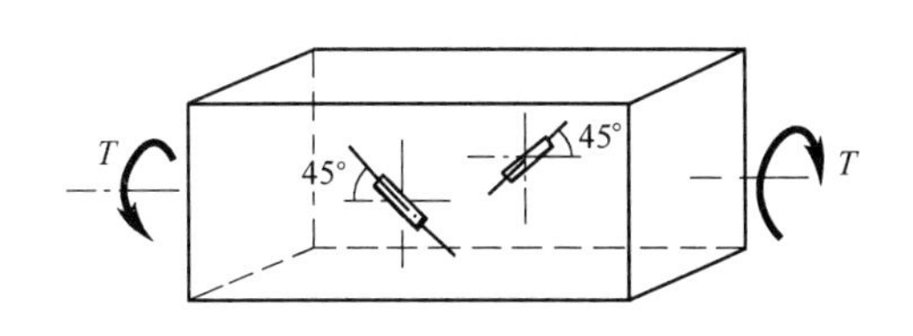

图 19-3-5 受纯扭构件应变量测测点布置

三、抗裂试验与裂缝量测

(一) 抗裂试验

结构构件进行抗裂试验时，在加载过程中测出第一条垂直裂缝或斜裂缝的位置，并确定相应的荷载值。

用读数显微镜观察裂缝时，其开裂荷载的取值与极限荷载的取法相同。用荷载-挠度曲线方法时，取曲线上首次发生转折时的荷载为开裂荷载实测值。用连续布置应变片法时，取任一应变片应变增量有突变时的荷载为开裂荷载实测值。测点布置如图 19-3-6 所示。

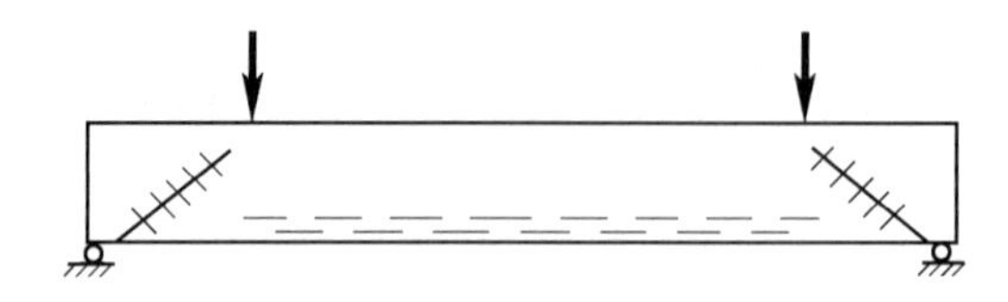

图 19-3-6 连续布置应变片检测裂缝

(二) 裂缝宽度

垂直裂缝宽度应在结构的侧面相应于受拉主筋高度处量测，斜裂缝宽度应在与箍筋或弯起钢筋交汇处量测。最大裂缝宽度应在使用状态短期试验荷载值持续 30min 结束时，选取三条较大裂缝宽度进行量测，取其中最大值为最大裂缝宽度。

(三) 裂缝及破坏特征图

试验过程中，在构件裂缝开展图上画出裂缝开展过程、破坏特征，并标注出现裂缝时的荷载值、裂缝走向和宽度。

四、荷载-应变曲线

图 19-3-7 为钢筋混凝土受弯构件试验，要求测量控制截面的应变变化及其与荷载的关系，荷载与主筋应变的关系，箍筋应力与剪力的关系。

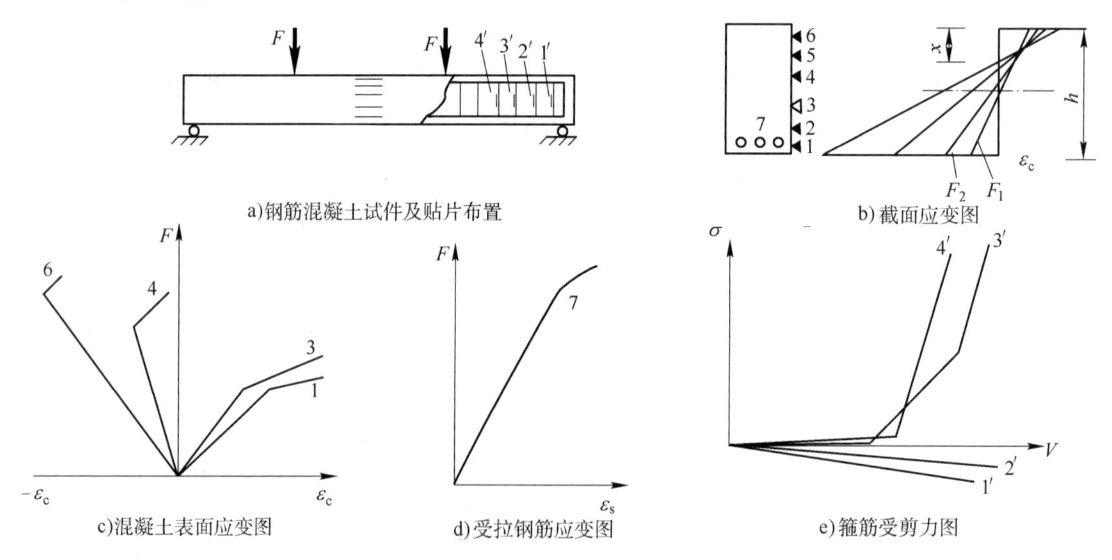

图 19-3-7 荷载-应变曲线

1~6-混凝土应变测点；1'~4'-箍筋应变测点；7-钢筋应变测点

五、构件试验

（一）柱子

受压构件（短柱）的试验，采用正位试验，如图 19-3-8 所示。一般观测破坏荷载、各级荷载下侧向位移值和变形曲线、控制截面或区域的应力变化以及裂缝开展情况。

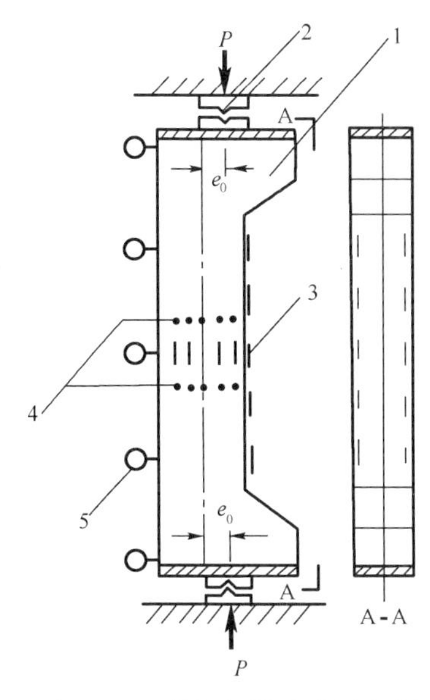

图 19-3-8　偏压短柱试验测点布置

1-试件；2-铰支座；3-应变计；4-应变仪测点；5-挠度计

高大的柱子采用卧位试验，如图 19-3-9 所示，试验时要考虑结构自重产生的影响。

（二）屋架

屋架一般采用正位试验。由于屋架平面外刚度较弱，安装时应设侧向支撑，保证屋架上弦的侧向稳定，如图 19-3-10 所示。

屋架的挠度及支座位移测点布置如图 19-3-1d）所示。杆件内力测点布置如图 19-3-11 所示，1-1 测点量测上弦杆的轴力，2-2 测点量测节点的次应力影响。测量端节点的应力分布规律，应变测点布置如图 19-3-12 所示，通过计算求得端节点上的主应力、剪应力及分布规律。测量上下弦杆交接处豁口的应力情况，可沿豁口周边布置单向应变测点。

（三）薄壳

薄壳是空间受力体系，壳体内弯矩很小，主要为轴向力。单位面积上荷载不太大时，可以用重力直接加载，也可用壳面预留孔施加悬吊荷载，如图 19-3-13 所示。如果需要较大荷载进行破坏试验，可用同步液压加载器加载，如图 19-3-14 所示。

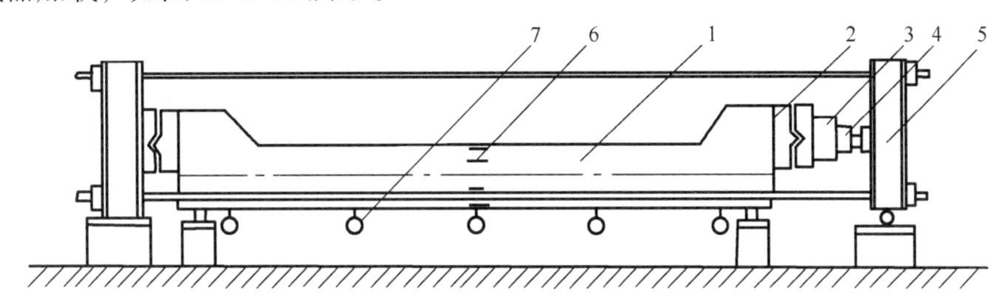

图 19-3-9　偏心受压柱的卧位试验

1-试件；2-铰支座；3-加载器；4-传感器；5-荷载支承架；6-电阻应变计；7-挠度计

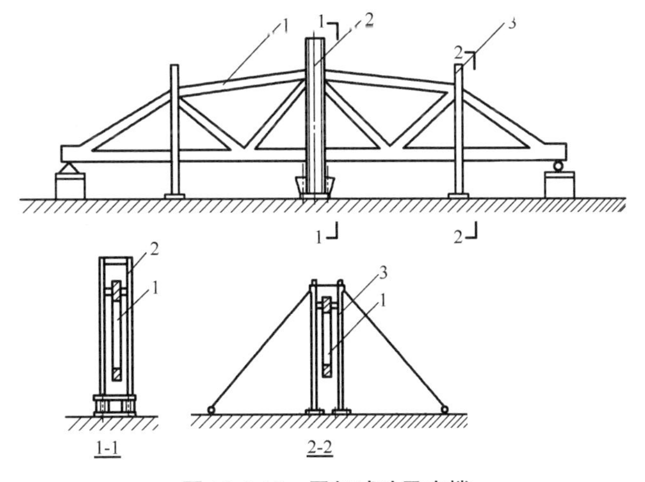

图 19-3-10　屋架试验及支撑

1-屋架；2-支撑架；3-支撑立柱

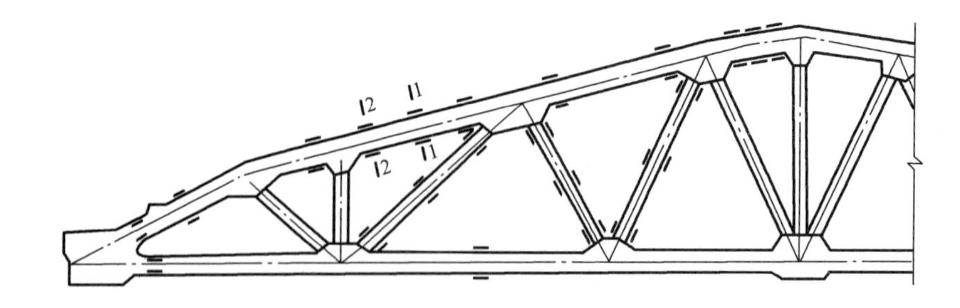

图 19-3-11　预应力钢筋混凝土屋架杆件内力测点布置

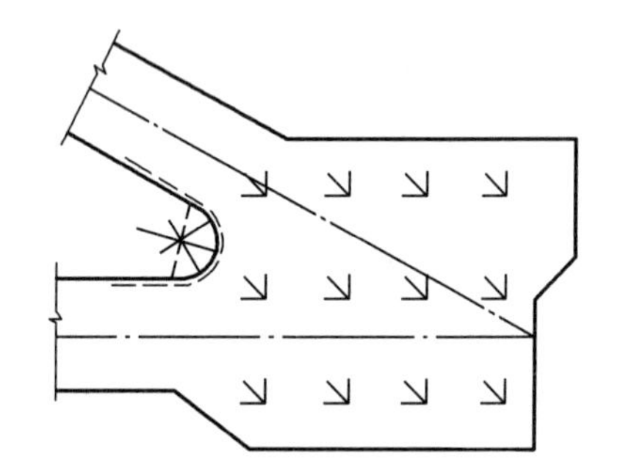

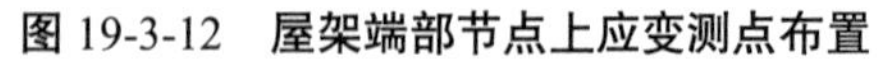

图 19-3-12　屋架端部节点上应变测点布置

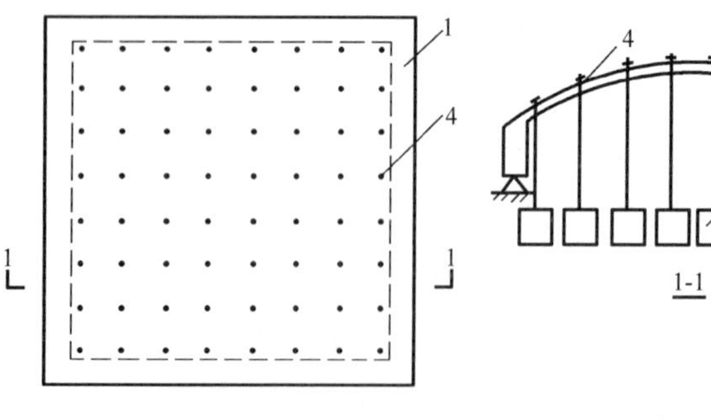

图 19-3-13　通过壳面预留孔施加悬吊荷载

1-试件；2-荷重吊杆；3-荷重；4-壳面预留孔

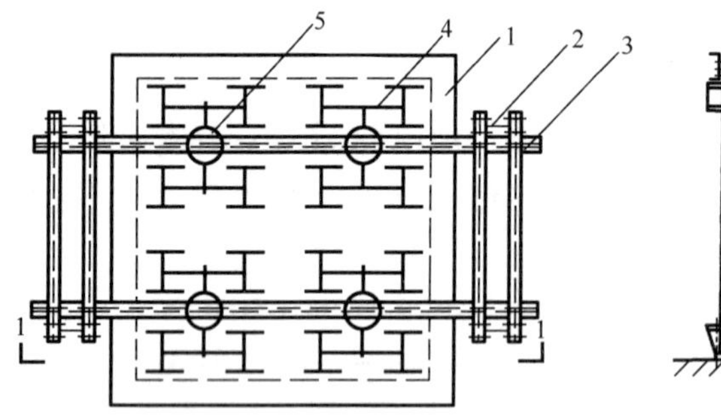

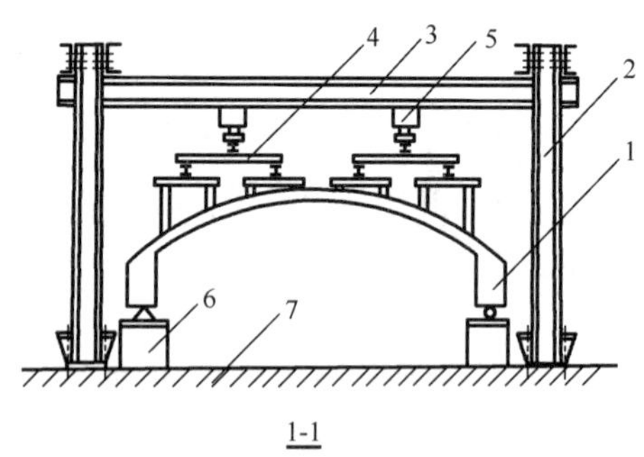

图 19-3-14　用液压加载器进行壳体结构加载试验

1-试件；2-荷载支承架立柱；3-横梁；4-分配梁系统；5-液压加载器；6-支座；7-试验台座

壳体结构观测的内容有位移和应变。由于测点数量较多，为此，利用结构对称和荷载对称，根据结构形状和受力情况，在结构对称的1/2、1/4或1/8区域内布置测点作为分析的依据，其他区域内布置适量的测点进行校核。图 19-3-15 为双曲扁壳的测点布置。

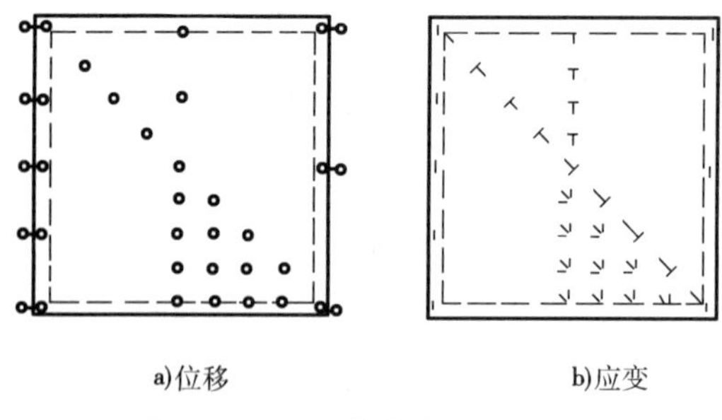

a)位移　　b)应变

图 19-3-15　双曲扁壳的测点布置

（四）钢筋混凝土楼盖

钢筋混凝土楼盖是已建成的整体结构，一般不做破坏性试验，布置荷载时应考虑荷载的最不利组合。

1. 单跨楼板

对于横向无联系（板缝未灌实）的装配式预制板，取并排的三块板施加荷载进行试验。对于横向有联系的现浇混凝土板，至少取$3l$（l为板的跨度）宽度进行加载，保证中间板带跨中弯矩和单独的简支板相同。

2. 多跨连续板

多跨连续板求第一跨和中间跨跨中最大正弯矩$M_{\max}$的荷载布置如图 19-3-16a）、b）所示，支座最大负弯矩$-M_{\max}$的荷载布置如图 19-3-16c）、d）、e）所示。

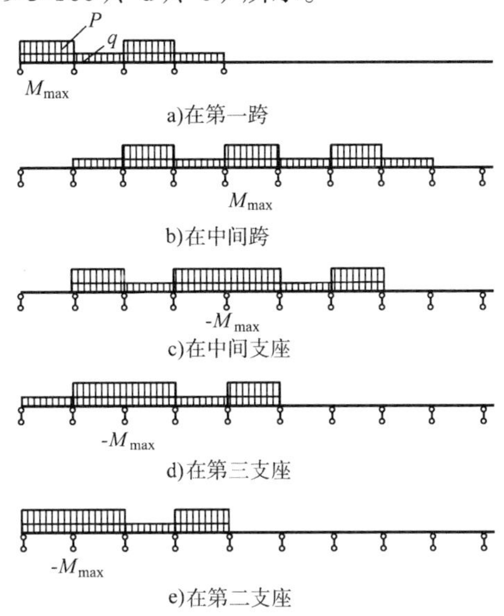

图 19-3-16　为求得弯矩的计算值所用的连续梁式结构加载图

习　题

19-3-1　一根简支钢筋混凝土梁，进行斜截面试验时，下列破坏标志不正确的是（　　）。

A. 梁出现斜裂缝后，立即断裂成两段

B. 梁出现一条主要斜裂缝，斜裂缝在受压区发生混凝土压碎

C. 斜裂缝与钢筋交汇处，缝宽达 1.5mm

D. 钢筋末端产生相对混凝土的滑移，滑移值达到 0.1mm

19-3-2　钢筋混凝土简支梁正截面强度试验时（见图），下列几种仪表布置组合中，（　　）组合是不需要的。

A. ①②③　　　B. ②③④　　　C. ③④⑤　　　D. ①③④

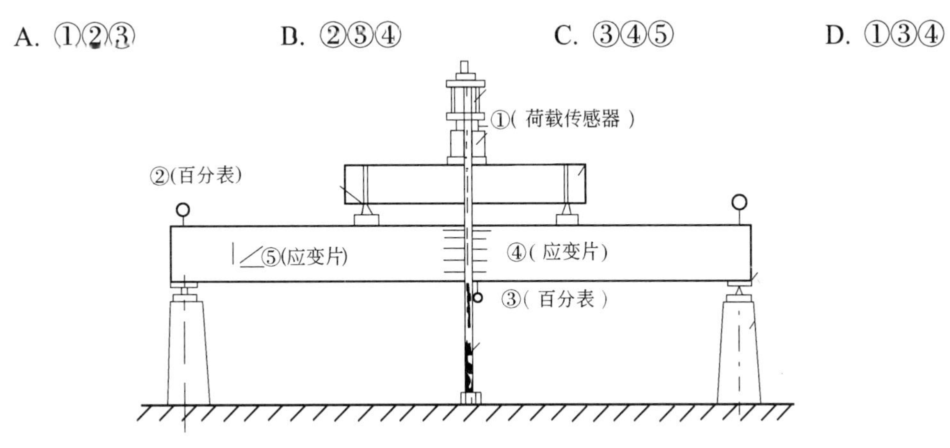

题 19-3-2 图　钢筋混凝土梁正截面试验

19-3-3　确定钢筋混凝土构件的极限荷载时，下列几种方法中（　　）是正确的。

A. 加载过程中构件破坏，取本级荷载和前一级荷载的平均值为极限荷载

B. 加载过程中构件破坏，取本级荷载为极限荷载

C. 加载过程中构件破坏，取前一级荷载为极限荷载

D. 当在荷载持续时间内试件破坏，应取本级荷载为极限荷载

19-3-4　在观测混凝土构件的裂缝时，将测量仪器交替布置在梁的受拉区段，如出现下列（　　）情形，则证明开始开裂。

A. 某一测点仪器读数突然增大，相邻测点仪器读数也随之增大

B. 某一测点仪器读数突然增大，相邻测点仪器读数可能变小

C. 某一测点仪器读数不变，相邻测点仪器读数突然增大

D. 某一测点仪器读数不变，相邻测点仪器读数突然减小

19-3-5　下列关于校核性测点的布置不正确的是（　　）。

A. 布置在零应力位置处

B. 布置在应力较大的位置

C. 布置在理论计算有把握的位置

D. 若为对称结构，一边布置测点，则另一边布置一些校核性测点

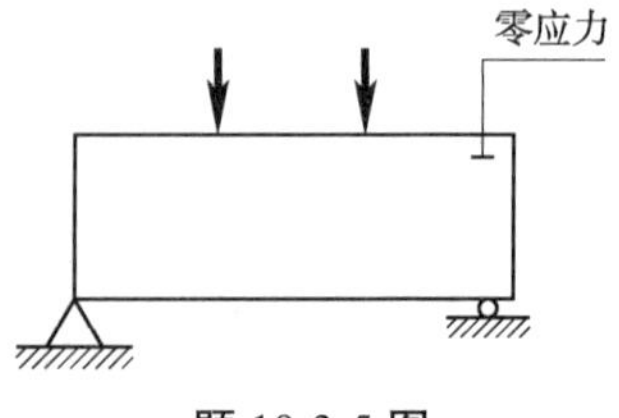

题 19-3-5 图

第四节　结构低周反复加载试验

结构低周反复加载试验是指一定力或位移周期性地反复或重复施加在结构构件上，通过试验来获得试验构件的强度、抗裂度、变形能力、刚度和破坏机理，称为结构抗震静力试验或伪静力试验。如果以某一确定的地震加速度记录输入，通过联机系统求得结构的恢复力-位移的非周期性关系，称之为拟动力试验，但其实质仍为静力试验。

低周反复加载试验的试件大多是单个构件，如梁（受弯、受剪、受弯剪）、柱（受压、偏压、单向或双向）、框架、节点以及墙体等，试验设备比较简单，加载过程中可以仔细观察其变形和破坏现象，但其缺点是不能反映实际地震时材料的应变速率影响。

一、试件设计

试件设计包括尺寸、外形和数量，外形和原结构一样，尺寸可缩至某一比例。

（一）梁式试件

在周期性弯矩、剪力作用下，采用横放的梁式试件，在加载点设有凸出梁面和梁底的支托，见图 19-4-1。

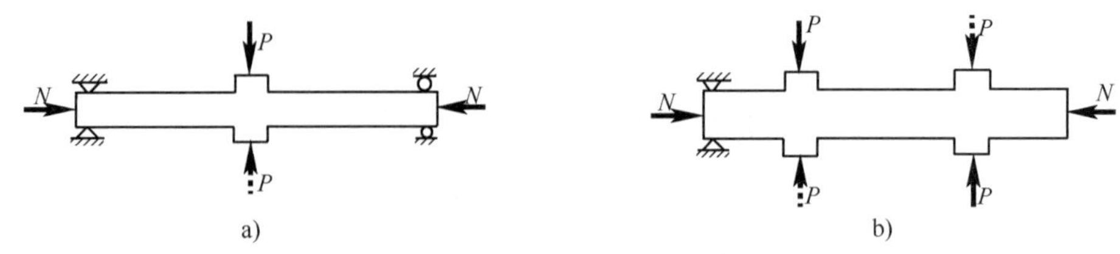

图 19-4-1　梁式试件

（二）柱式试件

竖向加轴向力，柱上端施加水平荷载，如图 19-4-2 所示。

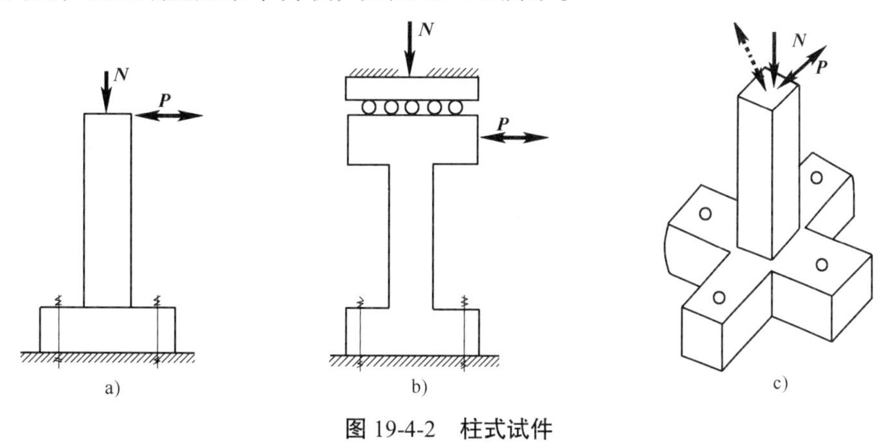

图 19-4-2　柱式试件

（三）框架及节点

图 19-4-3 中，a）为空间框架，b）为平面框架；c）为从框架中取出的边节点和中节点，梁柱长度取节点至反弯点的长度。

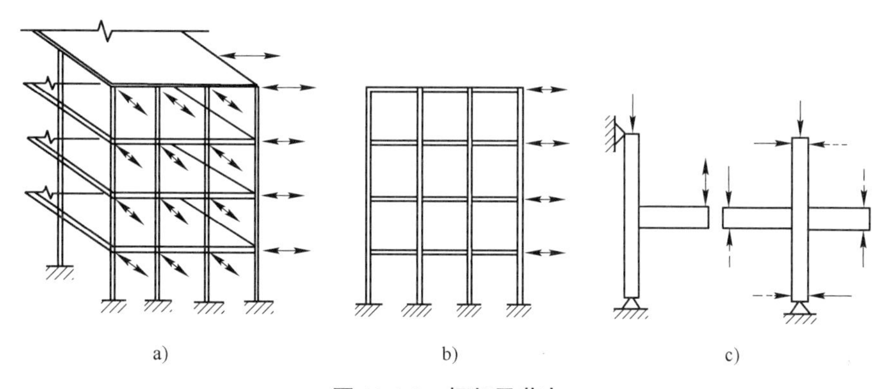

图 19-4-3　框架及节点

（四）墙体试件

为模拟实际墙体，垂直方向施加固定荷载σ_0，水平方向施加反复的水平荷载，如图 19-4-4 所示。

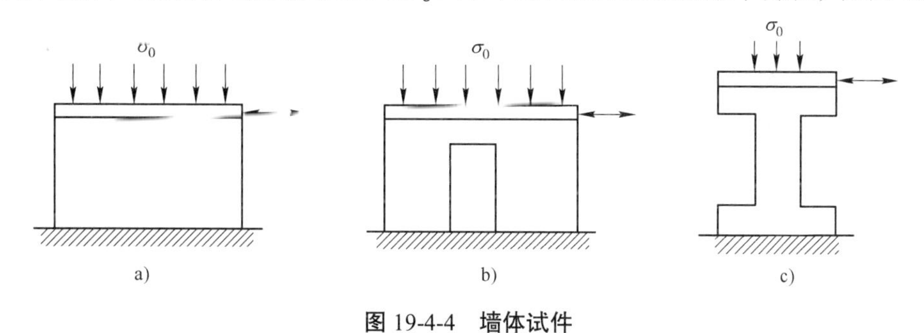

图 19-4-4　墙体试件

二、加载装置

（一）墙体

以剪切变形为主的墙体试验装置如图 19-4-5 所示。竖向压应力σ_0采用千斤顶分配梁施加，水平荷载采用推拉千斤顶，安装在1/2试件高度处，作用在 L 形刚架上，刚架另一端有平行连杆机构，使墙体顶端只产生水平位移而不产生转角。

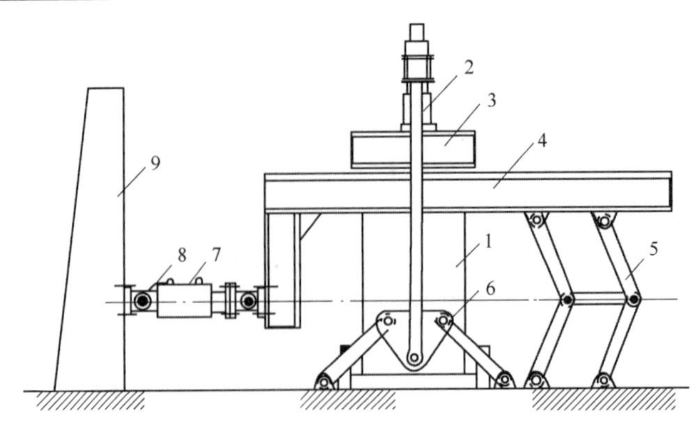

图 19-4-5　以剪切变形为主的墙体试验装置

1-试件；2-竖向荷载千斤顶；3-分配梁；4-L 型杠杆；5-平行连杆机械；6-仿重力荷载架；7-推拉千斤顶；8-铰；9-反力墙

（二）梁柱节点

节点安装在刚性构架内，柱上端用千斤顶施加固定的轴向力，并用推拉千斤顶施加反复的水平荷载，梁、柱端部与构件用铰连接，如图 19-4-6 所示。

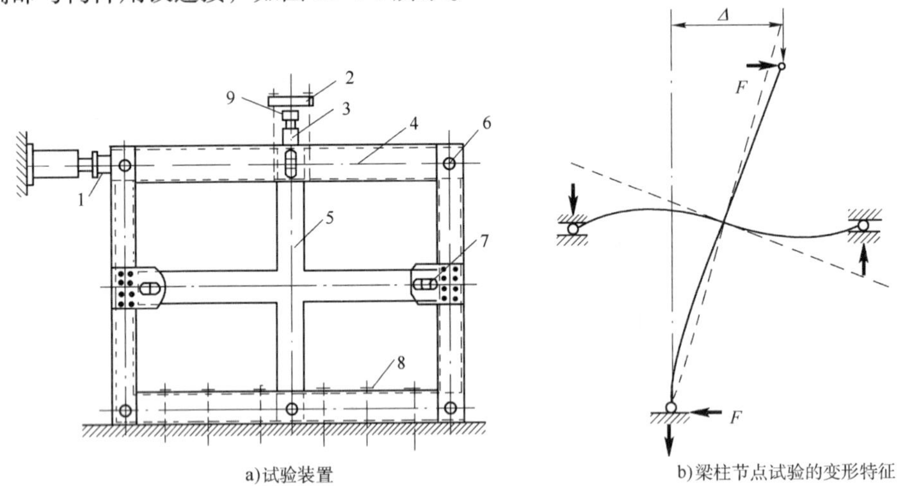

图 19-4-6　柱端设置加载器的梁柱节点试验装置与变形特征

1-推拉千斤顶；2-柱轴向力加力架；3-千斤顶；4-刚性构架；5-梁柱节点试件；6-铰；7-可滑动铰；8-锚固螺栓；9-荷载传感器

三、加载制度

单向周期性静力反复加载试验的加载制度有三种：

（1）变位移加载，即在加载过程中以位移作为控制值，或以屈服位移的倍数作为控制值。

（2）变力加载。

（3）变力变位移加载，在结构构件达到屈服荷载前，采用荷载控制；在结构构件达屈服荷载后，采用位移控制。如图 19-4-7~图 19-4-10 所示。

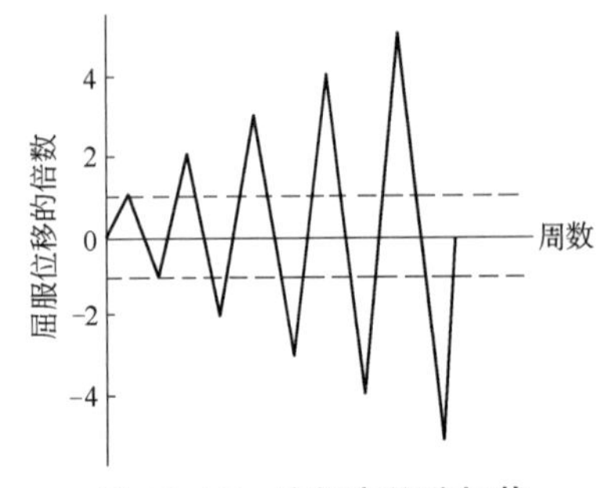

图 19-4-7　变幅变位移加载

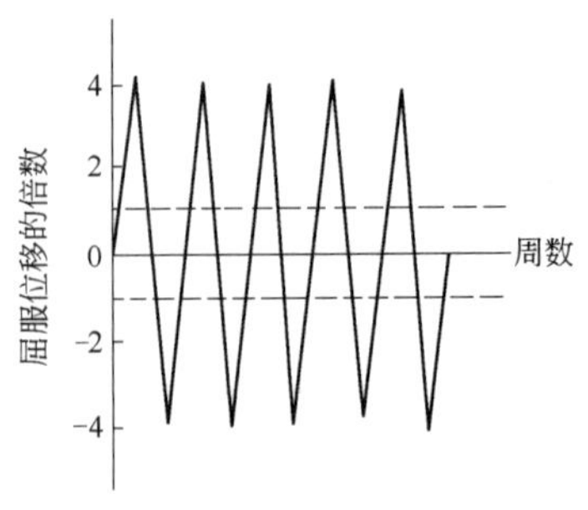

图 19-4-8　等幅等位移加载

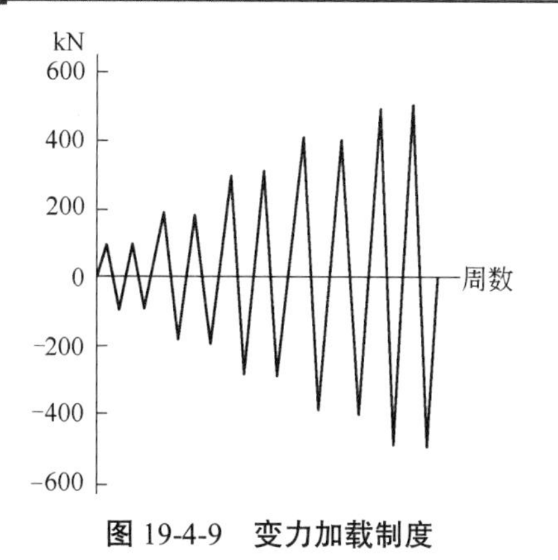

图 19-4-9 变力加载制度

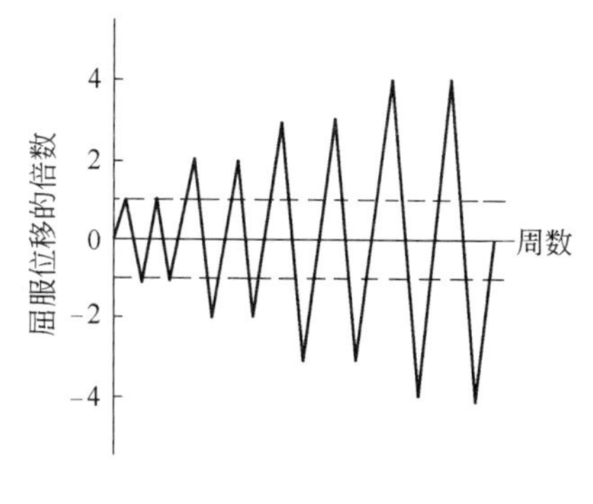

图 19-4-10 混合加载制度

四、试验内容

试验量测的内容应根据试验项目确定，宜包括以下内容：

（1）荷载值及支座反力值；

（2）结构构件受拉和受压主筋的应变；

（3）结构构件受力箍筋的应变；

（4）各级荷载作用下构件的变形（挠度、截面转角、支座转动、曲率、剪切变形等）；

（5）结构构件主筋在锚固区的黏结滑移；

（6）裂缝出现及裂缝宽度。

五、结构构件的抗震试验分析

（一）开裂荷载

取结构构件出现第一条垂直裂缝或斜裂缝时的相应荷载值。

（二）屈服荷载和屈服变形

取结构构件受拉主筋应力达屈服强度时的荷载为屈服荷载，相应的变形为屈服变形，用Δ_y表示。

（三）极限荷载

取结构构件所能承受的最大荷载值为极限荷载。

（四）破坏荷载和极限变形

在试件反复加卸载过程中，用X-Y记录仪可绘制出荷载-变形的滞回曲线，将滞回曲线各级荷载第一循环的峰点连接所得包络线即为骨架曲线。在骨架曲线中取极限荷载下降 15%时所对应的荷载为破坏荷载，相应的变形为极限变形Δ_u，如图 19-4-11 所示。

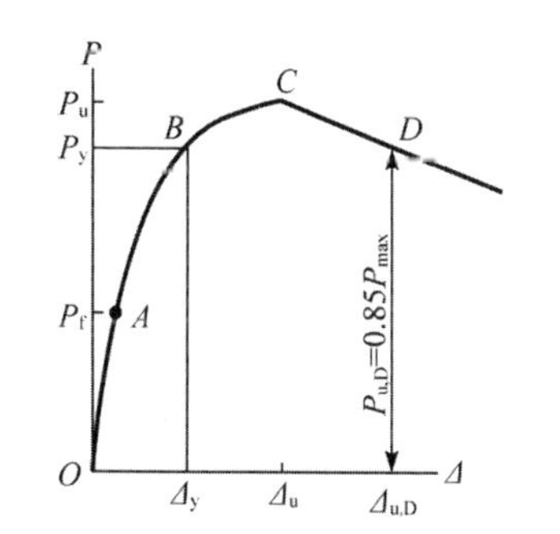

图 19-4-11 荷载-变形曲线（骨架曲线）

（五）延性系数

试验结构构件的延性系数μ用下式表示

$$\mu=\frac{\Delta_u}{\Delta_y} \tag{19-4-1}$$

式中：Δ_u—荷载下降段相应于破坏荷载的变形；

Δ_y—相应于屈服荷载的变形。

（六）强度退化系数

试验结构构件的承载力随反复加载次数的增加而降低，承载能力的降低用强度退化系数表示

$$\lambda_i = \frac{F_j^i}{F_j^{i-1}} \tag{19-4-2}$$

式中：F_j^i—等j级加载时，第i次循环的峰点荷载值；

F_j^{i-1}—等j级加载时，第$i-1$次循环的峰点荷载值。

（七）刚度退化

试验结构构件刚度退化可用环线刚度表示，按下式计算

$$K_1 = \frac{\sum_{i=1}^{n} F_j^i}{\sum_{i=1}^{n} U_j^i} \tag{19-4-3}$$

式中：K_1—环线刚度；

F_j^i—第j级加载时，第i次循环的峰点荷载值；

U_j^i—第j级加载时，第i次循环的峰点变形值；

n—循环次数。

（八）滞回环

根据滞回环的面积，计算能量耗散系数或等效黏滞阻尼系数来判别结构在抗震中的耗能能力，以及根据滞回环的形状观察构件的破坏机理。

【例 19-4-1】 检验构件承载能力的低周反复加载试验，下列不属于加载制度的是：

A. 试验始终控制位移加载

B. 控制加速度加载

C. 先控制作用力加载再转换位移控制加载

D. 控制等幅和变幅位移的混合加载

解　低周反复加载试验的加载制度中，选项 A 变位移加载是目前使用最多的一种加载制度；选项 C 变力变位移加载制度使用比较方便，用作用力找出屈服位移，再用屈服位移的倍数加载；选项 D 为混合加载制度，分两种情况，一种是等幅、变幅混合加载，另一种是两种变位移加载之间有几次弹性小循环。但不用选项 B 控制加速度加载。

答案： B

【例 19-4-2】 结构低周反复加载试验中，极限荷载是指结构在经历最大荷载后达到破坏状态的荷载。现行《建筑抗震试验规程》中规定混凝土结构的极限荷载为最大荷载的：

A. 75%　　B. 80%　　C. 85%　　D. 90%

解　《建筑抗震试验规程》（JGJ/T 101—2015）第 4.5.1 条第 4 款规定：试体的破坏荷载（极限荷载）及极限变形应取试体在荷载下降至最大荷载的 85%时的荷载和相应变形。

答案： C

习　题

19-4-1　研究结构构件的强度降低率和刚度退化率，可采用（　　）低周反复加载制度。

A. 控制作用力加载法　　B. 等幅等位移加载法

C. 控制作用力和位移混合加载法　　　　D. 变幅、等幅位移混合加载法

19-4-2　拟动力试验弥补了低周反复加载试验的不足，可利用计算机技术控制整个试验过程。结构以下（　　）项不需要事先假定。

A. 恢复力　　B. 作用力　　C. 位移　　D. 变形

19-4-3　在探索性试验中，采用下列（　　）方法研究结构在地震作用下恢复力特性。

A. 等幅加载　　　　B. 变幅加载

C. 双向同步加载　　D. 变幅等幅混合加载

第五节　结构动力试验

结构动力试验可分为结构动力特性试验、结构动力响应试验、动力荷载和结构疲劳性能试验等。

一、结构动力特性量测方法

结构动力特性是指结构固有的动态参数，如结构的自振频率、振型和阻尼系数等。它是由结构本身的组成、刚度、质量以及材料决定的，与外荷载无关。用试验方法得到结构的动力特性，首先要激励结构，使结构产生振动，通过布置在结构上的拾振器将机械的振动信号转换为电信号，输入到放大器和记录仪中，根据记录的振动波形进行分析计算得到结构的动力特性。

（一）振动荷载法

利用起振器对结构施加简谐动荷载，使结构产生周期性的强迫振动，从共振曲线上获得结构的动力参数，如图 19-5-1、图 19-5-2 所示。

阻尼系数

$$\beta = \frac{\omega_2 - \omega_1}{2} \tag{19-5-1}$$

阻尼比

$$D = \frac{\beta}{\omega_0} = \frac{\omega_2 - \omega_1}{2\omega_0} \tag{19-5-2}$$

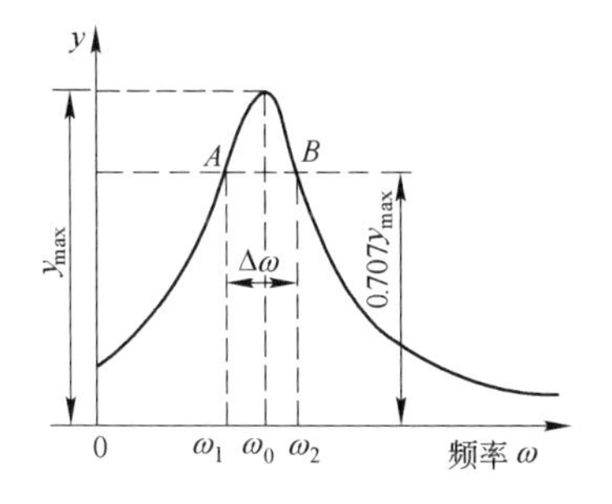

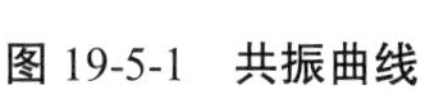

图 19-5-1　共振曲线

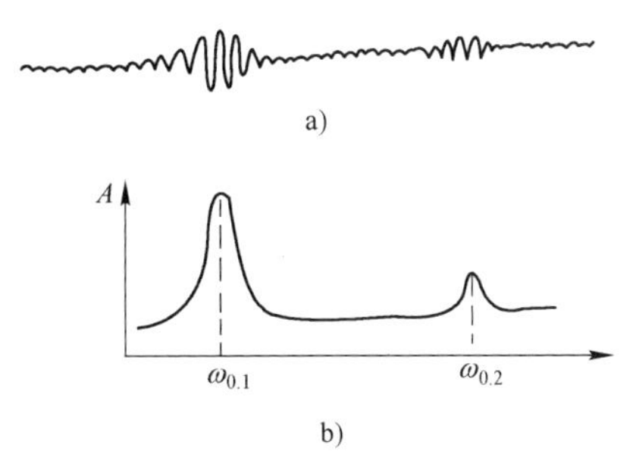

图 19-5-2　建筑物频率扫描时间历程曲线

（二）自由振动法

小体积的结构用撞击法使结构产生自由振动；大体积的结构，对结构施加初位移，突然释放初位移，使结构产生自由振动；有吊车的工业厂房，可利用小车制动使厂房产生自由横向振动。自由振动的量测系统和记录曲线如图 19-5-3、图 19-5-4 所示。

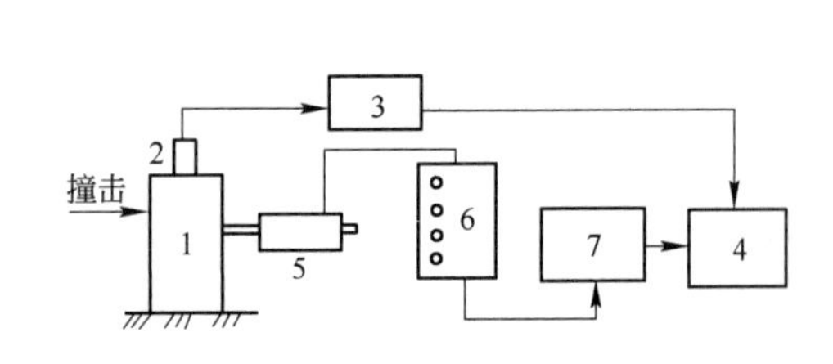

图 19-5-3　自由振动衰减系数量测系统

1-结构物；2-拾振器；3-放大器；4-光线示波记录仪；5-应变位移传感器；6-应变仪桥盒；7-动态电阻应变仪

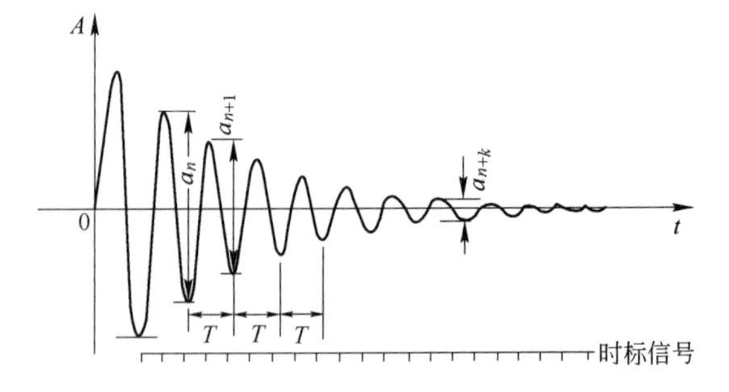

图 19-5-4　自由振动时间历程曲线

阻尼比

$$D=\frac{l_n\dfrac{a_n}{a_{n+1}}}{2\pi} \tag{19-5-3}$$

（三）脉动法

由建筑物四周环境随机激励而产生的微小振动称为脉动。将拾振器布置在结构物上，用记录仪得到各点的脉动时程曲线。时程曲线中凡是振幅大、波形光滑处的频率总是多次重复出现，如果随结构各部位在同一频率处的相位和振幅符合振型规律，那么就可确定此频率就是结构的固有频率，如图 19-5-5 所示。

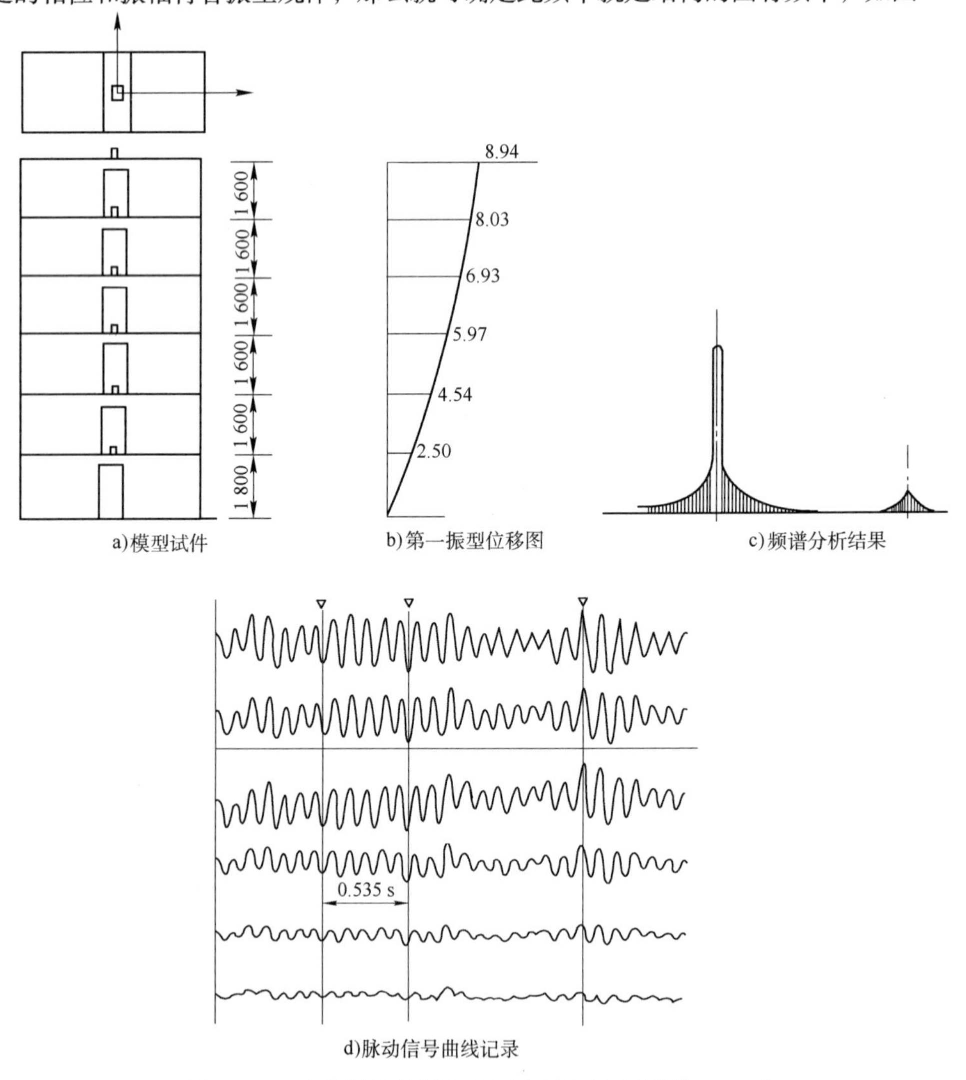

图 19-5-5　主谐量法分析脉动记录曲线（尺寸单位：mm）

二、结构动力响应量测方法

结构在动荷载持续作用下，产生强迫振动，在强迫振动下结构特定部位的动应变、动位移、动力系数以及加速度等为此结构的动力响应。

（一）动应变的测定

动应变随时间而变化，用应变片作传感元件时，要求应变片有足够的疲劳寿命，标距小，动态响应好，防止导线与试件有相对移动。应变信号必须在仪器的工作频率范围内，避免非线性失真。从如图 19-5-6 所示应变时程曲线中，可求解波形、频率和应变值。

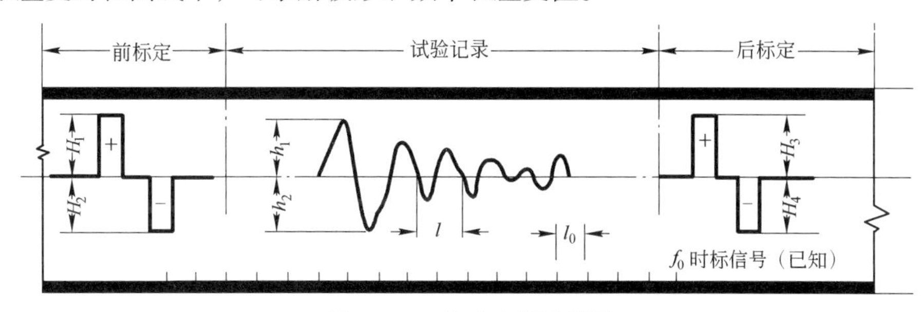

图 19-5-6　动态应变波形图

（二）动位移测定

结构构件在动荷载作用下，测定有代表性测点的动位移。如图 19-5-7 为一伸臂梁的振动变位图，振动变位可按各拾振器的记录曲线，取$t = t_1$时刻各测点的振幅大小绘出。有了振动变位图后，按结构力学理论可近似确定结构动荷载产生的内力。

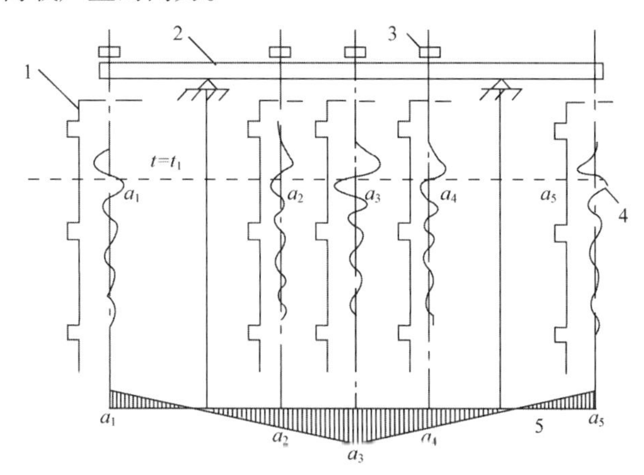

图 19-5-7　结构的振动变位图

1-时间信号；2-结构（梁）；3-拾振器；4-记录曲线；5-$t = t_1$时结构变位图

（三）动力系数测定

移动荷载作用于结构上产生动挠度，动挠度与静挠度的比值称为动力系数。先使移动荷载以最慢的速度驶过结构，测得静挠度，再以一定速度驶过结构，测得结构的最大挠度，如图 19-5-8、图 19-5-9 所示。动力系数K为动挠度与静挠度的比值。

$$K = \frac{y_{\mathrm{d}}}{y_{\mathrm{i}}} \tag{19-5-4}$$

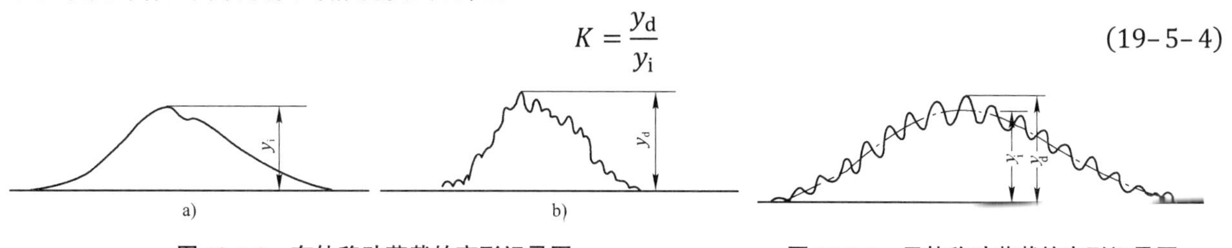

图 19-5-8　有轨移动荷载的变形记录图

图 19-5-9　无轨移动荷载的变形记录图

习　题

19-5-1　结构构件动力响应参数的测量，下列测量项目中，(　　)是不需要的。

A. 构件某特定点的动应变　　B. 构件代表性测点的动位移

C. 构件的动力系数　　D. 动荷载的大小、方向、频率

19-5-2　将拾振器布置在结构物上，用记录仪记录各点的脉动曲线，见图，其基频（第一频率）为(　　)。

A. 10.7Hz　　B. 9.07Hz　　C. 10.35Hz　　D. 9.35Hz

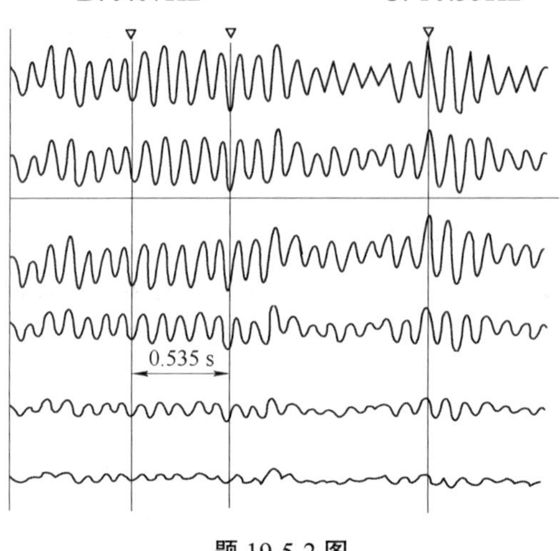

题 19-5-2 图

19-5-3　下列(　　)不属于结构的动力特性。

A. 自振频率　　B. 振型

C. 阻尼系数　　D. 振幅

19-5-4　结构的动力特性是结构本身的固有参数，大多可以由结构动力学原理计算得到，下列(　　)只能通过试验来测定。

A. 高阶固有频率　　B. 固有频率

C. 固有振型　　D. 阻尼系数

第六节　模 型 试 验

结构模型试验是将研究的工程结构作为原型，运用相似原理确定各有关物理量的缩小比例，按此比例制成结构模型，并对结构模型施加一定的模拟荷载，量测它在模型荷载作用下的反应称为模型试验。

模型试验包括模型设计、制作、测试和试验数据分析四个环节，而重点是如何设计模型。模型设计要遵循相似理论。

一、模型试验的相似原理

运用相似原理，首先要分析模型结构的尺寸、材料和作用在模型上的荷载；其次是如何将在这种条件下得到的试验结构推算至原型。

（一）物理量的相似

1. 几何相似

l是长度尺寸的物理量，下标p表示原型结构，下标m表示模型结构，C_l为几何相似常数。其表达式为

$$C_l = \frac{l_m}{l_p} = \frac{l'_m}{l'_p} \tag{19-6-1}$$

2. 荷载相似

模型与原型在对应点所受荷载方向一致，大小成比例，称为集中荷载相似。其表达式为

$$C_p = \frac{P_{1m}}{P_{1p}} = \frac{P_{2m}}{P_{2p}} \tag{19-6-2}$$

模型和原型结构质量分布规律一致，对应部分质量成比例，称为分布荷载相似（见图 19-6-1）。其表达式为

$$C_m = \frac{m_{1m}}{m_{1p}} = \frac{m_{2m}}{m_{2p}} \tag{19-6-3}$$

分布质量用质量密度$\rho = m/V$表示，则

$$C_\rho = \frac{\rho_m}{\rho_p} = \frac{C_m}{C_l^3} \tag{19-6-4}$$

分布荷载若为结构自重，则

$$\frac{M_m}{M_p} = \frac{m_m g_m}{m_p g_p} = C_m C_g \tag{19-6-5}$$

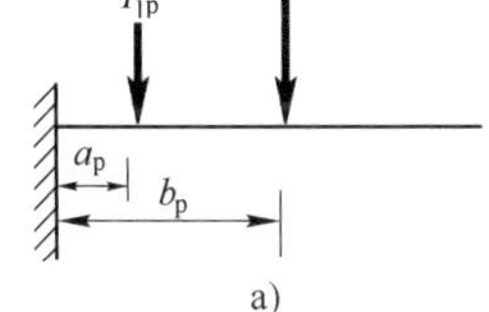

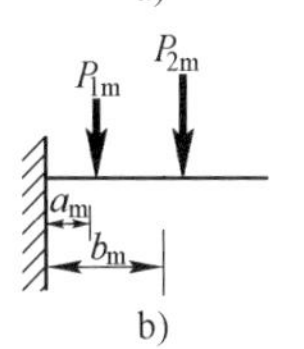

图 19-6-1 荷载相似

当集中力（外荷载）和分布荷载（结构自重）同时作用，要求有统一的相似常数，则

$$C_p = C_m C_g = C_\rho C_l^3 C_g \tag{19-6-6}$$

3. 刚度相似

表示刚度的参数是材料的弹性模量E和剪切模量G，若模型与原型对应点材料的E和G相似则刚度相似，即

$$C_E = \frac{E_m}{E_p} \tag{19-6-7}$$

$$C_G = \frac{C_m}{G_p} \tag{19-6-8}$$

当$C_E = C_G$时，$\mu_m = \mu_p$，则模型与原型的刚度完全相似。其中，μ为横向变形系数。

4. 时间相似

时间相似是指对应的时间间隔保持同一的比例。表达式为

$$C_t = \frac{t_m}{t_p} \tag{19-6-9}$$

5. 边界条件相似

要求模型和原型在外界接触区域内，支承条件相似、约束情况相似以及边界上受力情况相似。

6. 初始条件相似

对于结构动力问题，为了保证模型与原型动力反应相似，要求运动的初始条件相似，包括初始几何位置、质点的位移、速度和加速度。

（二）相似原理

相似第一定理：彼此相似的现象，单值条件相同，必具有相同的相似准数。

如两个相似现象，A现象为$F_p = m_p a_p$，B现象为$F_m = m_m a_m$，单值条件相同，$C_F = F_m/F_p$，$C_m = m_m/m_p$，$C_a = a_m/a_p$，当相似指标$\frac{C_F}{C_m C_a} = 1$时，则

$$\frac{F_p}{m_p a_p} = \frac{F_m}{m_m a_m} = \frac{F}{ma} = \pi \tag{19-6-10}$$

式中：π—相似准数。

相似第二定理：凡具有同一特性的现象，当单值条件相似，相似准数在数值上相等，是现象彼此相似的充分和必要条件。

相似第三定理：表示一现象各物理量之间的关系方程式，都可转化为无量纲的方程，无量纲的方程即相似准数。

如一矩形截面直杆受偏心荷载P作用（见图 19-6-2），则物理方程为

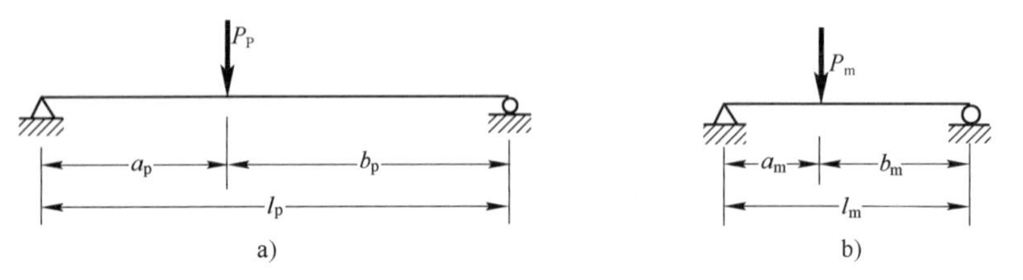

图 19-6-2 简支梁受集中作用

$$\sigma = \frac{pl}{W} + \frac{P}{A} \tag{19-6-11}$$

无量纲方程为

$$1 = \frac{pl}{W\sigma} + \frac{P}{A\sigma} \tag{19-6-12}$$

相似准数

$$\pi_1 = \frac{pl}{W\sigma}，\ \pi_2 = \frac{P}{A\sigma} \tag{19-6-13}$$

（三）方程分析法

原型梁在集中荷载作用点处截面应力和挠度的物理方程为

$$\sigma_p = \frac{P_p a_p b_p}{W_p l_p} \tag{19-6-14}$$

$$f_p = \frac{P_p a_p^2 b_p^2}{3 l_p E_p I_p} \tag{19-6-15}$$

将相似常数代入，可得

$$C_l^2 \frac{C_\sigma}{C_p} \sigma_m = \frac{P_m a_m b_m}{W_m l_m}$$

相似指标$C_\sigma C_l^2/C_p = 1$，假定$\sigma_m = \sigma_p$、$C_l = 1/5$，模型挠度与原型挠度之间关系为

$$f_m = \frac{E_p}{E_m} \frac{f_p}{5} \tag{19-6-16}$$

（四）量纲分析法

量纲分析法是根据描述物理过程的物理量，用量纲和谐原理建立相似准数的方法。量纲说明量测物理量时所用的单位性质，如量纲[L]表示长度，[T]表示时间。在方程中作为独立变数，可以直接测量的量称为基本量，如长度[L]、时间[T]；另一种由基本量导出的量称为导出量，如速度[v] = [LT^{-1}]。

（1）质量系统（或称物理学中），基本量有[L]长度、[T]时间和[M]质量。

（2）绝对系统（或称工程学中、力量系统），基本量有[L]长度、[T]时间和[F]力。

表 19-6-1 为常用物理量及物理常数的量纲。

常用物理量及物理常数的量纲　　表 19-6-1

物 理 量	质 量 系 统	绝 对 系 统	物 理 量	质 量 系 统	绝 对 系 统
长度	[L]	[L]	加速度	$[LT^{-2}]$	$[LT^{-2}]$
时间	[T]	[T]	应力	$[ML^{-1}T^{-2}]$	$[FL^{-2}]$
质量	[M]	$[FL^{-1}T^{2}]$	力矩	$[ML^{2}T^{-2}]$	[FL]
力	$[MLT^{-2}]$	[F]	弹性模量	$[ML^{-1}T^{-2}]$	$[FL^{-2}]$
速度	$[LT^{-1}]$	$[LT^{-1}]$			

用量纲和谐原理求相似准数，需考察物理现象，确定物理量，写出物理量的一般函数关系。如简支梁受集中力P作用，物理量有纤维应力σ、荷载P、内力M和尺寸l，这些物理量的函数关系为

$$f(\sigma, P, M, l)=0 \tag{19-6-17}$$

物理量参数组成的 π 数的一般形式为

$$\pi=\sigma^{a} P^{b} M^{c} l^{d} \tag{19-6-18}$$

用绝对系统写出各物理量的量纲

$$\left.\begin{array}{ll}[\sigma]=[FL^{-2}] & [P]=[F] \\ [M]=[FL] & [l]=[L]\end{array}\right\}$$

$$\pi=[FL^{-2}]^{a}[F]^{b}[FL]^{c}[L]^{d}$$

根据量纲和谐原理，对量纲[F]得$a+b+c=0$，对量纲[L]得$-2a+c+d=0$。

令

$$\left.\begin{array}{l}a=1, b=0，得 c=-1, d=3 \\ a=0, b=1，得 c=-1, d=1\end{array}\right\}$$

将指数代入 π 项式子，得相似准数

$$\left.\begin{array}{l}\pi_1=\dfrac{\sigma l^{3}}{M} \\ \pi_2=\dfrac{P l}{M}\end{array}\right\} \tag{19-6-19}$$

（五）模型设计重力失真

模型试验时，材料弹性模量、密度、几何尺寸和重力加速度之间满足$S_E/(S_g \cdot S_\rho)=S_l$的相似关系。当模型与原型材料相同，$S_E=S_\rho=1$时，则$1/S_g=S_l$，因$S_l<1$，$S_g>1$（重力加速度相似常数），称重力失真。解决重力失真的方法：①模型上附加适当的分布质量；②采用高密度材料，$S_\rho=\rho_m/\rho_p>1.0$。

二、模型设计与模型材料

（一）模型设计

模型设计不仅仅是用相似原理确定模型的相似准数，而是要综合考虑各种因素，如模型试验要求、

试件尺寸、模型材料、模型制作以及试验条件等。

设计试件尺寸时，若缩尺比例小，则模型精度要求高、制作困难、对量测仪表要求也高。

随着试件尺寸的减小，尺寸效应比较显著，材料强度随尺寸的减小而逐渐提高；随着荷载频率的增加，材料的强度、刚度也都相应地增加。对于小试件，往往很难满足构造要求。当试件尺寸较大又要满足构造要求时，除严格按相似规律外，对钢筋表面、石子粒径、振捣以及立方体试件也要有相应的要求。

应当指出的是，模型设计的关键是求模型结构的相似关系（相似准数），模型设计的相似关系是在理想弹性材料情况下得出的。

（二）模型材料

模型材料应满足下列要求：①相似要求；②量测要求；③材料性能稳定，不因温度、湿度变化而变化；④徐变小；⑤便于加工制造。

1. 弹性模型材料

制造弹性模型并不要求和原型材料完全相似，对材料的强度无严格的相似要求，仅要求模型材料在试验时保持弹性，满足C_E要求。弹性模型材料有塑料、有机玻璃、石膏、铝合金等。

2. 钢筋混凝土模型材料

用作强度模型的混凝土材料，目前有模型混凝土（又称细石混凝土）和石膏砂浆。模型钢筋一般用盘状细钢丝，但要将模型钢筋表面压痕以模拟原型结构中的变形钢筋，使钢筋和混凝土的黏结力更接近实际。

【例 19-6-1】 结构模型试验使用量纲分析法进行模型设计，下列哪一组是正确的基本量纲？

A. 长度[L]、应变[ε]、时间[T]

B. 长度[L]、时间[T]、应力[σ]

C. 长度[L]、时间[T]、质量[M]

D. 时间[T]、弹性模量[E]、质量[M]

解 基本量纲有两种：一种是质量系统，基本量有长度[L]、时间[T]和质量[M]；另一种是绝对系统，基本量有长度[L]、时间[T]和力[F]。

答案： C

习 题

19-6-1 为了保证模型与原型的动力反应相似，要求运动的初始条件相似。下列（ ）不属于初始条件相似。

A. 初始几何位置　　B. 质点的位移

C. 质点的加速度　　D. 边界条件

19-6-2 量钢分析法中，质量系统的基本物理量是（ ）。

A. [L]、[T]、[M]　　B. [L]、[T]、[F]

C. [T]、[M]、[F]　　D. [L]、[M]、[F]

19-6-3 物理量力矩 M 用相似常数S_l（几何相似常数）和S_E（弹性模量相似常数）表示，下列（ ）是正确的。

A. $S_M = S_E$　　B. $S_M = S_E \times S_l$　　C. $S_M = S_E \times S_l^2$　　D. $S_M = S_E \times S_l^3$

19-6-4　在结构动力模型试验中，解决重力失真的方法是（　　）。

A. 增大重力加速度　　B. 增加模型尺寸

C. 增加模型材料密度　　D. 增大模型材料的弹性模量

19-6-5　模型设计中，按试验目的和模型不同对模型材料将有不同的要求，强度模型对材料的要求为（　　）。

A. 模型材料不必和原型结构的材料完全相似，只需在试验过程中具有完全的弹性性质

B. 试验的成功与否在很大程度上取决于模型混凝土及模型钢筋的材料和原结构材料材性的相似程度

C. 并不要求模型和原结构直接相似，这种不直接的模型试验结果对它的试验目的来说，并不失去其准确性

D. 只要求模型表现这种结构的共同特点，即要求与该类结构的大体相似

19-6-6　模型设计中，按试验目的的不同可分为弹性模型和强度模型，（　　）不是弹性模型对材料的要求。

A. 要求模型材料为匀质弹性材料

B. 要求用原材料或极为相似材料制作结构模型

C. 只要求模型材料能表现这种结构的共同特点

D. 模型材料只需在试验过程中具有完全的弹性性质

第七节　结构试验的非破损检测技术

结构的非破损（或局部破损）检测是指在不破坏（或微破坏）结构构件，不影响结构整体工作性能和结构安全的情况下，利用物理学的力、声、电、磁等原理测定与结构材料性能有关的物理量，推定结构构件材料强度和内部缺陷的一种测试技术，常用于混凝土、砖石砌体、钢材等材料组成的结构构件的测试。

非破损检测混凝土强度的方法有回弹法、超声法和超声回弹综合法等。局部破损检测混凝土强度的方法有钻芯法和拔出法等。

非破损检测混凝土内部缺陷，如施工过程中造成的蜂窝、孔洞、温度或干缩裂缝，使用过程中因火灾、腐蚀、冻害等造成的混凝土损伤，均可使用超声脉冲法进行检测。

此外，非破损检测技术可检测混凝土结构中的钢筋位置和锈蚀、钢材和焊缝的质量、砌体结构的强度等。

非破损（局部破损）检测技术的目的：

（1）评定结构构件的质量；

（2）加强施工管理，控制施工进度；

（3）对已建结构构件的承载力、耐久性、可靠性和剩余寿命进行评定。

一、非破损法检测构件混凝土强度

在实际工程中，遇到下列情况之一时，应对混凝土强度进行检测：

（1）缺乏同条件试块或标准试块数量不足；

（2）试块的质量缺乏代表性；

（3）试块的试验结果不符合现行标准、规范、规程的要求，并对结果持有怀疑。

用非破损方法直接量测某个物理量（回弹值、声速等），根据某一物理量与混凝土强度之间已建立的经验关系，评定被测构件的强度。由于用物理量去确定材料强度是一种间接方法，因此，必须注意试验条件、原材料等因素对试验结果的影响，力求减小量测误差。

（一）回弹法

回弹法是用 HT-225 型回弹仪锤击构件表面，其原理是用弹击拉簧驱动仪器内的弹击重锤，弹击混凝土表面，测得重锤的反弹距离，称为回弹值R，查《回弹法检测混凝土抗压强度技术规程》（JGJ/T 23—2011）测强曲线或地区测强曲线，可得到构件混凝土强度推定值。

1. 回弹法的适用条件

（1）用水泥作胶结材料，碎石或卵石为粗集料，砂为细集料，用饮用水拌和的混凝土；

（2）自然养护，龄期为 14~1 000d；

（3）混凝土强度为 10~60MPa；

（4）表面受潮的混凝土，需风干后测试；

（5）受冻的混凝土解冻后测试；

（6）蒸养混凝土出池后 7d 以上，且混凝土表层为干燥状态；

（7）体积小、刚度差、厚度小于 10cm 的构件，需保证回弹时无颤动后测试；

（8）环境温度−4~40℃。

2. 不适用回弹法的混凝土

（1）测试部位表层与内部质量有明显差异或内部缺陷；

（2）构件遭受化学腐蚀或火灾；

（3）构件在硬化期间遭受冻伤。

3. 回弹仪的率定

回弹仪率定宜在干燥、室温为 5~35℃的条件下进行。率定时，钢砧应稳固地平放在刚度大的物体上。测定回弹值时，取连续向下弹击三次的稳定回弹平均值。弹击杆应分四次旋转，每次旋转宜为 90°。弹击杆每旋转一次的回弹平均值应为80 ± 2。

4. 测试技术和混凝土强度的推定

（1）单个结构构件检测

①每个构件至少取 10 个测区，一个测区$0.04m^2$，布置 16 个回弹测点，相邻两测区的间距不应大于 2m，测区离构件端部或施工边缘的距离不宜大于 0.5m，且不宜小于 0.2m。测区表面应为混凝土原浆面，并应清洁、干燥、平整，没有接缝、饰面层、浮浆、蜂窝麻面等。

②回弹仪垂直于构件的检测面测试回弹值，每一个测点回弹一次，测点净距不宜小于 20mm；测点距外露钢筋、预埋件的距离不宜小于 30mm。

③回弹值量测后，应选择不少于 30%的测区数，在有代表性的位置上量测碳化深度。

（2）回弹值的计算

计算测区平均回弹值时，应从测区的 16 个回弹值中剔除 3 个最大值和 3 个最小值，取余下的 10 个回弹值的平均值。

$$R_{\mathrm{m}}=\frac{\sum_{i=1}^{10} R_i}{10} \tag{19-7-1}$$

式中：R_{m}—测区平均回弹值，精确至0.1；

R_i—第i测点的回弹值。

当回弹仪非水平方向或测试面非混凝土浇筑侧面时，应对回弹值进行修正。

（3）碳化深度值的计算

每一侧区的碳化深度平均值按下式计算

$$d_{\mathrm{m}}=\frac{\sum_{i=1}^{n} d_i}{n} \tag{19-7-2}$$

式中：d_{m}—测区平均碳化深度值（mm）；

d_i—每i次测量的碳化深度值（mm）；

n—测区碳化深度测量次数。

当$d_{\mathrm{m}}<0.5\mathrm{mm}$时，取$d_{\mathrm{m}}=0$；当$d_{\mathrm{m}}>6\mathrm{mm}$时，取$d_{\mathrm{m}}=6\mathrm{mm}$。

（4）单个构件混凝土强度的推定

单个构件检测时，以构件最小测区混凝土强度换算值作为构件的混凝土强度推定值。

$$f_{\mathrm{cu,e}}=f_{\mathrm{cu,min}}^{\mathrm{c}} \tag{19-7-3}$$

式中：$f_{\mathrm{cu,min}}^{\mathrm{c}}$—构件中最小测区混凝土强度换算值。

5. 批量构件检测

批量构件检测，被检测的抽样构件数量应不少于构件总数的30%，且不小于10件。在该批构件强度满足相应标准差要求的前提下，按下列公式计算，作为该批构件混凝土的强度推定值。

$$f_{\mathrm{cu,e}}=m_{f_{\mathrm{cu}}^{\mathrm{c}}}-1.645S_{f_{\mathrm{cu}}^{\mathrm{c}}} \tag{19-7-4}$$

式中：$m_{f_{\mathrm{cu}}^{\mathrm{c}}}$—结构或构件混凝土强度换算值的平均值（MPa）；

$S_{f_{\mathrm{cu}}^{\mathrm{c}}}$—结构或构件混凝土强度换算值的标准差（MPa）。

批量构件检测时，当该构件混凝土强度标准差出现下列情况之一时，应全部按单个构件检测推定混凝土强度。

（1）该批构件混凝土强度平均值小于25MPa，且$S_{f_{\mathrm{cu}}^{\mathrm{c}}}$ >4.5MPa；

（2）该批构件混凝土强度平均值不小于25MPa且不大于60MPa，$S_{f_{\mathrm{cu}}^{\mathrm{c}}}$ >5.5MPa。

6. 回弹法检测混凝土强度的影响因素

（1）回弹仪测试角度的影响。回弹仪应水平方向测试，非水平方向测试时，应考虑重力影响，对回弹值R进行修正。

（2）测试混凝土不同浇筑面的影响。测试构件底部石子多，回弹值偏高；上表面因泌水、水灰比略大，回弹值偏低。试验时，应选择在构件侧面进行试验。

（3）龄期和碳化深度的影响。空气中的二氧化碳与混凝土中氢氧化钙作用，生成硬度较高的碳酸钙，使回弹值偏大。

（4）养护方法和湿度影响。相同强度等级的混凝土，因含水量不同，自然养护回弹值要高于标准养护回弹值。标准养护混凝土表面湿度大，回弹值低。

（二）超声法

超声波是一种频率超过 20kHz 的机械波，一般由高频电振荡激励压电晶体发出，接收也是通过压电晶体把机械振荡转换为电信号进行传输、放大与量测。超声波检测的基本原理是基于超声波在介质中传播时，遇到不同的界面，将产生反射、折射、绕射、衰减等现象，从而使声时、振幅、波形、频率等发生相应的变化，测定这些规律的变化，便可得到材料的某些性质与内部构造情况。

由于混凝土为弹黏塑性材料，超声波在其中传播衰减较大，因此检测不同厚度混凝土构件，应采用不同频率的探头（换能器）。混凝土超声测强时，探头与测点表面应保持良好的声耦合，减少声能耗损。超声法检测混凝土强度是基于混凝土强度f_{cu}与声速v有一定的相关性，而声速v与混凝土的密实性、弹性模量相关。因而影响测强的因素除仪器性能和检测方法外，还包括混凝土用石子品种、粒径、砂率、水泥品种、水灰比、养护条件、龄期、湿度、声速方向以及钢筋粗细、疏密等。

（三）超声回弹综合法

测声速v和回弹值R来推定构件的混凝土强度的方法称综合法。由于超声波在混凝土材料中的传播既能反映材料的弹性性质，又能反映构件的内部构造；而回弹值仅能反映混凝土表层约 3cm 厚度的状态，因此，用综合法检测构件混凝土强度较回弹或超声单一方法测试误差小。另外，水泥品种和用量、碳化深度、砂率、含水量等因素对综合法检测混凝土强度影响不显著。

【例 19-7-1】 对原结构损伤较小的情况下，在评定混凝土强度时，下列方法较为理想的是：

A. 回弹法　　B. 超声波法　　C. 钻孔后装法　　D. 钻心法

解　回弹法和超声波法均属于无损检测方法，而回弹法是一种更为常用的检测混凝土强度的方法。钻孔后装法和钻芯法则属于半破损检测方法。

答案： A

二、局部破损检测构件混凝土强度

（一）钻芯法

钻芯法是在被测结构构件有代表性的部位钻芯取圆柱形芯样，经必要的加工后进行抗压强度试验，由抗压强度来推定混凝土的立方体抗压强度。钻芯法被认为是一种直接、可靠，而又能较好反映材料实际情况的局部破损检验方法。

芯样试件宜在与被测构件混凝土干湿度基本一致的条件下进行抗压强度试验。干燥构件，芯样在室内自然干燥 3d 进行试验；潮湿构件，芯样在 20℃±5℃的清水中浸泡 40~48h，从水中取出后进行试验。

抗压芯样试件的高度与直径之比宜为 1.00。芯样试件的混凝土抗压强度值可按下式计算

$$f_{cu,cor} = F_c/A \tag{19-7-5}$$

式中：$f_{cu,cor}$—芯样试件混凝土强度值（MPa）；

F_c—芯样试件的抗压试验测得的最大压力（N）；

A—芯样试件抗压截面面积（mm^2）。

（二）拔出法

拔出法是用一根螺栓或类似的装置，部分埋入混凝土中，然后拔出，通过测定其拔出力的大小来评定混凝土强度。主要方法分两类：

一类是把锚头预埋在混凝土内，到达龄期后做拔出试验，称先装法，仅适用于工程施工质量控制及

验收需要。

另一类是在硬化的混凝土表面钻孔，然后装上拔出装置，进行拔出试验，称钻孔后装法。该法灵活性较大，较适用于已建结构的检测。

两类方法的基本概念都是建立在拔出力与混凝土抗压强度的相关关系上，其优点是能比较直接反映混凝土强度，虽只测表面某一深度，但比回弹法深度大，比超声法影响因素少，比钻芯法方便，费用低，损伤范围小。

三、超声波检测混凝土内部缺陷

混凝土内部缺陷有裂缝、疏松、蜂窝、孔洞、化学侵蚀、冻害和火灾损伤等。超声法检测混凝土缺陷的原理是用低频超声波检测仪，测量超声脉冲的纵波在混凝土中的传播速度、波幅和频率，进而来判断混凝土的缺陷。超声脉冲通过缺陷时，速度减小，声时偏长，波幅和频率明显降低。

（一）裂缝检测

混凝土裂缝深度小于或等于 500mm，可采用单面平测法或双面斜测法。单面平测法见图 19-7-1，只有混凝土表面可供超声检测（如混凝土路面、大体积混凝土构件等）。双面斜测法见图 19-7-2，有两个相互平行的测试表面（如混凝土梁、板、柱等构件）。

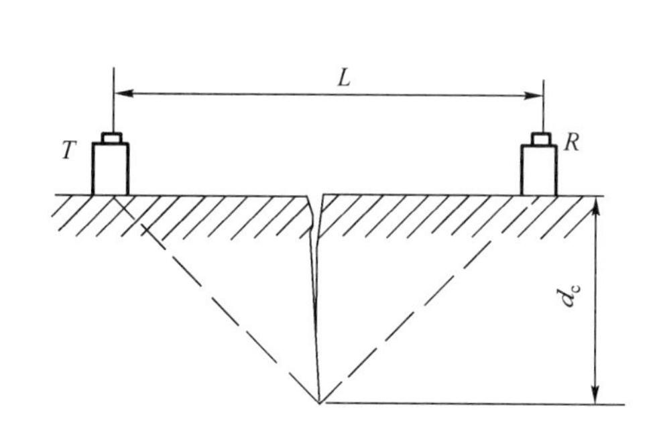

图 19-7-1　平测法检测裂缝深度

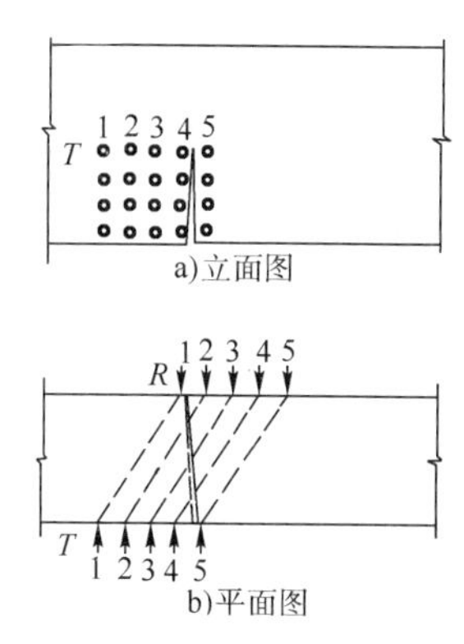

图 19-7-2　斜测法检测裂缝深度

裂缝深度大于 500mm 的深裂缝，可采用钻孔法进行检测（见图 19-7-3）。

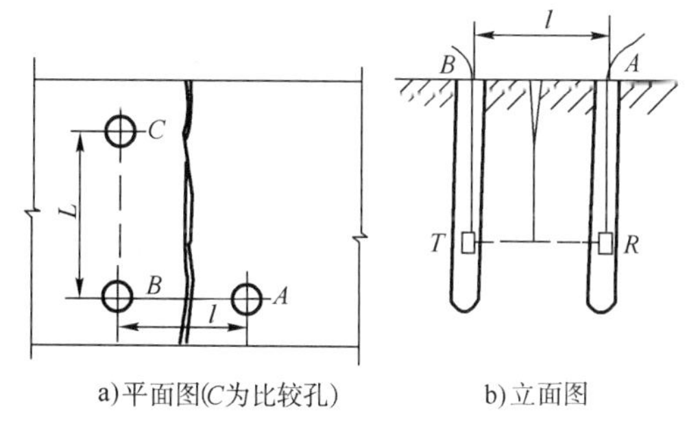

图 19-7-3　钻孔检测裂缝深度

（二）内部缺陷

混凝土内部缺陷（疏松、空洞等）可用以下方法检测：

（1）对测法，见图 19-7-4，结构具有两对相互平行的测试面；

（2）斜测法，只有一对相互平行的测试面；

（3）钻孔法，用于结构测试距离较大时。

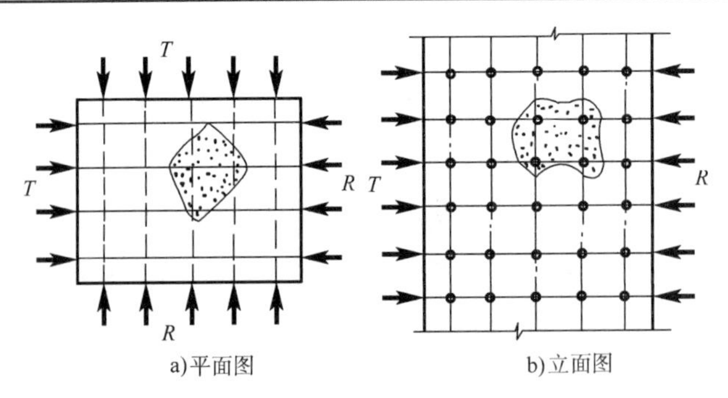

图 19-7-4 混凝土内部缺陷对测法测点布置

四、其他非破损检测方法

（一）电位差法

钢筋混凝土结构，在使用时由于碳酸气的作用，会使其由表及里地发生碳化，从而使混凝土碱性降低，再加上其他因素的影响，钢筋就可能发生锈蚀。其发生和发展意味着钢筋与混凝土的握裹力遭到破坏，甚至使保护层崩落，使钢筋截面削弱等，致使结构失效。

钢筋的锈蚀，可用电位差法测定。其原理是由于钢筋的腐蚀产生腐蚀电流，锈蚀的程度不同，其接地电位差也不一样。

（二）电磁法

电磁法是利用电磁感应原理，检测铁磁性材料的不可见位置、大小及内部缺陷情况等。当前此类设备主要有两种：钢筋位置测定仪和磁粉探伤仪。

钢筋位置测定仪是检测钢筋混凝土结构中钢筋的位置、直径和保护层厚度等的有效仪器。

磁粉探伤仪主要用于探测钢结构内部缺陷。其基本原理是根据钢铁材料磁化产生的电磁场，在缺陷处要发生畸变，其形状可通过撒磁粉得到显示。

（三）声发射法

声发射是材料受力或其他作用后，当某个局部点上的应变超过弹性极限，发生位错、滑移、相变、压碎或微裂缝等，被释放出来的动能形成弹性应力波。这种应力波虽然振幅很小，但能在材料中传播，可由紧贴于材料表面的传感器接收到。这在断裂力学分析中有着重要的意义。

声发射探测器就是根据上述原理，利用声发射仪来探测正在产生和变化着的结构缺陷（裂缝）。

声发射仪的作用是把从传感器（探头）感受到的信号进行放大、滤波和各种分析处理，通过记录仪显示或记录下来，取得结构材料内部微观或宏观变化着的信号作为判别缺陷的依据。

（四）射线法

射线法探测是利用射线对各种物质的穿透力来检测物体内部构造或缺陷。其实质是根据被测物体内所包含的各种介质（如混凝土中的钢筋、石子、砂浆、孔洞、裂缝等）对射线能量衰减的程度不同，而使射线透过物体后强度发生不同变化，在感光材料上获得投影所产生的潜影，经处理后即可得到物体内部构造与缺陷情况的图像，或通过量测仪器测得射线不同强度变化的数据，判断物体的内部情况。

五、砌体结构强度的非破损检测

（一）砌体强度的间接测定

1. 回弹法

回弹法是用砂浆回弹仪检测砖砌体内砌筑砂浆的强度，由反映砂浆表面的回弹值和砂浆碳化深度两项指标与砂浆强度的相关关系求得砂浆强度。回弹法不适用于检测高温、长期浸水、化学侵蚀和火灾情况下的砂浆强度。

2. 推出法

用特殊的加载装置对某一丁砖施加水平推力，当砖沿水平砂浆结合面被推出，测得水平灰缝砂浆的抗剪强度，再由砂浆抗剪强度与砂浆抗压强度之间的相关关系，推算砂浆的抗压强度的方法即为推出法。推出法适用于240mm厚的砖墙，砂浆强度等级为M1~M15。

（二）砌体强度的直接测定

1. 扁顶法

扁顶法是将扁式液压加载器装入两个掏空的砌体灰缝中，进行砌体结构承载力的原位检测，得到砌体结构原位工作应力、砌体抗压强度和变形特征的检测方法。当扁式液压加载器进油时，对砌体施加压力，直到砌体开裂破坏，测得砌体的抗压强度。

2. 原位单砖双剪法

该方法将小尺寸的液压加载器，安放在墙体的槽孔内，由油泵控制进油，对砌体内单砖施加水平推力，直接测定砖块在砌体内沿通缝截面的抗剪强度。

习　　题

19-7-1　混凝土有下列情况，采取相应措施后，（　　）情况可用回弹法测试其强度。

A. 测试部位表面与内部质量有明显差异或内部存在缺陷，内部缺陷经补强

B. 混凝土硬化期间遭受冻伤的混凝土，待其解冻后即可测试

C. 蒸气养护的混凝土，在构件出池经自然养护7d后可测试

D. 测试部位厚度小于100mm的构件，设置支撑固定后测试

19-7-2　下列（　　）不是影响回弹法检测混凝土强度的因素。

A. 测试角度　　B. 浇筑面

C. 碳化深度　　D. 骨料粒径

19-7-3　在评定混凝土强度时，下列（　　）方法较为理想。

A. 回弹法　　B. 超声波法

C. 钻孔后装法　　D. 钻芯法

19-7-4　钢筋的锈蚀可以用（　　）检测。

A. 电磁感应法　　B. 回弹法

C. 超声脉冲法　　D. 电位差法

19-7-5　对回弹仪进行标定时，下列（　　）项不正确。

A. 室温5~35℃　　B. 室内干燥环境

C. 平均回弹值80 ± 2　　D. 弹击杆每旋转90°向下弹击一次

19-7-6　下列（　　）非破损检测技术不能完成。

A. 旧有建筑的剩余寿命

B. 评定结构构件的承载力

C. 评定建筑结构的施工质量

D. 确定已建结构构件的材料强度

19-7-7 （　　）不能用超声法进行检测。

A. 混凝土的裂缝　　B. 混凝土的强度

C. 钢筋的位置　　D. 混凝土的内部缺陷

19-7-8 用超声探伤检测混凝土缺陷的基本原理是采用（　　）超声波检测仪，测量超声脉冲的纵波在结构混凝土中的传播速度、接收波形信号的振幅和频率等声学参数的相对变化，来判定混凝土的缺陷。

A. 超高频　　B. 高频　　C. 中频　　D. 低频

19-7-9 回弹不适用于（　　）情况的混凝土强度评定。

A. 遭受化学腐蚀、火灾或硬化期间遭受冻伤

B. 缺乏同条件试块或标准块数量不足

C. 试块的质量缺乏代表性

D. 试块的试压结果不符合现行标准、规范、规程所规定的要求，且对该结果持有怀疑

习题题解及参考答案

第一节

19-1-1 **解：**科研性试验的目的是：①验证结构计算理论的各种假定；②为制定各种设计规范提供依据，发展新的设计理论，改进设计计算方法；③为发展和推广新结构、新材料及新工艺提供理论依据和实践经验。

答案：D

19-1-2 **解：**

$$P_a = \frac{1}{2}(\gamma_g \times g_k + \gamma_q \times q_k - g)bl_0$$
$$= \frac{1}{2}(1.3 \times 5.0 + 1.5 \times 2.0 - 2.0) \times 0.6 \times 3.3$$
$$= 7.425\text{kN}$$

答案：C

19-1-3 **解：**等效加载图式应当满足控制截面内力与计算内力值相等，内力图形相似，无需相同。

答案：B

19-1-4 **解：**$L_9(3^4)$表示试验次数9次，因素（或因子）4个，每个因素有3个水平。

答案：D

19-1-5 **解：**试件试验时，加载速度的提高相当于给试件一个冲击，使其强度相应增加。因此试验时必须控制加载速度。

答案：A

第二节

19-2-1 **解：**杠杆加载为静力加载，而动力荷载、循环荷载和抗震荷载均非静力荷载。

答案： C

19-2-2 提示：构件试验时，一般情况下加载设备的强度有很大富余，不致引起加载设备的强度破坏和影响试件的强度。加载设备具有足够的刚度，避免因加载设备变形影响加载值的稳定。

答案： D

19-2-3 **解：** 支座的形式、构造和试件的类型与边界条件有关。边界条件既考虑力的因素又考虑变形因素。所谓平衡条件即考虑力的因素是不全面的。

答案： C

19-2-4 **解：** 固定铰支座上下、左右均不能移动，支座有转角能转动。选项 A、B 的支座能左右移动，选项 D 的支座为力铰支座。

答案： C

19-2-5 **解：** 在惠斯登电桥一个桥臂上接应变计进行测量称1/4电桥。

答案： A

19-2-6 **解：** 应变$\varepsilon = \Delta l / l$，$l = 200$mm，千分表读数为 4 小格，$\Delta l = 0.004$mm，$\varepsilon = 0.004/200 = 20 \times 10^{-6}$。

答案： B

19-2-7 **解：** 选项 A、B、C 是试验装置设计和配置需要满足的要求。任何情况下，加载设备均不应参与试件工作，选项 D 错误。

答案： D

19-2-8 **解：** 应变片受拉后，电阻值R发生变化，$\Delta R / R = K\varepsilon$，$\varepsilon = \sigma / E = 400/(2 \times 10^5) = 0.002$，应变片电阻变化$\Delta R = K \cdot \varepsilon \cdot R = 2.0 \times 0.002 \times 120 = 0.48\Omega$。

答案： B

19-2-9 **解：** 根据式$\Delta R / R = K\varepsilon$，应变片的灵敏系数$K$，即$\varepsilon = 1$时应变片的电阻变化率$\Delta R / R$。

答案： B

19-2-10 **解：** 选项 A、B、D 三种加载方法是惯性力加载，选项 C 电磁加载法不属于惯性力加载。

答案： C

第三节

19-3-1 **解：** 根据《混凝土结构试验方法标准》（GB/T 50152—2012）第 7.3.3 条表 7.3.3，选项 A 为斜拉破坏，选项 B 为剪压破坏，选项 C 为裂缝宽度已达到规定值，而选项 D 钢筋末端滑移未达到规定值 0.2mm。

答案： D

19-3-2 **解：** 进行梁正截面强度试验时，用荷载传感器①测力的大小，用百分表②、③测支座沉降和跨中挠度，用应变片④测平截面假定都是必要的。但不需要在剪弯区布置应变片⑤来量测梁斜截面裂缝发生和发展及应力状态。

答案： C

19-3-3 **解：** 根据《混凝土结构试验方法标准》（GB/T 50152—2012）第 5.3.5 条，分级加载试验时，试验荷载的实测值（本题为极限荷载实测值）应按下列原则确定：①在持荷时间完成后出现试验标志（试件破坏）时，取该级荷载值作为试验荷载实测值（极限荷载）。②在加载过程中出现试验标志时，取前一级荷载值作为试验荷载实测值。③在持荷过程中出现试验标志时，取该级荷载和前一级荷载的平均值作为试验荷载实测值。所以选项 C“加载过程中构件破坏，取前一级荷载为极限荷载”的说法正确。

答案： C

19-3-4 **解：** 当裂缝通过某一测点时，该测点的读数突然增大，相邻测点读数减小。

答案： B

19-3-5 **解：** 由于偶然因素，可能会使部分仪器、仪表工作不正常或发生故障，影响数据的可靠性，因此不仅在需要量测的部位设置测点，也应在已知参数的位置上（也可以是零应力点）布置校核性测点，以便于判别量测数据的可靠程度。

已知参数的位置可以理解为理论计算有把握的位置，故选项 A、C 正确。

对于对称结构，通常在一侧布置基本测点，在另一侧布置一定数量的校核性测点，选项 D 正确。

至于应力较大的位置，如果其为非控制参数，则不一定需要布置，故选项 B 不正确。

答案： B

第四节

19-4-1 **解：** 用等幅等位移加载时，反复增加加载的次数，可得到结构构件强度降低率和刚度退化率。

答案： B

19-4-2 **解：** 结构低周反复加载试验，在试件上加力或位移，测得构件的变形能力。拟动力试验通过XY记录仪得到滞回曲线（见解图 a），通过滞回曲线得到恢复力模型（见解图 b）和骨架曲线。因此，恢复力模型可通过试验得到，无须事先假定。

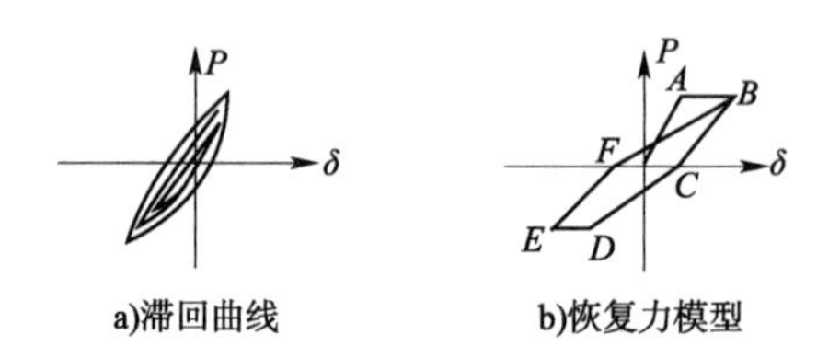

题 19-4-2 解图

答案： A

19-4-3 **解：** 对结构性能不了解，确定恢复力模型时，可采用变幅变位移加载。

答案： B

第五节

19-5-1 **解：** 结构的动应变、动位移、动力系数和加速度为结构动荷载作用下的动力响应。动荷载的大小、方向、频率非动力响应。

答案： D

19-5-2 **解：** 从脉动记录曲线中可看出，5 个振动波形为 0.535s。因此周期$T = 0.535/5 = 0.107$s，而频率$f = 1/T = 1/0.107 = 9.35$Hz。

答案： D

19-5-3 **解：** 结构的自振频率、振型和阻尼系数属于结构的动力特性，振幅为结构的动力响应参数。

答案： D

19-5-4 **解：** 结构的固有频率和固有振型可由动力学原理计算得到。阻尼系数需通过结构试验测定。

答案： D

第六节

19-6-1 **解：** 模型与原型的初始条件相似，包括几何位置、位移、速度和加速度，不包括边界条件。

答案： D

19-6-2 **解：** 质量系统的基本物理量是[L]、[T]、[M]。绝对系统的基本物理量是[L]、[T]、[F]。

答案： A

19-6-3 **解：** 物理量S_{M}用相似常数S_l和S_{E}表示，应为$S_{\mathrm{M}} = S_{\mathrm{E}} \times S_l^3$。

答案： D

19-6-4 **解：** 模型试验时，材料的弹性模量、密度、几何尺寸和重力加速度等物理量之间的相似关系为$S_{\mathrm{E}}/(S_{\mathrm{g}} \times S_{\rho}) = S_l$，如果模型和原型材料相同，$S_{\mathrm{E}} = S_{\rho} = 1$，则$1/S_{\mathrm{g}} = S_l$，几何相似常数$S_l < 1$，重力加速度相似常数$S_{\mathrm{g}} > 1$，称重力失真。解决重力失真的方法：①增加模型材料密度($S_\rho > 1$)；②模型上附加适当的分布质量。

答案： C

19-6-5 **解：** 对强度模型，通常采用与原型极相似甚至与原型完全相同的材料来制作。

答案： B

19-6-6 **解：** 弹性模型应尽可能与一般弹性理论的基本假定一致，即匀质、各向同性、应力与应变成线性关系、固定不变的泊松比，模型材料可以与原型材料不同。

答案： B

第七节

19-7-1 **解：** 测试部位表层与内部质量有明显差异，硬化期间受冻伤的混凝土不适用回弹法测强度。蒸汽养护的混凝土构件出池 7d 以上，表层干燥可测试其强度。厚 100mm 的构件支撑固定后可测试混凝土强度。

答案： D

19-7-2 **解：** 用回弹仪测试混凝土强度时，回弹法的测试角度、混凝土不同浇注面和龄期、碳化深度均影响回弹值。

答案： D

19-7-3 **解：** 钻芯法是用芯钻机从被测结构上钻取芯样并对芯样进行抗压强度试验，是一种直观的、可靠的检测混凝土强度方法。

答案： D

19-7-4 **解：** 由磁感应法可检测钢筋位置。回弹法测混凝土强度。超声法检测混凝土内部缺陷。电位差法检测钢筋的锈蚀。

答案： D

19-7-5 **解：** 根据《回弹法检测混凝土强度技术规程》（JGJ/T 23—2011）第 3.2.2 条，回弹仪的率定试验应符合下列要求：

率定试验应在室温5～35℃的条件下进行，选项A正确；

钢砧表面应干燥，清洁，选项B正确；

率定试验应分四个方向进行，且每个方向弹击前，弹击杆应旋转90º，回弹值应取连续向下弹击三次的稳定回弹结果的平均值，每个方向的回弹平均值应为80±2，选项C正确、选项D错误。

答案：D

19-7-6 **解：**非破损检测技术，能完成选项A、B、C三项任务，但不能确定结构构件的材料强度。

答案：D

19-7-7 **解：**用超声法可以检测构件混凝土的裂缝、强度和内部缺陷，构件内钢筋的位置应采用电磁感应法检测。

答案：C

19-7-8 **解：**超声波检测混凝土缺陷的原理是用低频超声波检测仪。

答案：D

19-7-9 **解：**在实际工程中，遇到选项B、C、D三种情况时，可以用回弹法对混凝土强度进行评定，对选项A的情况，不适用回弹法评定混凝土强度。

答案：A

附录一

一级注册结构工程师执业资格考试
专业基础考试大纲（下午段）

十、土木工程材料

10.1　材料科学与物质结构基础知识

材料的组成：化学组成　矿物组成及其对材料性质的影响

材料的微观结构及其对材料性质的影响：原子结构　离子键金属键　共价键和范德华力　晶体与无定形体（玻璃体）

材料的宏观结构及其对材料性质的影响

建筑材料的基本性质：密度　表观密度与堆积密度　孔隙与孔隙率

特征：亲水性与憎水性　吸水性与吸湿性　耐水性　抗渗性　抗冻性　导热性、强度与变形性能　脆性与韧性

10.2　材料的性能和应用

无机胶凝材料：气硬性胶凝材料　石膏和石灰技术性质与应用

水硬性胶凝材料：水泥的组成　水化与凝结硬化机理　性能与应用

混凝土：原材料技术要求　拌和物的和易性及影响因素　强度性能与变形性能

耐久性-抗渗性、抗冻性、碱-骨料反应　混凝土外加剂与配合比设计

沥青及改性沥青：组成、性质和应用

建筑钢材：组成、组织与性能的关系　加工处理及其对钢材性能的影响　建筑钢材和种类与选用

木材：组成、性能与应用

石材和黏土：组成、性能与应用

十一、工程测量

11.1　测量基本概念

地球的形状和大小　地面点位的确定　测量工作基本概念

11.2　水准测量

水准测量原理　水准仪的构造、使用和检验校正　水准测量方法及成果整理

11.3　角度测量

经纬仪的构造、使用和检验校正　水平角观测　垂直角观测

11.4　距离测量

卷尺量距　视距测量　光电测距

11.5　测量误差基本知识

测量误差分类与特性　评定精度的标准　观测值的精度评定　误差传播定律

11.6 控制测量

平面控制网的定位与定向　导线测量　交会定点　高程控制测量

11.7 地形图测绘

地形图基本知识　地物平面图测绘　等高线地形图测绘

11.8 地形图应用

地形图应用的基本知识　建筑设计中的地形图应用　城市规划中的地形图应用

11.9 建筑工程测量

建筑工程控制测量　施工放样测量　建筑安装测量　建筑工程　变形观测

十二、职业法规

12.1 我国有关基本建设、建筑、房地产、城市规划、环保等方面的法律法规

12.2 工程设计人员的职业道德与行为准则

十三、土木工程施工与管理

13.1 土石方工程　桩基础工程

土方工程的准备与辅助工作　机械化施工　爆破工程　预制桩、灌注桩施工　地基加固处理技术

13.2 钢筋混凝土工程与预应力混凝土工程

钢筋工程　模板工程　混凝土工程　钢筋混凝土预制构件制作　混凝土冬、雨季施工　预应力混凝土施工

13.3 结构吊装工程与砌体工程

起重安装机械与液压提升工艺　单层与多层房屋结构吊装　砌体工程与砌块墙的施工

13.4 施工组织设计

施工组织设计分类　施工方案　进度计划　平面图　措施

13.5 流水施工原则

节奏专业流水　非节奏专业流水　一般的搭接施工

13.6 网络计划技术

双代号网络图　单代号网络图　网络计划优化

13.7 施工管理

现场施工管理的内容及组织形式　进度、技术、全面质量管理　竣工验收

十四、结构设计

14.1 钢筋混凝土结构

材料性能：钢筋　混凝土　黏结

基本设计原则：结构功能　极限状态及其设计表达式　可靠度

承载能力极限状态计算：受弯构件　受扭构件　受压构件　受拉构件　冲切　局压　疲劳

正常使用极限状态验算：抗裂　裂缝　挠度

预应力混凝土：轴拉构件　受弯构件

构造要求

梁板结构：塑性内力重分布　单向板肋梁楼盖　双向板肋梁楼盖　无梁楼盖

单层厂房：组成与布置　排架计算　柱　牛腿　吊车梁　屋架　基础

多层及高层房屋：结构体系及布置　框架近似计算　叠合梁　剪力墙结构　框-剪结构　框-剪结构设计要点　基础

抗震设计要点：一般规定　构造要求

14.2　钢结构

钢材性能：基本性能　影响钢材性能的因素　结构钢种类　钢材的选用

构件：轴心受力构件　受弯构件（梁）　拉弯和压弯构件的计算和构造

连接：焊缝连接　普通螺栓和高强度螺栓连接　构件间的连接

钢屋盖：组成　布置　钢屋架设计

14.3　砌体结构

材料性能：块材　砂浆　砌体

基本设计原则：设计表达式

承载力：抗压　局压

混合结构房屋设计：结构布置　静力计算　构造

房屋部件：圈梁　过梁　墙梁　挑梁

抗震设计要求：一般规定　构造要求

十五、结构力学

15.1　平面体系的几何组成

名词定义　几何不变体系的组成规律及其应用

15.2　静定结构受力分析与特性

静定结构受力分析方法　反力、内力的计算与内力图的绘制　静定结构特性及其应用

15.3　静定结构的位移

广义力与广义位移　虚功原理　单位荷载法　荷载下静定结构的位移计算　图乘法　支座位移和温度变化引起的位移　互等定理及其应用

15.4　超静定结构受力分析及特性

超静定次数　力法基本体系　力法方程及其意义　等截面直杆刚度方程　位移法基本未知量　基本体系　基本方程及其意义　等截面直杆的转动刚度　力矩分配系数与传递系数　单结点的力矩分配　对称性利用　半结构法　超静定结构位移超静定结构特性

15.5　影响线及应用

影响线概念　简支梁、静定多跨梁、静定桁架反力及内力影响线　连续梁影响线形状　影响线应用　最不利荷载位置　内力包络图概念

15.6　结构动力特性与动力反应

单自由度体系周期、频率、简谐荷载与突加荷载作用下简单结构的动力系数、振幅与最大动内力　阻尼对振动的影响　多自由度体系自振频率与主振型　主振型正交性

十六、结构试验

16.1　结构试验的试件设计、荷载设计、观测设计、材料的力学性能与试验的关系

16.2　结构试验的加载设备和量测仪器

16.3　结构静力（单调）加载试验

16.4　结构低周反复加载试验（伪静力试验）

16.5　结构动力试验

结构动力特性量测方法、结构动力响应量测方法

16.6　模型试验

模型试验的相似原理　模型设计与模型材料

16.7　结构试验的非破损检测技术

十七、土力学与地基基础

17.1　土的物理性质及工程分类

土的生成和组成　土的物理性质　土的工程分类

17.2　土中应力

自重应力　附加应力

17.3　地基变形

土的压缩性　基础沉降　地基变形与时间关系

17.4　土的抗剪强度

抗剪强度的测定方法　土的抗剪强度理论

17.5　土压力、地基承载力和边坡稳定

土压力计算　挡土墙设计　地基承载力理论　边坡稳定

17.6　地基勘察

工程地质勘察方法　勘察报告分析与应用

17.7　浅基础

浅基础类型　地基承载力设计值　浅基础设计　减少不均匀沉降损害的措施　地基、基础与上部结构共同工作概念

17.8　深基础

深基础类型　桩与桩基础的分类　单桩承载力　群桩承载力　桩基础设计

17.9　地基处理

地基处理方法　地基处理原则　地基处理方法选择

附录二

一级注册结构工程师执业资格考试专业基础考试（下午段）配置说明

土木工程材料	7 题
工程测量	5 题
职业法规	4 题
土木工程施工与管理	5 题
结构设计	12 题
结构力学	15 题
结构试验	5 题
土力学与地基基础	7 题

注：试卷题目数量

合计 60 题，每题 2 分。考试时间为 4 小时。

上、下午总计 180 题，满分为 240 分。考试时间为 8 小时。